AutoCAD 2018中文版全程范例培训手册

张传记 陈松焕 张 伟 编著

清華大學出版社
北 京

内 容 简 介

本书以 AutoCAD 2018 中文版为平台，以作者多年的培训经验和讲义为蓝本，从实际应用和典型操作的角度出发，通过 200 多个设计范例，全面、系统地介绍 AutoCAD 2018 软件功能及几个主流应用领域的制图方法和技能。

全书分为 5 部分内容，共 19 章：第 1 部分通过 4 章内容讲述 AutoCAD 的基础入门知识；第 2 部分通过 5 章内容讲述软件的高级制图技能；第 3 部分通过 4 章内容讲述 AutoCAD 的三维建模功能；第 4 部分通过 6 章内容讲述 AutoCAD 在建筑、机械、装饰装潢等制图领域的实际应用技能及图纸的输出技能，将软件与专业有效地结合在一起，是读者顺利进入职场的必经通道；第 5 部分包括 6 个附录，作为文稿赠送部分，附在下载文件中。

本书实例经典、图文并茂、通俗易懂，实用性和操作性极强，层次性和技巧性也比较突出，既可以作为各大中专院校的培训教材，也可以作为广大电脑爱好者的初学用书。

图书在版编目（CIP）数据

AutoCAD 2018 中文版全程范例培训手册 / 张传记,陈松焕, 张伟编著.—北京：清华大学出版社，2018
ISBN 978-7-302-50311-8

Ⅰ. ①A… Ⅱ. ①张… ②陈… ③张… Ⅲ. ①AutoCAD 软件－技术培训－手册 Ⅳ. ①TP391.72-62

中国版本图书馆 CIP 数据核字（2018）第 112246 号

责任编辑：夏毓彦
封面设计：王　翔
责任校对：闫秀华
责任印制：李红英

出版发行：清华大学出版社
网　　址：http://www.tup.com.cn，http://www.wqboOK 按钮.com
地　　址：北京清华大学学研大厦 A 座　　**邮　　编**：100084
社 总 机：010-62770175　　**邮　　购**：010-62786544
投稿与读者服务：010-62776969，c-service@tup.tsinghua.edu.cn
质量反馈：010-62772015，zhiliang@tup.tsinghua.edu.cn

印 装 者：清华大学印刷厂
经　　销：全国新华书店
开　　本：203mm×260mm　　**印　　张**：30.25　　**字　　数**：774 千字
版　　次：2018 年 8 月第 1 版　　**印　　次**：2018 年 8 月第 1 次印刷
定　　价：89.00 元

产品编号：076793-01

前　言

AutoCAD 是由美国 Autodesk 公司开发的计算机辅助设计旗舰产品，是应用最为广泛的辅助设计软件之一，本着灵活、高效和以人为本的特点，以其强大而又完善的功能、方便快捷的操作等被广泛应用于建筑、机械、航空、航天、电子、兵器、纺织等诸多设计领域。

现如今，掌握了 AutoCAD，就等于拥有了更先进、更标准的“工程界语言工具”，也就拥有了更强的竞争力。为了满足广大 AutoCAD 初级爱好者和各学校 AutoCAD 课程的教学需要，我们综合了多年的教学经验和行业实践经验，编写了这本《AutoCAD 2018 中文版全程范例培训手册》。

■ 本书内容

俗话说得好，授人以鱼不如授人以渔。本书针对这一观点，以作者十多年的培训经验和讲义为蓝本，从实际应用和典型操作的角度出发，全面、系统地介绍 AutoCAD 2018 的二维绘图、三维建模、图形标注、后期输出等软件功能及 AutoCAD 在建筑、机械、装饰装潢等几个主要制图领域的实际应用技能。相信读者通过本书的学习，可以轻松、全面地掌握 AutoCAD 2018 软件的功能，并将其应用到行业实践工作中去，快速成为设计高手。

本书分 5 大部分，共 19 章内容和 6 大附录：

- 第 1 部分为基础篇，包括 4 章内容，主要讲述各种几何图元的绘制技能、编辑技能、软件的辅助绘图技能等。
- 第 2 部分为提高篇，包括 5 章内容，主要讲述软件的资源组合技能、共享技能、文字尺寸的标注技能等。
- 第 3 部分为模型篇，包括 4 章内容，主要讲述曲面、网格、实体等的创建与编辑，以及模型的显示和着色等技能。
- 第 4 部分为应用和输出篇，包括 6 章内容，主要讲述 AutoCAD 在建筑、机械、装饰装潢等领域的典型应用技能和图纸的后期输出技能。
- 第 5 部分为超值大赠送，收录在下载文件中，包括 6 个附录文件，分别是 107 个常用命令快捷键速查、46 个键盘功能键速查、160 个常用变量速查、265 个常用工具图标速查、32 个思考题答案速查以及 110 个自我水平测试题，快速提升读者的软件应用技能。

■ 写作特色

本书一改同类图书的编写方式，在章节编排方面充分考虑培训教学的特点和初学者的接受能力，通过功能讲解、例题操作、范例应用、思考与总结、上机操作题等写作方式，由易到难、循序渐进地引导读者学习 AutoCAD 软件的使用方法和操作技巧，以逐步掌握和全面精通 AutoCAD 2018。

- **知识点讲解：**全书始终以通俗易懂、灵活实用的典型范例，手把手引导读者轻松掌握软件工具的使用方法和操作技巧，以提高读者的操作能力、接受能力和学习兴趣。
- **综合范例：**在讲解完同一类型的知识点后，再通过精心设计的综合范例，细致讲述软件工具在实际工作中的综合应用与典型搭配技巧，对知识进行综合练习和巩固。
- **知识点思考：**针对每章的知识讲解，设计 2 或 3 道思考题，对重点知识、易出错、易混淆的知识进行加深理解和掌握。

- **知识点总结：**通过知识点总结栏目对本章所讲知识进行系统归纳和回顾。
- **上机操作题：**此栏目给读者提供了自由发挥的空间，不仅对已学类型案例起到巩固和练习的作用，还对其他类型案例进行引申和学习，让读者多方位实践和练习，以对所学知识做到举一反三，达到活学活用的目的。
- **实践应用：**此栏目主要引导读者如何将所学知识应用到实际的行业当中去，尝试和学习相关的行业实践技能，真正将书中的知识学会、学活、学精，做到融会贯通。
- **应用技巧：**全书共设计近 200 个软件操作技巧提示，恰到好处地对读者进行点拨。

■ 云下载

书中范例的最终效果及在制作范例过程中所用的图块、素材等都收录在下载文件中。

本书配套素材笔源代码下载地址：

https://pan.baidu.com/s/1WumMIO5FbdAYIqgevcSkkQ（注意区分数字与字母大小写），还可以扫描右侧的二维码进行下载。

文件内容主要有以下几部分：

- "/效果文件/"目录：书中所有范例最终效果按章收录在"效果文件"文件夹下。
- "/图块文件/"目录：书中所使用的图块收录在"图块文件"文件夹下。
- "/样板文件/"目录：书中所用样板文件收录在"样板文件"文件夹下，在使用样板时，最好是将其复制到"AutoCAD 2018/Template"目录下。
- "/素材文件/"目录：书中所用素材收录在"素材文件"文件夹下。
- "/视频文件/"目录：书中范例视频文件，按章收录在"视频文件"文件夹下。
- "/附增设计图纸库/"目录：多套 A0~A4 零件图纸、单体别墅设计图纸、联体别墅设计图纸、家装设计图纸及公装设计图纸等。
- "/附增设计图块库/"目录：9 类常用图块，分别是餐饮橱具、床及床屏、各类灯具、各类门窗、各类前台、各类饰品、各类体育用品、各类桌椅和沙发茶几图块。
- "/附增填充图案库/"目录：811 个常用填充图案，使用时将这些图案复制到 AutoCAD 目录下的 Support 文件夹中即可。
- "/超值大增送/"目录：此为本书第 5 部分，共包括 6 个附录文件，仅供学习，禁止转载。

本书是由张传记、陈松焕、张伟编著，同时参与编写的还有徐丽、吴海霞、黄晓光、赵建军、高勇、丁仁武、朱晓平、沈虹廷、宿晓辉、张庆记、孙美娟、张志新、马俊凯、杨立颂、张丹丹等。本书提供在线技术支持和交流，做到有问必答。

- 在线服务邮箱：qdchuanji@126.com
- 在线服务 QQ：812641116
- QQ 群：54475109

编 者

2018 年 6 月

目　录

第1部分　基础篇

第1章　AutoCAD 2018 轻松入门 2
1.1　了解 AutoCAD 2018 绘图软件 2
1.1.1　基本概念 2
1.1.2　系统配置 2
1.1.3　新增功能 3
1.2　启动与退出 AutoCAD 2018 4
1.2.1　启动 AutoCAD 2018 4
1.2.2　了解和切换工作空间 5
1.2.3　退出 AutoCAD 2018 6
1.3　认识 AutoCAD 2018 用户界面 7
1.3.1　标题栏 7
1.3.2　菜单栏 8
1.3.3　功能区 8
1.3.4　绘图区 9
1.3.5　命令行 9
1.3.6　状态栏 10
1.4　了解 AutoCAD 命令的调用方式 10
1.4.1　菜单栏与右键快捷菜单 10
1.4.2　功能区与工具栏 11
1.4.3　命令表达式 11
1.4.4　功能键及快捷键 11
1.5　绘图文件的创建与管理 12
1.5.1　新建文件 12
1.5.2　保存文件 13
1.5.3　另存文件 14
1.5.4　打开文件 14
1.5.5　清理文件 15
1.6　掌握一些基础的应用技能 16

1.6.1 几个简单的工具 16
1.6.2 视图的基本控制 17
1.6.3 几个常用键盘键 17
1.6.4 数据点的精确输入 18
1.7 设置 AutoCAD 绘图环境 19
1.7.1 绘图单位 19
1.7.2 绘图区域 20
1.7.3 绘图区背景色 20
1.7.4 绘图区十字光标 21
1.7.5 绘图区拾取框 22
1.8 综合范例——绘制一个简单的图形 22
1.9 思考与总结 24
1.9.1 知识点思考 24
1.9.2 知识点总结 24
1.10 上机操作题 25
1.10.1 操作题一 25
1.10.2 操作题二 25

第 2 章 AutoCAD 2018 基本操作 26

2.1 对象的选择技能 26
2.2 视图的缩放技能 27
2.2.1 视图缩放 28
2.2.2 视图恢复 29
2.3 捕捉与栅格 30
2.3.1 设置捕捉 30
2.3.2 设置栅格 31
2.4 图形点的捕捉技能 32
2.4.1 自动捕捉 32
2.4.2 临时捕捉 32
2.5 目标点的参照定位技能 34
2.5.1 捕捉自 34
2.5.2 临时追踪点 35
2.5.3 两点之间的中点 35
2.6 综合范例一——使用坐标与捕捉功能绘制立面柜 35
2.7 目标点的追踪技能 40
2.7.1 正交模式 40
2.7.2 极轴追踪 41
2.7.3 对象追踪 43
2.8 综合范例二——使用各种辅助功能综合绘图 44

2.9 思考与总结 48
2.9.1 知识点思考 48
2.9.2 知识点总结 48
2.10 上机操作题 49
2.10.1 操作题一 49
2.10.2 操作题二 49

第3章 基本几何图元的绘制功能 50

3.1 绘制点图元 50
3.1.1 绘制单点 50
3.1.2 绘制多点 51
3.1.3 定数等分 51
3.1.4 定距等分 52
3.2 绘制线图元 53
3.2.1 绘制多线 53
3.2.2 绘制多段线 56
3.2.3 绘制构造线 58
3.2.4 三维多段线 59
3.2.5 修订云线 59
3.2.6 样条曲线 60
3.2.7 绘制射线 62
3.2.8 绘制螺旋 62
3.3 绘制圆与弧 63
3.3.1 绘制圆 63
3.3.2 绘制圆弧 65
3.3.3 绘制圆环 68
3.3.4 绘制椭圆 68
3.3.5 绘制椭圆弧 70
3.4 绘制闭合折线 70
3.4.1 绘制矩形 70
3.4.2 绘制面域 72
3.4.3 绘制边界 73
3.4.4 绘制正多边形 74
3.5 绘制填充图案 75
3.6 综合范例——绘制卫生间平面详图 79
3.7 思考与总结 84
3.7.1 知识点思考 84
3.7.2 知识点总结 84
3.8 上机操作题 85

3.8.1 操作题一 85
3.8.2 操作题二 85

第 4 章 基本几何图元的编辑功能 86

4.1 修改图形的位置及大小 86
4.1.1 移动图形 86
4.1.2 旋转图形 87
4.1.3 缩放图形 88
4.1.4 对齐图形 89
4.2 修改图形的形状及尺寸 90
4.2.1 拉伸图形 90
4.2.2 拉长图形 91
4.2.3 打断图形 94
4.2.4 合并图形 95
4.2.5 光顺曲线 97
4.3 图形的常规编辑与细化 98
4.3.1 修剪图形 98
4.3.2 延伸图形 100
4.3.3 倒角图形 102
4.3.4 圆角图形 104
4.3.5 分解图形 106
4.4 图形的特殊编辑 107
4.4.1 编辑多线 107
4.4.2 编辑多段线 109
4.4.3 夹点编辑 110
4.5 综合范例——绘制刀具零件二视图 112
4.6 思考与总结 117
4.6.1 知识点思考 117
4.6.2 知识点总结 117
4.7 上机操作题 118
4.7.1 操作题一 118
4.7.2 操作题二 118

第 2 部分 提高篇

第 5 章 创建与组合复杂图形 120

5.1 创建多重图形结构 120
5.1.1 复制对象 120

5.1.2 镜像复制 122
5.1.3 偏移对象 123
5.2 创建规则图形结构 124
5.3.1 矩形阵列 124
5.3.2 环形阵列 127
5.3.3 路径阵列 128
5.3 综合范例一——复合工具的综合应用 130
5.4 创建图块 135
5.4.1 创建内部块 135
5.4.2 创建外部块 137
5.4.3 定义动态块 138
5.4.4 动态块制作步骤 139
5.5 插入图块与参照 140
5.5.1 图块的插入 140
5.5.2 DWG 参照 141
5.5.3 块的编辑与更新 142
5.5.4 块的嵌套与分解 143
5.6 属性定义与编辑 143
5.6.1 定义属性 144
5.6.2 编辑属性 144
5.6.3 块属性管理器 146
5.7 综合范例二——图块与属性的综合应用 147
5.8 思考与总结 150
5.8.1 知识点思考 150
5.8.2 知识点总结 151
5.9 上机操作题 151
5.9.1 操作题一 151
5.9.2 操作题二 152

第 6 章 图形资源的管理、共享与编辑 153

6.1 图层 153
6.1.1 新建与命名图层 153
6.1.2 设置图层颜色 154
6.1.3 设置图层线型 155
6.1.4 设置图层线宽 156
6.1.5 图层的状态控制 157
6.1.6 图层的状态管理 158
6.2 图层工具的应用 158
6.2.1 图层匹配 158

6.2.2 图层隔离 159
6.2.3 图层的漫游 159
6.2.4 更改为当前图层 162
6.2.5 将对象复制到新图层 162
6.3 设计中心 162
6.3.1 选项板概述 162
6.3.2 查看图形资源 163
6.3.3 共享图形资源 165
6.4 工具选项板 166
6.4.1 定制选项板 167
6.4.2 应用选项板 168
6.5 快速选择 169
6.6 特性与特性匹配 170
6.6.1 特性 171
6.6.2 特性匹配 172
6.6.3 快捷特性 173
6.7 综合范例——图形的分层管理与特性编辑 174
6.8 思考与总结 180
6.8.1 知识点思考 180
6.8.2 知识点总结 180
6.9 上机操作题 181
6.9.1 操作题一 181
6.9.2 操作题二 181

第 7 章 创建文字、符号与表格 183

7.1 文字样式 183
7.2 单行文字 185
7.2.1 创建单行文字 185
7.2.2 文字对正方式 186
7.2.3 输入特殊字符 187
7.2.4 编辑单行文字 187
7.3 多行文字 187
7.3.1 创建多行文字 188
7.3.2 文字编辑器 189
7.3.3 多行文字输入框 191
7.3.4 创建特殊字符 191
7.4 引线文字 192
7.4.1 多重引线 192
7.4.2 添加引线 193

7.4.3 删除引线 194
7.4.4 对齐引线 195
7.4.5 合并引线 196
7.4.6 管理多重引线 197
7.5 表格与表格样式 197
7.6 综合范例一——为景观详图标注多重引线 199
7.7 综合范例二——为零件图标注技术要求 201
7.8 综合范例三——为零件图创建明细表格 205
7.9 思考与总结 208
7.9.1 知识点思考 208
7.9.2 知识点总结 208
7.10 上机操作题 209
7.10.1 操作题一 209
7.10.2 操作题二 209

第 8 章 图形尺寸的标注与编辑 210

8.1 标注基本尺寸 210
8.1.1 线性尺寸 210
8.1.2 对齐尺寸 211
8.1.3 角度尺寸 213
8.1.4 半径尺寸 213
8.1.5 直径尺寸 214
8.1.6 弧长尺寸 214
8.1.7 折弯尺寸 215
8.1.8 点的坐标 216
8.2 标注复合尺寸 216
8.2.1 基线尺寸 216
8.2.2 连续尺寸 217
8.2.3 快速标注 218
8.2.4 快速引线 219
8.2.5 标注 221
8.3 公差与圆心标记 221
8.3.1 标注公差 221
8.3.2 圆心标记 222
8.4 标注样式的设置与控制 222
8.4.1 标注样式管理器 223
8.4.2 设置尺寸的线性变量 224
8.4.3 设置尺寸的符号与箭头 224
8.4.4 设置标注文字的变量 225

8.4.5 协调尺寸元素间的位置 226
8.4.6 设置尺寸的单位变量 226
8.4.7 设置尺寸的换算单位 227
8.4.8 设置尺寸的公差 227
8.5 编辑图形尺寸 228
8.5.1 标注打断 228
8.5.2 编辑标注 229
8.5.3 标注更新 230
8.5.4 标注间距 230
8.5.5 对齐标注文字 231
8.6 参数化图形 232
8.6.1 关于参数化图形 232
8.6.2 几何关系约束 232
8.6.3 标注关系约束 233
8.7 综合范例一——标注零件图的尺寸 233
8.8 综合范例二——标注零件图的公差 240
8.9 综合范例三——编写组装图部件序号 243
8.10 思考与总结 244
8.10.1 知识点思考 244
8.10.2 知识点总结 244
8.11 上机操作题 245
8.11.1 操作题一 245
8.11.2 操作题二 245

第 9 章 查询图形信息与更改绘图次序 246

9.1 查询坐标 246
9.2 测量距离 247
9.3 查询面积 248
9.4 列表查询 249
9.5 CAL 计算器 250
9.6 更改绘图次序 251
9.7 综合范例——计算图形的面积 252
9.8 思考与总结 254
9.8.1 知识点思考 254
9.8.2 知识点总结 254
9.9 上机操作题 255
9.9.1 操作题一 255
9.9.2 操作题二 255

第3部分 模型篇

第10章 三维观察与显示 258

10.1 了解三维模型 258
10.2 三维模型的观察功能 259
10.2.1 设置视点 259
10.2.2 切换视图 260
10.2.3 平面视图 261
10.2.4 建立视口 261
10.2.5 动态观察器 261
10.2.6 导航立方体 262
10.2.7 使用控制盘 263
10.3 三维模型的显示功能 264
10.3.1 视觉样式 264
10.3.2 管理视觉样式 266
10.3.3 附着材质 267
10.3.4 简单渲染 268
10.4 坐标系的定义与管理 268
10.4.1 坐标系概述 268
10.4.2 定义 UCS 269
10.4.3 管理 UCS 270
10.4.4 动态 UCS 270
10.5 综合范例——三维辅助功能的综合应用 271
10.6 思考与总结 274
10.6.1 知识点思考 274
10.6.2 知识点总结 274
10.7 上机操作题 274
10.7.1 操作题一 274
10.7.2 操作题二 275

第11章 创建网格与曲面 276

11.1 创建常用网格 276
11.1.1 旋转网格 276
11.1.2 平移网格 278
11.1.3 直纹网格 279
11.1.4 边界网格 281
11.1.5 网格图元 283

11.2 创建常用曲面 284
11.2.1 拉伸曲面 284
11.2.2 旋转曲面 285
11.2.3 剖切曲面 286
11.2.4 扫掠曲面 287
11.2.5 放样曲面 288
11.2.6 平面曲面 289
11.2.7 三维面 290
11.2.8 网格曲面 291
11.3 编辑曲面与网格 291
11.3.1 曲面过渡 291
11.3.2 曲面修补 292
11.3.3 曲面偏移 293
11.3.4 曲面圆角 295
11.3.5 曲面修剪 295
11.3.6 拉伸网格 296
11.3.7 优化网格 296
11.4 综合范例——制作柱齿轮立体造型 297
11.5 思考与总结 300
11.5.1 知识点思考 300
11.5.2 知识点总结 300
11.6 上机操作题 300
11.6.1 操作题一 300
11.6.2 操作题二 301

第 12 章 创建三维实体模型 302

12.1 与实体相关的几个变量 302
12.2 创建基本实体模型 303
12.2.1 创建多段体 303
12.2.2 创建长方体 304
12.2.3 创建圆柱体 304
12.2.4 创建圆锥体 305
12.2.5 创建棱锥体 306
12.2.6 创建圆环体 307
12.2.7 创建球体 307
12.2.8 创建楔体 308
12.3 创建复杂实体模型 309
12.3.1 创建拉伸实体 309
12.3.2 创建旋转实体 313

12.3.3 创建扫掠实体 314
12.3.4 创建放样实体 315
12.3.5 创建剖切实体 316
12.3.6 创建干涉实体 318
12.3.7 创建切割实体 319
12.4 创建组合实体模型 320
12.4.1 创建并集实体 320
12.4.2 创建差集实体 321
12.4.3 创建交集实体 322
12.5 综合范例——三维实体建模功能综合练习 322
12.6 思考与总结 327
12.6.1 知识点思考 327
12.6.2 知识点总结 327
12.7 上机操作题 328
12.7.1 操作题一 328
12.7.2 操作题二 328

第 13 章 三维模型的细化编辑 329

13.1 三维模型的基本操作 329
13.1.1 三维阵列 329
13.1.2 三维镜像 330
13.1.3 三维旋转 332
13.1.4 三维对齐 332
13.1.5 三维移动 333
13.2 编辑实体模型的表面 334
13.2.1 拉伸面 334
13.2.2 移动面 336
13.2.3 偏移面 337
13.2.4 旋转面 338
13.2.5 倾斜面 340
13.2.6 删除面 341
13.2.7 复制面 341
13.2.8 着色面 342
13.3 编辑实体模型的棱边 343
13.3.1 倒角边 343
13.3.2 圆角边 343
13.3.3 压印边 344
13.3.4 着色边 345
13.3.5 复制边 346

13.3.6 提取边 346
13.4 实体模型的特殊编辑 347
13.4.1 清除 347
13.4.2 抽壳 347
13.4.3 分割 348
13.5 综合范例——三维操作与细化编辑功能综合练习 349
13.6 思考与总结 353
13.6.1 知识点思考 353
13.6.2 知识点总结 353
13.7 上机操作题 353
13.7.1 操作题一 353
13.7.2 操作题二 354

第 4 部分　应用与输出篇

第 14 章　制作绘图样板 356

14.1 综合范例一——设置绘图环境及变量 356
14.2 综合范例二——设置图层及图层特性 357
14.3 综合范例三——设置专业绘图样式 358
14.4 综合范例四——绘制并填充标准图框 361
14.5 综合范例五——绘图样板的页面布局 363

第 15 章　绘制建筑图 366

15.1 综合范例一——绘制定位轴线图 366
15.2 综合范例二——绘制纵横墙体图 369
15.3 综合范例三——绘制门窗构件图 371
15.4 综合范例四——绘制建筑构件图 375
15.5 综合范例五——标注房间功能注释 380
15.6 综合范例六——标注建筑室内外标高 382
15.7 综合范例七——标注建筑图施工尺寸 384
15.8 综合范例八——标注建筑图墙体序号 388

第 16 章　绘制装修图 394

16.1 综合范例一——绘制家居装修布置图 394
16.2 综合范例二——绘制装修地面材质图 397
16.3 综合范例三——为布置图标注文字注解 400
16.4 综合范例四——为布置图标注施工尺寸 403
16.5 综合范例五——绘制卧室装修立面图 405

16.6 综合范例六——标注卧室立面材质和尺寸 409
16.7 综合范例七——绘制厨房装修立面图 411
16.8 综合范例八——标注厨房立面材质和尺寸 413

第 17 章 绘制机械图 416

17.1 综合范例一——绘制摇柄零件图 416
17.2 综合范例二——绘制垫片零件图 418
17.3 综合范例三——绘制轴类零件图 420
17.4 综合范例四——绘制盘类零件图 425
17.5 综合范例五——绘制模具零件图 428
17.6 综合范例六——绘制支撑类零件图 433

第 18 章 绘制模型图 437

18.1 综合范例一——绘制夹具体三维模型 437
18.2 综合范例二——绘制机座体三维模型 439
18.3 综合范例三——绘制连接盘三维模型 442
18.4 综合范例四——绘制齿轮轴三维模型 445
18.5 综合范例五——绘制箱盖零件三维模型 448

第 19 章 图纸的后期输出 453

19.1 了解打印空间 453
19.2 配置打印设备 454
19.3 配置打印样式 456
19.4 设置页面参数 457
19.5 综合范例一——模型空间内的快速出图 459
19.6 综合范例二——布局空间内的精确出图 462
19.7 综合范例三——立体模型的多视口出图 464

第 5 部分 超值大赠送（PDF 电子文件，见下载资源）

附录 A AutoCAD 命令快捷键速查 468
附录 B AutoCAD 键盘功能键速查 472
附录 C AutoCAD 常用系统变量速查 473
附录 D AutoCAD 常用工具图标速查 480
附录 E 各章节思考题答案速查 488
附录 F AutoCAD 自我水平测试题 494

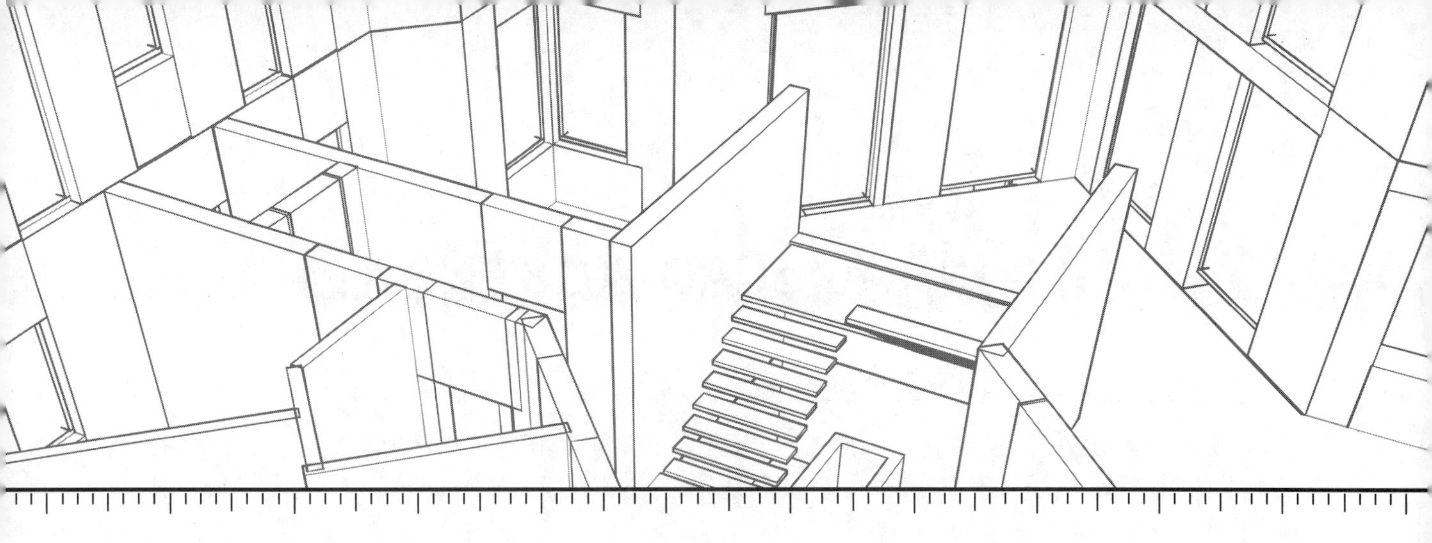

第 1 部分　基础篇

- 第 1 章：AutoCAD 2018 轻松入门
- 第 2 章：AutoCAD 2018 基本操作
- 第 3 章：基本几何图元的绘制功能
- 第 4 章：基本几何图元的编辑功能

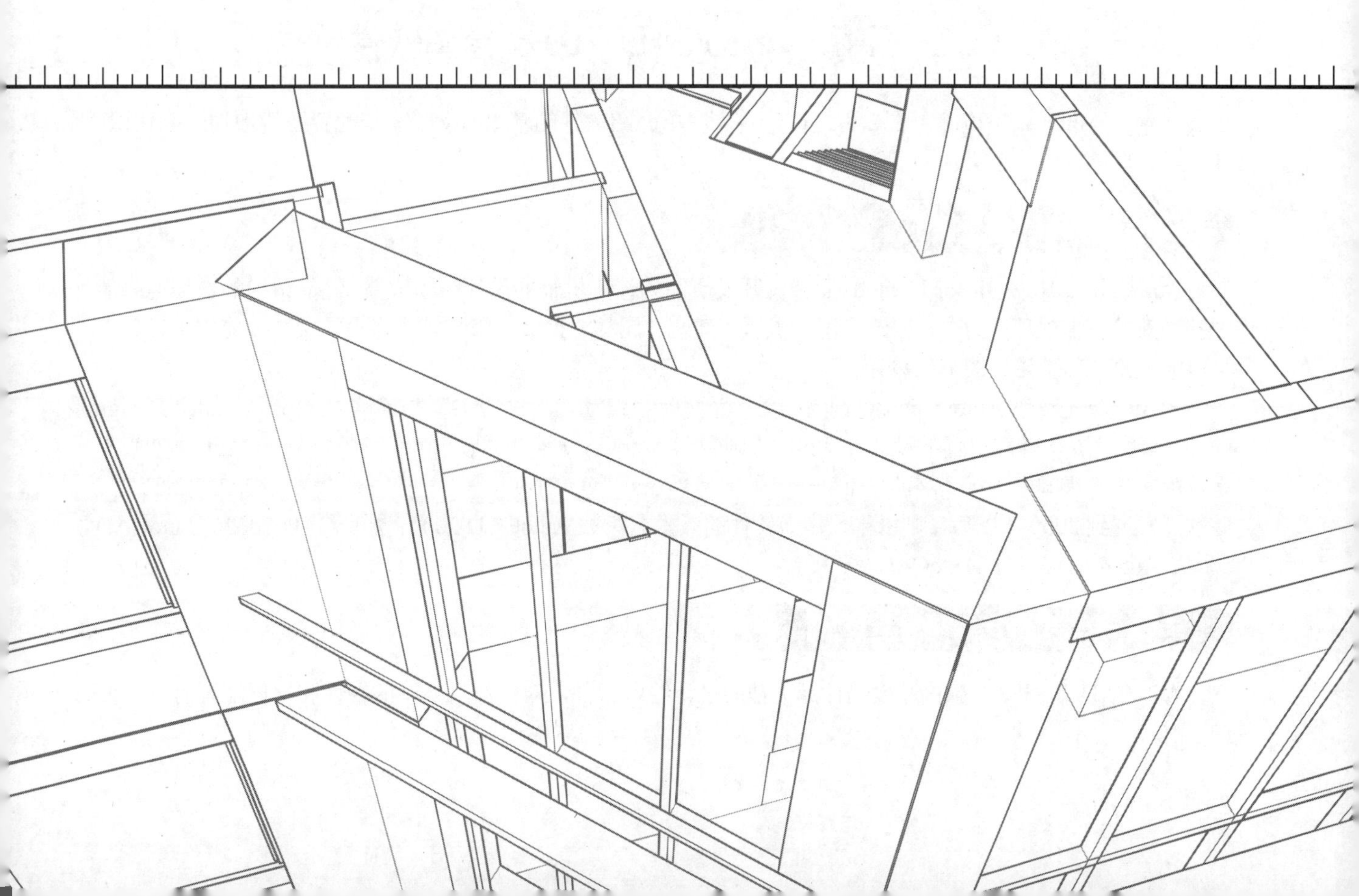

第 1 章　AutoCAD 2018 轻松入门

通过本章的学习，应了解 AutoCAD 2018 的基本概念、工作界面及其设置；掌握命令的调用方法和文件的创建、保存与应用等基础知识。除此之外，还需要了解和掌握数据点的精确输入、视图的基本控制、绘图环境的设置等，以及几个简单的命令和键盘操作键等基本技能，对 AutoCAD 有一个快速的认识、了解和简单应用。

本章学习内容

- 了解 AutoCAD 2018 绘图软件
- 启动与退出 AutoCAD 2018
- 认识 AutoCAD 2018 用户界面
- 了解 AutoCAD 命令的调用方式
- 绘图文件的创建与管理
- 掌握一些最基础的应用技能
- 设置 AutoCAD 绘图环境
- 综合范例——绘制一个简单的图形
- 思考与总结
- 上机操作题

1.1　了解 AutoCAD 2018 绘图软件

在学习 AutoCAD 2018 绘图软件之前，首先简单介绍软件的基本概念、系统配置及新增功能等知识，使读者对新软件有一个大体的了解和认识。

1.1.1　基本概念

AutoCAD 2018 是由美国 Autodesk 公司开发研制的计算机辅助设计绘图软件，凭借精确的数据运算能力和高效的图形处理能力，被广泛应用于机械、建筑、园林、模具、服装等诸多设计领域，使广大设计人员能够轻松高效地进行图形的设计。

“Auto”是英语 Automation 单词的词头，意思是“自动化”；“CAD”是英语 Computer-Aided-Design 的缩写，意思是“计算机辅助设计”；“2018”则表示 AutoCAD 软件的版本号。另外，AutoCAD 早期版本是以版本的升级顺序进行命名的，如第一个版本为“AutoCAD R1.0”、第二个版本为“AutoCAD R2.0”等，此软件发展到 2000 年以后，则以年代作为软件的版本名，如 AutoCAD 2000、AutoCAD 2002、AutoCAD 2004、AutoCAD 2011、AutoCAD 2017 等。

1.1.2　系统配置

AutoCAD 2018 是一款高精度的计算机辅助设计绘图软件，对计算机系统的硬件和软件配置有一定要求，下面针对 32 位和 64 位的 Windows 操作系统简述其最低配置要求。

（1）常规配置需求

- 操作系统：Microsoft ® Windows ®7SP1（32 位和 64 位）；Microsoft Windows 8.1 的更新 KB2919355（32 位和 64 位）；Microsoft Windows 10（仅限 64 位）。
- 浏览器：Windows Internet Explorer ® 11 或更高版本。
- 处理器：针对 32 位系统，需 1 千兆赫（GHz）或更快、32 位（x86）处理器；针对 64 位系统，需 1 千兆赫（GHz）或更快、64 位（x64）处理器。
- 内存：针对 32 位系统而言，需要 2 GB 内存（推荐使用 4 GB）；针对 64 位系统而言，需要 4 GB 内存（推荐使用 8 GB）。
- 常规显示器分辨率：1360 × 768（推荐使用 1920 × 1080），真彩色。
- 高分辨率和 4K 显示：分辨率达 3840 × 2160，支持 Windows 10、64 位系统（使用的显卡）。
- 显卡：Windows 显示适配器 1360 × 768 真彩色功能和 DirectX®9，建议使用与 DirectX 11 兼容的显卡，支持的操作系统建议使用 DirectX 9。
- 磁盘空间：4GB 的可用磁盘空间用于安装。不能在 64Windows 操作系统上安装 32 位的 AutoCAD，反之亦然。
- 定点设备：鼠标、轨迹球或其他设备；DVD/CD-ROM；任意速度（仅用于安装）。
- 数字化仪：支持 WINTAB。
- 工具动画演示媒体播放器：Adobe Flash Player v10 或更高版本。
- .NET Framework：.NET Framework 版本 4.6。

安装 AutoCAD 2018 过程中，会自动检测 Windows 操作系统是 32 位还是 64 位版本，然后安装适当版本的 AutoCAD。

（2）大型数据集、点云和三维建模的其他配置需求

- 内存：8GB 或更大 RAM。
- 磁盘空间：6GB 可用硬盘空间，不包括安装所需的空间。
- 显卡：1920 × 1080 或更高的真彩色视频显示适配器，128 MB VRAM 或更高，Pixel Shader 3.0 或更高版本，支持 Direct3D ® 的工作站级图形卡。
- 操作系统：建议使用 64 位操作系统。

1.1.3　新增功能

每一款软件的升级换代，都有一些新增加的功能或新增强的功能出现。就 AutoCAD 2018 版本而言，新功能主要体现在以下几个方面。

- 在新版中，高分辨率（4K）监视器支持光标、导航栏和 UCS 图标等用户界面元素，可正确显示在高分辨率（4K）显示器上。
- 在新版中，“图层控制”等可以出现在“快速访问工具栏”上，选项默认处于关闭状态，用户可以很轻松地打开。
- 在 AutoCAD 2018 中，可在图形的一部分中打开选择窗口，然后平移并缩放到其他部分，同时保留屏幕外对象选择。
- PDF 文件增强导入。使用 PDFIMPORT 命令可将 PDF 数据作为二维几何图形、TrueType 文字和图像输入至 AutoCAD 中。

只要 PDF 文件是矢量的，导入 CAD 后一般都会识别，并且可以保留 PDF 文件的图层信息。但是不支持图块的导入，也就是说导入 CAD 后没有图块对象，全部是线对象和文字。

- PDF 文件格式无法识别 AutoCADSHX 字体，因此，当从图形创建 PDF 文件时，使用 SHX 字体定义的文字将作为几何图形存储在 PDF 中。如果该 PDF 文件输入到 DWG 文件中，原始 SHX 文字将作为几何图形输入。AutoCAD 2018 提供 SHX 文本识别工具，用于选择表示 SHX 文字的已输入 PDF 几何图形，并将其转换为文字对象。
- “合并文字”工具支持将多个单独的文字对象合并为一个多行文字对象。这在识别并从输入的 PDF 文件转换 SHX 文字后特别有用。
- 外部对照功能增强。将外部文件附着到 AutoCAD 图形时，默认路径类型现在将设为“相对路径”，而非“完整路径”。在先前版本的 AutoCAD 中，如果宿主图形未命名（未保存），则无法指定参照文件的相对路径。在 AutoCAD 2018 中，可指定文件的相对路径，即使宿主图形未命名也可以指定。

1.2　启动与退出 AutoCAD 2018

本节主要学习 AutoCAD 2018 软件的启动与退出操作，进而了解和掌握新版本工作空间的种类及切换技能。

1.2.1　启动 AutoCAD 2018

当成功安装 AutoCAD 2018 绘图软件之后，可以通过以下几种方式启动 AutoCAD 2018 软件。

- 双击桌面上的软件图标 A。
- 选择桌面任务栏【开始】/【程序】/【Autodesk】/【AutoCAD 2018】中的 A AutoCAD 2018 - 简体中文 选项。
- 选择“*.dwg”格式的文件。

使用上述任何一种方式，均可启动 AutoCAD 2018 绘图软件，进入如图 1-1 所示的 AutoCAD 2018 启动界面。

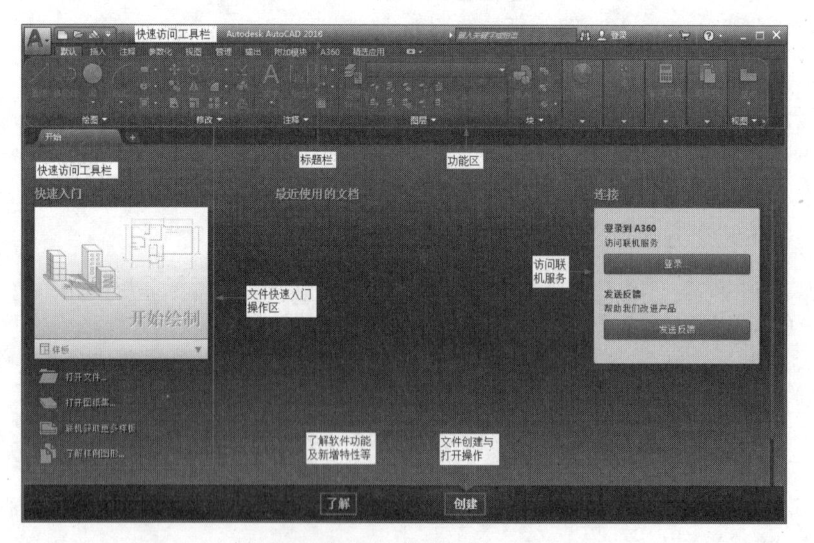

图 1-1　启动界面

在如图 1-1 所示的启动界面中，除了可以新建文件、打开文件及图纸集等操作外，还可以了解软件的功能及新特性、访问一些联机帮助等操作。在文件快速入门区单击 开始绘制 按钮，或者单击“开始”选项卡右端的 + 号，即可快速新建一个绘图文件，进入如图 1-2 所示的默认工作界面。

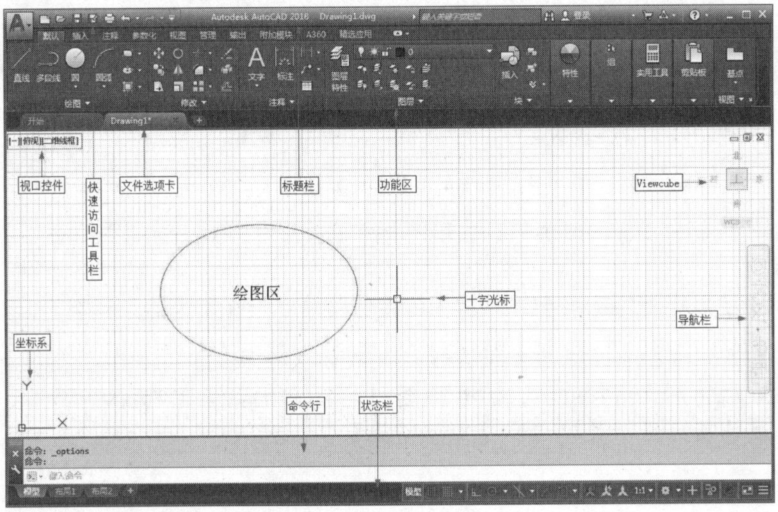

图 1-2 默认工作界面

1.2.2 了解和切换工作空间

AutoCAD 2018 绘图软件为用户提供了多种工作空间，如图 1-2 所示的软件界面为“草图与注释”空间，除此之外，新版本沿用先前版本中的“三维基础”和“三维建模”两种空间，“三维基础”空间在三维基础制图方面比较方便。在如图 1-3 所示的“三维建模”工作空间内可以非常方便地访问新的三维功能，而且新窗口中的绘图区可以显示出渐变背景色、地平面或工作平面（UCS 的 XY 平面）以及新的矩形栅格，这将增强三维效果和三维模型的构造。

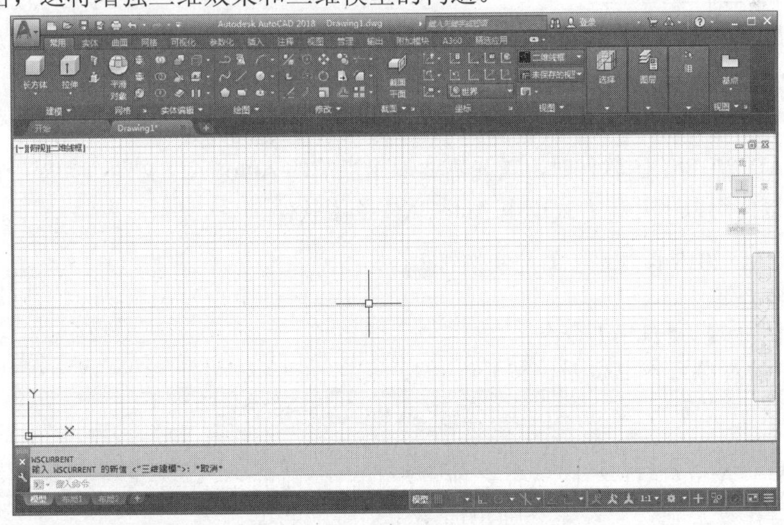

图 1-3 “三维建模”工作空间

无论选择何种工作空间，用户都可以在日后对其进行更改，也可以自定义并保存自己的工作空间。用户可以根据自己的作图习惯和需要，在 AutoCAD 的多种工作空间内进行切换，具体切换方式如下。

- 菜单栏：选择菜单【工具】/【工作空间】下一级菜单选项，如图 1-4 所示。

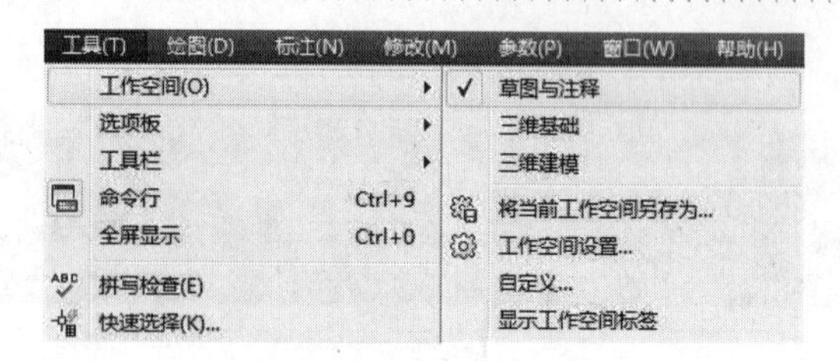

图 1-4　【工具】菜单

- 快速访问工具栏：展开【快速访问】工具栏上的【工作空间】下拉列表，选择所需的工作空间，如图 1-5 所示。
- 状态栏：单击状态栏上的⚙按钮，从弹出的按钮菜单中选择所需的工作空间，如图 1-6 所示。

默认设置下菜单栏和【工作空间】下拉列表都是隐藏的，用户可以通过单击【快速访问】工具栏右端的下三角按钮▾，打开如图 1-7 所示的菜单，选择“显示菜单栏”和“工作空间”菜单项，显示菜单栏和【工作空间】下拉列表。

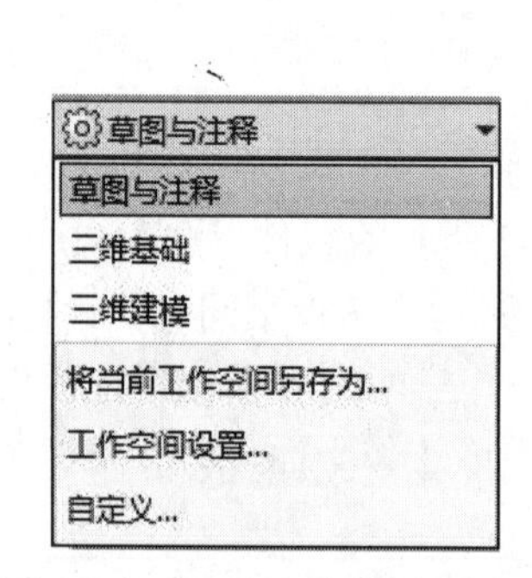

图 1-5　【工作空间】下拉列表

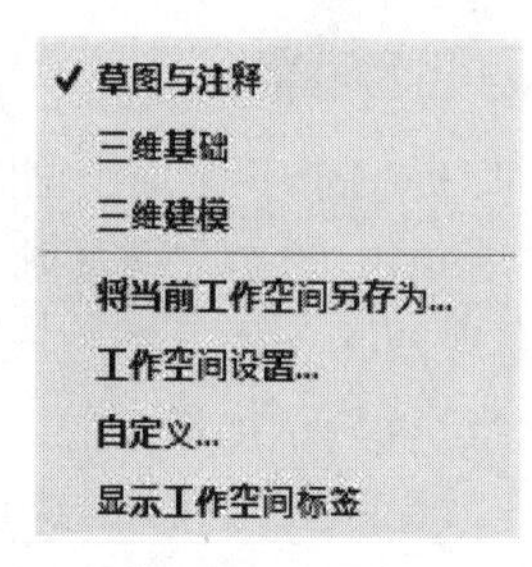

图 1-6　按钮菜单

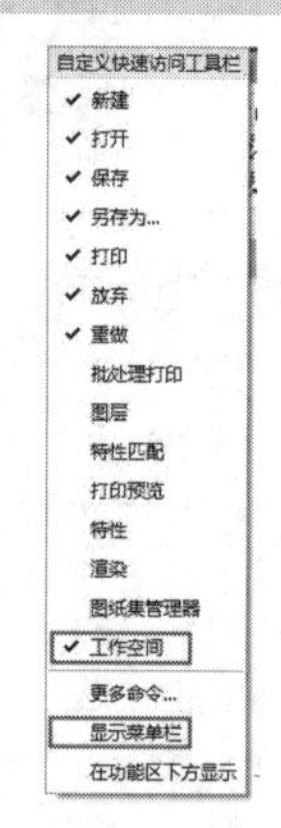

图 1-7　快速访问按钮菜单

1.2.3　退出 AutoCAD 2018

当退出 AutoCAD 2018 绘图软件时，首先需要退出当前的 AutoCAD 文件，如果当前的绘图文件已经存盘，那么用户可以使用以下几种方式退出 AutoCAD 绘图软件。

- 单击 AutoCAD 2018 标题栏上的控制按钮✕。
- 按 Alt+F4 组合键。
- 选择菜单【文件】/【退出】命令。
- 在命令行中输入 Quit 或 Exit 后，按 Enter 键。
- 展开“应用程序菜单”，单击 退出 Autodesk AutoCAD 2018 按钮。

如果用户在退出 AutoCAD 绘图软件之前，没有将当前的 AutoCAD 绘图文件存盘，那么系统将会弹出如图 1-8 所示的提示对话框，单击 是(Y) 按钮，将弹出【图形另存为】对话框，用于对图形进行命名保存；单击 否(N) 按钮，系统将放弃存盘并退出 AutoCAD 2018；单击 取消 按钮，系统将取消执行的退出命令。

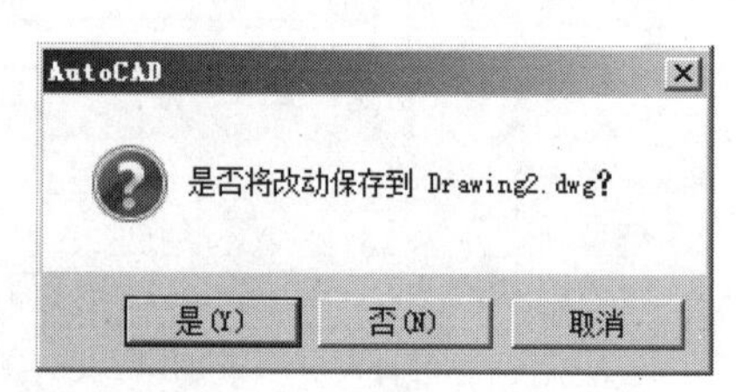

图 1-8　AutoCAD 提示框

1.3 认识AutoCAD 2018用户界面

AutoCAD 2018具有良好的人性化用户界面，从图1-2和图1-3中可以看出，AutoCAD 2018界面主要包括标题栏、菜单栏、功能区、绘图区、命令行、状态栏等，下面将简单讲述各部分的功能及其相关的操作。

1.3.1 标题栏

标题栏位于AutoCAD 2018操作界面的最顶部，如图1-9所示。标题栏主要包括应用程序菜单、【快速访问】工具栏、程序名称显示区、信息中心和窗口控制按钮。

图1-9 标题栏

- 单击AutoCAD用户界面左上角的A按钮，可打开如图1-10所示的应用程序菜单，通过此菜单可以访问常用工具、搜索命令、浏览最近使用的文档等。
- 【快速访问】工具栏不但可以快速访问某些命令，而且可以添加、删除常用命令按钮到工具栏上、控制菜单栏的显示及各工具栏的开关状态等。

在【快速访问】工具栏上单击鼠标右键（或单击右端的下三角按钮），从弹出的快捷菜单中可以实现上述操作。

- “程序名称显示区”主要用于显示当前正在运行的程序名和当前被执行的图形文件名称。
- “信息中心”可以快速获取所需信息、搜索所需资源等。

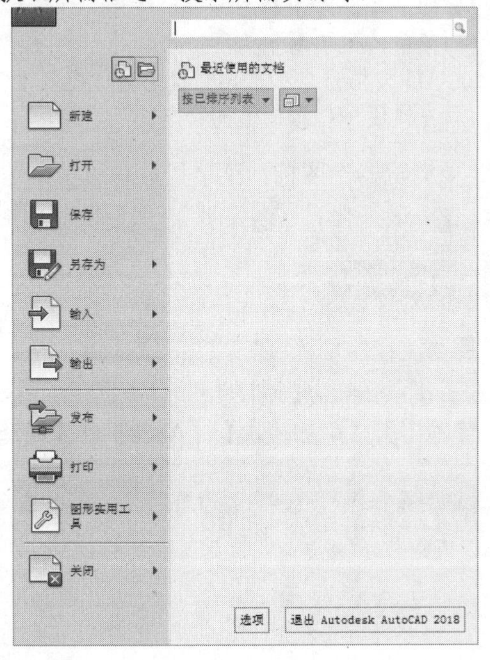

图1-10 应用程序菜单

- “窗口控制按钮”位于标题栏最右端，主要包括“最小化 ”“ 恢复/ 最大化”和“ 关闭”按钮，分别用于控制 AutoCAD 窗口的大小和关闭。

1.3.2　菜单栏

如图 1-11 所示的菜单栏位于标题栏的下方，AutoCAD 的常用制图工具和管理编辑等工具都分门别类地排列在这些主菜单中。用户可以非常方便地启动各主菜单中的相关菜单项，具体操作是利用鼠标在主菜单项上单击，展开主菜单，然后将光标移至需要启动的命令选项上，选择即可。

图 1-11　菜单栏

默认设置下，“菜单栏”是隐藏的，当变量 MENUBAR 的值为 1 时，显示菜单栏；当变量 MENUBAR 的值为 0 时，隐藏菜单栏。

AutoCAD 2018 为用户提供了【文件】、【编辑】、【视图】、【插入】、【格式】、【工具】、【绘图】、【标注】、【修改】、【参数】、【窗口】和【帮助】共 12 个主菜单。各菜单的主要功能如下：

- 【文件】菜单主要用于对图形文件进行设置、保存、清理、打印、发布等。
- 【编辑】菜单主要用于对图形进行一些常规的编辑，包括复制、粘贴、链接等命令。
- 【视图】菜单主要用于调整和管理视图，以方便视图内图形的显示，便于查看和修改图形。
- 【插入】菜单用于向当前文件中引用外部资源，如块、参照、图像、布局、超链接等。
- 【格式】菜单用于设置与绘图环境相关的参数和样式等，如绘图单位、颜色、线型、文字、尺寸样式等。
- 【工具】菜单为用户设置了一些辅助工具和常规的资源组织管理工具。
- 【绘图】菜单是一个二维和三维图元的绘制菜单，几乎所有的绘图和建模工具都在此菜单中。
- 【标注】菜单是一个专门用于为图形标注尺寸的菜单，包含了所有与尺寸标注相关的工具。
- 【修改】菜单是一个很重要的菜单，用于对图形进行修整、编辑和完善。
- 【参数】菜单是一个新增的菜单，主要用于为图形添加几何约束、标注约束等。
- 【窗口】菜单用于对 AutoCAD 文档窗口和工具栏状态进行控制。
- 【帮助】菜单主要用于为用户提供一些帮助性的信息。

菜单栏左侧的图标就是“菜单浏览器”图标，菜单栏最右边按钮是 AutoCAD 文件的窗口控制按钮，如“ 最小化”“ 还原/ 最大化”“ 关闭”，用于控制图形文件窗口的显示和关闭。

1.3.3　功能区

“功能区”主要出现在“草图与注释”“三维建模”“三维基础”等工作空间内，代替了 AutoCAD 旧版本中的工具栏，以面板的形式将各工具按钮分门别类地集合在选项卡内，默认设置下共显示【默认】、【插入】、【注释】、【视图】、【管理】、【输出】、【附加模块】、【A360】和【精选应用】9 个选项卡，如图 1-12 所示。

图 1-12　功能区

在功能区任一位置上单击鼠标右键，通过右键快捷菜单上的“显示选项卡”级联菜单，可以根据需要控制选项卡及面板的显示与隐藏状态，如图 1-13 所示。

在功能区面板中，用户在调用工具时，只需在功能区中展开相应的选项卡，显示出该选项卡下面的所有工具面板，然后在所需面板上单击相应的按钮即可。

在使用功能区界面元素时，无须再显示 AutoCAD 先前版本中的工具栏，使得应用程序窗口变得单一、简洁有序。通过单一简洁的界面，还可以将可用的工作区域最大化显示。如果用户已习惯使用先前版本经典界面中的工具栏，可以在【工具】菜单中的【工具栏】/【AutoCAD】菜单项中打开所需的工具栏。

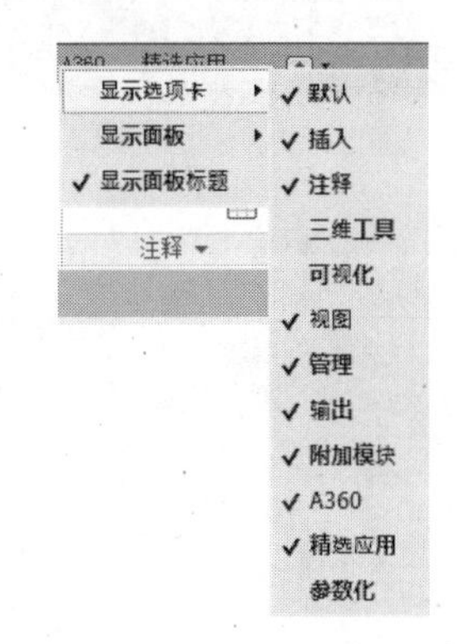

图 1-13 功能区右键快捷菜单

1.3.4 绘图区

如图 1-14 所示的绘图区位于功能区下方，此区域是用户的工作区域，图形的设计与修改工作就是在此区域内进行的。绘图区左上侧为视口控件区，左下侧为 UCS 坐标显示区，右上侧及右侧为 ViewCube 控件显示区，这些都是为了方便绘图而提供的一些小工具。

默认状态下，绘图区是一个无限大的电子屏幕，无论是尺寸多大或多小的图形，都可以在绘图区中绘制和灵活显示。当移动鼠标时，绘图区会出现一个随光标移动的十字符号，此符号为“十字光标”，它由“拾取点光标”和“选择光标”叠加而成，其中“拾取点光标”是点的坐标拾取器，当执行绘图命令时，显示为拾点光标；“选择光标”是对象拾取器，当选择对象时，显示为选择光标；当没有任何命令执行的前提下，显示为十字光标，如图 1-15 所示。

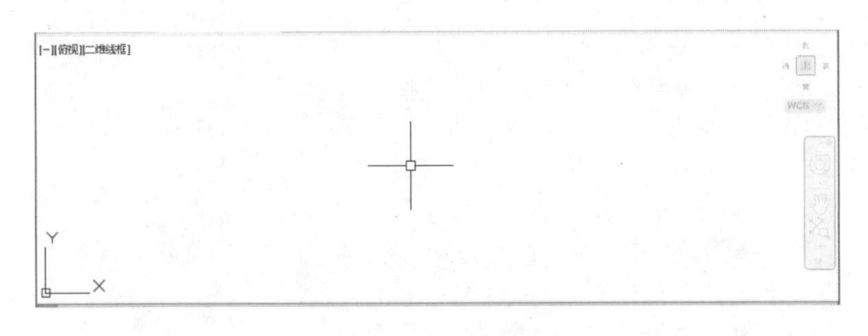

图 1-14 绘图区

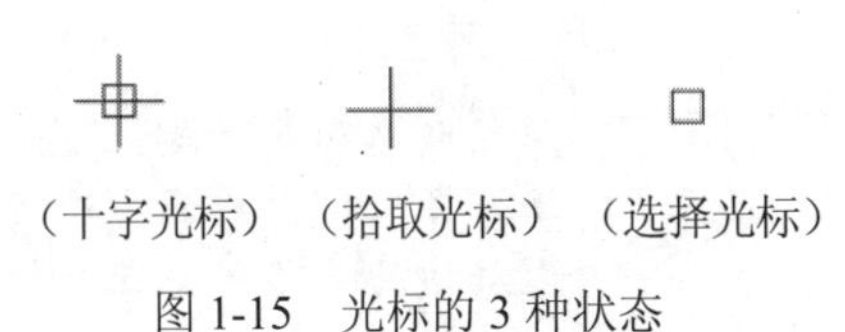

（十字光标） （拾取光标） （选择光标）

图 1-15 光标的 3 种状态

1.3.5 命令行

命令行是用户与 AutoCAD 软件进行数据交流的平台，主要功能就是用于提示和显示用户当前的操作步骤，如图 1-16 所示。

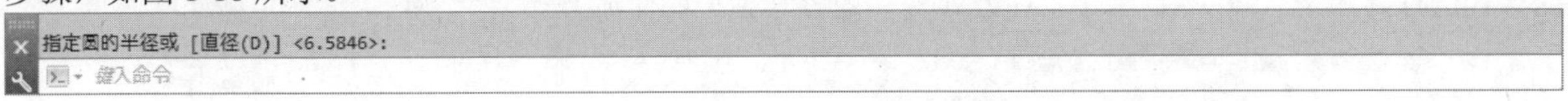

指定圆的半径或 [直径(D)] <6.5846>:
键入命令

图 1-16 命令行

“命令行”位于绘图区的下方，主要包括“命令输入窗口”和“命令历史窗口”两部分，默认设置下命令行共显示两行，上面一行为“命令历史窗口”，用于记录执行过的操作信息；下面一行则是“命令输入窗口”，用于提示用户输入命令或命令选项。

通过按 F2 功能键，系统会以“文本窗口”的形式显示更多的历史信息，如图 1-17 所示；再次按 F2 功能键，即可关闭“文本窗口”。

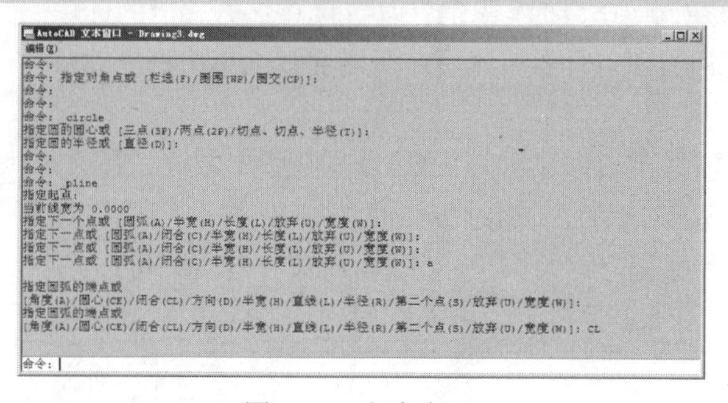

图 1-17　文本窗口

1.3.6　状态栏

状态栏位于 AutoCAD 操作界面的最底部，如图 1-18 所示，状态栏由左端的绘图空间控制区和右端的辅助绘图功能区两部分组成。

模型　布局1　布局2　+　　模型　1:1

图 1-18　状态栏

- 在状态栏左端的绘图空间控制区中，设置了 3 个标签，即模型、布局 1 和布局 2，分别代表了两种绘图空间，即模型空间和布局空间。模型标签代表了当前绘图区窗口是处于模型空间，通常在模型空间进行绘图。布局 1 和布局 2 是默认设置下的布局空间，主要用于图形的打印输出。用户可以通过单击标签，在这两种绘图空间中进行切换。
- 状态栏右端的辅助绘图功能区中排列了一些重要的辅助绘图功能按钮，主要用于控制点的精确定位和追踪、快速查看布局、查看图形、定位视点、注释比例、对工具栏、窗口等固定、工作空间切换、绘图区的全屏显示等。

单击状态栏最右侧的 ☰ 按钮，可打开如图 1-19 所示的自定义快捷菜单，菜单中的各选项与状态栏上的各按钮功能一致，用户可以通过此菜单控制状态栏各辅助功能的开关状态。

图 1-19　状态栏自定义菜单

1.4　了解 AutoCAD 命令的调用方式

一般情况下，软件与用户交流的方式大都通过“对话框”或“命令面板”的方式进行，但是 AutoCAD 除了上述方式外，还有其独特的交流方式。

1.4.1　菜单栏与右键快捷菜单

单击“菜单栏”中的命令选项，是一种比较传统、常用的命令启动方式。另外，为了更加方便地启动某些命令或命令选项，AutoCAD 为用户提供了右键快捷菜单。所谓右键快捷菜单，指的就是单击鼠标右键弹出的快捷菜单，用户只需选择快捷菜单中的命令或选项，即可快速激活相应的功能。根据操作过程的不同，右键快捷菜单归纳为以下3种：

- 默认模式菜单。此种菜单是在没有命令执行的前提下或没有对象被选择的情况下单击鼠标右键显示的菜单。
- 编辑模式菜单。此种菜单是在有一个或多个对象被选择的情况下单击鼠标右键弹出的菜单。
- 模式菜单。此种菜单是在一个命令执行的过程中单击鼠标右键而弹出的快捷菜单。

1.4.2　功能区与工具栏

与其他计算机软件一样，单击工具栏或功能区上的命令按钮，也是一种常用、快捷的命令启动方式。通过形象而又直观的按钮代替 AutoCAD 的每个命令，远比那些复杂烦琐的英文命令及菜单更为方便直接，用户只需将光标放在命令按钮上，系统就会自动显示出该按钮所代表的命令，单击按钮即可执行该命令。

1.4.3　命令表达式

所谓“命令表达式”，指的就是AutoCAD的英文命令，用户只需在命令行的输入窗口中输入CAD命令的英文表达式，然后按键盘上的Enter键，就可以启动命令。此种方式是一种最原始的方式，也是一种很重要的方式。

如果用户需要激活命令中的选项功能，可以在相应的步骤提示下，在命令行输入窗口中输入该选项的代表字母，然后按Enter键，也可以使用右键快捷菜单方式启动命令的选项功能。

1.4.4　功能键及快捷键

“功能键与快捷键”是最快捷的一种命令启动方式。每一种软件都配置了一些命令快捷键，如表1-1所示为AutoCAD自身设置的一些命令快捷键，在执行这些命令时只需要按下相应的键即可。

表1-1　AutoCAD功能键与快捷键

功能键	功能	快捷键	功能
F1	AutoCAD 帮助	Ctrl+N	新建文件
F2	文本窗口开关	Ctrl+O	打开文件
F3	对象捕捉开关	Ctrl+S	保存文件
F4	三维对象捕捉开关	Ctrl+P	打印文件
F5	等轴测平面转换	Ctrl+Z	撤销上一步操作
F6	动态 UCS	Ctrl+Y	重复撤销的操作
F7	栅格开关	Ctrl+X	剪切
F8	正交开关	Ctrl+C	复制
F9	捕捉开关	Ctrl+V	粘贴
F10	极轴开关	Ctrl+Q	退出软件
F11	对象跟踪开关	Ctrl+0	全屏
F12	动态输入	Ctrl+1	特性管理器

（续表）

功能键	功能	快捷键	功能
Delete	删除	Ctrl+2	设计中心
Ctrl+A	全选	Ctrl+3	特性
Ctrl+4	图纸集管理器	Ctrl+5	信息选项板
Ctrl+6	数据库连接	Ctrl+7	标记集管理器
Ctrl+8	快速计算器	Ctrl+9	命令行
Ctrl+W	选择循环	Ctrl+Shift+P	快捷特性
Ctrl+Shift+I	推断约束	Ctrl+Shift+C	带基点复制
Ctrl+Shift+V	粘贴为块	Ctrl+Shift+S	另存为

另外，AutoCAD 还有一种更为方便的“命令快捷键”，即 CAD 英文命令的缩写。严格说它算不上是命令快捷键，但是使用命令简写的确能起到快速启动命令的作用，所以也称之为快捷键。不过使用此类快捷键时需要配合 Enter 键，如【直线】命令的英文缩写为“L”，用户只需按下键盘上的 L 字母键后再按下 Enter 键，即可执行【直线】命令。

1.5　绘图文件的创建与管理

通过上述小节的学习，对 AutoCAD 2018 的工作空间及界面有了一定的了解和认识。接下来，将学习 AutoCAD 绘图文件的新建、存储、打开、清理等基本操作功能。

1.5.1　新建文件

除了在软件启动界面中的【开始】选项卡中新建文件外，还可以使用【新建】命令，此命令主要用于以预置样板文件作为基础样板、新建公制单位或英寸单位的空白绘图文件。

执行【新建】命令主要有以下几种方式。

- 菜单栏：选择菜单栏中的【文件】/【新建】命令。
- 工具栏：单击【快速访问】工具栏上的按钮。
- 命令行：在命令行输入 New 后按 Enter 键。
- 组合键：按 Ctrl+N 组合键。

执行【新建】命令后，打开如图 1-20 所示的【选择样板】对话框。在此对话框中，选择 acadISo-Named Plot Styles 或 acadiso 样板文件后单击 打开(O) 按钮，即可创建一份公制单位的空白文件，进入 AutoCAD 默认设置的二维工作界面。如果在【选择样板】对话框中选择 acadISo-Named Plot Styles3D 或 acadiso3D 文件作为基础样板，则可以创建三维绘图文件，进入如图 1-21 所示的三维工作空间。

另外，单击“文件”选项卡上的【新图形】 + 按钮，系统将以上次新建文件时选用的样板文件为默认样板，快速新建文件。

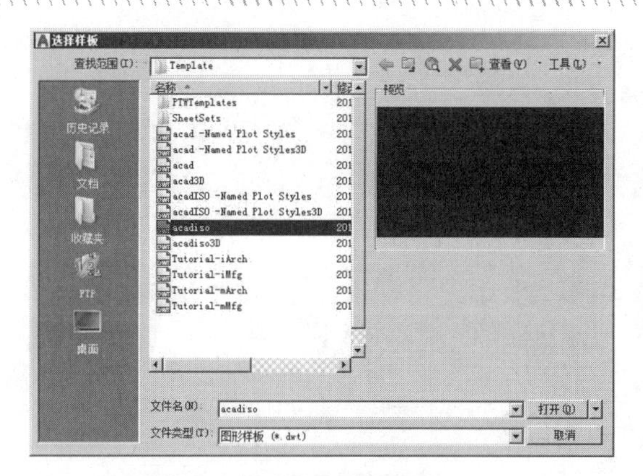

图 1-20 【选择样板】对话框

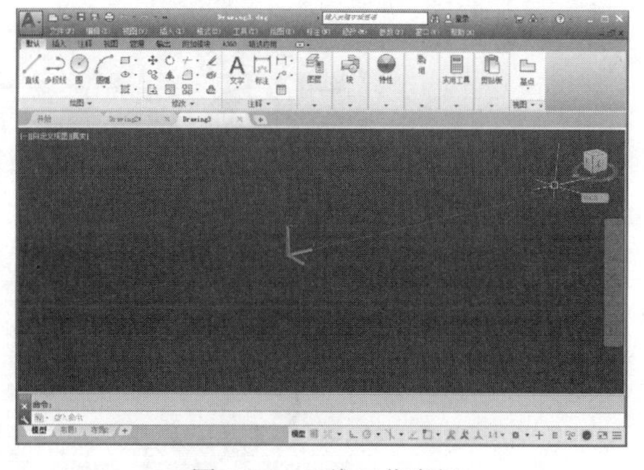

图 1-21　三维工作空间

AutoCAD 为用户提供了“无样板”方式创建文件的功能，具体操作是在【选择样板】对话框中单击 打开(O) 按钮右侧的下三角，打开如图 1-22 所示的按钮菜单，然后选择【无样板打开-公制】选项，即可快速新建公制单位的绘图文件。

图 1-22　无样板方式新建文件

1.5.2　保存文件

【保存】命令用于将绘制的图形以文件的形式进行存盘，存盘的目的就是为了方便以后查看、使用、修改编辑等。

执行【保存】命令主要有以下几种方式。

- 菜单栏：选择菜单栏中的【文件】/【保存】命令。
- 工具栏：单击【快速访问】工具栏上的按钮。
- 命令行：在命令行输入 Save 后按 Enter 键。
- 组合键：按 Ctrl+S 组合键。

执行【保存】命令后，可打开如图 1-23 所示的【图形另存为】对话框，在此对话框内设置存盘路径、文件名和文件格式后，单击 保存(S) 按钮，即可将当前文件存盘。

图 1-23 【图形另存为】对话框

默认的存储类型为“AutoCAD 2018 图形(*.dwg)”，使用此种格式将文件存盘后，只能被 AutoCAD 2018 及其以后的版本所打开，如果用户需要在 AutoCAD 早期版本中打开此文件，必须使用较低版本的文件格式进行存盘。

1.5.3 另存文件

当用户在已存盘的图形基础上进行了其他修改工作，又不想将原来的图形覆盖，可以使用【另存为】命令，将修改后的图形以不同的路径或不同的文件名进行存盘。

执行【另存为】命令主要有以下几种方式。

- 菜单栏：选择菜单栏中的【文件】/【另存为】命令。
- 工具栏：单击【快速访问】工具栏上的按钮。
- 命令行：在命令行输入 Saveas 后按下 Enter 键。
- 组合键：按下 Crtl+Shift+S 组合键。

1.5.4 打开文件

当用户需要查看、使用或编辑已经存盘的图形时，可以使用【打开】命令，将此图形打印。

执行【打开】命令主要有以下几种方式。

- 菜单栏：选择菜单栏中的【文件】/【打开】命令.
- 工具栏：单击【快速访问】工具栏上的按钮。
- 命令行：在命令行输入 Open 后按 Enter 键。
- 组合键：按 Ctrl+O 组合键。

执行【打开】命令后，系统将打开【选择文件】对话框，在此对话框中选择需要打开的图形文件，如图 1-24 所示。单击 打开(O) 按钮，即可将此文件打开。

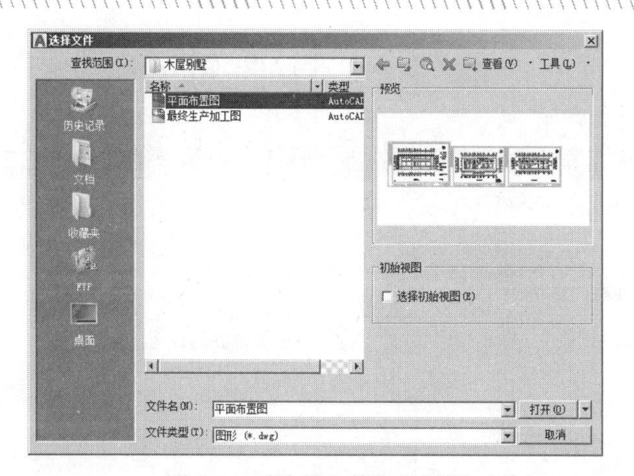

图 1-24 【选择文件】对话框

如果需要打开当前文件内的局部图形，或者以“只读”的方式打开当前文件，可以在【选择文件】对话框中单击 打开(O) ▾按钮右端的下三角，从展开的按钮菜单中选择相应的打开方式，如图 1-25 所示。

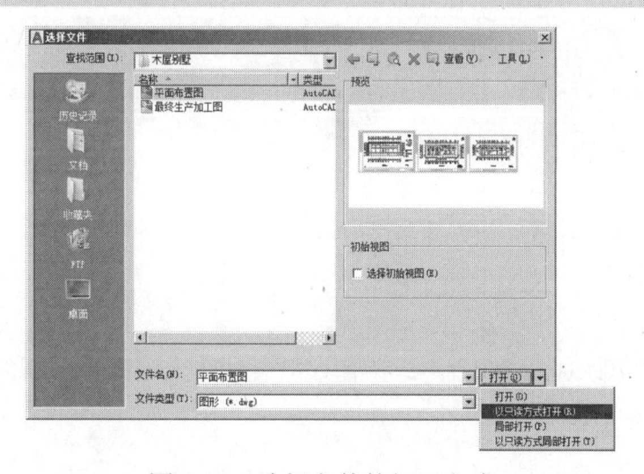

图 1-25 选择文件的打开方式

1.5.5 清理文件

有时为了给图形文件进行“减肥”，以减小文件的存储空间，可以使用【清理】命令，将文件内部一些无用的垃圾资源（如图层、样式、图块等）进行清理。

执行【清理】命令主要有以下几种方式。

- 菜单栏：选择菜单栏中的【文件】/【图形实用工具】/【清理】命令。
- 命令行：在命令行输入 Purge 后按 Enter 键。
- 快捷键：在命令行输入 PU 后按 Enter 键。

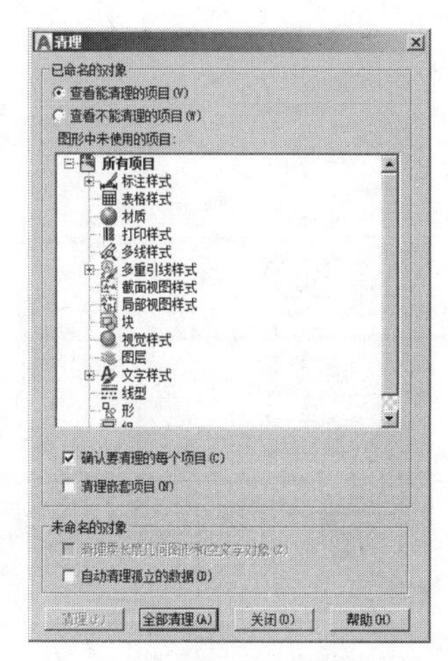

图 1-26 【清理】对话框

执行【清理】命令后，系统可打开如图 1-26 所示的【清理】对话框，在此对话框中，带有“+”号的选项表示该选项内含有未使用的垃圾项目，单击该选项将其展开，即可选择需要清理的项目。如果用户需要清理文件中所有未使用的垃圾项目，可以单击对话框底部的全部清理(A)按钮。

1.6　掌握一些基础的应用技能

本节主要讲述一些基础、简单的软件操作技能，包括几个简单的命令、几个常用的键盘操作键以及视图的基本控制和数据点的精确输入。

1.6.1　几个简单的工具

本节将学习几个简单的制图工具，具体有直线、删除、放弃与重做。

1. 【直线】命令

【直线】命令是一个常用的画线工具，使用此命令可以绘制闭合或不闭合的线图形，不过所绘制的各条直线段都将被看作是一个独立的对象。

执行【直线】命令有以下几种方式。

- 菜单栏：选择菜单栏中的【绘图】/【直线】命令。
- 命令行：在命令行输入 Line 后按 Enter 键。
- 快捷键：在命令行输入 L 后按 Enter 键。
- 功能区：单击【默认】选项卡/【绘图】面板上的按钮。

执行【直线】命令后，命令行提示如下：

```
命令：_line
指定第一点：                          //定位第一点
指定下一点或 [放弃(U)]：                //定位第二点
指定下一点或 [放弃(U)]：                //定位第三点
指定下一点或 [闭合(C)/放弃(U)]：        //定位第四点，或闭合或按 Enter 键结束命令
```

【例题 1-1】 绘制闭合图形

下面通过绘制长度为 150、宽度为 100 的矩形，学习【直线】命令的使用方法和绘制过程。

步骤 01 单击【默认】选项卡/【绘图】面板上的按钮，执行【直线】命令。

步骤 02 执行【直线】命令后，根据 AutoCAD 命令行的提示，使用坐标输入功能精确绘图。命令行提示如下：

```
命令：_line
指定第一点：                          //在绘图区单击左键，拾取一点作为起点
指定下一点或 [放弃(U)]：                // @150,0 Enter，定位第二点
指定下一点或 [放弃(U)]：                //@0,100 Enter，定位第三点
指定下一点或 [闭合(C)/放弃(U)]：        //@-150,0 Enter，定位第四点
指定下一点或 [闭合(C)/放弃(U)]：        //c Enter，闭合图形，结果如图 1-27 所示
```

选择【放弃】选项，可以在不中断命令的前提下取消上一步的错误操作；而选择【闭合】选项，可以绘制首尾相连的闭合图形，并结束命令。

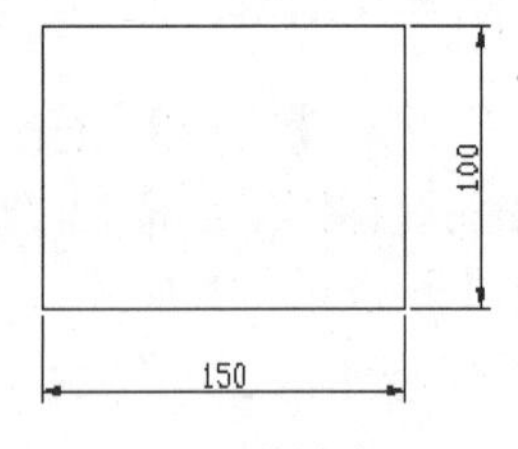

图 1-27　绘制结果

2. 【删除】命令

【删除】命令主要用于删除多余的图形。当执行该命令后，选择需要删

除的图形，单击鼠标右键或按Enter键，即可将图形删除。此工具起到的作用，相当于手工绘图时的橡皮擦，用于擦除无用的图形。

执行【删除】命令主要有以下几种方式。

- 菜单栏：选择菜单栏中的【修改】/【删除】命令。
- 命令行：在命令行输入Erase后按Enter键。
- 快捷键：在命令行输入E后按Enter键。
- 功能区：单击【默认】选项卡/【修改】面板上的按钮。

3. 【放弃】与【重做】命令

当用户需要撤销或恢复已执行过的操作步骤时，可以使用【放弃】和【重做】命令，其中【放弃】用于撤销执行的操作；【重做】命令用于恢复撤销的操作。AutoCAD支持用户无限次放弃或重做操作，而且【重做】必须紧跟【放弃】命令。

单击【快速访问】工具栏中的按钮，或者选择菜单栏中的【编辑】/【放弃】命令，或者直接在命令行中输入Undo或U，即可执行【放弃】命令。同样，单击【快速访问】工具栏中的按钮，或者选择菜单栏中的【编辑】/【重做】命令，可执行【重做】命令，恢复放弃的操作。

1.6.2 视图的基本控制

本节主要学习视图的实时平移和实时缩放两种最基本的控制功能。

1. 实时平移

使用AutoCAD绘图时，所有图形并不一定全部显示在当前屏幕内，如果要观察显示在屏幕外的图形，可使用【平移】命令，系统将按用户指定的方向和距离移动所显示的图形且不改变显示的比例。视图的平移菜单如图1-28所示。各菜单项功能如下：

图1-28 平移菜单

- 【实时】用于将视图随着光标的移动而平移。
- 【点】平移是根据指定的基点和目标点平移视图。点平移时，需要指定两点，第一点作为基点，第二点作为位移的目标点，平移视图内的图形。
- 【左】、【右】、【上】和【下】命令分别用于在X轴和Y轴方向上移动视图。

单击绘图区导航栏上的按钮，或者选择右键快捷菜单中的【平移】命令，均可执行【平移】命令，执行【平移】命令后光标变为“”状，此时可以按住鼠标左键向需要的方向平移视图，在任何时候都可以按Enter键或Esc键来停止平移。

2. 实时缩放

单击绘图导航栏上的【缩放】按钮，或者选择菜单栏中的【视图】/【缩放】/【实时】命令，均可执行【实时缩放】命令，此时屏幕上将会出现一个放大镜形状的光标，进入实时缩放状态。按住鼠标并向下拖动，视图缩小显示；按住鼠标并向上拖动，则视图放大显示。

1.6.3 几个常用键盘键

为了提高绘图效率，AutoCAD绘图软件为个别键盘操作键赋予了某种重要功能，当在命令行输入命令或命令选项时，按键盘上的 Enter 键即可激活命令或选项功能，结束命令时按 Enter 键，起到一种回车确定或回车响应的功能。

另外，当执行完命令时按 Enter 键，可重复执行该命令；如果用户需要终止正在执行的命令时，可以按 Esc 键；如果用户需要删除图形时，可在选择图形后按 Delete 键，此功能等同于【删除】命令。

1.6.4 数据点的精确输入

要绘制数据精确的图形，就必须要准确地定位点，而利用坐标功能进行定位图形上的点，是一种最直接、最基本的点定位方式。常用的坐标输入功能主要有“绝对坐标点的输入”和“相对坐标点的输入”两种类型。

1. 绝对坐标点的输入

绝对坐标点的输入功能主要有“绝对直角坐标点的输入”和“绝对极坐标点的输入”两种类型。

（1）绝对直角坐标点的输入

绝对直角坐标是以原点（0,0,0）为参照点，进行定位所有的点。其表达式为（x,y,z），用户可以通过输入点的实际 x、y、z 坐标值来定义点的坐标。在如图 1-29 所示的坐标系中，B 点的 X 坐标值为 3（该点在 X 轴上的垂足点到原点的距离为 3 个单位），Y 坐标值为 1（该点在 Y 轴上的垂足点到原点的距离为 1 个单位），那么 B 点的绝对直角坐标表达式为（3,1）。

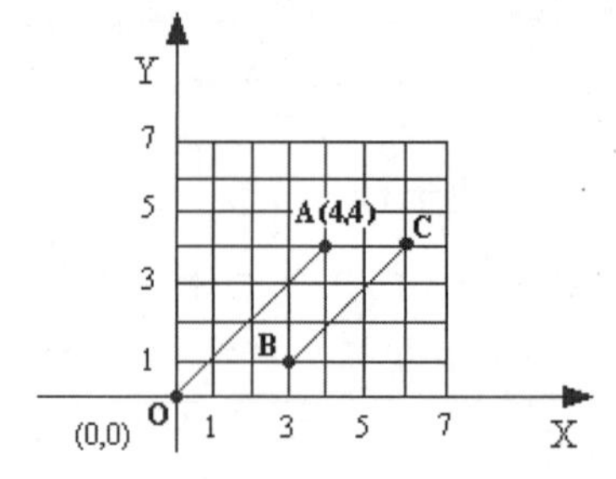

图 1-29 绝对坐标系的点

（2）绝对极坐标点的输入

绝对极坐标是以原点作为极点，通过相对于原点的极长和角度来定义点的。其表达式为（L<α）。在如图 1-29 所示的坐标系中，假若直线 OA 的长度用 L 表示，直线 OA 与 X 轴正方向夹角使用 α 表示，如果这两个参数都明确的话，就可以使用绝对极坐标来表示 A 点，即（L<α）。

2. 相对坐标点的输入

“相对坐标点的输入”包括“相对直角坐标点的输入”和“相对极坐标点的输入”两种类型。

（1）相对直角坐标点的输入

相对直角坐标就是某一点相对于对照点 X 轴、Y 轴和 Z 轴 3 个方向上的坐标变化。其表达式为（@x,y,z）。在实际绘图中常把上一点看作参照点，后续绘图操作是相对于前一点进行的。例如，在如图1-29 所示的坐标系中，C 点的绝对坐标为（6,4），如果以 A 点作为参照点，使用相对直角坐标表示 C 点，那么表达式则为（@6-4,4-4）=（@2,0）。

AutoCAD 为用户提供了一种变换相对坐标系的方法，只要在输入的坐标值前加“@”符号，就表示该坐标值是相对于前一点的相对坐标。

（2）相对极坐标点的输入

相对极坐标是通过相对于参照点的极长距离和偏移角度来表示的，其表达式为（@L<α），L 表示极长，α 表示角度。例如，在如图 1-29 所示的坐标系中，如果以 A 点作为参照点，使用相对极坐标表示 C 点，那么表达式则为（@2<0），其中 2 表示 C 点和 A 点的极长距离为两个图形单位，偏移角度为 0°。

默认设置下，AutoCAD 是以 X 轴正方向作为 0° 的起始方向，逆时针方向计算的，如果在图1-29所示的坐标系中，以C点作为参照点，使用相对坐标表示A点，则为“@2<180”

1.7　设置AutoCAD绘图环境

本节主要学习绘图单位、图形界限及绘图区背景色的设置功能。

1.7.1　绘图单位

【单位】命令主要用于设置长度单位、角度单位、角度方向、各自的精度等参数。

执行【单位】命令主要有以下几种方式。

- 菜单栏：选择菜单栏中的【格式】/【单位】命令。
- 命令行：在命令行输入Units后按Enter键。
- 快捷键：在命令行输入UN后按Enter键。

【例题1-2】　设置绘图单位及精度

步骤01　首先创建公制单位的空白文件。

步骤02　选择菜单栏中的【格式】/【单位】命令，打开如图1-30所示的【图形单位】对话框。

步骤03　在【长度】选项组中单击【类型】下拉列表框，设置长度的类型，默认为“小数”。

AutoCAD 提供了“建筑”“小数”“工程”“分数”和“科学”5种长度类型。单击▼按钮，可以从中选择需要的长度类型。

步骤04　展开【精度】下拉列表框，设置单位的精度，默认为“0.000”。用户可以根据需要设置单位的精度。

步骤05　在【角度】选项组中展开【类型】下拉列表框，设置角度的类型，默认为“十进制度数”；展开【精度】下拉列表框，设置角度的精度，默认为“0”，用户可以根据需要进行设置。

步骤06　在【插入时的缩放单位】选项组中设置用于确定拖放内容的单位，默认为“毫米”。

步骤07　设置角度的基准方向。单击对话框底部的 方向(D)... 按钮，打开如图1-31所示的【方向控制】对话框，用来设置角度测量的起始位置。

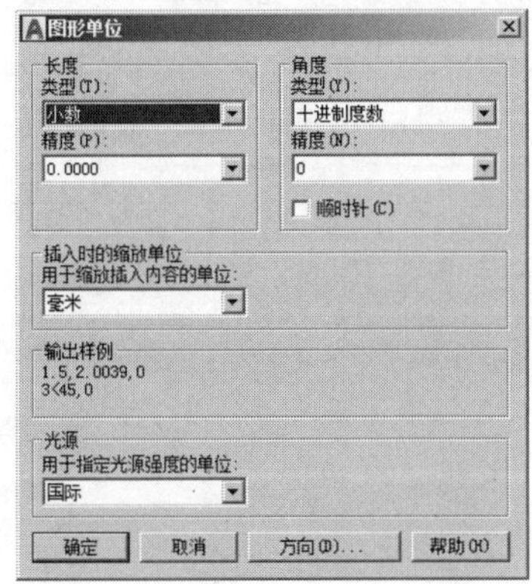

图1-30　【图形单位】对话框

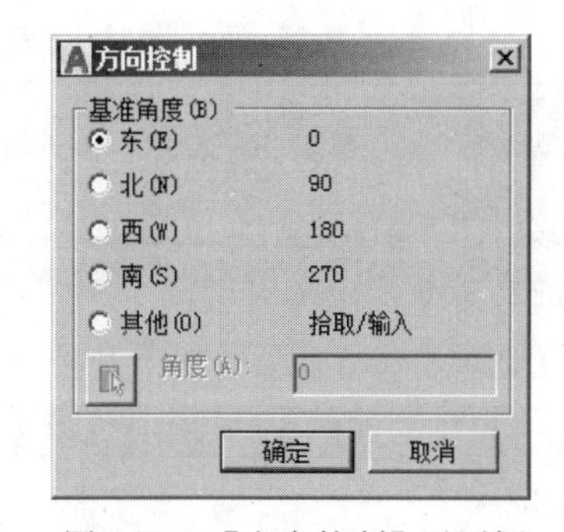

图1-31　【方向控制】对话框

【顺时针】选项用于设置角度的方向，如果选中该复选框，那么在绘图过程中就以顺时针为正角度方向，否则，以逆时针为正角度方向。

1.7.2　绘图区域

"图形界限"指的就是绘图的区域，相当于手工绘图时事先准备的图纸。设置"图形界限"最实用的一个目的就是为了满足不同范围的图形在有限绘图区窗口中的恰当显示，以便于视窗的调整及用户的观察编辑等。

执行【图形界限】命令主要有以下几种方式。

- 菜单栏：选择菜单栏中的【格式】/【图形界限】命令。
- 命令行：在命令行输入 Limits 后按 Enter 键。

默认设置下图形的界限为 3 号横向图纸的尺寸，即长边为 420、短边为 297 个单位，用户可以根绘图需要设置图形界限的范围，下面通过实例学习图形界限的设置技能。

【例题 1-3】　设置与显示图形界限

步骤01　首先创建空白文件。

步骤02　执行【图形界限】命令，在命令行"指定左下角点或 [开（ON）/关（OFF）]："提示下，直接按 Enter 键，以默认原点作为图形界限的左下角点。

步骤03　在命令行"指定右上角点："提示下，输入"200,150"并按 Enter 键。

步骤04　选择菜单栏中的【视图】/【缩放】/【全部】命令，将图形界限最大化显示。

步骤05　当设置图形界限后，打开状态栏上的【栅格】功能，通过栅格点，可以将图形界限直观地显示出来，如图 1-32 所示；也可以使用栅格线显示图形界限，如图 1-33 所示。

当设置图形界限后，如果禁止绘制的图形超出图形界限，可以打开图形界限的检测功能，将坐标值限制在制图区域内，这样就不会使绘制的图形超出边界。

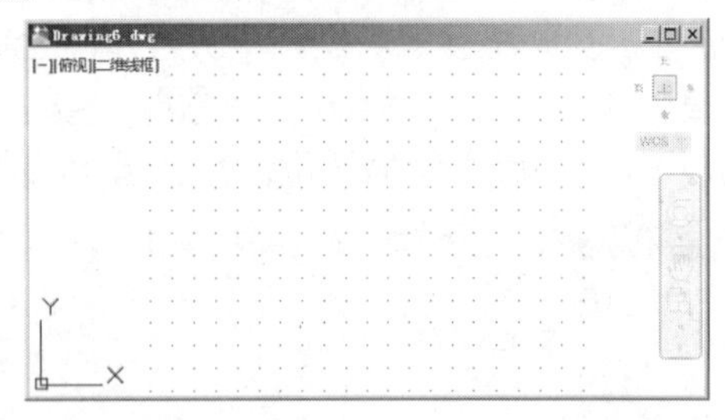

图 1-32　图形界限的栅格点显示

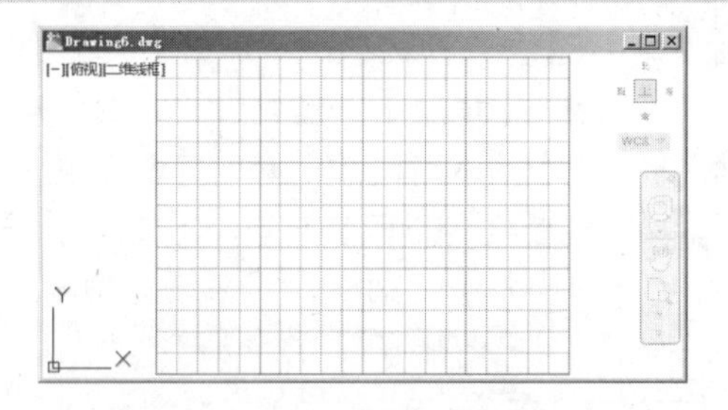

图 1-33　图形界限的栅格线显示

1.7.3　绘图区背景色

默认设置下，AutoCAD 2018 的绘图背景色为 RGB（33，40，48），如果需要更改绘图背景色，可以使用【选项】命令。

执行【选项】命令主要有以下几种方式。

- 菜单栏：选择菜单栏中的【工具】/【选项】命令。
- 右键快捷菜单：选择快捷菜单中的【选项】命令。
- 命令行：在命令行输入 Option 后按 Enter 键。

● 快捷键：在命令行输入 OP 后按下 Enter 键。

【例题 1-4】 将绘图区背景设为白色

步骤 01 使用快捷键“OP”执行【选项】命令，打开【选项】对话框。

步骤 02 单击【显示】选项卡，如图 1-34 所示，在【窗口元素】选项组中单击 颜色(C)... 按钮，打开【图形窗口颜色】对话框。

步骤 03 在【图形窗口颜色】对话框中展开【颜色】下拉列表框，将窗口颜色设置为“白”，如图 1-35 所示。

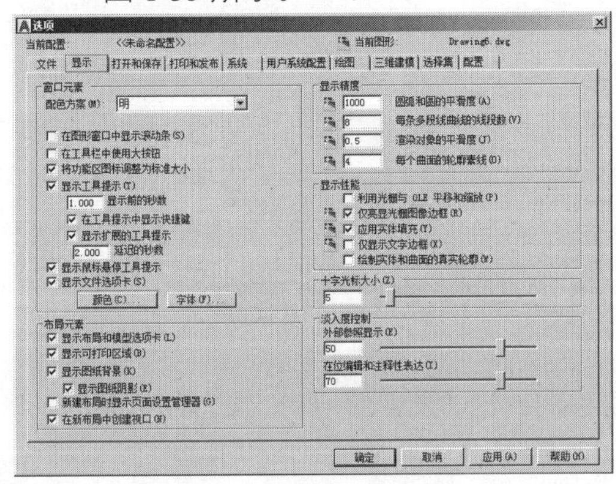

图 1-34　【显示】选项卡

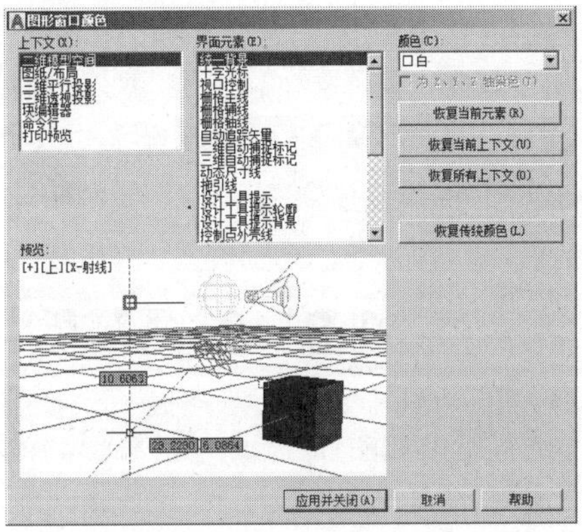

图 1-35　【图形窗口颜色】对话框

步骤 04 单击 应用并关闭(A) 按钮返回【选项】对话框。

步骤 05 单击 确定 按钮，此时绘图区的背景色显示为白色。

1.7.4　绘图区十字光标

使用【选项】命令不但可以设置绘图背景色，还可以设置界面内其他多种界面元素的特性，如十字光标的大小，下面通过实例学习此种常用技能。

【例题 1-5】 将十字光标尺寸调至无限长

步骤 01 使用快捷键“OP”执行【选项】命令，打开【选项】对话框。

步骤 02 在【选项】对话框中打开【选择集】选项卡。

步骤 03 在【十字光标大小】选项框中，将滑块向右调至 100。

步骤 04 单击 应用并关闭(A) 按钮返回【选项】对话框。

步骤 05 单击 确定 按钮，此时绘图区十字光标的尺寸被调至无限长，如图 1-36 所示。

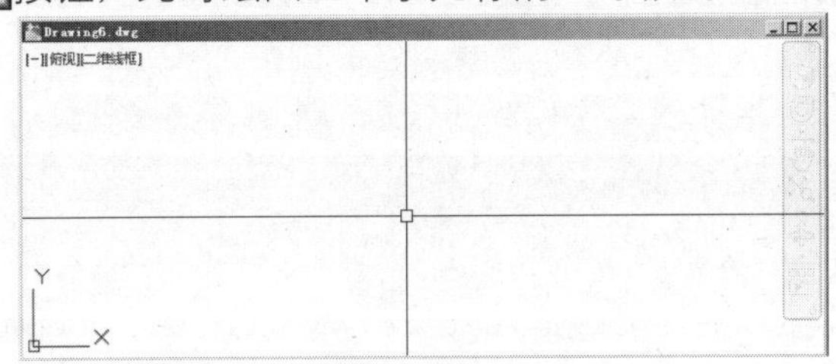

图 1-36　调整十字光标

1.7.5　绘图区拾取框

在具体绘图过程中，为了方便选择图形对象，有时需要调整拾取框的大小，下面通过实例学习此种操作技能。

【例题 1-6】 调整拾取框大小

步骤 01　使用快捷键“OP”执行【选项】命令，打开【选项】对话框。

步骤 02　在【选项】对话框中打开【显示】选项卡。

步骤 03　在【拾取框大小】选项框中，根据需要向左或向右拖动滑块。向左拖动滑块，缩小拾取框；向右拖动滑块，放大拾取框。

步骤 04　单击 应用并关闭(A) 按钮返回【选项】对话框。

步骤 05　单击 确定 按钮，结束命令。

1.8　综合范例——绘制一个简单的图形

下面通过绘制如图 1-37 所示的图形，体验一下文件的新建、图形的绘制、文件的存储等图形设计的整个操作流程。

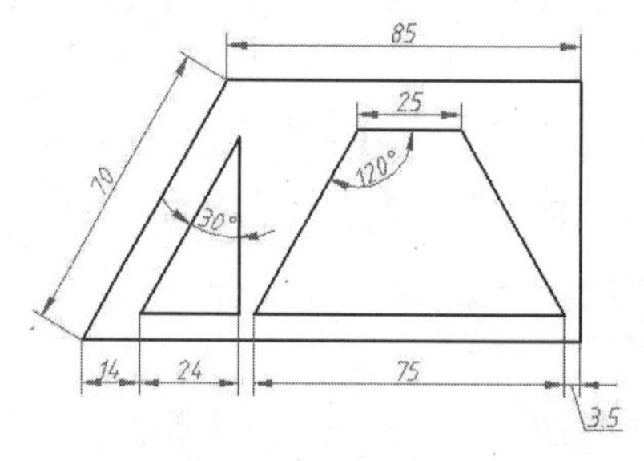

图 1-37　实例效果

操作步骤：

步骤 01　单击【快速访问】工具栏中的按钮，在打开的【选择样板】对话框中选择 acadISo-Named Plot Styles 作为基础样板，创建空白文件。

步骤 02　单击导航栏上的按钮，激活【平移】工具，将坐标系图标向右上方平移。

步骤 03　单击【默认】选项卡/【绘图】面板上的按钮，配合坐标输入功能绘制外框。命令行提示如下：

```
命令： _line
指定第一点：                        //0,0 Enter，以原点作为起点
指定下一点或 [放弃(U)]：             //120<180 Enter
指定下一点或 [放弃(U)]：              //@70<60 Enter
指定下一点或 [闭合(C)/放弃(U)]：       //@85,0 Enter
指定下一点或 [闭合(C)/放弃(U)]：       //C Enter，结果如图 1-38 所示
```

技巧提示

当结束某个命令后，按 Enter 键，可以重复执行该命令。另外，用户也可以在绘图区单击鼠标右键，从弹出的快捷菜单中选择刚执行过的命令。

步骤04 由于图形显示的太小，需要将其放大显示。在绘图区单击鼠标右键，选择右键快捷菜单中的【缩放】命令，此时当前光标指针变为一个放大镜状。

步骤05 按住鼠标左键不放，慢慢向右上方拖动光标，此时图形被放大显示，如图 1-39 所示。

在缩放视图时，如果拖动一次光标，图形不够清楚，可以连续拖动光标，进行连续缩放。

步骤06 当图形被放大显示之后，图形的位置可能会出现偏置现象，为了美观，可以使用【平移】工具将其移至绘图区中央。

步骤07 选择菜单中的【工具】/【新建 UCS】/【原点】命令，更改坐标系的原点。命令行提示如下：

```
命令: _ucs
当前 UCS 名称: *世界*
指定 UCS 的原点或 [面(F)/命名(NA)/对象(OB)/上一个(P)/视图(V)/世界(W)/X/Y/Z/Z 轴(ZA)] <世界>: _o
指定新原点 <0,0,0>:       //-82,6 Enter，结束命令，移动结果如图 1-40 所示
```

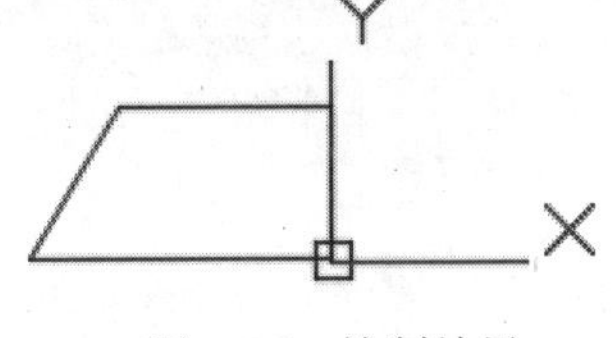

图 1-38　绘制结果

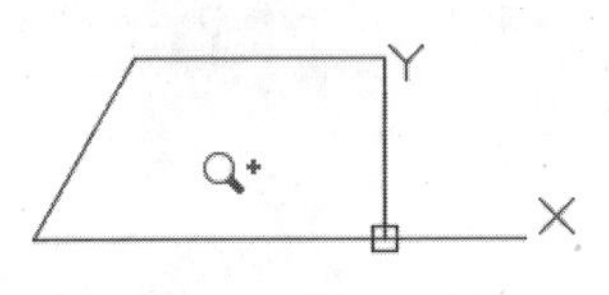

图 1-39　实时缩放结果

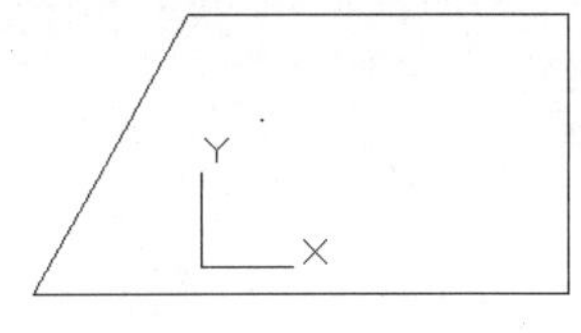

图 1-40　移动坐标系

步骤08 绘制三角形。单击【默认】选项卡/【绘图】面板上的按钮，绘制内部的直角三角形。命令行提示如下：

```
命令: _line
指定第一点:                      //0,0 Enter
指定下一点或 [放弃(U)]:            //-24,0 Enter
指定下一点或 [放弃(U)]:            //@48<60 Enter
指定下一点或 [闭合(C)/放弃(U)]:  //c Enter，闭合图形，绘制结果如图 1-41 所示
```

步骤09 选择菜单栏中的【工具】/【新建 UCS】/【原点】命令，更改坐标系的原点。命令行提示如下：

```
命令: _ucs
当前 UCS 名称: *世界*
指定 UCS 的原点或 [面(F)/命名(NA)/对象(OB)/上一个(P)/视图(V)/世界(W)/X/Y/Z/Z 轴(ZA)] <世界>: _o
指定新原点 <0,0,0>:       //78.5,0 Enter，结束命令，移动结果如图 1-42 所示
```

步骤10 在命令行输入 Line 并按 Enter 键，执行【直线】命令，使用坐标输入功能绘制内部等腰梯形。命令行提示如下：

```
命令: _line                          // Enter
指定第一点:                          //0,0 Enter
```

```
指定下一点或 [放弃(U)]:                    //@50<120 Enter
指定下一点或 [放弃(U)]:                    //@-25,0 Enter
指定下一点或 [闭合(C)/放弃(U)]:             //@50<-120 Enter
指定下一点或 [闭合(C)/放弃(U)]:            //c Enter，闭合图形，结果如图 1-43 所示
```

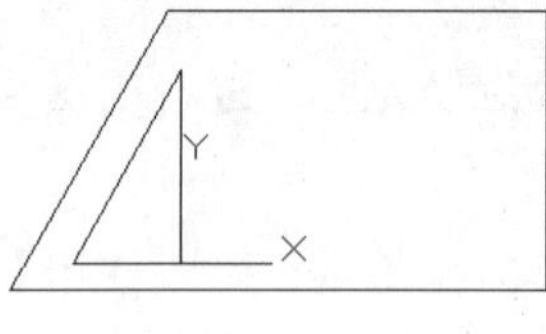

图 1-41　绘制三角形

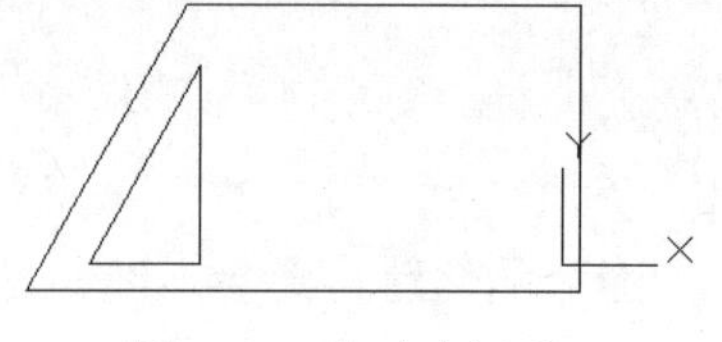

图 1-42　移动坐标系

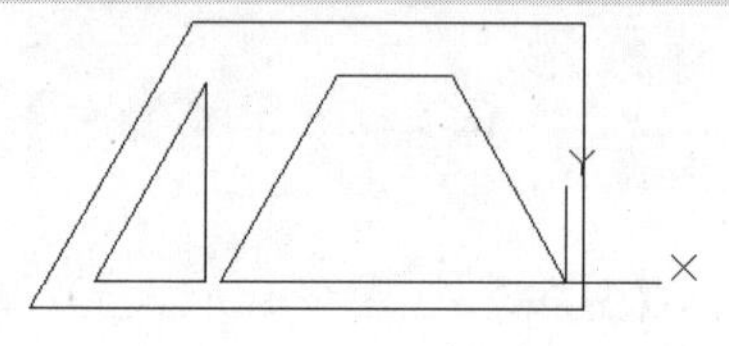

图 1-43　绘制结果

步骤 11　选择菜单栏中的【视图】/【显示】/【UCS 图标】/【开】命令，关闭坐标系，结果如图 1-44 所示。

步骤 12　单击【快速访问】工具栏上的按钮，在打开的【图形另存为】对话框中设置存盘路径及文件名，如图 1-45 所示，将图形命名并存储。

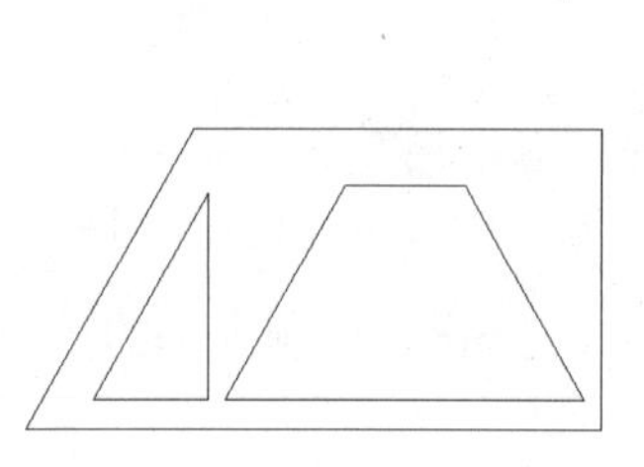

图 1-44　绘制梯形

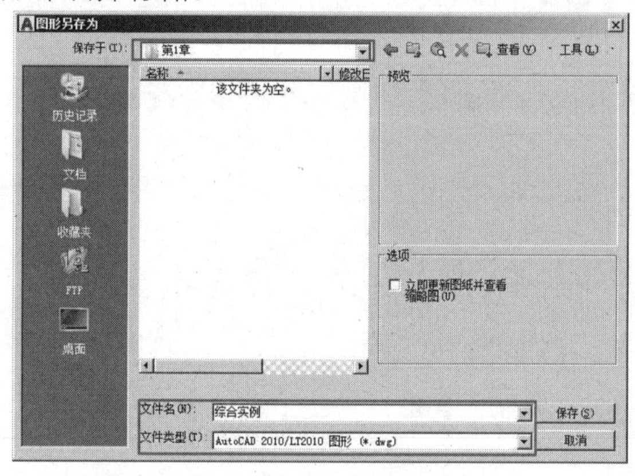

图 1-45　将文件命名并存盘

当结束某个命令时，可以按下 Enter 键；当终止某个命令时，可以按下 Esc 键。

1.9　思考与总结

1.9.1　知识点思考

（1）想一想，AutoCAD 2018 共为用户提供了几种工作空间？如何在这些工作空间中进行切换？

（2）AutoCAD 2018 为用户提供了几种绘图空间？各绘图空间有何实质性区别，如何在这些绘图空间中进行切换？

（3）每一种软件都有多种命令的调用方法，想一想， AutoCAD 2018 为用户提供了几种命令的调用方法？

1.9.2　知识点总结

本章主要讲述了 AutoCAD 2018 中文版的用户界面、文件的设置管理、命令调用特点、坐标点的精确

输入、图形界限与单位的设置等基础知识，为后续章节的学习打下基础。通过本章的学习，具体应掌握以下知识：

- 了解和掌握 AutoCAD 2018 的工作空间、用户界面的组成及各组成元素的功能和基本的操作等；
- 了解和掌握 AutoCAD 命令的启动方式，即菜单栏方式、工具栏或功能区方式、命令行方式、快捷键或组合键；
- 了解和掌握 WCS 和 UCS 的区别和 4 种坐标点的精确输入功能。
- 了解和掌握画线、删除图形、放弃与重做等工具的使用，以及一些常用的键盘操作键所代表的功能；
- 了解和掌握绘图界限、绘图单位的设置及视图的各种调控功能；
- 掌握 AutoCAD 文件的创建与管理操作，包括新建文件、保存文件、打开文件等。

1.10 上机操作题

1.10.1 操作题一

绘制如图 1-46 所示的图框，将此图形命名并存盘为“操作题一.dwg”。

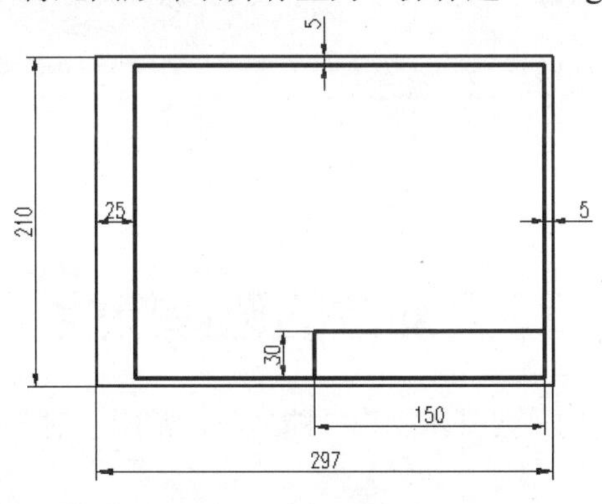

图 1-46 操作题一

1.10.2 操作题二

绘制如图 1-47 所示的图形，将此图形命名并存盘为“操作题二.dwg”。

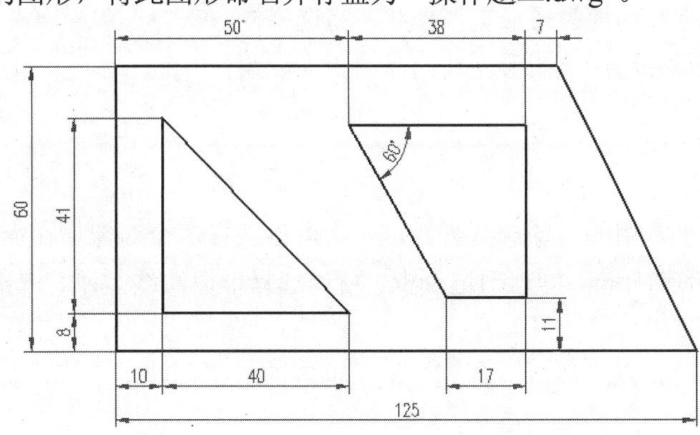

图 1-47 操作题二

第2章　AutoCAD 2018基本操作

通过本章的学习，应了解和掌握对象的选择技能、视图的缩放技能、图形点的捕捉技能、目标点的追踪技能等。通过点的捕捉与追踪功能，用户可以快速定位图形中的点，成为精确绘图的关键；通过视图的缩放控制功能，用户可以非常方便地放大或缩小视图，以便于观察和编辑视窗内的图形。

本章学习内容

- 对象的选择技能
- 视图的缩放技能
- 捕捉与栅格
- 图形点的捕捉技能
- 目标点的参照定位技能
- 综合范例一——使用点的捕捉功能绘图
- 目标点的追踪技能
- 综合范例二——使用各种辅助功能综合绘图
- 思考与总结
- 上机操作题

2.1　对象的选择技能

“对象的选择”是AutoCAD的重要基本操作技能之一，常用于对图形进行修改编辑之前。常用的选择方式有点选、窗口和窗交3种。

1. 点选

“点选”是一种基本的、简单的对象选择方式，一次仅能选择一个对象。在命令行“选择对象：”的提示下，系统自动进入点选模式，此时光标指针切换为矩形选择框状，将选择框放在对象的边沿上单击，即可选择该图形，被选择的图形以蓝色粗线显示，如图2-1所示。

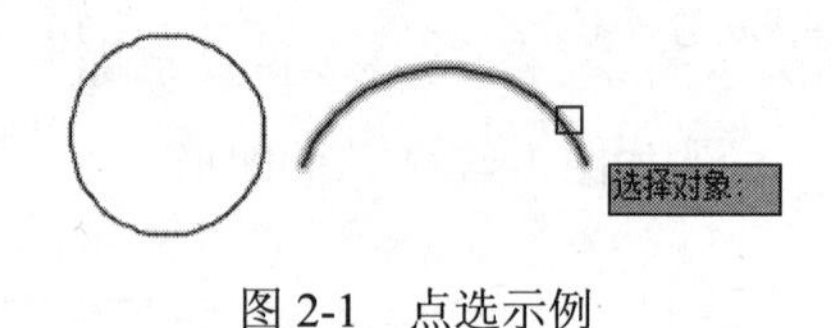

图2-1　点选示例

2. 窗口选择

“窗口选择”也是一种常用的对象选择方式，一次可以选择多个对象。在命令行 “选择对象：”的提示下，从左向右拉出一矩形选择框，即窗口选择框。窗口选择框以实线显示，内部以浅蓝色填充，如图2-2所示。

当指定窗口选择框的对角点之后，所有完全位于框内的对象都能被选择，如图2-3所示。

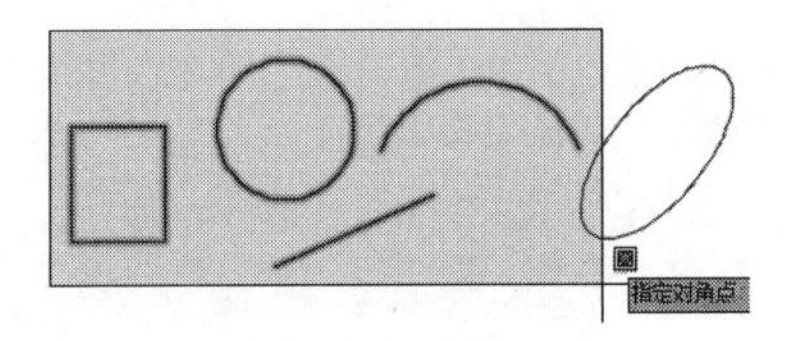

图 2-2　窗口选择框

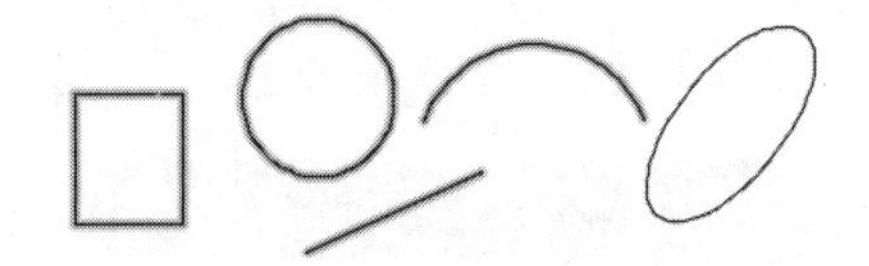

图 2-3　选择结果

3. 窗交选择

“窗交选择”是使用频率非常高的选择方式，一次可以选择多个对象。在命令行“选择对象：”提示下，从右向左拉出一矩形选择框，即窗交选择框。窗交选择框以虚线显示，内部以绿色填充，如图 2-4 所示。

当指定选择框对角点后，所有与选择框相交和完全位于选择框内的对象被选择，如图 2-5 所示。

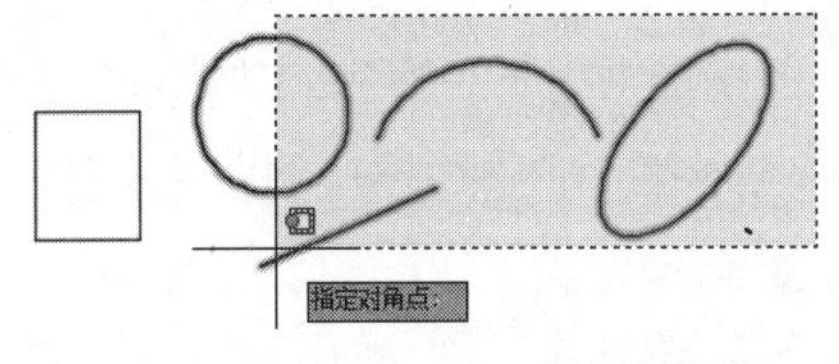

图 2-4　窗交选择框

图 2-5　选择结果

2.2　视图的缩放技能

有时绘制的图形显示很小，看不清楚图形的细节；而有时绘制的图形则显示很大，看不清图形的全貌，为此，AutoCAD 为用户提供了多种视图调整工具，用户可以随意调整图形在当前视窗内的显示，以方便用户观察、编辑视窗内的图形细节或图形全貌。视图缩放菜单如图 2-6 所示；导航栏及按钮菜单如图 2-7 示；【导航】面板如图 2-8 所示。

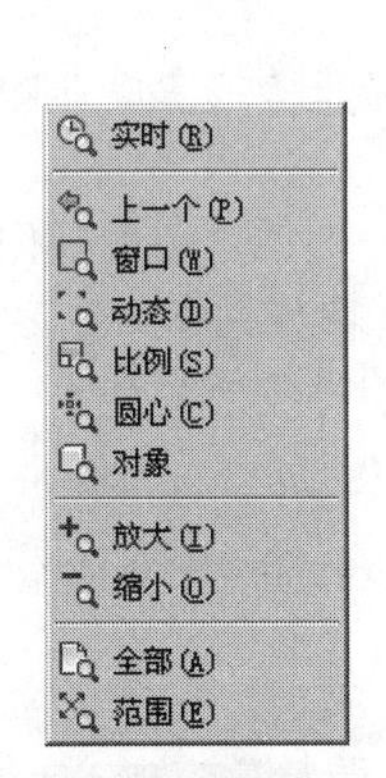

图 2-6　缩放菜单

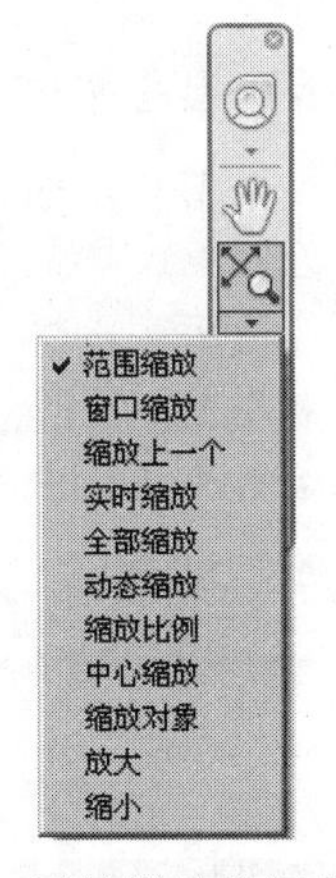

图 2-7 导航栏及按钮菜单

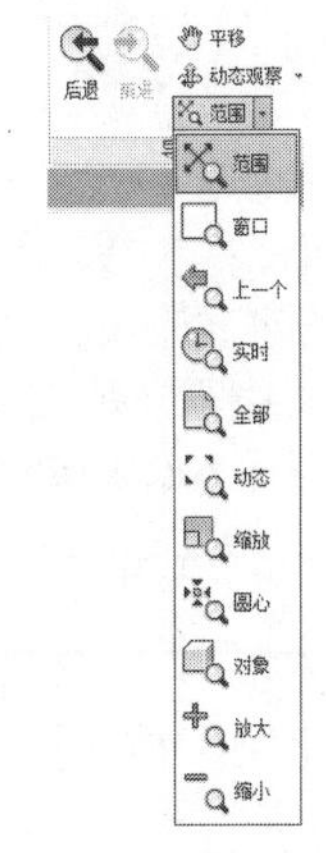

图 2-8　【导航】面板

执行视图缩放工具主要有以下几种方式。

- 菜单栏：选择菜单栏中的【修改】/【缩放】下一级菜单中的选项，如图 2-6 所示。
- 导航栏：单击导航栏上的缩放按钮，在打开的按钮菜单中选择相应的功能，如图 2-7 所示。
- 命令行：在命令行输入 Zoom 后按 Enter 键。

- 快捷键：在命令行输入 Z 后按 Enter 键。
- 功能区：单击【视图】选项卡【导航】面板上的各按钮，如图 2-8 所。

2.2.1　视图缩放

1. 【窗口缩放】

所谓“窗口缩放”，指的是在需要缩放显示的区域内拉出一个矩形框，将位于框内的图形放大显示在视窗内。

当选择框的宽高比与绘图区的宽高比不同时，AutoCAD 将使用选择框宽与高中相对当前视图放大倍数的较小者，以确保所选区域都能显示在视图中。

2. 【动态缩放】

所谓“动态缩放”，指的就是动态地浏览和缩放视窗，此功能常用于观察和缩放比例较大的图形。激活该功能后，屏幕将临时切换到虚拟显示屏状态，此时屏幕上显示 3 个视图框，如图 2-9 所示。

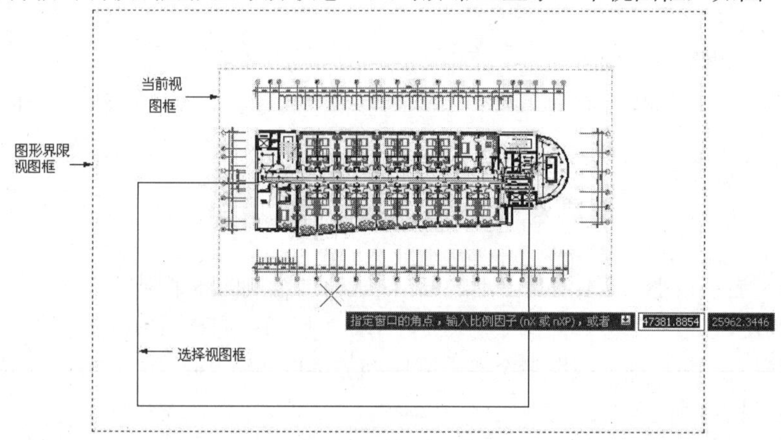

图 2-9　动态缩放工具的应用

- “图形范围或图形界限”视图框是一个蓝色虚线框，该视图框将显示图形界限和图形范围中较大的一个。
- “当前视图框”是一个绿色的线框，该框中的区域就是在使用这一选项之前的视图区域。
- 以实线显示的视图框为“选择视图框”，分为平移视图框和缩放视图框两种，前者大小不能改变，只可平移；后者不能平移，但可调节大小。可利用鼠标在两种视图框之间切换。

如果当前视图与图形界限或视图范围相同，蓝色虚线框便与绿色虚线框重合。平移视图框中有一个“×”号，表示下一视图的中心点位置。

3. 【比例缩放】

所谓“比例缩放”，指的是按照输入的比例参数调整视图。按照比例调整后，中心点保持不变。在输入比例参数时，有以下 3 种情况：

- 第 1 种情况是直接在命令行中输入数字，表示相对于图形界限的倍数。
- 第 2 种情况是在输入的数字后加 X，表示相对于当前视图的缩放倍数。
- 第 3 种情况是在输入的数字后加字母 XP，表示系统将根据图纸空间单位确定缩放比例。

4. 【中心缩放】

所谓“中心缩放”，指的是根据所确定的中心点调整视图。激活该功能后，用户可直接用鼠标在屏幕上选择一个点作为新的视图中心点，确定中心点后，AutoCAD 要求用户输入放大系数或新视图的高度，具体有以下两种情况：

- 直接在命令行输入一个数值，系统将以此数值作为新视图的高度，进行视图调整。
- 如果在输入的数值后加一个X，则系统将其看作视图的缩放倍数。

5. 【全部缩放】

“全部缩放”指的是按照图形界限或图形范围的尺寸，在绘图区域内显示图形。如果图形完全处在图形界限之内，那么全部缩放视图后，将会最大化显示文件内的整个图形界限域，如图 2-10 所示。如果绘制的图形超出了图形界限区域，那么执行【全部缩放】功能后，系统将最大化显示图形界限和图形范围，如图 2-11 所示。

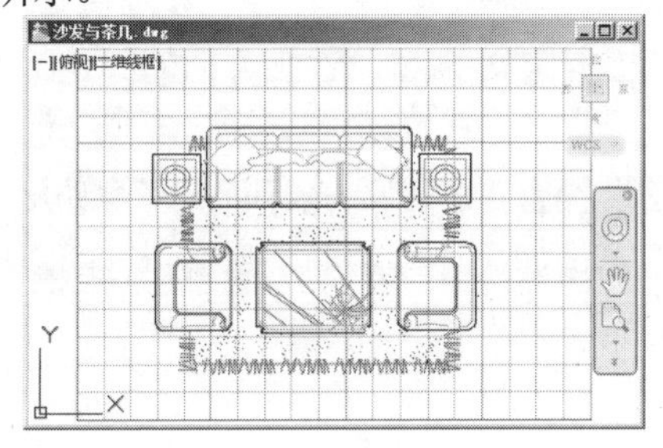

图 2-10　全部缩放-1

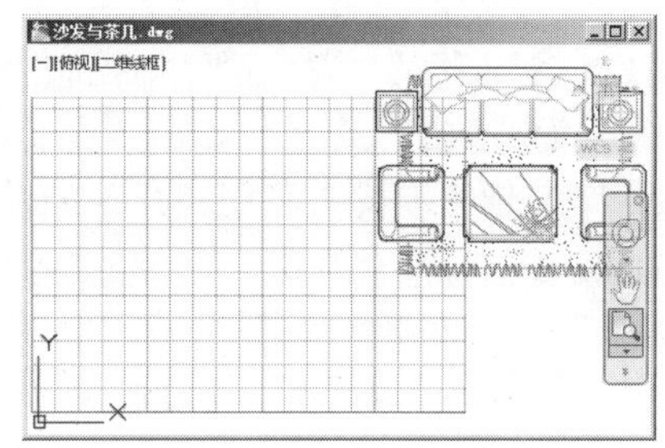

图 2-11　全部缩放-2

6. 【范围缩放】

所谓“范围缩放”，指的是将所有图形全部显示在屏幕上，并最大限度地充满整个屏幕。此种选择方式与图形界限无关。

7. 【缩放对象】

所谓“缩放对象”，指的是最大限度地显示当前视图内选择的图形，使用此功能可以缩放单个对象，也可以缩放多个对象。

8. 【放大】和【缩小】

【放大】用于将视窗放大一倍显示，【缩小】用于将视窗缩小一半显示。连续单击按钮，可以成倍放大或逐半缩小视窗。

2.2.2 视图恢复

当用户在对视窗进行调整之后，以前视窗的显示状态会被 AutoCAD 自动保存起来，使用软件中的【缩放上一个】功能可以恢复上一个视窗的显示状态，如果用户连续单击该工具按钮，系统将连续地恢复视窗，直至退回到前 10 个视图。

2.3　捕捉与栅格

除了坐标点的输入功能外，AutoCAD 还为用户提供了点的捕捉和追踪功能，具体有“捕捉”“对象捕捉”和“精确追踪”3 类。这些功能都是辅助绘图工具，其工具按钮都位于状态栏上，使用这些功能可以快速、准确、高精度地绘制图形，大大提高绘图的精确度。

图 2-12　捕捉追踪的两种显示状态

本节将学习点的精确捕捉功能，具体有【捕捉】和【栅格】两种功能。

2.3.1　设置捕捉

所谓“捕捉”，指的就是强制性地控制十字光标，使其根据定义的 X、Y 轴方向的固定距离（步长）进行跳动，从而精确定位点。

例如，将 X 轴的步长设置为 20，将 Y 轴方向上的步长设置为 30，那么光标每水平跳动一次，就走过 20 个单位的距离；每垂直跳动一次，就走过 30 个单位的距离，如果连续跳动，那么走过的距离就是步长的整数倍。

启用【捕捉】功能主要有以下几种方式。

- 状态栏：单击状态栏上的 按钮（或在此按钮上单击鼠标右键，选择右键快捷菜单中的【捕捉设置】选项，在打开的【草图设置】对话框中选中【启用捕捉】复选框）。
- 功能键：按 F9 功能键。
- 菜单栏：选择菜单栏中的【工具】/【绘图设置】命令，在打开的【草图设置】对话框中选中【启用捕捉】复选框。

【例题 2-1】　设置 X 轴与 Y 轴步长捕捉

下面通过将 X 轴方向上的步长设置为 15、Y 轴方向上的步长设置为 20，学习“步长捕捉”功能的参数设置和启用操作。

步骤 01　在状态栏的 按钮上单击鼠标右键，选择右键快捷菜单中的【捕捉设置】选项，打开如图 2-13 所示的【草图设置】对话框。

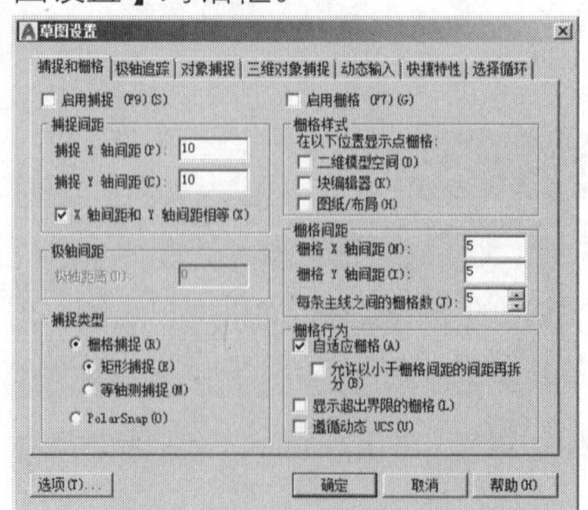

图 2-13　【草图设置】对话框

步骤02 在对话框中选中【启用捕捉】复选框，打开捕捉功能。

步骤03 在【捕捉 X 轴间距】文本框内输入数值 15，将 X 轴方向上的捕捉间距设置为 15。

步骤04 取消【X 轴和 Y 轴间距相等】复选框，然后在【捕捉 Y 轴间距】文本框内输入数值，如 20，将 Y 轴方向上的捕捉间距设置为 20。

步骤05 最后单击 确定 按钮，完成捕捉参数的设置。

选项解析

- 【极轴间距】选项组用于设置极轴追踪的距离，此选项需要在选中【PolarSnap】单选按钮的前提下使用。
- 【捕捉类型】选项组用于设置捕捉的类型，其中【栅格捕捉】单选按钮用于将光标沿垂直栅格或水平栅格点进行捕捉；【PolarSnap】单选按钮用于将光标沿当前极轴增量角方向进行追踪，此选项需要配合【极轴追踪】功能使用。

2.3.2 设置栅格

所谓“栅格”，指的是由一些虚拟的栅格点或栅格线组成，以直观地显示出当前文件内的图形界限区域。这些栅格点和栅格线仅起到一种参照显示功能，不是图形的一部分，也不会被打印输出。

启用【栅格】功能主要有以下几种方式。

- 状态栏：单击状态栏上的▦按钮（或在此按钮上单击鼠标右键，选择右键快捷菜单上的【网格设置】选项，在打开的【草图设置】对话框中选中【启用栅格】复选框）。
- 功能键：按 F7 功能键。
- 组合键：按 Ctrl+G 组合键。
- 菜单栏：选择菜单栏中的【工具】/【绘图设置】命令，在打开的【草图设置】对话框中选中【启用栅格】复选框。

选项解析

- 在如图 2-13 所示的对话框中，【栅格样式】选项组用于设置二维模型空间、块编辑器窗口以及布局空间的栅格显示样式，如果选中此选项组中的 3 个复选框，那么系统将会以栅格点的形式显示图形界限，如图 2-14 所示；反之，系统将会以栅格线的形式显示图形界限区域，如图 2-15 所示。

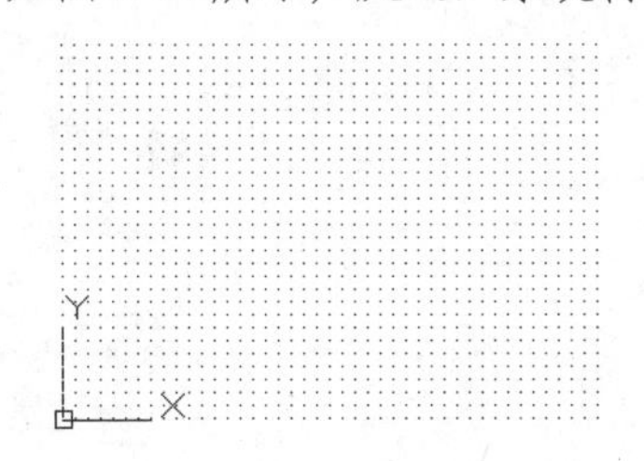

图 2-14 栅格点显示

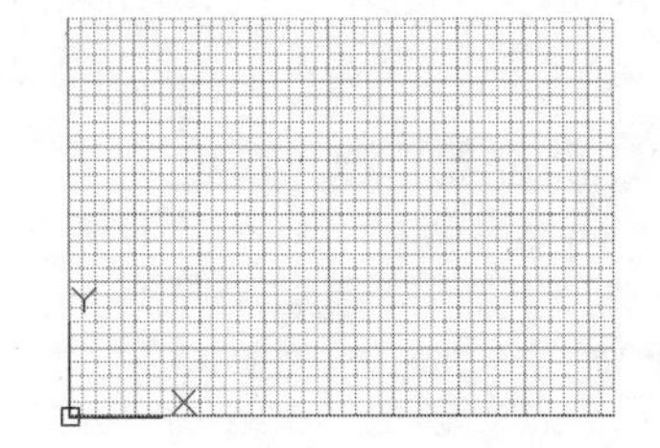

图 2-15 栅格线显示

- 【栅格间距】选项组是用于设置 X 轴方向和 Y 轴方向栅格间距的。两个栅格点之间或两条栅格线之间的默认间距为 10。
- 在【栅格行为】选项组中，【自适应栅格】复选框用于设置栅格点或栅格线的显示密度；【显示超出界限的栅格】复选框用于显示图形界限区域外的栅格点或栅格线；【遵循动态 UCS】复选框用于更改栅格平面，以跟随动态 UCS 的 X Y 平面。

激活了【栅格】功能后，绘图区没有显示出栅格点，这是因为当前图形界限太大，导致栅格点太密，需要修改栅格点之间的距离。

2.4　图形点的捕捉技能

除了上节讲述的辅助功能之外，AutoCAD 还为用户提供了更为强大、方便的【对象捕捉】功能。使用该捕捉功能，用户可以非常精确地捕捉图形上的各种特征点，如直线的端点和中点、圆的圆心和象限点等。

执行【对象捕捉】功能主要有以下几种方式。

- 状态栏：单击状态栏上的□按钮。
- 功能键：按 F3 功能键。
- 菜单栏：选择菜单栏中的【工具】/【绘图设置】命令，在打开的【草图设置】对话框中选中【启用对象捕捉】复选框。

2.4.1　自动捕捉

AutoCAD 共为用户提供了 13 种对象捕捉功能，如图 2-16 所示，使用这些捕捉功能可以非常精确地将光标定位到图形的特征点上。在【草图设置】对话框中可以根据绘图需要单击相应的对象捕捉模式。另外，在状态栏上的□按钮上单击鼠标右键，在打开的右键快捷菜单上也可以快速设置对象捕捉模式，如图 2-17 所示。

在【草图设置】对话框中一旦设置了某种捕捉模式，系统将一直保持这种捕捉模式，直到用户取消为止，因此，该对话框中的捕捉常被称为“自动捕捉”。在设置对象捕捉功能时，不要全部开启各捕捉功能，这样会起到相反的作用。

2.4.2　临时捕捉

为了方便绘图，AutoCAD 为这 13 种对象捕捉提供了“临时捕捉”功能。所谓“临时捕捉”，指的就是激活一次功能后，系统仅能捕捉一次；如果需要反复捕捉点，则需要多次激活该功能。这些临时捕捉功能位于如图 2-18 所示的临时捕捉菜单上，按住 Shift 或 Ctrl 键，然后单击鼠标右键，即可打开此临时捕捉菜单。

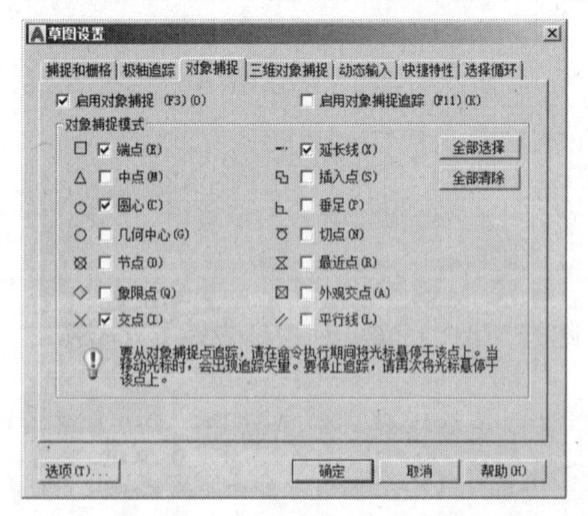

图 2-16　【草图设置】对话框

图 2-17　【对象捕捉】按钮菜单

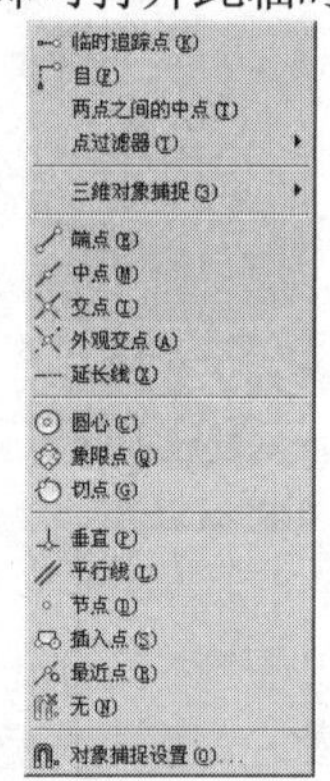

图 2-18　临时捕捉菜单

13 种捕捉功能的含义与功能如下。

- 端点捕捉。此功能用于捕捉图形的端点，如线段的端点，矩形、多边形的角点等。激活此功能后，在命令行“指定点”提示下将光标放在对象上，系统将在距离光标最近位置处显示出端点标记符号，如图 2-19 所示。此时单击左键即可捕捉到该端点。
- 中点捕捉。此功能用于捕捉线、弧等对象的中点。激活此功能后，在命令行“指定点”的提示下将光标放在对象上，系统在中点处显示出中点标记符号，如图 2-20 所示，此时单击左键即可捕捉到该中点。

图 2-19　端点捕捉　　图 2-20　中点捕捉

- 交点捕捉。此功能用于捕捉对象之间的交点。激活此功能后，在命令行“指定点”的提示下将光标放在对象的交点处，系统显示出交点标记符号，如图 2-21 所示，此时单击左键即可捕捉到该交点。

如果捕捉对象延长线的交点，那么需要先将光标放在其中一个对象上单击，拾取该延伸对象，如图 2-22 所示，然后将光标放在另一个对象上，系统将自动在延伸线交点处显示交点标记符号，如图 2-23 所示，此时单击即可精确捕捉对象延长线的交点。

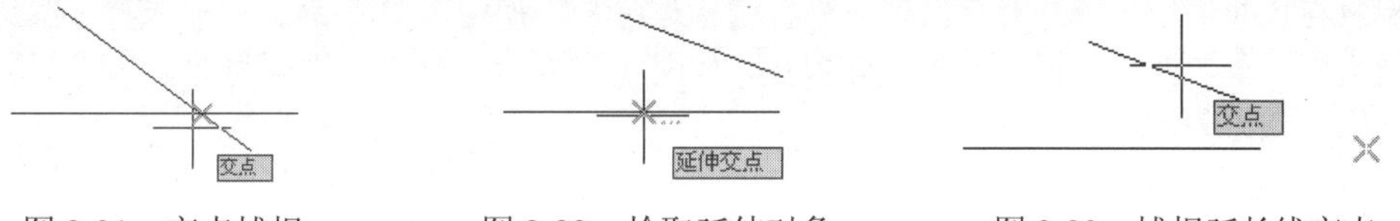

图 2-21　交点捕捉　　图 2-22　拾取延伸对象　　图 2-23　捕捉延长线交点

- 外观交点。此功能主要用于捕捉三维空间内对象在当前坐标系平面内投影的交点。
- 延长线捕捉。此功能用于捕捉对象延长线上的点。激活该功能后，在命令行“指定点”的提示下将光标放在对象末端稍微停留，然后沿着延长线方向移动光标，在延长线处引出一条追踪虚线，如图 2-24 所示，此时单击左键或输入距离值，即可在对象延长线上精确定位点。
- 圆心捕捉。此功能用于捕捉圆弧或圆环的圆心。激活该功能后，在命令行“指定点”的提示下将光标放在圆或弧等的边缘上，也可直接放在圆心位置上，系统在圆心处显示出圆心标记符号，如图 2-25 所示，此时单击左键即可捕捉到圆心。

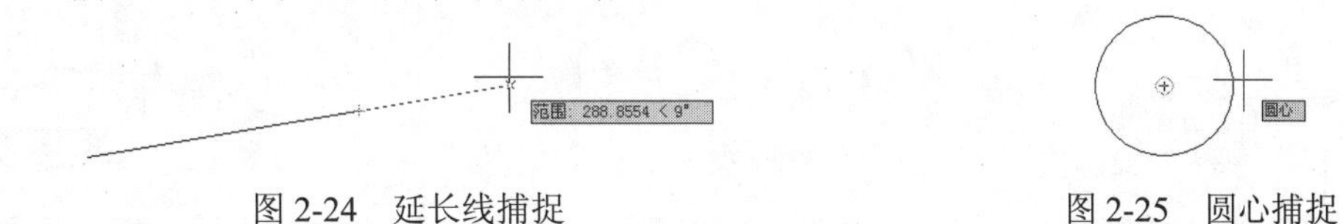

图 2-24　延长线捕捉　　图 2-25　圆心捕捉

- 象限点捕捉。此功能用于捕捉圆或弧的象限点。激活该功能后，在命令行“指定点”的提示下将光标放在圆的象限点位置上，系统会显示出象限点捕捉标记，如图 2-26 所示，此时单击左键即可捕捉到该象限点。
- 切点捕捉。此功能用于捕捉圆或弧的切点，绘制切线。激活该功能后，在命令行“指定点”的提示下将光标放在圆或弧的边缘上，系统会在切点处显示出切点标记符号，如图 2-27 所示，此时单击左键即可捕捉到切点，绘制出对象的切线，如图 2-28 所示。

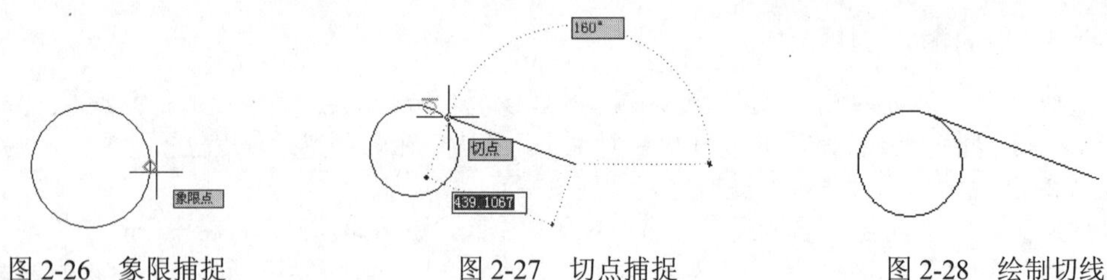

图 2-26　象限捕捉　　　图 2-27　切点捕捉　　　图 2-28　绘制切线

- 垂足捕捉。此功能常用于捕捉对象的垂足点，绘制对象的垂线。激活该功能后，在命令行“指定点”的提示下将光标放在对象边缘上，系统会在垂足点处显示出垂足标记符号，如图 2-29 所示，此时单击左键即可捕捉到垂足点，绘制对象的垂线，如图 2-30 所示。

图 2-29　垂足捕捉　　　图 2-30　绘制垂线

- 平行线捕捉。此功能常用于绘制线段的平行线。激活该功能后，在命令行“指定点”的提示下把光标放在已知线段上，此时会出现一平行的标记符号，如图 2-31 所示；移动光标，系统会在平行位置处出现一条向两方无限延伸的追踪虚线，如图 2-32 所示；单击左键即可绘制出与拾取对象相互平行的线，如图 2-33 所示。

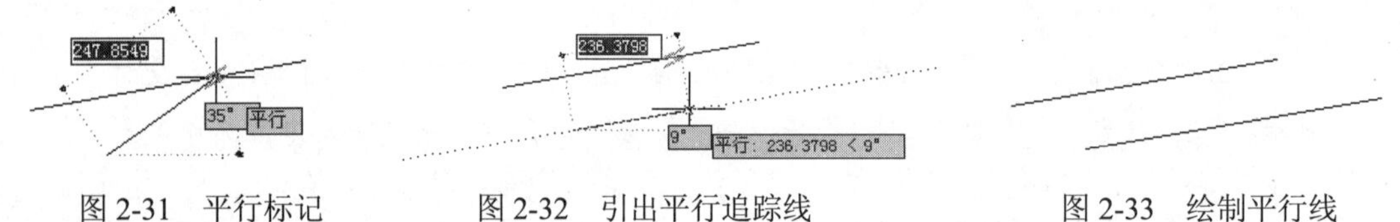

图 2-31　平行标记　　　图 2-32　引出平行追踪线　　　图 2-33　绘制平行线

- 节点捕捉。此功能用于捕捉使用【点】命令绘制的点对象。使用时需将拾取框放在节点上，系统会显示出节点的标记符号，如图 2-34 所示，单击左键即可拾取该点。
- 插入点捕捉。此种捕捉方式用来捕捉块、文字、属性等的插入点，如图 2-35 所示。
- 最近点捕捉。此种捕捉方式用来捕捉光标距离对象最近的点，如图 2-36 所示。

图 2-34　节点捕捉　　　图 2-35　插入点捕捉　　　图 2-36　最近点捕捉

2.5　目标点的参照定位技能

目标点的参照定位技能是一项非常重要的辅助功能，主要包括【捕捉自】、【临时追踪点】和【两点之间的中点】3 种功能。

2.5.1　捕捉自

【捕捉自】功能是借助捕捉和相对坐标定义窗口中相对于某一捕捉点的另外一点。使用【捕捉自】功能时需要先捕捉对象特征点作为目标点的偏移基点，然后输入目标点的坐标值。

执行【捕捉自】功能主要有以下几种方式。

- 工具栏：单击【对象捕捉】工具栏上的按钮。
- 命令行：在命令行输入_from 后按 Enter 键。
- 临时菜单：按住 Ctrl 或 Shift 键单击鼠标右键，选择快捷菜单中的【自】选项。

【捕捉自】常配合【对象捕捉】和“相对坐标输入”功能使用。另外，选择菜单栏中的【工具】/【工具栏】/【AutoCAD】/【对象捕捉】选项，可以打开【对象捕捉】工具栏。

2.5.2　临时追踪点

【临时追踪点】与【对象追踪】功能类似，不同的是前者需要事先精确定位出临时追踪点，然后才能通过此追踪点，引出向两端无限延伸的临时追踪虚线，以进行追踪定位目标点。

执行【临时追踪点】功能主要有以下几种方法。

- 工具栏：单击【对象捕捉】工具栏按钮。
- 命令行：在命令行输入_tt 后按 Enter 键。
- 临时捕捉菜单：按住 Ctrl 或 Shift 键单击鼠标右键，选择快捷菜单中的【临时追踪点】选项。

2.5.3　两点之间的中点

【两点之间的中点】功能用于捕捉两点之间的中点。在激活该功能之后，只需用户定位出两点，系统将自动精确定位这两个点之间的中点。

执行【两点之间的中点】功能主要有以下几种方式。

- 命令行：在命令行输入 m2P 后按 Enter 键。
- 临时捕捉菜单：按住 Ctrl 或 Shift 键单击鼠标右键，选择快捷菜单中的【两点之间的中点】选项。

2.6　综合范例——使用坐标与捕捉功能绘制立面柜

本例通过绘制如图 2-37 所示的立面柜轮廓图，主要对坐标点的精确输入、目标点的精确捕捉及视图的调整辅助技能进行综合练习和巩固应用。

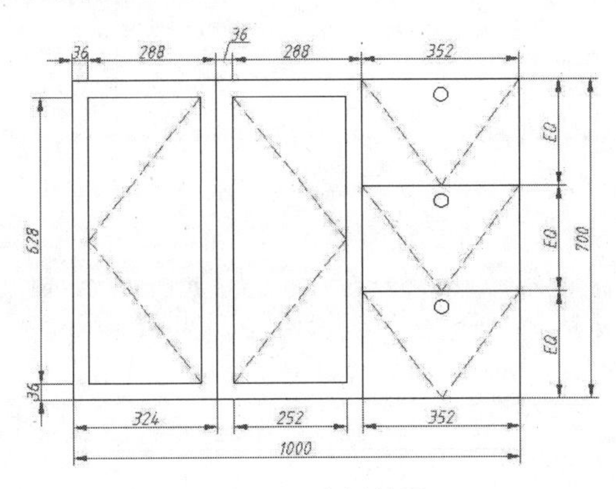

图 2-37　实例效果

操作步骤：

步骤 01　单击【快速访问】工具栏上的按钮，新建绘图白文件。

步骤 02　单击状态栏上的按钮，激活【对象捕捉】功能，并在此按钮上单击鼠标右键，设置捕捉模式，如图 2-38 所示。

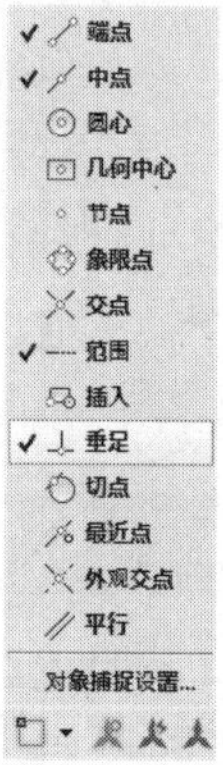

图 2-38　设置对象捕捉

步骤 03　选择菜单栏中的【视图】/【缩放】/【圆心】命令，将视图高度设置为 1200。命令行提示如下：

```
命令：'_zoom
指定窗口的角点，输入比例因子 (nX 或 nXP)，或者[全部(A)/中心(C)/动态(D)/
范围(E)/上一个(P)/比例(S)/窗口(W)/对象(O)] <实时>: _c
指定中心点：                    //在绘图区拾取一点作为新视图的中心点
输入比例或高度 <1913.1>:  //1200 Enter
```

步骤 04　单击【默认】选项卡/【绘图】面板上的按钮，配合坐标输入功能绘制外部轮廓线。命令行提示如下：

```
命令：_line
指定第一点：                        //在绘图区左下区域拾取一点作为起点
指定下一点或 [放弃(U)]:              //@1000,0 Enter
指定下一点或 [放弃(U)]:              //@700<90Enter
指定下一点或 [闭合(C)/放弃(U)]:       //@-1000,0 Enter
指定下一点或 [闭合(C)/放弃(U)]:       //C Enter，闭合图形
```

步骤 05　选择菜单栏中的【绘图】/【直线】命令，配合点的捕捉功能绘制内部的轮廓线。命令行提示如下。

```
命令：_line
指定第一点：                      //引出如图 2-39 所示的延伸线，输入 324 按 Enter 键
指定下一点或 [放弃(U)]:             //捕捉如图 2-40 所示的垂足点
指定下一点或 [放弃(U)]:             // Enter，结束命令
```

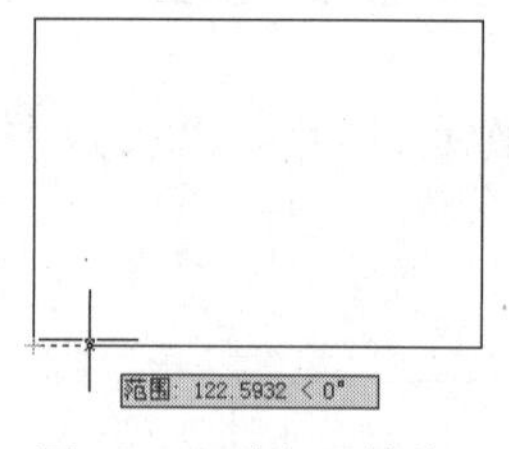

图 2-39　引出延伸线

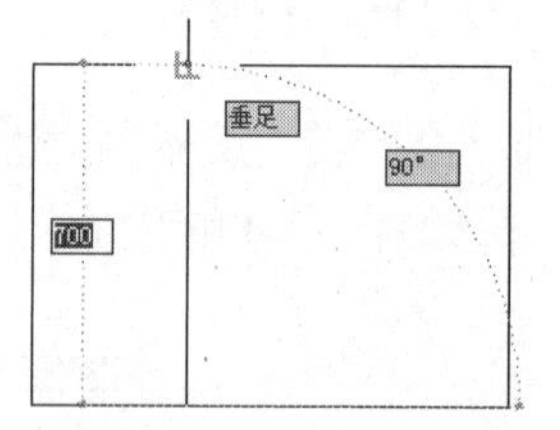

图 2-40　捕捉垂足点

```
命令：                          // Enter，重复执行命令
LINE 指定第一点：                 //引出如图 2-41 所示的延伸线
指定下一点或 [放弃(U)]:             //捕捉如图 2-42 所示的垂足点，输入 352 按 Enter 键
指定下一点或 [放弃(U)]:             // Enter，绘制结果如图 2-43 所示
```

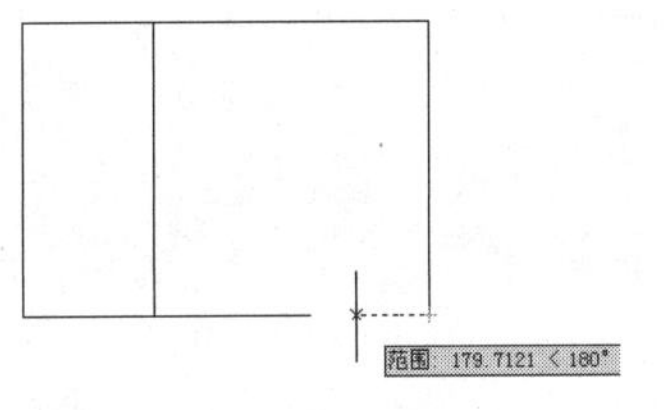

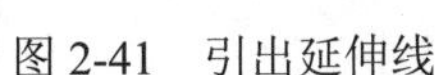
图 2-41　引出延伸线

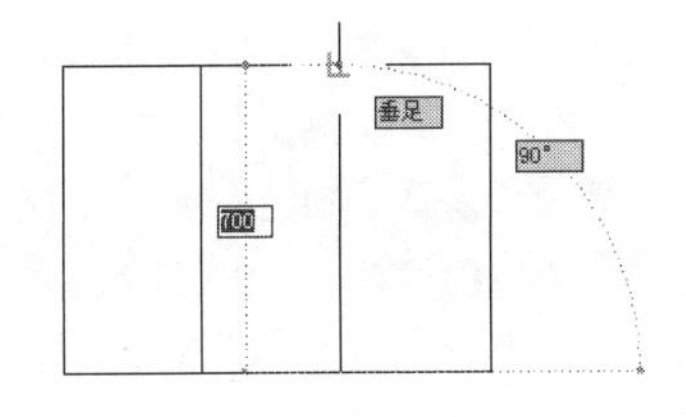

图 2-42　捕捉垂足点

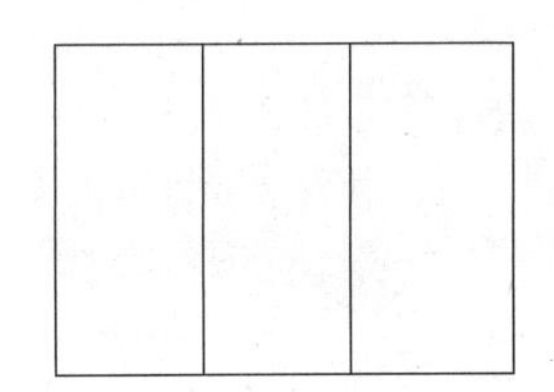

图 2-43　绘制结果

步骤 06　重复执行【直线】命令，配合【两点之间的中点】、【垂足捕捉】和【延伸捕捉】功能绘制内部的水平轮廓线。命令行提示如下：

```
命令: _line
指定第一点:                    //引出如图 2-44 所示的延伸线，输入 700/3 按 Enter 键
指定下一点或 [放弃(U)]:        //捕捉如图 2-45 所示的垂足点
指定下一点或 [放弃(U)]:        // Enter，绘制结果如图 2-46 所示
```

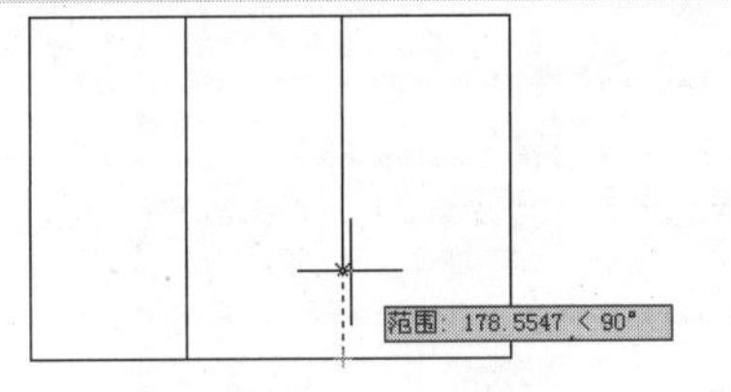

图 2-44　引出延伸线

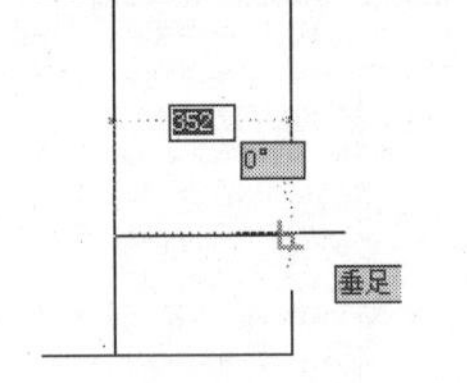

图 2-45　捕捉垂足点

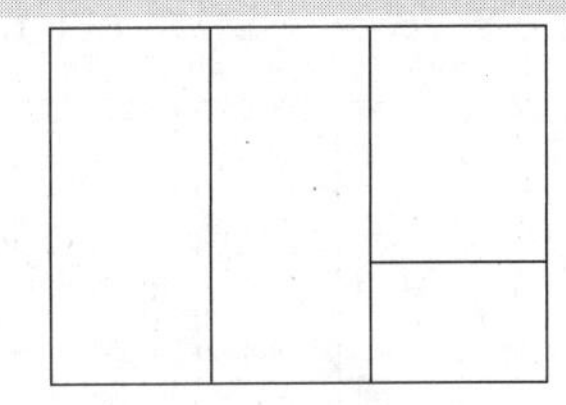

图 2-46　绘制结果

```
命令:                          // Enter，重复执行命令
指定第一点: //按住 Shift 键单击鼠标右键，从弹出的快捷菜单中选择【两点之间的中点】功能
_m2p 中点的第一点:              //捕捉如图 2-47 所示的端点
中点的第二点:                   //捕捉如图 2-48 所示的端点
指定下一点或 [放弃(U)]:          //捕捉如图 2-49 所示的垂足点
指定下一点或 [放弃(U)]:          // Enter，绘制结果如图 2-50 所示
```

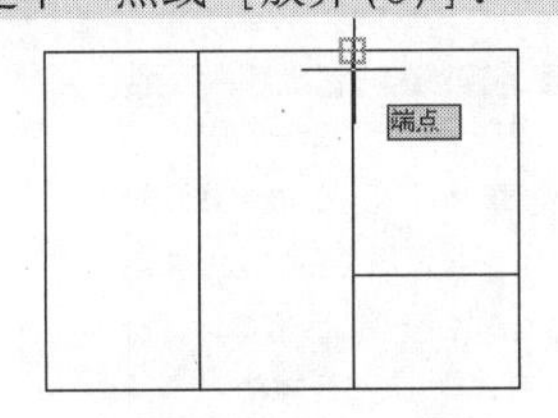

图 2-47　捕捉端点

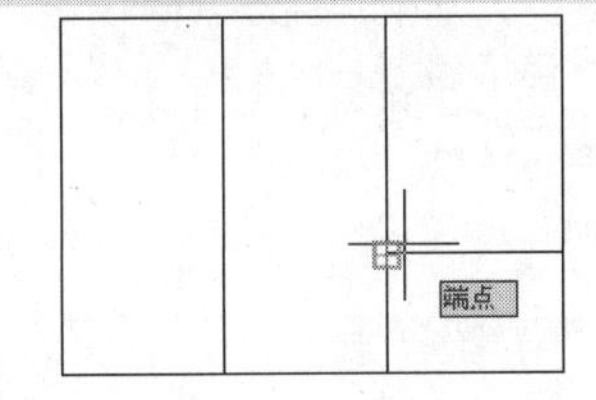

图 2-48　捕捉端点

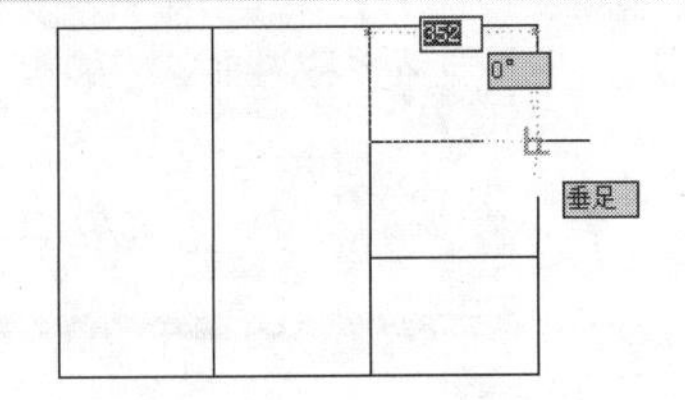

图 2-49　垂足点捕捉

步骤 07　选择菜单栏中的【工具】/【新建 UCS】/【原点】命令，以左下侧轮廓线的端点作为原点，对坐标系进行位移，结果如图 2-51 所示。

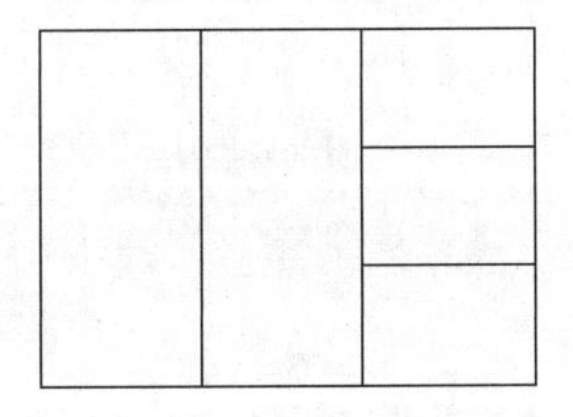

图 2-50　绘制结果

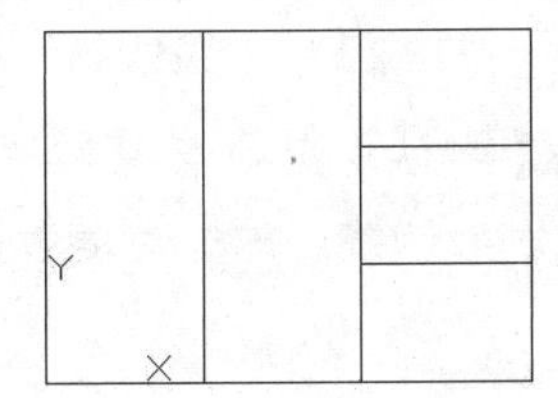

图 2-51　平移坐标系

步骤 08　单击【默认】选项卡/【绘图】面板上的按钮，配合点的坐标输入功能绘制立面图内部结构。命令行提示如下：

```
命令: _line
指定第一点:                              //36,36 Enter
指定下一点或 [放弃(U)]:                  //@252,0 Enter
指定下一点或 [放弃(U)]:                  //@0,628 Enter
指定下一点或 [闭合(C)/放弃(U)]:          //@-252,0 Enter
指定下一点或 [闭合(C)/放弃(U)]:          //c Enter
命令:                                    // Enter
LINE 指定第一点:                         //360,36 Enter
指定下一点或 [放弃(U)]:                  //@252<0 Enter
指定下一点或 [放弃(U)]:                  //@628<90 Enter
指定下一点或 [闭合(C)/放弃(U)]:          //@252<180 Enter
指定下一点或 [闭合(C)/放弃(U)]:          //c Enter，绘制结果如图 2-52 所示
```

步骤 09 选择菜单栏中的【格式】/【线型】命令，打开【线型管理器】对话框，单击 加载(L)... 按钮，加载名为 HIDDEN 的线型，如图 2-53 所示。

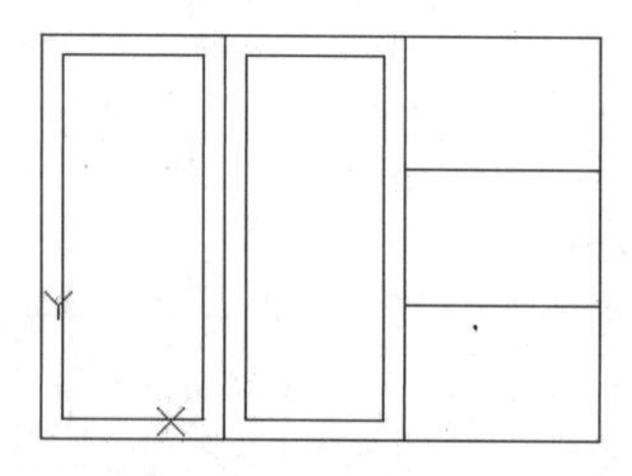

图 2-52　绘制结果

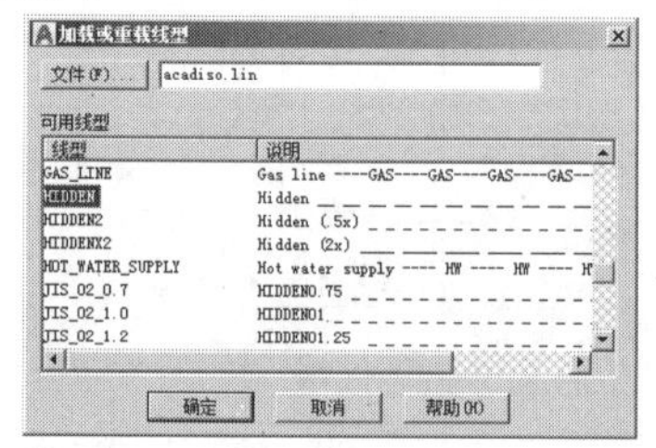

图 2-53　加载线型

步骤 10 选择 HIDDEN 线型后单击 确定 按钮，加载此线型，并设置线型比例参数，结果如图 2-54 所示。

步骤 11 将刚加载的 HIDDEN 线型设置为当前线型，然后选择菜单栏中的【格式】/【颜色】命令，设置当前颜色为“洋红”，如图 2-55 所示。

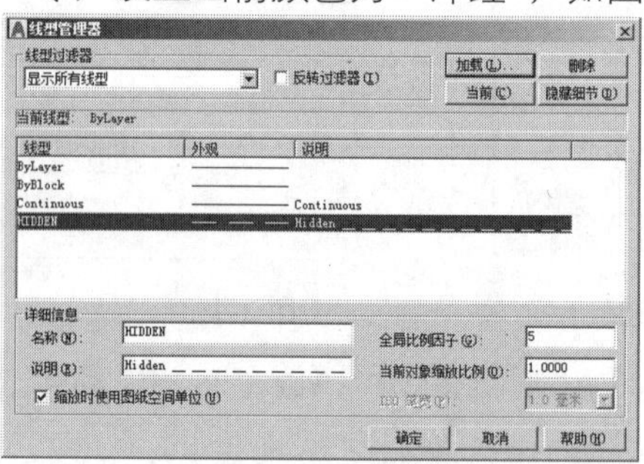

图 2-54　加载结果

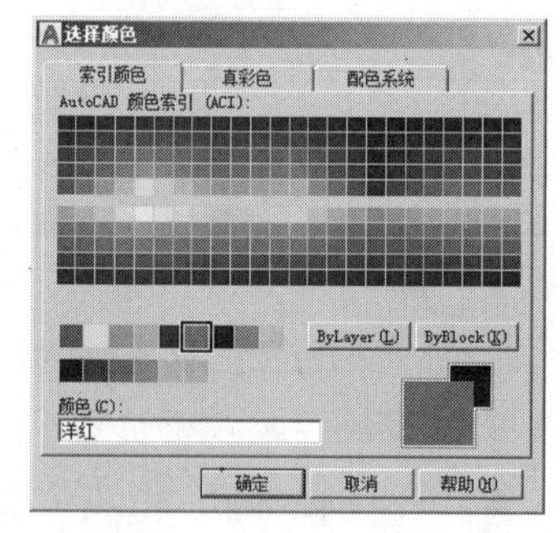

图 2-55　设置当前颜色

步骤 12 单击【默认】选项卡/【绘图】面板上的 按钮，配合【端点捕捉】和【中点捕捉】功能绘制方向线。命令行提示如下：

```
命令: _line
指定第一点:                              //捕捉如图 2-56 所示的端点
指定下一点或 [放弃(U)]:                  //捕捉图 2-57 所示的中点
指定下一点或 [放弃(U)]:                  //捕捉如图 2-58 所示的端点
指定下一点或 [闭合(C)/放弃(U)]:          // Enter，结束命令
```

```
命令: _line
指定第一点:                                  //捕捉如图 2-59 所示的端点
指定下一点或 [放弃(U)]:                        //捕捉图 2-60 所示的中点
指定下一点或 [放弃(U)]:                        //捕捉如图 2-61 所示的端点
```

图 2-56　捕捉端点

图 2-57　捕捉中点

图 2-58　捕捉端点

图 2-59　捕捉端点

图 2-60　捕捉中点

图 2-61　捕捉端点

```
指定下一点或 [闭合(C)/放弃(U)]:        // Enter，绘制结果如图 2-62 所示
```

步骤 13　重复执行【直线】命令，配合端点捕捉、中点捕捉及【两点之间的中点】捕捉功能，绘制右侧的方向示意线，结果如图 2-63 所示。

步骤 14　在【特性】面板上分别将当前线型和当前颜色恢复为随层，然后单击【默认】选项卡/【绘图】面板上的按钮，执行【圆】命令，配合【捕捉自】功能绘制圆形拉手。命令行提示如下：

```
命令: _circle
指定圆的圆心或 [三点(3P)/两点(2P)/切点、切点、半径(T)]:
                //单击【对象捕捉】工具栏上的按钮，激活【捕捉自】功能
from 基点:       //捕捉如图 2-64 所示的端点
<偏移>:         //@0,200 Enter
指定圆的半径或 [直径(D)]:      //15 Enter，绘制结果如图 2-65 所示
```

步骤 15　重复执行【圆】命令，配合【捕捉自】功能绘制下侧的两个圆形拉手，如图 2-66 所示。

步骤 16　选择菜单栏中的【视图】/【显示】/【UCS 图标】/【开】命令，隐藏坐标系图标，结果如图 2-67 所示。

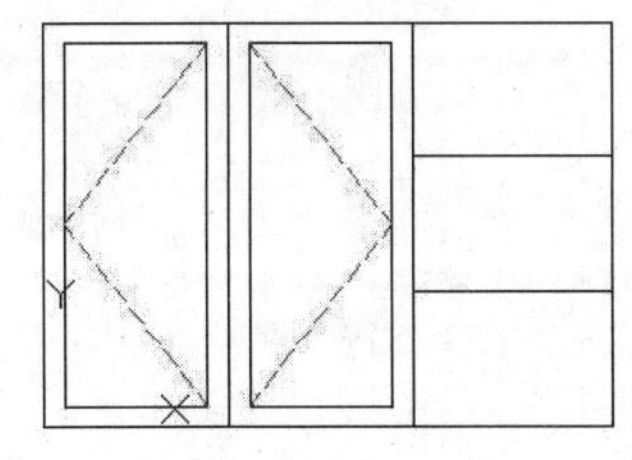

图 2-62　绘制结果

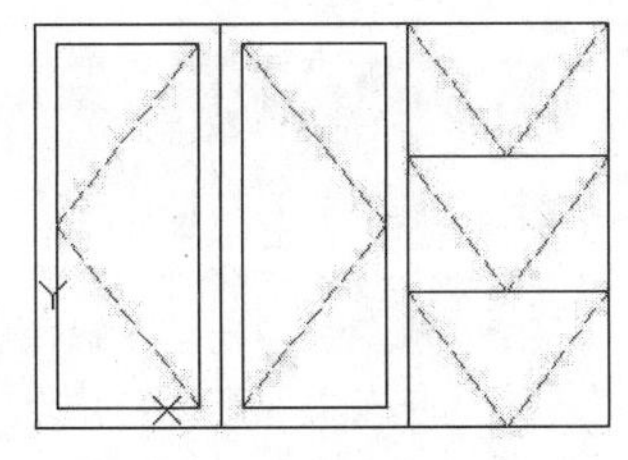

图 2-63　绘制右侧方面示意线

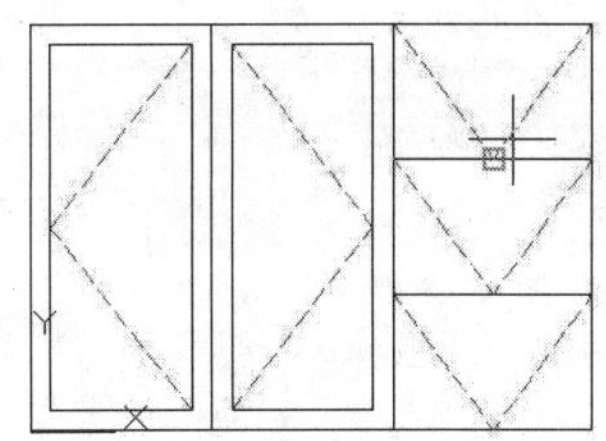

图 2-64　捕捉端点

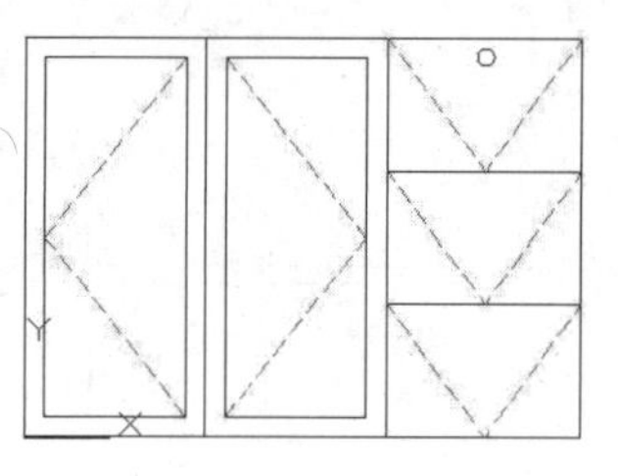

图 2-65　绘制结果

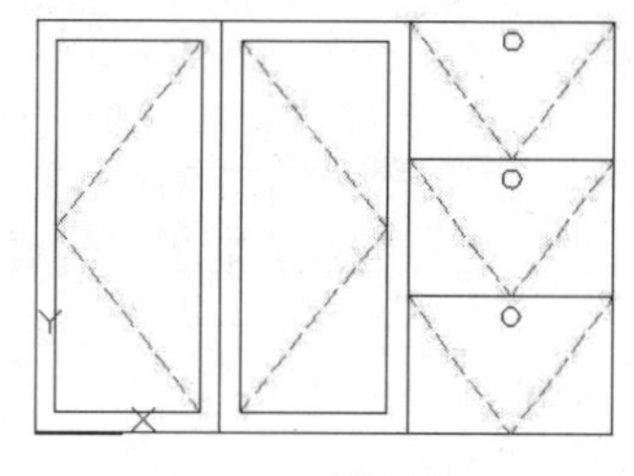

图 2-66　绘制结果

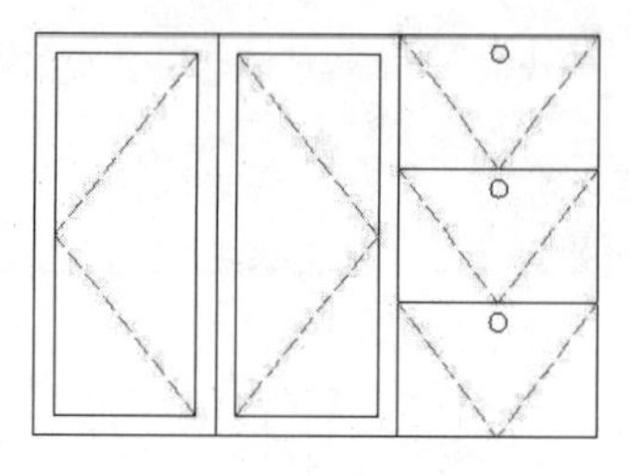

图 2-67　隐藏坐标系图标

步骤 17　最后单击【快速访问】工具栏上的按钮，将图形存储为“综合范例一.dwg”。

2.7　目标点的追踪技能

使用【对象捕捉】功能只能捕捉对象上的特征点，如果需要捕捉特征点之外的目标点，则可以使用 AutoCAD 的追踪功能。常用的追踪功能有【正交模式】、【极轴追踪】和【对象捕捉追踪】3 种。

2.7.1　正交模式

【正交模式】功能是用于将光标强行地控制在水平或垂直方向上，以绘制水平和垂直的线段。此种追踪功能可以控制 4 个角度方向，向右引导光标，定位 0° 方向；向上引导光标，定位 90° 方向；向左引导光标，定位 180° 方向；向下引导光标，定位 270° 方向。

执行【正交模式】功能的主要有以下几种方式。

- 状态栏：单击状态栏上的按钮。
- 功能键：使用 F8 功能键。
- 命令行：在命令行输入 Ortho 后按 Enter 键。

【例题 2-2】　绘制如图 2-68 所示的台阶截面

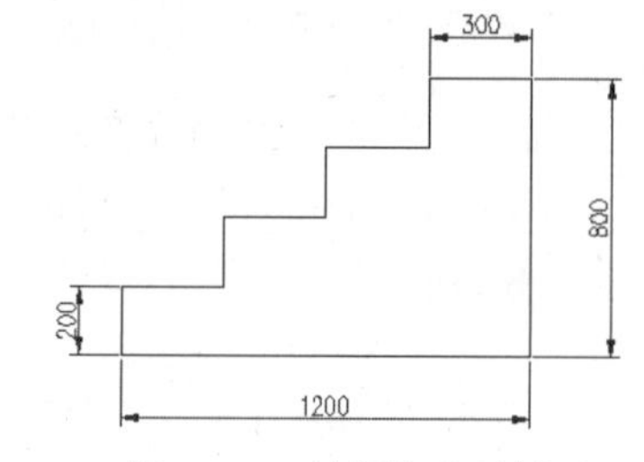

图 2-68　正交追踪示例

步骤 01　快速新建绘图文件。

步骤 02　单击状态栏上的按钮，打开【正交模式】功能。

步骤 03　选择菜单栏中的【绘图】/【直线】命令，根据 AutoCAD 命令行的提示精确绘图。

```
命令: _line
指定第一点:                                  //在绘图区拾取一点作为起点
指定下一点或 [放弃(U)]:                       //向上引导光标，引出如图 2-69 所示的方向矢量，输入 200 并按
                                               Enter 键
指定下一点或 [放弃(U)]:                       //向右引导光标，引出如图 2-70 所示的方向矢量，输入 300 并按
                                               Enter 键
指定下一点或 [闭合(C)/放弃(U)]:               //向上引导光标，输入 200 并按 Enter 键
指定下一点或 [闭合(C)/放弃(U)]:               //向右引导光标，输入 300 并按 Enter 键
指定下一点或 [闭合(C)/放弃(U)]:               //向上引导光标，输入 200 并按 Enter 键
指定下一点或 [闭合(C)/放弃(U)]:               //向右引导光标，输入 300 并按 Enter 键
指定下一点或 [闭合(C)/放弃(U)]:               //向上引导光标，输入 200 并按 Enter 键
指定下一点或 [闭合(C)/放弃(U)]:               //向右引导光标，输入 300 并按 Enter 键
指定下一点或 [闭合(C)/放弃(U)]:               //向下引导光标，输入 800 并按 Enter 键
```

指定下一点或 [闭合(C)/放弃(U)]:　　　//c Enter，闭合图形，并结束命令

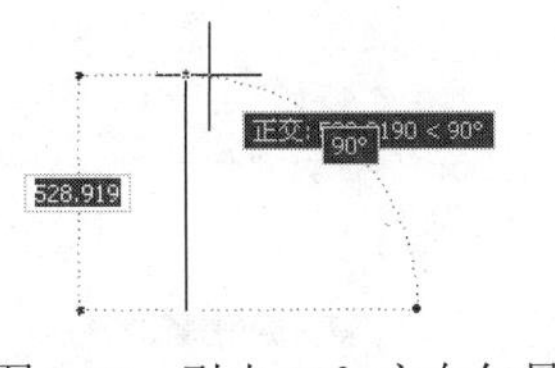

图 2-69　引出 90° 方向矢量

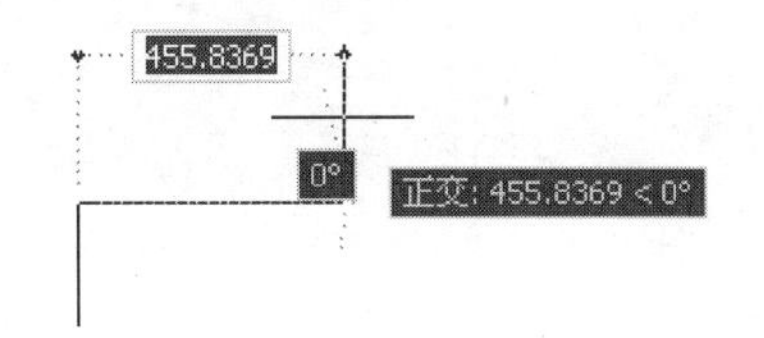

图 2-70　引出 0° 方向矢量

2.7.2　极轴追踪

所谓“极轴追踪”，指的就是根据当前设置的追踪角度，引出相应的极轴追踪虚线，进行追踪定位目标点，如图 2-71 所示。

执行【极轴追踪】功能有以下几种启动方式。

- 状态栏：单击状态栏上的 按钮（或在此按钮上单击鼠标右键，选择右键快捷菜单中的【正在追踪设置】选项，在打开的【草图设置】对话框中选中【启用极轴追踪】复选框，如图 2-72 所示。

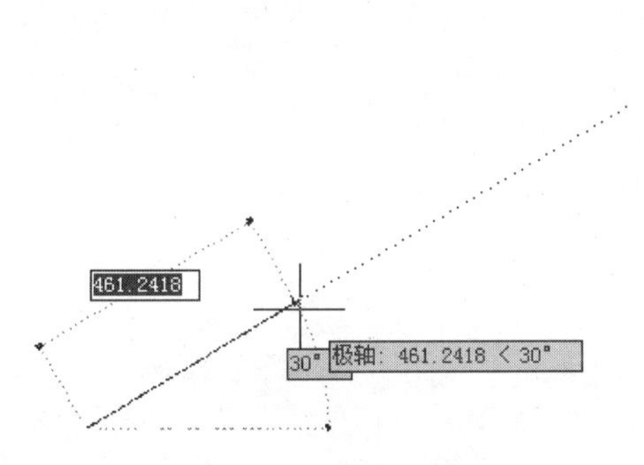

图 2-71　极轴追踪示例

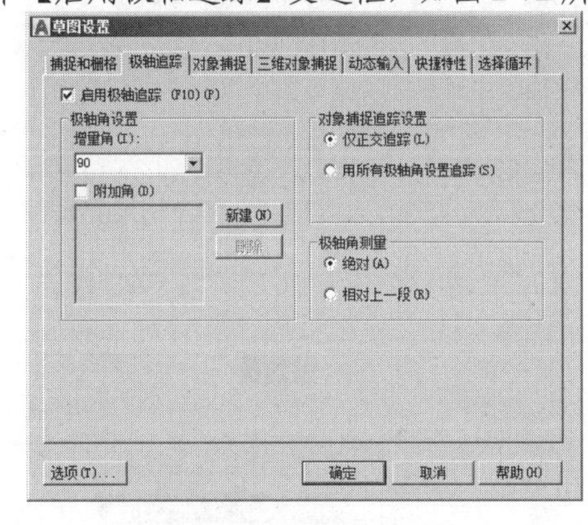

图 2-72　启用极轴追踪

- 功能键：使用 F10 功能键。
- 菜单栏：选择菜单栏中的【工具】/【绘图设置】命令，在打开的对话框中打开【极轴追踪】选项卡，选中【启用极轴追踪】复选框。

【正交模式】与【极轴追踪】功能不能同时打开，因为前者是使光标限制在水平或垂直轴上，而后者则可以追踪任意方向矢量。

【例题 2-3】　绘制如图 2-73 所示的图形

步骤 01　首先新建绘图文件。

步骤 02　在状态栏 按钮上单击鼠标右键，在弹出的快捷菜单中选择【正在追踪设置】选项，打开【草图设置】对话框。

步骤 03　在【草图设置】对话框中选中【启用极轴追踪】复选框，启用此追踪功能。

步骤 04　在【极轴角设置】选项组中单击【增量角】右侧的下拉列表按钮，在展开的下拉列表框中选择 22.5°，如图 2-74 所示。

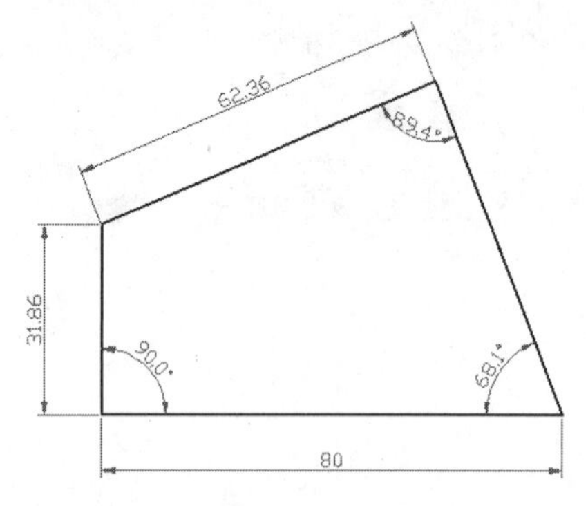

图 2-73　绘制效果

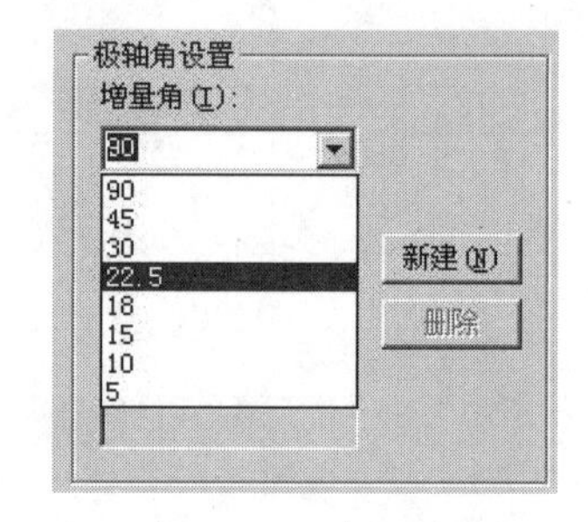

图 2-74　选择增量角

系统提供了多种增量角，如 90°、60°、45°、30°、22.5°、18°、15°、10°、5° 等，用户可以从中选择一个角度值作为增量角。

步骤 05　单击 确定 按钮，关闭【草图设置】对话框。

步骤 06　单击【默认】选项卡/【绘图】面板上的 按钮，根据 AutoCAD 命令行提示进行绘图。命令行提示如下：

```
命令: _line
指定第一点:                    //在绘图区拾取一点作为起点
指定下一点或 [放弃(U)]: //向左引出如图 2-75 所示的极轴矢量，输入 80 Enter
指定下一点或 [放弃(U)]: //垂直向上引出如图 2-76 所示的极轴矢量，输入 31.86 Enter
```

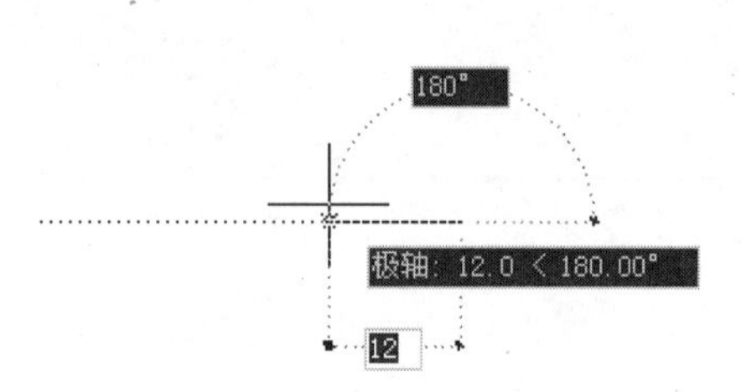

图 2-75　引出 180° 极轴矢量

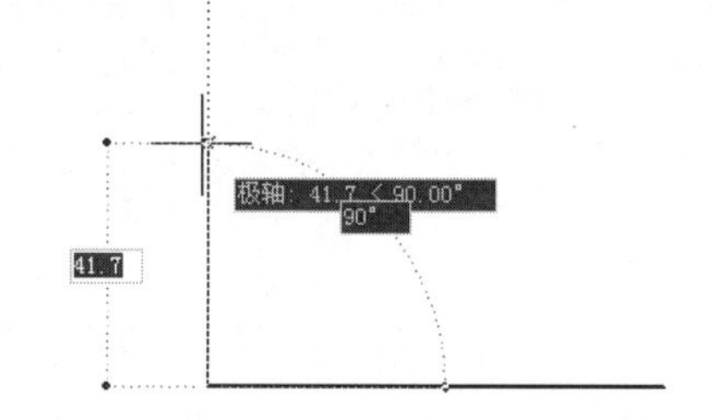

图 2-76　引出 90° 极轴矢量

```
指定下一点或 [闭合(C)/放弃(U)]:       //向右上方引出如图 2-77 所示的极轴矢量,然后输入 62.36 Enter
指定下一点或 [闭合(C)/放弃(U)]:       //c Enter，闭合图形，绘制结果如图 2-78 所示
```

AutoCAD 不但可以在增量角方向上出现极轴追踪虚线，还可以在增量角的倍数方向上出现极轴追踪虚线。

如果要选择预设值以外的角度增量值，需事先选中【附加角】复选框，然后单击 新建(N) 按钮，创建一个附加角，如图 2-79 所示，系统就会以所设置的附加角进行追踪。另外，如果要删除一个角度值，在选取该角度值后单击 删除 按钮即可。只能删除用户自定义的附加角，而系统预设的增量角不能被删除。

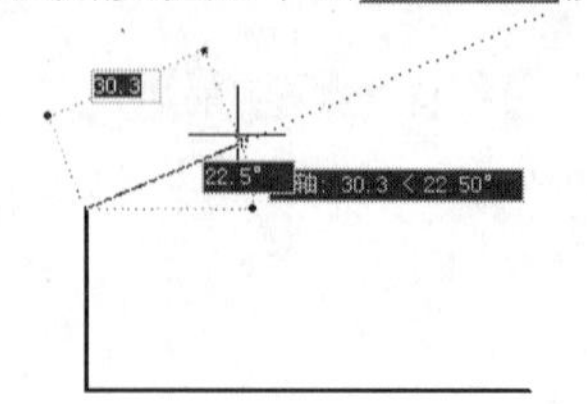

图 2-77　引出 22.5° 极轴矢量

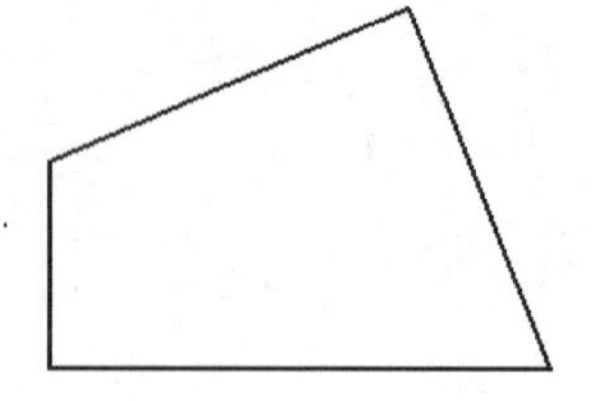

图 2-78　绘制结果

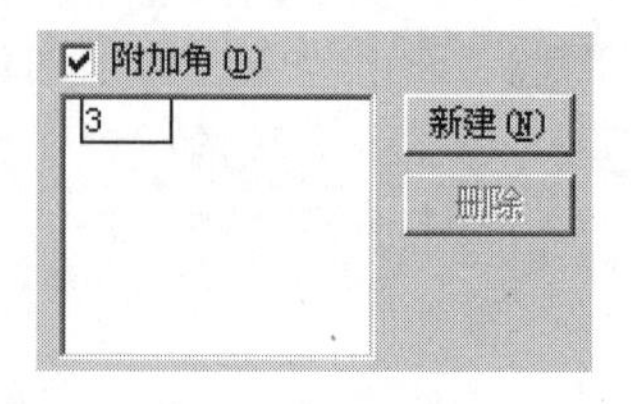

图 2-79　创建 3° 的附加角

2.7.3　对象追踪

所谓“对象追踪”，指的是以对象上的某些特征点作为追踪点，引出向两端无限延伸的对象追踪虚线，如图 2-80 所示，在此追踪虚线上拾取点或输入距离值，即可精确定位到目标点。

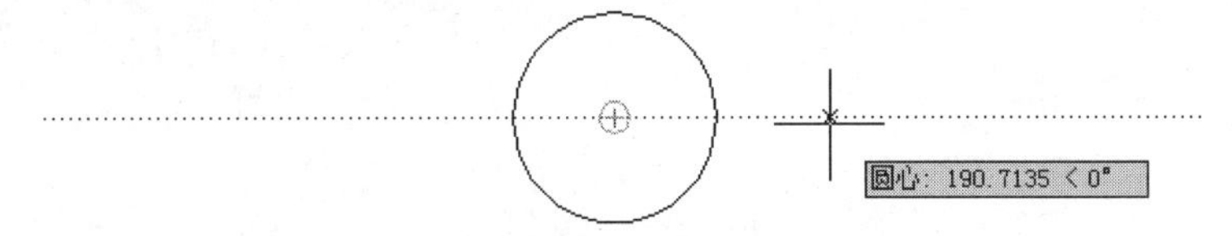

图 2-80　对象追踪虚线

执行【对象追踪】功能主要有以下几种方式：

- 状态栏：单击状态栏上的按钮（或者在此按钮上单击鼠标右键，选择右键快捷菜单中的【对象捕捉追踪设置】选项，在打开的【草图设置】对话框中选中【启用对象捕捉追踪】复选框。
- 功能键：使用 F11 功能键。
- 菜单栏：选择菜单栏中的【工具】/【绘图设置】命令，在打开的对话框中打开【对象捕捉】选项卡，选中【启用对象捕捉追踪】复选框，如图 2-81 所示。

【对象追踪】功能只有在【对象捕捉】和【对象追踪】同时打开的情况下才可使用，而且只能追踪对象捕捉类型中设置的自动对象捕捉点。

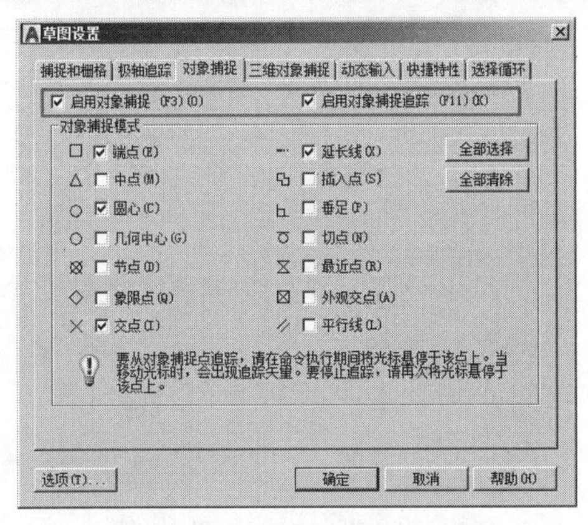

图 2-81　【草图设置】对话框

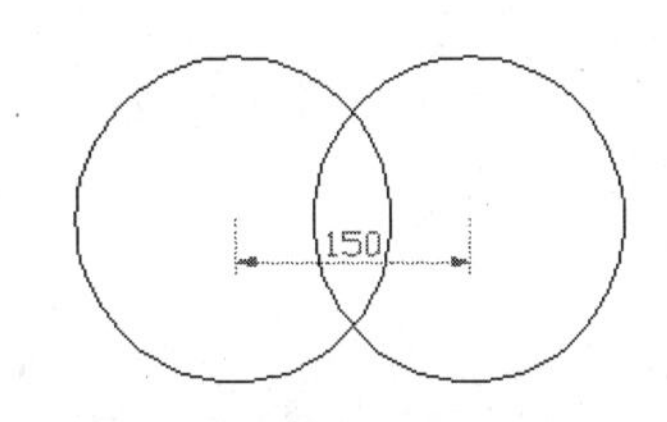

图 2-82　绘制效果

【例题 2-4】　绘制如图 2-82 所示的图形

步骤 01　新建空白文件。

步骤 02　在状态栏上的按钮上单击鼠标右键，在弹出的快捷菜单中选择【对象捕捉追踪设置】选项，打开【草图设置】对话框。

步骤 03　在对话框中分别选中【启用对象捕捉】和【启用对象捕捉追踪】复选框。

步骤 04　在【对象捕捉模式】选项组中选中所需要的对象捕捉模式，如圆心捕捉。

步骤 05　单击 确定 按钮完成参数的设置。

步骤 06　选择菜单栏中的【绘图】/【圆】/【圆心,半径】命令，配合圆心捕捉和捕捉追踪功能，绘制相交圆。命令行提示如下：

```
命令: _circle
```

```
指定圆的圆心或 [三点(3P)/两点(2P)/切点、切点、半径(T)]:
                                        //在绘图区拾取一点作为圆心
指定圆的半径或 [直径(D)] <100.0000>:   //100 Enter，绘制半径为 100 的圆
命令:                                   // Enter，重复画圆命令
CIRCLE 指定圆的圆心或 [三点(3P)/两点(2P)/切点、切点、半径(T)]:
//将光标放在圆心处，系统自动拾取圆心作为对象追踪点，然后水平向右引出如图 2-83 所示的对象追踪虚线，输入 150 Enter
指定圆的半径或 [直径(D)] <100.0000>:
 // Enter，结束命令，绘制结果如图 2-84 所示
```

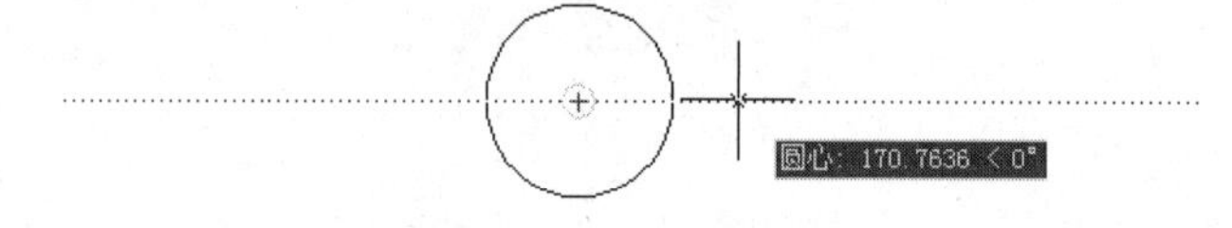

图 2-83　圆心追踪

在默认设置下，系统仅以水平或垂直的方向进行追踪点，如果用户需要按照某一角度进行追踪点，可以在【极轴追踪】选项卡中设置追踪的样式，如图 2-85 所示。

【仅正交模式】单选按钮与当前极轴角无关，仅水平或垂直地追踪对象，即在水平或垂直方向在出现向两方无限延伸的对象追踪虚线；而【用所有极轴角设置追踪】单选按钮是根据当前所设置的极轴角及极轴角的倍数出现对象追踪虚线，用户可以根据需要进行取舍。

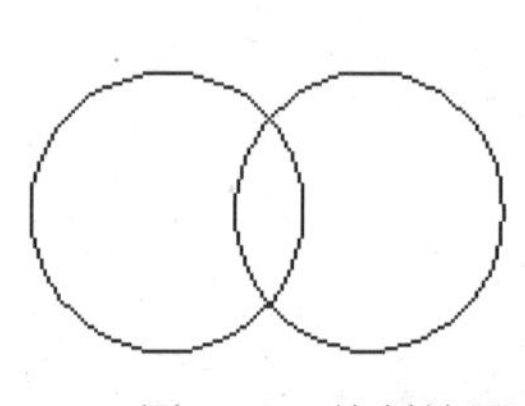

图 2-84　绘制效果

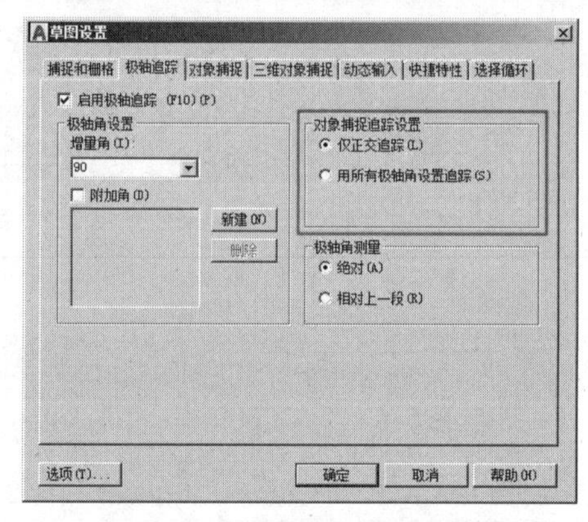

图 2-85　设置对象追踪样式

2.8　综合范例二——使用各种辅助功能综合绘图

本例通过绘制如图 2-86 所示的零件平面图，主要对 AutoCAD 的各种辅助技能进行综合练习和巩固应用。

操作步骤：

步骤 01　单击【快速访问】工具栏上的□按钮，以 acadiso.dwt 作为基础样板，新建文件。

步骤 02　在状态栏上的▦按钮上单击鼠标右键，选择右键快捷菜单上的【网格设置】选项，在打开的【草图设置】对话框中设置参数，如图 2-87 所示。

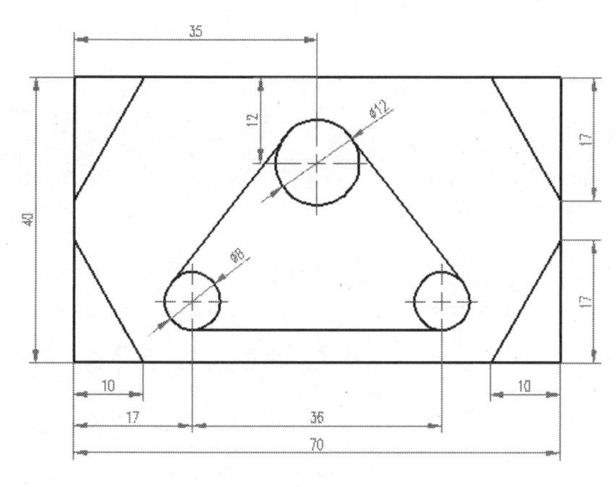

图 2-86　实例效果

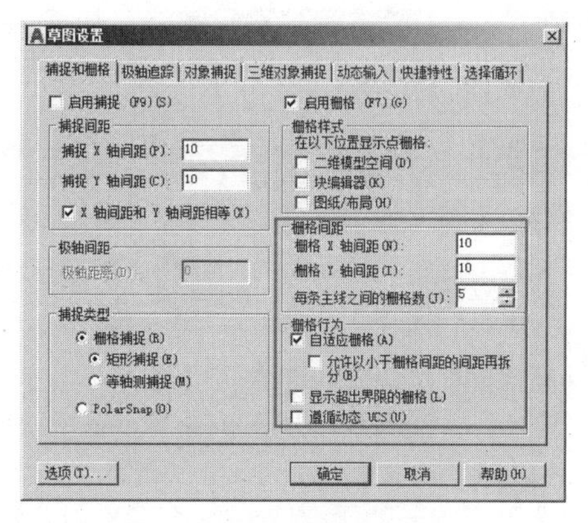

图 2-87　设置捕捉模式

步骤 03　选择菜单栏中的【格式】/【图形界限】命令，将图形界限设置为（150,100）。命令行提示如下：

```
命令: '_limits
重新设置模型空间界限:
指定左下角点或 [开(ON)/关(OFF)] <0.0000,0.0000>:   // Enter
指定右上角点 <420.0000,297.0000>:                    //150,100 Enter
```

步骤 04　使用快捷键 Z 激活【视图缩放】功能，将图形界限最大化显示。命令行提示如下：

```
命令: z                                  // Enter
ZOOM 指定窗口的角点,输入比例因子 (nX 或 nXP),或者[全部(A)/中心(C)/动态(D)/范围(E)/上一个(P)/
比例(S)/窗口(W)/对象(O)] <实时>:  //a Enter
正在重生成模型
```

按 F7 功能键，打开【栅格显示】功能，可以直观显示出所设置的图形界限，如图 2-88 所示。

步骤 05　在状态栏上的按钮上单击鼠标右键，选择右键快捷菜单中的【对象捕捉设置】选项，在打开的【草图设置】对话框中设置捕捉与追踪模式，如图 2-89 所示。

步骤 06　按 F8 功能键，打开【正交模式】功能。

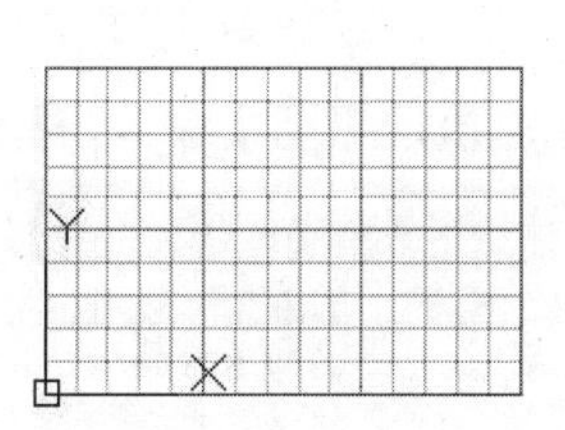

图 2-88　栅格显示结果

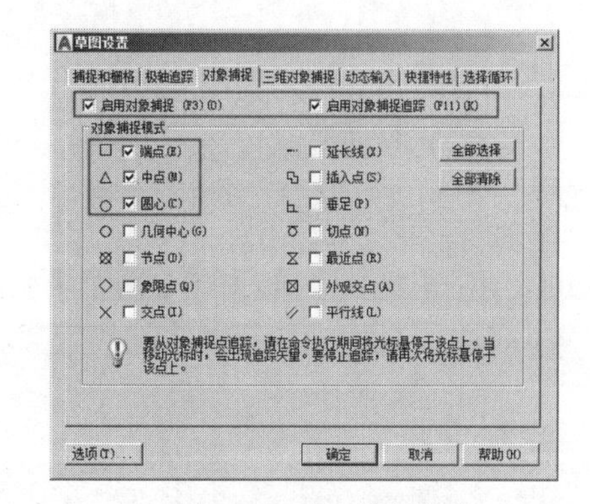

图 2-89　设置捕捉模式

步骤 07　单击【默认】选项卡/【绘图】面板上的按钮，执行【直线】命令，配合【正交模式】

功能绘制外轮廓线。命令行提示如下：

```
命令: _line
指定第一点:                              //在绘图区单击左键
指定下一点或 [放弃(U)]:                  //向右引导光标，输入 70 Enter
指定下一点或 [放弃(U)]:                  //向上引导光标，输入 40 Enter
指定下一点或 [闭合(C)/放弃(U)]:          //向左引导光标，输入 70 Enter
指定下一点或 [闭合(C)/放弃(U)]:          //c Enter，闭合图形，结果如图 2-90 所示
```

步骤 08　关闭【正交模式】功能，然后重复执行【直线】命令，配合【临时追踪点】功能绘制内部的倾斜轮廓线。命令行提示如下：

```
命令: _line
指定第一点:          //按住 Ctrl 键单击鼠标右键，选择右键快捷菜单中的【临时追踪点】功能
_tt 指定临时对象追踪点://捕捉外轮廓线的左下角点作为临时追踪点
指定第一点:              //水平向右移动光标，引出水平临时追踪虚线，如图 2-91 所示，然后输入 10 Enter
```

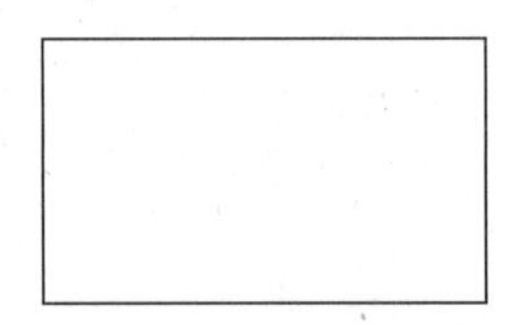

图 2-90　绘制结果

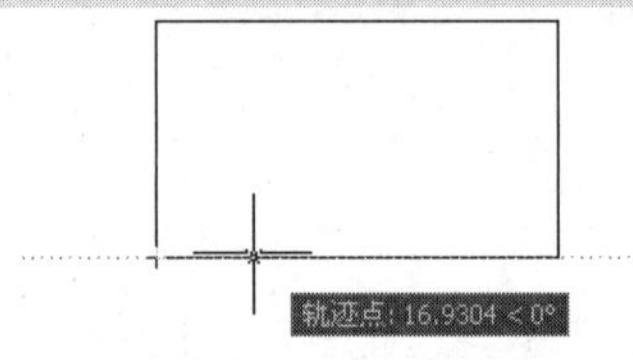

图 2-91　引出水平追踪虚线

“临时追踪虚线”与“对象追踪虚线”都是向两方无限延伸的虚线，但是追踪点的定位不同。前者必须手动拾取点才能进行追踪；而后者无须手动拾取点，只需要将光标放在特征点上，系统会自动拾取此点作为追踪点。

```
指定下一点或 [放弃(U)]:          //再次激活【临时追踪点】功能
_tt 指定临时对象追踪点:          //再次捕捉轮廓线左下角点作为临时追踪点
指定下一点或 [放弃(U)]:          //垂直向上移动光标,引出如图 2-92 所示的临时追踪虚线,输入 17 Enter
指定下一点或 [放弃(U)]:          //Enter，结束命令，绘制结果如图 2-93 所示
```

步骤 09　重复上一步骤的操作，分别以外轮廓图的其他 3 个角点作为临时追踪点，配合【临时追踪点】和【端点捕捉】功能绘制其他 3 条倾斜轮廓线，结果如图 2-94 所示。

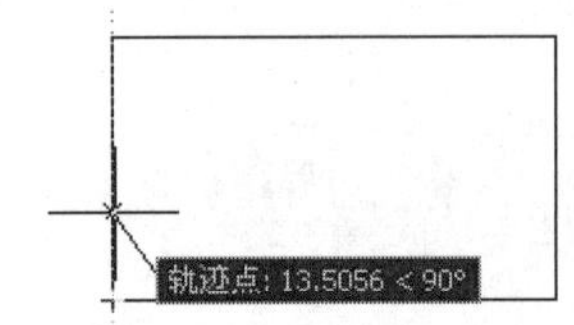

图 2-92　垂直追踪虚线

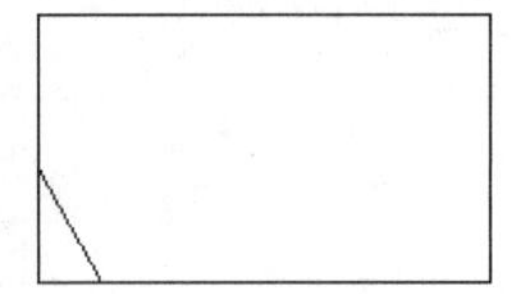

图 2-93　绘制倾斜线

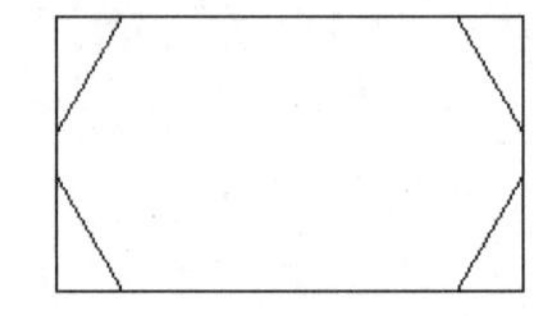

图 2-94　绘制倾斜轮廓线

步骤 10　单击【默认】选项卡/【绘图】面板上的⊙按钮，执行【圆】命令，配合【临时追踪点】和中点捕捉功能绘制内部的大圆。命令行提示如下：

```
命令: _circle
指定圆的圆心或 [三点(3P)/两点(2P)/切点、切点、半径(T)]:
                                    //单击【对象捕捉】工具栏上的⊷按钮，激活【临时追踪点】功能
_tt 指定临时对象追踪点:             //捕捉如图 2-95 所示的中点作为临时追踪点
指定圆的圆心或 [三点(3P)/两点(2P)/切点、切点、半径(T)]:
```

```
                        //向下引出如图 2-96 所示的追踪虚线，输入 12 Enter
指定圆的半径或 [直径(D)]:    //6 Enter，绘制结果如图 2-97 所示
```

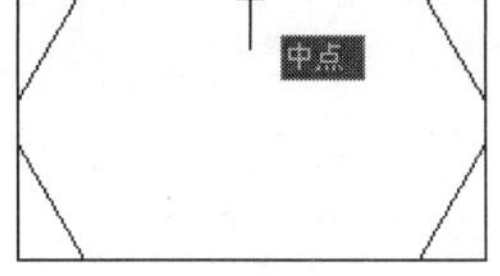
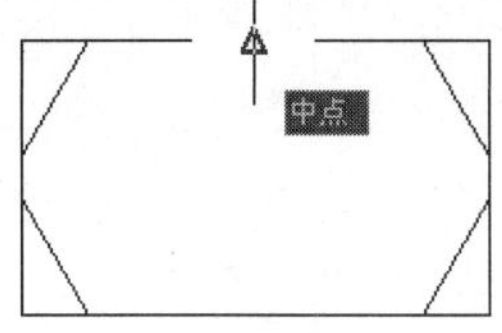

图 2-95　捕捉中点

图 2-96　引出临时追踪虚线

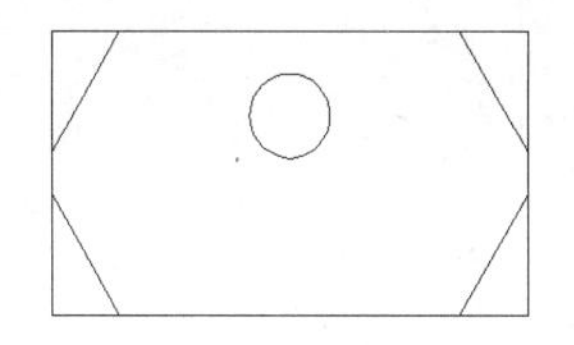

图 2-97　绘制大圆

步骤 11　重复执行【圆】命令，配合【临时追踪点】和中点捕捉功能绘制下侧的小圆。命令行提示如下：

```
命令: _circle
指定圆的圆心或 [三点(3P)/两点(2P)/切点、切点、半径(T)]:
                        //单击【对象捕捉】工具栏上的按钮，激活【临时追踪点】功能
_tt 指定临时对象追踪点:      //捕捉如图 2-98 所示的中点作为临时追踪点
指定圆的圆心或 [三点(3P)/两点(2P)/切点、切点、半径(T)]:
                        //水平向右引出如图 2-99 所示的临时追踪虚线，输入 12 Enter
指定圆的半径或 [直径(D)] <4.0000>:   //4 Enter，绘制结果如图 2-100 所示
```

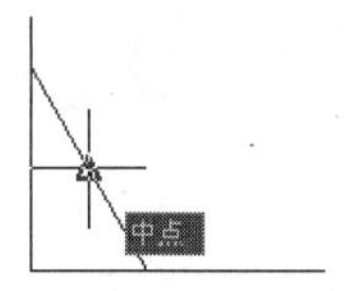
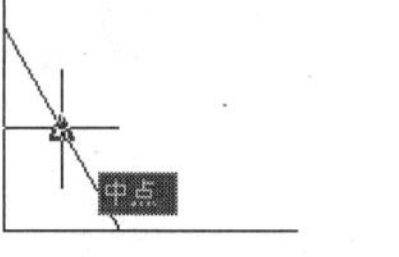

图 2-98　捕捉中点

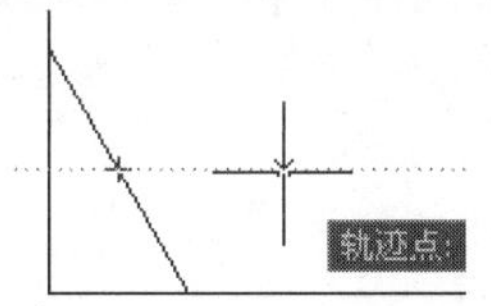

图 2-99　引出临时追踪虚线

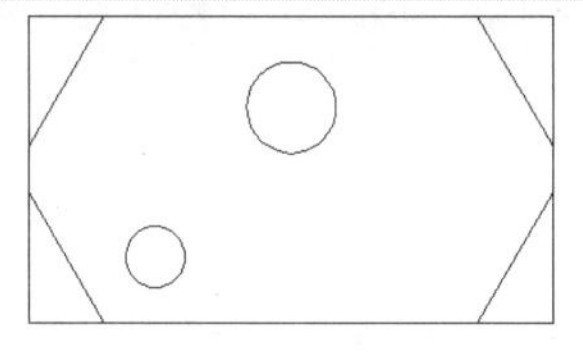

图 2-100　绘制结果

步骤 12　重复执行【圆】命令，配合【对象捕捉追踪】和圆心捕捉功能绘制右下侧的小圆。命令行提示如下：

```
命令: _circle
指定圆的圆心或 [三点(3P)/两点(2P)/切点、切点、半径(T)]:
                //通过刚绘制的小圆圆心引出如图 2-101 所示的圆心追踪虚线，然后输入 36 Enter
指定圆的半径或 [直径(D)]:    //4 Enter，结束命令，绘制结果如图 2-102 所示
```

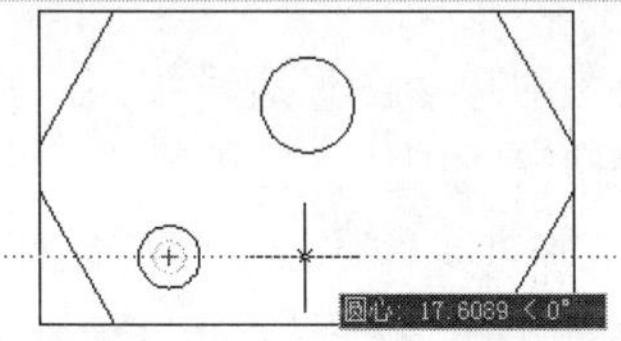

图 2-101　引出圆心追踪虚线

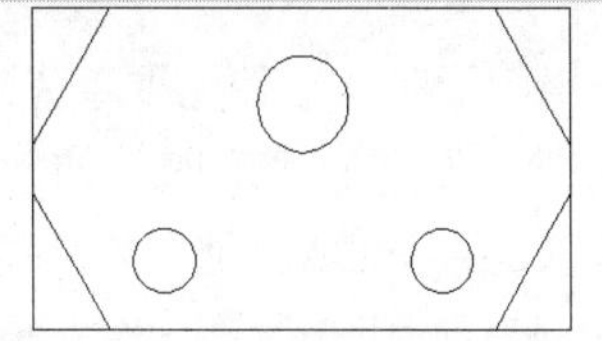

图 2-102　绘制结果

步骤 13　关闭其他捕捉模式，并将捕捉模式设置为切点捕捉，然后单击【默认】选项卡/【绘图】面板上的按钮，配合【切点捕捉】功能绘制圆的外公切线，命令行提示如下：

```
命令: _line
指定第一点://将光标放在大圆的右上侧，当显示出如图 2-103 所示的递延切点标记单击左键，拾取该相切对象
指定下一点或 [放弃(U)]: //将光标放在小圆的右上侧，当显示出如图 2-104 所示的递延切点标记时单击左键
指定下一点或 [放弃(U)]:        // Enter，结束命令，绘制结果如图 2-105 所示
```

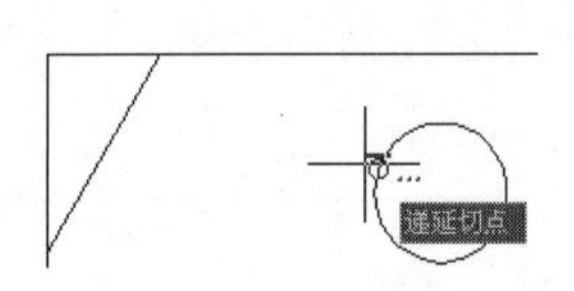

图 2-103　拾取大圆

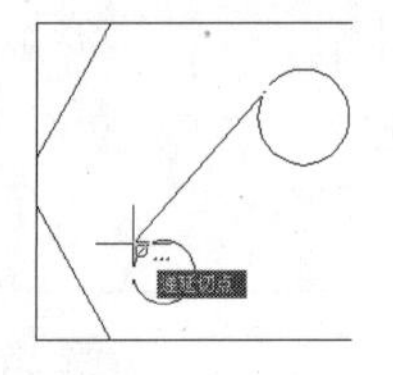

图 2-104　拾取小圆

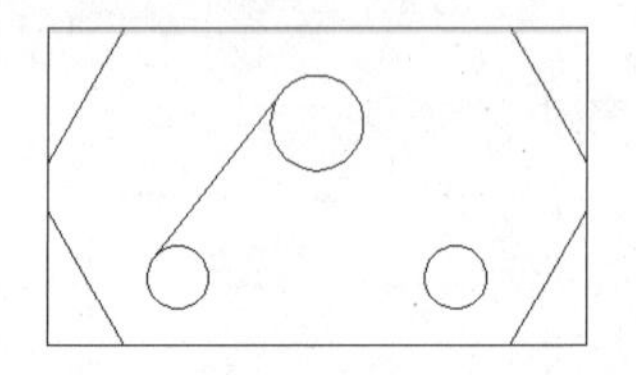

图 2-105　绘制结果

步骤 14　重复执行步骤 12 的操作，绘制右侧和下侧的两条外公切线，结果如图 2-106 所示。

如果绘制两圆的外公切线，需要在圆的同一侧拾取切点；如果绘制两圆的内公切线，需要在圆的相反侧拾取切点。

步骤 15　使用快捷键 D 执行【标注样式】命令，在打开的对话框中单击 修改(M)... 按钮，在【符号和箭头】选项卡内修改当前标注样式的圆心标记参数，如图 2-107 所示。

步骤 16　选择菜单栏中的【标注】/【圆心标记】命令，分别选择内部的 3 个圆图形，为其标注中心线，结果如图 2-108 所示。

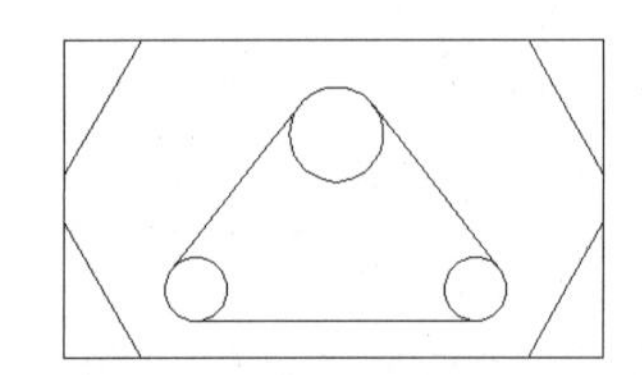

图 2-106　绘制公切线

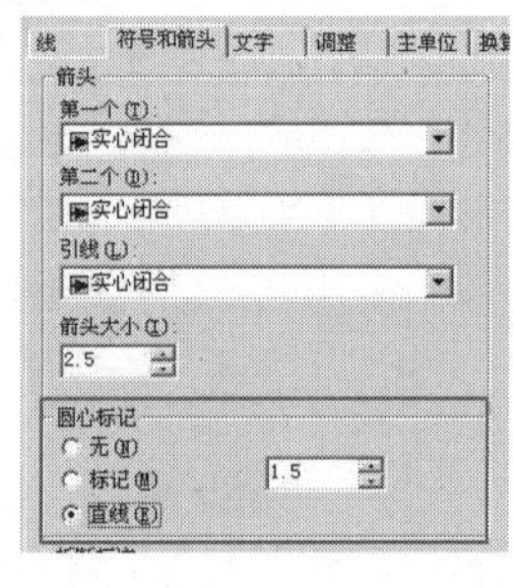

图 2-107　修改参数

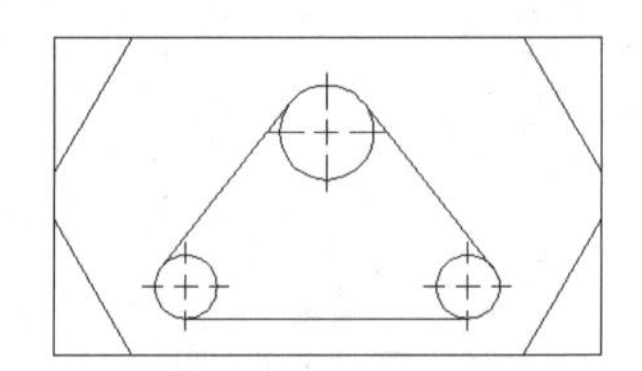

图 2-108　标注中心线

步骤 17　单击【快速访问】工具栏上的按钮，将图形存储为“综合范例二.dwg”。

2.9　思考与总结

2.9.1　知识点思考

（1）在编辑图形时，往往需要事先选择这些图形，如果是对单个图形进行编辑，直接单击该图形即可；如果是对多个图形进行编辑时，如何才能快速选择多个图形对象呢？

（2）之所以说 AutoCAD 是一款高精度的绘图软件，其精确度具体体现在哪些功能上？

（3）AutoCAD 为用户提供了多种视图的缩放控制功能，如果想将视图的高度调整为 500 个单位，可以使用哪几种缩放功能？

2.9.2　知识点总结

本章主要学习了 AutoCAD 的一些辅助技能，包括对象选择、点的捕捉、追踪及视图的缩放功能，熟练掌握这些技能不仅能为图形的绘制和编辑奠定良好的基础，同时也为精确绘图及简捷方便地管理图形提供了条件，希望读者认真学习、熟练掌握，为后续章节打下牢固的基础。通过本章的学习，具体应掌握以下知识点：

- 在讲述选择技能时，需要了解和掌握对象的3种技能，具体有点选、窗口选择和窗交选择。
- 在讲述点的精确捕捉功能时，要了解栅格和捕捉工具的功能和含义，掌握对象捕捉和临时捕捉的区别和各自的参数设置及应用。
- 在讲述点的追踪功能时，要了解和掌握【正交模式】、【极轴追踪】和【对象追踪】3种功能的作用和区别，掌握各自的参数设置和具体的技巧提示等。
- 在讲述点的参照定位技能时，要掌握【捕捉自】、【临时追踪点】和【两点之间的中点】等功能。
- 在讲述视窗的缩放功能时，要重点掌握【窗口缩放】、【中心缩放】、【比例缩放】、【全部缩放】、【范围缩放】、【缩放对象】等工具的作用与用法，以方便调整视图。

2.10 上机操作题

2.10.1 操作题一

综合所学知识，绘制如图2-109所示的平面图。

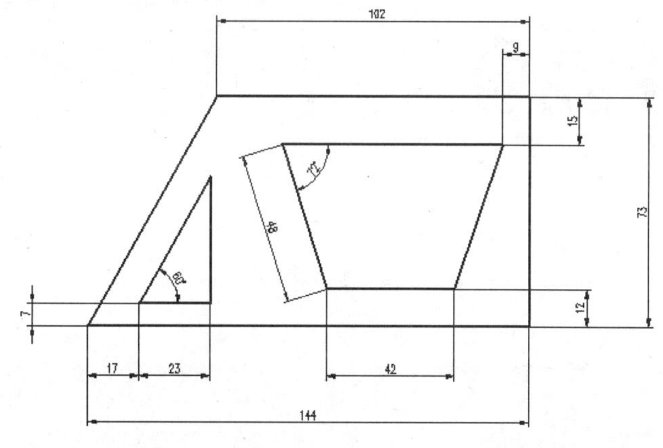

图2-109 操作题一

2.10.2 操作题二

综合所学知识，绘制如图2-110所示的平面图。

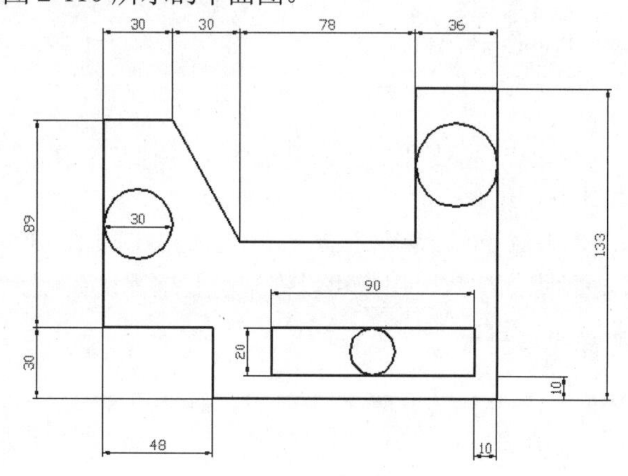

图2-110 操作题二

第 3 章　基本几何图元的绘制功能

本章主要学习各类基本几何图元的绘制功能，如点、线、曲线、圆、弧、矩形、正多边形、边界、面域等，这些图元都是构图的最基本图形元素。任何一个复杂的图形，都是由各种基本图元进行组合而成的，学好 CAD 绘图，就必须要学习和掌握各种基本图元的绘制方法和技巧，为以后更加灵活地组合复杂图形打好基础。

本章内容

- 绘制点图元
- 绘制线图元
- 绘制圆与弧
- 绘制闭合折线
- 绘制填充图案
- 综合范例——绘制卫生间平面详图
- 思考与总结
- 上机操作题

3.1　绘制点图元

本节主要学习【单点】、【点样式】、【多点】、【定数等分】和【定距等分】5 个命令。

3.1.1　绘制单点

【单点】命令是一个最简单的命令，使用此命令一次只能绘制一个点对象。

执行【单点】命令主要有以下几种方式。

- 菜单栏：选择菜单栏中的【绘图】/【点】/【单点】命令。
- 命令行：在命令行输入 Point 后按 Enter 键。
- 快捷键：在命令行输入 PO 后按 Enter 键。

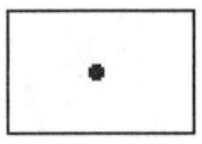

当执行【单点】命令并绘制完单个点后，系统自动结束此命令，所绘制的点以一个小点的方式显示，如图 3-1 所示。

图 3-1　单点

默认设置下绘制的点以一个小点显示，如果在某轮廓线上绘制了点，那么将会看不到所绘制的点，为此，AutoCAD 为用户提供了多种点的样式，用户可以根据需要进行设置当前点的显示样式。

【例题 3-1】 设置点的样式与尺寸

步骤 01　选择菜单栏中的【格式】/【点样式】命令，或者在命令行输入 Ddptype 并按 Enter 键，打开如图 3-2 所示的对话框。

步骤 02　AutoCAD 为用户提供了 20 种点样式，在所需样式上单击，即可将此样式设置为当前样式。在此设置"⊠"为当前点样式。

步骤03 在【点大小】文本框内输入点的大小尺寸。其中，【相对于屏幕设置大小】单选按钮表示按照屏幕大小的百分比进行显示点；【按绝对单位设置大小】单选按钮表示按照点的实际大小来显示点。

步骤04 单击 确定 按钮，绘图区的点被更新，如图 3-3 所示。

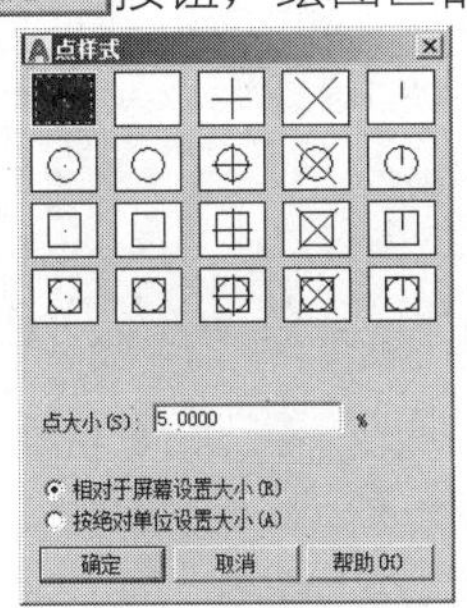

图 3-2　【点样式】对话框

图 3-3　更改点样式

3.1.2　绘制多点

【多点】命令可以连续绘制多个点对象，直到按 Esc 键结束命令为止。

执行【多点】命令主要有以下几种方式：

- 菜单栏：选择菜单栏中的【绘图】/【点】/【多点】命令。
- 功能区：单击【默认】选项卡/【绘图】面板上的 按钮。

执行【多点】命令后 AutoCAD 系统提示如下：

```
命令：Point
        当前点模式： PDMODE=0  PDSIZE=0.0000 (Current point modes: PDMODE=0  PDSIZE=0.0000)
指定点：          //在绘图区给定点的位置
…
指定点：          //继续绘制点或按 Esc 键结束命令，绘制结果如图 3-4 所示
```

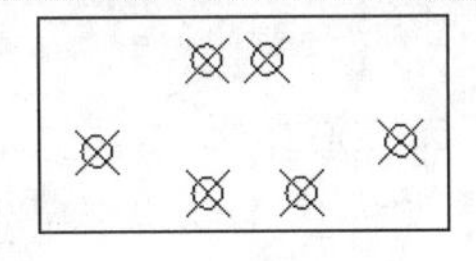

图 3-4　绘制多点

3.1.3　定数等分

【定数等分】命令用于按照指定的等分数目等分对象，对象被等分的结果仅仅是在等分点处放置了点的标记符号（或内部块），而源对象并没有被等分为多个对象。

执行【定数等分】命令主要有以下几种方式。

- 菜单栏：选择菜单栏中的【绘图】/【点】/【定数等分】命令。
- 命令行：在命令行中输入 Divide 后按 Enter 键。
- 快捷键：在命令行中输入 DVI 后按 Enter 键。
- 功能区：单击【默认】选项卡/【绘图】面板上的 按钮。

【例题 3-2】 将某直线等分五份

步骤01 新建空白文件。

步骤02 绘制一条长度为 100 的水平线段作为等分对象。

步骤03 选择菜单栏中的【格式】/【点样式】命令，将当前点样式设置为“╳”。

步骤04 单击【默认】选项卡/【绘图】面板上的按钮，然后根据 AutoCAD 命令行提示进行定数等分线段。命令行提示如下：

```
命令： _divide
选择要定数等分的对象：          //选择刚绘制的水平线段
输入线段数目或 [块(B)]：          //5 Enter，设置等分数目，并结束命令
```

步骤05 等分结果如图 3-5 所示。

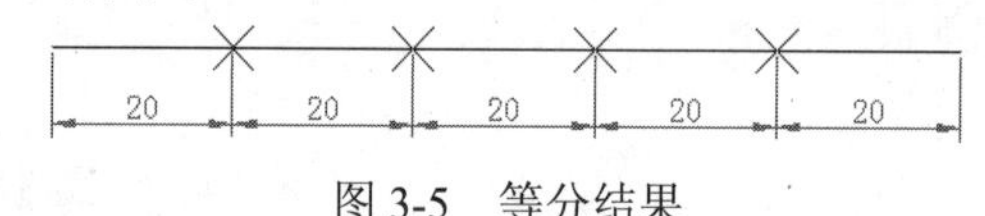

图 3-5　等分结果

【块(B)】选项用于在对象等分点处放置内部图块，以代替点标记，在执行此选项时，必须确保当前文件中存在所需使用的内部图块。

3.1.4　定距等分

【定距等分】命令是按照指定的等分距离进行等分对象，与定数等分一样，对象被等分的结果仅仅是在等分点处放置了点的标记符号，而源对象并没有被等分为多个对象。

执行【定距等分】命令主要有以下几种方式。

- 菜单栏：选择菜单栏中的【绘图】/【点】/【定距等分】命令。
- 命令行：在命令行输入 Measure 后按 Enter 键。
- 快捷键：在命令行输入 ME 后按 Enter 键。
- 功能区：单击【默认】选项卡/【绘图】面板上的按钮。

【例题 3-3】 将某线段按照 45mm 的间距进行等分

步骤01 新建空白文件。

步骤02 使用【直线】命令绘制长度为 200 的水平线段。

步骤03 选择菜单栏中的【格式】/【点样式】命令，设置点的样式为“⊠”。

步骤04 单击【默认】选项卡/【绘图】面板上的按钮，对线段进行定距等分。命令行提示如下：

```
命令： _measure
选择要定距等分的对象：          //选择刚绘制的线段
指定线段长度或 [块(B)]：          //45 Enter，设置等分距离
```

步骤05 定距等分的结果如图 3-6 所示。

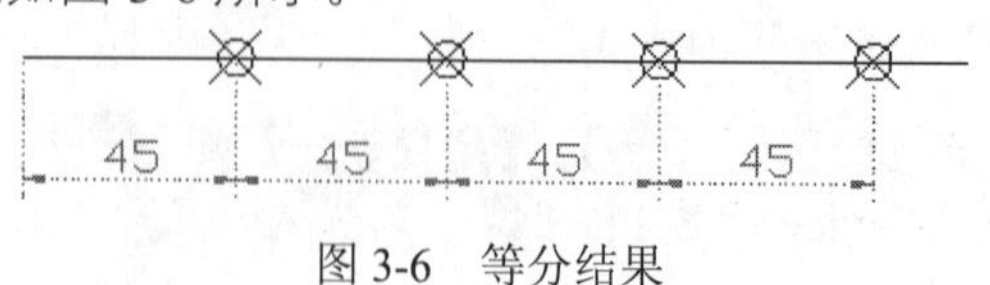

图 3-6　等分结果

3.2　绘制线图元

本节将学习【多线】、【多段线】、【构造线】、【修订云线】、【样条曲线】、【射线】和【螺旋】7 个命令。

3.2.1　绘制多线

多线是由两条或两条以上的平行元素构成的复合线对象，这些平行元素可以设置线型、颜色等特性，如图 3-7 所示。

图 3-7　多线示例

执行【多线】命令主要有以下几种方式。

- 菜单栏：选择菜单栏中的【绘图】/【多线】命令。
- 命令行：在命令行输入 Mline 后按 Enter 键。
- 快捷键：在命令行输入 ML 后按 Enter 键。

【例题 3-4】 绘制如图 3-8 所示的图形

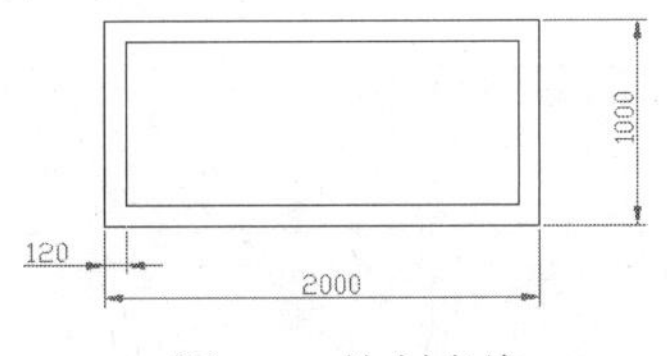

图 3-8　绘制多线

步骤 01　新建空白文件。

步骤 02　选择菜单栏中的【绘图】/【多线】命令，配合点的坐标输入功能绘制多线。命令行提示如下：

```
命令： _mline
当前设置：对正 = 上，比例 = 20.00，样式 = STANDARD
指定起点或 [对正(J)/比例(S)/样式(ST)]:      //s Enter，激活【比例】选项
```

> **技巧提示** 巧妙使用【比例】选项，可以绘制不同宽度的多线。默认比例为 20 个绘图单位。另外，如果用户输入的比例值为负值，这多条平行线的顺序会产生反转。

```
输入多线比例 <20.00>:                     //120 Enter，设置多线比例
当前设置：对正 = 上，比例 = 120.00，样式 = STANDARD
指定起点或 [对正(J)/比例(S)/样式(ST)]:      //在绘图区拾取一点
指定下一点:                              //@0,1000 Enter
指定下一点或 [放弃(U)]:                    //@2000,0 Enter
指定下一点或 [闭合(C)/放弃(U)]:              //@0,-1000 Enter
指定下一点或 [闭合(C)/放弃(U)]:              //c Enter，结束命令
```

巧用【样式】选项，可以随意更改当前的多线样式；而【闭合】选项则用于绘制首尾相连的闭合多线。

步骤 03　调整视图，观看绘制结果。

【对正】选项用于设置多线的对正方式，AutoCAD 共为用户提供了 3 种对正方式，即上对正、下对正和无，如图 3-9 所示。

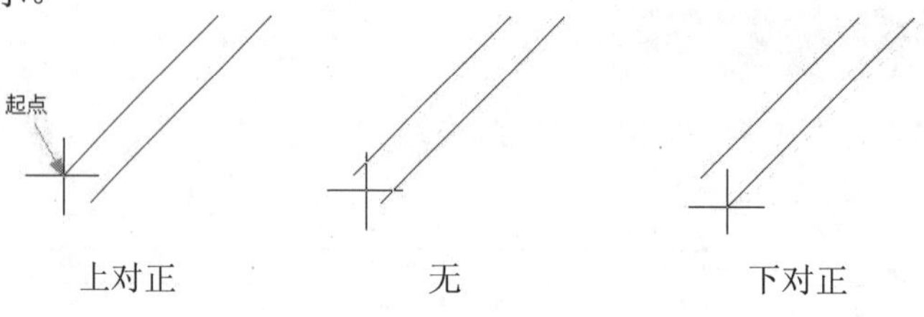

图 3-9　3 种对正方式

如果当前多线的对正方式不符合用户要求的话，可在命令行中输入“J”，激活该选项，系统出现如下提示：

“输入对正类型 [上（T）/无（Z）/下（B）] <上>:”提示用户输入多线的对正方式。

使用系统默认的多线样式，只能绘制由两条平行元素构成的多线，如果用户需要绘制其他样式的多线时，需要使用【多线样式】命令进行设置。下面通过实例学习多线样式的设置过程。

【例题 3-5】　设置如图 3-10 所示的多线样式

图 3-10　设置多线样式

步骤 01　选择菜单栏中的【格式】/【多线样式】命令，或者在命令行输入 Mlstyle 并按 Enter 键，打开【多线样式】对话框，如图 3-11 所示。

步骤 02　单击 新建(N)... 按钮，在打开的【创建新的多线样式】对话框中输入新样式名称，如图 3-12 所示。

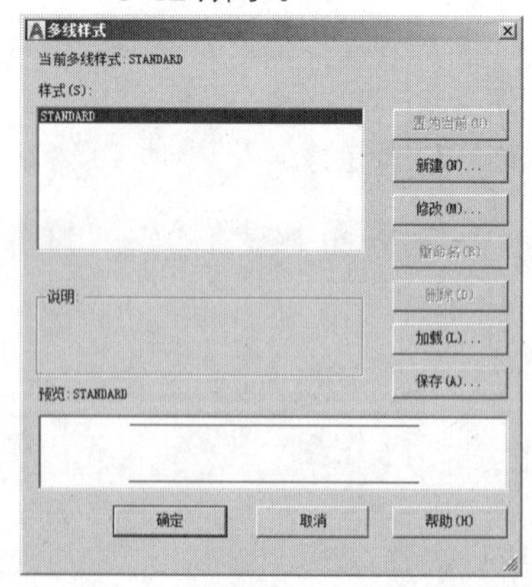

图 3-11　【多线样式】对话框

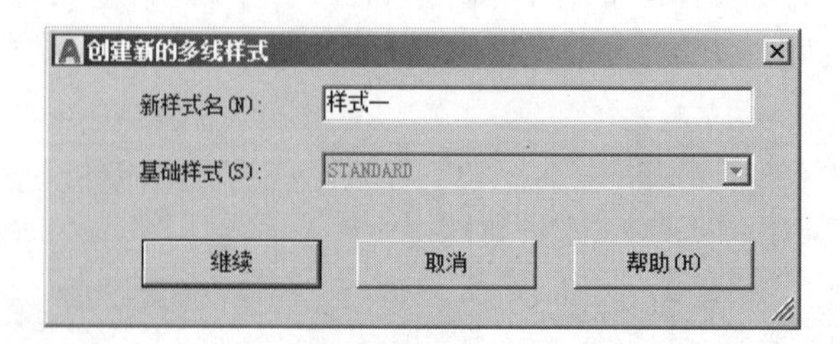

图 3-12　【创建新的多线样式】对话框

步骤 03　单击 继续 按钮，打开如图 3-13 所示的【新建多线样式：样式一】对话框。

步骤 04　单击 添加(A) 按钮，添加 0 号元素，并设置颜色为红色，如图 3-14 所示。

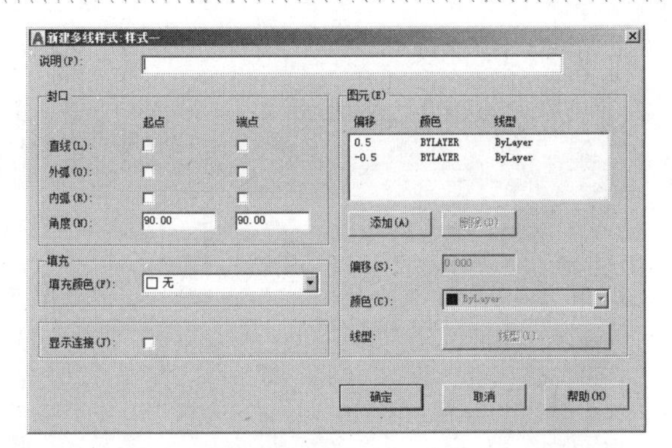

图 3-13 【新建多线样式：样式一】对话框

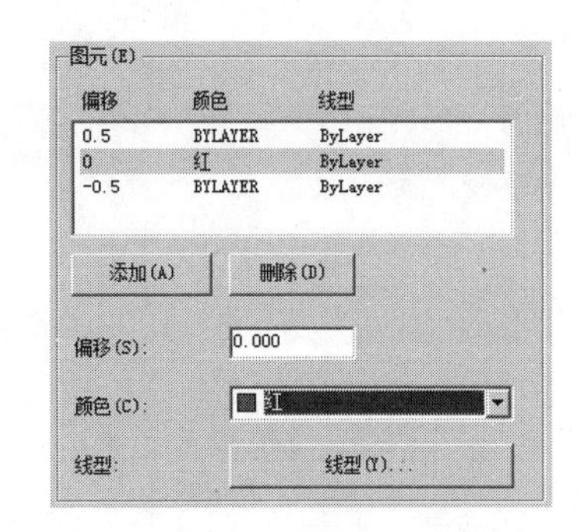

图 3-14 添加多线元素

步骤05 单击 线型(Y)... 按钮，在打开的【选择线型】对话框中单击按钮 加载(L)... 按钮，打开【加载或重载线型】对话框，如图 3-15 所示。

步骤06 单击 确定 按钮，线型被加载到【选择线型】对话框中，如图 3-16 所示。

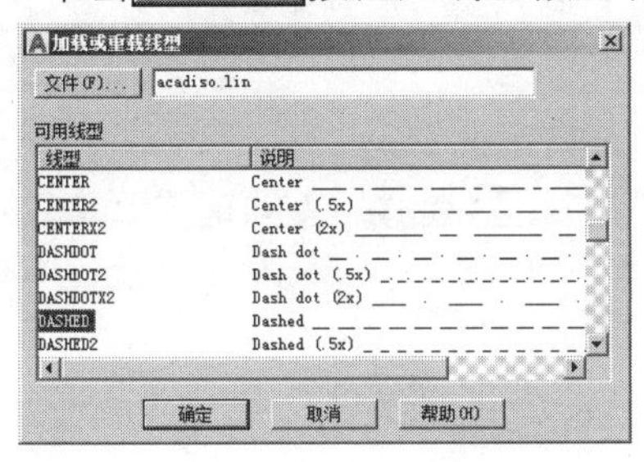

图 3-15 选择线型

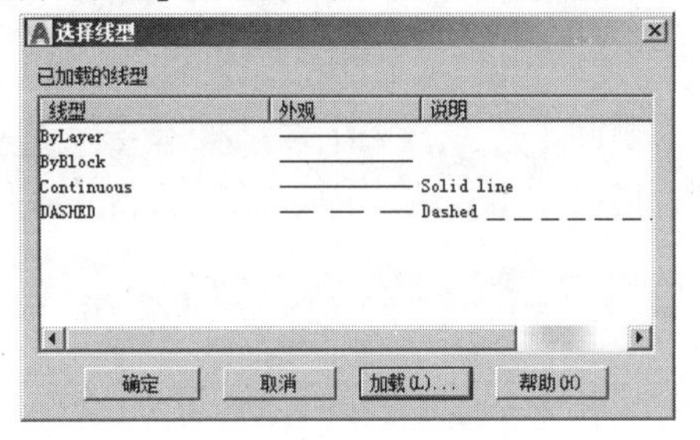

图 3-16 加载线型

步骤07 选择加载的线型并单击 确定 按钮，将线型赋给刚添加的多线元素，结果如图 3-17 所示。

步骤08 在左侧【封口】选项组中，设置多线两端的封口形式，如图 3-18 所示。

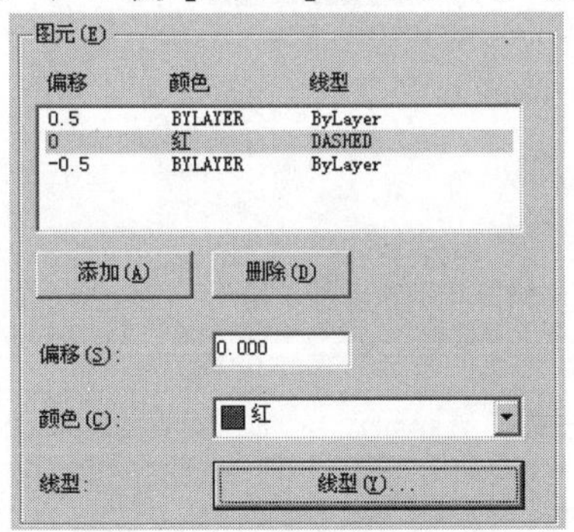

图 3-17 设置元素线型

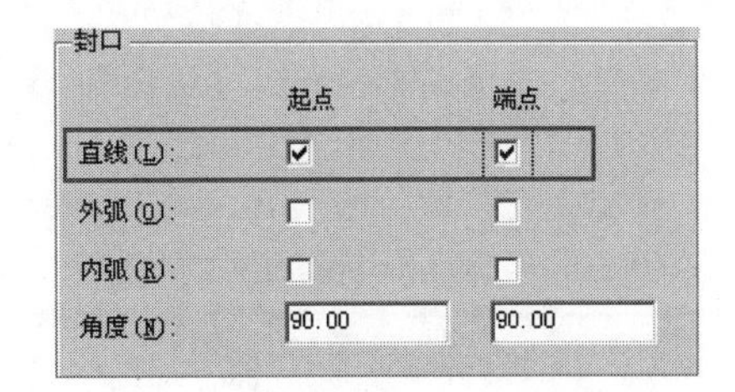

图 3-18 设置多线封口

步骤09 单击 确定 按钮返回【多线样式】对话框，新样式预览效果如图 3-19 所示。

步骤10 单击 保存(A)... 按钮，在打开的【保存多线样式】对话框中设置文件名，如图 3-20 所示，将新样式以“*mln”的格式进行保存，以方便在其他文件中进行重复使用。

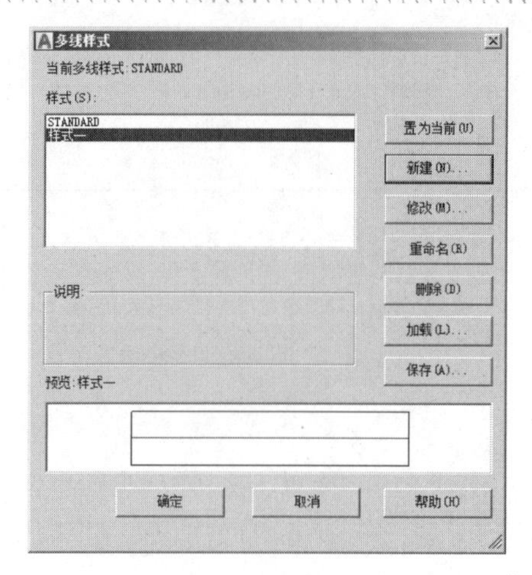

图 3-19　【多线样式】对话框

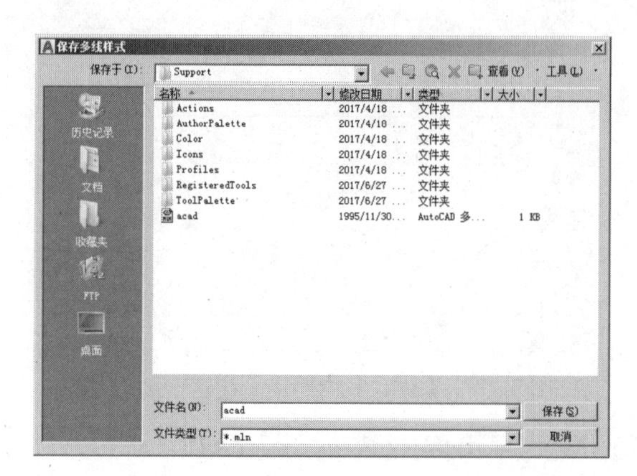

图 3-20　【保存多线样式】对话框

如果用户为多线设置了填充色或线型等参数，那么在预览框内将显示不出这些特性，但是用户一旦使用此样式绘制多线时，多线样式的所有特性都将显示。

步骤 11　返回【多线样式】对话框单击 确定 按钮，结束命令。

步骤 12　将新样式设为当前，然后执行【多线】命令，即可绘制如图 3-10 所示的多线。

3.2.2　绘制多段线

“多段线”是由一系列直线段或弧线段连接而成的一种特殊折线，如图 3-21 所示，此种折线可以具有宽度，可以闭合或不闭合。无论绘制的多段线包含有多少条直线或圆弧，AutoCAD 都把它们作为一个单独的对象。

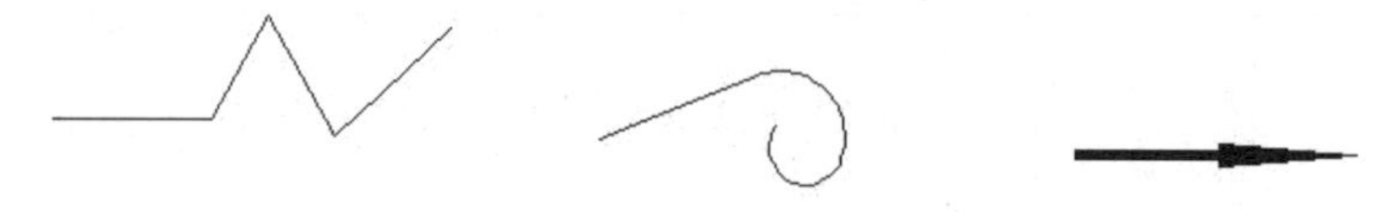

图 3-21　多段线示例

执行【多段线】命令主要有以下几种方式。

- 菜单栏：选择菜单栏中的【绘图】/【多段线】命令。
- 命令行：在命令行输入 Pline 后按 Enter 键。
- 快捷键：在命令行输入 PL 后按 Enter 键。
- 功能区：单击【默认】选项卡/【绘图】面板上的按钮。

【例题 3-6】　绘制键槽轮廓图

步骤 01　首先新建空白文件。

步骤 02　按 F12 功能键，关闭【动态输入】功能。

步骤 03　单击【默认】选项卡/【绘图】面板上的按钮，执行【多段线】命令，配合绝对坐标的输入功能绘制多段线。命令行提示如下：

```
命令: _pline
指定起点:                                    //9.8,0 Enter
当前线宽为 0.0000
```

```
指定下一个点或 [圆弧(A)/半宽(H)/长度(L)/放弃(U)/宽度(W)]:   //9.8,2.5 Enter
```

【长度】选项用于定义下一段多段线的长度，AutoCAD按照上一线段的方向绘制这一段多段线。若上一段是圆弧，则绘制的直线段与圆弧相切；【半宽】选项用于设置多段线半宽，【宽度】选项用于设置多段线起始宽度值，起始点的宽度值可以相同也可不同。

```
指定下一点或 [圆弧(A)/闭合(C)/半宽(H)/长度(L)/放弃(U)/宽度(W)]:  //@-2.73,0 Enter
指定下一点或 [圆弧(A)/闭合(C)/半宽(H)/长度(L)/放弃(U)/宽度(W)]:  // a Enter
指定圆弧的端点或[角度(A)/圆心(CE)/闭合(CL)/方向(D)/半宽(H)/直线(L)/半径(R)/第二个点(S)/放弃(U)/宽度(W)]:                                    //ce Enter
指定圆弧的圆心:                        //0,0 Enter
指定圆弧的端点或 [角度(A)/长度(L)]:     //7.07,-2.5 Enter
指定圆弧的端点或[角度(A)/圆心(CE)/闭合(CL)/方向(D)/半宽(H)/直线(L)/半径(R)/第二个点(S)/放弃(U)/宽度(W)]:                                    //l Enter，转入画线模式
指定下一点或 [圆弧(A)/闭合(C)/半宽(H)/长度(L)/放弃(U)/宽度(W)]:  //9.8,-2.5 Enter
指定下一点或 [圆弧(A)/闭合(C)/半宽(H)/长度(L)/放弃(U)/宽度(W)]:
                                       //c Enter，闭合图形，绘制结果如图3-22所示
```

步骤04 将绘制的图形存盘。

在绘制具有宽度的多段线时，变量Fillmode控制着多段线是否被填充，变量值为1时，宽度多段线将被填充，如图3-23所示；变量值为0时，将不会填充，如图3-24所示。

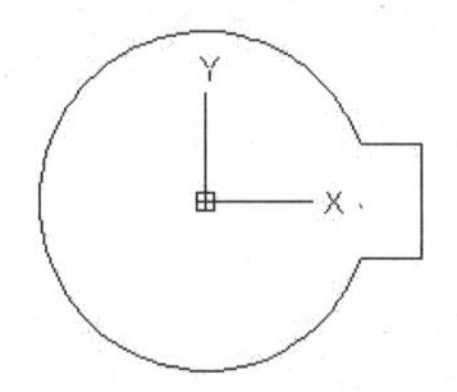

图3-22　绘制多段线

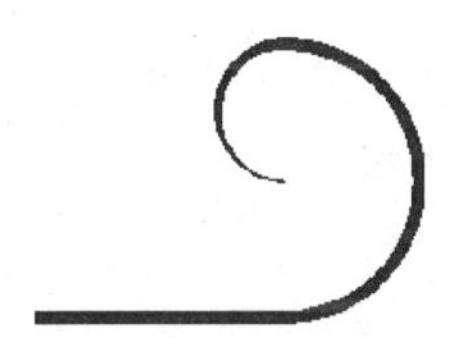

图3-23　填充多段线

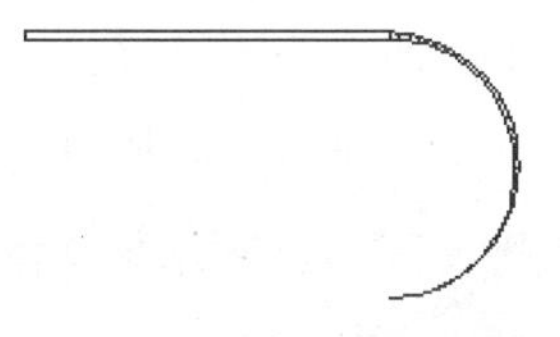

图3-24　非填充多段线

(1)【圆弧】选项

使用命令中的【圆弧】选项，可以绘制由弧线组合而成的多段线。激活此选项后，系统自动切换到画弧状态，并且命令行出现如下提示：

```
"指定圆弧的端点或 [角度（A）/圆心（CE）/闭合（CL）/方向（D）/半宽（H）/直线（L）/半径（R）/第二个点（S）/放弃（U）/ 宽度（W）]"
```

提示中各选项功能如下：

- 【角度】选项用于指定要绘制的圆弧的圆心角。
- 【圆心】选项用于指定圆弧的圆心；【闭合】选项用于用弧线封闭多段线。
- 【方向】选项用于取消直线与圆弧的相切关系，改变圆弧的起始方向。
- 【半宽】选项用于指定圆弧的半宽值。激活此选项功能后，AutoCAD将提示用户输入多段线的起点半宽值和终点半宽值。
- 【直线】选项用于切换直线模式；【半径】选项用于指定圆弧的半径。
- 【第二个点】选项用于选择三点画弧方式中的第二个点。
- 【宽度】选项用于设置弧线的宽度值。
- 【放弃】选项用于放弃上一步操作。

（2）其他选项

- 【闭合】选项：激活此选项后，AutoCAD 将使用直线段封闭多段线，并结束多段线命令。

当用户需要绘制一条闭合的多段线时，最后一定要使用此选项功能，才能保证绘制的多段线是完全封闭的。

- 【长度】选项：此选项用于定义下一段多段线的长度，AutoCAD 按照上一线段的方向绘制这一段多段线。若上一段是圆弧，AutoCAD 绘制的直线段与圆弧相切。
- 【半宽】/【宽度】选项：【半宽】选项用于设置多段线的半宽，【宽度】选项用于设置多段线的起始宽度值，起始点的宽度值可以相同也可以不同。

3.2.3　绘制构造线

【构造线】命令用于绘制向两端无限延伸的直线，如图 3-25 所示。此图线常被用作图形辅助线，不能作为图形轮廓线，但是可以通过修改工具将其编辑为图形轮廓线。

执行【构造线】命令主要有以下几种方式。

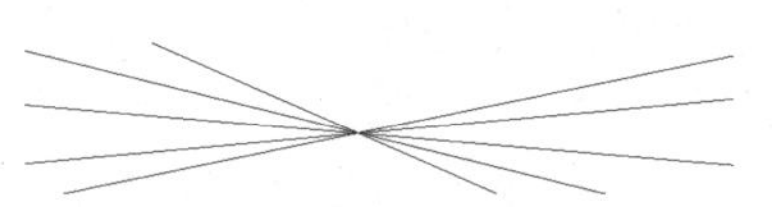

图 3-25　构造线

- 菜单栏：选择菜单栏中的【绘图】/【构造线】命令。
- 命令行：在命令行输入 Xline 后按 Enter 键。
- 快捷键：在命令行输入 XL 后按 Enter 键。
- 功能区：单击【默认】选项卡/【绘图】面板上的按钮。

使用【构造线】命令可以绘制向两端延伸的作图辅助线，此辅助线可以是水平的、垂直的，还可以是倾斜的。下面通过具体的实例，学习各种辅助线的绘制方法。

【例题 3-7】　绘制水平与倾斜构造线

步骤 01　新建空白文件。

步骤 02　单击【默认】选项卡/【绘图】面板上的按钮，执行【构造线】命令，绘制水平构造线。命令行提示如下：

```
命令:_xline
指定点或 [水平(H)/垂直(V)/角度(A)/二等分(B)/偏移(O)]:  //HEnter，激活【水平】选项
指定通过点:                    //在绘图区拾取一点
指定通过点: :                  //继续在绘图区拾取点，
指定通过点:                    // Enter，绘制结果如图 3-26 所示
```

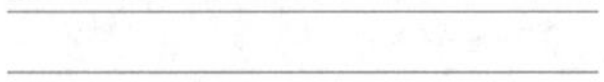

图 3-26　绘制水平构造线

步骤 03　重复【构造线】命令后，绘制角度为 30 的倾斜构造线。命令行提示如下：

```
命令:_xline
指定点或 [水平(H)/垂直(V)/角度(A)/二等分(B)/偏移(O)]:
                                    //A Enter，激活【角度】选项
输入构造线的角度 (0) 或 [参照(R)]:    //30 Enter，设置倾斜角度
指定通过点:                          //拾取通过点
指定通过点:                          // Enter，结束命令绘制结果如图 3-27 所示
```

使用【构造线】命令中的【垂直】选项可以绘制垂直的构造线，使用【二等分】选项可以绘制任意角度的角平分线，如图 3-28 所示。

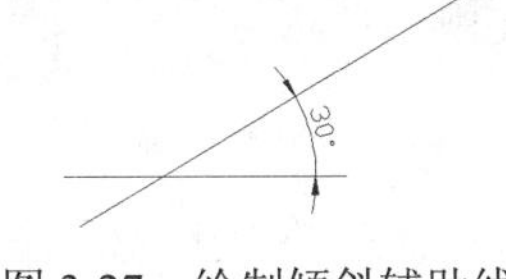

图 3-27　绘制倾斜辅助线

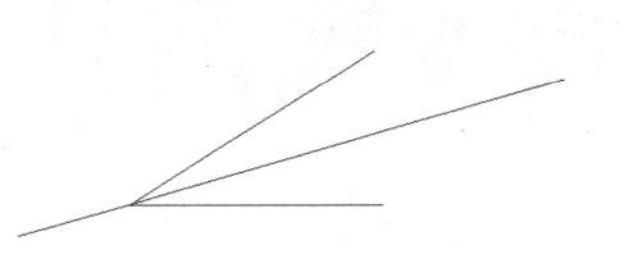

图 3-28　绘制等分线

3.2.4　三维多段线

【三维多段线】命令主要用于绘制三维多段线，此种图线是作为单个对象创建的直线段相互连接而成的序列，可以不共面，但是图线序列中不包含圆弧段，如图 3-29 所示。

执行【三维多段线】命令主要有以下几种方式。

- 菜单栏：选择菜单栏中的【绘图】/【三维多线】命令。
- 命令行：在命令行输入 3dpoly 后按 Enter 键。
- 快捷键：在命令行输入 3P 后按 Enter 键。
- 功能区：单击【默认】选项卡/【绘图】面板上的按钮。

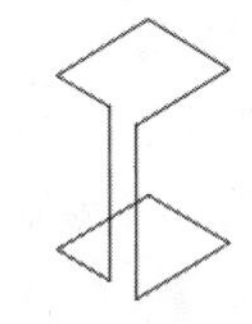

图 3-29　三维多段线

执行【三维多段线】命令后，其命令行提示如下：

```
命令：_3dpoly
指定多段线的起点：                              //指定三维多段线的起点
指定直线的端点或 [放弃(U)]：                    //指定三维多段线的端点
指定直线的端点或 [放弃(U)]：                    //指定三维多段线的端点
指定直线的端点或 [闭合(C)/放弃(U)]：            //指定三维多段线的端点
…
指定直线的端点或 [闭合(C)/放弃(U)]：            //按 Enter 键结束命令
```

3.2.5　修订云线

【修订云线】命令用于绘制由连续圆弧构成的图线，所绘制的图线被看作是一条多段线，此种图线可以是闭合的，也可以是断开的，如图 3-30 所示。

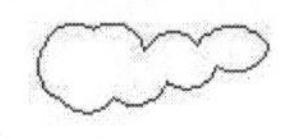

图 3-30　修订云线

执行【修订云线】命令主要有以下几种方式。

- 菜单栏：选择菜单栏中的【绘图】/【修订云线】命令。
- 命令行：在命令行输入 Revcloud 后按 Enter 键。
- 功能区：单击【默认】选项卡/【绘图】面板上的按钮。

在绘修订云线时，可以通过指定对角点或多边形点或者拖动光标来创建新的修订云线，也可以将对象（如直线）圆、多段线、样条曲线或椭圆）转换为修订云线。下面通过实例学习此命令。

【例题 3-8】　绘制修订云线

步骤 01　单击【默认】选项卡/【绘图】面板上的按钮，执行【修订云线】命令。

步骤 02 根据 AutoCAD 命令行的提示设置弧长和绘制云线。命令行提示如下：

```
命令：_revcloud
最小弧长：15    最大弧长：15    样式：普通    类型：徒手画
指定第一个点或 [弧长(A)/对象(O)/矩形(R)/多边形(P)/徒手画(F)/样式(S)/修改(M)] <对象>:
                                          //a Enter，激活【弧长】选项
指定最小弧长 <15>:                          //20 Enter，设置最小弧长
指定最大弧长 <30>:                          //40 Enter，设置最大弧长
指定第一个点或 [弧长(A)/对象(O)/矩形(R)/多边形(P)/徒手画(F)/样式(S)/修改(M)] <对象>:
                                        //在绘图区拾取一点
沿云线路径引导十字光标...                   //按住左键不放引导光标，即可绘制闭合的云线，如图 3-31 所示
修订云线完成
```

技巧提示 在设置弧长时需要注意，最大弧长不能超过最小弧长的三倍；另外在绘制闭合云线时，需要移动光标，将端点放在起点处，系统会自动闭合云线。

【样式】选项用于设置“普通”和“手绘”两种修订云线的样式，默认情况下为“普通”样式。如图 3-32 所示的云线就是在“手绘”样式下绘制的。

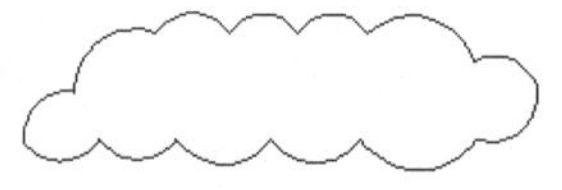

图 3-31　绘制云线

图 3-32　手绘样式

技巧提示 使用【修订云线】命令还可以将圆弧、矩形、圆、多边形等转化为云线，如图 3-33 所示。如果在最后一步中设置了云线的反转方向，则会生成如图 3-34 所示的云线。

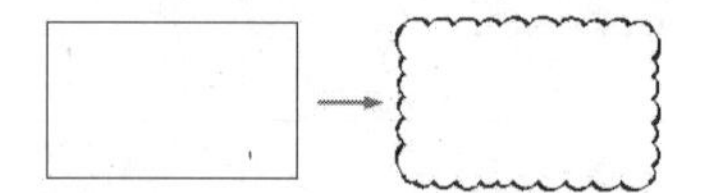

图 3-33　将对象转化为云线

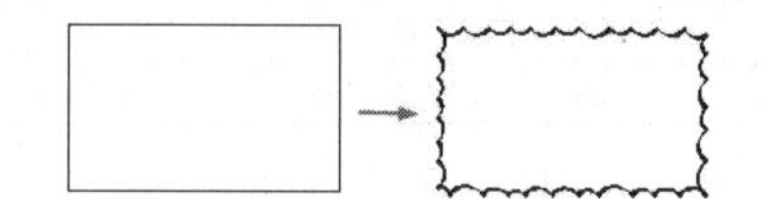

图 3-34　反转后的效果

3.2.6 样条曲线

所谓“样条曲线”，指的是由某些数据点（控制点）拟合生成的光滑曲线，如图 3-35 所示。所绘制的曲线可以是二维曲线，也可是三维曲线。

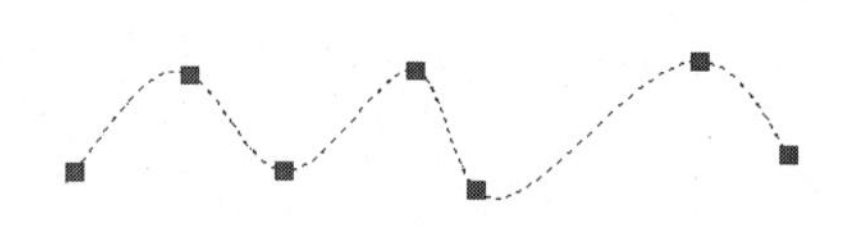

图 3-35　样条曲线

执行【样条曲线】命令主要有以下几种方式。

- 菜单栏：选择菜单栏中的【绘图】/【样条曲线】/【拟合点】(或【控制点】) 命令。
- 命令行：在命令行输入 Spline 后按 Enter 键。
- 快捷键：在命令行输入 SPL 后按 Enter 键。
- 功能区：单击【默认】选项卡/【绘图】面板上的按钮或按钮。

【例题 3-9】 绘制凸轮外轮廓线

步骤 01 打开例题 6 绘制的闭合多段线。

步骤 02 关闭状态栏上的【动态输入】功能。

步骤 03 单击【默认】选项卡/【绘图】面板上的按钮，或在命令行输入 Spline 后按 Enter 键，

使用由拟合点绘制零件图的外轮廓线。命令行提示如下：

```
命令： _spline
当前设置：方式=拟合    节点=弦
指定第一个点或 [方式(M)/节点(K)/对象(O)]:                //22.6,0 Enter
输入下一个点或 [起点切向(T)/公差(L)]:                    //23.2<13 Enter
输入下一个点或 [端点相切(T)/公差(L)/放弃(U)]:            //23.2<-278 Enter
输入下一个点或 [端点相切(T)/公差(L)/放弃(U)/闭合(C)]:    //21.5<-258 Enter
输入下一个点或 [端点相切(T)/公差(L)/放弃(U)/闭合(C)]:    //16.4<-238 Enter
输入下一个点或 [端点相切(T)/公差(L)/放弃(U)/闭合(C)]:    //14.6<-214 Enter
输入下一个点或 [端点相切(T)/公差(L)/放弃(U)/闭合(C)]:    //14.8<-199 Enter
输入下一个点或 [端点相切(T)/公差(L)/放弃(U)/闭合(C)]:    //15.2<-169 Enter
输入下一个点或 [端点相切(T)/公差(L)/放弃(U)/闭合(C)]:    //16.4<-139 Enter
输入下一个点或 [端点相切(T)/公差(L)/放弃(U)/闭合(C)]:    //18.1<-109 Enter
输入下一个点或 [端点相切(T)/公差(L)/放弃(U)/闭合(C)]:    //21.1<-49 Enter
输入下一个点或 [端点相切(T)/公差(L)/放弃(U)/闭合(C)]:    //22.1<-10 Enter
输入下一个点或 [端点相切(T)/公差(L)/放弃(U)/闭合(C)]:    //22.6,0 Enter
输入下一个点或 [端点相切(T)/公差(L)/放弃(U)/闭合(C)]:
                //拉出如图 3-36 所示切向，然后按 Enter 键，绘制结果如图 3-37 所示
```

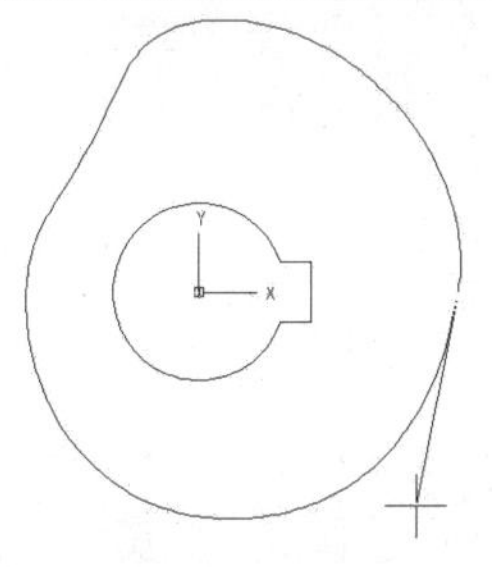

图 3-36　确定切向

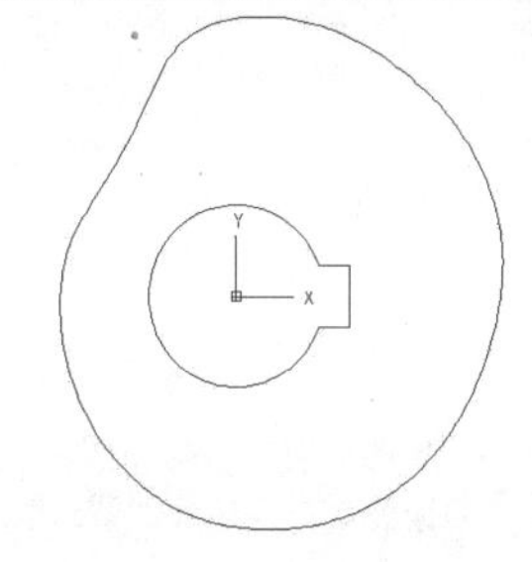

图 3-37　绘制结果

命令行中部分选项解析如下：

- 【对象】选项用于把样条曲线拟合的多段线转变为样条曲线。激活此选项后，如果用户选择的是没有经过【编辑多段线】命令拟合的多段线，系统无法转换选定的对象。
- 【方式】选项用于设置样条曲线的创建方式，即使用拟合点和控制点。两种方式下样条曲线的夹点效果如图 3-38 所示。

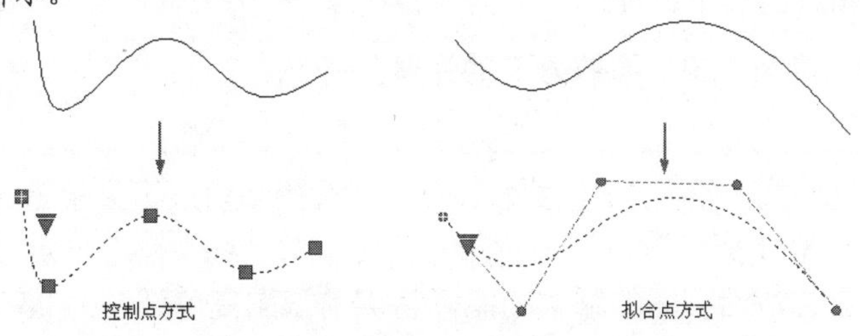

图 3-38　两种方式示例

- 【闭合】选项用于绘制闭合的样条曲线。激活此选项后，AutoCAD 将使样条曲线的起点和终点重合，并且共享相同的顶点和切向，此时系统只提示一次让用户给定切向点。
- 【公差】选项用来控制样条曲线对数据点的接近程度。拟合公差的大小直接影响到当前图形，公差越小，样条曲线越接近数据点。

如果拟合公差为 0，则样条曲线通过拟合点；输入大于 0 的公差将使样条曲线在指定的公差范围内通过拟合点，如图 3-39 所示。

图 3-39　拟合公差

3.2.7　绘制射线

射线也是一种常用的作图辅助线，使用【射线】命令可以绘制向一端无限延伸的作图辅助线，如图 3-40 所示。

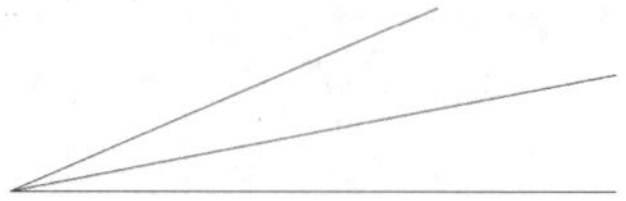

执行【射线】命令主要有以下几种方式。

- 菜单栏：选择菜单栏中的【绘图】/【射线】命令。
- 命令行：在命令行输入 Ray 后按 Enter 键。
- 功能区：单击【默认】选项卡/【绘图】面板上的按钮。

图 3-40　绘制射线

执行【射线】命令后，AutoCAD 命令行的提示如下：

```
命令: _ray
指定起点:                    //在绘图区拾取一点作为起点
指定通过点:                  //在绘图区拾取一点作为通过点
...
指定通过点:                  // Enter，结束命令
```

3.2.8　绘制螺旋

【螺旋】命令用于绘制二维螺旋线，将螺旋用作 SWEEP 命令的扫掠路径以创建弹簧、螺纹和环形楼梯。

执行【螺旋】命令主要有以下几种方式。

- 选择菜单栏中的【绘图】/【建模】/【螺旋】命令。
- 单击【默认】选项卡/【绘图】面板上的按钮。
- 在命令行输入 Helix 后按 Enter 键。

【例题 3-10】绘制高度为 120，圈数为 7 的弹簧

步骤 01　新建文件。

步骤 02　选择菜单栏中的【格式】/【线宽】命令，设置当前线宽为 0.30mm，并打开线宽的显示功能，如图 3-41 所示。

步骤 03　使用快捷键 Z 激活视图的缩放功能，将当前视图高度调整为 25 个绘图单位。

步骤 04　单击【默认】选项卡/【绘图】面板上的按钮，绘制圈数为 10，高度为 22 的弹簧示意轮廓线。命令行提示如下：

```
命令: _Helix
圈数 = 3.0000      扭曲=CCW
指定底面的中心点:                    //在绘图区拾取一点
```

```
指定底面半径或 [直径(D)] <1.0000>:        //7.5 Enter
指定顶面半径或 [直径(D)] <1.0000>:        //7.5 Enter
指定螺旋高度或 [轴端点(A)/圈数(T)/圈高(H)/扭曲(W)] <1.0000>: //t Enter，激活【圈数】选项
输入圈数 <3.0000>:                        //10 Enter
指定螺旋高度或 [轴端点(A)/圈数(T)/圈高(H)/扭曲(W)] <1.0000>:
                                          //22 Enter，绘制结果如图 3-42 所示
```

默认设置下，螺旋的圈数为 3。绘制图形时，圈数的默认值始终是先前输入的圈数值，螺旋的圈数不能超过 500。另外，如果将螺旋指定的高度值为 0，则将创建扁平的二维螺旋。

步骤 05　选择绘图区左上角的视图控件【俯视】/【西南等轴测】命令，将视图切换为西南等轴测视图，结果如图 3-43 所示。

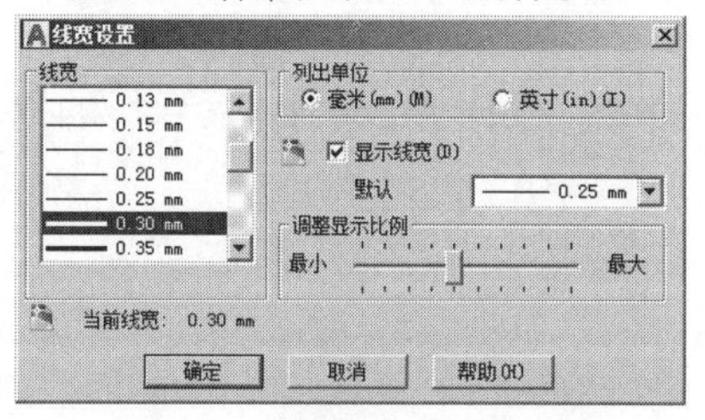

图 3-41　【线宽设置】对话框

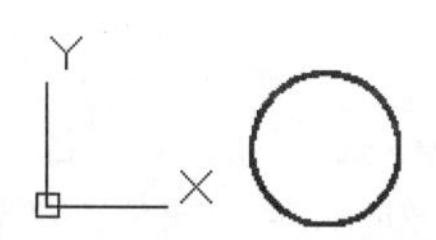

图 3-42　绘制结果

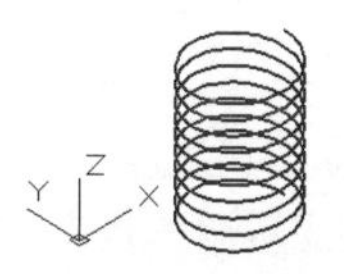

图 3-43　切换视图

3.3　绘制圆与弧

本节主要学习【圆】、【圆弧】、【圆环】、【椭圆】和【椭圆弧】5 个绘图命令，以绘制圆、圆弧、圆环、椭圆、椭圆弧等基本几何图元。

3.3.1　绘制圆

AutoCAD 共为用户提供了 6 种画圆方式，如图 3-44 所示。

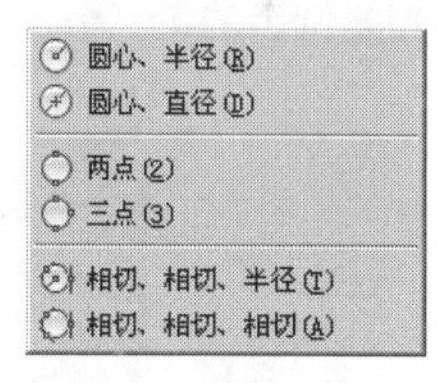

图 3-44　6 种画圆方式

执行【圆】命令主要有以下几种方式。

- 菜单栏：选择菜单栏中的【绘图】/【圆】级联菜单中的各种命令。
- 命令行：在命令行输入 Circle 后按 Enter 键。
- 快捷键：在命令行输入 C 后按 Enter 键。
- 功能区：单击【默认】选项卡/【绘图】面板上的⊙按钮。

1. 半径或直径画圆

“半径画圆”和“直径画圆”是两种基本的画圆方式，默认方式为“半径画圆”。当定位出圆心之后，只需输入圆的半径或直径，即可精确画圆。

【例题 3-11】　绘制半径为 120 的圆

步骤 01　新建空白文件。

步骤 02　单击【默认】选项卡/【绘图】面板上的⊙按钮，执行【圆】命令，绘制半径为 100 的圆。命令行提示如下：

```
命令: _circle
```

```
指定圆的圆心或 [三点(3P)/两点(2P)/切点、切点、半径(T)]:
                                    //在绘图区拾取一点作为圆的圆心
指定圆的半径或 [直径(D)]:          //100 Enter，输入半径
```

步骤 03　绘制结果如图 3-45 所示。

2. 两点或三点画圆

“两点画圆”和“三点画圆”指的是定位出两点或三点，即可精确画圆。所给定的两点被看作圆直径的两个端点，所给定的三点都位于圆周上。

【例题 3-12】 两点画圆与三点画圆

步骤 01　新建空白文件。

步骤 02　选择菜单栏中的【绘图】/【圆】/【两点】命令，根据 AutoCAD 命令行的提示进行两点画圆。命令行提示如下：

```
命令: _circle
指定圆的圆心或 [三点(3P)/两点(2P)/切点、切点、半径(T) ]: _2p 指定圆直径的第一个端点:
                                  //取一点 A 作为直径的第一个端点
指定圆直径的第二个端点:          //拾取另一点 B 作为直径的第二个端点，绘制结果如图 3-46 所示
```

步骤 03　重复【圆】命令，然后根据 AutoCAD 命令行的提示进行三点画圆。命令行提示如下：

```
  命令: _circle
指定圆的圆心或 [三点(3P)/两点(2P)/切点、切点、半径(T)]: //3P Enter，激活【三点】选项
指定圆上的第一个点:                    //拾取第一点 1
指定圆上的第二个点:                    //拾取第一点 2
指定圆上的第三个点:          //拾取第一点 3，绘制结果如图 3-47 所示
```

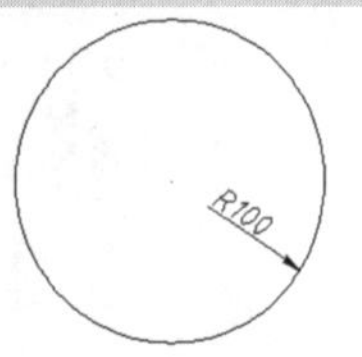

图 3-45　“半径画圆”示例

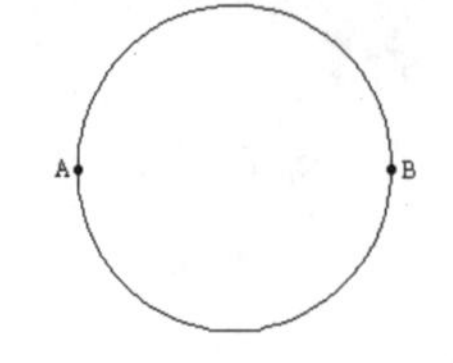

图 3-46　两点画圆

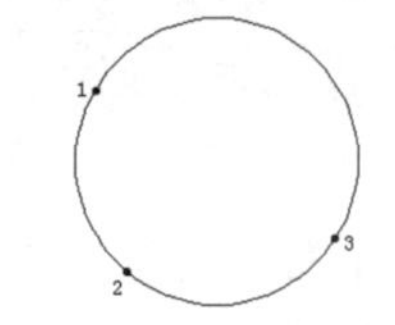

图 3-47　三点画圆

3. 画相切圆

AutoCAD 为用户提供了两种画相切圆的方式，即“相切、相切、半径”和“相切、相切、相切”。前一种相切方式是分别拾取两个相切对象后，再输入相切圆半径；后一种相切方式是直接拾取三个相切对象，系统自动定位相切圆的位置和大小。

【例题 3-13】 绘制与三个对象都相切的圆

步骤 01　首先新建文件并绘制如图 3-48 所示的圆和直线。

步骤 02　单击【默认】选项卡/【绘图】面板上的按钮，根据命令行提示绘制与直线和已知圆都相切的圆。命令行提示如下：

```
命令: _circle
指定圆的圆心或 [三点(3P)/两点(2P)/切点、切点、半径(T)]:
```

```
                          // T Enter，激活【切点、切点、半径】选项_
指定对象与圆的第一个切点：     //在直线下端单击左键，拾取第一个相切对象
指定对象与圆的第二个切点：     //在圆下侧边缘上单击左键，拾取第二个相切对象
指定圆的半径 <56.0000>:        //100 Enter，给定相切圆半径，结果如图 3-49 所示
```

步骤03 选择菜单栏中的【绘图】/【圆】/【切点、切点、相切】命令，绘制与 3 个已知对象都相切的圆。命令行提示如下：

```
命令: _circle
指定圆的圆心或 [三点(3P)/两点(2P)/切点、切点、半径(T)]: _3p 指定圆上的第一个点: _tan 到
                              //拾取直线作为第一相切对象
指定圆上的第二个点: _tan 到      //拾取小圆作为第二相切对象
指定圆上的第三个点: _tan 到  //拾取大圆作为第三相切对象，结果如图 3-50 所示
```

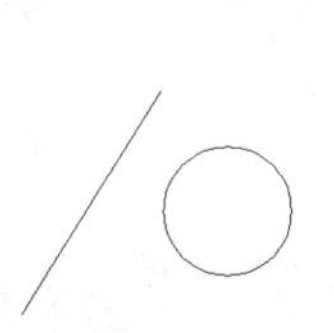

图 3-48　绘制结果

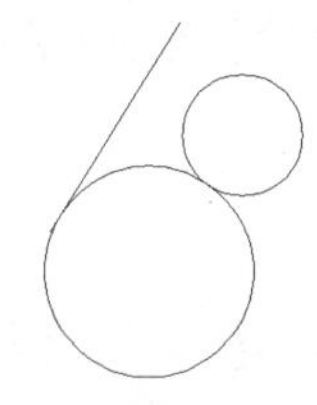

图 3-49　相切、相切、半径

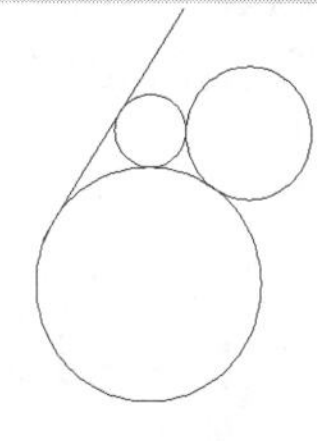

图 3-50　绘制结果

在拾取相切对象时，系统会自动在距离光标最近的对象上显示出一个相切符号，此时单击即可拾取该对象作为相切对象。另外，光标拾取的位置不同，所绘制的相切圆位置也不同。

3.3.2 绘制圆弧

AutoCAD 为用户提供了 11 种画弧方式，如图 3-51 所示。

执行【圆弧】命令主要有以下几种方式。

- 菜单栏：选择菜单栏中的【绘图】/【圆弧】级联菜单中的各选项命令。
- 命令行：在命令行输入 Arc 后按 Enter 键。
- 快捷键：在命令行输入 A 后按 Enter 键。
- 功能区：单击【默认】选项卡/【绘图】面板上的按钮。

1. “三点”方式画弧

所谓“三点画弧”，指的是直接拾取三个点即可定位出圆弧，所拾取的第一点和第三个点被作为弧的起点和端点。此种方式是系统默认的一种画弧方式。

【例题 3-14】 三点画弧

步骤01 新建空白文件。

步骤02 单击【默认】选项卡/【绘图】面板上的按钮，执行【圆弧】命令，使用系统默认方式进行画弧。命令行提示如下：

```
命令: _arc
指定圆弧的起点或 [圆心(C)]:                  //拾取一点作为圆弧的起点
指定圆弧的第二个点或 [圆心(C)/端点(E)]:       //在适当位置拾取圆弧上的第二点
指定圆弧的端点:                               //在适当位置拾取第三点作为圆弧的端点
```

步骤 03 绘制结果如图 3-52 所示。

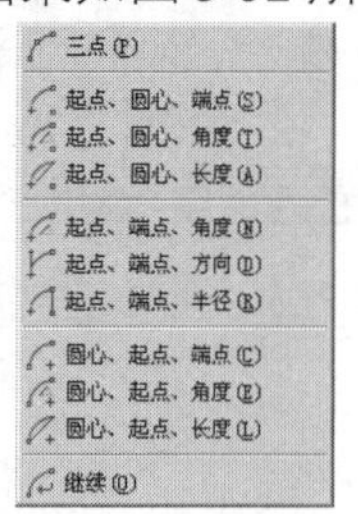

图 3-51 画弧菜单

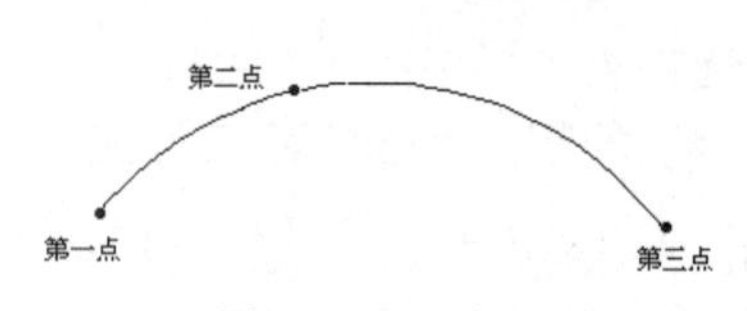

图 3-52 三点画弧

2. “起点圆心”方式画弧

此种画弧方式又分为“起点、圆心、端点”“起点、圆心、角度”和“起点、圆心、长度”3 种。当用户确定出圆弧的起点和圆心，只需要再给出圆弧的端点或角度、弧长等参数，即可精确画弧。

【例题 3-15】 “起点圆心”方式画弧

步骤 01 新建空白文件。

步骤 02 单击【默认】选项卡/【绘图】面板上的按钮，使用“起点、圆心、端点”画弧方式进行画弧。命令行提示如下：

```
命令: _arc
指定圆弧的起点或 [圆心(C)]:                    //在绘图区拾取一点作为圆弧的起点
指定圆弧的第二个点或 [圆心(C)/端点(E)]:   //c Enter，激活【圆心】选项
指定圆弧的圆心:                                 //在适当位置拾取一点作为圆弧的圆心
指定圆弧的端点或 [角度(A)/弦长(L)]:       //拾取一点作为圆弧的端点
```

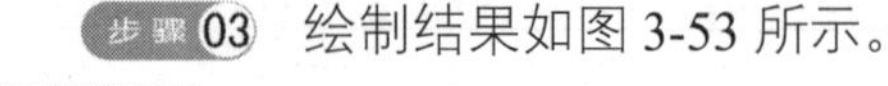

步骤 03 绘制结果如图 3-53 所示。

当指定圆弧的起点和圆心后，也可直接输入圆弧的包含角或弦长，精确绘制圆弧，如图 3-54 所示。

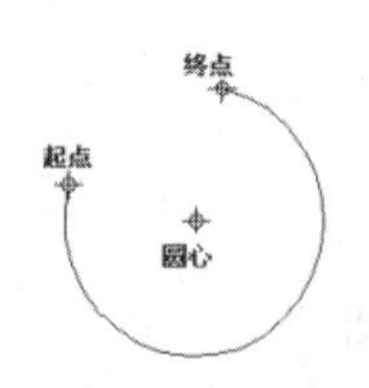

图 3-53 起点、圆心画弧

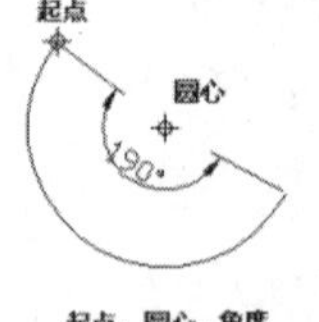

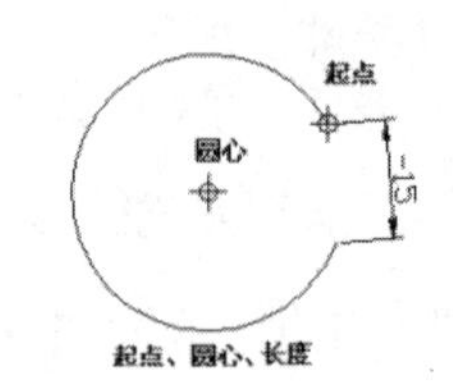

图 3-54 另外两种画弧方式

3. “起点端点”方式画弧

此种画弧方式又可分为“起点、端点、角度”“起点、端点、方向”和“起点、端点、半径”3 种。当用户定位出弧的起点和端点后，只需要再确定弧的角度、半径或方向，即可精确画弧。

【例题 3-16】 “起点端点”方式画弧

步骤 01 新建空白文件。

步骤 02 单击【默认】选项卡/【绘图】面板上的按钮，使用“起点、端点”画弧方式进行画弧。命令行提示如下：

```
命令: _arc
指定圆弧的起点或 [圆心(C)]:                    //定位弧的起点
指定圆弧的第二个点或 [圆心(C)/端点(E)]: _e
指定圆弧的端点:                               //定位弧的端点
指定圆弧的圆心或 [角度(A)/方向(D)/半径(R)]: _a 指定包含角:
                                   //输入 190 Enter，定位弧的角度
```

步骤03 绘制结果如图 3-55 所示。

如果用户输入的角度为正值，系统将按逆时针方向绘制圆弧；反之，将按顺时针方向绘制圆弧。另外，当用户指定了圆弧的起点和端点后，也可直接输入圆弧的半径或起点切向，精确绘制圆弧，如图 3-56 所示。

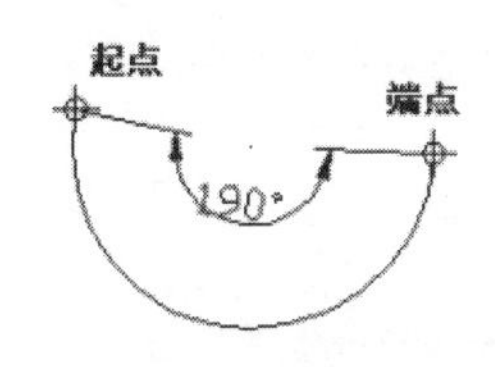

图 3-55　绘制结果

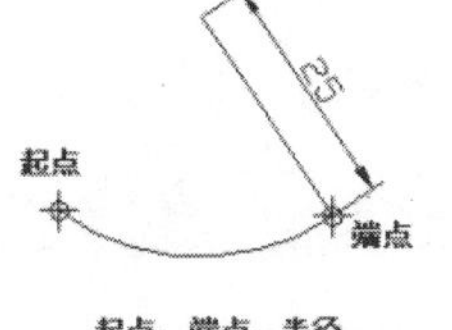

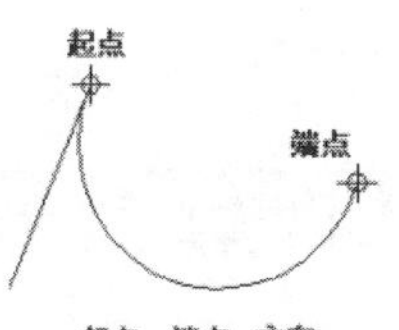

图 3-56　另外两种画弧方式

4. "圆心起点"方式画弧

此种画弧方式分为"圆心、起点、端点""圆心、起点、角度"和"圆心、起点、长度"3 种。当用户确定了圆弧的圆心和起点后，只需要再给出圆弧的端点或角度、弧长等参数，即可精确绘制圆弧。

【例题 3-17】 "圆心起点"方式画弧

步骤01 新建空白文件。

步骤02 单击【默认】选项卡/【绘图】面板上的按钮，执行【圆弧】命令，使用"圆心、起点"方式进行画弧。命令行提示如下：

```
命令: _arc
指定圆弧的起点或 [圆心(C)]: _c 指定圆弧的圆心:   //拾取一点作为弧的圆心
指定圆弧的起点:                               //拾取一点作为弧的起点
指定圆弧的端点或 [角度(A)/弦长(L)]:             //拾取一点作为弧的端点
```

步骤03 绘制结果如图 3-57 所示。

当用户给定了圆弧的圆心和起点后，可以输入圆弧的圆心角或弦长，也可精确绘制圆弧，如图 3-58 所示。在配合【长度】绘制圆弧时，如果输入的弦长为正值，系统将绘制小于 180°的劣弧；如果输入的弦长为负值，统将绘制大于 180° 的优弧。

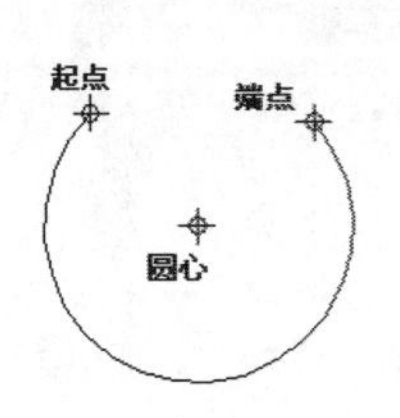

图 3-57　绘制结果

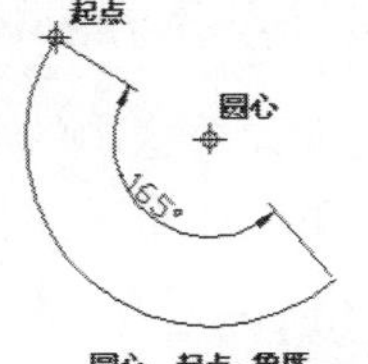

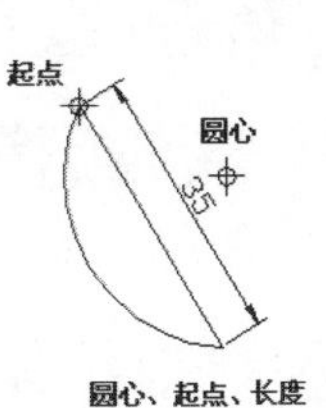

图 3-58　圆心、起点方式画弧

5. “连续”圆弧

选择菜单栏中的【绘图】/【圆弧】/【继续】命令，进入连续画弧状态，绘制的圆弧与上一个弧自动相切。另外，在结束画弧命令后，连续两次按 Enter 键也可进入“相切圆弧”绘制模式，所绘制的圆弧与前一个圆弧的终点连接并与之相切，如图 3-59 所示。

另外，当用户结束【直线】命令结束后，使用【连续】画弧命令所绘制的圆弧，将与直线相切，如图 3-60 所示。

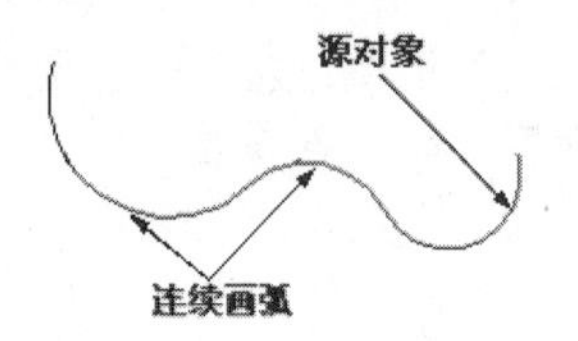

图 3-59 连续画弧方式

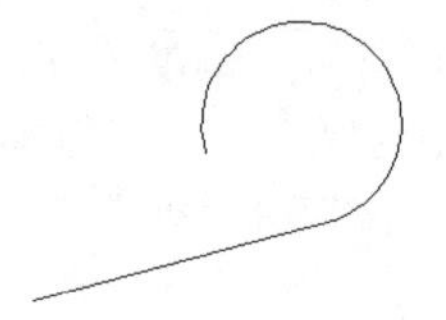

图 3-60 绘制相切弧

3.3.3 绘制圆环

【圆环】命令用于绘制填充圆环或实体填充圆，如图 3-61 所示。

执行【圆环】命令主要有以下几种方式。

- 菜单栏：选择菜单栏中的【绘图】/【圆环】命令。
- 命令行：在命令行输入 Donut 后按 Enter 键。
- 快捷键：在命令行输入 DO 后按 Enter 键。
- 功能区：单击【默认】选项卡/【绘图】面板上的◎按钮。

【例题 3-18】 绘制填充与非填充圆环

步骤 01 新建空白文件。

步骤 02 选择菜单栏中的【绘图】/【圆环】命令，绘制两个圆环。命令行提示如下：

```
命令：_donut
指定圆环的内径 <0.5000>:        //10 Enter
指定圆环的外径 <1.0000>:        //20 Enter
指定圆环的中心点或 <退出>:      //在绘图区拾取一点
指定圆环的中心点或 <退出>:      //在绘图区拾取一点
指定圆环的中心点或 <退出>:      // Enter，绘制结果如图 3-61 所示
```

图 3-61 绘制圆环

步骤 03 在系统默认设置下，所绘制的圆环是一个填充的圆环，用户也可以通过系统变量 Fill 进行设置圆环的填充模式，命令行提示如下：

```
命令：Fill                              //Enter
输入模式 [开(ON)/关(OFF)] <开>:        //Off Enter，即可关闭填充模式
```

步骤 04 关闭填充模式，然后选择菜单栏中的【视图】/【重生成】命令，对填充圆环进行重新生成，结果如图 3-62 所示。

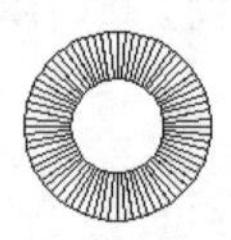

图 3-62 非填充圆环

3.3.4 绘制椭圆

“椭圆”是由两条不等的椭圆轴所控制的闭合曲线，包含中心点、长

轴、短轴等几何特征，如图3-63所示。

执行【椭圆】命令主要有以下几种方式。

- 菜单栏：选择菜单栏中的【绘图】/【椭圆】子菜单命令，如图3-64所示。
- 命令行：在命令行输入Ellipse后按Enter键。
- 快捷键：在命令行输入EL后按Enter键。
- 功能区：单击【默认】选项卡/【绘图】面板上的按钮。

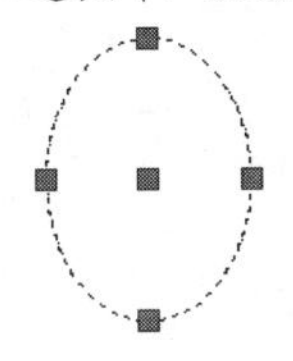

图3-63　椭圆示例

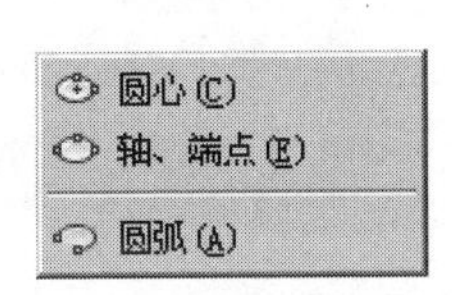

图3-64　椭圆子菜单

1. “轴端点”方式画椭圆

所谓“轴端点”方式是用于指定一条轴的两个端点和另一条轴的半长，即可精确画椭圆。此方式是系统默认的绘制方式。

【例题3-19】 绘制长轴150、短轴60的椭圆

步骤01 新建空白文件。

步骤02 单击【默认】选项卡/【绘图】面板上的按钮，执行【椭圆】命令，绘制水平长轴为150、短轴为60的椭圆。命令行提示如下：

```
命令: _ellipse
指定椭圆轴的端点或 [圆弧(A)/中心点(C)]:      //拾取一点，定位椭圆轴的一个端点
指定轴的另一个端点:                          //@150,0 Enter
指定另一条半轴长度或 [旋转(R)]:              //30 Enter
```

步骤03 绘制结果如图3-65所示。

如果在轴测图模式下启动了【椭圆】命令，那么在此操作步骤中将增加【等轴测圆】选项，用于绘制轴测圆，如图3-66所示。

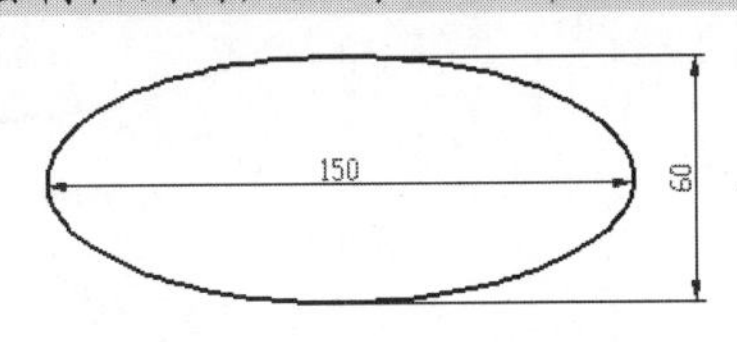

图3-65　“轴端点”示例

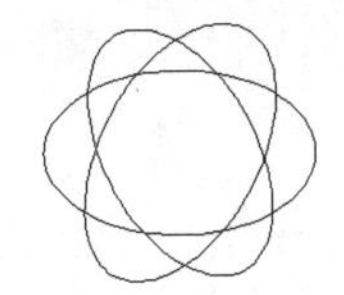

图3-66　等轴测圆示例

2. “中心点”方式画椭圆

“中心点”方式画椭圆需要首先确定出椭圆的中心点，然后确定椭圆轴的一个端点和椭圆另一半轴的长度。此种方式也是一种较为常用的画椭圆方式。

【例题3-20】 绘制如图3-67所示的同心椭圆

步骤01 继续上例的操作。

步骤02 选择菜单栏中的【绘图】/【椭圆】/【中心点】命令，使用“中心点”方式绘制椭圆。

命令行提示如下：

```
命令: _ellipse
指定椭圆的轴端点或 [圆弧(A)/中心点(C)]: _c
指定椭圆的中心点:                        //捕捉刚绘制的椭圆的中心点
指定轴的端点:                            //@0,30 Enter
指定另一条半轴长度或 [旋转(R)]:          //20 Enter 绘制结果如图 3-67 所示
```

【旋转】选项是以椭圆的短轴和长轴的比值，把一个圆绕定义的第一轴旋转成椭圆。

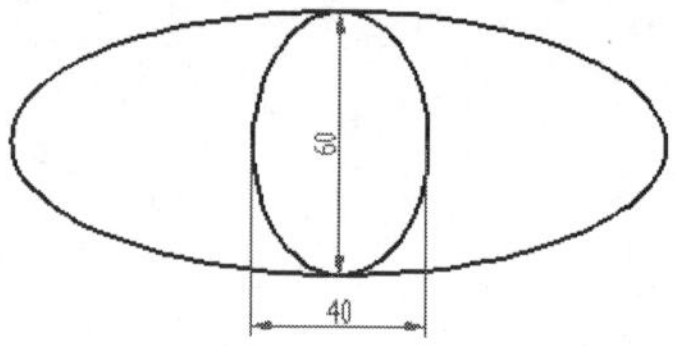

图 3-67　“中心点”方式画椭圆

3.3.5　绘制椭圆弧

椭圆弧也是一种基本的构图元素，它除了包含中心点、长轴和短轴等几何特征外，还具有角度特征。

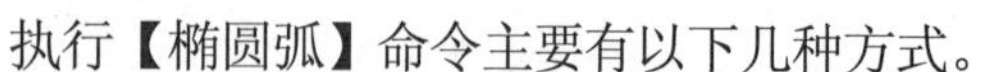

执行【椭圆弧】命令主要有以下几种方式。

- 菜单栏：选择菜单栏中的【绘图】/【椭圆弧】命令。
- 功能区：单击【默认】选项卡/【绘图】面板上的按钮。

【例题 3-21】　绘制如图 3-68 所示的椭圆弧

步骤 01　新建空白文件。

步骤 02　单击【默认】选项卡/【绘图】面板上的按钮，绘制椭圆弧。命令行提示如下：

```
命令: _ellipse
指定椭圆的轴端点或 [圆弧(A)/中心点(C)]:  //A Enter，激活【圆弧】功能
指定椭圆弧的轴端点或 [中心点(C)]:        //拾取一点，定位弧端点
指定轴的另一个端点:                      //@150,0 Enter，定位长轴
指定另一条半轴长度或 [旋转(R)]:          //30 Enter，定位短轴
指定起始角度或 [参数(P)]:                //0 Enter，定位起始角度
指定终止角度或 [参数(P)/包含角度(I)]:    //150 Enter，定位终止角度
```

技巧提示：椭圆弧的角度就是终止角和起始角度的差值。另外，用户也可以使用【包含角】选项功能，直接输入椭圆弧的角度。

步骤 03　绘制结果如图 3-68 所示。

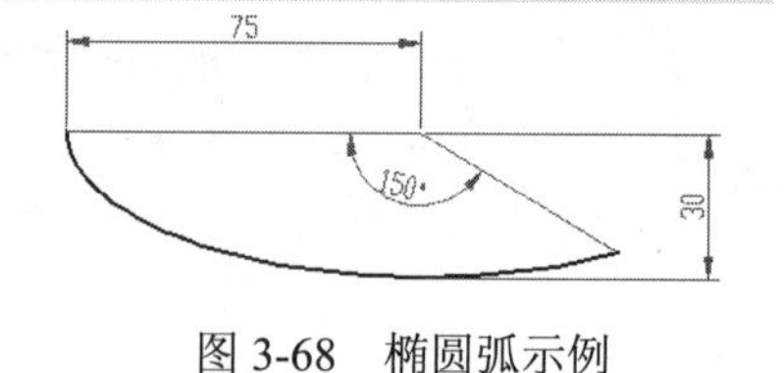

图 3-68　椭圆弧示例

3.4　绘制闭合折线

本节主要学习【矩形】、【面域】、【边界】和【正多边形】4 个绘图命令，以绘制矩形、面域、边界和正多边形基本几何图元。

3.4.1　绘制矩形

“矩形”是由 4 条直线元素组合而成的闭合对象，AutoCAD 将其看作是一条闭合的多段线。

执行【矩形】命令主要有以下几种方式。

- 菜单栏：选择菜单栏中的【绘图】/【矩形】命令。

- 命令行：在命令行输入 Rectang 后按 Enter 键。
- 快捷键：在命令行输入 REC 后按 Enter 键。
- 功能区：单击【默认】选项卡/【绘图】面板上的□按钮。

1. 绘制标准矩形

默认设置下，绘制矩形的方式为“对角点”方式，使用此种方式，只需要指定矩形的两个对角点，即可精确绘制矩形。

【例题 3-22】 绘制长为 120、宽为 60 的矩形

步骤 01 新建空白文件。

步骤 02 单击【默认】选项卡/【绘图】面板上的□按钮，执行【矩形】命令，使用默认对角点方式绘制矩形。命令行提示如下：

```
命令：_rectang
指定第一个角点或 [倒角(C)/标高(E)/圆角(F)/厚度(T)/宽度(W)]:
        //在适当位置拾取一点作为矩形角点
指定另一个角点或 [面积(A)/尺寸(D)/旋转(R)]: //@120,60 Enter ，指定对角点
```

步骤 03 绘制结果如图 3-69 所示。

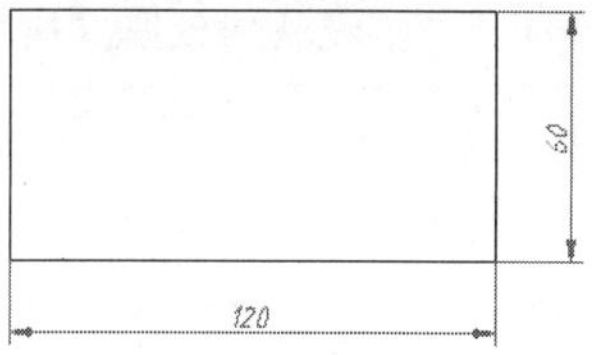

图 3-69 绘制结果

由于矩形被看作是一条多段线，当编辑某一条边时，需事先使用【分解】命令将其分解。

2. 绘制倒角矩形

使用【矩形】命令中的【倒角】选项，可以绘制具有一定倒角的特征矩形。此选项是一个比较常用的功能，与【修改】菜单中的【倒角】命令类似。

【例题 3-23】 绘制倒角为 5x10 的矩形

步骤 01 新建空白文件。

步骤 02 单击【默认】选项卡/【绘图】面板上的□按钮，执行【矩形】命令，绘制倒角矩形。命令行提示如下：

```
命令：_rectang
指定第一个角点或 [倒角(C)/标高(E)/圆角(F)/厚度(T)/宽度(W)]: //c Enter，激活【倒角】选项
指定矩形的第一个倒角距离 <0.0000>:        //5 Enter，设置第一倒角距离
指定矩形的第二个倒角距离 <5.0000>:       //10 Enter，设置第二倒角距离
指定第一个角点或 [倒角(C)/标高(E)/圆角(F)/厚度(T)/宽度(W)]: //在适当位置拾取一点
指定另一个角点或 [面积(A)/尺寸(D)/旋转(R)]:      //d Enter，激活【尺寸】选项
指定矩形的长度 <120.0000>:                        //120 Enter
指定矩形的宽度 <60.0000>:                        //60 Enter
指定另一个角点或 [面积(A)/尺寸(D)/旋转(R)]:      //在第一角点的右下侧拾取一点
```

步骤 03 结果如图 3-70 所示。

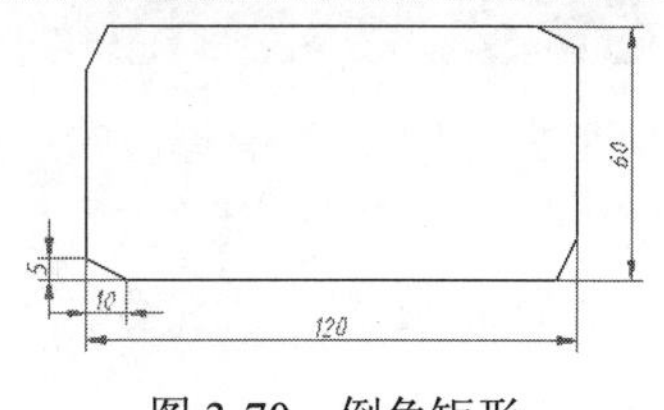

图 3-70 倒角矩形

最后一步的操作仅是用来确定矩形位置，如果在第一顶点的左侧拾取点，结果另一个对象点位于第一个顶点的左侧，反之位于右侧。

3. 绘制圆角矩形

使用【圆角】选项可以绘制具有一定圆角特征的矩形，如图 3-71 所示。此选项也是一个比较常用的功能，与【修改】菜单中的【圆角】命令类似。

【例题 3-24】 绘制圆角半径为 15 的圆角矩形

步骤 01 新建空白文件。

步骤 02 单击【默认】选项卡/【绘图】面板上的□按钮，绘制圆角矩形。命令行提示如下 ：

```
命令: _rectang
指定第一个角点或 [倒角(C)/标高(E)/圆角(F)/厚度(T)/宽度(W)]: //f Enter，激活【圆角】选项
指定矩形的圆角半径 <0.0000>:                   //15 Enter，设置圆角半径
指定第一个角点或 [倒角(C)/标高(E)/圆角(F)/厚度(T)/宽度(W)]: //拾取一点作为起点
指定另一个角点或 [面积(A)/尺寸(D)/旋转(R)]:    //a Enter，激活【面积】选项
输入以当前单位计算的矩形面积 <100.0000>:      //7200 Enter，指定矩形面积
计算矩形标注时依据 [长度(L)/宽度(W)] <长度>:  //L Enter，激活【长度】选项
输入矩形长度 <120.0000>:                      // Enter
```

步骤 03 绘制结果如图 3-71 所示。

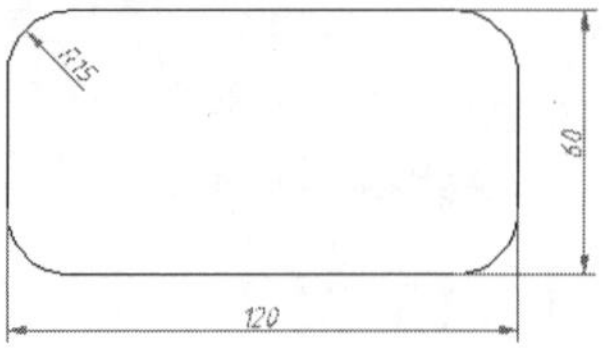

图 3-71　圆角矩形

当设置了矩形的倒角参数或圆角半径后，其参数会一直保持，直到用户更改为止。

4. 其他选项

- 【标高】选项用于设置矩形在三维空间内的基面高度，即距离当前坐标系的 X、O、Y 坐标平面的高度。
- 【厚度】和【宽度】选项用于设置矩形各边的厚度和宽度，以绘制具有一定厚度和宽度的矩形，如图 3-72 和图 3-73 所示。矩形的厚度指的是 Z 轴方向的高度。矩形的厚度和宽度也可以由【特性】命令进行修改和设置。

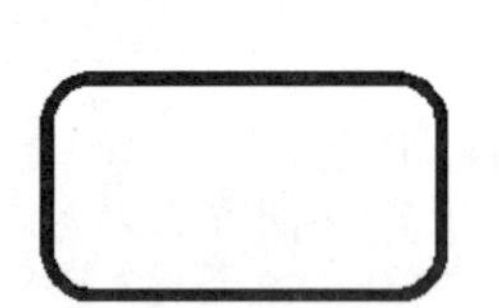

图 3-72　宽度矩形

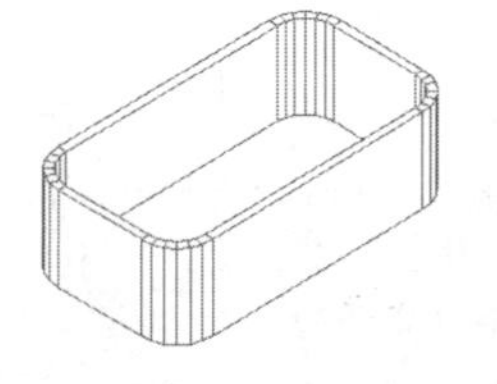

图 3-73　厚度矩形

如果用户绘制一定厚度和标高的矩形时，要把当前视图转变为等轴测视图，才能显示出矩形的厚度和标高，否则在俯视图中看不出什么变化。

3.4.2　绘制面域

“面域”是一个没有厚度的二维实心区域，它具备实体模型的一切特性，它不但含有边的信息，还有边界内的信息，可以利用这些信息计算工程属性，如面积、重心和惯性矩等。

执行【面域】命令主要有以下几种方式。

- 菜单栏：选择菜单栏中的【绘图】/【面域】命令。
- 命令行：在命令行输入 Region 后按 Enter 键。
- 快捷键：在命令行输入 REN 后按 Enter 键。
- 功能区：单击【默认】选项卡/【绘图】面板上的按钮。

面域不能直接被创建，而是通过其他闭合图形进行转化。在执行【面域】命令后，只需选择封闭的图形对象，即可将其转化为面域，如圆、矩形、正多边形等。封闭对象在没有转化为面域之前，仅是一种线框模型，没有什么属性信息，当这些封闭图形被创建为面域之后，它就转变为一种实体对象，包含实体的一切属性。

技巧提示　当闭合对象被转化为面域后，看上去并没有什么变化，如果对其进行着色后就可以区分开，如图 3-74 所示。

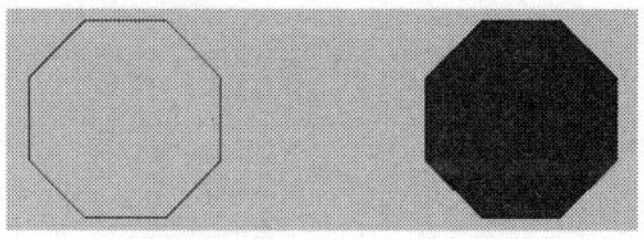

图 3-74　线框与面域

3.4.3　绘制边界

“边界”指的就是一条闭合的多段线，使用【边界】命令不但可以从多个相交对象中提取一条或多条闭合多段线，而且还可以提取一个或多个面域。

执行【边界】命令主要有以下几种方式。

- 菜单栏：选择菜单栏中的【绘图】/【边界】命令。
- 命令行：在命令行输入 Boundary 后按 Enter 键。
- 快捷键：在命令行输入 BO 后按 Enter 键。
- 功能区：单击【默认】选项卡/【绘图】面板上的按钮。

图 3-75　绘制面域和边界

【例题 3-25】　绘制如图 3-75 所示的边界和面域

步骤 01　新建空白文件。

步骤 02　综合使用【矩形】、【圆】、【样条曲线】和【直线】命令，绘制如图 3-76 所示的图形。

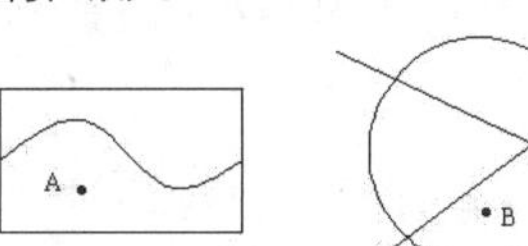

图 3-76　绘制结果

步骤 03　单击【默认】选项卡/【绘图】面板上的按钮，打开【边界创建】对话框。

步骤 04　单击【拾取点】按钮，返回绘图区，在命令行“拾取内部点：”提示下，在圆内部 B 区域内单击拾取一点。

步骤 05　继续在“选择内部点：”的提示下，按 Enter 键，结果所创建的边界与原图线重合。

步骤 06　重复执行【边界】命令，在打开的【边界创建】对话框中设置参数，如图 3-77 所示。

技巧提示　【对象类型】下拉列表框用于确定导出的是封闭边界还是面域，默认为多段线。如果需要导出面域，即可将面域设置为当前。

步骤 07　单击【拾取点】按钮，返回绘图区，在如图 3-76 所示的 A 点区域单击，提取面域。

步骤 08　继续在“选择内部点：”的提示下按 Enter 键，结果所创建的面域与原图线重合。

步骤 09　选择菜单栏中的【修改】/【移动】命令，将所创建的面域和多段线边界从原图形上移出，结果如图 3-78 所示。

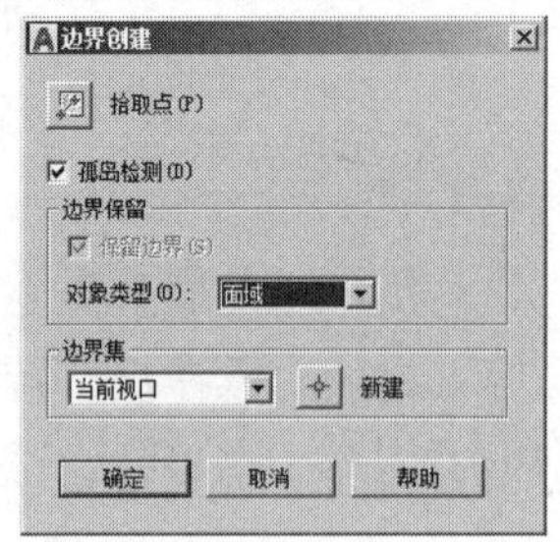

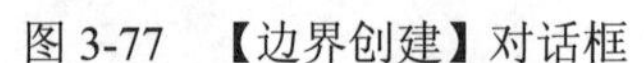
图 3-77 【边界创建】对话框

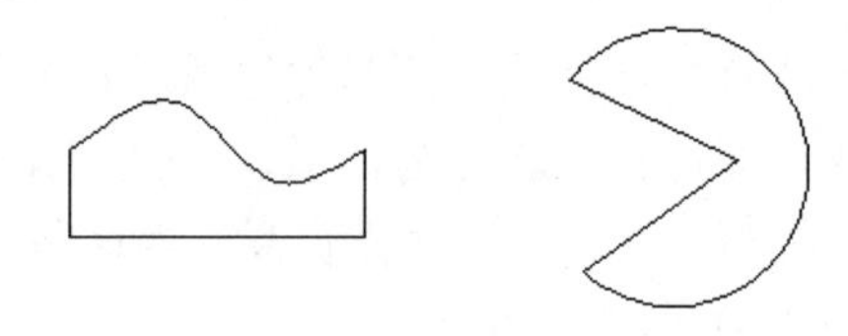
图 3-78 移出边界和面域

步骤 10 单击视图控制【二维线框】/【概念】命令，对面域进行着色，结果如图 3-75 所示。

3.4.4 绘制正多边形

“正多边形”指的是由相等的边角组成的闭合图形，如图 3-79 所示。正多边形也是一个复合对象，不管内部包含有多少直线元素，系统都将其看作是一个单一对象。

执行【正多边形】命令主要有以下几种方式。

- 菜单栏：选择菜单栏中的【绘图】/【正多边形】命令。
- 命令行：在命令行输入 Polygon 后按 Enter 键。
- 快捷键：在命令行输入 POL 后按 Enter 键。
- 功能区：单击【默认】选项卡/【绘图】面板上的⬠按钮。

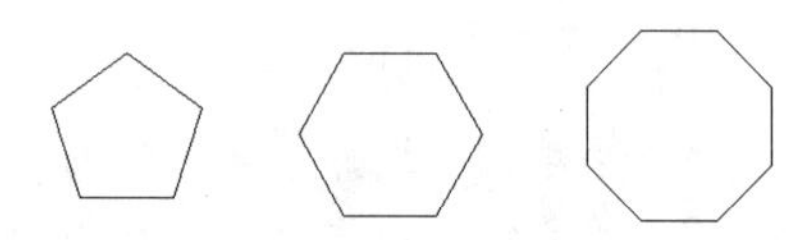
图 3-79 正多边形

1. “内接于圆”方式画多边形

此种方式为系统默认方式，在指定了正多边形的边数和中心点后，直接输入正多边形外接圆的半径，即可精确绘制正多边形。

【例题 3-26】 绘制外接圆半径为 150 的正五边形

步骤 01 新建空白文件。

步骤 02 单击【默认】选项卡/【绘图】面板上的⬠按钮，绘制外接圆半径为 150 的正五边形。命令行提示如下：

```
命令: _polygon
输入边的数目 <4>:                                //5 Enter，设置正多边形的边数
指定正多边形的中心点或 [边(E)]:                  //在绘图区拾取一点作为中心点
输入选项 [内接于圆(I)/外切于圆(C)] <I>:          //I Enter，激活【内接于圆】选项
指定圆的半径:                                    //150 Enter，输入外接圆半径
```

步骤 03 绘制结果如图 3-80 所示。

2. “外切于圆”方式画多边形

当确定了正多边形的边数和中心点之后，使用此种方式输入正多边形内切圆的半径，就可精确绘制出正多边形。

【例题 3-27】 绘制内切圆半径为 100 的正五边形

步骤 01 新建空白文件。

步骤 02　单击【默认】选项卡/【绘图】面板上的按钮，执行【正多边形】命令，绘制内切圆半径为 100 的正五边形。命令行提示如下：

```
命令：_polygon
输入边的数目 <4>:                                //5 Enter，设置正多边形的边数
指定正多边形的中心点或 [边(E)]:                   //在绘图区拾取一点定位中心点
输入选项 [内接于圆(I)/外切于圆(C)] <C>:           //c Enter，激活【外切于圆】选项
指定圆的半径：                                   //100 Enter，输入内切圆的半径
```

步骤 03　绘制结果如图 3-81 所示。

3. “边”方式画多边形

此种方式是通过输入多边形一条边的边长，来精确绘制正多边形的。在具体定位边长时，需要分别定位出边的两个端点。

【例题 3-28】 绘制边长为 150 的正六边形

步骤 01　新建空白文件。

步骤 02　单击【默认】选项卡/【绘图】面板上的按钮，执行【正多边形】命令，绘制边长为 150 的正六边形。命令行提示如下：

```
命令：_polygon
输入边的数目 <4>:                         //6 Enter，设置正多边形的边数
指定正多边形的中心点或 [边(E)]:            //e Enter，激活【边】选项
指定边的第一个端点：                       //拾取一点作为边的一个端点
指定边的第二个端点：                       //@150,0 Enter ，定位第二个端点
```

步骤 03　绘制结果如图 3-82 所示。

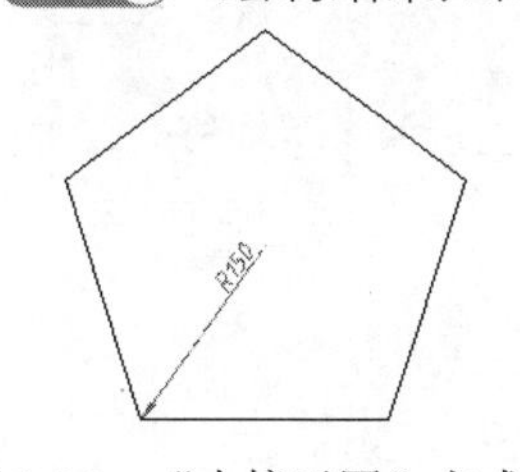

图 3-80　“内接于圆”方式

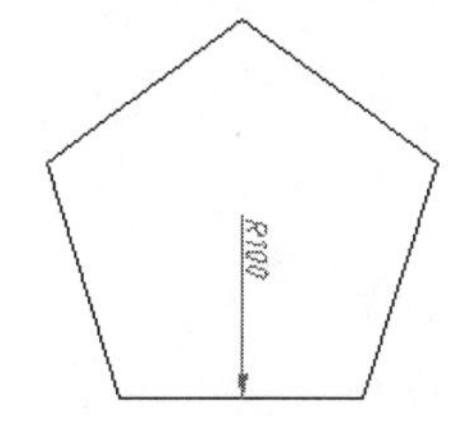

图 3-81　“外切于圆”方式

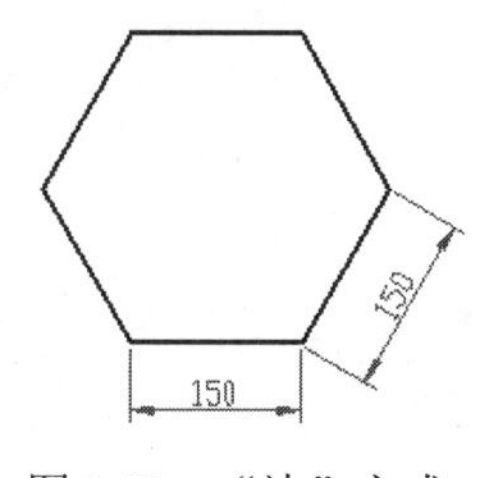

图 3-82　“边”方式

3.5　绘制填充图案

“图案”指的就是使用各种图线进行不同的排列组合而构成的图形元素，此类图形元素作为一个独立的整体，被填充到各种封闭的图形区域内，以表达各自的图形形信息，如图 3-83 所示。

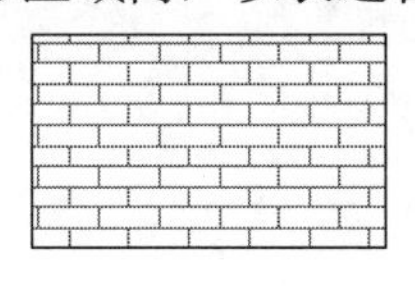

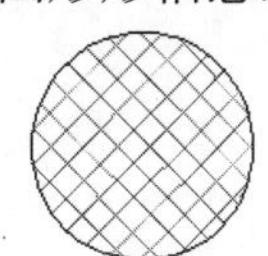

图 3-83　图案示例

执行【图案填充】命令主要有以下几种方式。

- 菜单栏：选择菜单栏中的【绘图】/【图案填充】命令。
- 命令行：在命令行输入 Bhatch 后按 Enter 键。
- 快捷键：在命令行输入 H 或 BH 后按 Enter 键。
- 功能区：单击【默认】选项卡/【绘图】面板上的按钮。

执行【图案填充】命令后，可打开如图 3-84 所示的【图案填充创建】选项卡面板，此时在命令行输入 T 并按 Enter 键，可打开【图案填充和渐变色】对话框，此对话框中囊括了选项卡面板中的所有功能，下面通过实例学习图案的具体填充过程。

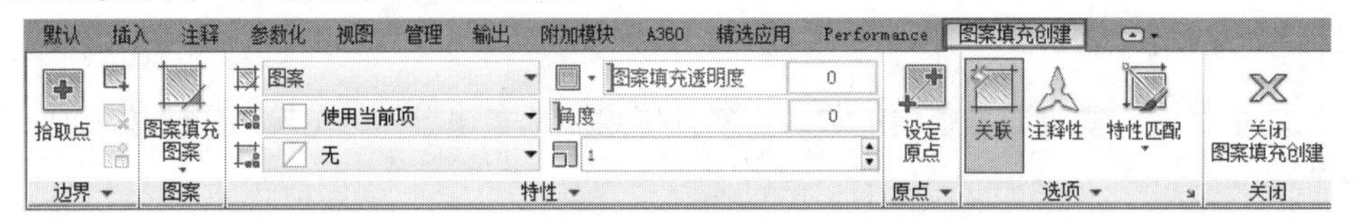

图 3-84　“图案填充创建”选项卡

【例题 3-29】　为闭合图形填充砖墙图案

步骤 01　首先绘制如图 3-85 所示的矩形和圆作为填充边界。

步骤 02　单击【默认】选项卡/【绘图】面板上的按钮，然后激活命令行中的【设置】选项，打开如图 3-86 所示的【图案填充和渐变色】对话框。

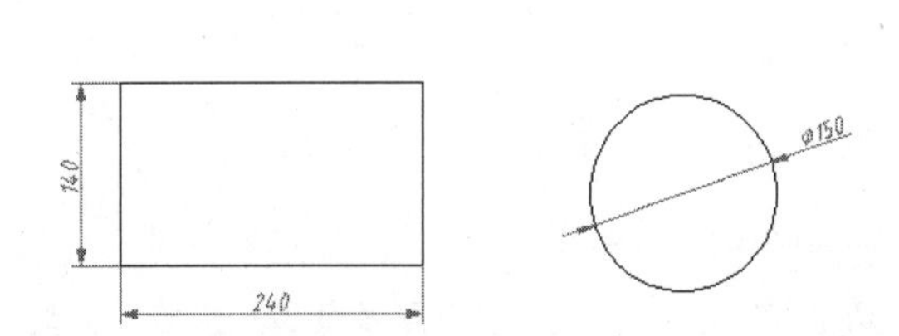

图 3-85　绘制结果

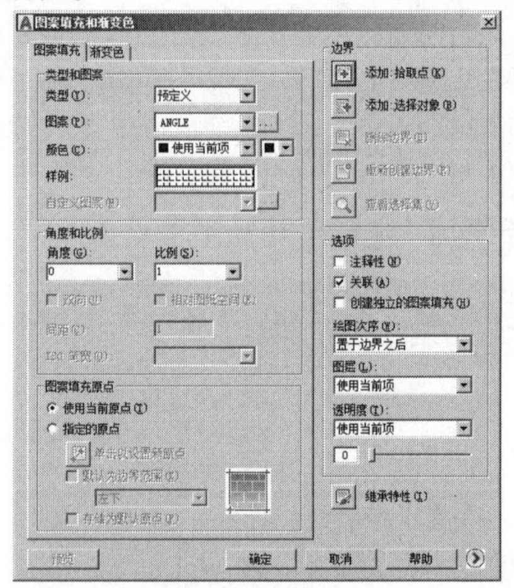

图 3-86　【图案填充和渐变色】对话框

步骤 03　单击【样列】文本框中的图案，或者单击【图案】列表右侧的按钮...，打开【填充图案选项板】对话框，选择需要填充的图案，如图 3-87 所示。

步骤 04　返回【图案填充和渐变色】对话框，设置填充“比例”为 0.2，然后单击【添加:选择对象】按钮，选择矩形作为填充边界，填充结果如图 3-88 所示。

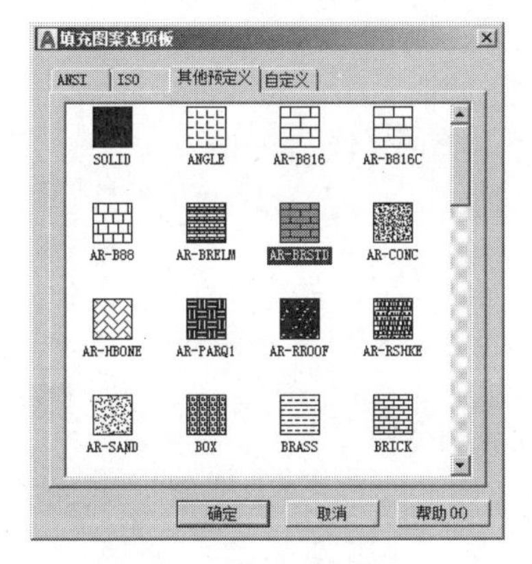

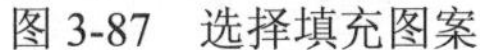
图 3-87　选择填充图案

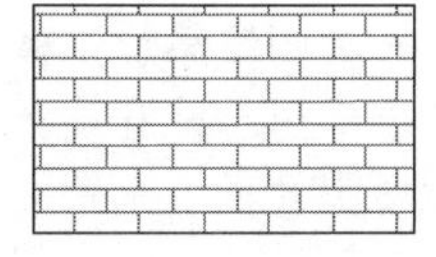

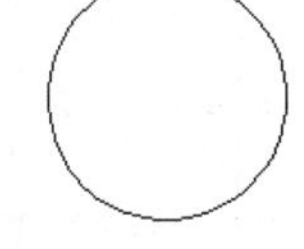

图 3-88　填充结果

步骤05　重复【图案填充】命令，设置填充图案及参数，如图 3-89 所示。单击【添加:拾取点】按钮，返回绘图区，在圆内单击，指定填充边界。

步骤06　按 Enter 键返回【图案填充和渐变色】对话框，单击 确定 按钮结束命令，填充结果如图 3-90 所示。

（1）【图案填充】选项卡

【图案填充】选项卡用于设置填充图案的类型、样式、填充角度及填充比例。

- 【类型】下拉列表框内包含“预定义”“用户定义”和“自定义”3 种图案类型，如图 3-91 所示。

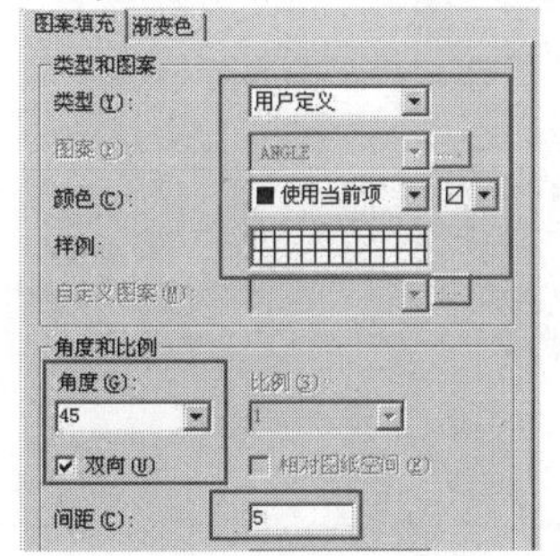

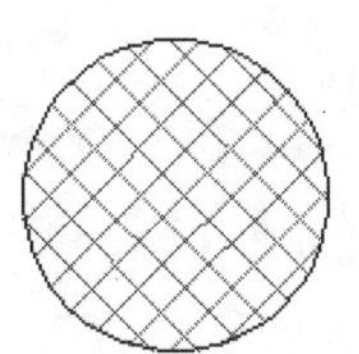

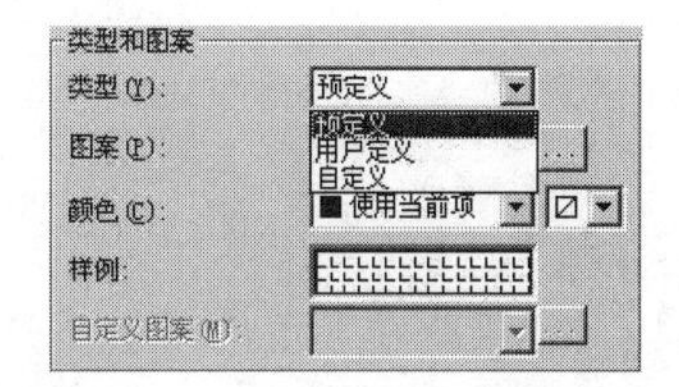

图 3-89　设置填充图案和填充参数　　图 3-90　填充结果　　图 3-91　【类型】下拉列表框

“预定义”图案只适用于封闭的填充边界；“用户定义”图案可以使用图形的当前线型创建填充图案；“自定义”图样就是使用自定义的 PAT 文件中的图案进行填充。

- 【图案】下拉列表框用于显示预定义类型的图案名称。用户可从下拉列表框中选择所需的图案。
- 【样例】文本框用于显示当前图案的预览图像。在样例图案上单击，也可打开【填充图案选项板】对话框。
- 【角度】下拉列表框用于设置图案的倾斜角度；【比例】下拉列表框用于设置图案的填充比例。
- 【相对图纸空间】选项仅用于布局选项卡，它是相对图纸空间单位进行图案的填充。运用此选项，可以根据适合于布局的比例显示填充图案。
- 【间距】文本框可设置用户定义填充图案的直线间距。只有激活了【类型】下拉列表框中的【用户自定义】选项，此选项才可用。
- 【双向】复选框仅适用于用户定义图案，选中该复选框，将增加一组与原图线垂直的线。
- 【ISO 笔宽】选项决定运用 ISO 剖面线图案的线与线之间的间隔，只在选择 ISO 图案时可用。
- 【添加:拾取点】按钮用于在填充区域内部拾取任意一点，AutoCAD 将自动搜索到包含该内点的区域边界。

- 【添加:选择对象】按钮用于选择闭合图形作为填充边界。
- 【删除边界】按钮用于删除位于选定填充区内但不填充的区域。
- 【查看选择集】按钮用于查看所确定的边界。
- 【继承特性】按钮用于匹配现有填充图案及参数。
- 【关联】选项与【创建独立的图案填充】选项用于确定填充图形与边界的关系。分别用于创建关联和不关联的填充图案。
- 【注释性】复选框用于为图案添加注释特性。
- 【绘图次序】下拉列表框用于设置填充图案和填充边界的绘图次序。
- 【图层】下拉列表框用于设置填充图案的所在层。
- 【透明度】下拉列表框用于设置填充图案的透明度，拖动下侧的滑块，可以调整透明度值。

（2）【渐变色】选项卡

在【图案填充和渐变色】对话框中单击渐变色选项卡，如图 3-92 所示，用于为指定的边界填充渐变色。

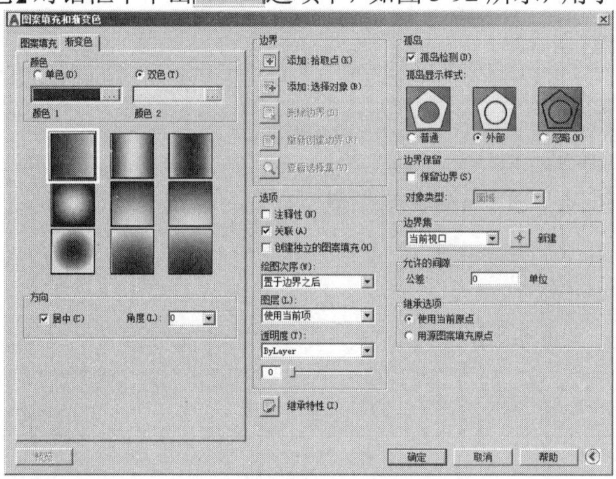

图 3-92　【渐变色】选项卡

单击右下角的【更多选项】扩展按钮，即可展开右侧的【孤岛】选项。

- 【单色】单选按钮用于以一种渐变色进行填充；显示框用于显示当前的填充颜色，双击该颜色框或单击其右侧的...按钮，可打开【选择颜色】对话框，选择所需的颜色。
- 【暗——明】滑动条可以调整填充颜色的明暗度，如果用户激活【双色】单选按钮，此滑动条自动转换为颜色显示框。
- 【双色】单选按钮用于以两种颜色的渐变色作为填充色。
- 【角度】选项用于设置渐变填充的倾斜角度。
- 【孤岛显示样式】选项组提供了“普通”“外部”和“忽略”3 种方式，如图 3-93 所示，其中“普通”方式是从最外层边界向内填充，第一层填充，第二层不填充，如此交替进行；“外部”方式只填充从最外边界向内第一边界之间的区域；“忽略”方式忽略最外层边界以内的其他任何边界，以最外层边界向内填充全部图形。

图 3-93　孤岛填充样式

孤岛是指在一个边界包围的区域内又定义了另外一个边界，它可以实现对两个边界之间的区域进行填充，而内边界包围的内区域不填充。

- 【边界保留】选项组用于设置是否保留填充边界。系统默认设置为不保留填充边界。
- 【允许的间隙】选项组用于设置填充边界的允许间隙值，处在间隙值范围内的非封闭区域也可填充。
- 【继承选项】选项组用于设置图案填充的原点，即使用当前原点还是使用源图案填充的原点。

3.6　综合范例——绘制卫生间平面详图

本例通过绘制某卫生间的平面详图，主要对直线、曲线、折线等本章重点知识进行综合练习和巩固应用。卫生间平面详图的最终绘制效果如图 3-94 所示。

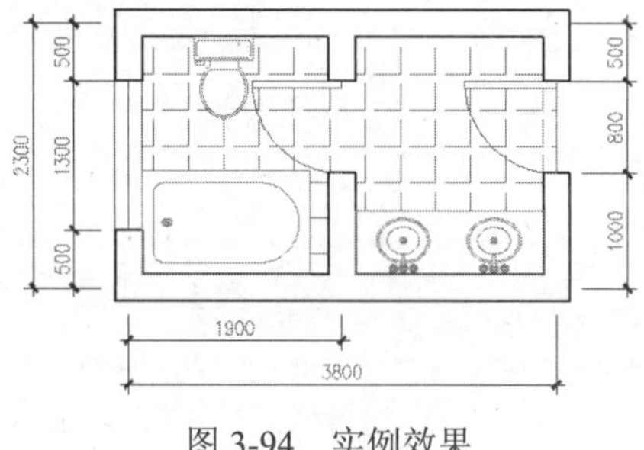

图 3-94　实例效果

操作步骤：

步骤01　单击【快速访问】工具栏上的按钮，快速创建公制单位的空白文件。

步骤02　启用状态栏上的【对象捕捉】和【对象捕捉追踪】功能，并设置捕捉与追踪模式，如图 3-95 所示。

步骤03　单击【视图】选项卡/【导航】面板上的按钮，激活【中心缩放】功能，将当前的视口高度调整为 3000 个单位。

步骤04　选择菜单栏中的【格式】/【多线样式】命令，在打开的【新建多线样式】对话框内设置名为 STYLE 的新样式，新样式参数设置如图 3-96 所示。

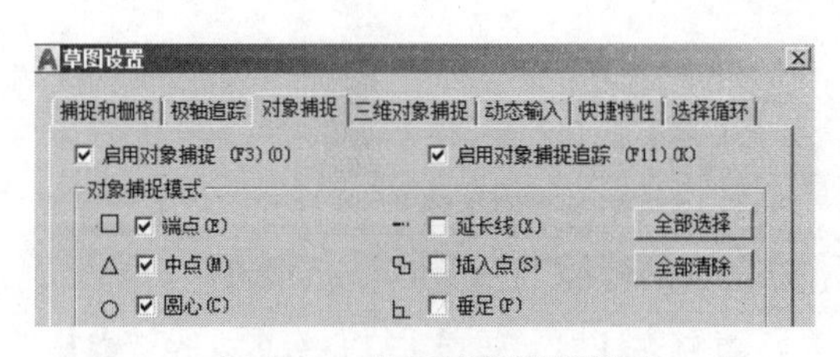

图 3-95　设置捕捉追踪模式

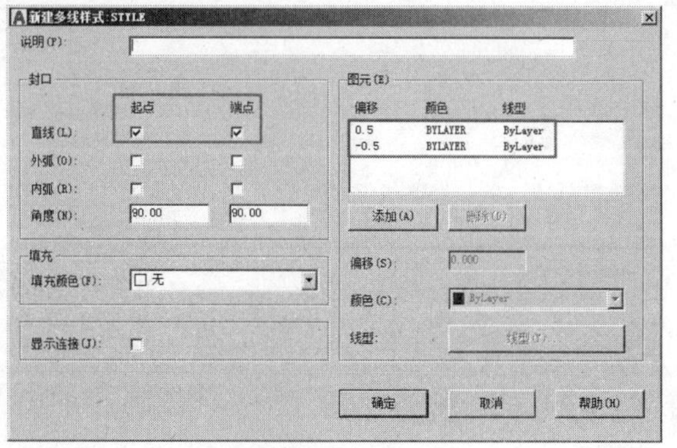

图 3-96　设置参数

步骤05　将新设置的多线样式设置为当前样式，并关闭【新建多线样式】对话框。

步骤06　选择菜单栏中的【绘图】/【多线】命令，绘制宽度为 240 的墙体平面图。命令行提示如下：

```
命令: _mline
当前设置: 对正 = 上, 比例 = 20.00, 样式 = STYLE
指定起点或 [对正(J)/比例(S)/样式(ST)]:     //s Enter
输入多线比例 <20.00>:                      //240 Enter
当前设置: 对正 = 上, 比例 = 240.00, 样式 = STYLE
指定起点或 [对正(J)/比例(S)/样式(ST)]:     //j Enter
输入对正类型 [上(T)/无(Z)/下(B)] <上>:    //z Enter
当前设置: 对正 = 无, 比例 = 240.00, 样式 = STYLE
指定起点或 [对正(J)/比例(S)/样式(ST)]:     // Enter
指定下一点:                                //@0,-500 Enter
指定下一点或 [放弃(U)]:                    //@3800,0 Enter
指定下一点或 [闭合(C)/放弃(U)]:            //@0,1000 Enter
指定下一点或 [闭合(C)/放弃(U)]:    // Enter, 结束命令, 绘制结果如图 3-97 所示
```

步骤 07　重复执行【多线】命令，按照当前的参数设置，分别绘制其他位置的墙线。命令行提示如下：

```
命令: _mline
当前设置: 对正 = 无, 比例 = 240.00, 样式 = STYLE
指定起点或 [对正(J)/比例(S)/样式(ST)]:     //激活【捕捉自】功能
_from 基点:                             //捕捉如图 3-98 所示的中点
```

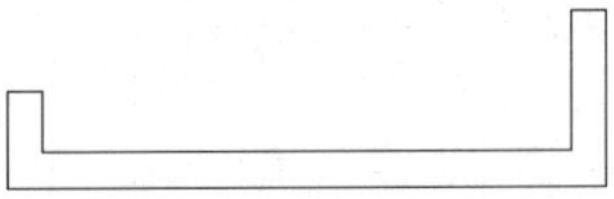

图 3-97　绘制结果

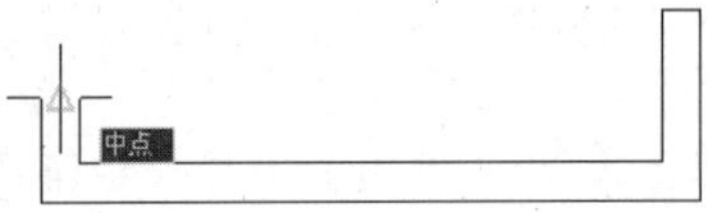

图 3-98　捕捉中点

```
<偏移>:                         //@0,1300 Enter
指定下一点:                     //@0,500 Enter
指定下一点或 [放弃(U)]:           //@3800,0 Enter
指定下一点或 [闭合(C)/放弃(U)]:     //@0,-500 Enter
指定下一点或 [闭合(C)/放弃(U)]:     // Enter
命令:                           // Enter, 重复执行命令
MLINE 当前设置: 对正 = 无, 比例 = 240.00, 样式 = STYLE
指定起点或 [对正(J)/比例(S)/样式(ST)]:     //捕捉如图 3-99 所示的中点
指定下一点:                          //@0,880 Enter
指定下一点或 [放弃(U)]:                 // Enter
命令:                           // Enter
MLINE 当前设置: 对正 = 无, 比例 = 240.00, 样式 = STYLE
指定起点或 [对正(J)/比例(S)/样式(ST)]:     //捕捉上侧内墙线的中点
指定下一点:                          // @0,-380 Enter
指定下一点或 [放弃(U)]:                // Enter, 绘制结果如图 3-100 所示
```

步骤 08　单击【默认】选项卡/【特性】面板上的【对象颜色】下拉列表，将当前颜色设置为“红”色，如图 3-101 所示。

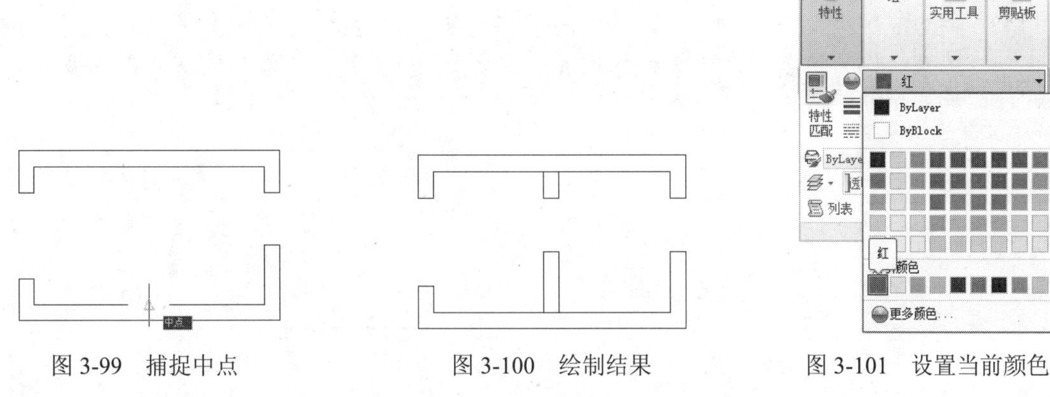

图 3-99　捕捉中点　　图 3-100　绘制结果　　图 3-101　设置当前颜色

步骤 09 使用快捷键 PL 执行【多段线】命令，配合中点捕捉和端点捕捉功能，绘制如图 3-102 所示的窗线及门位置的封闭线。

步骤 10 单击【默认】选项卡/【绘图】面板上的▭按钮，配合端点捕捉功能绘制门的轮廓线。命令行提示如下：

```
命令: _rectang
指定第一个角点或 [倒角(C)/标高(E)/圆角(F)/厚度(T)/宽度(W)]:
                                  //捕捉如图 3-103 所示的中点
指定另一个角点或 [面积(A)/尺寸(D)/旋转(R)]: //@-800,-60 Enter，结果如图 3-104 所示
```

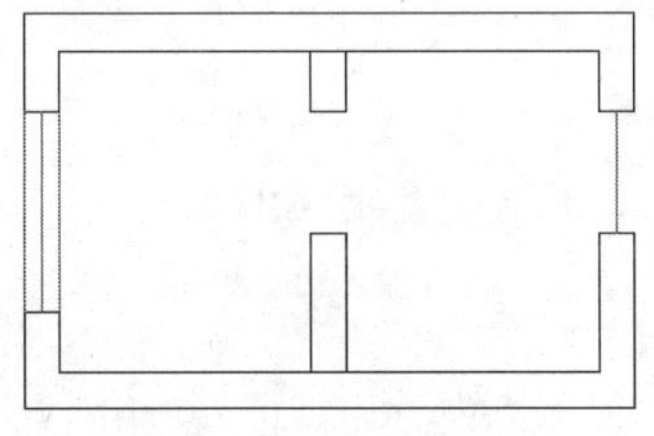

图 3-102　绘制窗线

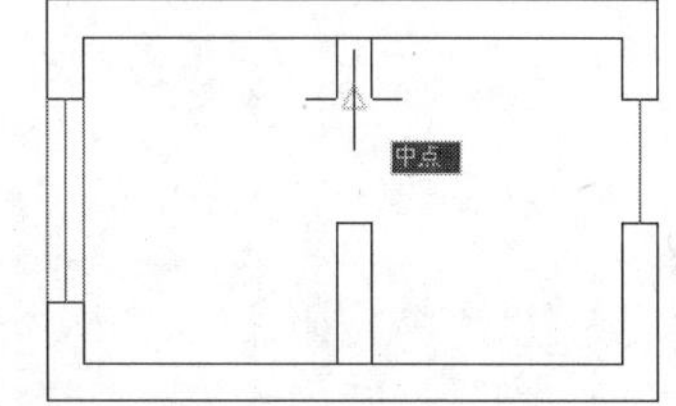

图 3-103　捕捉中点

步骤 11 选择菜单栏中的【绘图】/【圆弧】/【圆心、起点、角度】命令，绘制门的开启方向线。命令行提示如下：

```
命令: _arc
指定圆弧的起点或 [圆心(C)]: _c 指定圆弧的圆心:  //捕捉矩形右上侧的端点
指定圆弧的起点:                          //捕捉矩形左上侧的端点
指定圆弧的端点或 [角度(A)/弦长(L)]: _a 指定包含角:
                                  // 90 Enter，绘制结果如图 3-105 所示
```

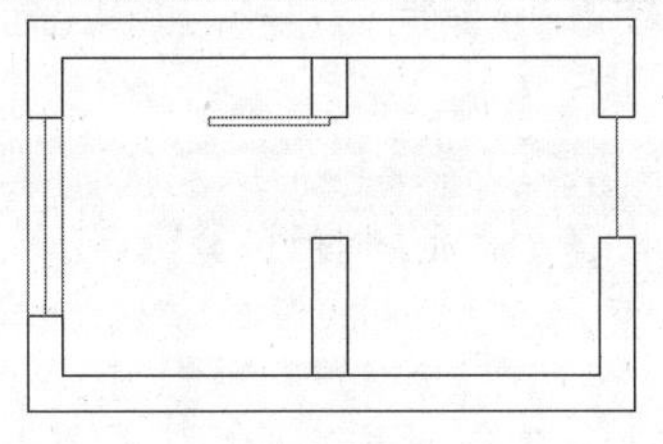

图 3-104 绘制矩形

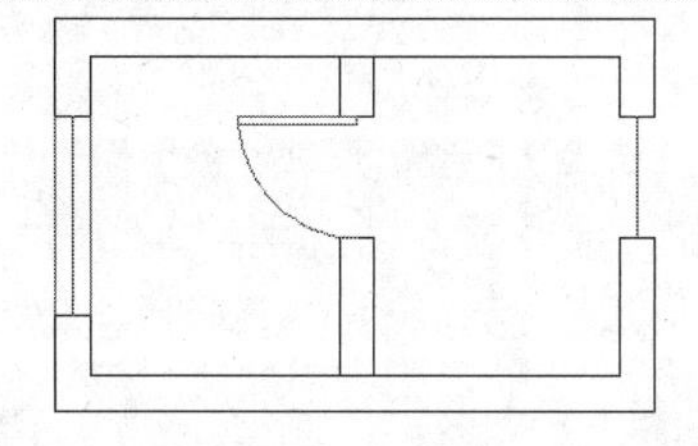

图 3-105　绘制圆弧

步骤 12 参照步骤 10 和 11 的操作，使用【矩形】和【圆弧】命令，绘制另一侧的单开门，结果

如图 3-106 所示。

步骤 13　将当前颜色设置为 54 号色，然后使用快捷键 REC 执行【矩形】命令，以左下侧内墙线的端点作为角点，绘制长度为 1500、宽度为 900 的矩形，作为浴缸外轮廓线，绘制结果如图 3-107 所示。

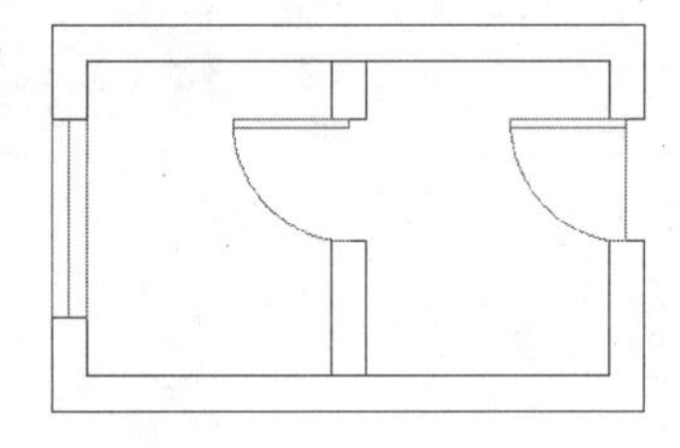

图 3-106　绘制结果

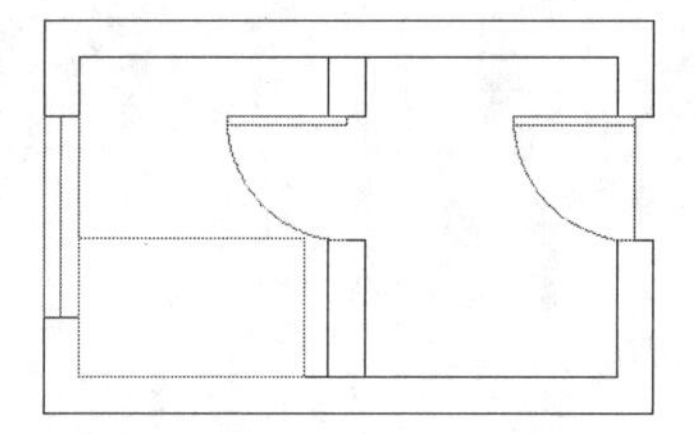

图 3-107　绘制矩形

步骤 14　选择菜单栏中的【绘图】/【多段线】命令，配合【捕捉自】功能绘制浴缸内侧的轮廓线。命令行提示如下：

```
命令: _pline
指定起点:                              //激活【捕捉自】功能
_from 基点:                            //捕捉刚绘制的矩形左下角点
<偏移>:                                //@200,100 Enter
当前线宽为 0.0
指定下一个点或 [圆弧(A)/半宽(H)/长度(L)/放弃(U)/宽度(W)]:        //@850,0 Enter
指定下一点或 [圆弧(A)/闭合(C)/半宽(H)/长度(L)/放弃(U)/宽度(W)]:  //a Enter
指定圆弧的端点或[角度(A)/圆心(CE)/闭合(CL)/方向(D)/半宽(H)/直线(L)/半径(R)/第二个点(S)/放弃(U)/宽度(W)]:          //@0,700 Enter
指定圆弧的端点或[角度(A)/圆心(CE)/闭合(CL)/方向(D)/半宽(H)/直线(L)/半径(R)/第二个点(S)/放弃(U)/宽度(W)]:          //l Enter
指定下一点或 [圆弧(A)/闭合(C)/半宽(H)/长度(L)/放弃(U)/宽度(W)]:  //@-850,0 Enter
指定下一点或 [圆弧(A)/闭合(C)/半宽(H)/长度(L)/放弃(U)/宽度(W)]:  //a Enter
指定圆弧的端点或[角度(A)/圆心(CE)/闭合(CL)/方向(D)/半宽(H)/直线(L)/半径(R)/第二个点(S)/放弃(U)/宽度(W)]:          //@-100,-100 Enter
指定圆弧的端点或[角度(A)/圆心(CE)/闭合(CL)/方向(D)/半宽(H)/直线(L)/半径(R)/第二个点(S)/放弃(U)/宽度(W)]:          //l Enter
指定下一点或 [圆弧(A)/闭合(C)/半宽(H)/长度(L)/放弃(U)/宽度(W)]:  //@0,-500 Enter
指定下一点或 [圆弧(A)/闭合(C)/半宽(H)/长度(L)/放弃(U)/宽度(W)]:  //a Enter
指定圆弧的端点或[角度(A)/圆心(CE)/闭合(CL)/方向(D)/半宽(H)/直线(L)/半径(R)/第二个点(S)/放弃(U)/宽度(W)]:       // cl Enter，结束命令，绘制结果如图 3-108 所示
```

步骤 15　选择菜单栏中的【绘图】/【圆】/【圆心、半径】命令，配合【捕捉自】功能绘制漏水孔。命令行提示如下：

```
命令: _circle
指定圆的圆心或 [三点(3P)/两点(2P)/切点、切点、半径(T)]: //激活【捕捉自】功能
_from 基点:                          //捕捉矩形左下角点
<偏移>:                              //@225,450 Enter
指定圆的半径或 [直径(D)] <25.0>:  //25 Enter，绘制结果如图 3-109 所示
```

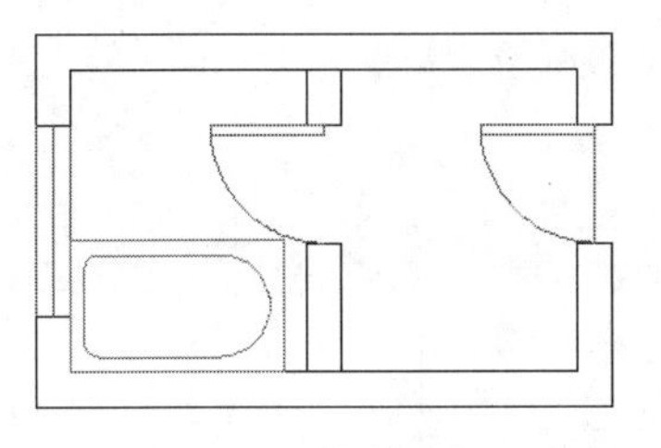
图 3-108 绘制结果

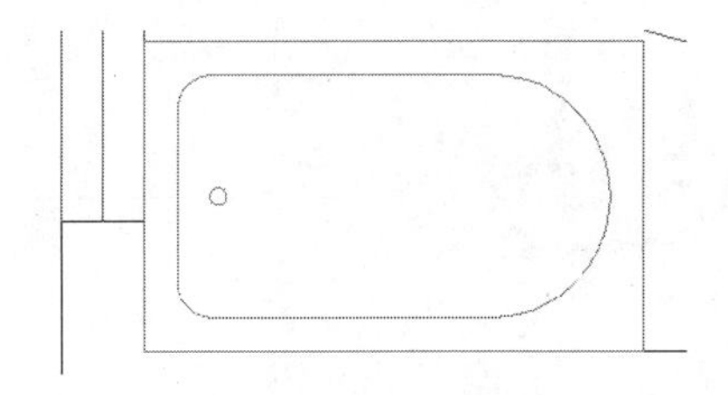
图 3-109 绘制圆

步骤16 使用快捷键 L 执行【直线】命令，配合象限点捕捉功能，绘制圆的两条直径，结果如图 3-110 所示。

步骤17 单击【默认】选项卡/【绘图】面板上的按钮，执行【椭圆】命令，绘制与圆同心的椭圆。命令行提示如下：

```
命令: _ellipse
指定椭圆的轴端点或 [圆弧(A)/中心点(C)]:    //c Enter
指定椭圆的中心点:                         //捕捉圆的圆心
指定轴的端点:                             //@45,0 Enter
指定另一条半轴长度或 [旋转(R)]:             // 35 Enter，绘制结果如图 3-111 所示
```

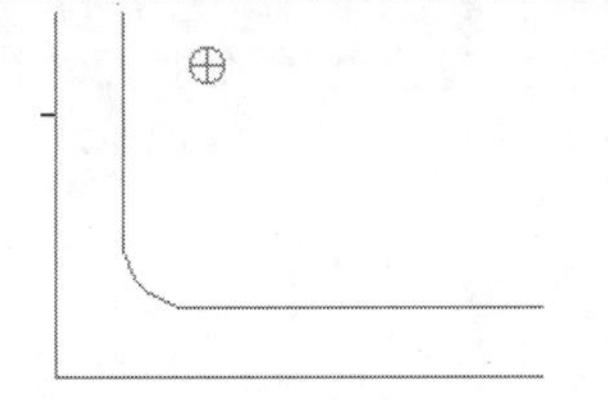
图 3-110 绘制直径

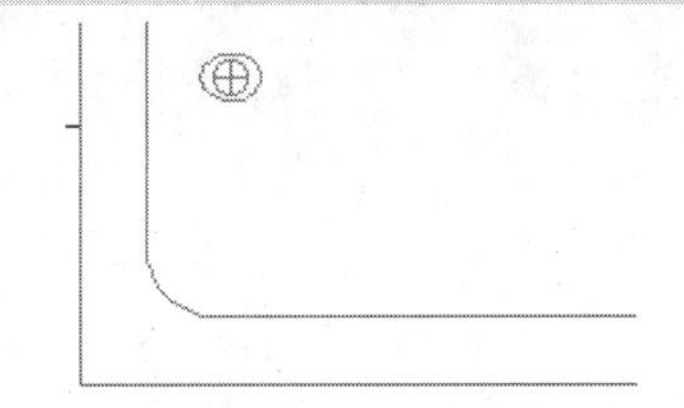
图 3-111 绘制椭圆

步骤18 执行【打开】命令，打开下载文件中的“/素材文件/马桶 01.dwg 和双人洗脸盆 01.dwg”两个文件。

步骤19 选择菜单栏中的【窗口】/【垂直平铺】命令，将当前文件进行垂直平铺。

步骤20 分别单击马桶和洗脸盆两个文件，框选图形，然后按住鼠标不放，将其拖动至卫生间文件内，以粘贴为块的形式进行共享，如图 3-112 所示。

步骤21 将文件最大化显示，然后使用【移动】命令，配合端点捕捉功能将图形移到如图 3-113 所示的位置。

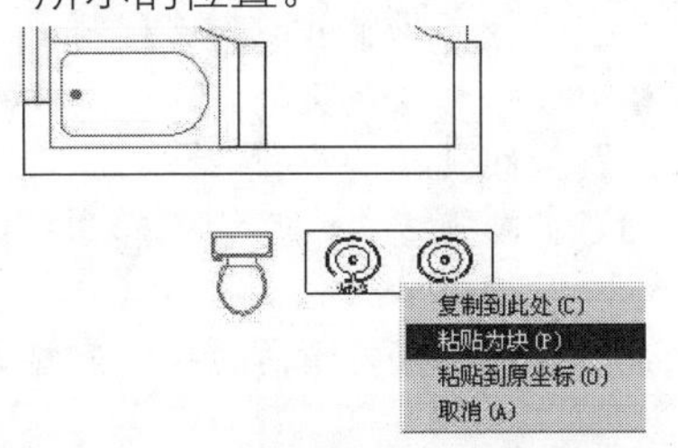

图 3-112 共享图形

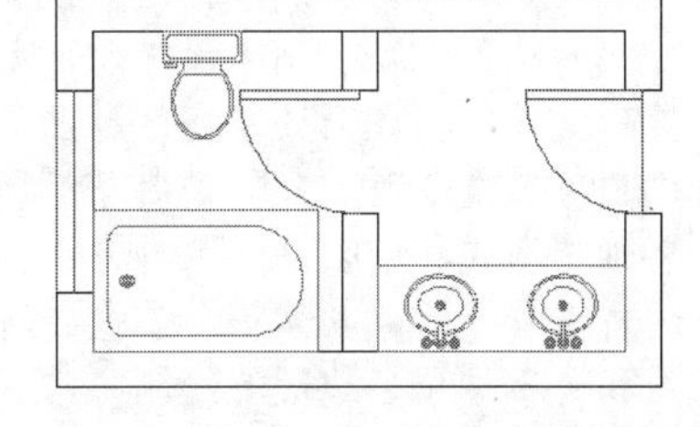
图 3-113 移动图形

步骤22 使用快捷键 H 执行【图案填充】命令，配合使用命令中的【设置】选项，设置填充图案和填充参数，如图 3-114 所示；为卫生间填充地砖图案，填充结果如图 3-115 所示。

步骤23 在墙线上双击，从打开的【多线编辑工具】对话框中单击如【T 形合并】按钮；然

后选择垂直相交的墙线进行合并，结果如图 3-116 所示。

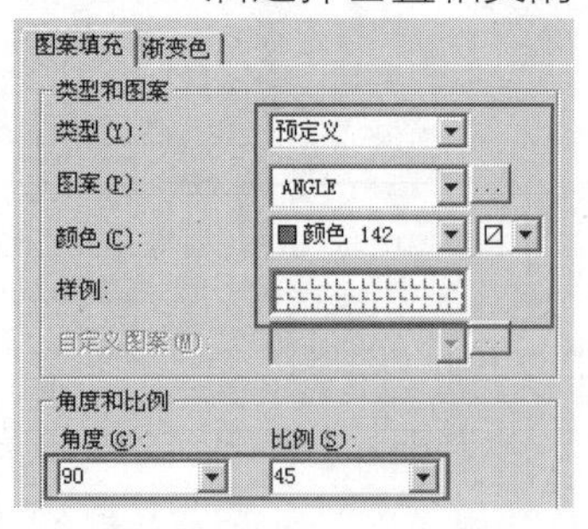

图 3-114　设置填充图案及参数

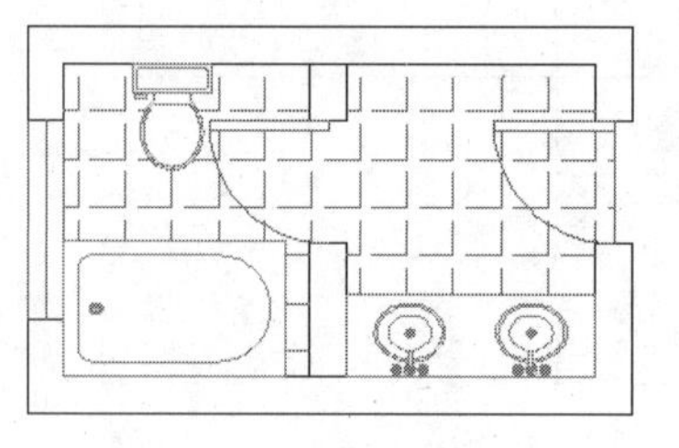

图 3-115　填充结果

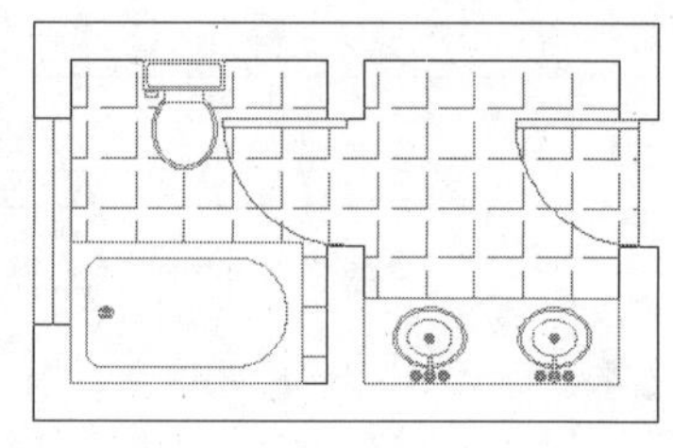

图 3-116　最终结果

步骤 24　最后执行【保存】命令，将图形命名存储为“卫生间详图.dwg”。

3.7　思考与总结

3.7.1　知识点思考

（1）在系统默认设置下，使用相关的等分点命令等分对象时，结果只能是在等分点处放置一些点的标记符号，试问能否在对象等分点处放置一些规则的图形呢？思考一下如何解决这一问题。

（2）在学习了相关的画线命令后，想一想如何绘制具有不同颜色、不同线型的平行线组？如何快速绘制一些连续的相切弧？如何对角进行单次等分和多次等分？

（3）在使用【图案填充】命令填充图案时，常常会遇到很久找不到范围的情况，尤其在是 dwg 文件比较大的时候，想一想应该如何解决这一问题，使得图案在不受外在因素干扰的前提下快速地填充。

3.7.2　知识点总结

本章通过众多例题和综合范例，详细讲述了 AutoCAD 常用绘图工具的使用方法和操作技巧，通过本章的学习，应熟练掌握以下知识：

- 在讲述点命令时，需要掌握点样式、点尺寸的设置方法、掌握单点与多点的绘制过程；了解和掌握定数等分和定距等分工具的操作方法和技巧。
- 在讲述线命令时，要重点掌握【多线】和【多段线】两个命令，了解和掌握多线样式、多线比例及对正方式的设置；在绘制多段线时，要掌握直线序列和弧线序列以及具有一定宽度多段线的绘制方法和技巧；另外，还需要掌握样条曲线的拟合、切向以及云线弧长的设置。
- 在讲述圆与弧命令时，具体需要掌握 6 种画圆方式和 11 种画弧方式；在绘制椭圆和椭圆弧时，需要掌握轴端点式和中心点式两种方法。
- 在讲述折线命令时，具体需要掌握 3 种绘制矩形的方式及 5 种特征矩形的画法；掌握内接于圆、外切于圆和边 3 种正多边形的绘制方法和技巧.
- 最后需要掌握边界和面域的创建技巧，以及各种图案的填充方法、填充边界的拾取方式等。

3.8　上机操作题

3.8.1　操作题一

综合相关知识，绘制如图 3-117 所示的零件图。

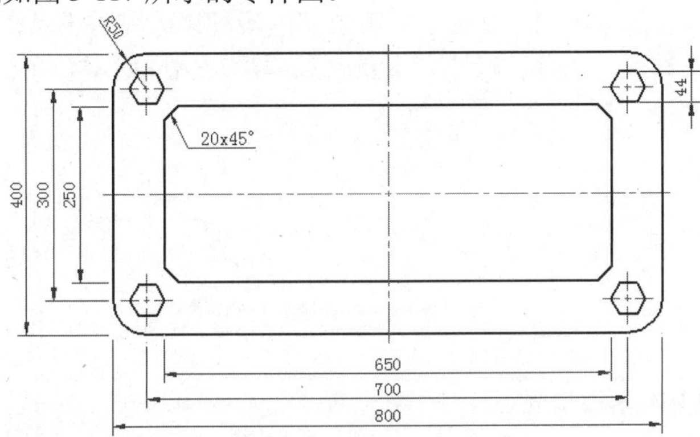

图 3-117　操作题一

3.8.2　操作题二

综合相关知识，绘制如图 3-118 所示的平面图（细部尺寸自定）。

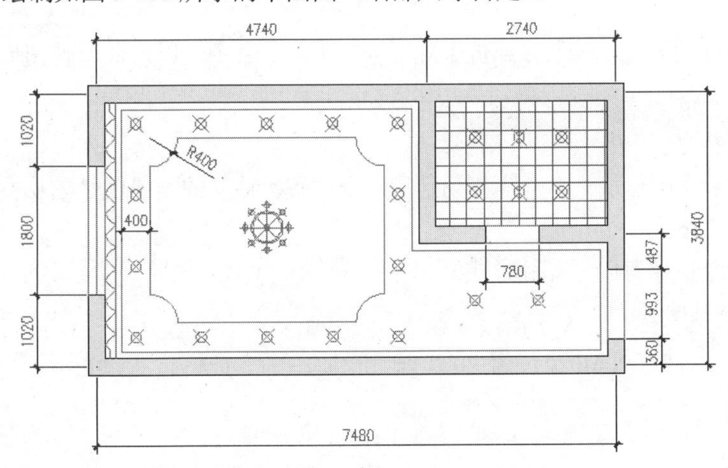

图 3-118　操作题二

第 4 章　基本几何图元的编辑功能

任何一种复杂的图形，都不可能仅仅通过一些基本图元的组合罗列，就能表达出图形的结构以及设计者的设计意图的，而是在这些基本图元的基础上，需要使用多种修改完善工具，对其进行编辑细化，使其能真正表达出图形的结构及设计者的设计意图。本章将集中讲解 AutoCAD 的图形常用编辑功能，以方便用户对其进行编辑和修饰完善。

本章内容

- 修改图形的位置及大小
- 修改图形的形状及尺寸
- 图形的常规编辑与细化
- 图形的特殊编辑
- 综合范例——绘制刀具零件二视图
- 思考与总结
- 上机操作题

4.1　修改图形的位置及大小

本节主要学习【移动】、【旋转】、【缩放】和【对齐】4 个命令，以方便调整图形的位置及大小。

4.1.1　移动图形

【移动】命令用于将图形从一个位置移动到另一个位置，移动的结果仅是图形位置上的改变，图形的形状及大小不会发生变化。

执行【移动】命令主要有以下几种方式。

- 菜单栏：选择菜单栏中的【修改】/【移动】命令。
- 命令行：在命令行输入 Move 后按 Enter 键。
- 快捷键：在命令行输入 M 后按 Enter 键。
- 功能区：单击【默认】选项卡/【修改】面板上的按钮。

【例题 4-1】　将矩形从直线的一端移动到另一端

步骤 01　新建文件，并将捕捉模式设置为端点捕捉和中点捕捉。

步骤 02　综合使用【直线】和【矩形】命令，配合中点捕捉和坐标输入功能绘制如图 4-1 所示的矩形和直线。

步骤 03　单击【默认】选项卡/【修改】面板上的按钮，执行【移动】命令，对矩形进行位移。命令行提示如下：

```
命令： _move
选择对象：                                //选择矩形
```

```
选择对象:                                          // Enter，结束对象的选择
指定基点或 [位移(D)] <位移>:                       //捕捉矩形左侧垂直边的中点
指定第二个点或 <使用第一个点作为位移>:             //捕捉直线的右端点
```

步骤 04　移动结果如图 4-2 所示。

图 4-1　绘制结果　　　　图 4-2　移动结果

4.1.2　旋转图形

【旋转】命令用于将图形围绕指定的基点进行角度旋转，如图 4-3 所示。

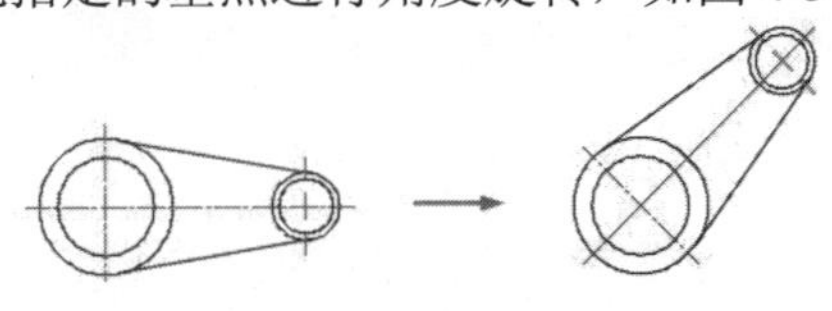

图 4-3　旋转示例

执行【旋转】命令主要有以下几种方式。

- 菜单栏：选择菜单栏中的【修改】/【旋转】命令。
- 命令行：在命令行输入 Rotate 后按 Enter 键。
- 快捷键：在命令行输入 RO 后按 Enter 键。
- 功能区：单击【默认】选项卡/【修改】面板上的按钮。

【例题 4-2】　将零件图旋转 45°

步骤 01　打开下载文件中的"/素材文件/4-1.dwg"，如图 4-3（左）所示。

步骤 02　激活状态栏上的【对象捕捉】功能，并将捕捉模式设置为圆心捕捉。

步骤 03　单击【默认】选项卡/【修改】面板上的按钮，执行【旋转】命令，将零件图旋转 45°。命令行提示如下：

```
命令: _rotate
UCS 当前的正角方向:  ANGDIR=逆时针  ANGBASE=0
选择对象:          //窗交选择零件图及中心线
选择对象:          // Enter，结束对象的选择
指定基点:          //捕捉左侧同心圆的圆心
指定旋转角度，或 [复制(C)/参照(R)] <0>:     //45 Enter
```

步骤 04　旋转结果如图 4-3（右）所示。

步骤 05　执行【另存为】命令，将旋转后的零件图另名存盘。

在旋转对象时，输入的角度为正，将按逆时针方向旋转；反之按顺时针旋转。【旋转】选项指的就是在旋转对象的同时将原图形复制，而原图形保持不变，如图 4-4 所示。

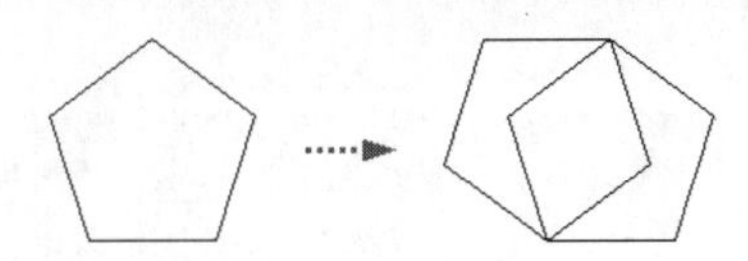

图 4-4　旋转并复制

【例题 4-3】 将零件图复制并旋转 90°

步骤01 打开下载文件中的"/素材文件/4-2.dwg"，如图 4-5 所示。

步骤02 激活状态栏上的【对象捕捉】功能，并将捕捉模式设置为圆心捕捉。

步骤03 单击【修改】工具栏或面板上的按钮，对零件图进行复制并旋转。命令行提示如下：

```
命令: _rotate
UCS 当前的正角方向: ANGDIR=逆时针  ANGBASE=0
选择对象:                          //窗交选择如图 4-5 所示的对象
选择对象:                          // Enter，结束对象的选择
指定基点:                          //捕捉下侧同心圆的圆心
指定旋转角度，或 [复制(C)/参照(R)] <60>:     //c Enter，激活【复制】选项
指定旋转角度，或 [复制(C)/参照(R)] <60>:     //90 Enter
```

步骤04 制并旋转的结果如图 4-6 所示。

【参照】选项用于将对象进行参照旋转，即指定一个参照角度和新角度，两个角度的差值就是对象的实际旋转角度。

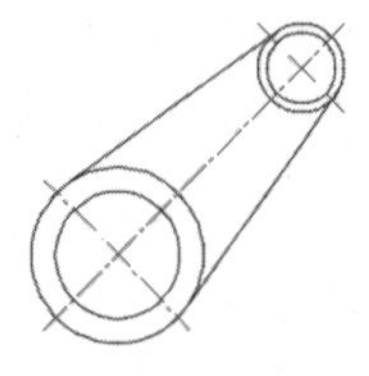

图 4-5　框选图形

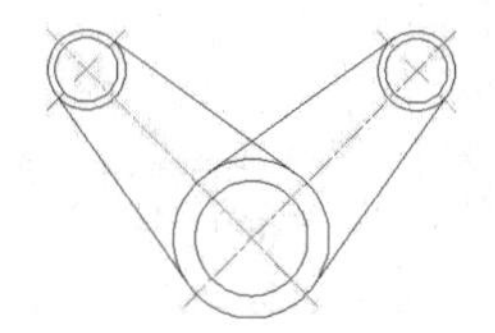

图 4-6　旋转结果

4.1.3　缩放图形

【缩放】命令用于将选定的图形对象进行等比例放大或缩小，使用此命令可以创建形状相同、大小不同的图形结构。

执行【缩放】命令主要有以下几种方式。

- 菜单栏：选择菜单栏中的【修改】/【缩放】命令。
- 命令行：在命令行输入 Scale 后按 Enter 键。
- 快捷键：在命令行输入 SC 后按 Enter 键。
- 功能区：单击【默认】选项卡/【修改】面板上的按钮。

【例题 4-4】 将图形缩放并复制

步骤01 打开下载文件中的"/素材文件/4-3.dwg"，如图 4-7 所示。

步骤02 激活状态栏上的【对象捕捉】功能，并将捕捉模式设置为圆心捕捉。

步骤03 单击【默认】选项卡/【修改】面板上的按钮，执行【缩放】命令，对右侧的同心圆进行缩放。命令行提示如下：

```
命令: _scale
选择对象:                                 //选择右侧的两个同心圆
选择对象:                                 // Enter，结束对象的选择
指定基点:                                 //捕捉右侧同心圆的圆心
指定比例因子或 [复制(C)/参照(R)] <0 >:      //0.5 Enter，结果如图 4-8 所示
```

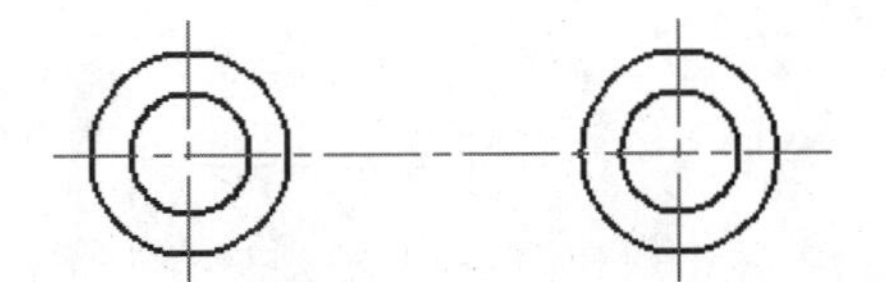

图 4-7　素材文件

图 4-8　窗交选择

【参照】选项是使用参考值作为比例因子缩放操作对象。此选项需要用户分别指定一个参照长度和一个新长度，AutoCAD 将以参考长度和新长度的比值决定缩放的比例因子。

步骤 04　使用快捷键 SC 执行【缩放】命令，使用“复制”功能对左侧的同心圆进行缩放复制。命令行提示如下：

```
命令：sc                                    // Enter，激活【缩放】命令
SCALE 选择对象：                                //选择左侧的两个同心圆
选择对象：                                     // Enter，结束选择
指定基点：                                     //捕捉左侧同心圆的圆心
指定比例因子或 [复制(C)/参照(R)]：                  //c Enter
缩放一组选定对象。
指定比例因子或 [复制(C)/参照(R)]：                  //0.7 Enter，缩放结果如图 4-9 所示
```

图 4-9　缩放结果

4.1.4　对齐图形

【对齐】命令用于在二维或三维空间内将选定的图形对象与其他目标对象进行对齐。

执行【对齐】命令主要有以下几种方式。

- 菜单栏：选择菜单栏中的【修改】/【三维操作】/【对齐】命令。
- 命令行：在命令行输入 Align 后按 Enter 键。
- 快捷键：在命令行输入 AL 后按 Enter 键。
- 功能区：单击【默认】选项卡/【修改】面板上的按钮。

【例题 4-5】　配合圆心捕捉对齐零件图

步骤 01　打开下载文件中的“/素材文件/4-4.dwg”文件。

步骤 02　使用快捷键 AL 执行【对齐】命令，对图形进行对齐操作。命令行提示如下：

```
命令：al                    // Enter，执行【对齐】命令
ALIGN 选择对象：              //拉出如图 4-10 所示的窗交选择框
选择对象：                   // Enter，结束选择
指定第一个源点：               //捕捉如图 4-11 所示的圆心作为第一个源点
```

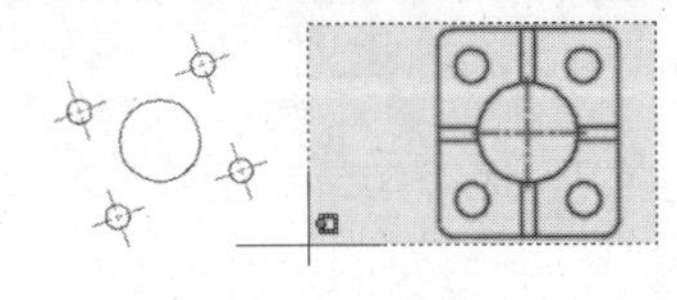

图 4-10　窗交选择

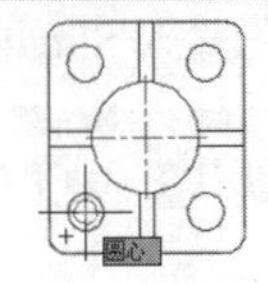

图 4-11　定位第一源点

```
指定第一个目标点:          //捕捉如图 4-12 所示的圆心作为第一个目标点
指定第二个源点:            //捕捉如图 4-13 所示的圆心作为第二个源点
```

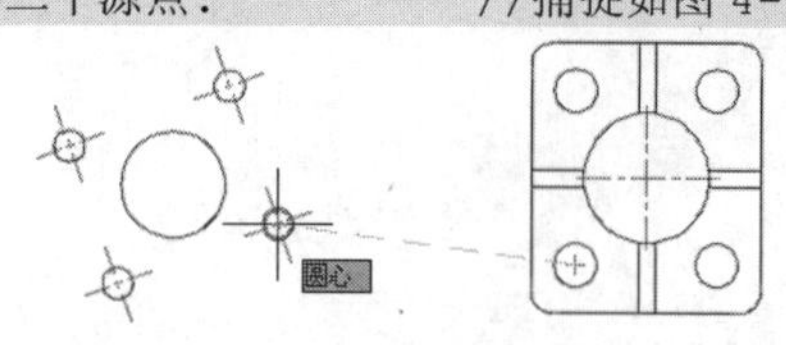

图 4-12　定位第一目标点

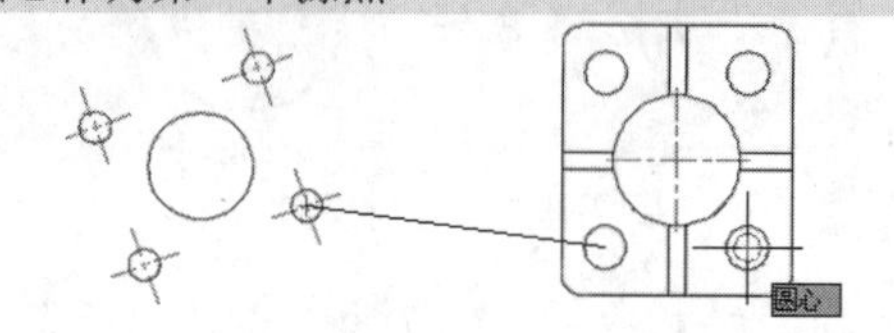

图 4-13　定位第二源点

```
指定第二个目标点:          //捕捉如图 4-14 所示的圆心作为第二个目标点
指定第三个源点或 <继续>:     //捕捉如图 4-15 所示的圆心作为第三个源点
```

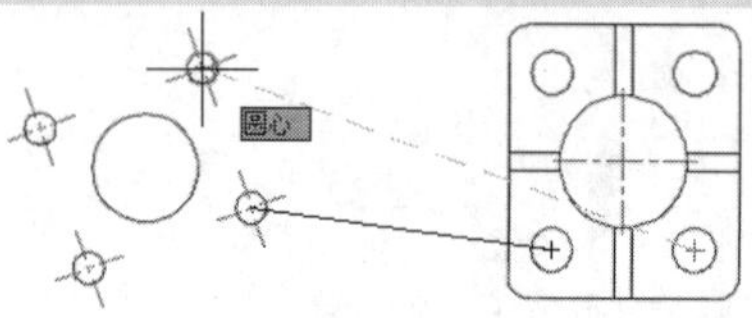

图 4-14　定位第二目标点

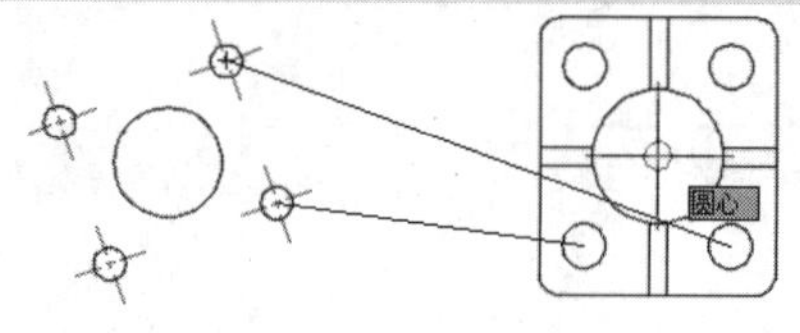

图 4-15　定位第三源点

```
指定第三个目标点:            //捕捉如图 4-16 所示的圆心作为第三个目标点
```

步骤 03　对齐结果如图 4-17 所示。

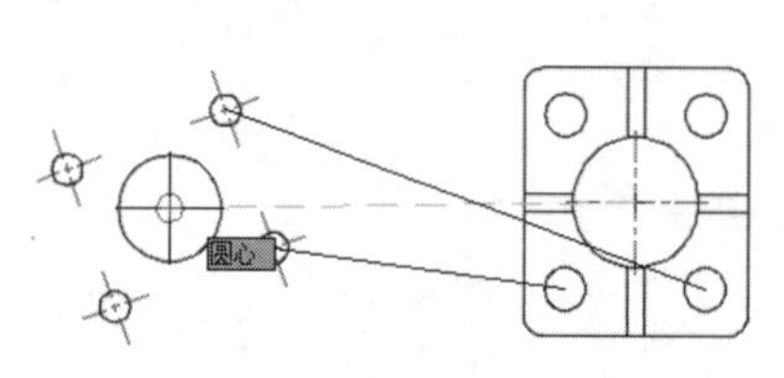

图 4-16　定位第三目标点

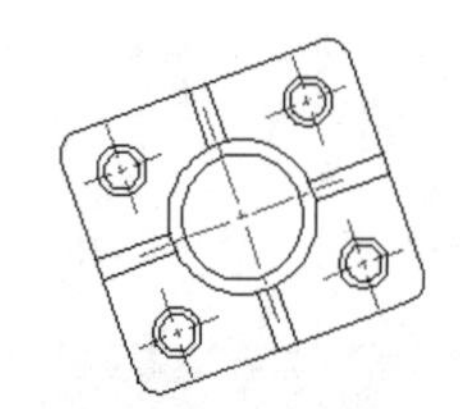

图 4-17　对齐结果

4.2　修改图形的形状及尺寸

本节将学习【拉伸】、【拉长】、【打断】、【合并】和【光顺曲线】5 个命令，以方便调整出图形的各种形状及尺寸。

4.2.1　拉伸图形

【拉伸】命令主要用于将图形对象进行不等比缩放，进而改变对象的尺寸或形状，如图 4-18 所示。通常用于拉伸的基本几何图形主要有直线、圆弧、椭圆弧、多段线、样条曲线等。

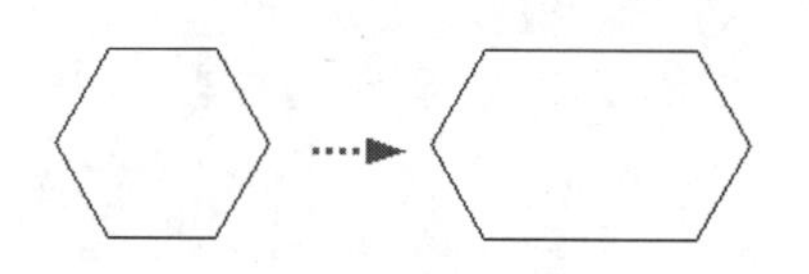

图 4-18　拉伸示例

执行【拉伸】命令主要有以下几种方式。

- 菜单栏：选择菜单栏中的【修改】/【拉伸】命令。
- 命令行：在命令行输入 Stretch 后按 Enter 键。
- 快捷键：在命令行输入 S 后按 Enter 键。
- 功能区：单击【默认】选项卡/【修改】面板上的按钮。

【例题 4-6】 将单人沙发编辑成双人沙发

步骤 01 打开下载文件中的"/素材文件/4-5.dwg"，如图 4-19 所示。

步骤 02 单击【默认】选项卡/【修改】面板上的按钮，执行【拉伸】命令，对扳手上侧的结构进行水平拉伸。命令行提示如下：

```
命令: _stretch
以交叉窗口或交叉多边形选择要拉伸的对象...
选择对象:                          //拉出如图 4-20 所示的窗交选择框
选择对象:                          // Enter，选择结果如图 4-21 所示
```

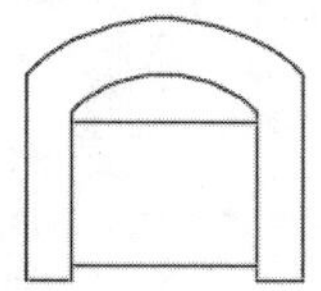

图 4-19　素材文件

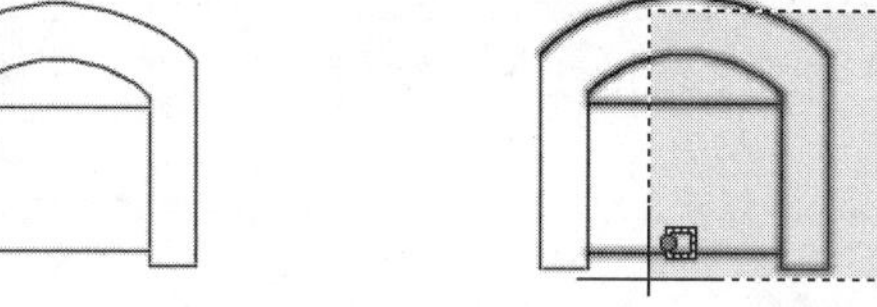

图 4-20　窗交选择

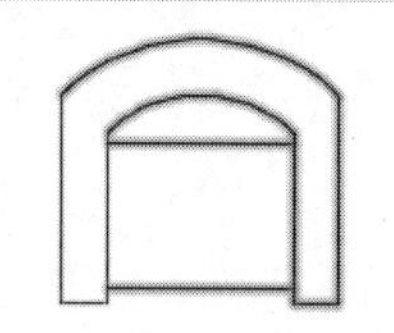

图 4-21　选择结果

在选择拉伸图形时，需要使用窗交选择方式，而在窗交选择时，需要拉长的图形必须与选择框相交。如果图形对象完全处于选择框内时，结果只能是图形对象相对于原位置上的平移。

```
指定基点或 [位移(D)] <位移>:                //捕捉如图 4-22 所示的端点
指定第二个点或 <使用第一个点作为位移>:       //捕捉如图 4-23 所示的端点
```

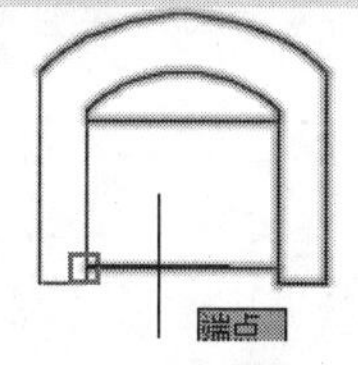

图 4-22　捕捉端点

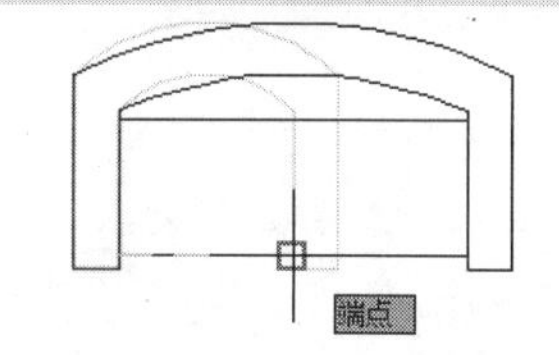

图 4-23　捕捉端点

步骤 03 拉伸结果如图 4-24 所示。

步骤 04 使用【直线】命令，配合中点捕捉功能绘制如图 4-25 所示的分界线。

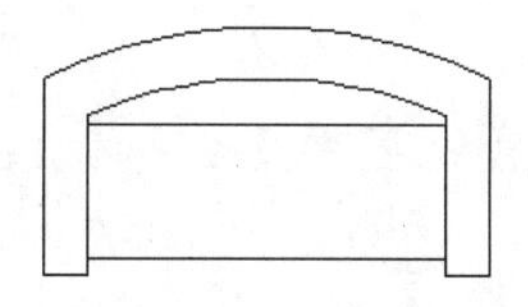

图 4-24　选择结果

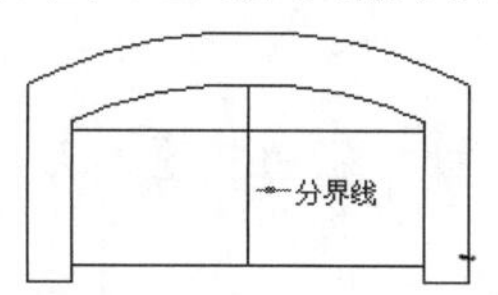

图 4-25　拉伸结果

4.2.2　拉长图形

【拉长】命令主要用于将图线拉长或缩短，在拉长的过程中，不仅可以改变线对象的长度，还可以更改弧对象的角度，如图 4-26 所示。

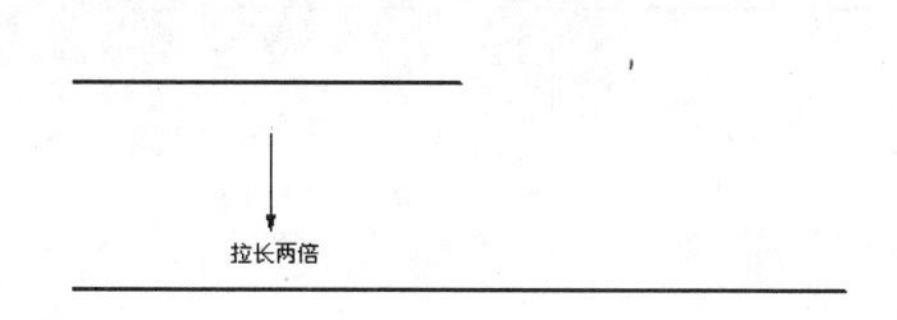

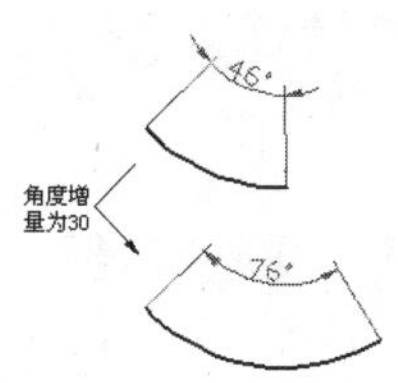

图 4-26　拉长示例

执行【拉长】命令的主要有以下几种方式。

- 菜单栏：选择菜单栏中的【修改】/【拉长】命令。
- 命令行：在命令行输入 Lengthen 后按 Enter 键。
- 快捷键：在命令行输入 LEN 后按 Enter 键。
- 功能区：单击【默认】选项卡/【修改】面板上的按钮。

使用【拉长】命令可以改变圆弧和椭圆弧的角度，也可以改变圆弧、椭圆弧、直线和非闭合的多段线和样条曲线的长度，但闭合的图形对象不能被拉长或缩短。

1. “增量”拉长

所谓“增量”拉长，指的是按照事先指定的长度增量或角度增量，对对象进行拉长或缩短，如图 4-27 所示。

【例题 4-7】 将直线拉长 50 个单位

步骤 01 新建空白文件。

步骤 02 使用【直线】命令绘制长度为 200 的水平直线，如图 4-27（上）所示。

步骤 03 单击【默认】选项卡/【修改】面板上的按钮，将水平直线水平向右拉长 50 个单位。命令行提示如下：

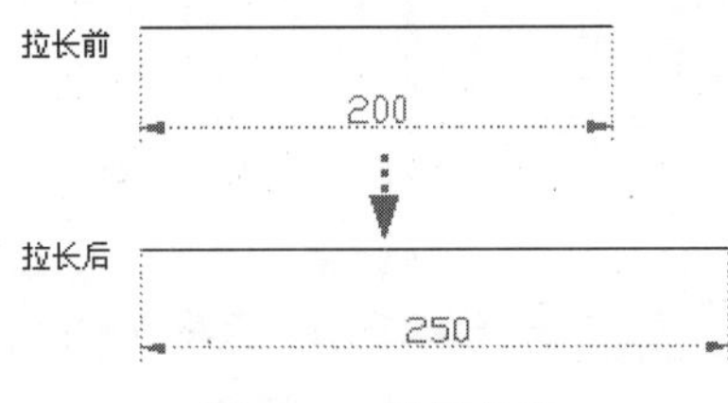

图 4-27　增量拉长

```
命令： _lengthen
选择对象或 [增量(DE)/百分数(P)/全部(T)/动态(DY)]： //DE Enter，激活【增量】选项
输入长度增量或 [角度(A)] <0.0000>:    //50 Enter，设置长度增量
选择要修改的对象或 [放弃(U)]:         //在直线的右端单击左键
选择要修改的对象或 [放弃(U)]:         // Enter，退出命令
```

步骤 04 拉长结果如图 4-27（下）所示。

如果把增量值设置为正值，系统将拉长对象；如果将增量设置为负值，系统将缩短对象。

2. 百分数拉长

所谓“百分数”拉长，指的是以总长的百分比值进行拉长或缩短对象，如图 4-28 所示，长度的百分数值必须为正且非零。

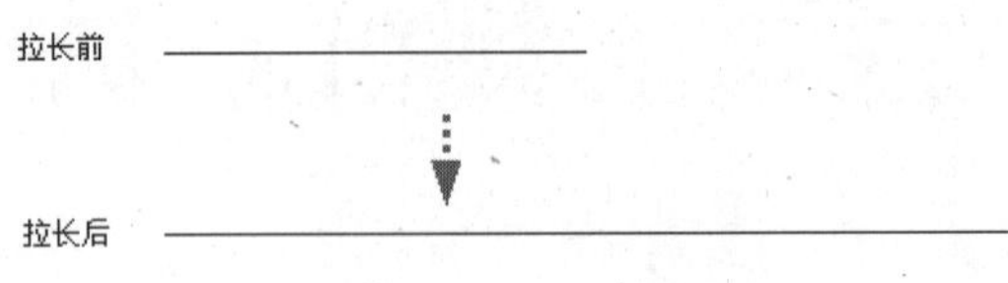

图 4-28　百分比拉长

【例题 4-8】 将直线拉长 200%

步骤 01 新建空白文件。

步骤 02 使用【直线】命令绘制长度为 200 的一条水平直线，如图 4-28（上）所示。

步骤03 单击【默认】选项卡/【修改】面板上的按钮，将直线拉长一倍。命令行提示如下：

```
命令: _lengthen
选择对象或 [增量(DE)/百分数(P)/全部(T)/动态(DY)]:
//P Enter，激活【百分比】选项
输入长度百分数 <100.0000>:       //200 Enter，设置拉长的百分比值
选择要修改的对象或 [放弃(U)]:     //在线段的一端单击左键
选择要修改的对象或 [放弃(U)]:    // Enter，结束命令
```

步骤04 拉长结果如图 4-28（下）所示。

当长度百分比值小于 100 时，将缩短对象；当百分比大于 100 时，将拉长对象。

3. “全部”拉长

所谓“全部”拉长，指的是根据指定一个总长度或总角度进行拉长或缩短对象，而不用考虑原图线的长度，如图 4-29 所示。

图 4-29　全部拉长示例

【例题 4-9】 将直线拉长为 500 个单位

步骤01 新建空白文件。

步骤02 任意绘制一条水平直线，如图 4-29（上）所示。

步骤03 单击【默认】选项卡/【修改】面板上的按钮，将水平直线拉长至 500 个单位。命令行提示如下：

```
命令: _lengthen
选择对象或 [增量(DE)/百分数(P)/全部(T)/动态(DY)]:
//T Enter，激活【全部】选项
指定总长度或 [角度(A)] <1.0000)>:          //500 Enter，设置总长度
选择要修改的对象或 [放弃(U)]:             //在线段的一端单击左键
选择要修改的对象或 [放弃(U)]:             // Enter，结束命令
```

步骤04 结果原对象的长度被拉长为 500，如图 4-29（下）所示。

如果原对象的总长度或总角度大于所指定的总长度或总角度，结果原对象将被缩短；反之，将被拉长。

4. “动态”拉长

所谓“动态”拉长，指的是根据图形对象的端点位置动态改变其长度。激活【动态】选项功能之后，AutoCAD 将端点移动到所需的长度或角度，另一端保持固定，如图 4-30 所示。

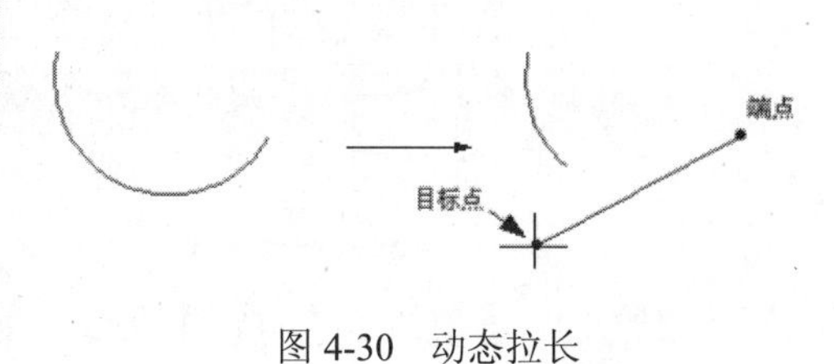

图 4-30　动态拉长

【动态】选项功能不能对样条曲线、多段线进行操作。

4.2.3　打断图形

【打断】命令用于将选定的图形对象打断为相连的两部分，或者打断并删除图形对象上的一部分，如图 4-31 所示。

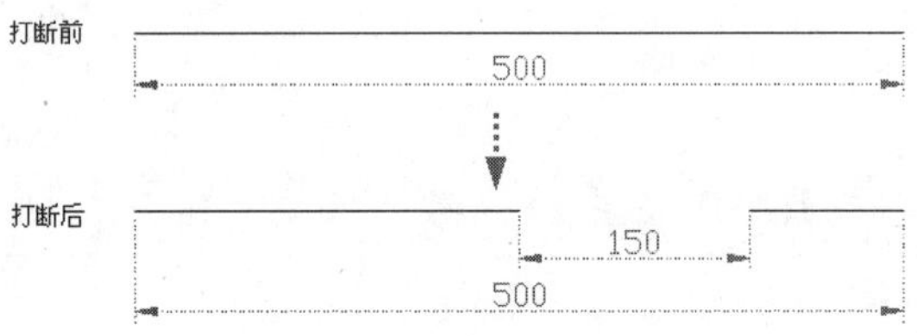

图 4-31　打断示例

打断对象与修剪对象都可以删除图形上的一部分，但是两者有着本质的区别：修剪对象必须有修剪边界的限制；而打断对象可以删除对象上任意两点之间的部分。

执行【打断】命令主要有以下几种方式。

- 菜单栏：选择菜单栏中的【修改】/【打断】命令。
- 命令行：在命令行输入 Break 后按 Enter 键。
- 快捷键：在命令行输入 BR 后按下 Enter 键。
- 功能区：单击【默认】选项卡/【修改】面板上的按钮。

【例题 4-10】　在零件图上打断直线与圆

步骤 01　打开下载文件中的“ /素材文件/4-6.dwg”，如图 4-32 所示。

步骤 02　激活【对象捕捉】功能，将捕捉模式设置为交点捕捉和端点捕捉。

步骤 03　单击【默认】选项卡/【修改】面板上的按钮，执行【打断】命令，配合交点捕捉对内部的水平图线进行打断。命令行提示如下：

```
命令： _break
选择对象：                          //选择最左侧的垂直轮廓线
指定第二个打断点 或 [第一点(F)]：    //f Enter，激活【第一点】选项
指定第一个打断点：                  //捕捉左侧垂直圆弧的上端点，如图 4-33 所示
指定第二个打断点：        //捕捉左侧垂直圆弧的下端点，打断结果如图 4-34 所示
```

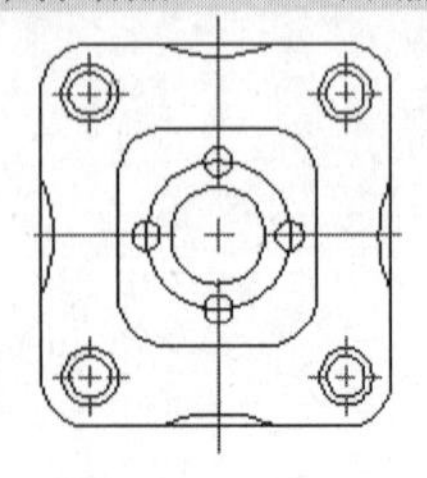

图 4-32　素材文件

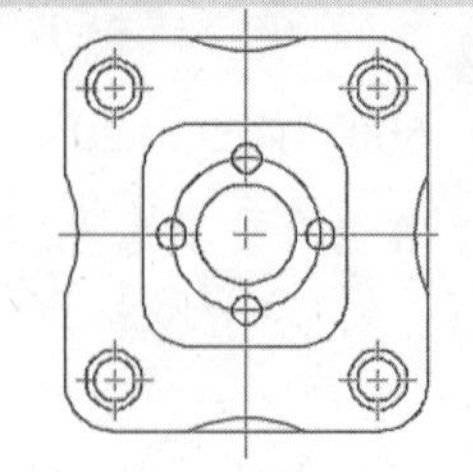

图 4-33　定位第一断点

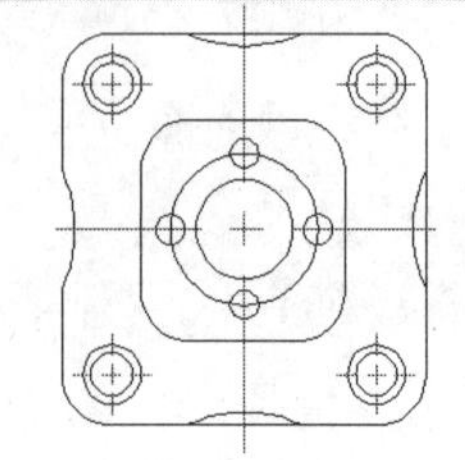

图 4-34　打断结果

步骤 04　重复执行【打断】命令，配合交点捕捉或端点捕捉功能，分别对其他位置的外轮廓线进行打断，结果如图 4-35 所示。

步骤05 重复执行【打断】命令，配合象限点捕捉功能，对内侧的圆图形进行打断。命令行提示如下：

```
命令: _break
选择对象:                              //选择如图 4-36 所示的轮廓圆
指定第二个打断点 或 [第一点(F)]:        //f Enter
指定第一个打断点:                       //捕捉如图 4-37 所示的左象限点
```

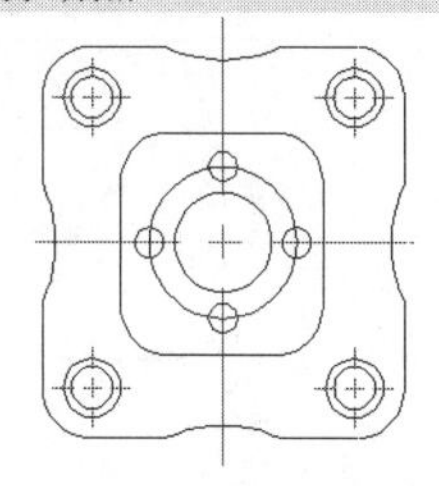

图 4-35 打开其他图线

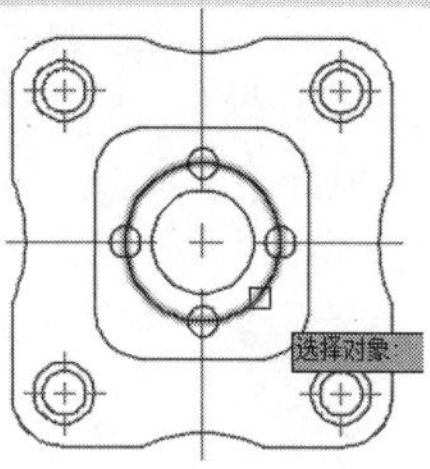

图 4-36 选择圆

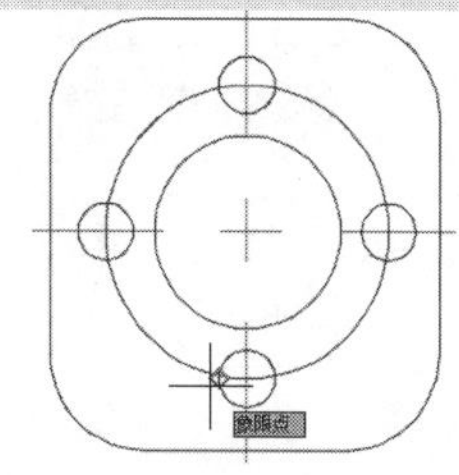

图 4-37 捕捉左象限点

```
指定第二个打断点:        //捕捉圆的右象限点，打断结果如图 4-38 所示
```

【第一点】选项用于定位第一断点。另外，AutoCAD 将按逆时针方向删除圆上第一点到第二点之间的部分。

步骤05 重复执行【打断】命令，继续配合象限点捕捉功能对圆图形打断，结果如图 4-39 所示。

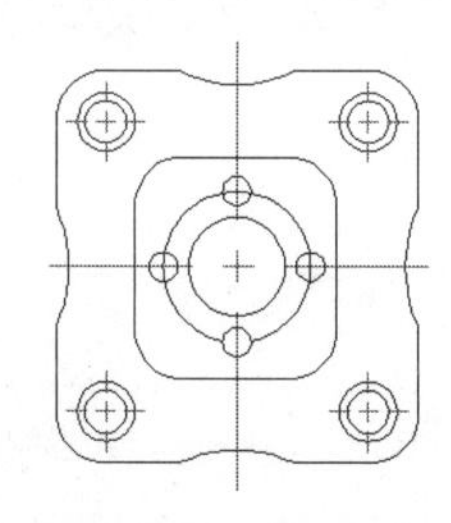

图 4-38 打断结果

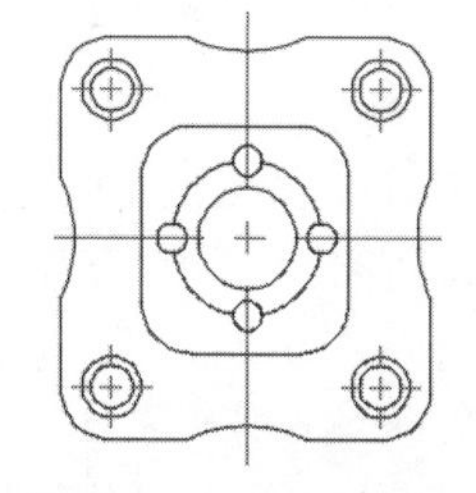

图 4-39 打断其他部分

要将一个对象拆分为二而不删除其中的任何部分，可以在指定第二断点时输入相对坐标符号@，也可以直接单击【默认】选项卡/【修改】面板上的按钮。

4.2.4 合并图形

【合并】命令用于将同角度的两条或多条线段合并为一条线段，还可以将圆弧或椭圆弧合并为一个整圆和椭圆，如图 4-40 所示。

执行【合并】命令主要有以下几种方式。

- 菜单栏：选择菜单栏中的【修改】/【合并】命令。
- 命令行：在命令行输入 Join 后按 Enter 键。
- 快捷键：在命令行输入 J 后按 Enter 键。
- 功能区：单击【默认】选项卡/【修改】面板上的按钮。

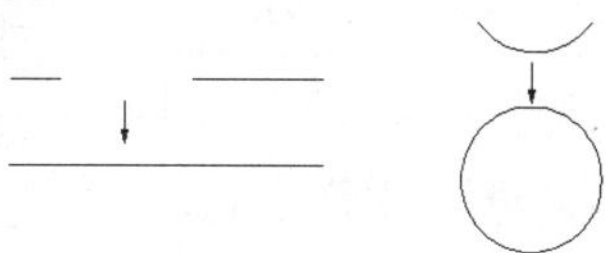

图 4-40 合并对象

【例题 4-11】合并直线与圆弧

步骤01 打开下载文件中的“/素材文件/4-7.dwg”文件。

步骤02 单击【默认】选项卡/【修改】面板上的按钮，执行【合并】命令，将两段圆弧连接为一个对象。命令行提示如下：

```
命令：_join
选择源对象或要一次合并的多个对象：          //选择如图 4-41 所示的轮廓线
选择要合并的对象：                          //选择如图 4-42 所示的轮廓线
选择要合并的对象：                        // Enter，结束命令，合并结果如图 4-43 所示
2 条直线已合并为 1 条直线
```

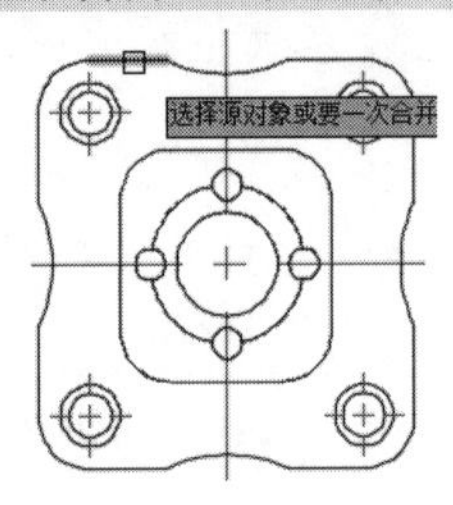

图 4-41　选择源对象

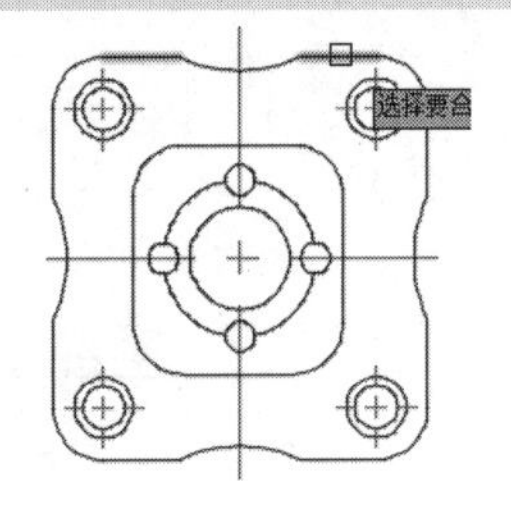

图 4-42　选择要合并对象

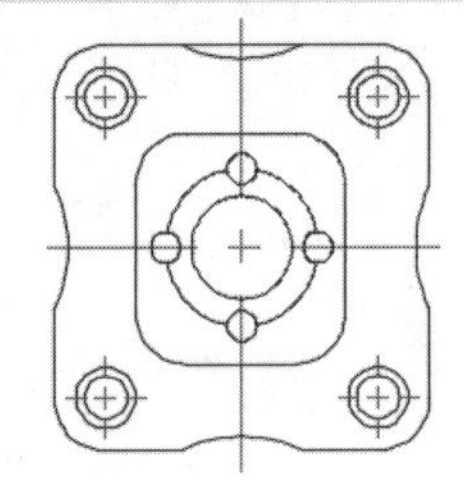

图 4-43　合并结果

在对直线进行合并时，用于合并的直线需要在同一角度上；在对圆弧进行合并时，用于合并的两段圆弧必须是同心圆弧；而使用【闭合】选项，则可以将一段圆弧合并成一个整圆。

步骤03 重复执行【合并】命令，继续对其他位置的外轮廓线进行合并，结果如图 4-44 所示。

步骤04 使用快捷键 E 执行【删除】命令，删除多余的圆弧，结果如图 4-45 所示。

步骤05 单击【默认】选项卡/【修改】面板上的按钮，再次执行【合并】命令，对内侧的圆弧进行合并。命令行提示如下：

```
命令：_join
选择源对象或要一次合并的多个对象：          //选择如图 4-46 所示的圆弧
```

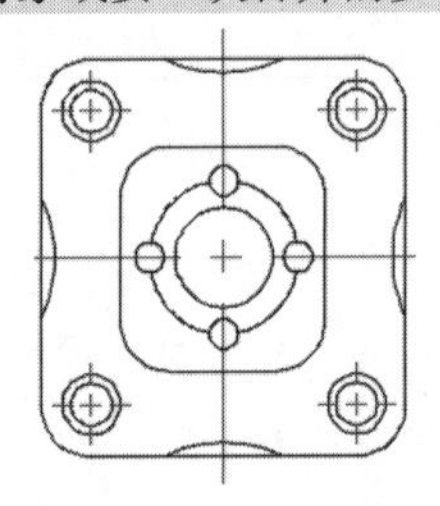

图 4-44　合并其他图线

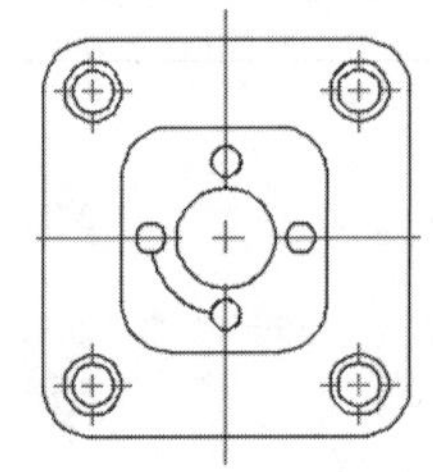

图 4-45　删除结果

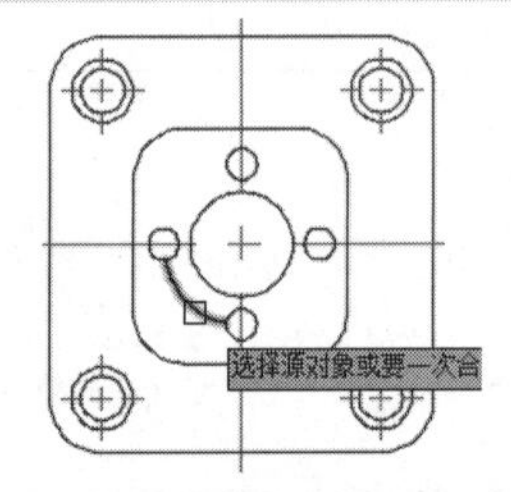

图 4-46　选择圆弧

```
选择要合并的对象：                          // Enter
选择圆弧，以合并到源或进行 [闭合(L)]：      //L Enter，合并结果如图 4-47 所示
已将圆弧转换为圆。
```

步骤06 在无命令执行的前提下单击刚闭合的圆，使其夹点显示，如图 4-48 所示的圆。

步骤07 单击【默认】选项卡/【图层】面板上的【图层】下拉列表，将夹点显示的圆放到“中心线”层上。

步骤08 取消图线的夹点显示，结果如图 4-49 所示。

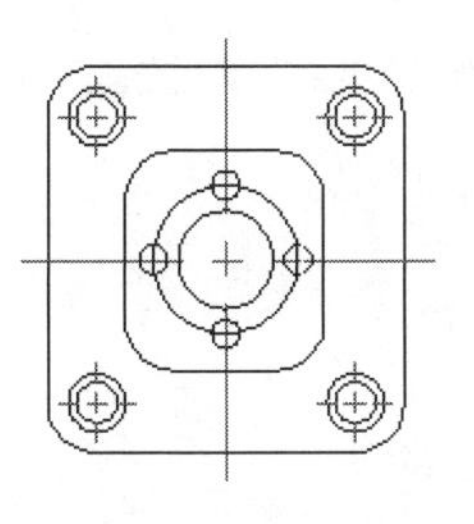
图 4-47　合并结果

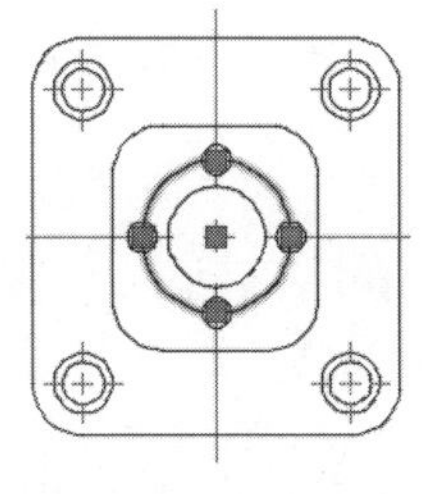
图 4-48　夹点效果

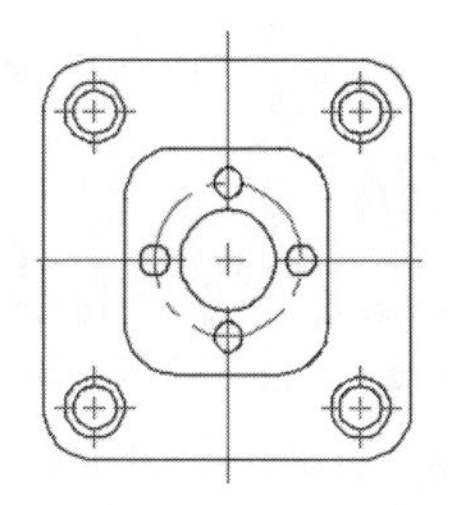
图 4-49　更改图层后的效果

4.2.5　光顺曲线

【光顺曲线】命令用于在两条选定的直线或两条曲线之间创建样条曲线，以光滑连接两条选定的对象，如图 4-50 所示。

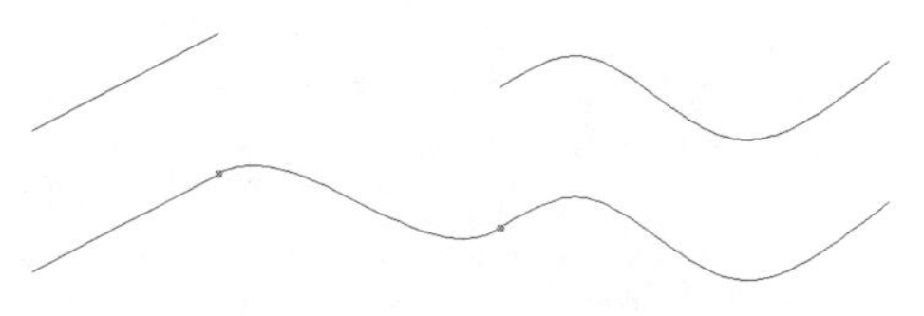
图 4-50　光顺曲线示例

执行【光顺曲线】命令主要有以下几种方式。

- 菜单栏：选择菜单栏中的【修改】/【光顺曲线】命令。
- 命令行：在命令行输入 BLEND 后按 Enter 键。
- 快捷键：在命令行输入 BL 后按 Enter 键。
- 功能区：单击【默认】选项卡/【修改】面板上的按钮。

使用【光顺曲线】命令在两图线之间创建样条曲时，具体有两个过渡类型，分别是“相切”和“平滑”。下面通过实例学习【光顺曲线】命令的使用方法和操作技巧。

【例题 4-12】 创建光顺曲线

步骤 01 首先绘制如图 4-50（上）所示的直线和样条曲线。

步骤 02 单击【默认】选项卡/【修改】面板上的按钮，在直线和样条曲线之间创建一条过渡样条曲线。命令行提示如下：

```
命令：_BLEND
连续性 = 相切
选择第一个对象或 [连续性(CON)]：    //在直线的右上端点单击
选择第二个点：   //在样条曲线的左端单击，创建如图 4-50（下）所示的光顺曲线
```

图 4-50（下）所示的光顺曲线是在“相切”模式下创建的一条 3 阶样条曲线（其夹点效果如图 4-51 所示），在选定对象的端点处具有相切 (G1) 连续性。

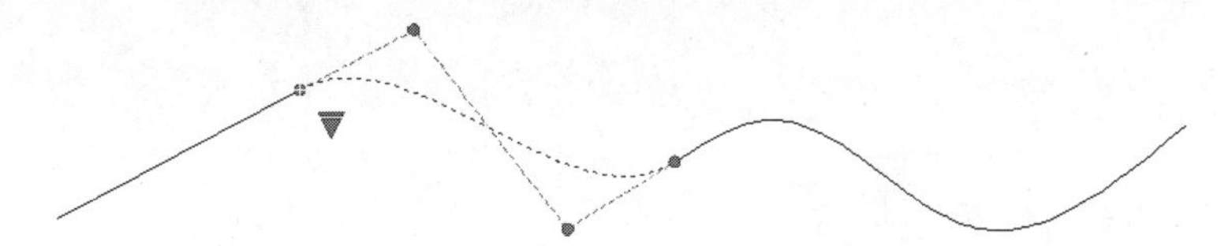
图 4-51　“相切”模式下的 3 阶光顺曲线

步骤03 重复执行【光顺曲线】命令，在“平滑”模式下创建一条 5 阶样条曲线。命令行提示如下：

```
命令：_BLEND
连续性 = 相切
选择第一个对象或 [连续性(CON)]:          //CON Enter
输入连续性 [相切(T)/平滑(S)] <切线>:     //S Enter，激活【平滑】选项
选择第一个对象或 [连续性(CON)]:          //在直线的右上端点单击
选择第二个点:                    //在样条曲线的左端单击，创建如图 4-52 所示的光顺曲线
```

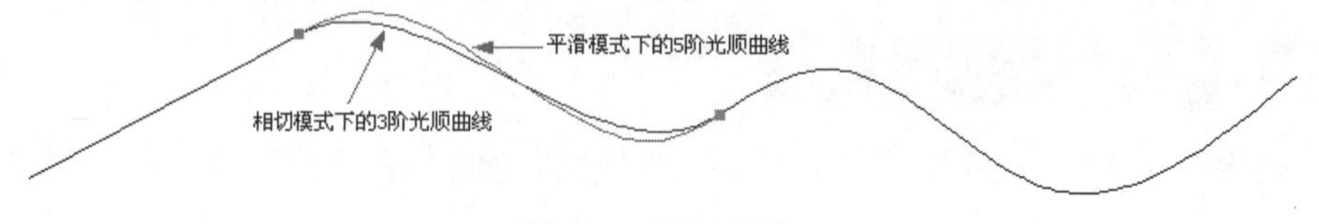

图 4-52 创建结果

如图 4-52 所示的光顺曲线是在“平滑”模式下创建的一条 5 阶样条曲线(其夹点效果如图 4-53 所示)，在选定对象的端点处具有曲率 (G2) 连续性。

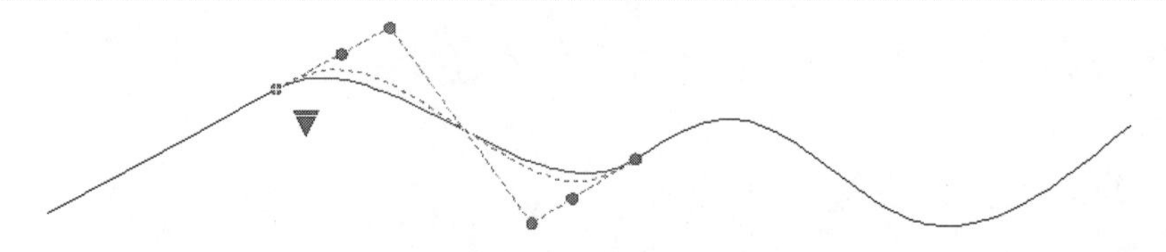

图 4-53 “平滑”模式下的 5 阶光顺曲线

如果使用【平滑】选项，请勿将显示从控制点切换为拟合点。此操作将样条曲线更改为 3 阶，这会改变样条曲线的形状。

4.3 图形的常规编辑与细化

本节主要学习【修剪】、【延伸】、【倒角】、【圆角】和【分解】5 个命令，以方便对图形的边、角进行细化和完善。

4.3.1 修剪图形

【修剪】命令主要用于修剪掉对象上指定的部分，以将对象编辑为符合设计要求的图样，如图 4-54 所示。

图 4-54 修剪示例

在修剪对象时，边界的选择是关键，而边界必须要与修剪对象相交或其延长线相交，才能成功修剪对象。

执行【修剪】命令主要有以下几种方式。

- 菜单栏：选择菜单栏中的【修改】/【修剪】命令。

- 命令行：在命令行输入 Trim 后按 Enter 键。
- 快捷键：在命令行输入 TR 后按 Enter 键。
- 功能区：单击【默认】选项卡/【修改】面板上的按钮。

1. 常规模式下的修剪

所谓“常规模式下的修剪”，指的就是修剪边界与修改对象有一个实际的交点，如图 4-55 所示。

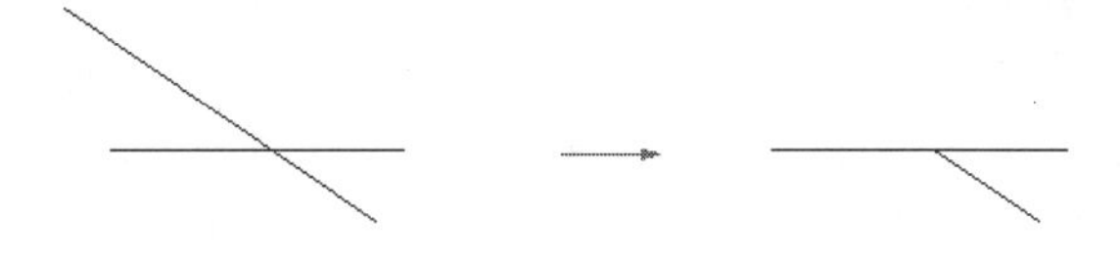

图 4-55　修剪示例

【例题 4-13】 常规模式下修剪对象

步骤 01　新建空白文件。

步骤 02　使用【直线】命令绘制如图 4-55（左）所示的两条图线。

步骤 03　单击【默认】选项卡/【修改】面板上的按钮，执行【修剪】命令，对水平直线进行修剪。命令行提示如下：

```
命令: _trim
当前设置:投影=UCS，边=无
选择剪切边...
选择对象或 <全部选择>:                //选择水平直线作为边界
选择对象:                             // Enter，结束边界的选择
    选择要修剪的对象，或按住 Shift 键选择要延伸的对象，或[栏选(F)/窗交(C)/投影(P)/边(E)/删除(R)/
放弃(U)]:         //在倾斜直线上端单击左键，定位需要删除的部分
    选择要修剪的对象，或按住 Shift 键选择要延伸的对象，或[栏选(F)/窗交(C)/投影(P)/边(E)/删除(R)/
放弃(U)]:       // Enter，结束命令，修剪结果如图 4-55（右）所示
```

当修剪多个对象时，可使用【栏选】选项功能，通过绘制栅栏线，所有与栅栏线相交的对象都会被选择，如图 4-56 所示。

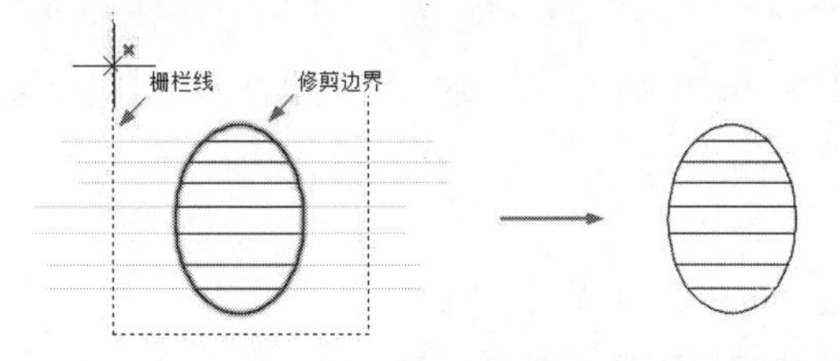

图 4-56　“栏选”示例

当修剪多个对象时，使用【窗交】选项功能进行窗交选择多个需要修剪的对象，这些被选择的对象会同时被修剪掉，如图 4-57 所示。

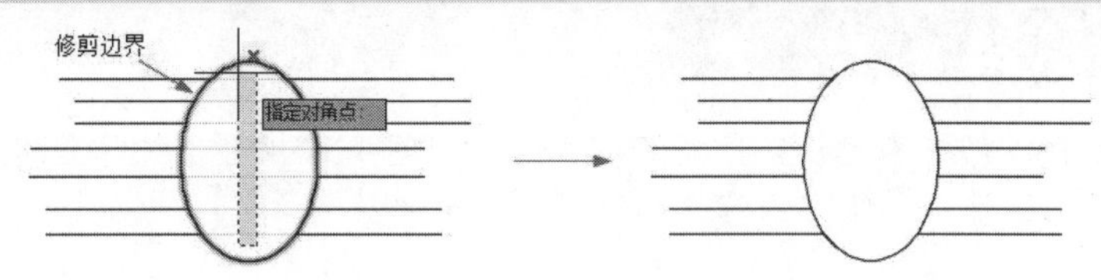

图 4-57　“窗交”示例

2. “隐含交点”下的修剪

所谓“隐含交点”，指的是边界与对象没有实际的交点，而是边界被延长后，与对象存在一个隐含交点，如图4-58所示。

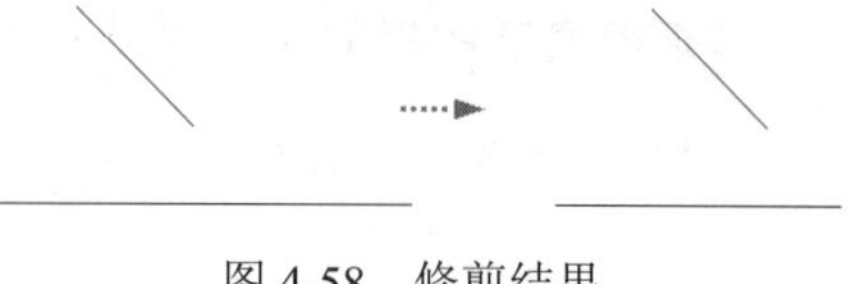
图4-58　修剪结果

【例题4-14】 隐含交点下修剪对象

步骤01 首先绘制如图4-58（左）所示的两条图线。

步骤02 单击【默认】选项卡/【修改】面板上的 按钮，执行【修剪】命令，对水平图线进行修剪，命令行提示如下：

```
命令: _trim
当前设置:投影=UCS，边=无
选择剪切边...
选择对象或 <全部选择>:                    //选择倾斜图线
选择对象:                                 // Enter，结束边界的选择
选择要修剪的对象，或按住 Shift 键选择要延伸的对象，或[栏选(F)/窗交(C)/投影(P)/边(E)/删除(R)/
放弃(U)]:                                  //E Enter，激活【边】选项功能
输入隐含边延伸模式 [延伸(E)/不延伸(N)] <不延伸>://E Enter，设置延伸模式
```

在“隐含交点”模式下的修剪图线时，需要事先更改修剪模式为“修剪”模式。

```
选择要修剪的对象，或按住 Shift 键选择要延伸的对象，或[栏选(F)/窗交(C)/投影(P)/边(E)/删除(R)/
放弃(U)]:                    //在水平图线的右端单击
选择要修剪的对象，或按住 Shift 键选择要延伸的对象，或[栏选(F)/窗交(C)/投影(P)/边(E)/删除(R)/
放弃(U)]:                   // Enter，结束命令
```

步骤03 修剪结果如图4-58（右）所示。

【边】选项用于确定修剪边的隐含延伸模式，其中【延伸】选项表示剪切边界可以无限延长，边界与被剪实体不必相交；【不延伸】选项指剪切边界只有与被剪实体相交时才有效。

【投影】选项用于设置三维空间剪切实体的不同投影方法，选择该选项后，AutoCAD出现“输入投影选项[无（N）/UCS（U）/视图（V）]<无>：”的提示，其中：

- 【无】选项表示不考虑投影方式，按实际三维空间的相互关系修剪；
- 【UCS】选项指在当前UCS的XOY平面上修剪；
- 【视图】选项表示在当前视图平面上修剪。

当系统提示“选择剪切边”时，直接按Enter键即可选择待修剪的对象，系统在修剪对象时将使用最靠近的候选对象作为剪切边。

4.3.2 延伸图形

【延伸】命令用于将图形对象延长到指定的边界上，如图4-59所示。用于延伸的对象有直线、圆弧、椭圆弧、非闭合的二维多段线、三维多段线、射线等。

在指定边界时，有两种情况：一种是对象被延长后与边界存在有一个实际的交点；另一种就是与边界的延长线相交于一点。

执行【延伸】命令主要有以下几种方式。

- 菜单栏：选择菜单栏中的【修改】/【延伸】命令。
- 命令行：在命令行输入 Extend 后按 Enter 键。
- 快捷键：在命令行输入 EX 后按 Enter 键。
- 功能区：单击【默认】选项卡/【修改】面板上的按钮。

1. 常规模式下的延伸

所谓“常规模式下的延伸”，指的就是图形被延伸后，与事先指定的延伸边界相交于一点，如图 4-59 所示。

【例题 4-15】 常规模式下延伸对象

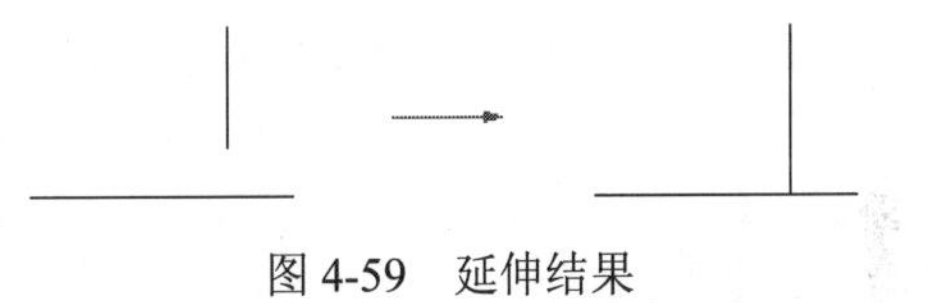

图 4-59　延伸结果

步骤 01 新建空白文件。

步骤 02 使用【直线】命令绘制如图 4-59（左）所示的两条图线。

步骤 03 单击【默认】选项卡/【修改】面板上的按钮，执行【延伸】命令，以水平直线作为边界，对垂直直线进行延伸。命令行提示如下：

```
命令: _extend
当前设置:投影=UCS，边=无
选择边界的边...
选择对象或 <全部选择>:          //选择水平直线作为边界
选择对象:                       // Enter，结束边界的选择
选择要延伸的对象，或按住 Shift 键选择要修剪的对象，或[栏选(F)/窗交(C)/投影(P)/边(E)/放弃(U)]:
                                //在垂直直线的下端单击左键
选择要延伸的对象，或按住 Shift 键选择要修剪的对象，或[栏选(F)/窗交(C)/投影(P)/边(E)/放弃(U)]:
                                // Enter，结束命令
```

步骤 04 结果垂直直线的下端被延伸，与边界相交点一点，如图 4-59（右）所示。

在选择延伸对象时，要在靠近延伸边界的一端选择需要延伸的对象，否则对象将不被延伸。

2. “隐含交点”下的延伸

所谓“隐含交点”，指的是边界与对象延长线没有实际的交点，而是边界被延长后，与对象延长线存在一个隐含交点，如图 4-60 所示。

图 4-60　两种隐含模式

对“隐含交点”下的图线进行延伸时，需要更改默认的延伸模式，即将默认模式更改为“延伸”模式。

【例题 4-16】 常规模式下延伸对象

步骤 01 新建空白文件。

步骤 02　使用【直线】命令绘制如图 4-60（左）所示的两条图线。

步骤 03　执行【修剪】命令，将垂直图线的下端延长，使之与水平图线的延长线相交。命令行提示如下：

```
命令: _extend
当前设置:投影=UCS，边=无
选择边界的边...
选择对象:                              //选择水平的图线作为延伸边界
选择对象:                              // Enter，结束边界的选择
选择要延伸的对象，或按住 Shift 键选择要修剪的对象，或[栏选(F)/窗交(C)/投影(P)/边(E)/放弃(U)]:
                          //e Enter，激活【边】选项
输入隐含边延伸模式 [延伸(E)/不延伸(N)] <不延伸>: //E Enter，设置延伸模式
选择要延伸的对象，或按住 Shift 键选择要修剪的对象，或[栏选(F)/窗交(C)/投影(P)/边(E)/放弃(U)]:
                         //在垂直图线的下端单击左键
选择要延伸的对象，或按住 Shift 键选择要修剪的对象，或[栏选(F)/窗交(C)/投影(P)/边(E)/放弃(U)]:
                         // Enter，结束命令
```

步骤 04　结果垂直图线被延伸，如图 4-60（右）所示。

【边】选项用来确定延伸边的方式。【延伸】选项将使用隐含的延伸边界来延伸对象；【不延伸】选项确定边界不延伸，而只有边界与延伸对象真正相交后才能完成延伸操作。

4.3.3　倒角图形

【倒角】命令主要用于为对象倒角，倒角的结果则是使用一条线段连接两个非平行的图线，如图 4-61 所示。用于倒角的图线一般有直线、多段线、矩形、多边形等，不能倒角的图线有圆、圆弧、椭圆、椭圆弧等。

执行【倒角】命令主要有以下几种方式。

- 菜单栏：选择菜单栏中的【修改】/【倒角】命令。
- 命令行：在命令行输入 Chamfer 后按 Enter 键。
- 快捷键：在命令行输入 CHA 后按 Enter 键。
- 功能区：单击【默认】选项卡/【修改】面板上的按钮。

图 4-61　倒角示例

1. 距离倒角

"距离倒角"指的是直接输入两条图线上的第一倒角距离和第二倒角距离，进行倒角图线，如图 4-62 所示。

【例题 4-17】　为图形进行距离倒角

步骤 01　新建空白文件。

步骤 02　使用【直线】命令绘制如图 4-62（左）所示的两条图线。

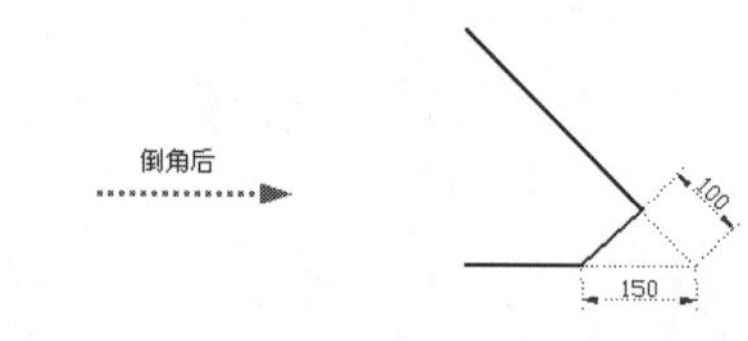

图 4-62　距离倒角

步骤 03　单击【默认】选项卡/【修改】面板上的按钮，执行【倒角】命令，对两条图线进行距离倒角。命令行提示如下：

```
命令: _chamfer
("修剪"模式) 当前倒角距离 1 = 0.0000, 距离 2 = 0.0000
选择第一条直线或 [放弃(U)/多段线(P)/距离(D)/角度(A)/修剪(T)/方式(E)/多个(M)]:
                                            // d Enter, 激活【距离】选项
指定第一个倒角距离 <0.0000>:                   //150 Enter, 设置第一倒角长度
指定第二个倒角距离 <25.0000>:                  //100 Enter, 设置第二倒角长度
选择第一条直线或 [放弃(U)/多段线(P)/距离(D)/角度(A)/修剪(T)/方式(E)/多个(M)]:
                                            //选择水平线段
选择第二条直线, 或按住 Shift 键选择直线以应用角点或 [距离(D)/角度(A)/方法(M)]:
                                            //选择倾斜线段并结束命令
```

步骤04 距离倒角的结果如图 4-62（右）所示。

用于倒角的两个倒角距离值不能为负值，如果将两个倒角距离设置为零，那么倒角的结果就是两条图线被修剪或延长，直至相交于一点。

2. 角度倒角

“角度倒角”指的是通过设置一条图线的倒角长度和倒角角度为图线倒角，如图 4-63 所示。使用此种方式为图线倒角时，首先需要设置对象的长度尺寸和角度尺寸。

【例题 4-18】 为图形进行角度倒角

步骤01 新建空白文件。

步骤02 使用快捷键 L 执行【直线】命令，绘制如图 4-63（左）所示的两条图线。

步骤03 单击【默认】选项卡/【修改】面板上的按钮，对两条图形进行角度倒角。命令行提示如下：

图 4-63　角度倒角

```
命令: _chamfer
("修剪"模式) 当前倒角距离 1 = 25.0000, 距离 2 = 15.0000
选择第一条直线或 [放弃(U)/多段线(P)/距离(D)/角度(A)/修剪(T)/方式(E)/多个(M)]:
                                     //a Enter, 激活【角度】选项
指定第一条直线的倒角长度 <0.0000>:         //100 Enter, 设置倒角长度
指定第一条直线的倒角角度 <0>:            //30 Enter, 设置倒角距离
选择第一条直线或 [放弃(U)/多段线(P)/距离(D)/角度(A)/修剪(T)/方式(E)/多个(M)]:
                                 //选择水平的线段
选择第二条直线, 或按住 Shift 键选择直线以应用角点或 [距离(D)/角度(A)/方法(M)]:
                                 //选择倾斜线段并结束命令
```

步骤04 角度倒角的结果如图 4-63（右）所示。

【方式】选项用于确定倒角的方式，要求选择“距离倒角”或“角度倒角”。

3. 多段线倒角

【多段线】选项是用于为整条多段线的所有相邻元素边进行同时倒角操作，如图 4-64 所示。在为多

段线进行倒角操作时，可以使用相同的倒角距离值，也可以使用不同的倒角距离值。

图 4-64　多段线倒角

【例题 4-19】 为多段线进行倒角

步骤 01 新建空白文件。

步骤 02 使用【多段线】命令绘制如图 4-64（左）所示的多段线。

步骤 03 单击【默认】选项卡/【修改】面板上的按钮，对多段线进行倒角。命令行提示如下：

```
命令: _chamfer
("修剪"模式) 当前倒角距离 1 = 0.0000，距离 2 = 0.0000
选择第一条直线或 [放弃(U)/多段线(P)/距离(D)/角度(A)/修剪(T)/方式(E)/多个(M)]:
                                        // d Enter，激活【距离】选项
指定第一个倒角距离 <0.0000>:             //50 Enter，设置第一倒角长度
指定第二个倒角距离 <50.0000>:            //30 Enter，设置第二倒角长度
选择第一条直线或 [放弃(U)/多段线(P)/距离(D)/角度(A)/修剪(T)/方式(E)/多个(M)]:
                                        //p Enter，激活【多段线】选项
选择二维多段线或 [距离(D)/角度(A)/方法(M)]:     /选择刚绘制的多段线
6 条直线已被倒角
```

步骤 04 多段线倒角的结果如图 4-64（右）所示。

如果被倒角的两个对象同时处于一个图层上，那么倒角线将位于该图层。否则，倒角线将位于当前图层上。此规则同样适用于倒角的颜色、线型和线宽等。

4. 设置倒角模式

【修剪】选项用于设置倒角的修剪状态。系统提供了两种倒角边的修剪模式，即“修剪”和“不修剪”。当倒角模式为“修剪”时，被倒角的两条直线被修剪到倒角的端点，系统默认为“修剪”模式；当倒角模式为“不修剪”时，那么用于倒角的图线将不被修剪，如图 4-65 所示。

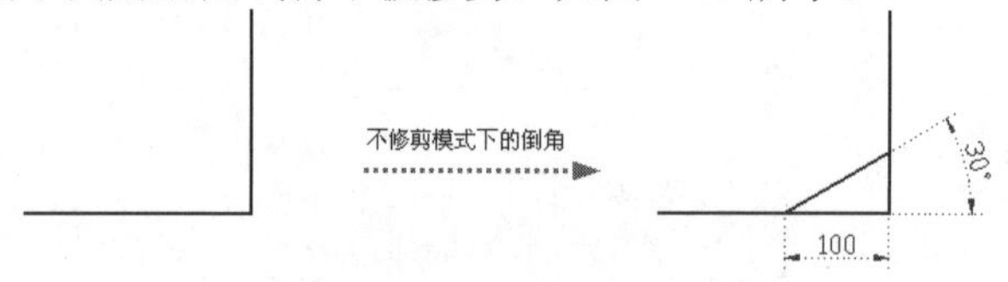

图 4-65　不修剪模式下的倒角

系统变量 Trimmode 控制倒角的修剪状态。当 Trimmode=0 时，系统保持对象不被修剪；当 Trimmode=1 时，系统支持倒角的修剪模式。

4.3.4　圆角图形

【圆角】命令是使用一段给定半径的圆弧光滑连接两条图线，如图 4-66 所示。 一般情况下，用于圆角的图线有直线、多段线、样条曲线、构造线、射线、圆弧、椭圆弧等。

图 4-66　圆角示例

执行【圆角】命令主要有以下几种方式。

- 菜单栏：选择菜单栏中的【修改】/【圆角】命令。
- 命令行：在命令行输入 Fillet 后按 Enter 键。
- 快捷键：在命令行输入 F 后按 Enter 键。
- 功能区：单击【默认】选项卡/【修改】面板上的按钮。

【例题 4-20】为零件图进行圆角

步骤 01　打开下载文件中的"/素材文件/4-8.dwg"，如图 4-67 所示。

步骤 02　单击【默认】选项卡/【修改】面板上的按钮，执行【圆角】命令，对零件图的外轮廓线进行圆角。命令行提示如下：

```
命令： _fillet
当前设置：模式 = 修剪，半径 = 0.0000
选择第一个对象或 [放弃(U)/多段线(P)/半径(R)/修剪(T)/多个(M)]：  //rEnter
指定圆角半径 <0.0000>:                                          //100 Enter
选择第一个对象或 [放弃(U)/多段线(P)/半径(R)/修剪(T)/多个(M)]：  //单击左侧垂直外轮廓线
选择第二个对象，或按住 Shift 键选择对象以应用角点或 [半径(R)]：
                                   //单击下侧水平外轮廓线，圆角结果如图 4-68 所示
```

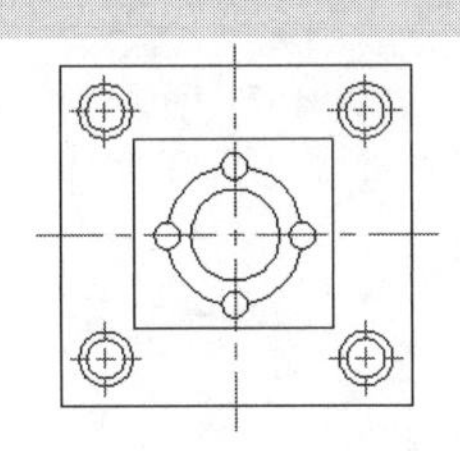

图 4-67　素材文件

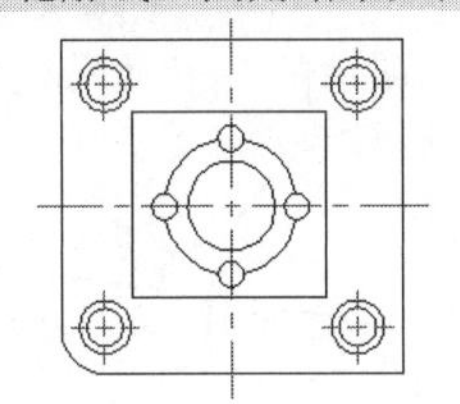

图 4-68　圆角示例

步骤 03　重复执行【圆角】命令，分别对其他外轮廓线进行圆角。命令行提示如下：

```
命令： _fillet
当前设置：模式 = 修剪，半径 = 10.0000
选择第一个对象或 [放弃(U)/多段线(P)/半径(R)/修剪(T)/多个(M)]：  //m Enter
```

使用【多个】选项可以在不中断命令的前提下，连续为多条图线进行圆角。此选项不适应于多条构造线连续圆角。

```
选择第一个对象或 [放弃(U)/多段线(P)/半径(R)/修剪(T)/多个(M)]： //单击左侧垂直外轮廓线
选择第二个对象，或按住 Shift 键选择对象以应用角点或 [半径(R)]：//单击上侧水平外轮廓线
选择第一个对象或 [放弃(U)/多段线(P)/半径(R)/修剪(T)/多个(M)]： //单击上侧水平外轮廓线
选择第二个对象，或按住 Shift 键选择对象以应用角点或 [半径(R)]：//单击右侧垂直外轮廓线
选择第一个对象或 [放弃(U)/多段线(P)/半径(R)/修剪(T)/多个(M)]： //单击右侧垂直外轮廓线
选择第二个对象，或按住 Shift 键选择对象以应用角点或 [半径(R)]：//单击下侧水平外轮廓线
选择第一个对象或 [放弃(U)/多段线(P)/半径(R)/修剪(T)/多个(M)]： ： // Enter，结束命令
```

步骤 04　外轮廓线的圆角结果如图 4-69 所示。

如果用于圆角的图线处于同一图层中，那么圆角也处于同一图层上；如果两圆角图线不在同一图层中，那么圆角将处于当前图层上。同样，颜色、线型和线宽也都遵守这一规则。

步骤 05　重复执行【圆角】命令，对零件图内部的矩形轮廓线进行圆角。命令行提示如下：

```
命令： _fillet
当前设置：模式 = 修剪，半径 = 10.0000
选择第一个对象或 [放弃(U)/多段线(P)/半径(R)/修剪(T)/多个(M)]:
                                  //p Enter，激活【多段线】选项
选择二维多段线或 [半径(R)]:       //选择内侧的矩形，圆角结果如图 4-70 所示
4 条直线已被圆角
```

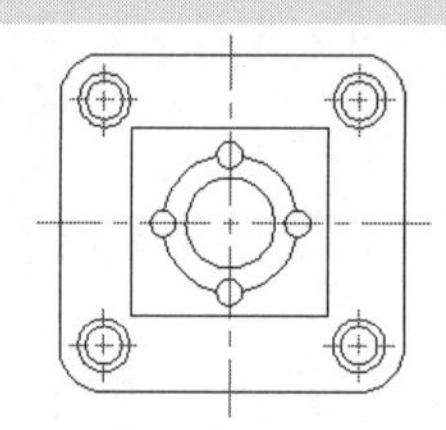

图 4-69　外轮廓线的圆角

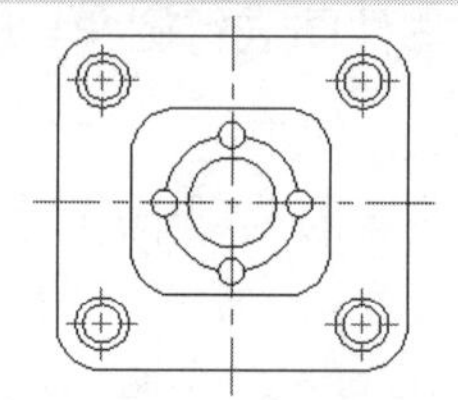

图 4-70　圆角结果

使用【多段线】选项可以为多段线每相邻元素进行同时圆角，不过圆角图线必须是一条多段线。在 AutoCAD 中，矩形、正多边形、边界等，都被看作是多段线。

1. 设置圆角模式

与【倒角】命令一样，【圆角】命令也存在两种圆角模式，即 “修剪”和“不修剪”，以上各例都是在“修剪”模式下进行圆角的，而“非修剪”模式下的圆角效果如图 4-71 所示。

图 4-71　“非修剪”模式下的圆角

用户也可通过系统变量 Trimmode 设置圆角的修剪模式，当系统变量的值设为 0 时，保持对象不被修剪；当设置为 1 时，表示圆角后对进行修剪。

2. 平行线圆角

如果用于圆角的图线是相互平行的，那么在执行【圆角】命令后，AutoCAD 将不考虑当前的圆角半径，而是自动使用一条半圆弧连接两条平行图线，半圆弧的直径为两条平行线之间的距离，如图 4-72 所示。

图 4-72　平行线圆角

4.3.5　分解图形

【分解】命令用于将组合对象分解成各自独立的对象，以方便对分解后的各对象进行编辑。

执行【分解】命令主要有以下几种方式。

- 菜单栏：选择菜单栏中的【修改】/【分解】命令。
- 命令行：在命令行输入 Explode 后按 Enter 键。
- 快捷键：在命令行输入 X 后按 Enter 键。
- 功能区：单击【默认】选项卡/【修改】面板上的按钮。

用于分解的组合对象有矩形、正多边形、多段线、边界及一些图块等。比如正五边形是由五条直线元素组成的单个对象，如果用户需要对其中的一条边进行编辑，则首先将矩形分解还原为五条线对象，如图 4-73 所示。

在执行命令后，选择需要分解的对象按 Enter 键即可将对象分解。如果是对具有一定宽度的多段线分解，AutoCAD 将忽略其宽度并沿多段线的中心放置分解多段线，如图 4-74 所示。

图 4-73　分解示例　　　　图 4-74　分解宽度多段线

4.4　图形的特殊编辑

本节主要学习【编辑多线工具】和【编辑多段线】，以及图形对象的快速夹点编辑等工具。

4.4.1　编辑多线

【多线编辑工具】命令主要用于控制和编辑多线的交叉点、断开和增加顶点等。

执行此命令主要有以下几种方式。

- 菜单栏：选择菜单栏中的【修改】/【对象】/【多线】命令。
- 命令行：在命令行输入 Mledit 按 Enter 键。

执行【多线编辑工具】命令后，可打开如图 4-75 所示的【多线编辑工具】对话框，AutoCAD 共提供了 12 种编辑工具。

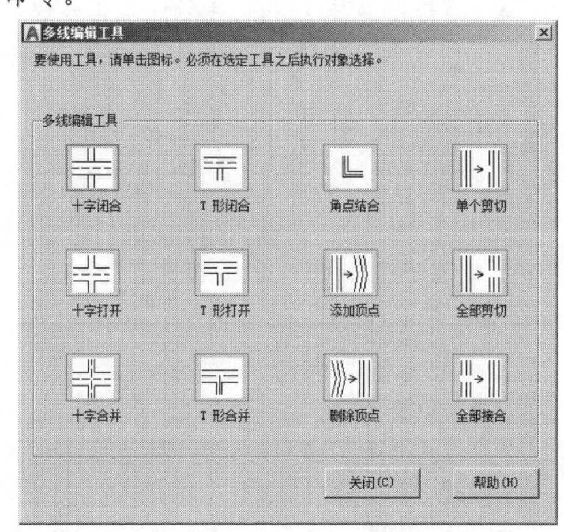

图 4-75　【多线编辑工具】对话框

（1）十字交线

- 【十字闭合】：表示相交两多线的十字封闭状态，AB 分别代表选择多线的次序，水平多线为 A，垂直多线为 B。
- 【十字打开】：表示相交两多线的十字开放状态，将两线的相交部分全部断开，第一条多线的轴线在相交部分也要断开。
- 【十字合并】：表示相交两多线的十字合并状态，将两线的相交部分全部断开，但两条多线的轴线在相交部分相交。

十字编辑的效果如图 4-76 所示。

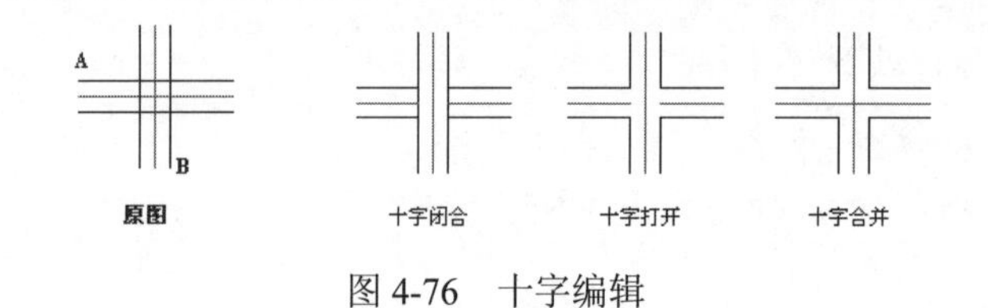

图 4-76　十字编辑

（2）T 形交线

- 【T 形闭合】：表示相交两多线的 T 形封闭状态，将选择的第一条多线与第二条多线相交部分的修剪去掉，而第二条多线保持原样连通。
- 【T 形打开】：表示相交两多线的 T 形开放状态，将两线的相交部分全部断开，但第一条多线的轴线在相交部分也断开。
- 【T 形合并】：表示相交两多线的 T 形合并状态，将两线的相交部分全部断开，但第一条与第二条多线的轴线在相交部分相交。

T 形编辑的效果如图 4-77 所示。

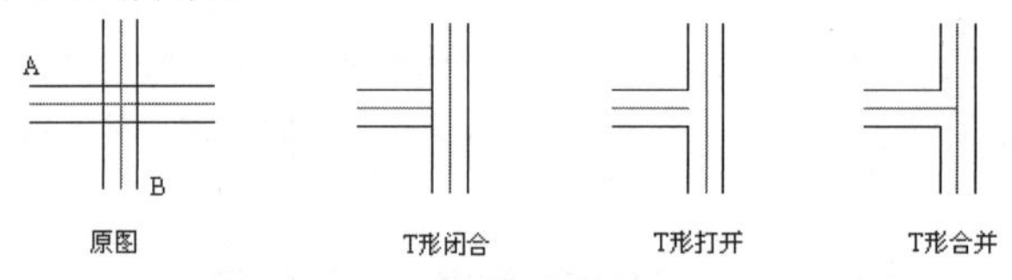

图 4-77　T 形编辑

在处理十字相交和 T 形相交的多线时，用户应当注意选择多线时的顺序，如果选择顺序不恰当，可能得不到自己想要的结果。

（3）角形交线

- 【角点结合】：表示修剪或延长两条多线直到它们接触形成一相交角，将第一条和第二条多线的拾取部分保留，并将其相交部分全部断开剪去。
- 【添加顶点】：表示在多线上产生一个顶点并显示出来，相当于打开显示连接开关，显示交点一样。
- 【删除顶点】：表示删除多线转折处的交点，使其变为直线形多线。删除某顶点后，系统会将该顶点两边的另外两顶点连接成一条多线线段。

角形编辑的效果如图 4-78 所示。

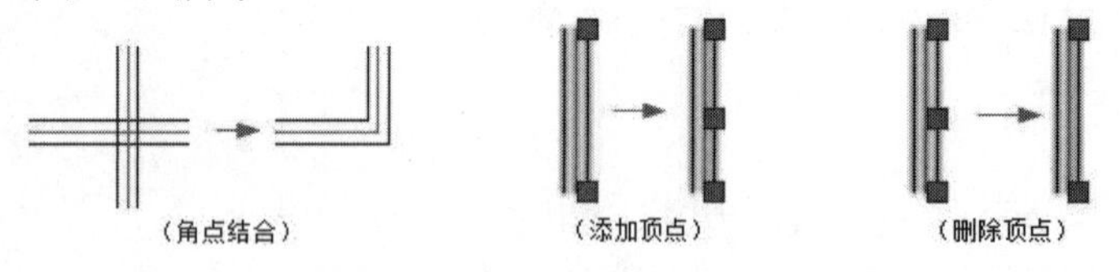

图 4-78　角形编辑

（4）切断交线

- 【单个剪切】：表示在多线中的某条线上拾取两个点从而断开此线。
- 【全部剪切】：表示在多线上拾取两个点从而将此多线全部切断一截。
- 【全部接合】：表示连接多线中的所有可见间断，但不能用来连接两条单独的多线。

多线的剪切与接合效果如图 4-79 所示。

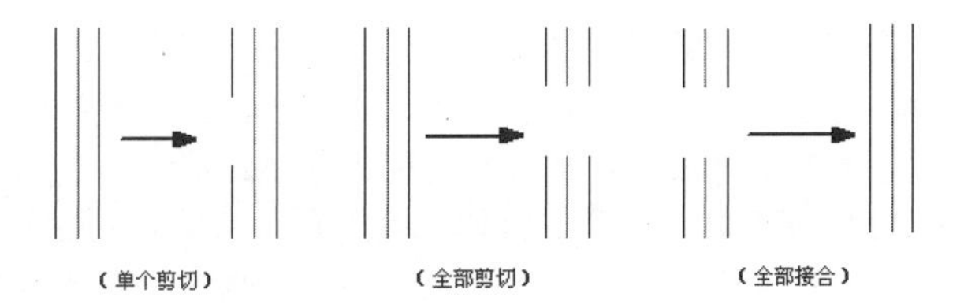

图 4-79　多线的剪切与接合

4.4.2　编辑多段线

【编辑多段线】命令用于编辑多段线或具有多段线性质的图形，如矩形、正多边形、圆环、三维多段线、三维多边形网格等。

执行【多段线】命令主要有以下几种方式。

- 菜单栏：选择菜单栏中的【修改】/【对象】/【多段线】命令。
- 命令行：在命令行输入 Pedit 后按 Enter 键。
- 快捷键：在命令行输入 PE 后按 Enter 键。
- 功能区：单击【默认】选项卡/【修改】面板上的按钮。

使用【编辑多段线】命令可以闭合、打断、拉直、拟合多段线，还可以增加、移动、删除多段线顶点等。执行【编辑多段线】命令后，AutoCAD 提示如下：

```
命令：Pedit
选择多段线或 [多条（M）]：　//系统提示选择需要编辑的多段线。如果用户选择了直线或圆弧，而不是多段线，系统出现如下提示：
选定的对象不是多段线。
是否将其转换为多段线？<Y>：　//输入"Y"，将选择的对象即直线或圆弧转换为多段线，再进行编辑。如果选择的对象是多段线，系统出现如下提示：
输入选项 [闭合(C)/合并(J)/宽度(W)/编辑顶点(E)/拟合(F)/样条曲线(S)/非曲线化(D)/线型生成(L)/反转(R)/放弃(U)]：J
```

命令行中部分选项解析如下：

- 【闭合】选项用于打开或闭合多段线。如果用户选择的多段线是非闭合的，使用该选项可使之封闭；如果用户选中的多段线是闭合的，该选项替换成"打开"，打开闭合的多段线。
- 【合并】选项用于将其他的多段线、直线或圆弧连接到正在编辑的多段线上，形成一条新的多段线。

如果需要向多段线上连接实体，与原多段线必须有一个共同的端点，即需要连接的对象必须首尾相连。

- 【宽度】选项用于修改多段线的线宽，并将多段线的各段线宽统一变为新输入的线宽值。激活该选项后系统提示输入所有线段的新宽度。
- 【拟合】选项用于对多段线进行曲线拟合，将多段线变成通过每个顶点的光滑连续的圆弧曲线，曲线经过多段线的所有顶点并使用任何指定的切线方向，如图 4-80 所示。

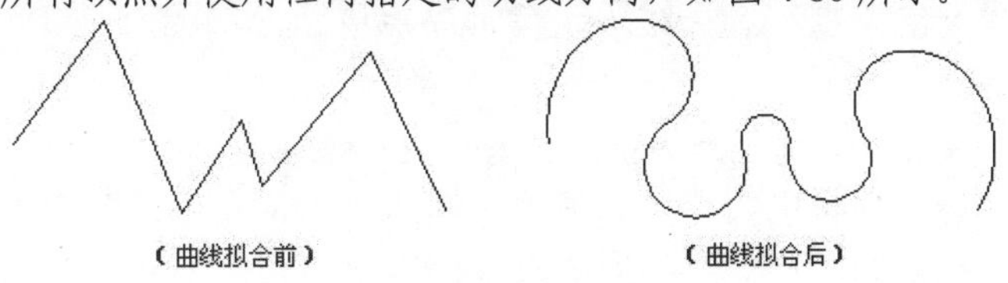

图 4-80　对多段线进行曲线拟合

- 【非曲线化】选项用于还原已被编辑的多段线。取消拟合、样条曲线以及【多段线】命令中【弧】选项所创建的圆弧段，将多段线中各段拉直，同时保留多段线顶点的所有切线信息。
- 【线型生成】选项用于控制多段线为非实线状态时的显示方式。
- 【样条曲线】选项将用 B 样条曲线拟合多段线，生成由多段线顶点控制的样条曲线。
- 【编辑顶点】选项用于对多段线的顶点进行移动、插入新顶点、改变顶点的线宽、切线方向等。

4.4.3 夹点编辑

AutoCAD 为用户提供了“夹点编辑”功能，使用此功能，可以非常方便地进行编辑图形。在学习此功能之前，首先了解两个概念，即“夹点”和“夹点编辑”。

在没有命令执行的前提下选择图形，这些图形上会显示出一些蓝色实心的小方框，如图 4-81 所示，而这些蓝色小方框即为图形的夹点，不同的图形结构，其夹点个数及位置也会不同。

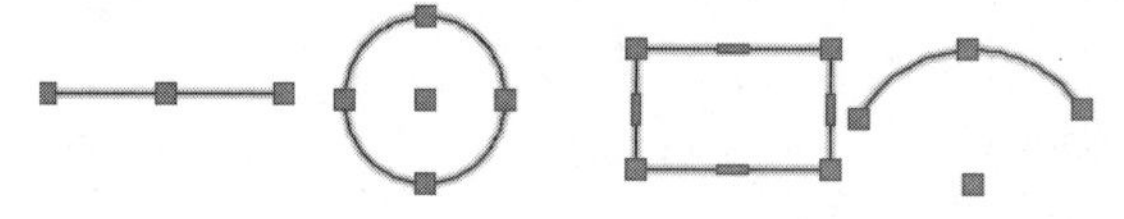

图 4-81 图形的夹点

“夹点编辑”功能就是将【移动】、【旋转】、【缩放】、【镜像】和【拉伸】5 种命令组合在一起，通过编辑图形上的夹点，来达到快速编辑图形的目的，是一种常用的编辑功能。用户只需单击图形上的任何一个夹点，即可进入夹点编辑模式，此时所单击的夹点以“红色”亮显，称之为“热点”或“夹基点”。在进入夹点编辑模式后，用户可以通过两种方式启动夹点编辑功能。

（1）通过菜单启动夹点命令

当进入夹点编辑模式后，单击鼠标右键，可打开夹点编辑菜单，如图 4-82 所示。此菜单为用户提供了【拉伸】、【移动】、【旋转】、【缩放】、【镜像】等命令，这些命令是平级的，其操作功能与【修改】面板上的各工具相同，用户只需要单击相应的菜单项，即可启动相关夹点工具。

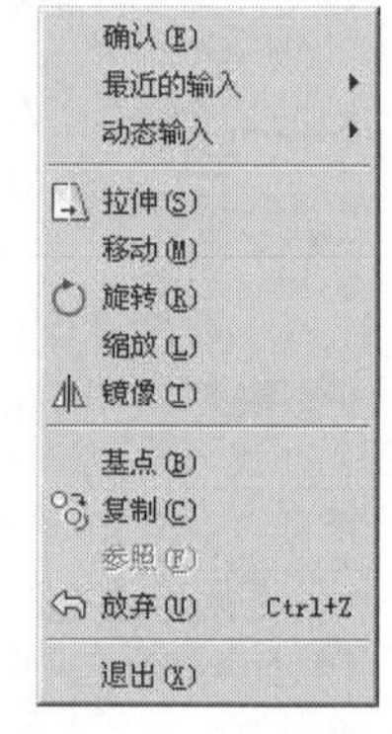

图 4-82 夹点编辑菜单

夹点菜单的下侧是夹点命令中的一些选项功能，如【基点】、【复制】、【参照】、【放弃】等，不过这些选项菜单在一级修改命令的前提下才能使用。

（2）通过命令行启动夹点命令

当进入夹点编辑模式后，通过按 Enter 键，会在上述 5 种夹点编辑工具中循环切换，用户可以根据命令行的提示，选择相应的夹点工具及选项。

如果用户在按住 Shift 键的同时单击多个夹点，那么所单击的夹点都被看作是“夹基点”；如果用户需要从多个夹基点的选择集中删除特定对象，也需要按住 Shift 键。

【例题 4-21】 使用夹点编辑功能绘制图形

步骤 01 新建文件并绘制一条长度为 100 的直线。

步骤 02 在无命令执行的前提下选择线段，使其夹点显示，如图 4-83 所示。

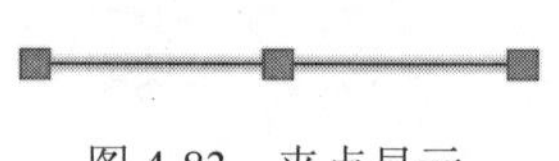

图 4-83 夹点显示

步骤 03 单击左侧的夹点，使其变为夹基点，进入夹点编辑模式。

步骤 04 单击鼠标右键，从弹出的夹点菜单中选择【旋转】命令，激活夹点旋转功能。

步骤 05 再次单击鼠标右键，从弹出的夹点菜单中选择【复制】选项，然后根据命令行的提示进行旋转和复制线段。命令行提示如下：

```
命令:
** 拉伸 **
指定拉伸点或 [基点(B)/复制(C)/放弃(U)/退出(X)]: _rotate
** 旋转 **
指定旋转角度或 [基点(B)/复制(C)/放弃(U)/参照(R)/退出(X)]: _copy
** 旋转 (多重) **
指定旋转角度或 [基点(B)/复制(C)/放弃(U)/参照(R)/退出(X)]: //20 Enter
** 旋转 (多重) **
指定旋转角度或 [基点(B)/复制(C)/放弃(U)/参照(R)/退出(X)]: //-20 Enter
** 旋转 (多重) **
指定旋转角度或 [基点(B)/复制(C)/放弃(U)/参照(R)/退出(X)]:
                              // Enter，退出夹点编辑模式，编辑结果如图 4-84 所示
```

步骤 06　按下 Delete 键，删除夹点显示的水平线段，结果如图 4-85 所示。

步骤 07　选择夹点编辑出的两条线段，使其呈现夹点显示，如图 4-86 所示。

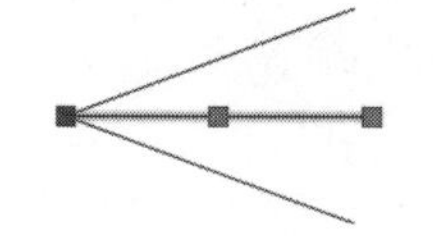

图 4-84　编辑结果

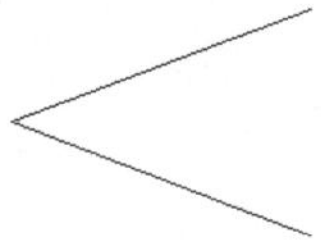

图 4-85　删除结果

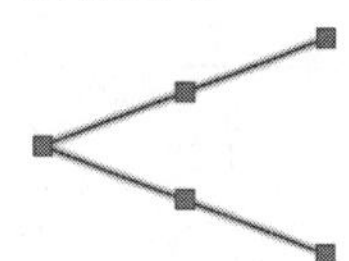

图 4-86　夹点显示

步骤 08　按住 Shift 键，依次单击线段右侧的两个夹点，将其转变为夹基点。

步骤 09　单击其中的一个夹基点，进入夹点编辑模式，然后根据命令行的提示，对夹点图线进行镜像复制。命令行提示如下：

```
命令:
** 拉伸 **
指定拉伸点或 [基点(B)/复制(C)/放弃(U)/退出(X)]:   // Enter
** 移动 **
指定移动点或 [基点(B)/复制(C)/放弃(U)/退出(X)]:   // Enter
** 旋转 **
指定旋转角度或 [基点(B)/复制(C)/放弃(U)/参照(R)/退出(X)]: // Enter
** 比例缩放 **
指定比例因子或 [基点(B)/复制(C)/放弃(U)/参照(R)/退出(X)]: // Enter
** 镜像 **
指定第二点或 [基点(B)/复制(C)/放弃(U)/退出(X)]: //c Enter，激活【复制】选项
** 镜像 (多重) **
指定第二点或 [基点(B)/复制(C)/放弃(U)/退出(X)]: //@0,1 Enter
** 镜像 (多重) **
指定第二点或 [基点(B)/复制(C)/放弃(U)/退出(X)]:
                        // Enter，退出夹点编辑模式，编辑结果如图 4-87 所示
```

步骤 10　最后按下 Esc 键取消对象的夹点显示，夹点编辑的最终效果如图 4-88 所示。

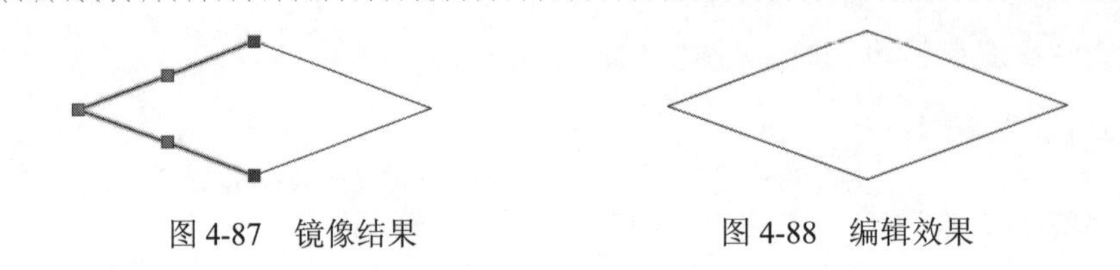

图 4-87 镜像结果　　　　图 4-88 编辑效果

4.5 综合范例——绘制刀具零件二视图

本例通过绘制铣床刀具零件二视图，主要对图线的修剪、倒角、拉长、夹点编辑等本章重点知识进行综合练习和巩固应用。铣床刀具零件二视图的最终绘制效果如图 4-89 所示。

操作步骤：

步骤 01 执行【新建】命令，以下载文件中的“/样板文件/机械样板.dwt”作为基础样板，新建文件。

步骤 02 打开状态栏上的【对象捕捉】和【线宽】功能，并设置捕捉与追踪模式，如图 4-90 所示。

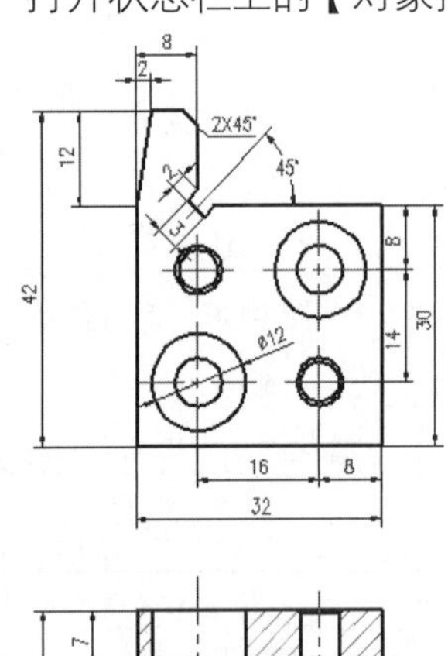

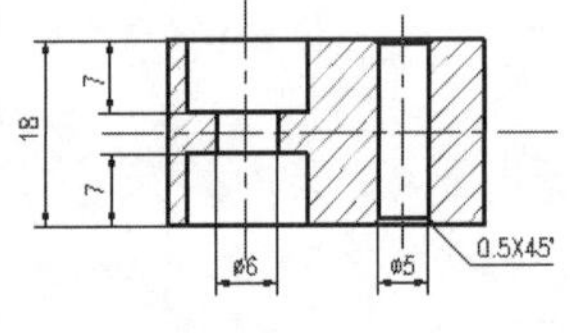

图 4-89 实例效果

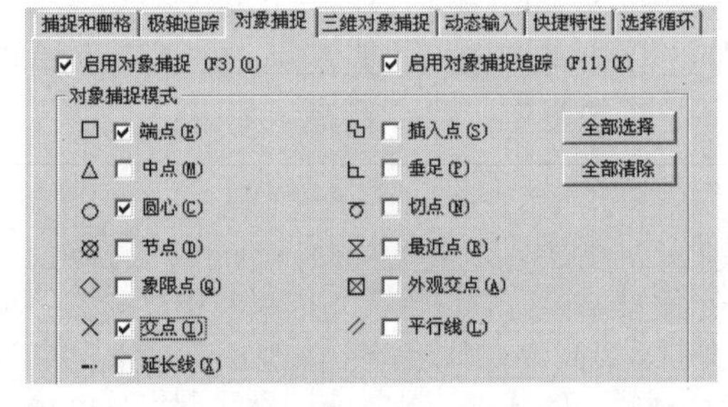

图 4-90 【选择样板】对话框

步骤 03 使用快捷键 Z 激活【视图缩放】命令，将当前视图的高度设置为 120 个单位。

步骤 04 展开【图层】面板上的【图层】下拉列表，将“轮廓线”设为当前层。

步骤 05 单击【默认】选项卡/【绘图】面板上的按钮，配合相对坐标输入功能，绘制主视图外轮廓线。命令行提示如下：

```
命令: _line
指定第一点:                          //在绘图区拾取一点
指定下一点或 [放弃(U)]:               //@0,-30 Enter
指定下一点或 [放弃(U)]:               //@32,0 Enter
指定下一点或 [闭合(C)/放弃(U)]:   //@0,30 Enter
指定下一点或 [闭合(C)/放弃(U)]:   //@-24,0 Enter
指定下一点或 [闭合(C)/放弃(U)]:   //@0,10 Enter
指定下一点或 [闭合(C)/放弃(U)]:   //@-2,2 Enter
指定下一点或 [闭合(C)/放弃(U)]:   //@-4,0 Enter
```

```
指定下一点或 [闭合(C)/放弃(U)]:  //c Enter，绘制结果如图 4-91 所示
```

步骤 06　单击【默认】选项卡/【绘图】面板上的按钮，绘制角度为 45° 的构造线，命令行提示如下：

```
命令: _xline
指定点或 [水平(H)/垂直(V)/角度(A)/二等分(B)/偏移(O)]:  //a Enter
输入构造线的角度 (0) 或 [参照(R)]:   //45 Enter
指定通过点:                        //捕捉如图 4-91 所示的交点 A
指定通过点:                        // Enter，绘制结果如图 4-92 所示。
命令 :                             // Enter
XLINE 指定点或 [水平(H)/垂直(V)/角度(A)/二等分(B)/偏移(O)]:  //o
指定偏移距离或 [通过(T)] <通过>:  //1.5
选择直线对象:                      //选择刚绘制的构造线
指定向哪侧偏移:                    //在所选构造线的下侧拾取点
选择直线对象:                      //选择刚绘制的构造线
指定向哪侧偏移:                    //在所选构造线的上侧拾取点
选择直线对象:                     // Enter，结束命令，绘制结果如图 4-93 所示
```

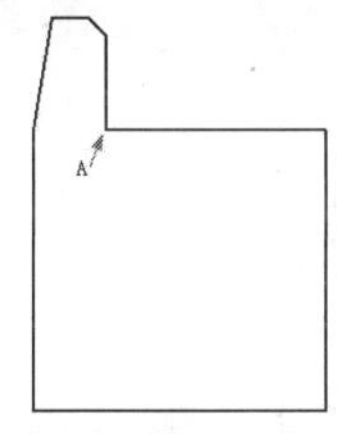

图 4-91　绘制结果

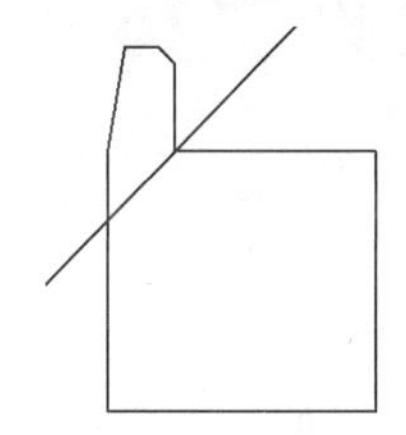

图 4-92　绘制结果

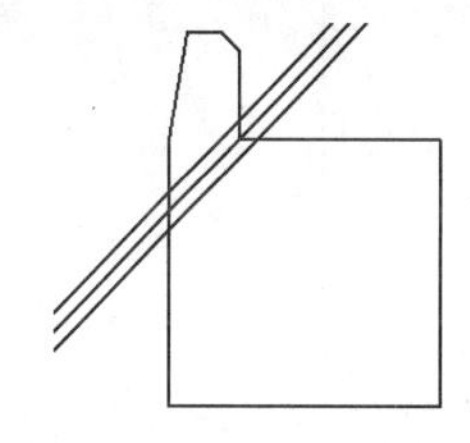

图 4-93　绘制两侧构造线

步骤 07　重复执行【构造线】命令，配合交点捕捉功能绘制两条角度为 135° 的构造线。命令行提示如下：

```
命令: _xline
指定点或 [水平(H)/垂直(V)/角度(A)/二等分(B)/偏移(O)]:  //a Enter
输入构造线的角度 (0.0) 或 [参照(R)]:      //135 Enter
指定通过点:                              //捕捉如图 4-94 所示的交点
指定通过点:                              // Enter，绘制结果如图 4-95 所示
命令:                                    // Enter
XLINE 指定点或 [水平(H)/垂直(V)/角度(A)/二等分(B)/偏移(O)]:  //o Enter
指定偏移距离或 [通过(T)] <1.5>:            //2 Enter
选择直线对象:                            //选择角度为 135° 的倾斜构造线
指定向哪侧偏移:                          //在所选构造线的下侧拾取点
选择直线对象:                    // Enter，结束命令，绘制结果如图 4-96 所示
```

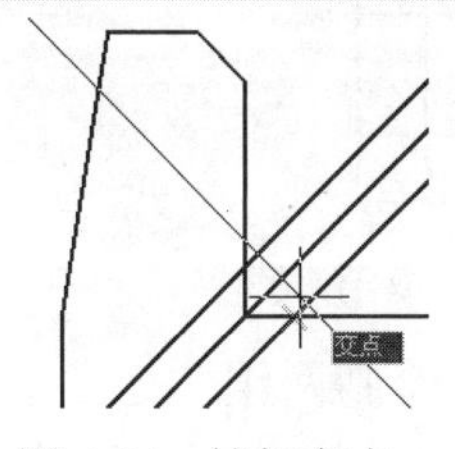

图 4-94　捕捉交点

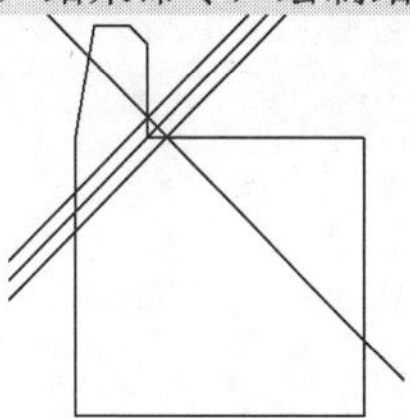

图 4-95　绘制结果

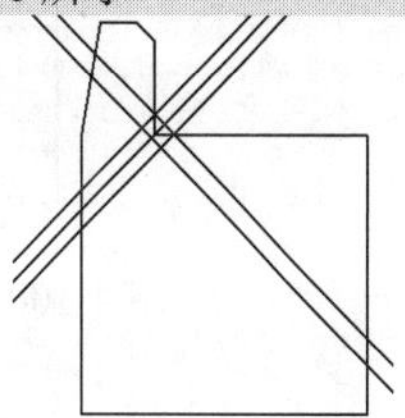

图 4-96　绘制结果

步骤 08 单击【默认】选项卡/【修改】面板上的 按钮，对构造线和轮廓线进行修剪，并删除多余的图线，结果如图 4-97 所示。

步骤 09 在无命令执行的前提下，夹点显示如图 4-98 所示的两条轮廓线。

步骤 10 单击水平轮廓线中间的一个夹点，作为基点，然后使用夹点编辑功能，将下侧的夹点轮廓线进行夹点复制。命令行提示如下：

```
命令:
** 拉伸 **
指定拉伸点或 [基点(B)/复制(C)/放弃(U)/退出(X)]:  //c Enter
** 拉伸 (多重) **
指定拉伸点或 [基点(B)/复制(C)/放弃(U)/退出(X)]:  //@0,8 Enter
** 拉伸 (多重) **
指定拉伸点或 [基点(B)/复制(C)/放弃(U)/退出(X)]:  //@0,22 Enter
** 拉伸 (多重) **
指定拉伸点或 [基点(B)/复制(C)/放弃(U)/退出(X)]: // Enter，退出夹点模式，结果如图 4-99 所示
```

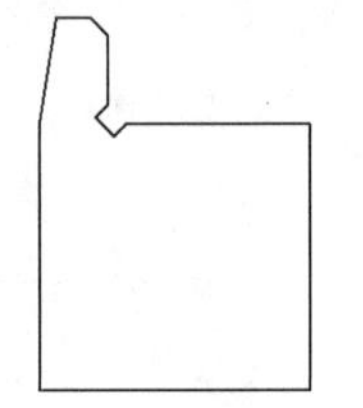

图 4-97 修剪结果

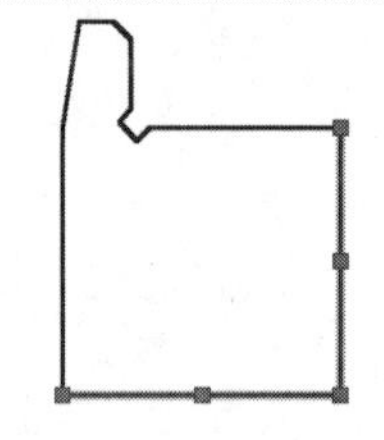

图 4-98 夹点显示

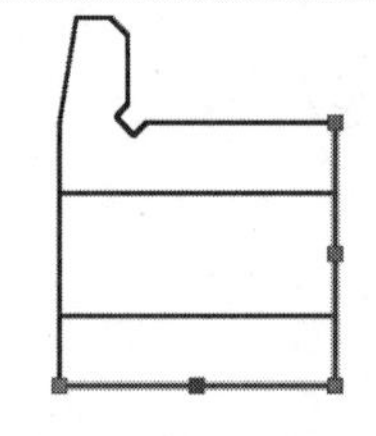

图 4-99 夹点复制水平线

步骤 11 按住 Shift 键单击夹基点，将其还原成蓝色夹点，然后单击垂直轮廓线的中间一个夹点，对垂直轮廓线进行夹点编辑。命令行提示如下：

```
命令:
** 拉伸 **
指定拉伸点或 [基点(B)/复制(C)/放弃(U)/退出(X)]:  //c Enter
** 拉伸 (多重) **
指定拉伸点或 [基点(B)/复制(C)/放弃(U)/退出(X)]:  //@-8,0 Enter
** 拉伸 (多重) **
指定拉伸点或 [基点(B)/复制(C)/放弃(U)/退出(X)]:  //@-24,0 Enter
** 拉伸 (多重) **
指定拉伸点或 [基点(B)/复制(C)/放弃(U)/退出(X)]:   // Enter，退出夹点模式，结果如图 4-100 所示
```

步骤 12 按 Esc 键取消图线的夹点显示，结果如图 4-101 所示。

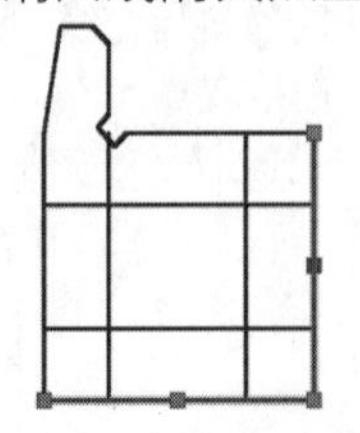

图 4-100 夹点复制垂直线

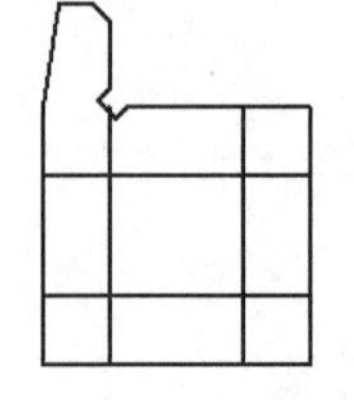

图 4-101 取消夹点

步骤 13 使用快捷键 C 执行【圆】命令，配合交点捕捉功能，绘制两组同心圆。命令行提示如下：

```
命令: c                                // Enter
CIRCLE 指定圆的圆心或 [三点(3P)/两点(2P)/切点、切点、半径(T)]:
                               //捕捉如图 4-102 所示的交点
指定圆的半径或 [直径(D)]:          //6 Enter
命令:                            // Enter
CIRCLE 指定圆的圆心或 [三点(3P)/两点(2P)/切点、切点、半径(T)]:  //@ Enter
指定圆的半径或 [直径(D)] <6.0>:  //3 Enter
命令:                            // Enter
CIRCLE 指定圆的圆心或 [三点(3P)/两点(2P)/切点、切点、半径(T)]:
                               //捕捉如图 4-103 所示的交点
指定圆的半径或 [直径(D)] <3.0>:  // Enter
命令:                            // Enter
CIRCLE 指定圆的圆心或 [三点(3P)/两点(2P)/切点、切点、半径(T)]: //@ Enter
指定圆的半径或 [直径(D)] <3.0>:  //2.5 Enter，绘制结果如图 4-104 所示
```

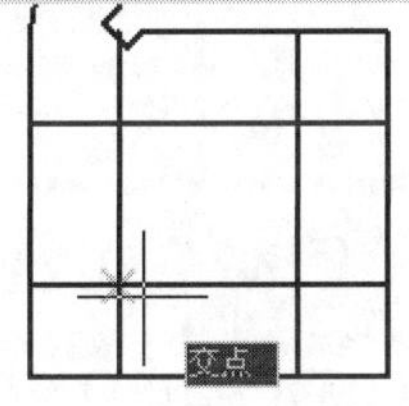

图 4-102　捕捉交点

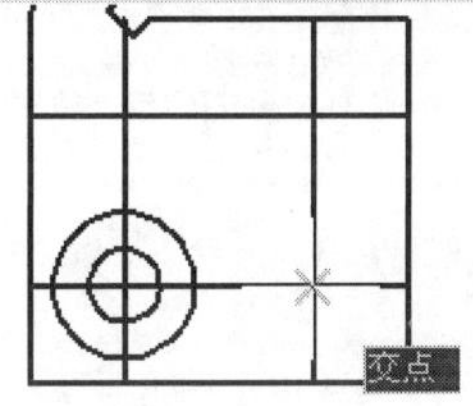

图 4-103　捕捉交点

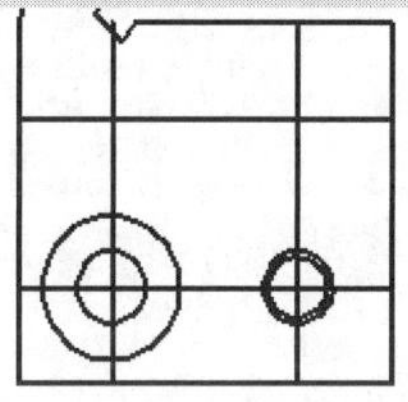
图 4-104　绘制结果

步骤14　参照步骤 13 的操作，使用【圆】命令绘制上侧的两组同心圆，结果如图 4-105 所示。

步骤15　使用快捷键 XL 执行【构造线】命令，根据视图对正关系绘制如图 4-106 所示的垂直构造线。

步骤16　重复执行【构造线】命令，根据图示尺寸绘制如图 4-107 所示的水平构造线。

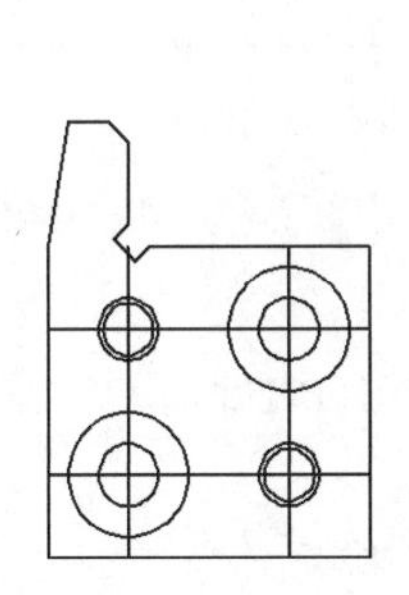
图 4-105　绘制同心圆

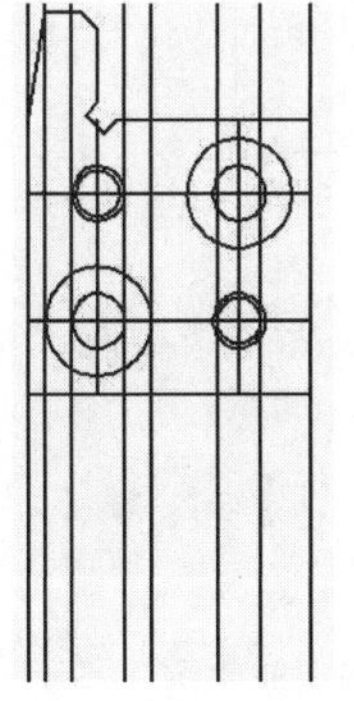
图 4-106　绘制垂直构造线

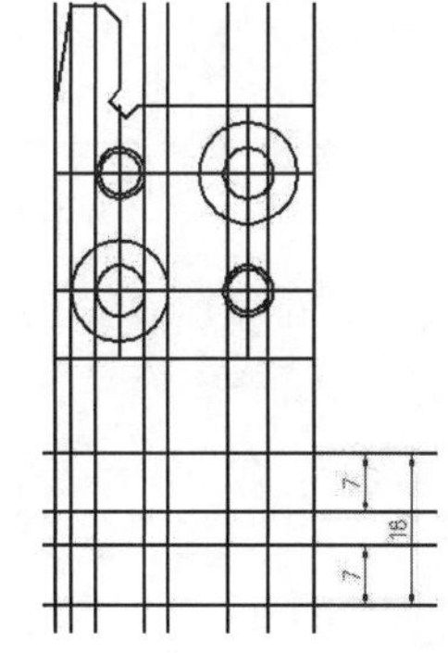

图 4-107　绘制水平构造线

步骤17　单击【默认】选项卡/【修改】面板上的按钮，对构造线进行修剪，编辑出俯视图轮廓线，并删除多余的图线，结果如图 4-108 所示。

步骤18　单击【默认】选项卡/【修改】面板上的按钮，执行【倒角】命令，对俯视图垂直孔进行倒角。命令行提示如下：

```
命令: _chamfer
("修剪"模式) 当前倒角距离 1 = 0.0，距离 2 = 0.0
选择第一条直线或 [放弃(U)/多段线(P)/距离(D)/角度(A)/修剪(T)/方式(E)/多个(M)]:  //t Enter
```

```
输入修剪模式选项 [修剪(T)/不修剪(N)] <修剪>： //N Enter
选择第一条直线或 [放弃(U)/多段线(P)/距离(D)/角度(A)/修剪(T)/方式(E)/多个(M)]： //a Enter
指定第一条直线的倒角长度 <0.5>：                //0.5 Enter
指定第一条直线的倒角角度 <45.0>：               //45 Enter
选择第一条直线或 [放弃(U)/多段线(P)/距离(D)/角度(A)/修剪(T)/方式(E)/多个(M)]： //m Enter
选择第一条直线或 [放弃(U)/多段线(P)/距离(D)/角度(A)/修剪(T)/方式(E)/多个(M)]：
                                   //在图 4-108 所示的线 1 的左端单击
选择第二条直线，或按住 Shift 键选择直线以应用角点或 [距离(D)/角度(A)/方法(M)]：
                                   //在垂直图线 2 的下端单击
选择第一条直线或 [放弃(U)/多段线(P)/距离(D)/角度(A)/修剪(T)/方式(E)/多个(M)]：
                                   //在水平图线 1 的右端单击
选择第二条直线，或按住 Shift 键选择直线以应用角点或 [距离(D)/角度(A)/方法(M)]：
                                   //在垂直图线 3 的下端单击
选择第一条直线或 [放弃(U)/多段线(P)/距离(D)/角度(A)/修剪(T)/方式(E)/多个(M)]：
                                   //在水平图线 4 的右端单击
选择第二条直线，或按住 Shift 键选择直线以应用角点或 [距离(D)/角度(A)/方法(M)]：
                                   //在垂直图线 3 的上端单击
选择第一条直线或 [放弃(U)/多段线(P)/距离(D)/角度(A)/修剪(T)/方式(E)/多个(M)]：
                                   //在水平图线 4 的左端单击
选择第二条直线，或按住 Shift 键选择直线以应用角点或 [距离(D)/角度(A)/方法(M)]：
                                   //在垂直图线 2 的上端单击
选择第一条直线或 [放弃(U)/多段线(P)/距离(D)/角度(A)/修剪(T)/方式(E)/多个(M)]：
                         // Enter，结束命令，倒角结果如图 4-109 所示
```

图 4-108　修剪结果

图 4-109　倒角结果

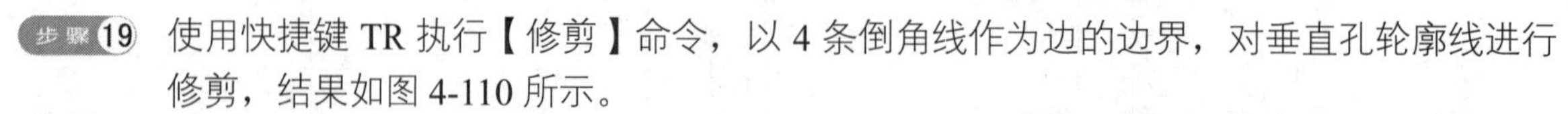

在选择倒角图线时，光标单击的位置不同，倒角结果也会不同，因此，在选择倒角对象时，一定要在倒角线方向选择倒角对象。

步骤 19　使用快捷键 TR 执行【修剪】命令，以 4 条倒角线作为边的边界，对垂直孔轮廓线进行修剪，结果如图 4-110 所示。

步骤 20　使用快捷键 L 执行【直线】命令，配合端点捕捉功能绘制倒角位置的水平图线，结果如图 4-111 所示。

步骤 21　重复执行【直线】命令，配合捕捉和追踪功能绘制如图 4-112 所示的中心线。

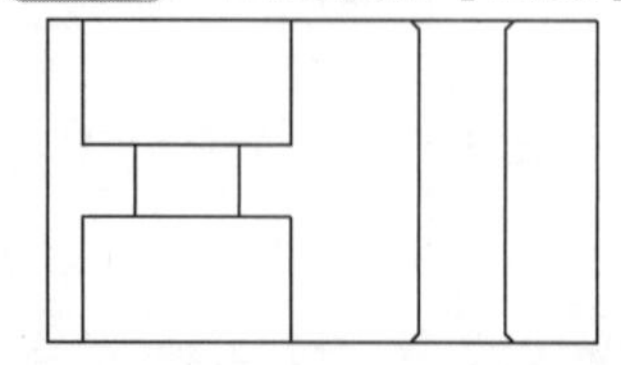

图 4-110　修剪结果

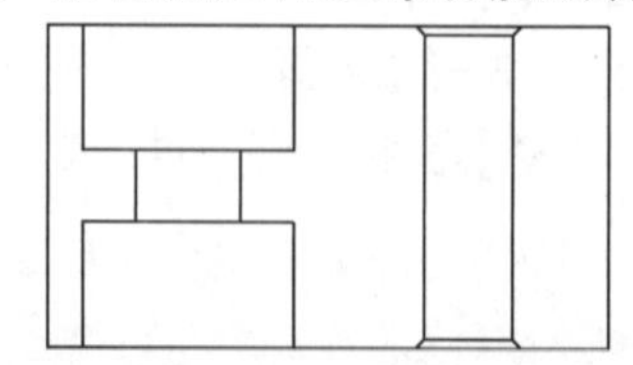

图 4-111　绘制结果

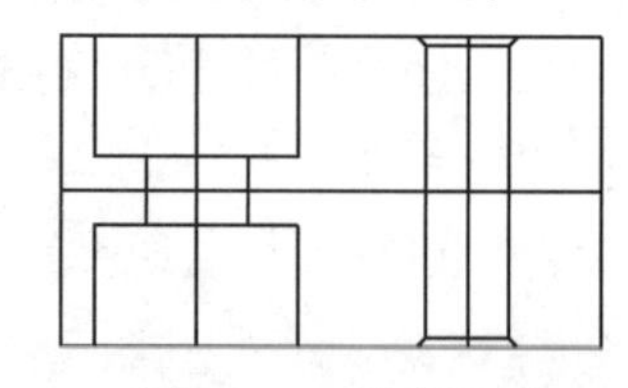

图 4-112　绘制结果

步骤 22　使用快捷键 LEN 执行【拉长】命令，也可以使用夹点编辑功能适当地调整两视图中心线

的长度，并修改其图层为“中心线”，线型比例调整为 0.25，结果如图 4-113 所示。

步骤23 单击【默认】选项卡/【图层】面板上的【图层】下拉列表，将“剖面线”设置为当前层。

步骤24 单击【默认】选项卡/【绘图】面板上的按钮，设置填充图案和填充参数，如图 4-114 所示；为主视图填充剖面线，填充结果如图 4-115 所示。

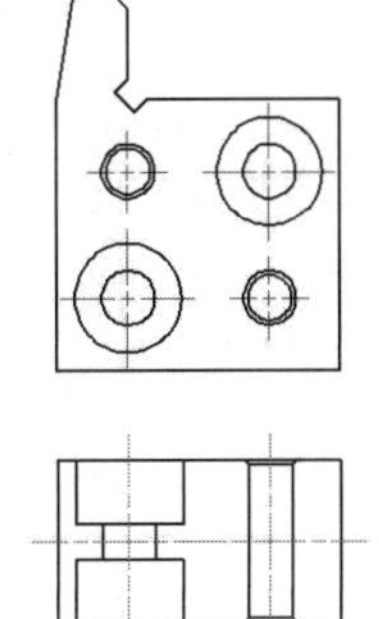

图 4-113 编辑中心线

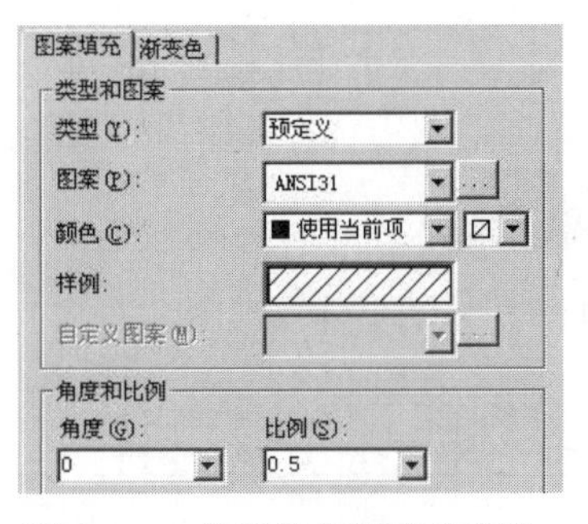

图 4-114 设置填充图案及参数

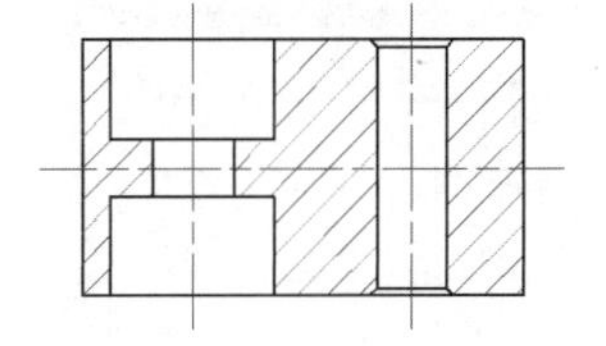

图 4-115 填充结果

步骤25 最后执行【保存】命令，将图形命名存储为“刀具零件.dwg”。

4.6 思考与总结

4.6.1 知识点思考

（1）“修剪对象”与“打断对象”都可以删除图线上的一部分轮廓线；“延伸对象”和“拉长对象”都可以将图线变长，想一想两组工具在操作手法上有何区别？是否可以混用？

（2）在默认设置下对图线进行打断时，第一断点往往不容易精确定位，想一想如何才能精确控制第一个打断点？对象被打断之后如何对其进行合并？

（3）“倒角对象”和“圆角对象”是两个比较常用的边角修饰工具，但是对象在被倒角或圆角后，原对象都不同程度地被修剪掉一部分或被延长了一部分，如何在原对象不发生变化的前提下进行倒角和圆角操作？

（4）默认设置下对图形进行旋转或缩放时，往往需要指定精确的参数作为旋转角度或缩放比例，如何在参数不明确的情况下进行精确旋转或缩放图形？另外，如何在保持原图形不变的前提下，对图形进行旋转或缩放操作？

4.6.2 知识点总结

本章主要讲解了 AutoCAD 的二维修改功能，具体包括修改图形的位置、大小、形状、边角细化、夹点编辑，以及一些特殊对象的编辑等功能，掌握这些修改功能，可以方便用户对图形进行编辑和修饰完善，将有限的基本几何元素编辑组合为千变万化的复杂图形，以满足设计的需要。

通过本章的学习，重点需要掌握以下知识：

- 在修改图形的位置及大小时，重点掌握角度旋转、参照旋转、旋转复制、等比缩放、缩放复制、参照缩放及图形对齐点的定位技能。
- 在修改图形的形状及尺寸时，需要掌握拉伸对象的选择方式、4 种对象的拉长技能、两个打断点的定位技能及图形的合并技能。

- 在修剪与延伸图形时，重点掌握“实际交点”和“隐含交点”模式下的修剪技巧和延伸技巧。
- 在对图形进行边角细化时，要掌握两种倒角技能和一种圆角技能。除此之外，还需要掌握多段线及多个对象同时倒角和圆角技能。
- 最后还需要掌握多线编辑、多段线编辑及图形的夹点编辑功能。

4.7　上机操作题

4.7.1　操作题一

综合运用所学知识，绘制如图 4-116 所示的零件二视图。

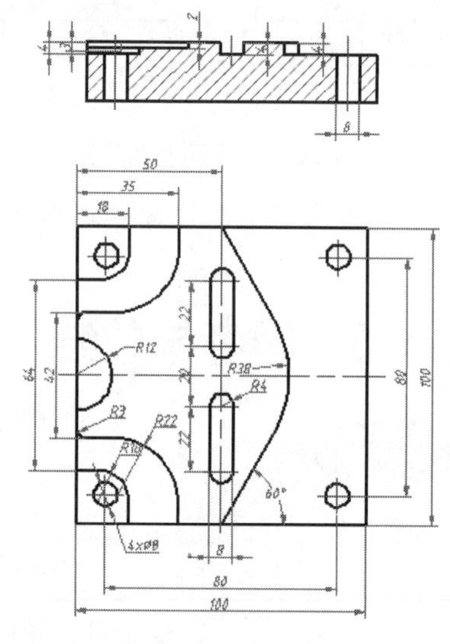

图 4-116　操作题一

4.7.2　操作题二

综合运用所学知识，绘制如图 4-117 所示的零件三视图。

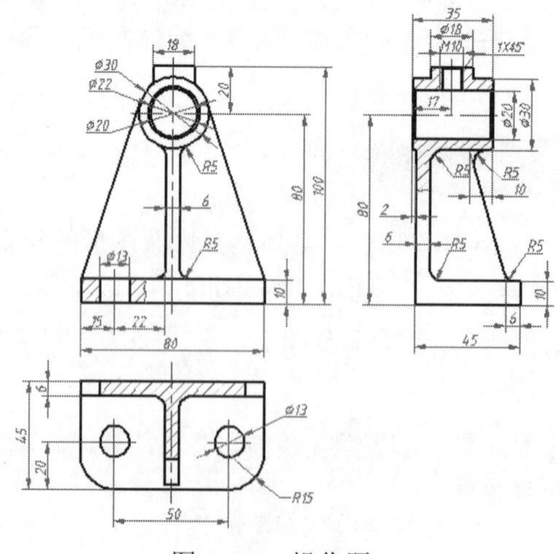

图 4-117　操作题二

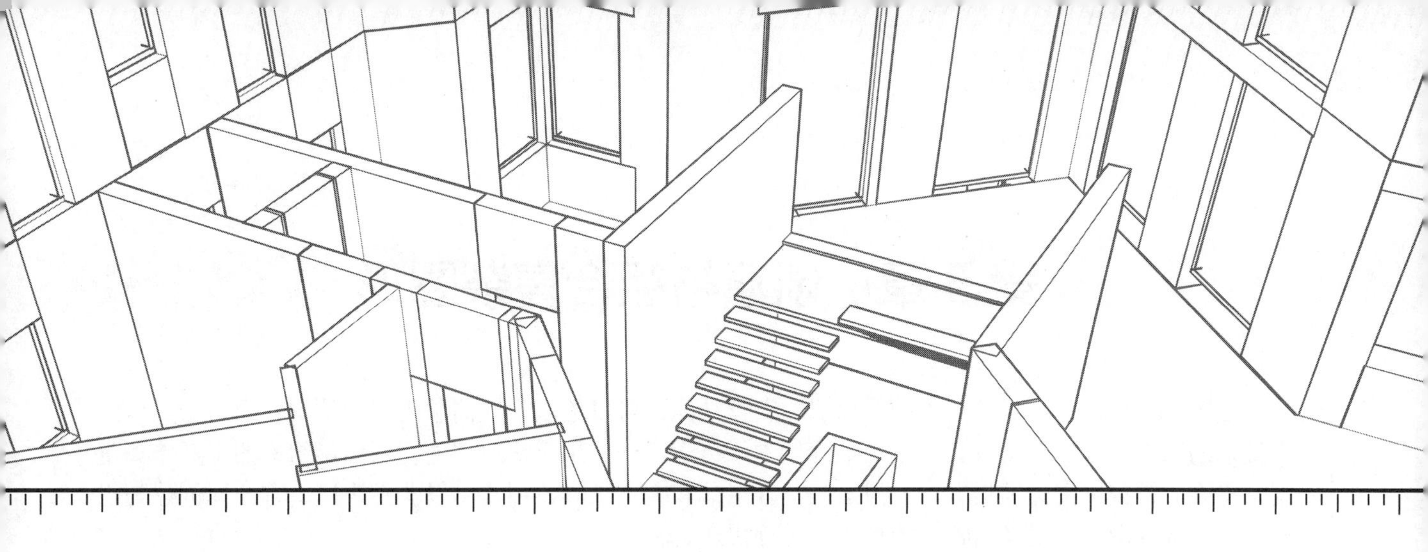

第 2 部分　提高篇

- 第 5 章：创建与组合复杂图形
- 第 6 章：图形资源的管理、共享与编辑
- 第 7 章：创建文字、符号与表格
- 第 8 章：图形尺寸的标注与编辑
- 第 9 章：查询图形信息与更改绘图次序

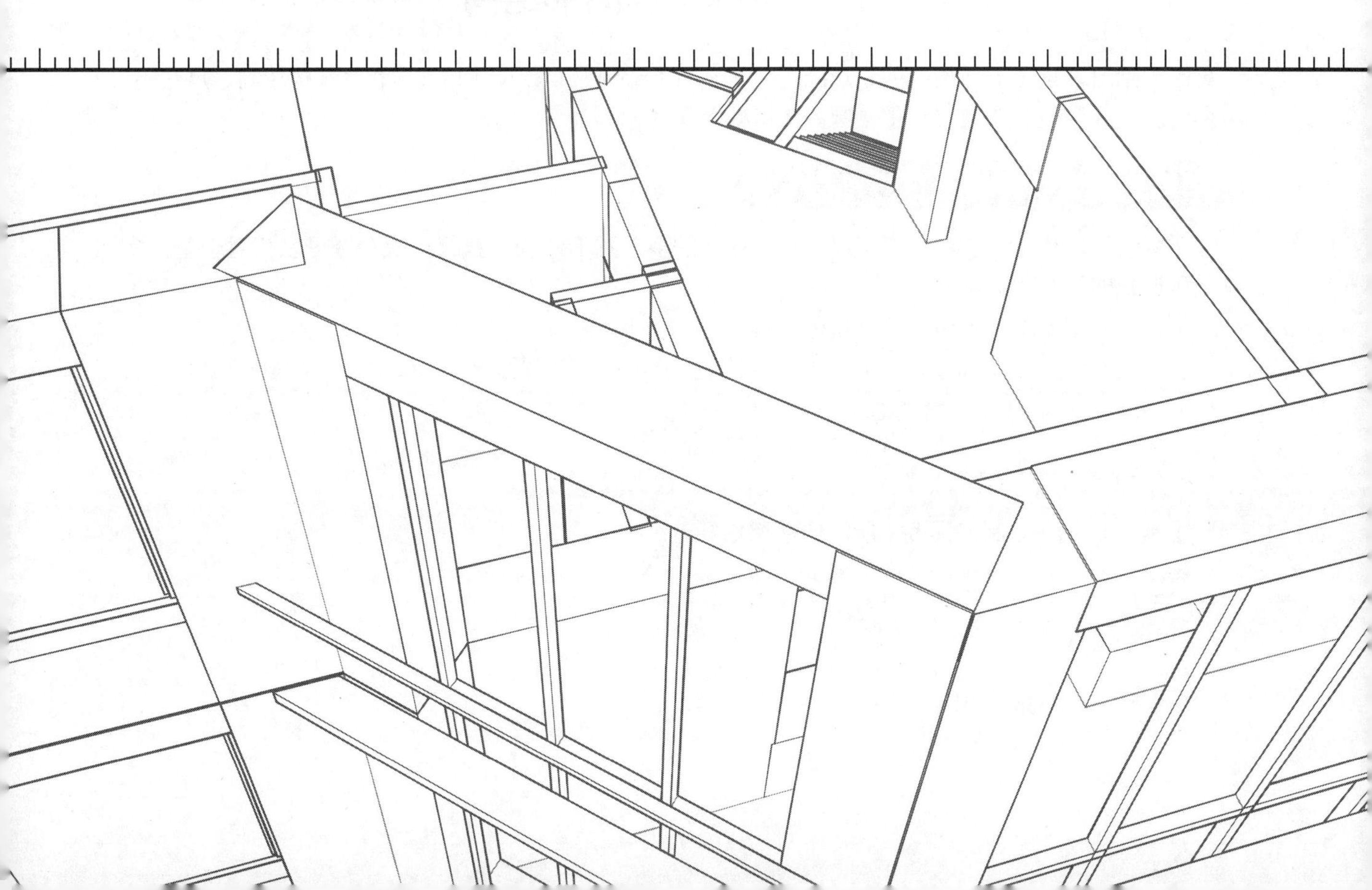

第 5 章　创建与组合复杂图形

使用 AutoCAD 提供的基本绘图功能和编辑功能，可以绘制一些简单的图形结构，而对于一些结构复杂的图形，绘制起来具有一定的难度。本章将学习一些用于快速创建复杂图形结构的工具，如复制、阵列、镜像、夹点编辑等，使用这些复合工具和夹点工具，用户可以非常快速、方便地创建与组合复杂结构的图形，以及对特殊图形结构进行快速编辑。

本章学习内容

- 创建多重图形结构
- 创建规则图形结构
- 综合范例一——复合工具的综合应用
- 创建图块
- 插入图块与参照
- 属性定义与编辑
- 综合范例二——图块与属性的综合应用
- 思考与总结
- 上机操作题

5.1　创建多重图形结构

本节学习多重图形结构的创建功能，具体分为“结构相同、尺寸相同”和“结构相同、尺寸不同”两种情况，涉及的命令主要有【复制】、【镜像】和【偏移】。

5.1.1　复制对象

【复制】命令用于创建结构相同、尺寸相同的多重图形结构，执行一次命令可以相对于基点多次复制所选择的目标对象。

执行【复制】命令主要有以下几种方式。

- 菜单栏：选择菜单栏中的【修改】/【复制】命令。
- 命令行：在命令行输入 Copy 后按 Enter 键。
- 快捷键：在命令行输入 CO 或 CP 后按 Enter 键。
- 功能区：单击【默认】选项卡/【修改】面板上的按钮。

【例题 5-1】　绘制如图 5-1 所示的楼梯栏杆

步骤 01　打开下载文件中的“/素材文件/5-1.dwg”，如图 5-2 所示。

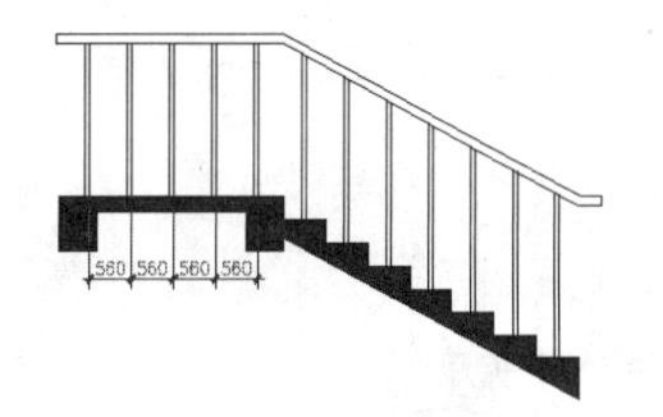

图 5-1　效果文件

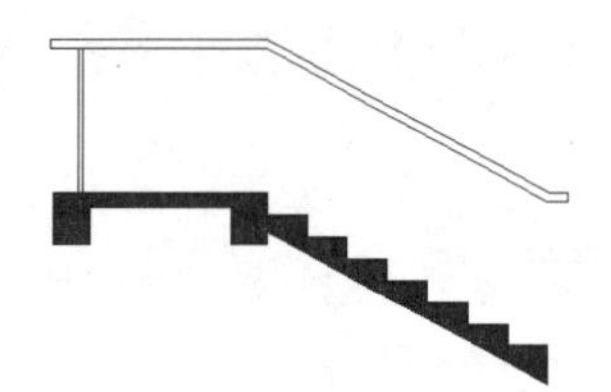

图 5-2　素材文件

步骤 02　单击【默认】选项卡/【修改】面板上的按钮，执行【复制】命令，配合点的输入功能，对栏杆进行多重复制。命令行提示如下：

```
命令: _copy
选择对象:                              //拉出如图 5-3 所示的窗交选择框
选择对象:   :                          //Enter，结束选择
当前设置:  复制模式 = 多个
指定基点或 [位移(D)/模式(O)] <位移>:                 //拾取任意一点
指定第二个点或 [阵列(A)] <使用第一个点作为位移>:    //@560,0 Enter
指定第二个点或 [阵列(A)/退出(E)/放弃(U)] <退出>:  //@1120,0 Enter
指定第二个点或 [阵列(A)/退出(E)/放弃(U)] <退出>:  //@1680,0 Enter
指定第二个点或 [阵列(A)/退出(E)/放弃(U)] <退出>:  //@2240,0 Enter
指定第二个点或 [阵列(A)/退出(E)/放弃(U)] <退出>: //Enter，复制结果如图 5-4 所示
```

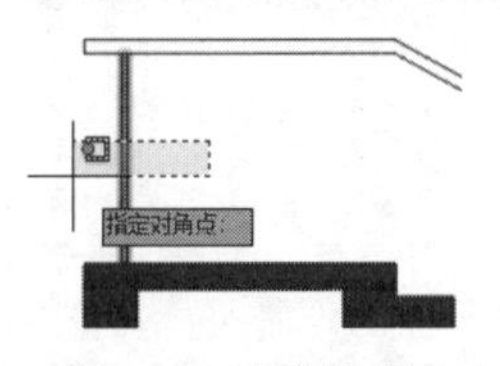

图 5-3　窗交选择

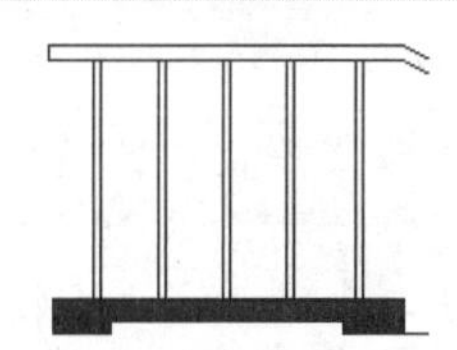

图 5-4　复制结果

步骤 03　重复执行【复制】命令，对栏杆继续进行多重复制。命令行提示如下：

```
命令: _copy
选择对象:                                   //选择最后复制出的栏杆图形
选择对象:                                   // Enter，结束选择
当前设置:  复制模式 = 多个
指定基点或 [位移(D)/模式(O)] <位移>:        //激活【两点之间的中点】功能
_m2p 中点的第一点:                          //捕捉如图 5-5 所示的端点
中点的第二点:                               //捕捉如图 5-6 所示的端点
指定第二个点或 [阵列(A)] <使用第一个点作为位移>:    //捕捉如图 5-7 所示的台阶中点
```

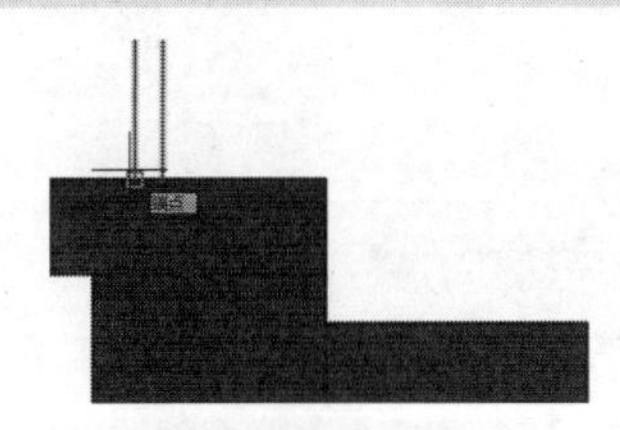

图 5-5　定位第一点

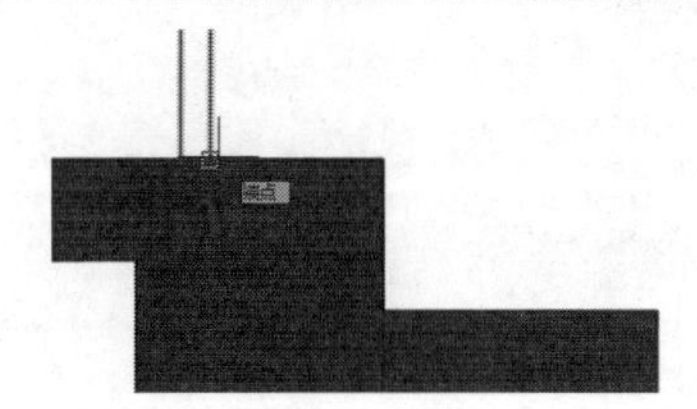

图 5-6　定位第二点

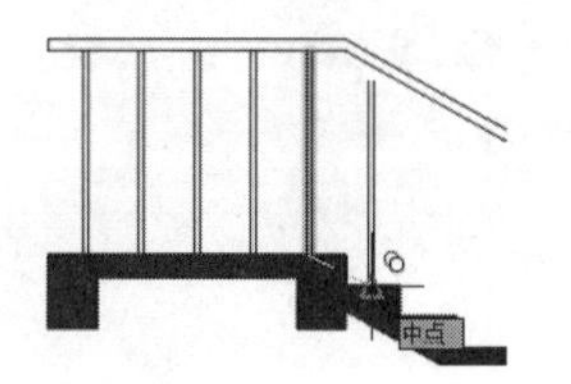

图 5-7　定位第一目标点

```
指定第二个点或 [阵列(A)/退出(E)/放弃(U)] <退出>:    //捕捉如图 5-8 所示的台阶中点
......                                              //捕捉其他台阶中点
```

```
指定第二个点或 [阵列(A)/退出(E)/放弃(U)] <退出>:   // Enter，复制结果如图 5-9 所示
```

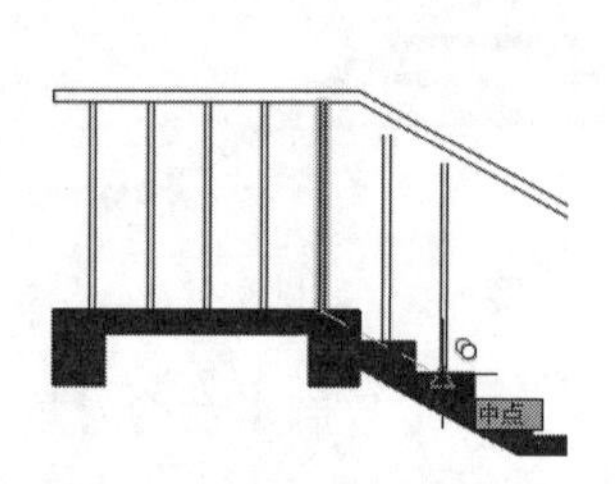

图 5-8　定位第二目标点

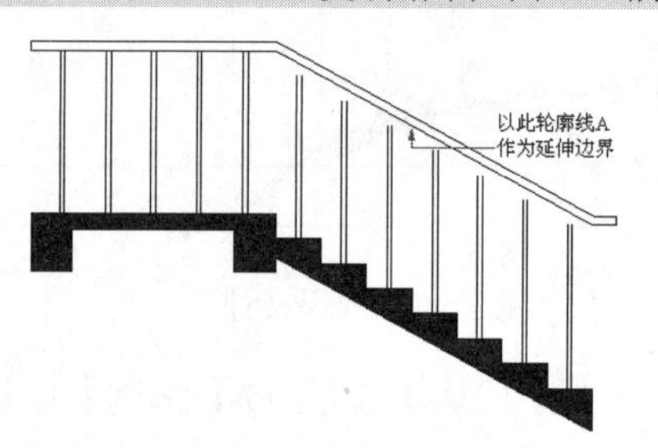

图 5-9　复制结果

步骤 04　单击【默认】选项卡/【修改】面板上的按钮，以图 5-9 所示的轮廓线 A 作为边界，对刚复制出的栏杆图线进行延伸，最终效果如图 5-1 所示。

【复制】命令只能在当前图形文件中使用，如果用户要在多个文件之间复制对象，需使用【编辑】菜单中的【复制】命令。

5.1.2　镜像复制

【镜像】命令用于将图形对象沿着指定的两点进行对称复制，而源对象可以保留，也可以删除。此命令通常用于创建结构对称的图形结构。

执行【镜像】命令主要有以下几种方式。

- 菜单栏：选择菜单栏中的【修改】/【镜像】命令。
- 命令行：在命令行输入 Mirror 后按 Enter 键。
- 快捷键：在命令行输入 MI 后按 Enter 键。
- 功能区：单击【默认】选项卡/【修改】面板上的按钮。

【例题 5-2】　绘制传动轴零件

步骤 01　执行【打开】命令，打开下载文件中的"/素材文件/5-2.dwg"，如图 5-10 所示。

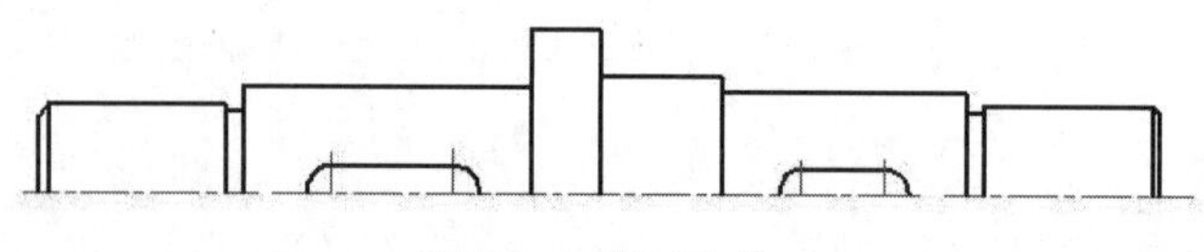

图 5-10　素材文件

步骤 02　单击【默认】选项卡/【修改】面板上的按钮，执行【镜像】命令，对图形镜像复制。命令行提示如下：

```
命令: _mirror
选择对象:                              //拉出如图 5-11 所示的窗交选择框
```

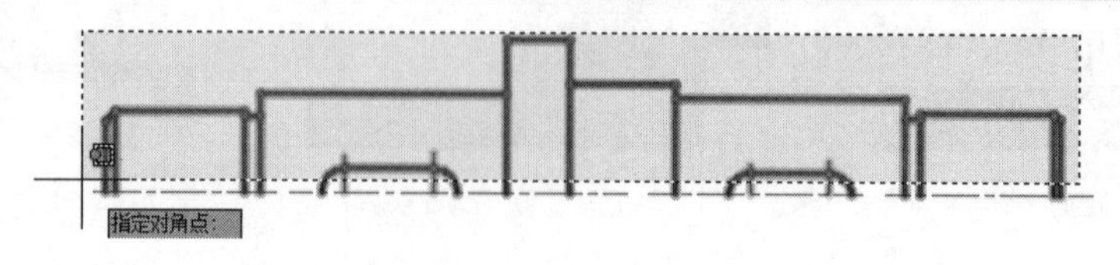

图 5-11　窗交选择框

```
选择对象：                                  //Enter，结束对象的选择
指定镜像线的第一点：                          //捕捉下侧水平中心线的一个端点
指定镜像线的第二点：                          //@1,0 Enter
要删除源对象吗？[是(Y)/否(N)] <N>：           //Enter，结束命令
```

如果用户在镜像操作时，需要删除源对象，此时可以在最后一步操作中激活【是(Y)】选项即可。

步骤 03　图形的镜像结果如图 5-12 所示。

镜像文字时，镜像后的文字可读性取决于系统变量 MIRRTEX 的值，当变量值为 1 时，镜像文字不具有可读性；当变量值为 0 时，镜像后的文字具有可读性，如图 5-13 所示。

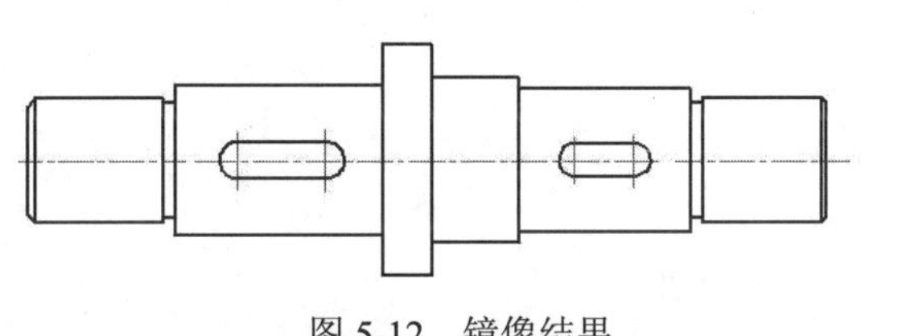

图 5-12　镜像结果

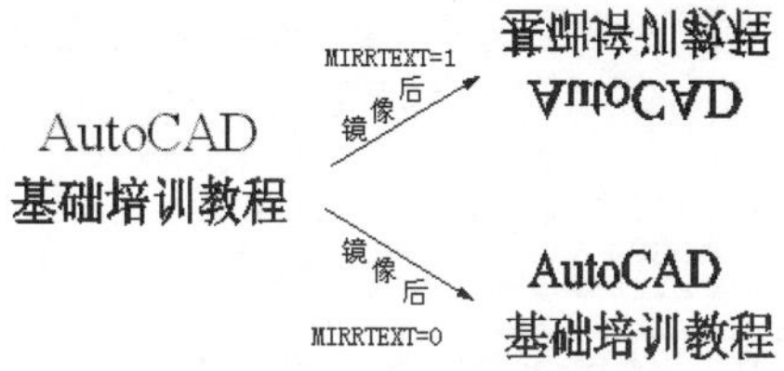

图 5-13　文字镜像示例

5.1.3　偏移对象

【偏移】命令用于将目标对象以一定的距离或指定的点进行偏移复制。此命令通常用于创建结构相同、尺寸不同的图形结构。

执行【偏移】命令主要有以下几种方式。

- 菜单栏：选择菜单栏中的【修改】/【偏移】命令。
- 命令行：在命令行中输入 Offset 后按 Enter 键。
- 快捷键：在命令行中输入 O 后按 Enter 键。
- 功能区：单击【默认】选项卡/【修改】面板上的按钮。

【例题 5-3】　绘制铁艺栏杆

步骤 01　打开下载文件中的"/素材文件/5-3.dwg"，如图 5-14 所示。

步骤 02　单击【默认】选项卡/【修改】面板上的按钮，执行【偏移】命令，对各图形进行距离偏移。命令行提示如下：

```
命令：_offset
当前设置：删除源=否　图层=源　OFFSETGAPTYPE=0
指定偏移距离或 [通过(T)/删除(E)/图层(L)] <10.0000>：//20 Enter，设置偏移距离
选择要偏移的对象，或 [退出(E)/放弃(U)] <退出>：       //单击右侧的小圆
指定要偏移的那一侧上的点，或 [退出(E)/多个(M)/放弃(U)] <退出>：//在圆的内侧拾取点
选择要偏移的对象，或 [退出(E)/放弃(U)] <退出>：      //单击上侧的圆弧
指定要偏移的那一侧上的点，或 [退出(E)/多个(M)/放弃(U)] <退出>://在圆弧内侧拾取点
选择要偏移的对象，或 [退出(E)/放弃(U)] <退出>：     //单击下侧的圆弧
指定要偏移的那一侧上的点，或 [退出(E)/多个(M)/放弃(U)] <退出>://在圆弧内侧拾取点
选择要偏移的对象，或 [退出(E)/放弃(U)] <退出>：      //单击上侧的大圆
指定要偏移的那一侧上的点，或 [退出(E)/多个(M)/放弃(U)] <退出>：//在圆的外侧拾取点
```

```
选择要偏移的对象，或 [退出(E)/放弃(U)] <退出>:    //单击下侧的大圆
指定要偏移的那一侧上的点，或 [退出(E)/多个(M)/放弃(U)] <退出>://在圆的外侧拾取点
选择要偏移的对象，或 [退出(E)/放弃(U)] <退出>:    //单击下侧的水平直线
指定要偏移的那一侧上的点，或 [退出(E)/多个(M)/放弃(U)] <退出>://在直线下侧拾取点
选择要偏移的对象，或 [退出(E)/放弃(U)] <退出>:    //单击外侧的轮廓线
指定要偏移的那一侧上的点，或 [退出(E)/多个(M)/放弃(U)] <退出>://在轮廓线外侧拾取点
选择要偏移的对象，或 [退出(E)/放弃(U)] <退出>: // Enter，偏移结果如图 5-15 所示
```

不同结构的对象，其偏移结果也不同。例如，圆、椭圆等对象偏移后，对象的尺寸发生了变化；而直线偏移后，尺寸则保持不变。

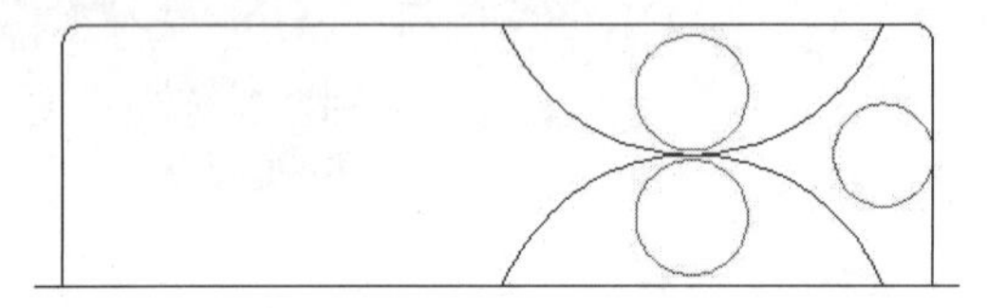

图 5-14　素材文件

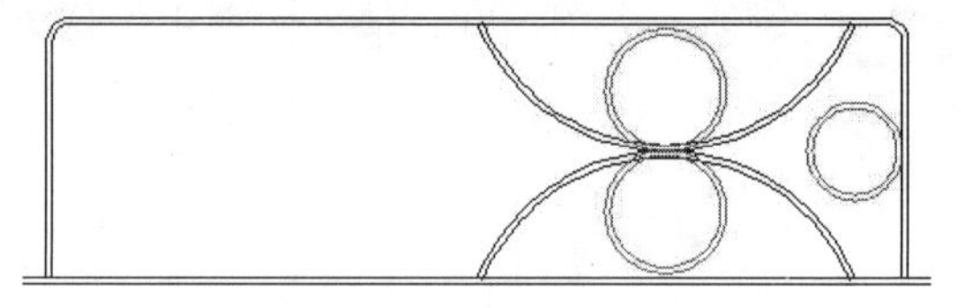

图 5-15　偏移结果

步骤 03　使用快捷键 TR 执行【修剪】命令，对图线进行修剪，结果如图 5-16 所示。

步骤 04　单击【默认】选项卡/【修改】面板上的按钮，对修剪后的内部结构进行镜像，结果如图 5-17 所示。

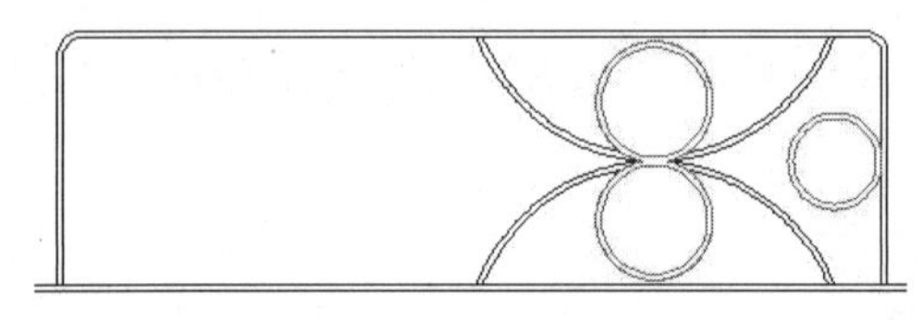

图 5-16　修剪结果

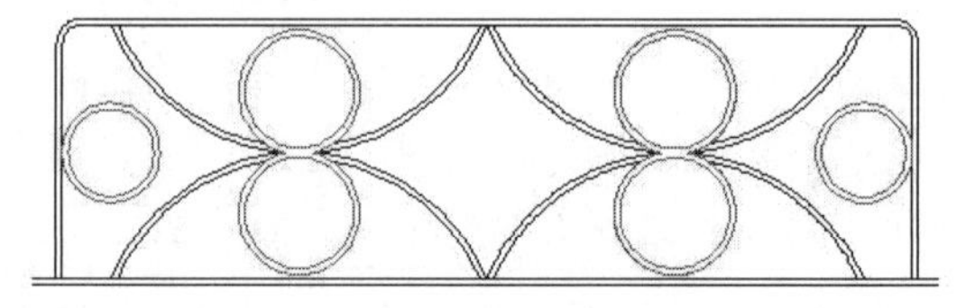

图 5-17　偏移示例

部分选项解析如下：

- 【通过】选项用于按照指定的通过点进行偏移对象，偏移出的对象将通过事先指定的目标点。
- 【图层】选项用于设置偏移对象的所在层。激活该选项后，命令行出现“输入偏移对象的图层选项 [当前(C)/源(S)] <源>:”的提示，如果让偏移出的对象处在当前图层上，可以选择【当前】选项；如果让偏移出的对象与源对象处在同一图层上，可以选择【源】选项。
- 【删除】选项用于将偏移的源对象自动删除。

5.2　创建规则图形结构

本节学习规则图形结构的创建功能，具体分为“矩形阵列”“环形阵列”和“路径阵列”3 种情况。

5.3.1　矩形阵列

【矩形阵列】命令用于将图形按照指定的行数和列数，成“矩形”的排列方式进行规模复制，以创建规则的复合结构，如图 5-18 所示。在实际绘图过程中，经常使用该命令创建均布结构的图形。

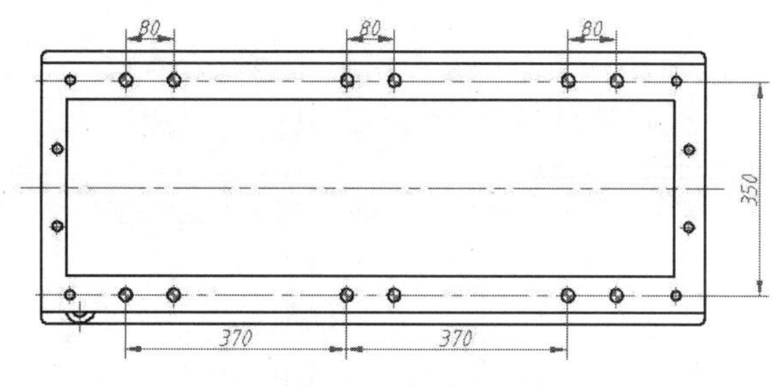

图 5-18　均布结构

执行【矩形阵列】命令主要有以下几种方式。

- 菜单栏：选择菜单栏中的【修改】/【阵列】/【矩形阵列】命令。
- 命令行：在命令行输入 Arrayrect 后按 Enter 键。
- 快捷键：在命令行输入 AR 后按 Enter 键。
- 功能区：单击【默认】选项卡/【修改】面板上的按钮。

【例题 5-4】 绘制 5-18 所示的零件结构

步骤 01　打开下载文件中的“/素材文件/5-4.dwg”，如图 5-19 所示。

步骤 02　单击【默认】选项卡/【修改】面板上的按钮，窗交选择如图 5-20 所示的零件结构，进行阵列。命令行提示如下：

```
命令: _arrayrect
选择对象:                              //窗交选择如图 5-20 所示的对象
```

图 5-19　素材文件

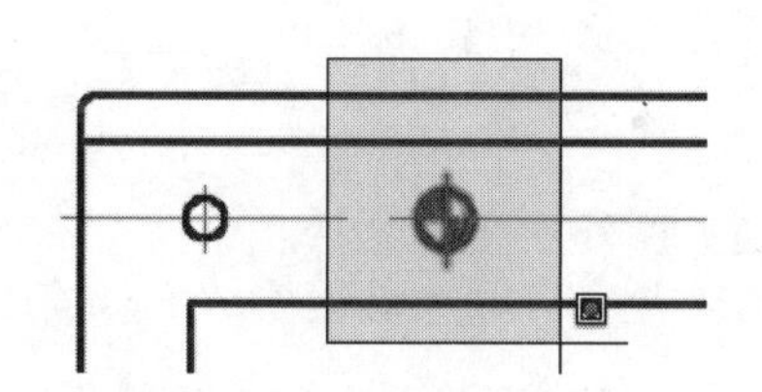

图 5-20　选择阵列对象

```
选择对象:                                    // Enter
类型 = 矩形  关联 = 否
选择夹点以编辑阵列或 [关联(AS)/基点(B)/计数(COU)/间距(S)/列数(COL)/行数(R)/层数(L)/退出(X)]
<退出>:                                      //COU Enter
输入列数数或 [表达式(E)] <4>:                 //3 Enter
输入行数数或 [表达式(E)] <3>:                 //2 Enter
选择夹点以编辑阵列或 [关联(AS)/基点(B)/计数(COU)/间距(S)/列数(COL)/行数(R)/层数(L)/退出(X)]
<退出>:                                      //S Enter
指定列之间的距离或 [单位单元(U)] <31.5>:       //370 Enter
指定行之间的距离 <51.8>:                      //-350 Enter
选择夹点以编辑阵列或 [关联(AS)/基点(B)/计数(COU)/间距(S)/列数(COL)/行数(R)/层数(L)/退出(X)]
<退出>:                                      //AS Enter
创建关联阵列 [是(Y)/否(N)] <否>:              //Y Enter
选择夹点以编辑阵列或 [关联(AS)/基点(B)/计数(COU)/间距(S)/列数(COL)/行数(R)/层数(L)/退出(X)]
<退出>:                                     // Enter，阵列结果如图 5-21 所示
```

默认设置下，阵列出的对象是一个集合，单击该集合中的任一个图形，都可以选择集合中的所有对象，此种特性被称为关联阵列特性，如图 5-22 所示。

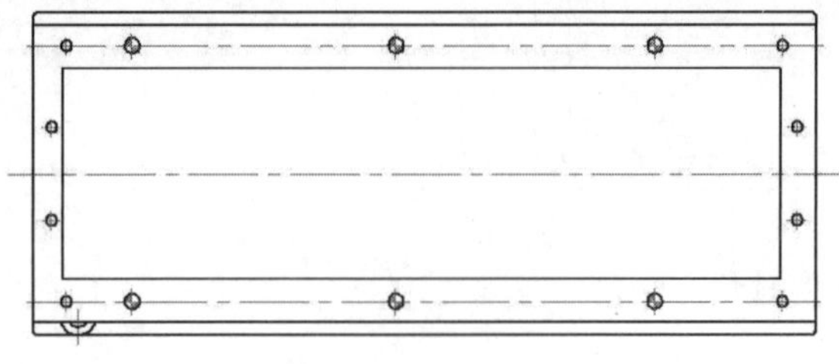

图 5-21　阵列结果

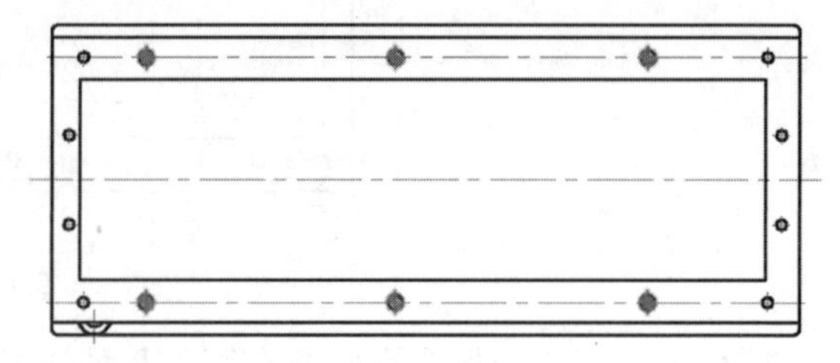

图 5-22　关联阵列集合

步骤 03　重复执行【矩形阵列】命令，继续对内部的零件结构进行矩形阵列。命令行提示如下：

```
    命令: _arrayrect
    选择对象:                               //选择如图 5-22 所示的阵列集合
    选择对象:                               // Enter
    类型 = 矩形  关联 = 否
    选择夹点以编辑阵列或 [关联(AS)/基点(B)/计数(COU)/间距(S)/列数(COL)/行数(R)/层数(L)/退出(X)]
<退出>:                                     //COU Enter
    输入列数数或 [表达式(E)] <4>:            //2 Enter
    输入行数数或 [表达式(E)] <3>:            //1 Enter
    选择夹点以编辑阵列或 [关联(AS)/基点(B)/计数(COU)/间距(S)/列数(COL)/行数(R)/层数(L)/退出(X)]
<退出>:                                     //S Enter
    指定列之间的距离或 [单位单元(U)] <31.5>:   //80 Enter
    指定行之间的距离 <51.8>:                 // Enter
    选择夹点以编辑阵列或 [关联(AS)/基点(B)/计数(COU)/间距(S)/列数(COL)/行数(R)/层数(L)/退出(X)]
<退出>:                                     //AS Enter
    创建关联阵列 [是(Y)/否(N)] <否>:         //Y Enter
    选择夹点以编辑阵列或 [关联(AS)/基点(B)/计数(COU)/间距(S)/列数(COL)/行数(R)/层数(L)/退出(X)]
<退出>:                                     // Enter，阵列结果如图 5-23 所示
```

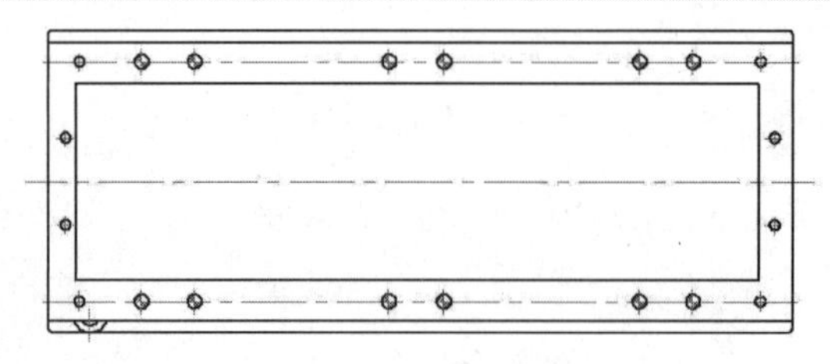

图 5-23　阵列结果

部分选项解析如下：

- 【关联】选项用于设置阵列后图形的关联性，如果为阵列图形设置了关联特性，那么阵列的图形和原图形一起，被作为一个独立的图形结构，与图块的性质类似。用户可以使用【分解】命令取消这种关联特性。
- 【基点】选项用于设置阵列的基点。
- 【计数】选项用设置阵列的行数、列数。
- 【间距】选项用于设置对象的行偏移或阵列偏距离。

5.3.2 环形阵列

【环形阵列】命令用于将选择的图形对象按照阵列中心点和设定的数目，成“圆形”阵列复制，以快速创建聚心结构图形，如图 5-24 所示。

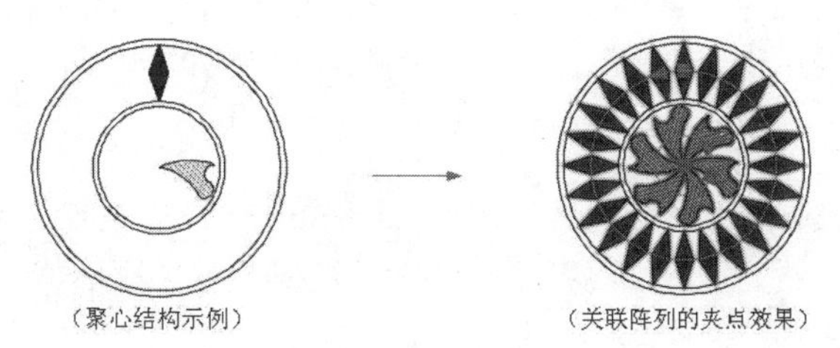

图 5-24　环形阵列示例

执行【环形阵列】命令主要有以下几种方式。

- 菜单栏：选择菜单栏中的【修改】/【阵列】/【环形阵列】命令。
- 命令行：在命令行输入 Arraypolar 后按 Enter 键。
- 快捷键：在命令行输入 AR 后按 Enter 键。
- 功能区：单击【默认】选项卡/【修改】面板上的按钮。

【例题 5-5】 绘制如图 5-24 所示的地面拼花

步骤 01　打开下载文件“/素材文件/5-5.dwg”，如图 5-25 所示。

步骤 02　单击【默认】选项卡/【修改】面板上的按钮，窗口选择如图 5-26 所示的对象，进行阵列。命令行提示如下：

```
命令：_arraypolar
选择对象：                                    //拉出如图 5-26 所示的窗口选择框
选择对象：                                    // Enter
类型 = 极轴  关联 = 是
指定阵列的中心点或 [基点(B)/旋转轴(A)]：      //捕捉同心圆的圆心
选择夹点以编辑阵列或 [关联(AS)/基点(B)/项目(I)/项目间角度(A)/填充角度(F)/行(ROW)/层(L)/旋转项目(ROT)/退出(X)] <退出>：          //I Enter
输入阵列中的项目数或 [表达式(E)] <6>：        //6 Enter
选择夹点以编辑阵列或 [关联(AS)/基点(B)/项目(I)/项目间角度(A)/填充角度(F)/行(ROW)/层(L)/旋转项目(ROT)/退出(X)] <退出>：          //F Enter
指定填充角度(+=逆时针、-=顺时针)或 [表达式(EX)] <360>：  // Enter
选择夹点以编辑阵列或 [关联(AS)/基点(B)/项目(I)/项目间角度(A)/填充角度(F)/行(ROW)/层(L)/旋转项目(ROT)/退出(X)] <退出>：          // Enter，阵列结果如图 5-27 所示
```

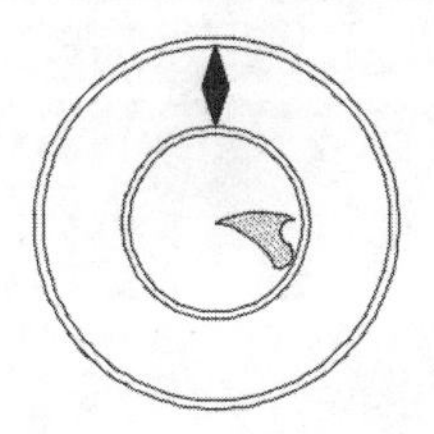

图 5-25　素材文件

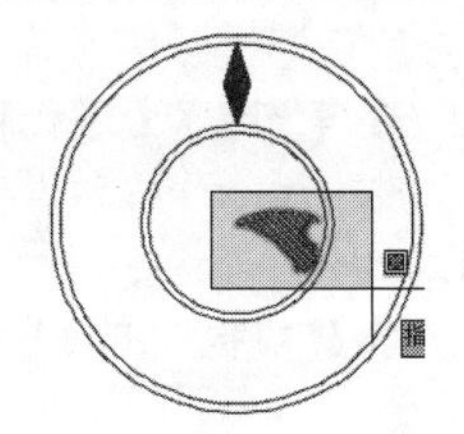

图 5-26　窗口选择

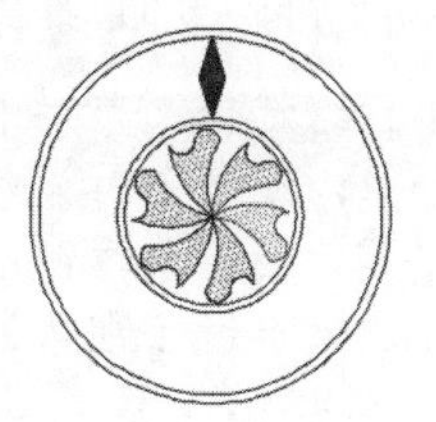

图 5-27　阵列结果

步骤 03　重复执行【环形阵列】命令，对外侧的菱形单元进行环形阵列。命令行提示如下：

```
命令: _arraypolar
选择对象:                                    //拉出如图 5-28 所示的窗交选择框
选择对象:                                    // Enter
类型 = 极轴  关联 = 是
指定阵列的中心点或 [基点(B)/旋转轴(A)]:        //捕捉同心圆的圆心
选择夹点以编辑阵列或 [关联(AS)/基点(B)/项目(I)/项目间角度(A)/填充角度(F)/行(ROW)/层(L)/旋转项目(ROT)/退出(X)] <退出>:                                    //I Enter
输入阵列中的项目数或 [表达式(E)] <6>:          //24 Enter
选择夹点以编辑阵列或 [关联(AS)/基点(B)/项目(I)/项目间角度(A)/填充角度(F)/行(ROW)/层(L)/旋转项目(ROT)/退出(X)] <退出>:                                    //F Enter
指定填充角度(+=逆时针、-=顺时针)或 [表达式(EX)] <360>:  // Enter
选择夹点以编辑阵列或 [关联(AS)/基点(B)/项目(I)/项目间角度(A)/填充角度(F)/行(ROW)/层(L)/旋转项目(ROT)/退出(X)] <退出>:                                   //Enter，阵列结果如图 5-29 所示
```

默认设置下，环形阵列出的图形具有关联性，是一个独立的图形结构，跟图块的性质类似，其夹点效果如图 5-30 所示，用户可以使用【分解】命令取消这种关联特性。

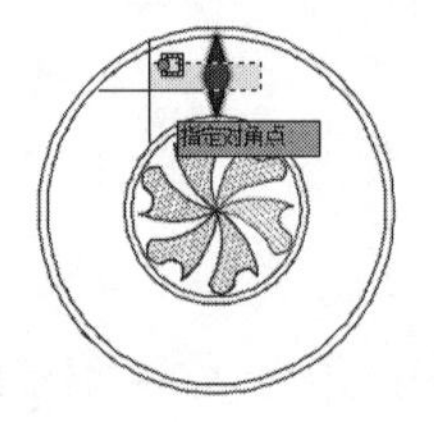

图 5-28　窗交选择

图 5-29　阵列结果

图 5-30　环形阵列的关联效果

部分选项解析如下：

- 【基点】选项用于设置阵列对象的基点。
- 【旋转轴】选项用于指定阵列对象的旋转轴。
- 【项目】选项用于设置环形阵列的数目。
- 【填充角度】选项用于输入设置环形阵列的角度，正值为逆时针阵列，负值为顺时针阵列。
- 【项目间角度】选项用于设置每相邻阵列单元间的角度。
- 【旋转项目】用于设置阵列对象的旋转角度。

5.3.3　路径阵列

【路径阵列】命令用于将对象沿指定的路径或路径的某部分进行等距阵列。路径可以是直线、多段线、三维多段线、样条曲线、螺旋线、圆、椭圆、圆弧等。

执行【路径阵列】命令主要有以下几种方式。

- 菜单栏：选择菜单栏中的【修改】/【阵列】/【路径阵列】命令。
- 命令行：在命令行输入 Arraypath 后按 Enter 键。
- 快捷键：在命令行输入 AR 后按 Enter 键。
- 功能区：单击【默认】选项卡/【修改】面板上的按钮。

【例题 5-6】　快速绘制挂耳零件结构

步骤 01　打开下载文件中的"/素材文件/5-6.dwg"，如图 5-31 所示。

步骤 02　单击【默认】选项卡/【修改】面板上的按钮，执行【路径阵列】命令，选择零件下侧的挂耳进行阵列。命令行提示如下：

```
命令: _arraypath
选择对象:          //窗交选择如图 5-32 所示的零件结构
```

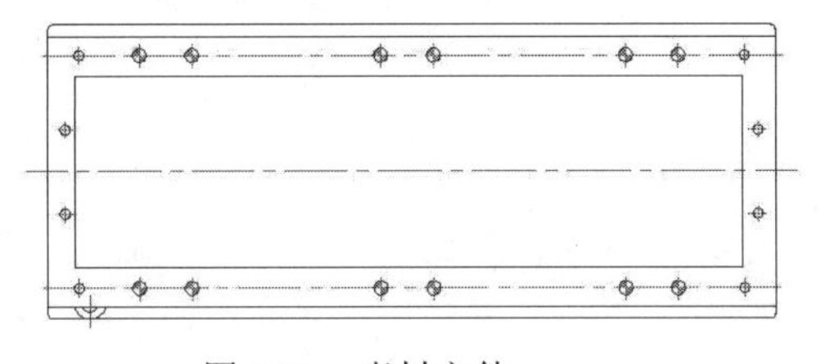

图 5-31　素材文件

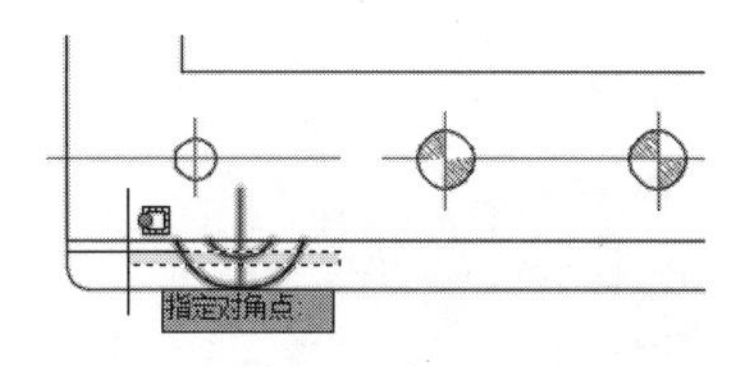

图 5-32　窗交选择

```
选择对象:                                          // Enter
类型 = 路径  关联 = 是
选择路径曲线:                                      //选择如图 5-33 所示的轮廓线
选择夹点以编辑阵列或 [关联(AS)/方法(M)/基点(B)/切向(T)/项目(I)/行(R)/层(L)/对齐项目(A)/Z 方向(Z)/退出(X)] <退出>:                                //M Enter
输入路径方法 [定数等分(D)/定距等分(M)] <定距等分>:     //M Enter
选择夹点以编辑阵列或 [关联(AS)/方法(M)/基点(B)/切向(T)/项目(I)/行(R)/层(L)/对齐项目(A)/Z 方向(Z)/退出(X)] <退出>:                                //I Enter
指定沿路径的项目之间的距离或 [表达式(E)] <75>:        //245 Enter
最大项目数 = 5
指定项目数或 [填写完整路径(F)/表达式(E)] <5>:         //5 Enter
选择夹点以编辑阵列或 [关联(AS)/方法(M)/基点(B)/切向(T)/项目(I)/行(R)/层(L)/对齐项目(A)/Z 方向(Z)/退出(X)] <退出>:                                //R Enter
输入行数或 [表达式(E)] <1>:                          //2 Enter
指定行数之间的距离或 [总计(T)/表达式(E)] <71.3>:     //407 Enter
指定行数之间的标高增量或 [表达式(E)] <0>:            // Enter
选择夹点以编辑阵列或 [关联(AS)/方法(M)/基点(B)/切向(T)/项目(I)/行(R)/层(L)/对齐项目(A)/Z 方向(Z)/退出(X)] <退出>:                                //AS Enter
创建关联阵列 [是(Y)/否(N)] <是>:                     //N Enter
选择夹点以编辑阵列或 [关联(AS)/方法(M)/基点(B)/切向(T)/项目(I)/行(R)/层(L)/对齐项目(A)/Z 方向(Z)/退出(X)] <退出>:                // Enter，阵列结果如图 5-34 所示
```

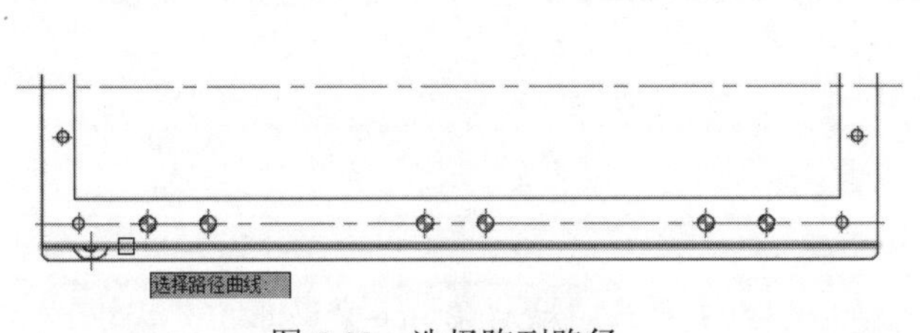

图 5-33　选择阵列路径

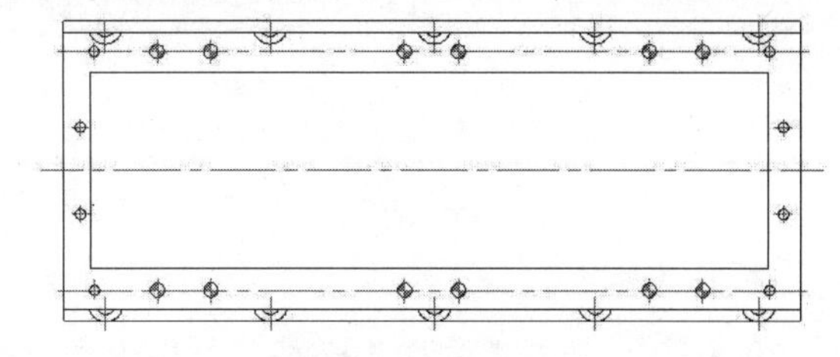

图 5-34　阵列结果

步骤 03　单击【默认】选项卡/【修改】面板上的按钮，执行【镜像】命令，对阵列出的图形进行镜像。命令行提示如下：

```
命令: _mirror
```

```
选择对象:                                //拉出如图 5-35 所示的窗交选择框
```

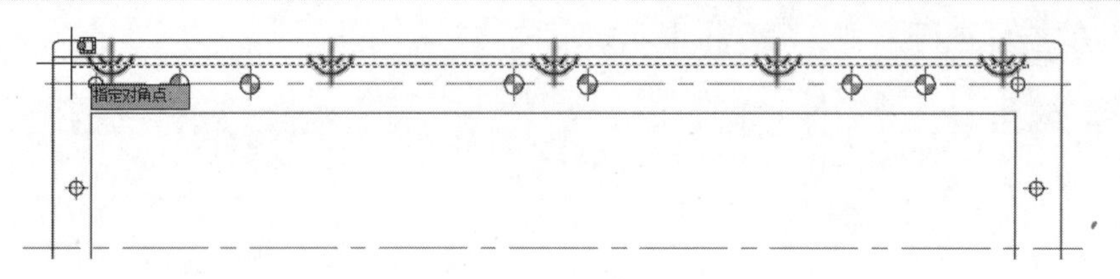

图 5-35　窗交选择框

```
选择对象:                                //Enter，结束对象的选择
指定镜像线的第一点:                      //捕捉如图 5-36 所示的端点
指定镜像线的第二点:                      //@1,0 Enter
要删除源对象吗? [是(Y)/否(N)] <N>:       //Enter，镜像结果如图 5-37 所示
```

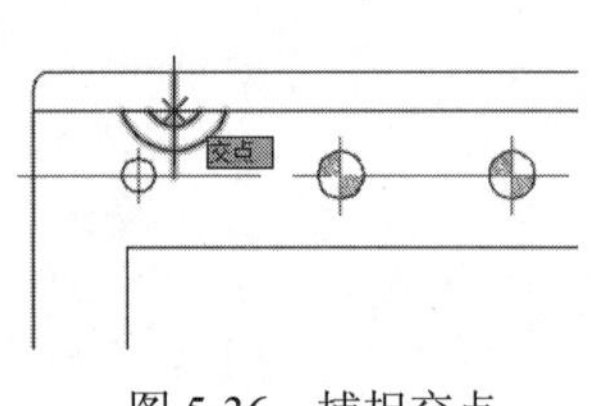

图 5-36　捕捉交点

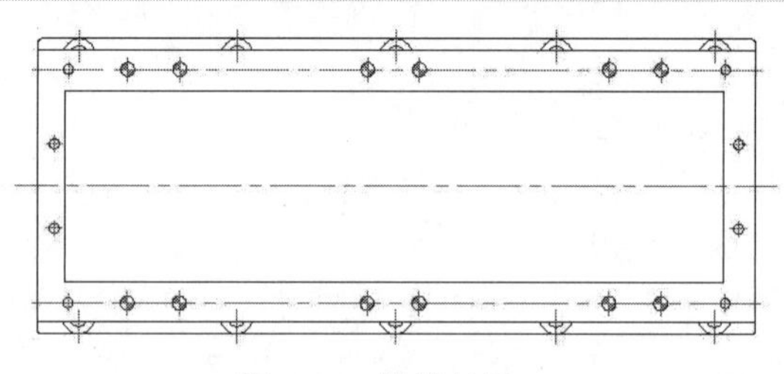

图 5-37　镜像结果

5.3　综合范例一——复合工具的综合应用

通过上述各节的详细讲述，相信读者对各类复合工具及夹点编辑等工具有了一定的了解和掌握。本例将通过绘制如图 5-38 所示的零件平面图，对所学知识进行综合应用和巩固。

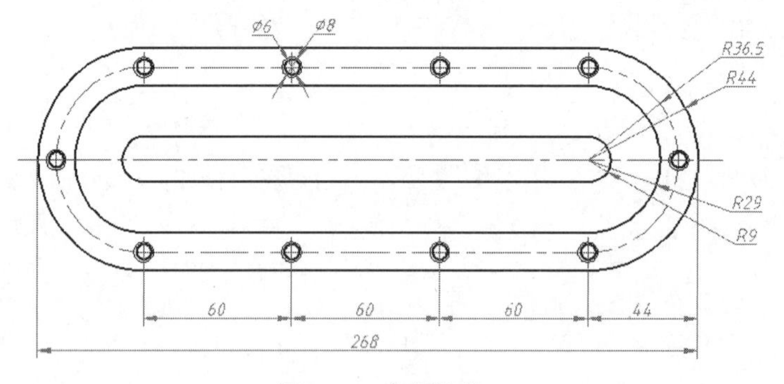

图 5-38　实例效果

操作步骤:

步骤 01　执行【新建】命令，调用下载文件中的“/样板文件/机械样板.dwt”文件。

步骤 02　使用快捷键 Z 执行【视图缩放】功能，将视图高度调整为 150 个单位。命令行提示如下:

```
命令: z                                  // Enter
ZOOM 指定窗口的角点,输入比例因子 (nX 或 nXP),或者[全部(A)/中心(C)/动态(D)/范围(E)/上一个(P)/
比例(S)/窗口(W)/对象(O)] <实时>:          //c
```

```
指定中心点:                                  //在绘图区拾取一点
输入比例或高度 <423.4>:                       //150 Enter
```

步骤 03　激活状态栏上的【对象捕捉】功能，设置捕捉模式为交点捕捉、中点捕捉和圆心捕捉。

步骤 04　按 F10 功能键，打开状态栏上的【极轴追踪】功能，并设置极轴角为 90°。

步骤 05　单击【默认】选项卡/【图层】面板上的【图层】下拉列表，将“轮廓线”设置为当前图层。

步骤 06　选择菜单栏中的【绘图】/【多段线】命令，配合极轴追踪功能绘制外轮廓线。命令行提示如下：

```
命令: _pline
指定起点:                          //在绘图区拾取一点作为起点
当前线宽为 0.0000
指定下一个点或 [圆弧(A)/半宽(H)/长度(L)/放弃(U)/宽度(W)]:
                                   //向右引出如图 5-39 所示的极轴虚线，输入 180 Enter
指定下一点或 [圆弧(A)/闭合(C)/半宽(H)/长度(L)/放弃(U)/宽度(W)]: //a Enter
指定圆弧的端点或[角度(A)/圆心(CE)/闭合(CL)/方向(D)/半宽(H)/直线(L)/半径(R)/第二个点(S)/放弃
(U)/宽度(W)]:                       //向上引出如图 5-40 所示的极轴虚线，输入 88 Enter
```

图 5-39　引出 0° 极轴矢量

图 5-40　引出 90° 极轴矢量

```
指定圆弧的端点或[角度(A)/圆心(CE)/闭合(CL)/方向(D)/半宽(H)/直线(L)/半径(R)/第二个点(S)/放弃
(U)/宽度(W)]:                      // L Enter，转入画线模式
指定下一点或 [圆弧(A)/闭合(C)/半宽(H)/长度(L)/放弃(U)/宽度(W)]:
                                 //向左引出如图 5-41 所示的极轴虚线，输入 180 Enter
指定下一点或 [圆弧(A)/闭合(C)/半宽(H)/长度(L)/放弃(U)/宽度(W)]:
                                   //a Enter，转入画弧模式
指定圆弧的端点或[角度(A)/圆心(CE)/闭合(CL)/方向(D)/半宽(H)/直线(L)/半径(R)/第二个点(S)/放弃
(U)/宽度(W)]:                     //向下引出如图 5-42 所示的极轴虚线，输入 88 Enter
```

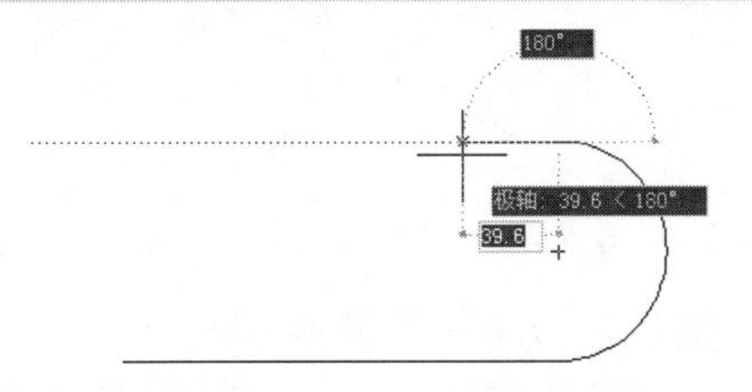

图 5-41　引出 180° 极轴矢量

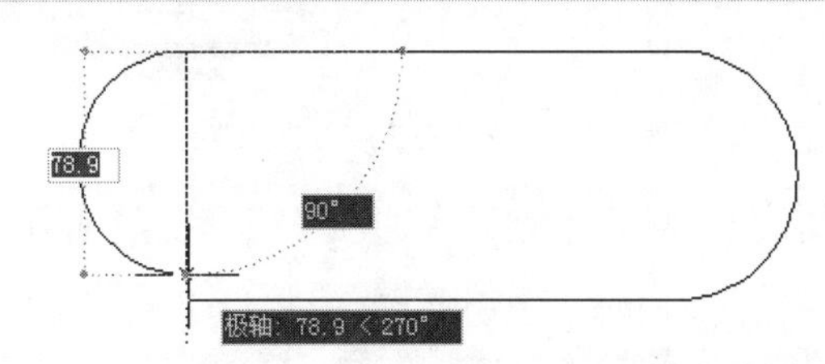

图 5-42　引出 270° 极轴矢量

```
指定圆弧的端点或[角度(A)/圆心(CE)/闭合(CL)/方向(D)/半宽(H)/直线(L)/半径(R)/第二个点(S)/放弃
(U)/宽度(W)]:                      // Enter，绘制结果如图 5-43 所示
```

步骤 07　单击【默认】选项卡/【修改】面板上的按钮，将刚绘制的多段线向内偏移 7.5、15 和 35。命令行提示如下：

```
命令: _offset
当前设置: 删除源=否　图层=源　OFFSETGAPTYPE=0
指定偏移距离或 [通过(T)/删除(E)/图层(L)] <5.0>:          //7.5 Enter，设置偏移距离
选择要偏移的对象，或 [退出(E)/放弃(U)] <退出>:            //选择绘制的多段线
指定要偏移的那一侧上的点，或 [退出(E)/多个(M)/放弃(U)] <退出>:
                                                          //在所选多段线的内侧拾取点
选择要偏移的对象，或 [退出(E)/放弃(U)] <退出>:            // Enter，结束命令
命令:                                                     // Enter，重复执行命令
OFFSET 当前设置: 删除源=否　图层=源　OFFSETGAPTYPE=0
指定偏移距离或 [通过(T)/删除(E)/图层(L)] <7.5>:          //15 Enter，设置偏移距离
选择要偏移的对象，或 [退出(E)/放弃(U)] <退出>:            //选择绘制的多段线
指定要偏移的那一侧上的点，或 [退出(E)/多个(M)/放弃(U)] <退出>:
                                                         //在所选多段线的内侧拾取点
选择要偏移的对象，或 [退出(E)/放弃(U)] <退出>:           // Enter，结束命令
命令:
OFFSET 当前设置: 删除源=否　图层=源　OFFSETGAPTYPE=0
指定偏移距离或 [通过(T)/删除(E)/图层(L)] <15.0>:         //35 Enter，设置偏移距离
选择要偏移的对象，或 [退出(E)/放弃(U)] <退出>:           //选择绘制的多段线
指定要偏移的那一侧上的点，或 [退出(E)/多个(M)/放弃(U)] <退出>:
                                                         //在所选多段线的内侧拾取点
选择要偏移的对象，或 [退出(E)/放弃(U)] <退出>:           // Enter，偏移结果如图 5-44 所示
```

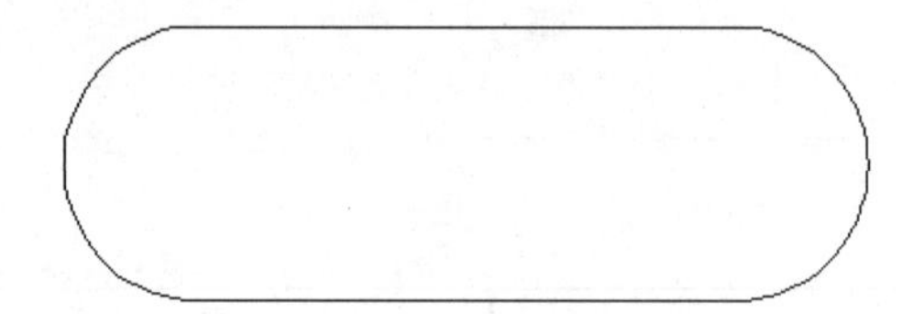

图 5-43　绘制结果

图 5-44　偏移结果

步骤 08　单击【默认】选项卡/【绘图】面板上的按钮，捕捉如图 5-45 所示的交点作为圆心，绘制直径为 6 和 8 的两个同心圆，结果如图 5-46 所示。

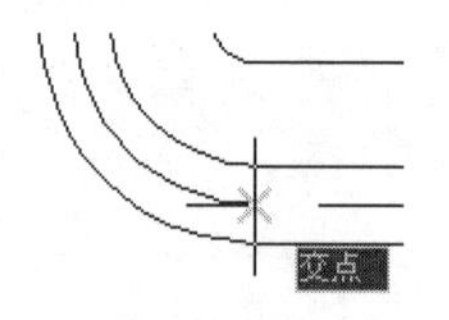

图 5-45　捕捉交点

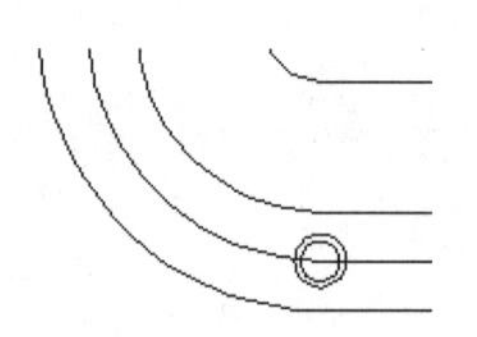

图 5-46　绘制同心圆

步骤 09　单击【默认】选项卡/【图层】面板上的【图层】下拉列表，将“中心线”设为当前层，然后使用快捷键 L 执行【直线】命令，配合象限点捕捉或中点捕捉功能绘制如图 5-47 所示的两条中心线。

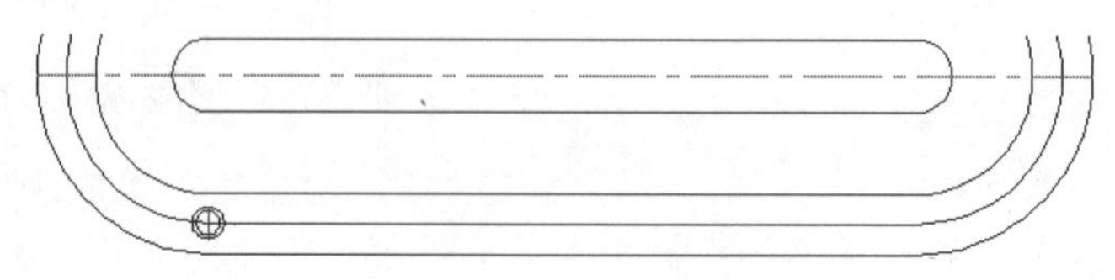

图 5-47　绘制中心线

步骤 10　使用快捷键 LEN 执行【拉长】命令，将水平中心线和垂直中心线进行两端拉长。命令行提示如下：

```
命令: len                                    // Enter，激活命令
LENGTHEN 选择对象或 [增量(DE)/百分数(P)/全部(T)/动态(DY)]:
                                             //de Enter，激活【增量】选项
输入长度增量或 [角度(A)] <0.0>:               //8 Enter
选择要修改的对象或 [放弃(U)]:                  //在水平中心线的左端单击
选择要修改的对象或 [放弃(U)]:                  //在水平中心线的右端单击
选择要修改的对象或 [放弃(U)]:                  // Enter，结束命令
命令:                                         // Enter，重复执行命令
LENGTHEN 选择对象或 [增量(DE)/百分数(P)/全部(T)/动态(DY)]: //de Enter
输入长度增量或 [角度(A)] <8.0>:               //2 Enter
选择要修改的对象或 [放弃(U)]:                  //在垂直中心线的上端单击
选择要修改的对象或 [放弃(U)]:                  //在垂直中心线的下端单击
选择要修改的对象或 [放弃(U)]:                  //Enter，结束命令，拉长结果如图 5-48 所示
```

图 5-48　拉长结果

步骤 11　在无命令执行的前提下，夹点显示如图 5-49 所示的轮廓线，然后展开【图层】下拉列表，将其放置到“中心线”图层上。

步骤 12　按 Esc 键取消夹点显示，然后单击直径为 8 的圆，将其放到“细实线”图层上。

步骤 13　单击状态栏上的按钮，打开线宽的显示功能，结果如图 5-50 所示。

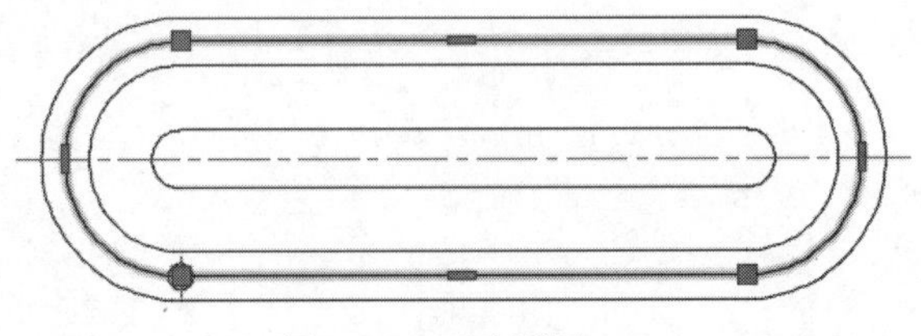

图 5-49　更改图层

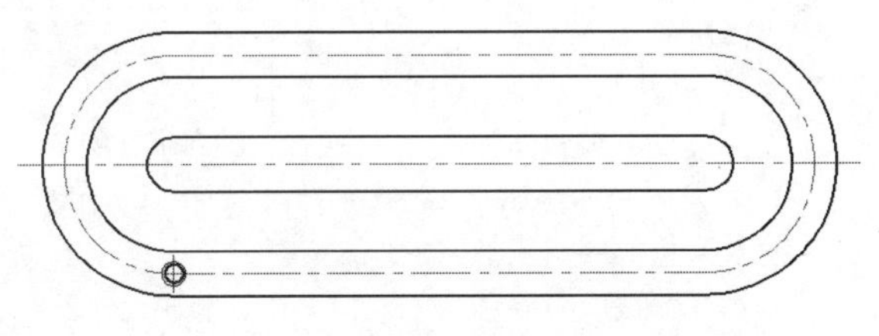

图 5-50　打开线宽功能

步骤 14　单击【默认】选项卡/【修改】面板上的按钮，窗口选择如图 5-51 所示的同心圆及中心线，水平向右侧复制 60 个单位，结果如图 5-52 所示。

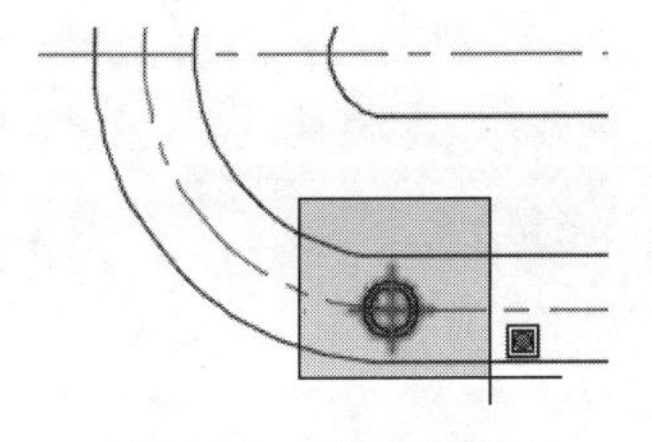

图 5-51　窗口选择

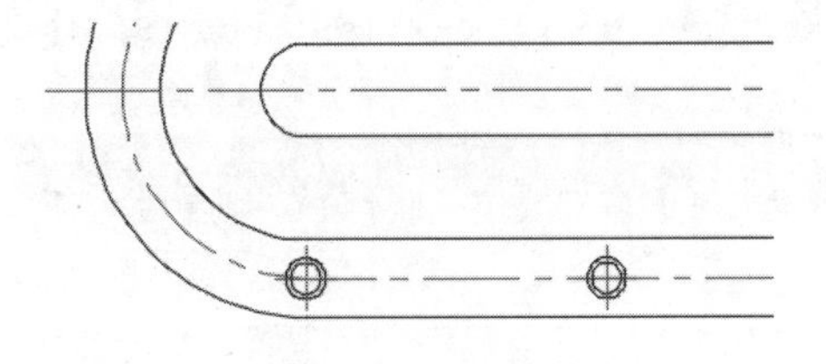

图 5-52　复制结果

步骤 15　单击【默认】选项卡/【修改】面板上的按钮，选择如图 5-51 所示的对象进行阵列。

命令行提示如下：

```
命令: _arraypolar
选择对象:                                        //拉出如图 5-51 所示的窗口选择框
选择对象:                                         // Enter
类型 = 极轴  关联 = 是
指定阵列的中心点或 [基点(B)/旋转轴(A)]:          //捕捉如图 5-53 所示的圆心
选择夹点以编辑阵列或 [关联(AS)/基点(B)/项目(I)/项目间角度(A)/填充角度(F)/行(ROW)/层(L)/旋转项目(ROT)/退出(X)] <退出>:                   //I Enter
输入阵列中的项目数或 [表达式(E)] <6>:             //3 Enter
选择夹点以编辑阵列或 [关联(AS)/基点(B)/项目(I)/项目间角度(A)/填充角度(F)/行(ROW)/层(L)/旋转项目(ROT)/退出(X)] <退出>:                  //F Enter
指定填充角度(+=逆时针、-=顺时针)或 [表达式(EX)] <360>:  //-180 Enter
选择夹点以编辑阵列或 [关联(AS)/基点(B)/项目(I)/项目间角度(A)/填充角度(F)/行(ROW)/层(L)/旋转项目(ROT)/退出(X)] <退出>:                 // Enter，阵列结果如图 5-54 所示
```

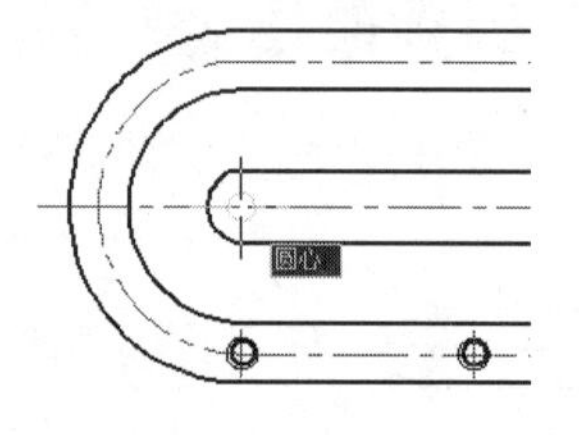

图 5-53　捕捉圆心

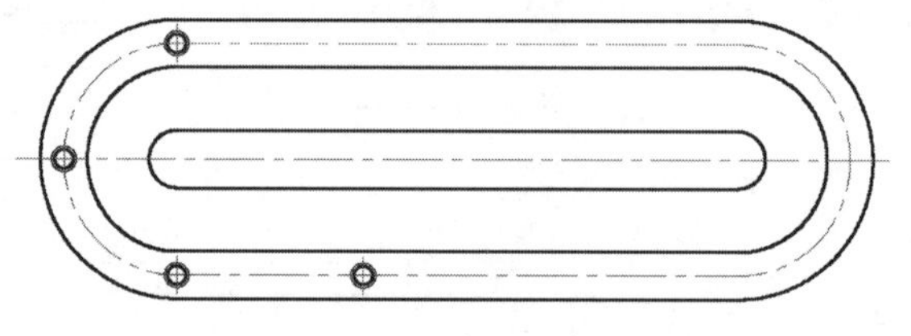
图 5-54　阵列结果

步骤 16 单击【默认】选项卡/【修改】面板上的按钮，窗口选择如图 5-55 所示的零件结构进行阵列。命令行提示如下：

```
命令: _arrayrect
选择对象:                                   //窗交选择如图 5-55 所示的对象
选择对象:                                   // Enter
类型 = 矩形  关联 = 否
选择夹点以编辑阵列或 [关联(AS)/基点(B)/计数(COU)/间距(S)/列数(COL)/行数(R)/层数(L)/退出(X)] <退出>:                                  //COU Enter
输入列数数或 [表达式(E)] <4>:               //2 Enter
输入行数数或 [表达式(E)] <3>:               //2 Enter
选择夹点以编辑阵列或 [关联(AS)/基点(B)/计数(COU)/间距(S)/列数(COL)/行数(R)/层数(L)/退出(X)] <退出>:                                       //S Enter
指定列之间的距离或 [单位单元(U)] <31.5>:  //60 Enter
指定行之间的距离 <51.8>:                      //73 Enter
选择夹点以编辑阵列或 [关联(AS)/基点(B)/计数(COU)/间距(S)/列数(COL)/行数(R)/层数(L)/退出(X)] <退出>:                                     //AS Enter
创建关联阵列 [是(Y)/否(N)] <否>:              //Y Enter
选择夹点以编辑阵列或 [关联(AS)/基点(B)/计数(COU)/间距(S)/列数(COL)/行数(R)/层数(L)/退出(X)] <退出>:                                     // Enter，阵列结果如图 5-56 所示
```

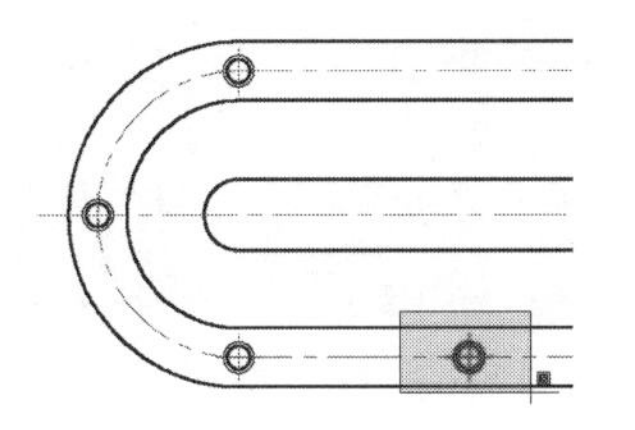

图 5-55　窗口选择

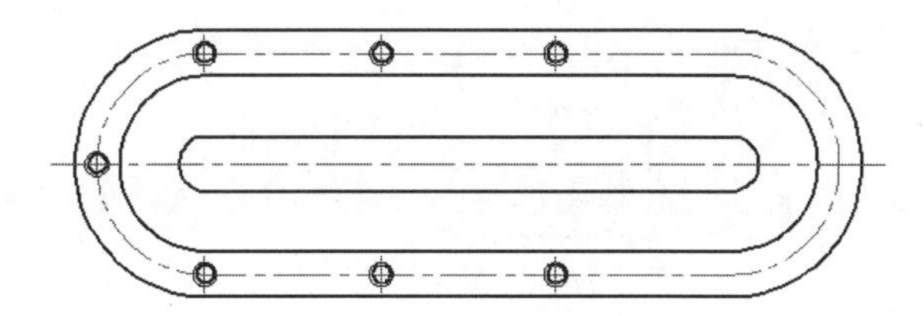

图 5-56　阵列结果

步骤 17　单击【默认】选项卡/【修改】面板上的按钮，对左侧的 3 组圆孔进行镜像。命令行提示如下：

```
命令: _mirror
选择对象:                          //拉出如图 5-57 所示的窗口选择框
选择对象:                          // Enter，结束选择
指定镜像线的第一点:                //捕捉水平中心线的中点
指定镜像线的第二点:                 //@0,1 Enter
要删除源对象吗？[是(Y)/否(N)] <N>:    // Enter，镜像结果如图 5-58 所示
```

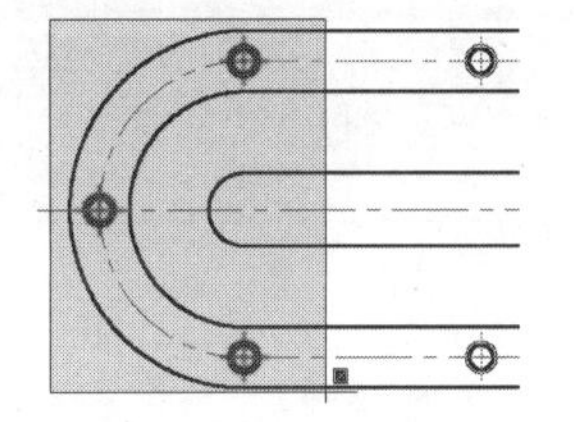

图 5-57　窗口选择

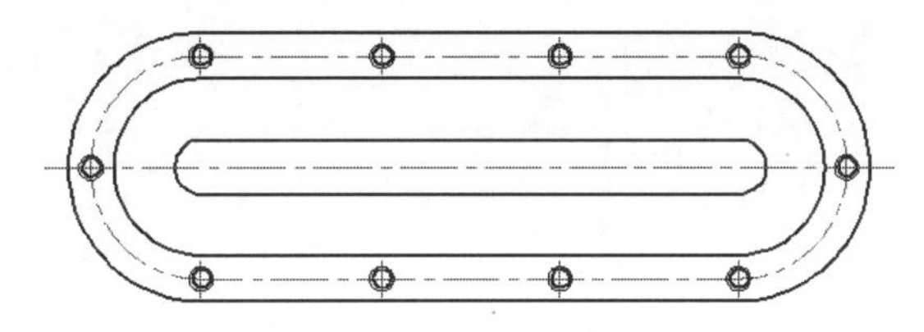

图 5-58　镜像结果

步骤 18　最后执行【保存】命令，将图形命名存储为“综合范例一.dwg”。

5.4　创建图块

在 AutoCAD 制图中，“图块”是一个综合性的概念，也是一种重要的制图功能，它将多个图形对象或文字信息等内容集合起来，形成一个单独的对象集合，如图 5-59 所示，用户不仅可以方便选择，还可以对其进行多次引用。在文件中引用了块后，不仅可以很大程度地提高绘图速度、节省存储空间，还可以使绘制的图形更加标准化和规范化。

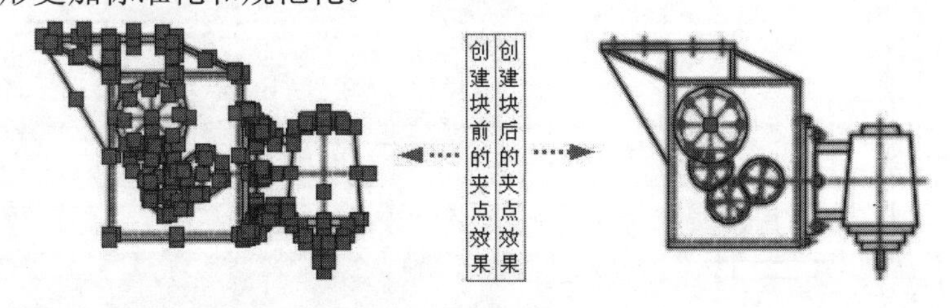

图 5-59　图块示例

5.4.1　创建内部块

【创建块】命令用于将单个或多个图形对象集合成为一个整体图形单元，保存于当前图形文件内，

以供当前文件重复使用，使用此命令创建的图块被称之为“内部块”。

执行【创建块】命令主要有以下几种方式。

- 菜单栏：选择菜单栏中的【绘图】/【块】/【创建】命令。
- 命令行：在命令行输入 Block 或 Bmake 后按 Enter 键。
- 快捷键：在命令行输入 B 后按 Enter 键。
- 功能区：单击【默认】选项卡/【块】面板上的按钮。

【例题 5-7】　将零件图定义为内部块

步骤 01　打开下载文件中的“/素材文件/5-7.dwg”，如图 5-60 所示。

步骤 02　单击【绘图】工具栏上的按钮，执行【创建块】命令，打开如图 5-61 所示的【块定义】对话框。

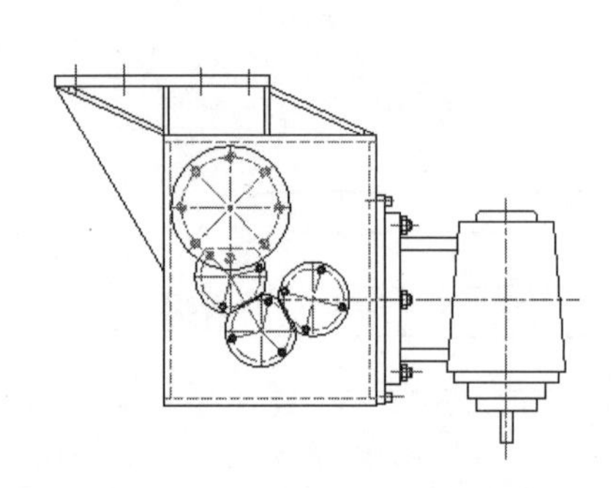

图 5-60　素材文件

图 5-61　【块定义】对话框

步骤 03　在【名称】下拉列表框内输入 bolck01 作为块的名称，在【对象】选项组选中【保留】单选按钮，其他参数保持默认。

步骤 04　在【基点】选项组中单击【拾取点】按钮，返回绘图区，捕捉如图 5-62 所示的交点作为块的基点。

步骤 05　单击【选择对象】按钮，返回绘图区框选所示有的图形对象。

步骤 06　按 Enter 键返回到【块定义】对话框，观看参数设置及图块的预览效果，如图 5-63 所示。

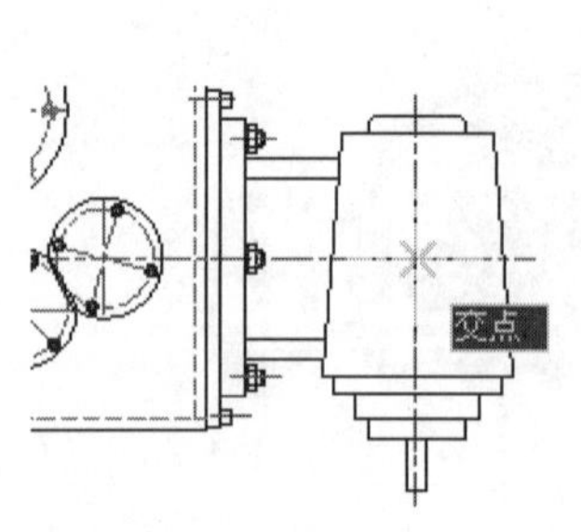

图 5-62　捕捉交点

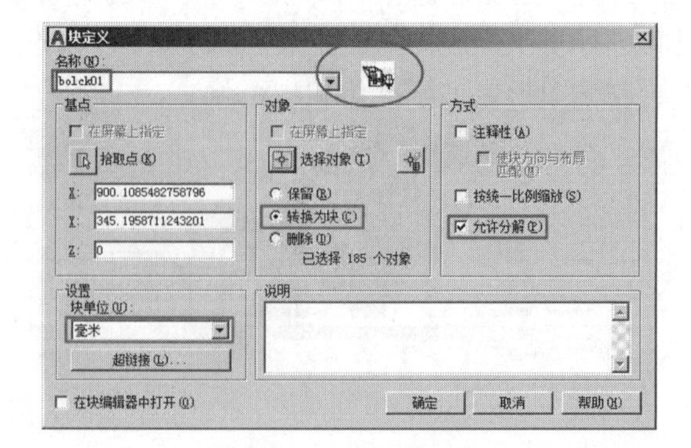

图 5-63　预览图标

步骤 07　单击 确定 按钮关闭【块定义】对话框，结果所创建的内部块存在于文件内部，此块将会与文件一起进行保存。

块定义部分选项解析如下：

- 【名称】下拉列表框用于为新块赋名。图块名是一个不超过 255 个字符的字符串，可以包含字母、数字、“$”、“-”、“_”等符号。
- 【基点】选项组主要用于确定图块的插入基点。

在定义基点时，用户可以直接在【X】、【Y】、【Z】文本框中键入基点坐标值，也可以在绘图区直接捕捉图形上的特征点。AutoCAD 默认基点为原点。

- 单击按钮，将弹出【快速选择】对话框，用户可以按照一定的条件定义一个选择集。
- 【转换为块】单选按钮用于将创建块的原图形转化为图块。
- 【删除】单选按钮用于将组成图块的图形对象从当前绘图区中删除。
- 【在块编辑器中打开】复选框用于定义完块后自动进入块编辑器，以便对图块进行编辑管理。

5.4.2　创建外部块

由于“内部块”仅供当前文件所引用，为了弥补内部块给绘图过程带来的不便，AutoCAD 为用户提供了【写块】命令，使用此命令创建的图块，不但可以被当前文件所使用，还可以供其他文件进行重复引用。

【例题 5-8】　将零件图定义为外部块

步骤 01　继续上例操作。

步骤 02　在命令行输入 Wblock 或 W 后按 Enter 键，执行【写块】命令，打开【写块】对话框。

步骤 03　在【源】选项组内选中【块】单选按钮，然后展开【块】下拉列表框，选择 block01 内部块，如图 5-64 所示。

【块】单选按钮用于将当前文件中的内部图块转换为外部块，进行存盘。当选中该单选按钮后，其右侧的下拉按钮被激活，可从中选择需要被写入块文件的内部图块。另外，默认状态下，系统将继续使用原内部块的名称作为外部图块的新名称进行存盘。

步骤 04　在【文件名或路径】下拉列表框内设置外部块的存盘路径、名称和单位，如图 5-65 所示。

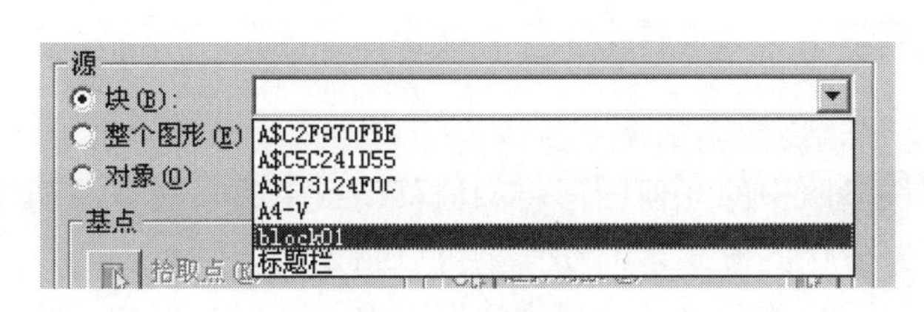

图 5-64　选择块

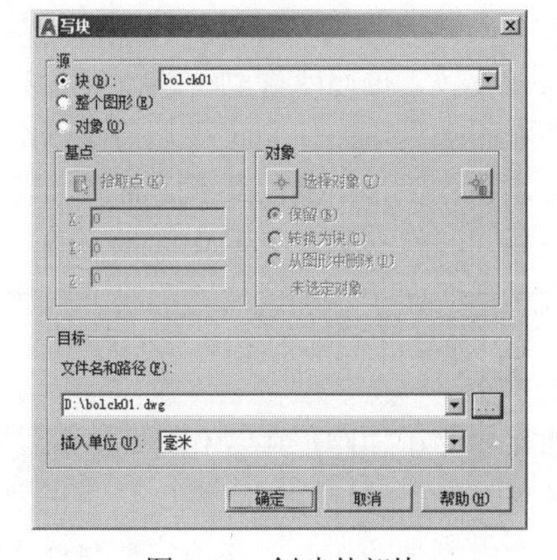

图 5-65　创建外部块

步骤 05　单击确定按钮，block01 内部块被转化为外部图块，以独立文件形式存盘。

【整个图形】单选按钮用于将当前文件中的所有图形对象，创建为一个整体图块进行存盘；【对象】单选按钮是系统默认选项，用于有选择性的，将当前文件中的部分图形或全部图形创建为一个独立的外部图块。具体操作与创建内部块相同。

5.4.3 定义动态块

“动态块”是建立在“块”基础之上的，是事先预设好数据，在使用时可以随设置的数值进行非常方便操作的块。动态块是在块编辑器中定义的，块编辑器是一个专门的编写区域，如图 5-66 所示，通过向图块中添加参数和动作等元素，可以使块升级为动态块。

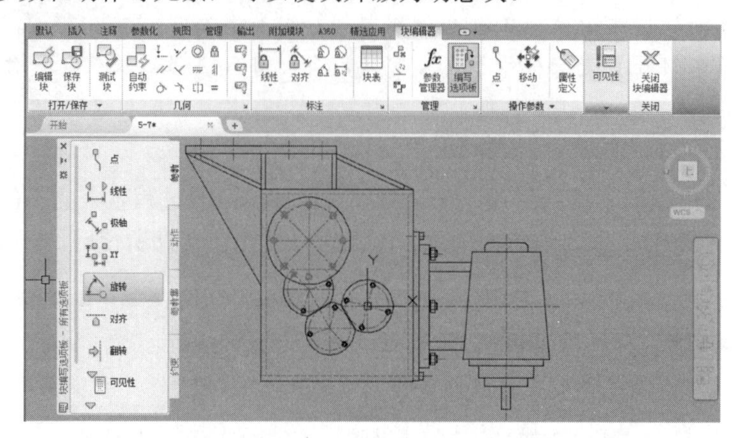

图 5-66 块编辑器窗口

参数和动作是实现动态块动态功能的两个内部因素，如果将参数比作为“原材料”，那么动作则可以比作为“加工工艺”，块编辑器则可以形象地比作为“生产车间”，动态块则是“产品”。原材料在生产车间里按照某种加工工艺就可以形成产品，即“动态块”。

1. 参数

参数的实质是指定其关联对象的变化方式，如点参数的关联对象可以向任意方向发生变化；线性参数和 XY 参数的关联对象只能延伸参数所指定的方向发生改变；极轴参数的关联对象可以按照极轴方式发生旋转、拉伸或移动；翻转、可见性、对齐参数的关联对象可以发生翻转、隐藏、自动对齐等。

参数添加到动态块定义中后，系统会自动向块中添加自定义夹点和特性，使用这些自定义夹点和特性可以操作图形中的块参照。而夹点将添加到该参数的关键点，关键点是用于操作块参照的参数部分。例如，线性参数在其基点和端点具有关键点，可以从任一关键点操作参数距离。添加到动态块中的参数类型决定了添加的夹点类型。每种参数类型仅支持特定类型的动作。

2. 动作

动作定义了在图形中操作动态块时，该块参照中的几何图形将如何移动或更改。所有的动作必须与参数配对才能发挥作用。参数只是指定对象变化的方式，而动作则可以指定变化的对象。

向块中添加动作后，必须将这些动作与参数相关联，并且通常情况下要与几何图形相关联；当向块中添加了参数和动作元素后，也就为块几何图形增添了灵活性和智能性，通过参数和动作的配合，动态块才可以轻松实现旋转、翻转、查询等各种各样的动态功能。

参数和动作仅显示在块编辑器中，将动态块插入到图形中时，将不会显示动态块定义中包含的参数和动作。

5.4.4 动态块制作步骤

为了制作高质量的动态块，以便达到用户的预期效果，可以按照如下步骤进行操作。

（1）在创建动态块之前首先规划动态块的内容

在创建动态块之前，应当了解块的外观及在图形中的使用方式，不但要了解块中哪些对象需要更改或移动，而且还要确定这些对象将如何更改或移动。例如，如果创建一个可调整大小的动态块，但是在调整块大小时还需要显示出其他几何图形，那么这些因素则决定了添加到块定义中的参数和动作的类型，以及如何使参数、动作和几何图形进行共同作用。

（2）绘制几何图形

用户可以在绘图区域或块编辑器中绘制动态块中的几何图形，也可以在现有几何图形或图块的基础上进行操作。

（3）了解块元素间的关联性

在向块定义中添加参数和动作之前，应了解它们相互之间及它们与块中的几何图形的关联性。在向块定义添加动作时，需要将动作与参数及几何图形的选择集相关联。在向动态块参照添加多个参数和动作时，需要设置正确的关联性，以便块参照在图形中正常工作。

例如，要创建一个包含若干对象的动态块，其中一些对象关联了拉伸动作，同时用户还希望将所有对象围绕同一基点旋转。那么在添加了其他所有参数和动作之后，还需要再添加旋转动作。如果旋转动作并非与块定义中的其他所有对象（几何图形、参数和动作）相关联，那么块参照的某些部分就可能不会旋转。

（4）添加参数

按照命令行的提示及用户要求，向动态块定义中添加适当的参数。另外，使用【块编写选项板】中的【参数集】选项卡可以同时添加参数和关联动作。 有关使用参数集的详细信息，请参见使用参数集。

（5）添加动作

根据需要向动态块定义中添加适当的动作。按照命令行中的提示进行操作，确保将动作与正确的参数和几何图形相关联。

（6）指定动态块的操作方式

在为动态块添加动作之后，还需指定动态块在图形中的操作方式，用户可以通过自定义夹点和自定义特性来操作动态块。具体在创建动态块时，需要定义显示哪些夹点及如何通过这些夹点来编辑动态块。另外还需指定是否在【特性】选项板中显示出块的自定义特性，以及是否可以通过该选项板或自定义夹点来更改这些特性等。

（7）保存动态块定义并在图形中进行测试

当完成上述操作后，最后需要将动态块定义进行保存，并退出块编辑器。 然后将动态块插入到几何图形中，进行测试动态块。

5.5　插入图块与参照

本节将学习【插入块】和【DWG 参照】两个命令，以向图形中引用图块、参照等外部资源。

5.5.1　图块的插入

【插入块】命令主要用于将内部块、外部块和以存盘的 DWG 文件，引用到当前图形中，以组合为更复杂的图形结构。

执行【插入块】命令主要有以下几种方式。

- 菜单栏：选择菜单栏中的【插入】/【块】命令。
- 命令行：在命令行输入 Insert 后按 Enter 键。
- 快捷键：在命令行输入 I 后按 Enter 键。
- 功能区：单击【默认】选项卡/【块】面板上的按钮。

【例题 5-9】　将图块插入到当前文件内

步骤 01　单击【默认】选项卡/【块】面板上的按钮，打开【插入】对话框。

步骤 02　在【名称】下拉列表框中选择 block01 内部块。

步骤 03　选中【统一比例】复选框，同时设置图块的缩放比例为 0.75，如图 5-67 所示。

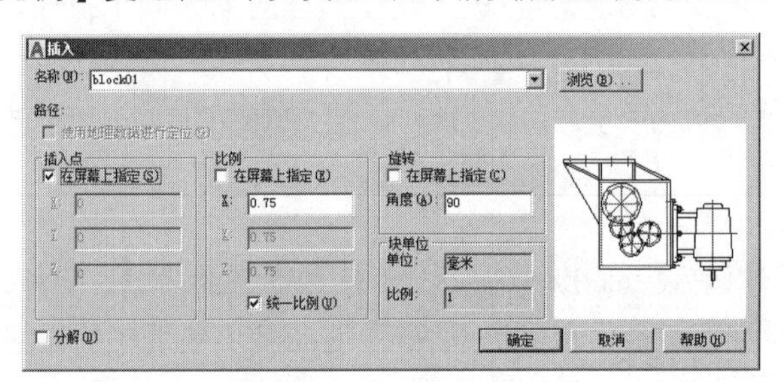

图 5-67　设置插入参数

如果选中了【分解】复选框，那么插入的图块则不是一个独立的对象，而是被还原成一个个单独的图形对象。

步骤 04　其他参数保持默认，单击 确定 按钮返回到绘图区，在命令行"指定插入点或 [基点(B)/比例(S)/X/Y/Z/旋转(R)]："提示下，拾取一点作为块的插入点，结果如图 5-68 所示。

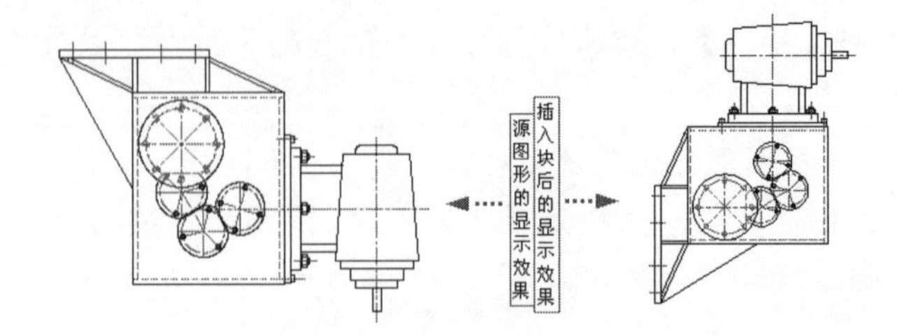

图 5-68　插入结果

插入部分选项解析如下：

- 【名称】下拉列表框用于设置需要插入的内部块。
- 【插入点】选项组用于确定图块插入点的坐标。

用户可以选中【在屏幕上指定】复选框，直接在屏幕绘图区拾取一点，也可以在【X】、【Y】、【Z】3 个文本框中输入插入点的坐标值。

- 【比例】选项组用于确定图块的插入比例。
- 【旋转】选项组用于确定图块插入时的旋转角度。
- 用户可以选中【在屏幕上指定】复选框，直接在绘图区指定旋转的角度，也可以在【角度】文本框中输入图块的旋转角度。

5.5.2　DWG 参照

“参照”指的是将一幅图形引用到另一个图形中，但是此图形并没有成为另一图形中的一部分，它仅仅起到一种参照作用，并且外部参照的每次改动后的结果都会及时地反映在最后一次被参照的图形中。外部参照主要有 DWG 参照、DWF 参考底图、DGN 参考底图等，而【DWG 参照】命令用于为当前文件中的图形附着外部参照，使附着的对象与当前图形文件存在一种参照关系。

执行【DWG 参照】命令主要有以下几种方式。

- 菜单栏：选择菜单栏中的【插入】/【DWG 参照】命令。
- 命令行：在命令行输入 Xattach 后按 Enter 键。
- 快捷键：在命令行输入 XA 后按 Enter 键。
- 功能区：单击【插入】选项卡/【参照】面板上的按钮。

当用户打开一个含有外部参照的文件时，系统仅会按照记录的路径去搜索外部参照文件，而不会将外部参照作为图形文件的内部资源进行存储。

执行【DWG 参照】命令后，从打开的【选择参照文件】对话框中选择所要附着的图形文件，如图 5-69 所示，然后单击 打开(O) 按钮，系统将打开如图 5-70 所示的【附着外部参照】对话框。

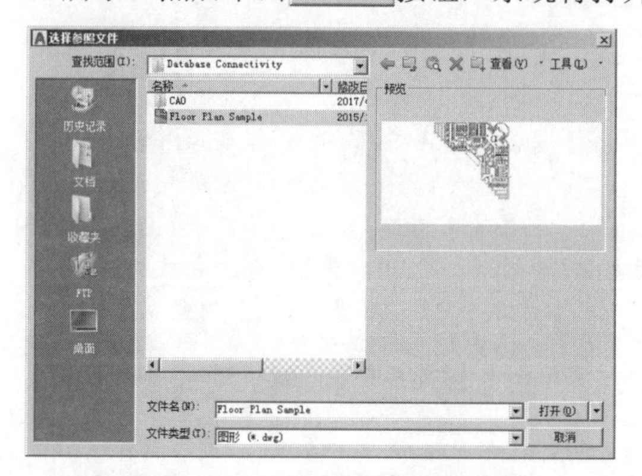

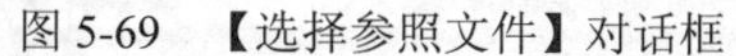

图 5-69　【选择参照文件】对话框

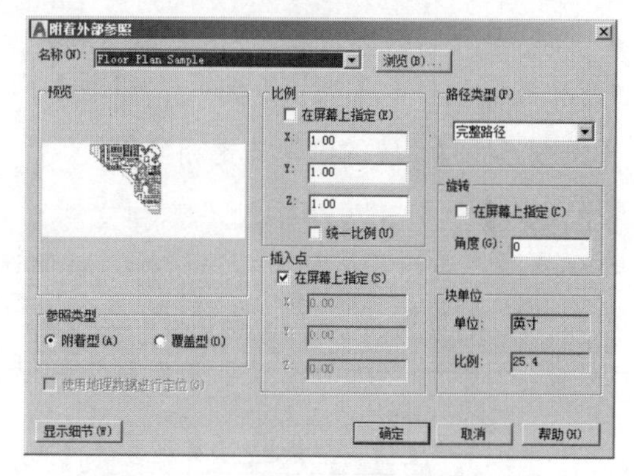

图 5-70　【附着外部参照】对话框

当附着了外部参照后，该参照的名称将出现在【名称】下拉列表框内，如果在当前文件中含有多个参照时，这些参照的文件名都排列在此下拉列表框中。

单击【名称】下拉列表框右侧的 浏览(B)... 按钮，可以打开【选择参照文件】对话框，用户可以从中为当前图形选择新的外部参照。

【附着外部参照】对话框中部分选项解析如下：

- 【参照类型】选项组用于指定外部参照图形的引用类型。引用类型主要影响嵌套参照图形的显示。系统提供了【附着型】和【覆盖型】两种参照类型。如果在一个文件中以“附着型”的方式引用了外部参照图形，当这个图形文件又被参照在另一个图形文件中时，AutoCAD 仍显示这个图形文件中的嵌套的参照图形；如果在一个图形文件中以“覆盖型”的方式引用了外部参照图形，当这个图形文件又被参照在另一个图形文件中时，AutoCAD 将不再显示这个图形文件中的嵌套的参照图形。

当 A 图形以外部参照的形式被引用到 B 图形，而 B 图形又以外部参照的形式被引用到 C 图形，则相对 C 图形来说，A 图形就是一个嵌套参照图形，它在 C 图形中的显示与否，取决于它被引用到 B 图形时的参照类型。

- 【路径类型】下拉列表用于指定外部参照的保存路径，包括【完整路径】、【相对路径】和【无路径】3 种路径类型。将路径类型设置为【相对路径】之前，必须保存当前图形。对于嵌套的外部参照，【相对路径】通常是指其直接宿主的位置，而不一定是当前打开的图形的位置。如果参照的图形位于另一个本地磁盘驱动器或网络服务器上，【相对路径】选项不可用。

一个图形可以作为外部参照同时附着到多个图形中。同样，也可以将多个图形作为外部参照附着到单个图形中。如果一个被定义属性的图形以外部参照的形式引用到另一个图形中，那么 AutoCAD 将把参照的属性忽略掉，仅显示参照图形，不显示图形的属性。

5.5.3　块的编辑与更新

【块编辑器】命令用于为当前图形创建和更改块的定义，还可以使用块编辑器命令向现有块添加动态行为。

执行【块编辑器】命令主要有以下几种方式。

- 菜单栏：选择菜单栏中的【工具】/【块编辑器】命令。
- 命令行：在命令行输入 Bedit 后按 Enter 键。
- 快捷键：在命令行输入 BE 后按 Enter 键。
- 功能区：单击【默认】选项卡/【块】面板上的 按钮。

【例题 5-10】　块的编辑与更新实例

步骤 01　打开下载文件中的“/素材文件/5-8.dwg”，如图 5-71 所示。

步骤 02　在会议椅图块上双击鼠标，或者选择菜单栏中的【工具】/【块编辑器】命令，打开如图 5-72 所示的【编辑块定义】对话框。

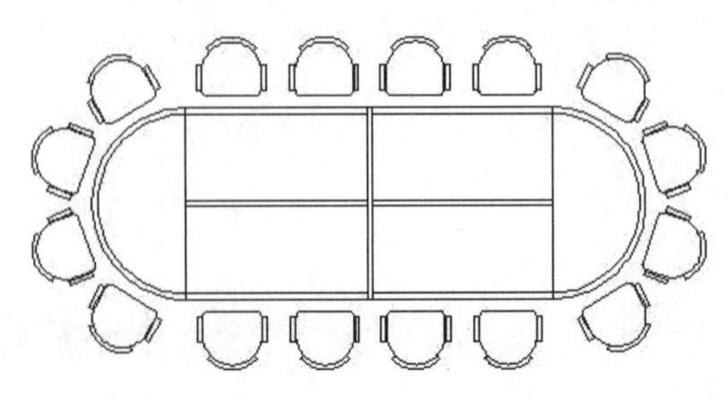

图 5-71　素材文件

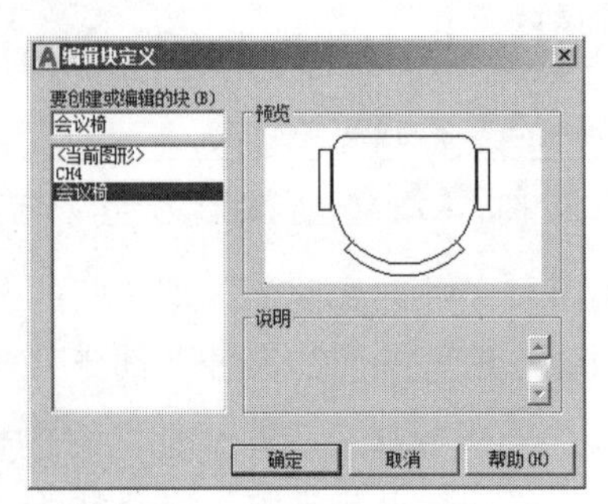

图 5-72　【编辑块定义】对话框

步骤 03　在【编辑块定义】对话框中双击“会议椅”图块，打开块编辑窗口。

步骤 04　使用快捷键 H 激活【图案填充】命令，在命令行“拾取内部点或 [选择对象(S)/设置(T)]:”提示下，激活【设置】选项，在打开的【图案填充和渐变色】对话框中设置填充图案及填充参数，如图 5-73 所示；为椅子平面图填充如图 5-74 所示的图案。

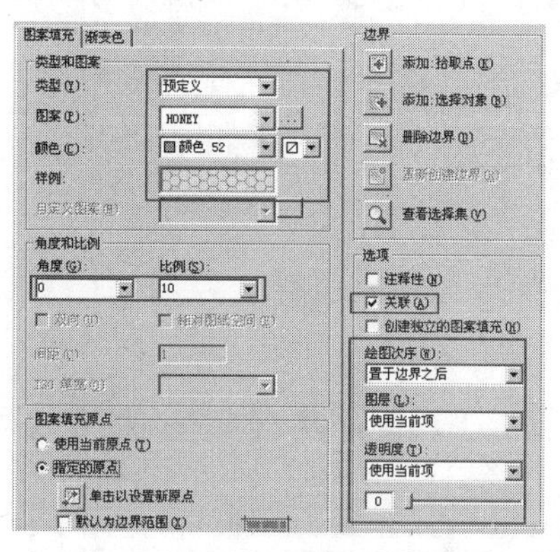

图 5-73　设置填充图案及参数

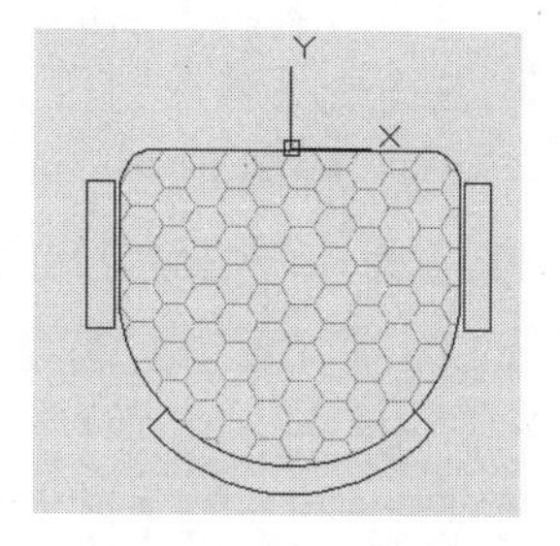

图 5-74　填充结果

步骤 05　在块编辑器功能区中单击【打开/保存】面板上的【保存块】按钮，将上述操作进行保存。

步骤 06　单击按钮关闭块编辑器，结果所有会议椅图块被更新，如图 5-75 所示。

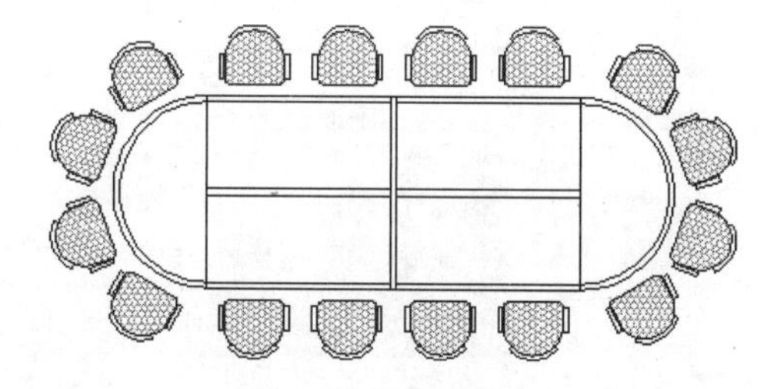

图 5-75　更新结果

在块编辑器窗口中还可以为块添加约束、参数及动作特征，还可以对块进行另名存储。

5.5.4　块的嵌套与分解

用户可以在一个图块中引用其他图块，称之为“嵌套块”，如可以将厨房作为插入到每一个房间的图块，而在厨房块中，又包含水池、冰箱、炉具等其他图块。

使用嵌套块需要注意以下两点：

- 块的嵌套深度没有限制。
- 块定义不能嵌套自身，即不能使用嵌套块的名称作为将要定义的新块名称。

5.6　属性定义与编辑

“属性”实际上就是一种“块的文字信息”，属性不能独立存在，它是附属于图块的一种非图形信息，用于对图块进行文字说明。本节将学习属性的定义、编辑与管理技能。

5.6.1 定义属性

【定义属性】命令用于为几何图形定制文字属性，所定义的文字属性暂时以属性标记名显示。执行【定义属性】命令主要有以下几种方式。

- 菜单栏：选择菜单栏中的【绘图】/【块】/【定义属性】命令。
- 命令行：在命令行输入 Attdef 后按 Enter 键。
- 快捷键：在命令行输入 ATT 后按 Enter 键。
- 功能区：单击【默认】选项卡/【块】面板上的按钮。

【例题 5-11】 为几何图形定义文字属性

步骤 01 新建文件，按 F3 功能键打开【对象捕捉】功能，并设置捕捉模式为圆心捕捉。

步骤 02 使用快捷键 C 执行【圆】命令，绘制直径为 8 的圆，如图 5-76 所示。

步骤 03 选择菜单栏中的【绘图】/【块】/【定义属性】命令，打开【属性定义】对话框，然后设置属性的内容及参数，如图 5-77 所示。

步骤 04 单击 确定 按钮返回绘图区，捕捉圆心作为属性插入点，结果如图 5-78 所示。

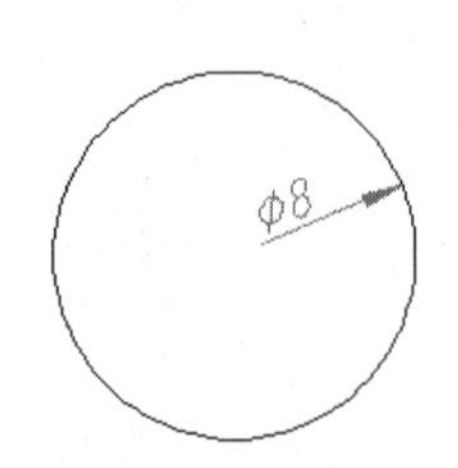

图 5-76 绘制圆

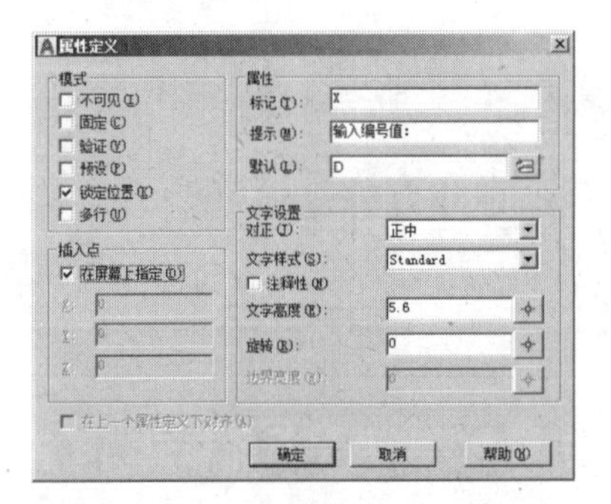

图 5-77 【属性定义】对话框

图 5-78 捕捉插入点

【属性定义】对话框中，【模式】选项组主要用于控制属性的显示模式，各选项含义如下：

- 【不可见】复选框用于设置插入属性块后是否显示属性值。
- 【固定】复选框用于设置属性是否为固定值。
- 【验证】复选框用于设置在插入块时提示确认属性值是否正确。
- 【预设】复选框用于将属性值定为默认值。
- 【锁定位置】复选框用于将属性位置进行固定。
- 【多行】复选框用于设置多行的属性文本。

当重复定义属性时，可选中【在上一个属性定义下对齐】复选框，系统将自动沿用上次设置的各属性的文字样式、对正方式、高度等参数的设置。

5.6.2 编辑属性

当为图形定义了属性之后，还需要将属性和几何图形一起创建为“属性块”，方可体现出“属性”的作用。当插入了带有属性的图块后，使用【编辑属性】命令即可以对属性进行修改。

执行【编辑属性】命令主要有以下几种方式。

- 菜单栏：选择菜单栏中的【修改】/【对象】/【属性】/【单个】命令。
- 命令行：在命令行输入 Eattedit 后按 Enter 键。
- 快捷键：在命令行输入 EAT 后按 Enter 键。
- 功能区：单击【默认】选项卡/【块】面板上的按钮。

【例题 5-12】 属性块的定义和编辑实例

步骤 01 继续上例操作。执行【创建块】命令，将圆及属性创建为块，参数设置如图 5-79 所示。

步骤 02 单击确定按钮，打开【编辑属性】对话框，然后将属性值设为 B，如图 5-80 所示。

步骤 03 单击确定按钮，结果创建了一个属性值为 B 的块，如图 5-81 所示。

如果定制的属性块需要被引用到其他图形文件中，在此需要使用【写块】命令，将其创建为外部块。

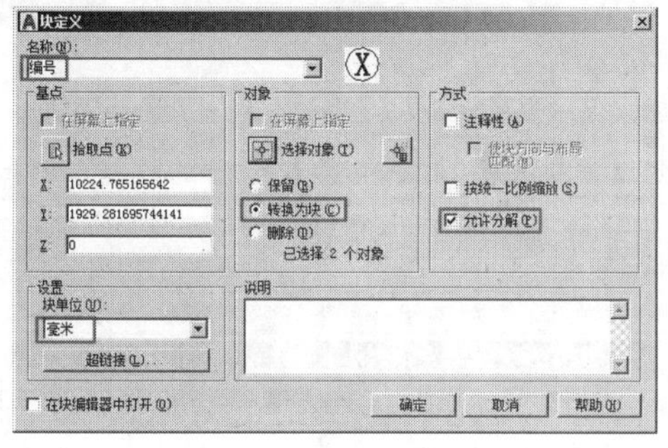

图 5-79　设置块参数

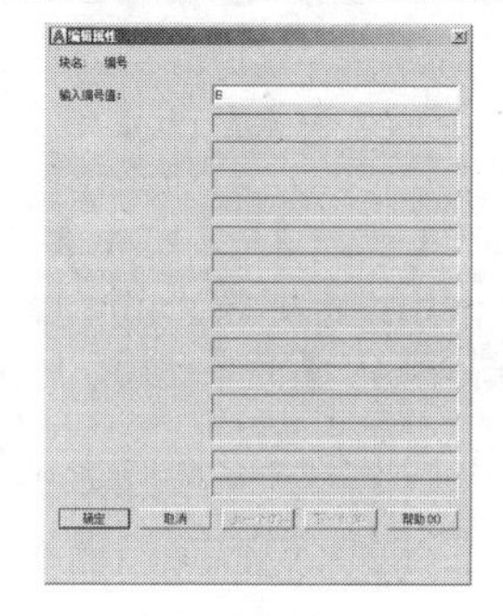

图 5-80　【编辑属性】对话框

图 5-81　定义属性块

步骤 04 选择菜单栏中的【修改】/【对象】/【属性】/【单个】命令，在“选择块：”提示下选择属性块，打开【增强属性编辑器】对话框，修改属性值如图 5-82 所示，结果如图 5-83 所示。

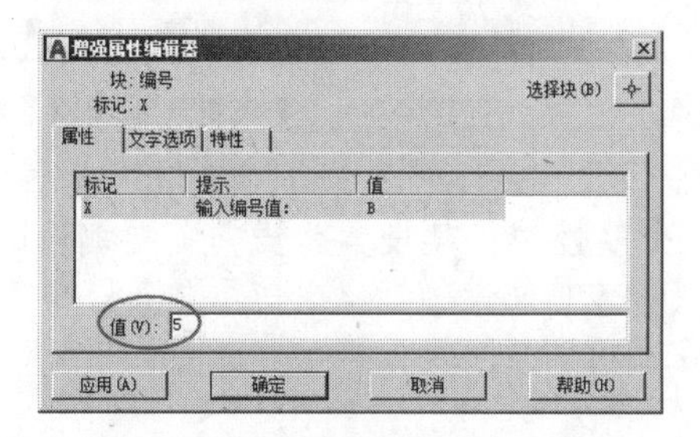

图 5-82　【增强属性编辑器】对话框

图 5-83　修改结果

步骤 05 单击【文字选项】选项卡，修改属性的宽度比例和倾斜角度，如图 5-84 所示；属性块的显示效果如图 5-85 所示。

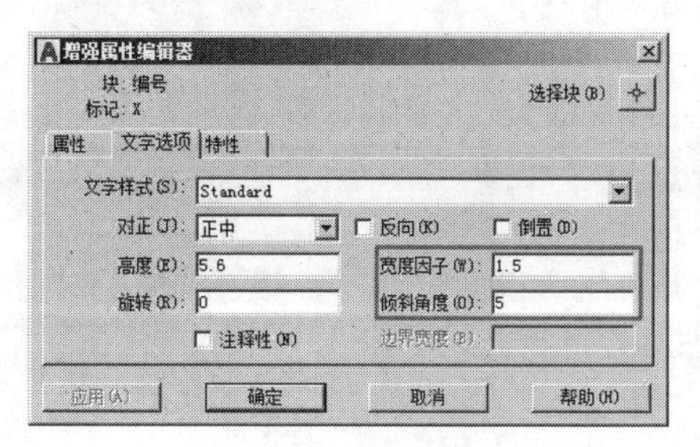

图 5-84　修改属性值

图 5-85　修改结果

步骤 06　最后单击 确定 按钮，关闭【增强属性编辑器】对话框。

【增强属性编辑器】对话框中部分选项解析如下：

- 【属性】选项卡用于显示当前文件中所有属性块的标记、提示和默认值，还可以修改属性块的属性值。单击右上角的【选择块】按钮，可以连续对当前图形中的其他属性块进行修改。
- 【特性】选项卡用于修改属性的图层、线型、颜色、线宽等特性。
- 【文字选项】选项卡用于修改属性的文字特性，如文字样式、对正方式、高度、宽度比例等。

5.6.3　块属性管理器

【块属性管理器】命令用于对当前文件中的众多属性块进行编辑管理，使用此工具，不但可以修改属性的标记、提示属性默认值等属性的定义，还可以修改属性所在的图层、颜色、宽度、重新定义属性文字如何在图形中的显示等。

执行【块属性管理器】命令主要有以下几种方式。

- 菜单栏：选择菜单栏中的【修改】/【对象】/【属性】/【块属性管理器】命令。
- 命令行：在命令行输入 Battman 后按 Enter 键。
- 功能区：单击【默认】选项卡/【块】面板上的按钮。

执行【块属性管理器】命令后，系统将打开如图 5-86 所示的【块属性管理器】对话框，用于对当前图形文件中的所有属性块进行管理。

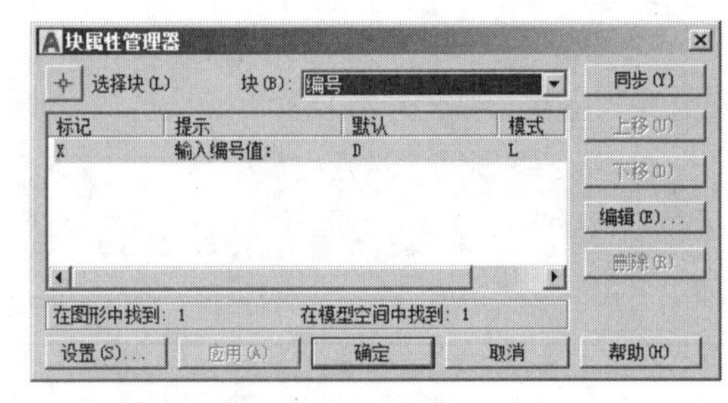

图 5-86　【块属性管理器】对话框

在执行【块属性管理器】命令时，必须在当前图形文件中含有带有属性的图块。

【块属性管理器】对话框中部分选项解析如下：

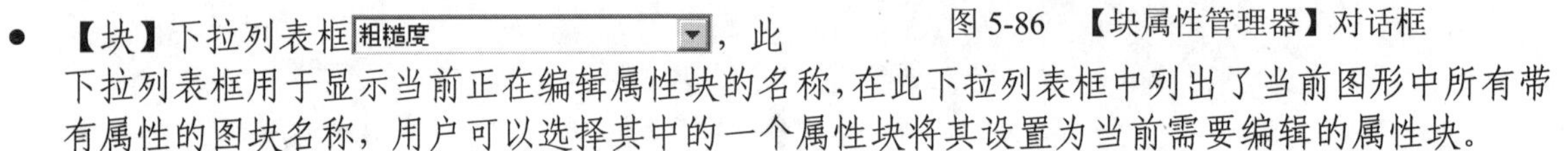

- 【块】下拉列表框 粗糙度，此下拉列表框用于显示当前正在编辑属性块的名称，在此下拉列表框中列出了当前图形中所有带有属性的图块名称，用户可以选择其中的一个属性块将其设置为当前需要编辑的属性块。
- 在属性框内列出了当前选择块的所有属性定义，包括属性的标记、提示、默认和模式。在属性文本框下侧，标有选择的属性块在当前图形和在当前模型空间（和布局空间）中相应块的总数目。
- 同步(Y) 按钮用于更新已修改的属性特性，它不会影响在每个块中指定给属性的任何值。
- 上移(U) 和 下移(D) 按钮用于修改属性值的显示顺序。
- 编辑(E)... 按钮用于修改属性块的各属性的特性。
- 删除(R) 此按钮用于删除在属性列表框中选中的属性定义。对于仅具有一个属性的块，此按钮不可使用。
- 单击 设置(S)... 按钮，可打开如图 5-87 所示的【块属性设置】对话框，此对话框用于控制属性框中具体显示的内容。其中【在列表中显示】选项组用于设置在【块属性管理器】中属性的具体显示内容；【将修改应用到现有参照】复选框用于修改的属性应用到现有的属性块。

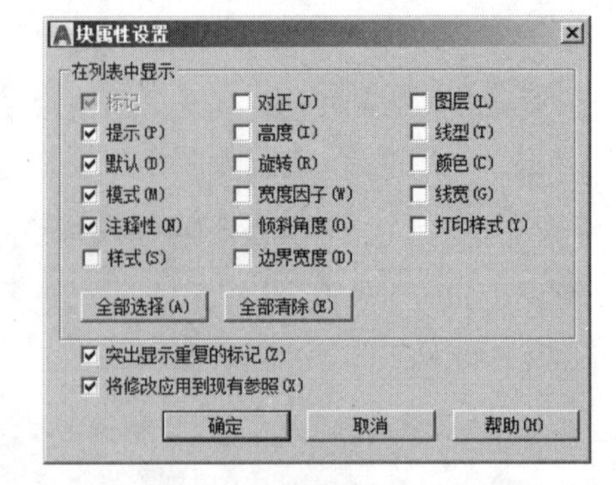

图 5-87　【块属性设置】对话框

默认情况下所做的属性更改将应用到当前图形中现有的所有块参照。如果在对属性块进行编辑修改时，当前文件中的固定属性或嵌套属性块受到一定影响，此时可使用“重生成”命令更新这些块的显示。

5.7 综合范例二——图块与属性的综合应用

本例通过为小别墅立面图标注标高，主要对【定义属性】、【创建块】、【写块】、【插入】、【编辑属性】等重点知识进行综合练习和巩固应用。本例最终标注效果如图 5-88 所示。

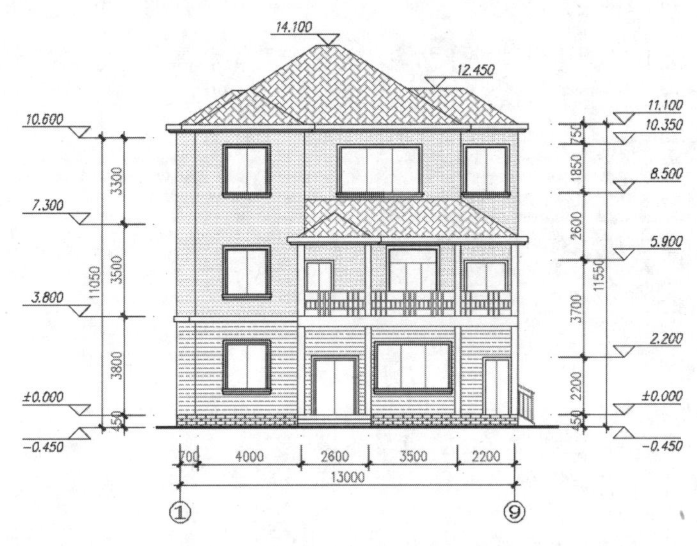

图 5-88 实例效果

操作步骤：

步骤 01 执行【打开】命令，打开下载文件中的“/素材文件/5-9.dwg”。

步骤 02 单击【默认】选项卡/【图层】面板上的【图层】下拉列表，将“0 图层”设为当前图层。

步骤 03 激活状态栏上的【极轴追踪】功能，并设置极轴角为 45°。

步骤 04 使用快捷键 PL 执行【多段线】命令，绘制出标高符号，如图 5-89 所示。

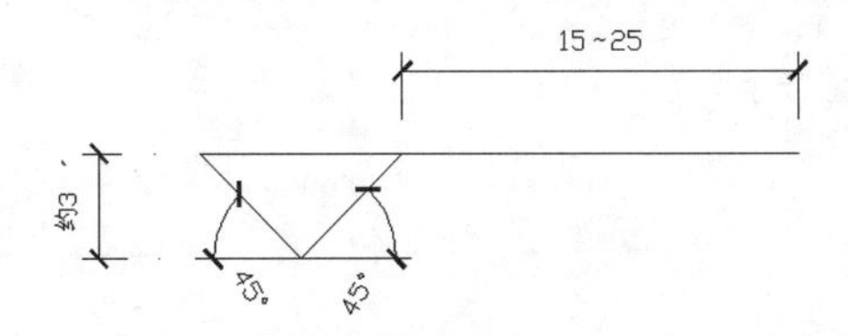

图 5-89 标高符号

步骤 05 单击【默认】选项卡/【块】面板上的按钮，打开【属性定义】对话框，为标高符号定义文字属性，如图 5-90 所示。

步骤 06 单击 确定 按钮，在命令行“指定起点：”提示下捕捉标高符号最右侧的端点，为标高符号定义属性，结果如图 5-91 所示。

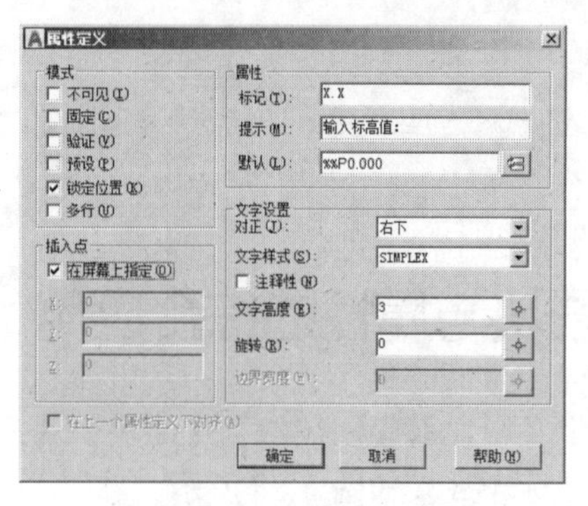

图 5-90　设置属性参数

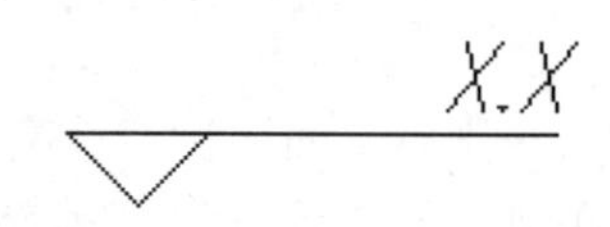

图 5-91　定义属性

步骤 07　使用快捷键 B 执行【创建块】命令，将标高符号和属性一起创建为内部块，块参数设置如图 5-92 所示；图块的基点为如图 5-93 所示的端点。

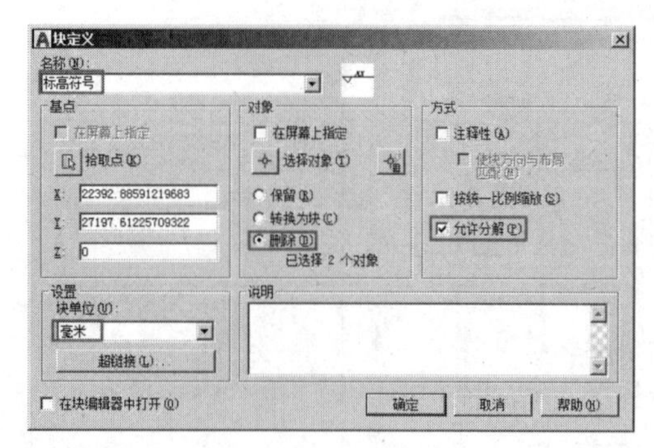

图 5-92　设置块参数

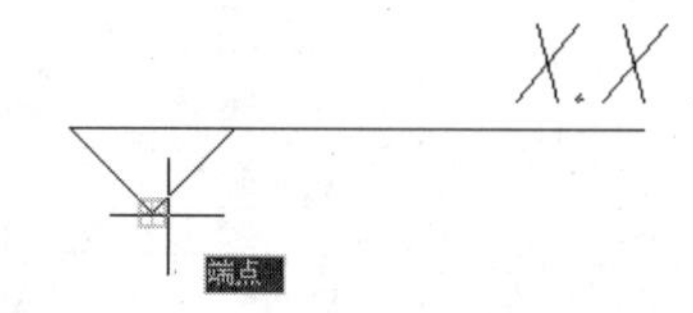

图 5-93　捕捉端点

步骤 08　使用快捷键 W 执行【写块】命令，将刚创建的“标高符号”内部块转化为同名的外部块。

步骤 09　设置“其他层”作为当前层，然后单击【默认】选项卡/【块】面板上的按钮，以默认属性值插入刚定义的“标高符号”属性块，块参数设置如图 5-94 所示，插入结果如图 5-95 所示。

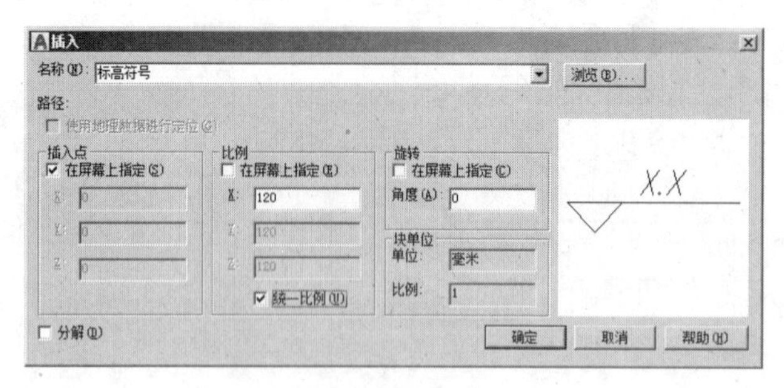

图 5-94　设置块参数

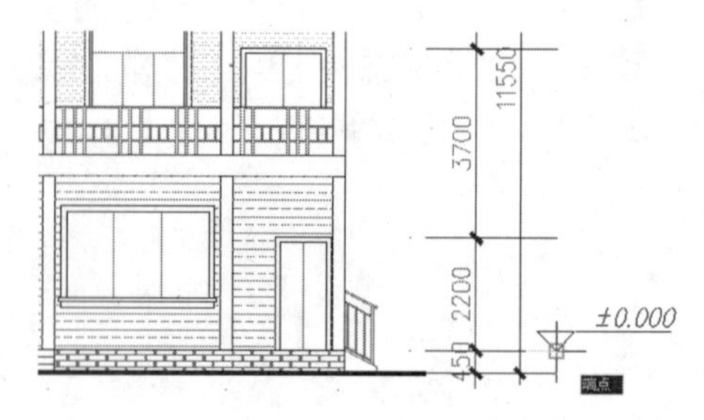

图 5-95　捕捉端点

步骤 10　使用快捷键 CO 执行【复制】命令，将刚插入的标高分别复制到右侧尺寸延伸线的末端，结果如图 5-96 所示。

图 5-96 复制结果

步骤 11 选择菜单栏中的【修改】/【对象】/【属性】/【单个】命令，在命令行“选择块：”提示下选择最下侧的标高符号，然后修改其属性值，如图 5-97 所示。

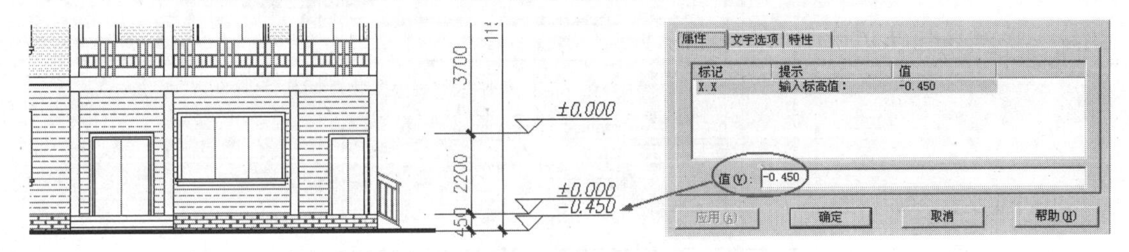

图 5-97 修改属性值

步骤 12 在【增强属性编辑器】对话框中单击 应用(A) 按钮，结果标高的属性值被修改。

步骤 13 重复执行上一步的操作，分别修改其他位置的标高属性值，修改结果如图 5-98 所示。

图 5-98 编辑结果

在修改其他标高属性值时，不必重复执行命令，可以单击【增强属性编辑器】对话框右上角的 按钮。

步骤 14 单击【默认】选项卡/【修改】面板上的 按钮，配合【两点之间的中点】捕捉功能对右下侧的标高符号进行镜像，结果如图 5-99 所示。

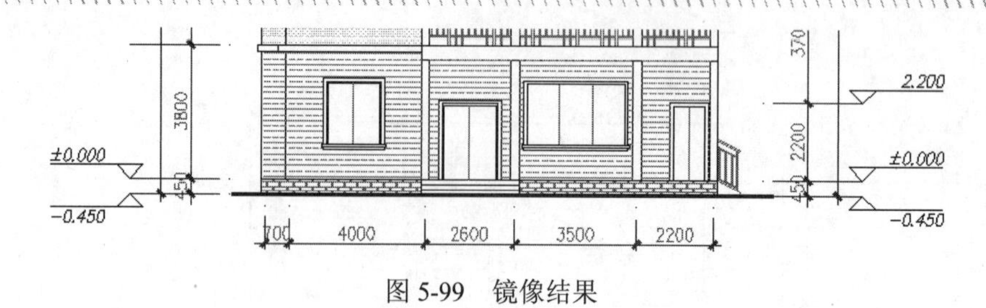

图 5-99　镜像结果

步骤 15　单击【默认】选项卡/【修改】面板上的按钮，将标高符号分别复制到其他位置上，结果如图 5-100 所示。

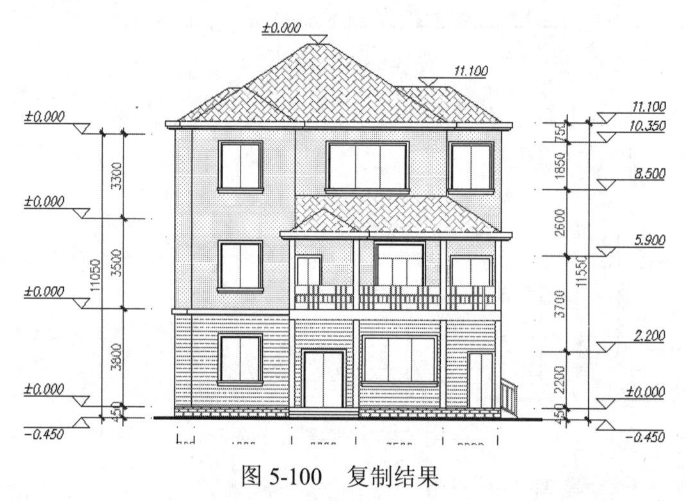

图 5-100　复制结果

步骤 16　接下来，分别在复制出的标高符号上双击鼠标，修改属性值，结果如图 5-101 所示。

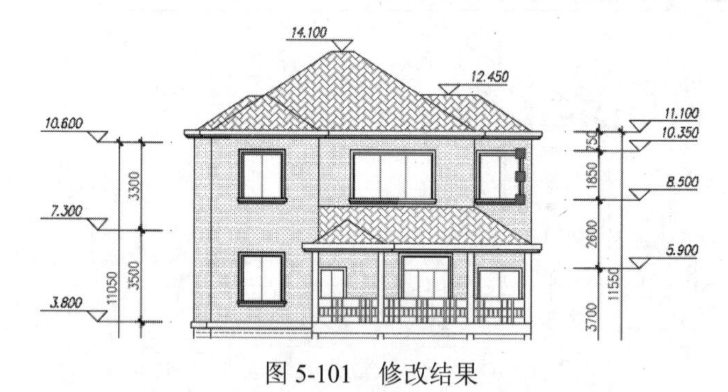

图 5-101　修改结果

步骤 17　最后执行【另存为】命令，将图形另存为“综合范例二.dwg”。

5.8　思考与总结

5.8.1　知识点思考

（1）AutoCAD 为用户提供了多种复合图元的创建功能，想一想，各种复合工具之间有何区别？

（2）如何区别“内部块”“外部块”和“属性块”三者的概念？

（3）何为“外部参照”“外部参照”与“图块”有何区别？

5.8.2 知识点总结

本章主要学习了复杂图形结构的快速创建、组合与引用等功能知识，通过这些高效制图功能，用户可以非常方便地创建复杂结构的图形。通过本章的学习，具体应掌握以下知识：

- 在复制图形时，需要了解和掌握基点的选择技巧及目标点的多重定位技巧。
- 在偏移图形时，需要掌握“距离偏移”和“定点偏移”两种技法，以快速创建多重的图形结构。
- 在阵列图形时，需要掌握矩形阵列、环形阵列和路径阵列三种技能及参数设置，以快速创建均布结构和聚心结构的复杂图形结构。
- 在镜像图形时，需要掌握镜像轴的定位和镜像文字的可读性等知识，以快速创建对称结构的复杂图形。
- 在创建图块时，要理解和掌握内部块、外部块的功能概念及具体的定制过程。
- 在插入图块时，要注意图块的缩放比例、旋转角度等参数的设置技能，以创建不同角度和不同尺寸的图形。
- 掌握属性块的定义技能和属性块的编辑技巧，将属性与块综合在一起，以真正发挥属性块的功效。

5.9 上机操作题

5.9.1 操作题一

综合所学知识，为零件图标注粗糙度与基面代号，如图 5-102 所示。

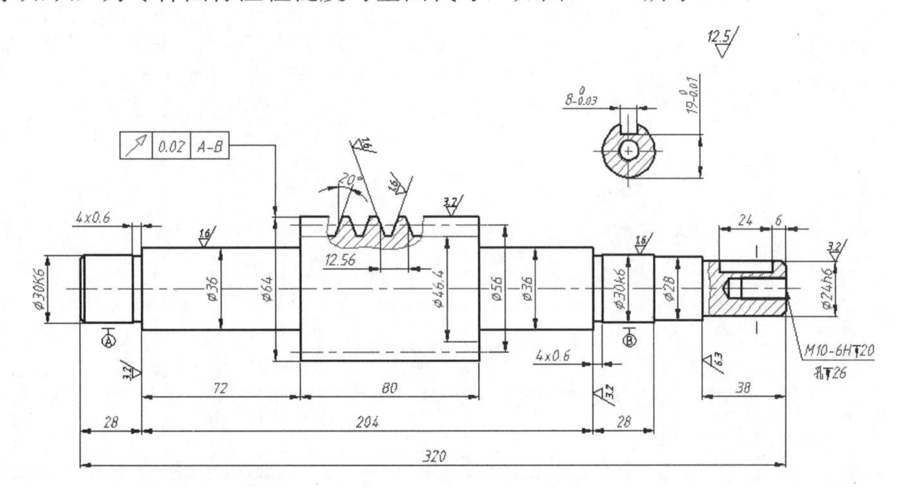

图 5-102　操作题一

零件图粗糙度与基面代号需要以属性块的形式进行标注。另外，本例所需零件图为下载文件中的“/素材文件/5-10.dwg”。

5.9.2　操作题二

综合所学知识，绘制如图 5-103 所示的沙发组合图例（局部尺寸自定）。

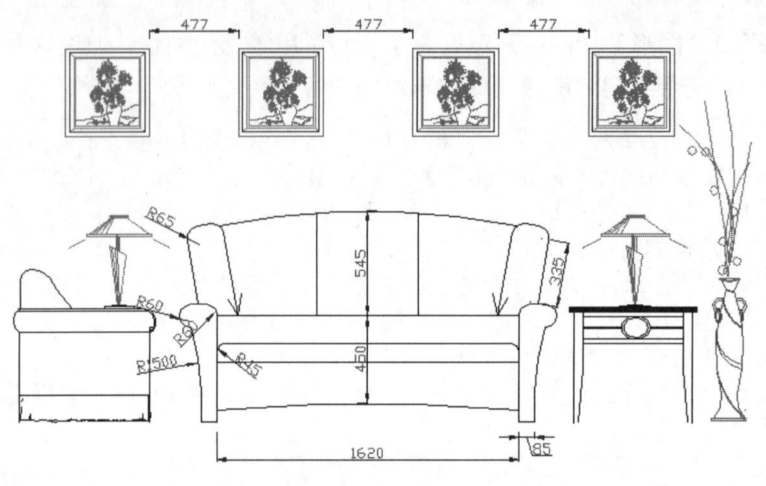

图 5-103　操作题二

本例所需挂画、台灯、立面桌、花瓶等图形，都收录在下载文件中的“/图块文件/”目录下。

第 6 章　图形资源的管理、共享与编辑

本章将学习几个高级工具，具体有【图层】、【图层工具】、【设计中心】、【工具选项板】、【特性】等，灵活掌握这些工具，能使读者更加方便地对图形资源进行综合组织、管理、共享和完善，以快速、高效地绘制设计图样。

本章内容

- 图层
- 图层工具的应用
- 设计中心
- 工具选项板
- 快速选择
- 特性与特性匹配
- 综合范例——图形的分层管理与特性编辑
- 思考与总结
- 上机操作题

6.1　图层

图层的概念比较抽象，我们可以将其理解为透明的电子纸，在每张透明电子纸上可以绘制不同线型、线宽、颜色等的图形，最后将这些透明电子纸叠加起来，即可得到完整的图样。使用【图层】命令可以控制每张电子纸的线型、颜色等特性和显示状态，以方便用户对图形资源进行管理、规划、控制等。

执行【图层】命令主要有以下几种方式。

- 菜单栏：选择菜单栏中的【格式】/【图层】命令。
- 命令行：在命令行输入 Layer 后按 Enter 键。
- 快捷键：在命令行输入 LA 后按 Enter 键。
- 功能区：单击【默认】选项卡/【图层】面板上的按钮。

6.1.1　新建与命名图层

下面通过设置名称为“中心线”“轮廓线”和“标注线”的 3 个图层，主要学习图层的新建、命名等操作技能。

【例题 6-1】 设置新图层

步骤 01　首先新建空白文件。

步骤 02　单击【默认】选项卡/【图层】面板上的按钮，打开如图 6-1 所示的【图层特性管理器】选项板。

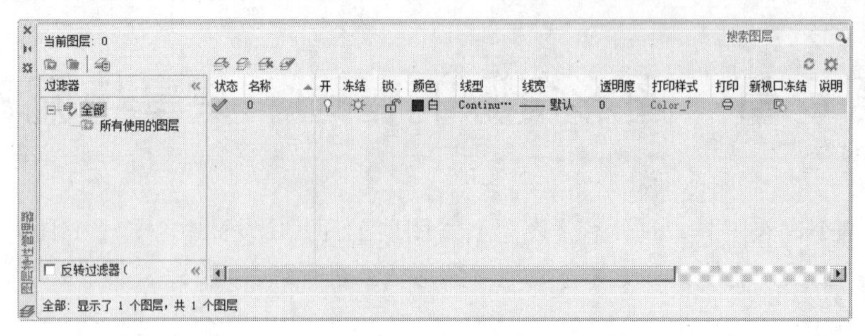

图 6-1　【图层特性管理器】选项板

步骤 03　单击【图层特性管理器】选项板中的按钮，新图层将以临时名称“图层 1”显示在列表中，如图 6-2 所示。

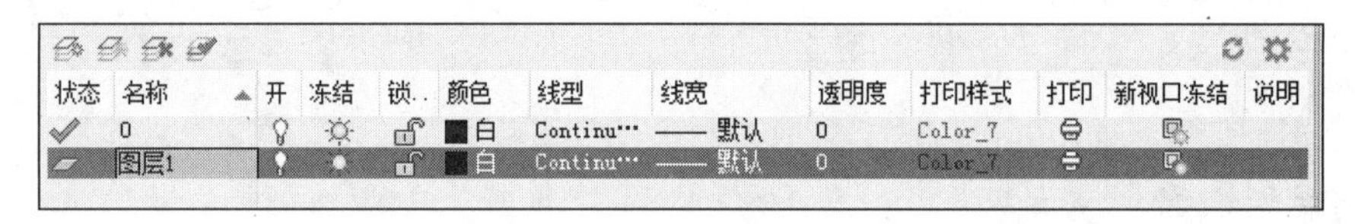

图 6-2　新建图层

步骤 04　用户在反白显示的“图层 1”区域输入新图层的名称，如图 6-3 所示，创建第一个新图层。

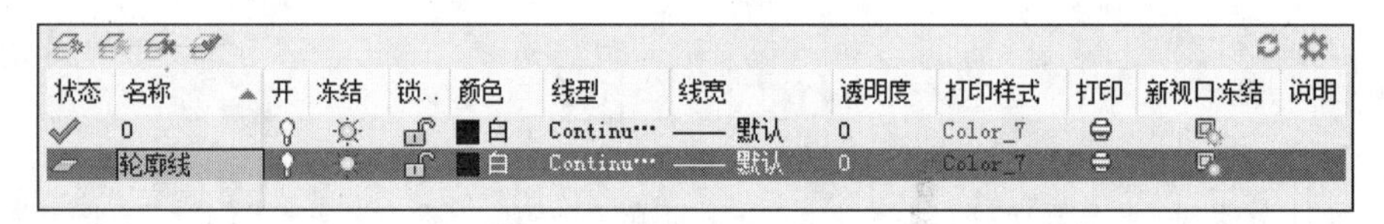

图 6-3　输入图层名

图层名最长可达 255 个字符，可以是数字、字母或其他字符；图层名中不允许含有大于号（>）、小于号（<）、斜杠（/）、反斜杠（\）、标点等符号。另外，为图层命名时，必须确保图层名的唯一性。

步骤 05　按组合键 Alt+N，或者再次单击按钮，创建另外两个图层，结果如图 6-4 所示。

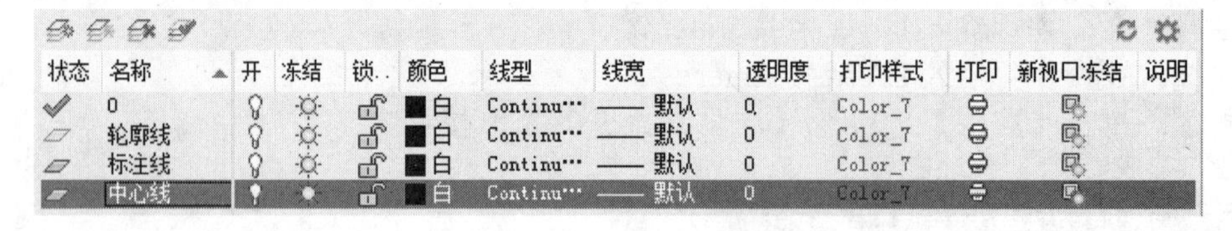

图 6-4　设置新图层

如果在创建新图层时选择了一个现有图层，或者为新建图层指定了图层特性，那么后面创建的新图层将继承先前图层的一切特性（如颜色、线型等）。

6.1.2　设置图层颜色

下面通过将“中心线”图层的颜色设置为红色，将“标注线”图层的颜色设置为 150 号色，学习图层颜色特性的设置技能。

【例题 6-2】　为图层设置颜色特性

步骤 01　继续例题 1 的操作。

步骤 02　在【图层特性管理器】选项板中单击名为“中心线”的图层，使其处于激活状态。

步骤 03　在如图 6-5 所示的颜色区域上单击，打开【选择颜色】对话框，然后选择如图 6-6 所示的颜色。

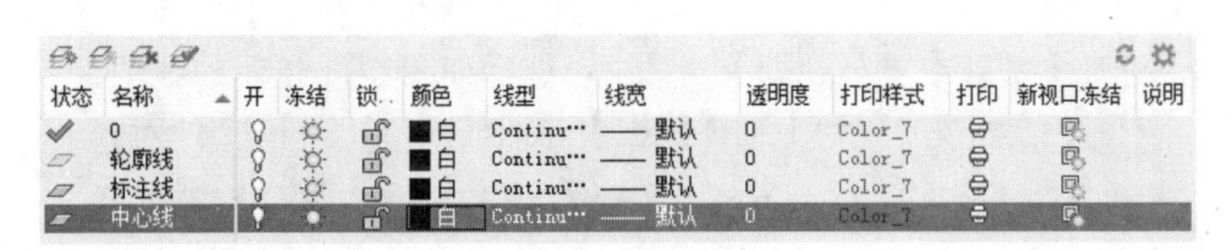

图 6-5　修改图层颜色

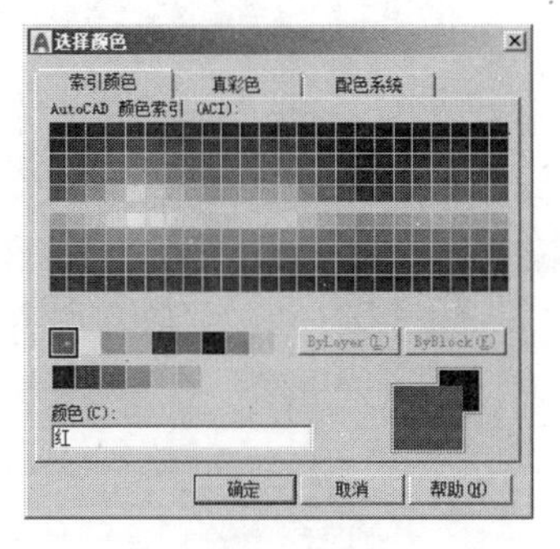

图 6-6　【选择颜色】对话框

步骤 04　在【图层特性管理器】选项板中单击 确定 按钮，即可将图层的颜色设置为红色，结果如图 6-7 所示。

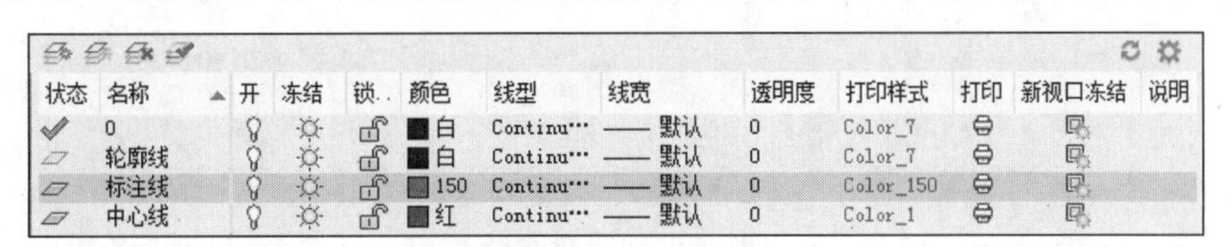

图 6-7　设置颜色后的图层

步骤 05　参照上述操作，将“标注线”图层的颜色设置为 150 号色，结果如图 6-8 所示。

状态	名称	开	冻结	锁..	颜色	线型	线宽	透明度	打印样式	打印	新视口冻结	说明
	0				白	Continu···	—— 默认	0	Color_7			
	轮廓线				白	Continu···	—— 默认	0	Color_7			
	标注线				150	Continu···	—— 默认	0	Color_150			
	中心线				红	Continu···	—— 默认	0	Color_1			

图 6-8　设置结果

6.1.3　设置图层线型

下面通过将“点画线”图层的线型设置为 CENTER，学习线型的加载和图层线型的设置技能。

【例题 6-3】　为图层加载并设置线型特性

步骤 01　继续上例的操作。

步骤 02　在如图 6-9 所示的图层位置上单击，打开如图 6-10 所示的【选择线型】对话框。

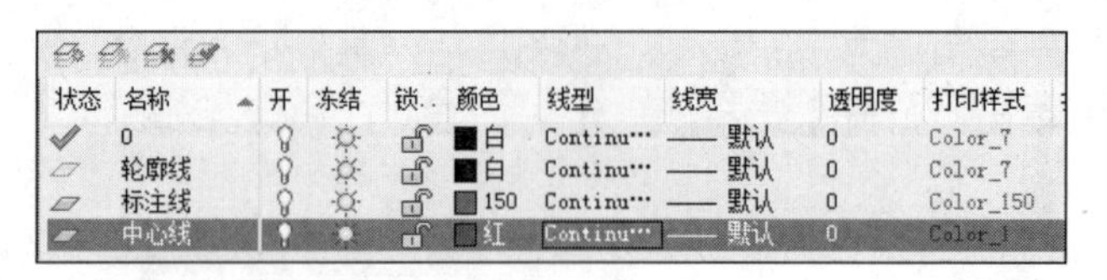

图 6-9　指定单击位置

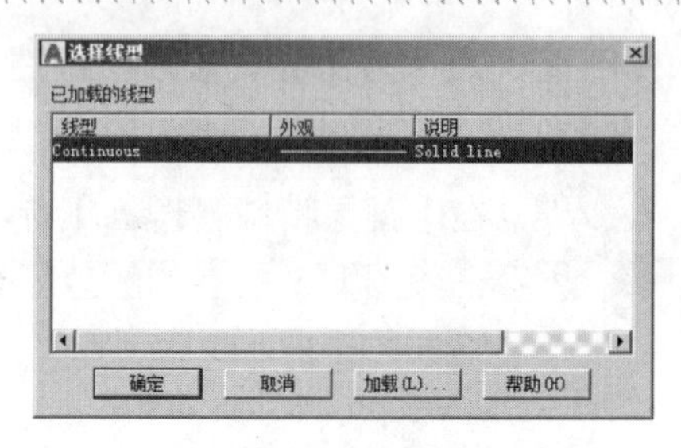

图 6-10　【选择线型】对话框

在默认设置下，系统将为用户提供一种 Continuous 线型，用户如果需要使用其他的线型，必须进行加载。

步骤 03　单击 加载(L)... 按钮，打开【加载或重载线型】对话框，选择如图 6-11 所示的线型。

步骤 04　单击 确定 按钮，选择的线型被加载到【选择线型】对话框中，如图 6-12 所示。

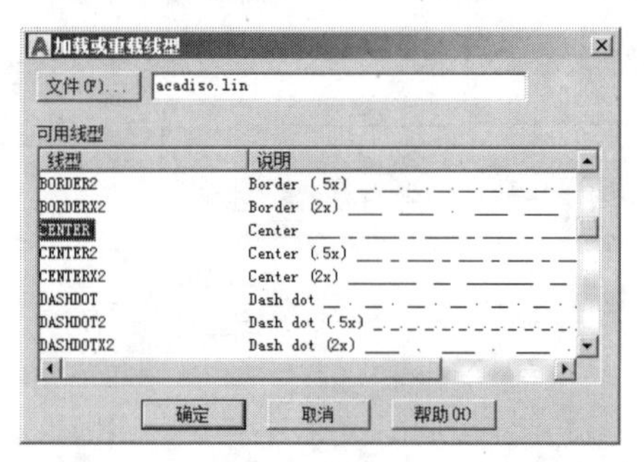

图 6-11　【加载或重载线型】对话框

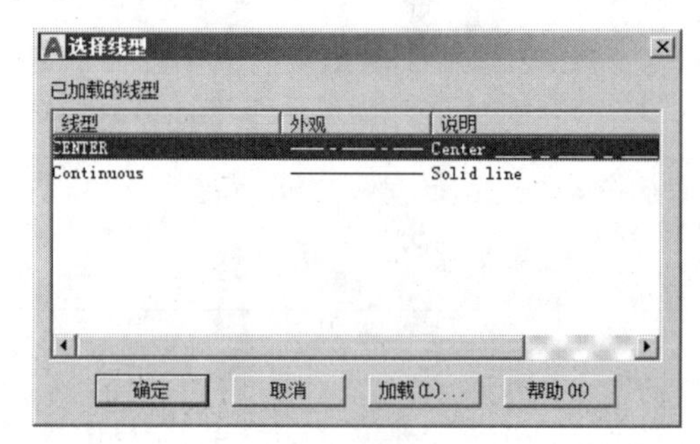

图 6-12　加载线型

步骤 05　选择刚加载的线型单击 确定 按钮，即可将此线型附加给当前被选择的图层，结果如图 6-13 所示。

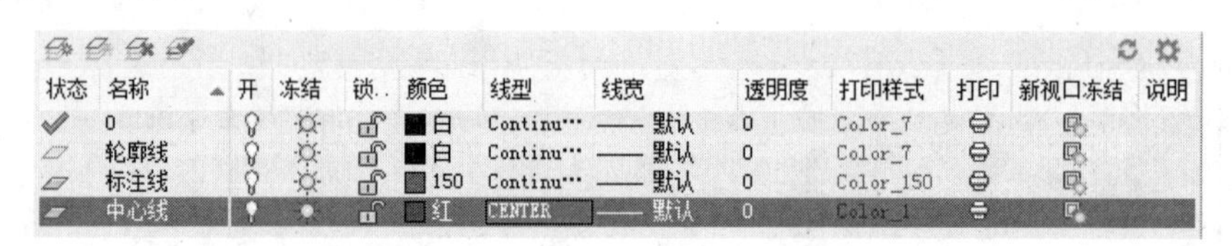

图 6-13　设置线型

6.1.4　设置图层线宽

下面通过将“轮廓线”图层的线宽设置为“0.30mm”，学习图层线宽的设置技能。

【例题 6-4】　为图层设置线宽特性

步骤 01　继续上例的操作。

步骤 02　在【图层特性管理器】选项板中选择“轮廓线”图层，然后在如图 6-14 所示的线宽位置上单击。

步骤 03　此时系统打开【线宽】对话框，选择 0.30mm 线宽，如图 6-15 所示。

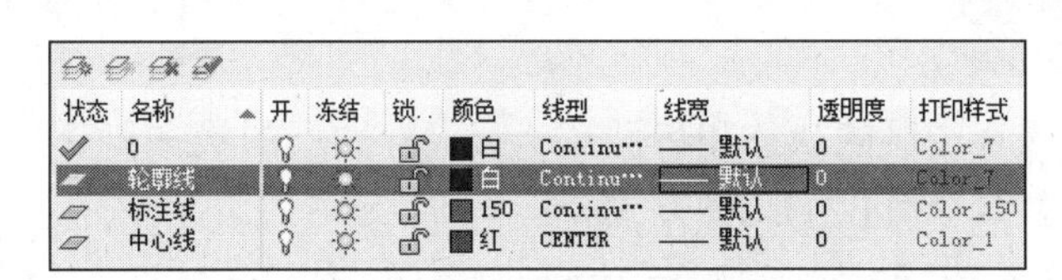

状态	名称	开	冻结	锁	颜色	线型	线宽	透明度	打印样式
✓	0				白	Continu···	默认	0	Color_7
	轮廓线				白	Continu···	默认	0	Color_7
	标注线				150	Continu···	默认	0	Color_150
	中心线				红	CENTER	默认	0	Color_1

图 6-14　修改层的线宽

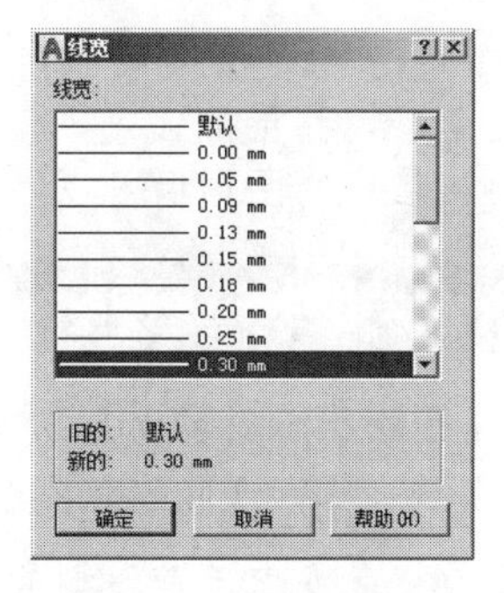

图 6-15　选择线宽

步骤 04　单击 确定 按钮返回【图层特性管理器】选项板，结果“轮廓线”图层的线宽被设置为 0.30mm，如图 6-16 所示。

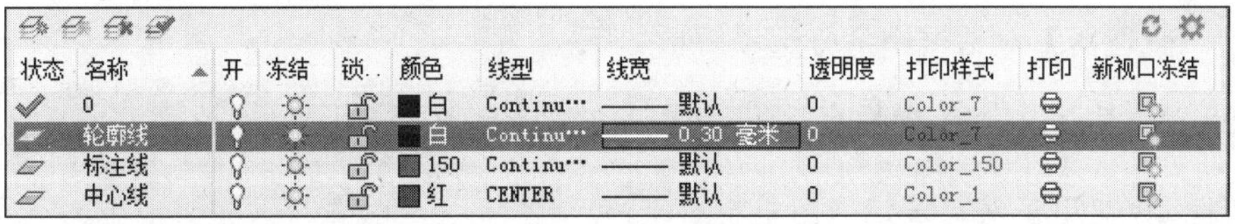

状态	名称	开	冻结	锁	颜色	线型	线宽	透明度	打印样式	打印	新视口冻结
✓	0				白	Continu···	默认	0	Color_7		
	轮廓线				白	Continu···	0.30 毫米	0	Color_7		
	标注线				150	Continu···	默认	0	Color_150		
	中心线				红	CENTER	默认	0	Color_1		

图 6-16　设置结果

步骤 05　单击 确定 按钮，关闭【图层特性管理器】选项板。

6.1.5　图层的状态控制

为了方便对图形进行规划和状态控制，AutoCAD 提供了几种状态控制功能，主要有开关、冻结与解冻、锁定与解锁等，如图 6-17 所示。

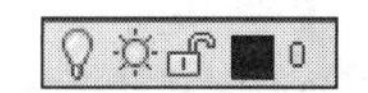

图 6-17　状态控制图标

状态控制功能的启动，主要有以下两种方式。

- 下拉列表：展开【图层】面板上的【图层】下拉列表 0，然后单击各图层左端的状态控制按钮。
- 对话框：执行【图层】命令，在打开的【图层特性管理器】选项板中选择要操作的图层，然后单击相应的控制按钮。

几种状态控制功能的含义如下：

- 按钮用于控制图层的开关状态。默认状态下的图层都为打开的图层，按钮显示为 。当按钮显示为 时，位于图层上的对象都是可见的，并且可在该层上进行绘图和修改操作；在按钮上单击，即可关闭该图层，按钮显示为 （按钮变暗）。

图层被关闭后，位于图层上的所有图形对象被隐藏，该层上的图形也不能被打印或由绘图仪输出，但重新生成图形时，图层上的实体仍将重新生成。

- 按钮用于在所有视图窗口中冻结或解冻图层。默认状态下图层是被解冻的，按钮显示为 ；在该按钮上单击，按钮显示为 ，位于该层上的内容不能在屏幕上显示或由绘图仪输出，不能进行重生成、消隐、渲染、打印等操作。

关闭与冻结的图层都是不可见和不可以输出的。被冻结图层不参加运算处理，可以加快视窗缩放和其他操作的处理速度。建议冻结长时间不用看到的图层。

- 🔓/🔒按钮用于锁定图层或解锁图层。默认状态下图层是解锁的，按钮显示为🔓，在此按钮上单击，图层被锁定，按钮显示为🔒，用户只能观察该层上的图形，不能对其编辑和修改，但该层上的图形仍可以显示和输出。当前图层不能被冻结，但可以被关闭和锁定。

6.1.6 图层的状态管理

使用【图层状态管理器】命令可以保存图层的状态和特性，一旦保存图层的状态和特性，可以随时调用和恢复。执行【图层状态管理器】命令有以下几种方式。

- 菜单栏：选择菜单栏中的【格式】/【图层状态管理器】命令。
- 命令行：在命令行输入 Layerstate 后按 Enter 键。
- 对话框：在【图层特性管理器】选项板中单击【图层状态管理器】按钮。

执行【图层状态管理器】命令后，打开如图 6-18 所示的【图层状态管理器】对话框。

【图层状态管理器】对话框中部分选项解析如下：

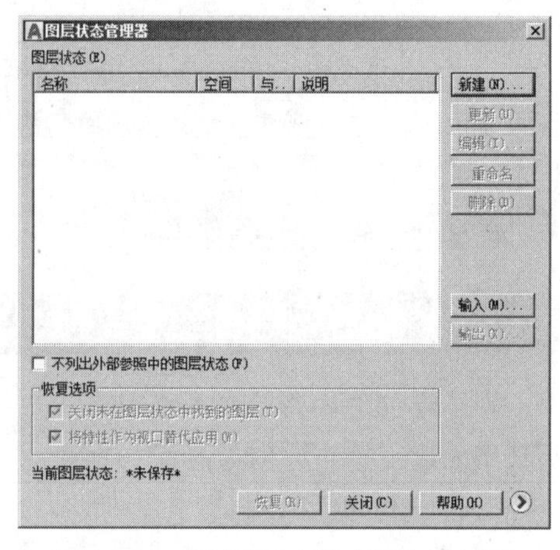

图 6-18 【图层状态管理器】对话框

- 新建(N)... 按钮用于定义要保存的新图层状态的名称和说明。
- 保存(V) 按钮用于保存选定的图层状态。
- 编辑(I)... 按钮用于修改选定的图层状态。
- 重命名 按钮用于为选定的图层状态更名。
- 删除(D) 按钮用于删除选定的图层状态。
- 输入(M)... 按钮用于将先前输出的图层状态.las 文件加载到当前图形文件中。
- 输出(X)... 按钮用于将选定的图层状态保存到图层状态.las 文件中。
- 【恢复选框】选项组用于指定要恢复的图层状态和图层特性。
- 恢复(R) 按钮用于将图形中所有图层的状态和特性设置恢复为先前保存的设置，仅恢复使用复选框指定的图层状态和特性设置。
- 【图层状态】文本框用于保存图形中命名图层的状态、空间（模型空间、布局或外部参照）等。
- 【不列出外部参照中的图层状态】复选框用于控制是否显示外部参照中的图层状态。

6.2 图层工具的应用

本节主要学习几个比较实用的图层工具，具体有【图层匹配】、【图层隔离】、【图层漫游...】、【更改为当前图层】和【将对象复制到新图层】5 个命令。

6.2.1 图层匹配

【图层匹配】命令用于将选定对象的图层更改为目标图层。

执行此命令主要有以下几种方式。

- 菜单栏：选择菜单栏中的【格式】/【图层工具】/【图层匹配】命令。
- 命令行：在命令行输入 Laymch 后按 Enter 键。

- 功能区：单击【默认】选项卡/【图层】面板上的按钮。

【例题 6-5】 更改选定对象的图层

步骤 01 继续例题 6-4 的操作。

步骤 02 在 0 图层上绘制半径为 100 的圆，如图 6-19 所示。

步骤 03 单击【默认】选项卡/【图层】面板上的按钮，将圆所在层更改为“中心线”。命令行提示如下：

```
命令：_laymch
选择要更改的对象：
选择对象：                              //Enter，结束选择圆图形
选择对象：                              //Enter，结束选择
选择目标图层上的对象或 [名称(N)]：      //n Enter，打开如图 6-20 所示的【更改到图层】对话框，然后双击“中心线”
一个对象已更改到图层“中心线”上
```

步骤 04 图层更改后的显示效果如图 6-21 所示。

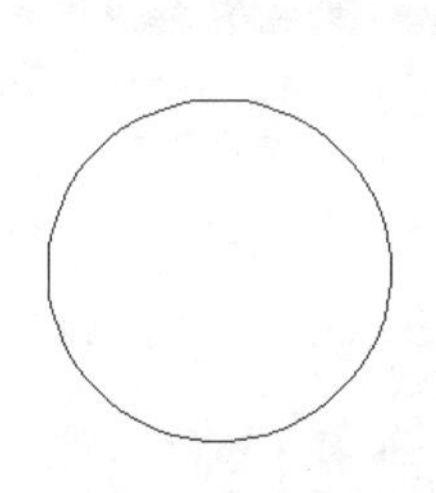

图 6-19　绘制圆

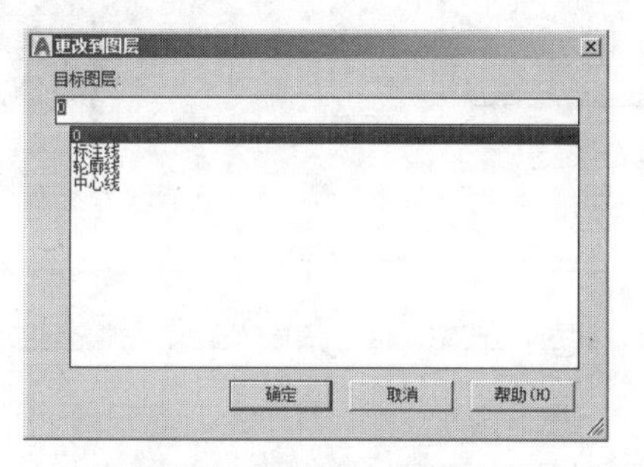

图 6-20　【更改到图层】对话框

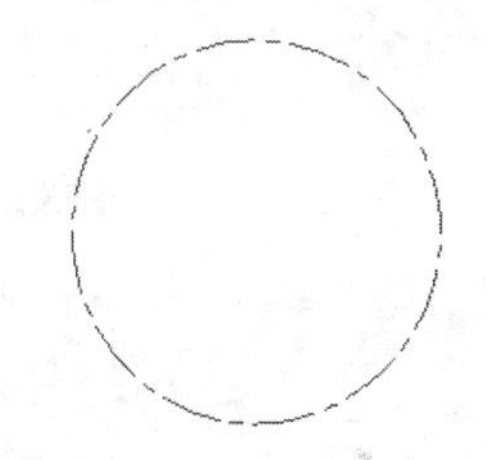

图 6-21　图层更改后的效果

如果单击【更改为当前图层】按钮，可以将选定对象的图层更改为当前图层；如果单击【将对象复制到新图层】按钮，可以将选定的对象复制到其他图层。

6.2.2　图层隔离

【图层隔离】命令用于将选定对象的图层之外的所有图层都锁定。

执行【图层隔离】命令主要有以下几种方式。

- 菜单栏：选择菜单栏中的【格式】/【图层工具】/【图层隔离】命令。
- 命令行：在命令行输入 Layiso 后按 Enter 键。
- 功能区：单击【默认】选项卡/【图层】面板上的按钮。

在【图层】面板上单击【图层冻结】按钮，则可以快速冻结选定对象所在的图层；单击【图层关闭】按钮，则可以快速关闭选定对象所在的图层；单击【图层锁定】按钮，则可以快速锁定选定对象所在的图层。

6.2.3　图层的漫游

【图层漫游...】命令用于将选定对象的图层之外的所有图层都关闭。

执行此命令主要有以下几种方式。

- 菜单栏：选择菜单栏中的【格式】/【图层工具】/【图层漫游...】命令。
- 命令行：在命令行输入 Laywalk 后按 Enter 键。
- 功能区：单击【默认】选项卡/【图层】面板上的按钮。

【例题 6-6】　图层的漫游实例

步骤 01　打开下载文件中的“/素材文件/6-1.dwg”文件，如图 6-22 所示。

步骤 02　在命令行输入 Laywalk 后按 Enter 键，打开如图 6-23 所示的【图层漫游】对话框。

技巧提示　【图层漫游】对话框列表中反白显示的图层，表示当前被打开的图层；反之，则表示当前被关闭的图层。

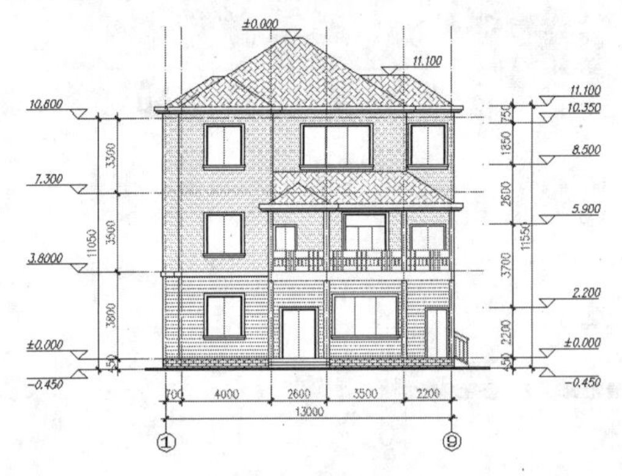

图 6-22　素材文件

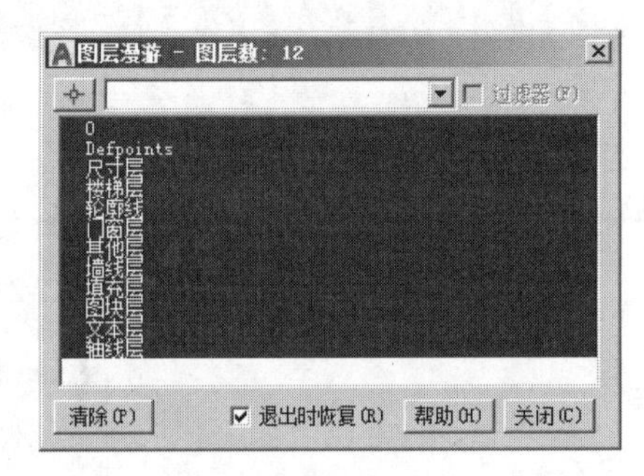

图 6-23　【图层漫游】对话框

步骤 03　在【图层漫游】对话框中单击“填充层”，结果除“填充层”外的所有图层都被关闭，如图 6-24 所示。

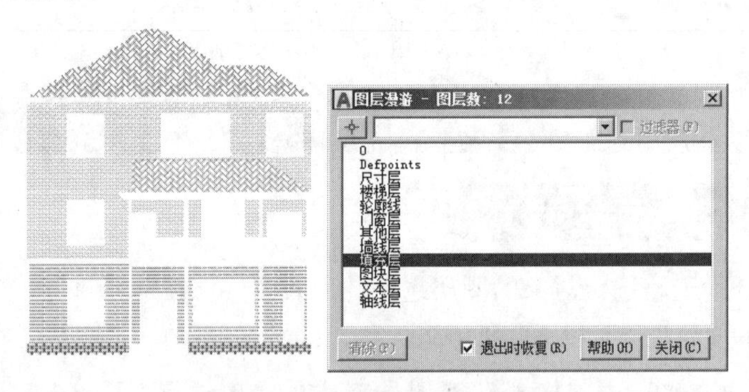

图 6-24　图层漫游的预览效果

在【图层漫游】对话框列表中的图层上双击后，此图层被视为“总图层”，在图层前端自动添加一个星号。

步骤 04　双击“填充层”“尺寸层”和“轮廓线”2 个图层，结果除这 3 个图层之外的所有图层都被关闭，如图 6-25 所示。

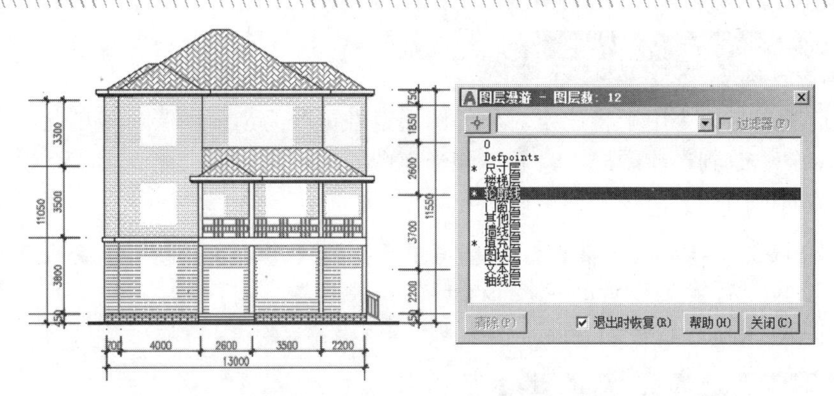

图 6-25　图层漫游的预览效果

步骤 05　在“门窗层”上双击，结果除这 4 个图层之外的所有图层都被关闭，如图 6-26 所示。

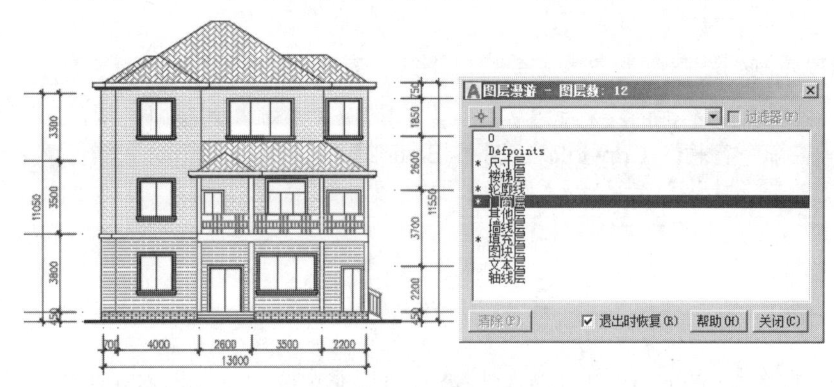

图 6-26　图层漫游的预览效果

步骤 06　在“其他层”上双击，结果除这 5 个图层之外的所有图层都被关闭，如图 6-27 所示。

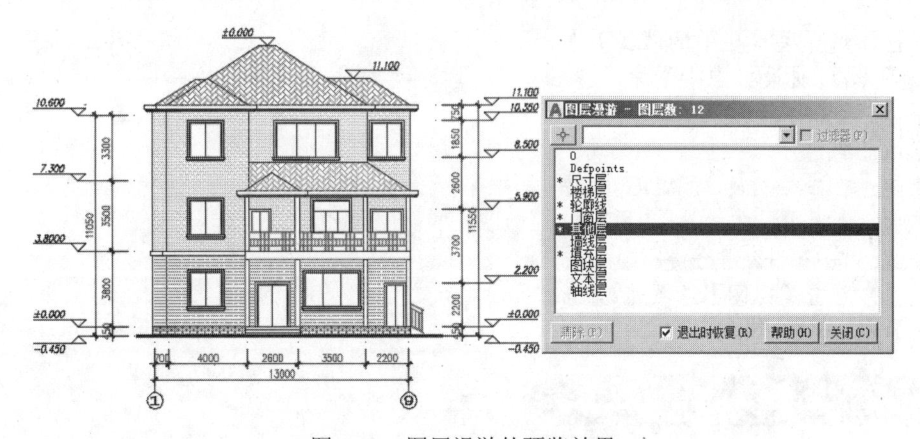

图 6-27　图层漫游的预览效果

在【图层漫游】对话框中的图层列表中单击鼠标右键，可以从弹出的快捷菜单中进行更多的操作。

步骤 07　单击 关闭(C) 按钮，结果图形将恢复原来的显示状态；如果取消【退出时恢复】复选框，那么图形将显示漫游时的显示状态。

6.2.4　更改为当前图层

【更改为当前图层】命令用于将选定对象的图层特性更改为当前图层。使用此命令可以将在错误的图层上创建的对象更改到当前图层上，并继续当前图层的一切特性。

执行【更改为当前图层】命令主要有以下几种方式。

- 菜单栏：选择菜单栏中的【格式】/【图层工具】/【更改为当前图层】命令。
- 命令行：在命令行输入 Laycur 后按 Enter 键。
- 功能区：单击【默认】选项卡/【图层】面板上的按钮。

6.2.5　将对象复制到新图层

使用【将对象复制到新图层】命令可以将一个或多个选定对象复制到其他图层上，还可以为复制的对象指定位置。

执行【将对象复制到新图层】命令主要有以下几种方式。

- 菜单栏：选择菜单栏中的【格式】/【图层工具】/【将对象复制到新图层】命令。
- 命令行：在命令行输入 Copytolayer 后按 Enter 键。
- 功能区：单击【默认】选项卡/【图层】面板上的按钮。

6.3　设计中心

【设计中心】命令与 Windows 的资源管理器界面功能相似，其选项板如图 6-28 所示。此命令主要用于对 AutoCAD 的图形资源进行管理、查看与共享等，是一个直观、高效的制图工具。

执行【设计中心】命令主要有以下几种方式。

- 菜单栏：选择菜单栏中的【工具】/【选项板】/【设计中心】命令。
- 命令行：在命令行输入 Adcenter 后按 Enter 键。
- 快捷键：在命令行输入 ADC 后按 Enter 键。
- 组合键：按 Ctrl+2 组合键。
- 功能区：单击【视图】选项卡/【选项板】上的按钮。

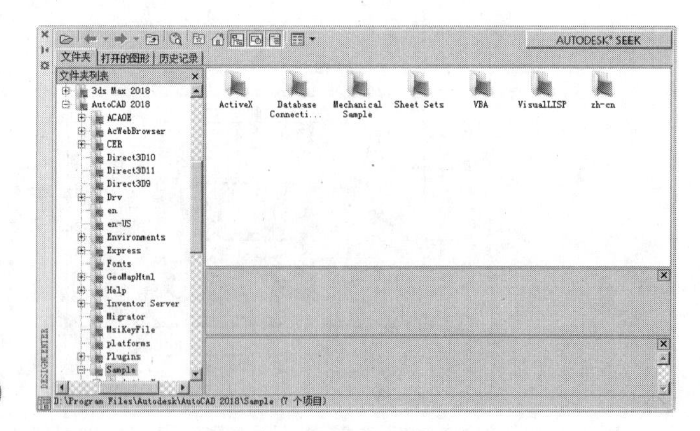

图 6-28　【设计中心】选项板

6.3.1　选项板概述

如图 6-28 所示的选项板，共包括【文件夹】、【打开的图形】和【历史记录】3 个选项卡，分别用于显示计算机和网络驱动器上的文件与文件夹的层次结构、打开图形的列表、自定义内容等。

- 【文件夹】选项卡：左侧为“树状管理视窗”，用于显示计算机或网络驱动器中文件和文件夹的层次关系；右侧窗口为“控制面板”，用于显示在左侧树状视窗中选定文件的内容。
- 【打开的图形】选项卡：用于显示 AutoCAD 任务中当前所有打开的图形，包括最小化的图形。

- 【历史记录】选项卡：用于显示最近在设计中心打开的文件的列表。它可以显示【浏览 Web】对话框最近连接过的 20 条地址的记录。

【设计中心】选项板中各按钮解析如下：

- 单击【加载】按钮，将弹出【加载】对话框，以方便浏览本地和网络驱动器或 Web 上的文件，然后选择内容加载到内容区域。
- 单击【上一级】按钮，将显示活动容器的上一级容器的内容。
- 单击【搜索】按钮，可弹出【搜索】对话框，查找图形、块，以及图形中的非图形对象，如线型、图层等，还可以将搜索到的对象添加到当前文件中。
- 单击【收藏夹】按钮，将在设计中心右侧的控制面板中显示“Autodesk Favorites”文件夹内容，在设计中心左侧的树状管理视窗中，将在桌面视图中呈高亮显示该文件夹。
- 单击【主页】按钮，系统将设计中心返回到默认文件夹。安装时，默认文件夹被设置为 ...\Sample\DesignCenter。
- 单击【树状图切换】按钮，设计中心左侧将显示或隐藏树状管理视窗。如果在绘图区域中需要更多空间，可以单击该按钮隐藏树状管理视窗。
- 【预览】按钮用于显示和隐藏图像的预览框。
- 【说明】按钮用于显示和隐藏选定项目的文字信息。

6.3.2 查看图形资源

通过【设计中心】选项板，不但可以方便查看本机或网络机上的 AutoCAD 资源，还可以单独将选择的 CAD 文件进行打开。

【例题 6-7】 查看 AutoCAD 图形资源

步骤 01 执行【设计中心】命令，打开【设计中心】选项板。

步骤 02 查看文件资源。在左侧的树状窗口中定位并展开需要查看的文件夹，那么在右侧窗口中，即可查看该文件夹中的所有图形资源，如图 6-29 所示。

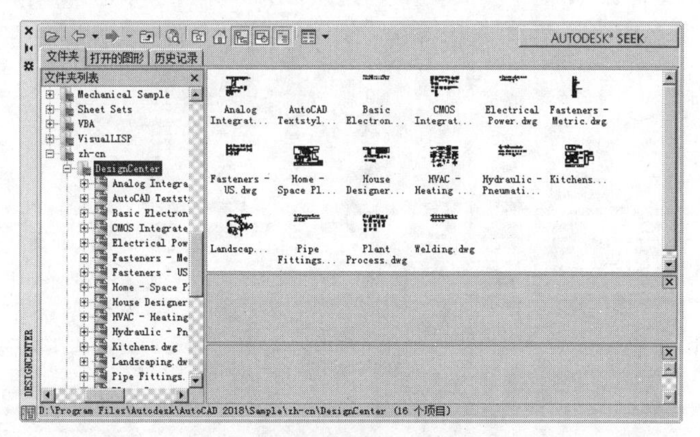

图 6-29　查看文件夹资源

步骤 03 查看文件内部资源。如果需要查看 CAD 文件内部的图形资源，可以在左侧的树状窗口中定位需要查看的 CAD 文件，则可以在右侧窗口中显示出此文件内部的所有资源，如图 6-30 所示。

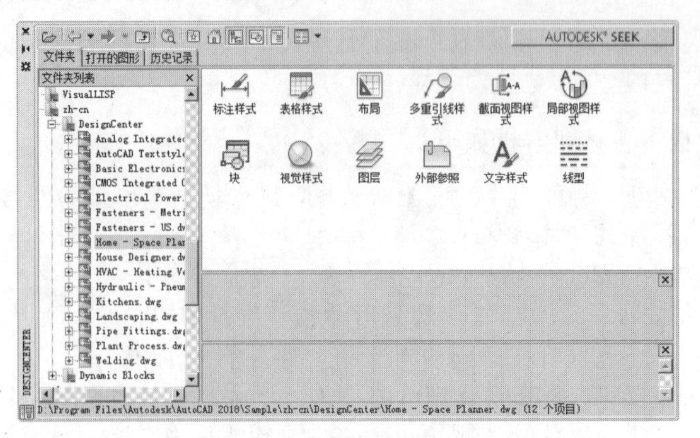

图 6-30　查看文件内部资源

步骤 04　如果用户需要进一步查看某一类内部资源，如文件内部的所有图块，可以在右侧窗口中双击块的图标，如图 6-31 所示。

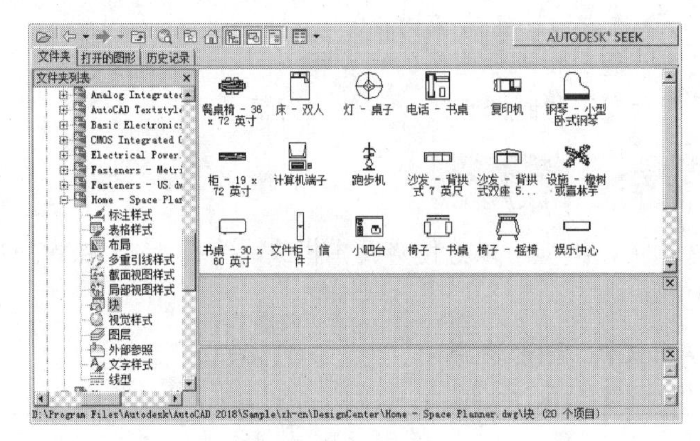

图 6-31　查看块资源

步骤 05　打开 CAD 文件。如果用户需要打开某 CAD 文件，可以在该文件图标上单击鼠标右键，选择快捷菜单中的【在应用程序窗口中打开】选项，如图 6-32 所示。

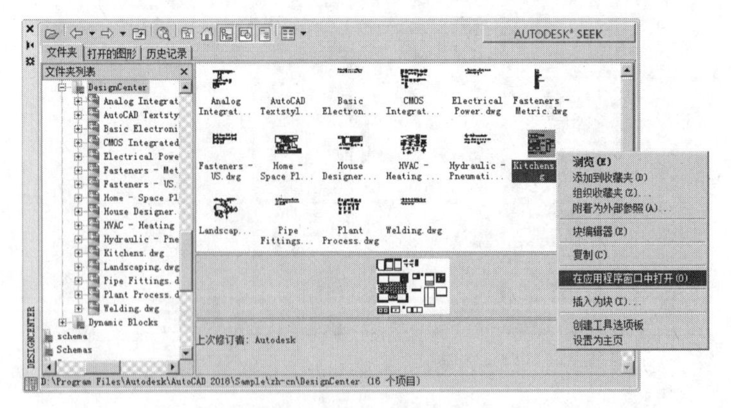

图 6-32　图标右键快捷菜单

在窗口中按住 Ctrl 键定位文件，按住鼠标不动将其拖动到绘图区域，即可打开此图形文件；将图形图标从设计中心直接拖动到应用程序窗口，或者绘图区域以外的任何位置，即可打开此图形文件。

6.3.3　共享图形资源

用户不但可以随意查看本机上的所有设计资源，还可以将有用的图形资源以及图形的一些内部资源应用到自己的图纸中。

【例题 6-8】 共享 AutoCAD 的图形资源

步骤 01　继续例题 6-7 的操作。

步骤 02　共享文件资源。在左侧树状窗口中查找并定位所需文件的上一级文件夹，然后在右侧窗口中定位所需文件。

步骤 03　此时在此文件图标上单击鼠标右键，从弹出的快捷菜单中选择【插入为块】选项，如图 6-33 所示。

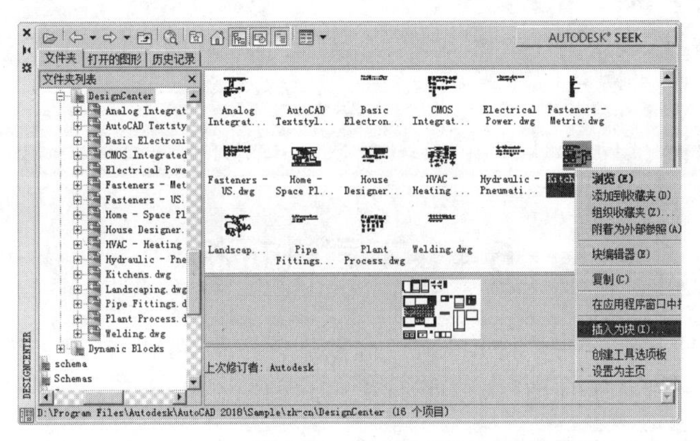

图 6-33　共享文件

步骤 04　此时系统打开【插入】对话框，根据需要在对话框中设置所需参数，将选择的图形共享到当前文件中。

步骤 05　共享文件的内部资源。定位并打开文件中的内部资源，如图 6-34 所示。

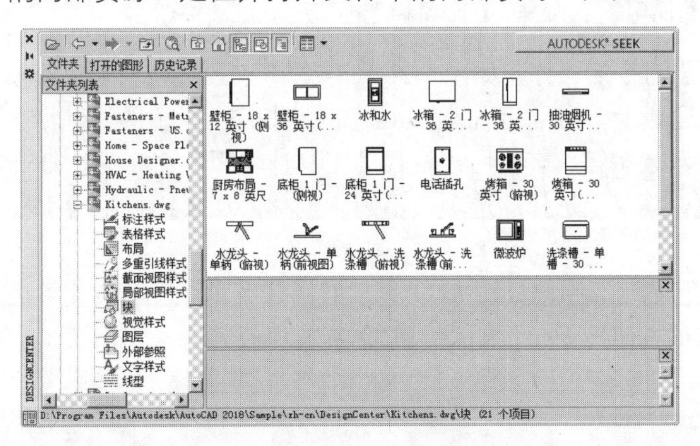

图 6-34　浏览图块资源

步骤 06　在设计中心右侧窗口中选择某一图块，单击鼠标右键，从弹出的快捷菜单中选择【插入块】选项，如图 6-35 所示，就可以将此图块插入到当前图形文件中。

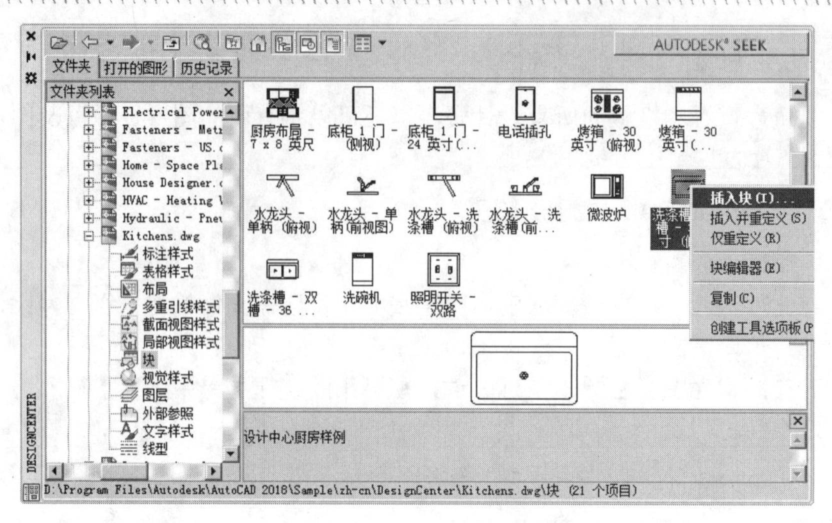

图 6-35　选择内部资源

用户也可以共享图形文件内部的文字样式、尺寸样式、图层、线型等资源。

6.4　工具选项板

【工具选项板】用于组织、共享图形资源、高效执行命令等，其窗口包含一系列选项板，这些选项板以选项卡的形式分布在【工具选项板】选项板中，如图 6-36 所示。

执行【工具选项板】命令主要有以下几种方式。

- 菜单栏：选择菜单栏中的【工具】/【选项板】/【工具选项板】命令。
- 命令行：在命令行输入 Toolpalettes 后按 Enter 键。
- 组合键：按 Ctrl+3 组合键。
- 功能区：单击【视图】选项卡/【选项板】面板上的按钮。

执行【工具选项板】命令后，打开如图 6-36 所示的【工具选项板】选项板，该选项板主要由选项卡和标题栏组成。在标题栏上单击鼠标右键，可打开如图 6-37 所示的标题栏菜单，此菜单用于控制选项板及工具选项板的显示状态等。有些用户执行【工具选项板】命令后，打开的选项板可能会有所不同，这是因为在此标题栏菜单上选择的选项板不同。例如，如果选择了【引线】选项板，选项板的显示状态如图 6-38 所示。

在选项板中单击鼠标右键，弹出如图 6-39 所示的快捷菜单，通过该菜单也可以选择选项板的显示状态、透明度，还可以很方便地创建、删除、重命名选项板等。

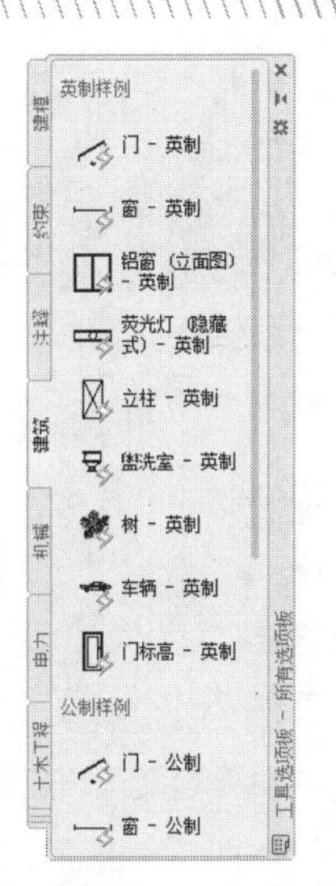

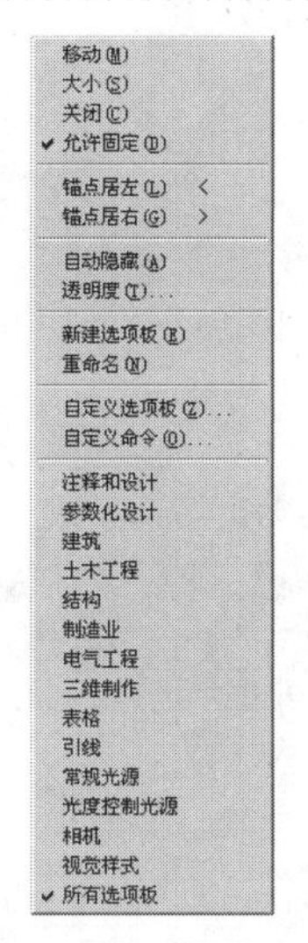

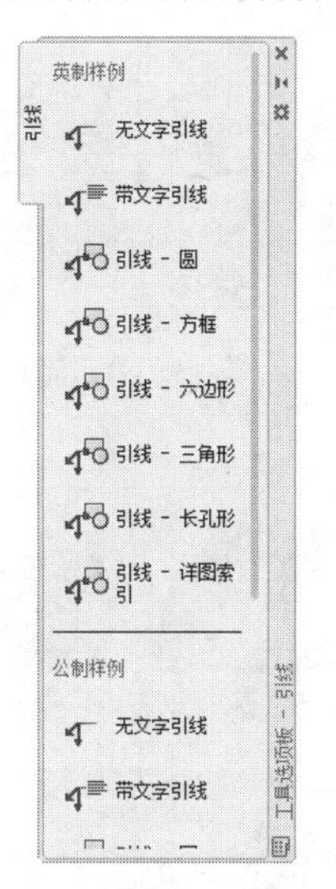

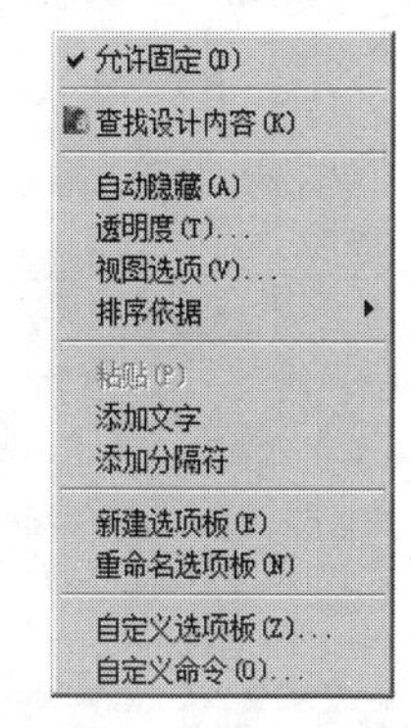

图 6-36　【工具选项板】选项板　图 6-37　标题栏菜单　图 6-38　【引线】选项板　图 6-39　面板右键快捷菜单

6.4.1　定制选项板

用户可以根据需要自定义选项板中的内容及创建新的工具选项板，下面将通过具体实例学习此功能。

【例题 6-9】　定制工具选项板

步骤 01　首先打开【设计中心】选项板和【工具选项板】选项板。

步骤 02　定义选项板内容。在【设计中心】选项板中定位需要添加到选项板中的图形、图块或图案填充等内容，然后按住鼠标不放，将选择的内容直接拖到【工具选项板】选项板中，即可添加这些项目，如图 6-40 所示，添加结果如图 6-41 所示。

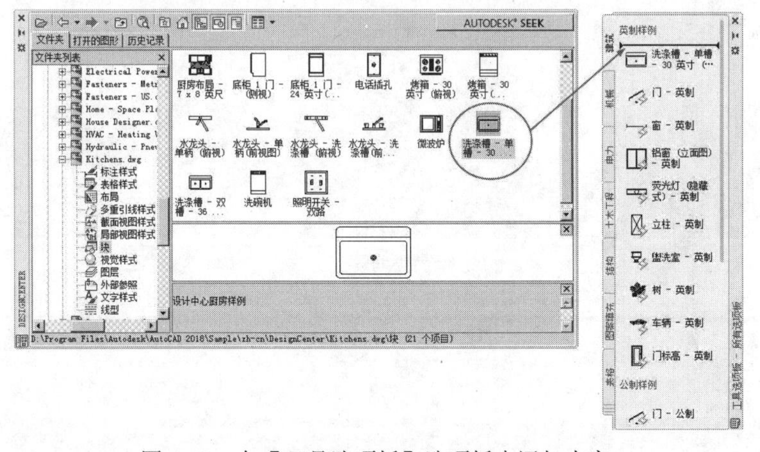

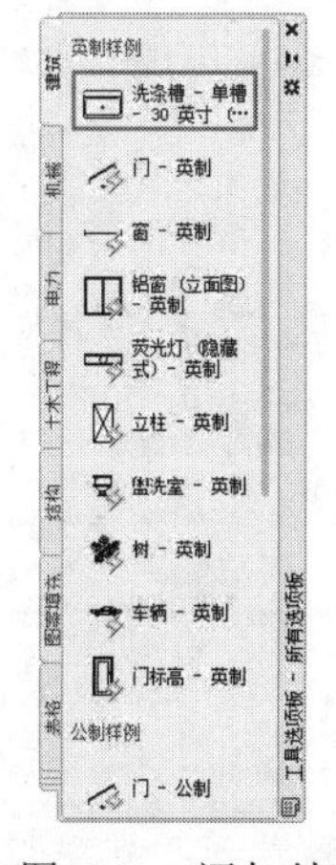

图 6-40　向【工具选项板】选项板中添加内容　　　图 6-41　添加结果

步骤 03　定义新的选项板。在【设计中心】选项板左侧的树状图中，选择需要创建为选项板的文件夹，然后单击鼠标右键，选择【创建块的工具选项板】选项，如图 6-42 所示。

步骤 04　系统将此文件夹中的所有图形文件创建为新的工具选项板，选项板名称为文件的名称，如图 6-43 所示。

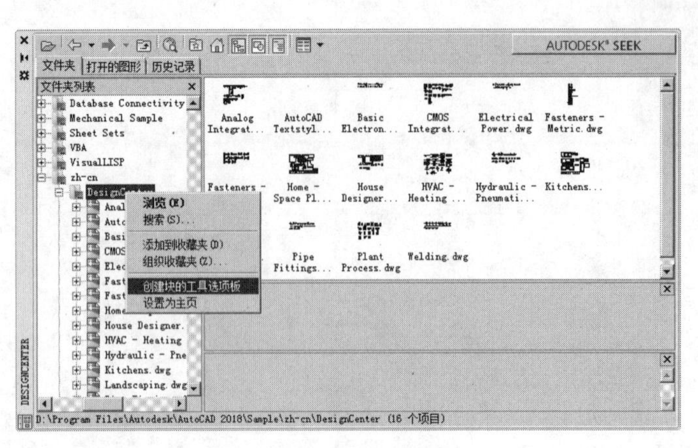

图 6-42　定位文件

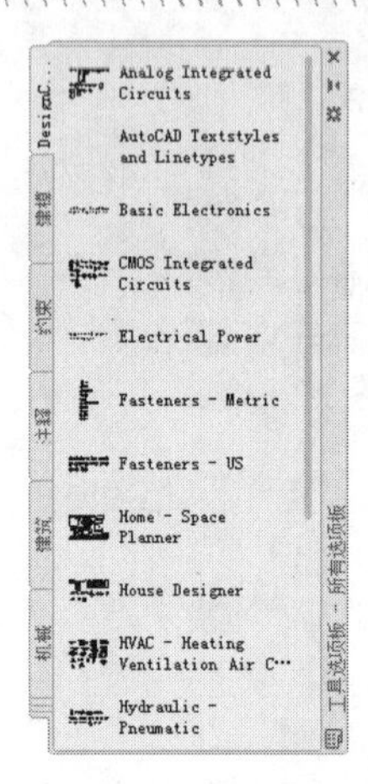

图 6-43　定义选项板

6.4.2　应用选项板

下面以向图形文件中插入图块及填充图案为例，学习【工具选项板】命令的使用方法和技巧。

【例题 6-10】　应用工具选项板

步骤 01　新建空白文件。

步骤 02　打开【工具选项板】选项板，然后打开【机械】选项卡，选择如图 6-44 所示的图例。

步骤 03　在选择的图例上单击左键，然后在命令行“指定插入点或 [基点(B)/比例(S)/旋转(R)]：”提示下，在绘图区拾取一点，将此图例插入到当前文件内，结果如图 6-45 所示。

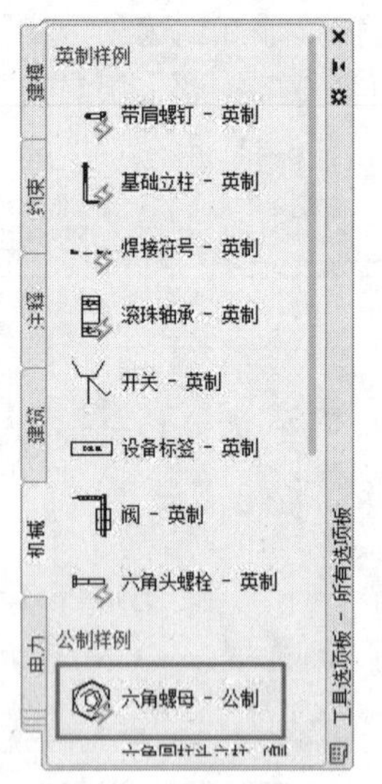

图 6-44　【机械】选项卡

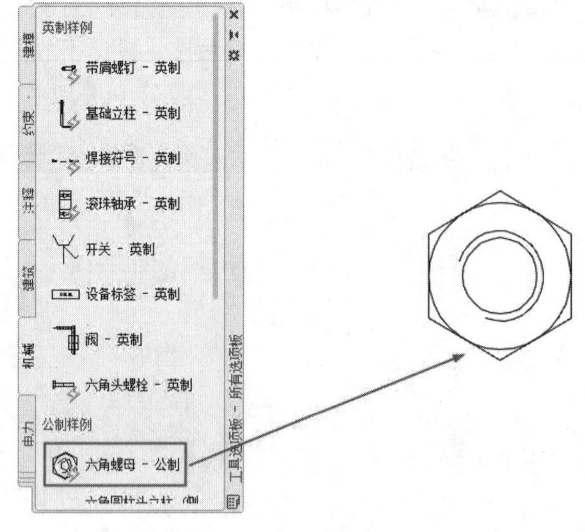

图 6-45　插入结果

另外，用户也可以将光标定位到所需图例上，按住左键不放将其拖入当前图形中。

6.5　快速选择

【快速选择】命令可以根据图形的类型、图层、颜色、线型、线宽等属性设定出过滤条件，AutoCAD 将自动进行筛选，最终过滤出符合设定条件的所有图形对象，它是一个快速构造选择集的高效制图工具。

执行【快速选择】命令主要有以下几种方式。

- 菜单栏：选择菜单栏中的【工具】/【快速选择】命令。
- 命令行：在命令行输入 Qselect 后按 Enter 键。
- 右键快捷菜单：在绘图区单击鼠标右键，选择右键快捷菜单中的【快速选择】选项。
- 功能区：单击【默认】选项卡/【实用工具】面板上的按钮。

下面通过将某布置图中的地面装饰图线全部删除，学习如何使用【快速选择】命令。装饰线删除前后的效果如图 6-46 所示。

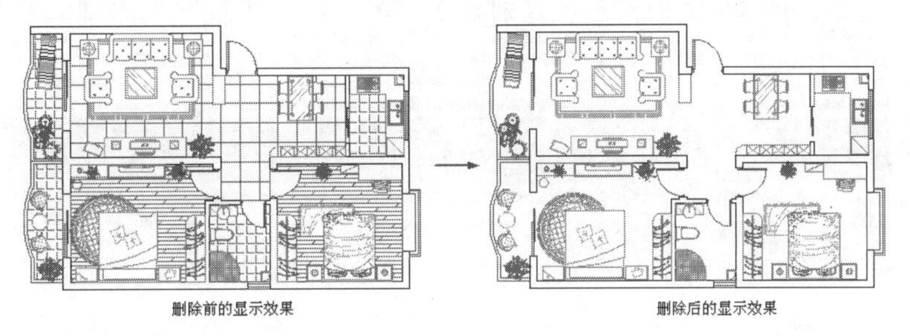

图 6-46　效果对照图

【例题 6-11】　快速构造选择集

步骤 01　打开下载文件中的“/素材文件/6-3.dwg”，如图 6-46（左）所示。

步骤 02　单击【默认】选项卡/【实用工具】面板上的按钮，或者选择菜单栏中的【工具】/【快速选择】命令，打开【快速选择】对话框。

步骤 03　【特性】文本框属于三级过滤功能，用于按照目标对象的内部特性设定过滤参数，在此选择“图层”。

步骤 04　单击【值】下拉按钮，在展开的下拉列表中选择“剖面线”，其他参数保持默认，如图 6-47 所示。

步骤 05　单击确定按钮，结果所有符合过滤条件的图形对象都被选择，如图 6-48 所示。

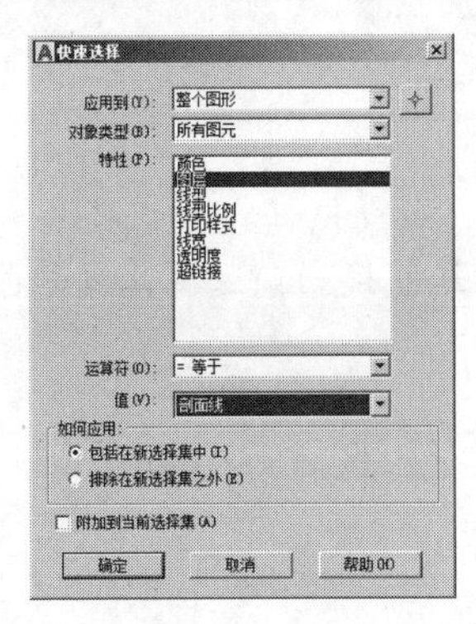

图 6-47　【快速选择】对话框

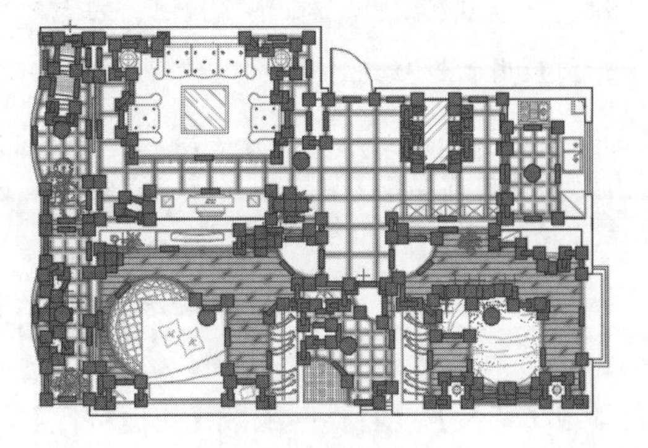

图 6-48　选择结果

步骤 06　选择菜单栏中的【修改】/【删除】命令，即可将选择的所有对象快速删除，删除后的结果如图 6-46（右）所示。

（1）一级过滤功能

在【快速选择】对话框中，【应用到】下拉列表框属于一级过滤功能，用于指定是否将过滤条件应用到整个图形或当前选择集，此时使用【选择对象】按钮完成对象选择后，按 Enter 键重新显示该对话框。AutoCAD 将【应用到】设置为【当前选择】。对当前已有的选择集进行过滤，只有当前选择集中符合过滤条件的对象才能被选择。

如果已选中对话框下方的【附加到当前选择集】复选框，那么 AutoCAD 会将该过滤条件应用到整个图形，并将符合过滤条件的对象添加到当前选择集中。

（2）二级过滤功能

【对象类型】下拉列表框属于快速选择的二级过滤功能，用于指定要包含在过滤条件中的对象类型。如果过滤条件正应用于整个图形，那么【对象类型】下拉列表框包含全部的对象类型，包括自定义；否则，该列表只包含选定对象的对象类型。

默认是指整个图形或当前选择集的“所有图元”，用户也可以选择某一特定的对象类型，如“直线”“圆”等，系统将根据选择的对象类型来确定选择集。

（3）三级过滤功能

【特性】文本框属于快速选择的三级过滤功能，三级过滤功能共包括【特性】、【运算符】和【值】三个选项，功能分别如下：

- 【特性】选项用于指定过滤器的对象特性。在此文本框内包括选定对象类型的所有可搜索特性，选定的特性确定【运算符】和【值】中的可用选项。例如，在【对象类型】下拉列表框中选择圆，【特性】选项板就列出了圆的所有特性，从中选择一种用户需要的对象的共同特性。
- 【运算符】下拉列表框用于控制过滤器值的范围。根据选定的对象属性，其过滤的值的范围分别是“=等于”“<>不等于”“>大于”“<小于”和“*通配符匹配”。对于某些特性“大于”和“小于”选项不可用。
- 【值】下拉列表框用于指定过滤器的特性值。如果选定对象的已知值可用，那么“值”成为一个列表，可以从中选择一个值；如果选定对象的已知值不存在或没有达到绘图的要求，就可以在【值】下拉列表框中输入一个值。

在【对象特性】下拉列表框中选择“半径”，在【运算符】下拉列表框中选择“>大于”，在【值】下拉列表框中输入“10”，整个图形或当前选择集内所有半径大于 10 的圆被选择。可以称“特性、运算符和值”为三级过滤。

（4）【如何应用】选项组

- 【如何应用】选项组用于指定是否将符合过滤条件的对象包括在新选择集内或排除。
- 【附加到当前选择集】复选框用于指定创建的选择集是替换当前选择集还是附加到当前选择集。

6.6　特性与特性匹配

本节将学习【特性】、【特性匹配】、【快捷特性】等命令。

6.6.1　特性

【特性】选项板如图 6-49 所示，在此选项板中可以显示出每一种 CAD 图元的基本特性、几何特性及其他特性，用户可以通过此选项板查看和修改图形对象的内部特性。

执行【特性】命令主要有以下几种方式。

- 菜单栏：选择菜单栏中的【工具】/【选项板】/【特性】命令。
- 命令行：在命令行输入 Properties 后按 Enter 键。
- 快捷键：在命令行输入 PR 后按 Enter 键。
- 功能区：单击【视图】选项卡/【选项板】面板上的按钮。
- 组合键：按 Ctrl+1 组合键。

（1）标题栏

标题栏位于窗口的一侧，其中按钮用于控制特性窗口的显示与隐藏状态；单击标题栏底端的按钮，可弹出一个按钮菜单，用于改变特性窗口的尺寸大小、位置、窗口的显示与否等。在标题栏上按住鼠标不放，可以将特性窗口拖至绘图区的任意位置；双击鼠标，可以将此窗口固定在绘图区的一端。

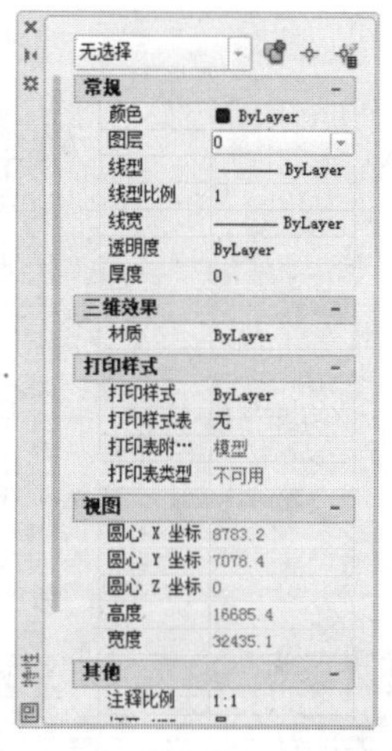

图 6-49　【特性】选项板

（2）工具栏

无选择　为特性窗口工具栏，用于显示被选择的图形名称，以及用于构建新的选择集。无选择　下拉列表框用于显示当前绘图窗口中所有被选择的图形名称；按钮用于切换系统变量 PICKADD 的参数值；按钮用于快速构造选择集；按钮用于在绘图区选择一个或多个对象，按 Enter 键选择的图形对象名称及所包含的实体特性都显示在特性窗口内，以便对其进行编辑。

（3）特性窗口

系统默认的特性窗口共包括【常规】、【三维效果】、【打印样式】、【视图】和【其他】5 个组合框，分别用于控制和修改所选对象的各种特性。

【例题 6-12】　更改选定对象的内部特性

下面通过修改矩形的厚度和宽度特性，学习【特性】命令的使用方法和技巧。

步骤 01　新建空白文件。执行【矩形】命令，绘制长度为 200、宽度为 100 的矩形。

步骤 02　选择菜单栏中的【视图】/【三维视图】/【东南等轴测】命令，将视图切换为东南视图，如图 6-50 所示。

步骤 03　在无命令执行的前提下单击刚绘制的矩形，使其夹点显示，如图 6-51 所示。

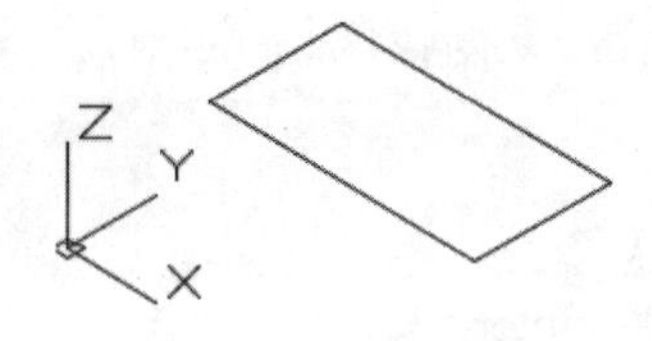

图 6-50　切换视图

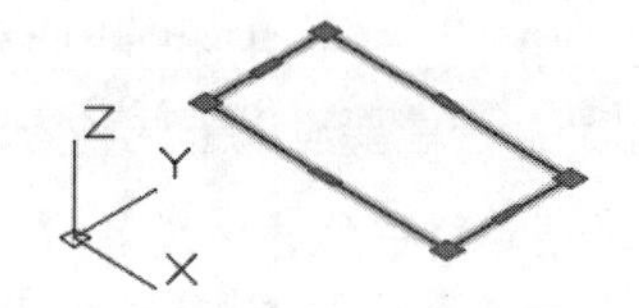

图 6-51　夹点效果

步骤 04　单击【视图】选项卡/【选项板】面板上的按钮，打开【特性】选项板，然后在【厚度】

选项上单击，此时该选项以输入框形式显示，然后输入厚度值为100，如图6-52所示。

步骤05 按Enter键，结果矩形的厚度被修改为100，如图6-53所示。

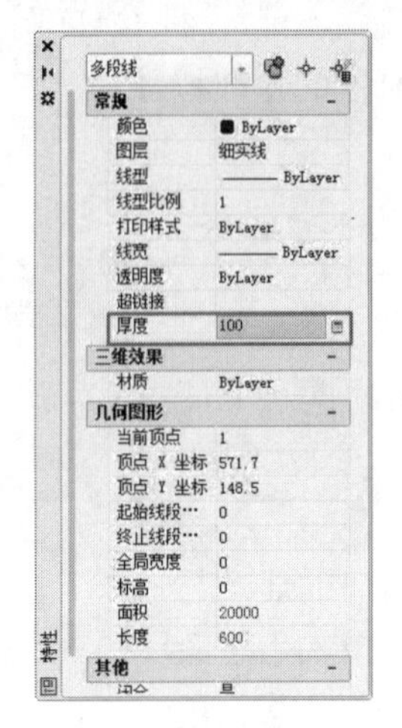

图6-52 修改"厚度"特性

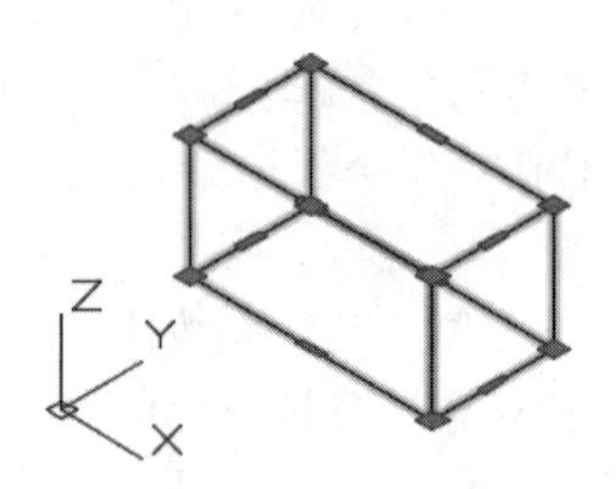

图6-53 修改后的效果

步骤06 在【全局宽度】内修改边的宽度参数，如图6-54所示。

步骤07 关闭【特性】选项板，取消图形夹点，修改结果如图6-55所示。

步骤08 选择菜单栏中的【视图】/【消隐】命令，结果如图6-56所示。

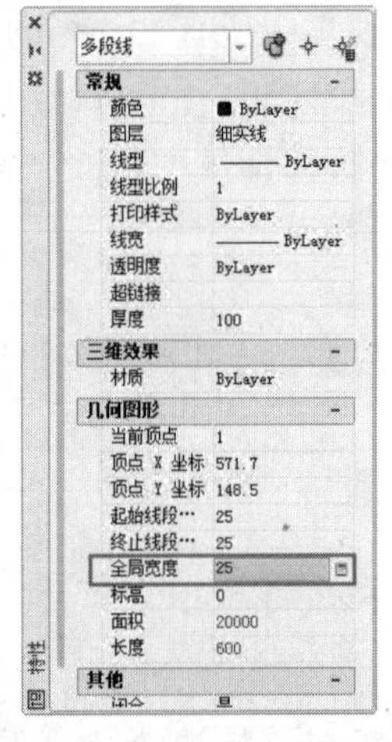

图6-54 修改"宽度"特性

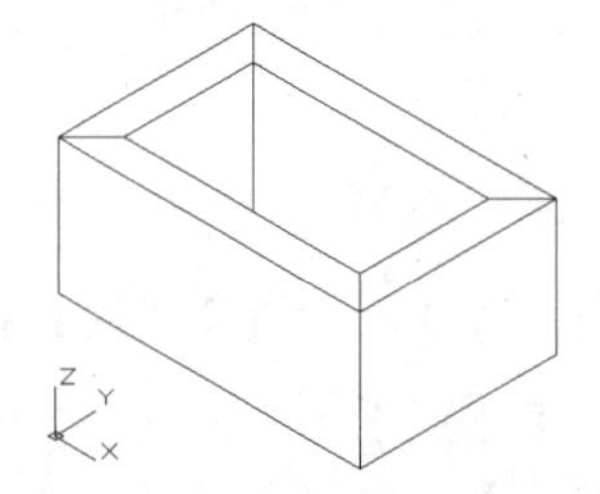

图6-55 取消图形夹点

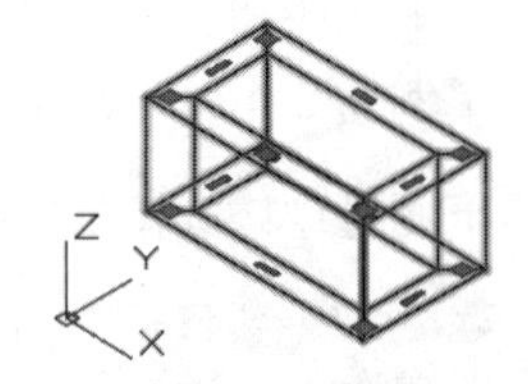

图6-56 消隐效果

6.6.2 特性匹配

【特性匹配】命令用于将一个图形的特性复制给另外一个图形，使这些图形对象拥有相同的特性。执行【特性匹配】命令主要有以下几种方式。

- 菜单栏：选择菜单栏中的【修改】/【特性匹配】命令。
- 命令行：在命令行输入Matchprop或Painter后按Enter键。
- 快捷键：在命令行输入MA，按Enter键。
- 功能区：单击【默认】选项卡/【特性】面板上的按钮。

一般情况下，用于匹配的图形特性有线型、线宽、线型比例、颜色、图层、标高、尺寸、文本等。

【例题 6-13】 将选定对象的特性复制给其他对象

步骤 01　继续例题 6-12 的操作。

步骤 02　执行【正多边形】命令，绘制边长为 120 的正六边形，如图 6-57 所示。

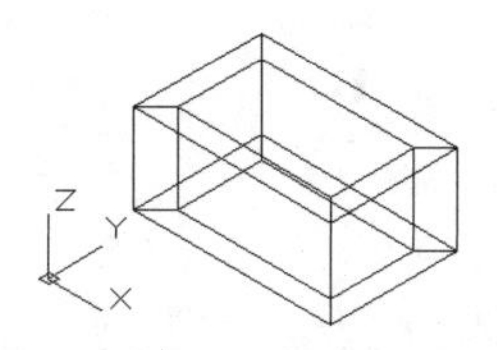

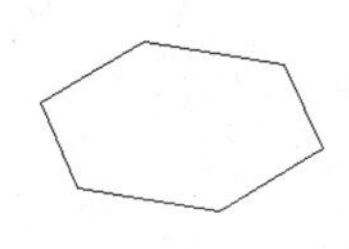

图 6-57　绘制结果

步骤 03　单击【默认】选项卡/【特性】面板上的按钮，命令行提示如下：

```
命令：'_matchprop
选择源对象：                        //选择左侧的矩形
当前活动设置： 颜色 图层 线型 线型比例 线宽 透明度 厚度 打印样式 标注 文字图案填充 多段线 视口 表格材质 多重引线中心对象
选择目标对象或 [设置(S)]：          //选择右侧的矩形
选择目标对象或 [设置(S)]：          //Enter，结果矩形的宽度和厚度特性复制给正六边形，如图 6-58 所示
```

步骤 04　选择菜单栏中的【视图】/【消隐】命令，结果如图 6-59 所示。

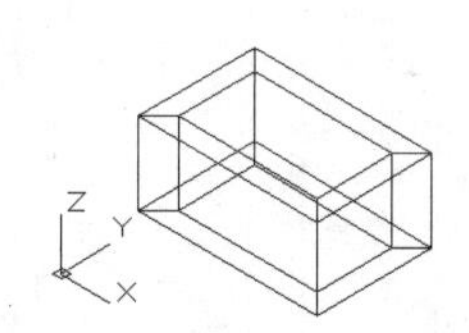

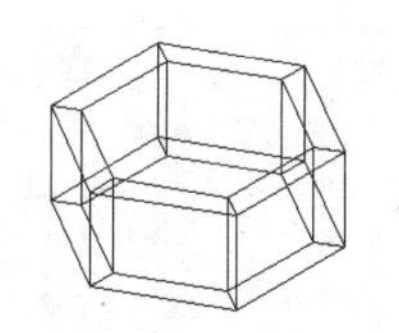

图 6-58　匹配结果

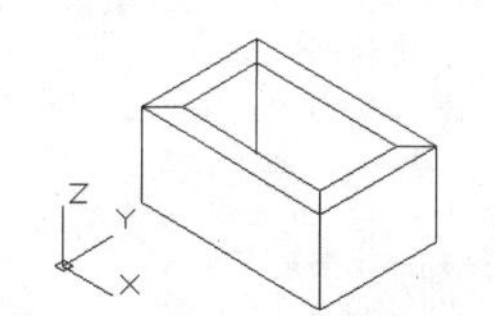

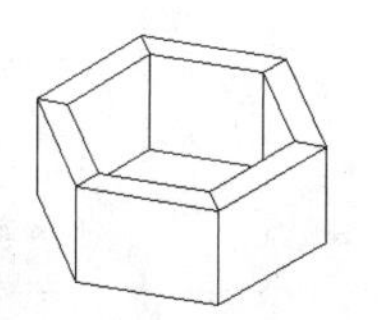

图 6-59　消隐效果

【设置】选项主要用于设置需要匹配的对象特性。在命令行“选择目标对象或 [设置（S）]：”提示下，输入 S 并按 Enter 键，可打开如图 6-60 所示的【特性设置】对话框，用户可以根据自己的需要选择匹配的基本特性和特殊特性。

在默认设置下，AutoCAD 将匹配此对话框中的所有特性，如果用户需要有选择性地匹配某些特性，可以在此对话框内进行设置。

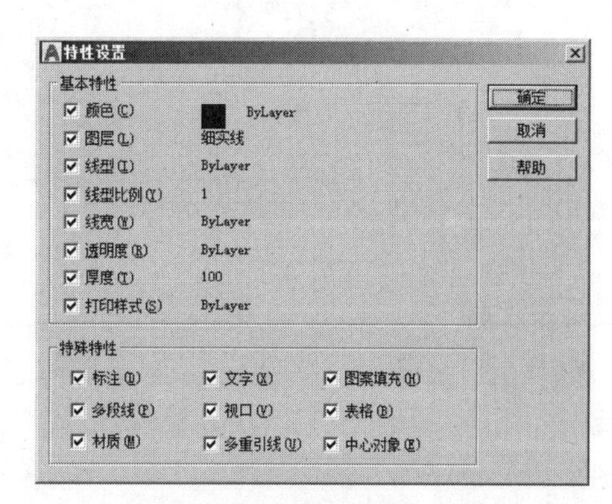

图 6-60　【特性设置】对话框

6.6.3　快捷特性

使用【快捷特性】命令也可以非常方便地查看和修改对象的内部特性。在此功能开启的前提下，用户只需要选择一个对象，它的内部特性便会以选项板的形式显示出来，可供查看和编辑，如图 6-61 所示。

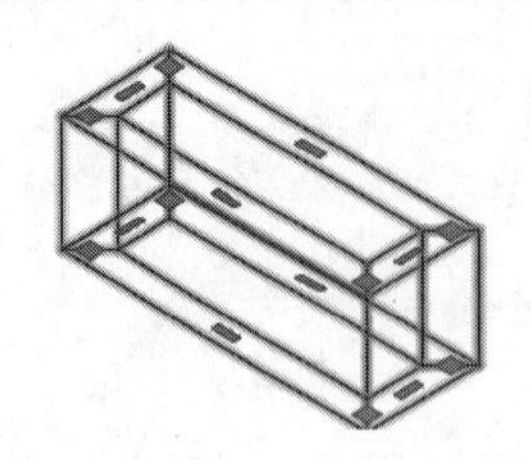
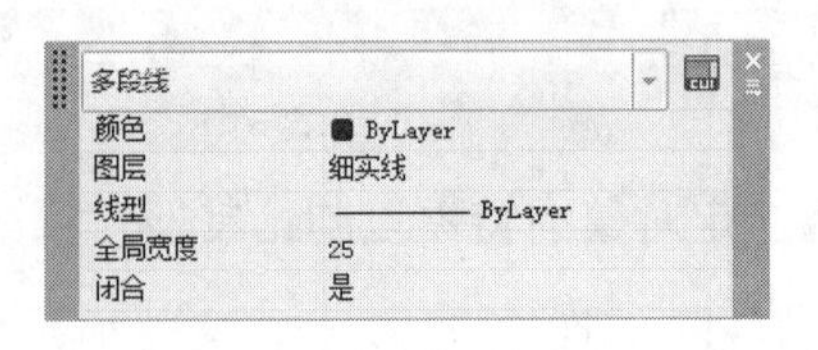

图 6-61　【快捷特性】选项板

执行【快捷特性】命令主要有以下几种方式。

- 状态栏：单击状态栏上的按钮。
- 组合键：按 Ctrl+Shift+P 组合键。

技巧提示

在【快捷特性】功能开启状态下，一旦选择了图形之后，便会打开【快捷特性】面板。另外，如果需要在【快捷特性】选项板中查看和修改更多的对象特性，可以通过【CUI】命令，在【自定义用户界面】选项板内重新定义。

6.7　综合范例——图形的分层管理与特性编辑

本例通过对某复杂工程图进行规划管理与修改完善，主要对【图层】、【设计中心】、【特性】、【特性匹配】、【快速选择】等多种高级制图命令进行综合练习和巩固应用。本例最终效果如图 6-62 所示。

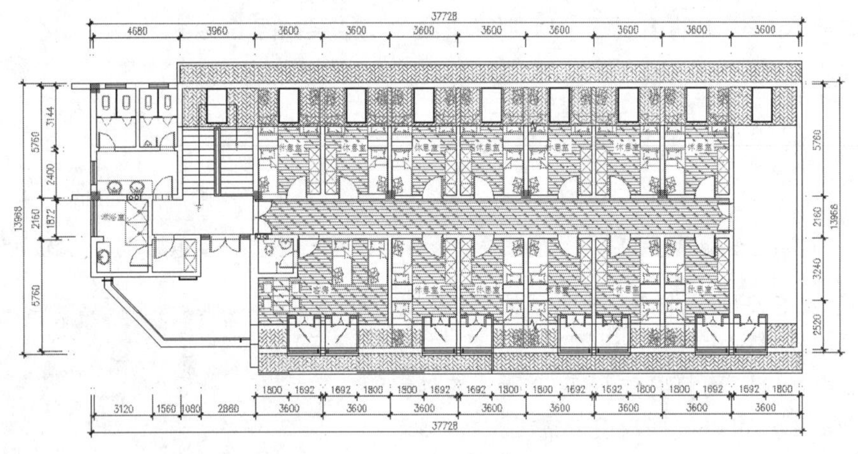

图 6-62　实例效果

操作步骤：

步骤 01　打开下载文件中的“/素材文件/6-4.dwg”，如图 6-63 所示。

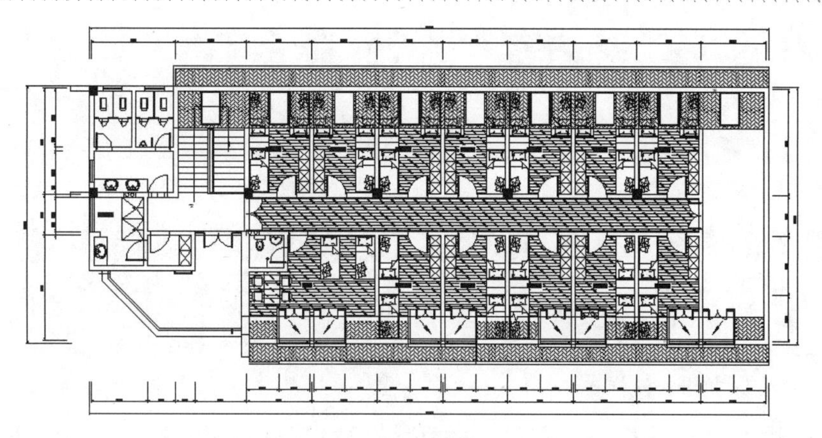

图 6-63　素材文件

步骤 02　使用快捷键 LA 执行【图层】命令，创建如图 6-64 所示的新图层，以分别对各类图形资源进行规划。

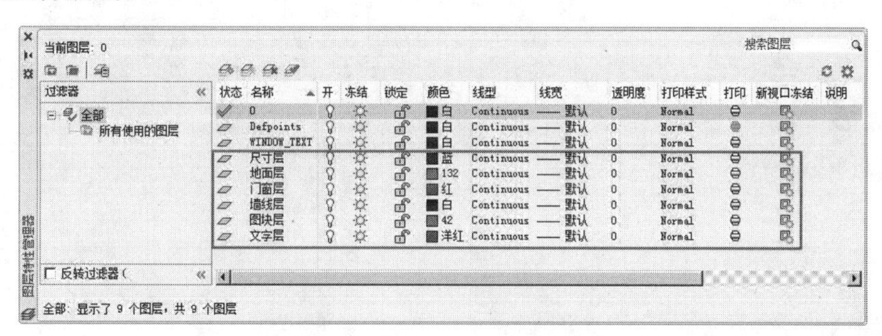

图 6-64　创建新图层

步骤 03　单击【视图】选项卡/【选项板】上的按钮，在打开的【设计中心】选项板内定位“样板文件”文件夹，如图 6-65 所示。

步骤 04　在右侧窗口中双击“建筑样板.dwt”文件，展开此文件的内部资源，如图 6-66 所示。

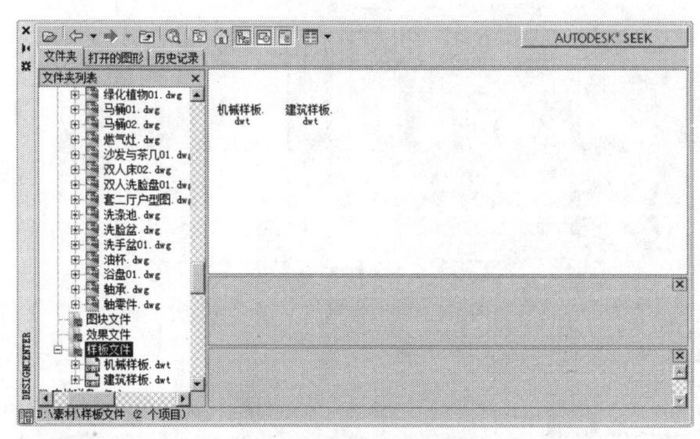

图 6-65　定位文件夹

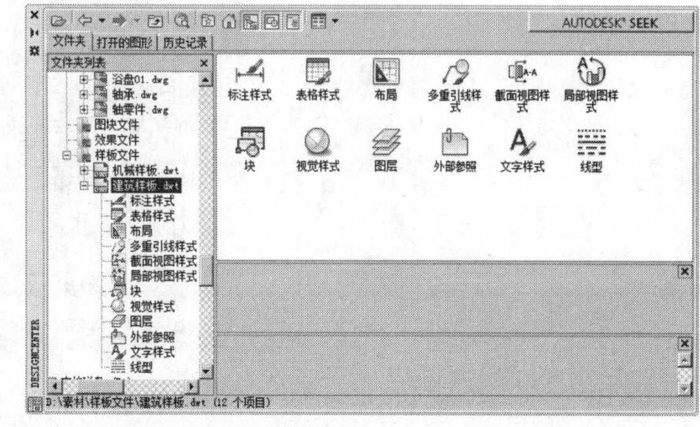

图 6-66　展开文件内部资源

步骤 05　在右侧窗口中双击“标注样式”图标，展开文件内部的所有标注样式，如图 6-67 所示。

步骤 06　在“建筑标注”样式图标上单击鼠标右键，选择【添加标注样式】选项，将此标注样式添加到当前文件内，如图 6-68 所示。

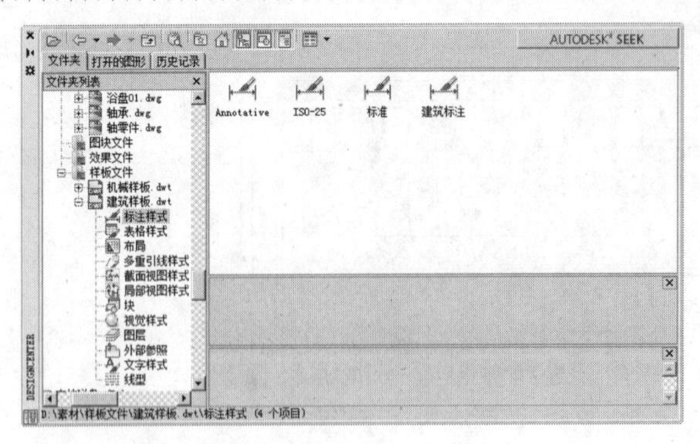

图 6-67　展开标注样式

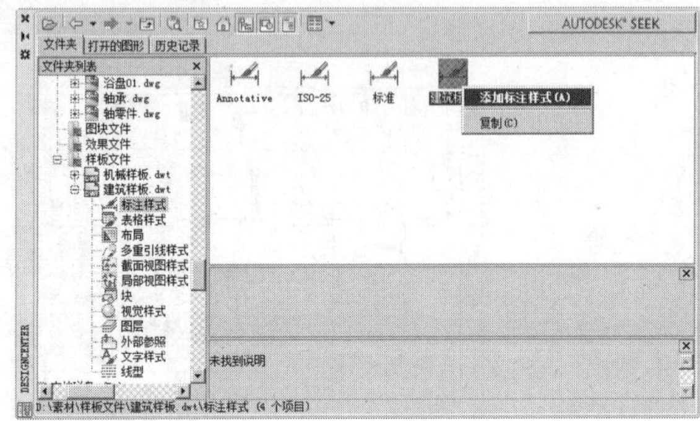

图 6-68　添加标注样式

步骤 07　在左侧窗口中双击“文字样式”图标，展开文件内部的所有文字样式，如图 6-69 所示。

步骤 08　在“仿宋体”样式图标上单击鼠标右键，选择【添加文字样式】选项，将此样式添加到当前文件内，如图 6-70 所示。

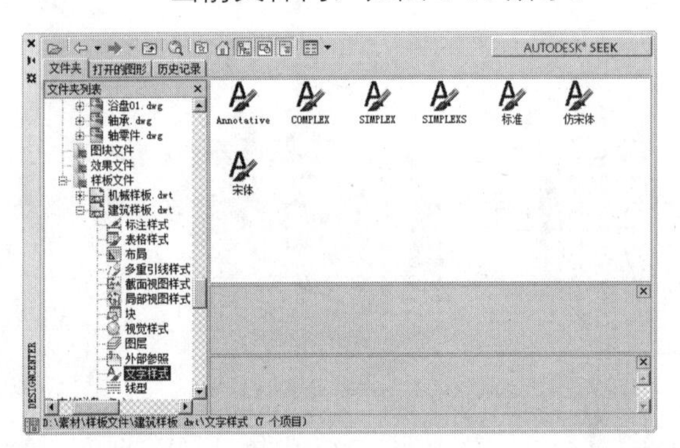

图 6-69　展开文字样式

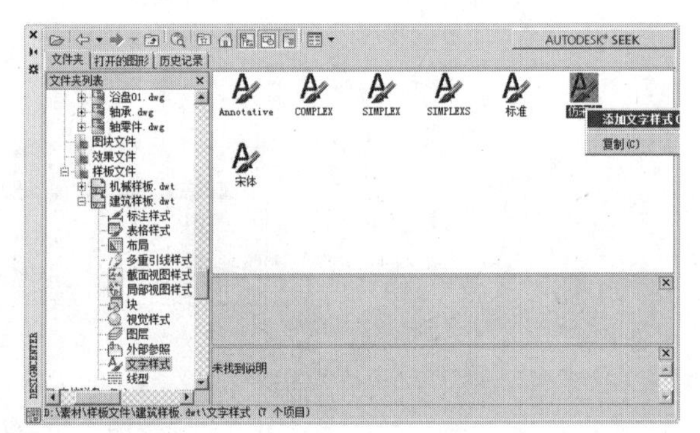

图 6-70　添加文字样式

步骤 09　在无命令执行的前提下，夹点显示所有的尺寸标注，如图 6-71 所示。

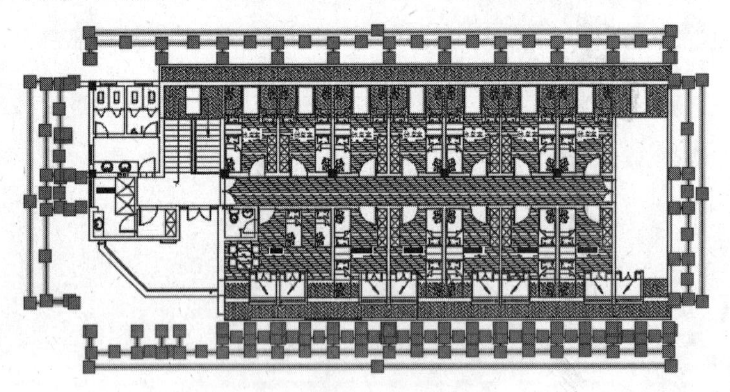

图 6-71　尺寸的夹点显示

步骤 10　选择菜单栏中的【工具】/【选项板】/【特性】命令，打开【特性】选项板，然后修改尺寸标注的图层为“尺寸层”，如图 6-72 所示。

步骤 11　在【特性】选项板中向下拖动滑块，然后修改尺寸的标注样式为“建筑标注”，如图 6-73 所示；修改标注比例为 120，如图 6-74 所示。

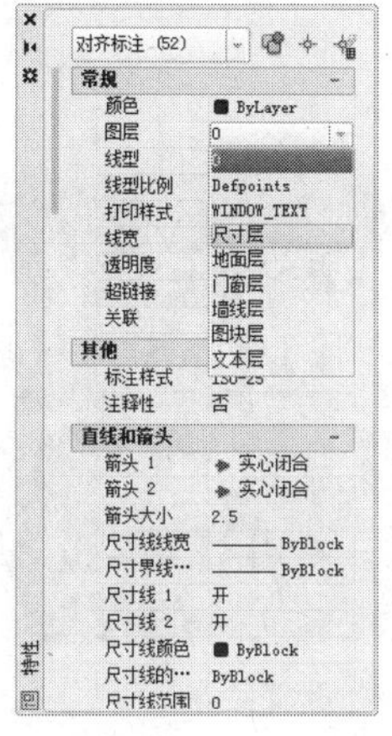

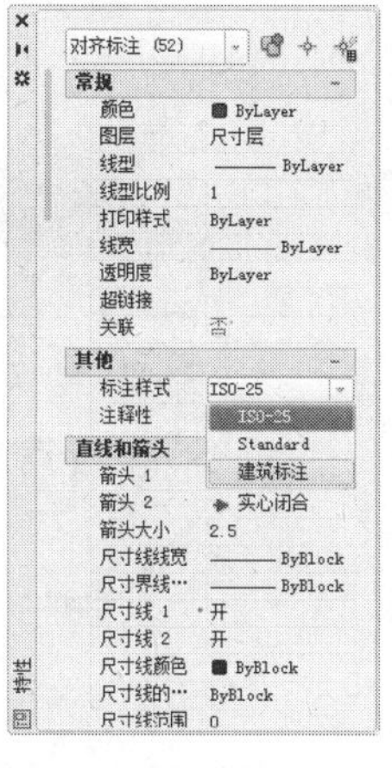

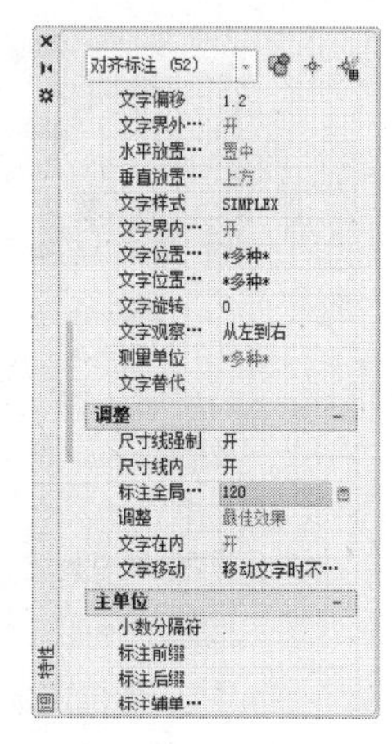

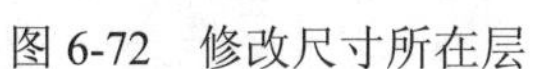

图 6-72　修改尺寸所在层　　图 6-73　修改标注样式　　图 6-74　修改标注比例

步骤 12　返回绘图区按 Esc 键，取消尺寸的夹点显示，观看修改后的结果，如图 6-75 所示。

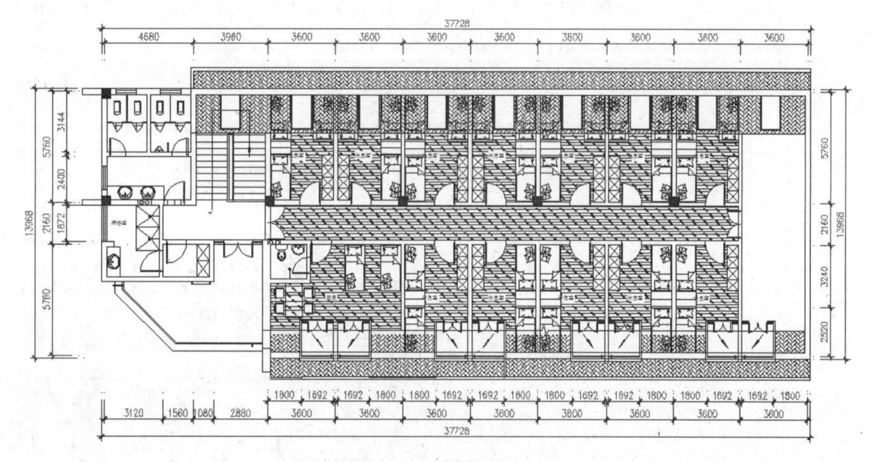

图 6-75　修改结果

步骤 13　单击【默认】选项卡/【图层】面板上的【图层】下拉列表，关闭“尺寸层”，如图 6-76 所示；此时平面图的显示效果如图 6-77 所示。

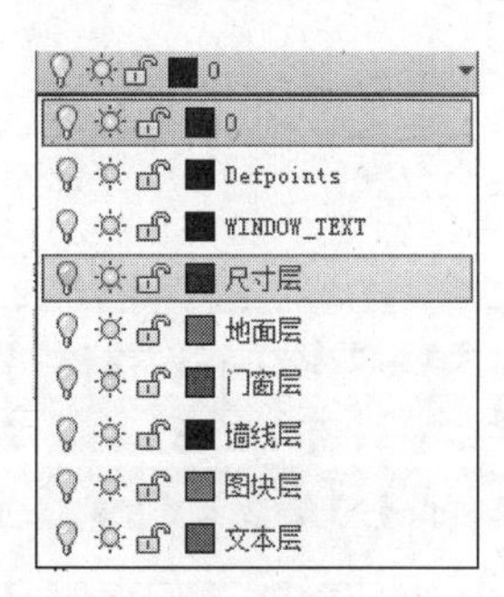

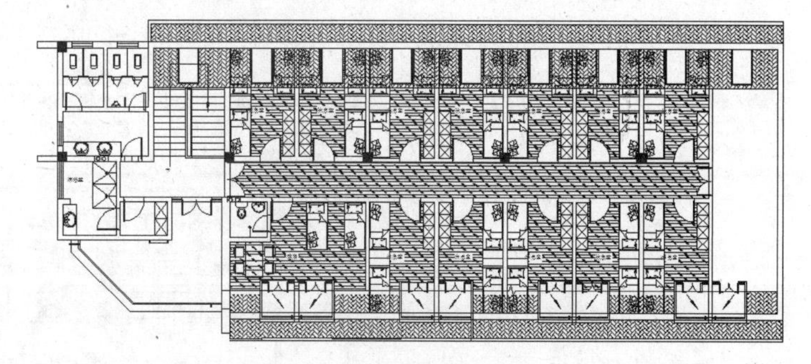

图 6-76　关闭“尺寸层”　　图 6-77　平面图的显示效果

步骤 14　单击【默认】选项卡/【实用工具】面板上的按钮，在打开的【快速选择】对话框中设置过滤参数，如图 6-78 所示；选择所有的图案填充，选择结果如图 6-79 所示。

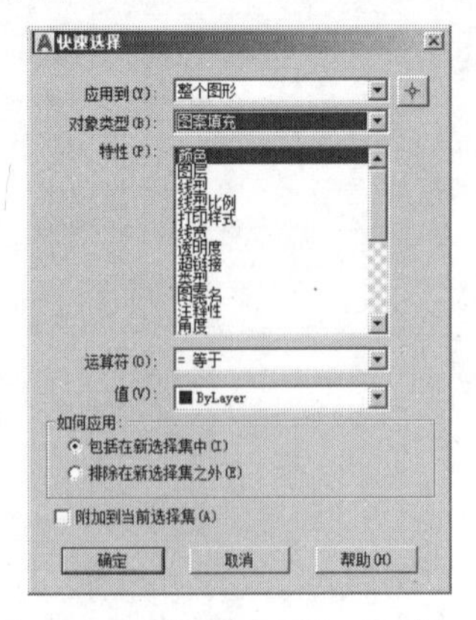

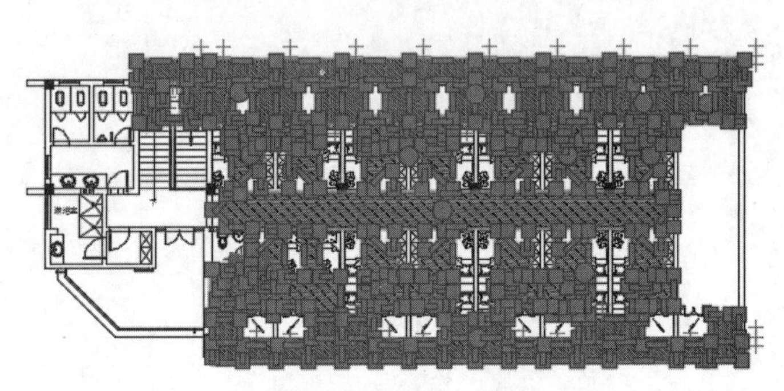

图 6-78　【快速选择】对话框　　　　图 6-79　选择结果

步骤 15　取消夹点，然后展开【特性】选项板，修改夹点对象的图层为“地面层”，如图 6-80 所示。

步骤 16　单击【默认】选项卡/【图层】面板上的【图层】下拉列表框，将“地面层”冻结，此时平面图的显示效果如图 6-81 所示。

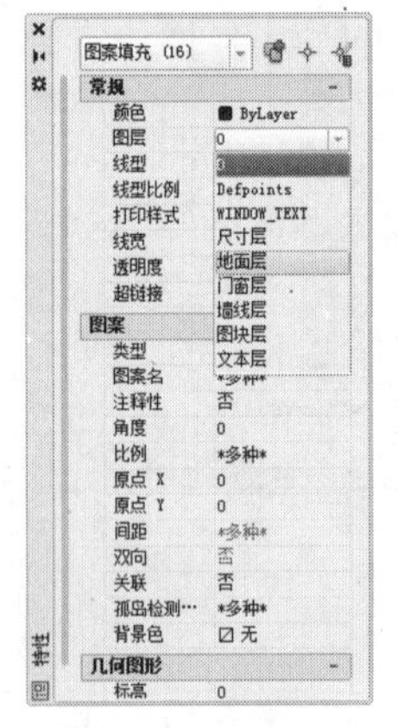

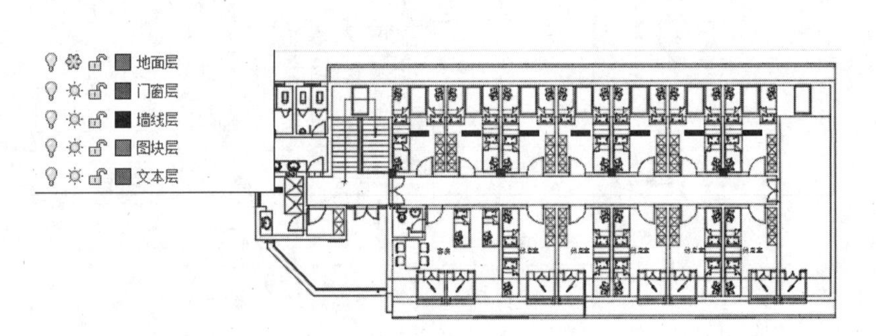

图 6-80　更改图层　　　　图 6-81　冻结后的显示效果

步骤 17　单击【默认】选项卡/【实用工具】面板上的按钮，设置过滤参数，如图 6-82 所示；选择所有的块参数，选择结果如图 6-83 所示。

步骤 18　单击【视图】选项卡/【选项板】面板上的按钮，展开【特性】选项板，修改夹点对象的图层为“图块层”。

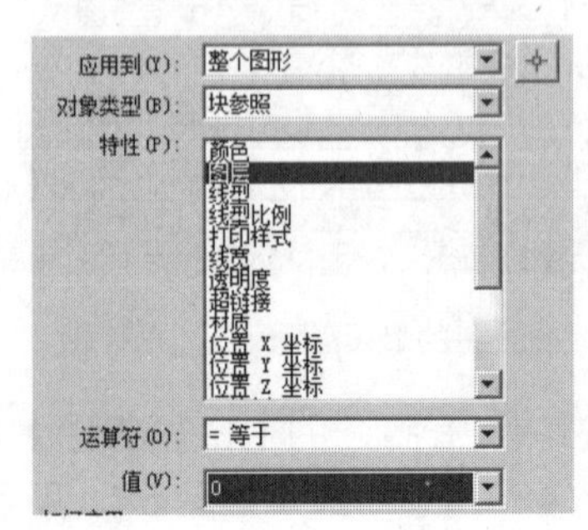

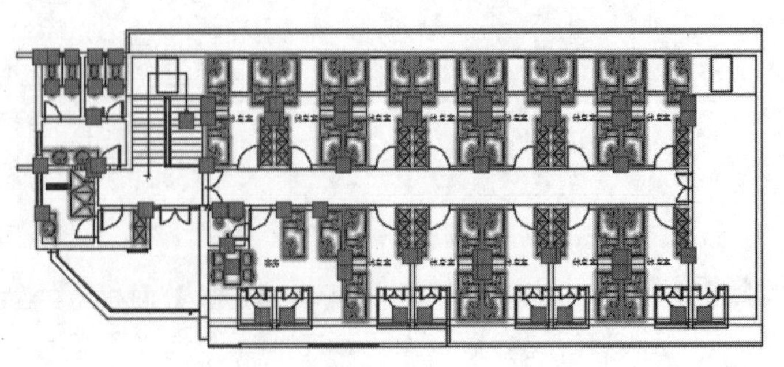

图 6-82　【快速选择】对话框　　　　图 6-83　选择结果

步骤 19 单击【默认】选项卡/【图层】面板上的【图层】下拉列表框，将“图块层”冻结，此时平面图的显示效果如图 6-84 所示。

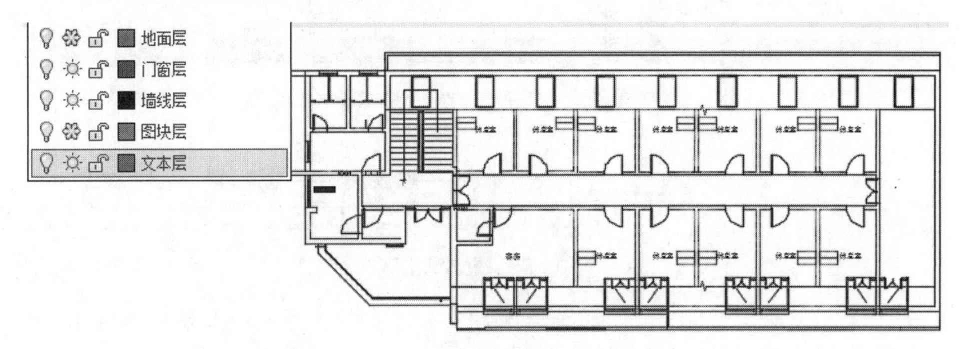

图 6-84 冻结后的显示效果

步骤 20 单击【默认】选项卡/【实用工具】面板上的按钮，设置过滤参数，如图 6-85 所示；选择所有的文字对象，选择结果如图 6-86 所示。

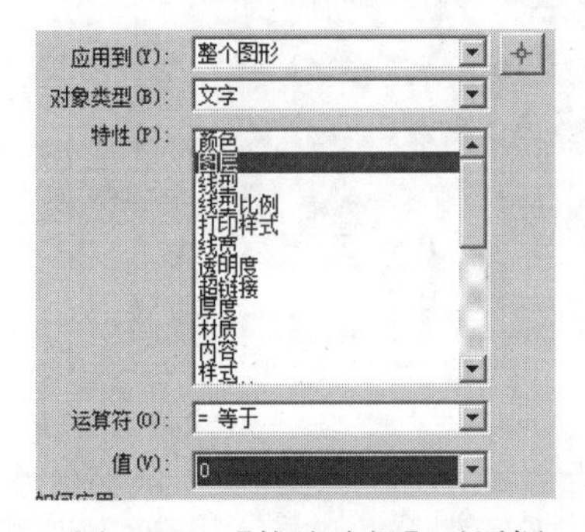

图 6-85 【快速选择】对话框

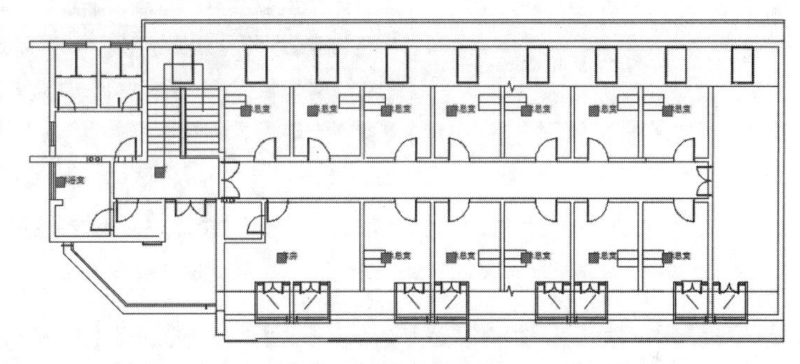

图 6-86 选择结果

步骤 21 单击【视图】选项卡/【选项板】面板上的按钮，展开【特性】选项板，修改夹点对象的图层为“文字层”。

步骤 22 单击【默认】选项卡/【图层】面板上的【图层】下拉列表框，将“文字层”关闭，此时平面图的显示效果如图 6-87 所示。

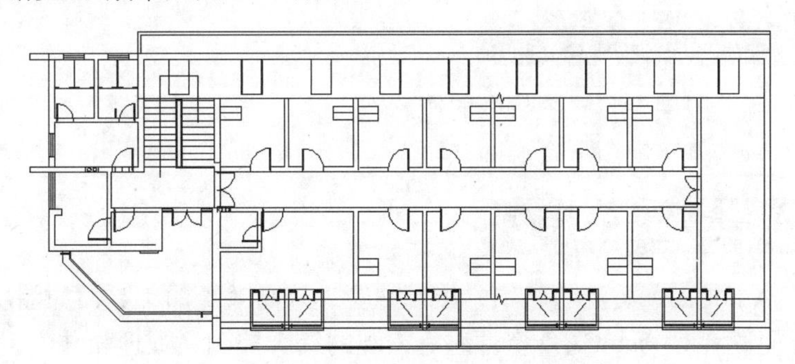

图 6-87 关闭后的显示效果

步骤 23 在无命令执行的前提下，夹点显示所有位置的平面门和窗，然后更改其图层为“门窗层”，如图 6-88 所示。

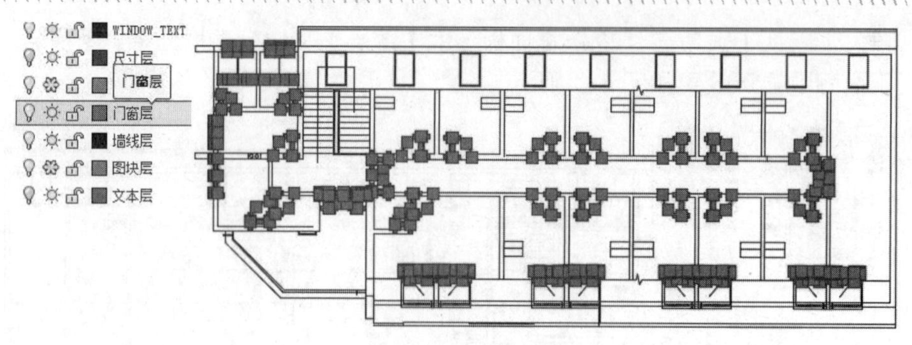

图 6-88　更改图层

步骤 24　关闭“门窗层”，然后夹点显示所有图线（折断线、方向线及楼梯除外），更改其图层为“墙线层”，如图 6-89 所示。

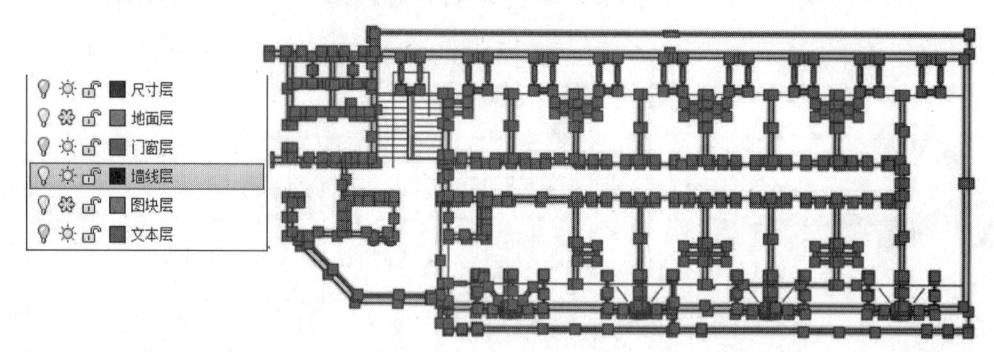

图 6-89　更改图层

步骤 25　单击【默认】选项卡/【图层】面板上的【图层】下拉列表框，打开并解冻所有的图层，平面图的显示效果如图 6-62 所示。

步骤 26　最后执行【另存为】命令，将图形另存为“综合范例.dwg”。

6.8　思考与总结

6.8.1　知识点思考

（1）如何正确理解“图层”与“图块”的概念？

（2）想一想，如何快速实现图形资源的共享？

6.8.2　知识点总结

本章主要学习了 AutoCAD 资源的组织、控制和管理等高效绘图工具，如图层、设计中心、工具选项板、特性等，方便读者对 AutoCAD 资源进行宏观的综合控制、管理和共享。

通过本章的学习，重点掌握以下知识：

- 图层是组织、管理和控制复杂图形的便捷工具，读者不仅要理解图层的概念和功能，还需要掌握图层的新建、命名与编辑、掌握图层颜色、图层线型、线宽等特性的设置方法；除此之外，还需要了解和掌握图层的几种状态控制功能。

- 设计中心是组织、查看和共享资源的高效工具，读者不但要了解工具窗口的组成和使用，还需要重点掌握图形资源的查看功能、图形资源的共享功能、图形资源的使用等，以快速方便地组合和引用复杂图形。
- 快速选择是一种综合性的快速选择工具,使用此工具可以一次选择多个具有同一共性的图形对象，读者不但要了解工具窗口的组成，还需要重点掌握过滤参数的设置。
- 工具选项板也是一种便捷的高效制图工具，读者不但要掌握该工具的具体使用方法，还需要掌握工具选项板的自定义功能。
- 对象特性是一个高效工具，它用于组织、管理和修改图形对象内部的所有特性，以达到修改完善图形的目的，读者需要熟练掌握该工具的使用技能及特性的快速编辑和匹配技能。

6.9 上机操作题

6.9.1 操作题一

综合所学知识，将如图 6-90 所示的平面图编辑成如图 6-91 所示的布置图。

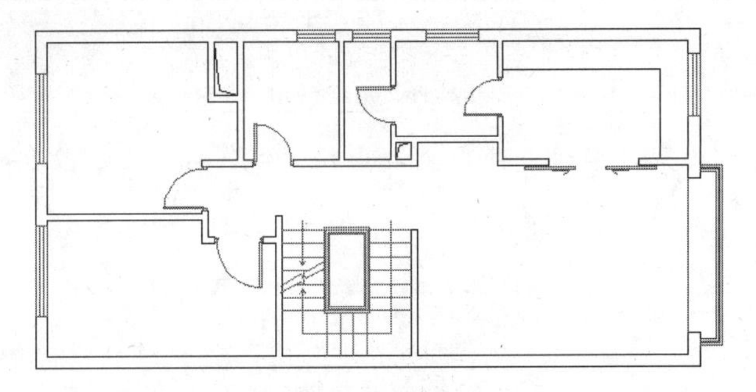

图 6-90 平面图

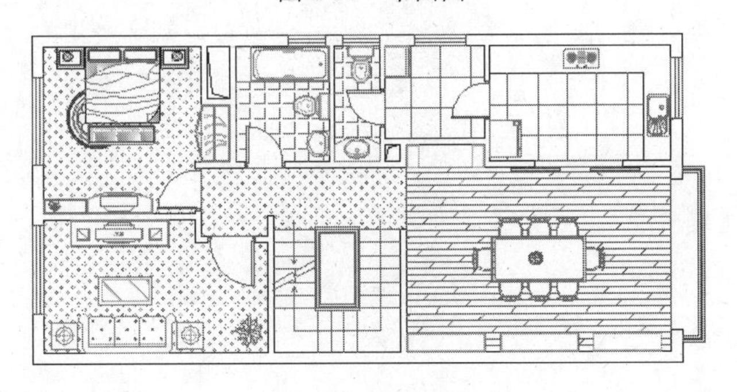

图 6-91 布置图

如图 6-90 所示的平面图位于下载文件中的“素材文件”目录下，名称为“6-5.dwg”。另外，所需家具图块文件都位于下载文件中的“图块文件”目录下，读者也可以自行创建。

6.9.2 操作题二

综合所学知识，将如图 6-92 所示的各零件部件图进行组装，组装后的效果如图 6-93 所示。

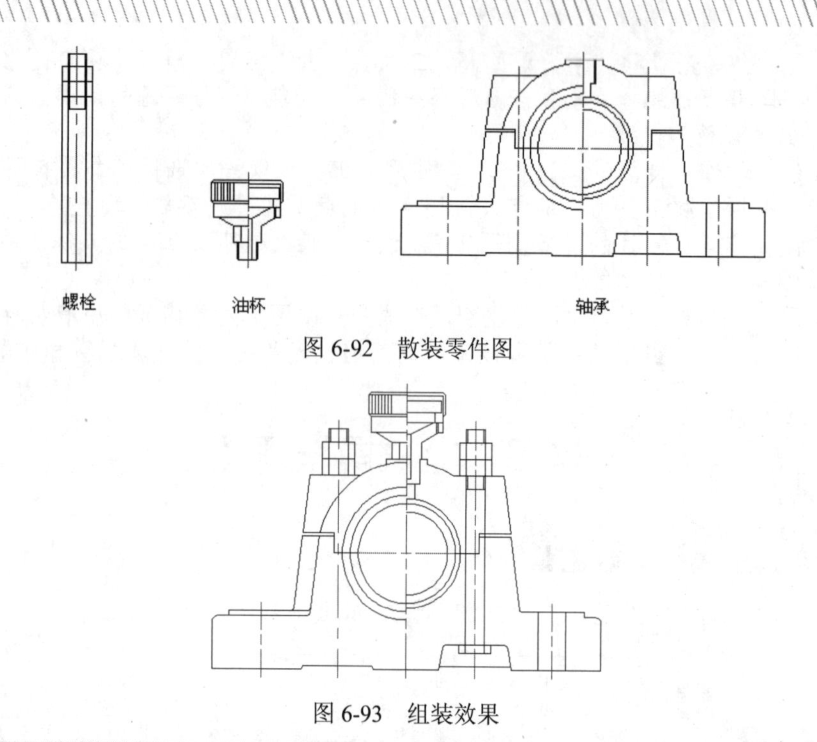

图 6-92　散装零件图

图 6-93　组装效果

本例所需素材都收录在下载文件中的“素材文件”目录下，文件名分别是“油杯.dwg”“轴承.dwg”和“螺栓.dwg”。

第 7 章　创建文字、符号与表格

在 AutoCAD 制图中，文字是另外一种表达施工图纸信息的方式，是图纸中不可缺少的一项内容。本章将讲述 AutoCAD 中文字与表格的创建功能。

本章内容

- 文字样式
- 单行文字
- 多行文字
- 多重引线文字
- 表格与表格样式
- 综合范例一——为景观详图标注多重引线
- 综合范例二——为零件图标注技术要求
- 综合范例三——为零件图标注明细表格
- 思考与总结
- 上机操作题

7.1　文字样式

【文字样式】命令主要用于控制文字外观效果，如字体、字号、倾斜角度、旋转角度及其他的特殊效果。

执行【文字样式】命令主要有以下几种方式。

- 菜单栏：选择菜单栏中的【格式】/【文字样式】命令。
- 命令行：在命令行输入 Style 后按 Enter 键。
- 快捷键：在命令行输入 ST 后按 Enter 键。
- 功能区：单击【默认】选项卡/【注释】面板上的按钮。

相同内容的文字，如果使用不同的文字样式，其外观效果也不相同，如图 7-1 所示。

AutoCAD　　AutoCAD　　AutoCAD
范例培训手册　　范例培训手册　　范例培训手册

图 7-1　文字示例

【例题 7-1】　设置名为“宋体”的新样式

下面通过设置字体为“宋体”的文字样式，学习文字样式的具体设置过程。

步骤 01　设置新样式。单击【样式】或【文字】工具栏上的按钮，执行【文字样式】命令，打开如图 7-2 所示的【文字样式】对话框。

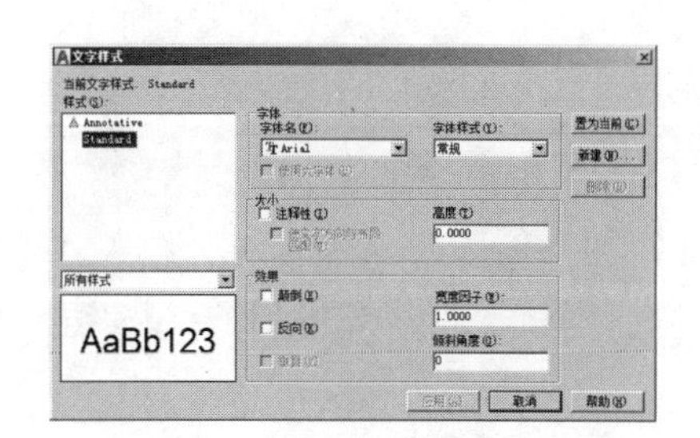

图 7-2　【文字样式】对话框

步骤 02　单击 新建(N)... 按钮，在弹出的【新建文字样式】对话框中为新样式赋名，如图 7-3 所示。

步骤 03　设置字体。在【字体】选项组中展开【字体名】下拉列表框，选择所需的字体，如图 7-4 所示。

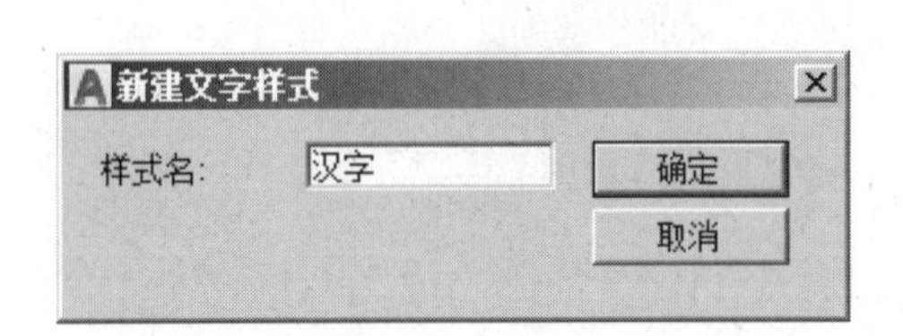

图 7-3　【新建文字样式】对话框

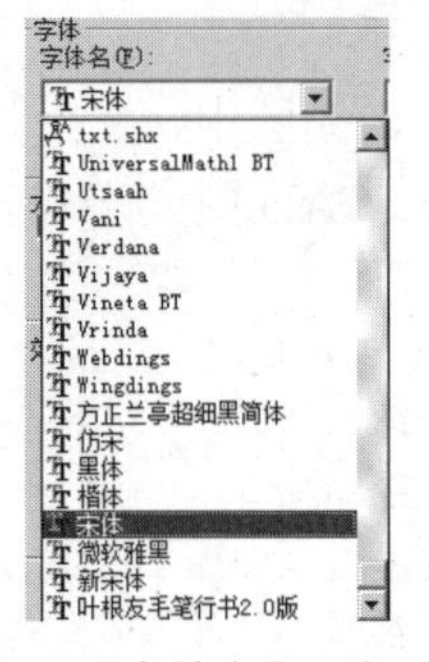

图 7-4　【字体名】下拉列表框

步骤 04　在【字体】选项组中取消【使用大字体】复选框，结果所有 AutoCAD 编译型（.SHX）字体和已注册的 TrueType 字体都显示在此列表框内。用户可以选择某种字体作为当前样式的字体。

若选择 TrueType 字体，可在右侧【字体样式】列表框中设置当前字体样式，如图 7-5 所示；若选择编译型（.SHX）字体，且选中【使用大字体】复选框后，则右端的下拉列表框变为如图 7-6 所示的状态，可用于选择所需的大字体。

图 7-5　选择 TrueType 字体

图 7-6　选择编译型（.SHX）字体

步骤 05　设置字体高度。在【高度】文本框中设置文字的高度。

如果设置了高度，那么当创建文字时，命令行就不会再提示输入文字的高度。建议在此不设置字体的高度。

步骤 06　设置文字的效果。选中【颠倒】复选框，设置文字为倒置状态；选中【反向】复选框，设置文字为反向状态；选中【垂直】复选框，控制文字呈垂直排列状态；在【倾斜角度】文本框中设置文字的倾斜角度，如图 7-7 所示。

图 7-7　设置字体效果

步骤 07　设置宽度比例。在【宽度因子】文本框中设置字体的宽高比。

步骤 08　单击 删除(D) 按钮，可以将多余的文字样式进行删除。

国标规定工程图样中的汉字应采用长仿宋体，宽高比为 0.7，当此比值大于 1 时，文字宽度放大，否则将缩小。另外，默认的 Standard 样式、当前文字样式及在当前文件中已使过的文字样式，都不能被删除。

步骤 09　单击 应用(A) 按钮，结果最后设置的文字样式被看作当前样式。

步骤 10　最后关闭【文字样式】对话框，结束命令。

7.2　单行文字

本小节主要学习单行文字的创建和单行文字的对正、单行文字的编辑及特殊字符的具体输入技能。

7.2.1　创建单行文字

AutoCAD 2018
全程培训手册

图 7-8　单行文字示例

【单行文字】命令主要通过命令行创建单行或多行的文字对象，所创建的每一行文字都被看作是一个独立的对象，如图 7-8 所示。

执行【单行文字】命令主要有以下几种方式。

- 菜单栏：选择菜单栏中的【绘图】/【文字】/【单行文字】命令。
- 命令行：在命令行输入 Dtext 后按 Enter 键。
- 快捷键：在命令行输入 DT 后按 Enter 键。
- 功能区：单击【注释】选项卡/【文字】面板上的 A 按钮。
- 功能区：单击【默认】选项卡/【注释】面板上的 A 按钮。

【例题 7-2】　创建如图 7-8 所示的文字

步骤 01　首先新建空白文件。

步骤 02　单击【默认】选项卡/【注释】面板上的 A 按钮，在命令行“指定文字的起点或 [对正(J)/样式(S)]:”提示下，在绘图区拾取一点作为文字的插入点。

步骤 03　在命令行“指定高度 <2.5000>:”提示下输入 10 并按 Enter 键，为文字设置高度。

步骤 04　在“指定文字的旋转角度 <0>:”提示下按 Enter 键，采用当前设置。

如果在文字样式中定义了字体高度，那么在此就不会出现“指定高度<2.5>:”提示，AutoCAD 会按照定义的字高来创建文字。

步骤 05　此时绘图区出现如图 7-9 所示的单行文字输入框，然后在命令行输入“AutoCAD 2018”，如图 7-10 所示。

步骤 06　按 Enter 键换行，然后输入“全程培训手册”，如图 7-11 所示。

图 7-9　单行文字输入框

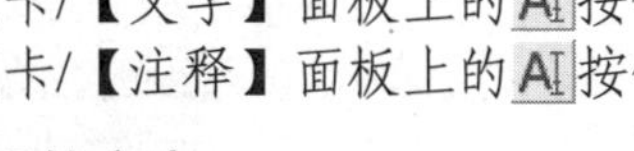

AutoCAD 2018

图 7-10　输入文字

AutoCAD 2018
全程培训手册

图 7-11　输入第二行文字

步骤 07　连续两次按 Enter 键，结束【单行文字】命令。

7.2.2　文字对正方式

文字的对正方式是基于如图 7-12 所示的 4 条参考线而言的，这 4 条参考线分别为顶线、中线、基线和底线。“文字的对正”指的就是文字的哪一位置与插入点对齐，文字的各种对正方式可参见图 7-13。

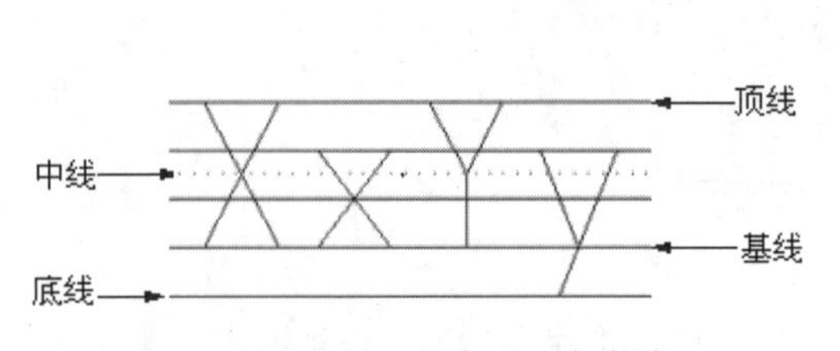

图 7-12　文字对正参考线

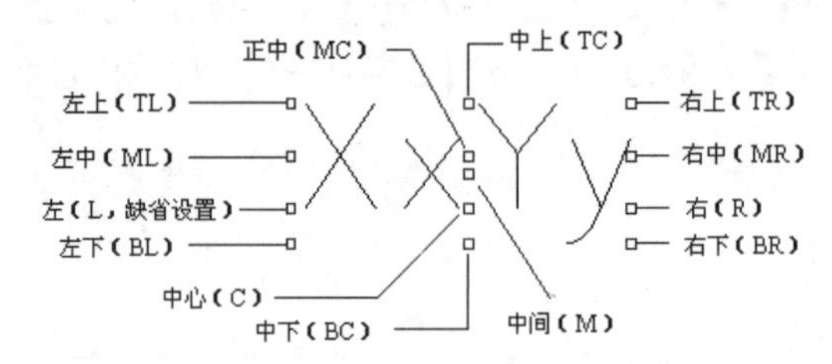

图 7-13　文字的对正方式

这里的中线是大写字符高度的水平中心线(顶线至基线的中间)，不是小写字符高度的水平中心线。执行【单行文字】命令后，在命令行“指定文字的起点或 [对正(J)/样式(S)]:”提示下激活【对正】选项，可打开如图 7-14 所示的选项菜单，同时命令行将显示如下提示：

“输入选项 [左(L)/居中(C)/右(R)/对齐(A)/中间(M)/布满(F)/左上(TL)/中上(TC)/右上(TR)/左中(ML)/正中(MC)/右中(MR)/左下(BL)/中下(BC)/右下(BR)]:”

输入选项 [左
左(L)
居中(C)
右(R)
对齐(A)
中间(M)
布满(F)
左上(TL)
中上(TC)
右上(TR)
左中(ML)
正中(MC)
右中(MR)
左下(BL)
中下(BC)
右下(BR)

图 7-14　选项菜单

各种对正选项的含义如下：

- 【左】选项用于提示用户拾取一点作为文字串基线的左端点，以基线的左端点对齐文字。
- 【居中】选项用于提示用户拾取文字的中心点，此中心点就是文字串基线的中点，即以基线的中点对齐文字。
- 【右】选项用于提示用户拾取一点作为文字串基线的右端点，以基线的右端点对齐文字。
- 【对齐】选项用于提示拾取文字基线的起点和终点，系统会根据起点和终点的距离自动调整字高。
- 【中间】选项用于提示用户拾取文字的中间点，此中间点就是文字串基线的垂直中线和文字串高度的水平中线的交点。
- 【布满】选项用于提示用户拾取文字基线的起点和终点，系统会以拾取的两点之间的距离自动调整宽度系数，但不改变字高。
- 【左上】选项用于提示用户拾取文字串的左上点，此左上点就是文字串顶线的左端点，即以顶线的左端点对齐文字。
- 【中上】选项用于提示用户拾取文字串的中上点，此中上点就是文字串顶线的中点，即以顶线的中点对齐文字。
- 【右上】选项用于提示用户拾取文字串的右上点，此右上点就是文字串顶线的右端点，即以顶线的右端点对齐文字。
- 【左中】选项用于提示用户拾取文字串的左中点，此左中点就是文字串中线的左端点，即以中线的左端点对齐文字。
- 【正中】选项用于提示用户拾取文字串的中间点，此中间点就是文字串中线的中点，即以中线的中点对齐文字。
- 【右中】选项用于提示用户拾取文字串的右中点，此右中点就是文字串中线的右端点，即以中线的右端点对齐文字。

- 【左下】选项用于提示用户拾取文字串的左下点，此左下点就是文字串底线的左端点，即以底线的左端点对齐文字。
- 【中下】选项用于提示用户拾取文字串的中下点，此中下点就是文字串底线的中点，即以底线的中点对齐文字。
- 【右下】选项用于提示用户拾取文字串的右下点，此右下点就是文字串底线的右端点，即以底线的右端点对齐文字。

虽然【正中】和【中间】两种对正方式拾取的都是中间点，但这两个中间点的位置并不一定完全重合，只有输入的字符为大写或汉字时，此两点才重合。

7.2.3　输入特殊字符

由于在工程图中用到的许多特殊符号不能通过标准键盘直接输入，如文字的下划线、直径代号、角度符号等，必须输入相应的控制码才能创建出所需的特殊字符，这些特殊字符的控制码如表 7-1 所示。

表 7-1　特殊字符的控制码

控制代码	特殊字符
%%O	上划线
%%u	下划线
%%d	度数
%%p	正负号
%%c	直径符号

7.2.4　编辑单行文字

【编辑文字】命令主要用于修改编辑现有的文字对象内容，或者为文字对象添加前缀或后缀等内容。执行【编辑文字】命令主要有以下几种方式。

- 菜单栏：选择菜单栏中的【修改】/【对象】/【文字】/【编辑】命令。
- 命令行：在命令行输入 Ddedit 后按 Enter 键。
- 快捷键：在命令行输入 ED 后按 Enter 键。

如果需要编辑的文字是使用【单行文字】命令创建的，那么在执行【编辑文字】命令后，命令行会出现“选择注释对象或 [放弃（U）]”的提示，此时用户只需要单击需要编辑的单行文字，系统即可弹出如图 7-15 所示的单行文字编辑框，在此编辑框中输入正确的文字内容即可。

AutoCAD 2018
全程培训手册

图 7-15　单行文字编辑框

7.3　多行文字

本节主要学习多行文字的创建、多行文字的编辑及特殊字符的输入。

7.3.1　创建多行文字

【多行文字】命令也是一种较为常用的文字创建工具，比较适合于创建较为复杂的文字，如单行文字、多行文字及段落性文字。

无论创建的文字包含多少行、多少段，AutoCAD 都将其作为一个独立的对象，当选择该对象后，将呈现如图 7-16 所示的夹点状态。

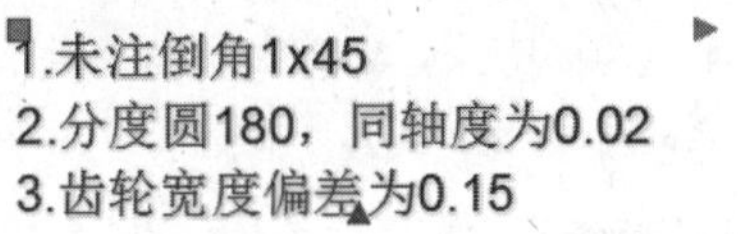

1.未注倒角1x45
2.分度圆180，同轴度为0.02
3.齿轮宽度偏差为0.15

图 7-16　多行文字示例

执行【多行文字】命令主要有以下几种方式。

- 菜单栏：选择菜单栏中的【绘图】/【文字】/【多行文字】命令。
- 命令行：在命令行输入 Mtext 后按 Enter 键。
- 快捷键：在命令行输入 T 后按 Enter 键。
- 功能区：单击【注释】选项卡/【文字】面板上的 A 按钮。
- 功能区：单击【默认】选项卡/【注释】面板上的 A 按钮。

【例题 7-3】　创建如图 7-17 所示的段落文字

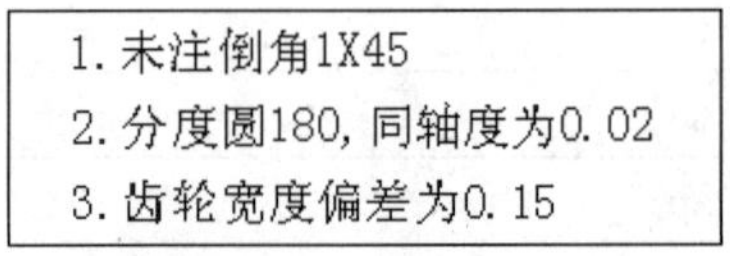

步骤 01　首先新建空白文件。

步骤 02　单击【注释】选项卡/【文字】面板上的 A 按钮，执行【多行文字】命令，在命令行“指定第一角点:”提示下，在绘图区拾取一点。

1. 未注倒角1X45
2. 分度圆180，同轴度为0. 02
3. 齿轮宽度偏差为0. 15

图 7-17　创建多行文字

步骤 03　在“指定对角点或 [高度(H)/对正(J)/行距(L)/旋转(R)/样式(S)/宽度(W)/栏(C)]:”提示下，在绘图区拾取对角点，打开如图 7-18 所示的【文字编辑器】选项卡面板。

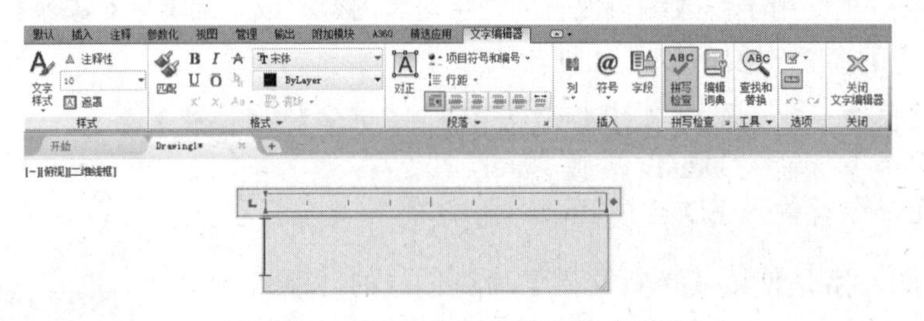

图 7-18　【文字编辑器】选项卡面板

步骤 04　在【样式】面板上的【文字高度】下拉列表内设置文字高度为 7.5，其他参数保持不变。

步骤 05　在下侧文字输入框内单击，指定文字的输入位置，然后输入如图 7-19 所示的文字。

步骤 06　按 Enter 键，分别输入其他两行文字对象，如图 7-20 所示。

图 7-19　输入文字

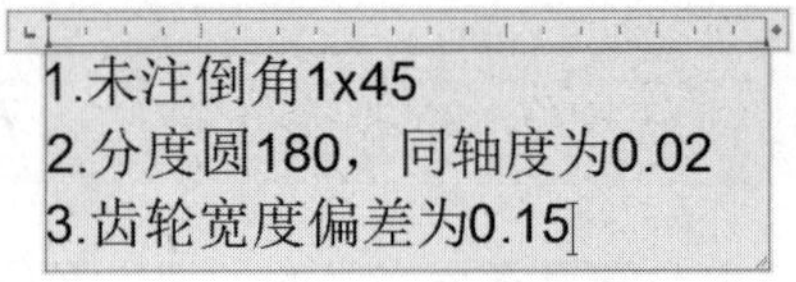

1.未注倒角1x45
2.分度圆180，同轴度为0.02
3.齿轮宽度偏差为0.15

图 7-20　输入其他行文字

步骤 07　单击关闭文字编辑器按钮，关闭【文字编辑器】选项卡面板，结束命令。

7.3.2　文字编辑器

在【文字编辑器】选项卡面板中，共包括【样式】、【格式】、【段落】、【插入】、【拼写检查】、【工具】、【选项】及【关闭】8 个功能区面板，功能如下。

1. 【样式】面板

- 【样式】下拉列表用于设置当前的文字样式。
- 注释性按钮用于为新建的文字或选定的文字对象设置注释性。
- 【文字高度】下拉列表框 2.5 用于设置新字符高度或更改选定文字的高度。
- 遮罩按钮用于设置文字的背景遮罩。

2. 【格式】面板

- 按钮用于将选定文字的格式匹配到其他文字上。
- 【粗体】按钮 B 用于为输入的文字对象或所选定文字对象设置粗体格式。【斜体】按钮 I 用于为新输入文字对象或所选定文字对象设置斜体格式。这两个选项仅适用于使用 TrueType 字体的字符。
- 【删除线】按钮用于在需要删除的文字上画线，表示需要删除的内容。
- 【下划线】按钮 U 用于文字或所选定的文字对象设置下划线格式。
- 【上划线】按钮 O 用于为文字或所选定的文字对象设置上划线格式。
- 【堆叠】按钮用于为输入的文字或选定的文字设置堆叠格式。

要使文字堆叠，文字中须包含插入符（^）、正向斜杠（/）或磅符号（#），堆叠字符左侧的文字将堆叠在字符右侧的文字之上。默认情况下，包含插入符（^）的文字转换为左对正的公差值；包含正斜杠（/）的文字转换为置中对正的分数值，斜杠被转换为一条同较长的字符串长度相同的水平线；包含磅符号（#）的文字转换为被斜线分开的分数。

- 【上标】按钮用于将选定的文字切换为上标或将上标状态关闭。
- 【下标】按钮用于将选定的文字切换为下标或将下标状态关闭。
- 大写按钮用于修改英文字符为大写，小写按钮用于修改英文字符为小写。
- 清除按钮用于清除字符及段落中的粗体、斜体或下划线等格式。
- 【倾斜角度】按钮 0.0000 用于修改文字的倾斜角度。
- 【追踪】微调按钮 1.0000 用于修改文字间的距离。
- 【宽度因子】按钮 1.0000 用于修改文字的宽度比例。

3. 【段落】面板

- 【对正】按钮用于设置文字的对正方式，如图 7-21 所示。
- 项目符号和编号按钮用于设置以数字、字母或项目符号标记等，其按钮菜单如图 7-22 所示。

图 7-21　多行文字对正方式

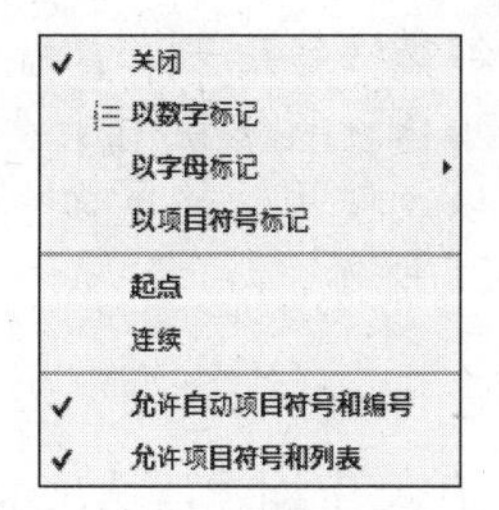

图 7-22　项目符号按钮菜单

- 行距按钮用于设置段落文字的行间距。
- 按钮用于设置段落文字的制表位、缩进量、对齐、间距等。
- 【左对齐】按钮用于设置段落文字为左对齐方式。
- 【居中】按钮用于设置段落文字为居中对齐方式。
- 【右对齐】按钮用于设置段落文字为右对齐方式。
- 【对正】按钮用于设置段落文字为对正方式。
- 【分散对齐】按钮用于设置段落文字为分布排列方式。

4. 【插入】面板

- 按钮用于为段落文字进行分栏排版，如图 7-23 所示。
- 按钮用于添加一些特殊符号，其按钮菜单如图 7-24 所示。

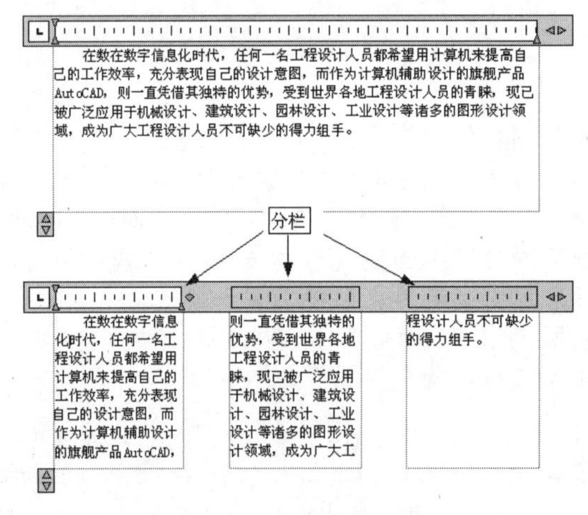

图 7-23　分栏示例

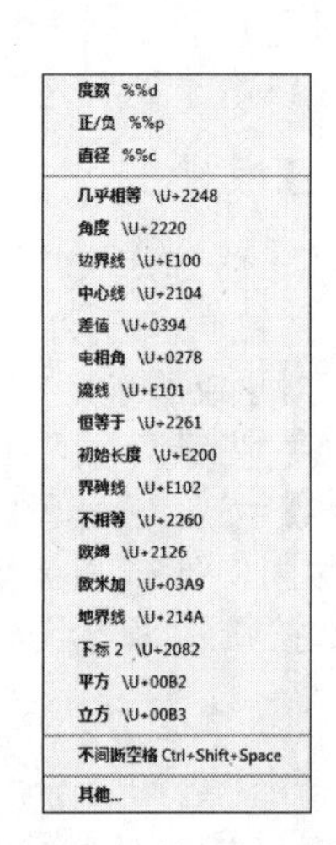

图 7-24　符号按钮菜单

- 按钮用于为段落文字插入一些特殊字段。

5. 【拼写检查】

【拼写检查】面板主要用于为输入的文字进行拼写检查。

6. 【工具】面板

- 按钮用于搜索指定的文字串并使用新的文字将其替换。
- 输入文字按钮用于向文本中插入 TXT 格式的文本、样板等文件或插入 RTF 格式的文件。
- 全部大写按钮用于将新输入的文字或当前选择的文字转换成大写。

7. 【选项】面板

- 标尺按钮用于控制文字输入框顶端标心的开关状态。
- 更多按钮/字符集按钮用于设置当前字符集。
- 更多按钮/编辑器设置按钮用于设置显示文字背景色、选定文字的亮显色以及使用功能区面板或工具栏的形式创建多行文字，如图 7-25 所示。

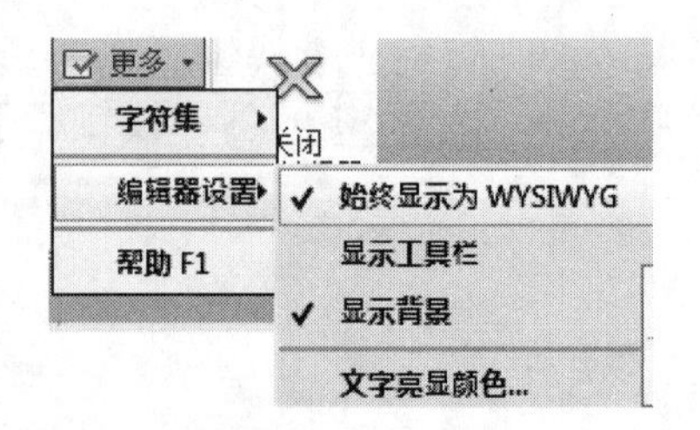

图 7-25　编辑器设置按钮菜单

8. 【关闭】

【关闭】面板用于关闭文字编辑器选项卡面板，结束【多行文字】命令。

7.3.3　多行文字输入框

如图 7-26 所示的文本输入框位于文字编辑器选项卡面板的下方，主要用于输入和编辑文字对象，由标尺和文本框两部分组成。

在文本输入框内单击鼠标右键，可弹出如图 7-27 所示的右键快捷菜单。其大多数选项功能与功能区面板上的各按钮功能相对应，用户也可以直接从此快捷菜单中调用所需工具。

图 7-26　文字输入框

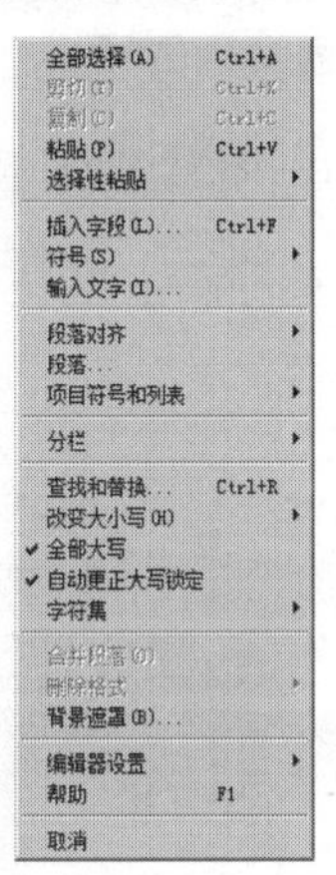

图 7-27　快捷菜单

7.3.4　创建特殊字符

使用【多行文字】命令中的字符功能，可以非常方便地创建一些特殊符号，如度数、直径符号、正负号、平方、立方等。下面通过创建的度数、正/负、直径符号等特殊字符，学习特殊字符的创建技巧。

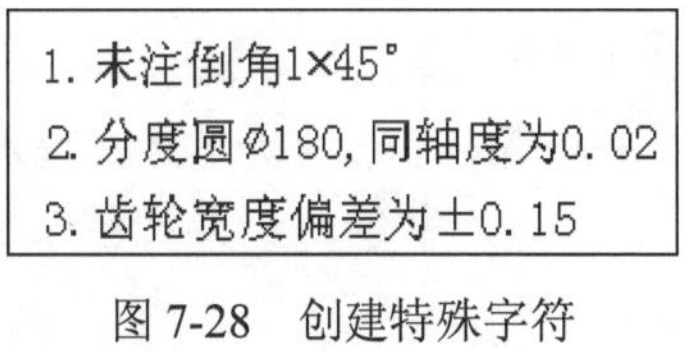

1. 未注倒角1×45°
2. 分度圆⌀180，同轴度为0.02
3. 齿轮宽度偏差为±0.15

图 7-28　创建特殊字符

【例题 7-4】　创建如图 7-28 所示的特殊符号

步骤 01　继续例题 7-3 操作或打开下载文件中的"/素材文件/7-1.dwg"。

步骤 02　在命令行输入 ED 后按 Enter 键，然后在文字上双击，打开【文字编辑器】选项卡面板。

步骤 03　将光标定位到"1×45"后，然后单击【符号】按钮，在打开的符号菜单中选择【度数】选项，如图 7-29 所示。

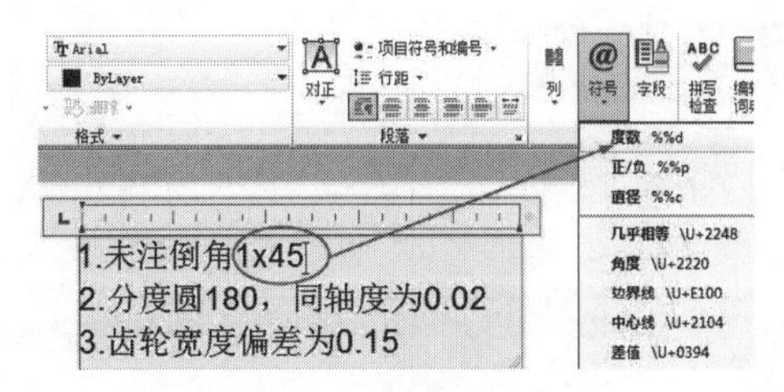

图 7-29　添加度数符号

步骤 04　结果度数的代码选项被自动转化为度数符号，如图 7-30 所示。

步骤 05　将光标定位到"0.15"前，然后单击按钮打开符号菜单，选择【正/负】选项，为其添加正负号，如图 7-31 所示。

1.未注倒角1x45°
2.分度圆180，同轴度为0.02
3.齿轮宽度偏差为0.15

图 7-30　添加度数符号

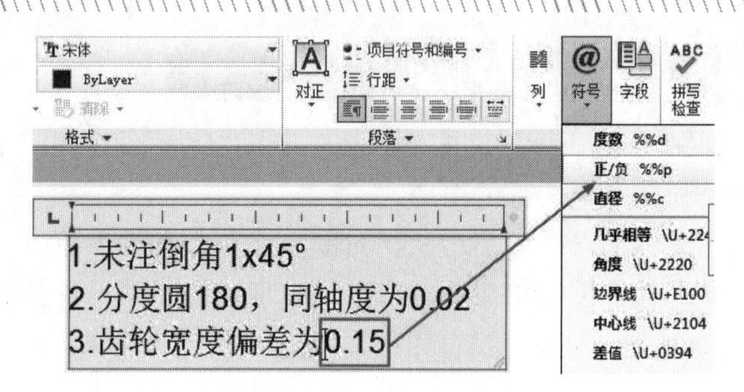

图 7-31　添加正负号

步骤 06　单击 按钮打开符号菜单，选择【直径】选项，在“180”的前面添加直径符号，如图 7-32 所示。

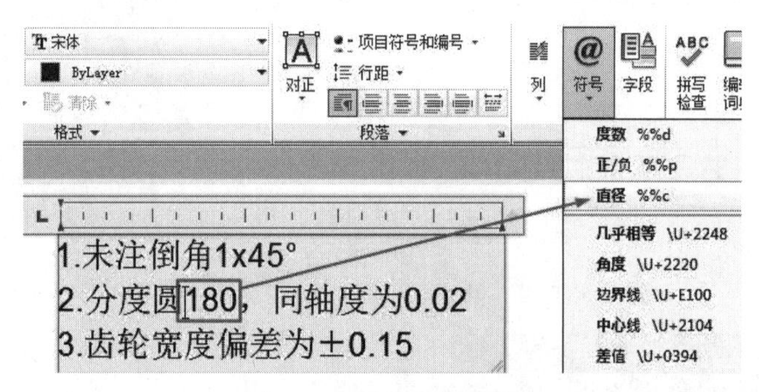

图 7-32　添加直径符号

步骤 07　单击 按钮，关闭【文字编辑器】选项卡面板，结束命令，完成特殊符号的添加过程。

步骤 08　在命令行“选择注释对象或 [放弃(U)/模式(M)]:”提示下按 Enter 键，结束【编辑文字】命令，结果如图 7-28 所示。

7.4　引线文字

本节主要学习多重引线文字的创建与设置技能，具体有【多重引线】和【多重引线样式】两个命令。

7.4.1　多重引线

所谓“多重引线文字”，指的就是一端带有一条或多条指示线，另一端带有文字注释的多重引线对象，如图 7-33 所示。

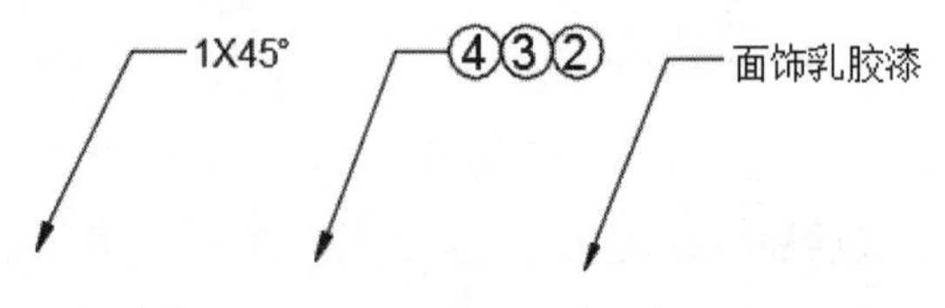

图 7-33　多重引线示例

多重引线对象包含箭头、水平基线、引线或曲线、多行文字或块参照等内容。

执行【多重引线】命令主要有以下几种方式。

- 菜单栏：选择菜单栏中的【标注】/【多重引线】命令。
- 命令行：在命令行输入 Mleader 后按 Enter 键。
- 快捷键：在命令行输入 MLD 后按 Enter 键。
- 功能区：单击【默认】选项卡/【注释】面板上的按钮。
- 功能区：单击【注释】选项卡/【引线】面板上的按钮。

执行【多重引线】命令后，其命令行提示如下：

```
命令：_mleader
指定引线箭头的位置或 [引线基线优先(L)/内容优先(C)/选项(O)] <选项>：  //Enter
输入选项 [引线类型(L)/引线基线(A)/内容类型(C)/最大节点数(M)/第一个角度(F)/第二个角度(S)/退出
选项(X)] <退出选项>：                                    //输入一个选项
指定引线箭头的位置或 [引线基线优先(L)/内容优先(C)/选项(O)] <选项>：  //指定引线箭头的位置
指定引线基线的位置：        //指定引线基线的位置，然后输入引线注释内容，然后在绘图区单击左键结束命令
```

7.4.2　添加引线

【添加引线】命令用于将引线添加至选定的多重引线对象。根据光标的位置，新引线将添加到选定多重引线的左一侧，如图 7-34 所示。

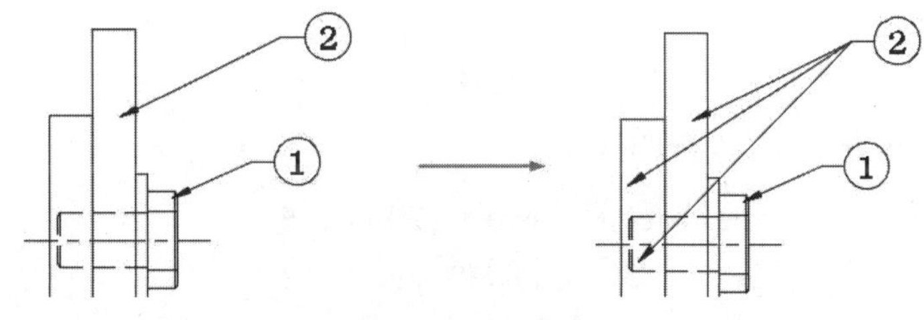

图 7-34　添加引线

执行【添加引线】命令主要有以下几种方式。

- 命令行：在命令行输入 Mleadereditadd 后按 Enter 键。
- 快捷键：在命令行输入 MLE 后按 Enter 键。
- 功能区：单击【默认】选项卡/【注释】面板上的按钮。
- 功能区：单击【注释】选项卡/【引线】面板上的按钮。

【例题 7-5】　为零件图添加引线注释

步骤 01　打开下载文件中的“/素材文件/7-2.dwg”，如图 7-34（左）所示。

步骤 02　关闭状态栏的【对象捕捉】功能

步骤 03　单击【默认】选项卡/【注释】面板上的按钮，为引线 2 添加 2 条引线。命令行提示如下：

```
命令：MLE                    //Enter
MLEADEREDIT
选择多重引线：                //选择图 7-34（左）所示的引线 2
指定引线箭头位置或 [删除引线(R)]：    //在如图 7-35 所示位置单击左键，指定引线箭头的位置
```

```
指定引线箭头位置或 [删除引线(R)]:      //在如图 7-36 所示位置单击左键，指定引线箭头的位置
指定引线箭头位置或 [删除引线(R)]:      //Enter，结束命令
```

步骤 04 添加结果如图 7-37 所示。

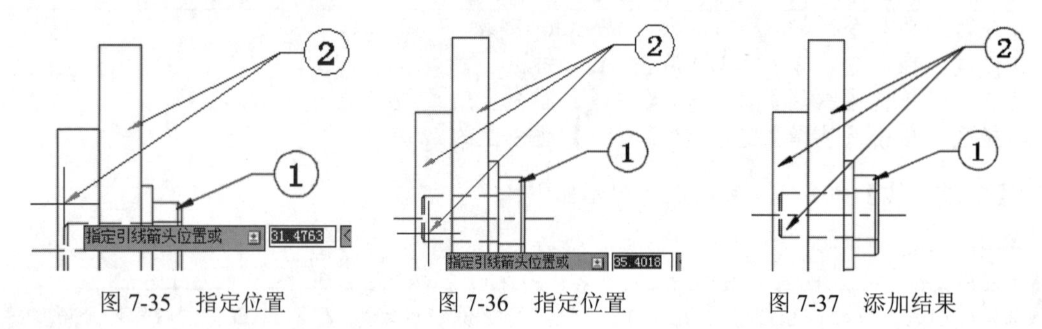

图 7-35　指定位置　　图 7-36　指定位置　　图 7-37　添加结果

7.4.3　删除引线

【删除引线】命令用于从选定的多重引线对象删除引线，如图 7-38 所示。

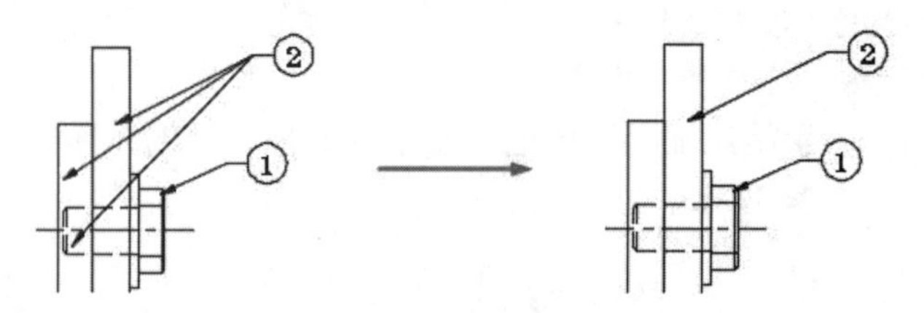

图 7-38　删除引线

执行【删除引线】命令主要有以下几种方式。

- 命令行：在命令行输入 Mleadereditremove 后按 Enter 键。
- 功能区：单击【默认】选项卡/【注释】面板上的按钮。
- 功能区：单击【注释】选项卡/【引线】面板上的按钮。

【例题 7-6】　为零件图删除多余引线

步骤 01 打开下载文件中的"/素材文件/7-3.dwg"，如图 7-38（左）所示。

步骤 02 关闭状态栏的【对象捕捉】功能。

步骤 03 单击【默认】选项卡/【注释】面板上的按钮，将引线 2 下侧的 2 条引线删除。命令行提示如下：

```
命令: AIMLEADEREDITREMOVE          //Enter
选择多重引线:                       //选择图 7-38（左）所示的多重引线 2
指定要删除的引线或 [添加引线(A)]:   //单击如图 7-39 所示的引线
指定要删除的引线或 [添加引线(A)]:   //单击如图 7-40 所示的引线
指定要删除的引线或 [添加引线(A)]:   //Enter，结束命令
```

步骤 04 引线的删除结果如图 7-41 所示。

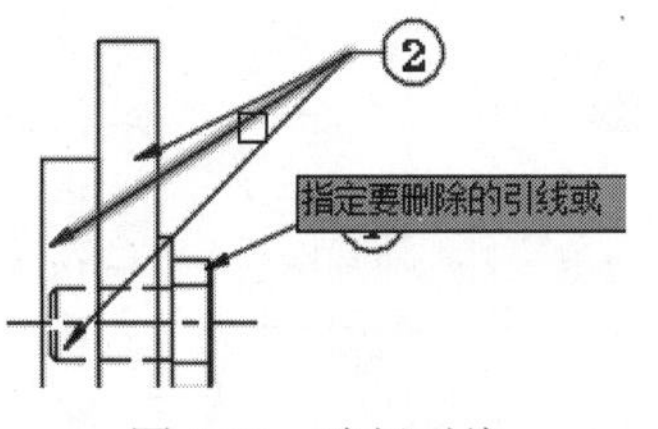

图 7-39　选择引线

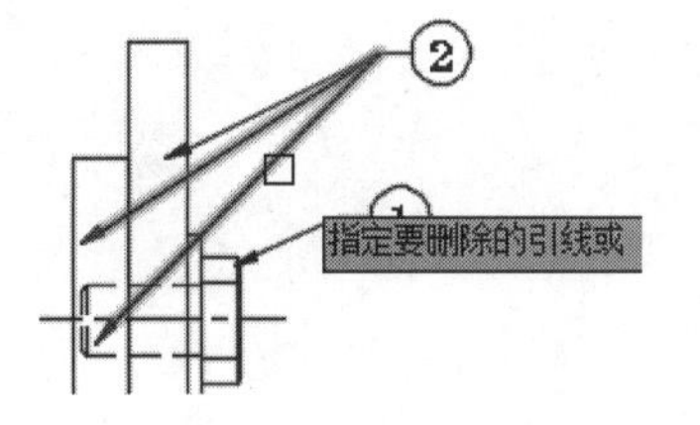

图 7-40　选择引线

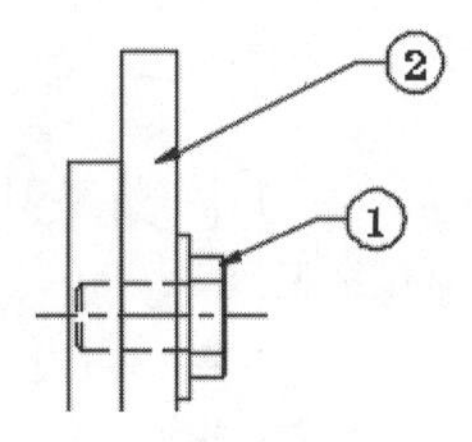

图 7-41　删除结果

7.4.4　对齐引线

【对齐引线】命令用于将选择的多重引线与指定的引线进行对齐，如图 7-42 所示。

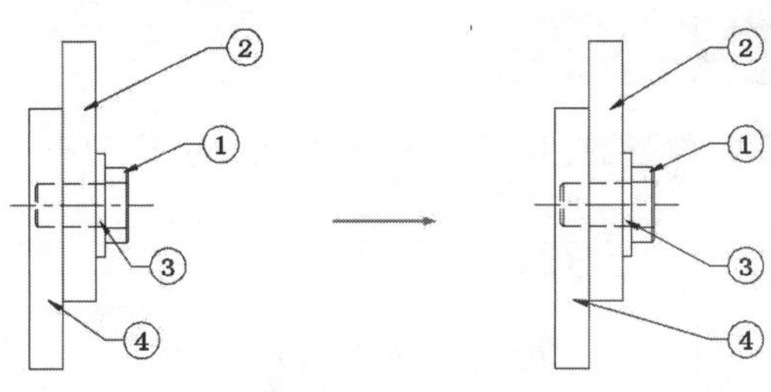

图 7-42　对齐引线

执行【对齐引线】命令主要有以下几种方式。

- 命令行：在命令行输入 Mleaderalign 后按 Enter 键。
- 快捷键：在命令行输入 MLA 后按 Enter 键。
- 功能区：单击【默认】选项卡/【注释】面板上的按钮。
- 功能区：单击【注释】选项卡/【引线】面板上的按钮。

【例题 7-7】 对齐零件图中的多重引线

步骤 01　打开下载文件中的“/素材文件/7-4.dwg”，如图 7-42（左）所示。

步骤 02　打开状态栏的【极轴追踪虚】功能，并设置极轴角为 90。

步骤 03　单击【默认】选项卡/【注释】面板上的按钮，将所有引线与引线 1 对齐。命令行提示如下：

```
命令：_mleaderalign
选择多重引线：                          //选择引线 2、3、4，如图 7-43 所示
选择多重引线：                          //Enter
当前模式：使用当前间距
选择要对齐到的多重引线或 [选项(O)]：  //单击引线 1，将其他引线与之对齐
指定方向：                        //引出 90 度的方向矢量，指定对齐方向，如图 7-44 所示
```

步骤 04　在方向矢量上单击，结束命令，引线的对齐结果如图 7-45 所示。

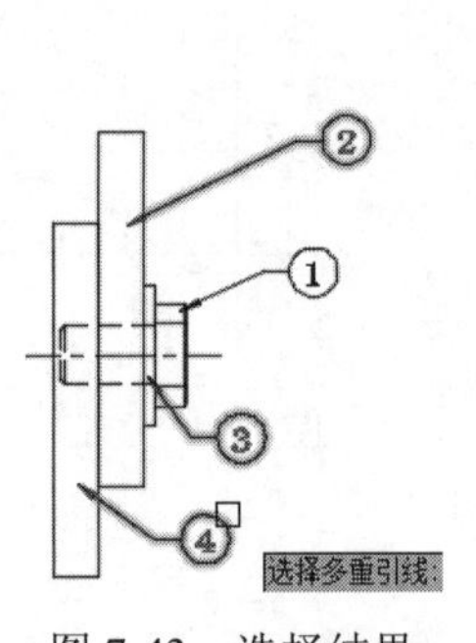

图 7-43　选择结果

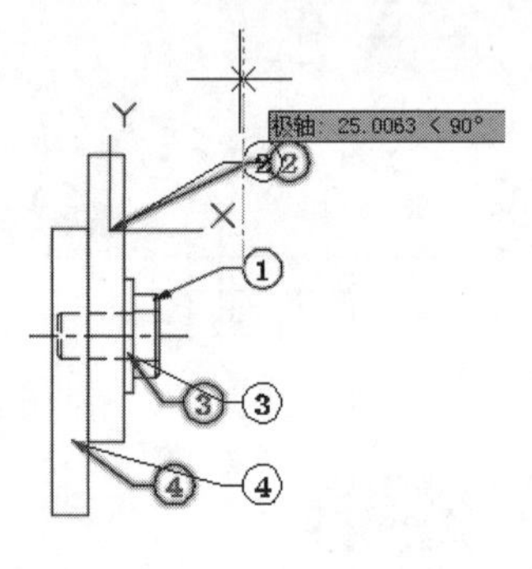

图 7-44　指定对齐方向

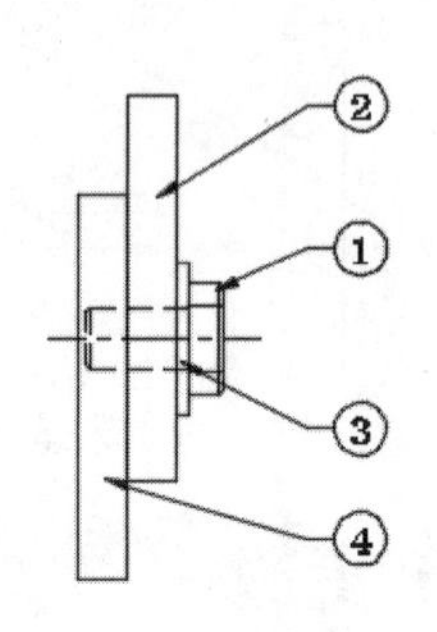

图 7-45　对齐结果

7.4.5　合并引线

【合并引线】命令用于将包含块的选定多重引线整理到行或列中，并通过单引线显示，如图 7-46 所示。

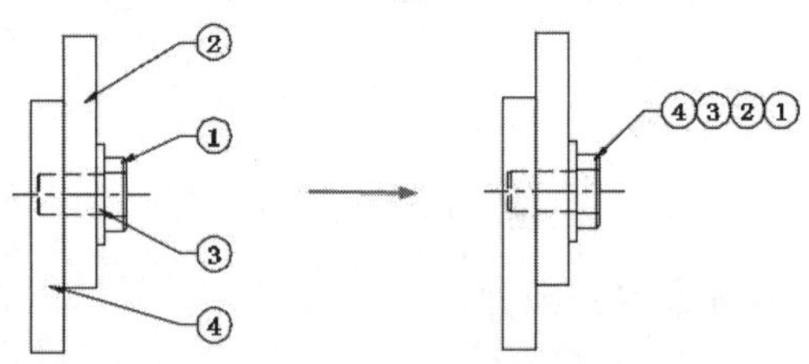

图 7-46　合并引线

执行【合并引线】命令主要有以下几种方式。

- 命令行：在命令行输入 Mleadercollect 后按 Enter 键。
- 快捷键：在命令行输入 MLC 后按 Enter 键。
- 功能区：单击【默认】选项卡/【注释】面板上的 按钮。
- 功能区：单击【注释】选项卡/【引线】面板上的 按钮。

【例题 7-8】　合并零件图中的多重引线

步骤 01　打开下载文件中的“/素材文件/7-5.dwg”，如图 7-46（左）所示。

步骤 02　关闭状态栏上的【对象捕捉】和【极轴追踪虚】功能。

步骤 03　单击【默认】选项卡/【注释】面板上的 按钮，将所有引线合并。命令行提示如下：

```
命令: _mleadercollect
选择多重引线:          //单击引线 4
选择多重引线:          //单击引线 3
选择多重引线:          //单击引线 2
选择多重引线:          //单击引线 1，如图 7-47 所示
选择多重引线:          //Enter
指定收集的多重引线位置或 [垂直(V)/水平(H)/缠绕(W)] <缠绕>:  //H Enter
指定收集的多重引线位置或 [垂直(V)/水平(H)/缠绕(W)] <水平>:
                        //在图 7-48 所示位置单击
```

步骤 04　指定收集多重引线位置后，观看合并结果，如图 7-49 所示。

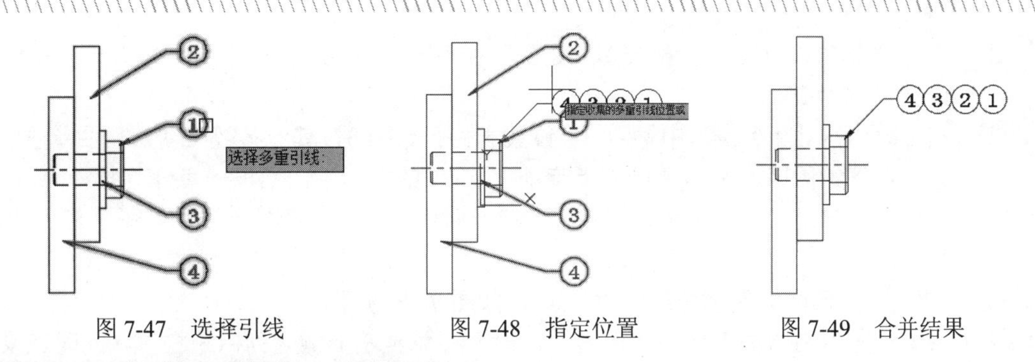

图 7-47　选择引线　　图 7-48　指定位置　　图 7-49　合并结果

7.4.6　管理多重引线

使用【多重引线样式】命令也可以创建或修改多重引线样式，以控制多重引线及引线注释的外观，指定基线、引线、箭头和内容的格式等。

执行【多重引线样式】命令主要有以下几种方式。

- 菜单栏：选择菜单栏中的【格式】/【多重引线样式】命令。
- 命令行：在命令行输入 Mleaderstyle 后按 Enter 键。
- 功能区：单击【默认】选项卡/【注释】面板上的按钮。

7.5　表格与表格样式

AutoCAD 为用户提供了表格的创建与填充功能，使用【表格】命令，不但可以创建表格、填充表格内容，而且可以将表格链接至 Microsoft Excel 电子表格中的数据。

执行【表格】命令主要有以下几种方式。

- 菜单栏：选择菜单栏中的【绘图】/【表格】命令。
- 命令行：在命令行输入 Table 后按 Enter 键。
- 快捷键：在命令行输入 TB 后按 Enter 键。
- 功能区：单击【默认】选项卡/【注释】面板上的按钮。
- 功能区：单击【注释】选项卡/【表格】面板上的按钮。

【例题 7-9】　创建如图 7-50 所示的简单表格

步骤 01　首先新建空白文件。

步骤 02　单击【默认】选项卡/【注释】面板上的按钮，执行【表格】命令，打开如图 7-51 所示的【插入表格】对话框。

标题		
表头	表头	表头

图 7-50　创建表格

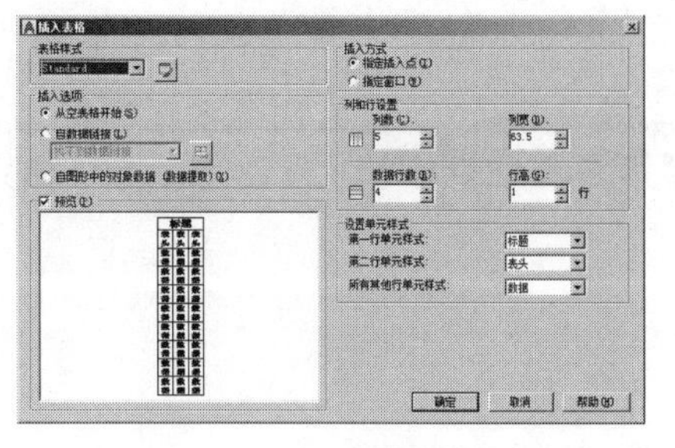

图 7-51　【插入表格】对话框

步骤 03 在【列】文本列表框中输入 3，设置表格列数为 3；在【列宽】文本列表框中输入 20，设置列宽为 20。

步骤 04 在【数据行数】列表框中输入 3，设置表格行数为 3，其他参数不变。然后单击 确定 按钮返回绘图区，在命令行“指定插入点：”的提示下，拾取一点作为插入点。

步骤 05 此时系统自动打开【文字编辑器】选项卡面板，同时在绘图区插入如图 7-52 所示的空白表格。

步骤 06 在反白显示的表格框内输入“标题”，如图 7-53 所示。

步骤 07 按键盘上的右方向键或按 Tab 键，此时光标跳至左下侧的列标题栏中，此时在反白显示的列标题栏中输入文字，如图 7-54 所示。

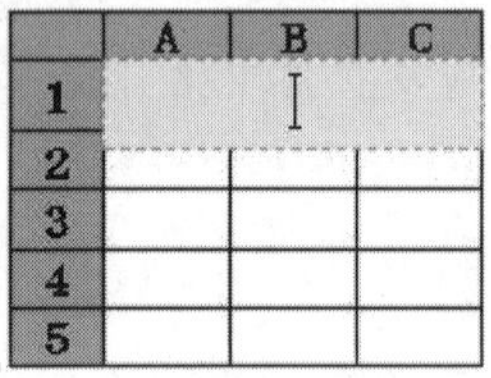

图 7-52　插入表格

图 7-53　输入标题

图 7-54　输入文字

步骤 08 继续按键盘上的右方向键或 Tab 键，分别在其他列标题栏中输入表格文字，如图 7-55 所示。

步骤 09 单击 按钮，关闭【文字编辑器】选项卡，表格的创建结果如图 7-50 所示。

默认设置创建的表格不仅包含有标题行数，还包含有表头行、数据行，用户可以根据实际情况进行取舍。

【输入表格】对话框中部分选项解析如下：

- 【表格样式】选项组主要用于设置、新建或修改当前的表格样式，还可以对当前表格样式进行预览。
- 【插入选项】选项组用于设置表格的填充方式，包括“从空表格开始”“自动数据链接”和“自图形中的对象数据提取”3 种方式。
- 【插入方式】选项组用于设置表格的插入方式，提供了“指定插入点”和“指定窗口”两种方式，默认方式为“指定插入点”。

如果使用“指定窗口”方式，系统将表格的行数设为自动，即按照指定的窗口区域自动生成表格的数据行数，而表格的其他参数仍使用当前的设置。

- 【列和行设置】选项组用于设置表格的列参数、行参数及列宽和行宽参数。系统默认的列参数为 5、行参数为 1。
- 【设置单元样式】选项组用于设置第一行、第二行或其他行的单元样式。
- 单击 Standard 右侧的按钮，打开如图 7-56 所示的【表格样式】对话框，此对话框用于设置、修改表格样式或设置当前格样式。

	A	B	C
1	标题		
2	表头	表头	表头
3			
4			
5			

图 7-55　输入其他文字

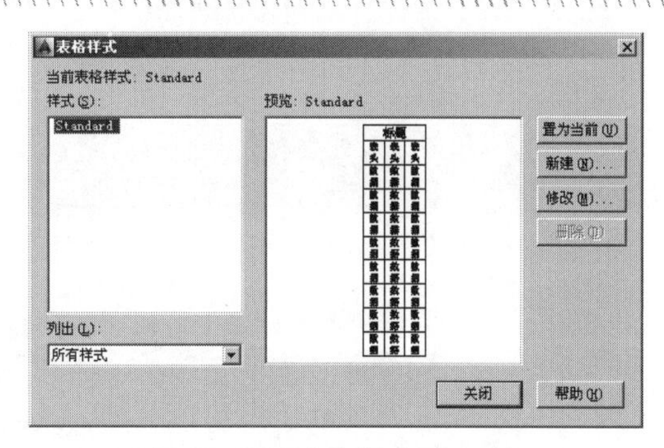

图 7-56　【表格样式】对话框

执行【表格样式】命令主要有以下几种方式。

- 菜单栏：选择菜单栏中的【格式】/【表格样式】命令。
- 命令行：在命令行输入 Tablestyle 后按 Enter 键。
- 快捷键：在命令行输入 TS 后按 Enter 键。
- 功能区：单击【默认】选项卡/【注释】面板上的按钮。

7.6　综合范例——为景观详图标注多重引线

本例通过为某景观剖面详图标注多重引线注释，主要对【多重引线样式】和【多重引线】命令进行综合练习和巩固。本例最终标注效果如图 7-57 所示。

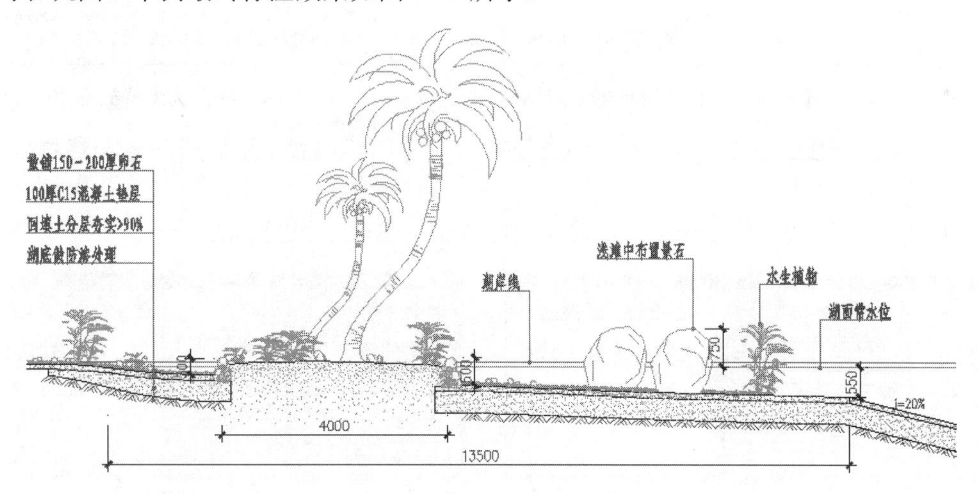

图 7-57　实例效果

操作步骤：

步骤 01　打开下载文件中的“/素材文件/7-6.dwg”，如图 7-58 所示。

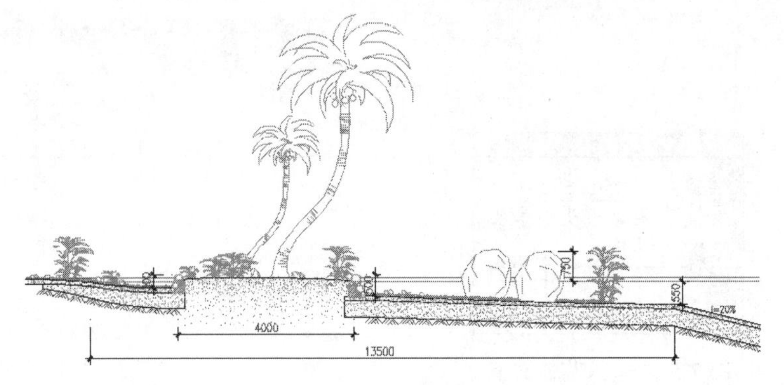

图 7-58　素材文件

步骤 02　单击【默认】选项卡/【注释】面板上的按钮，执行【多重引线样式】命令，打开如图 7-59 所示的【多重引线样式管理器】对话框。

步骤 03　在【多重引线样式管理器】对话框中单击 新建(N)... 按钮，为新样式命名，如图 7-60 所示。

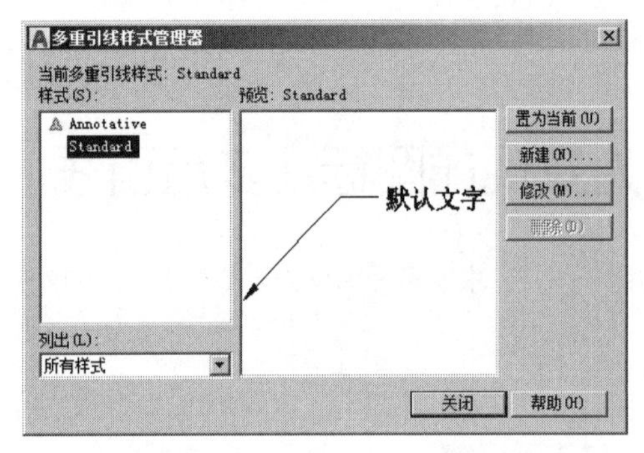

图 7-59　【多重引线样式管理器】对话框

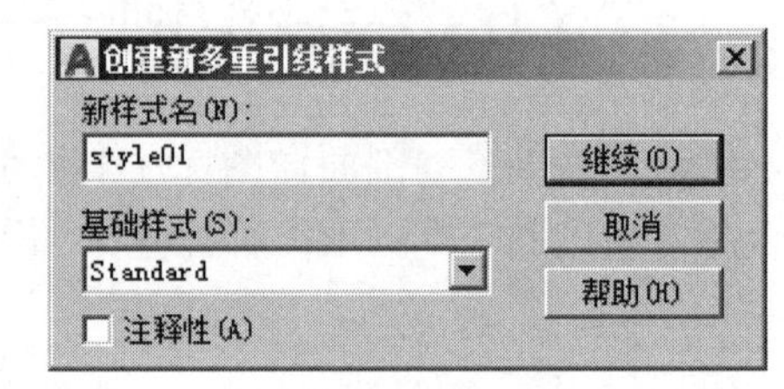

图 7-60　为新样式命名

步骤 04　单击 继续(O) 按钮，在打开的对话框中打开【引线格式】选项卡，设置引线样式，如图 7-61 所示。

步骤 05　打开【引线结构】选项卡，设置引线的结构参数，如图 7-62 所示。

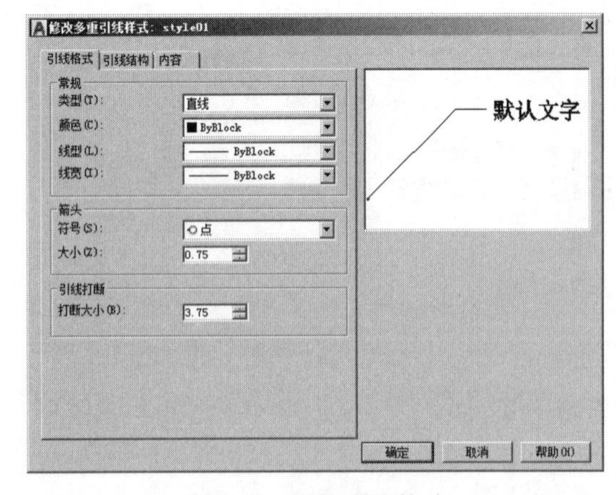

图 7-61　设置引线格式

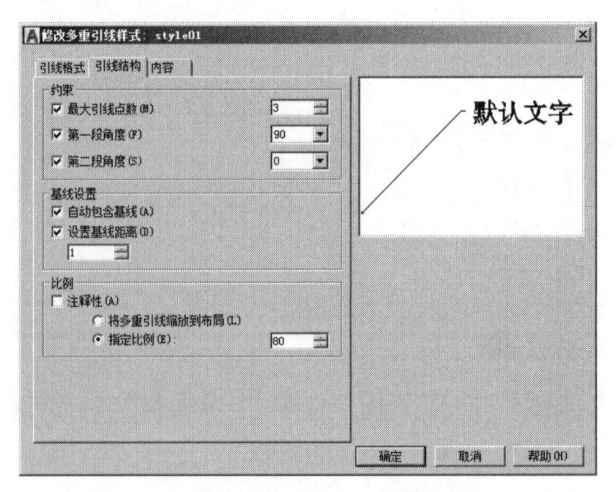

图 7-62　设置引线结构

步骤 06　打开【内容】选项卡，设置多重引线样式的类型及基线间隙参数，如图 7-63 所示。

步骤 07 单击 确定 按钮，返回【多重引线样式管理器】对话框，将刚设置的新样式置为当前样式，如图 7-64 所示。

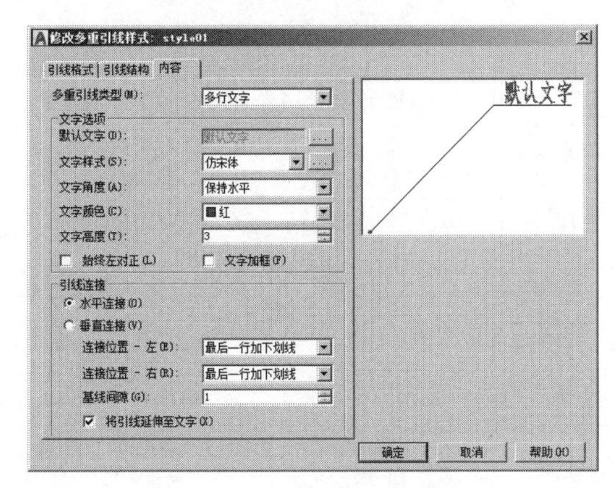

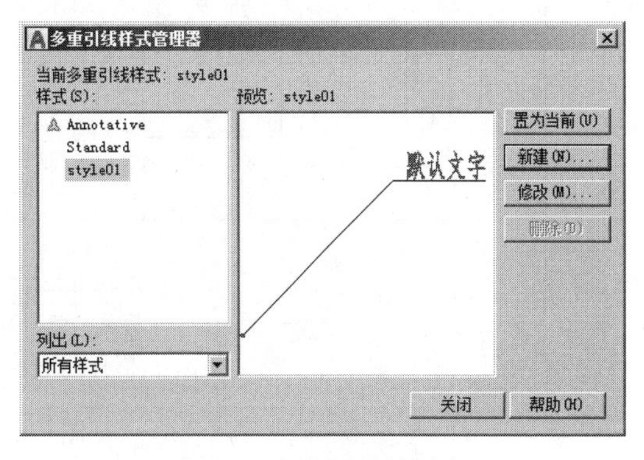

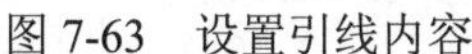

图 7-63 设置引线内容　　图 7-64 设置当前样式

步骤 08 关闭【多重引线样式管理器】对话框，然后单击【默认】选项卡/【注释】面板上的按钮，根据命令行的提示绘制引线并输入如图 7-65 所示的文字注释。

图 7-65 输入文字注释

步骤 09 关闭【文字编辑器】选项卡，结束命令，标注后的效果如图 7-66 所示。

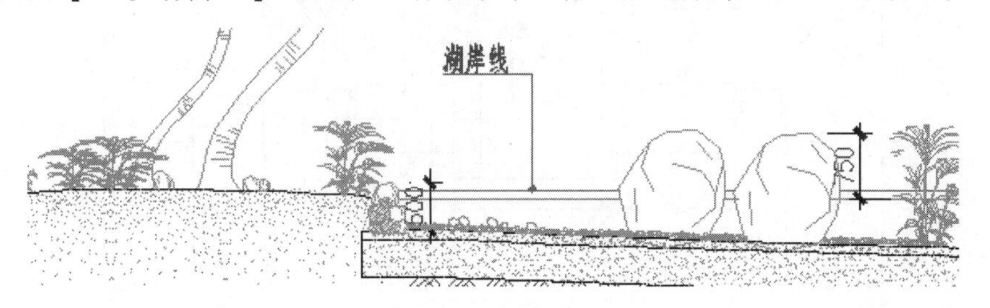

图 7-66 标注效果

步骤 10 重复执行【多重引线】命令，按照当前的参数设置，分别标注其他位置的引线注释，最终结果如图 7-57 所示。

步骤 11 最后执行【另存为】命令，将图形另存为“综合范例一.dwg”。

7.7 综合范例二——为零件图标注技术要求

以上主要学习了文字与表格的创建与填充等知识，本例通过为某轴的零件图标注技术要求、剖面代号、填充标题栏等，对本章知识进行综合应用和巩固。本例效果如图 7-67 所示。

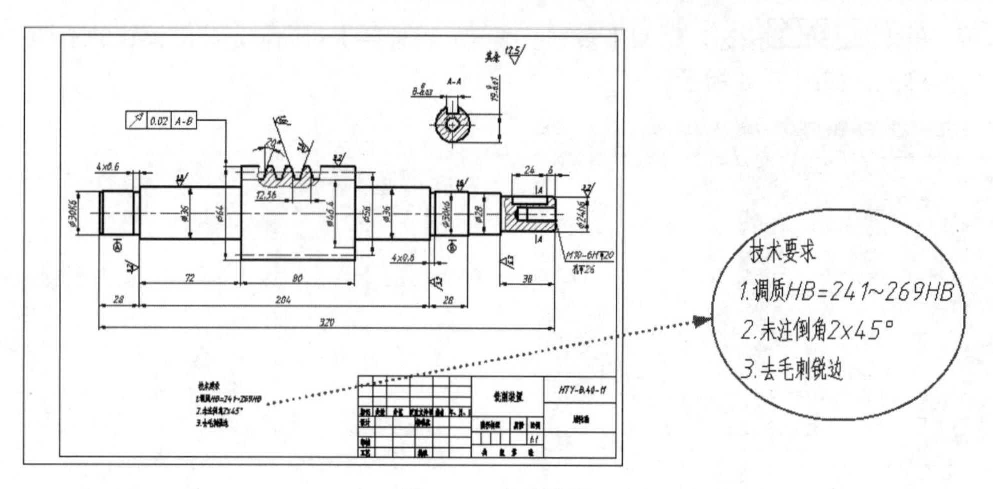

图 7-67　实例效果

操作步骤：

步骤 01　执行【打开】命令，打开下载文件中的“/素材文件/7-7.dwg”。

步骤 02　使用快捷键 I 执行【插入块】命令，采用默认设置插入下载文件中的“/图块文件/A3-H.dwg”图框，并调整其位置，结果如图 7-68 所示。

步骤 03　单击【默认】选项卡/【图层】面板上的【图层】下拉列表，将“文字层”设置为当前图层。

步骤 04　使用快捷键 ST 执行【文字样式】命令，将“数字与字母”设置为当前文字样式。

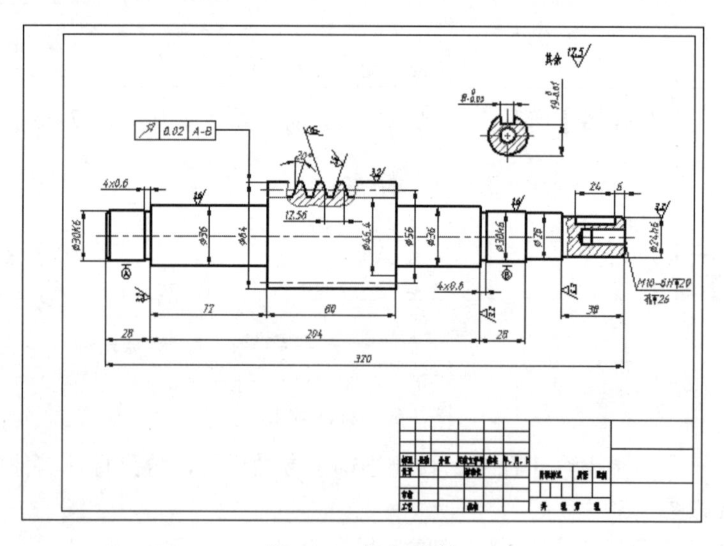

图 7-68　插入图框

步骤 05　使用快捷键 T 执行【多行文字】命令，在零件图下侧分别指定两个对角点，打开【文字编辑器】选项卡面板。

步骤 06　在【文字编辑器】选项卡/【样式】面板上的【文字高度】列表框中设置字体高度为 5。

步骤 07　在下方的多行文字输入框内单击，然后输入技术要求的标题，如图 7-69 所示。

步骤 08　按 Enter 键，分别输入三行技术要求内容，结果如图 7-70 所示。

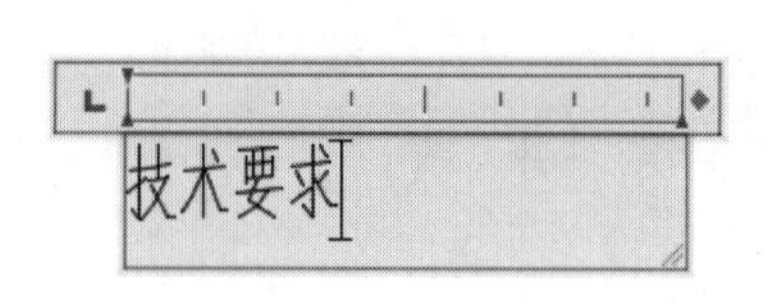

技术要求

图 7-69　输入标题

技术要求
1.调质HB=241~269HB
2.未注倒角2x45
3.去毛刺锐边

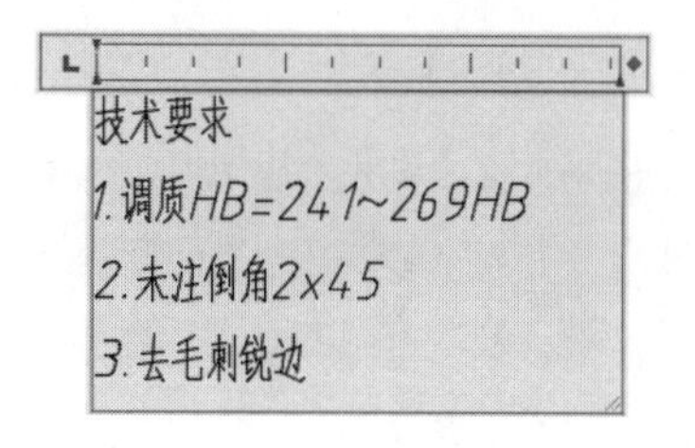

图 7-70　输入内容

步骤 09　将光标放在“2×45”文字的后面，然后打开符号菜单，为其添加度数符号，如图 7-71 所示；添加后的效果如图 7-72 所示。

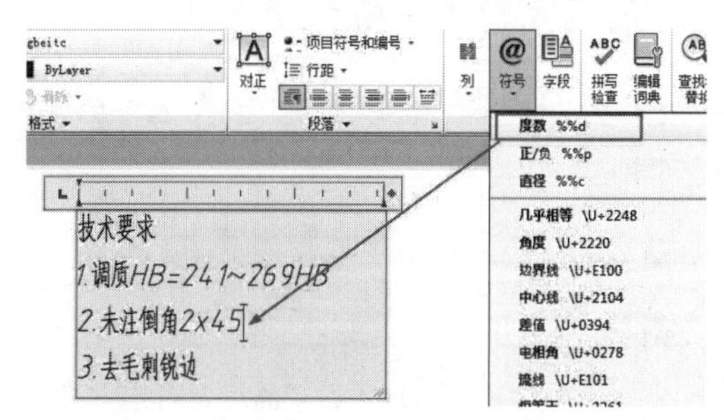

对正
项目符号和编号
行距
段落
格式
列
符号
字段
拼写检查
编辑词典
度数 %%d
正/负 %%p
直径 %%c
几乎相等 \U+2248
角度 \U+2220
边界线 \U+E100
中心线 \U+2104
差值 \U+0394
电相角 \U+0278
流线 \U+E101
技术要求
1.调质HB=241~269HB
2.未注倒角2x45
3.去毛刺锐边

图 7-71　选择度数符号

技术要求
1.调质HB=241~269HB
2.未注倒角2x45°
3.去毛刺锐边

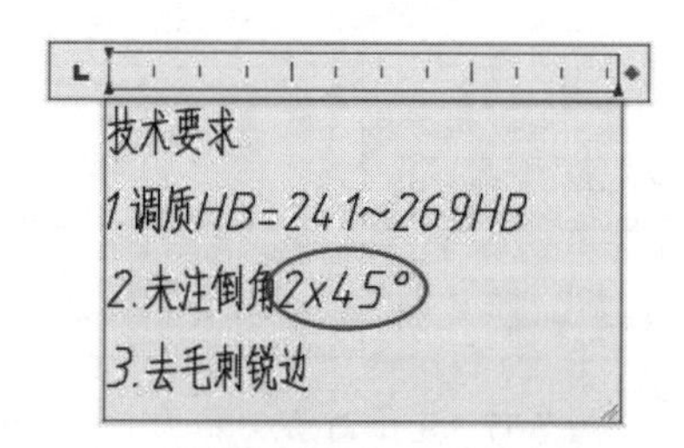

图 7-72　添加度数符号

步骤 10　关闭【文字编辑器】选项卡面板，结束【多行文字】命令，标注后的技术要求如图 7-73 所示。

步骤 11　单击【默认】选项卡/【图层】面板上的【图层】下拉列表，将“其他层”设为当前图层。

步骤 12　使用快捷键 PL 执行【多段线】命令，绘制线宽为 0.1、高度为 5 的两条垂直多段线，作为剖切符号，如图 7-74 所示。

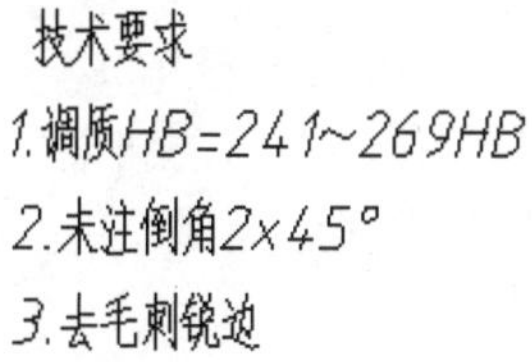

技术要求
1.调质HB=241~269HB
2.未注倒角2x45°
3.去毛刺锐边

图 7-73　标注技术要求

24
6
Ø30k6
Ø28
38

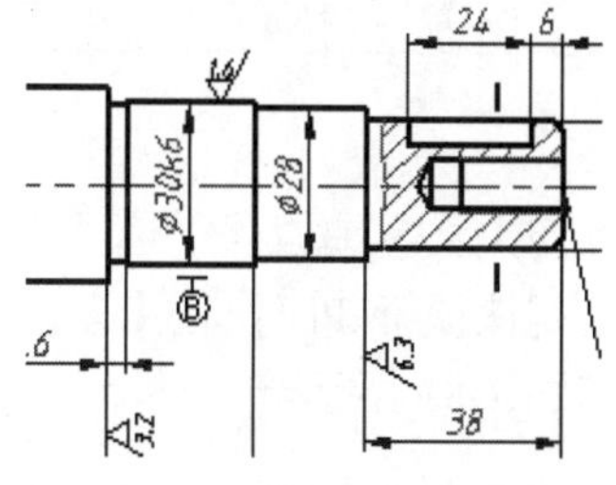

图 7-74　绘制多段线

步骤 13　将当前层恢复为“文字层”，然后使用快捷键 DT 执行【单行文字】命令，将文字高度设置为 5，为零件图标注剖面代号，如图 7-75 所示。

步骤 14　重复执行【单行文字】命令，使用当前的字体高度和文字样式，为上方的断面图标注图名，结果如图 7-76 所示。

24
6
A
A
Ø30k6
Ø28
Ø24h6

图 7-75　标注结果

A-A

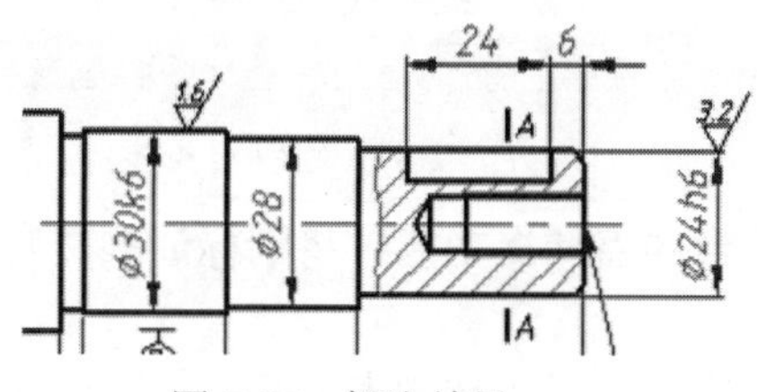

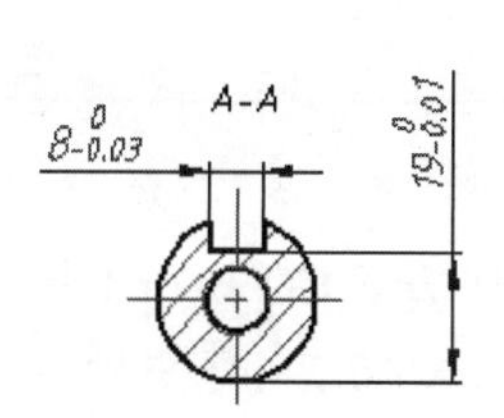

图 7-76　标注结果

步骤 15　使用快捷键 T 执行【多行文字】命令，为标题栏填充文字。命令行提示如下：

```
命令：_mtext 当前文字样式："数字与字母" 文字高度：3.5 注释性：否
指定第一角点：                    //捕捉如图 7-77 所示的交点 1
指定对角点或 [高度(H)/对正(J)/行距(L)/旋转(R)/样式(S)/宽度(W)/栏(C)]:
                                  //捕捉交点 2，打开【文字编辑器】选项卡面板
```

步骤 16　在【样式】面板上的【文字高度】列表框中设置字高为 7；在【段落】面板上设置对正方式为正中，如图 7-78 所示。

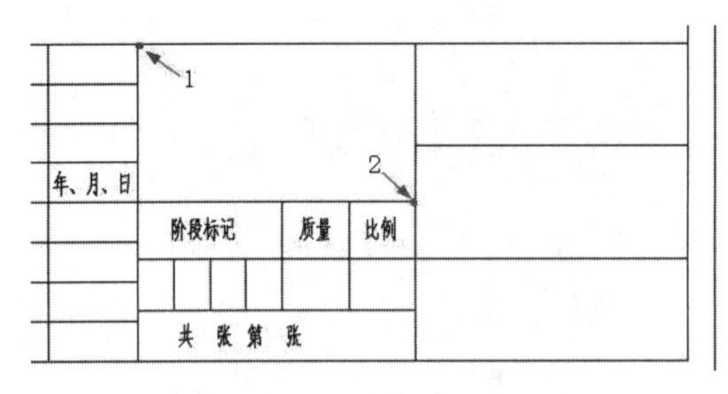

图 7-77　定位对角点

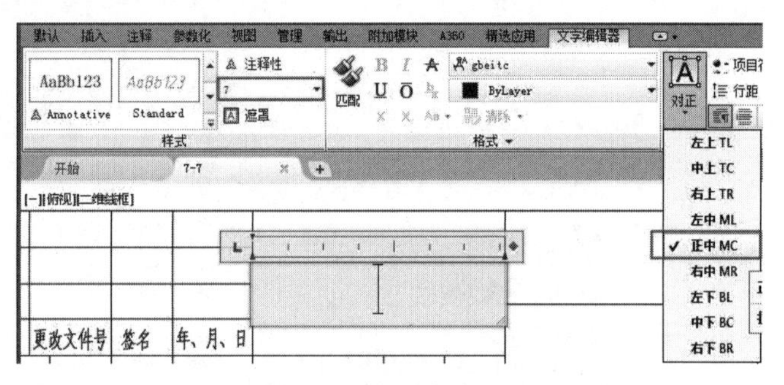

图 7-78　设置高度及对正方式

步骤 17　此时在下方的多行文字输入框内输入如图 7-79 所示的文字内容。

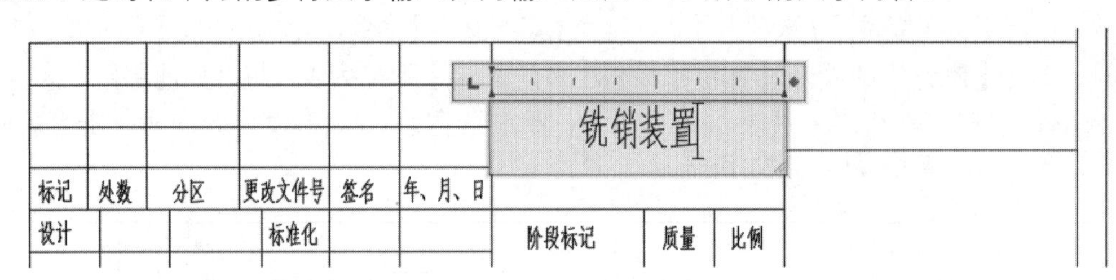

图 7-79　输入文字

步骤 18　关闭【文字编辑器】选项卡，结束【多行文字】命令，标注结果如图 7-80 所示。

步骤 19　使用快捷键 PL 执行【多段线】命令，配合端点或交点捕捉功能，绘制方格的对角线，如图 7-81 所示。

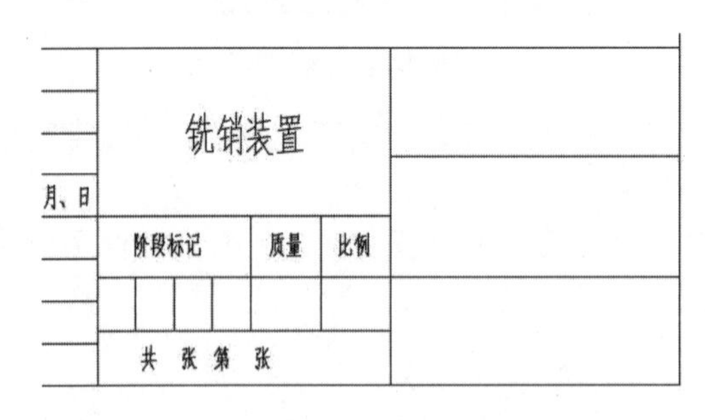

图 7-80　填充结果

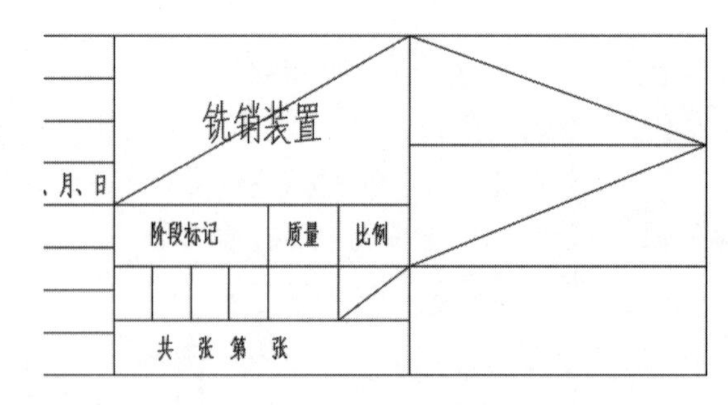

图 7-81　绘制对角线

步骤 20　使用快捷键 CO 执行【复制】命令，配合中点捕捉功能，将刚标注的文字分别复制到其他方格对角线的中点处，结果如图 7-82 所示。

步骤 21　在复制出的方格文字上双击，打开【文字编辑器】选项卡面板。

步骤 22　在多行文字输入框内反白显示方格内的文字，然后输入正确的文字内容，如图 7-83 所示。

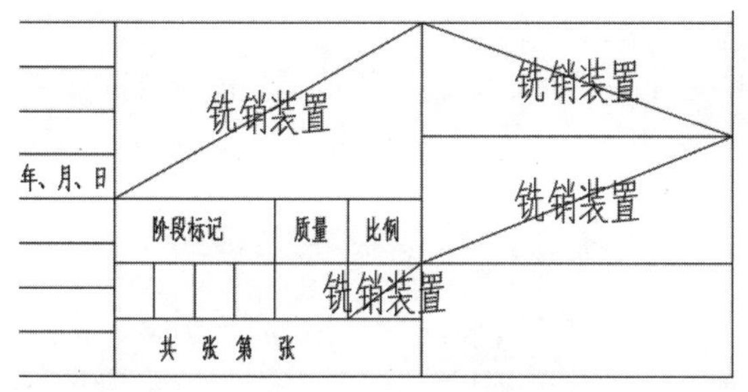

图 7-82　复制结果

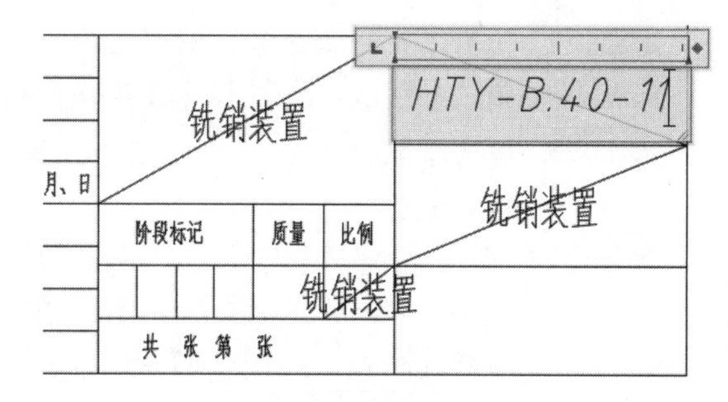

图 7-83　输入正确内容

步骤 23　单击【关闭】面板上的按钮，关闭【文字编辑器】选项卡面板，修改后的结果如图 7-84 所示。

步骤 24　参照步骤 21~23 的操作，分别修改其他方格内的文字内容，并删除方格对角线，结果如图 7-85 所示。

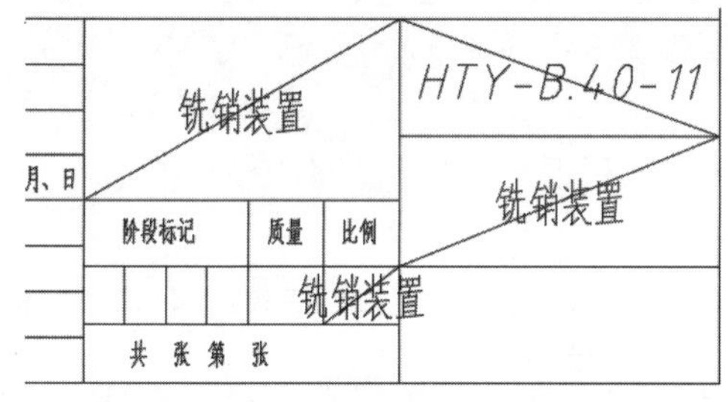

图 7-84　修改结果

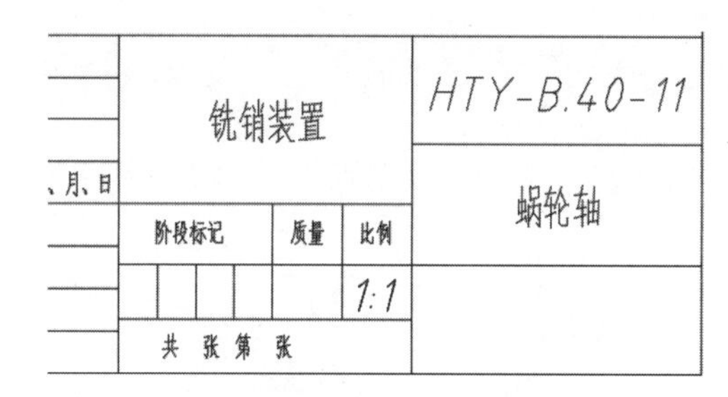

图 7-85　修改其他文字

步骤 25　最后执行【另存为】命令，将图形另存为“综合范例二.dwg”。

7.8　综合范例三——为零件图创建明细表格

本例通过为某轴零件图创建并填充明细表格，继续对本章相关知识进行综合应用和巩固。本例效果如图 7-86 所示。

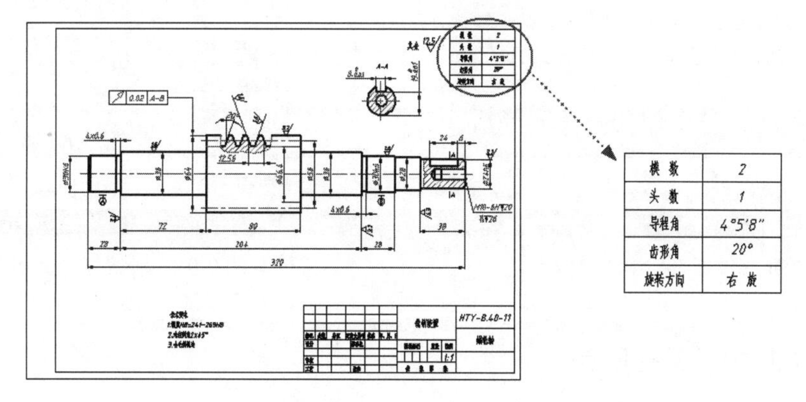

图 7-86　实例效果

操作步骤：

步骤 01　执行【打开】命令，打开上例保存的“综合范例二.dwg”。

步骤 02　单击【默认】选项卡/【图层】面板上的【图层】下拉列表，将“其他层”设为当前图层。

步骤 03　单击【默认】选项卡/【注释】面板上的按钮，执行【表格样式】命令，打开【表格样式】对话框。

步骤 04　在【表格样式】对话框中单击 新建(N)... 按钮，打开【创建新的表格样式】对话框，然后为新样式命名，如图 7-87 所示。

步骤 05　单击 继续 按钮，打开【新建表格样式：明细表】对话框，设置数据的常规参数和文字参数，如图 7-88 和图 7-89 所示。

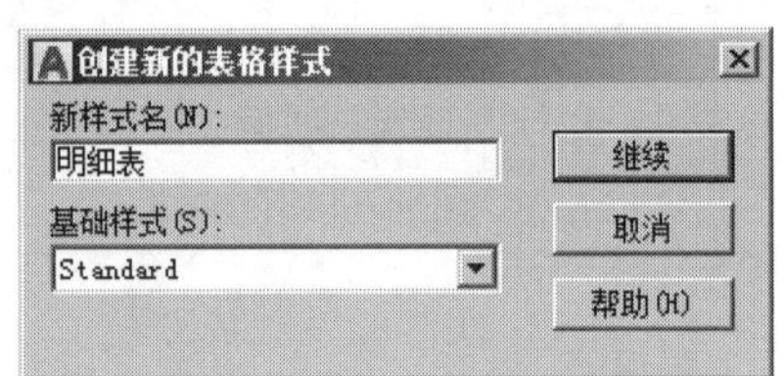

图 7-87　为新样式命名

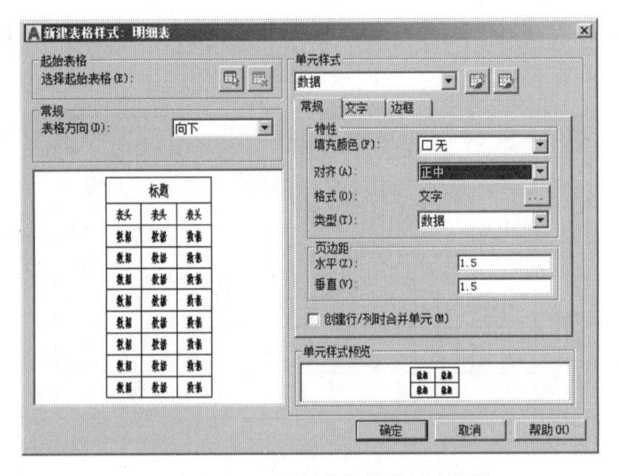

图 7-88　设置数据常规参数

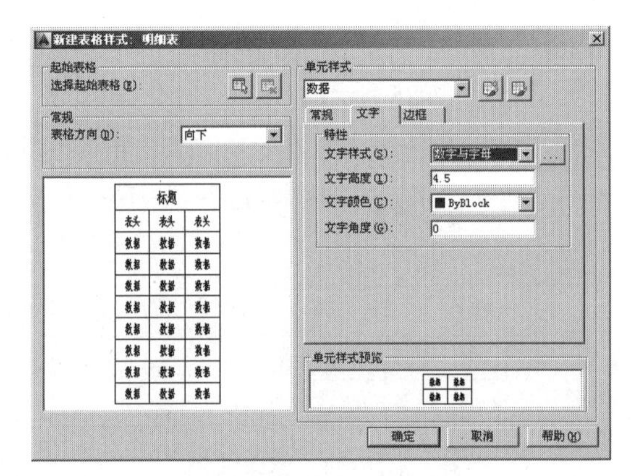

图 7-89　设置数据文字参数

步骤 06　在【单元样式】下拉列表框内选择【表头】选项，设置表头的常规参数和文字参数，如图 7-90 和图 7-91 所示。

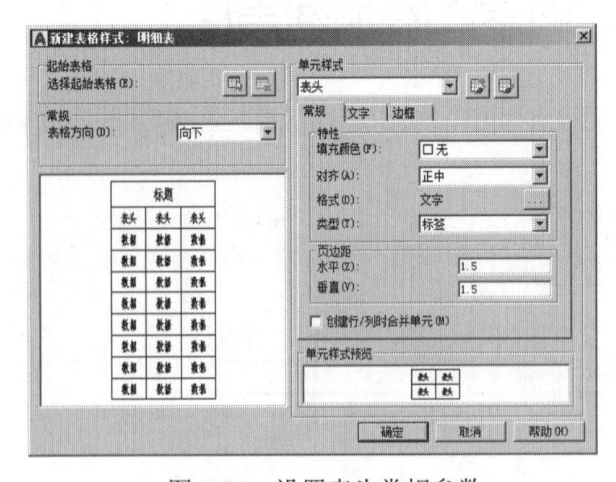

图 7-90　设置表头常规参数

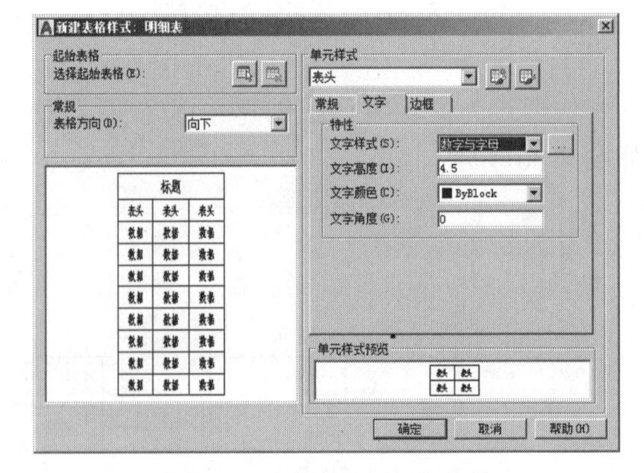

图 7-91　设置表头文字参数

步骤 07　在【单元样式】下拉列表框内选择【标题】选项，设置标题的常规参数和文字参数，如图 7-92 和图 7-93 所示。

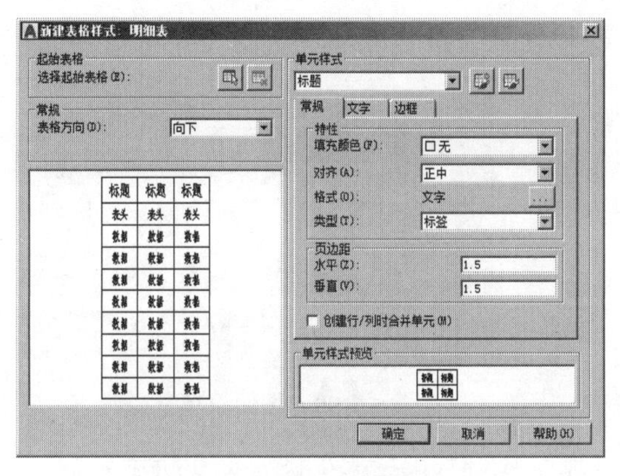

图 7-92　设置标题常规参数

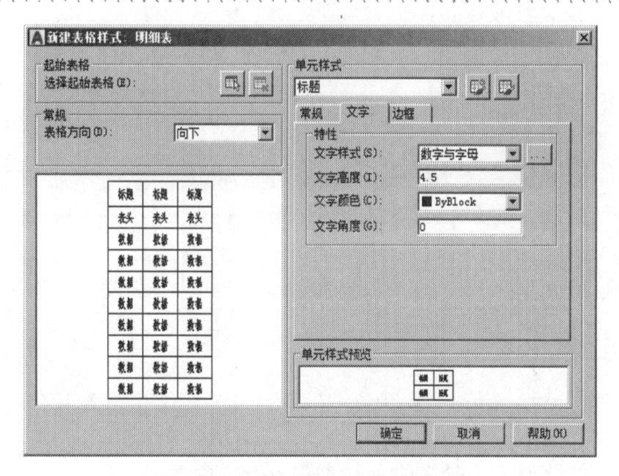

图 7-93　设置标题文字参数

步骤 08　返回【表格样式】对话框，将新设置的“明细表”样式设置为当前表格样式，如图 7-94 所示，然后关闭对话框。

步骤 09　单击【默认】选项卡/【注释】面板上的按钮，执行【表格】命令，在打开的【插入表格】对话框中设置参数，如图 7-95 所示。

步骤 10　单击 确定 按钮返回绘图区，在命令行“指定插入点：”提示下执行【捕捉自】功能。

步骤 11　在命令行“_from 基点：”提示下，捕捉如图 7-96 所示的点作为端参照点。

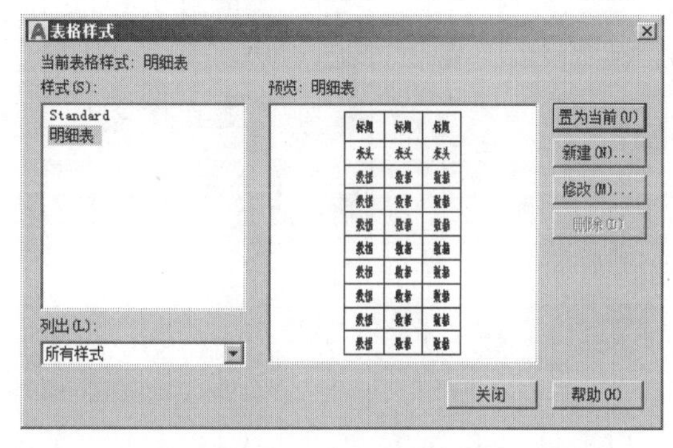

图 7-94　设置当前样式

步骤 12　在命令行“<偏移>：”提示下，输入插入点坐标“@-56,0”，然后按 Enter 键。

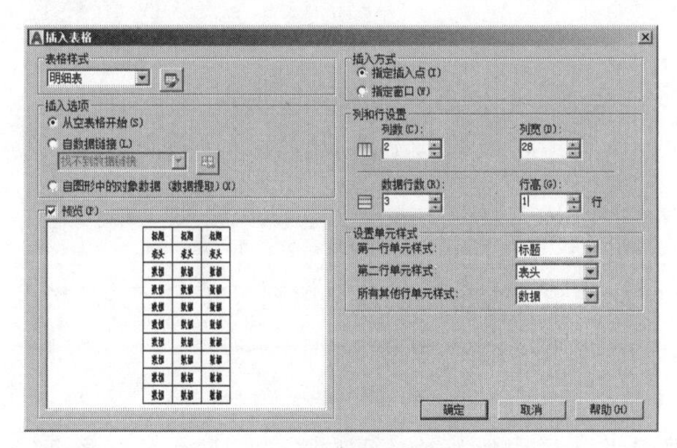

图 7-95　设置表格参数

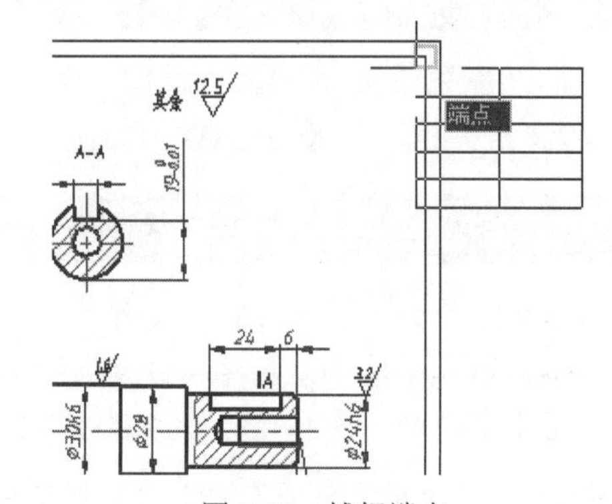

图 7-96　捕捉端点

步骤 13　此时，系统插入明细表格，并自动打开【文字编辑器】选项卡面板。

步骤 14　接下来，按照当前的参数设置，在方格内输入文字内容，如图 7-97 所示。

步骤 15　通过按键盘上的方向键，分别输入其他方格内的文字内容，结果如图 7-98 所示。

步骤 16　将光标移动到文字 4 的后面，然后单击按钮，在展开的按钮菜单上选择【度数】选项，如图 7-99 所示。

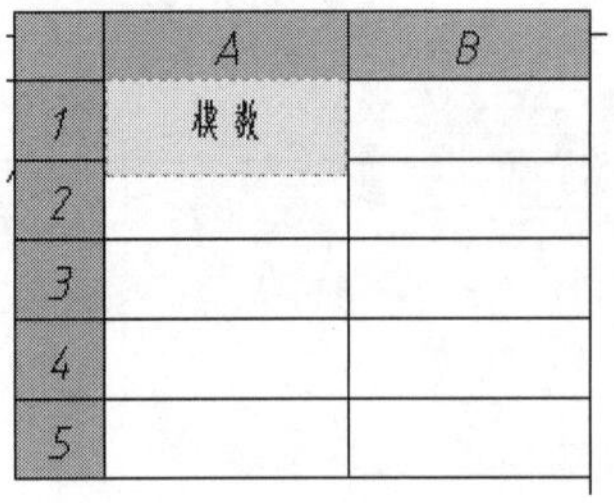

	A	B
1	模 数	
2		
3		
4		
5		

图 7-97　输入方格内容

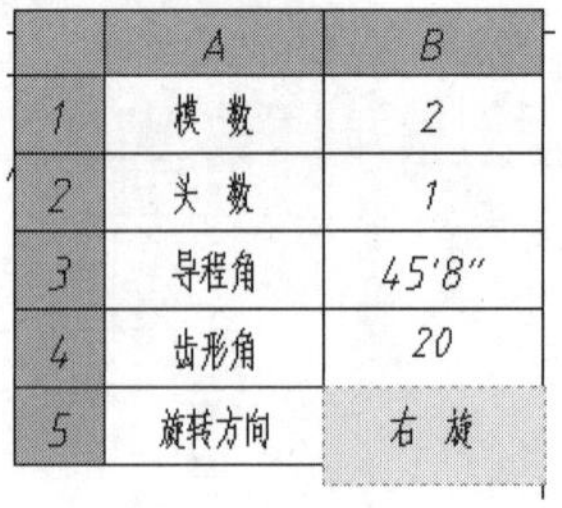

	A	B
1	模 数	2
2	头 数	1
3	导程角	45′8″
4	齿形角	20
5	旋转方向	右 旋

图 7-98　输入其他方格内容

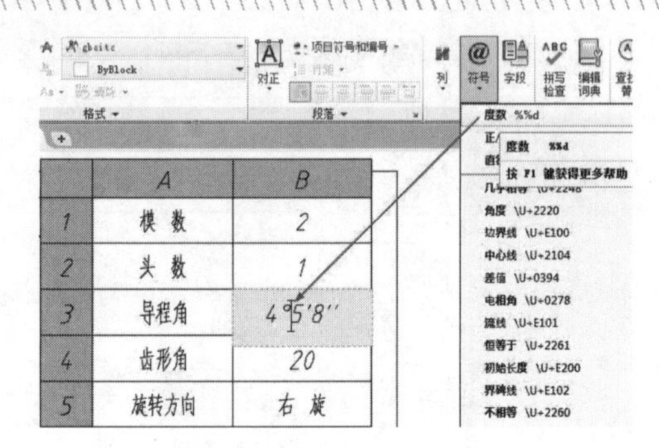

图 7-99　按钮菜单

步骤 17　按键盘上的下方向键，在“20”的后面添加度数符号，结果如图 7-100 所示。

步骤 18　关闭【文字编辑器】选项卡面板，明细表格的创建与填充结果如图 7-101 所示。

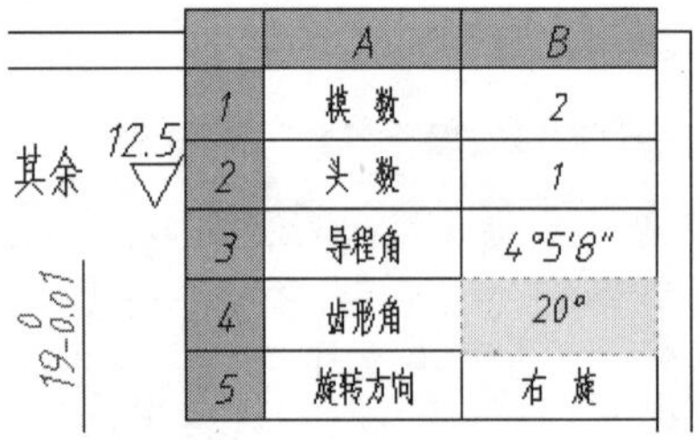

	A	B
1	模 数	2
2	头 数	1
3	导程角	4°5′8″
4	齿形角	20°
5	旋转方向	右 旋

图 7-100　添加度数符号

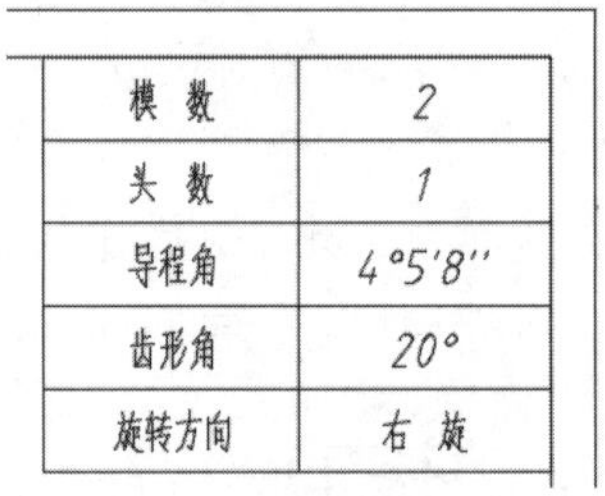

模 数	2
头 数	1
导程角	4°5′8″
齿形角	20°
旋转方向	右 旋

图 7-101　创建结果

步骤 19　最后执行【另存为】命令，将图形另存为“综合范例三.dwg”。

7.9　思考与总结

7.9.1　知识点思考

（1）想一想，如何理解“单行文字”与“多行文字”的概念？两者有何区别？

（2）想一想，在 AutoCAD 中如何输入直径、正负号、度数、上划线等特殊字符？

7.9.2　知识点总结

本章主要学习了文字样式的设置、文字的创建与编辑、表格的创建与填充等知识，并通过经典的操作实例，讲述了这些工具在专业制图领域中的实际应用技巧。

通过本章的学习，具体需要掌握以下知识点：

- 在讲述【文字样式】命令时，不仅需要掌握文字样式的新建、更名与当前样式的设置等，还需要掌握文字的字体设置和效果设置技巧。
- 在讲述【单行文字】命令时，需要理解和掌握单行文字的概念和创建方法；了解和掌握各种文字对正方式的设置。
- 在讲述【多行文字】命令时，要了解和掌握多行文字的功能及与单行文字的区别，并重点掌握多行文字的创建方法和技巧、特殊字符的快速输入技巧、段落格式的编排技巧等。
- 在讲述文字的编辑命令时，要了解和掌握两类文字的编辑方式和技巧。

- 在讲述创建表格的过程中，需要了解和掌握表格样式的设置，表格的创建、文字的填充等操作。

7.10 上机操作题

7.10.1 操作题一

综合所学知识，创建并填充如图 7-102 所示的明细表。

5	螺柱M10	4		GB898-97
4	垫片	1	软钢纸板	QB365-86
3	阀盘	1	ZCuSn10Zn2	
2	阀座	1	ZCuSn10Zn2	
1	阀体	1	ZCuSnSPbZn5	
序号	名称	数量	材料	备注

（列宽：15、20、15、35、35；行高：9、9、9、9、9、11）

图 7-102 操作题一

7.10.2 操作题二

综合所学知识，为户型图标注如图 7-103 所示的房间功能，其中所用字体为“仿宋体”，字高为“300”。

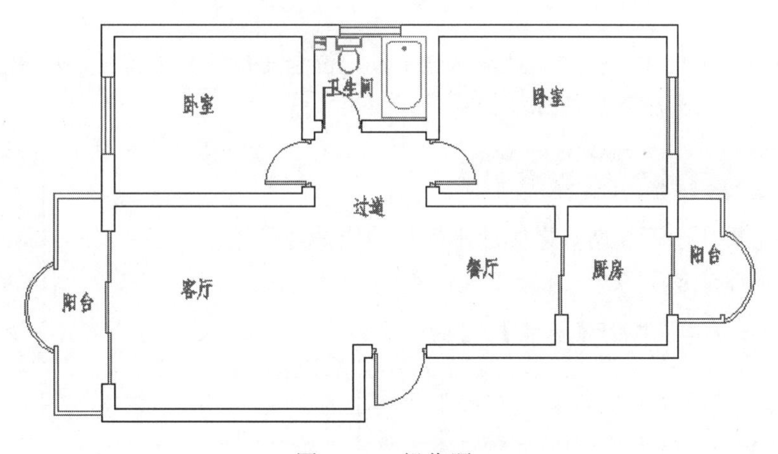

图 7-103 操作题二

本例所需户型图文件位于下载文件中的“素材文件”文件下，名称为“7-8.dwg”。

第 8 章　图形尺寸的标注与编辑

图形尺寸也是图纸的重要组成部分，它能将图形间的相互位置关系、形状等进行数字化、参数化，是施工人员现场施工的主要依据。本章将集中讲述各类常用尺寸的标注方法和编辑技巧。

本章内容

- 标注基本尺寸
- 标注复合尺寸
- 公差与圆心标记
- 标注样式的设置与控制
- 编辑图形尺寸
- 参数化图形
- 综合范例一——标注零件图的尺寸
- 综合范例二——标注零件图的公差
- 综合范例三——编写组装图部件序号
- 思考与总结
- 上机操作题

8.1　标注基本尺寸

本节将学习多种基本尺寸的标注工具，这些工具都位于【标注】菜单上，如图 8-1 所示。本小节主要讲述各类基本尺寸的标注方法和标注技巧。

8.1.1　线性尺寸

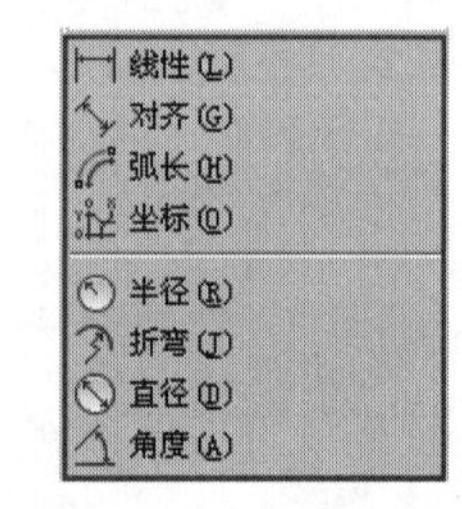

图 8-1　基本尺寸工具

【线性】命令主要用于标注两点之间的水平尺寸或垂直尺寸。

执行【线性】命令主要有以下几种方式。

- 菜单栏：选择菜单栏中的【标注】/【线性】命令。
- 命令行：在命令行输入 Dimlinear 或 Dimlin 后按 Enter 键。
- 功能区：单击【默认】选项卡/【注释】面板上的按钮。
- 功能区：单击【注释】选项卡/【标注】面板上的按钮。

【例题 8-1】　为零件图标注水平尺寸和垂直尺寸

步骤 01　打开下载文件中的“/素材文件/8-1.dwg”。

步骤 02　单击【默认】选项卡/【注释】面板上的按钮，配合端点捕捉功能标注零件图右侧的宽度尺寸。命令行提示如下：

```
命令：_dimlinear
指定第一个尺寸界线原点或 <选择对象>:        //捕捉如图 8-2 所示的端点
指定第二条尺寸界线原点:                     //捕捉如图 8-3 所示的端点
```

```
指定尺寸线位置或[多行文字(M)/文字(T)/角度(A)/水平(H)/垂直(V)/旋转(R)]:
            //向右移动光标，在适当位置拾取一点，定位尺寸线的位置，标注结果如图 8-4 所示
标注文字 = 442
```

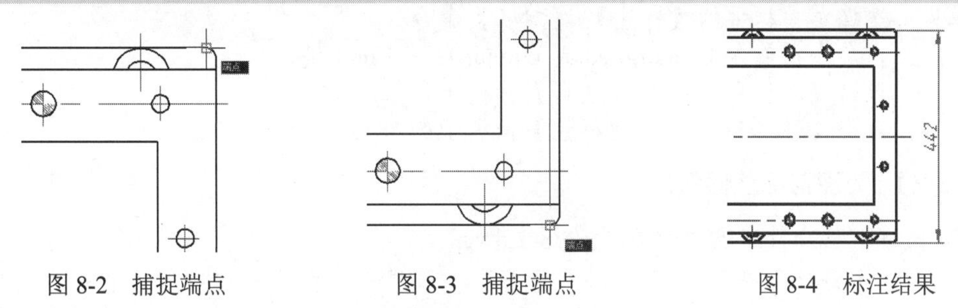

图 8-2　捕捉端点　　图 8-3　捕捉端点　　图 8-4　标注结果

步骤 03　重复执行【线性】命令，标注零件图的下方长度尺寸。命令行提示如下：

```
命令: _dimlinear
指定第一个尺寸界线原点或 <选择对象>:       //Enter
选择标注对象:                           //选择如图 8-5 所示的轮廓线
指定尺寸线位置或[多行文字(M)/文字(T)/角度(A)/水平(H)/垂直(V)/旋转(R)]:
                      //向下移动光标，在适当位置拾取一点，标注结果如图 8-6 所示
标注文字 = 1107.5
```

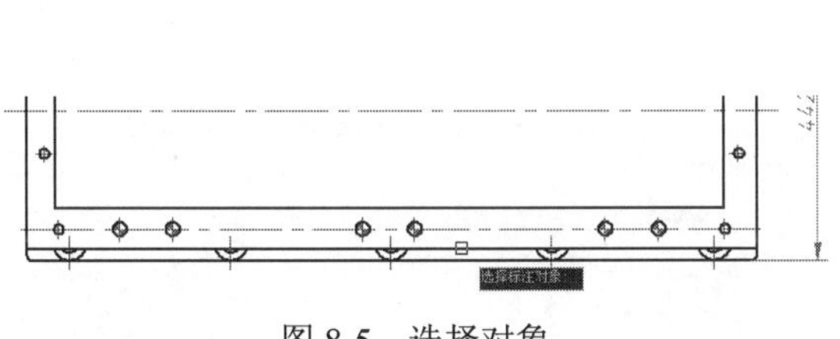

图 8-5　选择对象

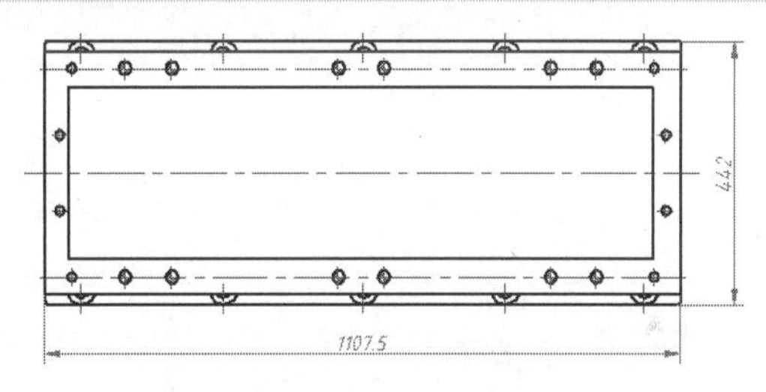

图 8-6　标注结果

部分选项解析如下：

- 【多行文字】选项是在【文字编辑器】选项卡面板上编辑标注文字内容或为文字添加前后缀等。
- 【文字】选项是通过命令行编辑标注文字的内容。
- 【角度】选项用于设置标注文字的旋转角度，如图 8-7 所示。

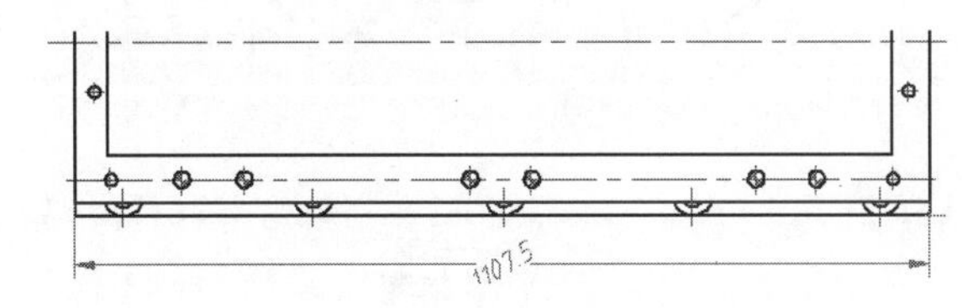

图 8-7　角度示例

- 【水平】选项用于标注两点之间的水平尺寸。
- 【垂直】选项用于标注两点之间的垂直尺寸。
- 【旋转】选项用于设置尺寸线的旋转角度。

8.1.2　对齐尺寸

【对齐】命令用于标注平行于所选对象或平行于两延伸线原点连线的直线型尺寸，此命令比较适

合于标注倾斜图线的尺寸。

执行【对齐】命令主要有以下几种方式。

- 菜单栏：选择菜单栏中的【标注】/【对齐】命令。
- 命令行：在命令行输入 Dimaligned 或 Dimali 后按 Enter 键。
- 功能区：单击【默认】选项卡/【注释】面板上的按钮。
- 功能区：单击【注释】选项卡/【标注】面板上的按钮。

【例题 8-2】 为图形标注倾斜尺寸

步骤 01 打开下载文件中的“/素材文件/8-2.dwg”。

步骤 02 单击【默认】选项卡/【注释】面板上的按钮，配合端点捕捉功能标注对齐尺寸。命令行提示如下：

```
命令： _dimaligned
指定第一个尺寸界线原点或 <选择对象>:                  //捕捉如图 8-8 所示的交点
指定第二条尺寸界线原点:                               //捕捉如图 8-9 所示的交点
指定尺寸线位置或[多行文字(M)/文字(T)/角度(A)]:    //在适当位置指定尺寸线位置
```

步骤 03 标注结果如图 8-10 所示。

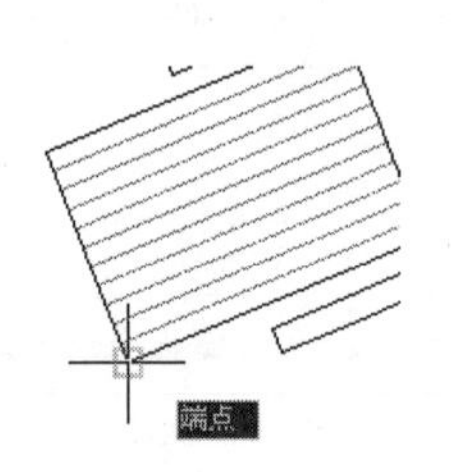

图 8-8　捕捉端点

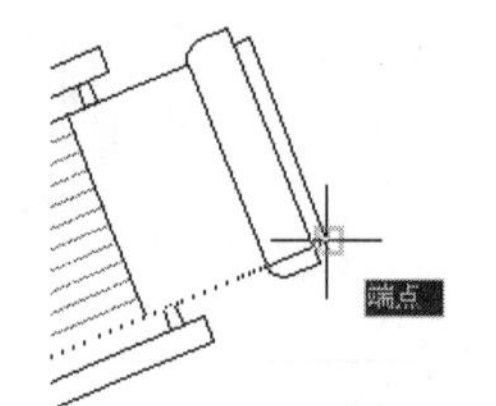

图 8-9　捕捉交点

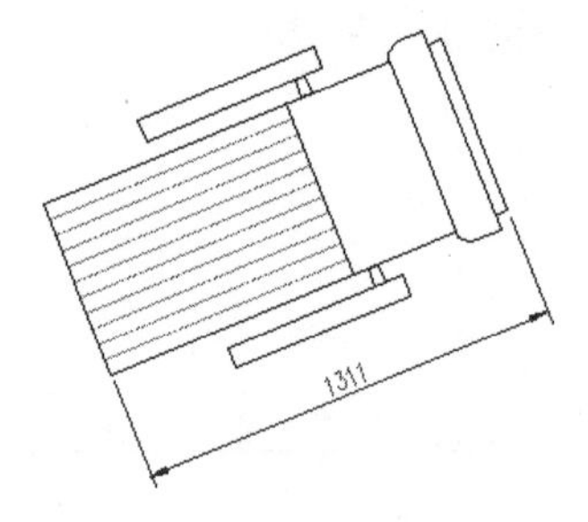

图 8-10　标注结果

步骤 04 重复执行【对齐】命令，配合端点捕捉功能，标注图形的宽度尺寸。命令行提示如下：

```
命令： _dimaligned
指定第一个尺寸界线原点或 <选择对象>:                //捕捉如图 8-11 所示的端点
指定第二条尺寸界线原点:                             //捕捉如图 8-12 所示的端点
指定尺寸线位置或[多行文字(M)/文字(T)/角度(A)]: //在适当位置拾取点，标注结果如图 8-13 所示
标注文字 = 550
```

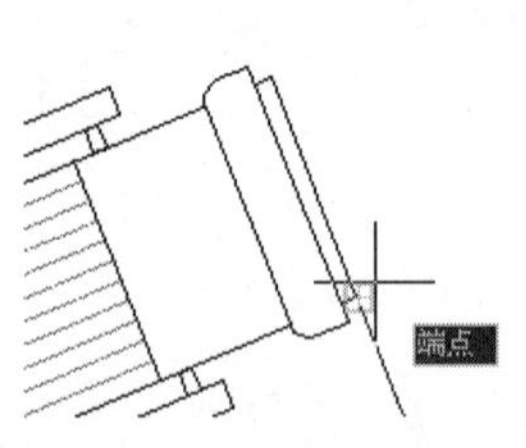

图 8-11　捕捉端点

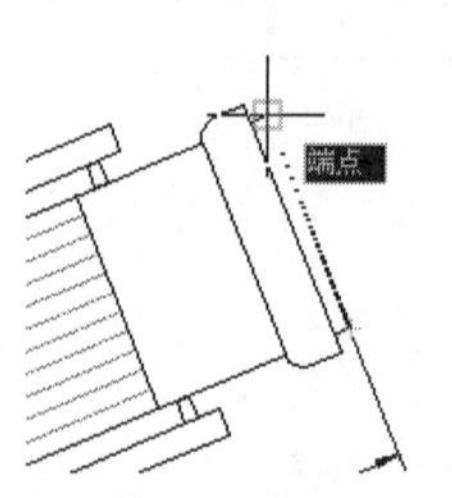

图 8-12　捕捉端点

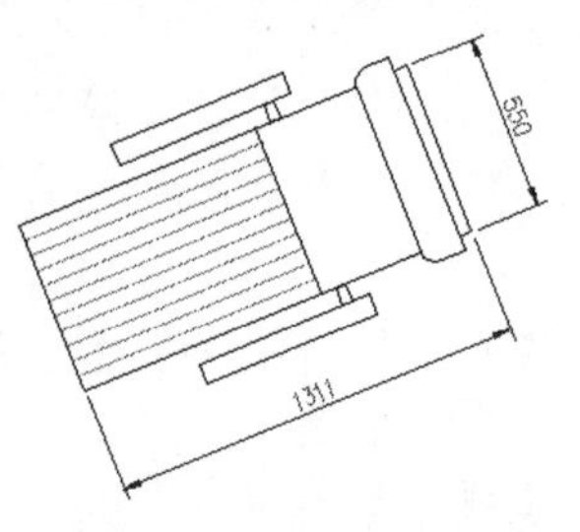

图 8-13　标注结果

8.1.3　角度尺寸

【角度】命令主要用于标注图线间的角度尺寸或是圆弧的圆心角等。

执行【角度】命令主要有以下几种方式。

- 菜单栏：选择菜单栏中的【标注】/【角度】命令。
- 命令行：在命令行输入 Dimangular 或 Dimang 后按 Enter 键。
- 功能区：单击【默认】选项卡/【注释】面板上的按钮。
- 功能区：单击【注释】选项卡/【标注】面板上的按钮。

【例题 8-3】　为零件图标注角度尺寸

步骤 01　打开下载文件中的“/素材文件/8-3.dwg”。

步骤 02　单击【默认】选项卡/【注释】面板上的按钮，标注零件角度尺寸。命令行提示如下：

```
命令： _dimangular
选择圆弧、圆、直线或 <指定顶点>:        //选择如图 8-14 所示的水平中心线
选择第二条直线:                        //选择如图 8-15 所示的倾斜中心线
指定标注弧线位置或 [多行文字(M)/文字(T)/角度(A) /象限点(Q)]:
                                    //在适当位置拾取一点，定位尺寸线位置
标注文字 = 45
```

步骤 03　标注结果如图 8-16 所示。

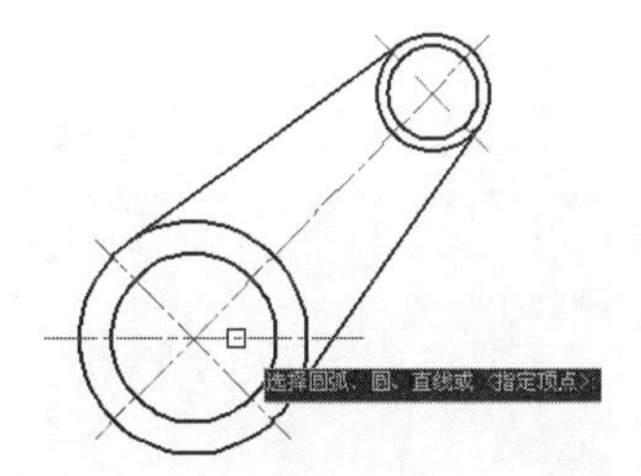

图 8-14　选择水平中心线

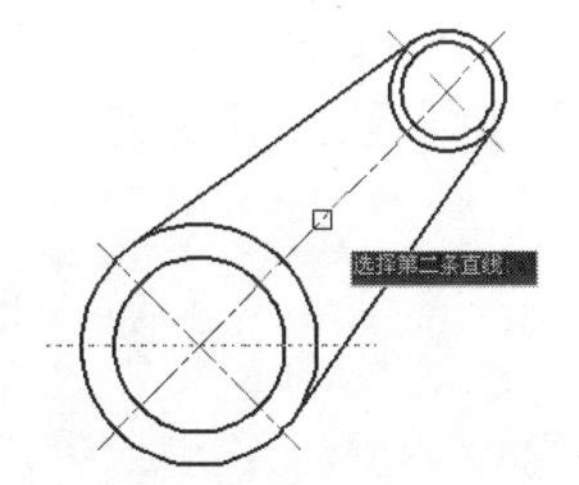

图 8-15　选择倾斜中心线

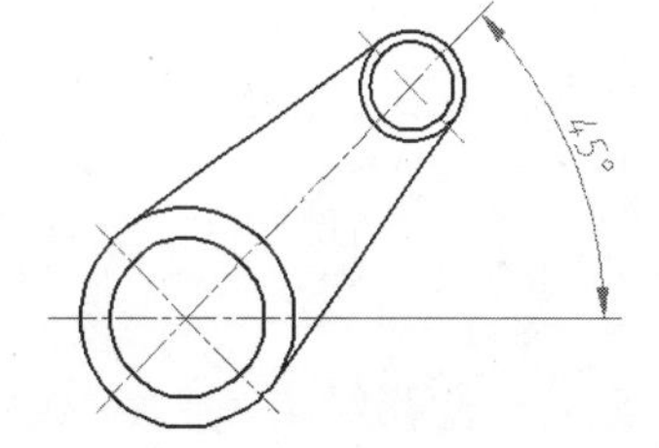

图 8-16　标注结果

8.1.4　半径尺寸

【半径】命令用于标注圆、圆弧的半径尺寸，所标注的半径尺寸是由一条指向圆或圆弧的带箭头的半径尺寸线组成。当用户采用系统的实际测量值标注文字时，系统会在测量数值前自动添加“R”，如图 8-17 所示。

执行【半径】命令主要有以下几种方式。

- 菜单栏：选择菜单栏中的【标注】/【半径】命令。
- 命令行：在命令行输入 Dimradius 或 Dimrad 后按 Enter 键。
- 功能区：单击【默认】选项卡/【注释】面板上的按钮
- 功能区：单击【注释】选项卡/【标注】面板上的按钮。

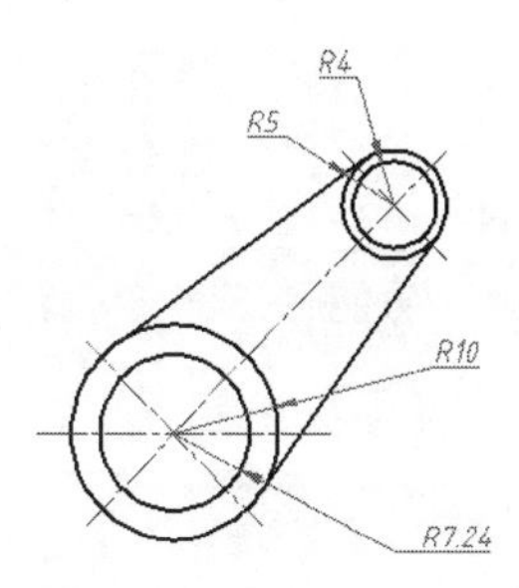

图 8-17　半径尺寸示例

【例题 8-4】　为零件图标注半径尺寸

步骤 01　打开下载文件中的“/素材文件/8-4.dwg”。

步骤 02　单击【默认】选项卡/【注释】面板上的按钮，标注

零件半径尺寸。命令行提示如下：

```
命令： _dimradius
选择圆弧或圆：                                         //单击下侧的圆
标注文字 = 10
指定尺寸线位置或 [多行文字(M)/文字(T)/角度(A)]：  //指定尺寸的位置
```

步骤 03　重复执行【半径】命令，分别标注零件图其他位置的尺寸，结果如图 8-17 所示。

8.1.5　直径尺寸

【直径】命令用于标注圆或圆弧的直径尺寸，当用户采用系统的实际测量值标注文字时，系统会在测量数值前自动添加“Ø”，如图 8-18 所示。

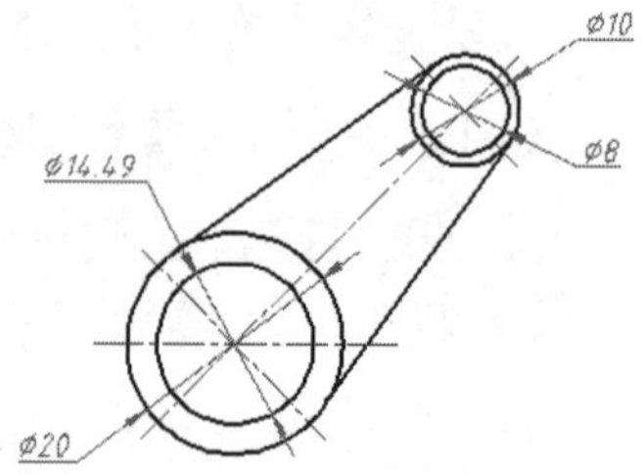

图 8-18　直径示例

执行【直径】命令主要有以下几种方式。

- 菜单栏：选择菜单栏中的【标注】/【直径】命令。
- 命令行：在命令行输入 Dimdiameter 或 Dimdia 后按 Enter 键。
- 功能区：单击【默认】选项卡/【注释】面板上的按钮。
- 功能区：单击【注释】选项卡/【标注】面板上的按钮。

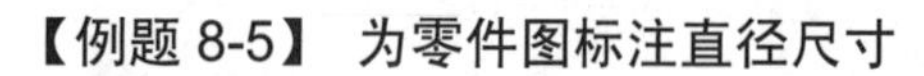

【例题 8-5】　为零件图标注直径尺寸

步骤 01　打开下载文件中的“/素材文件/8-4.dwg”。

步骤 02　单击【默认】选项卡/【注释】面板上的按钮，标注零件直径尺寸。命令行提示如下：

```
命令： _dimdiameter
选择圆弧或圆：                                         //单击下侧的圆弧
标注文字 = 20
指定尺寸线位置或 [多行文字(M)/文字(T)/角度(A)]：    //指定尺寸的位置
```

步骤 03　重复执行【直径】命令，分别标注零件图其他位置的尺寸，结果如图 8-18 所示。

8.1.6　弧长尺寸

【弧长】命令主要用于标注圆弧或多段线弧的长度尺寸，默认设置下，在尺寸数字的一端添加弧长符号，如图 8-19 所示。

执行【弧长】命令主要有以下几种方式。

- 菜单栏：选择菜单栏中的【标注】/【弧长】命令。
- 命令行：在命令行输入 Dimarc 后按 Enter 键。
- 功能区：单击【默认】选项卡/【注释】面板上的按钮。
- 功能区：单击【注释】选项卡/【标注】面板上的按钮。

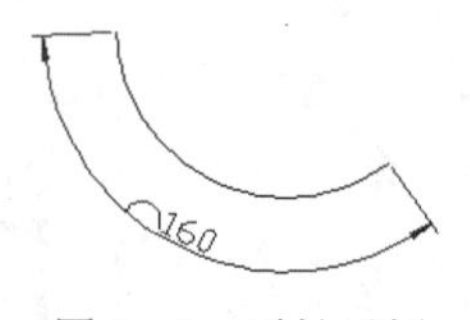

图 8-19　弧长示例

执行【弧长】命令后，AutoCAD 命令行会出现如下提示：

```
命令： _dimarc
选择弧线段或多段线弧线段：        //选择需要标注的弧线段
指定弧长标注位置或 [多行文字(M)/文字(T)/角度(A)/部分(P)/引线(L)]：
```

```
                    //指定弧长尺寸的位置，结果如图 8-19 所示
标注文字 = 160
```

使用命令行中的【部分】选项功能，可以标注圆弧或多段线弧上的部分弧长。下面通过具体的实例，学习此种标注功能。

【例题 6】 为圆弧标注弧长尺寸

步骤 01 首先绘制一段圆弧，如图 8-20 所示。

步骤 02 单击【默认】选项卡/【注释】面板上的按钮，标注弧的部分弧长。命令行提示如下：

```
命令： _dimarc
选择弧线段或多段线弧线段：          //选择需要标注的弧线段
指定弧长标注位置或 [多行文字(M)/文字(T)/角度(A)/部分(P)/引线(L)]：  // P Enter
指定圆弧长度标注的第一个点：        //捕捉圆弧的中点
指定圆弧长度标注的第二个点：        //捕捉圆弧端点
指定弧长标注位置或 [多行文字(M)/文字(T)/角度(A)/部分(P)/]：
                                   //在弧的上侧拾取一点，以指定尺寸位置
```

步骤 03 标注结果如图 8-21 所示。

【引线】选项用于为圆弧的弧长尺寸添加指示线，如图 8-22 所示。指示线的一端指向所选择的圆弧对象，另一端连接弧长尺寸。

图 8-20　绘制圆弧　　图 8-21　标注结果

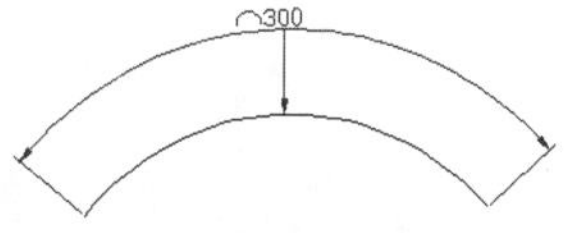

图 8-22　引线选项示例

8.1.7 折弯尺寸

【折弯】命令主要用于标注含有折弯的半径尺寸，如图 8-23 所示。其中，引线的折弯角度可以根据需要进行设置。

执行【折弯】命令主要有以下几种方式。

- 菜单栏：选择菜单栏中的【标注】/【弧长】命令。
- 命令行：在命令行输入 Dimjogged 后按 Enter 键。
- 功能区：单击【默认】选项卡/【注释】面板上的按钮。
- 功能区：单击【注释】选项卡/【标注】面板上的按钮。

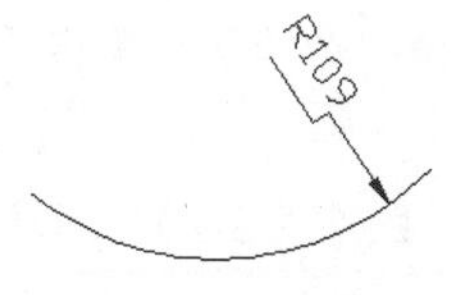

图 8-23　折弯尺寸

执行【折弯】命令后，AutoCAD 命令行会出现如下提示：

```
命令： _dimjogged
选择圆弧或圆：                               //选择弧或圆作为标注对象
指定图示中心位置：                           //指定中心线位置
标注文字 = 109
指定尺寸线位置或 [多行文字(M)/文字(T)/角度(A)]：   //指定尺寸线位置
指定折弯位置：                       //定位折弯位置，标注结果如图 8-23 所示
```

8.1.8　点的坐标

【坐标】命令用于标注点的 X 坐标值和 Y 坐标值，所标注的坐标为点的绝对坐标，如图 8-24 所示。

执行【坐标】命令主要有以下几种方式。

- 菜单栏：选择菜单栏中的【标注】/【坐标】命令。
- 命令行：在命令行输入 Dimordinate 或 Dimord 按 Enter 键。
- 功能区：单击【默认】选项卡/【注释】面板上的按钮。
- 功能区：单击【注释】选项卡/【标注】面板上的按钮。

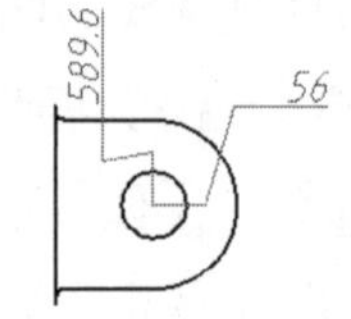

图 8-24　坐标标注示例

执行【坐标】命令后，命令行出现如下提示：

```
命令：_dimordinate
指定点坐标：                                                    //捕捉点
指定引线端点或 [X 基准(X)/Y 基准(Y)/多行文字(M)/文字(T)/角度(A)]： //定位引线端点
```

上下移动光标，则可以标注点的 X 坐标值；左右移动光标，则可以标注点的 Y 坐标值。另外，使用【X 基准】选项，可以强制性的标注点的 X 坐标，不受光标引导方向的限制；使用【Y 基准】选项可以标注点的 Y 坐标。

8.2　标注复合尺寸

本节将学习【基线】、【连续】、【快速标注】和【快速引线】4 个复合尺寸的标注工具。

8.2.1　基线尺寸

【基线】命令属于一个复合尺寸工具，此工具需要在现有尺寸的基础上，以所选择的尺寸界限作为基线尺寸的尺寸界限，进行标注基线尺寸，如图 8-25 所示。

执行【基线】命令主要有以下几种方式。

- 菜单栏：选择菜单栏中的【标注】/【基线】命令。
- 命令行：在命令行输入 Dimbaseline 或 Dimbase 后按 Enter 键。
- 功能区：单击【注释】选项卡/【标注】面板上的按钮。

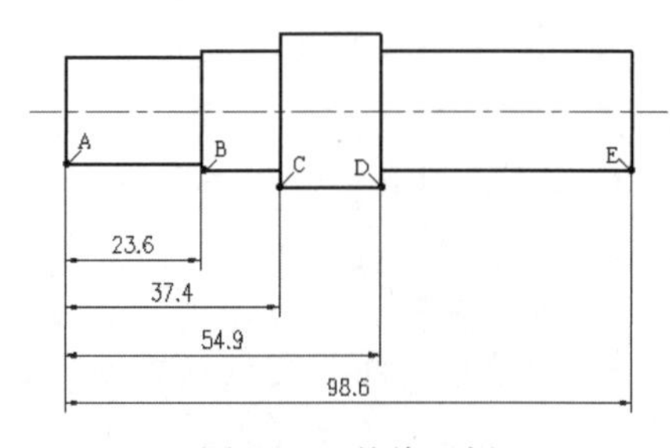

图 8-25　基线示例

【例题 8-7】　标注如图 8-25 所示的基线尺寸

步骤 01　打开下载文件中的“/素材文件/8-5.dwg”，如图 8-26 所示。

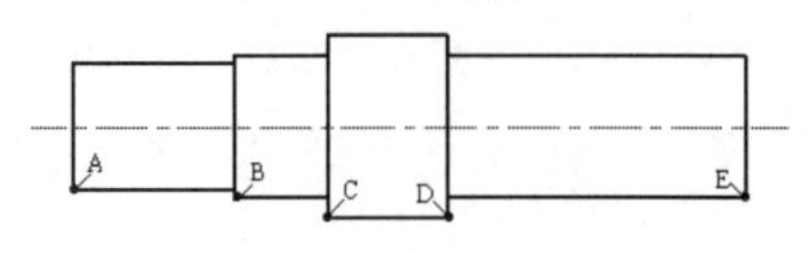

图 8-26　素材文件

步骤 02　执行【线性】命令，分别捕捉 A、B 两个端点，标注如图 8-27 所示的线性尺寸作为基准尺寸。

步骤 03　单击【注释】选项卡/【标注】面板上的按钮，配合端点捕捉功能标注基线尺寸。命令行提示如下：

```
命令：_dimbaseline
指定第二条尺寸界线原点或 [放弃(U)/选择(S)] <选择>:
```

```
//系统自动进入如图 8-28 所示的基线标注状态，此时捕捉上图 8-26 所示的端点 C
```

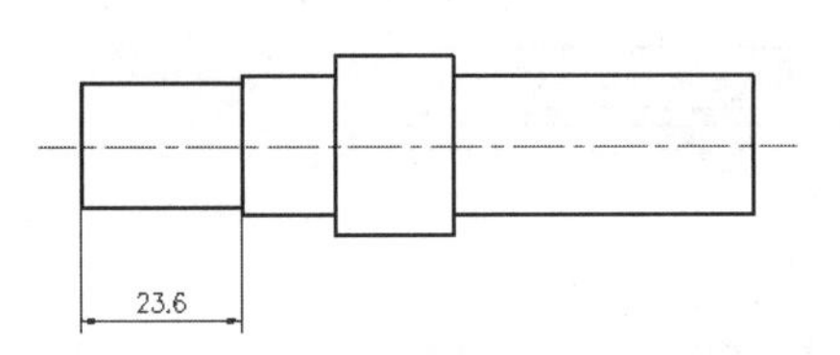

图 8-27　标注线性尺寸

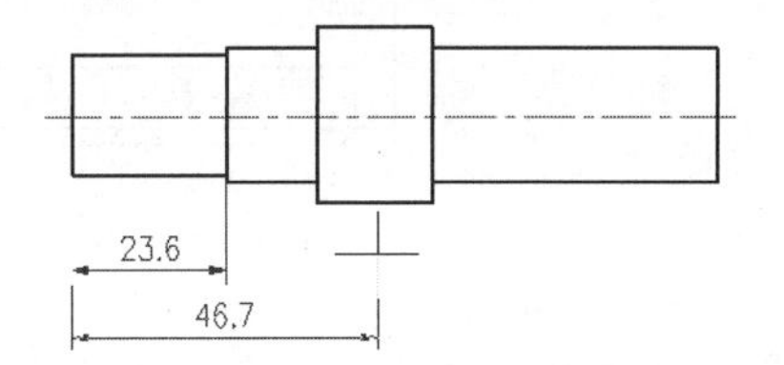

图 8-28　基线标注状态

当执行【基线】命令后，AutoCAD 会自动以刚创建的线性尺寸作为基准尺寸，进入基线尺寸的标注状态。

```
标注文字 = 37.4
指定第二条尺寸界线原点或 [放弃(U)/选择(S)] <选择>:    //捕捉端点 D
标注文字 = 54.9
指定第二条尺寸界线原点或 [放弃(U)/选择(S)] <选择>:    //捕捉端点 E
标注文字 = 98.6
指定第二条尺寸界线原点或 [放弃(U)/选择(S)] <选择>:    // Enter，退出基线标注状态
选择基准标注:                          // Enter，退出命令
```

步骤 04　标注结果如图 8-25 所示。

命令中的【选择】选项用于提示选择一个线性、坐标或角度标注作为基线标注的基准，【放弃】选项用于放弃所标注的最后一个基线标注。

8.2.2　连续尺寸

【连续】命令也需要在现有的尺寸基础创建连续的尺寸对象，所创建的连续尺寸位于同一个方向矢量上，如图 8-29 所示。

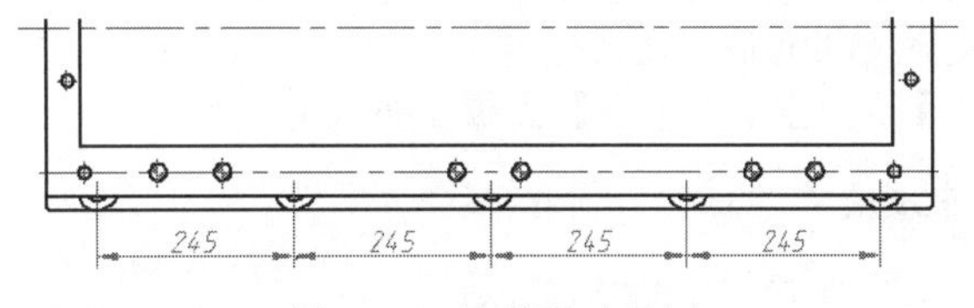

图 8-29　连续尺寸示例

执行【连续】命令主要有以下几种方式。

- 菜单栏：选择菜单栏中的【标注】/【连续】命令。
- 命令行：在命令行输入 Dimcontinue 或 Dimcont 后按 Enter 键。
- 功能区：单击【注释】选项卡/【标注】面板上的 按钮。

【例题 8-8】标注如图 8-29 所示的连续尺寸

步骤 01　打开下载文件中的“/素材文件/8-6.dwg”。

步骤 02　选择菜单栏中的【标注】/【线性】命令，配合端点捕捉功能标注如图 8-30 所示的线性尺寸。

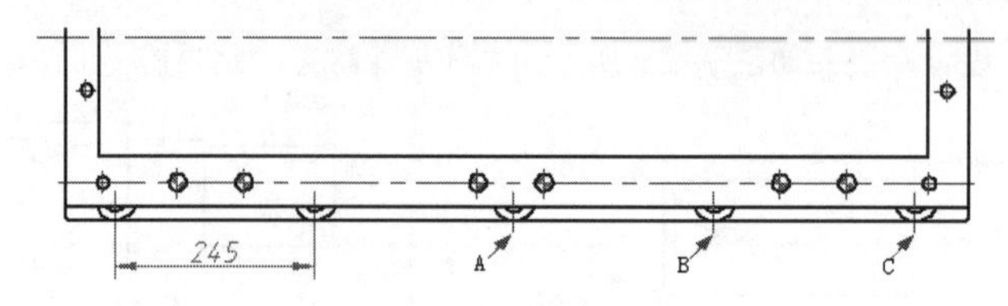

图 8-30　标注线性尺寸

步骤 03　单击【注释】选项卡/【标注】面板上的按钮，根据命令行的提示标注连续尺寸。命令行提示如下：

```
命令：_dimcontinue
指定第二条尺寸界线原点或 [放弃(U)/选择(S)] <选择>: //捕捉图 8-30 所示的端点 A
标注文字 = 13.7
指定第二条尺寸界线原点或 [放弃(U)/选择(S)] <选择>:   //捕捉端点 B
标注文字 = 17.5
指定第二条尺寸界线原点或 [放弃(U)/选择(S)] <选择>:   //捕捉端点 C
标注文字 = 43.7
指定第二条尺寸界线原点或 [放弃(U)/选择(S)] <选择>: // Enter，退出连续尺寸状态
选择连续标注:                  // Enter，退出命令
```

步骤 04　标注结果如图 8-29 所示。

8.2.3　快速标注

【快速标注】命令用于一次标注多个对象间的水平尺寸或垂直尺寸，是一种比较常用的复合标注工具。

执行【快速标注】命令主要有以下几种方式。

- 菜单栏：选择菜单栏中的【标注】/【快速标注】命令。
- 命令行：在命令行输入 Qdim 后按 Enter 键。
- 功能区：单击【注释】选项卡/【标注】面板上的按钮。

【例题 8-9】快速标注轴线尺寸

步骤 01　打开下载文件中的"/素材文件/8-7.dwg"。

步骤 02　单击【注释】选项卡/【标注】面板上的按钮，快速标注对象间的水平尺寸。命令行提示如下：

```
命令：_qdim
选择要标注的几何图形:               //拉出如图 8-31 所示的窗交选择框
```

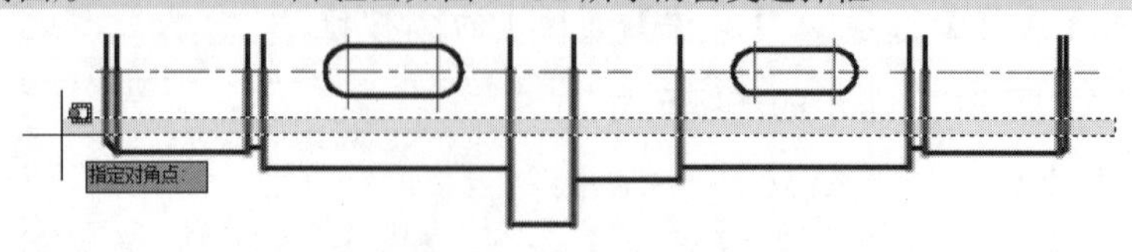

图 8-31　窗交选择框

```
选择要标注的几何图形:               //Enter，此时出现如图 8-32 所示的快速标注状态
```

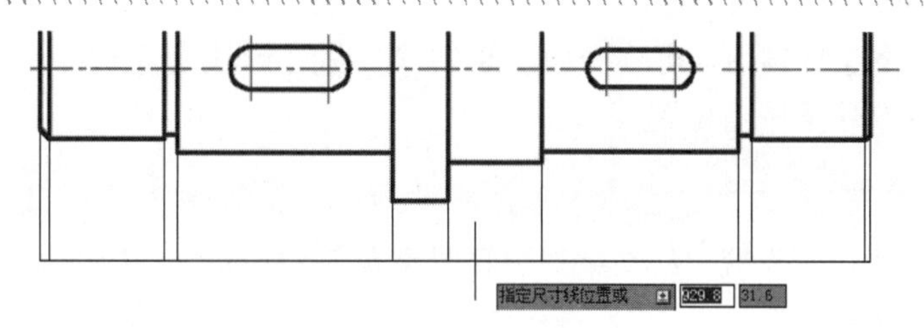

图 8-32　选择结果

```
指定尺寸线位置或 [连续(C)/并列(S)/基线(B)/坐标(O)/半径(R)/直径(D)/基准点(P)/编辑(E)/设置(T)] <连续>:              //向下引导光标，指定尺寸线位置
```

步骤 03 结束命令，标注结果如图 8-33 所示。

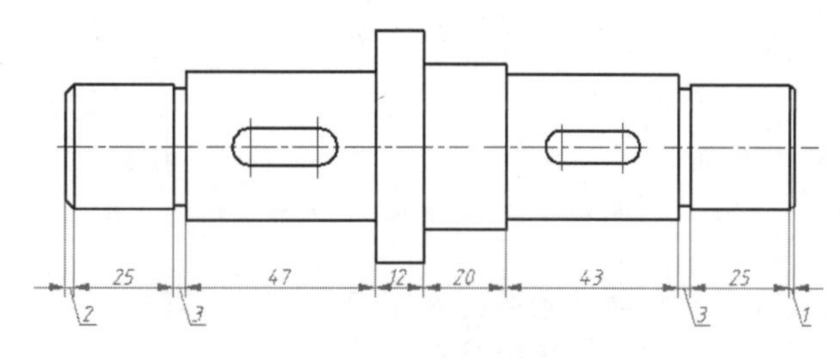

图 8-33　标注结果

命令行中部分选项解析如下：

- 【连续】选项用于创建一系列连续标注。
- 【并列】选项用于快速生成并列的尺寸标注。
- 【基线】选项用于对选择的各个对象以基线标注的形式快速标注。
- 【坐标】选项用于对选择的多个对象快速生成坐标标注。
- 【半径】选项用于对选择的多个对象快速生成半径标注。
- 【直径】选项用于对选择的多个对象快速生成直径标注。
- 【基准点】选项用于为基线标注和连续标注确定一个新的基准点。
- 【编辑】选项用于对快速标注的选择集进行修改。
- 【设置】选项用于设置关联标注的优先级，即为指定延伸线原点设置默认对象捕捉。

8.2.4 快速引线

【快速引线】命令主要用于创建一端带有箭头，另一端带有文字注释的引线尺寸。其中，引线可以为直线段，也可以为平滑的样条曲线，如图 8-34 所示。

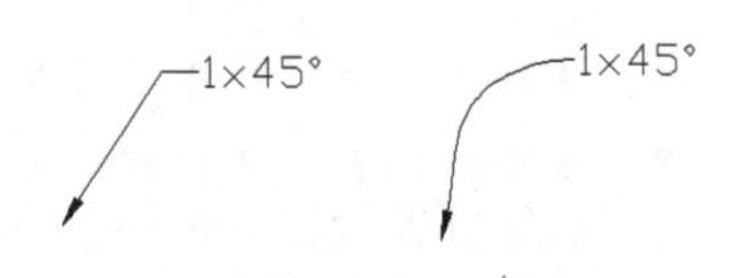

图 8-34　引线尺寸示例

在命令行输入 Qleader 或 LE 后按 Enter 键，即可执行【快速引线】命令，命令行将出现如下提示：

```
命令: _qleader
指定第一个引线点或 [设置(S)] <设置>:      //在适当位置定位第一个引线点
指定下一点:                              //在适当位置定位第二个引线点
指定下一点:                              //在适当位置定位第三个引线点
指定文字宽度 <0>:                        // Enter，采用当前参数设置
输入注释文字的第一行 <多行文字(M)>:       //1×45%%D Enter，输入引线文字
输入注释文字的下一行:             // Enter，标注结果如图 8-34（左）所示
```

激活命令中的【设置】选项后，可打开如图8-35所示的【引线设置】对话框，以修改和设置引线点数、注释类型、注释文字的附着位置等。

1. 【注释】选项卡

【注释】选项卡主要用于设置引线文字的注释类型及其相关的一些选项功能。

（1）【注释类型】选项组

- 【多行文字】单选按钮用于在引线末端创建多行文字注释。
- 【复制对象】单选按钮用于复制已有的引线注释作为需要创建的引线注释。
- 【公差】单选按钮用于在引线末端创建公差注释。
- 【块参照】单选按钮用于以内部块作为注释对象。
- 【无】选项表示创建无注释的引线。

（2）【多行文字选项】选项组

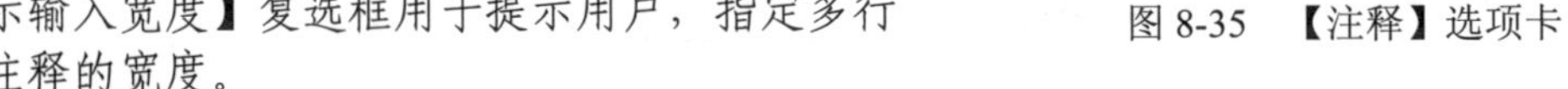

图8-35 【注释】选项卡

- 【提示输入宽度】复选框用于提示用户，指定多行文字注释的宽度。
- 【始终左对齐】复选框用于自动设置多行文字使用左对齐方式。
- 【文字边框】复选框主要用于为引线注释添加边框。

（3）【重复使用注释】选项组

- 【无】单选按钮表示不对当前所设置的引线注释进行重复使用。
- 【重复使用下一个】单选按钮用于重复使用下一个引线注释。
- 【重复使用当前】单选按钮用于重复使用当前的引线注释。

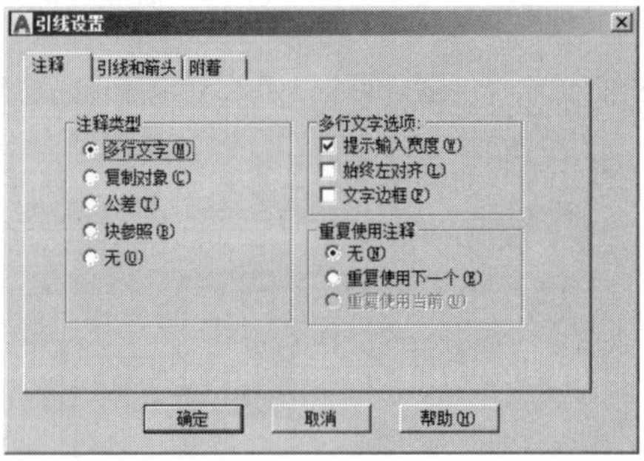

2. 【引线和箭头】选项卡

【引线和箭头】选项卡主要用于设置引线的类型、点数、箭头、引线段的角度约束等参数，如图8-36所示。各选项功能如下：

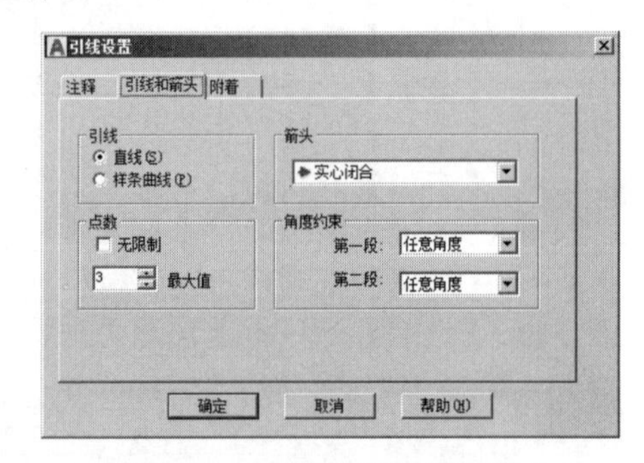

图8-36 【引线和箭头】选项卡

- 【直线】选项用于在指定的引线点之间创建直线段。
- 【样条曲线】选项用于在引线点之间创建样条曲线，即引线为样条曲线。
- 【箭头】选项组用于设置引线箭头的形式。
- 【无限制】复选框表示系统不限制引线点的数量，用户可以通过按Enter键，手动结束引线点的设置过程。
- 【最大值】选项用于设置引线点数的最多数量。
- 【角度约束】选项组用于设置第一条引线与第二条引线的角度约束。

3. 【附着】选项卡

【附着】选项卡主要用于设置引线和多行文字注释之间的附着位置，如图8-37所示。只有在【注释】选项卡内选中【多行文字】单选按钮时，此选项卡才可用。

- 【第一行顶部】单选按钮用于将引线放置在多行文字

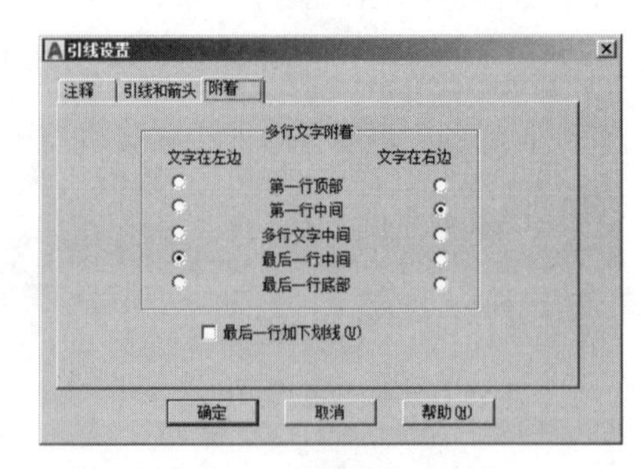

图8-37 【附着】选项卡

第一行的顶部。

- 【第一行中间】单选按钮用于将引线放置在多行文字第一行的中间。
- 【多行文字中间】单选按钮用于将引线放置在多行文字的中部。
- 【最后一行中间】单选按钮用于将引线放置在多行文字最后一行的中间。
- 【最后一行底部】单选按钮用于将引线放置在多行文字最后一行的底部。
- 【最后一行加下划线】复选框用于为最后一行文字添加下划线。

8.2.5　标注

【标注】命令也是一个复合标注工具，使用此命令可以创建多种类型的标注，比如线性标注、角度标注、坐标、基线标注、连续标注等。

执行【标注】命令主要有以下几种方式。

- 命令行：在命令行输入 Dim 后按 Enter 键。
- 功能区：单击【默认】选项卡/【注释】面板上的按钮。
- 功能区：单击【注释】选项卡/【标注】面板上的按钮。

执行【标注】命令后，命令行会出现如下提示：

```
命令：_dim
选择对象或指定第一个尺寸界线原点或 [角度(A)/基线(B)/连续(C)/坐标(O)/对齐(G)/分发(D)/图层(L)/放弃(U)]:                    //选择需要标注的对象或指定第一个尺寸界面的原点
指定第二个尺寸界线原点或 [放弃(U)]:        //指定第二个原点
指定尺寸界线位置或第二条线的角度 [多行文字(M)/文字(T)/文字角度(N)/放弃(U)]:    //指定标注位置
选择对象或指定第一个尺寸界线原点或 [角度(A)/基线(B)/连续(C)/坐标(O)/对齐(G)/分发(D)/图层(L)/放弃(U)]:           //Enter
```

命令行中部分选项解析如下：

- 【角度】选项用于创建角度标注，等同于【角度】命令。
- 【基线】选项用于选定的第一条界线创建线性、角度或坐标标注，等同于【基线】命令。
- 【连续】选项用于从选定的第二条尺寸界线创建线性、角度或坐标标注，等同于【连续】命令。
- 【坐标】选项用于创建坐标标注，等同于【坐标】命令。
- 【对齐】选项用于将多个平行、同心或同基准的标注对齐到选定的基准标注。
- 【分发】选项指定可用于分发一组选定的孤立线性标注或坐标标注的方法，其中“相等”用于均匀分发所示有选定的标注，此方法要求至少三条标注线；而“偏移“则按指定的偏移距离分发所示有选定的标注。
- 【图层】选项用于为指定的图层指定新标注，以替代当前图层。

8.3　公差与圆心标记

本节将讲述【公差】和【圆心标记】两个命令。

8.3.1　标注公差

【公差】命令用于标注机械零件的形状公差和位置公差，如图 8-38 所示。

执行【公差】命令主要有以下几种方式。

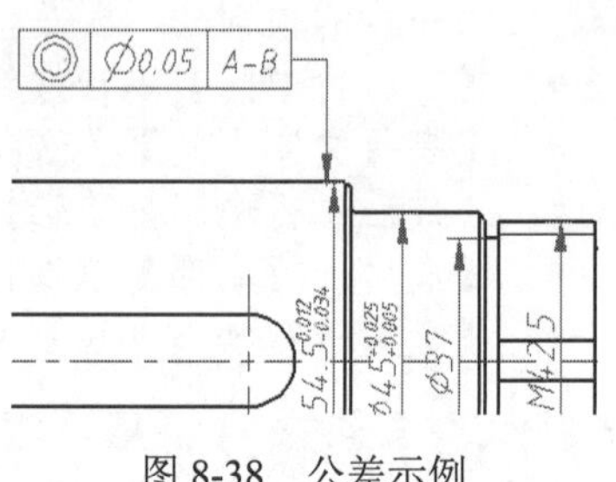

图 8-38　公差示例

- 菜单栏：选择菜单栏中的【标注】/【公差】命令。
- 命令行：在命令行输入 Tolerance 后按 Enter 键。
- 快捷键：在命令行输入 TOL 后按 Enter 键。
- 功能区：单击【注释】选项卡/【标注】面板上的按钮。

执行【公差】命令后，可打开如图 8-39 所示的【形位公差】对话框，单击【符号】选项组中的颜色块，可以打开如图 8-40 所示的【特征符号】对话框，用户可以选择相应的形位公差符号。

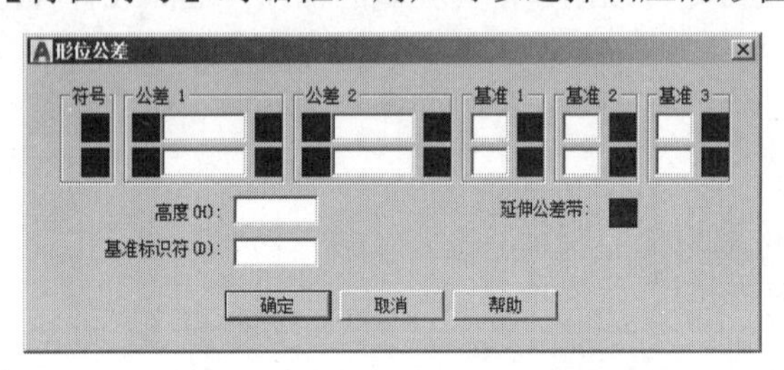

图 8-39　【形位公差】对话框

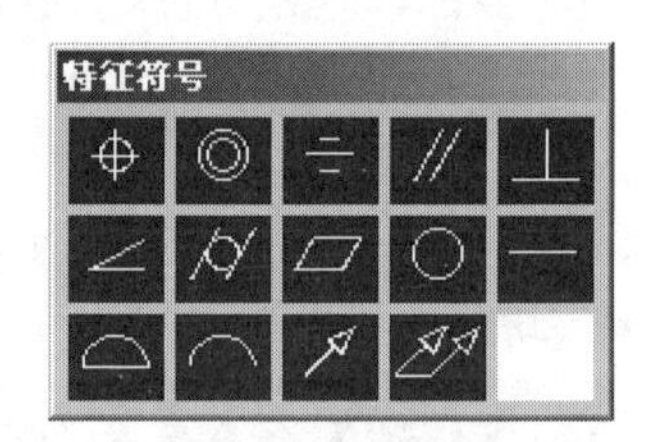

图 8-40　【特征符号】对话框

在【公差 1】或【公差 2】选项组中单击右侧的颜色块，可以弹出如图 8-41 所示的【附加符号】对话框，以设置公差的包容条件。

图 8-41　【附加符号】对话框

- 符号Ⓜ表示最大包容条件，规定零件在极限尺寸内的最大包容量。
- 符号Ⓛ表示最小包容条件，规定零件在极限尺寸内的最小包容量。
- 符号Ⓢ表示不考虑特征条件，不规定零件在极限尺寸内的任意几何大小。

8.3.2　圆心标记

【圆心标记】命令用于标注圆或弧的圆心标记，也可标注其中心线，如图 8-42 和图 8-43 所示。

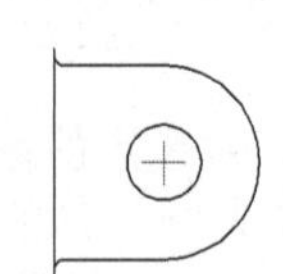

图 8-42　标注圆心标记

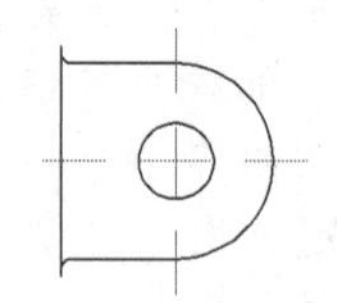

图 8-43　标注中心线

执行【圆心标记】命令主要有以下几种方式。

- 菜单栏：选择菜单栏中的【标注】/【圆心标记】命令。
- 命令行：在命令行输入 Dimcenter 后按 Enter 键。
- 功能区：单击【注释】选项卡/【标注】面板上的按钮。

8.4　标注样式的设置与控制

使用 AutoCAD 提供的【标注样式】命令，可以控制尺寸标注的外观形式，它是所有尺寸变量的集合，这些变量决定了尺寸标注中各元素的外观，只要用户调整尺寸样式中某些尺寸变量，就能灵活修改尺寸标注的外观。

执行【标注样式】命令主要有以下几种方式。

- 菜单栏：选择菜单栏中的【格式】/【标注样式】或【标注】/【标注样式】命令。
- 命令行：在命令行输入 Dimstyle 后按 Enter 键。
- 快捷键：在命令行输入 D 后按 Enter 键。
- 功能区：单击【默认】选项卡/【注释】面板上的按钮。

8.4.1　标注样式管理器

执行【标注样式】命令后，可打开如图 8-44 所示的【标注样式管理器】对话框，在此对话框中，用户不仅可以设置尺寸的样式，还可以修改、替代和比较尺寸的样式。

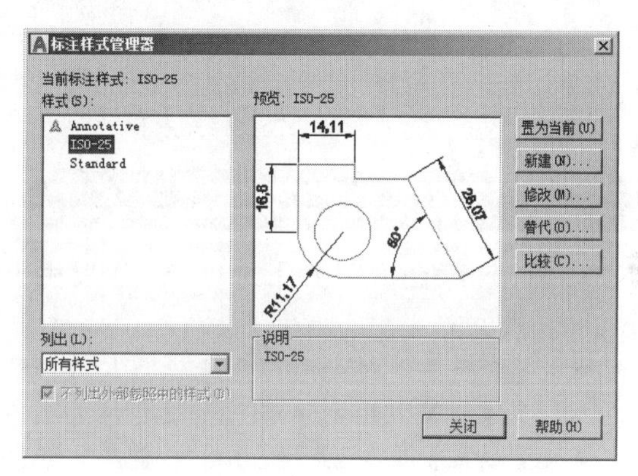

图 8-44　【标注样式管理器】对话框

【标注样式管理器】对话框中部分选项解析如下：

- 【样式】文本框用于显示当前文件中的所有尺寸样式，并且当前样式被亮显。选择一种样式并单击鼠标右键，在右键快捷菜单中可以设置当前样式、重命名样式和删除样式。

当前标注样式和当前文件中已使用的样式不能被删除。默认样式为 ISO-25。

- 【列出】下拉列表框中提供了两个显示标注样式的选项。即【所有样式】和【正在使用的样式】。前一个选项用于显示当前图形中的所有标注样式；后一个选项仅用于显示被当前图形中的标注引用过的样式。
- 【预览】区域主要显示【样式】区中选定的尺寸样式的标注效果。
- 置为当前(U) 按钮用于把选定的标注样式设置为当前标注样式。
- 修改(M)... 按钮用于修改当前选择的标注样式。当用户修改了标注样式后，当前图形中的所有尺寸标注都会自动改变为所修改的尺寸样式。
- 替代(O)... 按钮用于设置当前使用的标注样式的临时替代值。当用户创建了替代样式后，当前标注样式将被应用到以后所有尺寸标注中，直到用户删除替代样式为止，而不会改变替代样式之前的标注样式。
- 比较(C)... 按钮用于比较两种标注样式的特性或浏览一种标注样式的全部特性，并将比较结果输出到 Windows 剪贴板上，然后再粘贴到其他 Windows 应用程序中。

新建(N)... 按钮用于设置新的尺寸样式。单击 新建(N)... 按钮后，系统将打开如图 8-45 所示的【创建新标注样式】对话框，其中【新样式名】文本框用以为新样式赋名；【基础样式】下拉列表框用于设置新样式的基础样式；【注释性】复选框用于为新样式添加注释；【用于】下拉列表框用于创建一种仅适用于特定标注类型的样式。

单击 继续 按钮，打开如图 8-46 所示的【新建标注样式：副本 ISO-25】对话框。此对话框包括【线】、【符号和箭头】、【文字】、【调整】、【主单位】、【换算单位】和【公差】7 个选项卡。

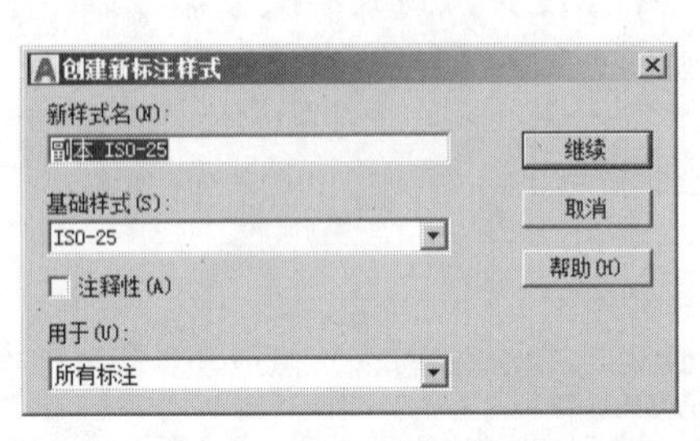

图 8-45　【创建新标注样式】对话框

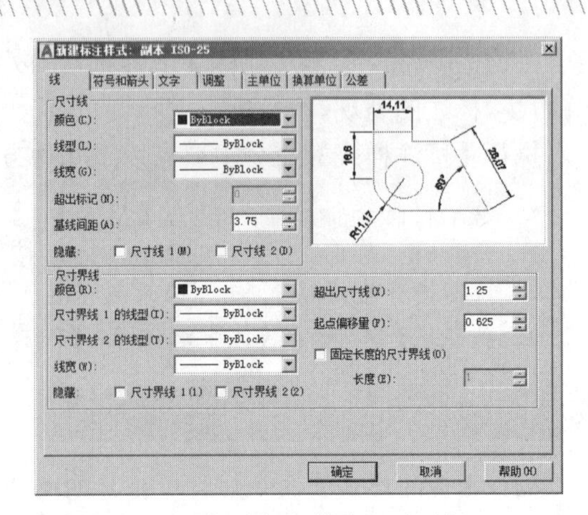

图 8-46　【新建标注样式】对话框

8.4.2　设置尺寸的线性变量

如图 8-46 所示的【线】选项卡，主要用于设置尺寸线、延伸线的格式和特性等变量。

（1）【尺寸线】选项组

- 【颜色】下拉列表框用于设置尺寸线的颜色。
- 【线型】下拉列表框用于设置尺寸线的线型。
- 【线宽】下拉列表框用于设置尺寸线的线宽。
- 【超出标记】微调按钮用于设置尺寸线超出尺寸界限的长度。在默认状态下，该选项处于不可用状态，只有当用户在选择建筑标记箭头时，此微调按钮才处于可用状态。
- 【基线间距】微调按钮用于设置在基线标注时两条尺寸线之间的距离。

（2）【尺寸界线】选项组

- 【颜色】下拉列表框用于设置延伸线的颜色。
- 【线宽】下拉列表框用于设置延伸线的线宽。
- 【尺寸界线 1 的线型】下拉列表框用于设置尺寸界线 1 的线型。
- 【尺寸界线 2 的线型】下拉列表框用于设置尺寸界线 2 的线型。
- 【超出尺寸线】微调按钮用于设置延伸线超出尺寸线的长度。
- 【起点偏移量】微调按钮用于设置延伸线起点与被标注对象间的距离。

如果选中了【固定长度的尺寸界线】复选框，可在下侧的【长度】文本框内设置尺寸界线的固定长度。

8.4.3　设置尺寸的符号与箭头

如图 8-47 所示的【符号和箭头】选项卡，主要用于设置箭头、圆心标记、弧长符号、半径标注等参数。

（1）【箭头】选项组

- 【第一个/第二个】下拉列表框用于设置箭头的形状。
- 【引线】下拉列表框用于设置引线箭头的形状。
- 【箭头大小】微调按钮用于设置箭头的大小。

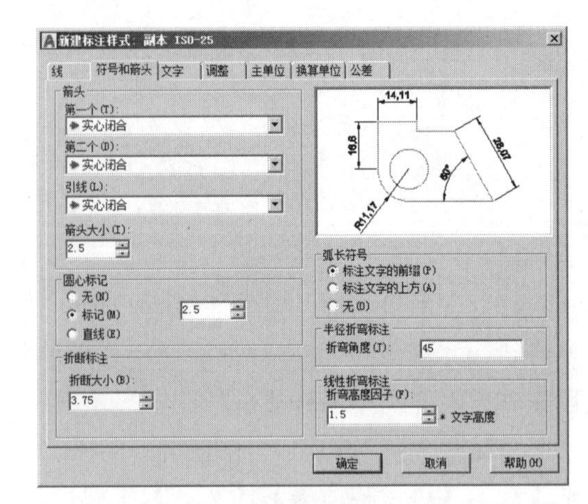

图 8-47　【符号和箭头】选项卡

(2)【圆心标记】选项组

- 【无】单选按钮表示不添加圆心标记。
- 【标记】单选按钮用于为圆添加十字形标记。
- 【直线】单选按钮用于为圆添加直线型标记。
- 2.5 微调按钮用于设置圆心标记的大小。
- 【折断标注】选项组用于设置打断标注的大小。

(3)【弧长符号】选项组

- 【标注文字的前缀】单选按钮用于为弧长标注添加前缀。
- 【标注文字的上方】单选按钮用于设置标注文字的位置。
- 【无】单选按钮若表示在弧长标注上不出现弧长符号。
- 【半径折弯标注】选项组用于设置半径折弯的角度。
- 【线性折弯标注】选项组用于设置线性折弯的高度因子。

8.4.4　设置标注文字的变量

如图 8-48 所示的【文字】选项卡，主要用于设置标注文字的样式、颜色、位置、对齐方式等变量。

(1)【文字外观】选项组

- 【文字样式】下拉列表框用于设置标注文字的样式。单击右端的 ... 按钮，打开【文字样式】对话框，用于新建或修改文字样式。
- 【文字颜色】下拉列表框用于设置标注文字的颜色。
- 【填充颜色】下拉列表框用于设置尺寸文本的背景色。
- 【文字高度】微调按钮用于设置标注文字的高度。
- 【分数高度比例】微调按钮用于设置标注分数的高度比例。只有在选择分数标注单位时，此选项才可用。
- 【绘制文字边框】复选框用于设置是否为标注文字添加边框。

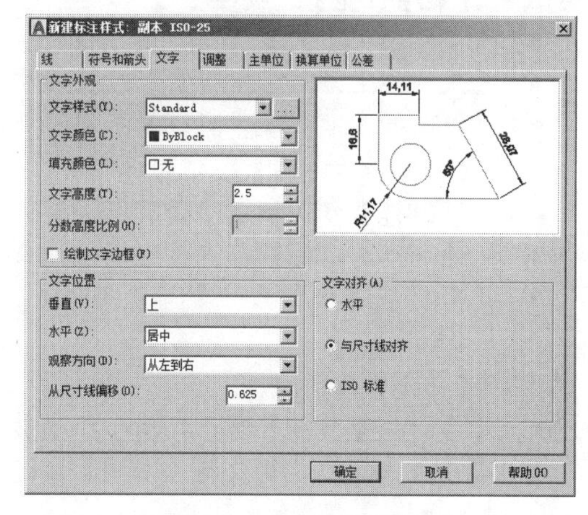

图 8-48　【文字】选项卡

(2)【文字位置】选项组

- 【垂直】下拉列表框用于设置标注文字相对于尺寸线垂直方向的放置位置。
- 【水平】下拉列表框用于设置标注文字相对于尺寸线水平方向的放置位置。
- 【观察方向】下拉列表框用于设置标注文字的观察方向。
- 【从尺寸线偏移】微调按钮，用于设置标注文字与尺寸线之间的距离。

(3)【文字对齐】选项组

- 【水平】单选按钮用于设置标注文字以水平方向放置。
- 【与尺寸线对齐】单选按钮用于设置标注文字与尺寸线平行的方向放置。
- 【ISO 标准】单选按钮用于根据 ISO 标准设置标注文字。

此选项是【水平】与【与尺寸线对齐】两者的综合。当标注文字在延伸线中时，就会采用【与尺寸线对齐】方式；当标注文字在延伸线外时，就会采用【水平】方式。

8.4.5　协调尺寸元素间的位置

如图 8-49 所示的【调整】选项卡，主要用于设置标注文字与尺寸线、延伸线等之间的位置。

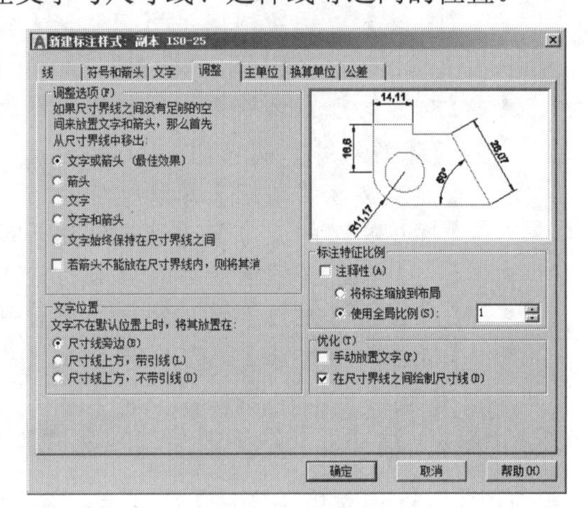

图 8-49　【调整】选项卡

（1）【调整选项】选项组

- 【文字或箭头（最佳效果）】单选按钮用于自动调整文字与箭头的位置，使二者达到最佳效果。
- 【箭头】单选按钮用于将箭头移到延伸线外。
- 【文字】单选按钮用于将文字移到延伸线外。
- 【文字和箭头】单选按钮用于将文字与箭头都移到延伸线外。
- 【文字始终保持在尺寸界线之间】单选按钮用于将文字始终放置在尺寸界线之间。
- 【若箭头不能放在尺寸界线内，则将其消…】复选框用于控制尺寸箭头的显示，如果尺寸界线内没有足够的空间，则不显示尺寸箭头。

（2）【文字位置】选项组

- 【尺寸线旁边】单选按钮用于将文字放置在尺寸线旁边。
- 【尺寸线上方，带引线】单选按钮用于将文字放置在尺寸线上方，并带引线。
- 【尺寸线上方，不带引线】单选按钮用于将文字放置在尺寸线上方，但不带引线引导。

（3）【标注特征比例】选项组

- 【注释性】复选框用于设置标注为注释性标注。
- 【使用全局比例】单选按钮用于设置标注的比例因子。
- 【将标注缩放到布局】单选按钮用于根据当前模型空间的视口与布局空间的大小来确定比例因子。

（4）【优化】选项组

- 【手动放置文字】复选框用于手动放置标注文字。
- 【在尺寸界线之间绘制尺寸线】复选框：在标注圆弧或圆时，尺寸线始终在尺寸界线之间。

8.4.6　设置尺寸的单位变量

如图 8-50 所示的【主单位】选项卡，主要用于设置线性标注和角度标注的单位格式、精确度等参数变量。

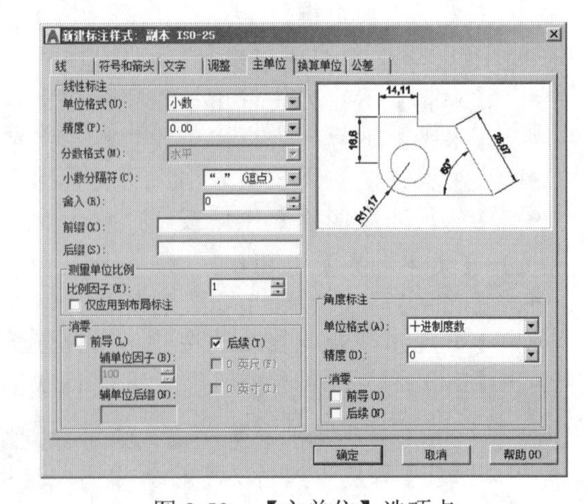

图 8-50　【主单位】选项卡

（1）【线性标注】选项组

- 【单位格式】下拉列表框用于设置线性标注的单位格式，默认值为小数。
- 【精度】下拉列表框用于设置尺寸的精度。
- 【分数格式】下拉列表框用于设置分数格式。

只有当【单位格式】为“分数”时，此下位列表框才能激活。

- 【小数分隔符】下拉列表框用于设置小数的分隔符号。

- 【舍入】微调按钮用于设置除了角度之外的标注测量值的四舍五入规则。
- 【前缀】文本框用于设置标注文字的前缀，可以为数字、文字、符号。
- 【后缀】文本框用于设置标注文字的后缀，可以为数字、文字、符号。
- 【比例因子】微调按钮用于设置除了角度之外的标注比例因子。
- 【仅应用到布局标注】复选框仅对在布局里创建的标注应用线性比例值。

（2）【消零】选项组

- 【前导】复选框用于消除小数点前面的零。当标注文字小于 1 时，如为“0.5”，选中此复选框后，此“0.5”将变为“.5，前面的零已消除。
- 【后续】复选框用于消除小数点后面的零。
- 【0 英尺】复选框用于消除 0 英尺前的 0。如“0′ -1/2″ ”表示为“1/2″ ”。只有当【单位格式】设为“工程”或“建筑”时，复选框才被激活。
- 【0 英寸】复选框用于消除零英寸后的零。如“2′ -1.400″ ”表示为“2′ -1.4″ ”。

（3）【角度标注】选项组

- 【单位格式】下拉列表框用于设置角度标注的单位格式。
- 【精度】下拉列表框用于设置角度的小数位数。
- 【前导】复选框消除角度标注前面的零。
- 【后续】复选框消除角度标注后面的零。

8.4.7　设置尺寸的换算单位

如图 8-51 所示的【换算单位】选项卡，主要用于显示和设置标注文字的换算单位、精度等变量。只有选中【显示换算单位】复选框，才可激活【换算单位】选项卡中所有的选项组。

（1）【换算单位】选项组

- 【单位格式】下拉列表框用于设置换算单位。
- 【精度】下拉列表框用于设置换算单位的小数位数。
- 【换算单位倍数】微调按钮用于设置主单位与换算单位间的换算因子的倍数。
- 【舍入精度】按钮用于设置换算单位的四舍五入规则。
- 【前缀】文本框输入的值将显示在换算单位的前面。
- 【后缀】文本框输入的值将显示在换算单位的后面。

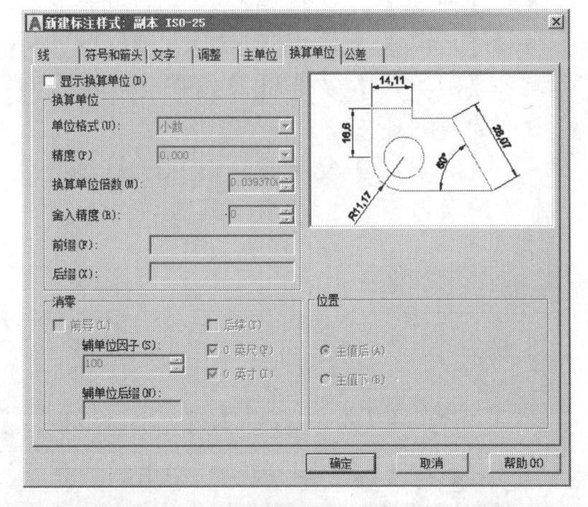

图 8-51　【换算单位】选项卡

（2）【消零】选项组

- 该选项组用于消除换算单位的前导和后续零以及英尺、英寸前后的零。其作用与【主单位】选项卡中的【消零】选项组相同。

（3）【位置】选项组

- 【主值后】单选按钮将换算单位放在主单位之后。
- 【主值下】单选按钮将换算单位放在主单位之下。

8.4.8　设置尺寸的公差

如图 8-52 所示的【公差】选项卡，主要用于设置尺寸的公差的格式和换算单位公差。

（1）【公差格式】选项组

- 【方式】下拉列表框用于设置公差的形式。在此列表框内共有无、对称、极限偏差、极限尺寸和基本尺寸 5 个选项，如图 8-53 所示。
- 【精度】下拉列表框用于设置公差值的小数位数。
- 【上偏差】/【下偏差】微调按钮用于设置上下偏差值。
- 【高度比例】微调按钮用于设置公差文字与基本标注文字的高度比例。
- 【垂直位置】下拉列表框用于设置基本标注文字与公差文字的相对位置。

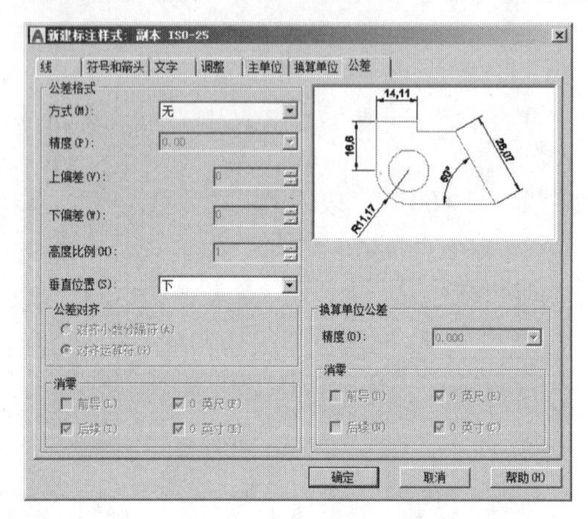

图 8-52　【公差】选项卡

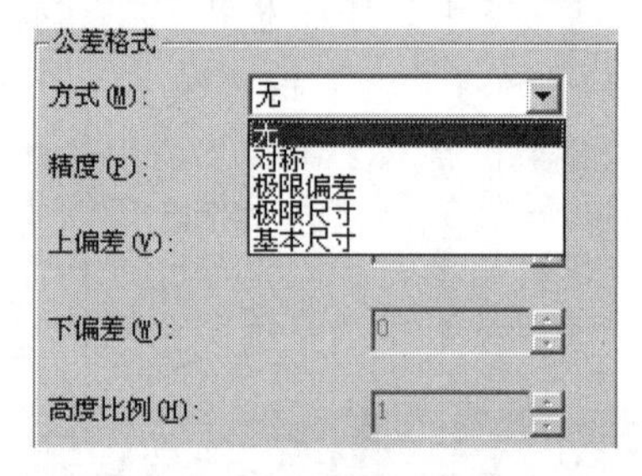

图 8-53　公差格式选项组

（2）【换算单位公差】选项组

- 【精度】下拉列表框用于设置换算单位公差值的小数位数。
- 【前导】复选框消除十进制标注中小数点前面的零。
- 【后续】复选框消除十进制标注中小数点后面的零。
- 【0 英尺】复选框，如果长度小于 1 英尺，那么选中该复选框后，可以消除英尺-英寸标注中的英尺部分。
- 【0 英寸】复选框，如果长度为整英尺数，那么选中该复选框后，可以消除英尺-英寸标注中的英寸部分。

8.5　编辑图形尺寸

本节将学习【标注打断】、【编辑标注】、【标注更新】、【标注间距】、【编辑标注文字】等命令。

8.5.1　标注打断

【标注打断】命令可以在尺寸线、延伸线与几何对象或其他标注相交的位置将其打断。

执行【标注打断】命令主要有以下几种方式。

- 菜单栏：选择菜单栏中的【标注】/【标注打断】命令。
- 命令行：在命令行输入 Dimbreak 后按 Enter 键。
- 功能区：单击【注释】选项卡/【标注】面板上的按钮。

执行【标注打断】命令后，根据命令行提示对尺寸对象进行打断。命令行提示如下：

```
命令： _DIMBREAK
选择要添加/删除折断的标注或 [多个(M)]：          //选择如图 8-54（左）所示的尺寸
选择要折断标注的对象或 [自动(A)/手动(M)/删除(R)] <自动>:
                                               //选择与尺寸线相交的垂直轮廓线
选择要折断标注的对象：                          //Enter，结束命令，打断结果如图 8-54（右）所示
```

【手动】选项用于手动定位打断位置；【删除】选项用于恢复被打断的尺寸对象。

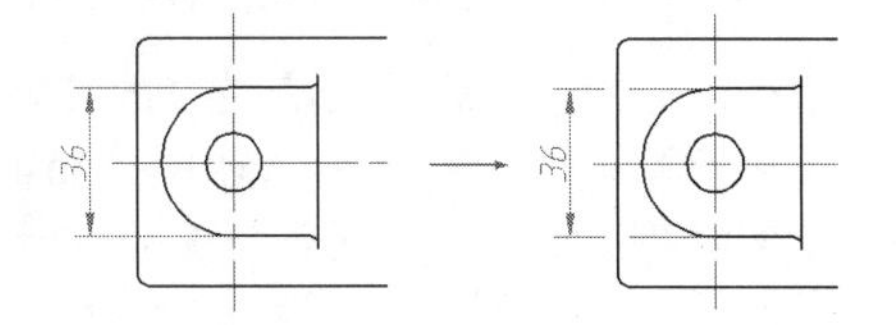

图 8-54　标注打断

8.5.2　编辑标注

【编辑标注】命令主要用于修改标注文字的内容、旋转角度以及延伸线的倾斜角度等。在命令行输入 Dimedit 后按 Enter 键，即可执行命令。

【例题 8-10】编辑尺寸标注

步骤 01　打开下载文件中的“/素材文件/8-7.dwg”。

步骤 02　执行【线性】命令，标注如图 8-55 所示的线性尺寸。

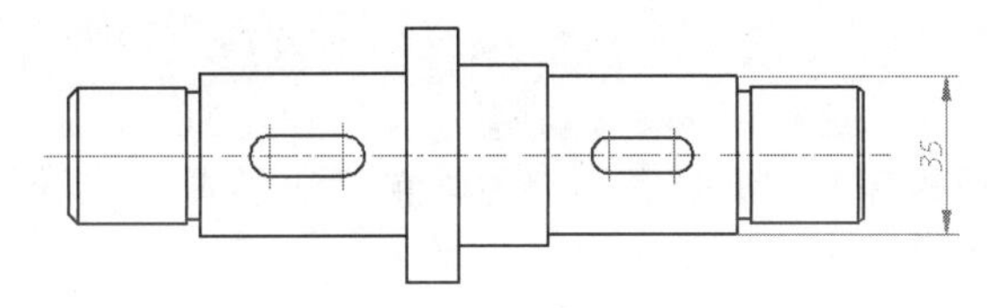

图 8-55　创建线性尺寸

步骤 03　在命令行输入 Dimedit 后按 Enter 键，根据命令行提示进行编辑标注。命令行提示如下：

```
命令： _dimedit
输入标注编辑类型 [默认(H)/新建(N)/旋转(R)/倾斜(O)] <默认>:
  //n Enter，打开【文字编辑器】选项卡，然后修改标注文字如图 8-56 所示，并关闭此编辑器
选择对象：                          //选择刚标注的尺寸
选择对象：                          // Enter，编辑结果如图 8-57 所示
```

步骤 04　重复执行【编辑标注】命令，对标注文字进行旋转。命令行提示如下：

```
命令：                              // Enter，重复执行命令
DIMEDIT 输入标注编辑类型 [默认(H)/新建(N)/旋转(R)/倾斜(O)] <默认>: //r Enter
指定标注文字的角度：                //15 Enter，设置文字的旋转角度
选择对象：                          //选择如图 8-57 所示的尺寸
选择对象：                          // Enter，结果如图 8-58 所示
```

图 8-56　修改标注文字内容

图 8-57　编辑结果

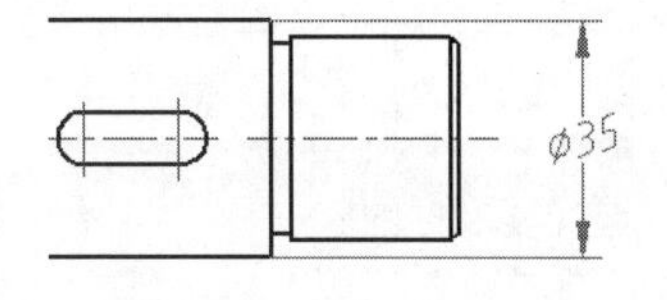

图 8-58　旋转文字

【倾斜】选项用于对尺寸界线进行倾斜，激活该选项后，系统将按指定的角度调整尺寸界线的倾斜角度，此选项等同于【标注】菜单中的【倾斜】命令。

8.5.3 标注更新

【标注更新】命令用于将尺寸对象的样式更新为当前尺寸标注样式，还可以将当前的标注样式保存起来，以供随时调用。

执行【标注更新】命令主要有以下几种方式。

- 菜单栏：选择菜单栏中的【标注】/【更新】命令。
- 命令行：在命令行输入-Dimstyle 后按 Enter 键。
- 功能区：单击【注释】选项卡/【标注】面板上的按钮。

执行该命令后，仅选择需要更新的尺寸对象即可。命令行提示如下：

```
命令：_-dimstyle
当前标注样式:NEWSTYLE 注释性：否
输入标注样式选项[注释性(AN)/保存(S)/恢复(R)/状态(ST)/变量(V)/应用(A)/?] <恢复>:
选择对象：                    //选择需要更新的尺寸
选择对象：                    // Enter，结束命令
```

命令行部分选项解析如下：

- 【状态】选项用于以文本窗口的形式显示当前标注样式的各设置数据。
- 【应用】选项将选择的标注对象自动更换为当前标注样式。
- 【保存】选项用于将当前标注样式存储为用户定义的样式。
- 【恢复】选项用于恢复已定义过的标注样式。
- 【变量】选项，选择该项后，命令行提示用户选择一个标注样式，选定后，系统打开文本窗口并在窗口中显示所选样式的设置数据。

8.5.4 标注间距

【标注间距】命令用于调整平行的线性标注和角度标注之间的间距，或者根据指定的间距值进行调整。执行【标注间距】命令主要有以下几种方式。

- 菜单栏：选择菜单栏中的【标注】/【标注间距】命令。
- 命令行：在命令行输入 Dimspace 后按 Enter 键。
- 功能区：单击【注释】选项卡/【标注】面板上的按钮。

【例题 8-11】修改尺寸线间的间距

步骤 01　打开下载文件中的"/素材文件/8-8.dwg"，如图 8-59 所示。

步骤 02　单击【注释】选项卡/【标注】面板上的按钮，将各尺寸线间的距离调整为 10 个单位。命令行提示如下：

```
命令：_DIMSPACE
选择基准标注：                    //选择标注文字为 20 的尺寸对象
选择要产生间距的标注::            //选择其他三个尺寸对象
选择要产生间距的标注：            //Enter，结束对象的选择
输入值或 [自动(A)] <自动>:        //10 Enter，输入间距
```

【自动】选项将根据现有尺寸位置，自动调整各尺寸对象的位置，使之间隔相等。

步骤 03　结束命令，修改结果如图 8-60 所示。

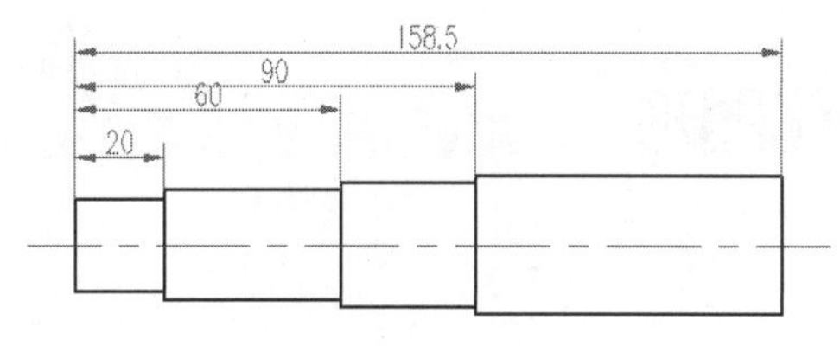

图 8-59　素材文件

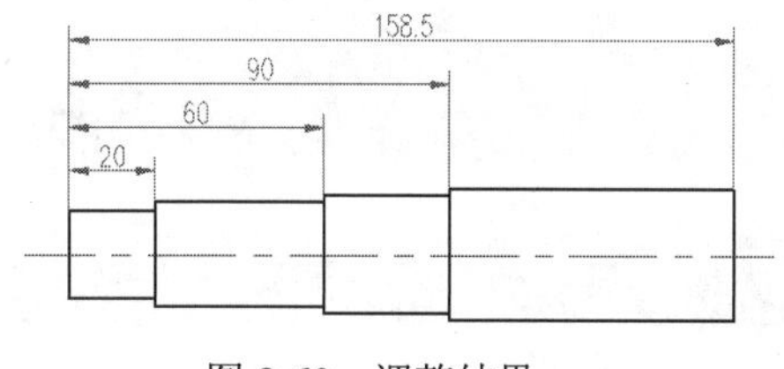

图 8-60　调整结果

8.5.5　对齐标注文字

【对齐标注文字】命令主要用于重新调整标注文字的放置位置以及标注文字的旋转角度。执行【对齐标注文字】命令主要有以下几种方式。

- 菜单栏：单击【标注】菜单中的标注/【对齐文字】级联菜单中的各命令。
- 命令行：在命令行输入 Dimtedit 后按 Enter 键。
- 功能区：单击【注释】选项卡/【标注】面板上的 按钮。

【例题 8-12】　修改标注文字的位置及角度

步骤 01　新建空白文件。

步骤 02　执行【线性】命令，标注如图 8-61 所示的尺寸。

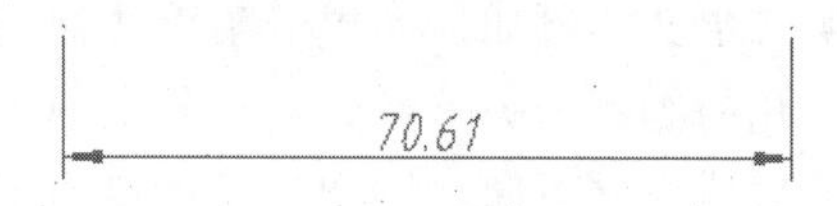

图 8-61　标注尺寸

步骤 03　在命令行输入 Dimtedit 后按 Enter 键，调整尺寸方位的角度。命令行提示如下：

```
命令：dimtedit                          // Enter
选择标注：                              //选择刚标注的尺寸对象
为标注文字指定新位置或 [左对齐(L)/右对齐(R)/居中(C)/默认(H)/角度(A)]：  //a Enter
指定标注文字的角度：                    //30 Enter，编辑结果如图 8-62 所示
```

步骤 04　按 Enter 键重复执行【对齐文字】命令，调整标注文字的位置。命令行提示如下：

```
命令：_dimtedit
选择标注：                    //选择图 8-62 所示的尺寸
为标注文字指定新位置或 [左对齐(L)/右对齐(R)/居中(C)/默认(H)/角度(A)]：
                              //R Enter，修改结果如图 8-63 所示
```

图 8-62　更改标注文字的角度

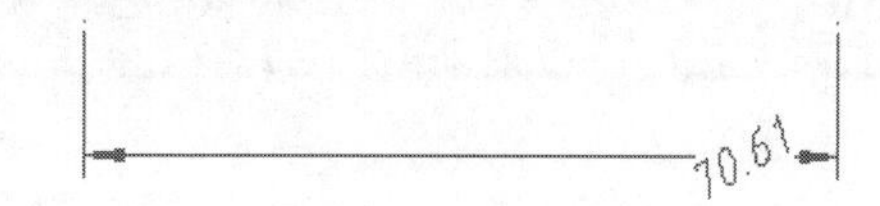

图 8-63　修改标注文字位置

命令行中部分选项解析如下：

- 【左对齐】选项后用于沿尺寸线左端放置标注文字。
- 【右对齐】选项用于沿尺寸线右端放置标注文字。
- 【居中】选项用于把标注文字放在尺寸线的中心。
- 【默认】选项用于将标注文字移回默认位置。

- 【角度】选项用于按照输入的角度放置标注文字。

8.6　参数化图形

8.6.1　关于参数化图形

AutoCAD 提供了强大的参数化绘图功能，这些功能都位于【参数】菜单中，使用这种参数化绘图功能，可以让用户通过基于设计意图的二维几何图形进行添加约束，从而能高效率地对设计进行修改，以提高生产力。

约束是一种规则，可决定图形对象彼此间的放置位置及其标注，对一个对象所做的更改可能会影响其他对象，通常在工程的设计阶段使用约束，约束的类型具体有几何约束和标注约束两种。

8.6.2　几何关系约束

几何约束可以确定对象之间或对象上的点之间的几何关系，创建后，它们可以限制可能会违反约束的所有更改。例如，如果一条直线被约束为与圆弧相切，当更改该圆弧的位置时将自动保留切线，这称为几何约束。另外，同一对象上的关键点对或不同对象上的关键点均可约束为相对于当前坐标系统的垂直或水平方向。例如，可指定两个圆一直同心、两条直线一直水平、矩形的一边一直水平等。

执行【几何约束】命令主要有以下几种方式。

- 菜单栏：选择菜单栏中的【参数】/【几何约束】下一级菜单命令。
- 命令行：在命令行输入 GeomConstraint 后按 Enter 键。
- 功能区：单击【参数化】选项卡/【几何】面板上的各按钮。

【例题 8-13】　为图形添加约束

下面通过为图形添加固定约束和相切约束，学习【几何约束】功能的使用方法和技巧。

步骤 01　新建空白文件，然后随意绘制一个圆及直线，如图 8-64 所示。

步骤 02　选择菜单栏中的【参数】/【几何约束】/【固定】命令，为圆图形添加固定约束。命令行提示如下：

```
命令: _GeomConstraint
输入约束类型 [水平(H)/竖直(V)/垂直(P)/平行(PA)/相切(T)/平滑(SM)/重合(C)/同心(CON)/共线(COL)/对称(S)/相等(E)/固定(F)] <相切>:_Fix
选择点或 [对象(O)] <对象>:    //在如图 8-65 所示的圆轮廓线上单击，为其添加固定约束，约束后的效果如图 8-66 所示
```

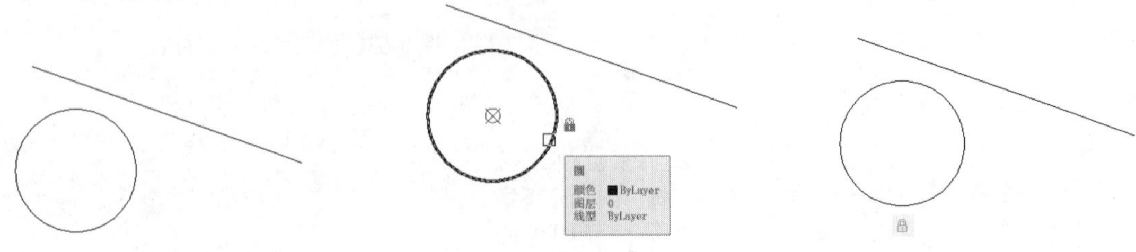

图 8-64　绘制结果　　图 8-65　选择圆　　图 8-66　添加固定约束

步骤 03　选择菜单栏中的【参数】/【几何约束】/【相切】命令，为圆和直线添加相切约束，使直线与圆图形相切。命令行提示如下：

```
命令: _GeomConstraint
输入约束类型[水平(H)/竖直(V)/垂直(P)/平行(PA)/相切(T)/平滑(SM)/重合(C)/同心(CON)/共线(COL)/对称(S)/相等(E)/固定(F)] <固定>:_Tangent
选择第一个对象:        //选择圆
选择第二个对象:        //选择直线，添加约束后，两对象被约束为相切，结果如图 8-67 所示
```

步骤 04　选择菜单栏中的【参数】/【约束栏】/【全部隐藏】命令，可以将约束标记进行隐藏，结果如图 8-68 所示。

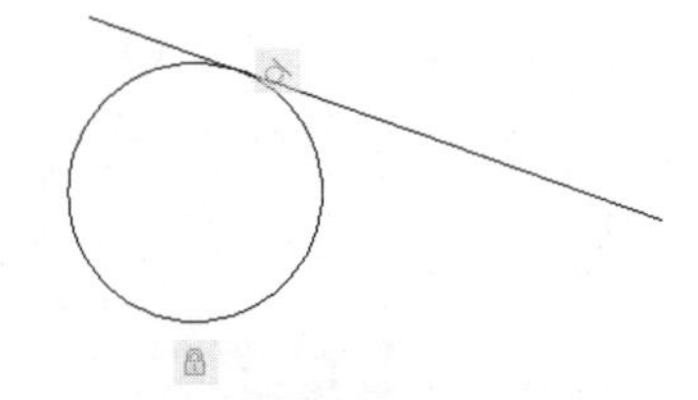

图 8-67　相切约束结果

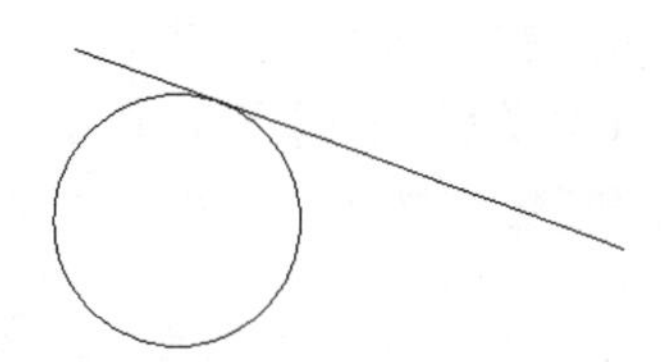

图 8-68　隐藏标记后的效果

步骤 05　选择菜单栏中的【参数】/【约束栏】/【全部显示】命令，可以将隐藏的约束标记全部显示。

8.6.3　标注关系约束

标注约束可以确定对象、对象上的点之间的距离或角度，也可以确定对象的大小。共有“线性”“对齐”“水平”“垂直”“角度”“半径”和“直径”7 种类型的标注约束。标注约束包括名称和值，如图 8-69 所示，编辑标注约束中的值时，关联的几何图形会自动调整大小。默认情况下，标注约束是动态的，具体有以下特点：

- 缩小或放大视图时，标注约束大小不变。
- 可以轻松控制标注约束的显示或隐藏状态。
- 以固定的标注样式显示。
- 提供有限的夹点功能。
- 打印时不显示标注约束。

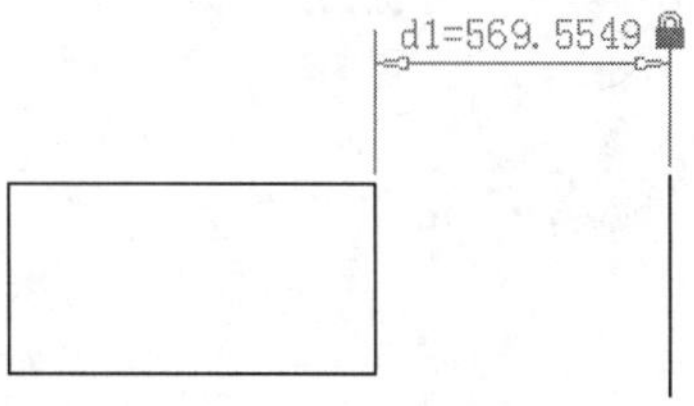

图 8-69　标注约束

执行【标注约束】命令主要有以下几种方式。

- 菜单栏：选择菜单栏中的【参数】/【标注约束】下一级菜单命令。
- 命令行：在命令行输入 GeomConstraint 后按 Enter 键。
- 功能区：单击【参数化】选项卡/【标注】面板上的各按钮。

8.7　综合范例——标注零件图的尺寸

本例通过为某轴的零件图标注线性尺寸、直角尺寸、角度尺寸等，主要对各类常用尺寸的标注工具和编辑工具进行综合应用和巩固。本例最终标注效果如图 8-70 所示。

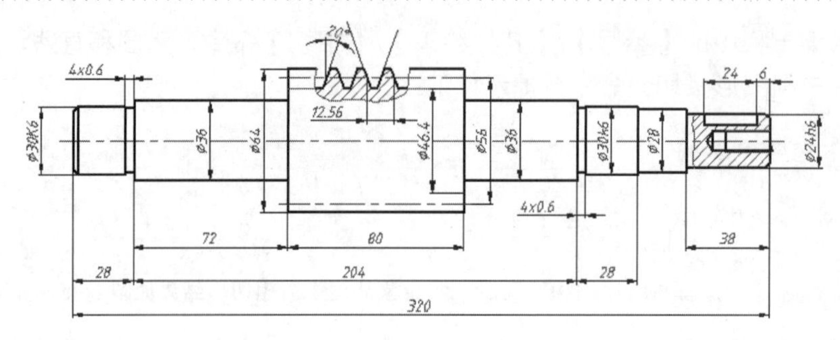

图 8-70 实例效果

操作步骤：

步骤 01 打开下载文件中的“/素材文件/8-9.dwg”，如图 8-71 所示。

步骤 02 选择菜单栏中的【标注】/【标注样式】命令，在打开的【标注样式管理器】对话框中单击 新建(N)... 按钮，创建一个名为“机械标注”的新样式，如图 8-72 所示。

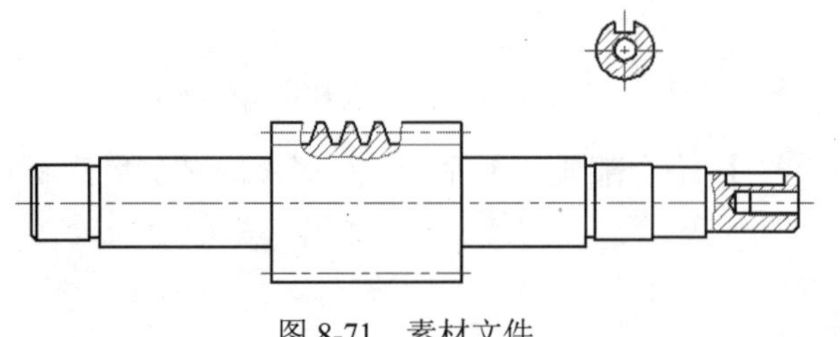

图 8-71 素材文件

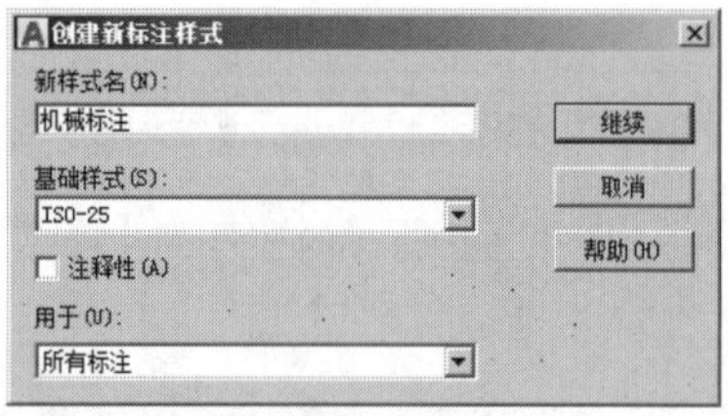

图 8-72 为新样式赋名

步骤 03 在【创建新标注样式】对话框中单击 继续 按钮，打开【新建标注样式：机械标注】对话框，在【线】选项卡内设置参数，如图 8-73 所示。

步骤 04 单击【符号和箭头】选项卡，然后设置尺寸箭头和大小，如图 8-74 所示。

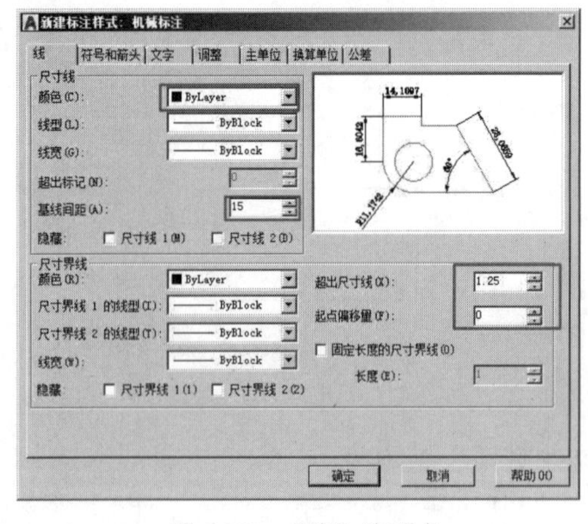

图 8-73 【线】选项卡

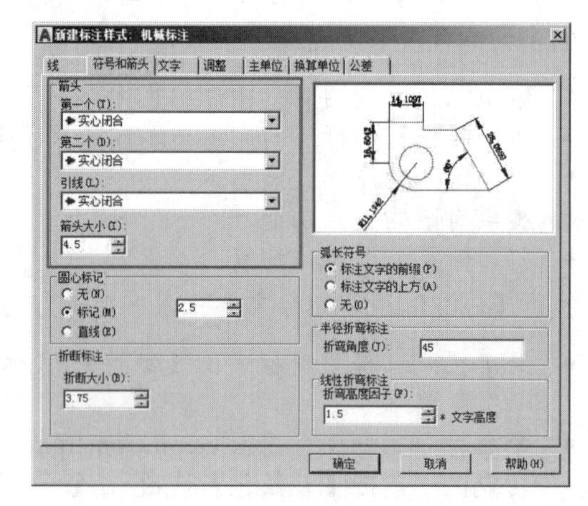

图 8-74 【符号和箭头】选项卡

步骤 05 单击【文字】选项卡，设置标注文字的样式、颜色、大小、位置及偏移量，如图 8-75 所示。

步骤 06 单击【主单位】选项卡，然后设置尺寸的单位格式、精度等，如图 8-76 所示。

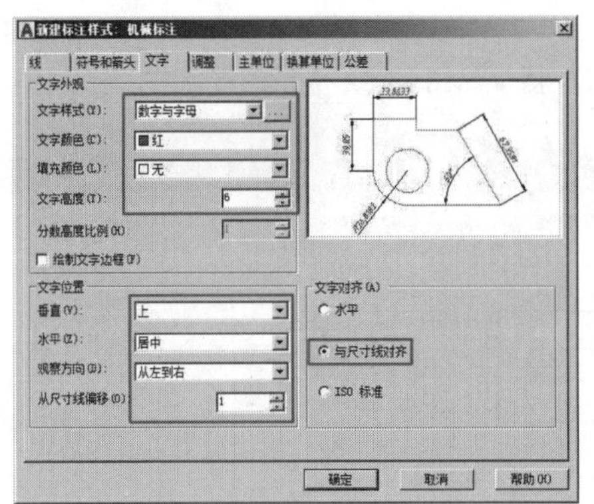

图 8-75　【文字】选项卡

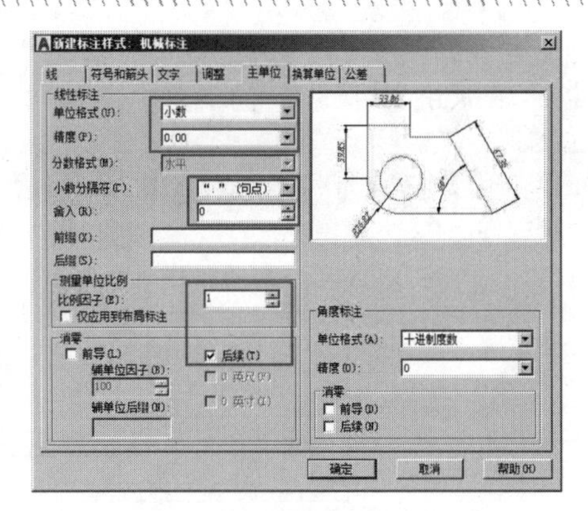

图 8-76　【主单位】选项卡

步骤 07　单击 确定 按钮返回【标注样式管理器】对话框，将刚设置的“机械标注”尺寸样式设置为当前样式。

步骤 08　单击【默认】选项卡/【图层】面板上的【图层】下拉列表，将“尺寸层”设为当前图层。

步骤 09　单击【默认】选项卡/【注释】面板上的按钮，配合捕捉功能标注右侧的水平尺寸。命令行提示如下：

```
命令：_dimlinear
指定第一个尺寸界线原点或 <选择对象>:          //捕捉如图 8-77 所示的端点
指定第二条尺寸界线原点:                       //以如图 8-78 所示的端点
指定尺寸线位置或[多行文字(M)/文字(T)/角度(A)/水平(H)/垂直(V)/旋转(R)]:
                                              //在适当位置拾取一点，标注结果如图 8-79 所示
```

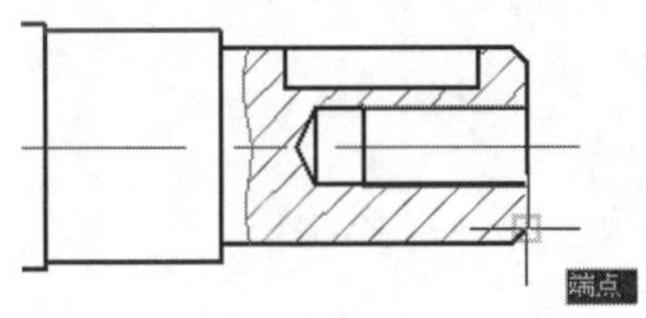

图 8-77　定位第一尺寸原点

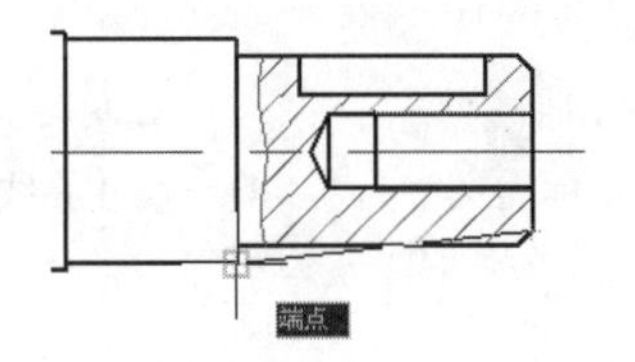

图 8-78　定位第二尺寸原点

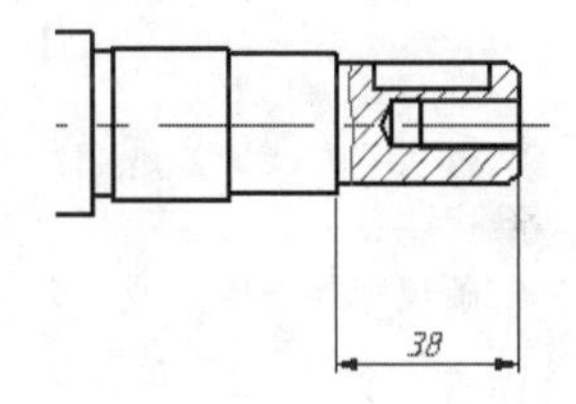

图 8-79　标注结果

步骤 10　单击【注释】选项卡/【标注】面板上的按钮，配合端点捕捉功能标注左侧的水平尺寸。命令行提示如下：

```
命令：_dimcontinue
指定第二条尺寸界线原点或 [放弃(U)/选择(S)] <选择>: //捕捉如图 8-80 所示的端点
标注文字 = 102
指定第二条尺寸界线原点或 [放弃(U)/选择(S)] <选择>://捕捉如图 8-81 所示的端点
```

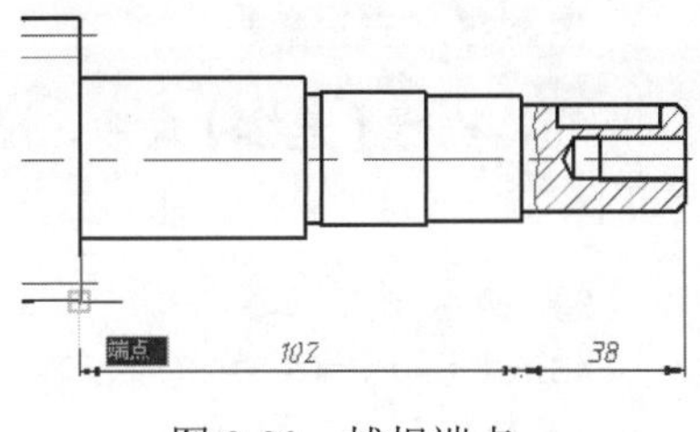

图 8-80　捕捉端点

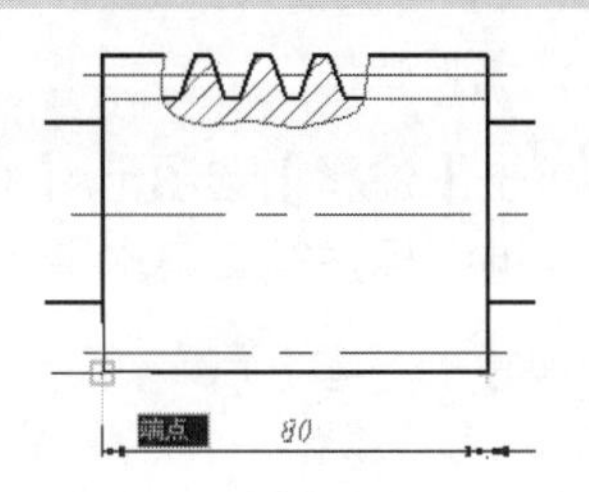

图 8-81　捕捉端点

```
标注文字 = 80
指定第二条尺寸界线原点或 [放弃(U)/选择(S)] <选择>://捕捉如图 8-82 所示的端点
标注文字 = 72
指定第二条尺寸界线原点或 [放弃(U)/选择(S)] <选择>:// Enter，退出连续标注状态
选择连续标注:                              // Enter，退出命令
```

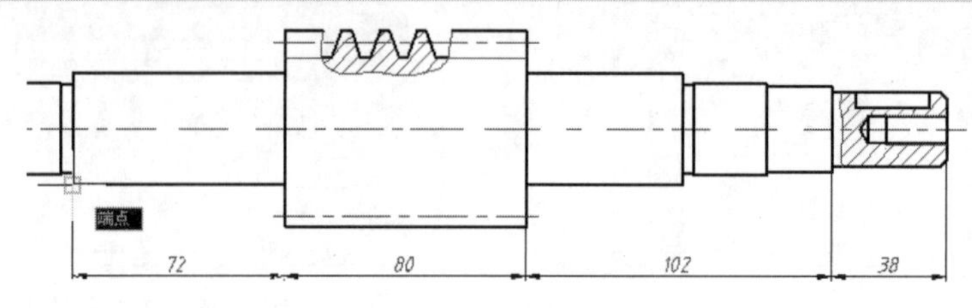

图 8-82 捕捉端点

步骤 11 使用快捷键 E 执行【删除】命令，删除标注文字为 102 的对象，结果如图 8-83 所示。

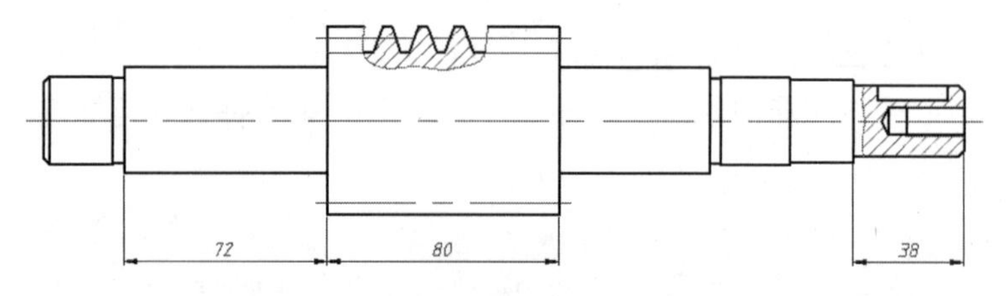

图 8-83 删除结果

步骤 12 单击【注释】选项卡/【标注】面板上的按钮，执行【基线】命令，配合端点捕捉功能标注第二条水平尺寸。命令行提示如下：

```
命令: _dimbaseline
指定第二条尺寸界线原点或 [放弃(U)/选择(S)] <选择>: //Enter，退出基线标注状态
选择基准标注:                        //在标注文字为 72 的左尺寸界线上单击
指定第二条尺寸界线原点或 [放弃(U)/选择(S)] <选择>: //捕捉如图 8-84 所示的端点
标注文字 = 28
指定第二条尺寸界线原点或 [放弃(U)/选择(S)] <选择>: //Enter，退出基线标注状态
选择基准标注:                        //Enter，退出命令，标注结果如图 8-85 所示
```

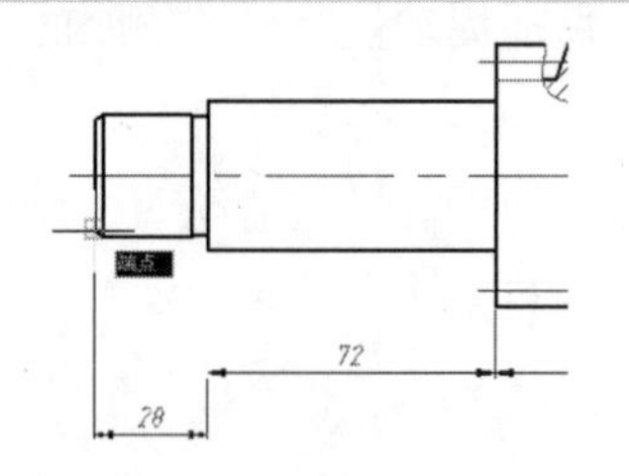

图 8-84 捕捉端点

图 8-85 标注结果

步骤 13 单击【注释】选项卡/【标注】面板上的按钮，执行【连续】命令，配合端点捕捉功能继续标注第二条水平尺寸。命令行提示如下：

```
命令: _dimcontinue
指定第二条尺寸界线原点或 [放弃(U)/选择(S)] <选择>: //Enter，退出连续标注状态
选择连续标注:                                       //在如图 8-86 所示的位置单击尺寸对象
```

```
指定第二条尺寸界线原点或 [放弃(U)/选择(S)] <选择>: //捕捉如图 8-87 所示的端点
```

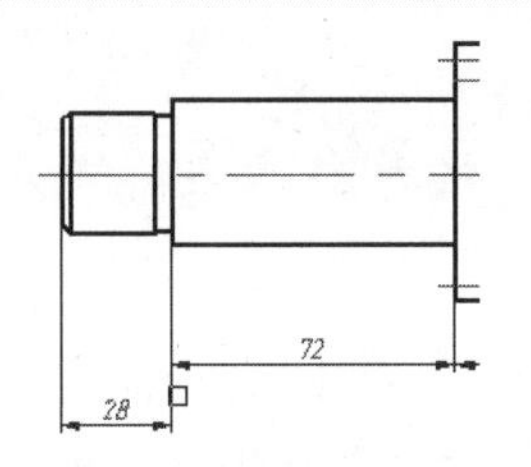

图 8-86　选择基准尺寸

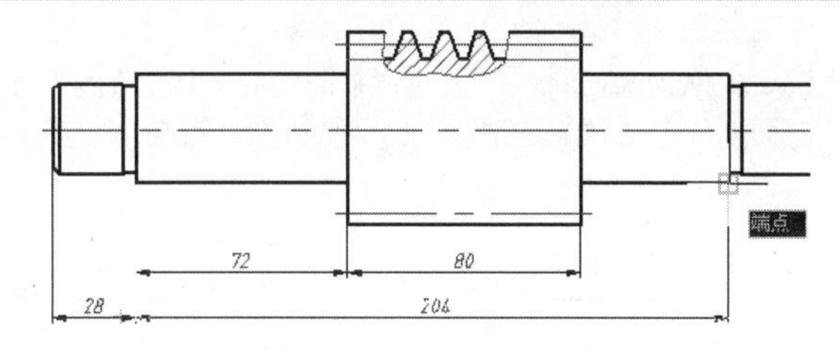

图 8-87　捕捉端点

```
标注文字 = 204
指定第二条尺寸界线原点或 [放弃(U)/选择(S)] <选择>: //捕捉如图 8-88 所示的端点
标注文字 = 28
指定第二条尺寸界线原点或 [放弃(U)/选择(S)] <选择>: //Enter，退出连续标注状态
选择连续标注:                    //Enter，退出命令，标注结果如图 8-89 所示
```

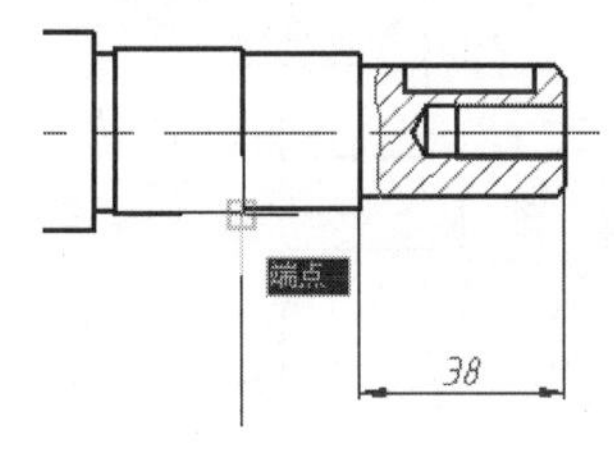

图 8-88　捕捉端点

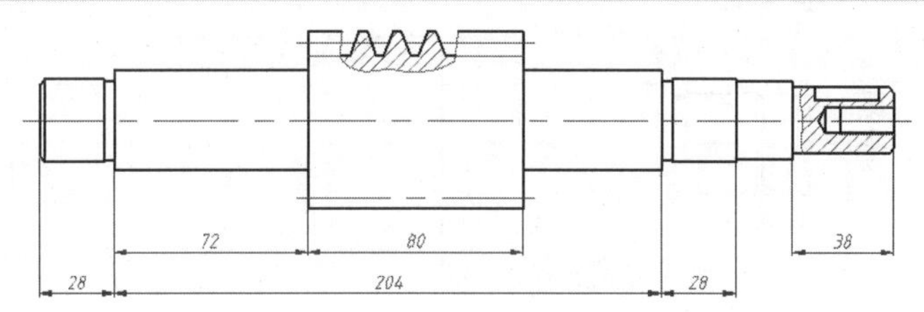

图 8-89　标注结果

步骤 14　单击【注释】选项卡/【标注】面板上的按钮，执行【基线】命令，配合端点捕捉功能标注总尺寸。命令行提示如下：

```
命令: _dimbaseline
指定第二条尺寸界线原点或 [放弃(U)/选择(S)] <选择>: //Enter，退出基线标注状态
选择基线标注:                           //在标注文字为 28 的左侧尺寸界线上单击
指定第二条尺寸界线原点或 [放弃(U)/选择(S)] <选择>: //捕捉如图 8-90 所示的端点
标注文字 = 320
指定第二条尺寸界线原点或 [放弃(U)/选择(S)] <选择>:  //Enter，退出基线标注状态
选择基准标注:                      //Enter，退出命令，标注结果如图 8-91 所示
```

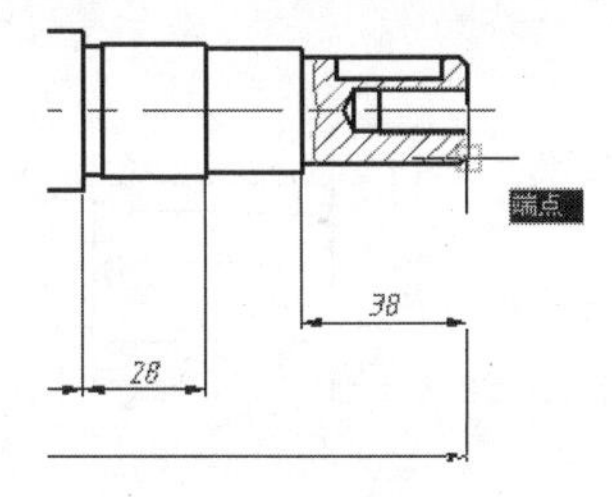

图 8-90　捕捉端点

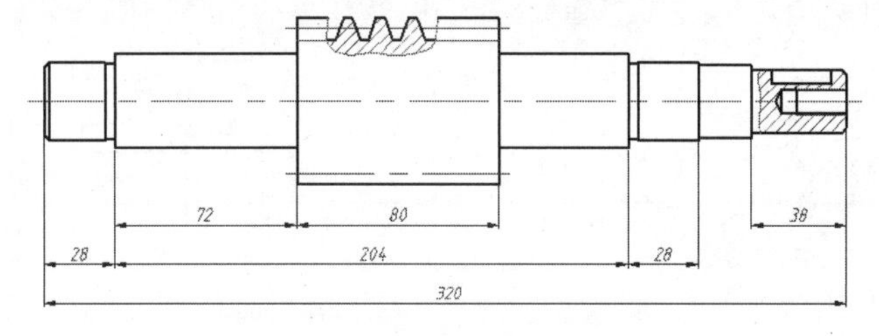

图 8-91　标注结果

步骤 15　单击【默认】选项卡/【注释】面板上的按钮，标注右侧直径尺寸。命令行提示如下：

```
命令: _dimlinear
指定第一个尺寸界线原点或 <选择对象>:           //捕捉如图 8-92 所示的端点
指定第二条尺寸界线原点:                      //捕捉如图 8-93 所示的端点
指定尺寸线位置或[多行文字(M)/文字(T)/角度(A)/水平(H)/垂直(V)/旋转(R)]:
```

```
                                //t Enter
输入标注文字 <24>:               //%%C24h6 Enter
指定尺寸线位置或[多行文字(M)/文字(T)/角度(A)/水平(H)/垂直(V)/旋转(R)]:
                        //在适当位置拾取一点，标注结果如图 8-94 所示
标注文字 = 24
```

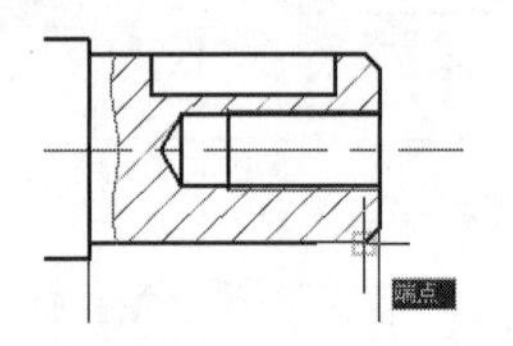

图 8-92　定位第一原点

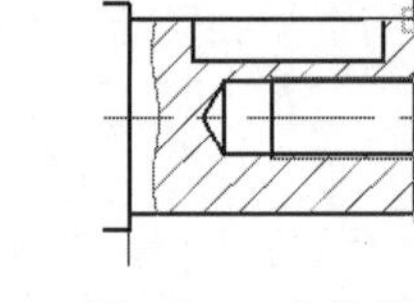

图 8-93　定位第二原点

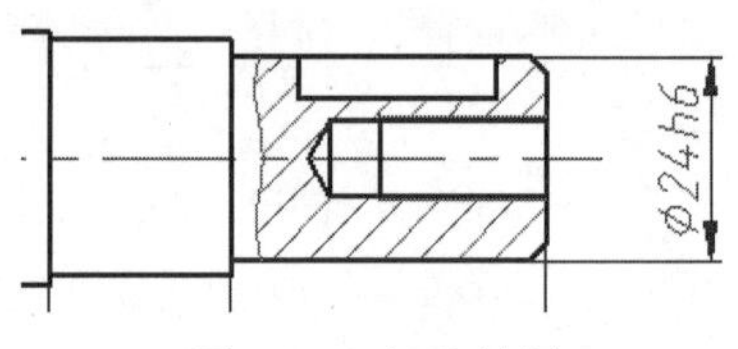

图 8-94　标注结果

步骤 16　参照上一步的操作，使用【线性】或【对齐】命令，分别标注其他位置的直径尺寸和细部尺寸，标注结果如图 8-95 所示。

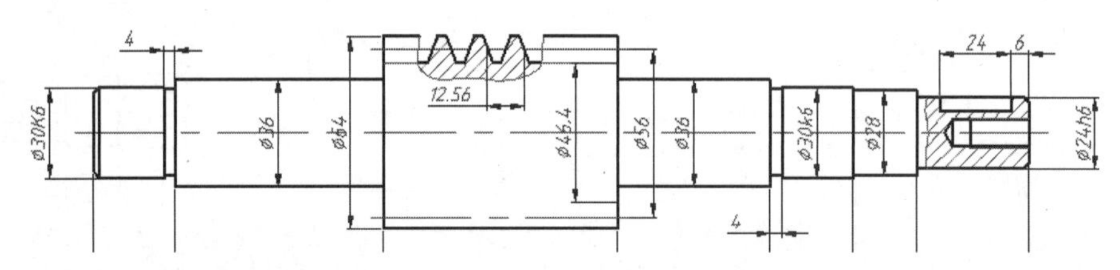

图 8-95　标注其他尺寸

符号“%%C”是直径的转换代码，因为 AutoCAD 不能直接输入这些符号，必须通过转换码进行转化。

步骤 17　在命令行输入 Dimedit 后按 Enter 键，执行【编辑标注】命令，对细部尺寸进行编辑。命令行提示如下：

```
命令: _dimedit
输入标注编辑类型 [默认(H)/新建(N)/旋转(R)/倾斜(O)] <默认>:
//NEnter，在打开的【文字编辑器】选项卡中输入如图 8-96 所示内容
选择对象:              //选择上侧标注文字为 4 的对象
选择对象:              //选择下侧标注文字为 4 的对象
选择对象:              //Enter，结束命令，编辑结果如图 8-97 所示
```

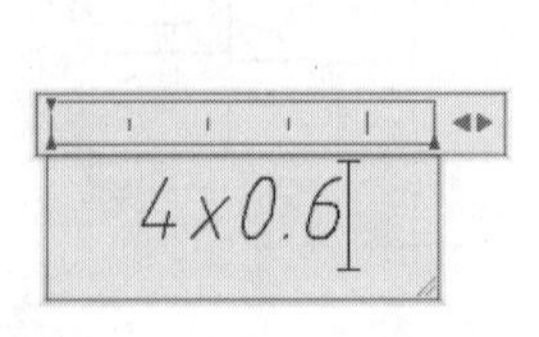

图 8-96　修改标注内容

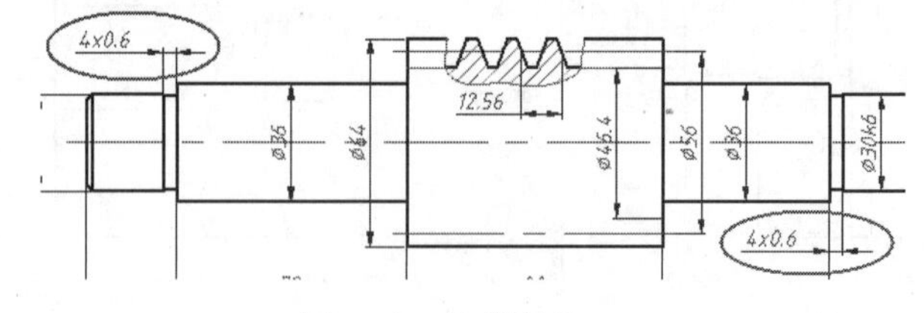

图 8-97　编辑结果

步骤 18　使用快捷键 L 执行【直线】命令，配合延伸捕捉功能绘制如图 8-98 所示的 4 条参照线。

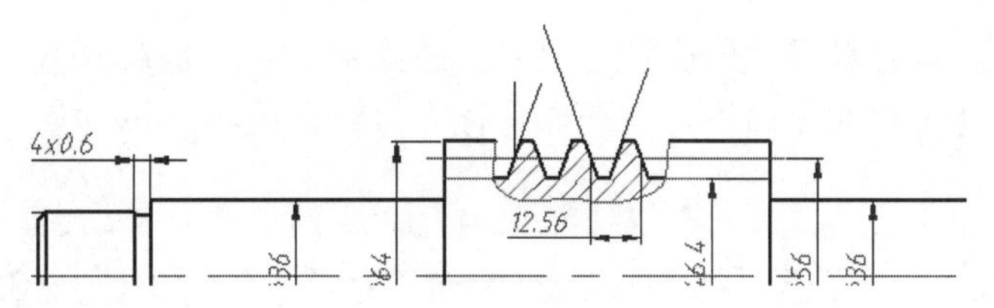

图 8-98　绘制参照线

步骤 19　单击【默认】选项卡/【注释】面板上的按钮，执行【角度】命令，标注左侧两条参照指示线的角度尺寸，结果如图 8-99 所示。

步骤 20　在命令行输入 Dimtedit 后按 Enter 键，对角度标注进行协调。命令行提示如下：

```
命令： _dimtedit
选择标注：                    //选择刚标注的角度尺寸
为标注文字指定新位置或 [左对齐(L)/右对齐(R)/居中(C)/默认(H)/角度(A)]:
                              //在适当位置指定文字位置，协调结果如图 8-100 所示
```

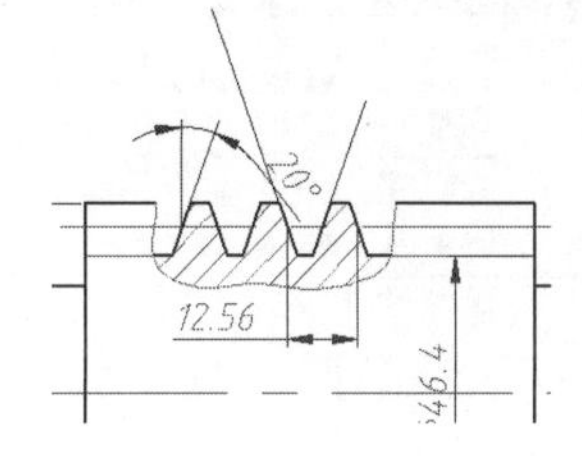

图 8-99　标注角度尺寸

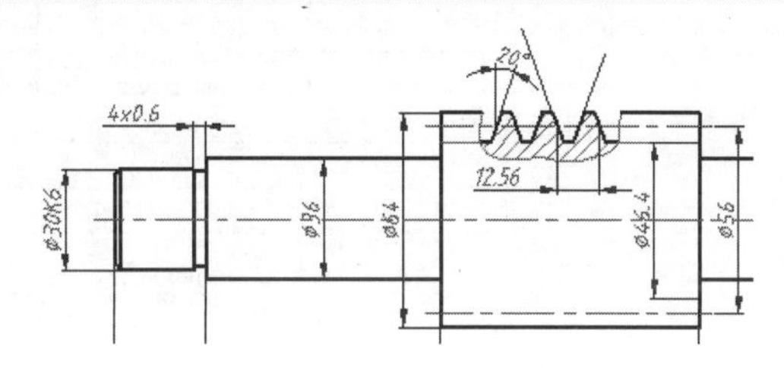

图 8-100　协调角度尺寸

步骤 21　将当前的捕捉模式设置为“最近点”捕捉。

步骤 22　选择菜单栏中的【修改】/【打断】命令，配合最近点捕捉功能对水平中心线进行打断。命令行提示如下：

```
命令： _break
选择对象：                          //在如图 8-101 所示的位置单击水平中心线
指定第二个打断点 或 [第一点(F)]：   //捕捉如图 8-102 所示的最近点，打断结果如图 8-103 所示
```

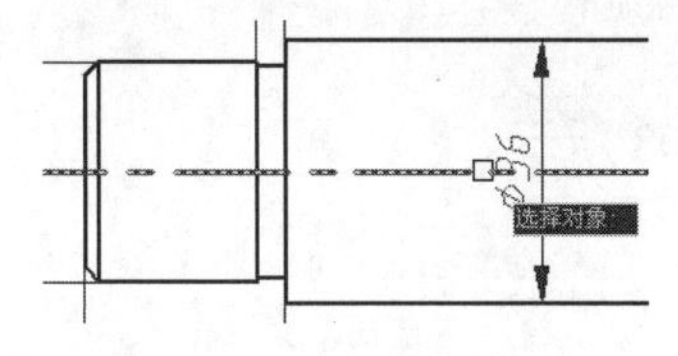

图 8-101　指定单击位置

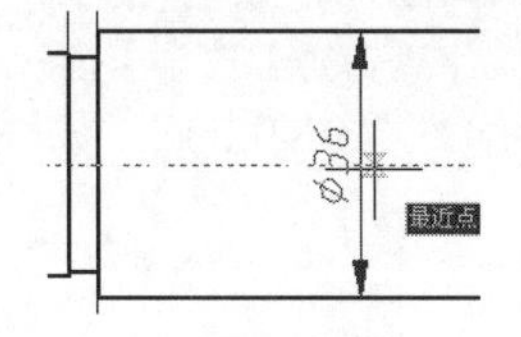

图 8-102　捕捉最近点

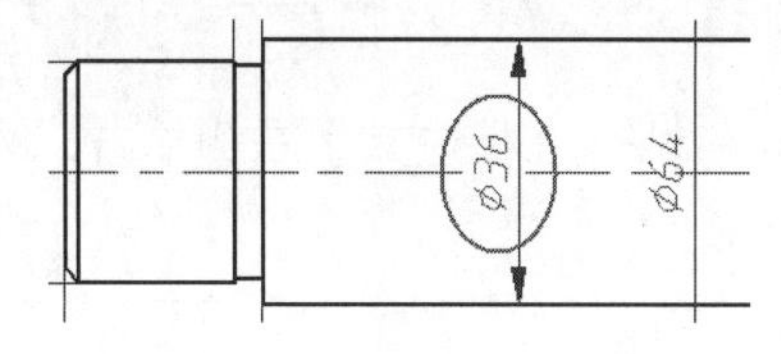

图 8-103　打断结果

步骤 23　重复执行【打断】命令，配合最近点捕捉功能，分别将其他与标注文字重合的中心线进行打断，结果如图 8-104 所示。

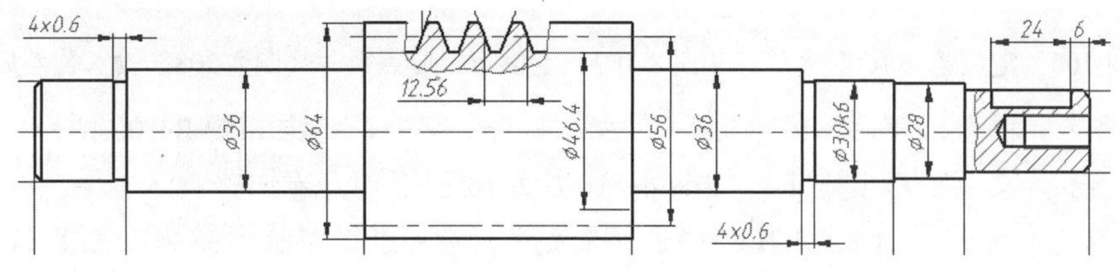

图 8-104　打断结果

步骤 24　调整视图，以全部显示所标注的尺寸，最终结果如图 8-70 所示。

步骤 25　最后执行【另存为】命令，将图形另存为“综合范例一.dwg”。

8.8　综合范例二——标注零件图的公差

本例通过为轴的零件图标注尺寸公差、形位公差及右端的引线尺寸，主要学习零件图公差尺寸和引线尺寸的快速标注方法和技巧。本例最终的标注效果如图 8-105 所示。

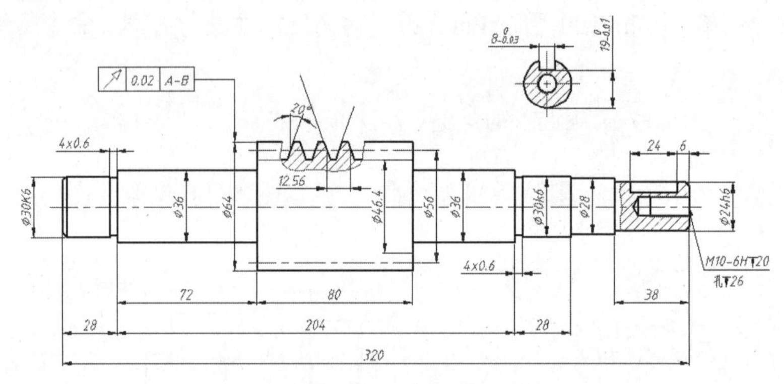

图 8-105　实例效果

操作步骤：

步骤 01　打开下载文件中的“/效果文件/第 8 章/综合范例一.dwg”文件。

步骤 02　单击【默认】选项卡/【注释】面板上的按钮，配合交点捕捉功能标注上侧断面图的尺寸公差。命令行提示如下：

```
命令：_dimlinear
指定第一个尺寸界线原点或 <选择对象>:          //捕捉如图 8-106 所示的交点
指定第二条尺寸界线原点:                         //捕捉如图 8-107 所示的交点
指定尺寸线位置或[多行文字(M)/文字(T)/角度(A)/水平(H)/垂直(V)/旋转(R)]:
                    //MEnter，打开【文字编辑器】选项卡面板
```

步骤 03　在标注文字右侧单击，然后输入“0^-0.03”，如图 8-108 所示。

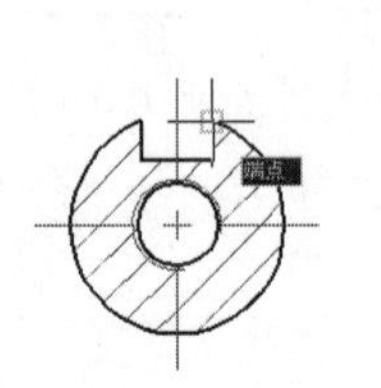

图 8-106　定位第一原点

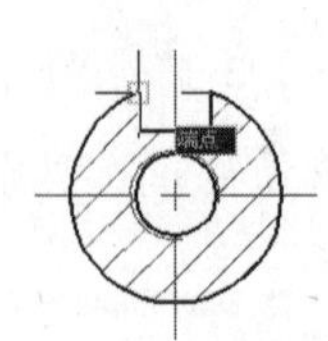

图 8-107　定位第二原点

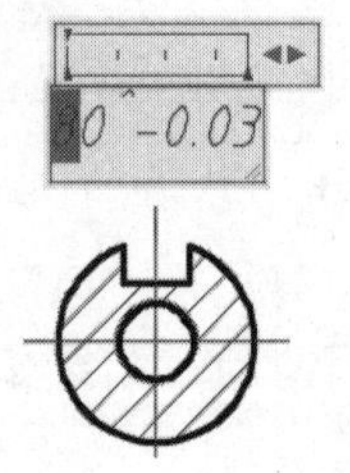

图 8-108　输入公差后缀

步骤 04　将光标移至公差后缀的前面，然后添加两个空格，结果如图 8-109 所示。

步骤 05　在多行文字输入框内选择如图 8-110 所示的空格和公差后缀。

步骤 06　单击【格式】面板上的按钮，将选择的内容进行堆叠，结果如图 8-111 所示。

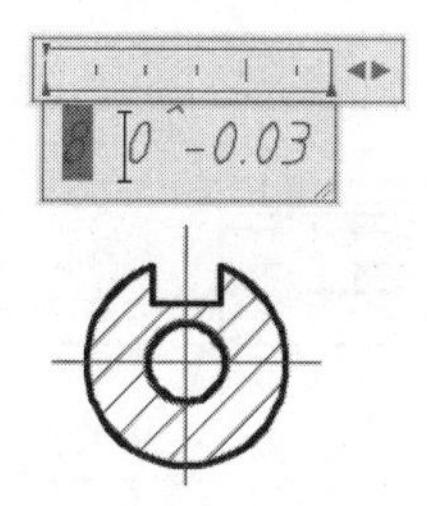

图 8-109　添加空格

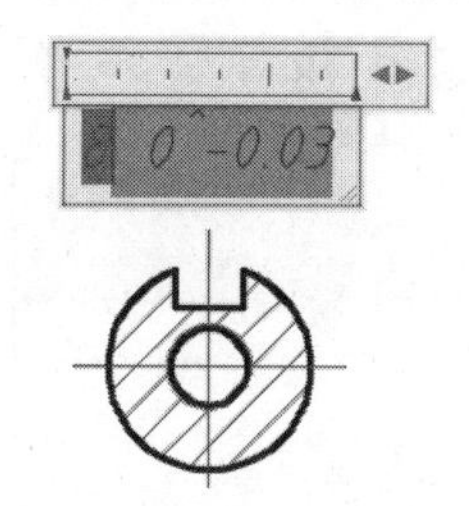

图 8-110　选择结果

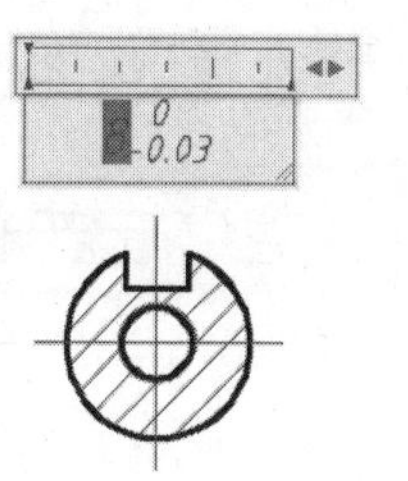

图 8-111　堆叠结果

步骤 07　关闭【文字编辑器】选项卡，返回绘图区拾取一点，为尺寸定位，结果如图 8-112 所示。

步骤 08　重复执行【线性】命令，配合交点捕捉标注右侧尺寸公差，结果如图 8-113 所示。

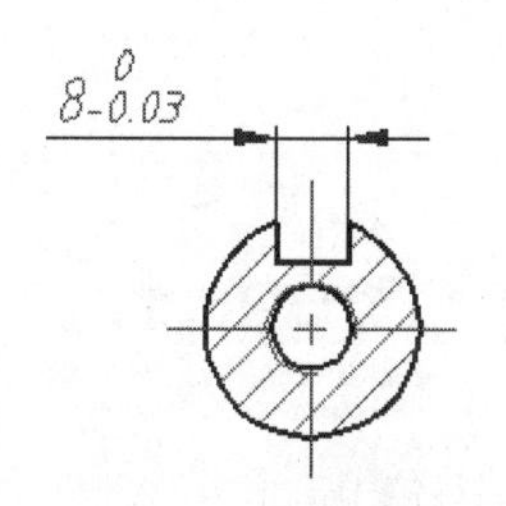

图 8-112　标注结果

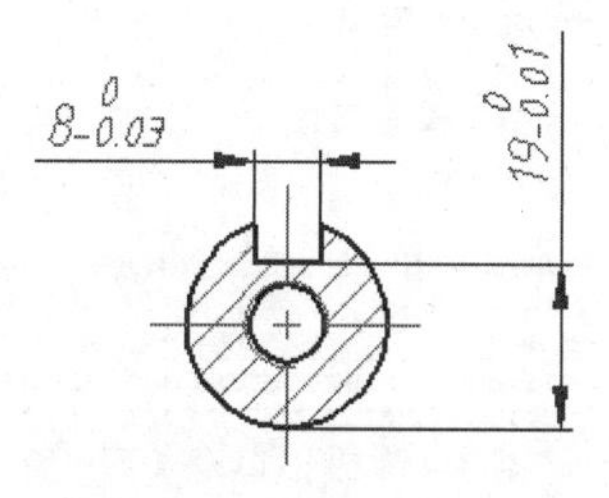

图 8-113　标注右侧公差

步骤 09　在命令行输入 LE 后按 Enter 键，执行【快速引线】命令，配合最近点捕捉功能标注引线尺寸。命令行提示如下：

```
命令: _qleader
指定第一个引线点或 [设置(S)] <设置>:
                    //s Enter，在打开的【引线设置】对话框内设置附着方式，如图 8-114 所示
指定第一个引线点或 [设置(S)] <设置>:    //单击 确定 按钮，返回绘图区捕捉如图 8-115 所示的端点
指定下一点:                          //在适当位置定位第二点
指定下一点:                          //在适当位置定位第三点
指定文字宽度 <0>:                    // Enter，采用默认设置
输入注释文字的第一行 <多行文字(M)>:    // M10-6H  20 Enter
输入注释文字的第一行 <多行文字(M)>:    //孔  26 Enter
输入注释文字的第一行 <多行文字(M)>:  // Enter，标注结果如图 8-116 所示
```

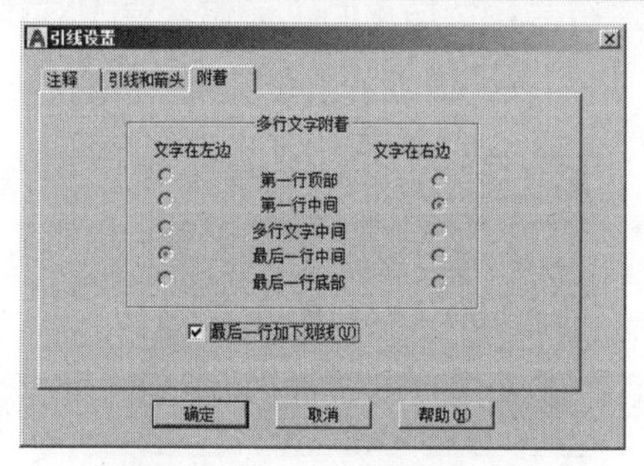

图 8-114　【引线设置】对话框

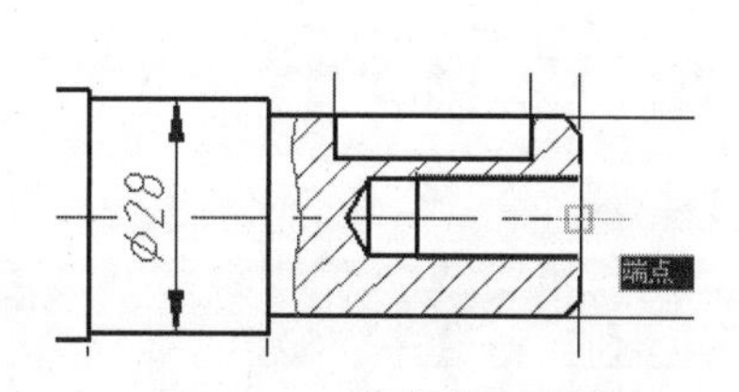

图 8-115　定位第一引线点

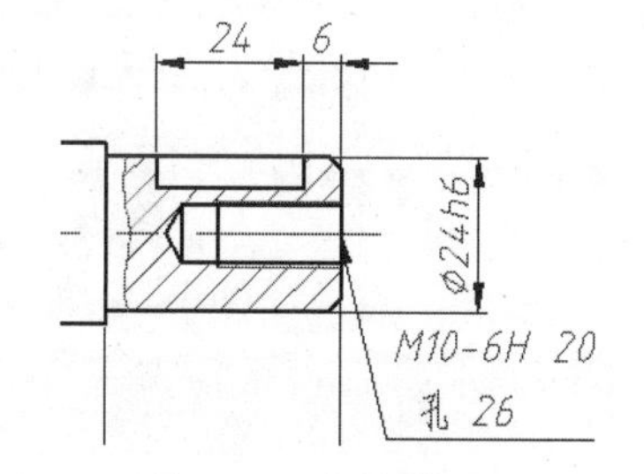

图 8-116　标注结果

步骤 10　使用快捷键 X 执行【分解】命令，将刚绘制的引线分解，然后使用【移动】命令调整引线文字的位置，结果如图 8-117 所示。

步骤 11　使用快捷键 I 执行【插入块】命令，采用默认设置，插入下载文件中的“/图块文件/孔深

符号.dwg”图块，结果如图 8-118 所示。

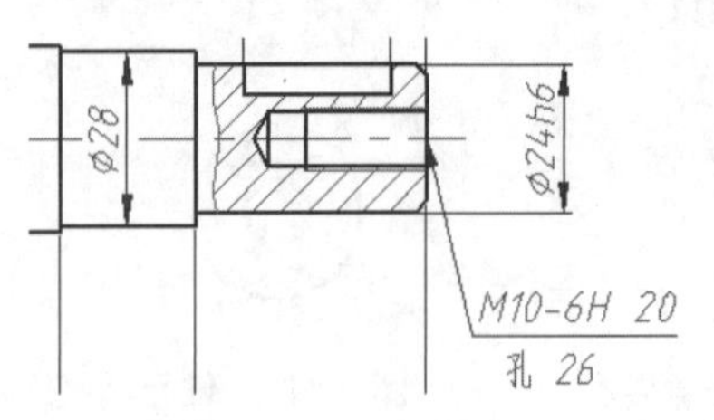

图 8-117　调整结果

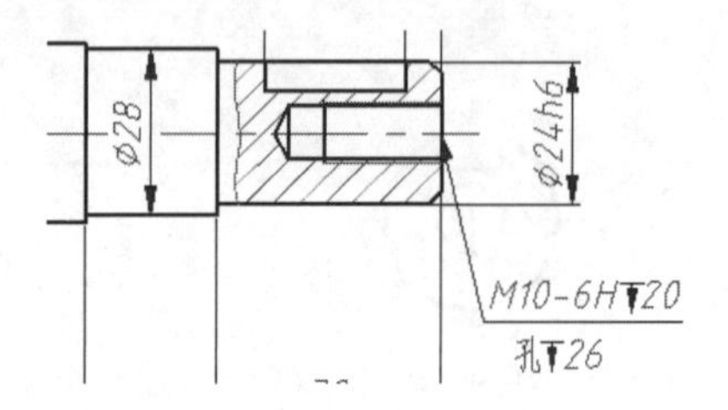

图 8-118　插入结果

步骤 12　在命令行输入 LE 后按 Enter 键，重复执行【快速引线】命令，配合端点捕捉功能和【极轴追踪】功能标注形位公差。命令行提示如下：

```
命令: _qleader
指定第一个引线点或 [设置(S)] <设置>:
                          //sEnter，在打开的【引线设置】对话框中设置参数，如图 8-119 所示
指定第一个引线点或 [设置(S)] <设置>:
                         //单击 确定 按钮，返回绘图区捕捉如图 8-120 所示的端点
指定下一点:               //配合【极轴追踪】功能在垂直方向上定位第二个引线点
指定下一点:               //配合【极轴追踪】功能在水平方向上定位第三个引线点
```

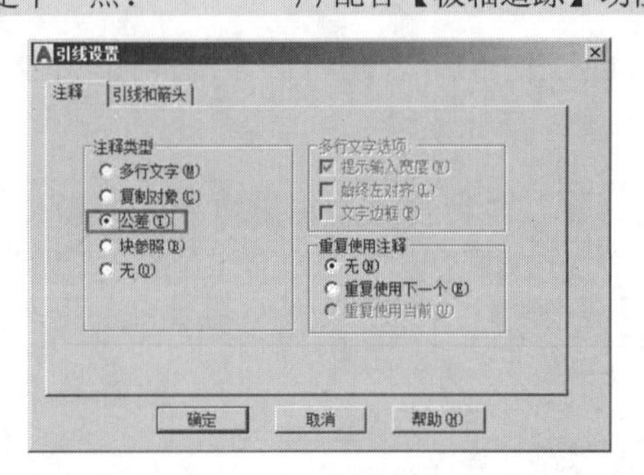

图 8-119　【引线设置】对话框

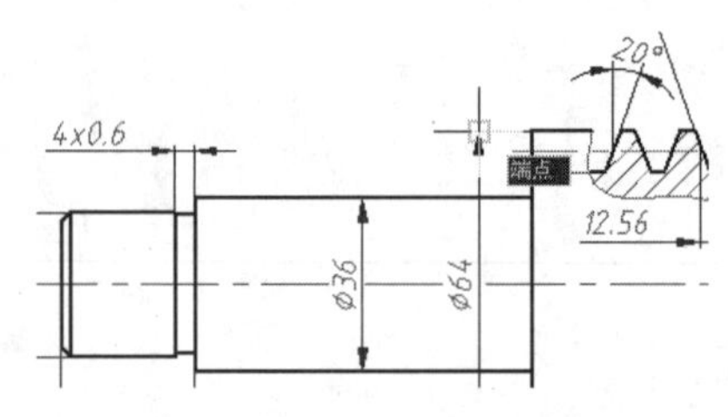

图 8-120　捕捉端点

步骤 13　此时系统打开【形位公差】对话框，在如图 8-121 所示的颜色块上单击，打开【特征符号】对话框。

步骤 14　在【特征符号】对话框中单击如图 8-122 所示的公差符号，然后返回【形位公差】对话框输入参数，如图 8-123 所示。

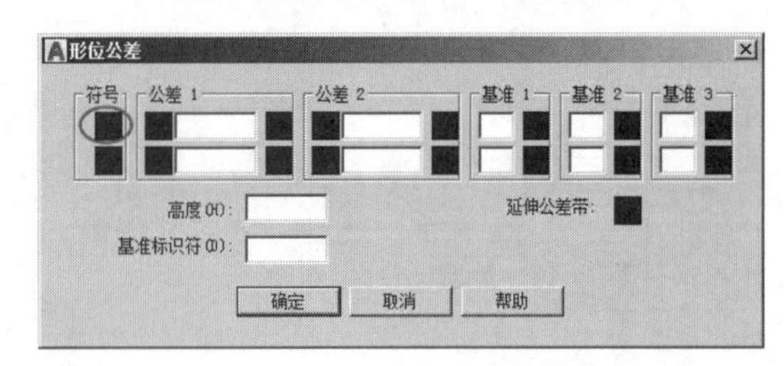

图 8-121　【形位公差】对话框

图 8-122　【特征符号】对话框

步骤 15　在【形位公差】对话框中单击 确定 按钮，结束命令，标注结果如图 8-124 所示。

步骤 16　调整视图，使图形全部显示，最终效果如图 8-105 所示。

步骤 17　最后执行【另存为】命令，将当前图形另存为“综合范例二.dwg”。

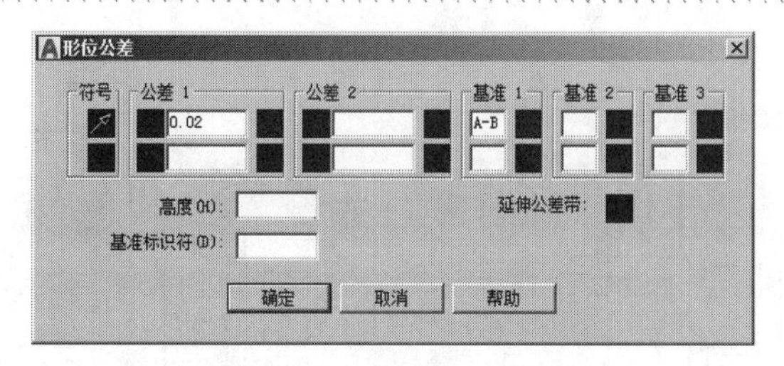

图 8-123　【特征符号】对话框

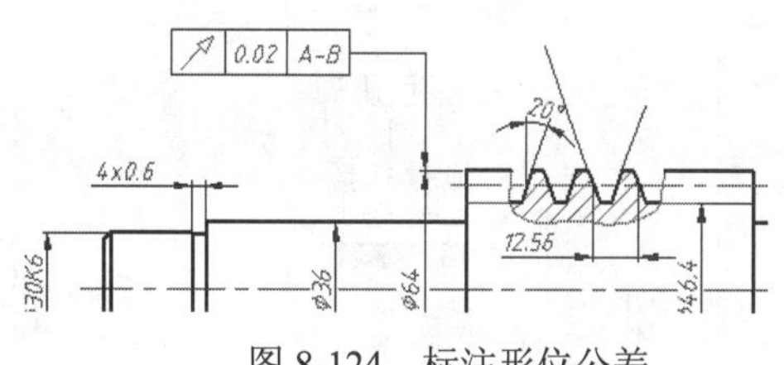

图 8-124　标注形位公差

8.9　综合范例三——编写组装图部件序号

本例在综合巩固所学知识的前提下，主要学习零件组装图部件序号的快速标注过程和相关操作技能。本例最终标注效果如图 8-125 所示。

操作步骤：

步骤 01　执行【打开】命令，打开下载文件中的“/素材文件/8-10.dwg”文件。

步骤 02　单击【默认】选项卡/【图层】面板上的【图层】下拉列表，将“标注线”设为当前图层。

步骤 03　选择菜单栏中的【标注】/【标注样式】命令，在打开的【标注样式管理器】对话框中单击 替代(O)... 按钮，替代尺寸箭头与大小参数，如图 8-126 所示。

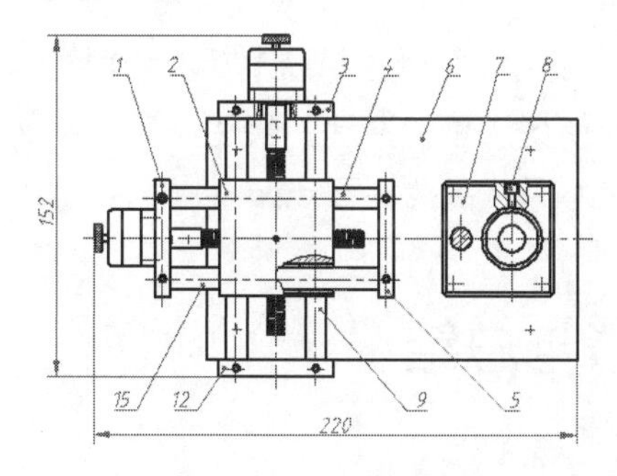

图 8-125　实例效果

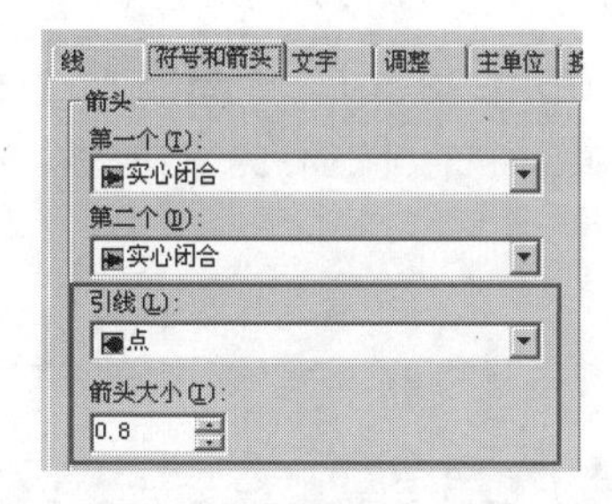

图 8-126　替代尺寸箭头

步骤 04　在【替代当前样式：机械样式】对话框中单击【调整】选项卡，替代标注比例为 2。

步骤 05　使用快捷键“LE”执行【快速引线】命令，激活命令中的【设置】选项，在【引线和箭头】选项卡内设置 箭头为“点”，第二段为“水平”，其他参数不变。

步骤 06　接下来在【引线设置】对话框中单击【附着】选项卡，然后选中【最后一行加下划线】复选框。

步骤 07　单击 确定 按钮返回绘图区，根据命令行的提示绘制引线并标注序号。命令行提示如下：

```
指定第一个引线点或 [设置(S)] <设置>:  <对象捕捉 关>
                              //在如图 8-127 所示位置拾取第一个引线点
指定下一点:                    //在如图 8-128 所示位置拾取第二个引线点
指定下一点:                   //向右引导光标拾取第三个引线点
指定文字宽度 <0>:              // Enter
输入注释文字的第一行 <多行文字(M)>:    //1 Enter
输入注释文字的下一行:     // Enter，结束命令，标注结果如图 8-129 所示
```

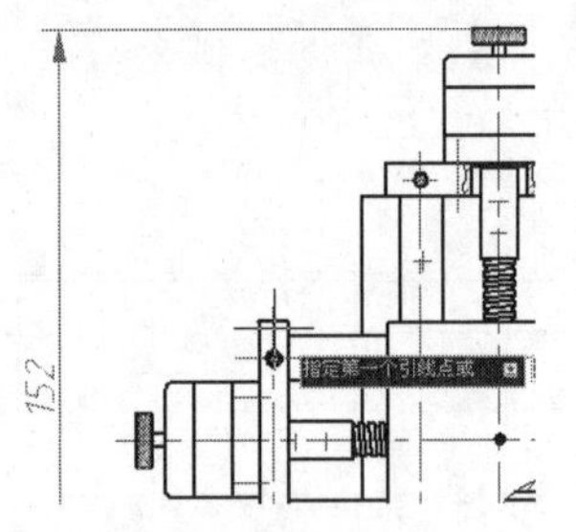

图 8-127　定位第一个引线点

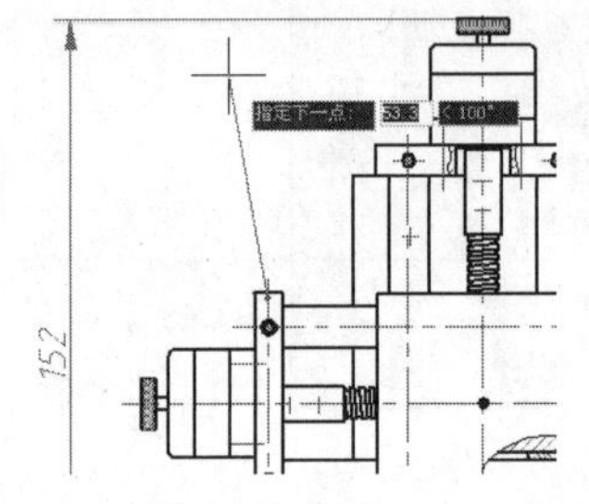

图 8-128　定位第二个引线点

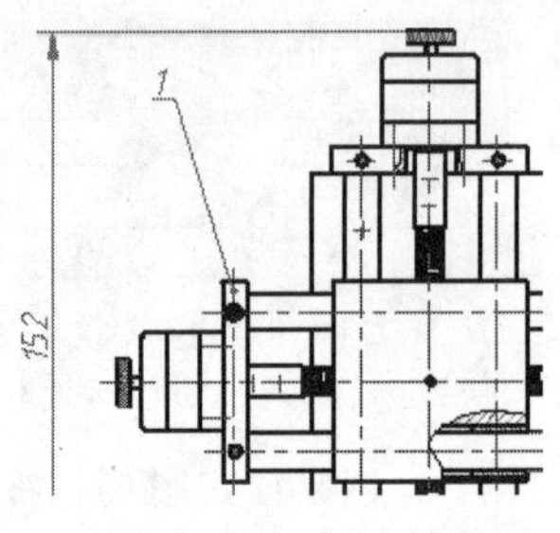

图 8-129　标注结果

步骤 08　使用快捷键 XL 执行【构造线】命令，在零件图的上下两侧分别绘制两条水平构造线作为定位辅助线，如图 8-130 所示。

步骤 09　重复执行【快速引线】命令，按照当前的参数设置标注其他侧的序号，结果如图 8-131 所示。

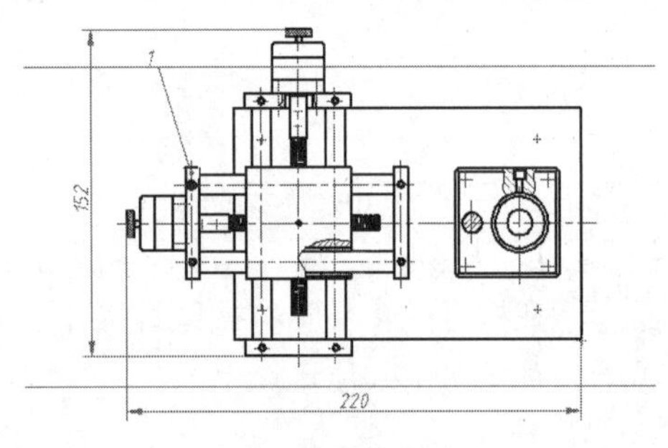

图 8-130　绘制结果

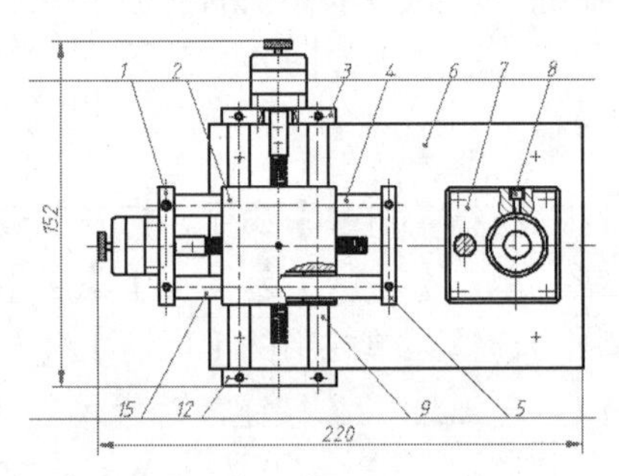

图 8-131　标注其他序号

步骤 10　使用快捷键 E 执行【删除】命令，删除两条水平构造线，最终结果如图 8-125 所示。

步骤 11　最后执行【另存为】命令，将图形另存为“综合范例三.dwg”。

8.10　思考与总结

8.10.1　知识点思考

（1）完整的图形尺寸主要包括哪几部分？这些尺寸的组成部分都是通过什么功能进行协调的？

（2）AutoCAD 为用户提供了多种尺寸标注功能，这些功能归纳起来，可以分为哪几部分？

8.10.2　知识点总结

尺寸是图纸的重要组成部分，是施工的重要依据。本章重点介绍了 AutoCAD 众多的尺寸标注工具和尺寸标注技巧，同时还介绍了尺寸样式的设置和尺寸的编辑修改等内容。通过本章的学习，重点需要掌握如下知识：

- 了解和掌握直线性尺寸的标注方法和标注技巧，具体包括线性尺寸、对齐尺寸、点坐标和角度尺寸。
- 了解和掌握曲线性的标注方法和标注技巧，具体包括半径尺寸、直径尺寸、弧长尺寸和折弯尺寸。
- 了解和掌握复合尺寸的标注方法和技巧，具体包括基线尺寸、连续尺寸、引线尺寸及快速标注的使用方法和技巧。
- 要理解和掌握各种尺寸变量的参数设置和位置协调功能，学习设置、修改尺寸的标注样式。

- 在讲述尺寸编辑命令时，不仅需要掌握标注文字内容的修改、标注文字角度的倾斜，还需要掌握延伸线的倾斜、尺寸样式的更新、尺寸打断等操作。

8.11　上机操作题

8.11.1　操作题一

综合所学知识，为某住宅楼建筑平面图标注施工尺寸，本例最终标注效果如图 8-132 所示。

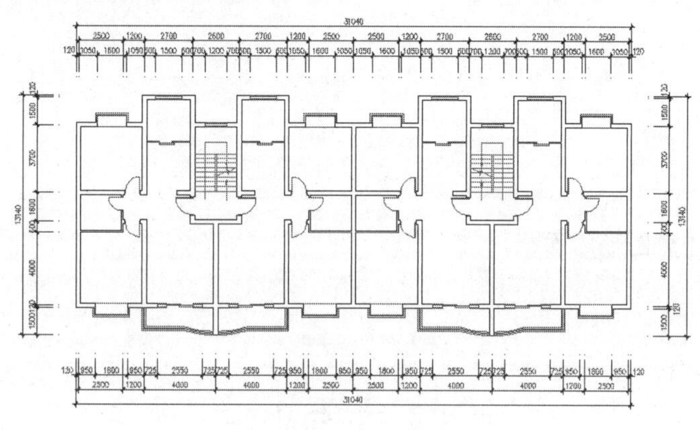

图 8-132　标注效果

如图 8-132 所示的平面图位于下载文件中的“素材文件”文件夹下，名称为“8-11.dwg”。

8.11.2　操作题二

综合所学知识，为传动轴零件图及辅助视图标注尺寸与公差，本例最终标注效果如图 8-133 所示。

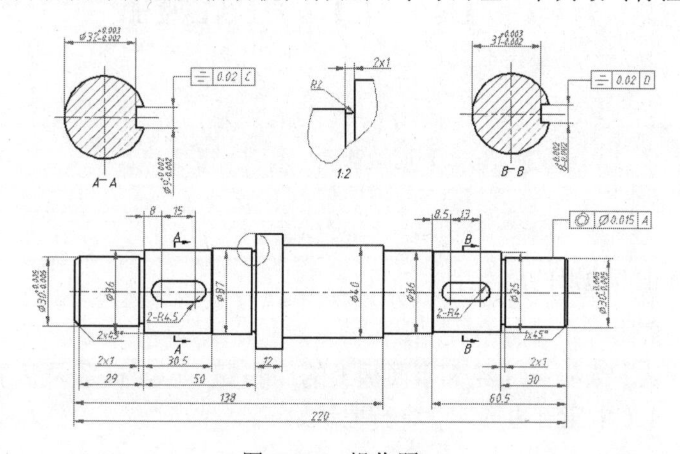

图 8-133　操作题二

如图 8-133 所示的传动轴零件图位于下载文件中的“素材文件”文件夹下，名称为“8-12.dwg”。

第9章　查询图形信息与更改绘图次序

本章主要学习坐标、距离、面积、周长等图形信息的查询技能；学习 CAL 快速计算器的使用技能，以助于数字的计算和图形的绘制。除此之外，还需要了解和掌握如何更改图形的绘图次序。

本章内容

- 查询坐标
- 测量距离
- 查询面积
- 列表查询
- CAL 计算器
- 更改绘图次序
- 综合范例——计算图形的面积
- 思考与总结
- 上机操作题

9.1　查询坐标

在平时的绘图过程中，有时可能会遇到测量点的 X、Y 等轴向坐标值，此时可以使用【点坐标】命令，以查询点的 X、Y、Z 3 个方向上的绝对坐标。

执行【点坐标】命令主要有以下几种方式。

- 菜单栏：选择菜单栏中的【工具】/【查询】/【点坐标】命令。
- 命令行：在命令行输入 ID 后按 Enter 键。
- 功能区：单击【默认】选项卡/【实用工具】面板上的按钮。

命令行提示如下：

```
命令：'_Id
指定点：                              //捕捉需要查询的坐标点。
AutoCAD 报告如下信息：
X = <X 坐标值>        Y =<Y 坐标值>        Z = <Z 坐标值>
```

【例题 9-1】　查询正多边形的角点坐标

步骤 01　新建空白文件。

步骤 02　单击【默认】选项卡/【绘图】面板上的按钮，以坐标系原点作为中心点，绘制外接圆半径为 120 的正五边形。命令行提示如下：

```
命令：_polygon
输入边的数目 <4>:                          //5 Enter，设置边数
指定正多边形的中心点或 [边(E)]:              //0,0 Enter，定位中心点
输入选项 [内接于圆(I)/外切于圆(C)] <I>:       //I Enter，激活【内接于圆】选项
```

```
指定圆的半径:                        //120 Enter，绘制结果如图 9-1 所示
```

步骤03 单击【查询】工具栏上的按钮，执行【点坐标】命令，查询各角点的坐标。命令行提示如下：

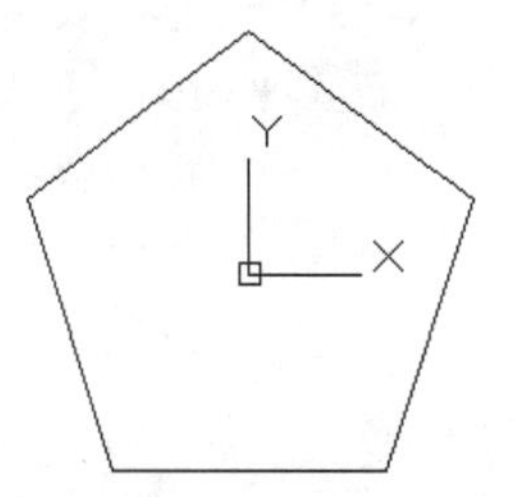

图 9-1　绘制结果

```
命令: '_id
指定点:          //捕捉正五边形上侧角点
```

查询结果：

```
X = 0.0000     Y = 120.0000     Z = 0.0000
ID 指定点:          //捕捉正五边形水平边的左端点
```

查询结果：

```
X = -70.5342     Y = -97.0820     Z = 0.0000
命令:              // Enter，重复执行命令
ID 指定点:          //捕捉正五边形水平边的右端点
```

查询结果：

```
X = 70.5342     Y = -97.0820     Z = 0.0000
```

步骤04 通过上述操作，查询出正五边形角点的坐标，分别为上侧角点（0,120,0）、左下角点（-70.5342,-97.082,0）、右下角点（70.5342,-97.082,0）。

9.2　测量距离

【距离】命令不但可以查询任意两点之间的距离，还可以查询两点的连线与 X 轴或 XY 平面的夹角等参数信息。

执行【距离】命令主要有以下几种方式。

- 菜单栏：选择菜单栏中的【工具】/【查询】/【距离】命令。
- 命令行：在命令行输入 Dist 后按 Enter 键。
- 快捷键：在命令行输入 DI 后按 Enter 键。
- 功能区：单击【默认】选项卡/【实用工具】面板上的按钮。

执行【距离】命令后，根据命令行的提示，分别指定两个点，AutoCAD 可查询出如下内容：

- 距离=<距离值>，表示所拾取的两点之间的实际长度；
- XY 平面中的倾角=<角度值>，表示所拾取的两点边线 X 轴正方向的夹角；
- 与 XY 平面的夹角=<角度值>，表示所拾取的两点边线与当前坐标系 XY 平面的夹角；
- X 增量=<水平距离>，表示所拾取的两点在 X 轴方向上的坐标差；
- Y 增量=<垂直距离>，表示所拾取的两点在 Y 轴方向上的坐标差；
- Z 增量=<Z 向距离>，表示所拾取的两点在 Y 轴方向上的坐标差。

【例题 9-2】 查询倾斜直线的距离和角度

步骤01 新建空白文件。

步骤 02 激活【极轴追踪】功能，并设置极轴角为 45°。

步骤 03 绘制长为 100，角度为 135° 的直线，如图 9-2 所示。

步骤 04 单击【默认】选项卡/【实用工具】面板上的按钮，在命令行"指定第一点:"提示下，捕捉线段的下端点。

步骤 05 在"指定第二点:"提示下捕捉线段上端点。此时系统自动查询出这两点之间的信息，具体如下：

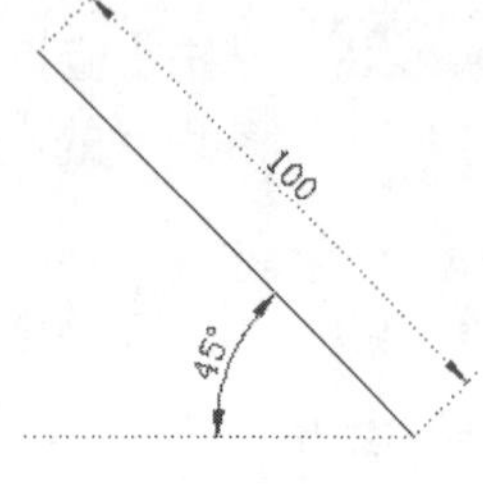

图 9-2 绘制结果

```
距离 =100.0000
XY 平面中的倾角 = 135
与 XY 平面的夹角 = 0       X 增量 = -70.7107,
Y 增量 = 70.7107,          Z 增量 = 0.0000
```

步骤 06 最后在"输入选项 [距离(D)/半径(R)/角度(A)/面积(AR)/体积(V)/退出(X)] <距离>:"提示下，输入 X 后按 Enter 键，结束命令。

命令行部分选项解析如下：

- 【半径】选项用于查询圆弧或圆的半径、直径等。
- 【角度】选项用于圆弧、圆、直线等对象的角度。
- 【面积】选项用于查询单个封闭对象或由若干点围成区域的面积及周长。
- 【体积】选项用于查询对象的体积。

9.3 查询面积

【面积】命令不但可以查询单个封闭对象或由若干点围成的区域的面积及周长，还可以对面积进行加减运算。

执行【面积】命令主要有以下几种方式。

- 菜单栏：选择菜单栏中的【工具】/【查询】/【面积】命令。
- 命令行：在命令行输入 Area 后按 Enter 键。
- 功能区：单击【默认】选项卡/【实用工具】面板上的按钮。

【例题 9-3】 查询正六边形的面积和周长

步骤 01 新建空白文件。

步骤 02 使用快捷键 POL 执行【正多边形】命令，绘制边长为 150 的正六边形。

步骤 03 单击【默认】选项卡/【实用工具】面板上的按钮，查询正六边形的面积和周长。命令行提示如下：

```
命令: _MEASUREGEOM
输入选项 [距离(D)/半径(R)/角度(A)/面积(AR)/体积(V)] <距离>: _area
指定第一个角点或 [对象(O)/增加面积(A)/减少面积(S)/退出(X)] <对象(O)>:
                                                   //捕捉正六边形左上角点
指定下一个点或 [圆弧(A)/长度(L)/放弃(U)]:              //捕捉正六边形左角点
指定下一个点或 [圆弧(A)/长度(L)/放弃(U)]:              //捕捉正六边形左下角点
指定下一个点或 [圆弧(A)/长度(L)/放弃(U)/总计(T)] <总计>: //捕捉正六边形右下角点
```

```
指定下一个点或 [圆弧(A)/长度(L)/放弃(U)/总计(T)] <总计>: //捕捉正六边形右角点
指定下一个点或 [圆弧(A)/长度(L)/放弃(U)/总计(T)] <总计>: //捕捉正六边形右上角点
指定下一个点或 [圆弧(A)/长度(L)/放弃(U)/总计(T)] <总计>://Enter，结束面积的查询过程，查询结果：
面积 = 58456.7148，周长 = 900.0000
```

步骤04　最后在命令行“输入选项 [距离(D)/半径(R)/角度(A)/面积(AR)/体积(V)/退出(X)] <面积>:提示下，输入 X 并按 Enter 键，结束命令。

命令行中部分选项解析如下：

- 【对象】选项用于查询单个闭合图形的面积和周长，如圆、椭圆、矩形、多边形、面域等。另外，使用此选项也可以查询由多段线或样条曲线所围成的区域的面积和周长。
- 【增加面积】选项用于将新选图形实体的面积加入总面积中，此功能属于“面积的加法运算”。另外，如果用户需要执行面积的加法运算，须先要将当前的操作模式转换为加法运算模式。
- 【减少面积】选项用于将所选实体的面积从总面积中减去，此功能属于“面积的减法运算”。另外，如果用户需要执行面积的减法运算，须先要将当前的操作模式转换为减法运算模式。

9.4　列表查询

使用【点坐标】、【面积】等命令只能单纯查询点的坐标或面积信息，而使用 AutoCAD 提供的【列表】命令，可以快速地、大规模地查询图形所包含的众多内部信息，如图层、面积、点坐标及其他的空间特性参数。

执行【列表】命令主要有以下几种方式。

- 菜单栏：选择菜单栏中的【工具】/【查询】/【列表】命令。
- 命令行：在命令行输入 List 后按 Enter 键。
- 快捷键：在命令行输入 LI 或 LS 后按 Enter 键。

当执行【列表】命令后，选择需要查询信息的图形对象，AutoCAD 会自动切换到文本窗口，并滚动显示所有选择对象的有关特性参数。

【例题 9-4】　快速查询选定图形的内部信息

下面通过实例学习使用【列表】命令。

步骤01　新建空白文件。

步骤02　使用快捷键 C 执行【圆】命令，绘制半径为 100 的圆。

步骤03　在命令行输入 List 后按 Enter 键，执行【列表】命令。

步骤04　在命令行“选择对象：”提示下，选择刚绘制的圆。

步骤05　继续在命令行“选择对象：”提示下，按 Enter 键，系统将以文本窗口的形式直观显示所查询出的信息，如图 9-3 所示。

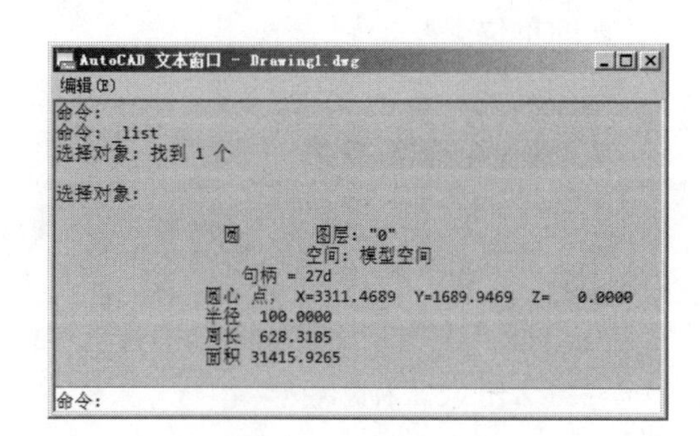

图 9-3　列表查询结果

9.5　CAL 计算器

AutoCAD 为用户提供了【快速计算器】功能，其选项板如图 9-4 所示，用户可以非常方便地使用此功能进行一些数学运算和单位的转换操作。

执行【快速计算器】命令主要有以下几种方式。

- 菜单栏：选择菜单栏中的【工具】/【选项板】/【快速计算器】命令。
- 命令行：在命令行输入 Quickcalc 后按 Enter 键。
- 组合键：按 Ctrl+8 组合键。
- 功能区：单击【默认】选项卡/【实用工具】面板上的按钮。
- 功能区：单击【视图】选项卡/【选项板】面板上的按钮。

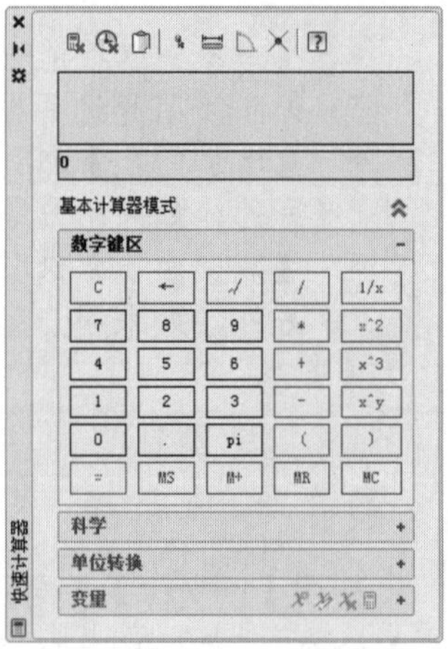

图 9-4　【快速计算器】选项板

在【快速计算器】选项板中主要包括工具栏、历史记录框、计算器输入框、数字键区、科学、单位转换和变量 7 部分。部分功能和操作如下。

（1）工具栏

- 【清除】按钮用于清除计算器输入框中的当前数值或表达式，并将值重置为 0，如图 9-4 所示。
- 【清除历史记录】按钮用于清除计算器中的历史记录。
- 【将值粘贴到命令行】按钮：单击该按钮，可以快速将计算器输入框中的值粘贴到命令行。
- 【获取坐标】按钮：使用该按钮，可以获取点的 X、Y、Z 坐标值。
- 【两点之间的距离】按钮用于~测量两点之间的距离。
- 【由两点定义的直线的角度】按钮用于测量由两点定义的直线的角度。
- 【由四点定义的两条直线的交点】按钮用于测量由四个点定义的两条直线交点的坐标。

（2）计算器输入框和历史记框

0 计算器输入框用于显示输入的数值及表达式；历史记录框用于显示已执行过的操作信息。选择历史记记录框中的信息后单击鼠标右键，可以打开如图 9-5 所示的菜单，用于更改表达式或值的颜色、对其进行复制粘贴及将表达式或值附加到输入框中。

（3）单位转换选项组

如图 9-6 所示的【单位转换】选项组，用于转换长度、面积、体积、角度等单位类型。在该选项组中单击【单位类型】右侧的文本框，此时该文本框变为下拉列表的形式，将此列表展开，即可选择需要转换的单位类型。

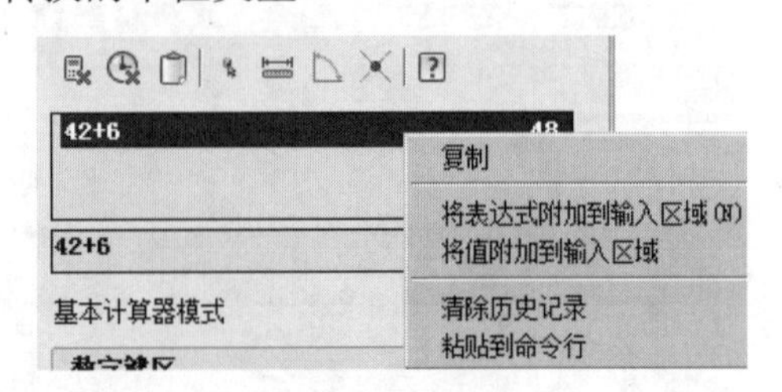

图 9-5　右键快捷菜单

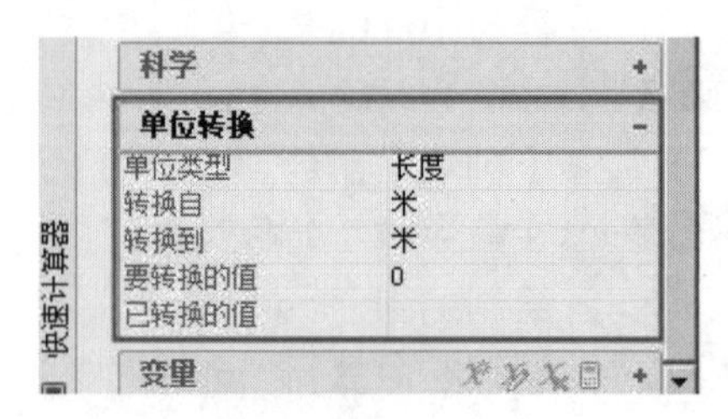

图 9-6　“单位转换”选项组

【例题 9-5】 将英寸单位的数值转换为毫米

下面通过将“英寸”单位的数值转换为“毫米”单位，学习使用【快速计算器】选项板中的“单位转换”功能。

步骤 01 新建空白文件。

步骤 02 单击【默认】选项卡/【实用工具】面板上的按钮，打开【快速计算器】选项板，然后展开【单位转换】选项组。

步骤 03 在【要转换的值】文本框中输入 10，如图 9-7 所示。

步骤 04 在【转换自】右侧的文本框中单击，显示并展开下拉列表，选择“英寸”，如图 9-8 所示。

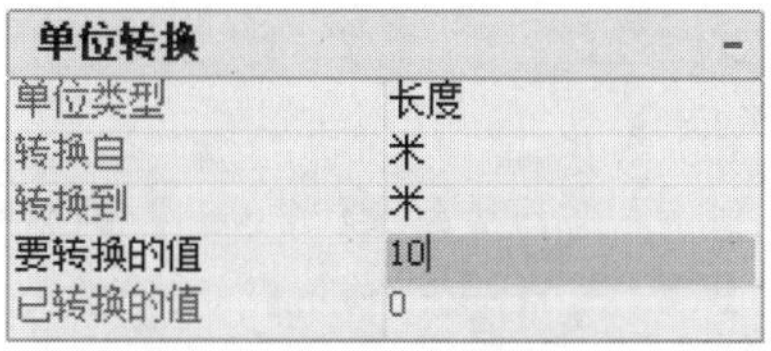

单位转换	-
单位类型	长度
转换自	米
转换到	米
要转换的值	10
已转换的值	0

图 9-7 设置转换值

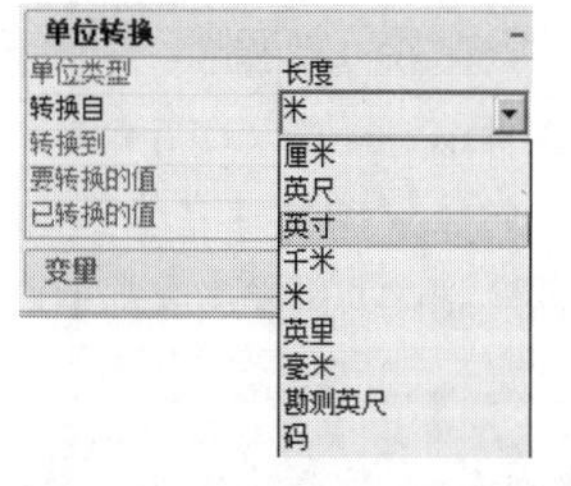

图 9-8 设置需要转换的单位

步骤 05 在【转换到】右侧文本框中单击，显示并展开下拉列表框，选择“毫米”，如图 9-9 所示。

步骤 06 此时在【已转换的值】文本框中显示出转后的实际参数值，如图 9-10 所示。

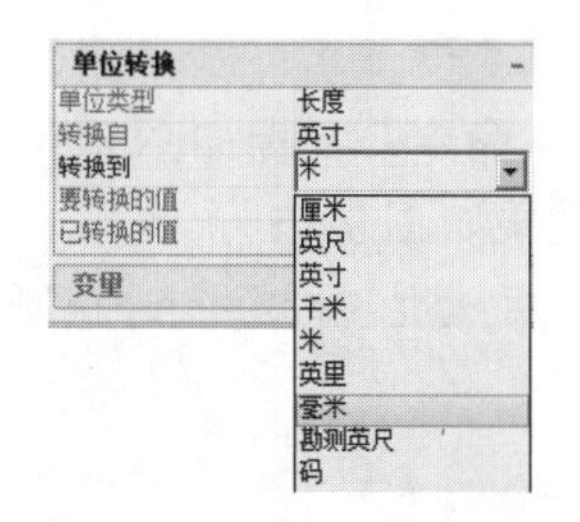

图 9-9 设置转换后的单位

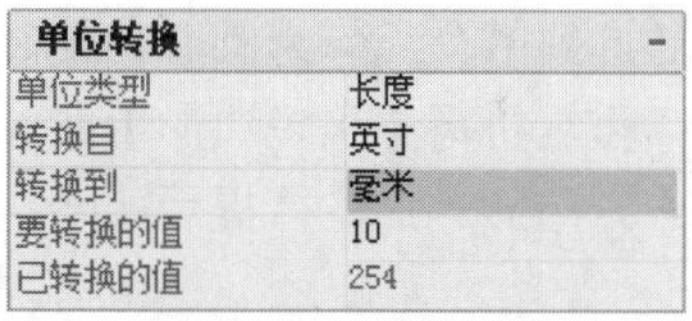

单位转换	-
单位类型	长度
转换自	英寸
转换到	毫米
要转换的值	10
已转换的值	254

图 9-10 转换结果

9.6 更改绘图次序

在平时的绘图过程中，经常会遇到图形相互重叠的现象，即最后绘制的图形显示在最前面，先前绘制的图形显示在后面，如果需要对先前绘制的图形进行编辑，选择起来会有一定的困难。此时可以使用 AutoCAD 提供的绘图顺序功能，将位于最前面的图形进行后置，让位于后面的图形显示在最前面，这样就可以通过“点选”的方式，轻而易举的选择所需要编辑的图形。

AutoCAD 共为用户提供了【前置】、【后置】、【置于对象之上】和【置于对象之下】4 种工具，其菜单如图 9-11 所示。

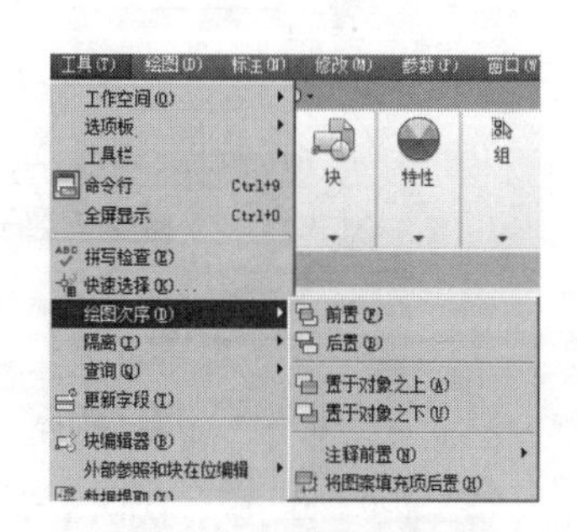

图 9-11 绘图顺序菜单

9.7　综合范例——计算图形的面积

本节通过查询如图 9-12 所示的阴影部分的面积，对本章所讲的查询功能和快速计算器功能进行综合应用和巩固。

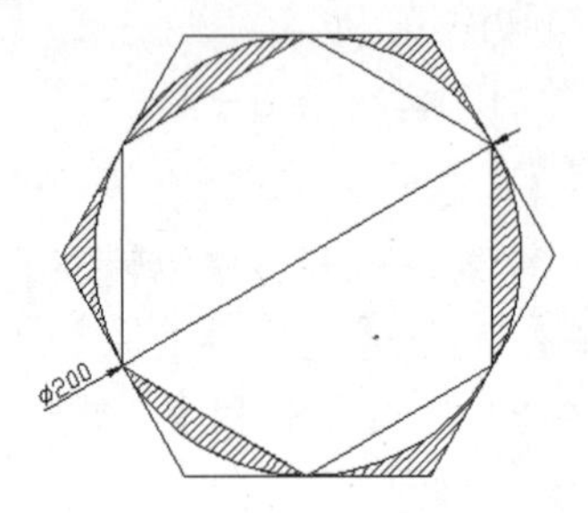

图 9-12　计算阴影面积

操作步骤：

步骤 01　执行【新建】命令，新建空白文件。

步骤 02　激活状态栏上的【对象捕捉】和【对象捕捉追踪】功能，并设置捕捉模式如图 9-13 所示。

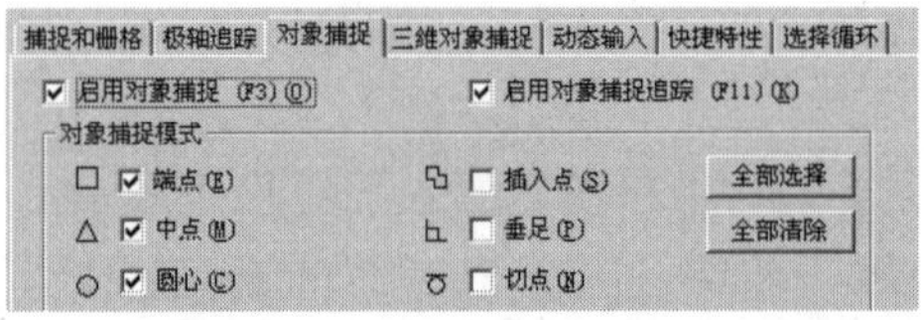

图 9-13　设置捕捉追踪功能

步骤 03　选择菜单栏中的【绘图】/【正多边形】命令，绘制内切圆半径为 100 的正六边形，命令行提示如下：

```
命令：_polygon
输入边的数目 <4>:          //6 Enter，设置正多边形的边数
指定正多边形的中心点或 [边(E)]: //在绘图区拾取一点
输入选项 [内接于圆(I)/外切于圆(C)] <I>:     //c Enter
指定圆的半径:                        //100 Enter
```

步骤 04　选择菜单栏中的【绘图】/【圆】/【圆心、半径】命令，捕捉如图 9-14 所示的两条追踪虚线的交点作为圆心，绘制半径为 100 的圆，结果如图 9-15 所示。

步骤 05　重复执行【正多边形】命令，配合圆心捕捉和中点捕捉功能绘制外接圆半径为 100 的正六边形。命令行提示如下：

```
命令：_polygon
输入边的数目 <6>:                        //Enter
指定正多边形的中心点或 [边(E)]:           //捕捉圆的圆心
输入选项 [内接于圆(I)/外切于圆(C)] <I>:   //I Enter
指定圆的半径:             //捕捉正六边形下侧水平边的中点，绘制结果如图 9-16 所示
```

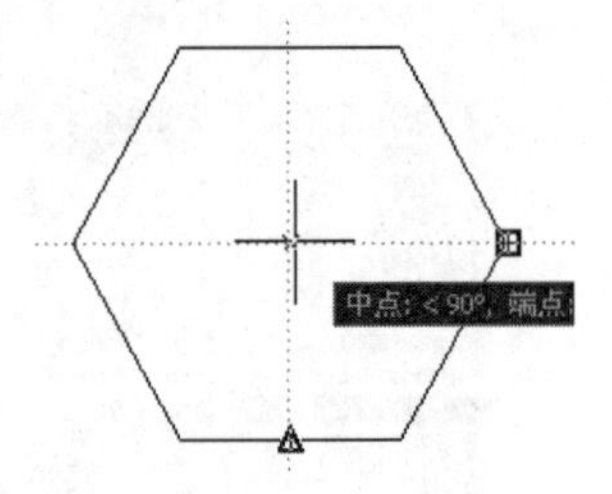

图 9-14　定位圆心

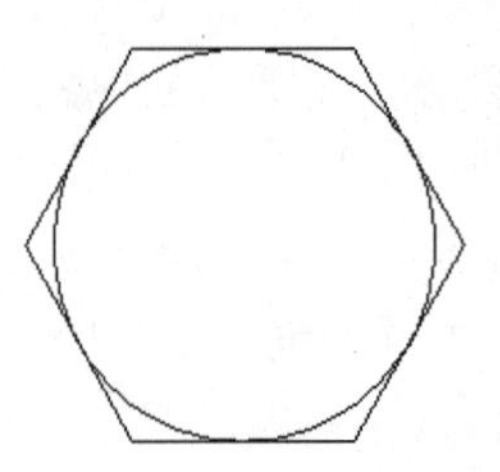

图 9-15　绘制结果

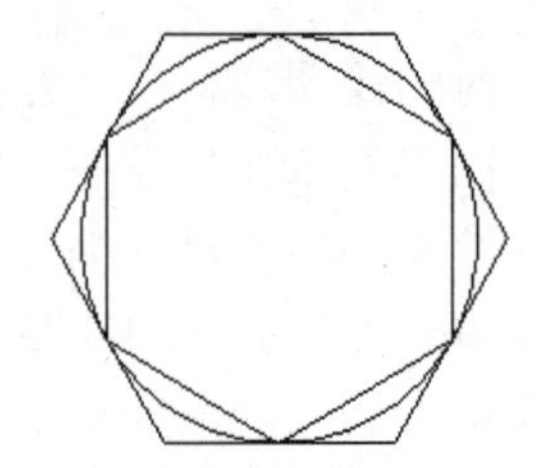

图 9-16　绘制结果

步骤 06　单击【默认】选项卡/【实用工具】面板上的按钮，执行【面积】命令，查询外侧正六边形与圆图形之间的面积。命令行提示如下：

```
命令：_MEASUREGEOM
输入选项 [距离(D)/半径(R)/角度(A)/面积(AR)/体积(V)] <距离>: _area
```

```
指定第一个角点或 [对象(O)/增加面积(A)/减少面积(S)/退出(X)] <对象(O)>:
                                              //a Enter，激活【增加面积】选项
指定第一个角点或 [对象(O)/减少面积(S)/退出(X)]:  //o Enter，激活【对象】选项
("加"模式) 选择对象:                           //选择最外侧的正六边形，如图 9-17 所示
面积 = 34641.0162，周长 = 692.8203
总面积 = 34641.0162
("加"模式) 选择对象:                           // Enter
面积 = 34641.0162，周长 = 692.8203
总面积 = 34641.0162
指定第一个角点或 [对象(O)/减少面积(S)/退出(X)]:  //s Enter，激活【减少面积】选项
指定第一个角点或 [对象(O)/增加面积(A)/退出(X)]:  //o Enter，激活【对象】选项
("减"模式) 选择对象:                           //选择圆图形，如图 9-18 所示
```

查询结果如下所示：

```
面积 = 31415.9265，圆周长 = 628.3185
总面积 = 3225.0896
("减"模式) 选择对象:                           // Enter
面积 = 31415.9265，圆周长 = 628.3185
总面积 = 3225.0896
指定第一个角点或 [对象(O)/增加面积(A)/退出(X)]:  //x Enter
总面积 = 3225.0896
输入选项 [距离(D)/半径(R)/角度(A)/面积(AR)/体积(V)/退出(X)] <面积>: //x Enter
```

重复执行【面积】命令，查询圆和内侧正六边形之间的面积。命令行提示如下：

```
命令: _MEASUREGEOM
输入选项 [距离(D)/半径(R)/角度(A)/面积(AR)/体积(V)] <距离>: _area
指定第一个角点或 [对象(O)/增加面积(A)/减少面积(S)/退出(X)] <对象(O)>:
                                              //a Enter，激活【增加面积】选项
指定第一个角点或 [对象(O)/减少面积(S)/退出(X)]:  //o Enter，激活【对象】选项
("加"模式) 选择对象:                           //选择圆，如图 9-19 所示
```

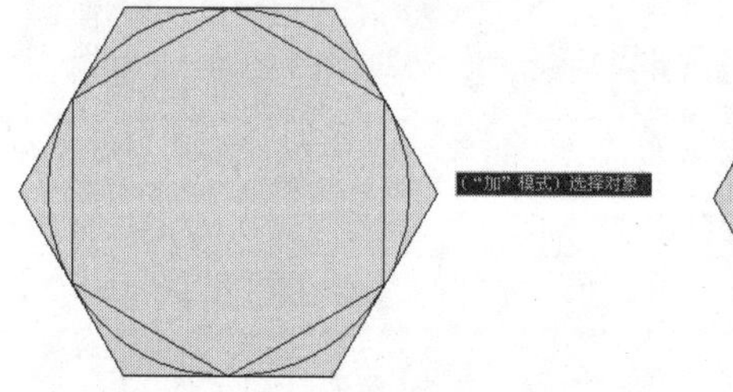

图 9-17　选择外侧正六边形

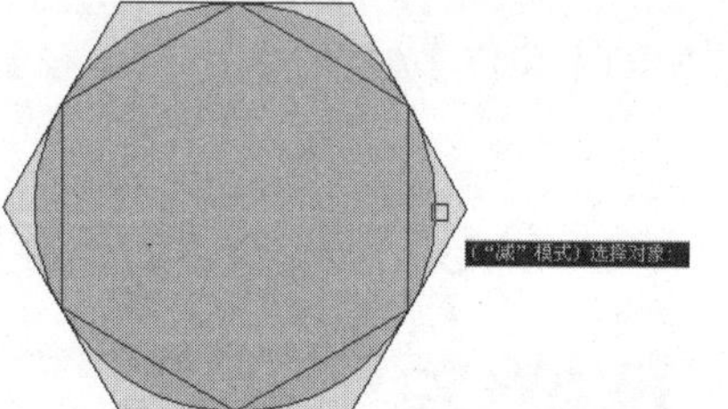

图 9-18　选择圆图形

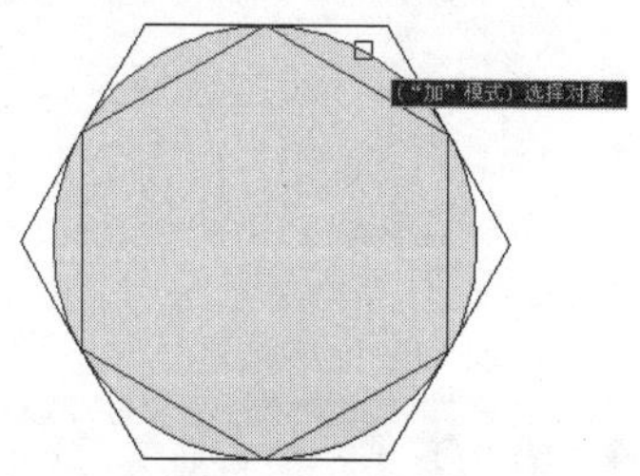

图 9-19　选择圆

```
面积 = 31415.9265，圆周长 = 628.3185
总面积 = 31415.9265
("加"模式) 选择对象:                        // Enter
面积 = 31415.9265，圆周长 = 628.3185
总面积 = 31415.9265
指定第一个角点或 [对象(O)/减少面积(S)/退出(X)]:  //s Enter，激活【减少面积】选项
指定第一个角点或 [对象(O)/增加面积(A)/退出(X)]:  //o Enter，激活【对象】选项
```

```
(“减”模式) 选择对象:                          //选择内侧的正六边形，如图 9-20 所示
面积 = 25980.7621，周长 = 600.0000
总面积 = 5435.1644
(“减”模式) 选择对象:                          // Enter
面积 = 25980.7621，周长 = 600.0000
总面积 = 5435.1644
指定第一个角点或 [对象(O)/增加面积(A)/退出(X)]:  //x Enter
总面积 = 5435.1644
输入选项 [距离(D)/半径(R)/角度(A)/面积(AR)/体积(V)/退出(X)] <面积>: //x Enter
```

步骤 07　单击【默认】选项卡/【实用工具】面板上的按钮，执行【快速计算器】命令，打开【快速计算器】选项板。

步骤 08　根据刚查询出的面积，在【快速计算器】选项板输入框内输入“3225.0896/2+5435.1644/2”，如图 9-21 所示。

步骤 09　在【数字键区】选项组中的数字键面板中单击 = 按钮，即可计算出阴影部分的面积，如图 9-22 所示。

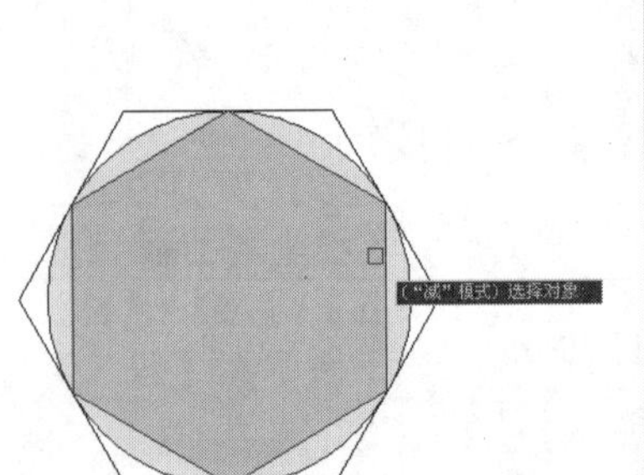

图 9-20　选择内侧正六边形

图 9-21　输入表达式

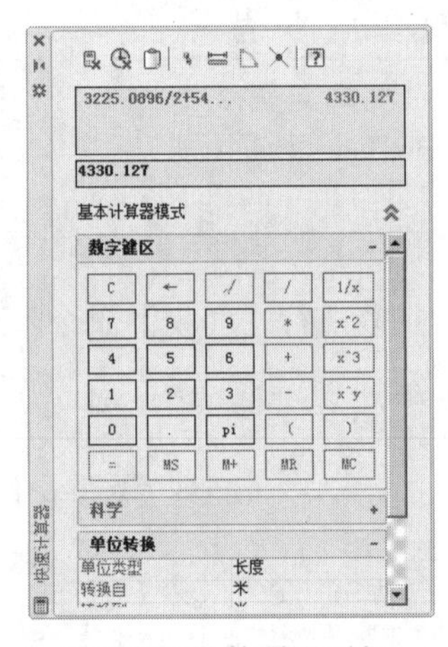

图 9-22　计算阴影面积

步骤 10　最后选择菜单栏中的【文件】/【保存】命令，将图形命名存储为“综合范例.dwg”。

9.8　思考与总结

9.8.1　知识点思考

（1）使用【距离】命令具体可以查询哪些图形信息？

（2）面积的查询方式有几种？如何对面积进行加减运算？

9.8.2　知识点总结

本章主要学习了图形信息的查询、快速计算器及如何更改图形对象的绘图次序操作功能。通过本章的学习，需要掌握如下知识：

- 在讲述点坐标命令时，需要掌握每个点的 X、Y、Z 坐标值的查询方法和技巧。
- 在讲述距离命令时，需要了解和掌握该命令所能查询的具体内容，如两点之间的距离、在 XY 平面中的倾角、与 XY 平面的夹角、X 增量、Y 轴增量等。
- 在讲述面积命令时，不仅需要掌握单个闭合对象面积和周长的查询方法，还需要掌握由多个点所围成的区域面积的查询方法。除此之外，还要了解和掌握面积的加法运算和减法运算功能。
- 在讲述列表命令时，需要掌握单个图形或多个图形信息的列表查询，以快速查询图形内部的所需信息。
- 在讲述 AutoCAD 的快速计算器功能时，要学会如何使用计算器工具及如何进行一些单位转换操作。
- 在讲述图形的绘图顺序时，要掌握和了解前置、后置、置于对象之上和置于对象之下 4 种工具，以有效时辅助绘图和观察图形。

9.9 上机操作题

9.9.1 操作题一

综合所学知识，计算如图 9-23 所示的阴影部分面积。

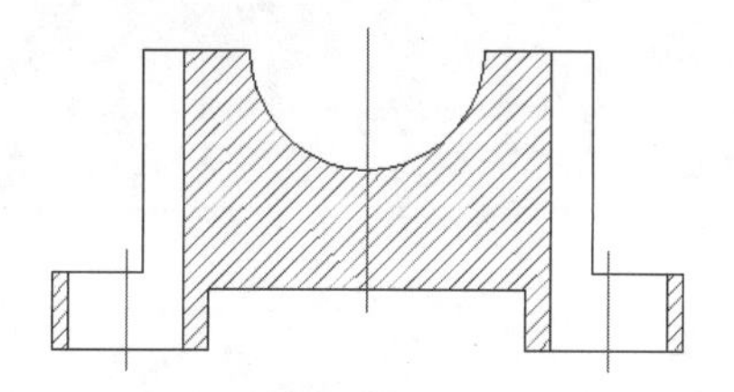

图 9-23 操作题一

本例所需源文件为下载文件中的“/素材文件/9-2.dwg”文件。

9.9.2 操作题二

综合所学知识，为户型图标注如图 9-24 所示的房间面积。

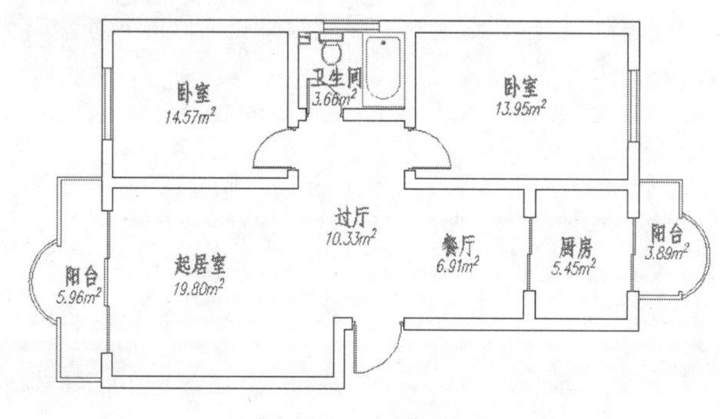

图 9-24 操作题二

本例所需户型图文件位于下载文件中的“素材文件”文件下，名称为“9-3.dwg”。

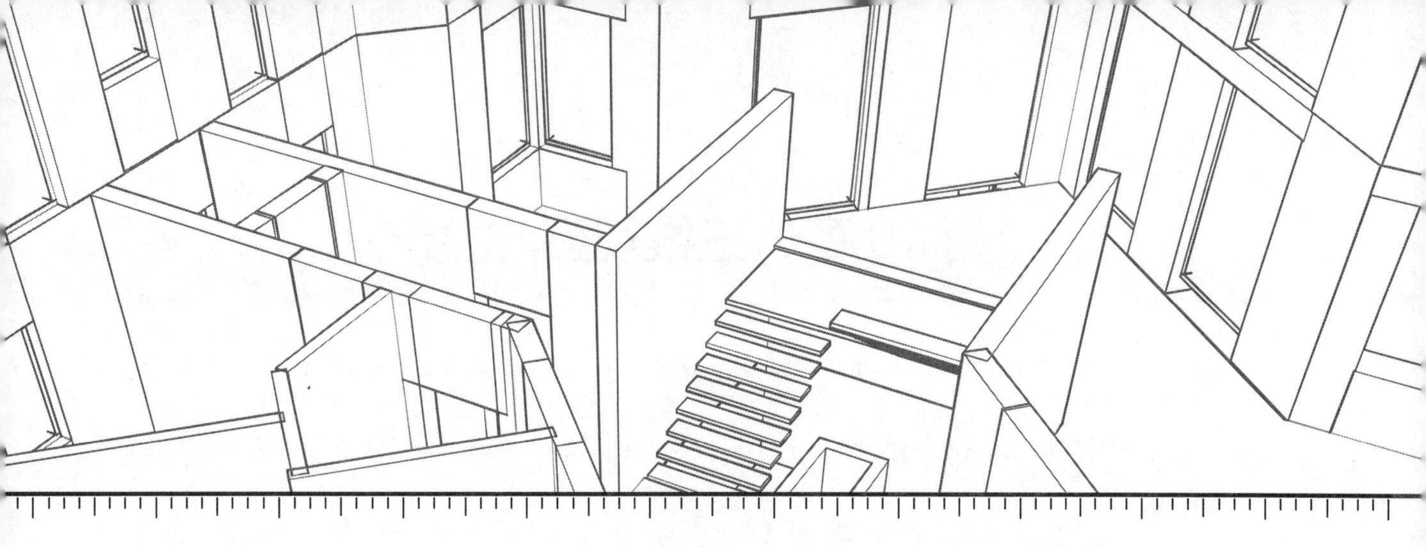

第 3 部分　模型篇

- 第 10 章：三维观察与显示
- 第 11 章：创建网格与曲面
- 第 12 章：创建三维实体模型
- 第 13 章：三维模型的细化编辑

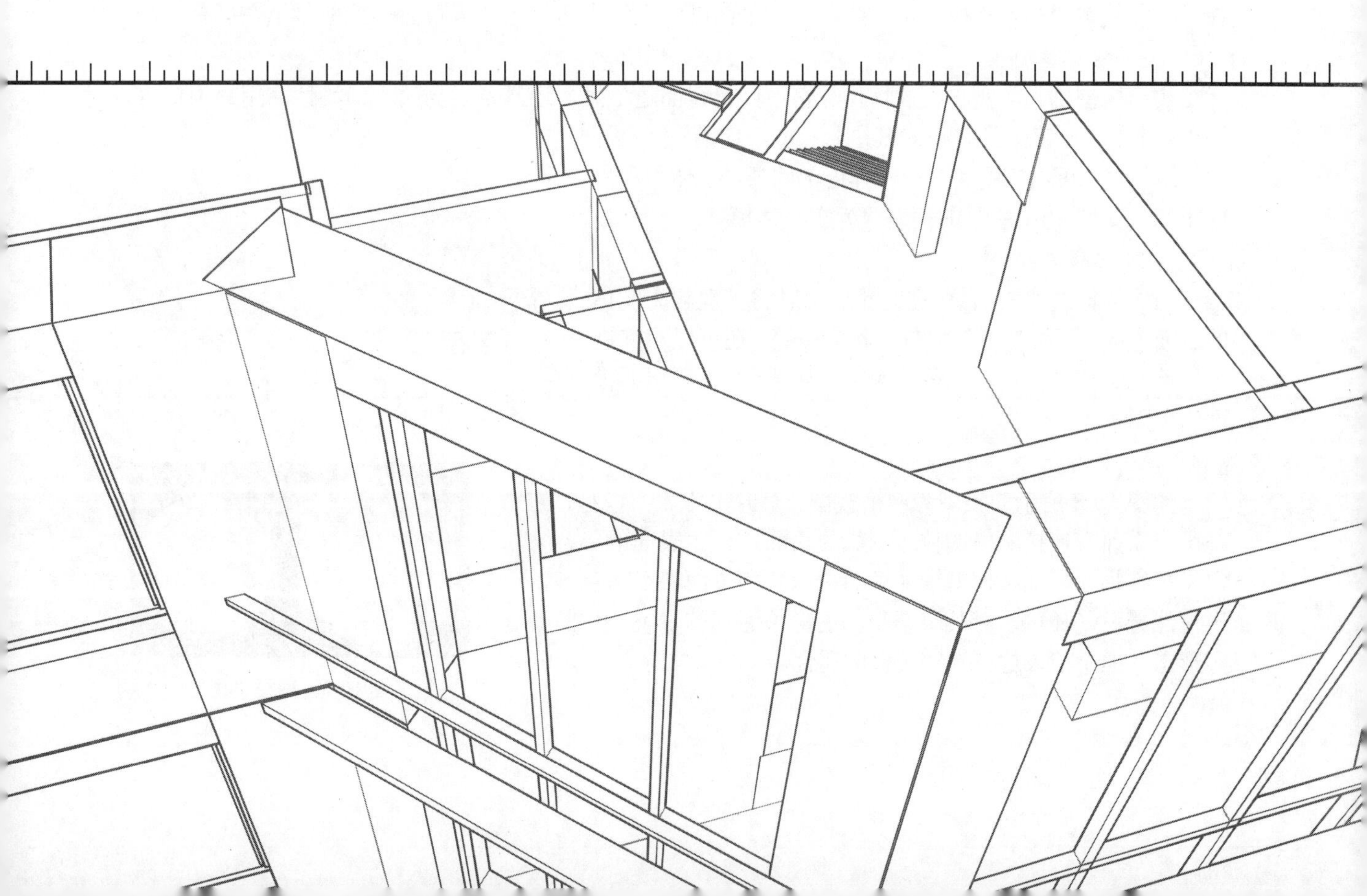

第 10 章 三维观察与显示

前面 9 章主要学习了 AutoCAD 的二维功能，从本章开始，我们将介绍 AutoCAD 的三维功能，使用三维功能可以创建出实实在在的三维物体，它包含的信息更多、更完整。本章主要学习 AutoCAD 一些三维辅助功能，使读者对三维制图功能有一个大致的了解和认识，为后续章节的学习打下基础。

本章内容

- 了解三维模型
- 三维模型的观察功能
- 三维模型的显示功能
- 坐标系的定义与管理
- 综合范例二——三维辅助功能的综合应用
- 思考与总结
- 上机操作题

10.1 了解三维模型

AutoCAD 共为用户提供了 3 种模型，用以表达物体的三维形态。分别是实体模型、曲面模型和网格模型。通过这 3 种模型，不仅能让非专业人员对物体的外形有一个感性的认识，还能帮助专业人员降低绘制复杂图形的难度，使一些在二维平面图中无法表达的东西清晰而形象地显示在屏幕上。

（1）实体模型

实体模型则是实实在在的物体，它不仅包含面边信息，还具备实物的一切特性。用户不仅可以对其进行着色和渲染，还可以对其进行打孔、切槽、倒角等布尔运算，还可以检测和分析实体内部的质心、体积和惯性矩等。如图 10-1 所示的模型即为实心体模型。

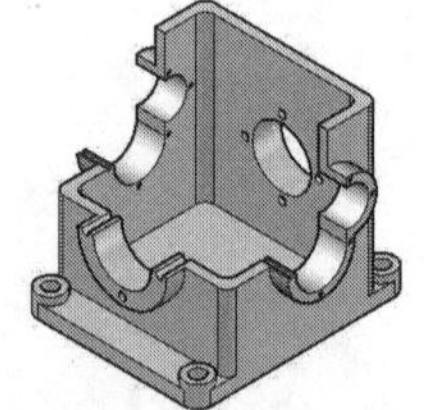

图 10-1 实体模型

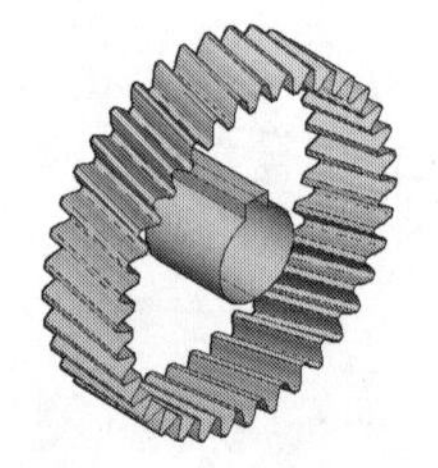

图 10-2 曲面模型

（2）曲面模型

曲面的概念比较抽象，在此我们可以将其理解为实体的表面，此种面模型不仅能着色和渲染等，还可以对其进行修剪、延伸、圆角、偏移等编辑。如图 10-2 所示的模型为曲面模型。

（3）网格模型

如图 10-3 所示的模型为网格模型，有时也称表面模型，它是由一系列有连接顺序的棱边围成的表面，再由表面的集合来定义三维物体，此种模型增加了面边信息和表面特征信息等，不仅能着色，还可以对其渲染，以更形象逼真的表现物体的真实形态，但不能表达出真实实物的属性。

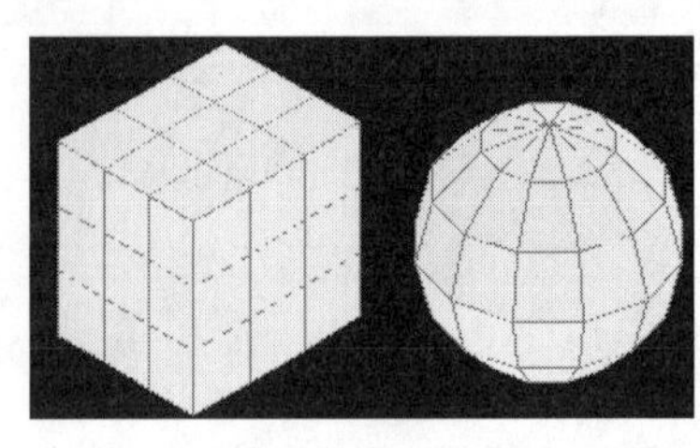

图 10-3 网格模型

10.2　三维模型的观察功能

本节将学习三维模型的观察功能，具体有视点、视图、视口、导航器、观察器、控制盘等。

10.2.1　设置视点

在 AutoCAD 设计空间中，用户可以在不同的位置进行观察图形，这些位置就称为视点。视点的设置主要有两种方式。

1. 使用【视点】命令设置视点

【视点】命令用于直接输入观察点的坐标或角度来确定视点。

执行此命令主要有以下几种方式。

- 菜单栏：单击绘图区左上角【视图控件】/【视点】命令。
- 命令行：在命令行输入-Vpoint 后按 Enter 键。
- 快捷键：在命令行输入-VP 后按 Enter 键。

执行【视点】命令后，命令行会出现如下提示：

```
命令: _-vpoint
当前视图方向: VIEWDIR=-1.0000,-1.0000,1.0000
指定视点或 [旋转(R)] <显示指南针和三轴架>:    //直接输入观察点的坐标来确定视点
正在重生成模型。
```

如果没输入视点坐标，而是直接按 Enter 键，那么将显示如图 10-4 所示的罗盘和三角轴架。其中三角轴架代表 X、Y、Z 轴的方向，当用户相对于罗盘移动十字线时，三角轴架会自动进行调整，以显示 X、Y、Z 轴对应的方向。

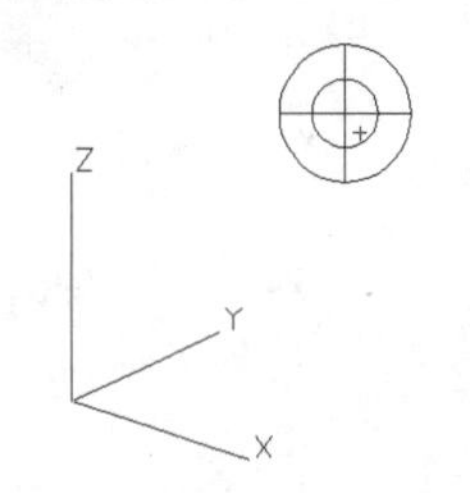

图 10-4　坐标球和三角轴架

2. 通过【视点预设】设置视点

【视点预设】命令是通过对话框的形式进行设置视点的，如图 10-5 所示。

执行此命令主要有以下几种方式。

- 菜单栏：单击绘图区左上角【视图控件】/【视点预设】命令。
- 命令行：在命令行输入 DDVpoint 后按 Enter 键。
- 快捷键：在命令行输入 VP 后按 Enter 键。

在如图 10-5 所示的【视点预设】对话框中可以进行如下设置：

- 设置视点、原点的连线与 XY 平面的夹角。具体操作就是在右侧半圆图形上选择相应的点，或得直接在【XY 平面】文本框内输入角度值。
- 设置视点、原点的连线在 XOY 面上的投影与 X 轴的夹角。具体操作就是在左侧图形上选择相应的点，或者在【X 轴】文本

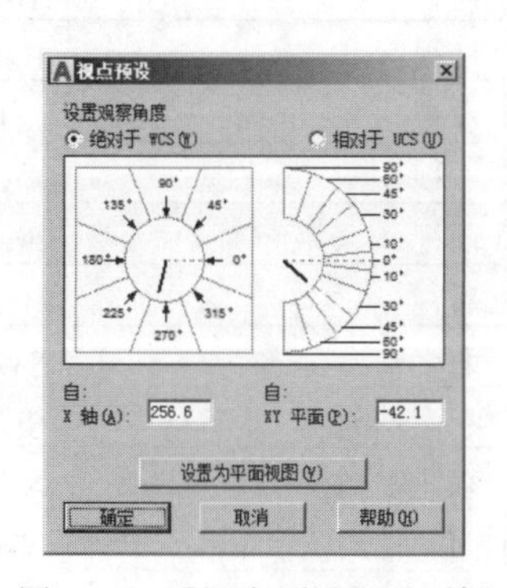

图 10-5　【视点预设】对话框

框内输入角度值。

- 设置观察角度。系统将角度值默认为是相对于当前 WCS，如果选择【相对于 UCS】单选按钮，所设置的角度值是相对于 UCS 的。
- 设置为平面视图。单击 设置为平面视图(V) 按钮，系统将重新设置为平面视图。平面视图的观察方向是与 X 轴的夹角为 270°，与 XY 平面的夹角是 90°。

10.2.2　切换视图

为了方便观察三维模型，AutoCAD 为用户提供了一些标准视图，具体有 6 个正交视图和 4 个等轴测图，如图 10-6 所示。

视图的切换主要有以下几种方式。

- 菜单栏：选择菜单栏中的【视图】/【三维视图】下一级菜单中人各视图命令。
- 功能区：单击【三维建模】空间/【可视化】选项卡/【视图】面板上的按钮，如图 10-7 所示。
- 视图控件：单击绘图区左上角的【视图】控件，在打开的菜单中切换视图，如图 10-8 所示。

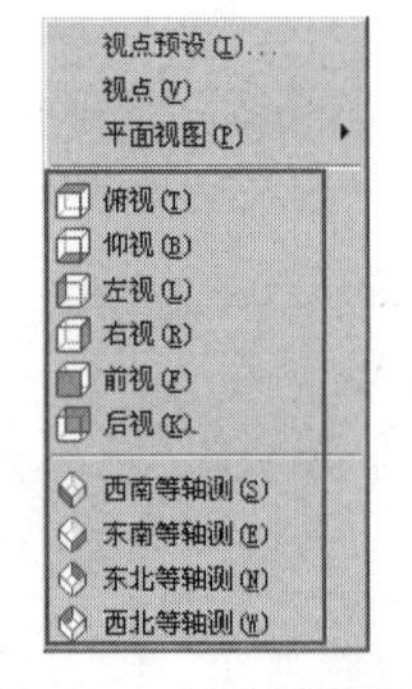

图 10-6　标准视图菜单

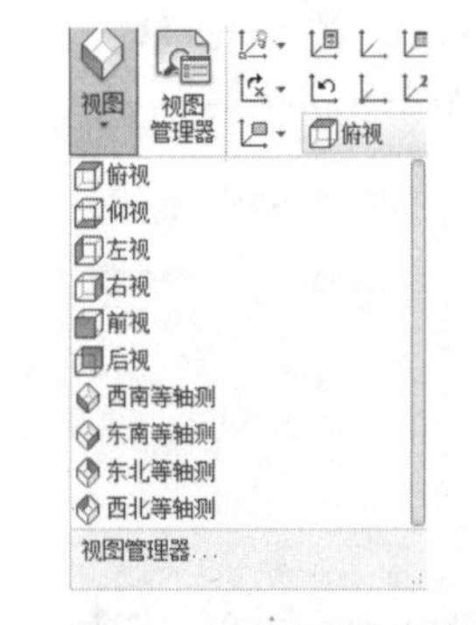

图 10-7　【视图】面板

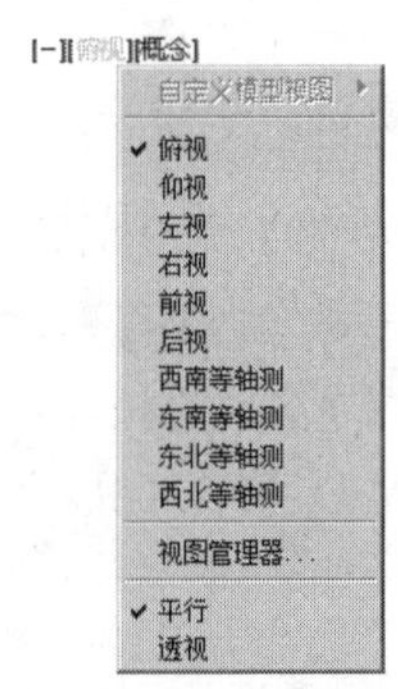

图 10-8　视图控件

在命令行输入 View 或 V 后按 Enter 键，在打开的【视图管理器】对话框中也可以设置和切换当前视图。

上述 6 个正交视图和 4 个等轴测视图是用于显示三维模型的主要特征视图，其中每种视图的视点、与 X 轴夹角和与 XY 平面夹角内容如表 10-1 所示。

表 10-1　基本视图及其参数设置

视图	菜单选项	方向矢量	与 X 轴夹角	与 XY 平面夹角
俯视	Tom	(0，0，1)	270°	90°
仰视	Bottom	(0，0，-1)	270°	90°
左视	Left	(-1，0，0)	180°	0°
右视	Right	(1，0，0)	0°	0°
前视	Front	(0，-1，0)	270°	0°
后视	Back	(0，1，0)	90°	0°
西南轴测视	SW Isometric	(-1，-1，1)	225°	45°
东南轴测视	SE Isometric	(1，-1，1)	315°	45°
东北轴测视	NE Isometric	(1，1，1)	45°	45°
西北轴测视	NW Isometric	(-1，1，1)	135°	45°

10.2.3 平面视图

除上述 10 个标准视图外，AutoCAD 还为用户提供了一个【平面视图】工具，使用此命令，可以将当前 UCS、命名保存的 UCS 或 WCS，切换为各坐标系的平面视图，以方便观察和操作，如图 10-9 所示。

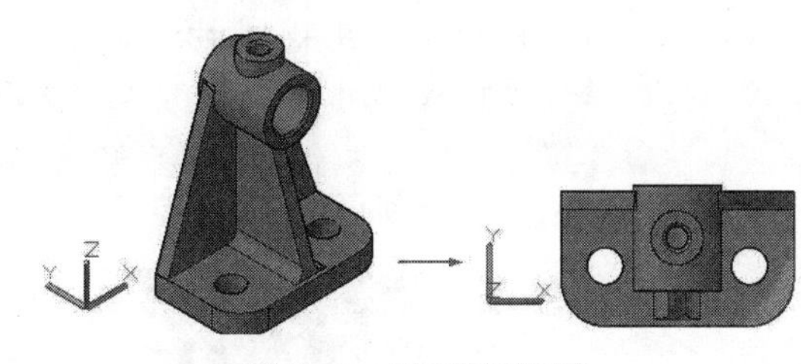

图 10-9　平面视图切换

执行【平面视图】命令主要有以下几种方式。

- 菜单栏：单击绘图区左上角【视图控件】/【平面视图】命令。
- 命令行：在命令行输入 Plan 后按 Enter 键。

10.2.4 建立视口

视口就是绘制图形、显示图形的区域。默认情况下将整个绘图区作为一个视口，但在建模过程中，有时需要从各个不同视点上观察模型的不同部分，为此 AutoCAD 为用户提供了视口的分割功能，将默认的一个视口分割成多个视口，如图 10-10 所示，以从不同的方向观察三维模型的不同部分。

视口的分割与合并可以通过以下几种方式。

- 视口控件：单击绘图区左上角的【视口控件】/【视口配置列表】级联菜单中的命令。
- 通过菜单分割视口。选择菜单栏中的【视图】/【视口】级联菜单中的命令。
- 通过对话框分割视口。选择菜单栏中的【视图】/【视口】/【新建视口】命令，或者在命令行输入 Vports 后按 Enter 键，在打开的【视口】对话框中进行操作，如图 10-11 所示。

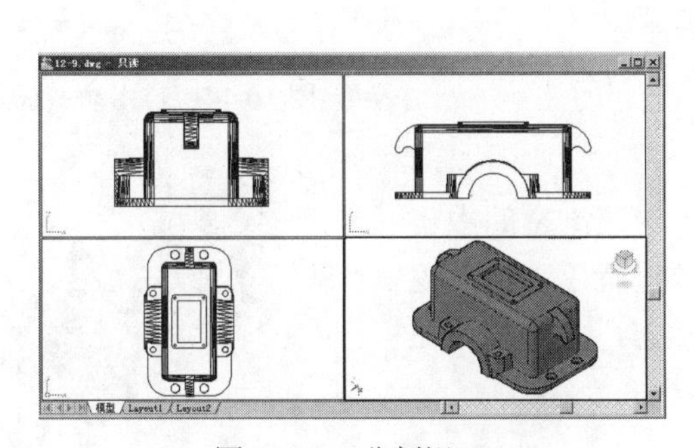

图 10-10　分割视口

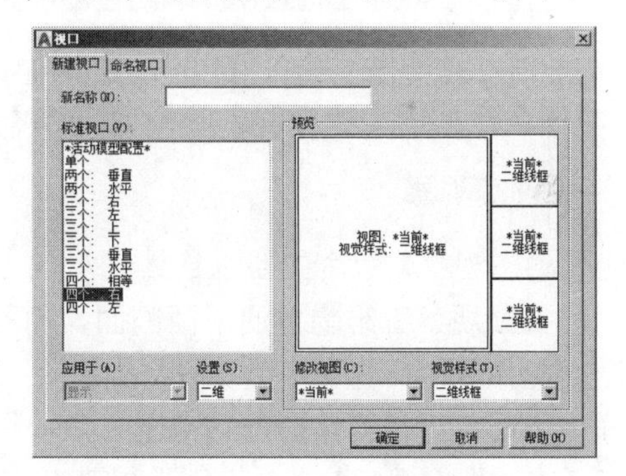

图 10-11　【视口】对话框

10.2.5 动态观察器

AutoCAD 为用户提供了三种动态观察功能，使用此功能可以从不同的角度，观察三维物体的任意部分。

1. 受约束的动态观察

当执行【受约束的动态观察】命令后，绘图区会出现如图 10-12 所示的光标显示状态，此时按住鼠标不放，可以手动调整观察点，以观察模型的不同侧面，如图 10-13 所示。

执行【受约束的动态观察】命令主要有以下几种方式。

- 菜单栏：选择菜单栏中的【视图】/【动态观察】/【受约束的动态观察】命令。
- 命令行：在命令行输入 3dorbit 后按 Enter 键。
- 功能区：单击【视图】选项卡/【导航】面板上的按钮。

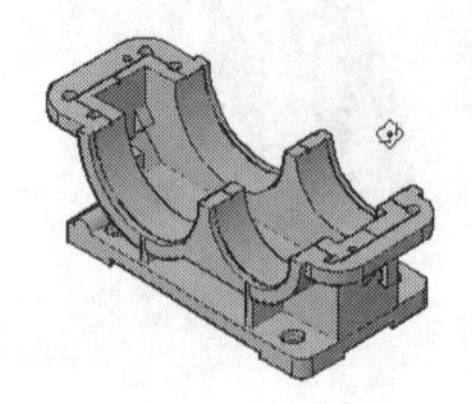
图 10-12　受约束的动态观察

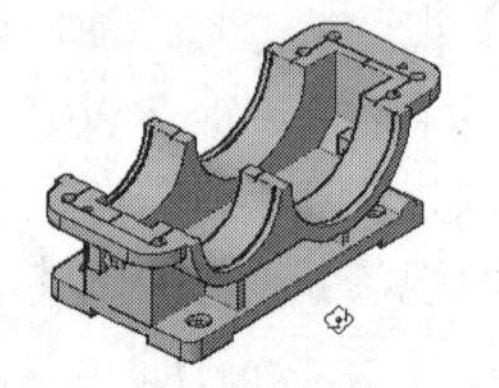
图 10-13　鼠标拖动后的效果

当执行【受约束的动态观察】命令后，如果按住鼠标中间进行拖动，可以将视图进行平移。另外，从本章起，有关功能区面板上的工具执行方式，都是基于【三维建模】空间下，以下章节不再提示。

2. 自由动态观察

【自由动态观察】命令用于在三维空间中不受滚动约束的旋转视图，当激活此功能后，绘图区会出现如图 10-14 所示的圆形辅助框架，用户可以从多个方向观察三维物体。

执行【自由动态观察】命令主要有以下几种方式。

- 菜单栏：选择菜单栏中的【视图】/【动态观察】/【自由动态观察】命令，
- 命令行：在命令行输入 3dforbit 后按 Enter 键。
- 功能区：单击【视图】选项卡/【导航】面板上的按钮。

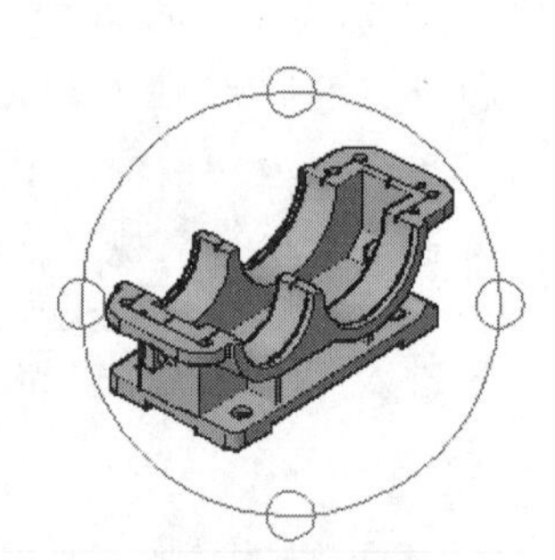
图 10-14　自由动态观察

3. 连续动态观察

【连续动态观察】命令主要以连续运动的方式，在三维空间中旋转视图，以持续观察三维物体的不同侧面，而不需要进行手动设置视点。当激活此命令后，光标变为如图 10-15 所示的状态，此时按住左键进行拖曳，即可进行连续的旋转视图。

执行【连续动态观察】命令主要有以下几种方式。

- 菜单栏：选择菜单栏中的【视图】/【动态观察】/【连续动态观察】命令。
- 命令行：在命令行输入 3dcorbit 后按 Enter 键。
- 功能区：单击【视图】选项卡/【导航】面板上的按钮。

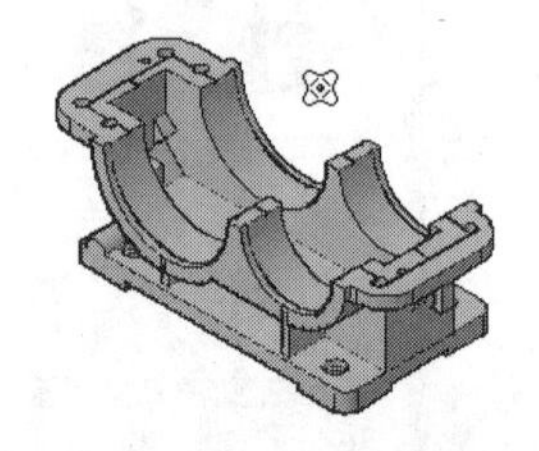
图 10-15　连续动态观察

10.2.6　导航立方体

如图 10-16 所示的 3D 导航立方体显示图（即 ViewCube），使用此功能，不但可以快速帮助用户调整模型的视点，还可以更改模型的视图投影、定义和恢复模型的主视图，以及恢复随模型一起保存的已

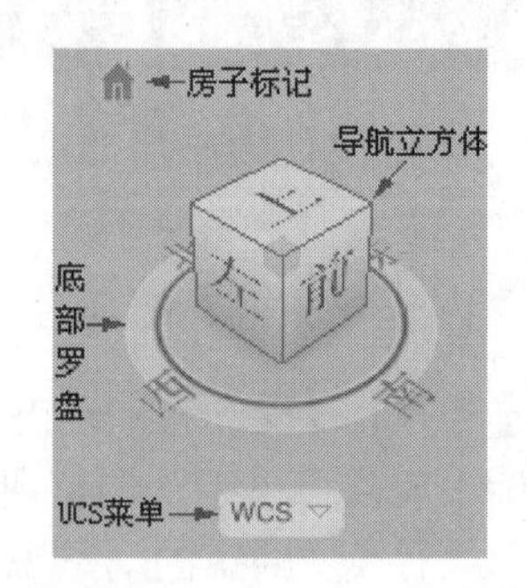

图 10-16　ViewCube 显示图

命名 UCS。

导航立方体显示图主要由顶部的房子标记、中间的导航立方体、底部的罗盘和最下侧的 UCS 菜单 4 部分组成，当沿着立方体移动鼠标时，分布在导航立体棱、边、面等位置上的热点会亮显。点击一个热点，就可以切换到相关的视图。

选择菜单栏中的【视图】/【显示】/【ViewCube】/【开】命令，或者在命令行输入 Cube 后按 Enter 键，可以控制导航立方体图的显示和关闭状态。

- 视图投影：当查看模型时，在平行模式、透视模式和带平行视图面的透视模式之间进行切换。
- 主视图：指的是定义和恢复模型的主视图。主视图是用户在模型中定义的视图，用于返回熟悉的模型视图。
- 恢复已命名 UCS：单击 ViewCube 显示图下方的 UCS 菜单，可以恢复已命名的 UCS。显示 UCS 菜单后，可以从菜单中选择一个已命名 UCS 来将其恢复为当前 UCS。

10.2.7　使用控制盘

如图 10-17 所示的 SteeringWheel 控制盘，是用于追踪悬停在绘图窗口上的光标的菜单，通过这些菜单可以从单一界面中访问二维和三维导航工具。单击导航栏上的按钮或选择菜单栏中的【视图】/【SteeringWheels】命令，可打开此控制盘，在控制盘上单击鼠标右键，可打开如图 10-18 所示的快捷菜单。

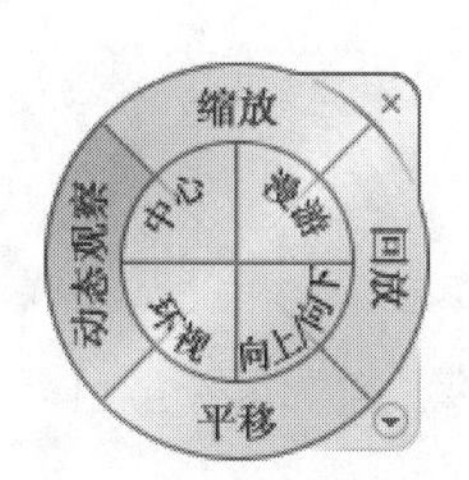

图 10-17　SteeringWheel 控制盘

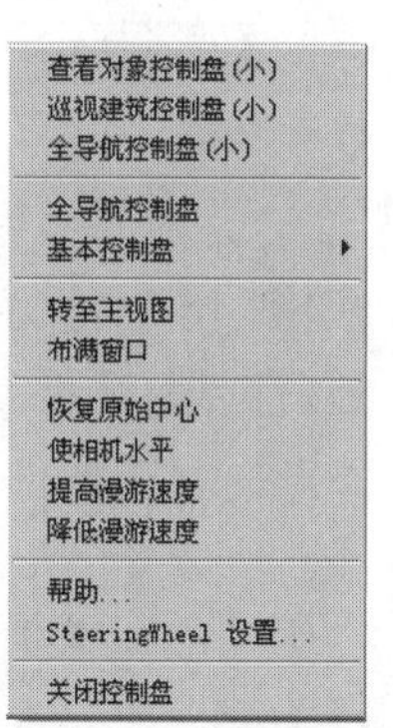

图 10-18　控制盘快捷菜单

在 SteeringWheel 控制盘中，共有 4 个不同的控制盘可供使用。每个控制盘均拥有其独有的导航方式，具体如下：

- 二维导航控制盘。通过平移和缩放导航模型。
- 查看对象控制盘。将模型置于中心位置，并定义轴心点以使用【动态观察】工具，缩放和动态观察模型。
- 巡视建筑控制盘。通过将模型视图移近或移远、环视以及更改模型视图的标高来导航模型。
- 导航控制盘。将模型置于中心位置并定义轴心点以使用【动态观察】工具、漫游和环视、更改视图标高、动态观察、平移和缩放模型。

使用控制盘导航模型时，先前视图将保存到导航历史中，要从导航历史恢复视图，可单击控制盘上的【回放】按钮或按住【回放】按钮并在上面拖动，即可以显示回放历史。

10.3　三维模型的显示功能

本节主要学习三维模型的着色、渲染功能以及模型材质的附着功能。

10.3.1　视觉样式

AutoCAD 为三维提供了几种控制模型外观显示效果的工具，巧妙运用这些着色功能，能快速显示出三维物体的逼真形态，对三维模型的效果显示有很大帮助。这些着色工具位于绘图区左上角的【视觉样式控件】和如图 10-19 所示的菜单栏及如图 10-20 所示的【视觉样式】面板上。

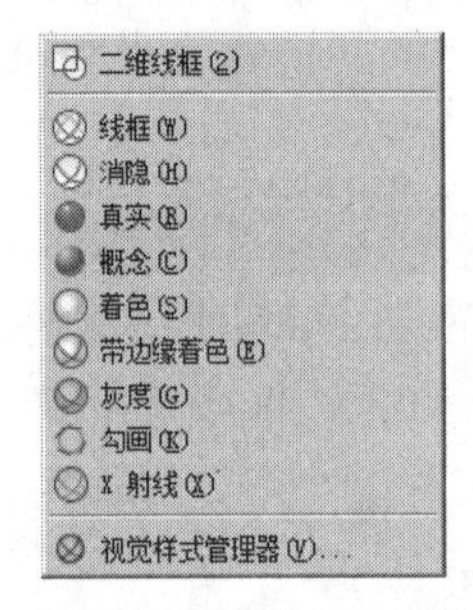

图 10-19　【视觉样式】菜单栏

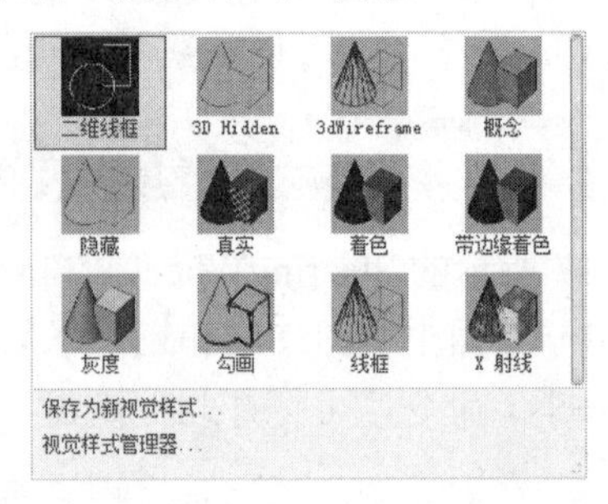

图 10-20　【视觉样式】面板

（1）二维线框

【二维线框】命令是用直线和曲线显示对象的边缘，对象线型和线宽是可见的，如图 10-21 所示。

执行该命令主要有以下几种方式。

- 菜单栏：选择菜单栏中的【视图】/【视觉样式】/【二维线框】命令。
- 视觉样式控件：单击【视觉样式控件】/【二维线框】命令。
- 快捷键：在命令行输入 VS 后按 Enter 键。
- 功能区：单击【可视化】选项卡/【视觉样式】面板上的按钮。

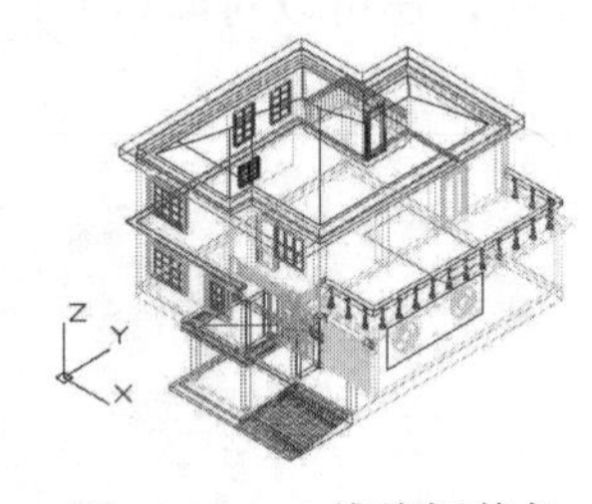

图 10-21　二维线框着色

（2）线框

【线框】命令也是用直线和曲线显示对象的边缘轮廓，如图 10-22 所示。与二维线框显示方式不同的是，表示坐标系的按钮会显示成三维着色形式，并且对象的线型及线宽都是不可见的。

执行该命令主要有以下几种方式。

- 菜单栏：选择菜单栏中的【视图】/【视觉样式】/【线框】命令。
- 视觉样式控件：单击【视觉样式控件】/【线框】命令。
- 快捷键：在命令行输入 VS 后按 Enter 键。
- 功能区：单击【可视化】选项卡/【视觉样式】面板上的按钮。

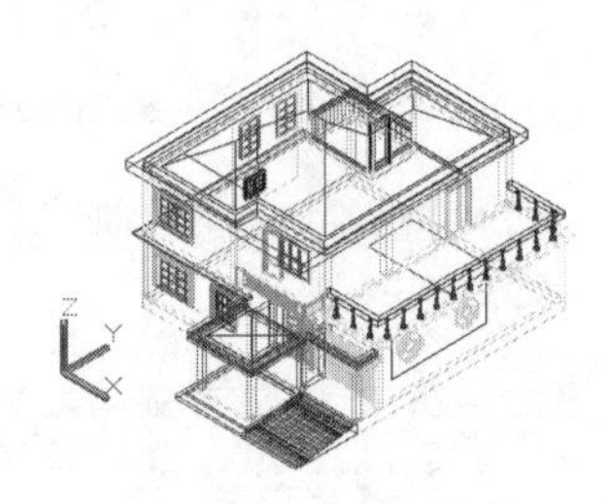

图 10-22　线框着色

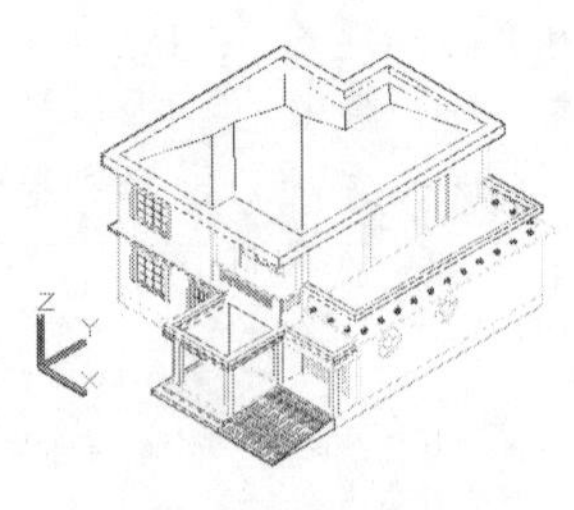

图 10-23　消隐

（3）消隐

【消隐】命令用于将三维对象中观察不到的线隐藏起来，而只显示那些位于前面无遮挡的对象，如图 10-23 所示。

执行该命令主要有以下几种方式。

- 菜单栏：选择菜单栏中的【视图】/【视觉样式】/【消隐】命令。
- 视觉样式控件：单击【视觉样式控件】/【消隐】命令。
- 快捷键：在命令行输入 VS 后按 Enter 键。
- 功能区：单击【可视化】选项卡/【视觉样式】面板上的按钮。

（4）真实

【真实】命令可使对象实现平面着色，它只对各多边形的面着色，不对面边界作光滑处理，如图 10-24 所示。

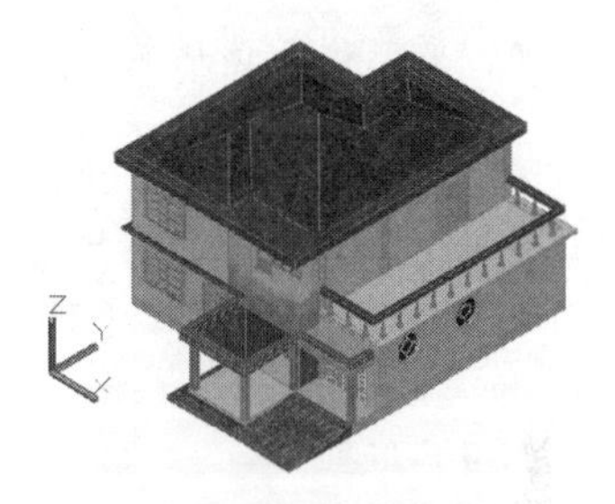

图 10-24　真实着色

执行此命令主要有以下几种方式。

- 菜单栏：选择菜单栏中的【视图】/【视觉样式】/【真实】命令。
- 视觉样式控件：单击【视觉样式控件】/【真实】命令。
- 快捷键：在命令行输入 VS 后按 Enter 键。
- 功能区：单击【可视化】选项卡/【视觉样式】面板上的按钮。

（5）概念

【概念】命令也可使对象实现平面着色，它不仅可以对各多边形的面着色，还可以对面边界作光滑处理，如图 10-25 所示。

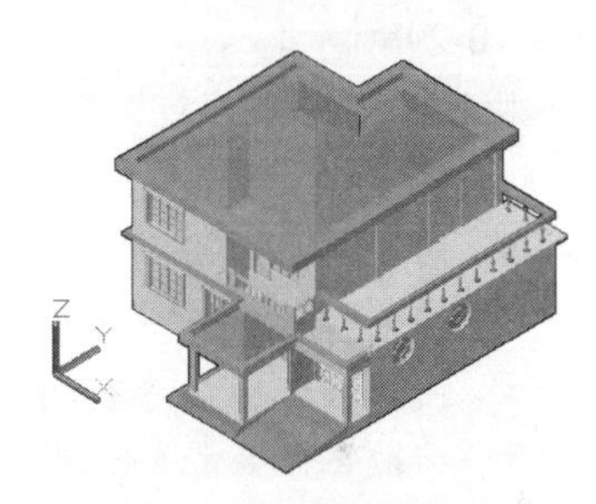

图 10-25　概念着色

执行此命令主要有以下几种方式。

- 菜单栏：选择菜单栏中的【视图】/【视觉样式】/【概念】命令。
- 视觉样式控件：单击【视觉样式控件】/【概念】命令。
- 快捷键：在命令行输入 VS 后按 Enter 键。
- 功能区：单击【可视化】选项卡/【视觉样式】面板上的按钮。

（6）着色

【着色】命令用于将对象进行平滑着色，如图 10-26 所示。

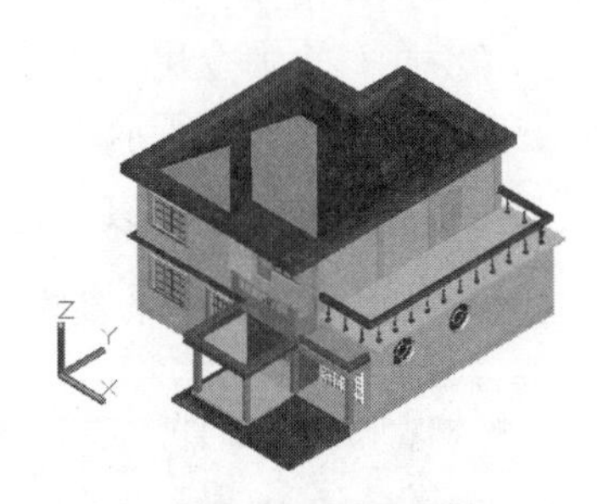

图 10-26　平滑着色

执行此命令主要有以下几种方式。

- 菜单栏：选择菜单栏中的【视图】/【视觉样式】/【着色】命令。
- 视觉样式控件：单击【视觉样式控件】/【着色】命令。
- 快捷键：在命令行输入 VS 后按 Enter 键。
- 功能区：单击【可视化】选项卡/【视觉样式】面板上的按钮。

（7）带边缘着色

【带边缘着色】命令用于将对象带有可见边的平滑着色，如图 10-27 所示。

执行此命令主要有以下几种方式。

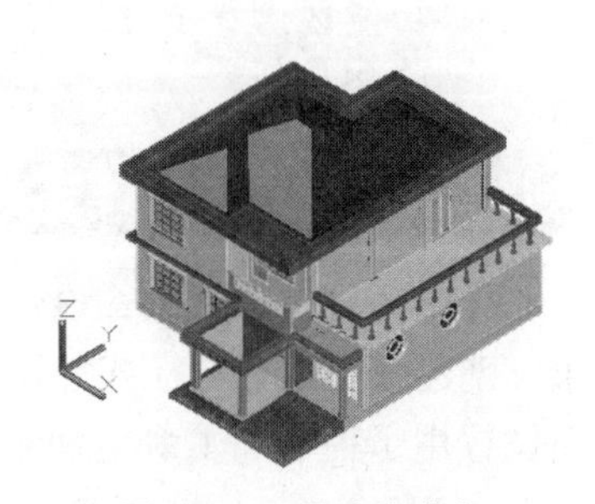

图 10-27　带边缘着色

- 菜单栏：选择菜单栏中的【视图】/【视觉样式】/【带边缘着色】命令。
- 视觉样式控件：单击【视觉样式控件】/【带边缘着色】命令。
- 快捷键：在命令行输入 VS 后按 Enter 键。
- 功能区：单击【可视化】选项卡/【视觉样式】面板上的按钮。

（8）灰度

【灰度】命令用于将对象以单色面颜色模式着色，以产生灰色效果，如图 10-28 所示。

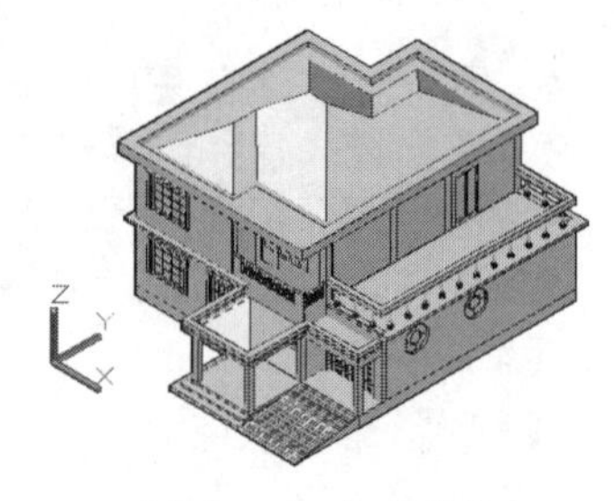

图 10-28　灰度着色

执行此命令主要有以下几种方式。

- 菜单栏：选择菜单栏中的【视图】/【视觉样式】/【灰度】命令。
- 视觉样式控件：单击【视觉样式控件】/【灰度】命令。
- 快捷键：在命令行输入 VS 后按 Enter 键。
- 功能区：单击【可视化】选项卡/【视觉样式】面板上的按钮。

（9）勾画

【勾画】命令用于将对象使用拉伸和抖动方式产生手绘效果，如图 10-29 所示。

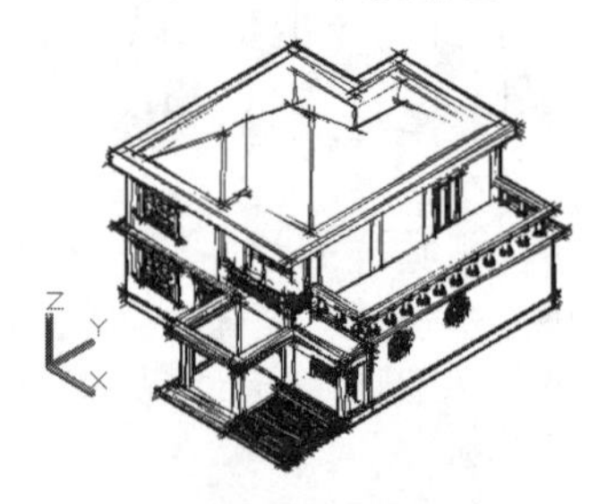

图 10-29　勾画着色

执行此命令主要有以下几种方式。

- 菜单栏：选择菜单栏中的【视图】/【视觉样式】/【勾画】命令。
- 视觉样式控件：单击【视觉样式控件】/【勾画】命令。
- 快捷键：在命令行输入 VS 后按 Enter 键。
- 功能区：单击【可视化】选项卡/【视觉样式】面板上的按钮。

（10）X 射线

【X 射线】命令用于更改面的不透明度，以使整个场景变成部分透明，如图 10-30 所示。

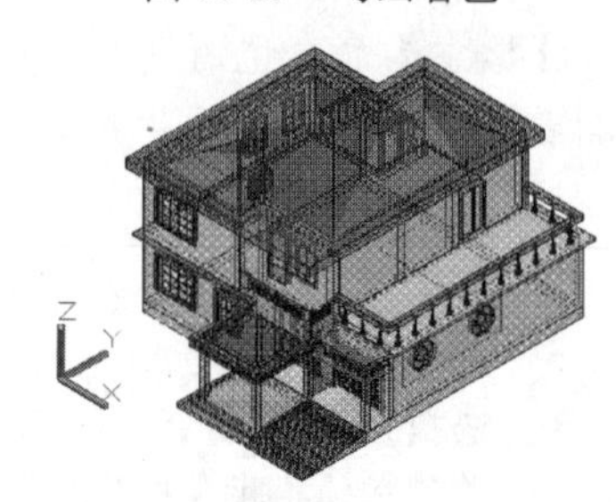

图 10-30　X 射线

执行此命令主要有以下几种方式。

- 菜单栏：选择菜单栏中的【视图】/【视觉样式】/【X 射线】命令。
- 视觉样式控件：单击【视觉样式控件】/【X 射线】命令。
- 快捷键：在命令行输入 VS 后按 Enter 键。
- 功能区：单击【可视化】选项卡/【视觉样式】面板上的按钮。

10.3.2　管理视觉样式

【管理视觉样式】命令用于控制视口中模型的外观显示效果、创建或更改视觉样式等，其选项板如图 10-31 所示。其中，面设置用于控制面上颜色和着色的外观；环境设置用于打开和

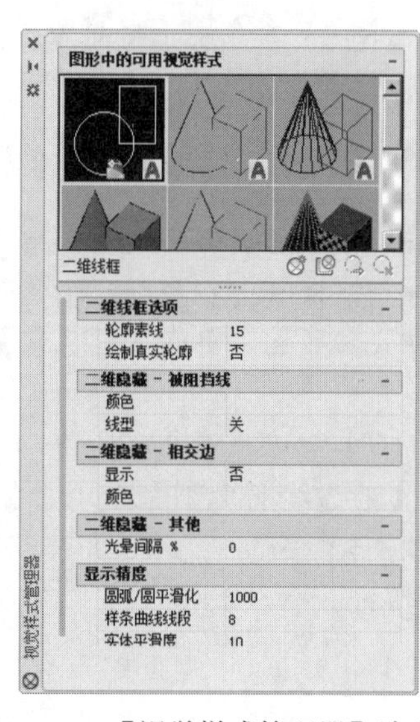

图 10-31　【视觉样式管理器】选项板

关闭阴影和背景；边设置指定显示哪些边及是否应用边修改器。

执行【管理视觉样式】命令主要有以下几种方式。

- 菜单栏：选择菜单栏中的【视图】/【视觉样式】/【视觉样式管理器...】命令。
- 视觉样式控件：单击【视觉样式控件】/【视觉样式管理器】命令。
- 命令行：在命令行输入 Visualstyles 后按 Enter 键。
- 功能区：单击【可视化】选项卡/【视觉样式】面板上的按钮。
- 功能区：单击【视图】选项卡/【选项板】面板上的按钮。

10.3.3 附着材质

AutoCAD 为用户提供了【材质浏览器】命令，使用此命令可以直观、方便地为模型附着材质，以更加真实地表达实物造型。

执行【材质浏览器】命令主要有以下几种方式。

- 菜单栏：选择菜单栏中的【视图】/【渲染】/【材质浏览器】命令。
- 命令行：在命令行输入 Matbrowseropen 后按 Enter 键。
- 功能区：单击【可视化】选项卡/【材质】面板上的按钮。

【例题 10-1】 为墙体模型附着砖墙材质

下面通过为长方体快速附着砖墙材质，主要学习【材质浏览器】命令的使用方法和技巧。

步骤 01 新建公制单位的绘图文件。

步骤 02 选择菜单栏中的【绘图】/【建模】/【长方体】命令，创建长度为 20，宽度为 600，高度为 300 的长方体。命令行提示如下：

```
命令：box
指定第一个角点或 [中心(C)]:            //在绘图区拾取一点
指定其他角点或 [立方体(C)/长度(L)]:    //@20,600,300 Enter，结果如图 10-32 所示
```

步骤 03 单击【可视化】选项卡/【材质】面板上的按钮，打开【材质浏览器】选项板。

步骤 04 在【材质浏览器】选项板中选择所需材质后，按住鼠标不放，将选择的材质拖动至方体上，为方体附着材质，如图 10-33 所示。

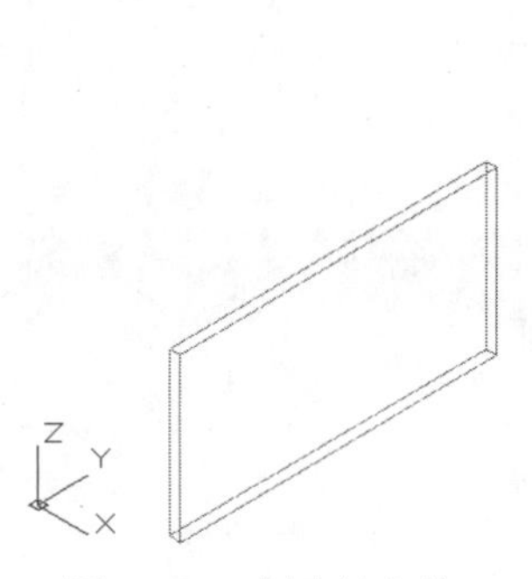

图 10-32　创建长方体

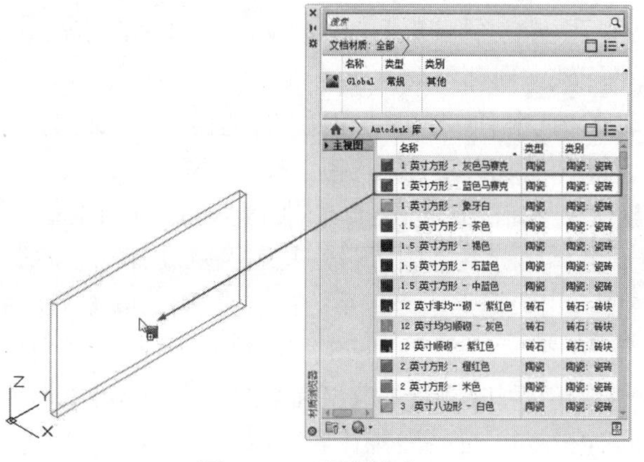

图 10-33　附着材质

步骤 05　视觉样式控件：单击【视觉样式控件】/【真实命令，对附着材质后的方体进行真实着色，结果如图 10-34 所示。

10.3.4　简单渲染

AutoCAD 为用户提供了简单的渲染功能，选择菜单栏中的【视图/【渲染】/【高级渲染设置】命令，或者单击【可视化】选项卡/【渲染】面板上的按钮，也可以在命令行输入 RR 后按 Enter 键，都可激活此命令，AutoCAD 将按默认设置，对当前视口内的模型，以独立的窗口进行渲染，如图 10-35 所示。

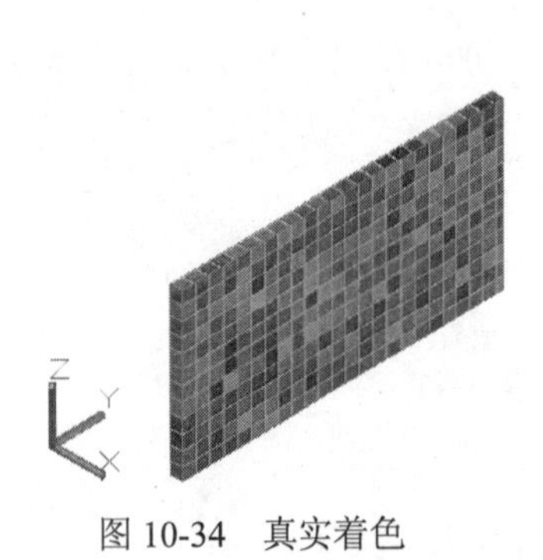

图 10-34　真实着色

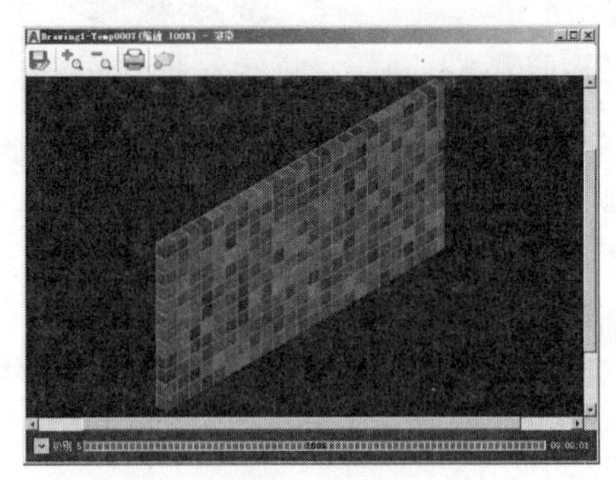

图 10-35　渲染窗口

10.4　坐标系的定义与管理

本节主要学习用户坐标系的定义与管理技能，以方便用户在三维操作空间内快速建模和编辑，具体命令有【UCS】、【命名 UCS】、【动态 UCS】等。

10.4.1　坐标系概述

在默认设置下，AutoCAD 是以世界坐标系的 XY 平面作为绘图平面，上述几章中所绘制的图形都是位于此平面内，此平面在默认状态下是一个正交视图，即俯视图。

AutoCAD 默认坐标系是世界坐标系（World Coordinate System，简称 WCS），它由三个相互垂直并相交的坐标轴 X、Y、Z 组成，其坐标原点和坐标轴方向都不会改变。

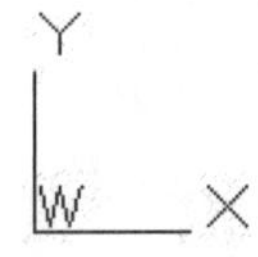

图 10-36　二维坐标系图标

X 轴正方向水平向右，Y 轴正方向垂直向上，Z 轴正方向垂直屏幕指向用户，坐标原点在绘图区左下角，并且在 2 维坐标系图标上都标有 W，标明当前是世界坐标系，如图 10-36 所示。三维坐标系图标显示如图 10-37 所示。

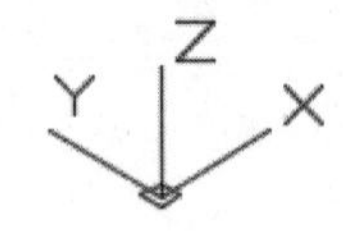

图 10-37　三维坐标系图标

由于世界坐标系是固定的，其应用范围有一定的局限性，为此，AutoCAD 为用户提供了坐标系的自定义能，AutoCAD 将自定义的坐标系称为用户坐标系，简称 UCS。此种坐标系与世界坐标系不同，它可以移动和旋转，可以随意更改坐标系的原点，也可以设定任何方向作为 XYZ 轴的正方向，应用范围比较广。

10.4.2 定义 UCS

为了更好地辅助绘图，AutoCAD 为用户提供了一种非常灵活的坐标系——用户坐标系（UCS），此坐标系弥补了世界坐标系（WCS）的不足，用户可以随意定制符合作图需要的 UCS，在三维绘图中至关重要。

执行【UCS】命令主要有以下几种方式。

- 菜单栏：选择菜单栏中的【工具】/【新建 UCS】级联菜单命令。
- 命令行：在命令行输入 UCS 后按 Enter 键。
- 功能区：单击【三维建模】空间/【可视化】选项卡/【坐标】面板上的各按钮，如图 10-38 所示。

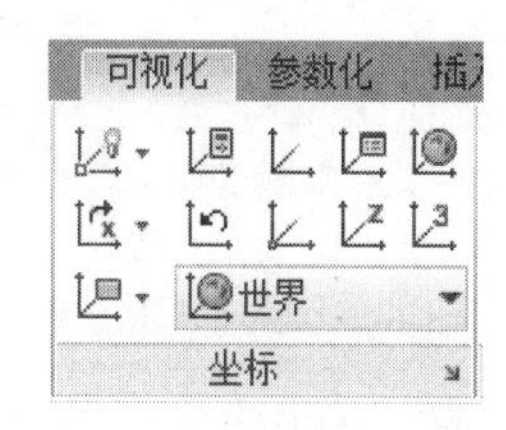

图 10-38 功能区面板

【例题 10-2】 定义与保存用户坐标系

步骤 01 打开下载文件中的“/素材文件/10-1.dwg”，如图 10-39 所示。

步骤 02 在命令行输入 UCS 后按 Enter 键，使用命令中的“面定义”功能，创建新的用户坐标系。命令行提示如下：

```
命令: ucs                          // Enter，激活【UCS】命令
当前 UCS 名称: *世界*
指定 UCS 的原点或 [面(F)/命名(NA)/对象(OB)/上一个(P)/视图(V)/世界(W)/X/Y/Z/Z 轴(ZA)] <世界>:
                                  //f Enter，激活【面】选项
选择实体面、曲面或网格:              //选择如图 10-40 所示的面作为新坐标系的 XY 平面
输入选项 [下一个(N)/X 轴反向(X)/Y 轴反向(Y)] <接受>:
                                  //Enter，结束命令，定义结果如图 10-41 所示
```

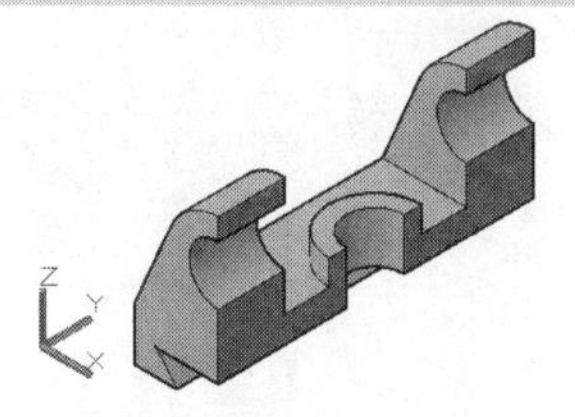
图 10-39 素材文件

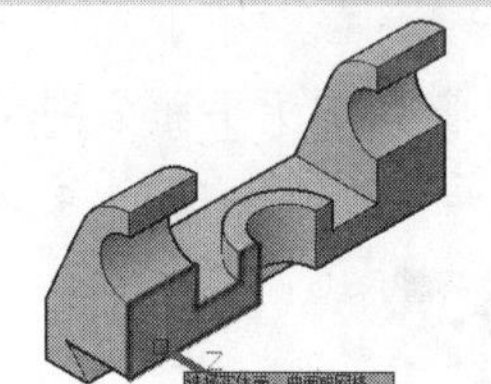
图 10-40 定位 UCS 的 XY 平面

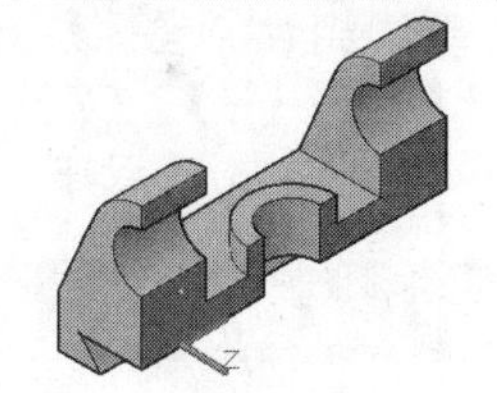
图 10-41 定义结果

步骤 03 单击【视图控件】/【西南等轴测】命令，将视图切换为西南视图，如图 10-42 所示。

步骤 04 重复执行【UCS】命令，创建新的用户坐标系。命令行提示如下：

```
命令: ucs                          // Enter，激活【UCS】命令
指定 UCS 的原点或 [面(F)/命名(NA)/对象(OB)/上一个(P)/视图(V)/世界(W)/X/Y/Z/Z 轴(ZA)] <世界>:
                                    //n Enter，激活【新建】选项
指定新 UCS 的原点或 [Z 轴(ZA)/三点(3)/对象(OB)/面(F)/视图(V)/X/Y/Z] <0,0,0>:
                                    //3 Enter，激活【三点】选项
指定新原点 <0,0,0>:                  //捕捉如图 10-42 所示的端点 1 作为新坐标系原点
在正 X 轴范围指定点 <61.0000,0.0000,-20.0000>:  //捕捉端点 2，以定位 X 轴正方向
在 UCS XY 平面的正 Y 轴范围上指定点 <60.0000,-1.0000,-20.0000>:
                                     //捕捉端点 3，定位 Y 轴正方向，创建结果出如图 10-43 所示
```

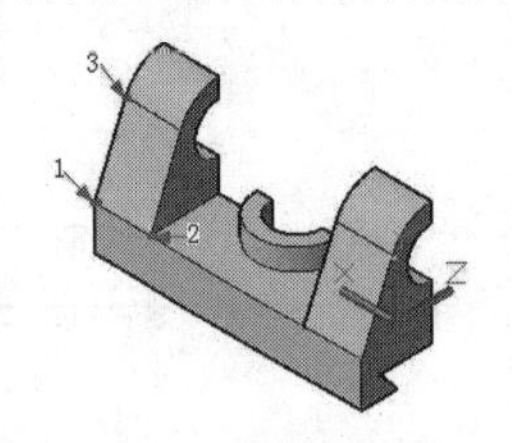

图 10-42　切换西南视图

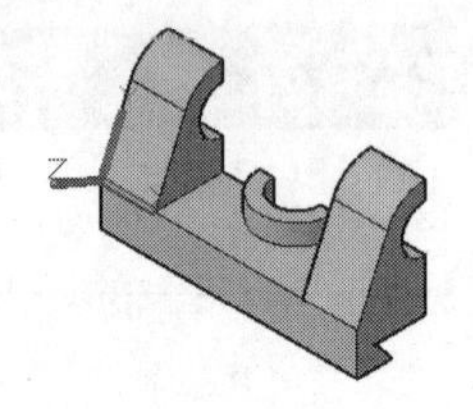

图 10-43　UCS 定义结果

步骤 05　重复执行【UCS】命令，将最后定义的坐标系进行存储。命令行提示如下：

```
命令: ucs
指定 UCS 的原点或 [面(F)/命名(NA)/对象(OB)/上一个(P)/视图(V)/世界(W)/X/Y/Z/Z 轴(ZA)] <世界>:                                //s Enter
输入保存当前 UCS 的名称或 [?]:   //ucs1 Enter
```

命令行中部分选项解析如下：

- 【指定 UCS 的原点】选项用于指定三点，定位新坐标系的原点、X 轴正方向和 Y 轴正方向。
- 【面(F)】选项用于选择实体的一个表面作为新坐标系的 XOY 面。必须使用点选法选择实体。
- 【命名（NA)】选项用于恢复其他坐标系为当前坐标系、为坐标系保存及删除无用坐标系。
- 【对象（OB)】选项表示通过选定的对象创建 UCS 坐标系。只能使用点选法来选择对象。
- 【上一个（P)】选项用于将当前坐标系恢复到前一次所设置的坐标系位置，直到将坐标系恢复为 WCS 坐标系。
- 【视图（V)】选项表示将新建的用户坐标系的 X、Y 轴所在的面设置成与屏幕平行，其原点保持不变，Z 轴与 XY 平面正交。
- 【世界（W)】选项用于选择世界坐标系作为当前坐标系，用户可以从任何一种 UCS 坐标系下返回到世界坐标系。
- 【X】/【Y】/【Z】选项：原坐标系坐标平面分别绕 X、Y、Z 轴旋转而形成新的用户坐标系。
- 【Z 轴】选项用于指定 Z 轴方向以确定新的 UCS 坐标系。

10.4.3　管理 UCS

【命名 UCS】命令用于对命名 UCS 及正交 UCS 进行管理和操作。例如，用户可以使用该命令删除、重命名或恢复已命名的 UCS 坐标系，也可以选择 AutoCAD 预设的标准 UCS 坐标系、控制 UCS 图标的显示等。

执行【命名 UCS】命令主要有以下几种方式。

- 菜单栏：选择菜单栏中的【工具】/【命名 UCS】命令。
- 命令行：在命令行输入 Ucsman 后按 Enter 键。
- 功能区：单击【可视化】选项卡/【坐标】面板上的↘按钮。

执行【命名 UCS】后，可弹出如图 10-44 所示的【UCS】对话框，通过此对话框，可以很方便地对自己定义的坐标系统进行存储、删除、应用等操作。

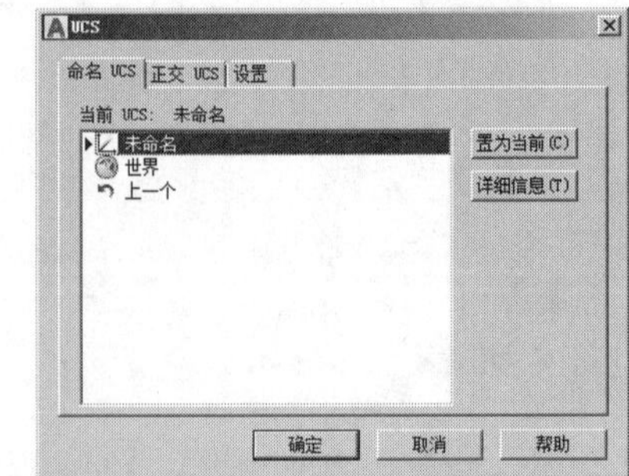

图 10-44　【UCS】对话框

10.4.4　动态 UCS

使用状态栏上的【动态 UCS】功能，用户可以非常方便地在三维实体的平面上创建对象，而无须手动更改 UCS 方向。在执行命令的过程中，当将光标移动到面上方时，动态 UCS 会临时将 UCS 的 XY 平面与三维实体的平整面对齐。

单击状态栏上的DUCS按钮或状态栏上的图标，或者按键盘上的 F6 键，都可激活【动态输入】功能。

10.5　综合范例——三维辅助功能的综合应用

本例通过将如图 10-45 所示的模型编辑成如图 10-46 所示的状态，主要对坐标系、视图、视觉样式等多种三维辅助功能进行综合应用和巩固。

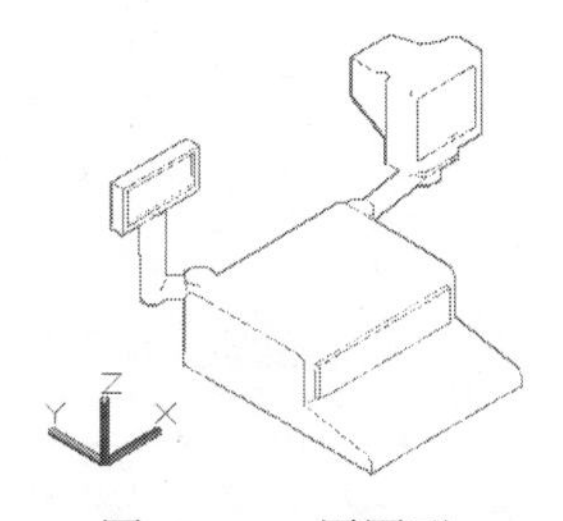

图 10-45　原图形

图 10-46　实例效果

操作步骤：

步骤 01　执行【打开】命令，打开下载文件中的“/素材文件/10-2.dwg”文件。

步骤 02　启用状态栏上的【对象捕捉】功能，并设置捕捉模式为端点捕捉、中点捕捉。

步骤 03　在命令行输入 UCS 并按 Enter 键，对当前坐标系进行位移。命令行提示如下：

```
命令: ucs                                  // Enter
指定 UCS 的原点或 [面(F)/命名(NA)/对象(OB)/上一个(P)/视图(V)/世界(W)/X/Y/Z/Z
轴(ZA)] <世界>:                              //m Enter，激活【移动】选项
指定新原点或 [Z 向深度(Z)] <0,0,0>:  //捕捉图 10-47 所示中点，结果如图 10-48 所示
```

步骤 04　执行【单行文字】命令，在坐标系的 XY 平面内创建文字。命令行提示如下：

```
命令: _dtext
当前文字样式: Standard  当前文字高度: 15.0000
指定文字的起点或 [对正(J)/样式(S)]:        //0,0 Enter
指定高度 <15.0000>:                        //55 Enter
指定文字的旋转角度 <0>:                    // Enter
```

步骤 05　此时在单行文字输入框中输入“3 号收银机”文字，如图 10-49 所示。

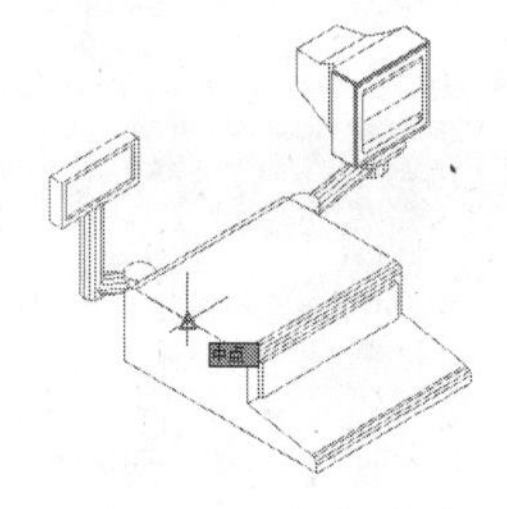

图 10-47　捕捉中点

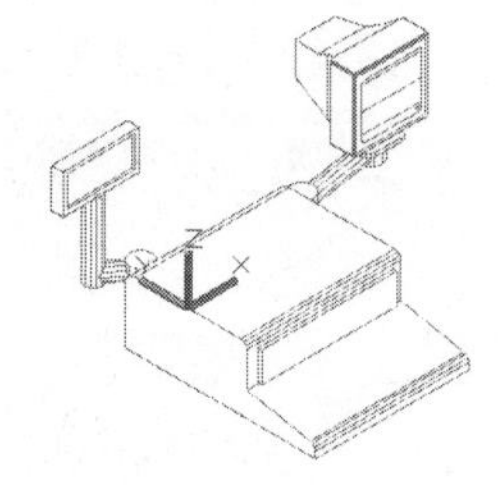

图 10-48　移动 UCS

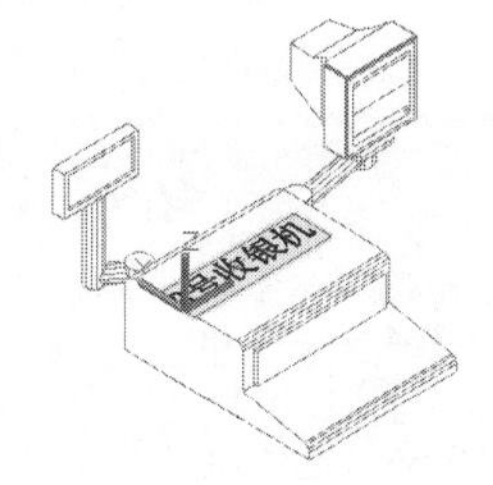

图 10-49　输入文字

步骤 06　连续按两次 Enter 键，结束【单行文字】命令，结果如图 10-50 所示。

步骤 07　使用快捷键 M 执行【移动】命令，将文字适当位移，结果如图 10-51 所示。

步骤 08　夹点显示位移后的文字，然后在【特性】选项板中修改其线宽为 0.30mm，同时打开状态栏上的【线宽】功能。

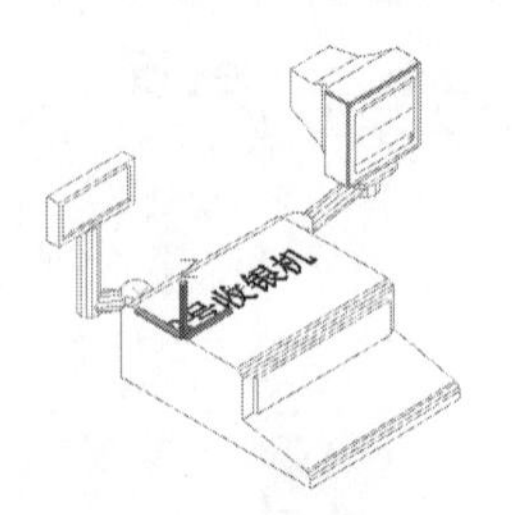
图 10-50　创建结果

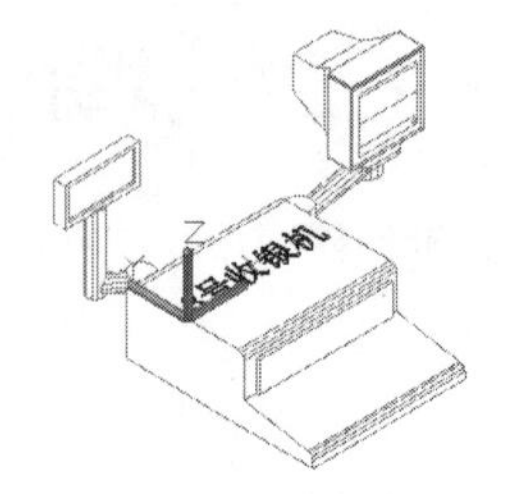
图 10-51　位移结果

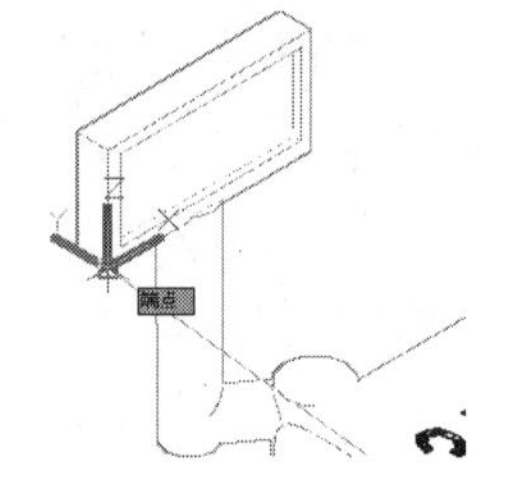
图 10-52　定位原点

步骤 09　在命令行输入 UCS 并按 Enter 键，使用 “三点”功能定义坐标系。命令行提示如下：

```
命令: ucs                                    // Enter
指定 UCS 的原点或 [面(F)/命名(NA)/对象(OB)/上一个(P)/视图(V)/世界(W)/X/Y/Z/Z 轴(ZA)] <世界>:
                                             //n Enter，激活【新建】选项
指定新 UCS 的原点或 [Z 轴(ZA)/三点(3)/对象(OB)/面(F)/视图(V)/X/Y/Z] <0,0,0>: //3 Enter
指定新原点 <0,0,0>:                            //捕捉如图 10-52 所示的端点
在正 X 轴范围上指定点 <448.7551,260.2975,313.6678>: //捕捉如图 10-53 所示的端点
在 UCS XY 平面的正 Y 轴范围上指定点 <447.7551,261.2975,313.6678>:
                                          //捕捉如图 10-54 所示的端点，定义结果如图 10-55 所示
```

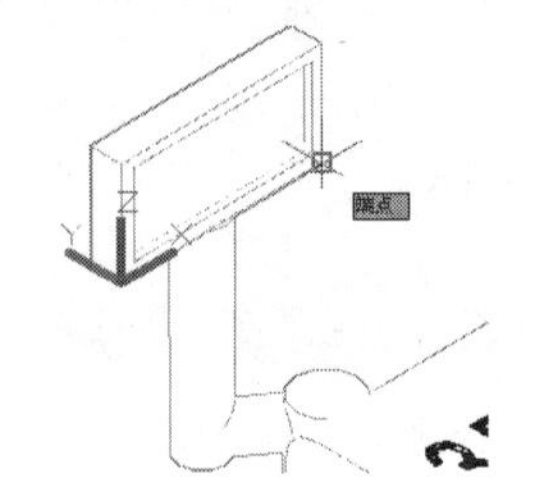
图 10-53　定位 X 轴正方向

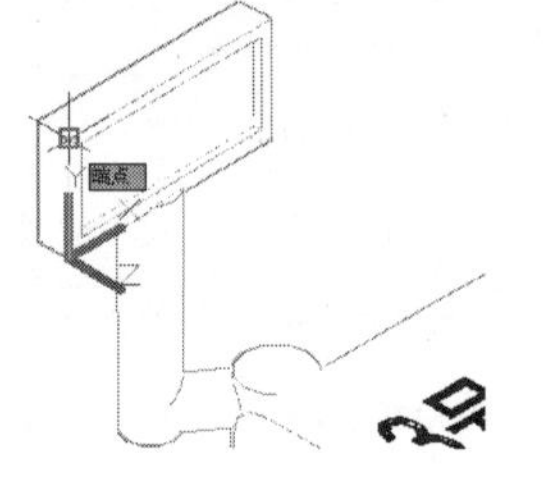
图 10-54　定位 Y 轴正方向

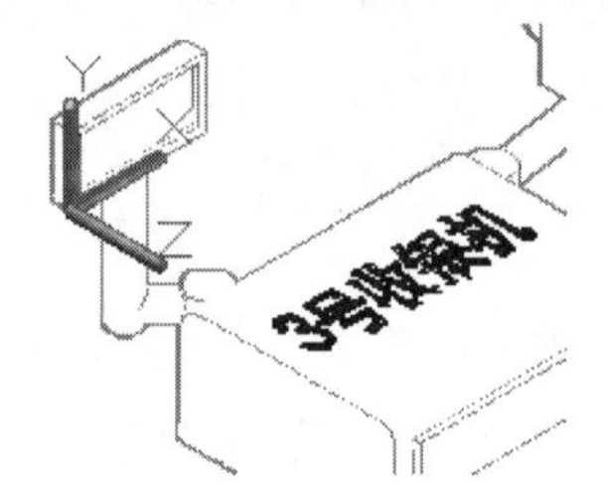

图 10-55　定位结果

步骤 10　使用快捷键 col 执行【颜色】命令，将当前颜色设置为红色。

步骤 11　使用快捷键 REC 执行【矩形】命令，分别捕捉如图 10-56 和图 10-57 所示的端点作为矩形的两个对角点，绘制矩形。

步骤 12　单击【视觉样式控件】/【二维线框】命令，设为二维线框着色，结果如图 10-58 所示。

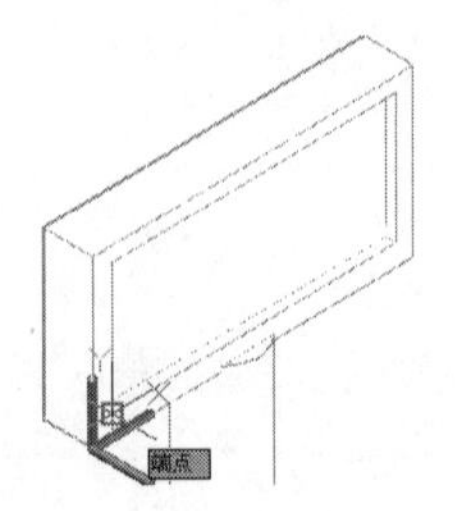
图 10-56　定位矩形角点

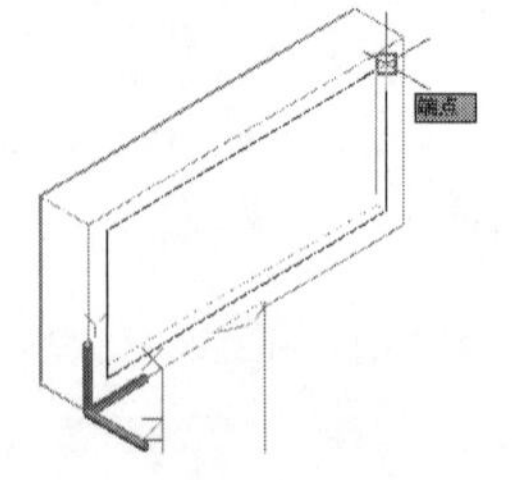
图 10-57　定位对角点

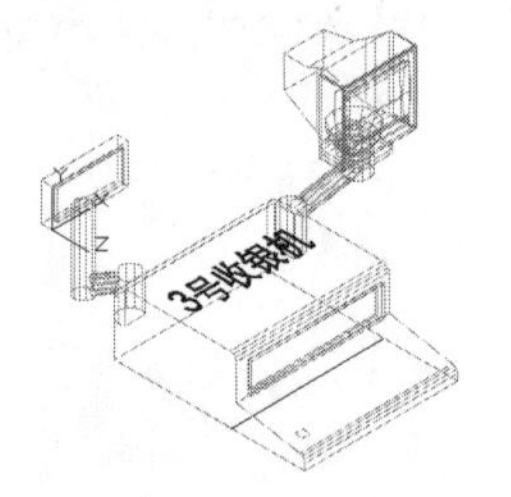

图 10-58　绘制结果

步骤 13　使用快捷键 REG 执行【面域】命令，将刚创建的矩形转化为面域。

步骤 14　在无命令执行的前提下，夹点显示如图 10-59 所示的对象，然后展开【特性】选项板，修改其颜色为“绿色”，并取消对象的夹点显示，结果如图 10-60 所示。

步骤 15　在命令行输入 UCS 并按 Enter 键，重新定义用户坐标系。命令行提示如下：

```
命令: ucs                                    // Enter
指定 UCS 的原点或 [面(F)/命名(NA)/对象(OB)/上一个(P)/视图(V)/世界(W)/X/Y/Z/Z 轴(ZA)] <世界>:                                    //n Enter
指定新 UCS 的原点或 [Z 轴(ZA)/三点(3)/对象(OB)/面(F)/视图(V)/X/Y/Z] <0,0,0>: //3 Enter
指定新原点 <0,0,0>:                           //捕捉如图 10-61 所示的端点
在正 X 轴范围指定点 <448.7551,260.2975,313.6678>    //捕捉如图 10-62 所示
在 UCS XY 平面的正 Y 轴范围指定点 <447.7551,261.2975,313.6678>:
                                            //捕捉如图 10-63 所示的端点，结果如图 10-64 所示
```

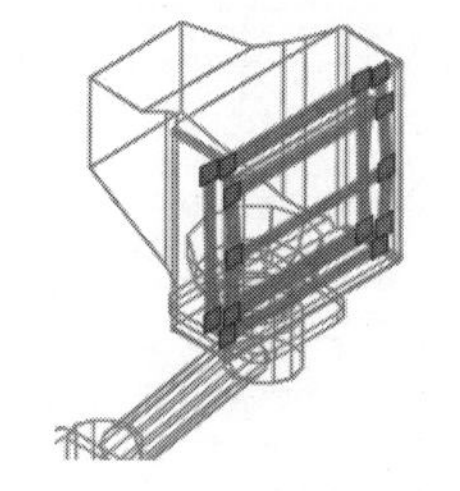

图 10-59　夹点显示

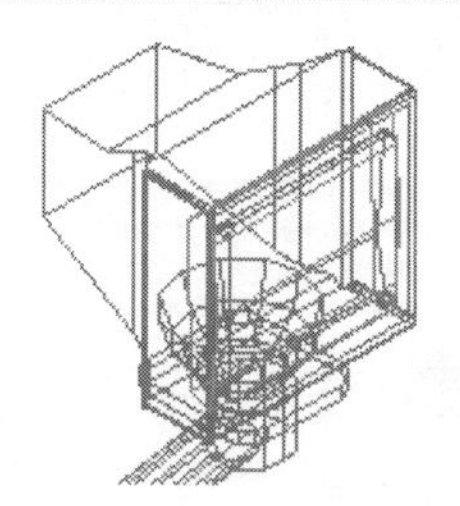

图 10-60　修改颜色

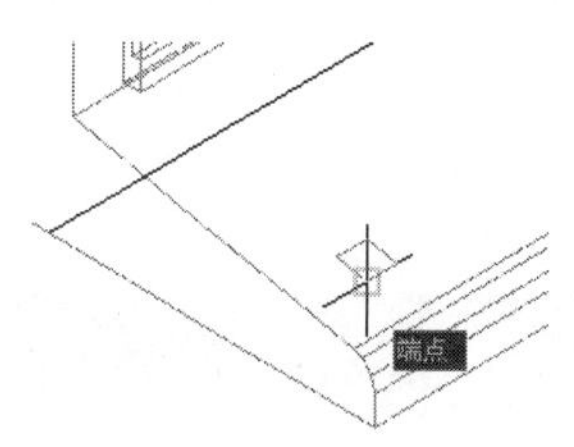

图 10-61　定位原点

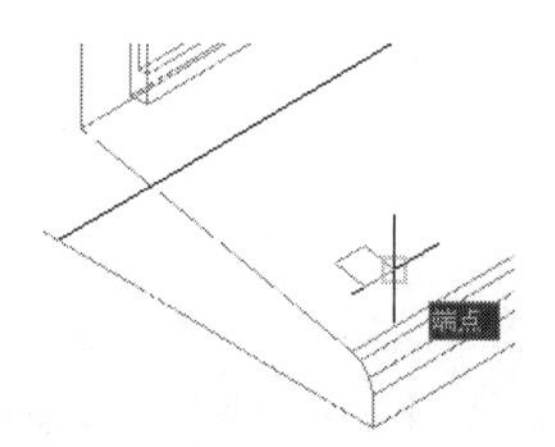

图 10-62　定位 X 轴正方向

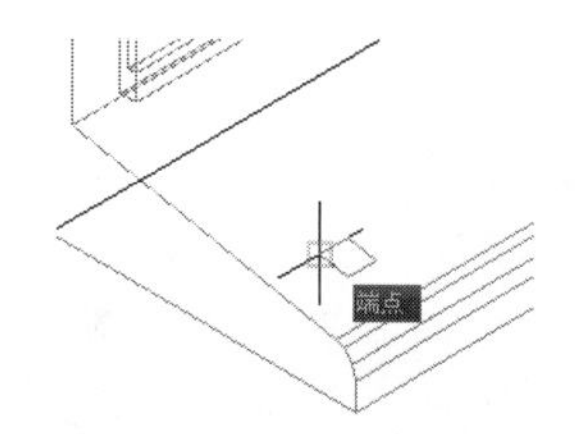

图 10-63　定位 Y 轴正方向

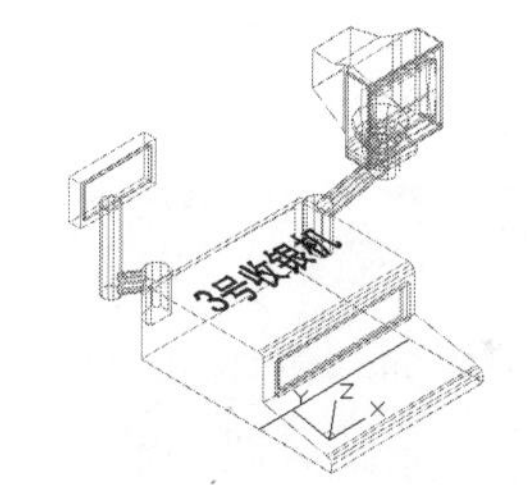

图 10-64　定义 UCS

步骤 16　使用快捷键 I 执行【插入块】命令，采用默认参数，插入下载文件中的“/素材文件/键盘.dwg”，插入点为原点，插入结果如图 10-65 所示。

步骤 17　执行【分解】命令，将插入的键盘分解，然后修改颜色为“黄色”，结果如图 10-66 所示。

步骤 18　单击【视觉样式控件】/【概念】命令，将模型进行概念着色，结果如图 10-67 所示。

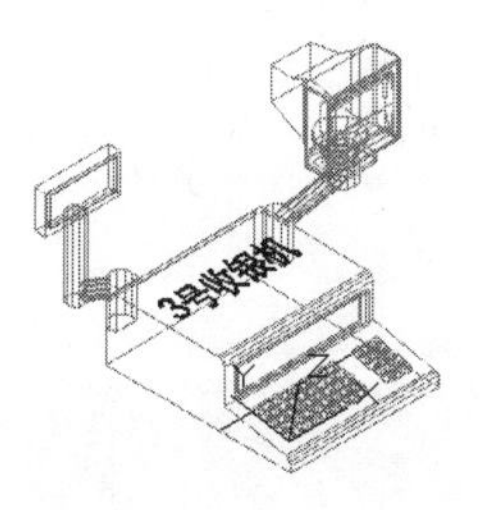

图 10-65　插入结果

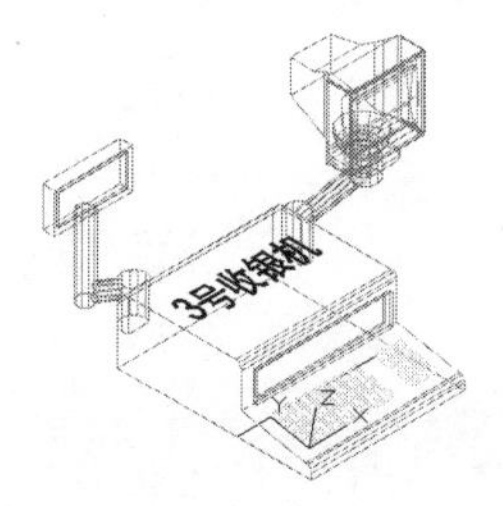

图 10-66　修改颜色

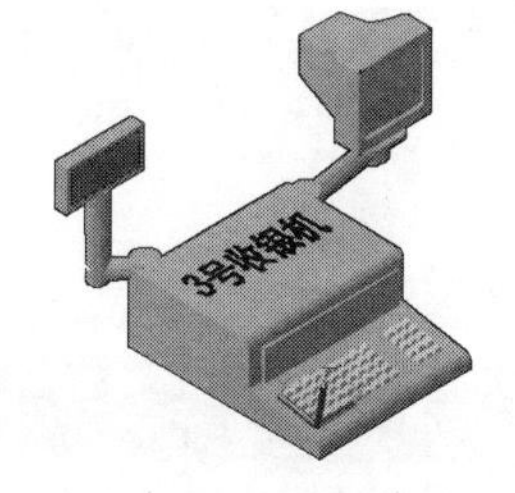

图 10-67　概念着色

步骤 19　选择菜单栏中的【视图】/【显示】/【UCS 图标】/【开】命令，将坐标系图标隐藏，结果如图 10-68 所示。

步骤 20　单击【视觉样式控件】/【真实】命令，将模型进行真实着色，结果如图 10-69 所示。

步骤 21　单击【视觉样式控件】/【带边缘着色】命令，将模型进行着色，结果如图 10-70 所示。

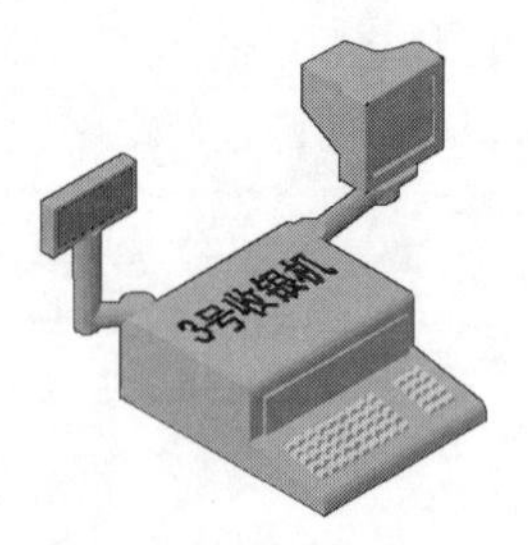

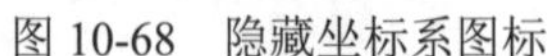
图 10-68　隐藏坐标系图标　　图 10-69　真实着色　　图 10-70　带边缘着色

步骤 22　单击【视觉样式控件】/【着色】命令，最终结果如图 10-46 所示。

步骤 23　最后执行【另存为】命令，将图形另存为“综合范例.dwg”。

10.6　思考与总结

10.6.1　知识点思考

（1）为了方便用户制作和观察三维物体，AutoCAD 为用户提供了一些标准视图，具体有哪些？

（2）AutoCAD 也为用户提供了三维物体的动态观察功能，以方便用户调整和观察物体的不同侧面，有关动态观察功能，具体包括哪几种类型？

10.6.2　知识点总结

本章主要简单讲述了 AutoCAD 的三维辅助功能，具体包括视点的设置、视图的切换、视口的分割、坐标系的设置管理、三维对象的视觉显示等辅助功能。通过本章的学习，应理解和掌握以下知识：

- 了解和掌握三维视点的设置功能，以方便观察三维空间内的图形对象。
- 了解和掌握 6 种正交视图、4 种等轴测视图、平面视图及视图之间的切换操作。
- 了解视口和视图的区别，掌握多个视口的分割功能和合并功能及三维对象的动态显示。
- 理解世界坐标系和用户坐标系的概念及功能；掌握用户坐标系的各种设置方式及坐标系的管理、切换、应用等重要操作知识。
- 最后需要了解和掌握对象的着色功能，具体有二维线框、线框、消隐、真实、概念、着色、带边缘着色、灰度、勾画和 X 射线。

10.7　上机操作题

10.7.1　操作题一

综合所学知识，将如图 10-71 所示的某住宅楼立体模型，以不同视口、不同着色方式进行显示，并对本章所讲述的三维观察和三维显示功能进行综合应用和巩固。本例效果如图 10-72 所示。

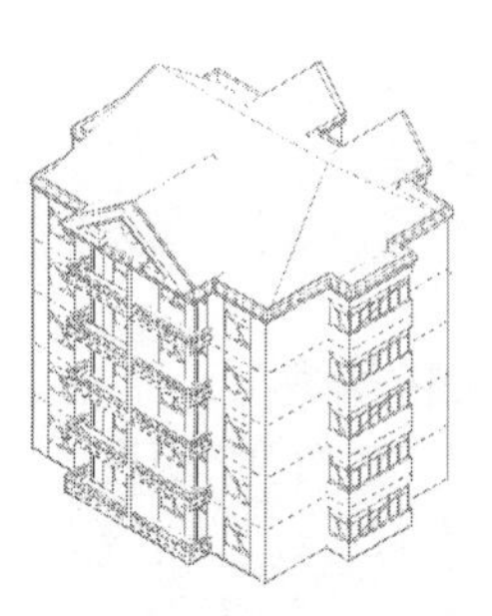

图 10-71　住宅楼的三维模型

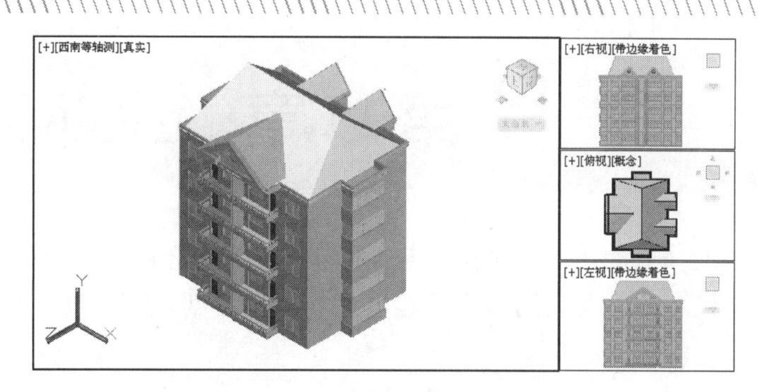

图 10-72　操作题一

如图 10-71 所示的模型位于下载文件中的“素材文件”文件夹下，名称为“10-3.dwg”。

10.7.2　操作题二

综合所学知识，将如图 10-73 所示的三维模型编辑为如图 10-74 所示的状态。

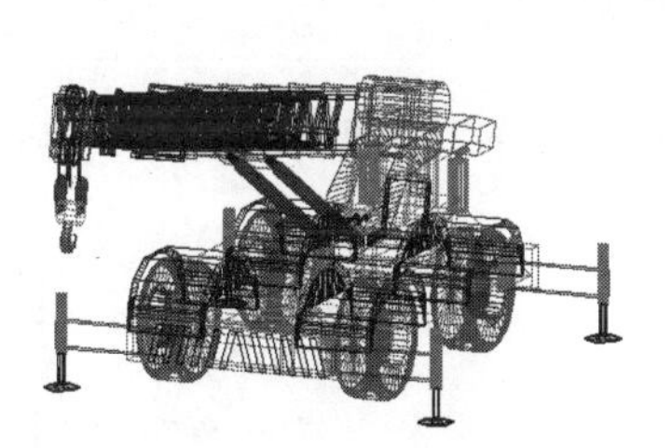

图 10-73　素材文件

图 10-74　操作题二

如图 10-73 所示的模型位于下载文件中的“素材文件”文件夹下，名称为“10-4.dwg”。

第 11 章　创建网格与曲面

上一章简单了解了网格与曲面模型的特点和用途，本章将详细讲述网格模型与曲面模型的创建方法和技巧，学习使用基本的建模工具，快速创建物体的三维面或网格模型，以体现物体的三维特征。

本章内容

- 创建常用网格
- 创建常用曲面
- 编辑曲面与网格
- 综合范例——制作柱齿轮立体造型
- 思考与总结
- 上机操作题

11.1　创建常用网格

本节主要学习几何体网格的基本创建功能，具体有【旋转网格】、【平移网格】、【直纹网格】、【边界网格】、【三维网格】、【网格图元】等命令。

11.1.1　旋转网格

【旋转网格】是通过一条轨迹线绕指定的轴进行空间旋转，从而生成回转体空间网格，如图 11-1 所示。此命令常用于创建具有回转体特征的空间形体，如酒杯、茶壶、花瓶、灯罩、轮、环等三维模型。

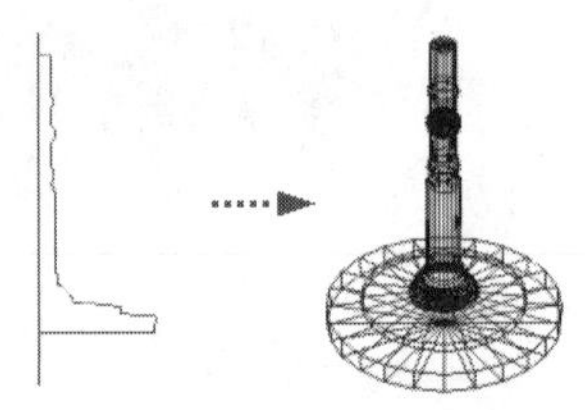

图 11-1　旋转网格示例

用于旋转的轨迹线可以是直线、圆、圆弧、样条曲线、二维或三维多段线，旋转轴则可以是直线或非封闭的多段线。

执行【旋转网格】命令主要有以下几种方式。

- 菜单栏：选择菜单栏中的【绘图】/【建模】/【网格】/【旋转网格】命令。
- 命令行：在命令行输入 Revsurf 后按 Enter 键。
- 功能区：单击【三维建模】空间/【网格】选项卡/【图元】面板上的按钮。

【例题 11-1】　将壳体零件图旋转为网格造型

步骤 01　打开下载文件中的“/素材文件/11-1.dwg”，如图 11-2 所示。

步骤 02　使用【修剪】和【删除】命令，对零件图进行编辑，删除多余的图线，结果如图 11-3 所示。

步骤 03　使用快捷键 PE 执行【编辑多段线】命令，将轮廓图编辑成一条闭合的多段线。命令行提示如下：

```
命令：_pedit
选择多段线或 [多条(M)]：                     //单击图 11-3 所示的某一轮廓线
选定的对象不是多段线
是否将其转换为多段线？<Y>                    // Enter，采用当前设置
输入选项 [闭合(C)/合并(J)/宽度(W)/编辑顶点(E)/拟合(F)/样条曲线(S)/非曲线化(D)/线型生成(L) /
反转(R)/放弃(U)]：                          //j Enter，激活【合并】选项功能
选择对象：                                   //选择如图 11-3 所示的闭合轮廓线
选择对象：                                   // Enter，结束对象的选择
多段线已增加 14 条线段
输入选项 [打开(O)/合并(J)/宽度(W)/编辑顶点(E)/拟合(F)/样条曲线(S)/非曲线化(D)/线型生成(L) /
反转(R)/放弃(U)]：                   // Enter，结果被选择的对象被合并为一条闭合的多段线
```

步骤 04　分别使用系统变量 SURFTAB1 和 SURFTAB2，设置回转网格表面的线框密度。命令行提示如下：

```
命令：surftab1                               // Enter，激活该系统变量
输入 SURFTAB1 的新值 <6>：                   //24 Enter，输入变量值
命令：surftab2                               // Enter，激活该系统变量
输入 SURFTAB2 的新值 <6>：                   //24 Enter，输入变量值
```

步骤 05　选择菜单栏中的【绘图】/【建模】/【网格】/【旋转网格】命令，根据命令行的操作提示进行作图。命令行提示如下：

```
命令：_revsurf
当前线框密度：SURFTAB1=24  SURFTAB2=24
选择要旋转的对象：                              //选择水平中心线上侧的闭合多段线
选择定义旋转轴的对象：                          //选择下侧的水平中心线
指定起点角度 <0>：                              // Enter，采用当前设置
指定包含角 (+=逆时针，-=顺时针) <360>：        // Enter，采用当前设置，创建结果如图 11-4 所示
```

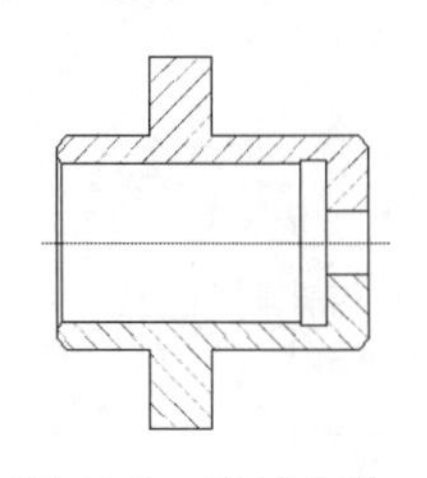
图 11-2　素材文件

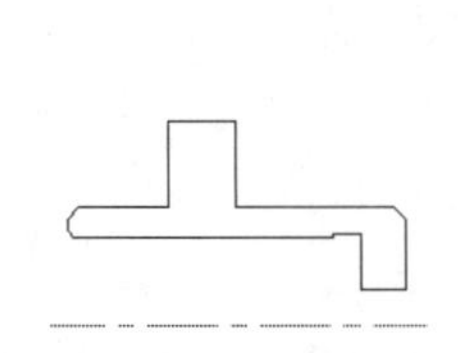
图 11-3　编辑结果

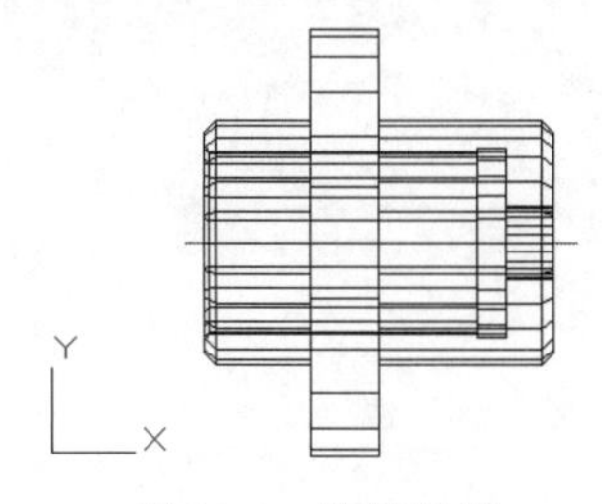

图 11-4　旋转结果

起始角为轨迹线开始旋转时的角度，旋转角表示轨迹线旋转的角度，如果用户输入的角度为正，则按逆时针方向旋转构造旋转曲面，否则按顺时针方向构造旋转曲面。

步骤 06　单击【视图控件】/【西南等轴测】命令，将视图切换为西南视图，结果如图 11-5 所示。

步骤 07　单击【视觉样式控件】/【消隐】命令，对模型进行消隐显示，结果如图 11-6 所示。

步骤 08　单击【视觉样式控件】/【灰度】命令，对模型进行着色，结果如图 11-7 所示。

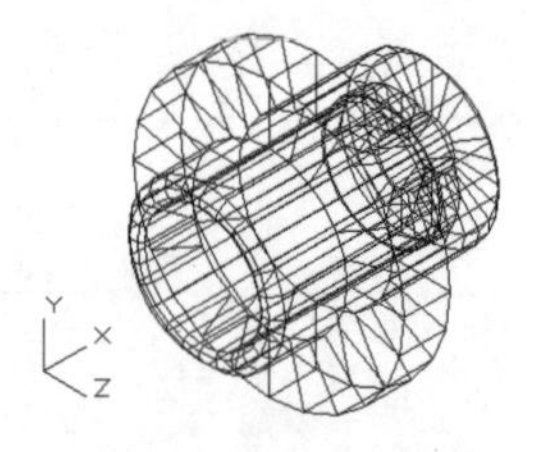

图 11-5　切换西南视图

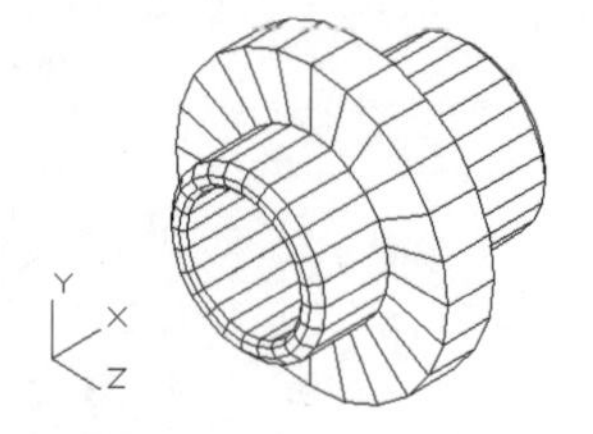

图 11-6　消隐着色

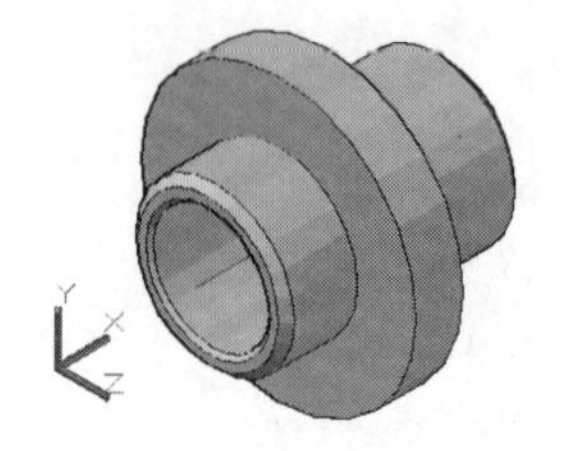
图 11-7　灰度着色

11.1.2　平移网格

【平移网格】是轨迹线沿着指定方向矢量平移延伸而形成的三维网格，轨迹线可以是直线、圆（圆弧、椭圆、椭圆弧）、样条曲线、二维或三维多段线。

执行【平移网格】命令主要有以下几种方式。

- 菜单栏：选择菜单栏中的【绘图】/【建模】/【网格】/【平移网格】命令。
- 命令行：在命令行输入 Tabsurf 后按 Enter 键。
- 功能区：单击【三维建模】空间/【网格】选项卡/【图元】面板上的按钮。

在创建平移网格时，方向矢量用来指明拉伸的方向和长度，可以是直线或非封闭的多段线，不能使用圆或圆弧来指定拉伸的方向。

【例题 11-2】　将螺钉平面图平移为网格造型

步骤 01　打开下载文件中的“/素材文件/11-2.dwg”，如图 11-8 所示。

步骤 02　使用系统变量 SURFTAB1，设置直纹网格的线框密度为 24。

步骤 03　单击【三维建模】空间/【网格】选项卡/【图元】面板上的按钮，创建平移网格。命令行提示如下：

```
命令：_tabsurf
当前线框密度：SURFTAB1=24
选择用作轮廓曲线的对象：        //选择正六边形
选择用作方向矢量的对象：        //在图 11-9 所示位置单击，创建如图 11-10 所示的网格
```

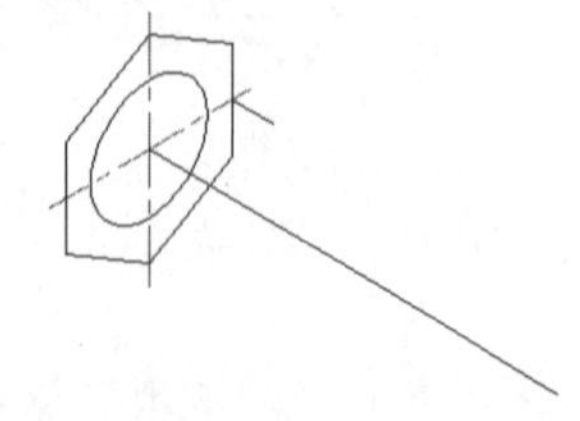
图 11-8　打开结果

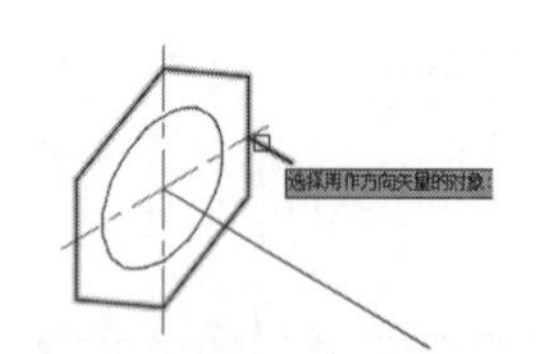

图 11-9　选择方向矢量

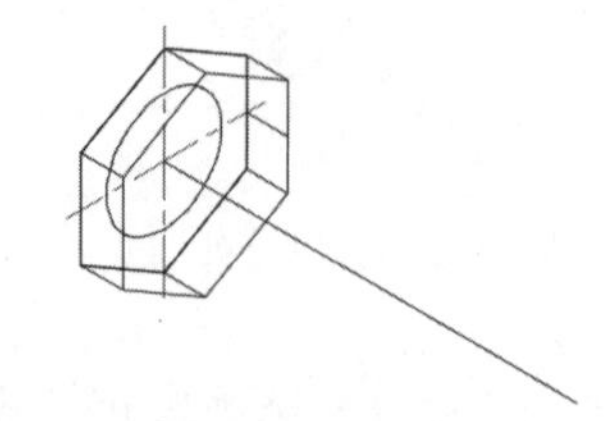
图 11-10　创建结果

步骤 04　重复执行【平移网格】命令，继续创建网格模型。命令行提示如下：

```
命令：_tabsurf
当前线框密度：SURFTAB1=24
选择用作轮廓曲线的对象：  //选择圆
选择用作方向矢量的对象：  //在图 11-11 所示的位置单击直线，创建如图 11-12 所示的平移网格，其概念着色效果如图 11-13 所示
```

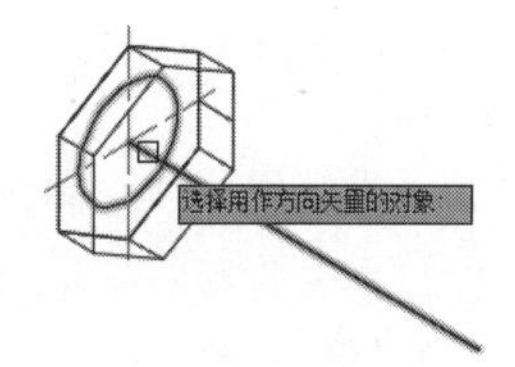

图 11-11　选择方向矢量

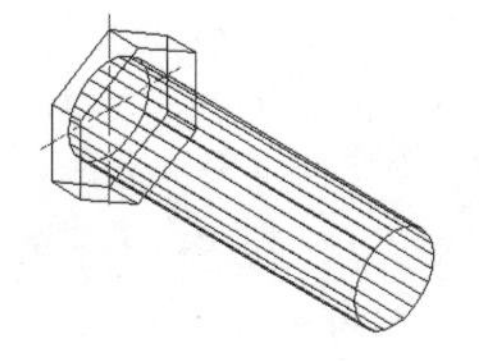

图 11-12　创建结果

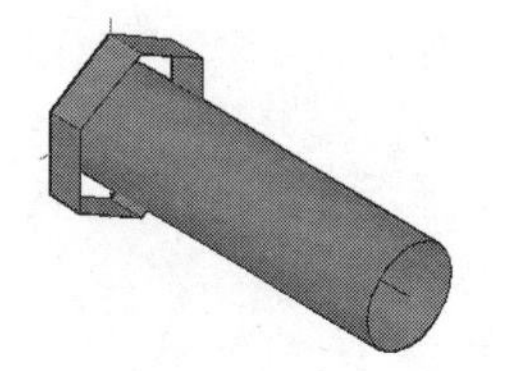

图 11-13　概念着色

步骤 05　夹点显示两个平移网格，然后选择菜单栏中的【工具】/【绘图次序】/【后置】命令，将网格模型进行后置。

步骤 06　使用快捷键 REG 执行【面域】命令，将夹点显示的正六边形和圆转化为面域。

步骤 07　使用快捷键 CO 执行“复制”命令，将正六边形面域沿 Z 轴正方向复制 5 个单位，将圆形面域沿 Z 轴正方向复制 50 个单位，复制后的概念着色效果如图 11-14 所示。

创建平移网格时，用于拉伸的轨迹线和方向矢量不能位于同一平面内，在指定位伸的方向矢量时，选择点的位置不同，结果也不同。

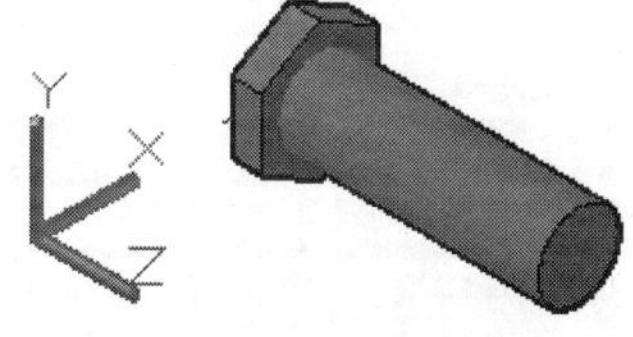

图 11-14　复制结果

11.1.3　直纹网格

【直纹网格】命令主要用于在指定的两个对象之间创建直纹网格，如图 11-15 所示。所指定的两条边界可以是直线、样条曲线、多段线等。

如果一条边界是闭合的，那么另一条边界也必须是闭合的。另外，在选择第二条定义曲线时，如果单击的位置与第一条曲线位置相反，结果会生成如图 11-16 所示的曲面。

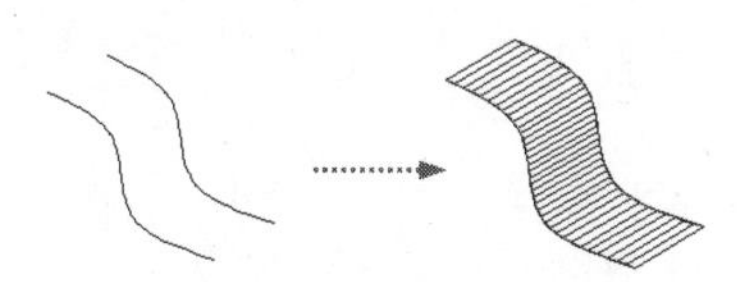

图 11-15　直纹网格示例

图 11-16　直纹网格示例

执行【直纹网格】命令主要有以下几种方式。

- 菜单栏：选择菜单栏中的【绘图】/【建模】/【网格】/【直纹网格】命令。
- 命令行：在命令行输入 Rulesurf 后按 Enter 键。
- 功能区：单击【三维建模】空间/【网格】选项卡/【图元】面板上的按钮。

【例题 11-3】　在两条边界之间创建网格造型

步骤 01　打开下载文件中的“/素材文件/11-3.dwg”，如图 11-17 所示。

步骤 02　使用快捷键 PE 执行【编辑多段线】命令，将轮廓图编辑成一条闭合的多段线。命令行提示如下：

```
命令: _pedit
选择多段线或 [多条(M)]:                    //单击任意一条外轮廓线
```

```
选定的对象不是多段线
是否将其转换为多段线? <Y>                    // Enter，采用当前设置
输入选项 [闭合(C)/合并(J)/宽度(W)/编辑顶点(E)/拟合(F)/样条曲线(S)/非曲线化(D)/线型生成(L)/
反转(R)/放弃(U)]:                            //j Enter，激活【合并】选项
选择对象:                                    //选择如图 11-18 所示的闭合外轮廓线
选择对象:                                    // Enter，结束对象的选择
18 条线段已添加到多段线
输入选项 [打开(O)/合并(J)/宽度(W)/编辑顶点(E)/拟合(F)/样条曲线(S)/非曲线化(D)/线型生成(L)/
反转(R)/放弃(U)]:                          // Enter，结果选择的对象被合并为一条闭合的多段线
```

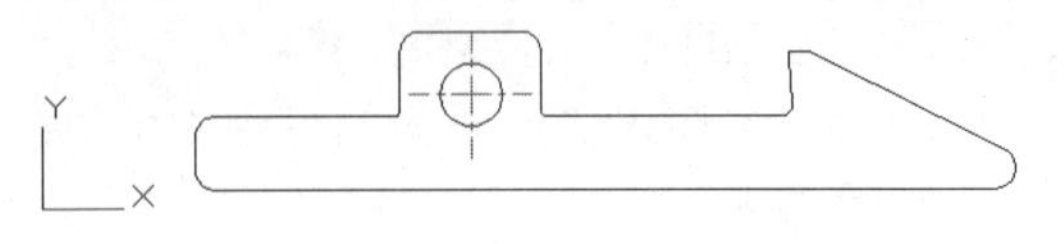

图 11-17　素材文件

图 11-18　编辑多段线

步骤 03　在命令行设置系统变量 SURFTAB1 的值为 120。

步骤 04　单击【视图控件】/【西南等轴测】命令，将当前视图切换为西南视图。

步骤 05　选择菜单栏中的【修改】/【复制】命令，将图形进行沿 Z 轴正方向 10 个单位，命令行提示如下：

```
命令: _copy
选择对象:                                    //选择所示有对象
选择对象:                                    // Enter
当前设置:  复制模式 = 多个
指定基点或 [位移(D)/模式(O)] <位移>:         //捕捉圆心
指定第二个点或 [阵列(A)] <使用第一个点作为位移>:  //@0,0,10 Enter
指定第二个点或 [阵列(A)/退出(E)/放弃(U)] <退出>: // Enter，复制结果如图 11-19 所示
```

步骤 06　单击【三维建模】空间/【网格】选项卡/【图元】面板上的按钮，创建直纹网格模型。命令行提示如下：

```
命令: _rulesurf
当前线框密度: SURFTAB1=120
选择第一条定义曲线:                          //选择其中的一个圆
选择第二条定义曲线:                          //选择另一侧的圆，结果如图 11-20 所示
命令: _rulesurf
当前线框密度: SURFTAB1=120
选择第一条定义曲线:              //在如图 11-20 所示的位置单击外轮廓线
选择第二条定义曲线:              //在相同位置单击另一个的外轮廓线，结果如图 11-21 所示
```

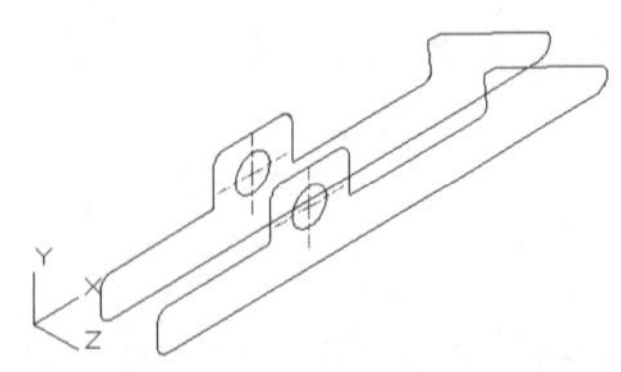

图 11-19　复制结果

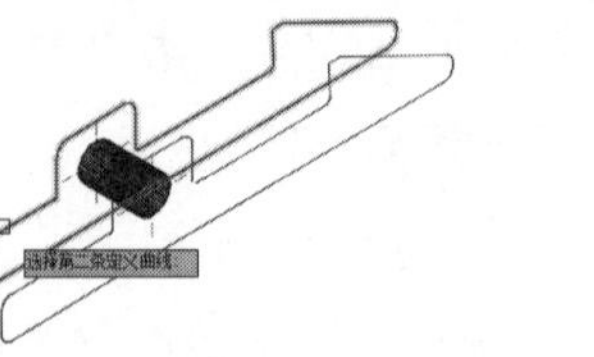

图 11-20　指定单击位置

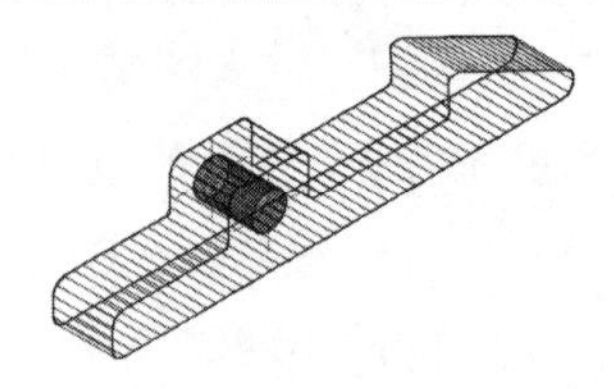

图 11-21　创建结果

步骤 07　夹点显示刚创建的两个直纹网格。然后选择右键快捷菜单中的【绘图次序】/【后置】命令，将网格模型进行后置。

步骤 08　使用快捷键 REG 执行【面域】命令，选择如图 11-22 所示的两个圆和两条外轮廓线，将其转化为面域。

步骤 09　单击【视觉样式控件】/【概念】命令，对网格模型进行概念着色，结果如图 11-23 所示。

步骤 10　选择菜单栏中的【修改】/【实体编辑】/【差集】命令，对 4 个面域进行差集。命令行提示如下：

```
命令: _subtract
选择要从中减去的实体、曲面和面域...
选择对象:                //选择如图 11-24 所示的两条面域
选择对象:                // Enter
选择要减去的实体、曲面和面域...
选择对象:                //选择如两个圆形面域
选择对象:                // Enter，结束命令示
```

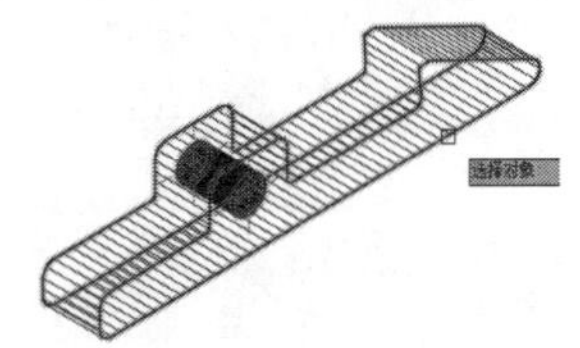

图 11-22　夹点显示

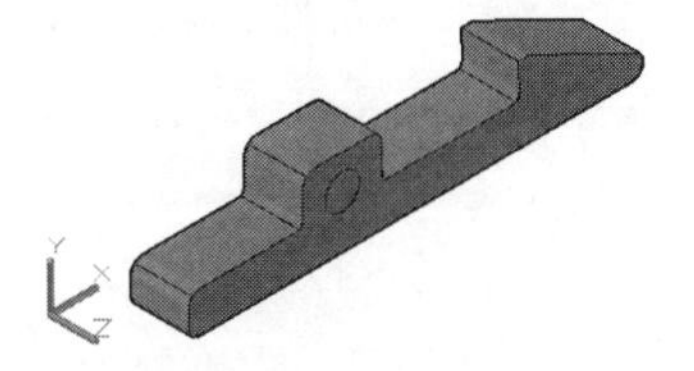
图 11-23　概念着色

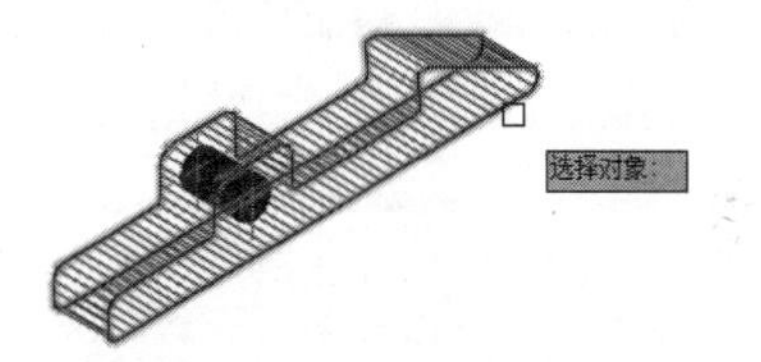

图 11-24　选择面域

步骤 11　单击【视觉样式控件】/【概念】命令，对模型进行概念着色，并删除中心线，结果如图 11-25 所示。

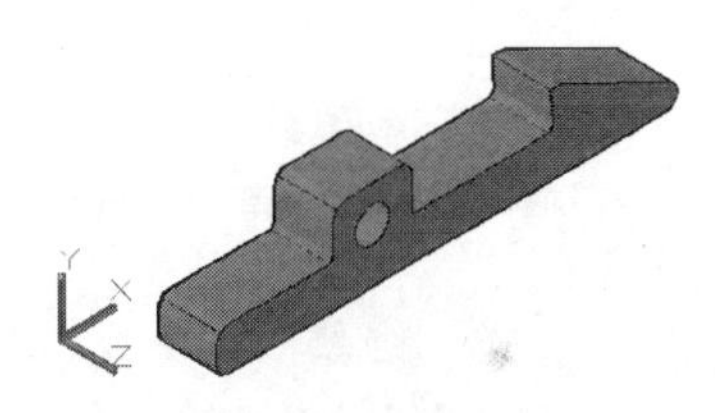
图 11-25　概念着色

11.1.4　边界网格

【边界网格】命令用于将 4 条首尾相连的空间直线或曲线作为边界创建空间曲面模型。另外，4 条边界必须首尾相连形成一个封闭图形。

执行【边界网格】命令主要有以下几种方式。

- 菜单栏：选择菜单栏中的【绘图】/【建模】/【网格】/【边界网格】命令。
- 工具栏：在命令行输入 Edgesurf 后按 Enter 键。
- 功能区：单击【三维建模】空间/【网格】选项卡/【图元】面板上的按钮。

【例题 11-4】　在 4 条首尾相连的空间中创建网格

步骤 01　新建空白文件。

步骤 02　单击【视图控件】/【西南等轴测】命令，将当前视图切换为西南视图。

步骤 03　使用快捷键 REC 执行【矩形】命令，绘制边长为 150 的正四边形。

步骤 04　执行【复制】命令，将正四边形沿 Z 轴正方向复制 150 个单位，结果如图 11-26 所示。

步骤 05　使用快捷键 O 执行【偏移】命令，将复制出的正四边形向内偏移 50 个单位，同时删除原四边形，结果如图 11-27 所示。

步骤 06　使用快捷键 X 执行【分解】命令，将两个矩形分解。

步骤 07　使用快捷键 L 执行【直线】命令，分别连接矩形的角点，绘制如图 11-28 所示的直线。

步骤 08　使用快捷键 LA 执行【图层】命令，新建名为“网格”的图层，同时将该图层关闭。

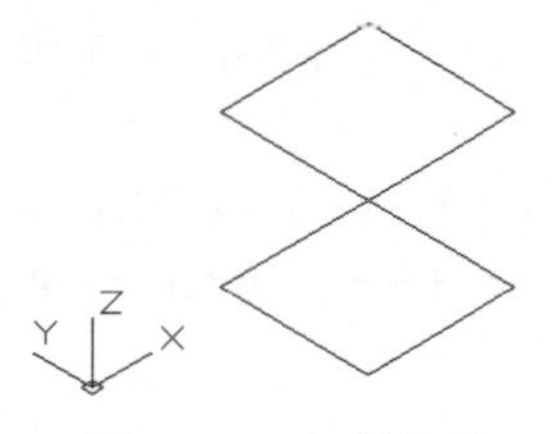

图 11-26　复制结果

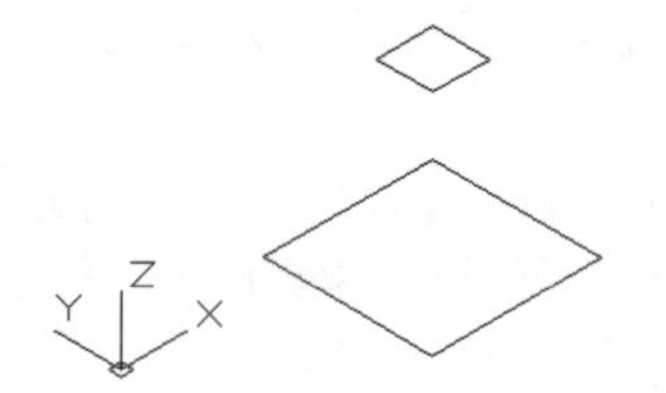

图 11-27　偏移结果

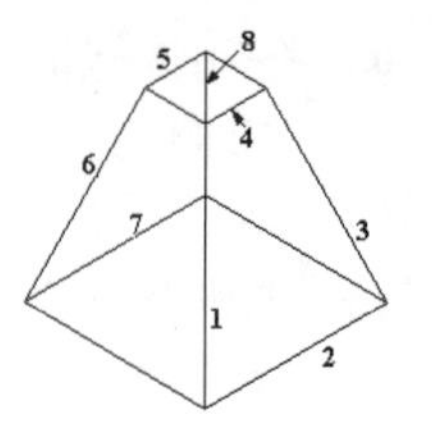

图 11-28　绘制直线

步骤 09　使用系统变量 SURFTAB1 和 SURFTAB2，设置直纹曲面表面的线框密度为 30。命令行提示如下：

```
命令: surftab1                                    // Enter
输入 SURFTAB1 的新值 <6>:                          //30 Enter
命令: surftab2                                    // Enter
输入 SURFTAB2 的新值 <6>:                          //30 Enter
```

步骤 10　单击【三维建模】空间/【网格】选项卡/【图元】面板上的按钮，根据命令行的操作提示进行绘图。命令行提示如下：

```
命令: _edgesurf
当前线框密度: SURFTAB1=24   SURFTAB2=24
选择用作曲面边界的对象 1:                  //单击如图 11-28 所示的轮廓线 1
选择用作曲面边界的对象 2:                  //单击轮廓线 2
选择用作曲面边界的对象 3:                  //单击轮廓线 3
选择用作曲面边界的对象 4:                  //单击轮廓线 4，创建结果如图 11-29 所示
命令:                                      // Enter，重复执行命令
EDGESURF 当前线框密度: SURFTAB1=24   SURFTAB2=24
选择用作曲面边界的对象 1:                  //单击轮廓线 5
选择用作曲面边界的对象 2:                  //单击轮廓线 6
选择用作曲面边界的对象 3:                  //单击轮廓线 7
选择用作曲面边界的对象 4:        //单击轮廓线 8，创建结果如图 11-30 所示
```

步骤 11　选择刚创建的两个边界网格，然后展开【图层】下拉列表，修改图层为“网格”，将边界曲面隐藏。

步骤 12　重复执行【边界网格】命令，根据命令行的提示，继续创建其他侧的面模型。命令行提示如下：

```
命令: _edgesurf
当前线框密度: SURFTAB1=24   SURFTAB2=24
选择用作曲面边界的对象 1:                  //单击如图 11-31 所示的轮廓线 1
```

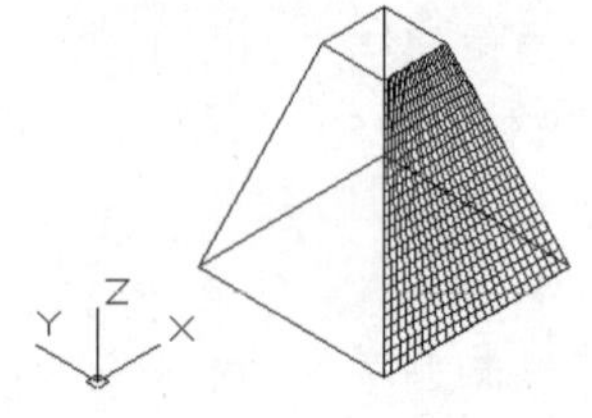

图 11-29　创建边界曲面

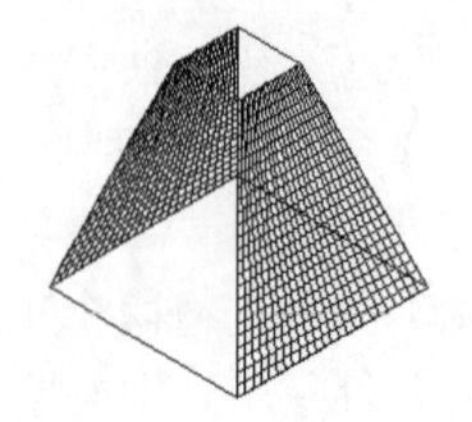

图 11-30　创建另一侧曲面

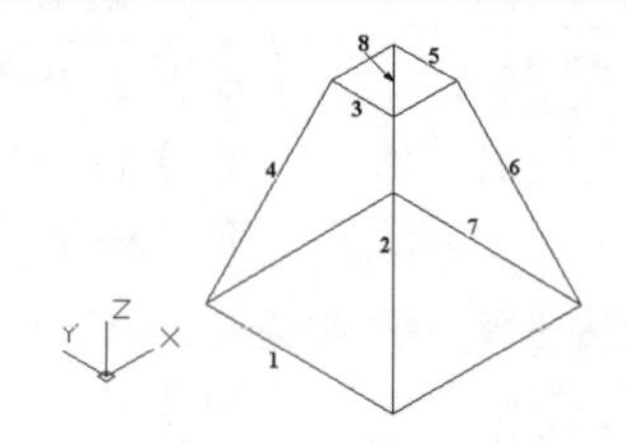

图 11-31　定位边界

```
选择用作曲面边界的对象 2:                    //单击轮廓线 2
选择用作曲面边界的对象 3:                    //单击轮廓线 3
选择用作曲面边界的对象 4:                    //单击轮廓线 4， 创建结果如图 11-32 所示
命令:                                        // Enter，重复执行命令
EDGESURF 当前线框密度： SURFTAB1=24  SURFTAB2=24
选择用作曲面边界的对象 1:                      //单击如图 11-31 所示的轮廓线 5
选择用作曲面边界的对象 2:                      //单击轮廓线 6
选择用作曲面边界的对象 3:                      //单击轮廓线 7
选择用作曲面边界的对象 4:                      //单击轮廓线 8，创建结果如图 11-33 所示
```

步骤 13 选择刚创建的两个边界网格，修改其图层为“网格”，并将其隐藏。

步骤 14 再次执行【边界曲面】命令，创建上侧的曲面模型。命令行提示如下：

```
命令: _edgesurf
当前线框密度： SURFTAB1=24  SURFTAB2=24
选择用作曲面边界的对象 1:                    //单击如图 11-34 所示的轮廓线 A
选择用作曲面边界的对象 2:                    //单击轮廓线 B
选择用作曲面边界的对象 3:                    //单击轮廓线 C
选择用作曲面边界的对象 4:                    //单击轮廓线 D， 创建结果如图 11-35 所示
```

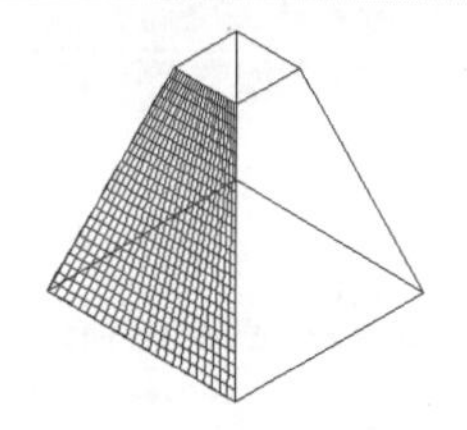

图 11-32 创建边界曲面

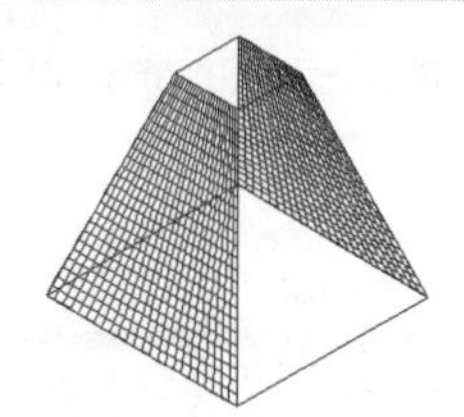

图 11-33 创建对侧曲面

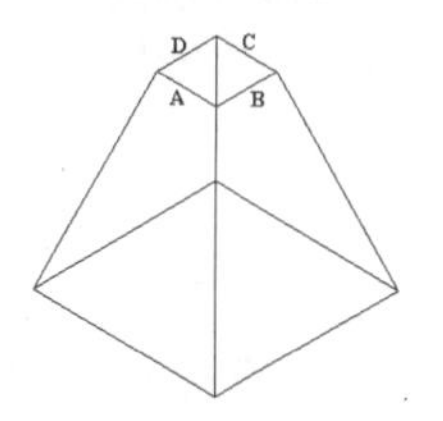

图 11-34 定位边

步骤 15 展开【图层】面板上的【图层】下拉列表，打开被关闭的图层，结果如图 11-36 示。

步骤 16 在命令行输入 Shade 后按 Enter 键，对模型进行着色显示，结果如图 11-37 所示。

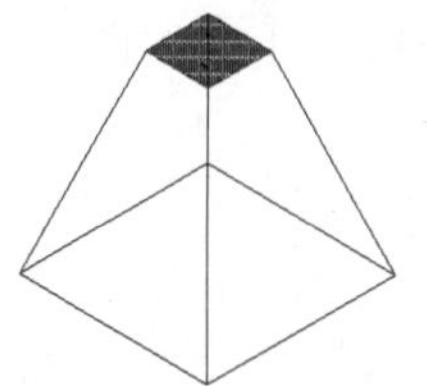

图 11-35 创建边界曲面

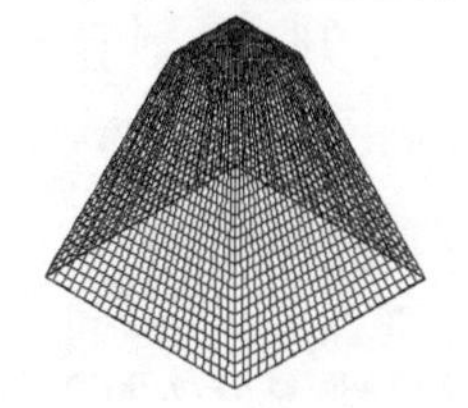

图 11-36 打开图层的显示

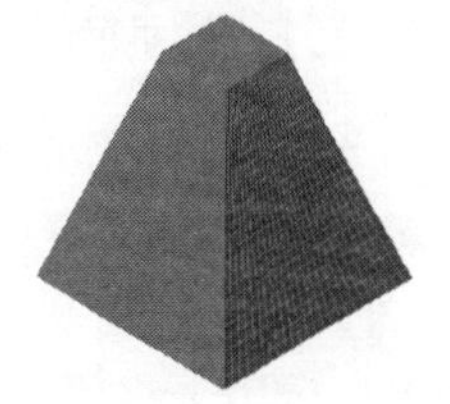

图 11-37 平面着色

每条边选择的顺序不同，生成的曲面形状也不一样。用户选择的第一条边确定曲面网格的 M 方向，第二条边确定网格的 N 方向。

11.1.5 网格图元

如图 11-38 所示的各类基本几何体网格图元，与各类基本几何实体的结构一样，只不过网格图元是由网状格子线连接而成。网格图元包括网格长方体、网格楔体、网格圆锥体、网格球体、网格圆柱体、网格圆环体、网格棱锥体等基本网格图元。

图 11-38 基本网格图元

执行【网格图元】命令主要有以下几种方式。

- 菜单栏：选择菜单栏中的【绘图】/【建模】/【网格】/【图元】级联菜单命令，如图11-39所示。
- 命令行：在命令行输入Mesh后按Enter键。
- 功能区：单击【三维建模】空间/【网格】面板/【图元】面板上的按钮，如图11-40所示。

基本几何体网格的创建方法与创建基本几何实体方法相同，在此不再细述。默认情况下，可以创建无平滑度的网格图元，然后再根据需要应用平滑度，如图11-41所示。平滑度0表示最低平滑度，不同对象之间可能会有所差别，平滑度4表示高圆度。

图11-39 网格图元菜单

图11-40 网格图元面板

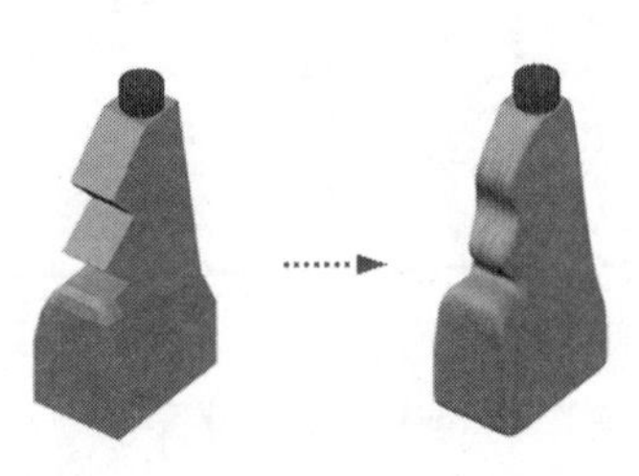

图11-41 应用平滑度示例

另外，使用【绘图】菜单中的【建模】/【网格】/【平滑网格】命令，可以将现有对象直接转化为平滑网格。用于转化的对象主要有三维实体、三维曲面、三维面、多边形网格、多面网格、面域、闭合多段线等。

11.2 创建常用曲面

本节主要学习拉伸曲面、旋转曲面、剖切曲面、扫掠曲面、放样曲面、平面曲面、三维面和网格曲面的具体创建技能。

11.2.1 拉伸曲面

【拉伸】命令用于将闭合或非闭合的二维图形按照指定的高度拉伸成曲面，如图11-42所示。

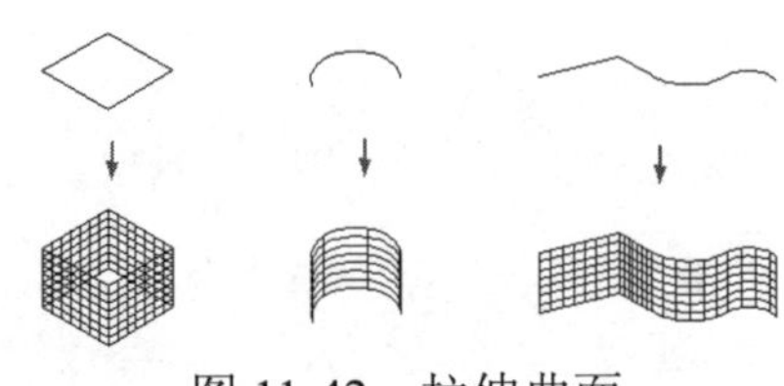

图11-42 拉伸曲面

执行【拉伸】命令主要有以下几种方式。

- 菜单栏：选择菜单栏中的【绘图】/【建模】/【拉伸】命令。
- 命令行：在命令行输入Extrude后按Enter键。
- 快捷键：在命令行输入EXT后按Enter键。
- 功能区：单击【三维建模】空间/【曲面】选项卡/【创建】面板上的按钮。

【例题11-5】 将二维图线拉伸为曲面造型

步骤01 新建文件并将视图切换到西南视图。

步骤02 随意绘制如图11-42（上）所示的矩形、圆弧和多段线。

步骤 03　单击【三维建模】空间/【曲面】选项卡/【创建】面板上的按钮，将刚绘制的矩形、圆弧和多段线拉伸为曲面。命令行提示如下：

```
命令：_extrude
当前线框密度： ISOLINES=4，闭合轮廓创建模式 = 实体
选择要拉伸的对象或 [模式(MO)]：_MO 闭合轮廓创建模式 [实体(SO)/曲面(SU)] <实体>：_SU
选择要拉伸的对象或 [模式(MO)]：                    //窗交选择如图 11-42（上）所示的二维图线
选择要拉伸的对象或 [模式(MO)]：                    // Enter
指定拉伸的高度或 [方向(D)/路径(P)/倾斜角(T)/表达式(E)] <67.9>：//向上引导光标
```

步骤 04　在所需位置单击左键，指定拉伸高度，拉伸结果如图 11-42（下）所示。

步骤 05　更改拉伸曲面的颜色为绿色，然后使用快捷键 VS 执行【视觉样式】命令，将拉伸曲面带边缘着色，结果如图 11-43 所示。

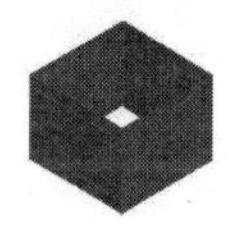

图 11-43　着色效果

11.2.2　旋转曲面

【旋转】命令用于将闭合或非闭合的二维图线和三维曲线绕坐标轴旋转为三维曲面，如图 11-44 所示。

执行【旋转】命令主要有以下几种方式。

- 菜单栏：选择菜单栏中的【绘图】/【建模】/【旋转】命令。
- 命令行：在命令行输入 Revolve 后按 Enter 键。
- 快捷键：在命令行输入 REV 后按 Enter 键。
- 功能区：单击【三维建模】空间/【曲面】选项卡/【创建】面板上的按钮。

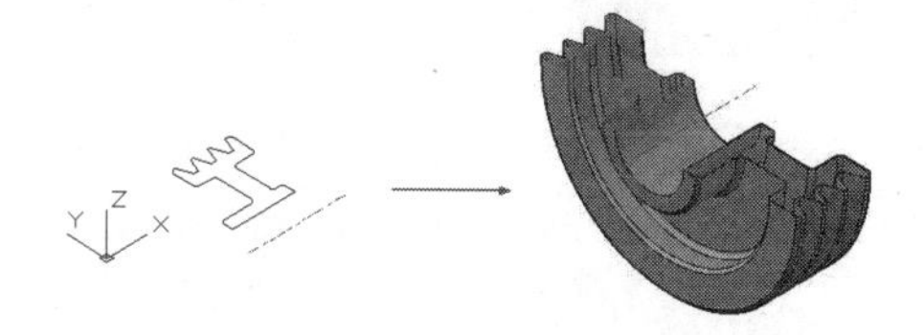

图 11-44　旋转曲面示例

【例题 11-6】　将齿轮平面图旋转为三维曲面造型

步骤 01　打开下载文件中的“/素材文件/11-4.dwg”。

步骤 02　综合使用【修剪】和【删除】命令，将图形编辑成如图 11-45 所示的结构。

步骤 03　使用快捷键 PE 执行【编辑多段线】命令，将水平中心线上侧的闭合轮廓线编辑为一条闭合边界。

步骤 04　执行【西南等轴测】命令，将当前视图切换为西南视图，结果如图 11-46 所示。

步骤 05　单击【三维建模】空间/【曲面】选项卡/【创建】面板上的按钮，将闭合边界旋转为三维曲面。命令行提示如下：

```
命令：_revolve
当前线框密度： ISOLINES=4，闭合轮廓创建模式 = 实体
选择要旋转的对象或 [模式(MO)]：_MO 闭合轮廓创建模式 [实体(SO)/曲面(SU)] <实体>：_SU
选择要旋转的对象或 [模式(MO)]：                    //选择闭合边界
选择要旋转的对象或 [模式(MO)]：                    //Enter
指定轴起点或根据以下选项之一定义轴 [对象(O)/X/Y/Z] <对象>：//捕捉中心线的左端点
指定轴端点：                                      //捕捉中心线另一端端点
指定旋转角度或 [起点角度(ST)/反转(R)/表达式(EX)] <360>： //-180 Enter，结果如图 11-47 所示
```

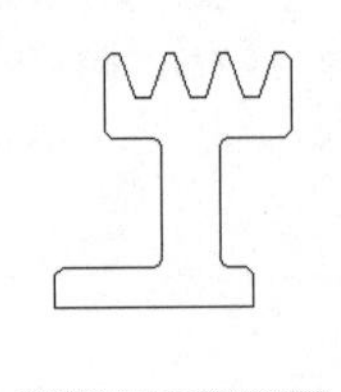

图 11-45 编辑结果

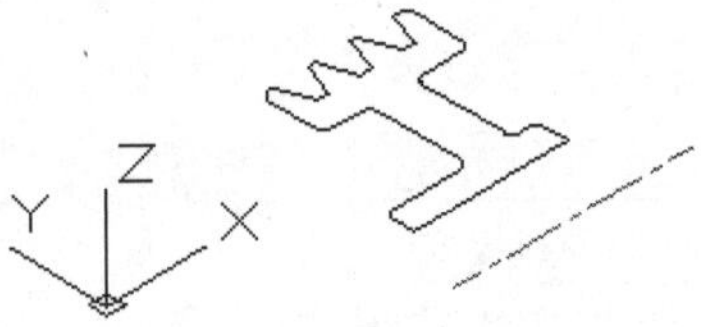

图 11-46 切换视图

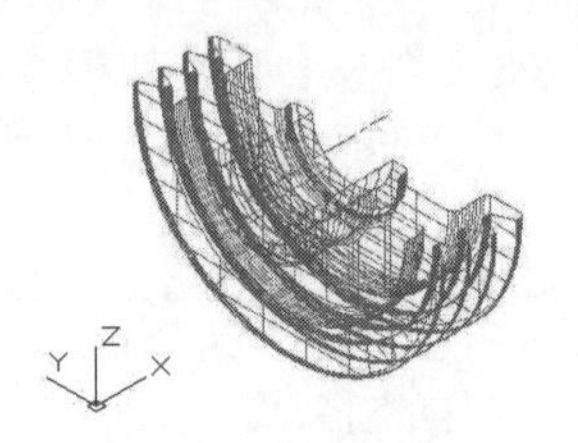

图 11-47 旋转结果

步骤 06 使用快捷键 HI 执行【消隐】命令，对曲面进行消隐，效果如图 11-48 所示。

步骤 07 使用快捷键 VS 执行【视觉样式】命令，分别对曲面模型进行真实着色和灰度着色，结果如图 11-49 和图 11-50 所示。

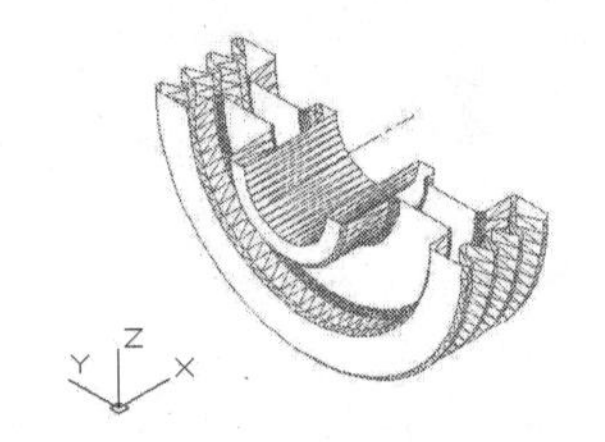

图 11-48 消隐效果

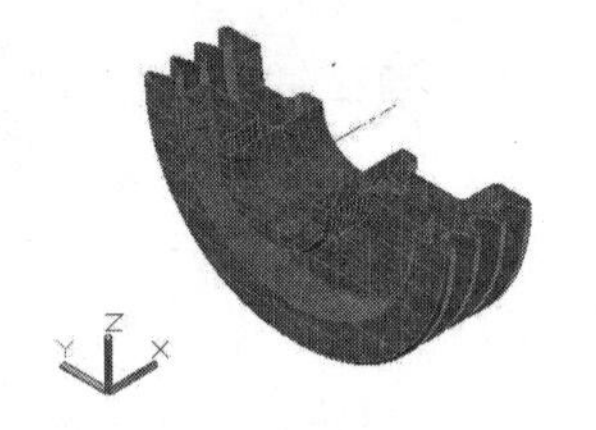

图 11-49 真实着色效果

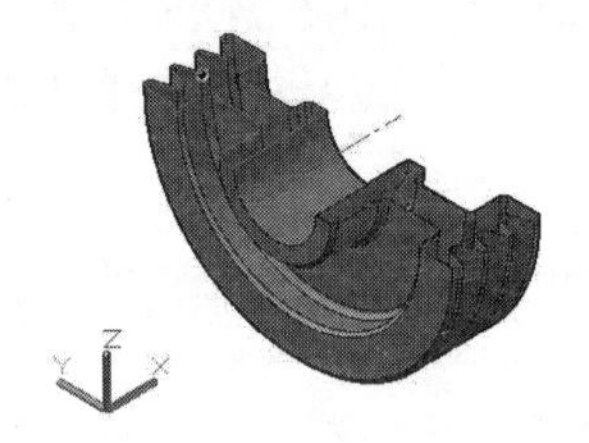

图 11-50 灰度着色效果

11.2.3 剖切曲面

【剖切】命令用于切开现有曲面，然后移去不需要的部分，保留指定的部分。使用此命令也可以将剖切后的两部分都保留，如图 11-51 所示。

执行【剖切】命令主要有以下几种方式。

- 菜单栏：选择菜单栏中的【绘图】/【三维操作】/【剖切】命令。
- 命令行：在命令行输入 Slice 后按 Enter 键。
- 快捷键：在命令行输入 SL 后按 Enter 键。
- 功能区：单击【三维建模】空间/【常用】选项卡/【实体编辑】面板上的按钮。

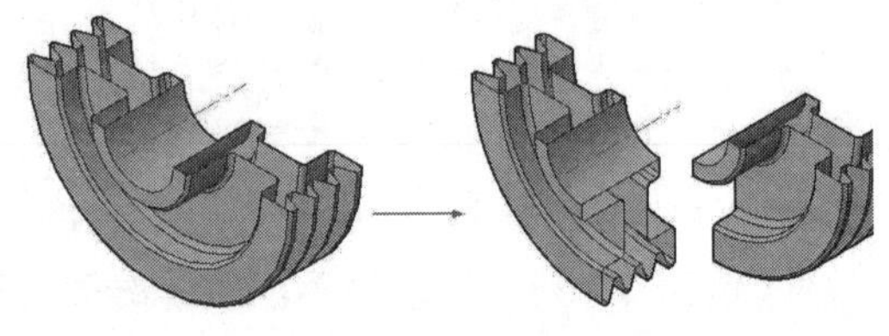

图 11-51 曲面剖切示例

【例题 11-7】：将齿轮曲面造型剖切为两部分

步骤 01 打开下载文件中的"/素材文件/11-5.dwg"，如图 11-51（左）所示。

步骤 02 单击/【常用】选项卡/【实体编辑】面板上的按钮，对齿轮曲面模型进行剖切。命令行提示如下：

```
命令: _slice
选择要剖切的对象:                          //选择如图 11-51（左）所示的回转体
选择要剖切的对象:                          // Enter，结束选择
指定 切面 的起点或 [平面对象(O)/曲面(S)/Z 轴(Z)/视图(V)/XY(XY)/YZ(YZ)/ZX(ZX)/三点(3)] <三点>:
                                           //ZX Enter，激活【ZX 平面】选项
指定 ZX 平面上的点 <0,0,0>:                //捕捉如图 11-52 所示的端点
选择要保留的剖切对象或 [保留两个侧面(B)] <保留两个侧面>: // Enter，结束命令
```

步骤 03 剖切后的结果如图 11-53 所示。

步骤 04 使用快捷键 M 执行【移动】命令，将剖切曲面进行外移，结果如图 11-54 所示。

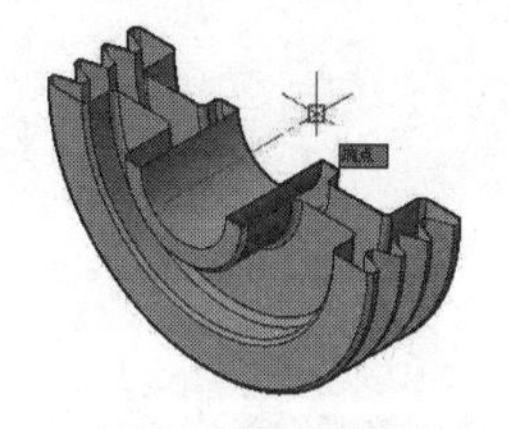

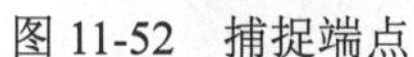

图 11-52　捕捉端点

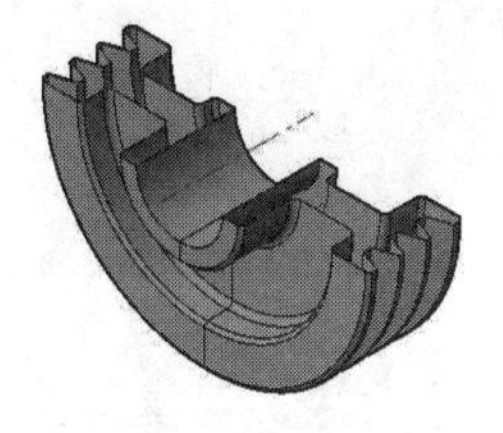

图 11-53　剖切结果

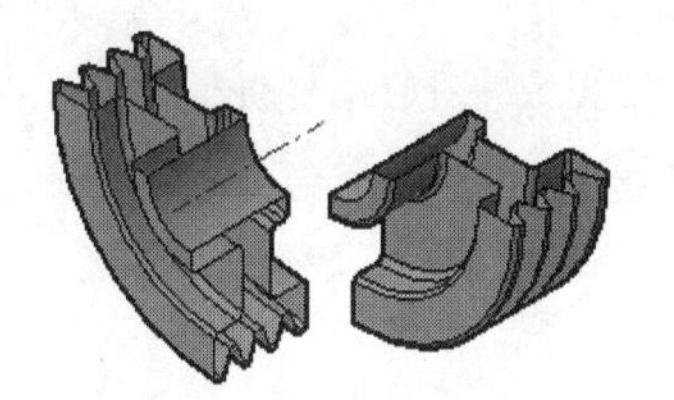

图 11-54　移动结果

11.2.4　扫掠曲面

【扫掠】命令用于沿路径扫掠闭合（或非闭合）的二维（或三维）曲线，以创建新的曲面。执行【扫掠】命令主要有以下几种方式。

- 菜单栏：选择菜单栏中的【绘图】/【建模】/【扫掠】命令。
- 命令行：在命令行输入 Sweep 后按 Enter 键。
- 快捷键：在命令行输入 SW 后按 Enter 键。
- 功能区：单击【三维建模】空间/【曲面】选项卡/【创建】面板上的按钮。

【例题 11-8】 将二维图线扫掠为三维曲面造型

步骤 01 新建新文件。

步骤 02 将视图切换为西南视图，然后随意绘制如图 11-55 所示的样条曲线、圆与圆弧。

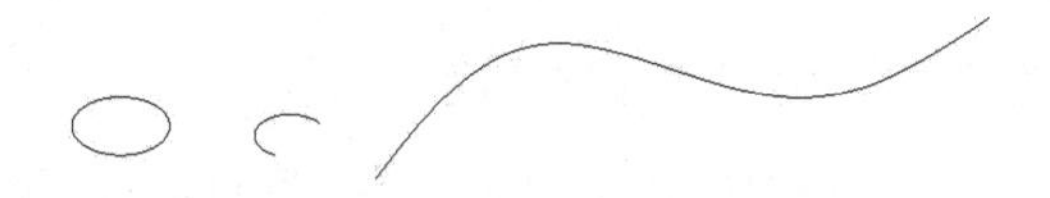

图 11-55　绘制结果

步骤 03 单击【三维建模】空间/【曲面】选项卡/【创建】面板上的按钮，将圆弧扫掠为曲面。命令行提示如下：

```
命令: _sweep
当前线框密度:  ISOLINES=4，闭合轮廓创建模式 = 实体
选择要扫掠的对象或 [模式(MO)]: _MO 闭合轮廓创建模式 [实体(SO)/曲面(SU)] <实体>: _SU
选择要扫掠的对象或 [模式(MO)]:                          //选择圆弧
选择要扫掠的对象或 [模式(MO)]:                          // Enter
选择扫掠路径或 [对齐(A)/基点(B)/比例(S)/扭曲(T)]:  //选择样条曲线，扫掠结果如图 11-56 所示
```

步骤 04 使用快捷键 VS 执行【视觉样式】命令，对曲面进行概念着色，结果如图 11-57 所示。

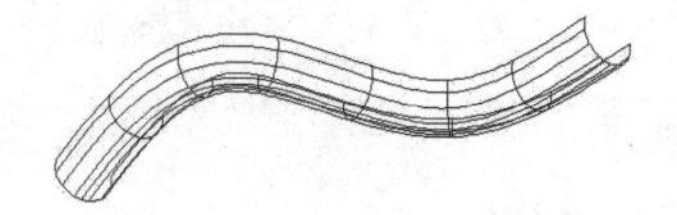

图 11-56　扫掠结果

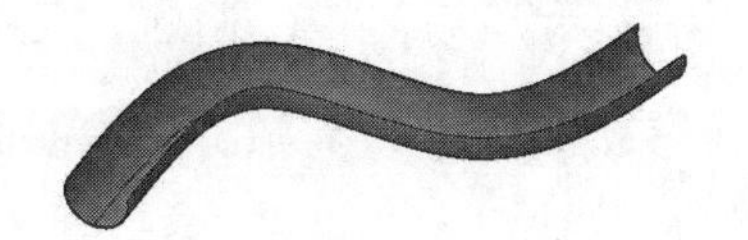

图 11-57　概念着色

步骤 05 使用快捷键 M 执行【移动】命令，将扫掠曲面进行外移。

步骤 06 重复执行【扫掠】命令，将圆扫掠为曲面。命令行提示如下：

```
命令: _sweep
当前线框密度:  ISOLINES=4，闭合轮廓创建模式 = 实体
选择要扫掠的对象或 [模式(MO)]: _MO 闭合轮廓创建模式 [实体(SO)/曲面(SU)] <实体>: _SU
选择要扫掠的对象或 [模式(MO)]:                      //选择圆
选择要扫掠的对象或 [模式(MO)]:                      // Enter
选择扫掠路径或 [对齐(A)/基点(B)/比例(S)/扭曲(T)]:  //选择样条曲线，扫掠结果如图 11-58 所示
```

步骤07 使用快捷键 VS 执行【视觉样式】命令，对模型进行真实着色，效果如图 11-59 所示。

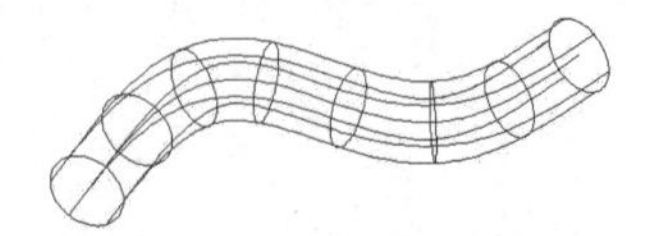

图 11-58　扫掠结果

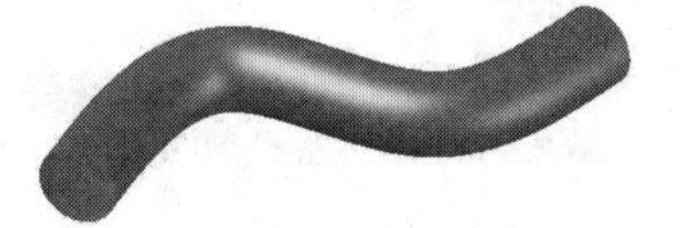

图 11-59　真实着色效果

11.2.5　放样曲面

【放样】命令用于在多个横截面之间的空间中创建曲面，用于放样的截面可以是全部开放或全部闭合的平面或非平面，也可以是边子对象。

执行【扫掠】命令主要有以下几种方式。

- 菜单栏：选择菜单栏中的【绘图】/【建模】/【放样】命令。
- 命令行：在命令行输入 Loft 后按 Enter 键。
- 功能区：单击【三维建模】空间/【曲面】选项卡/【创建】面板上的按钮。

【例题 11-9】　在多个横截面空间中创建放样曲面

步骤01 打开下载文件中的“/素材文件/11-6.dwg”，如图 11-60 所示。

步骤02 单击【三维建模】空间/【曲面】选项卡/【创建】面板上的按钮，在三条闭合曲线的空间中创建放样曲面。命令行提示如下：

```
命令: _loft
当前线框密度:  ISOLINES=4，闭合轮廓创建模式 = 曲面
按放样次序选择横截面或 [点(PO)/合并多条边(J)/模式(MO)]: _mo 闭合轮廓创建模式 [实体(SO)/曲面(SU)] <实体>: _su
按放样次序选择横截面或 [点(PO)/合并多条边(J)/模式(MO)]:  //选择上侧的闭合曲线
按放样次序选择横截面或 [点(PO)/合并多条边(J)/模式(MO)]:  //选择中间的闭合曲线
按放样次序选择横截面或 [点(PO)/合并多条边(J)/模式(MO)]:  //选择下侧的闭合曲线
按放样次序选择横截面或 [点(PO)/合并多条边(J)/模式(MO)]:  // Enter
选中了 3 个横截面，如图 11-61 所示
输入选项 [导向(G)/路径(P)/仅横截面(C)/设置(S)] <仅横截面>: // Enter，采用当前设置
```

步骤03 结束命令后，观看放样后的曲面，如图 11-62 所示。

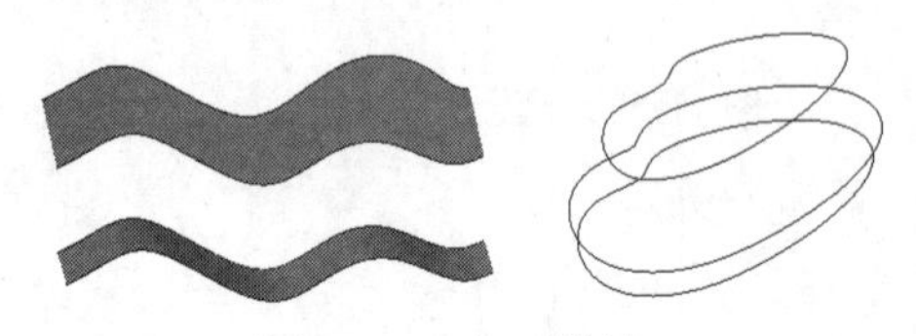

图 11-60　打开结果

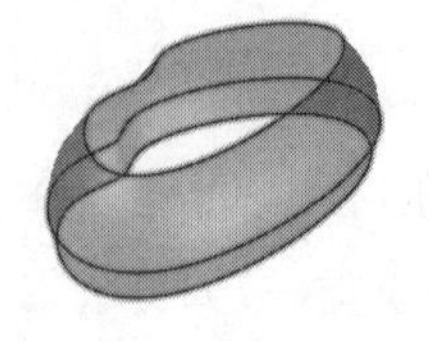

图 11-61　选择横截面

图 11-62　放样结果

步骤 04 重复执行【放样】命令，在两个曲面之间的空间中创建放样曲面。命令行操作如下：

```
命令: _loft
当前线框密度:  ISOLINES=4，闭合轮廓创建模式 = 曲面
按放样次序选择横截面或 [点(PO)/合并多条边(J)/模式(MO)]: _mo 闭合轮廓创建模式 [实体(SO)/曲面(SU)] <实体>: _su
按放样次序选择横截面或 [点(PO)/合并多条边(J)/模式(MO)]:   //选择如图 11-63 所示的曲面边
按放样次序选择横截面或 [点(PO)/合并多条边(J)/模式(MO)]:   //选择如图 11-64 所示的曲面边
按放样次序选择横截面或 [点(PO)/合并多条边(J)/模式(MO)]:   // Enter
 选中了 2 个横截面
输入选项 [导向(G)/路径(P)/仅横截面(C)/设置(S)] <仅横截面>:// Enter，采用当前设置
```

步骤 05 结束命令后，观看放样后的曲面，如图 11-65 所示。

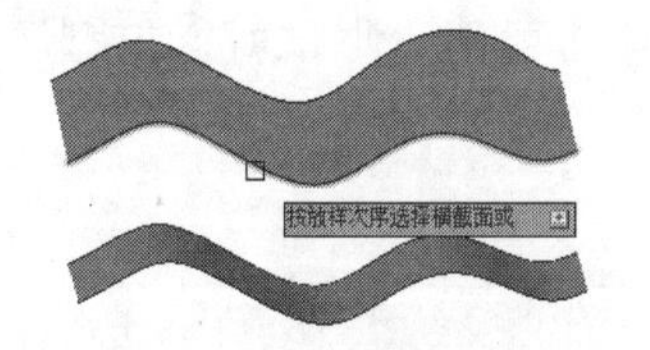

图 11-63 选择边

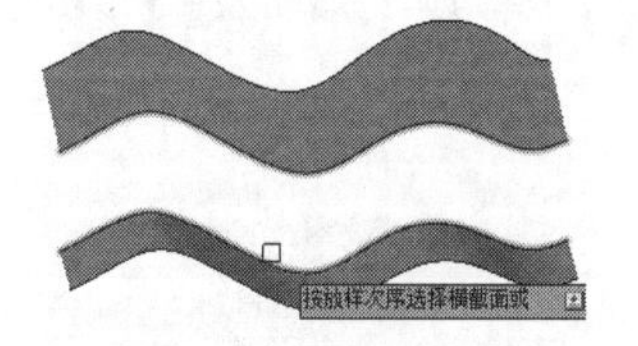

图 11-64 选择边

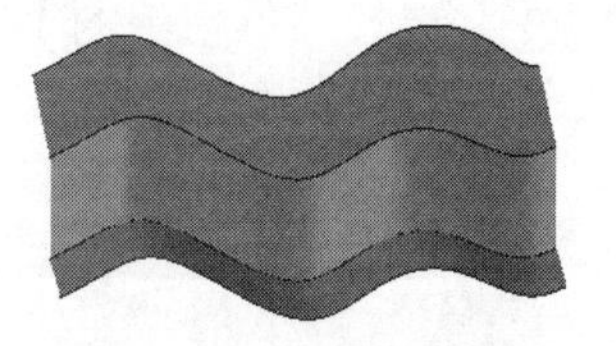

图 11-65 放样结果

11.2.6 平面曲面

【平面曲面】命令用于绘制平面曲面，也可以将闭合的二维图形转化为平面曲面。

执行【平面曲面】命令主要有以下几种方式。

- 菜单栏：选择菜单栏中的【绘图】/【建模】/【曲面】/【平面】命令。
- 命令行：在命令行输入 Planesurf 后按 Enter 键。
- 功能区：单击【三维建模】空间/【曲面】选项卡/【创建】面板上的按钮。

【例题 11-10】 平面曲的创建面实例

步骤 01 新建绘图文件。

步骤 02 单击【视图控件】/【西南等轴测】命令，将视图切换到西南视图。

步骤 03 单击【三维建模】空间/【曲面】选项卡/【创建】面板上的按钮，配合坐标输入功能绘制平面曲面。命令行提示如下：

```
命令: _Planesurf
指定第一个角点或 [对象(O)] <对象>:  //在绘图区拾取一点
指定其他角点:                       //@200,100 Enter，绘制结果如图 11-66 所示
```

步骤 04 使用快捷键 VS 执行【视觉样式】命令，对模型进行带边缘着色，效果如图 11-67 所示。

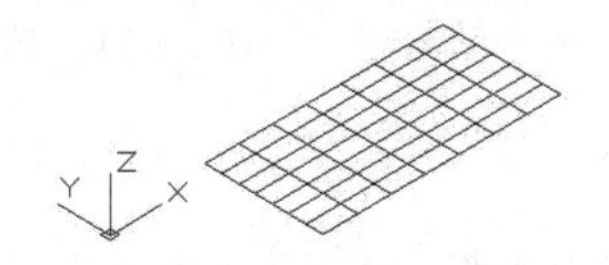

图 11-66 创建结果

图 11-67 带边缘着色效果

11.2.7　三维面

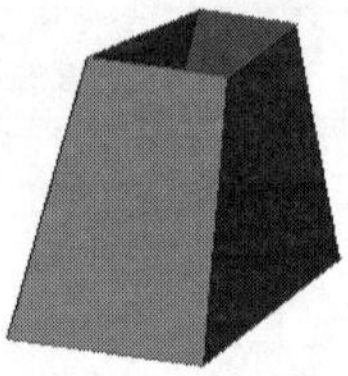

【三维面】命令用于可以在二维空间的任意位置创建三边或四边的表面，并可将这些表面连接在一起形成一个多边的表面，如图 11-68 所示。

执行【三维面】命令主要有以下几种方式。

- 菜单栏：选择菜单栏中的【绘图】/【建模】/【网格】/【三维面】命令。
- 命令行：在命令行输入 3DFace 后按 Enter 键。

图 11-68　三维面示例

【例题 11-11】 创建如图 11-68 所示的表面模型

步骤 01　新建文件，并将视图切换到西南视图。

步骤 02　使用【矩形】命令绘制如图 11-69 所示的两个矩形。

步骤 03　选择菜单栏中的【绘图】/【建模】/【网格】/【三维面】命令，根据命令行的操作提示进行作图。命令行提示如下：

```
命令: _3dface
指定第一点或 [不可见(I)]:                        //捕捉如图 11-69 所示的端点 1
指定第二点或 [不可见(I)]:                        //捕捉端点 2
指定第三点或 [不可见(I)] <退出>:                  //捕捉端点 3
指定第四点或 [不可见(I)] <创建三侧面>:            //捕捉端点 4
```

在第一次输完 4 个点后，AutoCAD 会自动将最后两个点作为下一个三维平面的第一、二个顶点，这样才会继续出现提示符，要求输入下一个三维平面第 3、4 个顶点的坐标。

```
指定第三点或 [不可见(I)] <退出>:                  //捕捉端点 5
指定第四点或 [不可见(I)] <创建三侧面>:            //捕捉端点 6
指定第三点或 [不可见(I)] <退出>:                  //捕捉端点 7
指定第四点或 [不可见(I)] <创建三侧面>:            //捕捉端点 8
指定第三点或 [不可见(I)] <退出>:                  //捕捉端点 1
指定第四点或 [不可见(I)] <创建三侧面>:            //捕捉端点 2
指定第三点或 [不可见(I)] <退出>:                  //Enter，结束命令
```

步骤 04　创建结果如图 11-70 所示。

步骤 05　使用快捷键 HI 执行【消隐】命令，为刚创建的模型进行消隐，结果如图 11-71 所示。

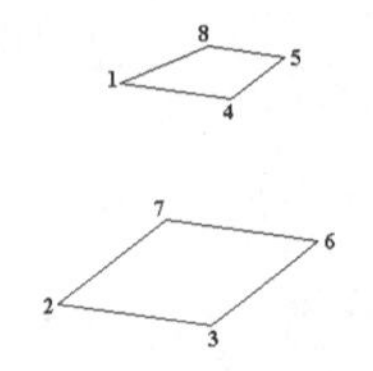

图 11-69　绘制矩形

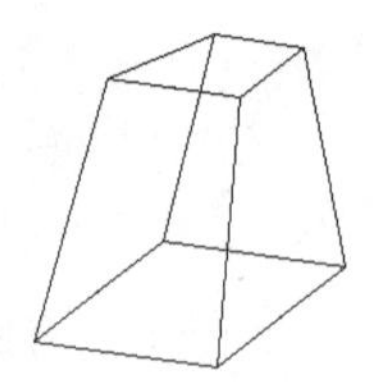

图 11-70　创建结果

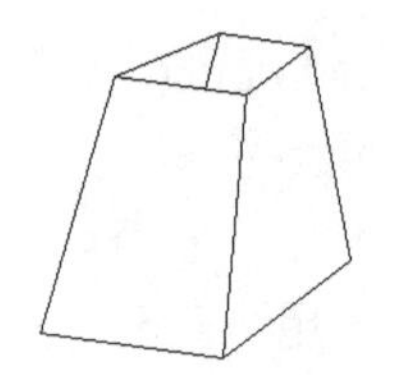

图 11-71　消隐效果

步骤 06　使用快捷键 VS 执行【视觉样式】命令，对模型灰度着色，效果如图 11-68 所示。

【不可见】选项用来控制当前所创建三维平面边界的可见性，用户需要在指定某一边的任何端点之前，激活该选项，那么在拾取边的两个端点后，该边就变为不可见。另外，若想使不可见的边界重新变为可见，可以使用【边】命令中的【显示】选项功能。

对于已经创建的三维面，如图 11-72（左）所示，用户可以使用【边】命令控制边界的可见性。在命令行输入 EDGE 后输入 Enter 键，在 AutoCAD“指定要切换可见性的三维表面的边或 [显示(D)]”提示下，直接选择需要隐藏的边界，结束命令后，选择的边将变为不可见，如图 11-72（右）所示。

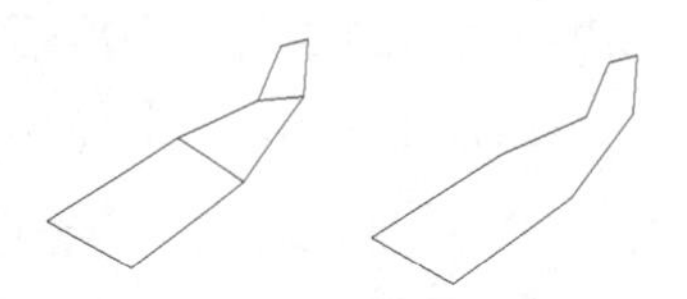

图 11-72　隐藏边界

11.2.8　网格曲面

【网格】命令用于在二维或三维曲线之间的空间中创建网格曲面，如图 11-73 所示，曲线可以是曲面或实体的边。

执行【网格曲面】命令主要有以下几种方式。

- 菜单栏：选择菜单栏中的【绘图】/【建模】/【曲面】/【网格】命令。
- 命令行：在命令行输入 Surfnetwork 后按 Enter 键。
- 功能区：单击【三维建模】空间/【曲面】选项卡/【创建】面板上的按钮。

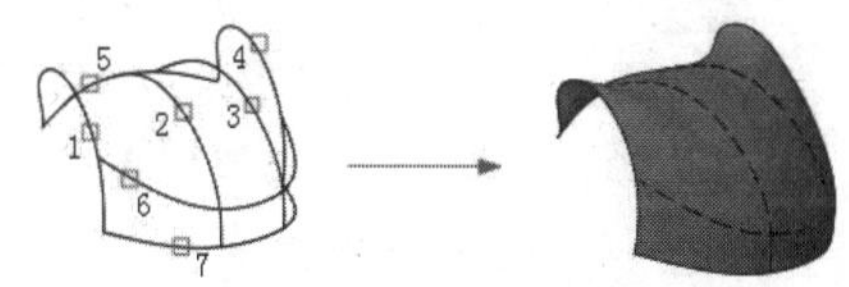

图 11-73　网格曲面示例

【例题 11-12】　创建如图 11-73 所示的网格曲面

步骤 01　新建文件并绘制如图 11-73（左）所示的二维空间曲线。

步骤 02　单击【三维建模】空间/【曲面】选项卡/【创建】面板上的按钮，在二维空间曲线之间创建网格曲面。命令行提示如下：

```
命令：_SURFNETWORK
沿第一个方向选择曲线或曲面边：    //单击如图 11-73（左）所示的曲线 1
沿第一个方向选择曲线或曲面边：    //单击曲线 2
沿第一个方向选择曲线或曲面边：    //单击曲线 3
沿第一个方向选择曲线或曲面边：    //单击曲线 4
沿第一个方向选择曲线或曲面边：    // Enter
沿第二个方向选择曲线或曲面边：    //单击曲线 5
沿第二个方向选择曲线或曲面边：    //单击曲线 6
沿第二个方向选择曲线或曲面边：    //单击曲线 7
沿第二个方向选择曲线或曲面边：    // Enter，结束命令。
```

步骤 03　创建结果如图 11-73（右）所示。

11.3　编辑曲面与网格

本节主要学习曲面与网格的编辑优化功能，具体有【曲面过渡】、【曲面修补】、【曲面偏移】、【曲面圆角】、【曲面修剪】、【拉伸网格】和【优化网格】命令。

11.3.1　曲面过渡

【曲面过渡】命令用于在两个现有曲面之间创建连续性的过渡曲面，如图 11-74 所示。将两个曲面融合在一起时，可

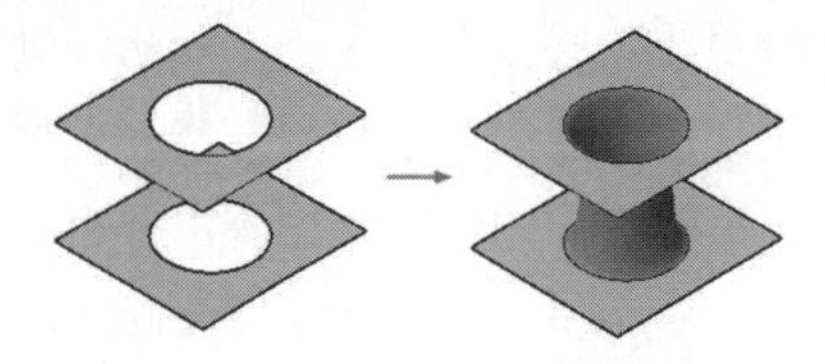

图 11-74　曲面过渡

以确定曲面连续性和凸度幅值。

执行【曲面过渡】命令主要有以下几种方式。

- 菜单栏：选择菜单栏中的【绘图】/【建模】/【曲面】/【过渡】命令。
- 命令行：在命令行输入 Surfblend 后按 Enter 键。
- 快捷键：在命令行输入 SUR 后按 Enter 键。
- 功能区：单击【三维建模】空间/【曲面】选项卡/【创建】面板上的按钮。

【例题 11-13】 创建如图 11-74 所示的过渡曲面

步骤 01 打开下载文件中的"/素材文件/11-6.dwg"，如图 11-75 所示。

步骤 02 将当前视图切换到西南等轴测视图，然后使用快捷键 CO 激活【复制】命令，将打开的图形沿 Z 轴正方向复制 150 个单位，结果如图 11-74（左图）所示。

步骤 03 单击【三维建模】空间/【曲面】选项卡/【创建】面板上的按钮，创建过渡曲面。命令行提示如下：

```
命令：_SURFBLEND
连续性 = G1 - 相切，凸度幅值 = 0.5
选择要过渡的第一个曲面的边或 [链(CH)]:      //选择如图 11-76 所示的边
选择要过渡的第一个曲面的边或 [链(CH)]:      // Enter
选择要过渡的第二个曲面的边或 [链(CH)]:      //选择如图 11-77 所示的边
选择要过渡的第二个曲面的边或 [链(CH)]:      // Enter
按 Enter 键接受过渡曲面或 [连续性(CON)/凸度幅值(B)]:  // Enter，采用当前默认设置
```

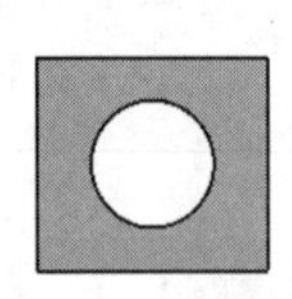

图 11-75　打开结果

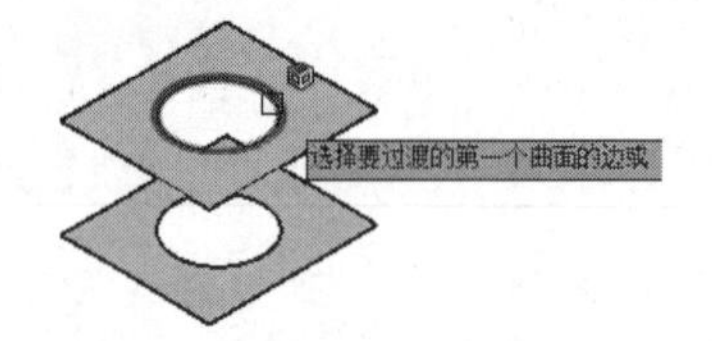

图 11-76　选择第一个曲面的边

图 11-77　选择第二个曲面的边

步骤 04 结束命令后，观看过渡曲面的创建结果，如图 11-74（右）所示。

【连续性】选项用于设置两个曲面边的连续性，具体有"位置、相切和曲率"3 种情况；【凸度值】选项用于设置两个曲面边的凸度内幅值，如图 11-78 所示。

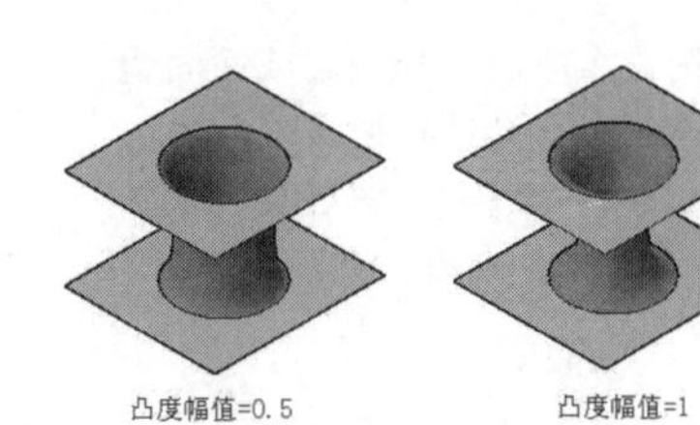

图 11-78　曲面过渡

11.3.2　曲面修补

【曲面修补】命令主要用于修补现有的曲面，或以封口的形式闭合现有曲面的开放边，以创建新的曲面，还可以添加其他曲线以约束和引导修补曲面，如图 11-79 所示。

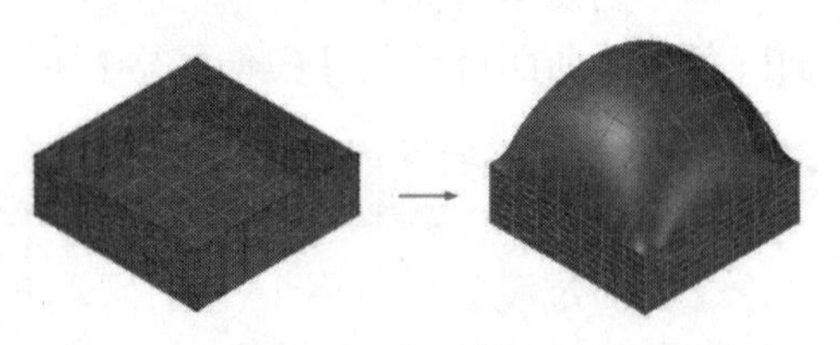

图 11-79　曲面修补示例

执行【曲面修补】命令主要有以下几种方式。

- 菜单栏：选择菜单栏中的【绘图】/【建模】/【曲面】/【修补】命令。

- 命令行：在命令行输入 Surfpatch 后按 Enter 键。
- 功能区：单击【三维建模】空间/【曲面】选项卡/【创建】面板上的按钮。

【例题 11-14】 创建如图 11-79 所示的修补曲面

步骤 01 新建文件并将视图切换到西南视图。

步骤 02 单击【三维建模】空间/【曲面】选项卡/【创建】面板上的按钮，创建长宽都为 240 的平面曲面，如图 11-80 所示。

步骤 03 单击【三维建模】空间/【曲面】选项卡/【创建】面板上的按钮，将平面曲面正向拉伸 75 个单位，结果如图 11-81 所示。

步骤 04 单击【三维建模】空间/【曲面】选项卡/【创建】面板上的按钮，对拉伸曲面的边进行修补。命令行操作如下：

```
命令: _SURFPATCH
连续性 = G0 - 位置，凸度幅值 = 0.5
选择要修补的曲面边或 [链(CH)/曲线(CU)] <曲线>:    //CH Enter
选择链边或 [多条边(E)]:                           //选择如图 11-82 所示的链边
```

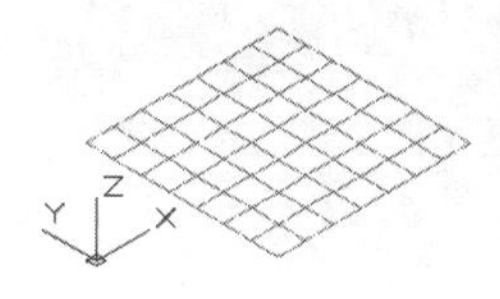

图 11-80　绘制平面曲面

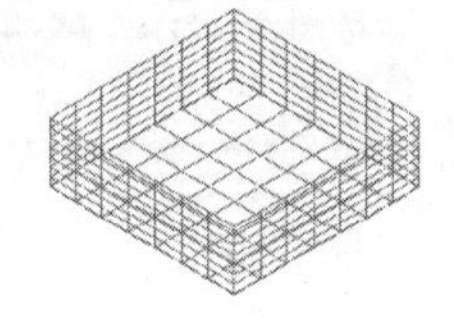

图 11-81　拉伸曲面

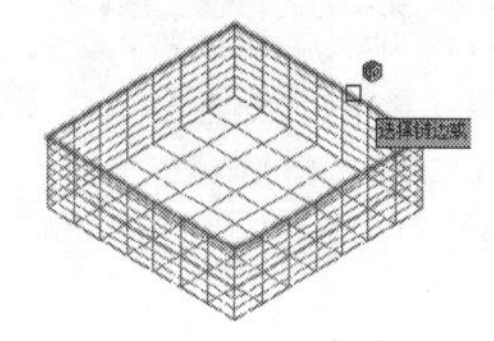

图 11-82　选择链边

```
找到 4 个
选择要修补的曲面边或 [链(CH)/曲线(CU)] <曲线>:    // Enter
按 Enter 键接受修补曲面或 [连续性(CON)/凸度幅值(B)/导向(G)]: //CON Enter
修补曲面连续性 [G0(G0)/G1(G1)/G2(G2)] <G0>:    //G1 Enter
按 Enter 键接受修补曲面或 [连续性(CON)/凸度幅值(B)/导向(G)]: //B Enter
修补曲面的凸度幅值 <0.5>:                        //0.75 Enter
按 Enter 键接受修补曲面或 [连续性(CON)/凸度幅值(B)/导向(G)]:  // Enter
```

步骤 05 结束命令后，观看修补曲面，如图 11-83 所示。

步骤 06 单击【视觉样式控件】/【带边缘着色】命令，对曲面进行带边缘着色，如图 11-84 所示。

步骤 07 单击绘图区左上角【视觉样式控件】/【灰度】命令，对曲面灰度着色，如图 11-85 所示。

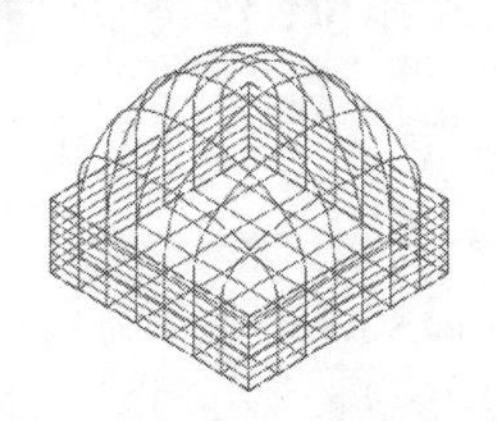

图 11-83　修补曲面

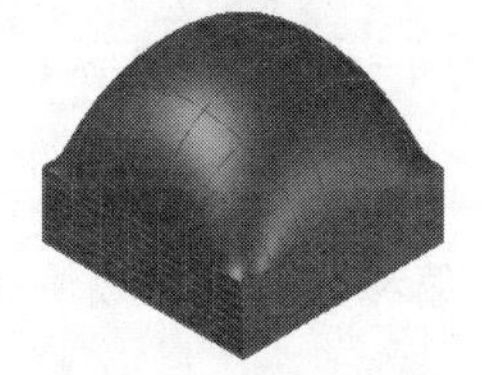

图 11-84　带边缘着色

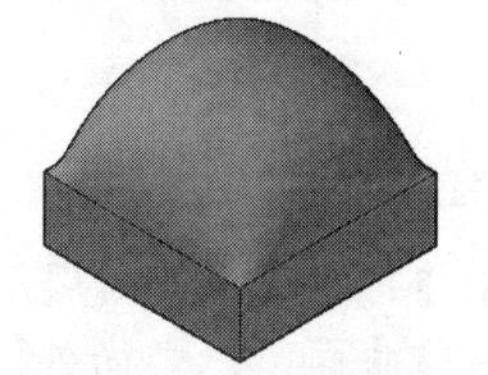

图 11-85　灰度着色

11.3.3　曲面偏移

【曲面偏移】命令用于按照指定的距离偏移选择的曲面，以创建相互平行的曲面，如图 11-86 所示。另外，在偏移曲面时也可以反转偏移的方向。

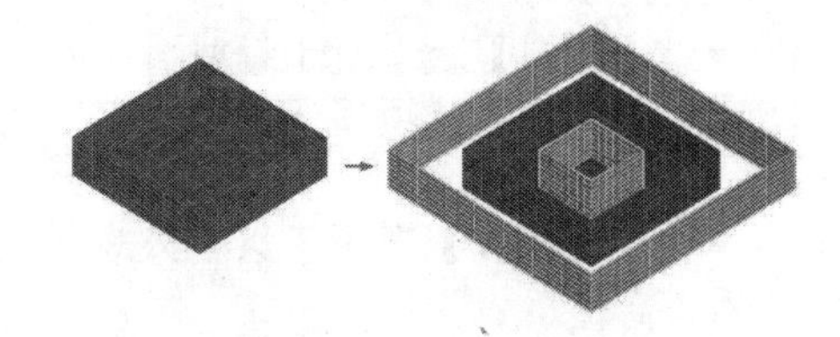

图 11-86　曲面偏移示例

执行【曲面偏移】命令主要有以下几种方式。

- 菜单栏：选择菜单栏中的【绘图】/【建模】/【曲面】/【偏移】命令。
- 命令行：在命令行输入 Surfoffset 后按 Enter 键。
- 功能区：单击【三维建模】空间/【曲面】选项卡/【创建】面板上的按钮。

【例题 11-15】 创建如图 11-86 所示的偏移曲面

步骤 01　新建文件并将视图切换到西南视图。

步骤 02　单击【曲面】选项卡/【创建】面板上的按钮，创建长宽都为 240 的平面曲面。

步骤 03　单击【曲面】选项卡/【创建】面板上的按钮，将平面曲面正向拉伸 60 个单位，并对其进行带边缘着色，结果如图 11-87 所示。

步骤 04　单击【三维建模】空间/【曲面】选项卡/【创建】面板上的按钮，对拉伸曲面进行偏移。命令行操作如下：

```
命令：_SURFOFFSET
连接相邻边 = 否
选择要偏移的曲面或面域：  //选择如图 11-88 所示的拉伸曲面
选择要偏移的曲面或面域：  // Enter
指定偏移距离或 [翻转方向(F)/两侧(B)/实体(S)/连接(C)/表达式(E)] <0.0>: //-75 Enter
1 个对象将偏移。
```

步骤 05　偏移结果如图 11-89 所示。

图 11-87　拉伸曲面

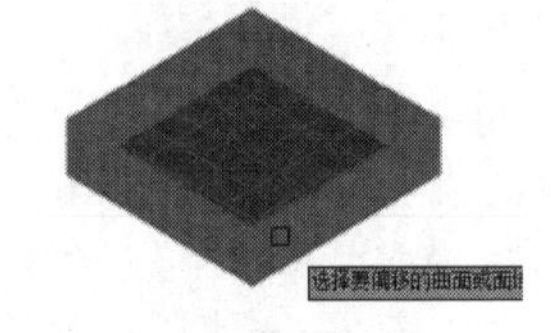
图 11-88　选择曲面

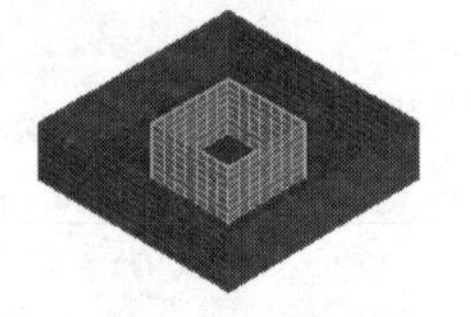
图 11-89　偏移曲面

在偏移曲面时，如果输入的偏移距离为正值时，曲面将向外侧偏移，返之曲面将向内介偏移。

步骤 06　重复执行【曲面偏移】命令，继续将拉伸曲面向外偏移 75 个单位，结果如图 11-86（右）所示。

命令行中选项解析如下：

- 【翻转方向】选项用于翻转曲面的偏移方向，当激活此选项时，如果偏移距离为正值，将向内偏移曲面，返之向外侧偏移。
- 【实体】选项用于将选择的曲面偏移成实例，如图 11-90 所示。
- 【两侧】选项用于将曲面同时向内外两侧偏移。
- 【连接】选项用于控制偏移出的曲面是否保持相邻边的连接。
- 【表达式】选项于以输入表达式的形式设定偏移距离值。

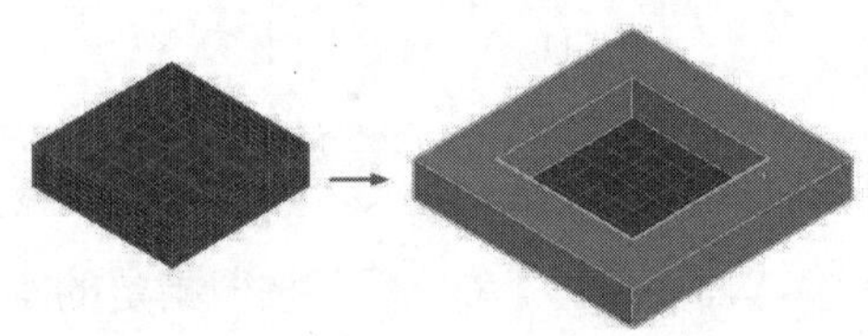
图 11-90　将曲面偏移成实体

11.3.4　曲面圆角

【曲面圆角】命令用于为空间曲面进行圆角，以创建新的圆角曲面，如图 11-91 所示。

执行【曲面圆角】命令的主要有以下几种方式。

- 菜单栏：选择菜单栏中的【绘图】/【建模】/【曲面】/【圆角】命令。
- 命令行：在命令行输入 Surffillet 后按 Enter 键。
- 功能区：单击【三维建模】空间/【曲面】选项卡/【编辑】面板上的按钮。

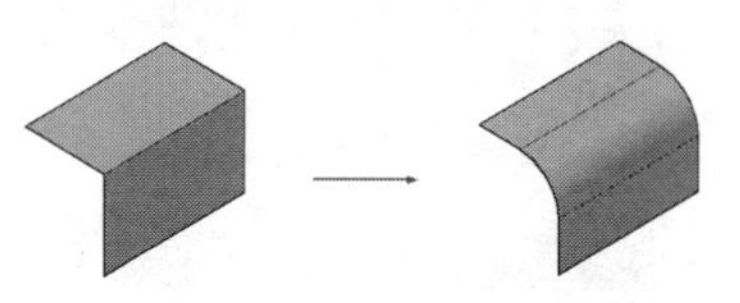

图 11-91　曲面圆角

【例题 11-16】　将两个空间曲面之间创建圆角曲面

步骤 01　新建文件并将视图切换到西南视图。

步骤 02　综合使用【平面曲面】和【UCS】命令，创建如图 11-91（左）所示的两个曲面。

步骤 03　单击【三维建模】空间/【曲面】选项卡/【编辑】面板上的按钮，对两个平面曲面进行圆角。命令行提示如下：

```
命令：_SURFFILLET
半径 = 25.0，修剪曲面 = 是
选择要圆角的第一个曲面或面域或者 [半径(R)/修剪曲面(T)]：  //选择水平曲面
选择要圆角的第二个曲面或面域或者 [半径(R)/修剪曲面(T)]：  //选择垂直曲面
按 Enter 键接受圆角曲面或 [半径(R)/修剪曲面(T)]：          //结束命令
```

步骤 04　平面曲面的圆角结果如图 11-91（右）所示。

【半径】选项用于设置圆角曲面的半径;【修剪曲面】选项用于设置曲面修剪模式，非修剪模式下的圆角效果如图 11-92 所示。

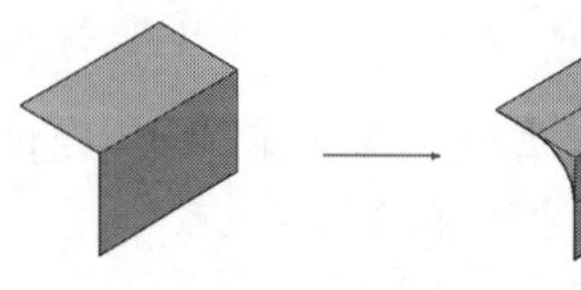

图 11-92　非修剪模式下的圆角

11.3.5　曲面修剪

【曲面修剪】命令用于修剪与其他曲面、面域、曲线等相交的曲面部分。

执行【曲面修剪】命令主要有以下几种方式。

- 菜单栏：选择菜单栏中的【修改】/【曲面编辑】/【修剪】命令。
- 命令行：在命令行输入 Surftrim 后按 Enter 键。
- 功能区：单击【三维建模】空间/【曲面】选项卡/【编辑】面板上的按钮。

【例题 11-17】　对空间曲面进行修剪

步骤 01　新建绘图文件，并将视图切换到西南视图。

步骤 02　综合使用【平面曲面】和【UCS】命令，绘制相互垂直的两个曲面，如图 11-93 所示。

步骤 03　单击【三维建模】空间/【曲面】选项卡/【编辑】面板上的按钮，对水平曲面进行修剪。命令行提示如下：

```
命令：_SURFTRIM
```

```
延伸曲面 = 是，投影 = 自动
选择要修剪的曲面或面域或者 [延伸(E)/投影方向(PRO)]: //选择水平的曲面
选择要修剪的曲面或面域或者 [延伸(E)/投影方向(PRO)]: // Enter
选择剪切曲线、曲面或面域:          //选择垂直曲面作为边界
选择剪切曲线、曲面或面域:          // Enter
选择要修剪的区域 [放弃(U)]:          //在需要修剪掉的曲面上单击鼠标
选择要修剪的区域 [放弃(U)]:          // Enter，结束命令
```

步骤 04　平面曲面的修剪结果如图 11-94 所示。

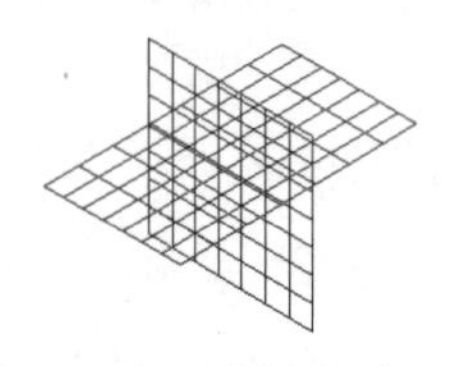

图 11-93　绘制曲面

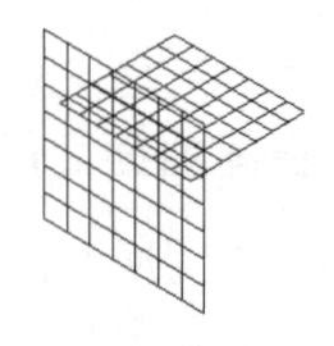

图 11-94　修剪结果

使用【曲面取消修剪】命令可以将修剪掉的曲面恢复到修剪前的状态，使用【曲面延伸】命令可以将曲面延伸，如图 11-95 所示。

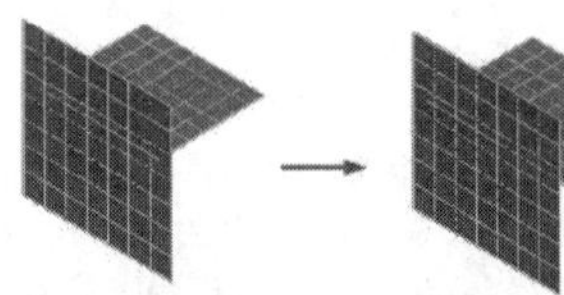

图 11-95　曲面延伸

11.3.6　拉伸网格

【拉伸面】命令用于将网格模型上的网格面按照指定的距离或路径进行拉伸，如图 11-96 所示。执行【拉伸面】命令主要有以下几种方式。

- 菜单栏：选择菜单栏中的【修改】/【网格编辑】/【拉伸面】命令。
- 命令行：在命令行输入 Meshextrude 后按 Enter 键。
- 功能区：单击【三维建模】空间/【网格】选项卡/【网格编辑】面板上的按钮。

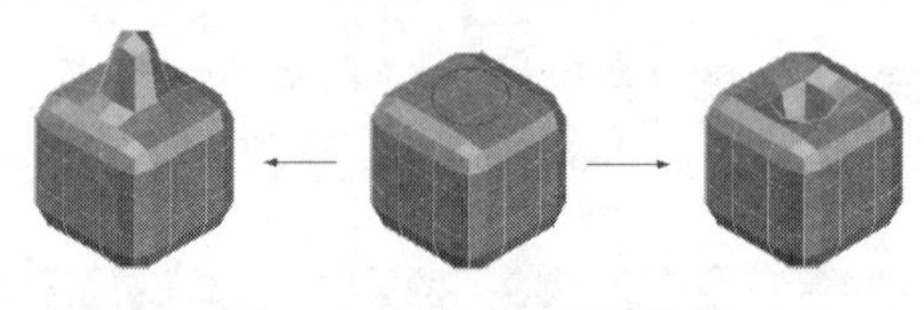

图 11-96　拉伸网格示例

执行【拉伸面】命令后，命令行提示如下：

```
命令: _MESHEXTRUDE
相邻拉伸面设置为: 合并
选择要拉伸的网格面或 [设置(S)]:          //选择需要拉伸的网格面
选择要拉伸的网格面或 [设置(S)]:          // Enter
指定拉伸的高度或 [方向(D)/路径(P)/倾斜角(T)] <-0.0>:  //指定拉伸高度
```

其中【方向】选项用于指定方向的起点和端点，以定位拉伸的距离和方向；【路径】选项用于按照选择的路径进行拉伸；【倾斜角】选项用于按照指定的角度进行拉伸。

11.3.7　优化网格

【优化网格】命令用于对网格进行优化，以倍数增加网格模型或网格面中的面数，如图 11-97 所示。

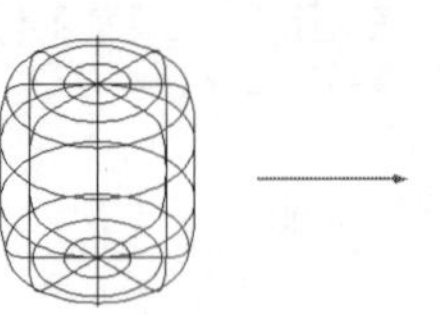

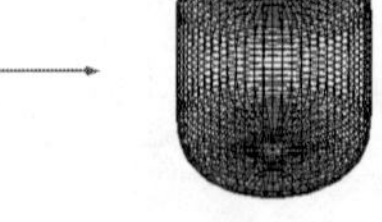

图 11-97　优化网格示例

执行【优化网格】命令主要有以下几种方式。

- 菜单栏：选择菜单栏中的【修改】/【网格编辑】/【优化网格】命令。
- 命令行：在命令行输入 Meshrefine 后按 Enter 键。
- 功能区：单击【三维建模】空间/【网格】选项卡/【网格】面板上的按钮。

执行【优化网格】命令后，其命令行提示如下：

```
命令：'_MESHREFINE
选择要优化的网格对象或面子对象：    //选择如图 11-97（左）所示的网格柱体
选择要优化的网格对象或面子对象：    //Enter，优化结果如图 11-97（右）所示
已找到 1 个对象
```

11.4　综合范例——制作柱齿轮立体造型

本例通过制作斜齿圆柱齿轮零件的立体造型，对本章重点知识进行综合应用和巩固。斜齿圆柱齿轮立体造型的最终制作效果如图 11-98 所示。

图 11-98　实例效果

操作步骤：

步骤 01　新建文件。

步骤 02　使用快捷键 C 执行【圆】命令，绘制半径为 38、35.8、33.5 和 10 的同心圆。

步骤 03　使用快捷键 XL 执行【构造线】命令，配合圆心捕捉和【对象追踪】功能绘制如图 11-99 所示的构造线以作为辅助线。

步骤 04　使用快捷键 O 执行【偏移】命令，将构造线向左偏移 0.6、1.6 和 2 个单位，结果如图 11-100 所示。

步骤 05　执行【圆弧】命令，分别捕捉交点 1、交点 2 和交点 3，绘制如图 11-101 所示的圆弧。

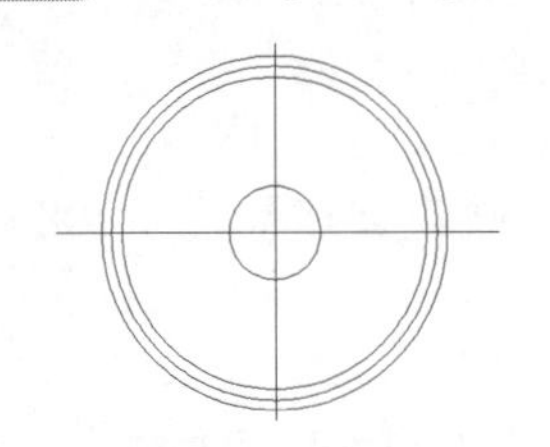
图 11-99　绘制结果

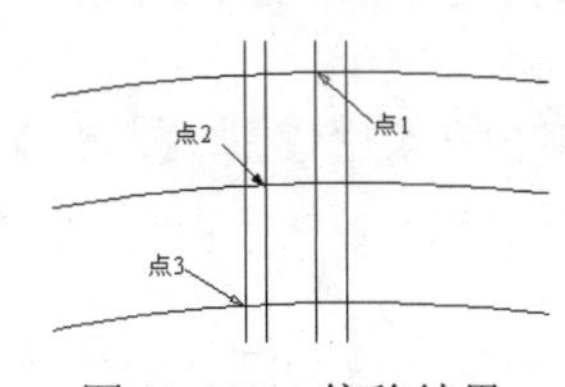

图 11-100　偏移结果

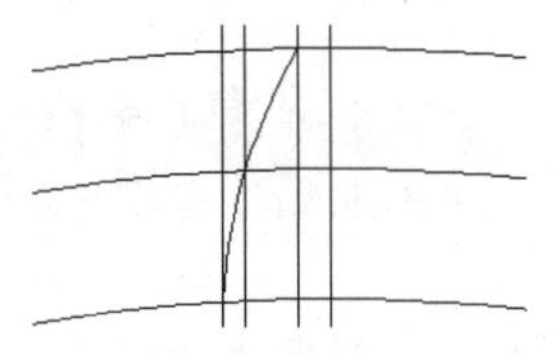
图 11-101　三点画弧

步骤 06　对圆弧进行镜像，然后使用快捷键 TR 执行【修剪】命令，对图形进行修剪，并删除多余的图线，结果如图 11-102 所示。

步骤 07　单击【默认】选项卡/【修改】面板上的按钮，将上侧的两条圆弧阵列 36 份，阵列结果如图 11-103 所示。

步骤 08　使用快捷键 TR 执行【修剪】命令，修剪阵列后的图形，结果如图 11-104 所示。

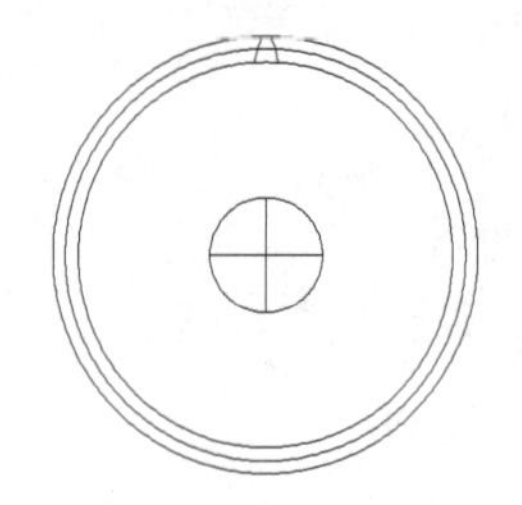

图 11-102　编辑结果

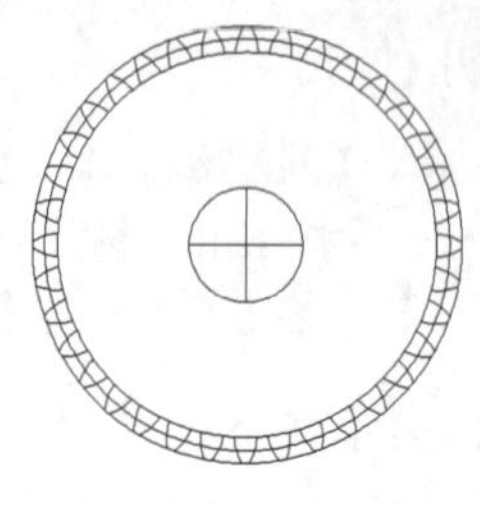

图 11-103　阵列结果

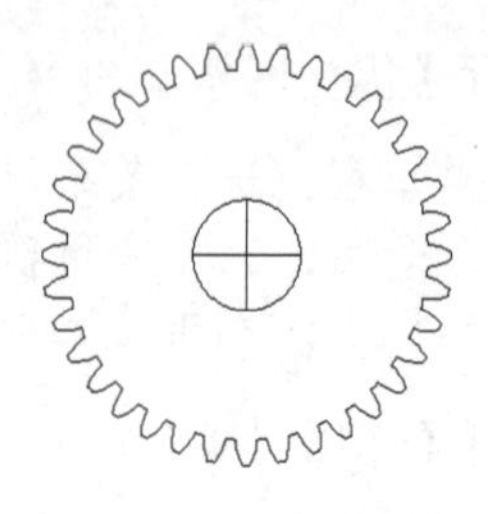

图 11-104　编辑结果

步骤 09　综合使用【偏移】和【修剪】命令，绘制内部的键槽轮廓图，如图 11-105 所示。

步骤 10　选择菜单栏中的【修改】/【对象】/【多段线】命令，将键槽和外侧的闭合图形分别创建为两条闭合的多段线。

步骤 11　单击绘图区左上角【视图控件】/【西南等轴测】命令，将当前视图切换为西南视图，结果如图 11-106 所示。

步骤 12　使用快捷键 L 执行【直线】命令，以圆的圆心为起点，以“@0,0,20”为目标点，绘制长度为 20 的垂直线段，如图 11-107 所示。

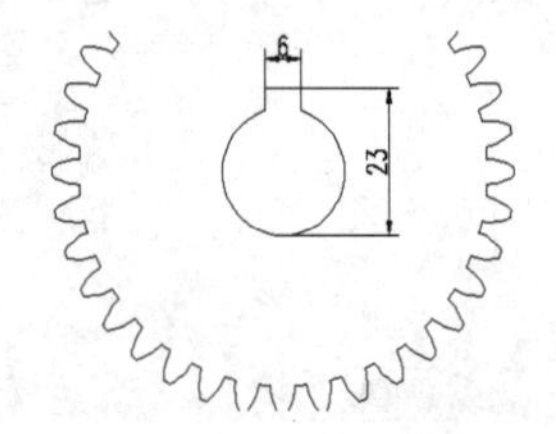

图 11-105　绘制键槽

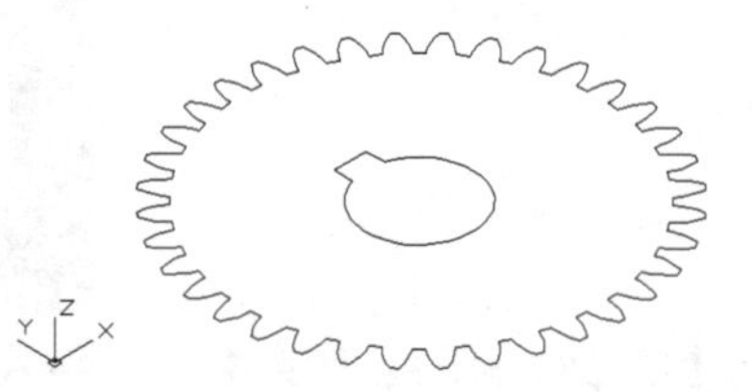

图 11-106　切换视图

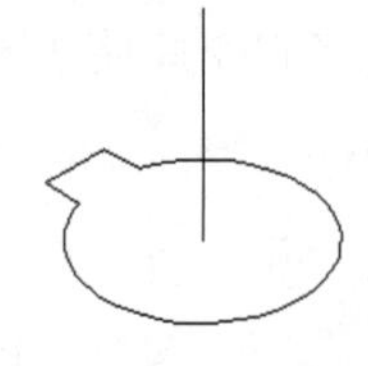

图 11-107　绘制结果

步骤 13　将系统变量 SURFTAB1 设置为 30，然后选择菜单栏中的【绘图】/【建模】/【网格】/【平移网格】命令，创建中心孔模型。命令行提示如下：

```
命令: _tabsurf
当前线框密度: SURFTAB1=30
选择用作轮廓曲线的对象:    //选择键槽轮廓线
选择用作方向矢量的对象:    //在垂直线的下方单击，结果如图 11-108 所示
```

在此也可以使用【绘图】/菜单中的【建模】/【拉伸】命令，快速创建如图 1-108 所示的中心孔立体造型。

步骤 14　创建名为“网格”的图层，把刚创建的网格放在此图层上，并关闭“网格”图层。

步骤 15　使用快捷键 CO 执行【复制】命令，选择外侧闭合轮廓线沿 Z 轴正方向复制 20 个单位，结果如图 11-109 所示。

步骤 16　使用快捷键 RO 执行【旋转】命令，将复制出的轮廓线旋转。命令行提示如下：

```
命令: ro
ROTATE UCS 当前的正角方向: ANGDIR=逆时针  ANGBASE=0
选择对象:                //选择复制出的轮廓线
选择对象:                // Enter
指定基点:                //捕捉垂直直线的上端点
```

```
指定旋转角度，或 [复制(C)/参照(R)] <0>:    //6.78 Enter，旋转结果如图 11-110 所示
```

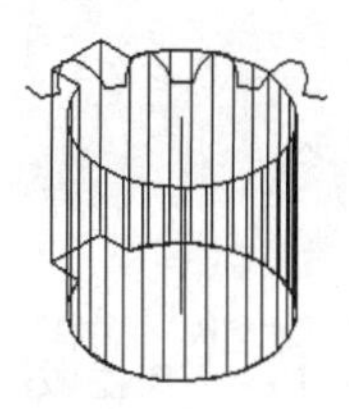

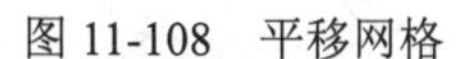

图 11-108 平移网格

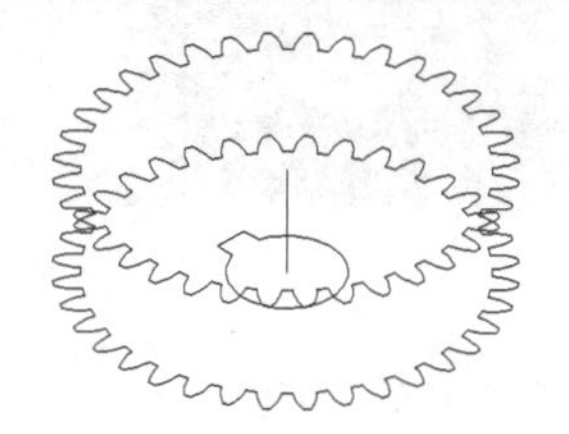

图 11-109 复制结果

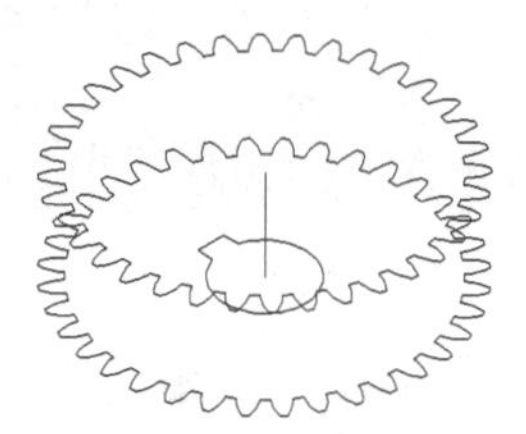

图 11-110 旋转结果

步骤 17 将系统变量 SURFTAB1 设置为 300，单击【三维建模】空间/【网格】选项卡/【图元】面板上的按钮，创建直纹网格模型。命令行提示如下：

```
命令: _rulesurf
当前线框密度: SURFTAB1=30
选择第一条定义曲线:    //选择刚旋转后的轮廓线
选择第二条定义曲线:    //选择底部的闭合轮廓线，结果结果如图 11-111 所示
```

在此也可以使用【绘图】/菜单中的【建模】/【拉伸】命令，快速创建齿轮外侧造型。

步骤 18 将刚创建的直纹网格放到“网格”层上进行隐藏，然后执行【构造线】命令，通过圆心绘制一条如图 11-112 所示的垂直辅助线。

步骤 19 使用快捷键 BR 执行【打断】命令，以辅助线与内外轮廓线的交点作为断点，分别将内外轮廓线创建为两条多段线。

步骤 20 单击【三维建模】空间/【网格】选项卡/【图元】面板上的按钮，创建如图 11-113 所示的直纹网格。

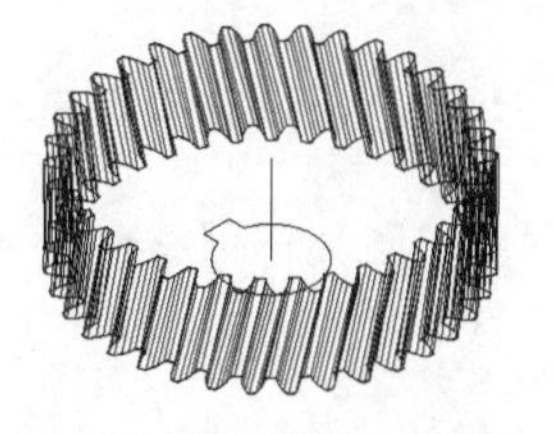

图 11-111 直纹网格

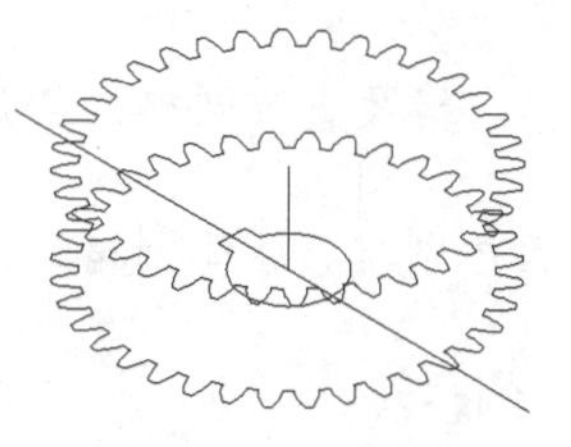

图 11-112 绘制辅助线

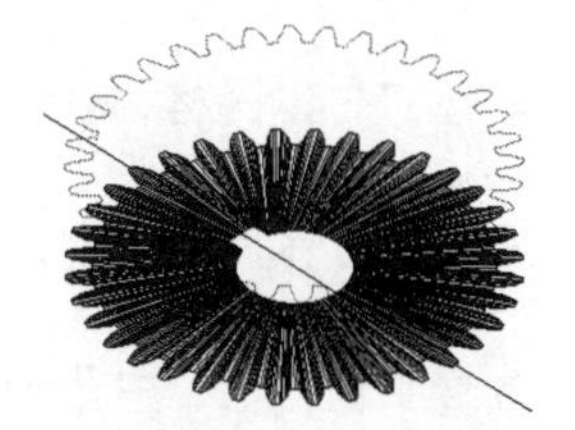

图 11-113 创建直纹网格

步骤 21 将刚创建的网格模型放到“网格”层上进行隐藏。然后将键槽和构造线沿 Z 轴正方向复制 20 个单位，结果如图 11-114 所示。

步骤 22 参照步骤 19～21 的操作，创建如图 11-115 所示的直纹网格。

步骤 23 使用快捷键 E 执行【删除】命令，删除构造线，然后打开“网格”图层。

步骤 24 将视图切换为西北视图，然后选择菜单栏中的【视图】/【视觉样式】/【三维隐藏】命令，结果如图 11-116 所示。

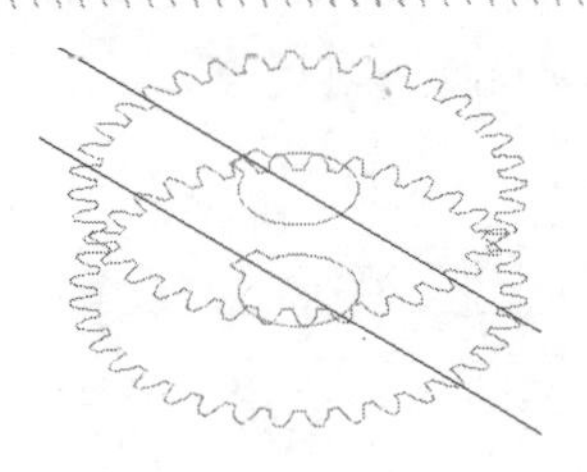

图 11-114 复制结果

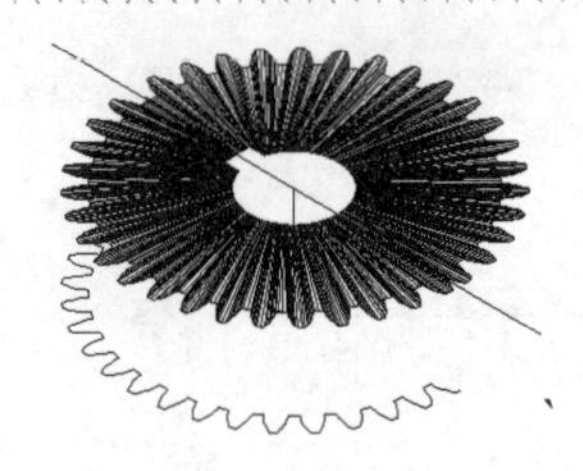

图 11-115 创建结果

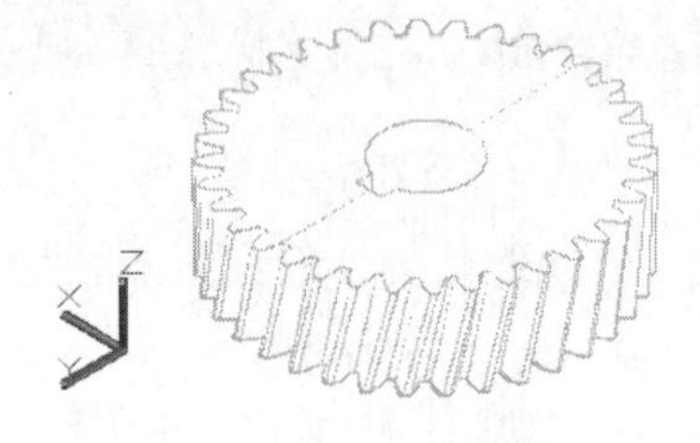

图 11-116 三维隐藏

步骤 25 更改模型的颜色为“青色”，然后使用快捷键 RR 执行【渲染】命令，对模型进行渲染，最终结果如图 11-98 所示。

步骤 26 最后执行【保存】命令，将图形命名存储为“制作齿轮柱造型.dwg”。

11.5 思考与总结

11.5.1 知识点思考

（1）AutoCAD 为用户提供了哪些曲面的创建工具？

（2）复杂网格的创建方式有哪几种？请简述各自的建模特点。

11.5.2 知识点总结

本章主要学习了网格和曲面模型的创建方法和技巧。通过本章的学习，读者可以体会到，在创建复杂网格或曲面时，有时制作过程是比较烦琐的，但是由于此类模型的占用空间比较少，建模速度比较快，所以使用 AutoCAD 的曲面和网格建模功能表达物体的三维模型，还是一种比较常用的方式。

通过本章的学习，应理解和掌握以下知识：

- 掌握回转体网格、平移网格、边界网格及直纹网格的创建方法和技巧；掌握各种网格的特点及网格线框密度的设置。
- 掌握长方体网格、楔体网格、圆锥体网格、球体网格、圆柱体网格、圆环体网格和棱锥体网格的创建技巧。
- 掌握平面曲面、三维面的快速创建技巧。
- 掌握拉伸曲面、旋转曲面、剖切曲面、扫掠曲面的创建方法和技巧。
- 掌握曲面的过渡、修补、圆角、修剪、偏移及网格的拉伸和优化技能。

11.6 上机操作题

11.6.1 操作题一

综合所学知识，制作如图 11-117 所示的立体模型。

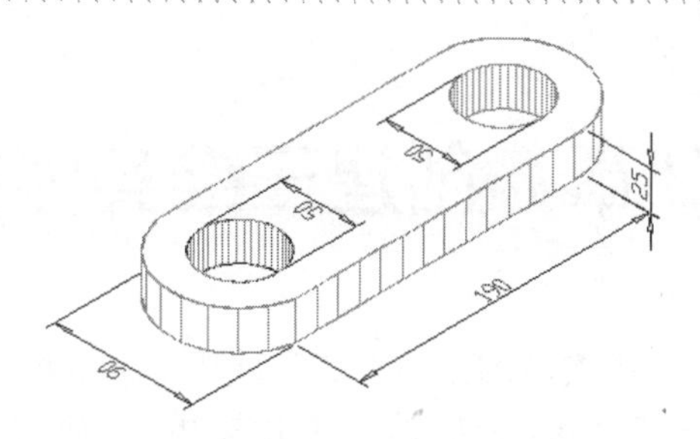

图 11-117　操作题一

11.6.2　操作题二

综合所学知识，制作如图 11-118 所示的立体模型。

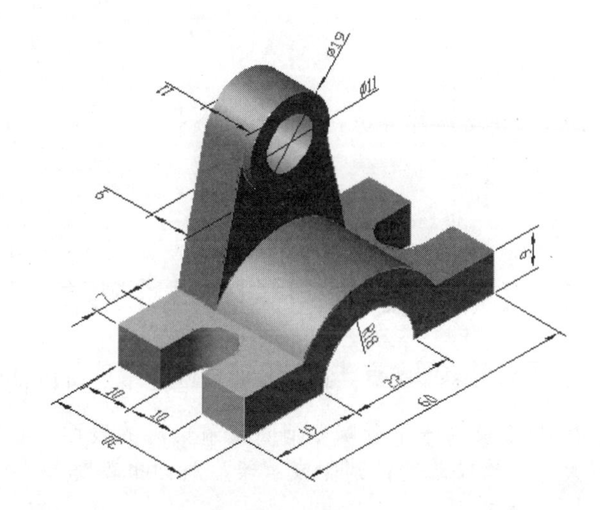

图 11-118　操作题二

上侧圆柱孔的孔心距离下侧弧形拱的圆心为 36 个单位。

第 12 章　创建三维实体模型

上一章讲述了网格与曲面等三维模型的创建方法和技巧，本章将继续讲述另一种三维模型的建模技能，即“实体模型”，此种三维模型能够完整地表达出实物的几何信息，是一个实实在在的物体，是三维造型技术中比较完善且常用的一种形式。

本章内容

- 与实体相关的几个变量
- 创建基本实体模型
- 创建复杂实体模型
- 创建组合实体模型
- 综合范例——三维实体建模功能综合练习
- 思考与总结
- 上机操作题

12.1　与实体相关的几个变量

下面学习几个与实体显示相关的系统变量，巧妙设置这些变量，可以使实体的面边更光滑。

- 变量一：FACETRES。此变量用于设置实体消隐或渲染后的表面网格线的密度，变量取值范围为 0.01~10.0，值越大，网格就越密，消隐或渲染后表面也就越光滑，如图 12-1 所示。

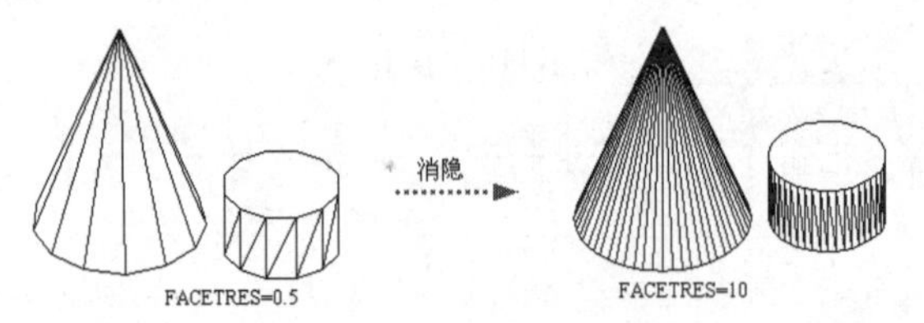

图 12-1　FACETRES 变量

- 变量二：ISOLINES。此系统变量用于设置实体表面网格线的数量，其值越大，网格线就越密，如图 12-2 所示。

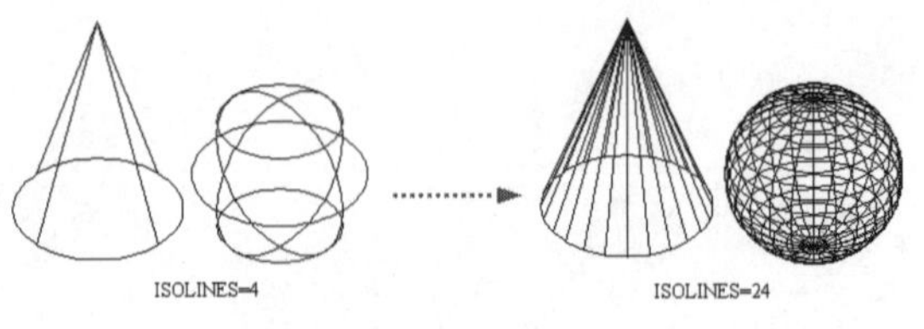

图 12-2　ISOLINES 变量

- 变量三：DISPSILH。此系统变量用于控制视图消隐时，是否显示出实体表面的网格线。当变量值为 0 时显示网格线，为 1 时不显示网格线，如图 12-3 所示。

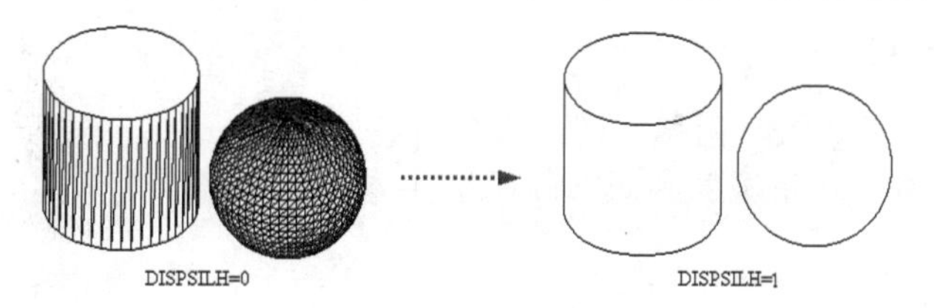

图 12-3　DISPSILH 变量

12.2　创建基本实体模型

本节主要学习各种基本几何实体图元的创建工具，具体命令如图 12-4 所示。

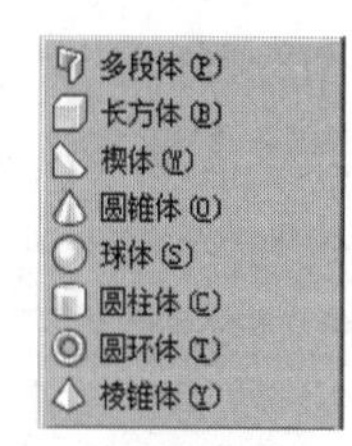

图 12-4　实体图元命令菜单

12.2.1　创建多段体

【多段体】命令用于创建具有一定宽度和高度的三维墙状多段体，如图 12-5 所示。

执行【多段体】命令主要有以下几种方式。

- 菜单栏：选择菜单栏中的【绘图】/【建模】/【多段体】命令。
- 命令行：在命令行输入 Polysolid 后按 Enter 键。
- 功能区：单击【三维建模】空间/【常用】选项卡/【建模】面板上的按钮。
- 功能区：单击【三维建模】空间/【实体】选项卡/【图元】面板上的按钮。

【例题 12-1】　创建三维墙状多段体

步骤 01　新建空白文件。

步骤 02　执行【西南等轴测】命令，将当前视图切换为西南视图。

步骤 03　单击【三维建模】空间/【实体】选项卡/【图元】面板上的按钮，根据命令行提示创建多段体。命令行提示如下：

```
命令: _Polysolid 高度 = 80.0000, 宽度 = 5.0000, 对正 = 居中
指定起点或 [对象(O)/高度(H)/宽度(W)/对正(J)] <对象>:
指定下一个点或 [圆弧(A)/放弃(U)]:            //@100,0 Enter
指定下一个点或 [圆弧(A)/放弃(U)]:            //@0,-60 Enter
指定下一个点或 [圆弧(A)/闭合(C)/放弃(U)]:    //@100,0 Enter
指定下一个点或 [圆弧(A)/闭合(C)/放弃(U)]:    //a Enter
指定圆弧的端点或 [闭合(C)/方向(D)/直线(L)/第二个点(S)/放弃(U)]:  //@0,-150 Enter
指定下一个点或 [圆弧(A)/闭合(C)/放弃(U)]:    //在绘图区拾取一点
指定圆弧的端点或 [闭合(C)/方向(D)/直线(L)/第二个点(S)/放弃(U)]: // Enter, 结果如图 12-5 所示
```

步骤 04　选择菜单栏中的【视图】/【消隐】命令，效果如图 12-6 所示。

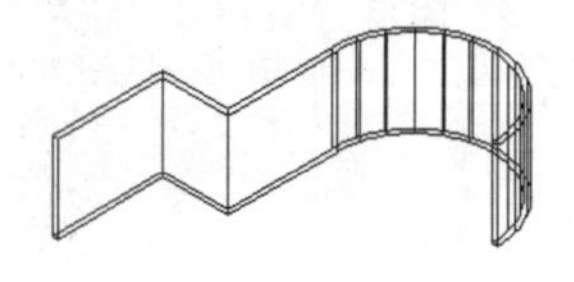

图 12-5　绘制结果

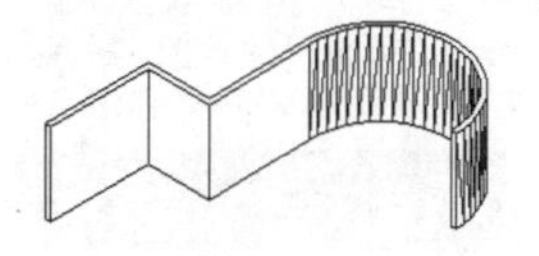

图 12-6　消隐显示

命令行中部分选项解析：

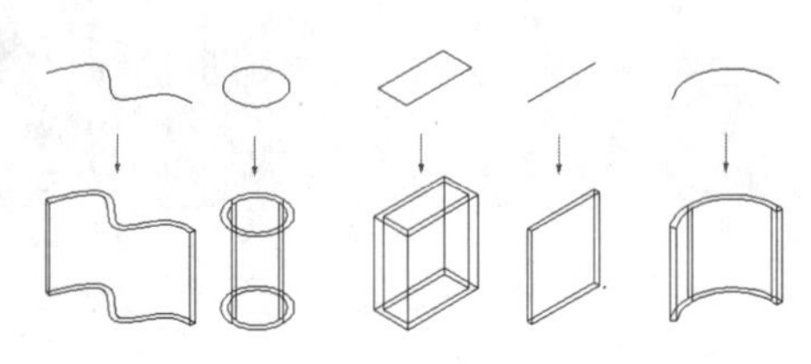
图 12-7　选项示例

- 【对象】选项用于将直线、圆弧、圆、样条曲线等二维图形转化为具有一定宽度和高度的三维实体，如图 12-7 所示。
- 【高度】选项用于设置多段体的高度。
- 【宽度】选项用于设置多段体的宽度。
- 【对正】选项用于设置多段体的对正方式，具体有“左对正”“居中”和“右对正”三种方式。

12.2.2　创建长方体

【长方体】命令用于创建长方体模型或正立方体模型。

执行【长方体】命令主要有以下几种方式。

- 菜单栏：选择菜单栏中的【绘图】/【建模】/【长方体】命令。
- 命令行：在命令行输入 Box 后按 Enter 键。
- 功能区：单击【三维建模】空间/【常用】选项卡/【建模】面板上的▢按钮。
- 功能区：单击【三维建模】空间/【实体】选项卡/【图元】面板上的▢按钮。

【例题 12-2】　创建长方体实例

步骤 01　新建文件并单击【视图控件】/【西南等轴测】命令，将视图切换为西南视图。

步骤 02　单击【三维建模】空间/【实体】选项卡/【图元】面板上的▢按钮，根据命令行提示创建长方体。命令行提示如下：

```
命令: _box
指定第一个角点或 [中心(C)]:                //在绘图区拾取一点
指定其他角点或 [立方体(C)/长度(L)]:        //@240,150 Enter
指定高度或 [两点(2P)]:                    //100 Enter，结束命令
```

步骤 03　创建结果如图 12-8 所示。

步骤 04　单击【视觉样式控件】/【概念】命令，对长方体进行概念着色，效果如图 12-9 所示。

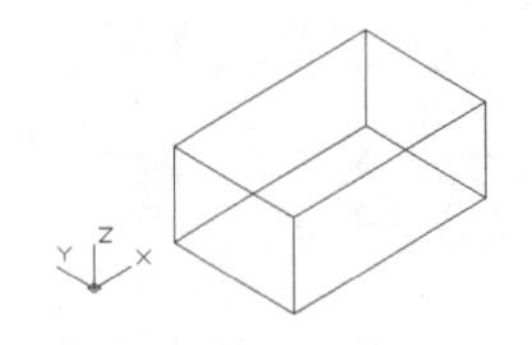
图 12-8　长方体

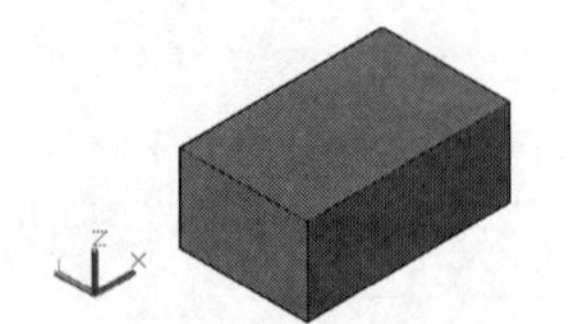
图 12-9　概念着色效果

命令行中部分选项解析如下：

- 【立方体】选项用于创建长、宽、高都相等的正立方体。
- 【中心】选项用于事先指定长方体正中心点，再创建长方体。
- 【长度】选项用于直接输入长方体的长度、宽度和高度，即可生成相应尺寸的长方体。

12.2.3　创建圆柱体

【圆柱体】命令主要用于创建圆柱实心体或椭圆柱实心体模型。

执行【圆柱体】命令主要有以下几种方式。

- 菜单栏：选择菜单栏中的【绘图】/【建模】/【圆柱体】命令。
- 命令行：在命令行输入 Cylinder 后按 Enter 键。
- 功能区：单击【三维建模】空间/【常用】选项卡/【建模】面板上的按钮。
- 功能区：单击【三维建模】空间/【实体】选项卡/【图元】面板上的按钮。

【例题 12-3】　创建圆柱体和椭圆柱体

步骤 01　新建空白文件。

步骤 02　单击【视图控件】/【西南等轴测】命令，将当前视图切换为西南视图。

步骤 03　单击【三维建模】空间/【实体】选项卡/【图元】面板上的按钮，根据命令行提示创建圆柱体。命令行提示如下：

```
命令: _cylinder
指定底面的中心点或 [三点(3P)/两点(2P)/ 切点、切点、半径(T)/椭圆(E)] //在绘图区拾取一点
指定底面半径或 [直径(D)]>:                         //100 Enter，输入底面半径
指定高度或 [两点(2P)/轴端点(A)] <100.0000>:         //240 Enter，结果如图 12-10 所示
```

步骤 04　重复执行【圆柱体】命令，使用【椭圆】选项创建椭圆柱体。命令行提示如下：

```
命令: _cylinder
指定底面的中心点或 [三点(3P)/两点(2P)/ 切点、切点、半径(T)/椭圆(E)]: //e Enter
指定第一个轴的端点或 [中心(C)]:        //拾取一点
指定第一个轴的其他端点:                //@100,0 Enter
指定第二个轴的端点:                    //@0,30 Enter
指定高度或 [两点(2P)/轴端点(A)] :     //100 Enter，结果如图 12-11 所示
```

步骤 05　使用快捷键 HI 执行【消隐】命令，对椭圆柱体进行消隐，效果如图 12-12 所示。

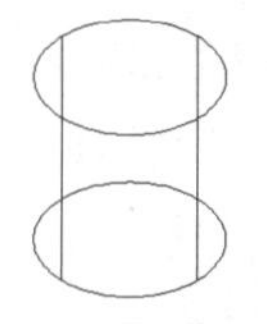

图 12-10　圆柱体

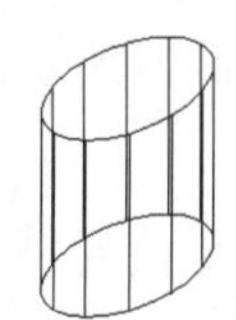

图 12-11　创建椭圆柱体

图 12-12　消隐效果

12.2.4　创建圆锥体

【圆锥体】命令用于创建圆锥体或椭圆锥体模型。

执行【圆锥体】命令主要有以下几种方式。

- 菜单栏：选择菜单栏中的【绘图】/【建模】/【圆锥体】命令。
- 命令行：在命令行输入 Cone 后按 Enter 键。
- 功能区：单击【三维建模】空间/【常用】选项卡/【建模】面板上的按钮。
- 功能区：单击【三维建模】空间/【实体】选项卡/【图元】面板上的按钮。

【例题 12-4】　创建圆锥体和椭圆锥体

步骤 01　新建文件并将当前视图切换为西南视图。

步骤02 单击【三维建模】空间/【实体】选项卡/【图元】面板上的△按钮，根据命令行提示创建锥体。命令行提示如下：

```
命令: _cone
指定底面的中心点或 [三点(3P)/两点(2P)/切点、切点、半径(T)/椭圆(E)]: //拾取一点作为底面中心点
指定底面半径或 [直径(D)] <261.0244>:        //75 Enter，输入底面半径
指定高度或 [两点(2P)/轴端点(A)/顶面半径(T)] <120.0000>:
                                 //180 Enter，创建结果如图 12-13 所示，消隐效果如图 12-14 所示
```

步骤03 重复执行【圆锥体】命令，使用【椭圆】选项创建椭圆锥体。命令行提示如下：

```
命令: _cone
指定底面的中心点或 [三点(3P)/两点(2P)/切点、切点、半径(T)/椭圆(E)]:  //e Enter
指定第一个轴的端点或 [中心(C)]:               //拾取一点
指定第一个轴的其他端点:                       //@150,0 Enter
指定第二个轴的端点:                           //@0,50 Enter
指定高度或 [两点(2P)/轴端点(A)/顶面半径(T)] <-100.0000>:
                                             //@0,100 Enter，消隐效果如图 12-15 所示
```

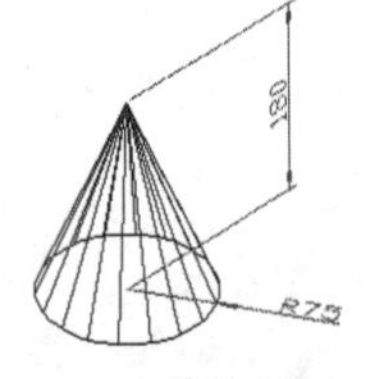

图 12-13　创建圆锥体

图 12-14　圆锥体消隐效果

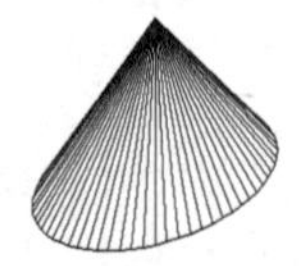

图 12-15　椭圆锥体消隐效果

12.2.5　创建棱锥体

【棱锥体】命令用于创建三维棱锥体，如底面为四边形、五边形、六边形等的多面棱锥体，如图 12-16 所示。

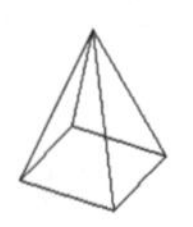

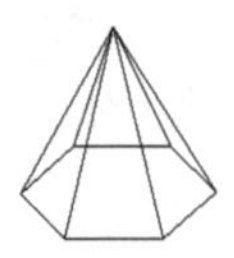

图 12-16　棱锥体

执行【棱锥体】命令主要有以下几种方式。

- 菜单栏：选择菜单栏中的【绘图】/【建模】/【棱锥体】命令。
- 命令行：在命令行输入 Pyramid 后按 Enter 键。
- 功能区：单击【三维建模】空间/【常用】选项卡/【建模】面板上的△按钮。
- 功能区：单击【三维建模】空间/【实体】选项卡/【图元】面板上的△按钮。

【例题 12-5】　创建六面棱锥体实例

步骤01 新建空白文件，并将当前视图切换为西南视图。

步骤02 单击【三维建模】空间/【实体】选项卡/【图元】面板上的△按钮，根据命令行提示创建六面棱锥体，命令行提示如下：

```
命令: _pyramid
4 个侧面  外切
指定底面的中心点或 [边(E)/侧面(S)]:        //s Enter，激活【侧面】选项
输入侧面数 <4>:                           //6 Enter，设置侧面数
指定底面的中心点或 [边(E)/侧面(S)]:        //在绘图区拾取一点
指定底面半径或 [内接(I)] <72.0000>:       //100 Enter，输入内切圆半径
```

```
指定高度或 [两点(2P)/轴端点(A)/顶面半径(T)] <10.0000>:   //120 Enter，结束命令
```

步骤 03 创建结果如图 12-17 所示；概念着色效果如图 12-18 所示。

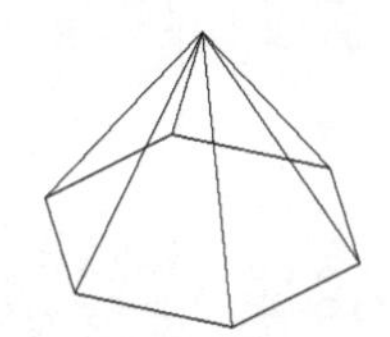

图 12-17　创建结果

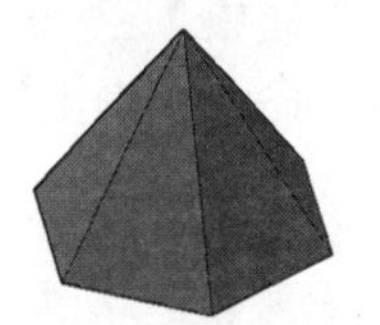

图 12-18　概念着色

12.2.6　创建圆环体

【圆环体】命令主要用于创建圆环实心体模型。

执行【圆环体】命令主要有以下几种方式。

- 菜单栏：选择菜单栏中的【绘图】/【建模】/【圆环体】命令。
- 命令行：在命令行输入 Torus 后按 Enter 键。
- 功能区：单击【三维建模】空间/【常用】选项卡/【建模】面板上的◎按钮。
- 功能区：单击【三维建模】空间/【实体】选项卡/【图元】面板上的◎按钮。

【例题 12-6】　创建环体半径为 180 的圆环体

步骤 01 新建空白文件，并将当前视图切换为西南视图。

步骤 02 单击【三维建模】空间/【实体】选项卡/【图元】面板上的◎按钮，根据命令行提示创建圆环体。命令行提示如下：

```
命令: _torus
指定中心点或 [三点(3P)/两点(2P)/切点、切点、半径(T)]:  //拾取一点定位环体的中心点
指定半径或 [直径(D)] <120.0000>:                     //180 Enter，输入圆环体的半径
指定圆管半径或 [两点(2P)/直径(D)]:                    //20 Enter，结果如图 12-19 所示
```

步骤 03 单击【视觉样式控件】/【概念】命令，为圆环体进行着色，结果如图 12-20 所示。

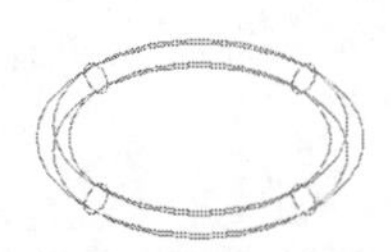

图 12-19　创建圆环体

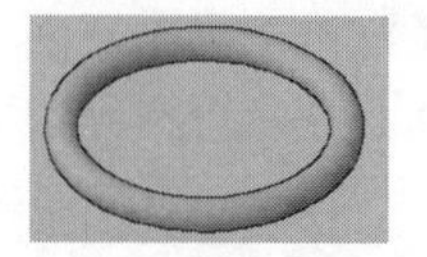

图 12-20　概念着色

12.2.7　创建球体

【球体】命令主要用于创建三维球体模型。

执行【球体】命令主要有以下几种方式。

- 菜单栏：选择菜单栏中的【绘图】/【实体】/【球体】命令。
- 命令行：在命令行输入 Sphere 后按 Enter 键。
- 功能区：单击【三维建模】空间/【常用】选项卡/【建模】面板上的○按钮。
- 功能区：单击【三维建模】空间/【实体】选项卡/【图元】面板上的○按钮。

【例题 12-7】 创建半径为 100 的球体

步骤 01 新建空白文件，并将当前视图切换为西南视图。

步骤 02 单击【三维建模】空间/【实体】选项卡/【图元】面板上的按钮，创建半径为 100 的球体模型。命令行提示如下：

```
命令: _sphere
指定中心点或 [三点(3P)/两点(2P)/切点、切点、半径(T)]: //在绘图区拾取一点作为球体的中心点
指定半径或 [直径(D)] <10.3876>:                    //100Enter，结束命令
```

步骤 03 创建结果如图 12-21 所示，概念着色效果如图 12-22 所示。

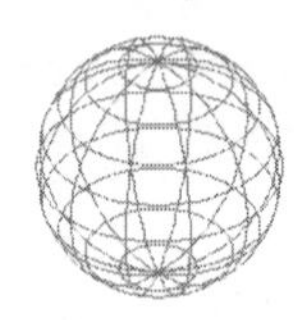

图 12-21　创建球体

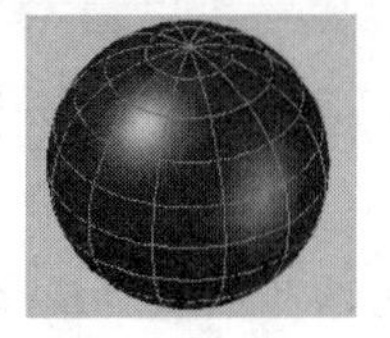

图 12-22　概念着色

12.2.8　创建楔体

【楔体】命令主要用于创建三维楔体模型。

执行【楔体】命令主要有以下几种方式。

- 菜单栏：选择菜单栏中的【绘图】/【建模】/【楔体】命令。
- 命令行：在命令行输入 Wedge 后按 Enter 键。
- 功能区：单击【三维建模】空间/【常用】选项卡/【建模】面板上的按钮。
- 功能区：单击【三维建模】空间/【实体】选项卡/【图元】面板上的按钮。

【例题 12-8】 创建高度为 150 的楔体

步骤 01 新建空白文件。

步骤 02 单击【视图控件】/【东南等轴测】命令，将当前视图切换为东南视图。

步骤 03 单击【三维建模】空间/【实体】选项卡/【图元】面板上的按钮，根据命令行提示创建楔体。命令行提示如下：

```
命令: _wedge
指定第一个角点或 [中心(C)]:              //在绘图区拾取一点
指定其他角点或 [立方体(C)/长度(L)]:       //@120,20 Enter
指定高度或 [两点(2P)] <10.52>:           //150 Enter，创建结果如图 12-23 所示
```

步骤 04 使用快捷键 HI 执行【消隐】命令，效果如图 12-24 所示。

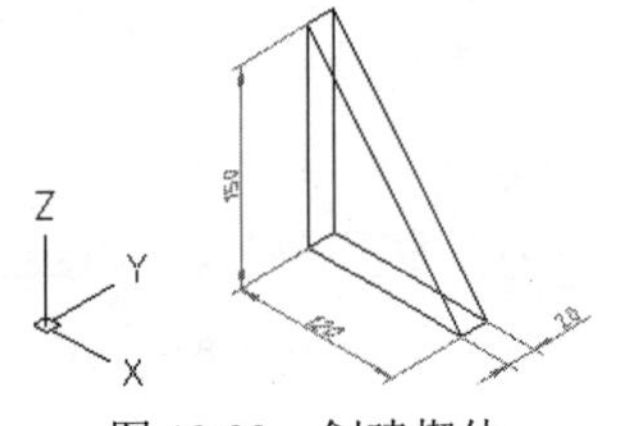

图 12-23　创建楔体

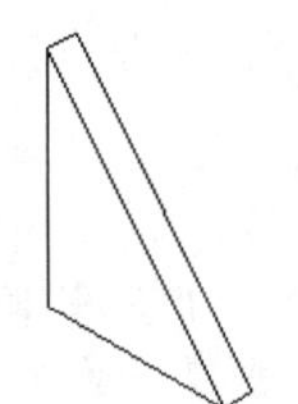

图 12-24　消隐效果

命令行中部分选项解析如下：

- 【中心点】选项用于定位楔体的中心点，其中心点为斜面正中心点。
- 【立方体】选项用于创建长、宽、高都相等的楔体。

12.3　创建复杂实体模型

本节主要学习复杂几何实体的创建功能，具体有【拉伸】、【旋转】、【扫掠】、【放样】、【剖切】、【干涉检查】和【切割】7 个命令。

12.3.1　创建拉伸实体

【拉伸】命令不但可以将闭合或非闭合的二维图形按照指定的高度拉伸成曲面，还可以将闭合的二维或三维曲线拉伸为三维实体。

执行【拉伸】命令主要有以下几种方式。

- 菜单栏：选择菜单栏中的【绘图】/【建模】/【拉伸】命令。
- 命令行：在命令行输入 Extrude 后按 Enter 键。
- 快捷键：在命令行输入 EXT 后按 Enter 键。
- 功能区：单击【三维建模】空间/【实体】选项卡/【实体】面板上的按钮。
- 功能区：单击【三维建模】空间/【常用】选项卡/【建模】面板上的按钮。

【例题 12-9】　将螺钉平面图拉伸为三维实体

步骤 01　新建文件，然后单击【视图控件】/【左视】命令，将当前视图切换为左视图。

步骤 02　综合使用【圆】和【正多边形】命令，绘制如图 12-25 所示的正六边形和圆图形。

步骤 03　执行【西南等轴测】命令，将当前视图切换为西南视图，结果如图 12-26 所示。

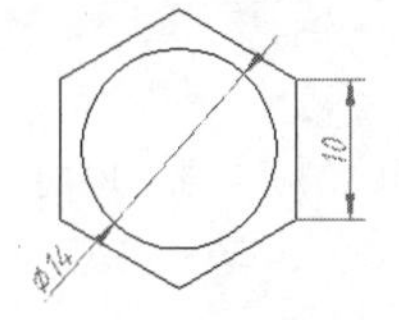

图 12-25　绘制结果

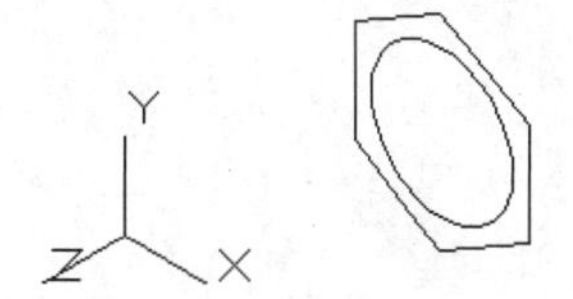

图 12-26　切换视图

步骤 04　单击【三维建模】空间/【实体】选项卡/【实体】面板上的按钮，对正六边形和圆进行拉伸。命令行提示如下：

```
命令： _extrude
当前线框密度： ISOLINES=4，闭合轮廓创建模式 = 实体
选择要拉伸的对象或 [模式(MO)]： _MO 闭合轮廓创建模式 [实体(SO)/曲面(SU)] <实体>： _SO
选择要拉伸的对象或 [模式(MO)]：              //选择圆
选择要拉伸的对象或 [模式(MO)]：              //Enter
指定拉伸的高度或 [方向(D)/路径(P)/倾斜角(T)/表达式(E)] <0.0>:
                        //沿 Z 轴负方向引导光标，输入 30 Enter，拉伸结果如图 12-27 所示
```

步骤 05　重复执行【拉伸】命令，将正六边形沿 Z 轴正方向拉伸 8 个单位。命令行提示如下：

```
命令: _extrude
当前线框密度:  ISOLINES=4, 闭合轮廓创建模式 = 实体
选择要拉伸的对象或 [模式(MO)]: _MO 闭合轮廓创建模式 [实体(SO)/曲面(SU)] <实体>: _SO
选择要拉伸的对象或 [模式(MO)]:              //选择正六边形
选择要拉伸的对象或 [模式(MO)]:              //Enter
指定拉伸的高度或 [方向(D)/路径(P)/倾斜角(T)/表达式(E)] <0.0>:
                        //沿 Z 轴正方向引导光标, 输入 8 Enter , 拉伸结果如图 12-28 所示
```

步骤06 单击【视觉样式控件】/【概念】命令，对拉伸实体进行概念着色，结果如图 12-29 所示。

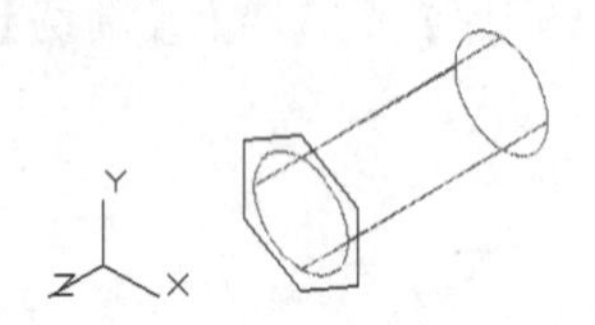

图 12-27　拉伸结果

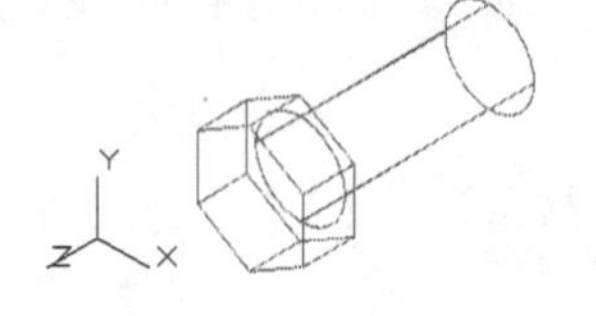

图 12-28　拉伸结果

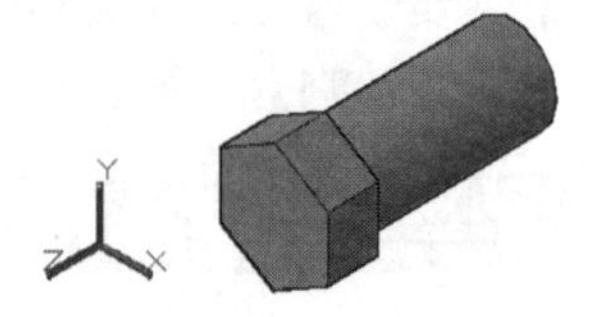

图 12-29　概念着色

步骤07 最后使用【保存】命令将模型进行命名存盘。

使用【拉伸】命令中的【倾斜角】选项，可以将单个或多个闭合对象按照一定的角度进行拉伸，如图 12-30 所示。下面通过实例学习此功能。

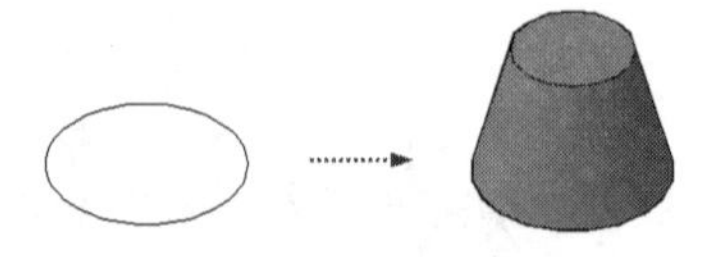
图 12-30　角度拉伸示例

【例题 12-10】　将二维边界锥度拉伸为三维实体

步骤01 新建空白文件。

步骤02 单击【视口控件】/【西南等轴测】命令，将当前视图切换为西南视图。

步骤03 执行【圆】命令，绘制半径为 35 的圆，如图 12-31 所示。

步骤04 单击【三维建模】空间/【实体】选项卡/【实体】面板上的按钮，对正六边形和圆进行拉伸。命令行提示如下：

```
命令: _extrude
当前线框密度:  ISOLINES=4, 闭合轮廓创建模式 = 实体
选择要拉伸的对象或 [模式(MO)]: _MO 闭合轮廓创建模式 [实体(SO)/曲面(SU)] <实体>: _SO
选择要拉伸的对象或 [模式(MO)]:                //选择刚绘制的圆
选择要拉伸的对象或 [模式(MO)]:                // Enter
指定拉伸的高度或 [方向(D)/路径(P)/倾斜角(T)/表达式(E)] <129.8197>:
                                             //t Enter, 激活【倾斜角】选项
指定拉伸的倾斜角度或 [表达式(E)] <0>:          //15 Enter, 输入倾斜角度
指定拉伸的高度或 [方向(D)/路径(P)/倾斜角(T)/表达式(E)] <129.8197>:
                                             //沿 Z 轴正方向引导光标, 输入 50 Enter
```

步骤05 拉伸结果如图 12-32 所示，概念着色效果如图 12-33 所示。

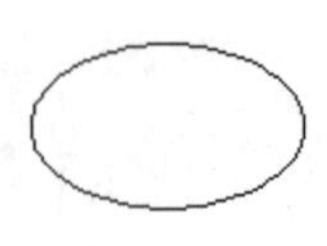
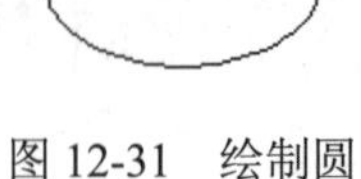
图 12-31　绘制圆

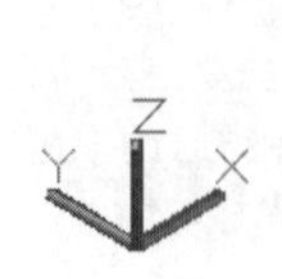

图 12-32　拉伸圆

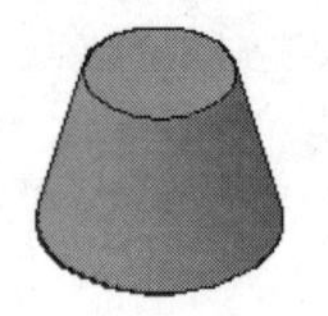
图 12-33　概念着色

使用【拉伸】命令中的【方向】选项，可以将单个或多个闭合对象按光标指引的方向进行拉伸，如图 12-34 所示。下面通过实例学习此功能。

【例题 12-11】 将二维边界按指定方向拉伸为实体

步骤 01　新建空白文件。

步骤 02　执行【西南等轴测】命令，将当前视图切换为西南视图。

步骤 03　使用快捷键 EL 执行【椭圆】命令，绘制长轴为 60、短轴为 30 的椭圆，如图 12-35 所示。

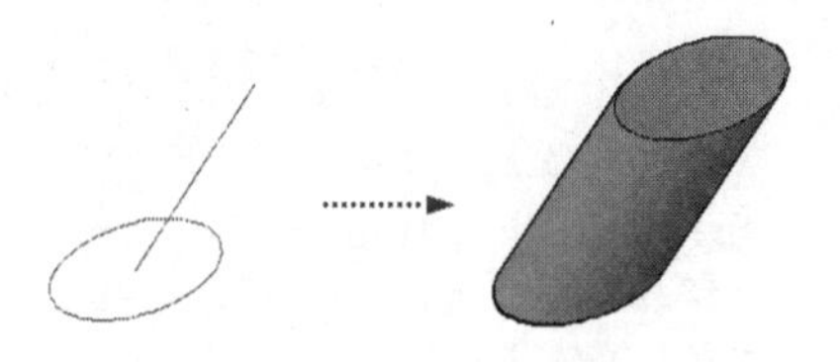

图 12-34　方向拉伸示例

图 12-35　绘制椭圆

步骤 04　使用快捷键 L 执行【直线】命令，以椭圆中心点作为起点，以点“@50,0,40”作为终点，绘制如图 12-36 所示的直线。

步骤 05　单击【三维建模】空间/【实体】选项卡/【实体】面板上的按钮，将椭圆进行方向拉伸。命令行提示如下：

```
命令: _extrude
当前线框密度: ISOLINES=4，闭合轮廓创建模式 = 实体
选择要拉伸的对象或 [模式(MO)]: _MO 闭合轮廓创建模式 [实体(SO)/曲面(SU)] <实体>: _SO
选择要拉伸的对象或 [模式(MO)]:        //选择椭圆
选择要拉伸的对象或 [模式(MO)]:         // Enter
指定拉伸的高度或 [方向(D)/路径(P)/倾斜角(T)/表达式(E)] <61.0102>:
                                        //d Enter，激活【方向】选项
指定方向的起点:                         //捕捉直线的下端点
指定方向的端点:                         //捕捉直线的另一端点
```

步骤 06　拉伸结果如图 12-37 所示；其概念着色效果如图 12-38 所示。

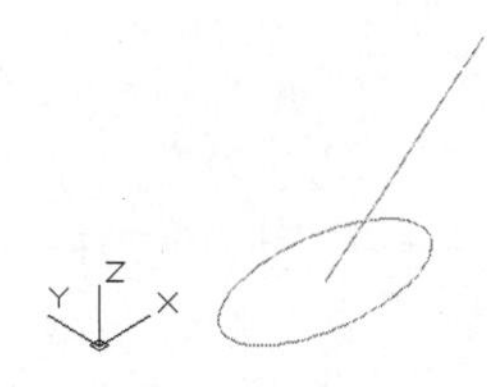

图 12-36　绘制直线

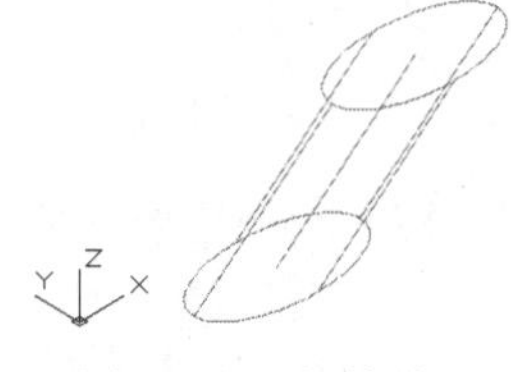

图 12-37　拉伸结果

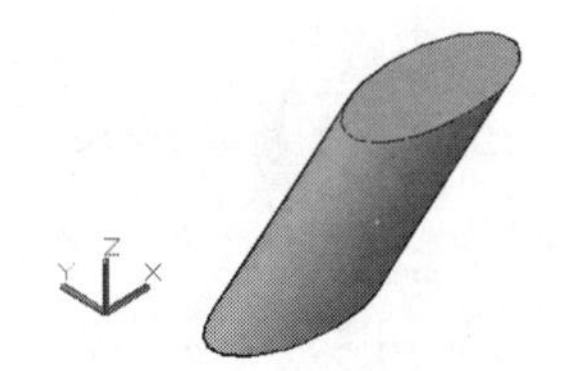

图 12-38　概念着色

使用【拉伸】命令中的【路径】选项，可以将闭合的二维图形或面域按照指定的直线或曲线路径进行拉伸放样，生成复杂的三维放样实心体，如图 12-39 所示。下面通过实例学习此功能。

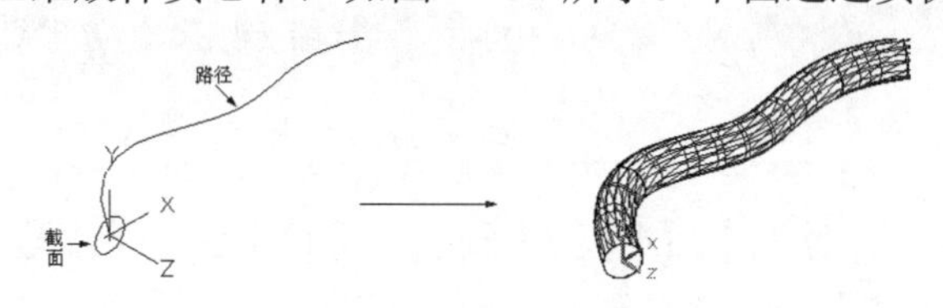

图 12-39　路径拉伸

【例题 12-12】 将二维边界沿路径拉伸为实体造型

步骤 01 新建空白文件。

步骤 02 选择菜单栏中的【绘图】/【多段线】命令，配合坐标点的精确输入功能绘制多段线。命令行提示如下：

```
命令: _pline
指定起点:                                  //0,0 Enter
当前线宽为 0.0000
指定下一个点或 [圆弧(A)/半宽(H)/长度(L)/放弃(U)/宽度(W)]:         //120,190 Enter
指定下一点或 [圆弧(A)/闭合(C)/半宽(H)/长度(L)/放弃(U)/宽度(W)]: //285,-30 Enter
指定下一点或 [圆弧(A)/闭合(C)/半宽(H)/长度(L)/放弃(U)/宽度(W)]: //475,160 Enter
指定下一点或 [圆弧(A)/闭合(C)/半宽(H)/长度(L)/放弃(U)/宽度(W)]: //650,-50 Enter
指定下一点或 [圆弧(A)/闭合(C)/半宽(H)/长度(L)/放弃(U)/宽度(W)]: //Enter，结果如图 12-40 所示
```

步骤 03 使用快捷键 PE 执行【编辑多段线】命令，将多段线编辑成一条圆滑的样条曲线。命令行提示如下：

```
命令: pe                                   // Enter，激活【编辑多段线】命令
PEDIT 选择多段线或 [多条(M)]:               //选择刚绘制的二维多段线
输入选项 [闭合(C)/合并(J)/宽度(W)/编辑顶点(E)/拟合(F)/样条曲线(S)/非曲线化(D)/线型生成(L)/
反转(R)/放弃(U)]:                           //s Enter，激活【样条曲线】选项
输入选项 [闭合(C)/合并(J)/宽度(W)/编辑顶点(E)/拟合(F)/样条曲线(S)/非曲线化(D)/线型生成(L)/
反转(R)/放弃(U)]:                           //Enter，编辑结果如图 12-41 所示
```

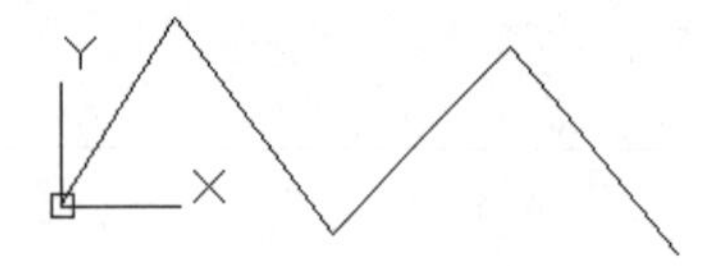

图 12-40　绘制结果

图 12-41　编辑多段线

步骤 04 在命令行输入系统变量 ISOLINES，修改实体的线框密度为 20。命令行操作如下 ：

```
命令: isolines
输入 ISOLINES 的新值 <4>:                    //20 Enter，设置变量值
```

步骤 05 单击绘图区左上角【视图控件】/【西南等轴测】命令，将当前视图切换为西南视图，结果如图 12-42 所示。

步骤 06 选择菜单栏中的【工具】/【新建 UCS】/【X】命令，将当前坐标系绕 X 轴旋转 90°，创建新的用户坐标系。命令行提示如下：

```
命令: _ucs
指定 UCS 的原点或 [面(F)/命名(NA)/对象(OB)/上一个(P)/视图(V)/世界(W)/X/Y/Z/Z 轴(ZA)] <世
界>: _x
指定绕 X 轴的旋转角度 <90>:        // Enter，结果如图 12-43 所示
```

步骤 07 选择菜单栏中的【绘图】/【圆】/【圆心、半径】命令，以当前坐标系的原点作为圆心，绘制半径为 25 的圆作为放样截面，结果如图 12-44 所示。

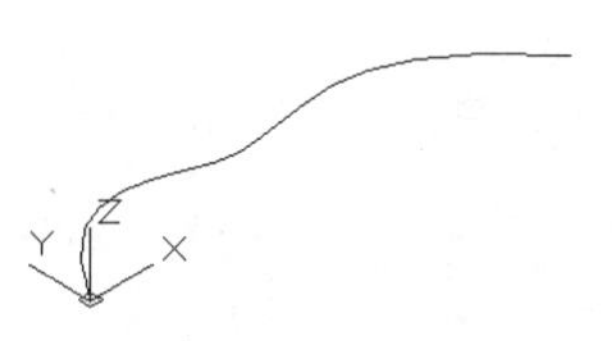

图 12-42　切换西南视图

图 12-43　定义坐标系

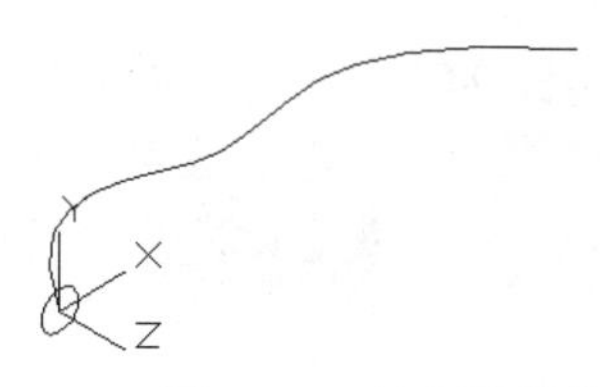

图 12-44　绘制放样截面

步骤08 单击【三维建模】空间/【实体】选项卡/【实体】面板上的按钮，将圆形截面沿着曲化后的多段线路径进行放样。命令行提示如下：

```
命令： _extrude
当前线框密度： ISOLINES=20，闭合轮廓创建模式 = 实体
选择要拉伸的对象或 [模式(MO)]： _MO 闭合轮廓创建模式 [实体(SO)/曲面(SU)] <实体>： _SO
选择要拉伸的对象或 [模式(MO)]：        //选择圆图形作为放样截面
选择要拉伸的对象或 [模式(MO)]：        //Enter，结束对象的选择
指定拉伸的高度或 [方向(D)/路径(P)/倾斜角(T)/表达式(E)] <23.8716>:
                                      //P Enter，激活【路径】选项
选择拉伸路径或 [倾斜角(T)]：           //Enter，选择曲化后的多段线，创建结果如图 12-45 所示
```

步骤09 单击【视觉样式控件】/【带边缘着色】命令，对放样实体进行带边缘着色，结果如图 12-46 所示。

步骤10 单击【视觉样式控件】/【着色】命令，对放样实体进行平滑着色，结果如图 12-47 所示。

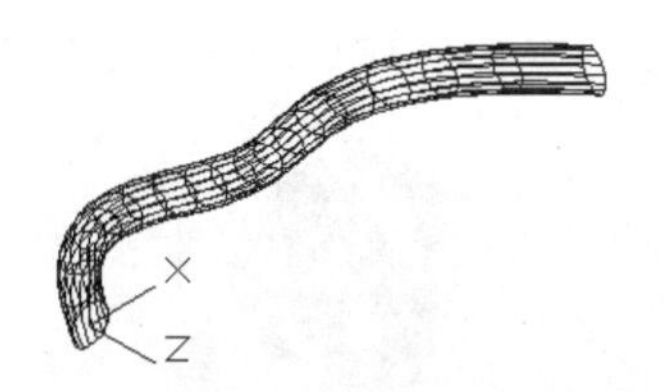

图 12-45　放样结果

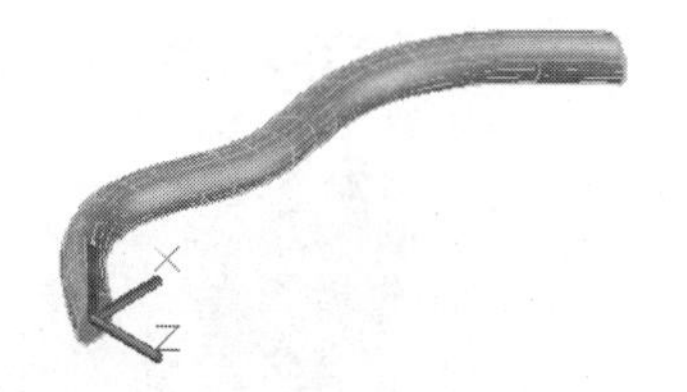

图 12-46　消隐效果

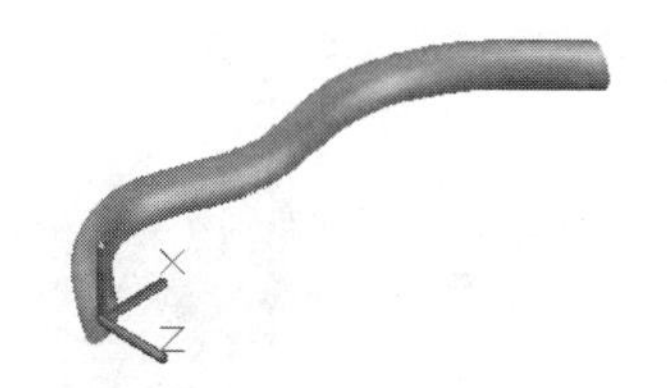

图 12-47　平滑着色

12.3.2　创建旋转实体

【旋转】命令不但可以将闭合或非闭合的二维图形绕坐标轴旋转为曲面，还可以将闭合二维图形旋转为三维实体，此命令经常用于创建一些回转体结构的模型，如图 12-48 所示。

执行【旋转】命令主要有以下几种方式。

- 菜单栏：选择菜单栏中的【绘图】/【建模】/【旋转】命令。
- 命令行：在命令行输入 Revolve 后按 Enter 键。
- 快捷键：在命令行输入 REV 后按 Enter 键。
- 功能区：单击【三维建模】空间/【实体】选项卡/【实体】面板上的按钮。
- 功能区：单击【三维建模】空间/【常用】选项卡/【建模】面板上的按钮。

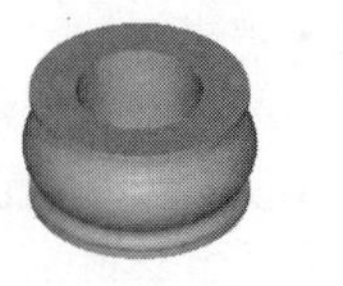
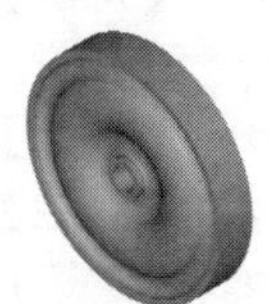
图 12-48　回转体示例

【例题 12-13】　将二维边界旋转为三维实体

步骤01 打开下载文件中的“/素材文件/12-1.dwg”，如图 12-49 所示。

步骤02 单击【视图控件】/【西南等轴测】命令，将视图切换为西南视图。

步骤03 使用快捷键 L 执行【直线】命令，绘制如图 12-50 所示的直线。

步骤04 单击【三维建模】空间/【实体】选项卡/【实体】面板上的按钮，将边界旋转为三维实心体。命令行提示如下：

```
命令: _revolve
当前线框密度:  ISOLINES=12，闭合轮廓创建模式 = 实体
选择要旋转的对象或 [模式(MO)]: _MO 闭合轮廓创建模式 [实体(SO)/曲面(SU)] <实体>: _SO
选择要旋转的对象或 [模式(MO)]:                               //选择下侧的闭合边界
选择要旋转的对象或 [模式(MO)]:                               //Enter
指定轴起点或根据以下选项之一定义轴 [对象(O)/X/Y/Z] <对象>:  //捕捉直线的左端点
指定轴端点:                                                  //捕捉直线的右端点
指定旋转角度或 [起点角度(ST)/反转(R)/表达式(EX)] <360>:     // Enter，旋转结果如图 12-51 所示
```

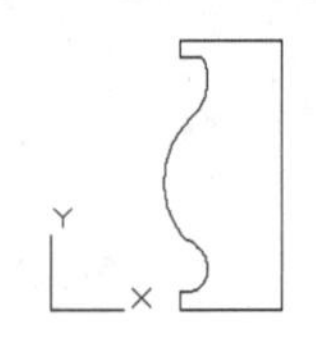

图 12-49 素材文件

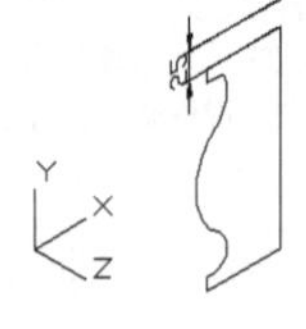

图 12-50 绘制直线

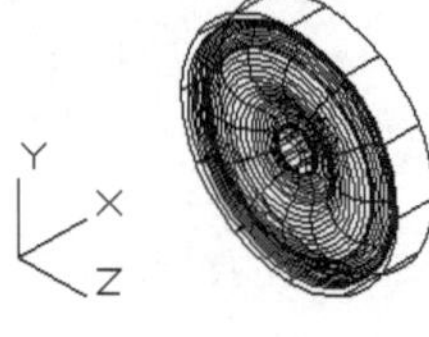

图 12-51 旋转结果

步骤05 使用快捷键 HI 执行【消隐】命令，消隐效果如图 12-52 所示。

步骤06 设置变量 FACETRES 的值为 10，然后再对其消隐，效果如图 12-53 所示。

步骤07 单击【视觉样式控件】/【概念】命令，对旋转体进行概念着色，结果如图 12-54 所示。

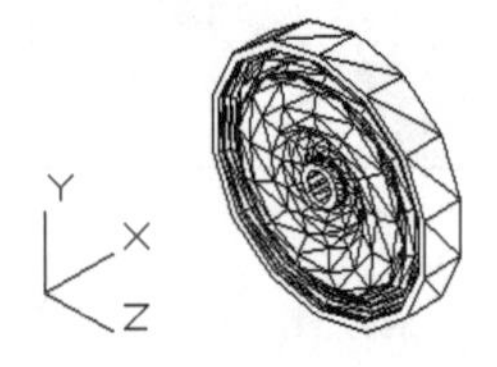

图 12-52 消隐效果

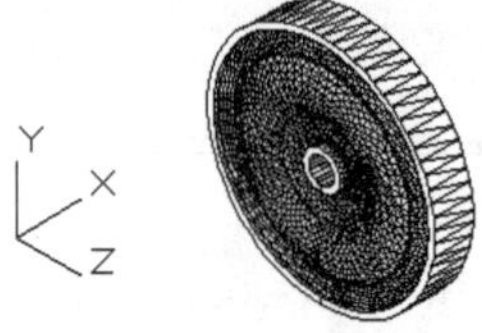

图 12-53 消隐效果

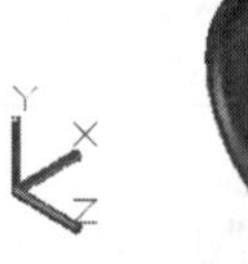

图 12-54 着色结果

命令行中部分选项解析如下：

- 【模式】选项用于设置旋转对象是生成实体还是曲面。
- 【对象】选项用于选择现有的直线或多段线等作为旋转轴，轴的正方向是从这条直线上的最近端点指向最远端点。
- 【X 轴】选项使用当前坐标系的 X 轴正方向作为旋转轴的正方向。
- 【Y 轴】选项使用当前坐标系的 Y 轴正方向作为旋转轴的正方向。
- 【Z 轴】选项使用当前坐标系的 Z 轴正方向作为旋转轴的正方向。

12.3.3 创建扫掠实体

【扫掠】命令不但可以将闭合或非闭合的二维图形沿路径扫掠为曲面，还可以将闭合二维图形沿路径扫掠为三维实体。

执行【扫掠】命令主要有以下几种方式。

- 菜单栏：选择菜单栏中的【绘图】/【建模】/【扫掠】命令。

- 命令行：在命令行输入 Sweep 后按 Enter 键。
- 快捷键：在命令行输入 SW 后按 Enter 键。
- 功能区：单击【三维建模】空间/【实体】选项卡/【实体】面板上的按钮。
- 功能区：单击【三维建模】空间/【常用】选项卡/【建模】面板上的按钮。

【例题 12-14】 将二维边界扫掠为三维实体

步骤 01 新建空白文件，并将当前视图切换为西南视图。

步骤 02 综合使用【直线】、【圆】和【圆弧】命令，绘制如图 12-55 所示的图形。

步骤 03 单击【三维建模】空间/【实体】选项卡/【实体】面板上的按钮，创建扫掠实体。命令行提示如下：

```
命令: _sweep
当前线框密度: ISOLINES=12，闭合轮廓创建模式 = 实体
选择要扫掠的对象或 [模式(MO)]: _MO 闭合轮廓创建模式 [实体(SO)/曲面(SU)] <实体>: _SO
选择要扫掠的对象或 [模式(MO)]:                        //选择刚绘制的圆图形
选择要扫掠的对象或 [模式(MO)]:                        // Enter，结束对象的选择
选择扫掠路径或 [对齐(A)/基点(B)/比例(S)/扭曲(T)]: //选择左侧的小圆弧
命令: _sweep                                          // Enter，重复执行命令
当前线框密度: ISOLINES=12，闭合轮廓创建模式 = 实体
选择要扫掠的对象或 [模式(MO)]: _MO 闭合轮廓创建模式 [实体(SO)/曲面(SU)] <实体>: _SO
选择要扫掠的对象或 [模式(MO)]:                       //选择刚绘制的圆图形
选择要扫掠的对象或 [模式(MO)]:                        // Enter，结束对象的选择
选择扫掠路径或 [对齐(A)/基点(B)/比例(S)/扭曲(T)]: //选择右侧的直线段作为路径
```

步骤 04 扫掠结果如图 12-56 所示。

步骤 05 使用快捷键 RR 执行【渲染】命令，对实体进行简单渲染，效果如图 12-57 所示。

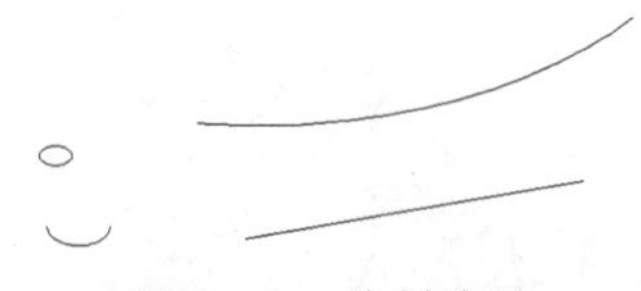

图 12-55　绘制结果

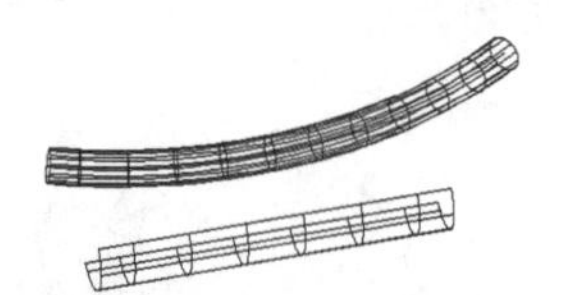

图 12-56　扫掠结果

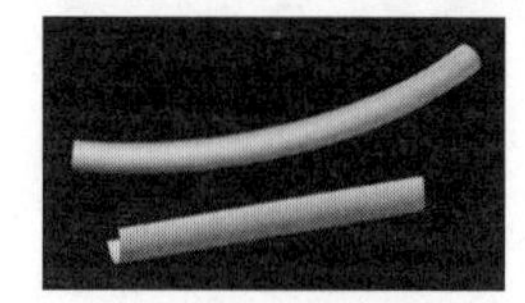

图 12-57　渲染效果

12.3.4　创建放样实体

【放样】命令用于在多个横截面之间的空间中创建三维实体，用于放样的多个截面必须是全部闭合的平面或非平面。

执行【扫掠】命令主要有以下几种方式。

- 菜单栏：选择菜单栏中的【绘图】/【建模】/【放样】命令。
- 命令行：在命令行输入 Loft 后按 Enter 键。
- 功能区：单击【三维建模】空间/【实体】选项卡/【实体】面板上的按钮。
- 功能区：单击【三维建模】空间/【常用】选项卡/【建模】面板上的按钮。

【例题 12-15】 在多个横截面空间中创建放样实体

步骤 01 新建文件并执行【样条曲线】命令，随意绘制一条闭合样条曲线，如图 12-58 所示。

步骤 02　将视图切换到东北视图，然后使用【复制】和【偏移】命令，将样条曲线沿 Z 轴正负方向复制并偏移适当距离，结果如图 12-59 所示（也可直接调用下载文件中的"/素材文件/12-2.dwg"）。

步骤 03　单击【三维建模】空间/【曲面】选项卡/【创建】面板上的按钮，在三条闭合曲线的空间中创建放样实体。命令行提示如下：

```
命令： _loft
当前线框密度： ISOLINES=4，闭合轮廓创建模式 = 实体
按放样次序选择横截面或 [点(PO)/合并多条边(J)/模式(MO)]： _mo 闭合轮廓创建模式 [实体(SO)/曲面(SU)] <实体>： _so
按放样次序选择横截面或 [点(PO)/合并多条边(J)/模式(MO)]：  //选择上侧的闭合曲线
按放样次序选择横截面或 [点(PO)/合并多条边(J)/模式(MO)]：  //选择中间的闭合曲线
按放样次序选择横截面或 [点(PO)/合并多条边(J)/模式(MO)]：  //选择下侧的闭合曲线
按放样次序选择横截面或 [点(PO)/合并多条边(J)/模式(MO)]：  // Enter
选中了 3 个横截面，如图 12-60 所示
输入选项 [导向(G)/路径(P)/仅横截面(C)/设置(S)] <仅横截面>： // Enter，采用当前设置
```

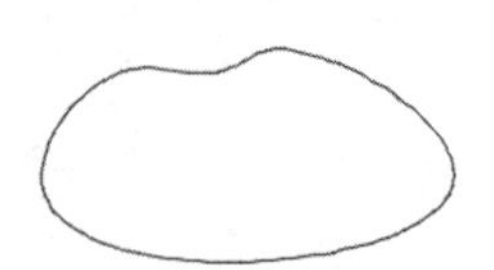
图 12-58　绘制结果

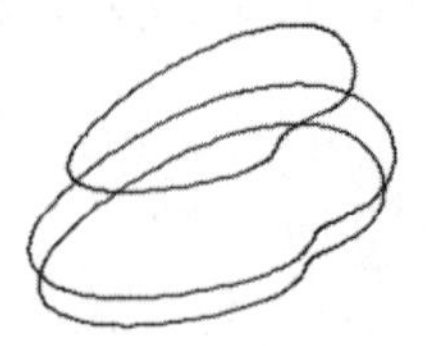
图 12-59　复制并偏移结果

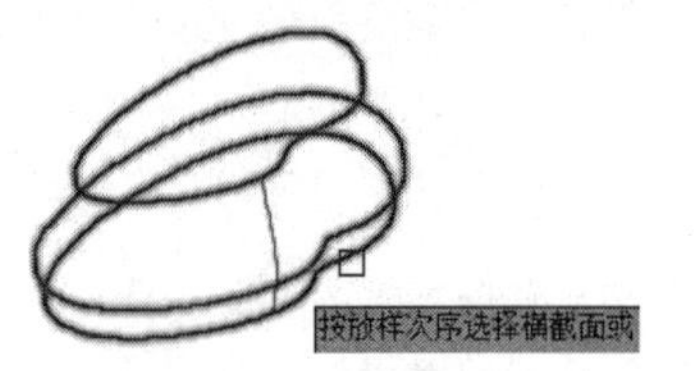

图 12-60　选择截面

步骤 04　结束命令后，观看放样后的曲面，如图 12-61 所示。

步骤 05　使用快捷键 HI 执行【消隐】命令，观看消隐后的效果，如图 12-62 所示。

步骤 06　单击【视觉样式控件】/【着色】命令，对放样实体进行平滑着色，结果如图 12-63 所示。

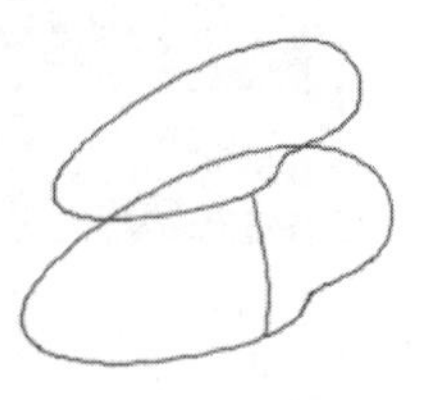
图 12-61　放样结果

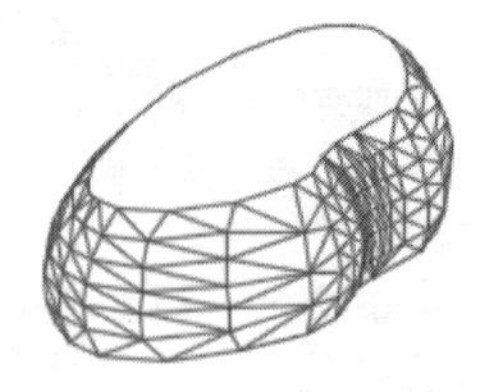
图 12-62　消隐效果

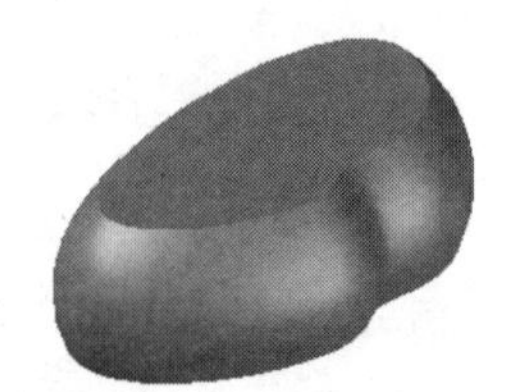
图 12-63　平滑着色

12.3.5　创建剖切实体

【剖切】命令既可以切开现有曲面，也可以对实体进行剖切，移去不需要的部分，保留指定的部分。下面学习实体的剖切技能。

执行【剖切】命令主要有以下几种方式。

- 菜单栏：选择菜单栏中的【绘图】/【三维操作】/【剖切】命令。
- 命令行：在命令行输入 Slice 后按 Enter 键。
- 快捷键：在命令行输入 SL 后按 Enter 键。
- 功能区：单击【三维建模】空间/【常用】或【实体】选项卡/【实体编辑】面板上的按钮。

【例题 12-16】 将三维实体沿坐标平面剖切

步骤 01　继续例题 12-13 的操作。

步骤 02　单击【三维建模】空间/【实体】选项卡/【实体编辑】面板上的按钮，执行【剖切】命令，对旋转实体进行剖切。命令行提示如下：

```
命令： _slice
选择要剖切的对象：                              //选择旋转实体
选择要剖切的对象：                              // Enter，结束选择
指定 切面 的起点或 [平面对象(O)/曲面(S)/Z 轴(Z)/视图(V)/XY(XY)/YZ(YZ)/ZX(ZX)/三点(3)] <三点>:
                                              //ZX Enter，激活【ZX 平面】选项
指定 ZX 平面上的点 <0,0,0>:                     //捕捉如图 12-64 所示的圆心
在所需的侧面上指定点或 [保留两个侧面(B)] <保留两个侧面>:
                                    //捕捉如图 12-65 所示的象限点，剖切结果如图 12-66 所示
```

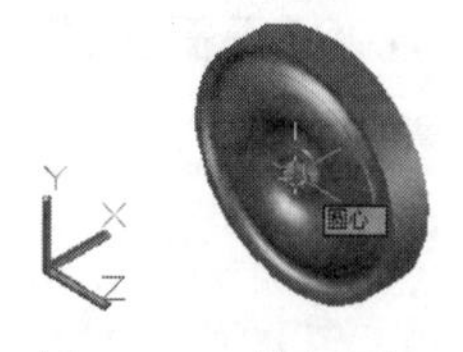
图 12-64　捕捉圆心

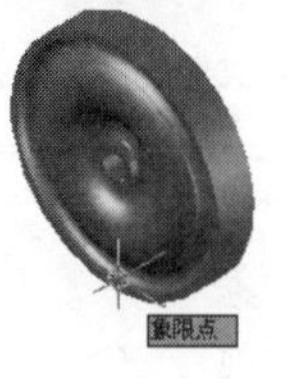
图 12-65　捕捉象限点

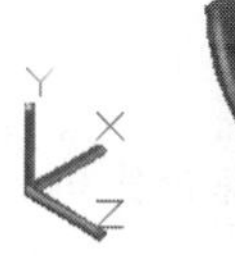

图 12-66　剖切结果

步骤 03　最后使用【另存为】命令，将剖切实体另名存盘。

【平面对象】选项用于选择一个目标对象，如以圆、椭圆、圆弧、椭圆弧、样条曲线或多段线线段等作为实体的剖切面，进行剖切实体。下面通过实例学习此种功能。

【例题 12-17】 将三维实体沿平面对象剖切

步骤 01　继续上例操作，并对模型进行二维线框着色。

步骤 02　选择菜单栏中的【绘图】/【圆】/【圆心、半径】命令，以如图 12-67 所示的中点作为圆心，绘制半径为 150 的圆，如图 12-68 所示。

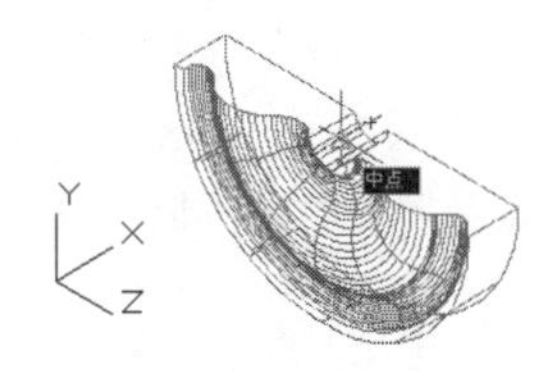
图 12-67　定位圆心

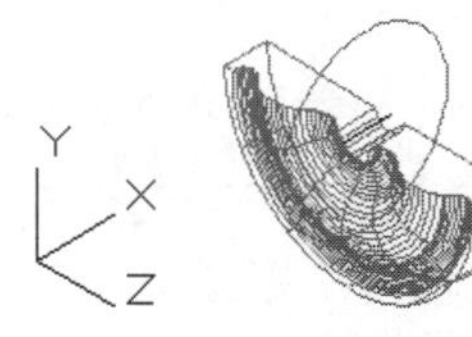
图 12-68　绘制结果

步骤 03　单击【三维建模】空间/【实体】选项卡/【实体编辑】面板上的按钮，以圆图形作为剖切对象，对实体进行剖切。命令行提示如下：

```
命令： _slice
选择要剖切的对象：                //选择如图 12-68 所示的实体
选择要剖切的对象：                // Enter，结束选择
指定 切面 的起点或 [平面对象(O)/曲面(S)/Z 轴(Z)/视图(V)/XY(XY)/YZ(YZ)/ZX(ZX)/三点(3)] <三点>:
                                //O Enter，激活【对象】选项功能
选择用于定义剖切平面的圆、椭圆、圆弧、二维样条线或二维多段线：
```

```
                    //选择圆图形，定位剖切平面
在所需的侧面上指定点或 [保留两个侧面(B)] <保留两个侧面>:
                    //捕捉如图 12-69 所示的中点，定位需要保留的部分
```

步骤 04 剖切结果如图 12-70 所示。

步骤 05 删除半径为 150 的圆，并对剖切体进行平滑着色，结果如图 12-71 所示。

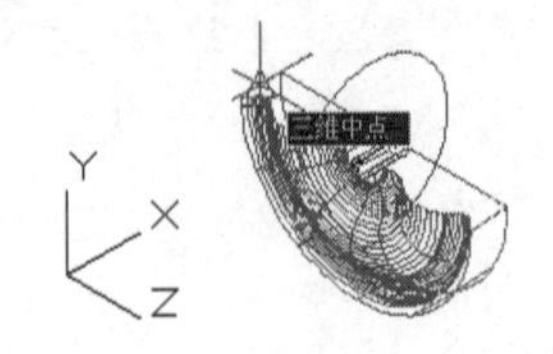

图 12-69 指定保留一侧

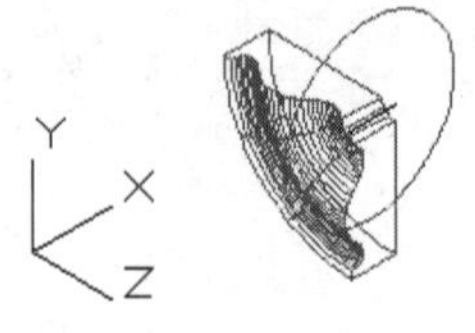

图 12-70 剖切结果

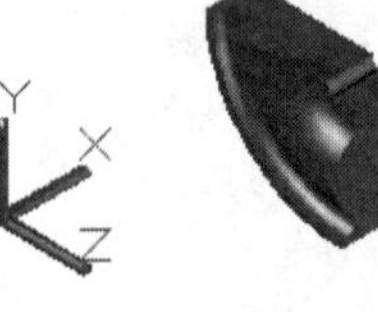

图 12-71 剖切实体

命令行中部分选项解析如下：

- 【Z 轴】选项用于通过指定剖切平面的法线方向来确定剖切平面，即 XY 平面上 Z 轴（法线）上指定的点定义剖切面。
- 【视图】选项也是一种剖切方式，该方向所确定的剖切面与当前视口的视图平面平行，用户只需指定一点，即可确定剖切平面的位置。
- 【XY 平面】/【YZ 平面】/【ZX 平面】三个选项代表三种剖切方式，分别用于将剖切平面与当前坐标系的 XY 平面/YZ 平面/ZX 平面对齐，用户只需指定点即可定义剖切面的位置。
- 【三点】选项是默认剖切方式，通过指定 3 个点，以确定剖切平面。

12.3.6 创建干涉实体

【干涉】命令用于检测各实体之间是否存在干涉现象，如果所选择的实体之间存在有干涉情况，还可以将实体间的干涉部分提取出来，创建成新的实体，而用于干涉的源实体依然存在，如图 12-72 所示。

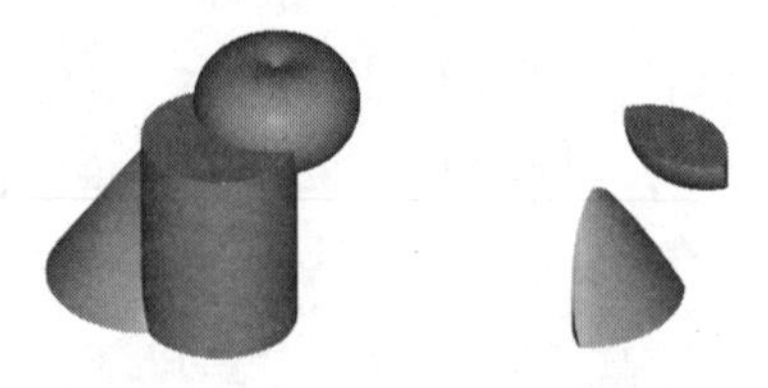

图 12-72 干涉实体示例

执行【干涉】命令主要有以下几种方式。

- 菜单栏：选择菜单栏中的【修改】/【三维操作】/【干涉检查】命令。
- 命令行：在命令行输入 Interfere 后按 Enter 键。
- 功能区：单击【三维建模】空间/【常用】或【实体】选项卡/【实体编辑】面板上的按钮。

【例题 12-18】 从多个相交实体中提取干涉实体

步骤 01 打开下载文件中的“/素材文件/12-3.dwg”，如图 12-73 所示。

步骤 02 单击【三维建模】空间/【常用】或【实体】选项卡/【实体编辑】面板上的按钮，根据 AutoCAD 命令行的提示进行检测实体。命令行提示如下：

```
命令: _interfere
选择第一组对象或 [嵌套选择(N)/设置(S)]:     //选择球体
选择第一组对象或 [嵌套选择(N)/设置(S)]:     //选择圆柱体
选择第一组对象或 [嵌套选择(N)/设置(S)]:     //选择圆锥体
选择第一组对象或 [嵌套选择(N)/设置(S)]:     // Enter，结束选择
选择第二组对象或 [嵌套选择(N)/检查第一组(K)] <检查>: // Enter
```

步骤 03　此时系统将会亮显干涉出的实体，如图 12-74 所示，同时打开【干涉检查】对话框。

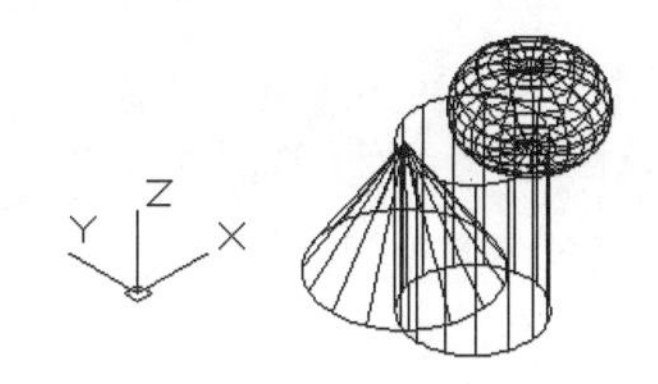

图 12-73　素材文件

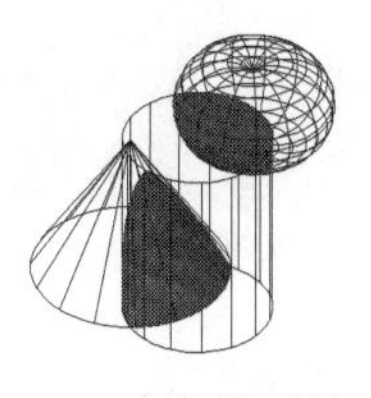
图 12-74　亮显干涉实体

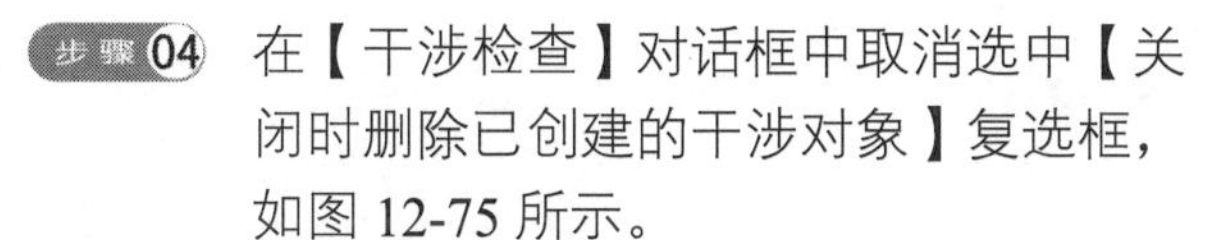

步骤 04　在【干涉检查】对话框中取消选中【关闭时删除已创建的干涉对象】复选框，如图 12-75 所示。

步骤 05　单击 关闭(C) 按钮，关闭【干涉检查】对话框，结果创建出两个干涉实体，如图 12-76 所示。

步骤 06　执行【移动】命令，将创建的干涉实体进行外移，结果如图 12-77 所示。

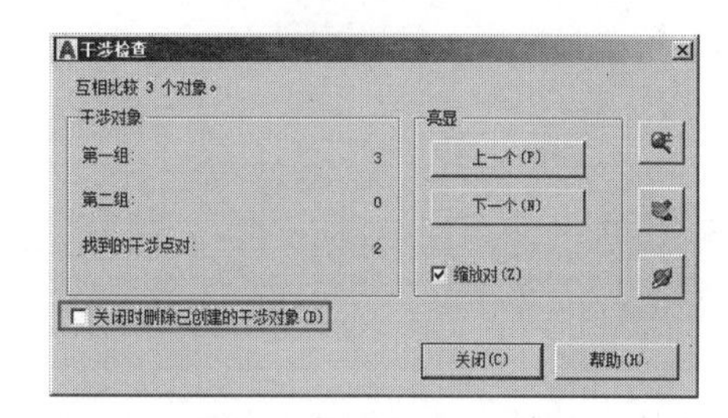

图 12-75　【干涉检查】对话框

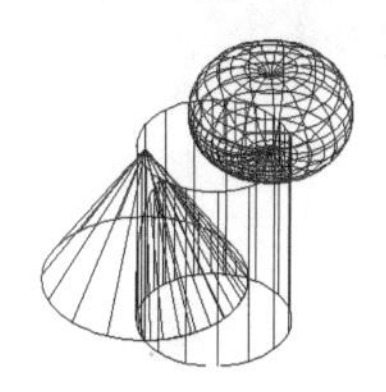
图 12-76　创建干涉实体

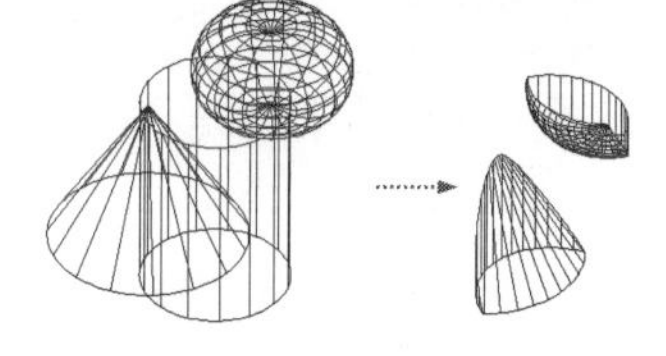
图 12-77　移动结果

步骤 07　设置变量 FACETRES 的值为 10，然后对实体进行消隐，效果显示如图 12-78 所示。

步骤 08　单击【视觉样式控件】/【概念】命令，将干涉实体概念着色，结果如图 12-72 所示。

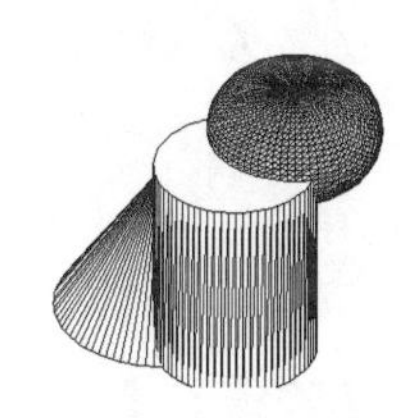

图 12-78　消隐效果

12.3.7　创建切割实体

【切割】命令用于从三维实体中提取剖切截面，所提取的截面被看作是一个面域，如图 12-79 所示。实体被切割后，仍是一个完整实体，切割的结果仅是生成了一个实体的内部剖切面。

执行【切割】命令主要有以下几种方式。

- 命令行：在命令行输入 Section 并按 Enter 键。
- 快捷键：在命令行输入 SEC 并按 Enter 键。

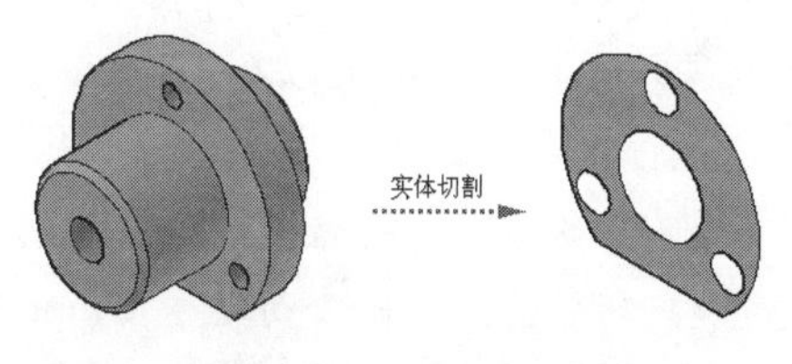

图 12-79　切割示例

【例题 12-19】　从三维实体中提取剖切平面

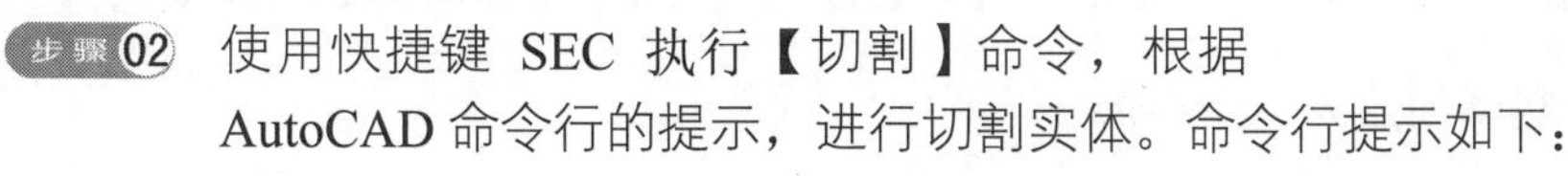

步骤 01　打开下载文件中的“/素材文件/12-4.dwg”，如图 12-80 所示。

步骤 02　使用快捷键 SEC 执行【切割】命令，根据 AutoCAD 命令行的提示，进行切割实体。命令行提示如下：

```
命令: _section
```

```
选择对象:                                  //选择如图 12-80 所示的实体
选择对象:                                  // Enter，结束选择
指定截面上的第一个点,依照 [对象(O)/Z 轴(Z)/视图(V)/XY 平面(XY)/YZ 平面(YZ)/ZX 平面(ZX)/三点
(3)] <三点>:                               //ZX Enter，激活【ZX 平面】选项
指定 ZX 平面上的点 <0,0,0>:                //捕捉如图 12-81 所示的端点，切割结果如图 12-82 所示
```

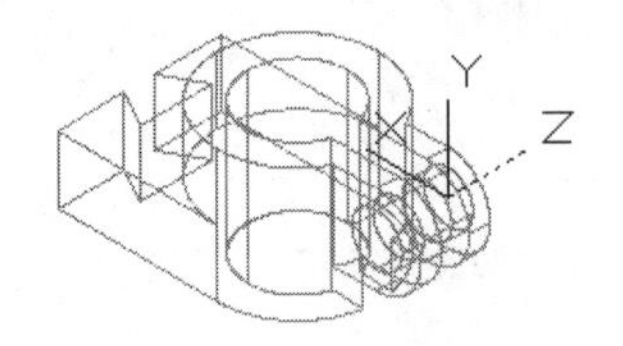

图 12-80　素材文件

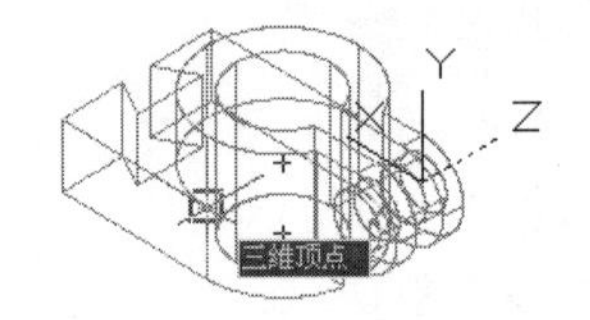

图 12-81　定位剖切面上的点

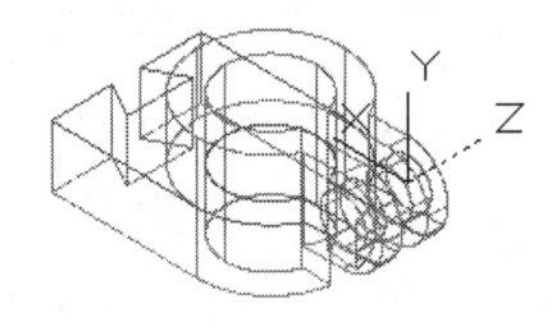

图 12-82　切割结果

步骤 03　使用快捷键 M 执行【移动】命令，将切割截面进行外移，结果如图 12-83 所示。

步骤 04　单击【视觉样式控件】/【概念】命令，对切割实体及截面进行概念着色，结果如图 12-84 所示。

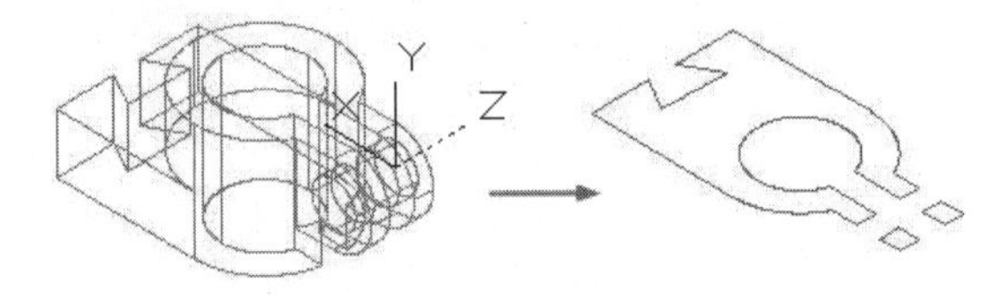

图 12-83　移动结果

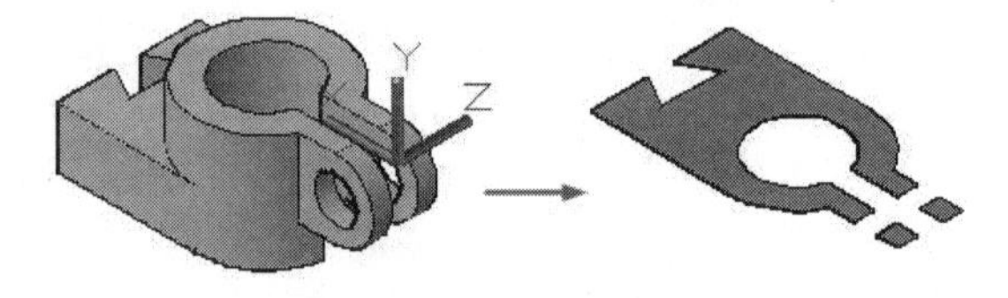

图 12-84　概念着色

步骤 05　最后使用【另存为】命令将图形另名存盘。

实体被切割后，所创建的截面颜色将保持当前的颜色特性。另外，【切割】命令中的各种选项功能与【剖切】命令相同，在此不再细述。

12.4　创建组合实体模型

本节主要学习【并集】、【差集】和【交集】3 个命令，以快速创建并集实体、差集实体和交集实体，将多个实体创建为一个组合实体。

12.4.1　创建并集实体

【并集】命令用于将两个或两个以上的三维实体（或面域），组合成一个新的对象。用于并集的两个对象可以相交，也可以不相交。

执行【并集】命令主要有以下几种方式。

- 菜单栏：选择菜单栏中的【修改】/【实体编辑】/【并集】命令。
- 命令行：在命令行输入 Union 后按 Enter 键。
- 快捷键：在命令行输入 UNI 后按 Enter 键。
- 功能区：单击【三维建模】空间/【常用】或【实体】选项卡/【实体编辑】面板上的按钮。

【例题 12-20】　将多个实体创建为一个实体

步骤 01　新建空白文件，并将当前视图切换为西南视图。

步骤 02 综合使用【圆柱体】和【球体】命令，随意创建相交的柱体和球体，如图 12-85 所示；其概念着色效果如图 12-86 所示。

步骤 03 单击【三维建模】空间/【实体】选项卡/【实体编辑】面板上的按钮，执行【并集】命令，对柱体和球体进行并集。命令行提示如下：

```
命令: _union
选择对象:            //选择球体
选择对象:            //选择圆柱体
选择对象:            // Enter，结束命令
```

步骤 04 并集结果如图 12-87 所示；概念着色效果如图 12-88 所示。

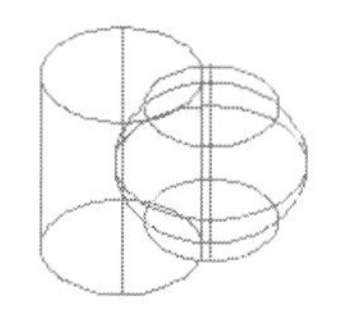

图 12-85 创建结果

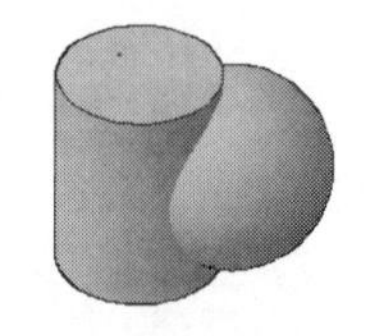

图 12-86 概念着色

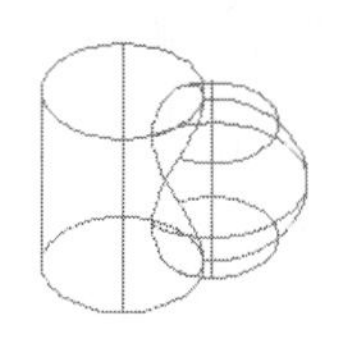

图 12-87 并集结果

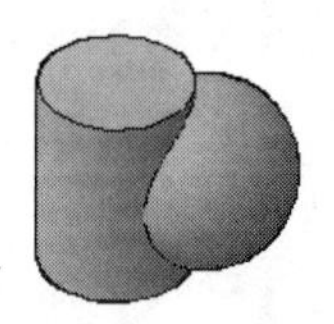

图 12-88 概念着色效果

12.4.2 创建差集实体

【差集】命令主要用于从一个实体（或面域）中移去与其相交的实体（或面域），从而生成新的组合实体，如图 12-89 所示。

执行【差集】命令主要有以下几种方式。

- 菜单栏：选择菜单栏中的【修改】/【实体编辑】/【差集】命令。
- 命令行：在命令行输入 Subtract 后按 Enter 键。
- 快捷键：在命令行输入 SU 后按 Enter 键。
- 功能区：单击【三维建模】空间/【常用】或【实体】选项卡/【实体编辑】面板上的按钮。

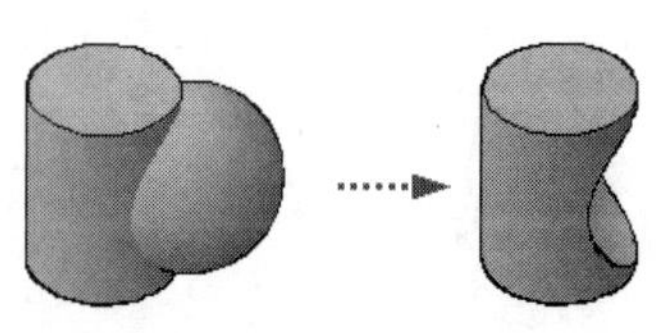

图 12-89 差集示例

【例题 12-21】 在多个相交实体中创建差集实体

步骤 01 新建文件并将当前视图切换为西南视图。

步骤 02 综合使用【圆柱体】和【球体】命令，创建如图 12-85 所示的柱体和球体。

步骤 03 单击【三维建模】空间/【常用】或【实体】选项卡/【实体编辑】面板上的按钮，执行【差集】命令，对柱体和球体进行差集。命令行提示如下：

```
命令: _subtract
选择要从中减去的实体、曲面和面域...
选择对象:                      //选择圆柱体
选择对象:                      // Enter，结束选择
选择要从中减去的实体、曲面和面域...
选择对象:                      //选择球体
选择对象:                      // Enter，结束命令
```

步骤 04 差集结果如图 12-90 所示；概念着色效果如图 12-91 所示。

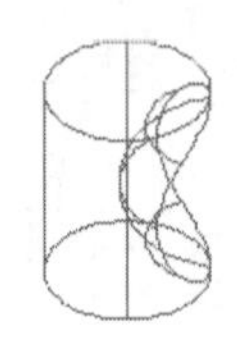

图 12-90　差集结果

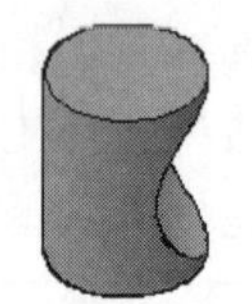

图 12-91　概念着色

在执行【差集】命令时，当选择完被减对象后一定要按 Enter 键，然后再选择需要减去的对象。

12.4.3　创建交集实体

【交集】命令用于将两个或两个以上的实体公共部分，提取出来形成一个新的实体，同时删除公共部分以外的部分，如图 12-92 所示。

执行【交集】命令主要有以下几种方式。

- 菜单栏：选择菜单栏中的【修改】/【实体编辑】/【交集】命令。
- 命令行：在命令行输入 Intersect 后按 Enter 键。
- 快捷键：在命令行输入 IN 后按 Enter 键。
- 功能区：单击【三维建模】空间/【常用】或【实体】选项卡/【实体编辑】面板上的按钮。

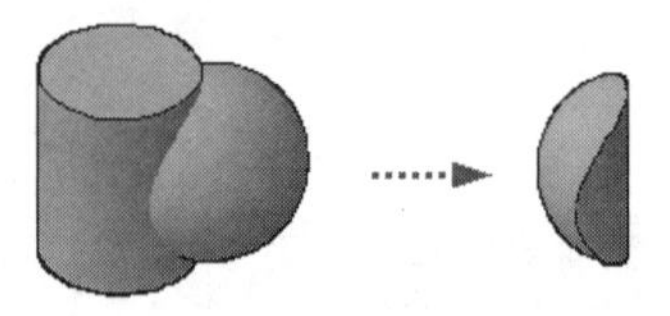

图 12-92　交集示例

【例题 12-22】　在多个相交实体中创建交集实体

步骤 01　新建文件并将当前视图切换为西南视图。

步骤 02　综合使用【圆柱体】和【球体】命令，创建如图 12-85 所示的柱体和球体。

步骤 03　单击【三维建模】空间/【常用】或【实体】选项卡/【实体编辑】面板上的按钮，执行【交集】命令，将柱体和球体进行交集。命令行提示如下：

```
命令：_intersect
选择对象：                    //选择球体
选择对象：                    //选择圆柱体
选择对象：                    // Enter，结束命令
```

步骤 04　交集结果如图 12-93 所示；概念着色效果如图 12-94 所示。

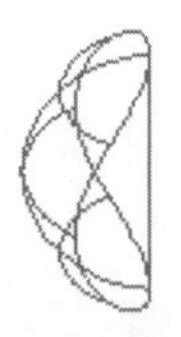

图 12-93　交集结果

图 12-94　概念着色

12.5　综合范例——三维实体建模功能综合练习

本例通过制作如图 12-95 所示的零件三维实体造型，主要对基本实体建模、复杂实体建模和组合实体建模知识进行综合应用和巩固。

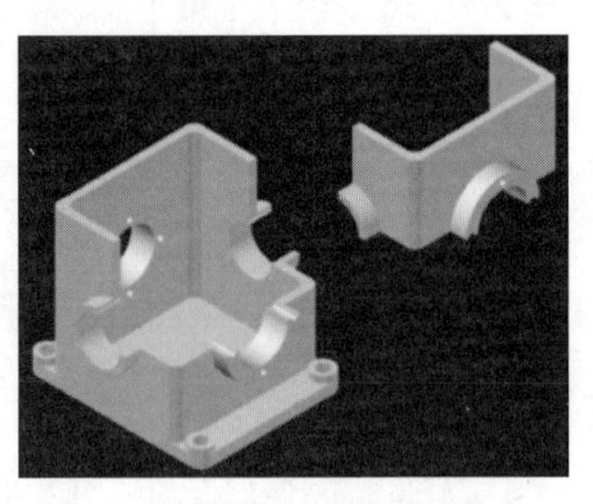

图 12-95　实例效果

操作步骤：

步骤 01　新建文件，并打开状态栏上的【对象捕捉】功能。

步骤 02　使用快捷键 REC 执行【矩形】命令，绘制长度为 114、宽度为 94 的圆角矩形，其中圆角半径为 7，结果如图 12-96 所示。

步骤 03　使用快捷键 C 执行【圆】命令，捕捉圆角矩形左下侧圆弧的圆心，绘制半径为 4 和 7 的同心圆，如图 12-97 所示。

步骤 04　单击【草图与注释】空间/【默认】选项卡/【修改】面板上的按钮，将同心圆阵列 2 行 2 列，其中行间距为 80、列间距为 100，结果如图 12-98 所示。

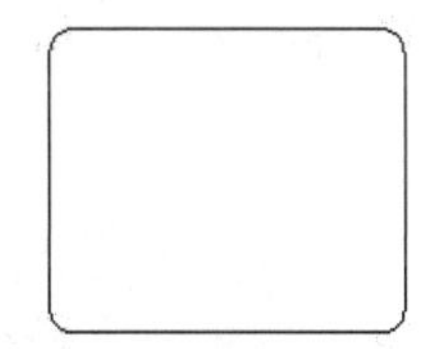

图 12-96　绘制结果

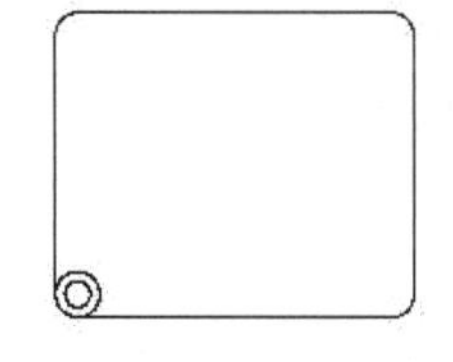

图 12-97　绘制同心圆

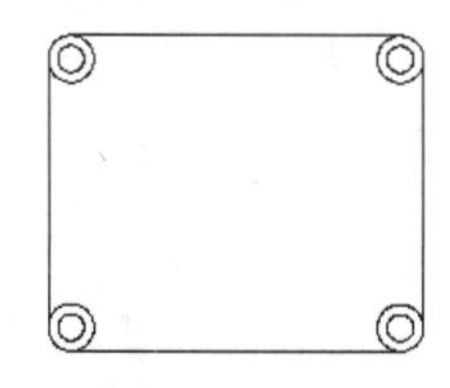

图 12-98　阵列结果

步骤 05　单击【默认】选项卡/【绘图】面板上的按钮，配合【捕捉自】功能绘制内部的圆角矩形。命令行提示如下：

```
命令: _rectang
当前矩形模式:  圆角=7.0000
指定第一个角点或 [倒角(C)/标高(E)/圆角(F)/厚度(T)/宽度(W)]: //f Enter
指定矩形的圆角半径 <7.0000>:                              //5 Enter
指定第一个角点或 [倒角(C)/标高(E)/圆角(F)/厚度(T)/宽度(W)]: //激活【捕捉自】功能
_from 基点:                                    //捕捉左下侧同心圆的圆心
 <偏移>:                                       //@9,-7 Enter
指定另一个角点或 [面积(A)/尺寸(D)/旋转(R)]:  //@82,94Enter，结果如图 12-99 所示
```

步骤 06　使用快捷键 O 执行【偏移】命令，将刚绘制的圆角矩形向内偏移 5 个单位，如图 12-100 所示。

步骤 07　执行【圆角】命令，对偏移出的矩形进行圆角，圆角半径为 5，结果如图 12-101 所示。

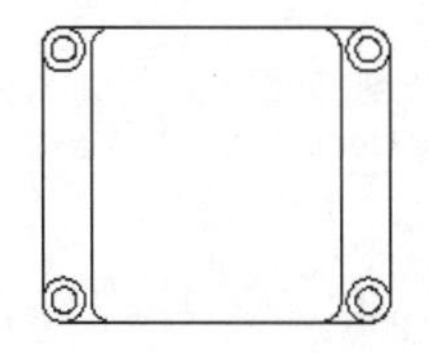

图 12-99　绘制结果

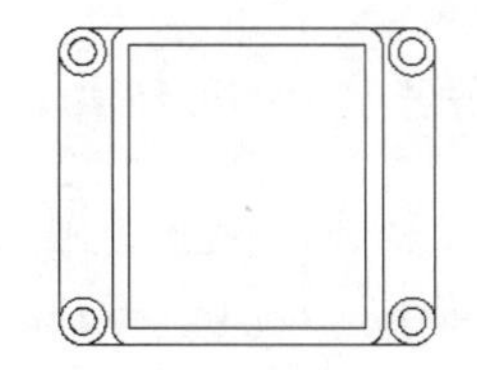

图 12-100　偏移结果

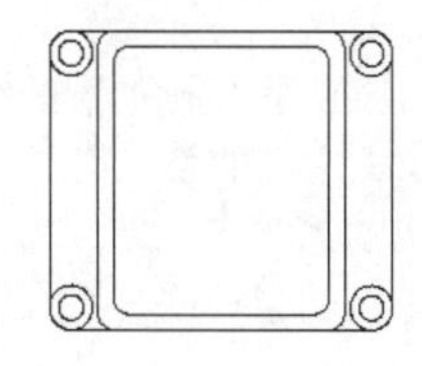

图 12-101　圆角结果

步骤 08　在命令行设置系统变量 ISOLINES 的值为 24、FACETRES 的值为 10。

步骤 09　单击绘图区左上角【视图控件】/【东南等轴测】命令，将当前视图切换为东南视图，如图 12-102 所示。

步骤 10　单击【实体】选项卡/【实体】面板上的按钮，将内侧两个圆角矩形沿 Z 轴正向拉伸 94 个单位，结果如图 12-103 所示，拉伸后的概念着色效果如图 12-104 所示。

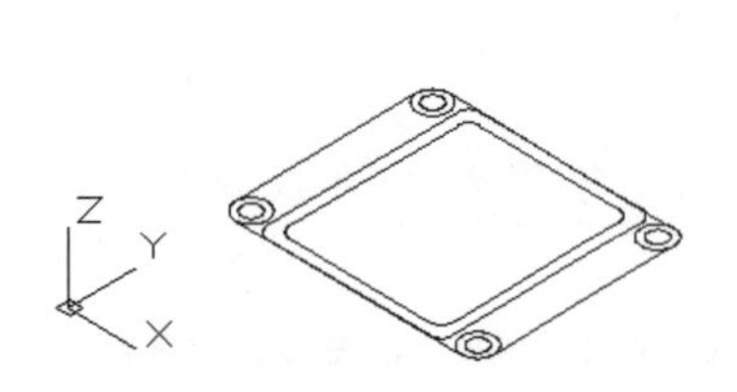

图 12-102　切换视图

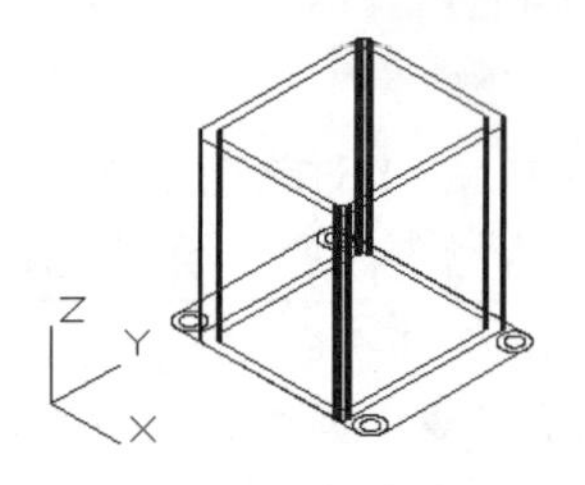

图 12-103　拉伸结果

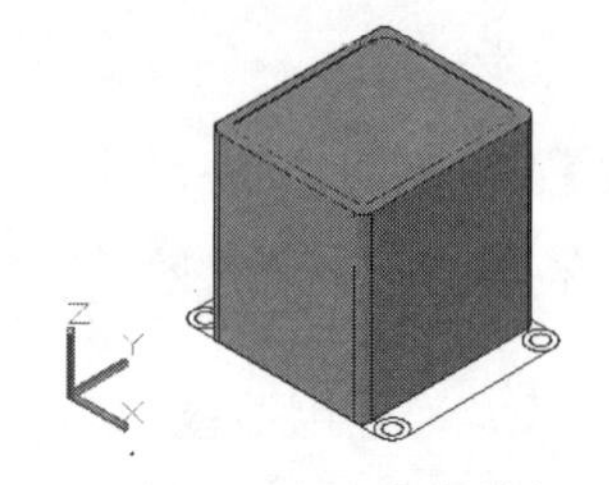

图 12-104　概念着色

步骤 11　单击【三维建模】空间/【实体】选项卡/【实体编辑】面板上的按钮，将两个拉伸实体进行差集运算，差集后的消隐效果如图 12-105 所示。

步骤 12　选择菜单栏中的【工具】/【新建 UCS】/【三点】命令，捕捉如图 12-106 所示的边的中点作为新坐标系原点，定义如图 12-107 所示的用户坐标系。

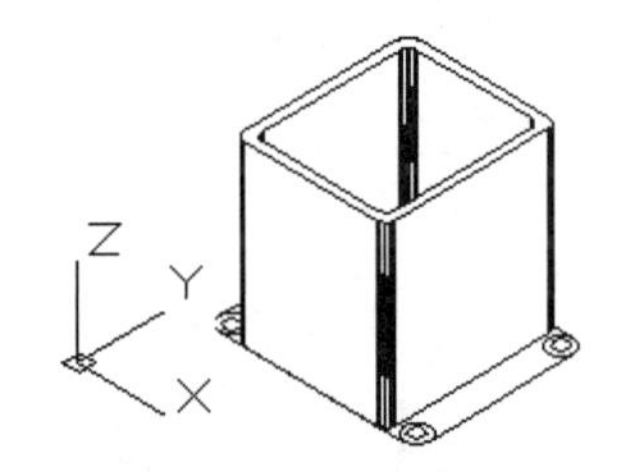

图 12-105　差集后的消隐效果

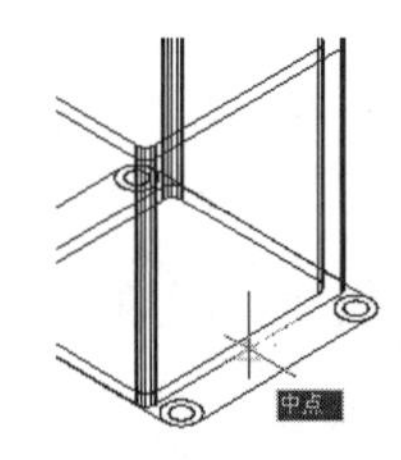

图 12-106　捕捉中点

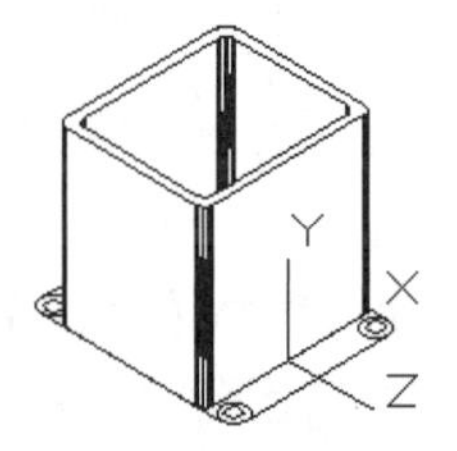

图 12-107　定义坐标系

步骤 13　使用快捷键 C 执行【圆】命令，配合【两点之间的中点】功能，绘制半径分别为 24、16 和 2 的圆图形。命令行提示如下：

```
命令: c  // Enter
CIRCLE 指定圆的圆心或 [三点(3P)/两点(2P)/切点、切点、半径(T)]: //激活【两点之间的中点】功能
_m2p 中点的第一点:                      //0,0 Enter
中点的第二点:                           //捕捉如图 12-108 所示的中点
指定圆的半径或 [直径(D)] <7.0000>:     //24 Enter
命令:  // Enter
CIRCLE 指定圆的圆心或 [三点(3P)/两点(2P)/切点、切点、半径(T)]:  //@ Enter
指定圆的半径或 [直径(D)] <24.0000>:    //16 Enter
命令: // Enter
CIRCLE 指定圆的圆心或 [三点(3P)/两点(2P)/切点、切点、半径(T)]: //激活【两点之间的中点】功能
_m2p 中点的第一点:                     //捕捉外侧同心圆的上象限点，如图 12-109 所示
中点的第二点:                          //捕捉内侧同心圆的上象限点
指定圆的半径或 [直径(D)] <16.0000>:   //2 Enter，绘制后的消隐效果如图 12-110 所示
```

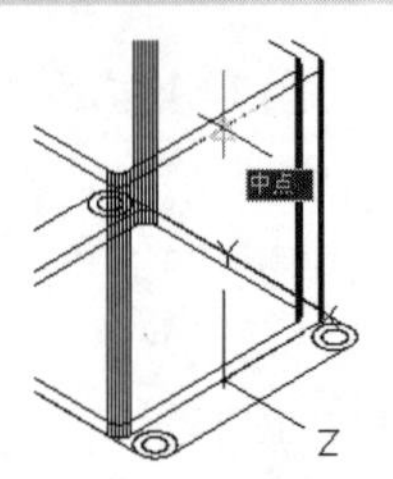

图 12-108　捕捉中点

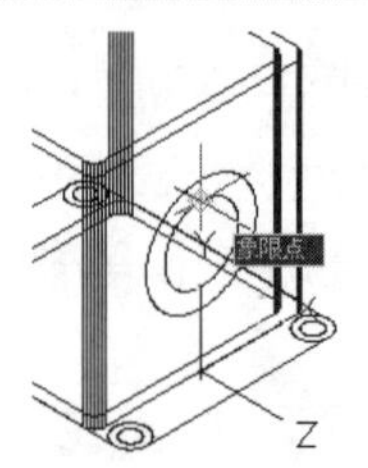

图 12-109　捕捉象限点

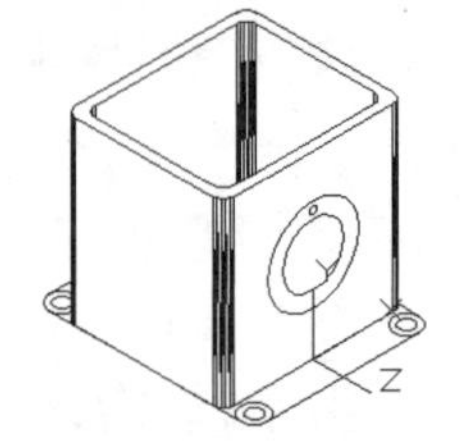

图 12-110　绘制结果

步骤 14　单击【草图与注释】空间/【默认】选项卡/【修改】面板上的按钮，以刚绘制的同心

圆作为中心点，将半径为 2 的圆环形阵列 4 份，结果如图 12-111 所示。

步骤 15　单击【三维建模】空间/【实体】选项卡/【实体】面板上的按钮，将 6 个圆沿 Z 轴正方向拉伸 15 个单位，拉伸后的消隐效果如图 12-112 所示。

步骤 16　使用快捷键 M 执行【移动】命令，将拉伸后的 6 个柱体沿 Z 轴负方向移动 5 个单位。

步骤 17　执行【UCS】命令，配合【对象捕捉】功能创建如图 12-113 所示的用户坐标系。

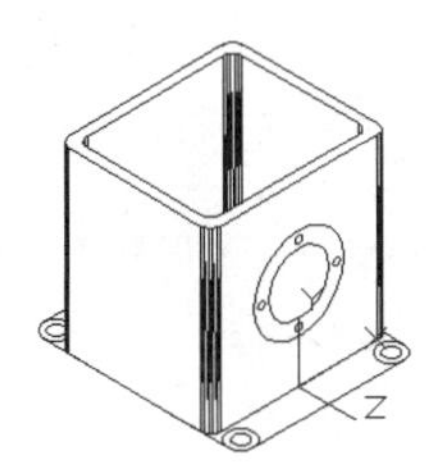
图 12-111　环形阵列结果

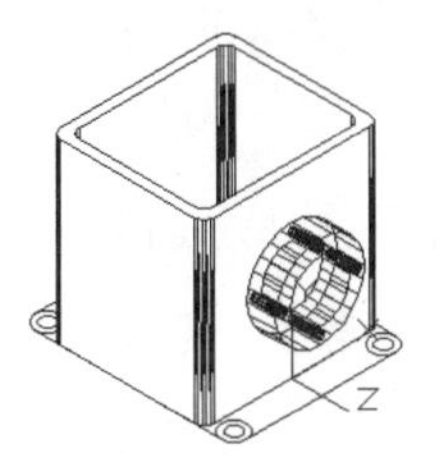
图 12-112　拉伸圆

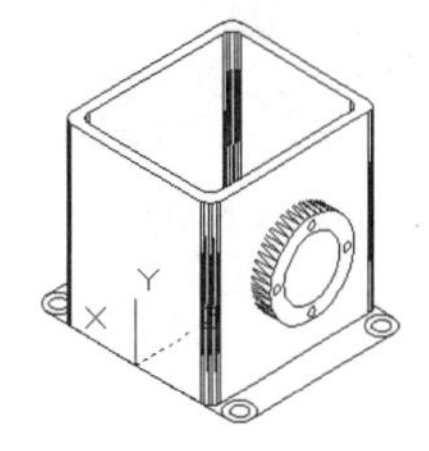
图 12-113　创建 UCS

步骤 18　单击【三维建模】空间/【常用】选项卡/【建模】面板上的按钮，配合【两点之间的中点】捕捉功能创建 3 个圆柱体。命令行提示如下：

```
命令: _cylinder
指定底面的中心点或 [三点(3P)/两点(2P)/切点、切点、半径(T)/椭圆(E)]:
                                              //激活【两点之间的中点】功能
_m2p 中点的第一点:                            //0,0 Enter
中点的第二点:                                 //捕捉如图 12-114 所示的中点
指定底面半径或 [直径(D)] <190.1726>:          //18 Enter
指定高度或 [两点(2P)/轴端点(A)] <15.0000>:    //@0,0,-15 Enter
命令: _cylinder
指定底面的中心点或 [三点(3P)/两点(2P)/切点、切点、半径(T)/椭圆(E)]:  //@ Enter
指定底面半径或 [直径(D)] <18.0000>:            //14 Enter
指定高度或 [两点(2P)/轴端点(A)] <-15.0000>:   //@0,0,-15 Enter
命令:                                          // Enter
CYLINDER 指定底面的中心点或 [三点(3P)/两点(2P)/切点、切点、半径(T)/椭圆(E)]: //0,63,0 Enter
指定底面半径或 [直径(D)] <14.0000>:          //1 Enter
指定高度或 [两点(2P)/轴端点(A)] <-15.0000>:
                                 //@0,0,-15 Enter，创建后的概念着色效果如图 12-115 所示
```

步骤 19　单击【草图与注释】空间/【默认】选项卡/【修改】面板上的按钮，将半径为 1 的柱体环形阵列 4 份，阵列中心点为图 12-116 所示的圆心，阵列结果如图 12-117 所示。

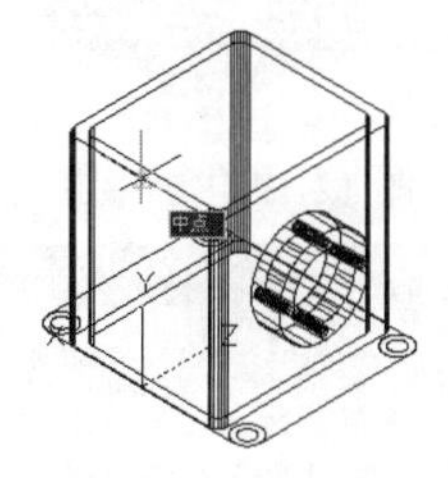

图 12-114　捕捉中点

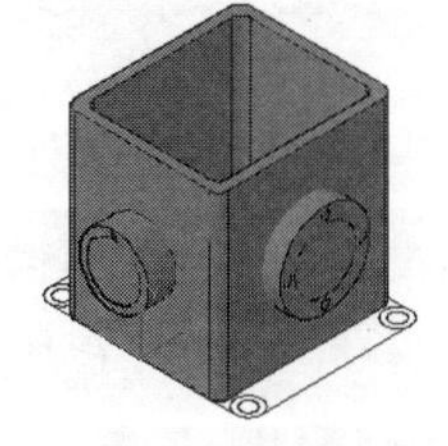
图 12-115　创建结果

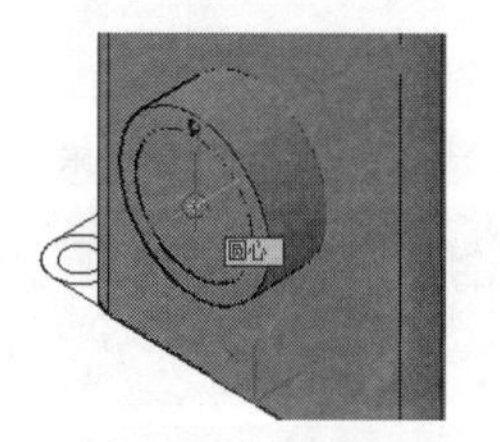

图 12-116　定位中心点

步骤 20　使用快捷键 M 执行【移动】命令，将 2 个同心圆柱体和环形阵列后的 4 个柱体，沿 Z 轴正方向移动 5 个单位，结果如图 12-118 所示。

步骤 21　单击绘图区左上角【视图控件】/【俯视】命令，将当前视图切换为俯视图，并对模型进行灰度着色，结果如图 12-119 所示。

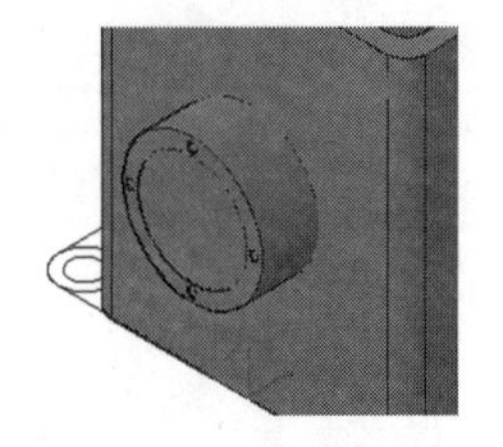
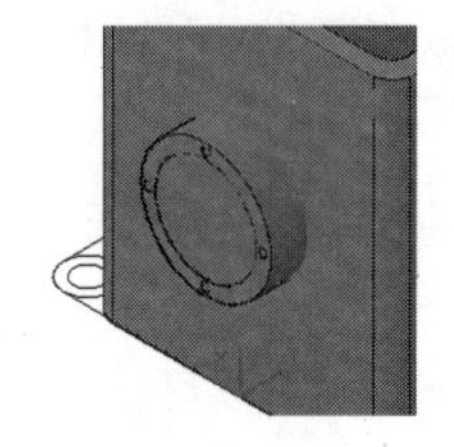
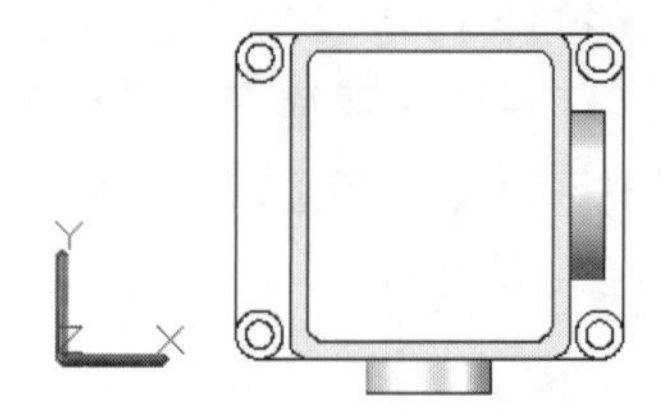
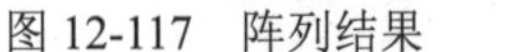

图 12-117　阵列结果　　图 12-118　位移后的效果　　图 12-119　切换视图

步骤 22　使用快捷键 MI 执行【镜像】命令，配合中点捕捉功能，对两侧的柱形拉伸实体进行镜像，结果如图 12-120 所示。

步骤 23　将当前视图恢复到西南视图，结果如图 12-121 所示。

步骤 24　使用快捷键 UNI 执行【并集】命令，将外侧的拉伸实体和 4 个大圆柱形拉伸实体进行合并；将内部的 20 个小圆柱体进行合并。

步骤 25　使用快捷键 SU 执行【差集】命令，将两个并集实体进行差集，结果如图 12-122 所示。

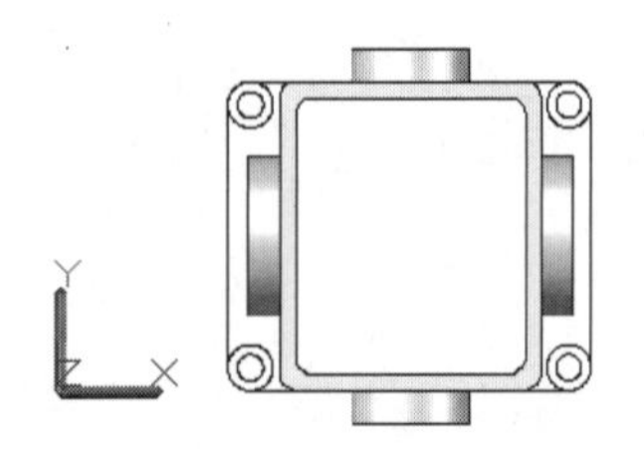
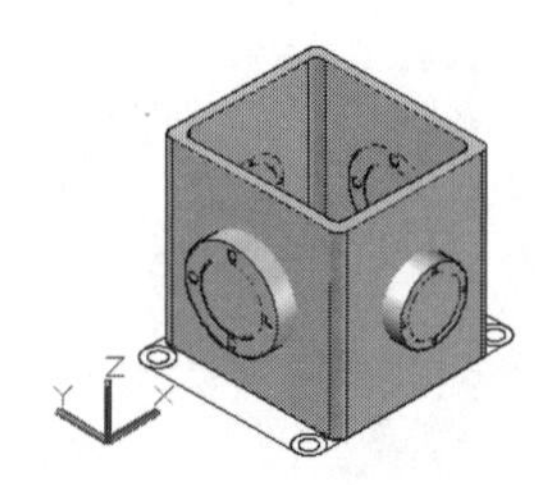
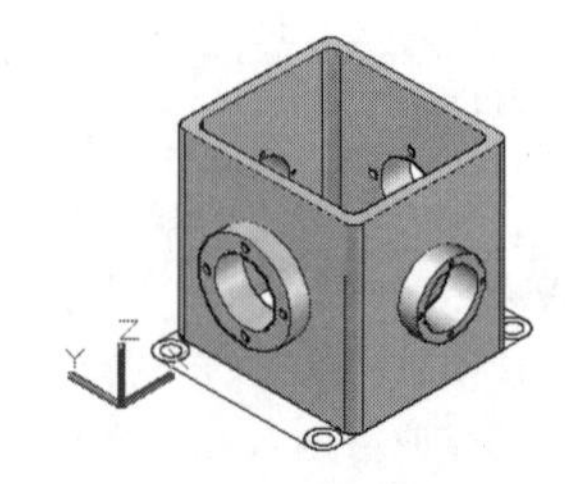

图 12-120　镜像结果　　图 12-121　切换视图　　图 12-122　差集结果

步骤 26　使用快捷键 VS 执行【视觉样式】命令，将当前着色方式恢复为二维线框着色。

步骤 27　单击【三维建模】空间/【实体】选项卡/【实体】面板上的按钮，将底板圆角矩形拉伸 7 个单位，将四组同心圆拉伸 11 个单位，结果如图 12-123 所示。

步骤 28　将拉伸实体进行差集，创建下侧的四个柱孔，并将所有造型进行并集，然后使用快捷键 VS 执行【视觉样式】命令，对模型进行灰度着色，效果如图 12-124 所示。

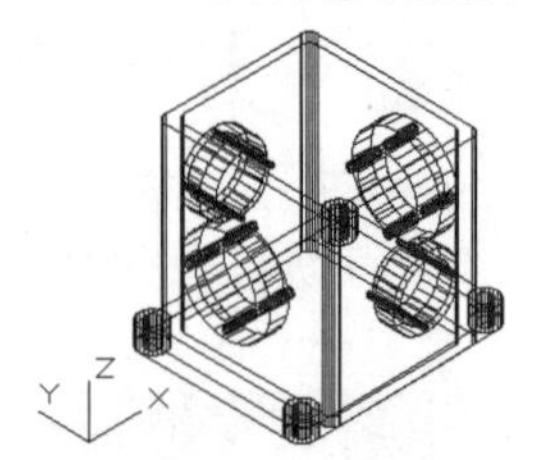
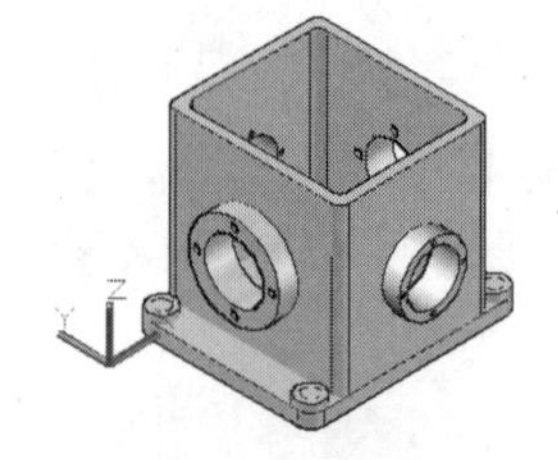
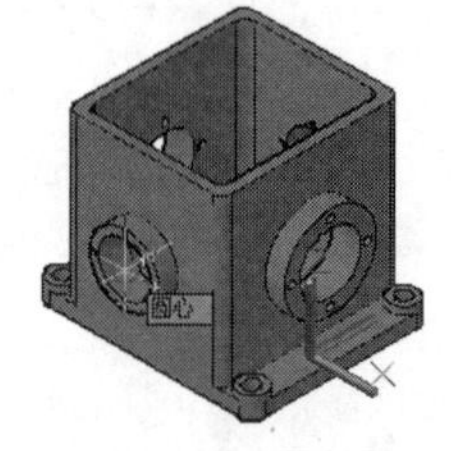

图 12-123　拉伸结果　　图 12-124　灰度着色　　图 12-125　捕捉圆心

步骤 29　将视图切换到东南视图，然后单击【三维建模】空间/【常用】选项卡/【建模】面板上的按钮，创建长度为 51、宽度为 114、高度为 47 的长方体。命令行提示如下：

```
命令： _box
指定第一个角点或 [中心(C)]:              //捕捉如图 12-125 所示的圆心
指定其他角点或 [立方体(C)/长度(L)]:  //@51,114,47 Enter，创建结果如图 12-126 所示
```

步骤30 选择菜单栏中的【修改】/【三维操作】/【干涉检查】命令，对两个模型进行干涉操作。命令行提示如下：

```
命令: _interfere
选择第一组对象或 [嵌套选择(N)/设置(S)]:        //选择壳体模型
选择第一组对象或 [嵌套选择(N)/设置(S)]:        //Enter
选择第二组对象或 [嵌套选择(N)/检查第一组(K)] <检查>: //选择长方体模型
选择第二组对象或 [嵌套选择(N)/检查第一组(K)] <检查>:
                          // Enter，此时创建的干涉对象将高亮显示，如图 12-127 所示
```

步骤31 在系统自动打开的【干涉检查】对话框中取消【关闭时删除已创建的干涉对象】复选框。

步骤32 单击【三维建模】空间/【实体】选项卡/【实体编辑】面板上的按钮，对壳体和长方体进行差集，结果如图 12-128 所示。

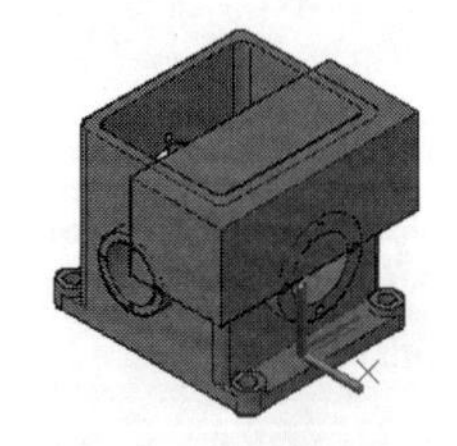
图 12-126　创建结果

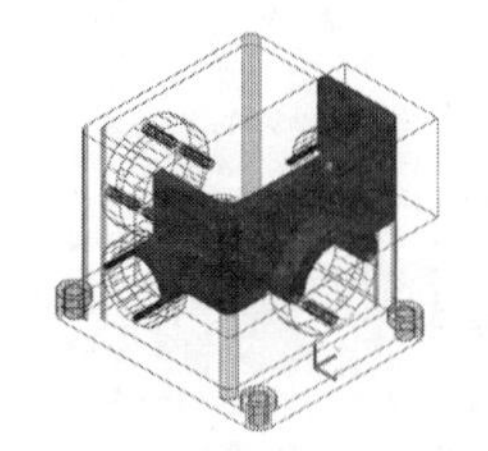
图 12-127　高亮显示干涉对象

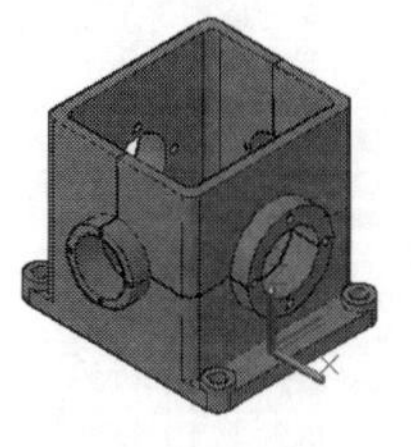
图 12-128　差集结果

步骤33 使用快捷键 M 执行【移动】命令，将创建的干涉实体对象进行位移，位移后的结果如图 12-129 所示。

步骤34 使用快捷键 RR 执行【渲染】命令，对模型进行渲染，最终效果如图 12-95 所示。

步骤35 最后执行【保存】命令，将模型命名存储为“制作壳体模型.dwg”。

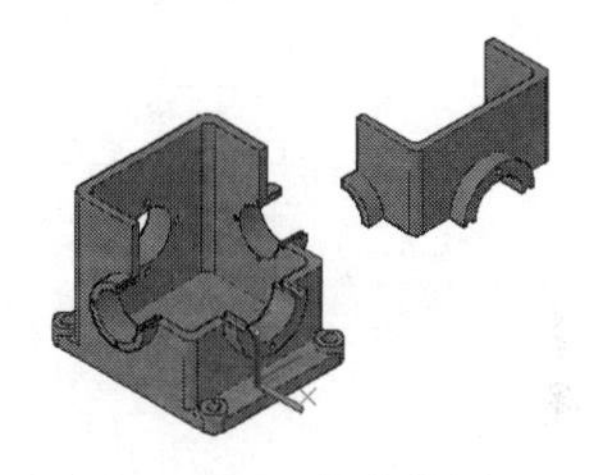
图 12-129　位移结果

12.6　思考与总结

12.6.1　知识点思考

（1）AutoCAD 为用户提供了一些基本实体的创建工具，具体有哪几种？

（2）AutoCAD 为用户提供了多种特殊实体的创建功能，其中较为常用的主要有【拉伸】、【旋转】、【扫掠】和【放样】4 种，想一想，这 4 种功能在建模上有何共同点和不同点？

12.6.2　知识点总结

本章主要学习了基本几何体、复杂几何体及组合实体的创建技术。相信读者在学完本章的内容后，能灵活运用各类建模工具，快速构造物体的三维模型，以形象直观地表达物体的三维特征。

通过本章的学习，应熟练掌握如下知识：

- 在讲述基本实心体的创建功能时，需要了解和掌握长方体、楔体、柱体、环体、球体、锥体、

多段体等的创建方法和操作技巧。

- 在讲述复杂实心体的创建功能时，具体需要理解和掌握拉伸实体、回转实体、扫掠实体、剖切实体、干涉实体及切割实体的特征、创建方法和创建技巧。
- 在讲述组合实体的创建功能时，需要理解和掌握并集实体、差集实体及交集实体的组合方法和操作技巧。
- 最后还需要了解和掌握与实体相关的几个系统变量，以方便控制实体模型的显示效果。

12.7　上机操作题

12.7.1　操作题一

综合本章所讲知识，根据图 12-130 所示的零件三视图，制作图 12-131 所示的零件立体模型。

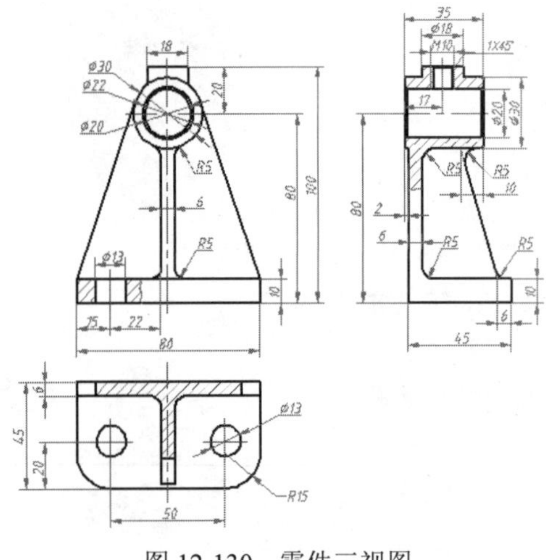

图 12-130　零件三视图

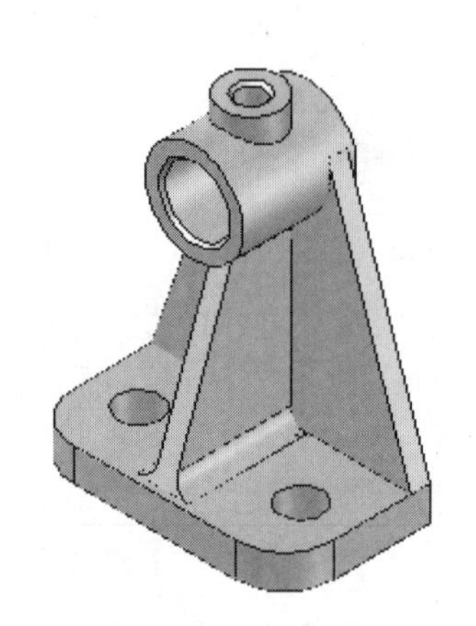

图 12-131　操作题一

12.7.2　操作题二

根据图 12-132 所示的平面图，创建图 12-133 所示的三维模型，并通过多视口功能显示出模型的不同侧面。

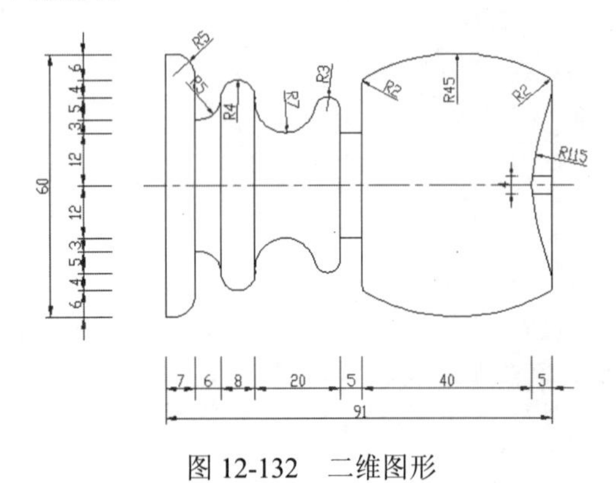

图 12-132　二维图形

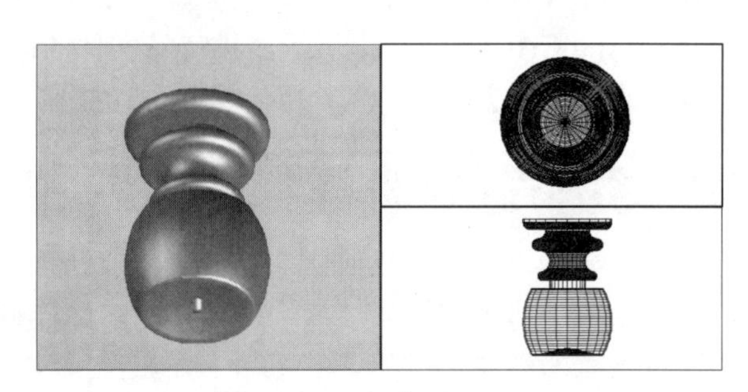

图 12-133　操作题二

第 13 章　三维模型的细化编辑

本章主要学习三维模型的基本操作功能和实体面、边等的编辑细化功能。通过本章的学习，应掌握模型的阵列、镜像、旋转、对齐、移动等基本技能；了解和掌握实体面、边的编辑和细化技能；掌握抽壳、压印、分割剖切等特殊编辑功能，学会使用基本的编辑工具构建和完善结构复杂的三维物体。

本章内容

- 三维模型的基本操作
- 编辑实体模型的表面
- 编辑实体模型的棱边
- 实体模型的特殊编辑
- 综合范例——三维操作与细化编辑功能综合练习
- 思考与总结
- 上机操作题

13.1　三维模型的基本操作

本节将学习【三维阵列】、【三维镜像】、【三维旋转】、【三维对齐】、【三维移动】等命令。

13.1.1　三维阵列

【三维阵列】命令用于将三维物体按照环形或矩形的方式，在三维空间中进行规则排列，如图 13-1 所示。

图 13-1　三维阵列示例

执行【三维阵列】命令主要有以下几种方式。

- 菜单栏：选择菜单栏中的【修改】/【三维操作】/【三维阵列】命令。
- 命令行：在命令行输入 3Darray 后按 Enter 键。
- 快捷键：在命令行输入 3A 后按 Enter 键。
- 功能区：单击【三维基础】空间/【默认】选项卡/【修改】面板上的按钮。

【三维阵列】命令包括“三维矩形阵列”和“三维环形阵列”两种阵列方式。下面通过典型实例，学习这两种阵列方式。

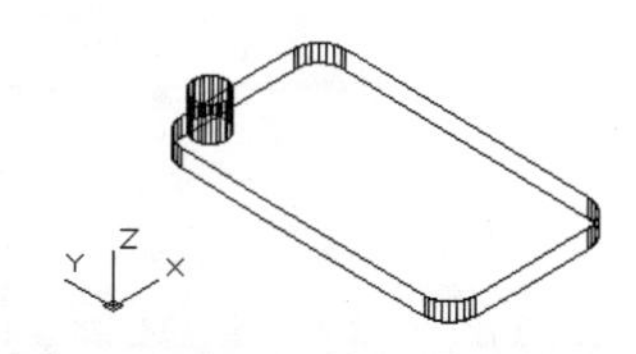

图 13-2　系材文件

【例题 13-1】　在三维空间矩形阵列立体造型

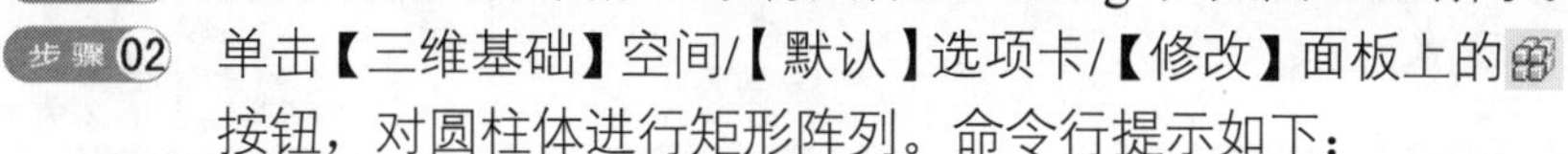

步骤 01　打开下载文件中的“/素材文件/13-1.dwg”，如图 13-2 所示。

步骤 02　单击【三维基础】空间/【默认】选项卡/【修改】面板上的按钮，对圆柱体进行矩形阵列。命令行提示如下：

```
命令： _3darray
正在初始化...  已加载 3DARRAY。
```

```
选择对象:                                        //选择圆柱体
选择对象:                                        // Enter，结束选择
输入阵列类型 [矩形(R)/环形(P)] <矩形>:          // Enter，激活【矩形】选项
输入行数 (---) <1>:                              //2 Enter
输入列数 (|||) <1>:                              //2 Enter
输入层数 (...) <1>:                              //2 Enter
指定行间距 (---):                                //-29 Enter
指定列间距 (|||):                                //13 Enter
指定层间距 (...):                                //-5.9 Enter，阵列结果如图 13-3 所示
```

步骤 03　选择菜单栏中的【视图】/【消隐】命令，对模型进行消隐显示，结果如图 13-4 所示。

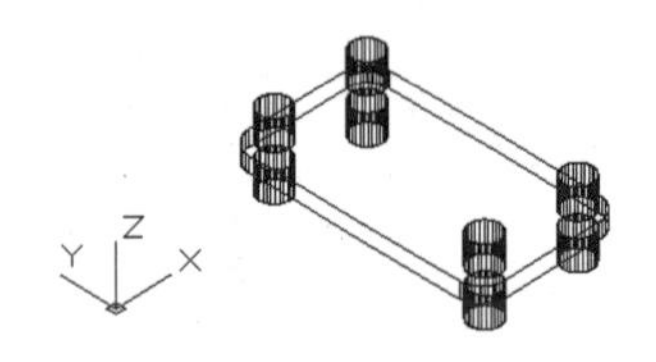

图 13-3　矩形阵列

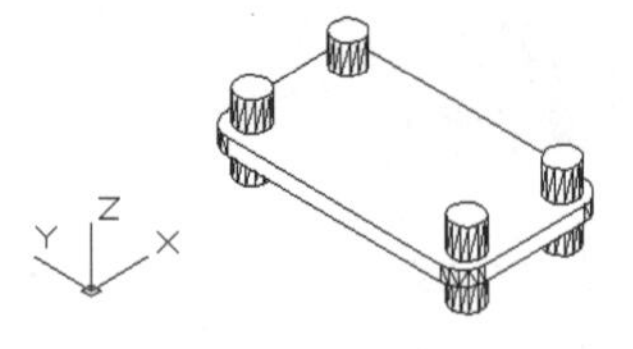

图 13-4　消隐效果

【例题 13-2】　在三维空间环形阵列滚珠造型

步骤 01　打开下载文件中的“/素材文件/13-2.dwg”，如图 13-5 所示。

步骤 02　执行【三维阵列】命令，对三维模型进行环形阵列。命令行提示如下：

```
命令: _3darray
选择对象:                                        //选择滚珠造型
选择对象:                                        // Enter，结束选择
输入阵列类型 [矩形(R)/环形(P)] <矩形>:          //P Enter
输入阵列中的项目数目:                            //15 Enter
指定要填充的角度 (+=逆时针, -=顺时针) <360>:   // Enter
旋转阵列对象? [是(Y)/否(N)] <Y>:                //Y Enter
指定阵列的中心点:                               //捕捉如图 13-6 所示的圆心
指定旋转轴上的第二点:                           //捕捉如图 13-7 所示的圆心
```

步骤 03　环形阵列的效果如图 13-8 所示。

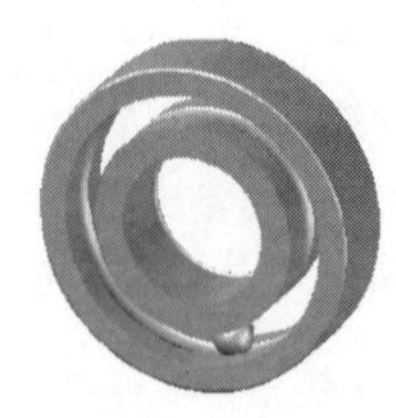

图 13-5　素材文件

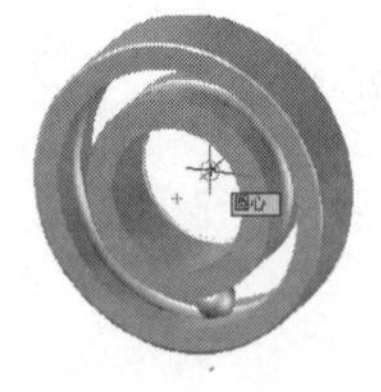

图 13-6　捕捉圆心

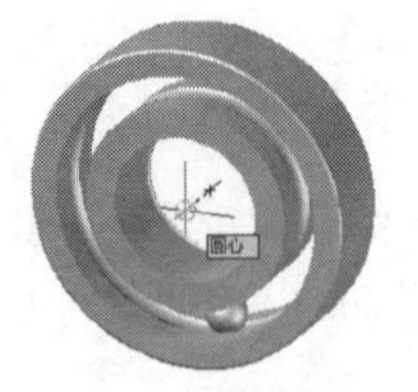

图 13-7　捕捉圆心

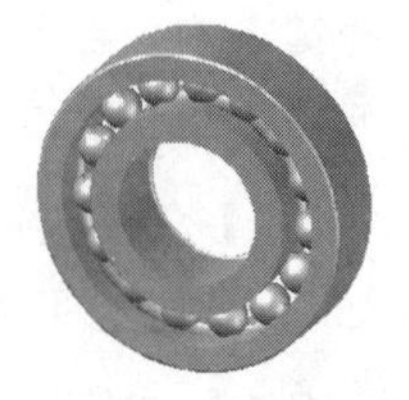

图 13-8　阵列结果

13.1.2　三维镜像

【三维镜像】命令用于在三维空间内将选定的三维模型按照指定的镜像平面进行镜像，以创建出对称结构的立体造型，如图 13-9 所示。

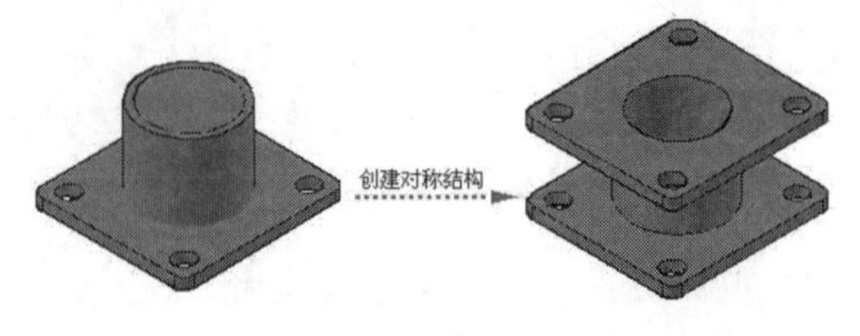

图 13-9　三维镜像示例

执行【三维镜像】命令主要有以下几种方式。

- 菜单栏：选择菜单栏中的【修改】/【三维操作】/【三维镜像】命令。
- 命令行：在命令行输入 Mirror3D 后按 Enter 键。
- 功能区：单击【三维建模】空间/【常用】选项卡/【修改】面板上的按钮。

【例题 13-3】　在三维空间镜像立体造型

步骤 01　打开下载文件中的“/素材文件/13-3.dwg”，如图 13-9（左）所示。

步骤 02　单击【三维建模】空间/【常用】选项卡/【修改】面板上的按钮，对底板造型进行镜像。命令行提示如下：

```
命令: _mirror3d
选择对象:                                         //选择底板模型
选择对象:                                         // Enter
指定镜像平面 (三点) 的第一个点或 [对象(O)/最近的(L)/Z 轴(Z)/视图(V)/XY 平面(XY)/YZ 平面(YZ)/ZX 平面(ZX)/三点(3)] <三点>:                //XY Enter，激活【XY 平面】选项
指定 XY 平面上的点 <0,0,0>:                       //激活【两点之间的中点】功能
_m2p 中点的第一点:                                //捕捉圆柱底面的圆心
中点的第二点:                                     //捕捉圆柱顶面的圆心
是否删除源对象? [是(Y)/否(N)] <否>:               // Enter，镜像结果如图 13-10 所示
```

步骤 03　使用快捷键 SU 执行【差集】命令，对各实体进行差集运算。命令行提示如下：

```
命令: su              // Enter，激活【差集】命令
SUBTRACT 选择要从中减去的实体、曲面和面域...
选择对象:             //选择下底板模型
选择对象:             //选择上底板模型
选择对象:             //选择外侧的圆柱体模型，选择结果如图 13-11 所示
选择对象:             // Enter，结束选择
选择要减去的实体或面域 ..
选择对象:             //选择内侧的圆柱实体，如图 13-12 所示
选择对象:             //Enter，结束命令，结果如图 13-9（右）所示
```

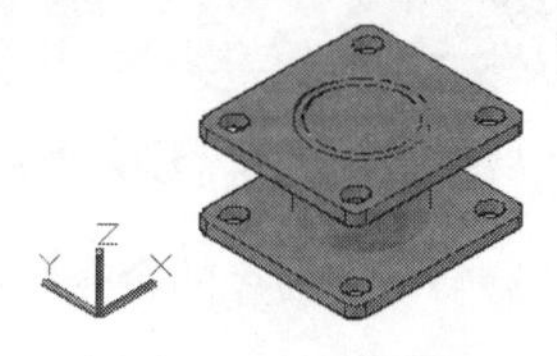

图 13-10　镜像结果

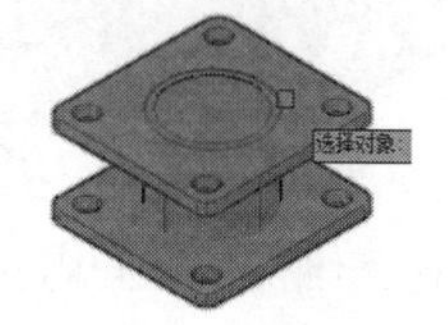

图 13-11　选择被减实体

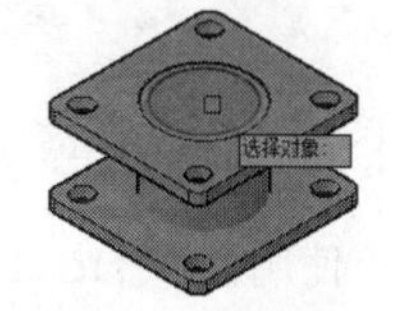

图 13-12　选择减去实体

步骤 04　最后将图形另名存盘。

命令行中部分选项解析如下：

- 【对象】选项用于选定某一对象所在的平面作为镜像平面，该对象可以是圆弧或二维多段线。
- 【最近的】选项用于以上次镜像使用的镜像平面作为当前镜像平面。
- 【Z 轴】选项用于在镜像平面及镜像平面的 Z 轴法线指定位点。
- 【视图】选项用于在视图平面上指定点，进行空间镜像。
- 【XY 平面】选项用于以当前坐标系的 XY 平面作为镜像平面。

- 【YZ 平面】选项用于以当前坐标系的 YZ 平面作为镜像平面。
- 【ZX 平面】选项用于以当前坐标系的 ZX 平面作为镜像平面。
- 【三点】选项用于指定三个点，以定位镜像平面。

13.1.3 三维旋转

【三维旋转】命令用于在三维视图中显示旋转夹点工具，并围绕基点旋转对象。执行【三维旋转】命令主要有以下几种方式。

- 菜单栏：选择菜单栏中的【修改】/【三维操作】/【三维旋转】命令。
- 工具栏：单击【建模】工具栏上的按钮。
- 命令行：在命令行输入 3drotate 后按 Enter 键。
- 快捷键：在命令行输入 3R 后按 Enter 键。
- 功能区：单击【三维建模】空间/【常用】选项卡/【修改】面板上的按钮。

【例题 13-4】 在三维空间旋转立体造型

步骤 01 继续例题 13-3 的操作。

步骤 02 使用快捷键 VS 执行【视觉样式】命令，将着色方式设置为二维线框，如图 13-13 所示。

步骤 03 单击【三维建模】空间/【常用】选项卡/【修改】面板上的按钮，将长方体进行三维旋转。命令行提示如下：

```
命令： _3drotate
UCS 当前的正角方向： ANGDIR=逆时针  ANGBASE=0
选择对象：              //选择差集后的模型
选择对象：              // Enter，结束选择
指定基点：                  //捕捉如图 13-14 所示的圆心
拾取旋转轴：                 //在如图 13-15 所示轴方向上单击左键，定位旋转轴
指定角的起点或键入角度：      //90 Enter，结束命令，旋转结果如图 13-16 所示
```

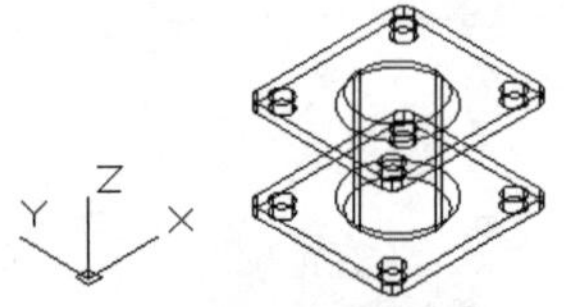

图 13-13 线框着色

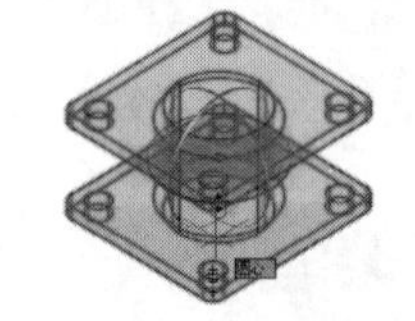

图 13-14 捕捉圆心

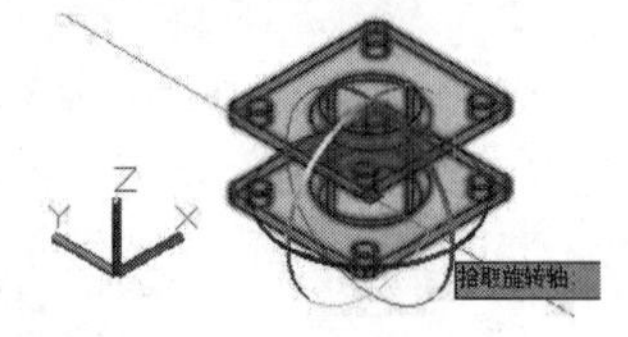

图 13-15 定位旋转轴

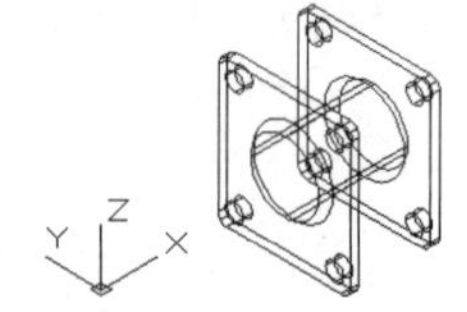

图 13-16 旋转结果

另外，使用命令【rotate3d】也可以在三维操作空间内对立体模型进行旋转。此命令的命令行提示如下：

```
命令： rotate3d
当前正向角度： ANGDIR=逆时针 ANGBASE=0
选择对象：           //选择长方体
选择对象：           //Enter，结束选择
指定轴上的第一个点或定义轴依据  [对象(O)/最近的(L)/视图(V)/X 轴(X)/Y 轴(Y)/Z 轴(Z)/两点(2)]:
//定位轴的一个点或选择某一个选项
```

13.1.4 三维对齐

【三维对齐】命令主要以定位原平面和目标平面的形式，将两个三维对象在三维操作空间中进行对齐。

执行【三维对齐】命令主要有以下几种方式。

- 菜单栏：选择菜单栏中的【修改】/【三维操作】/【三维对齐】命令。
- 命令行：在命令行输入 3dalign 后按 Enter 键。
- 快捷键：在命令行输入 3DA 后按 Enter 键。
- 功能区：单击【三维建模】空间/【常用】选项卡/【修改】面板上的按钮。

【例题 13-5】 在三维空间对齐两个立体造型

步骤 01 打开下载文件中的“/素材文件/13-4.dwg”，如图 13-17 示。

步骤 02 选择菜单栏中的【修改】/【复制】命令，将模型复制一份，结果如图 13-18 所示。

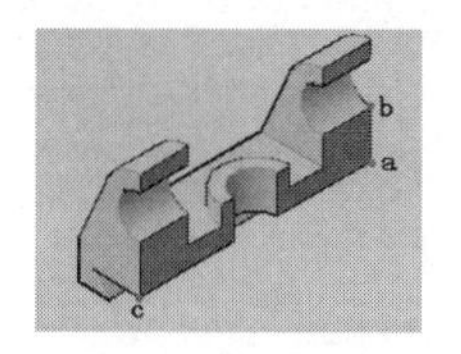

图 13-17 素材文件

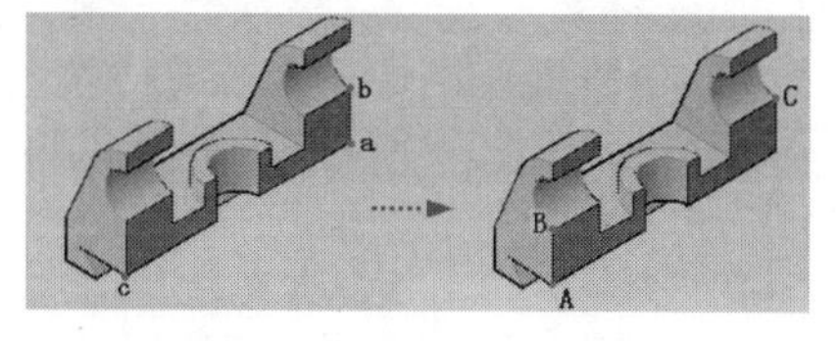

图 13-18 复制结果

步骤 03 单击【三维建模】空间/【常用】选项卡/【修改】面板上的按钮，对模型进行空间对齐。命令行提示如下：

```
命令: _3dalign
选择对象:                                  //选择复制出的对象
选择对象:                                  // Enter，结束选择
指定原平面和方向 ...
指定基点或 [复制(C)]:                      //捕捉图 13-18 所示的端点 A
指定第二个点或 [继续(C)] <C>:               //捕捉端点 B
指定第三个点或 [继续(C)] <C>:               //捕捉端点 C
指定目标平面和方向 ...
指定第一个目标点:                          //捕捉端点 a
指定第二个目标点或 [退出(X)] <X>:           //捕捉端点 b
指定第三个目标点或 [退出(X)] <X>:           //捕捉端点 c，对齐结果如图 13-19 所示
```

步骤 04 使用快捷键 UNI 执行【并集】命令，将两个对象进行合并，结果如图 13-20 所示。

【复制】选项主要用于在对齐两个对象时，将用于对齐的原对象复制一份，而原对象则保持不变，如图 13-21 所示。

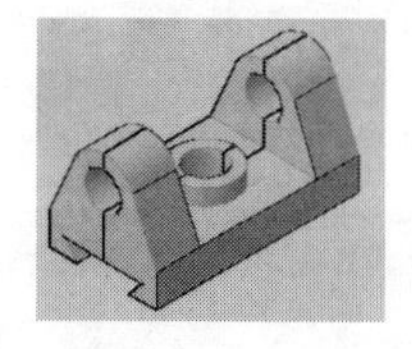

图 13-19　三维对齐

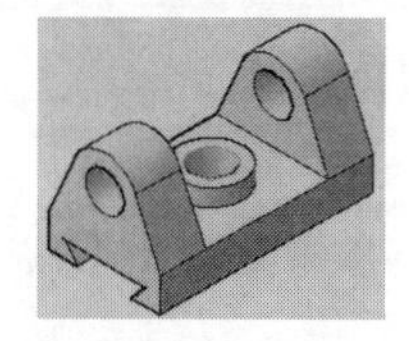

图 13-20　并集结果

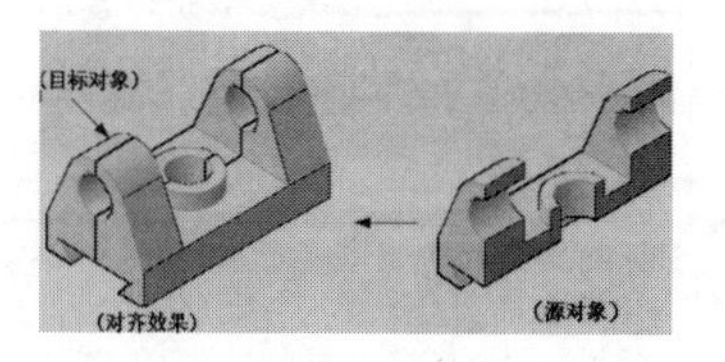

图 13-21　选项示例

13.1.5　三维移动

【三维移动】命令主要用于将对象在三维操作空间内进行位移。

执行【三维移动】命令主要有以下几种方式。

- 菜单栏：选择菜单栏中的【修改】/【三维操作】/【三维移动】命令。
- 命令行：在命令行输入 3dmove 后按 Enter 键。
- 快捷键：在命令行输入 3M 后按 Enter 键。
- 功能区：单击【三维建模】空间/【常用】选项卡/【修改】面板上的按钮。

执行【三维移动】命令后，其命令行提示如下：

```
命令： _3dmove
选择对象：                          //选择移动对象
选择对象：                         // Enter，结束选择
指定基点或 [位移(D)] <位移>：      //定位基点
指定第二个点或 <使用第一个点作为位移>： //定位目标点
正在重生成模型。
```

13.2　编辑实体模型的表面

AutoCAD 为用户提供了较为完善的实体面边的编辑功能，这些功能位于【修改】/【实体编辑】菜单栏上，其工具按钮位于【实体编辑】工具栏或面板上。本节将学习实体的面编辑功能，具体有【拉伸面】、【移动面】、【偏移面】、【旋转面】、【倾斜面】、【删除面】、【复制面】、【着色面】等。

13.2.1　拉伸面

【拉伸面】命令主要用于对实心体的表面进行编辑，将实体面按照指定的高度或路径进行拉伸，以创建出新的形体，如图 13-22 所示。

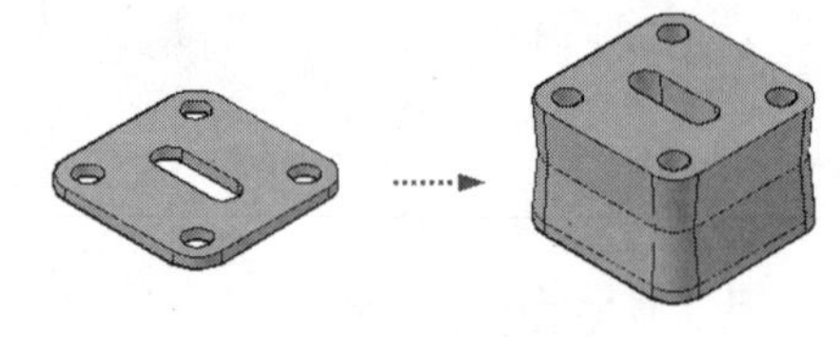

图 13-22　拉伸面示例

执行【拉伸面】命令主要有以下几种方式。

- 菜单栏：选择菜单栏中的【修改】/【实体编辑】/【拉伸面】命令。
- 命令行：在命令行输入 Solidedit 后按 Enter 键。
- 功能区：单击【三维建模】空间/【常用】或【实体】选项卡/【实体编辑】面板上的按钮。

高度拉伸方式是将实体的表面沿着输入的高度和倾斜角度进行拉伸。当指定拉伸的高度以后，AutoCAD 会提示面的倾斜角度，如果输入的角度值为正值时，实体面将实体的内部倾斜（锥化）；如果输入的角度为负值时，实体面将向实体的外部倾斜（锥化），如图 13-22 所示。

【例题 13-6】　将三维实体表面拉伸为新造型

步骤 01　新建文件并将当前视图切换为东南视图。

步骤 02　单击【三维建模】空间/【常用】选项卡/【建模】面板上的按钮，创建长为 150、宽为 180、高为 120 的长方体。

步骤 03　单击【三维建模】空间/【实体】选项卡/【实体编辑】面板上的按钮，执行【拉伸面】命令，对长方体的上表面进行拉伸。命令行提示如下：

```
命令： _solidedit
```

```
    实体编辑自动检查:  SOLIDCHECK=1
    输入实体编辑选项 [面(F)/边(E)/体(B)/放弃(U)/退出(X)] <退出>: _face
    输入面编辑选项[拉伸(E)/移动(M)/旋转(R)/偏移(O)/倾斜(T)/删除(D)/复制(C)/颜色(L)/材质(A)/放弃(U)/退出(X)] <退出>: _extrude
    选择面或 [放弃(U)/删除(R)]:                 //选择如图 13-23 所示的上表面
    选择面或 [放弃(U)/删除(R)/全部(ALL)]:       // Enter, 结束选择
    指定拉伸高度或 [路径(P)]:                   // 40 Enter
    指定拉伸的倾斜角度 <30>:                    //15 Enter, 拉伸结果如图 13-24 所示
    已开始实体校验
    已完成实体校验
    输入面编辑选项[拉伸(E)/移动(M)/旋转(R)/偏移(O)/倾斜(T)/删除(D)/复制(C)/颜色(L)/材质(A)/放弃(U)/退出(X)] <退出>:                  //E Enter
    选择面或 [放弃(U)/删除(R)]:                 //选择如图 13-25 所示的表面
    选择面或 [放弃(U)/删除(R)/全部(ALL)]:        // Enter
    指定拉伸高度或 [路径(P)]:                    //40 Enter
    指定拉伸的倾斜角度 <15>:                     //-15 Enter, 拉伸结果如图 13-26 所示
```

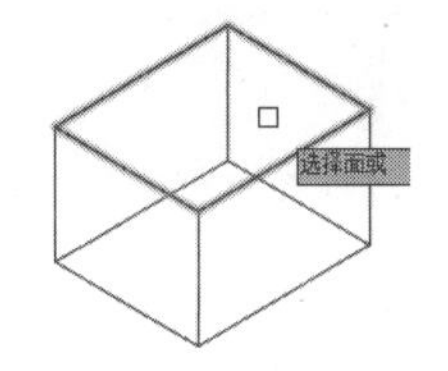

图 13-23　选择拉伸面

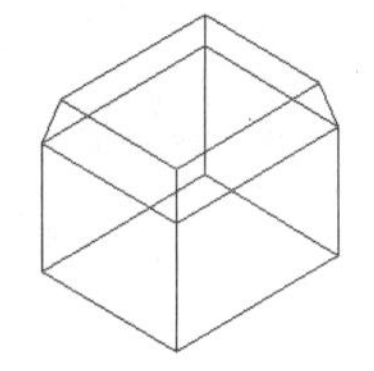

图 13-24　拉伸结果

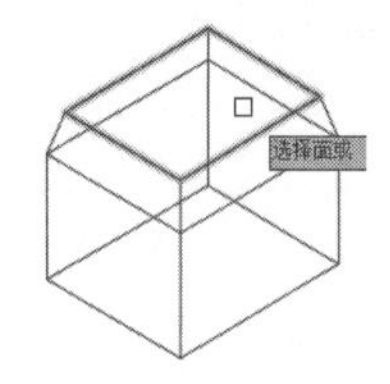

图 13-25　选择拉伸面

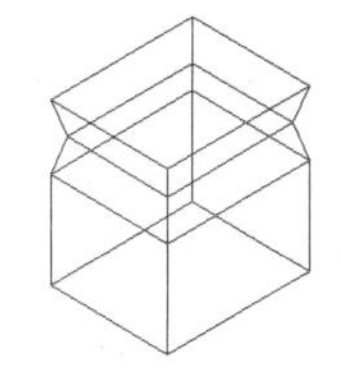

图 13-26　拉伸结果

```
    已开始实体校验。
    已完成实体校验。
    输入面编辑选项[拉伸(E)/移动(M)/旋转(R)/偏移(O)/倾斜(T)/删除(D)/复制(C)/颜色(L)/材质(A)/放弃(U)/退出(X)] <退出>:                  //X Enter
    实体编辑自动检查:  SOLIDCHECK=1
    输入实体编辑选项 [面(F)/边(E)/体(B)/放弃(U)/退出(X)] <退出>:  //X Enter
```

步骤 04　使用快捷键 HI 执行【消隐】命令，将拉伸实体进行消隐显示，效果如图 13-27 所示。

另外，AutoCAD 对于每个面规定其外法线方向为正方向，当输入的高度值为正值时，实体面将沿其外法线方向移动；如果输入的高度值为负值时，实体面将沿着外法线的负方向移动。在具体的面拉伸过程中，如果用户输入的高度值和锥角值都较大时，可能会使实体面到达所指定的高度之前，就已缩小成为一个点，此时 AutoCAD 将会提示拉伸操作失败。

路径拉伸方式是将实体表面沿着指定的路径进行拉伸，拉伸路径可以是直线、圆弧、多段线或二维样条曲线，如图 13-28 所示。

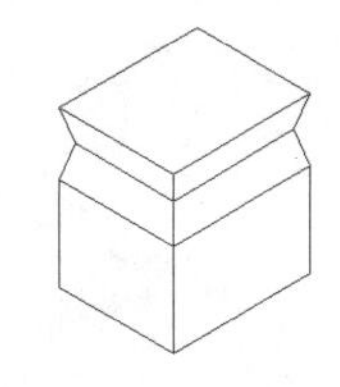

图 13-27　消隐显示

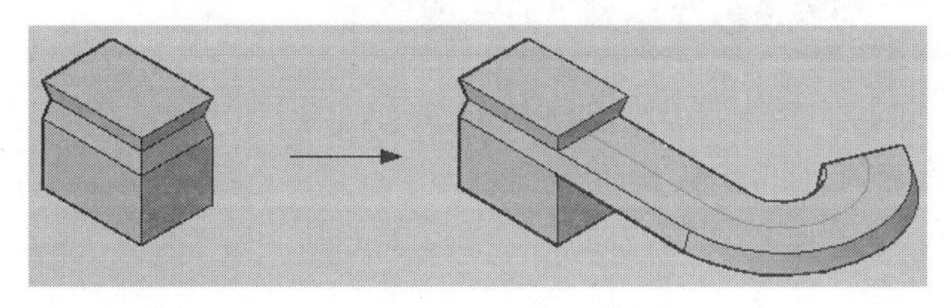

图 13-28　路径拉伸

【例题 13-7】 将三维实体表面沿路径拉伸

步骤 01 继续例题 13-6 的操作。

步骤 02 使用快捷键 PL 执行【多段线】命令，配合中点捕捉功能绘制如图 13-29 所示的多段线，以作为路径。

步骤 03 单击【视觉样式控件】/【概念】命令，对拉伸实体进行概念着色。

步骤 04 单击【实体】选项卡/【实体编辑】面板上的按钮，对实体的表面进行拉伸。命令行提示如下：

```
命令: _solidedit
实体编辑自动检查: SOLIDCHECK=1
输入实体编辑选项 [面(F)/边(E)/体(B)/放弃(U)/退出(X)] <退出>: _face
输入面编辑选项[拉伸(E)/移动(M)/旋转(R)/偏移(O)/倾斜(T)/删除(D)/复制(C)/颜色(L)/材质(A)/放弃(U)/退出(X)] <退出>: _extrude
选择面或 [放弃(U)/删除(R)]:                    //选择如图 13-30 所示的表面
```

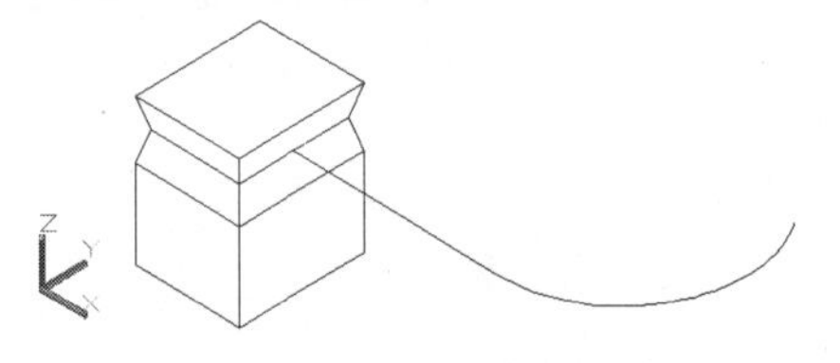

图 13-29 绘制路径

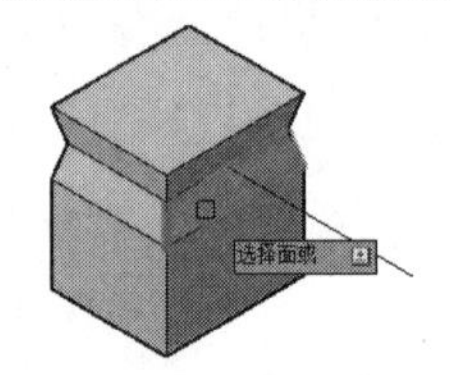

图 13-30 选择拉伸面

```
选择面或 [放弃(U)/删除(R)/全部(ALL)]:        // Enter，结束选择
指定拉伸高度或 [路径(P)]:                    //p Enter
选择拉伸路径:                                //选择多段线路径
```

拉伸路径的一个端点一般定位在拉伸的面内，否则，AutoCAD 将把路径移动到面轮廓的中心。在拉伸面时，面从初始位置开始沿路径拉伸，直至路径的终点结束。

```
已开始实体校验
已完成实体校验
输入面编辑选项[拉伸(E)/移动(M)/旋转(R)/偏移(O)/倾斜(T)/删除(D)/复制(C)/颜色(L)/材质(A)/放弃(U)/退出(X)] <退出>:                  //X Enter
实体编辑自动检查: SOLIDCHECK=1
输入实体编辑选项 [面(F)/边(E)/体(B)/放弃(U)/退出(X)] <退出>:   //X Enter，结束命令
```

步骤 05 拉伸结果如图 13-28（右）所示。

13.2.2 移动面

【移动面】命令是通过移动实体的表面，进行修改实体的尺寸或改变孔或槽的位置等，如图 13-31 所示。在移动面的过程中将保持面的法线方向不变。

执行【移动面】命令主要有以下几种方式。

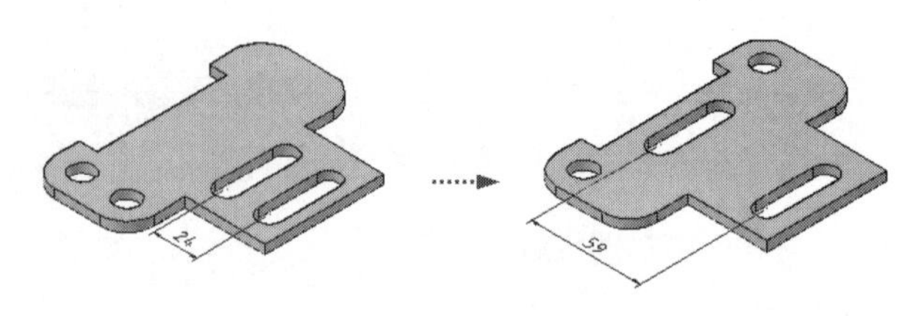

图 13-31 移动面示例

- 菜单栏：选择菜单栏中的【修改】/【实体编辑】/【移动面】命令。
- 命令行：在命令行输入 Solidedit 后按 Enter 键。
- 功能区：单击【三维建模】空间/【常用】选项卡/【实体编辑】面板上的按钮。

【例题 13-8】　更改三维实体中孔、槽的位置

步骤 01　打开下载文件中的“/素材文件/13-5.dwg”，如图 13-32 所示。

步骤 02　单击【三维建模】空间/【常用】选项卡/【实体编辑】面板上的按钮，对实体面进行移动。命令行提示如下：

```
命令: _solidedit
实体编辑自动检查:  SOLIDCHECK=1
输入实体编辑选项 [面(F)/边(E)/体(B)/放弃(U)/退出(X)] <退出>: _face
输入面编辑选项[拉伸(E)/移动(M)/旋转(R)/偏移(O)/倾斜(T)/删除(D)/复制(C)/颜色(L)/材质(A)/放弃(U)/退出(X)] <退出>: _move
选择面或 [放弃(U)/删除(R)]:                //将光标放在如图 13-33 所示的位置单击，选择柱孔面
选择面或 [放弃(U)/删除(R)/全部(ALL)]:      // Enter
指定基点或位移:                            //捕捉圆孔的圆心
指定位移的第二点:                          //@45,0 Enter
已开始实体校验
已完成实体校验
输入面编辑选项[拉伸(E)/移动(M)/旋转(R)/偏移(O)/倾斜(T)/删除(D)/复制(C)/颜色(L)/材质(A)/放弃(U)/退出(X)] <退出>:                //X Enter
实体编辑自动检查:  SOLIDCHECK=1
输入实体编辑选项 [面(F)/边(E)/体(B)/放弃(U)/退出(X)] <退出>:   //X Enter
```

步骤 03　柱孔面移动后的结果如图 13-34 所示。

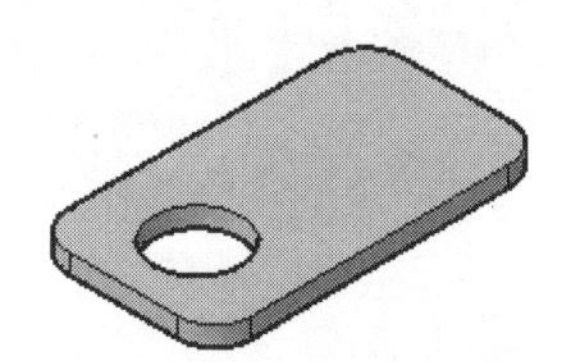
图 13-32　素材文件

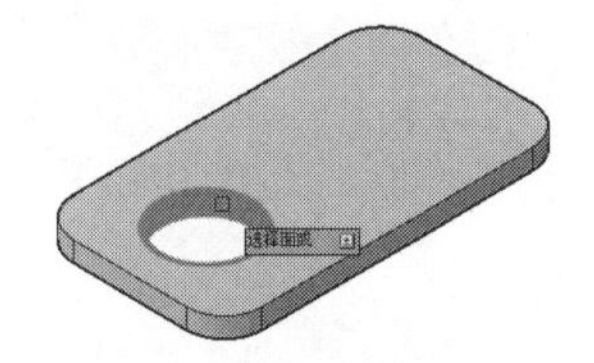
图 13-33　选择面

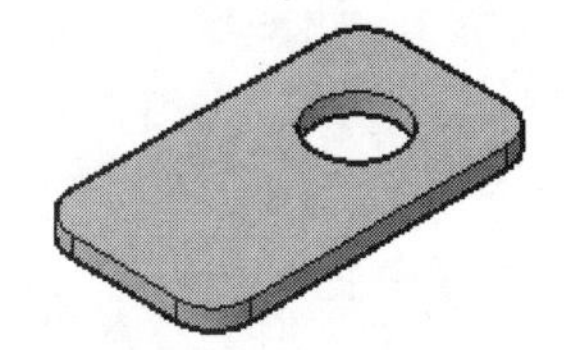
图 13-34　移动结果

如果用户指定了两点，AutoCAD 将根据两点定义的矢量来确定移动的距离和方向。若在提示“指定基点或位移:”时，输入了一个点的坐标，而在“指定位移的第二点:”时，按 Enter 键，那么 AutoCAD 将根据输入的坐标值面沿着面的法线方向进行移动面。

13.2.3　偏移面

【偏移面】命令主要通过偏移实体的表面来改变实体及孔、槽等特征的大小，如图 13-35 所示。

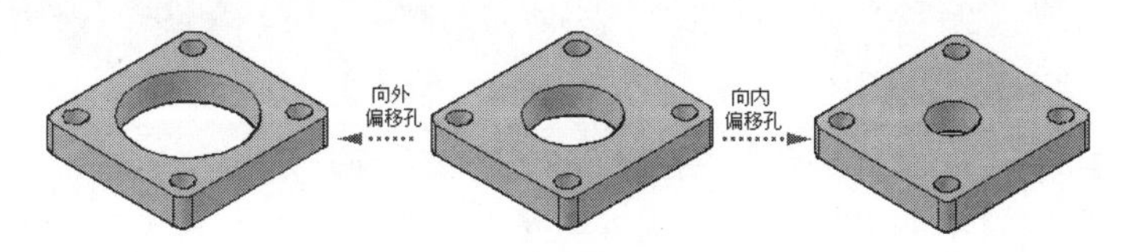

图 13-35　偏移面

在偏移实体面时，用户可以直接输入数值或拾取两点来指定偏移的距离，AutoCAD 将根据偏移距离沿表面的法线进行移动面。当输入的偏移距离为正值时，AutoCAD 将使表面向其外法线方向偏移；若输入的距离为负值时，被编辑的表面将向相反的方向偏移。

执行【偏移面】命令主要有以下几种方式。

- 菜单栏：选择菜单栏中的【修改】/【实体编辑】/【偏移面】命令。
- 命令行：在命令行输入 Solidedit 后按 Enter 键。
- 功能区：单击【三维建模】空间/【实体】或【常用】选项卡/【实体编辑】面板上的按钮。

【例题 13-9】　更改三维实体中孔、槽的大小

步骤 01　继续例题 13-8 的操作。

步骤 02　单击【三维建模】空间/【常用】选项卡/【实体编辑】面板上的按钮，执行【偏移面】命令，对实体面进行偏移。命令行提示如下：

```
命令：_solidedit
实体编辑自动检查：  SOLIDCHECK=1
输入实体编辑选项 [面(F)/边(E)/体(B)/放弃(U)/退出(X)] <退出>: _face
输入面编辑选项[拉伸(E)/移动(M)/旋转(R)/偏移(O)/倾斜(T)/删除(D)/复制(C)/颜色(L)/材质(A)/放弃(U)/退出(X)] <退出>:
_offset
选择面或 [放弃(U)/删除(R)]:                //将光标放在如图 13-36 所示的位置单击，选择柱孔面
选择面或 [放弃(U)/删除(R)/全部(ALL)]:      // Enter
指定偏移距离:                              //-5Enter
已开始实体校验
输入面编辑选项[拉伸(E)/移动(M)/旋转(R)/偏移(O)/倾斜(T)/删除(D)/复制(C)/颜色(L)/材质(A)/放弃(U)/退出(X)] <退出>:                    //X Enter
实体编辑自动检查：  SOLIDCHECK=1
输入实体编辑选项 [面(F)/边(E)/体(B)/放弃(U)/退出(X)] <退出>:    //X Enter，结束命令
```

步骤 03　柱孔面的偏移结果如图 13-37 所示。

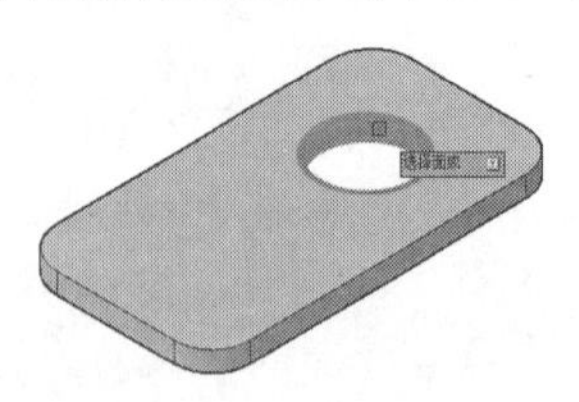

图 13-36　选择柱孔面

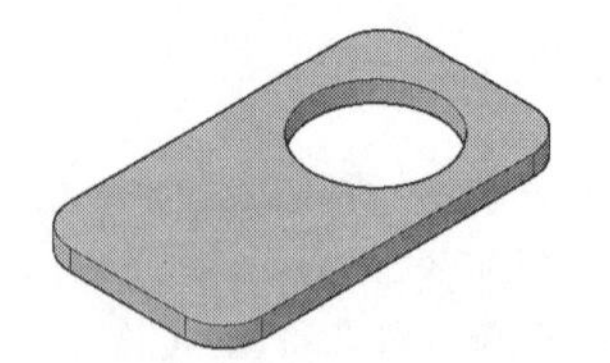

图 13-37　偏移结果

13.2.4　旋转面

【旋转面】命令主要通过旋转实体的表面来改变实体面的倾斜角度，或者将一些孔、槽等旋转到新位置。执行【旋转面】命令主要有以下几种方式。

- 菜单栏：选择菜单栏中的【修改】/【实体编辑】/【旋转面】命令。
- 命令行：在命令行输入 Solidedit 后按 Enter 键。
- 功能区：单击【三维建模】空间/【常用】选项卡/【实体编辑】面板上的按钮。

【例题 13-10】 三维实体表面的旋转实例

步骤 01 继续例题 13-9 的操作。

步骤 02 单击【三维建模】空间/【常用】选项卡/【实体编辑】面板上的按钮，执行【旋转面】命令，对实体面进行旋转。命令行提示如下：

```
命令：_solidedit
实体编辑自动检查： SOLIDCHECK=1
输入实体编辑选项 [面(F)/边(E)/体(B)/放弃(U)/退出(X)] <退出>: _face
输入面编辑选项[拉伸(E)/移动(M)/旋转(R)/偏移(O)/倾斜(T)/删除(D)/复制(C)/颜色(L)/材质(A)/放弃(U)/退出(X)] <退出>: _rotate
选择面或 [放弃(U)/删除(R)]: 找到一个面        //选择如图 13-38 所示的实体面
选择面或 [放弃(U)/删除(R)/全部(ALL)]:        //Enter
指定轴点或 [经过对象的轴(A)/视图(V)/X 轴(X)/Y 轴(Y)/Z 轴(Z)] <两点>:
                                           //捕捉如图 13-39 所示的端点
在旋转轴上指定第二个点:                     //捕捉如图 13-40 所示的端点
指定旋转角度或 [参照(R)]:                   //15 Enter
已开始实体校验
已完成实体校验
输入面编辑选项[拉伸(E)/移动(M)/旋转(R)/偏移(O)/倾斜(T)/删除(D)/复制(C)/颜色(L)/材质(A)/放弃(U)/退出(X)] <退出>:                //X Enter
实体编辑自动检查： SOLIDCHECK=1
输入实体编辑选项 [面(F)/边(E)/体(B)/放弃(U)/退出(X)] <退出>: //X Enter，退出命令
```

步骤 03 实体面的旋转结果如图 13-41 所示。

图 13-38　选择面

图 13-39　捕捉端点

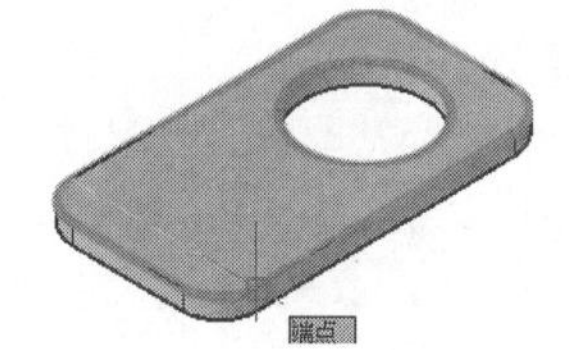

图 13-40　捕捉端点

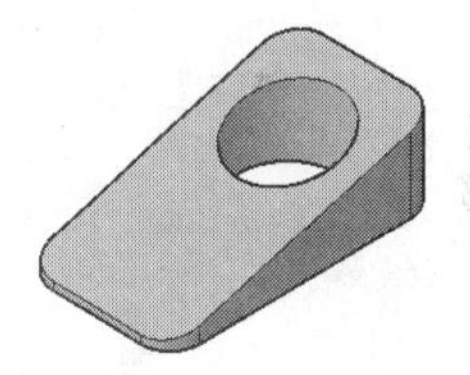
图 13-41　旋转结果

在旋转实体面时，用户可以通过拾取两点、选择直线或设置旋转轴平行于坐标轴的方法确定旋转轴。另外，用户输入面的旋转角度为正或负值的情况下，旋转轴的正方向可以由右手螺旋法则确定。

命令行中部分选项解析如下：

- 【两点】选项：用于指定两点来确定旋转轴，轴的正方向是由第一个选择点指向第二个选择点。
- 【视图】选项：旋转轴垂直于当前视图，并且通过拾取点。
- 【X 轴】/【Y 轴】/【Z 轴】选项：旋转轴平行于 X、Y、Z 轴，并且通过拾取点。旋转轴的正方向与坐标轴的正方向一致。
- 【经过对象的轴】选项：用于以通过图形对象的轴来定义旋转轴。利用图形对象定义旋转轴，有以下几种情况：
  - ➢ 当对象为直线时，旋转轴即为选择的直线。
  - ➢ 当对象为圆、圆弧或椭圆时，旋转轴垂直于圆、圆弧或椭圆所在的平面，并且通过圆心或

椭圆心。

➢ 当对象为多段线时，多段线的起点和终点的连线就是旋转轴。
➢ 当对象为样条曲线时，旋转轴通过样条曲线的起点和终点。

13.2.5　倾斜面

【倾斜面】命令主要用于通过倾斜实体的表面，使实体表面产生一定的锥度，如图 13-42 所示。

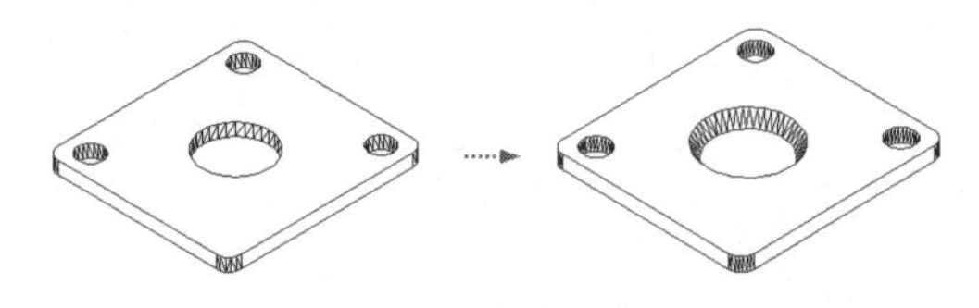

图 13-42　倾斜面示例

执行【倾斜面】命令主要有以下几种方式。

- 菜单栏：选择菜单栏中的【修改】/【实体编辑】/【倾斜面】命令。
- 命令行：在命令行输入 Solidedit 后按 Enter 键。
- 功能区：单击【三维建模】空间/【实体】或【常用】选项卡/【实体编辑】面板上的按钮。

【例题 13-11】　将三维实体表面进行锥度倾斜

步骤 01　打开下载文件上的“/素材文件/13-6.dwg”，如图 13-43 所示。

步骤 02　单击【三维建模】空间/【实体】选项卡/【实体编辑】面板上的按钮，执行【倾斜面】命令，对实体表面进行倾斜。命令行提示如下：

```
命令：_solidedit
实体编辑自动检查： SOLIDCHECK=1
输入实体编辑选项 [面(F)/边(E)/体(B)/放弃(U)/退出(X)] <退出>: _face
输入面编辑选项[拉伸(E)/移动(M)/旋转(R)/偏移(O)/倾斜(T)/删除(D)/复制(C)/颜色(L)/材质(A)/放弃(U)/退出(X)] <退出>: _taper
选择面或 [放弃(U)/删除(R)]: 找到一个面。         //选择如图 13-44 所示的面
选择面或 [放弃(U)/删除(R)/全部(ALL)]:            //Enter，结束选择
指定基点：                                       //捕捉圆柱孔的底面圆心
指定沿倾斜轴的另一个点：                         //捕捉圆柱孔的顶面圆心
指定倾斜角度：                                   //30 Enter
已开始实体校验
已完成实体校验
输入面编辑选项[拉伸(E)/移动(M)/旋转(R)/偏移(O)/倾斜(T)/删除(D)/复制(C)/颜色(L)/材质(A)/放弃(U)/退出(X)] <退出>:                   //X Enter
实体编辑自动检查： SOLIDCHECK=1
输入实体编辑选项 [面(F)/边(E)/体(B)/放弃(U)/退出(X)] <退出>： //X Enter，退出命令
```

步骤 03　实体面的倾斜结果如图 13-45 所示。

在倾斜面时，倾斜的方向是由锥角的正负号及定义矢量时的基点决定的。如果输入的倾角为正值，则 AutoCAD 将已定义的矢量绕基点向实体内部倾斜面，否则向实体外部倾斜。

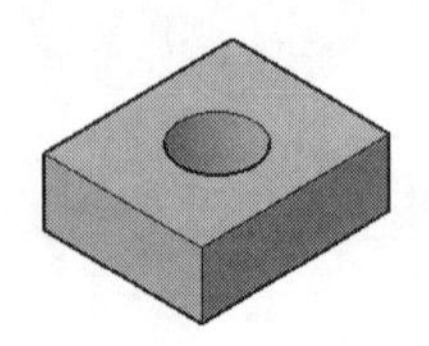

图 13-43　捕捉端点

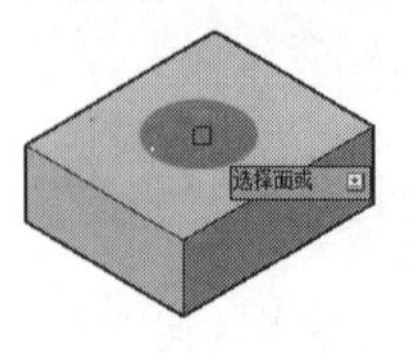

图 13-44　选择面

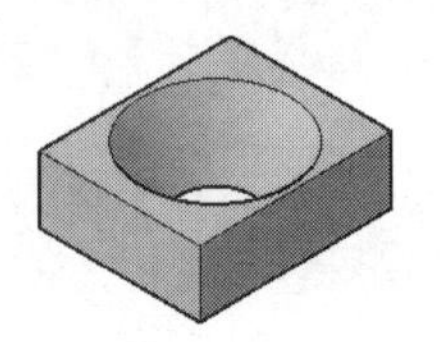

图 13-45　倾斜结果

13.2.6　删除面

【删除面】命令用于在实体表面删除某些特征面，如倒圆角和倒斜角时形成的面，如图 13-46 所示。

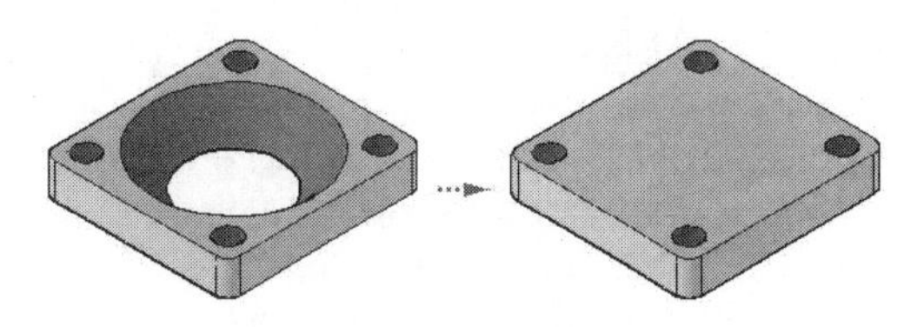

图 13-46　删除面示列

执行【删除面】命令主要有以下几种方式。

- 菜单栏：选择菜单栏中的【修改】/【实体编辑】/【删除面】命令。
- 命令行：在命令行输入 Solidedit 后按 Enter 键。
- 功能区：单击【三维建模】空间/【常用】选项卡/【实体编辑】面板上的按钮。

【例题 13-12】　快速删除三维实体的表面特征

步骤 01　打开下载文件中的"/素材文件/13-7.dwg"，如图 13-47 所示。

步骤 02　单击【三维建模】空间/【常用】选项卡/【实体编辑】面板上的按钮，执行【删除面】命令，将实体上表面删除。命令行提示如下：

```
命令: _solidedit
实体编辑自动检查:  SOLIDCHECK=1
输入实体编辑选项 [面(F)/边(E)/体(B)/放弃(U)/退出(X)] <退出>: _face
输入面编辑选项[拉伸(E)/移动(M)/旋转(R)/偏移(O)/倾斜(T)/删除(D)/复制(C)/颜色(L)/材质(A)/放弃(U)/退出(X)] <退出>: _delete
选择面或 [放弃(U)/删除(R)]: 找到一个面          //选择如图 13-48 所示的表面
选择面或 [放弃(U)/删除(R)/全部(ALL)]:          // Enter
已开始实体校验
已完成实体校验
输入面编辑选项[拉伸(E)/移动(M)/旋转(R)/偏移(O)/倾斜(T)/删除(D)/复制(C)/颜色(L)/材质(A)/放弃(U)/退出(X)] <退出>:                  //X Enter
实体编辑自动检查:  SOLIDCHECK=1
输入实体编辑选项 [面(F)/边(E)/体(B)/放弃(U)/退出(X)] <退出>:   //X Enter，退出命令
```

步骤 03　实体上表面删除效果如图 13-49 所示。

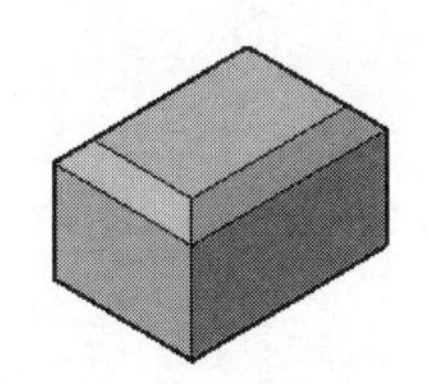

图 13-47　打开素材文件

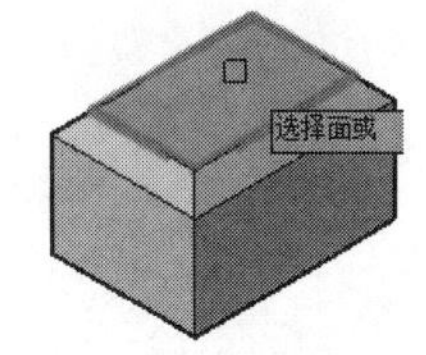

图 13-48　选择面

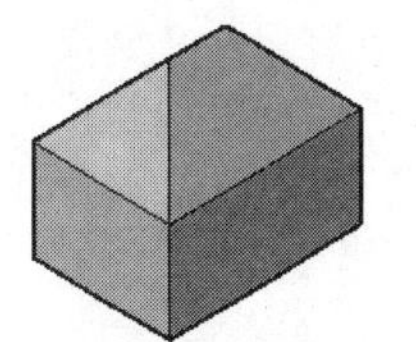

图 13-49　删除面

13.2.7　复制面

【复制面】命令用于将实体的表面复制成新的图形对象，所复制出的新对象是面域或体，如图 13-50 所示。

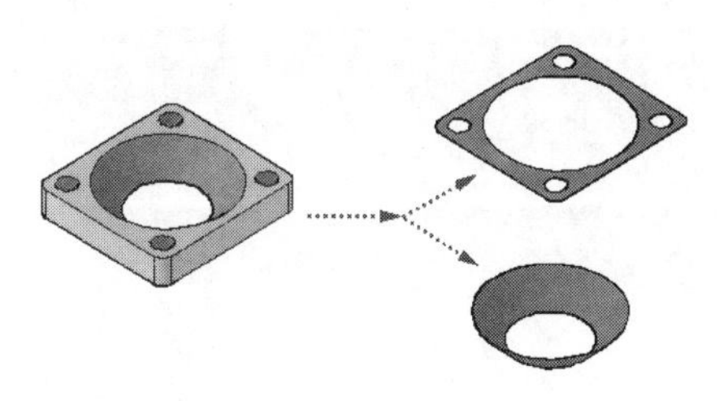

图 13-50　复制面

执行【复制面】命令主要有以下几种方式。

- 菜单栏：选择菜单栏中的【修改】/【实体编辑】/【复制面】命令。

- 命令行：在命令行输入 Solidedit 后按 Enter 键。
- 功能区：单击【三维建模】空间/【常用】选项卡/【实体编辑】面板上的按钮。

执行【复制面】命令后，其命令行提示如下：

```
命令：_solidedit
实体编辑自动检查：  SOLIDCHECK=1
输入实体编辑选项 [面(F)/边(E)/体(B)/放弃(U)/退出(X)] <退出>：_face
输入面编辑选项[拉伸(E)/移动(M)/旋转(R)/偏移(O)/倾斜(T)/删除(D)/复制(C)/颜色(L)/材质(A)/放弃(U)/退出(X)] <退出>：_copy
选择面或 [放弃(U)/删除(R)]：              //选择需要复制的实体表面
选择面或 [放弃(U)/删除(R)/全部(ALL)]：    //结束面的选择
指定基点或位移：                          //指定基点或位移
指定位移的第二点：                        //指定目标点
输入面编辑选项[拉伸(E)/移动(M)/旋转(R)/偏移(O)/倾斜(T)/删除(D)/复制(C)/颜色(L)/材质(A)/放弃(U)/退出(X)] <退出>：                 //退出实体面的编辑操作
实体编辑自动检查：  SOLIDCHECK=1
输入实体编辑选项 [面(F)/边(E)/体(B)/放弃(U)/退出(X)] <退出>：  //Enter，退出命令
```

13.2.8　着色面

【着色面】命令用于为实体上的表面进行更换颜色，以增强着色的效果，如图 13-51 所示。

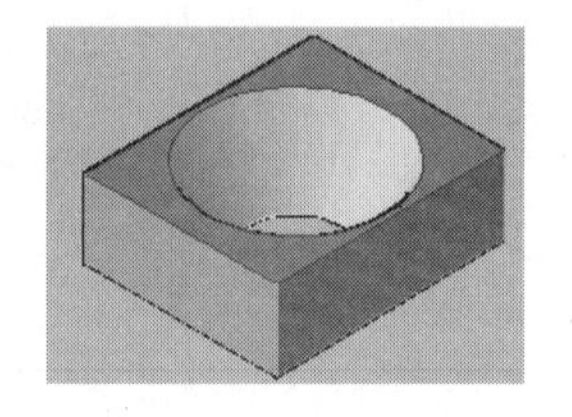

图 13-51　着色面

执行【着色面】命令主要有以下几种方式。

- 菜单栏：选择菜单栏中的【修改】/【实体编辑】/【着色面】命令。
- 命令行：在命令行输入 Solidedit 后按 Enter 键。
- 功能区：单击【三维建模】空间/【常用】选项卡/【实体编辑】面板上的按钮。

执行【着色面】命令后，其命令行提示如下：

```
命令：_solidedit
实体编辑自动检查：  SOLIDCHECK=1
输入实体编辑选项 [面(F)/边(E)/体(B)/放弃(U)/退出(X)] <退出>：_face
输入面编辑选项[拉伸(E)/移动(M)/旋转(R)/偏移(O)/倾斜(T)/删除(D)/复制(C)/颜色(L)/材质(A)/放弃(U)/退出(X)] <退出>：_color
选择面或 [放弃(U)/删除(R)]：              //选择需要着色的实体表面
选择面或 [放弃(U)/删除(R)/全部(ALL)]：
                //结束面的选择，此时在打开的【选择颜色】对话框中选择需要的颜色
输入面编辑选项[拉伸(E)/移动(M)/旋转(R)/偏移(O)/倾斜(T)/删除(D)/复制(C)/颜色(L)/材质(A)/放弃(U)/退出(X)] <退出>：  //退出面的编辑操作
实体编辑自动检查：  SOLIDCHECK=1
输入实体编辑选项 [面(F)/边(E)/体(B)/放弃(U)/退出(X)] <退出>：  //退出命令
```

13.3　编辑实体模型的棱边

本节将学习实体棱边的细化编辑功能，具体有【倒角边】、【圆角边】、【压印边】、【着色边】、【复制边】、【提取边】等。

13.3.1　倒角边

【倒角边】命令主要用于将实体的棱边按照指定的距离进行倒角编辑，以创建一定程度的抹角结构。执行【倒角边】命令主要有以下几种方式。

- 菜单栏：选择菜单栏中的【修改】/【实体编辑】/【倒角边】命令。
- 命令行：在命令行输入 Chamferedge 后按 Enter 键。
- 功能区：单击【三维建模】空间/【实体】选项卡/【实体编辑】面板上的按钮。

【例题 13-13】 将三维实体的棱边进行倒角

步骤 01 打开下载文件中的“/素材文件/13-8.dwg”，如图 13-52 所示。

步骤 02 单击【三维建模】空间/【实体】选项卡/【实体编辑】面板上的按钮，对实体边进行倒角编辑。命令行提示如下：

```
命令: _CHAMFEREDGE 距离 1 = 1.0000，距离 2 = 1.0000
选择一条边或 [环(L)/距离(D)]:                //选择如图 13-53 所示的边
选择同一个面上的其他边或 [环(L)/距离(D)]:     //d Enter
指定距离 1 或 [表达式(E)] <1.0000>:          //3 Enter
指定距离 2 或 [表达式(E)] <1.0000>:          //3 Enter
选择同一个面上的其他边或 [环(L)/距离(D)]:     // Enter
按 Enter 键接受倒角或 [距离(D)]:              // Enter，结束命令
```

步骤 03 倒角后的结果如图 13-54 所示。

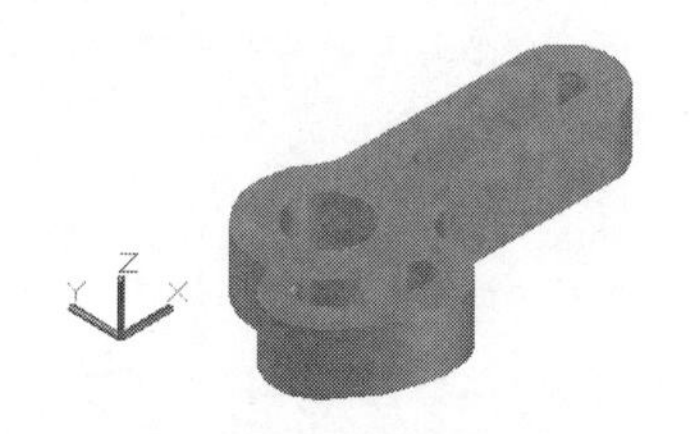

图 13-52　素材文件

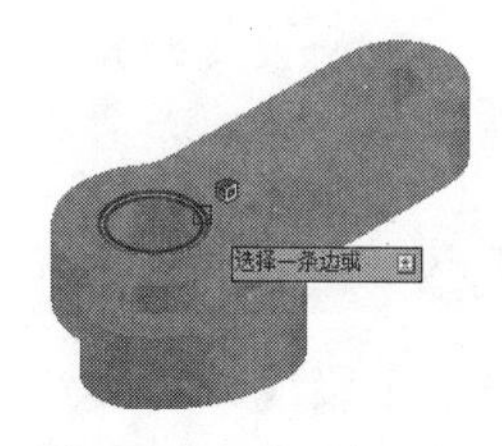

图 13-53　选择倒角边

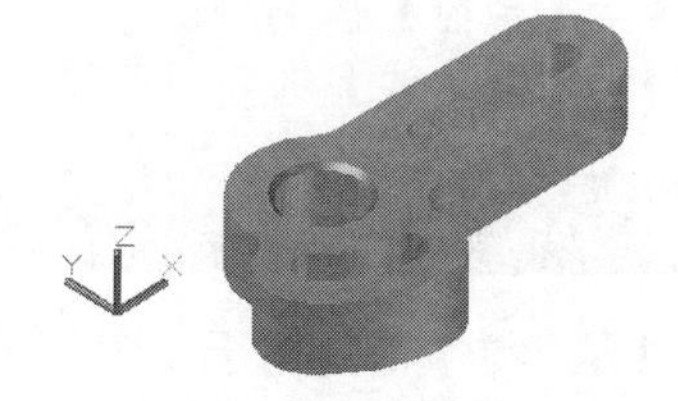

图 13-54　倒角结果

命令行中部分选项解析如下：

- 【环】选项用于一次选中倒角基面内的所有棱边。
- 【距离】选项用于设置倒角边的倒角距离。
- 【表达式】选项用于输入倒角距离的表达式，系统会自动计算出倒角距离值。

13.3.2　圆角边

【圆角边】命令主要用于将实体的棱边按照指定的半径进行圆角编辑，以创建一定程度的圆角结果。

执行【圆角边】命令主要有以下几种方式。

- 命令行：在命令行输入 Filletedge 后按 Enter 键。
- 功能区：单击【三维建模】空间/【实体】选项卡/【实体编辑】面板上的按钮。

【例题 13-14】 将三维实体的棱边进行圆角

步骤 01 打开下载文件中的“/素材文件/13-9.dwg”。

步骤 02 单击【三维建模】空间/【实体】选项卡/【实体编辑】面板上的按钮，对实体边进行圆角编辑。命令行提示如下：

```
命令：_FILLETEDGE
半径 = 1.0000
选择边或 [链(C)/环(L)/半径(R)]:              //选择如图 13-55 所示的边
选择边或 [链(C)/环(L)/半径(R)]:              // r Enter
输入圆角半径或 [表达式(E)] <1.0000>:          //3 Enter
选择边或 [链(C)/环(L)/半径(R)]:              // Enter
已选定 1 个边用于圆角。
按 Enter 键接受圆角或 [半径(R)]:             // Enter，圆角结果如图 13-56 所示
```

步骤 03 将着色方式设为二维线框，然后使用【消隐】命令进行消隐，结果如图 13-57 所示。

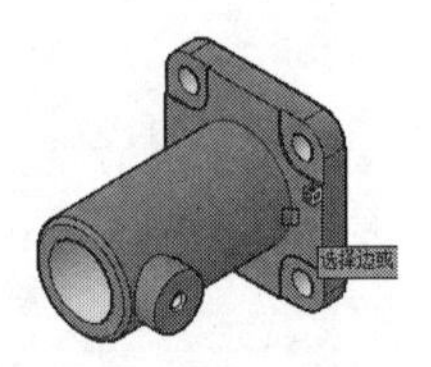
图 13-55 选择圆角边

图 13-56 圆角结果

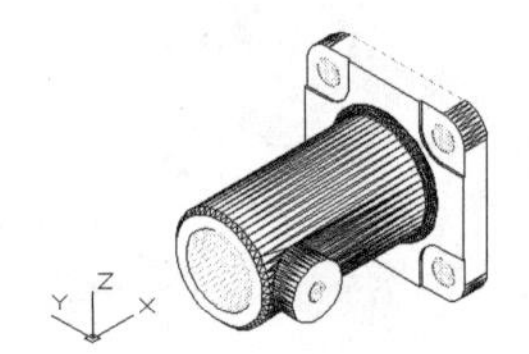
图 13-57 着色并消隐

命令行中部分选项解析如下：

- 【链】选项，如果各棱边是相切的关系，则选择其中的一个边，所有棱边都将被选中，同时进行圆角。
- 【半径】选项用于为随后选择的棱边重新设定圆角半径。
- 【表达式】选项用于输入圆角半径的表达式，系统会自动计算出圆角半径。

13.3.3 压印边

【压印边】命令用于将圆、圆弧、直线、多段线、样条曲线、实体等对象压印到三维实体上，使其成为实体的一部分，如图 13-58 所示。

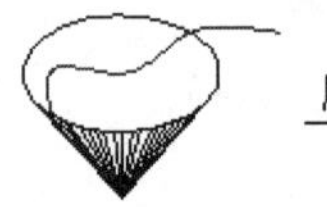

图 13-58 压印边示例

执行【压印】命令主要有以下几种方式。

- 菜单栏：选择菜单栏中的【修改】/【实体编辑】/【压印边】命令。
- 命令行：在命令行输入 Imprint 后按 Enter 键。
- 功能区：单击【三维建模】空间/【实体】或【常用】选项卡/【实体编辑】面板上的按钮。

压印实体时，AutoCAD 会创建新的表面，该表面以被压印的几何图形和实体棱边作为边界，用户可以对生成的新面进行拉伸、偏移、复制、移动等操作，如图 13-59 所示。

【例题 13-15】 将二维图线压印至三维实体表面上

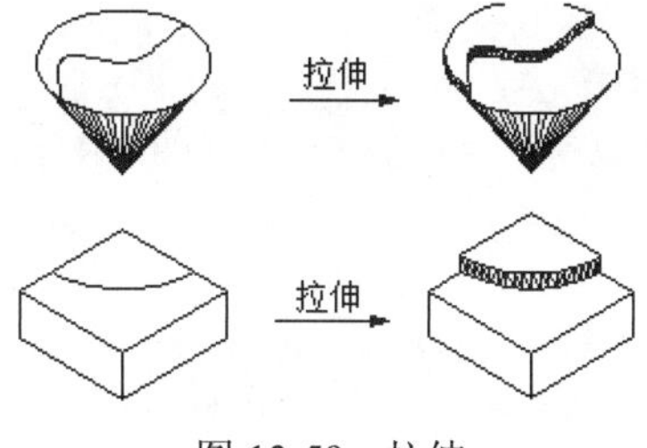

图 13-59　拉伸

步骤 01 新建文件，然后将当前视图切换为西南视图。

步骤 02 执行【圆柱体】命令，创建底面半径为 50、高度为 20 的圆柱体。

步骤 03 使用快捷键“C”执行【圆】命令，配合象限点捕捉功能，在圆柱体上表面绘制半径为 60 的圆，如图 13-60 所示。

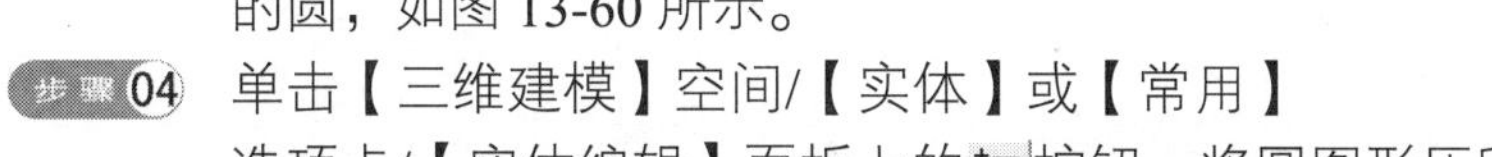

步骤 04 单击【三维建模】空间/【实体】或【常用】选项卡/【实体编辑】面板上的按钮，将圆图形压印到长方体上表面上。命令行提示如下：

```
命令: _imprint
选择三维实体或曲面:                                //选择圆柱体
选择要压印的对象:                                  //选择圆
是否删除源对象 [是(Y)/否(N)] <N>:  //Y Enter
选择要压印的对象:                                  // Enter，结束命令，压印后的结果如图 13-61 所示
```

步骤 05 单击【视觉样式控件】/【概念】命令，对压印后的柱体概念着色，效果如图 13-62 所示。

用于压印的二维或三维对象，必须在实体的表面内或与实体相交。

步骤 06 单击【三维建模】空间/【常用】选项卡/【实体编辑】面板上的按钮，选择压印后的表面拉伸 10 个单位，结果如图 13-63 所示。

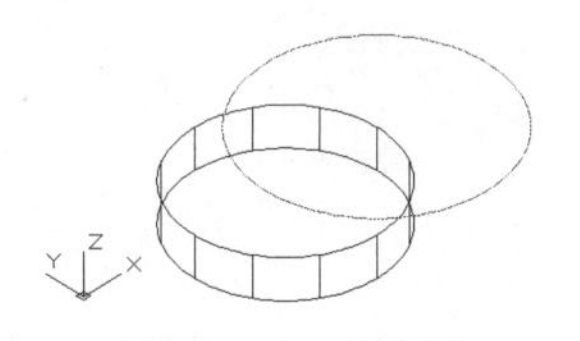

图 13-60　绘制圆

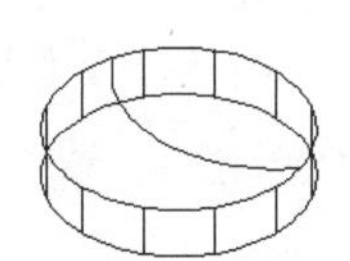

图 13-61　压印结果

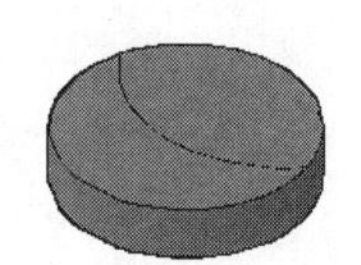

图 13-62　概念着色

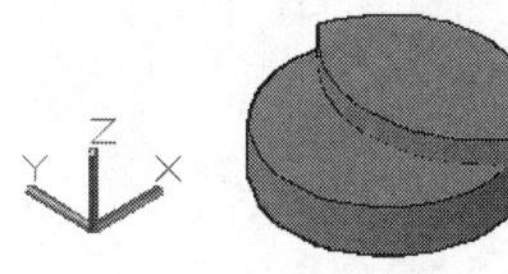

图 13-63　拉伸面

13.3.4　着色边

【着色边】命令用于为三维实体的棱边进行着色，如图 13-64 所示。

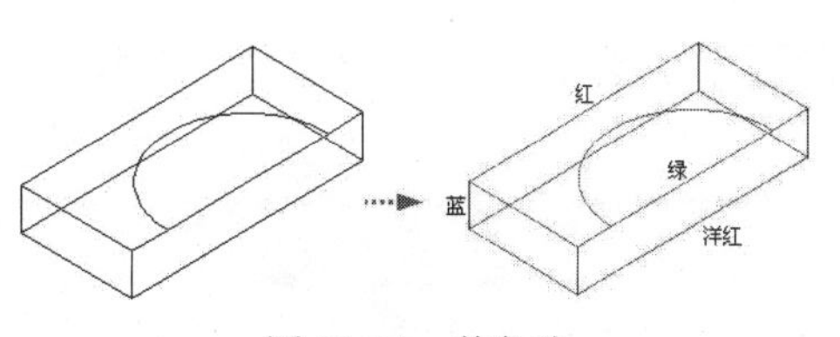

图 13-64　着色边

执行【着色边】命令主要有以下几种方式。

- 菜单栏：选择菜单栏中的【修改】/【实体编辑】/【着色边】命令。
- 命令行：在命令行输入 Solidedit 后按 Enter 键。
- 功能区：单击【三维建模】空间/【常用】选项卡/【实体编辑】面板上的按钮。

执行【着色边】命令后，其命令行提示如下：

```
命令: _solidedit
实体编辑自动检查:  SOLIDCHECK=1
输入实体编辑选项 [面(F)/边(E)/体(B)/放弃(U)/退出(X)] <退出>: _edge
```

```
输入边编辑选项 [复制(C)/着色(L)/放弃(U)/退出(X)] <退出>: _color
选择边或 [放弃(U)/删除(R)]:          //选择需要着色的实体棱边
选择边或 [放弃(U)/删除(R)]:
            //结束边的选择，此时在打开的【选择颜色】对话框中为实体的棱边设置所需颜色
输入边编辑选项 [复制(C)/着色(L)/放弃(U)/退出(X)] <退出>:        //退出实体编辑操作
输入实体编辑选项 [面(F)/边(E)/体(B)/放弃(U)/退出(X)] <退出>:  //退出命令
```

13.3.5 复制边

【复制边】命令主要用于复制实心体的棱边。

执行【复制边】命令主要有以下几种方式。

- 菜单栏：选择菜单栏中的【修改】/【实体编辑】/【复制边】命令。
- 命令行：在命令行输入 Solidedit 后按 Enter 键。
- 功能区：单击【三维建模】空间/【常用】选项卡/【实体编辑】面板上的按钮。

【例题 13-16】 从三维实体造型中复制棱边

步骤 01 新建文件并在轴测视图内随意创建一个长方体，如图 13-65（左）所示。

步骤 02 综合使用【圆】和【压印】命令，将圆图形压印至长方体的上表面，如图 13-65（左）所示，并删除圆图形。

步骤 03 单击【三维建模】空间/【常用】选项卡/【实体编辑】面板上的按钮，选择压印后的棱边进行外移。命令行提示如下：

```
命令: _solidedit
实体编辑自动检查: SOLIDCHECK=1
输入实体编辑选项 [面(F)/边(E)/体(B)/放弃(U)/退出(X)] <退出>: _edge
输入边编辑选项 [复制(C)/着色(L)/放弃(U)/退出(X)] <退出>: _copy
选择边或 [放弃(U)/删除(R)] :          //依次选择需要复制的实体棱边，如图 13-65（中）所示
选择边或 [放弃(U)/删除(R)]:           //结束边的选择
指定基点或位移:                      //指定基点
指定位移的第二点:                    //指定目标点
输入边编辑选项 [复制(C)/着色(L)/放弃(U)/退出(X)] <退出>:        //退出实体编辑操作
实体编辑自动检查: SOLIDCHECK=1
输入实体编辑选项 [面(F)/边(E)/体(B)/放弃(U)/退出(X)] <退出>:  // Enter，退出命令
```

步骤 04 棱边复制后的结果如图 13-65（右）所示。

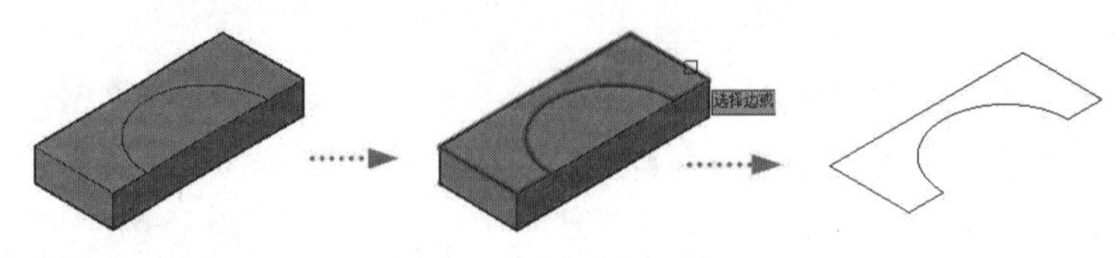

图 13-65　复制边示例

13.3.6 提取边

【提取边】命令用于从三维实体或曲面中提取棱边，以创建相应结构的线框，如图 13-66 所示。

执行【提取边】命令主要有以下几种方式。

- 菜单栏：选择菜单栏中的【修改】/【三维操作】/【提取边】命令。
- 命令行：在命令行输入 Xedges 后按 Enter 键。
- 功能区：单击【三维建模】空间/【常用】选项卡/【实体编辑】面板上的按钮。

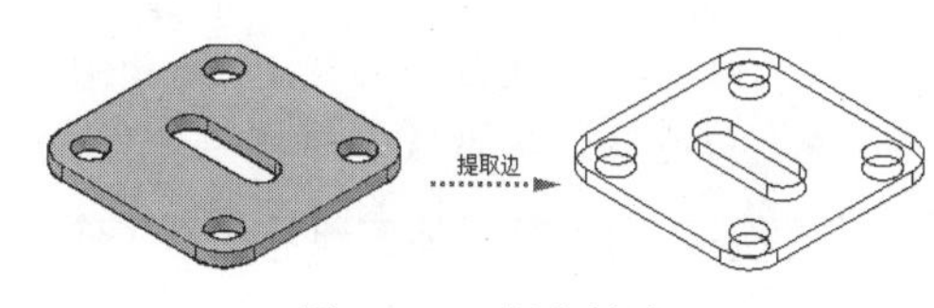

图 13-66　提取棱边

【例题 13-17】 提取三维模型棱边创建线框造型

步骤 01 打开下载文件中的"/素材文件/13-10.dwg"，如图 13-66（左）所示。

步骤 02 单击【三维建模】空间/【常用】选项卡/【实体编辑】面板上的按钮，根据命令行的提示选择三维模型，以提取模型中的棱边。

步骤 03 按 Enter 键结束【提取边】命令。

步骤 04 执行【移动】命令，将三维模型外移，即可观察提取的线框，如图 13-66（右）所示。

13.4　实体模型的特殊编辑

本节将学习实体模型的特殊编辑工具，具体有【清除】、【抽壳】、【分割】等命令。

13.4.1　清除

【清除】命令用于将实体中多余的棱边、顶点等对象去除，如将压印到实体上的几何对象进行清除等。执行【清除】命令主要有以下几种方式。

- 菜单栏：选择菜单栏中的【修改】/【实体编辑】/【清除】命令。
- 命令行：在命令行输入 Solidedit 后按 Enter 键。
- 功能区：单击【三维建模】空间/【实体】或【常用】选项卡/【实体编辑】面板上的按钮。

执行【清除】命令后，其命令行提示如下：

```
命令：_solidedit
实体编辑自动检查：  SOLIDCHECK=1
输入实体编辑选项 [面(F)/边(E)/体(B)/放弃(U)/退出(X)] <退出>: _body
输入体编辑选项[压印(I)/分割实体(P)/抽壳(S)/清除(L)/检查(C)/放弃(U)/退出(X)] <退出>: _clean
选择三维实体：        //选择需要清除的三维实体
输入体编辑选项[压印(I)/分割实体(P)/抽壳(S)/清除(L)/检查(C)/放弃(U)/退出(X)] <退出>:
                      //退出实体编辑操作
实体编辑自动检查：  SOLIDCHECK=1
输入实体编辑选项 [面(F)/边(E)/体(B)/放弃(U)/退出(X)] <退出>:    //Enter，退出命令
```

13.4.2　抽壳

【抽壳】命令用于将三维实心体模型按照指定的厚度创建为一个空心的薄壳体，或者将实体的某些面删除，以形成薄壳体的开口，如图 13-67 所示。

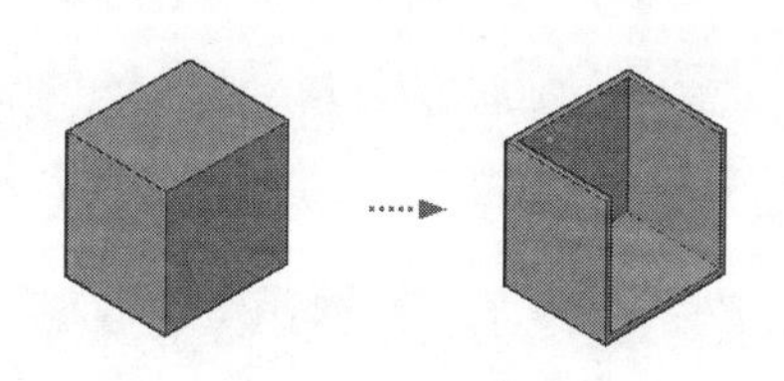
图 13-67　抽壳实体

执行【抽壳】命令主要有以下几种方式。

- 菜单栏：选择菜单栏中的【修改】/【实体编辑】/【抽壳】命令。
- 命令行：在命令行输入 Solidedit 后按 Enter 键。
- 功能区：单击【三维建模】空间/【实体】或【常用】选项卡/【实体编辑】面板上的按钮。

【例题 13-18】 将三维实心体编辑为空心薄壳体

步骤 01 新建文件并将当前视图切换为东南视图。

步骤 02 执行【长方体】和【圆柱体】命令，创建如图 13-68 所示的长方体和圆锥体。

步骤 03 单击【三维建模】空间/【常用】选项卡/【实体编辑】面板上的按钮，对创建的几何体进行抽壳。命令行提示如下：

```
命令: _solidedit
实体编辑自动检查:  SOLIDCHECK=1
输入实体编辑选项 [面(F)/边(E)/体(B)/放弃(U)/退出(X)] <退出>: _body
输入体编辑选项[压印(I)/分割实体(P)/抽壳(S)/清除(L)/检查(C)/放弃(U)/退出(X)] <退出>: _shell
选择三维实体:                                      //选择长方体模型
删除面或 [放弃(U)/添加(A)/全部(ALL)]:              //选择长方体的上表面
删除面或 [放弃(U)/添加(A)/全部(ALL)]:              // Enter，结束面的选择
输入抽壳偏移距离:                                  //10 Enter，设置抽壳距离
已开始实体校验
已开始实体校验
输入体编辑选项[压印(I)/分割实体(P)/抽壳(S)/清除(L)/检查(C)/放弃(U)/退出(X)] <退出>:
                                                 //s Enter，激活【抽壳】选项
选择三维实体:                                    //选择圆锥体
删除面或 [放弃(U)/添加(A)/全部(ALL)]:            // Enter，选择圆锥体底面
删除面或 [放弃(U)/添加(A)/全部(ALL)]:            // Enter，结束面的选择
输入抽壳偏移距离:                                //12 Enter，设置抽壳距离
已开始实体校验
输入体编辑选项[压印(I)/分割实体(P)/抽壳(S)/清除(L)/检查(C)/放弃(U)/退出(X)] <退出>:
                                               // Enter，退出实体编辑模式
实体编辑自动检查:  SOLIDCHECK=1
输入实体编辑选项 [面(F)/边(E)/体(B)/放弃(U)/退出(X)] <退出>:  // Enter，结束命令
```

步骤 04 抽壳后的结果如图 13-69 所示。

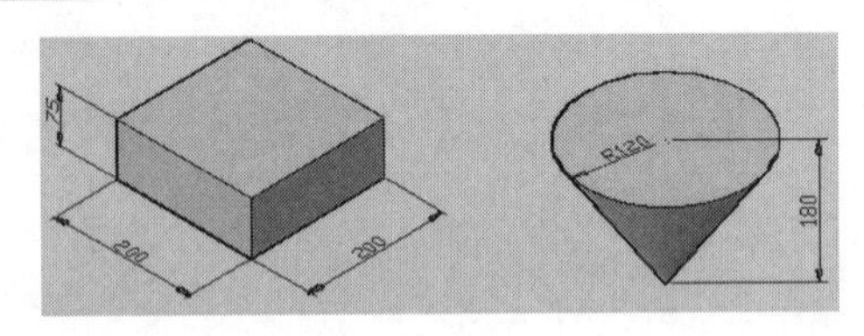

图 13-68　创建结果

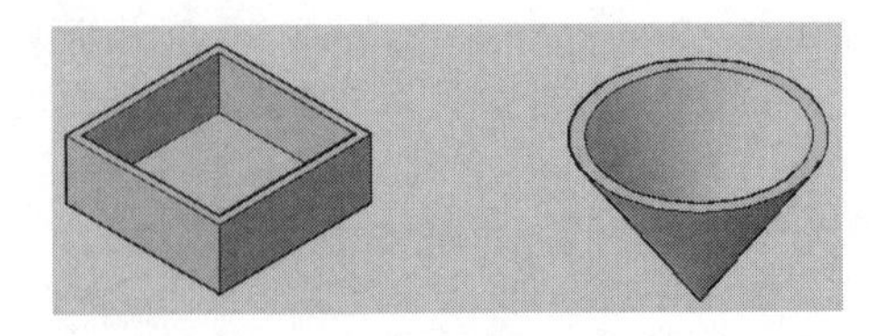

图 13-69　抽壳结果

技巧提示

如果用户指定的抽壳厚度值为正，AutoCAD 将在实体的内部创建新面；如果厚度值为负，将在实体的外部创建新面。

13.4.3　分割

【分割】命令用于将多个不连续部分的三维实体分割为相互独立的对象，比如由并集或差集操作

生成的一个由多个连续体组成的三维实体，使用【分割】命令则可以将这些组合体分割为相互独立的实体对象。

执行【分割】命令主要有以下几种方式。

- 菜单栏：选择菜单栏中的【修改】/【实体编辑】/【分割】命令。
- 命令行：在命令行输入 Solidedit 后按 Enter 键。
- 功能区：单击【三维建模】空间/【常用】选项卡/【实体编辑】面板上的按钮。

13.5　综合范例——三维操作与细化编辑功能综合练习

本节通过制作如图 13-70 所示的机械零件立体模型，对本章所讲述的实体操作与细化编辑等功能进行综合练习和巩固应用。

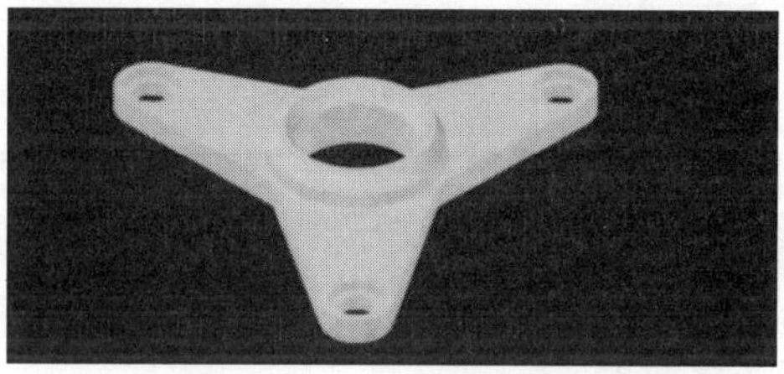

图 13-70　实例效果

操作步骤：

步骤 01　新建空白文件。

步骤 02　激活状态栏上的【对象捕捉】和【对象捕捉追踪】功能，并将捕捉模式设置为圆心捕捉和切点捕捉。

步骤 03　使用快捷键 C 执行【圆】命令，绘制两组同心圆，如图 13-71 所示。

步骤 04　使用快捷键 L 执行【直线】命令，配合切点捕捉功能绘制外公切线，如图 13-72 所示。

步骤 05　使用快捷键 TR 执行【修剪】命令，对左侧的大圆进行修剪，结果如图 13-73 所示。

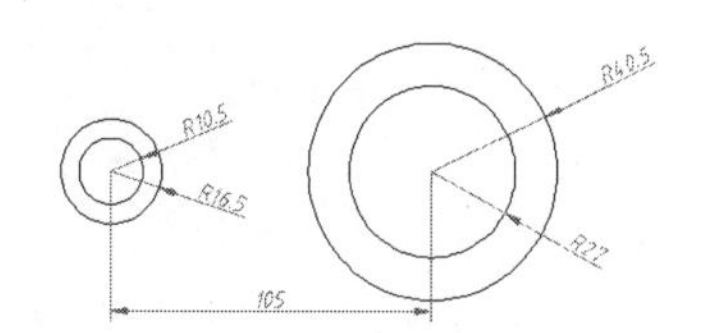

图 13-71　绘制圆

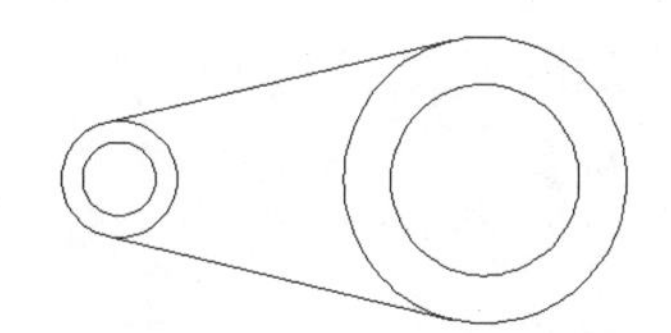
图 13-72　绘制公切线

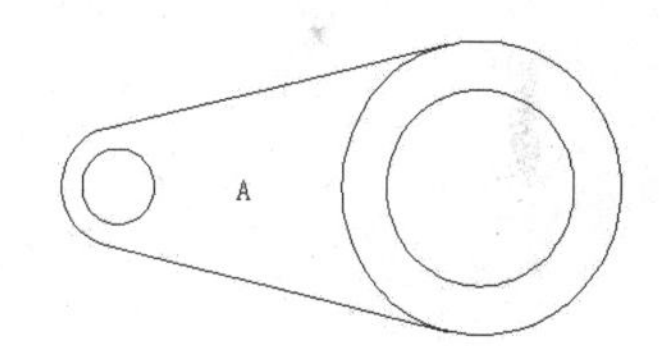

图 13-73　修剪结果

步骤 06　使用快捷键 BO 执行【边界】命令，在图 13-73 所示的 A 区域内拾取一点，提取一条闭合的多段线边界，并将原图线删除。

步骤 07　在命令行分别设置变量 ISOLINES 的值为 24，设置变量 FACETRES 的值为 10。

步骤 08　单击【视图控件】/【西北等轴测】命令，将视图切换为西北视图，结果如图 13-74 所示。

步骤 09　单击【三维建模】空间/【实体】选项卡/【实体】面板上的按钮，将同心圆拉伸为立体模型。命令行提示如下：

```
命令： _extrude
当前线框密度： ISOLINES=25，闭合轮廓创建模式 = 实体
选择要拉伸的对象或 [模式(MO)]： _MO 闭合轮廓创建模式 [实体(SO)/曲面(SU)] <实体>： _SO
选择要拉伸的对象或 [模式(MO)]：        //选择同心圆
选择要拉伸的对象或 [模式(MO)]：        // Enter，结束选择
指定拉伸的高度或 [方向(D)/路径(P)/倾斜角(T)/表达式(E)]： //20 Enter，结果如图 13-75 所示
命令： _extrude
```

```
当前线框密度： ISOLINES=25，闭合轮廓创建模式 = 实体
选择要拉伸的对象或 [模式(MO)]: _MO 闭合轮廓创建模式 [实体(SO)/曲面(SU)] <实体>: _SO
选择要拉伸的对象或 [模式(MO)]:        //选择另外两个边界
选择要拉伸的对象或 [模式(MO)]:        // Enter，结束选择
指定拉伸的高度或 [方向(D)/路径(P)/倾斜角(T)/表达式(E)]:  //12 Enter，拉伸结果如图 13-76 所示
```

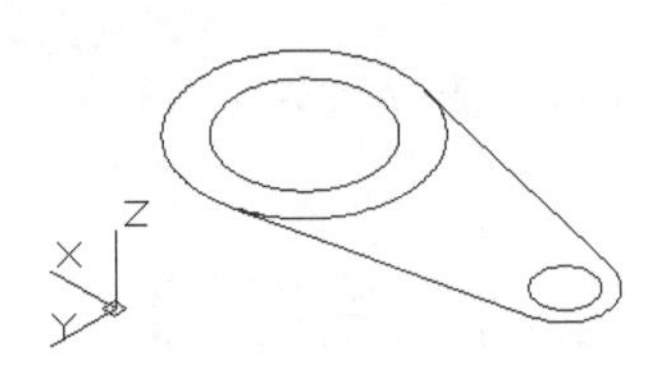

图 13-74　切换视图

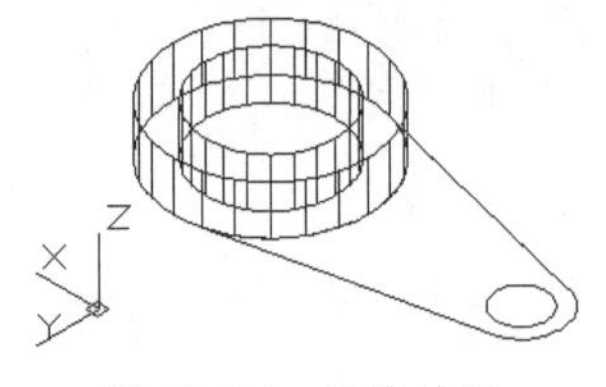

图 13-75　拉伸结果

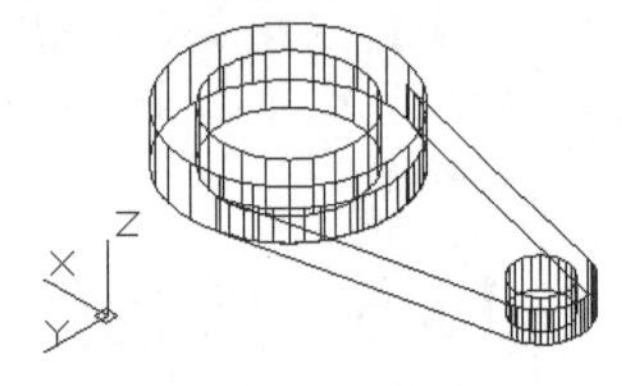

图 13-76　拉伸结果

步骤 10　使用快捷键 SU 执行【差集】命令，将两组拉伸实体分别进行差集运算，差集后的视图消隐效果如图 13-77 所示。

步骤 11　单击【视觉样式控件】/【概念】命令，对差集后的模型概念着色，结果如图 13-78 所示。

步骤 12　单击【三维建模】空间/【实体】选项卡/【实体编辑】面板上的按钮，对实体的上表面进行编辑。命令行提示如下：

```
命令: _solidedit
实体编辑自动检查： SOLIDCHECK=1
输入实体编辑选项 [面(F)/边(E)/体(B)/放弃(U)/退出(X)] <退出>: _face
输入面编辑选项[拉伸(E)/移动(M)/旋转(R)/偏移(O)/倾斜(T)/删除(D)/复制(C)/颜色(L)/材质(A)/放弃(U)/退出(X)] <退出>: _extrude
选择面或 [放弃(U)/删除(R)]:                    //选择前端的柱孔上表面
选择面或 [放弃(U)/删除(R)/全部(ALL)]:          // Enter
指定拉伸高度或 [路径(P)]:                      //8 Enter
指定拉伸的倾斜角度 <15>:                       //30 Enter
已开始实体校验
已完成实体校验
输入面编辑选项[拉伸(E)/移动(M)/旋转(R)/偏移(O)/倾斜(T)/删除(D)/复制(C)/颜色(L)/材质(A)/放弃(U)/退出(X)] <退出>:                        // Enter
实体编辑自动检查： SOLIDCHECK=1
输入实体编辑选项 [面(F)/边(E)/体(B)/放弃(U)/退出(X)] <退出>:
                                               // Enter，面拉伸后的消隐效果如图 13-79 所示
```

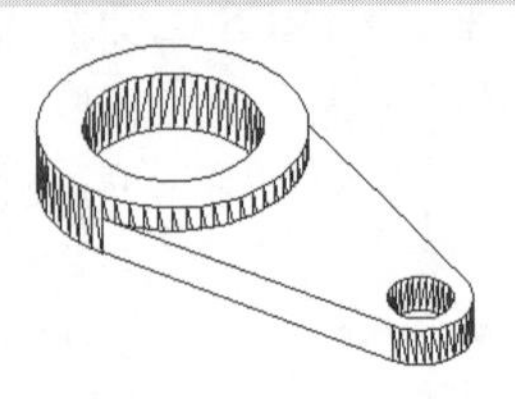
图 13-77　消隐效果

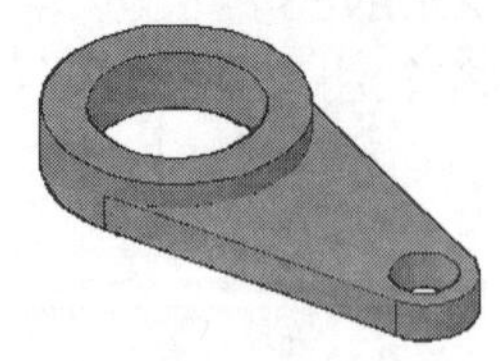
图 13-78　概念着色

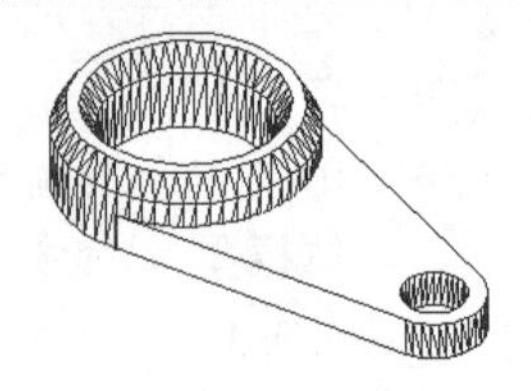
图 13-79　拉伸面

步骤 13　使用快捷键 VS 执行【视觉样式】命令，对模型进行概念着色，结果如图 13-80 所示。

步骤 14　单击【三维建模】空间/【常用】选项卡/【实体编辑】面板上的按钮，选择如图 13-81 所示的柱孔进行偏移，偏移距离为 2，偏移结果如图 13-82 所示。

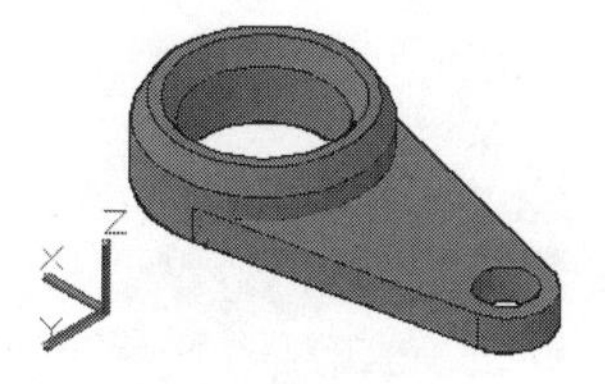

图 13-80　概念着色

图 13-81　选择柱孔面

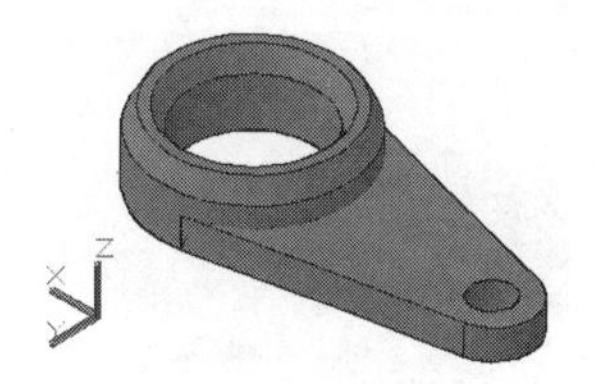

图 13-82　偏移结果

步骤 15　使用快捷键 C 执行【圆】命令，以圆孔上表面圆心作为圆心，绘制半径为 12.5 的圆，如图 13-83 所示。

步骤 16　单击【三维建模】空间/【实体】选项卡/【实体编辑】面板上的按钮，将圆图形压印到实体表面上。命令行提示如下：

```
命令: _imprint
选择三维实体或曲面:                        //选择如图 13-84 所示的实体模型
选择要压印的对象:                          //选择圆
是否删除源对象 [是(Y)/否(N)] <N>:          //y Enter
选择要压印的对象:                          //Enter，压印结果如图 13-85 所示
```

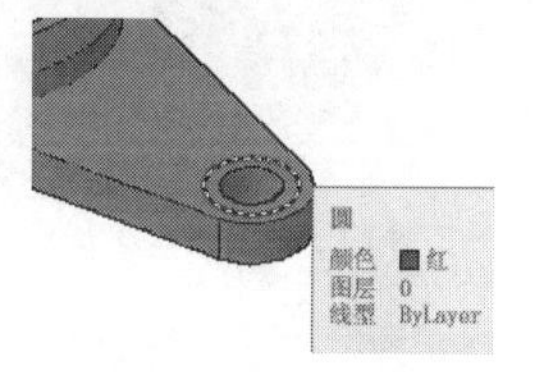

图 13-83　绘制结果

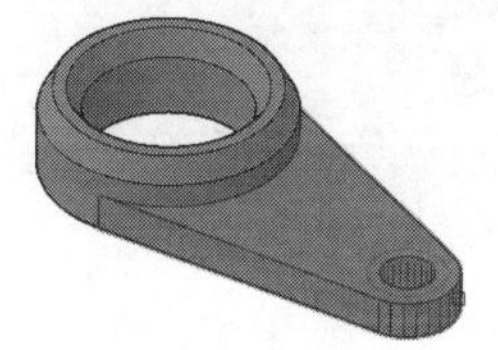

图 13-84　选择实体

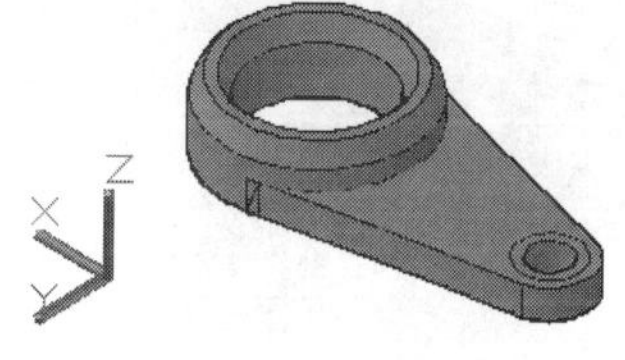

图 13-85　压印结果

步骤 17　单击【三维建模】空间/【常用】选项卡/【实体编辑】面板上的按钮，执行【拉伸面】命令，选择如图 13-86 所示的拉伸面，拉伸-5 个单位，结果如图 13-87 所示。

步骤 18　单击【三维基础】空间/【默认】选项卡/【修改】面板上的按钮，对三维实体进行阵列。命令行提示如下：

```
命令: _3darray
选择对象:                                            //选择如图 13-88 所示的对象
选择对象:                                            // Enter
输入阵列类型 [矩形(R)/环形(P)] <矩形>:               //PEnter
输入阵列中的项目数目:                                //3 Enter
指定要填充的角度 (+=逆时针, -=顺时针) <360>:         // Enter
旋转阵列对象? [是(Y)/否(N)] <Y>:                     // Enter
指定阵列的中心点:                                    //捕捉如图 13-89 所示的圆心
指定旋转轴上的第二点:   //捕捉如图 13-90 所示的圆心，阵列结果如图 13-91 所示
```

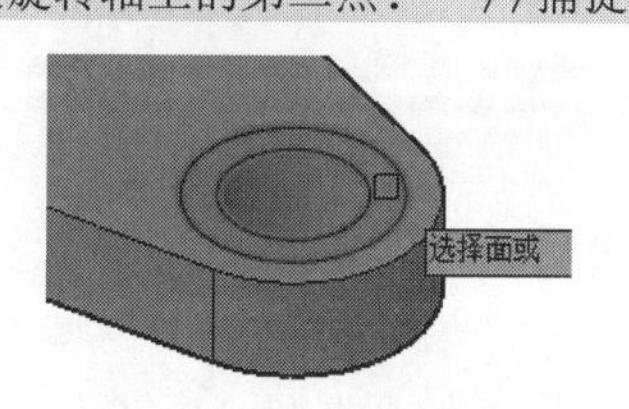

图 13-86　选择拉伸面

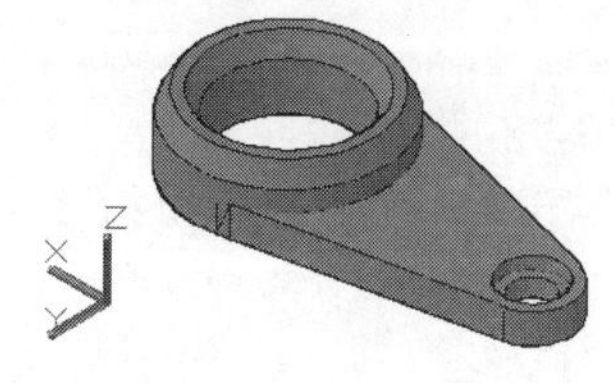

图 13-87　拉伸结果

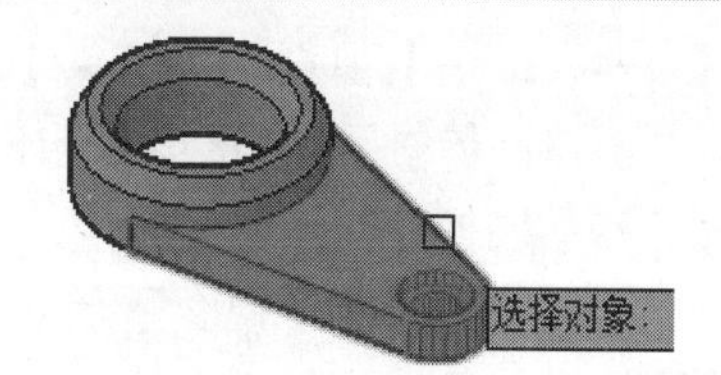

图 13-88　选择阵列对象

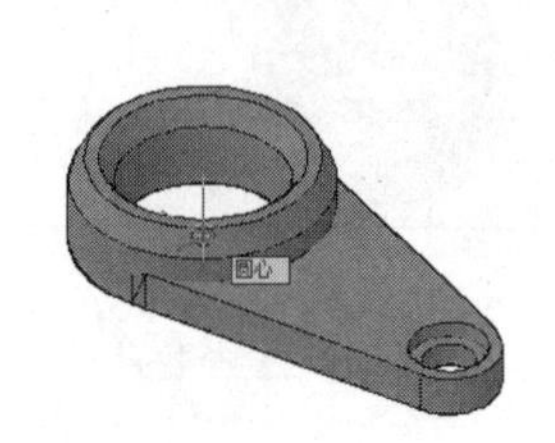

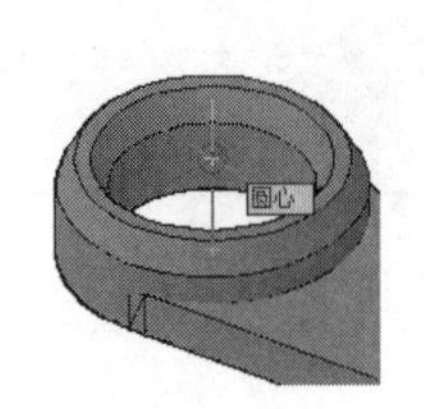

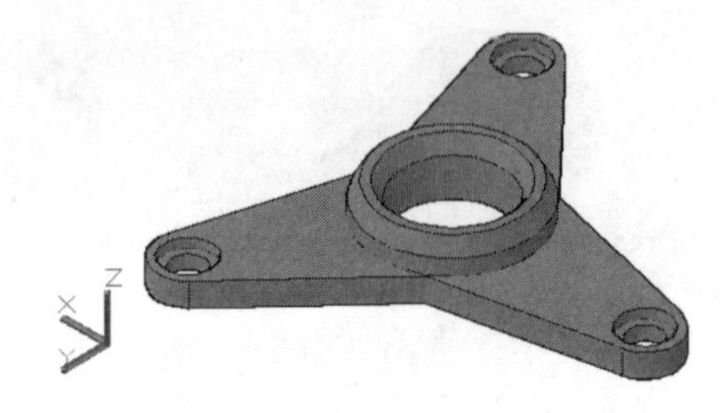

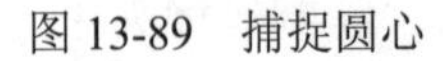

图 13-89　捕捉圆心　　图 13-90　捕捉圆心　　图 13-91　阵列结果

步骤 19　单击【三维建模】空间/【常用】选项卡/【实体编辑】面板上的按钮，选择所有实体对象，组合为一个实体，结果如图 13-92 所示。

步骤 20　单击【三维建模】空间/【常用】选项卡/【修改】面板上的按钮，执行【三维旋转】命令，以当前坐标系的 Z 轴作为旋转轴，将并集后的立体模型旋转 45°。

步骤 21　单击【三维建模】空间/【实体】选项卡/【实体编辑】面板上的按钮，设置圆角半径为 1.5，选择如图 13-93 所示的棱边进行圆角，结果如图 13-94 所示。

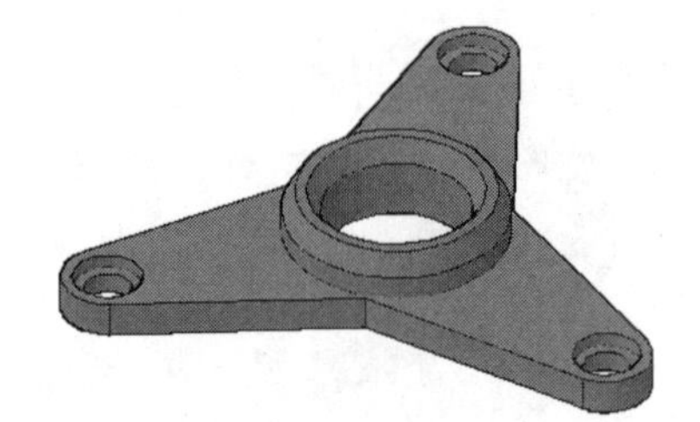

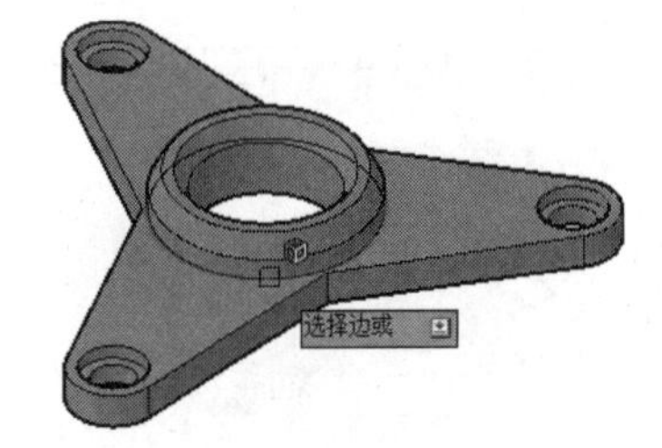

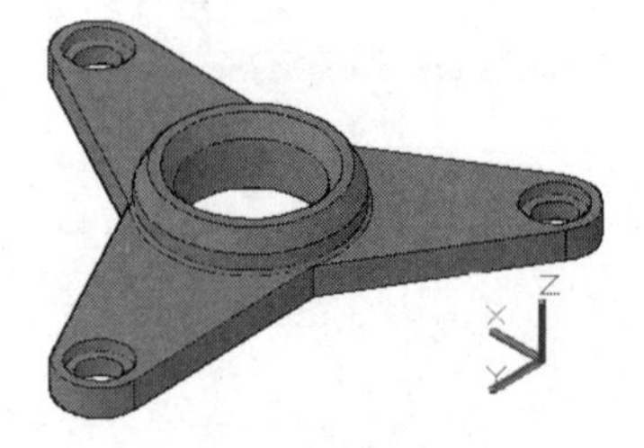

图 13-92　并集结果　　图 13-93　选择结果　　图 13-94　圆角结果

步骤 22　使用快捷键 VS 执行【视觉样式】命令，将当前着色方式设置为二维线框着色，如图 13-95 所示。

步骤 23　单击【三维建模】空间/【实体】选项卡/【实体编辑】面板上的按钮，再次执行【圆角边】命令，设置圆角半径为 5，选择如图 13-96 所示的 3 个垂直棱 1、2 和 3 进行圆角，圆角结果如图 13-97 所示。

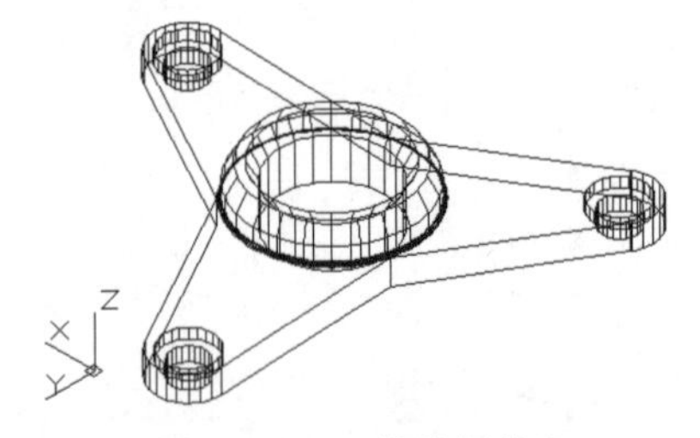

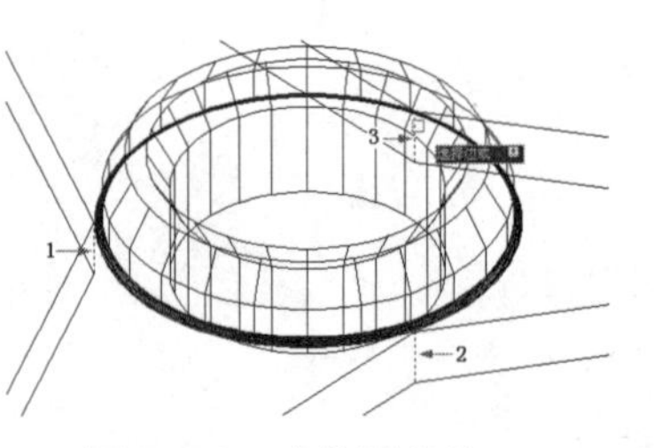

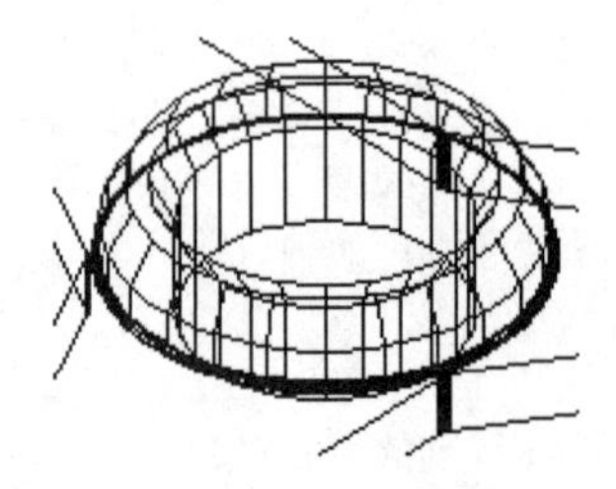

图 13-95　二维线框着色　　图 13-96　定位圆角边　　图 13-97　圆角结果

步骤 24　单击【视觉样式控件】/【概念】命令，将着色方式设为概念着色，然后将视图切换为西南等轴测视图，结果如图 13-98 所示。

步骤 25　切换为二维线框着色，然后使用快捷键 HI 执行【消隐】命令，对模型进行消隐显示，结果如图 13-99 所示。

步骤 26　使用快捷键 RR 执行【渲染】命令，对模型进行渲染，最终效果如图 13-70 所示。

步骤 27　最后执行【保存】命令，将图形存储为“综合范例.dwg”。

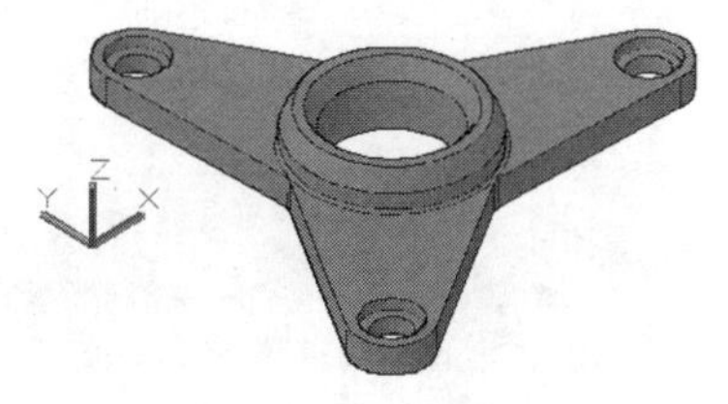

图 13-98　切换视图

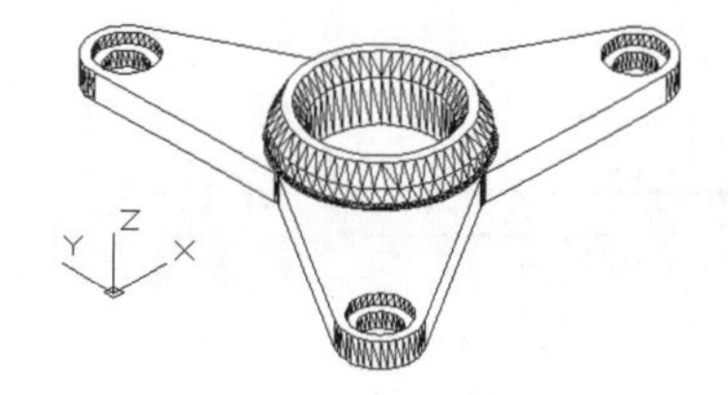

图 13-99　消隐效果

13.6　思考与总结

13.6.1　知识点思考

（1）AutoCAD 为用户提供了专用于对三维模型进行基本操作的工具，常用的有哪几种？

（2）在【实体编辑】面板和【建模】面板上中都有一个“拉伸”功能，想一想，这两个命令有何共同点和不同点？

13.6.2　知识点总结

本章主要详细讲述了三维模型的基本操作功能和实体面、边的修改编辑功能。通过本章的学习，应了解和掌握如下知识：

- 了解和掌握空间阵列、镜像、旋转、对齐、移动及实体的边解细化功能。
- 面的拉伸与移动。掌握实体面的高度拉伸和路径拉伸功能；掌握使用面的移动功能进行更改面孔等的尺寸与位置。
- 面的偏移与旋转。掌握如何通过面的偏移功能更改实体面的尺寸及孔槽的大小，以及通过面旋转功能更改实体面的角度。
- 面的锥化与删除。掌握如何通过面锥化功能更改实体面的倾斜角度，通过面删除功能删除不需要的实体表面。
- 面的复制与换色。掌握实体面的复制方法及面的特征；掌握如何为实体不同的表面进行换色。
- 掌握倒角边、圆角边、复制边、着色边、压印边、提取边等工具的操作方法。
- 掌握如何通过抽壳功能，将三维实心体转化为空心的薄壳体；掌握实体的清除与分割等功能。

13.7　上机操作题

13.7.1　操作题一

根据图 13-100 所示的零件二视图，制作零件的三维模型图。零件三维模型的制作效果如图 13-101 所示。

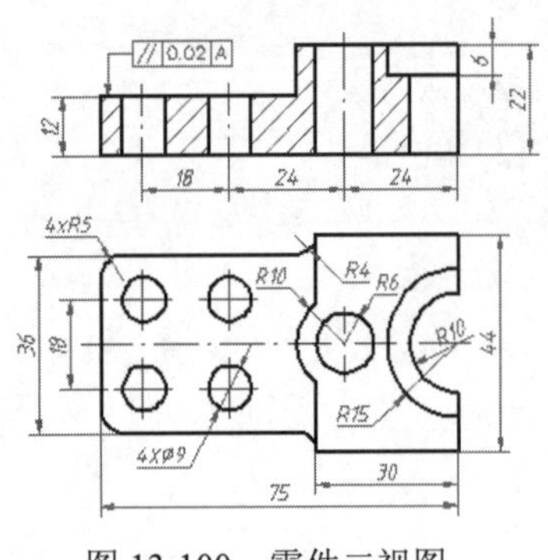

图 13-100　零件二视图

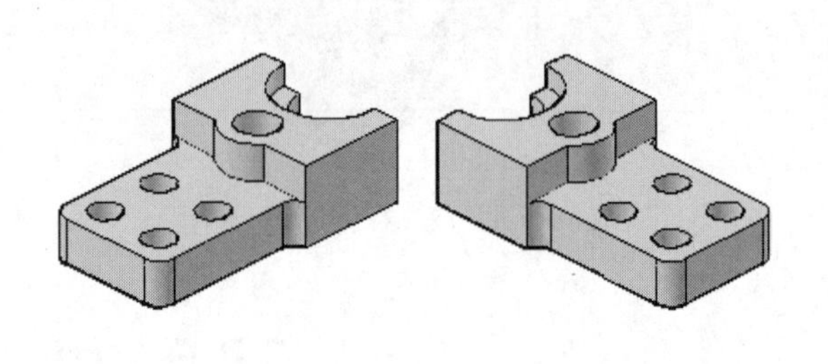

图 13-101　操作题一

13.7.2　操作题二

根据图 13-102 所示的橱柜立面图制作橱柜的立体造型，效果如图 13-103 所示（细部尺寸自定）。

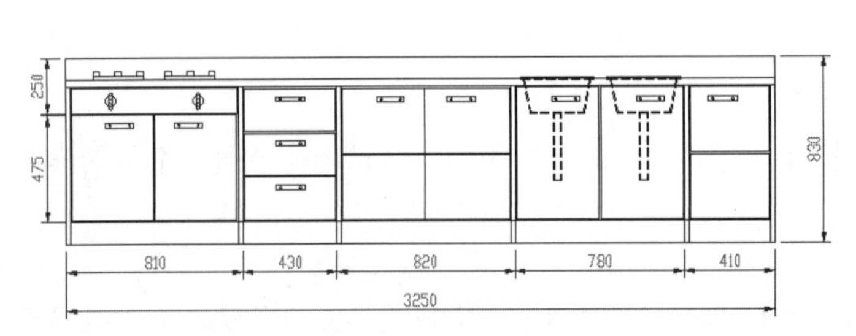

图 13-102　橱柜立面图

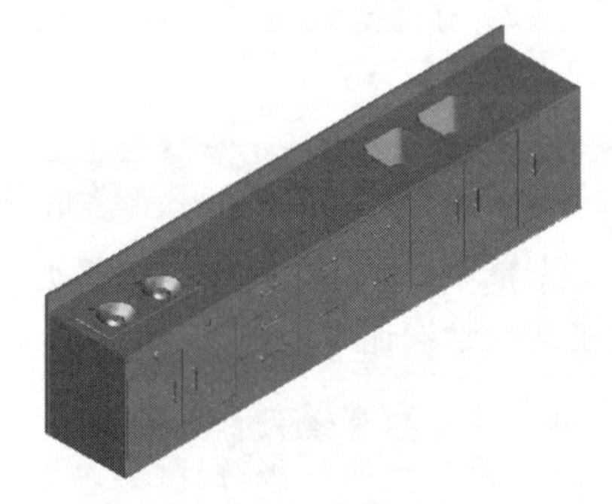

图 13-103　操作题二

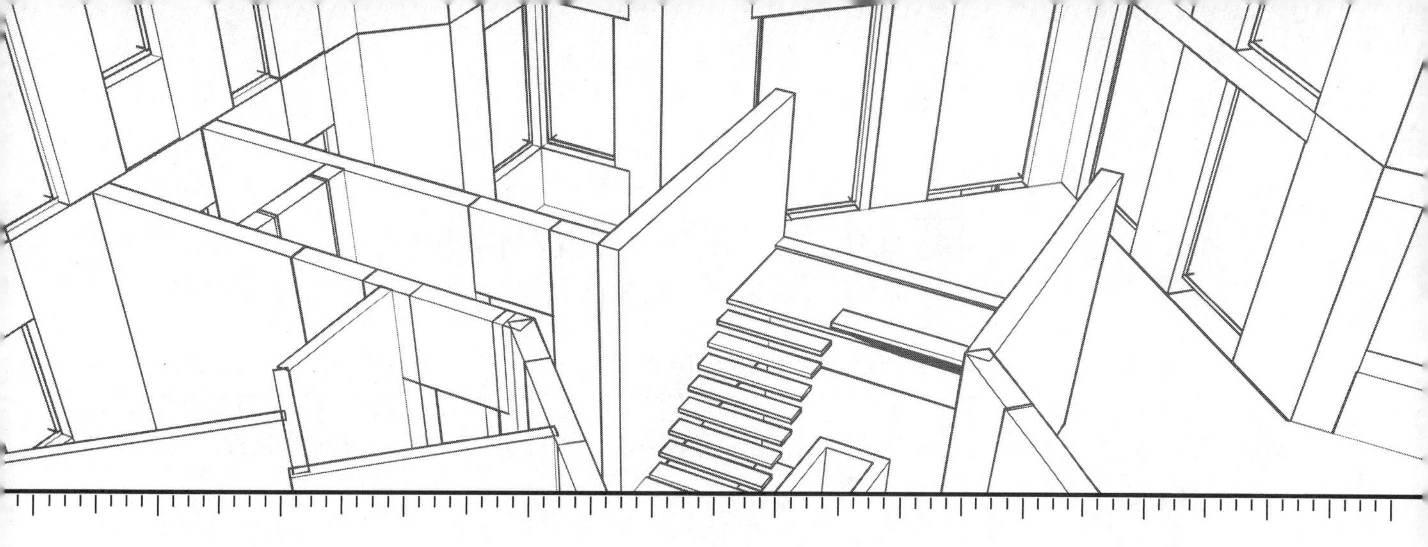

第 4 部分 应用与输出篇

- 第 14 章：制作绘图样板
- 第 15 章：绘制建筑图
- 第 16 章：绘制装修图
- 第 17 章：绘制机械图
- 第 18 章：绘制模型图
- 第 19 章：图纸的后期输出

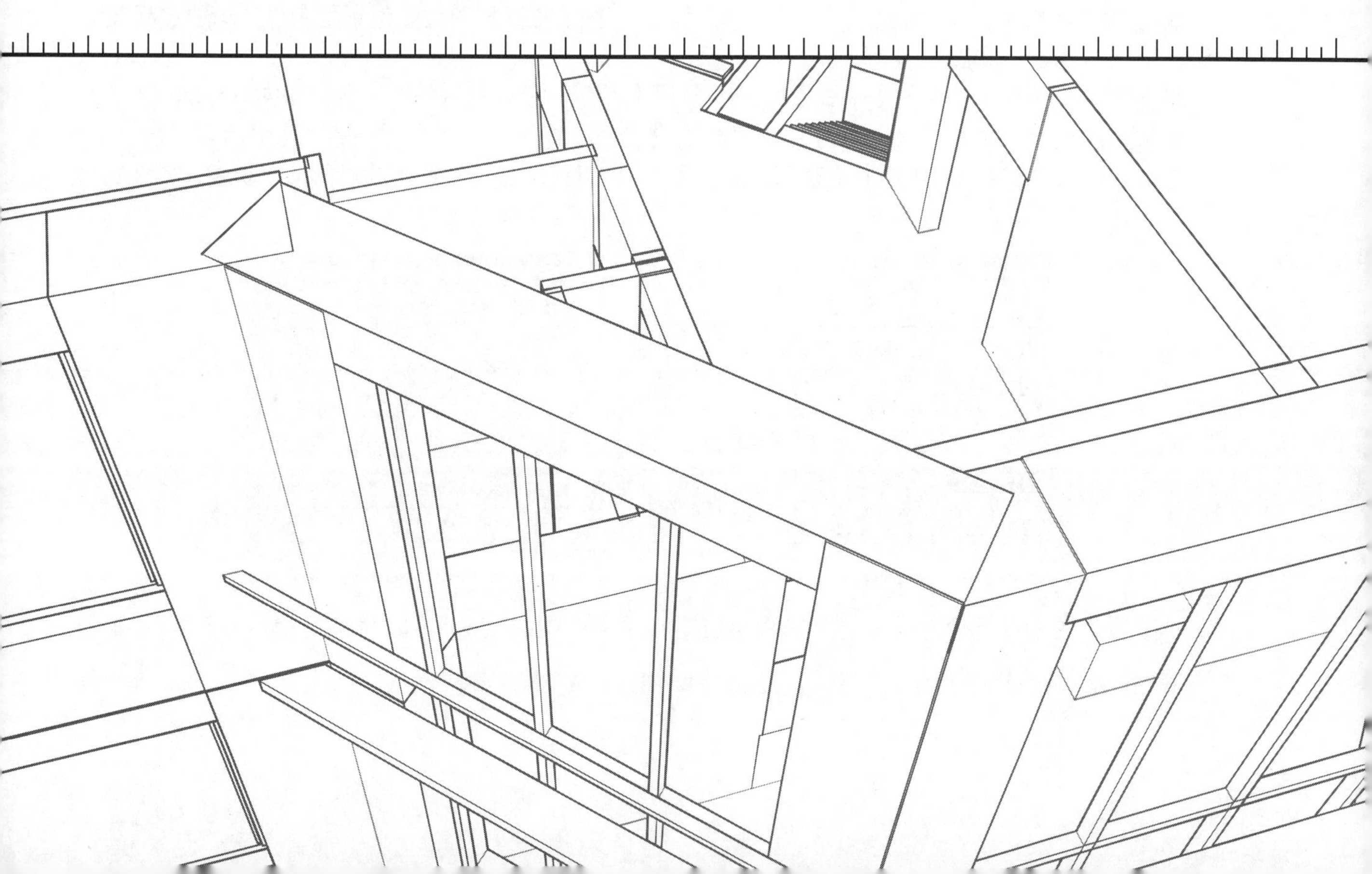

第 14 章　制作绘图样板

“绘图样板”其实就是包含一定的绘图环境和参数变量，但并未绘制图形的样板，其文件格式为“.dwt”。用户在此类文件的基础上绘图，可以避免许多参数的重复性设置，使绘制的图形更符合规范、保证图面、质量的完整统一。本章通过制作建筑绘图样板，主要学习专业样板的制作过程。

本章内容

- 综合范例一——设置绘图环境及变量
- 综合范例二——设置图层及图层特性
- 综合范例三——设置专业绘图样式
- 综合范例四——绘制并填充标准图框
- 综合范例五——绘图样板的页面布局

14.1　综合范例一——设置绘图环境及变量

本例主要学习建筑样板绘图环境的设置过程，具体内容包括绘图单位、图形界限、捕捉模数、追踪功能及各种常用变量的设置。

操作步骤：

步骤 01　执行【新建】命令，以“acadISO-Named Plot Styles.dwt”作为基础样板，新建文件。

步骤 02　使用快捷键 UN 执行【单位】命令，在打开的【图形单位】对话框中设置单位、精度等参数，如图 14-1 所示。

步骤 03　选择菜单栏中的【格式】/【图形界限】命令，设置默认作图区域为 59400×42000。

步骤 04　选择菜单栏中的【视图】/【缩放】/【全部】命令，将图形界限最大化显示。

步骤 05　使用快捷键 DS 执行【草图设置】命令，启用和设置一些常用的对象捕捉功能，如图 14-2 所示。

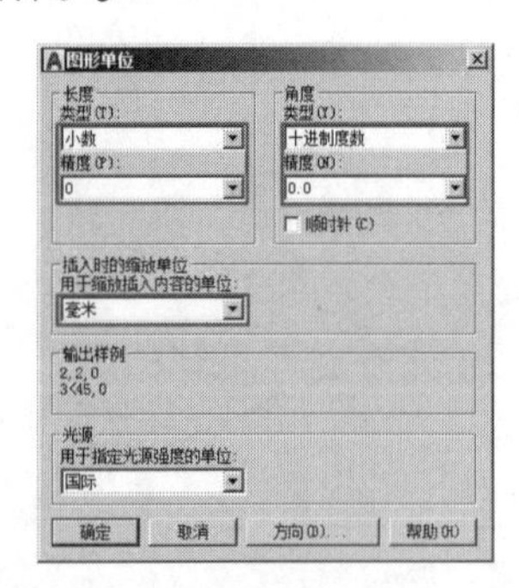

图 14-1　设置参数

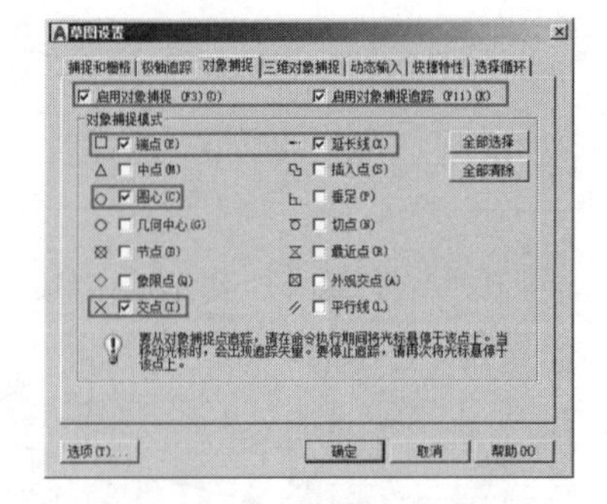

图 14-2　设置捕捉参数

步骤 06　在命令行输入系统变量 LTSCALE，以调整线型的显示比例。命令行提示如下：

```
命令： LTSCALE                        // Enter
```

```
输入新线型比例因子 <1.0000>:            // 100 Enter
正在重生成模型。
```

步骤07　在命令行输入系统变量 DIMSCALE，调整尺寸标注比例为 100。

步骤08　在命令行输入系统变量 MIRRTEXT，以设置镜像文字的可读性，当变量值设为 0，镜像文字具有可读性；当变量为 1 时，镜像后的文字不可读。

步骤09　在命令行输入系统变量 ATTDIA，设置属性值的输入方式。当值为 0 时，则以命令行提示下设置属性值；当变量值为 1 时，则以对话框的形式设置属性值。

步骤10　最后执行【保存】命令，将图形命名存储为“设置绘图环境及变量.dwg”。

14.2　综合范例二——设置图层及图层特性

本例主要学习建筑样板图中的常用图层及图层的颜色、线型和线宽等特性设置方法和技巧。

操作步骤：

步骤01　打开下载文件中的“/效果文件/第 14 章/设置绘图环境及变量.dwg”。

步骤02　使用快捷键 LA 执行【图层】命令，新建“轴线层、墙线层、门窗层、楼梯层、文本层、其他层”等图层，如图 14-3 所示。

步骤03　在【图层特性管理器】选项板中选择“轴线层”，然后在轴线层颜色图标上单击，打开【选择颜色】对话框。

步骤04　在打开的【选择颜色】对话框中，将“轴线层”的颜色值设置为 124。

步骤05　单击【选择颜色】对话框中的 确定 按钮，返回【图层特性管理器】选项板，结果“轴线层”的颜色被设置为 124 号色，如图 14-4 所示。

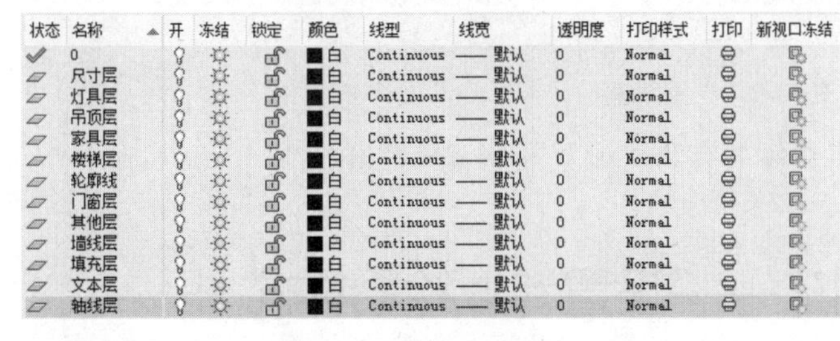

状态	名称	开	冻结	锁定	颜色	线型	线宽	透明度	打印样式	打印	新视口冻结
	0				白	Continuous	—— 默认	0	Normal		
	尺寸层				白	Continuous	—— 默认	0	Normal		
	灯具层				白	Continuous	—— 默认	0	Normal		
	吊顶层				白	Continuous	—— 默认	0	Normal		
	家具层				白	Continuous	—— 默认	0	Normal		
	楼梯层				白	Continuous	—— 默认	0	Normal		
	轮廓线				白	Continuous	—— 默认	0	Normal		
	门窗层				白	Continuous	—— 默认	0	Normal		
	其他层				白	Continuous	—— 默认	0	Normal		
	墙线层				白	Continuous	—— 默认	0	Normal		
	填充层				白	Continuous	—— 默认	0	Normal		
	文本层				白	Continuous	—— 默认	0	Normal		
	轴线层				白	Continuous	—— 默认	0	Normal		

图 14-3　设置图层

状态	名称	开	冻结	锁定	颜色	线型	线宽
	0				白	Continuous	—— 默认
	尺寸层				白	Continuous	—— 默认
	灯具层				白	Continuous	—— 默认
	吊顶层				白	Continuous	—— 默认
	家具层				白	Continuous	—— 默认
	楼梯层				白	Continuous	—— 默认
	轮廓线				白	Continuous	—— 默认
	门窗层				白	Continuous	—— 默认
	其他层				白	Continuous	—— 默认
	墙线层				白	Continuous	—— 默认
	填充层				白	Continuous	—— 默认
	文本层				白	Continuous	—— 默认
	轴线层				124	Continuous	—— 默认

图 14-4　设置图层颜色

步骤06　参照步骤 3~5 的操作，分别为其他图层设置颜色特性，设置结果如图 14-5 所示。

步骤07　选择“轴线层”，在该图层“Continuous”位置上单击，打开【选择线型】对话框。

步骤08　在【选择线型】对话框中单击 加载... 按钮，从打开的【加载或重载线型】对话框中选择 ACAD_ISO04W100 线型进行加载到【选择线型】对话框中，如图 14-6 所示。

步骤09　选择刚加载的线型单击 确定 按钮，将线型附给“轴线层”，如图 14-7 所示。

步骤10　选择“墙线层”，在该图层的线宽位置上单击，打开【线宽】对话框，选择如图 14-8 所示的线宽。

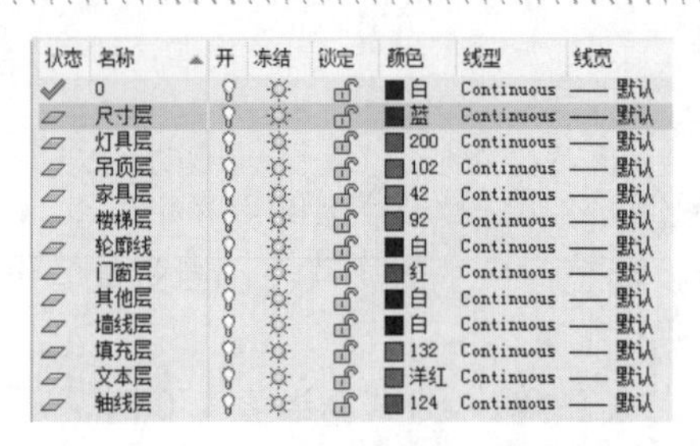

状态	名称	开	冻结	锁定	颜色	线型	线宽
	0				白	Continuous	默认
	尺寸层				蓝	Continuous	默认
	灯具层				200	Continuous	默认
	吊顶层				102	Continuous	默认
	家具层				42	Continuous	默认
	楼梯层				92	Continuous	默认
	轮廓线				白	Continuous	默认
	门窗层				红	Continuous	默认
	其他层				白	Continuous	默认
	墙线层				白	Continuous	默认
	填充层				132	Continuous	默认
	文本层				洋红	Continuous	默认
	轴线层				124	Continuous	默认

图 14-5 设置颜色特性

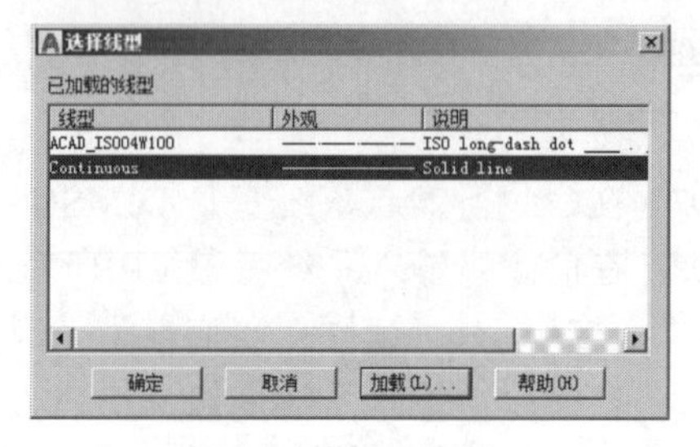

图 14-6 加载线型

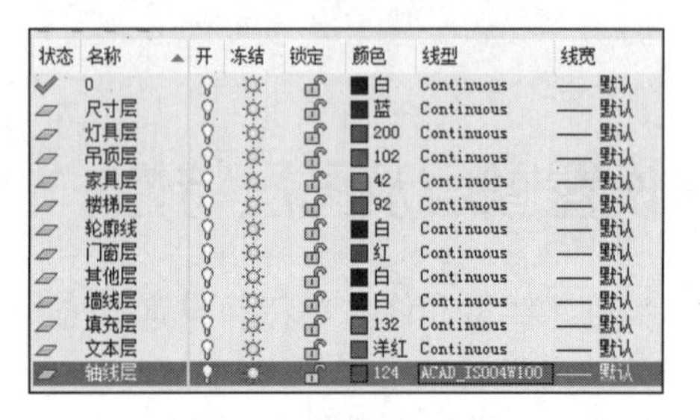

状态	名称	开	冻结	锁定	颜色	线型	线宽
	0				白	Continuous	默认
	尺寸层				蓝	Continuous	默认
	灯具层				200	Continuous	默认
	吊顶层				102	Continuous	默认
	家具层				42	Continuous	默认
	楼梯层				92	Continuous	默认
	轮廓线				白	Continuous	默认
	门窗层				红	Continuous	默认
	其他层				白	Continuous	默认
	墙线层				白	Continuous	默认
	填充层				132	Continuous	默认
	文本层				洋红	Continuous	默认
	轴线层				124	ACAD_ISO04W100	默认

图 14-7 设置图层线型

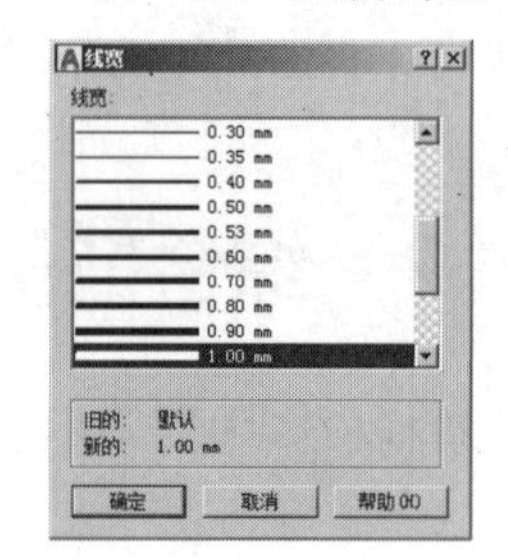

图 14-8 选择线宽

步骤 11 单击 确定 按钮返回【图层特性管理器】选项板，结果“墙线层”的线宽被设置为 1.00mm，如图 14-9 所示。

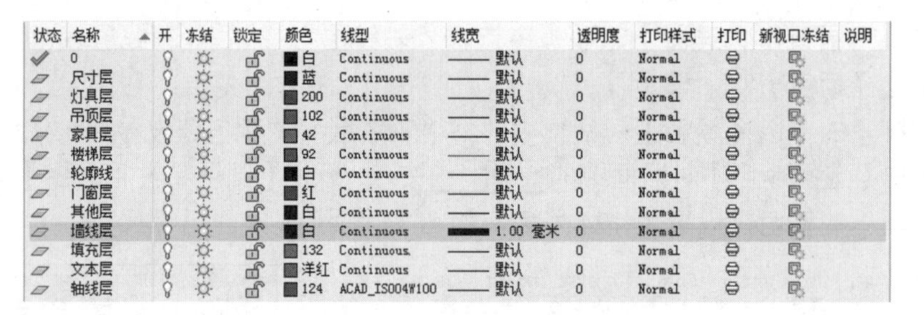

状态	名称	开	冻结	锁定	颜色	线型	线宽	透明度	打印样式	打印	新视口冻结	说明
	0				白	Continuous	默认	0	Normal			
	尺寸层				蓝	Continuous	默认	0	Normal			
	灯具层				200	Continuous	默认	0	Normal			
	吊顶层				102	Continuous	默认	0	Normal			
	家具层				42	Continuous	默认	0	Normal			
	楼梯层				92	Continuous	默认	0	Normal			
	轮廓线				白	Continuous	默认	0	Normal			
	门窗层				红	Continuous	默认	0	Normal			
	其他层				白	Continuous	默认	0	Normal			
	墙线层				白	Continuous	1.00 毫米	0	Normal			
	填充层				132	Continuous	默认	0	Normal			
	文本层				洋红	Continuous	默认	0	Normal			
	轴线层				124	ACAD_ISO04W100	默认	0	Normal			

图 14-9 设置线宽

步骤 12 最后执行【另存为】命令，将文件另存为“设置图层及特性.dwg”。

14.3 综合范例三——设置专业绘图样式

本例主要学习建筑样板图中的各种专业绘图样式的设置过程和技巧，具体包括墙线样式、窗线样式、文字样式、尺寸样式等。

操作步骤：

步骤 01 打开下载文件中的“/效果文件/第 14 章/设置图层及特性.dwg”。

步骤 02 设置墙线样式。选择菜单栏中的【格式】/【多线样式】命令，在打开的【多线样式】对话框中单击 新建(N)... 按钮，为新样式赋名，如图 14-10 所示。

步骤 03 单击 继续 按钮，打开【新建多线样式：墙线样式】对话框，设置多线样式的封口形式，如图 14-11 所示。

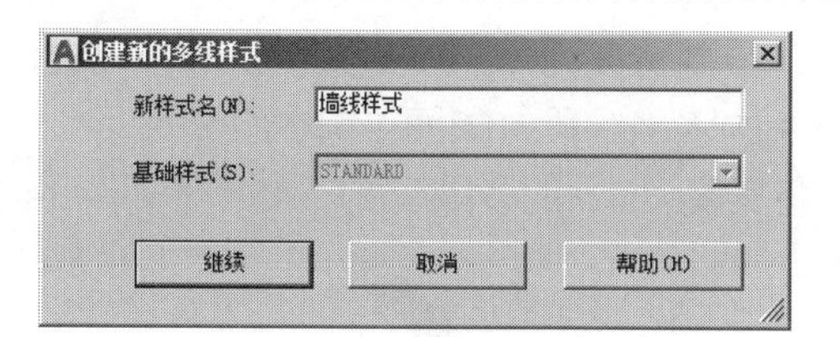

图 14-10　为新样式赋名

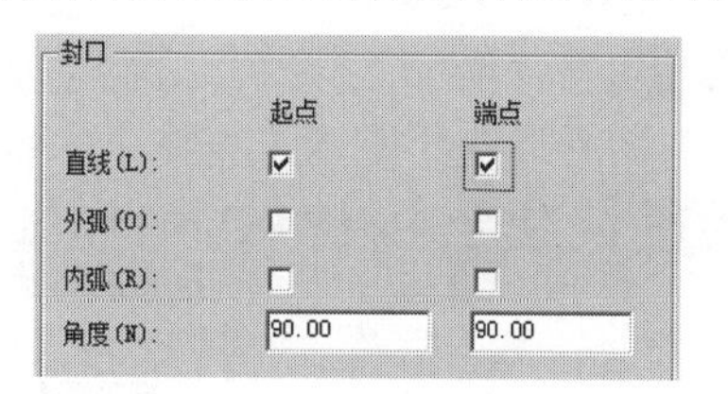

图 14-11　设置封口形式

步骤 04　返回【多线样式】对话框，参照上述操作设置“窗线样式”，参数设置如图 14-12 所示。

步骤 05　在【多线样式】对话框中选择“墙线样式”，将其设为当前样式，并关闭【多线样式】对话框。

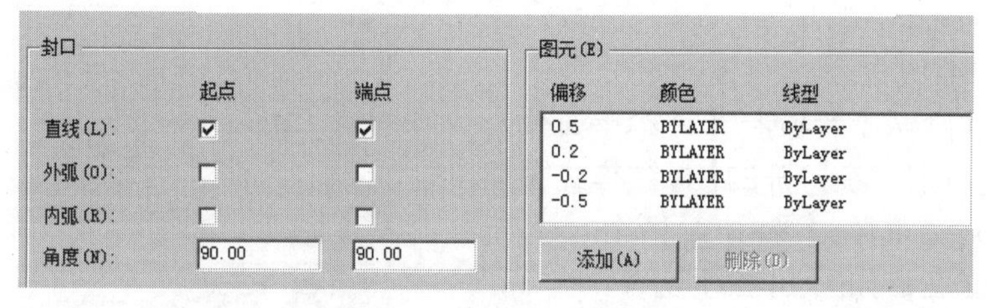

图 14-12　设置窗线样式

步骤 06　单击【默认】选项卡/【注释】面板上的 按钮，执行【文字样式】命令，设置新样式的字体、字高、宽度比例等参数，如图 14-13 所示。

步骤 07　重复执行【文字样式】命令，设置名为“宋体”的文字样式，其参数设置如图 14-14 所示。

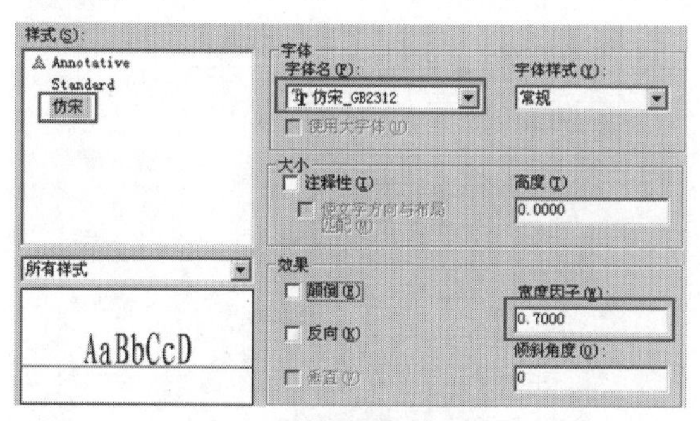

图 14-13　设置“仿宋体”样式

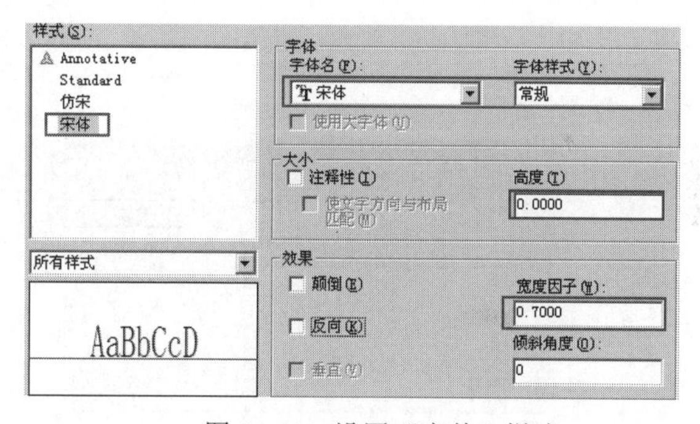

图 14-14　设置“宋体”样式

步骤 08　重复使用【文字样式】命令，设置名为 COMPLEX 的轴号样式，其参数设置如图 14-15 所示。

步骤 09　重复使用【文字样式】命令，设置名为 SIMPLEX 的样式，参数设置如图 14-16 所示。

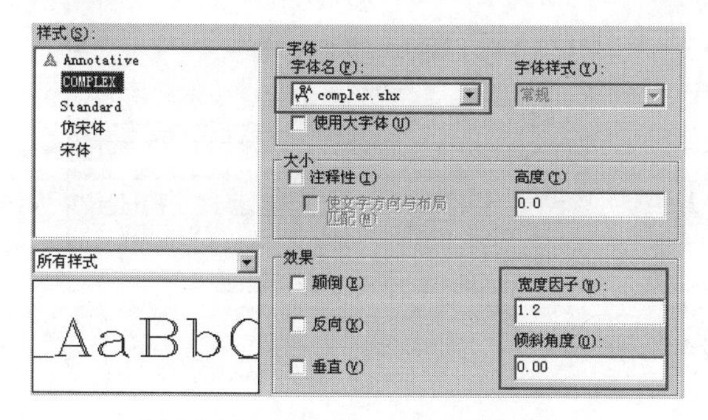

图 14-15　设置 COMPLEX 样式

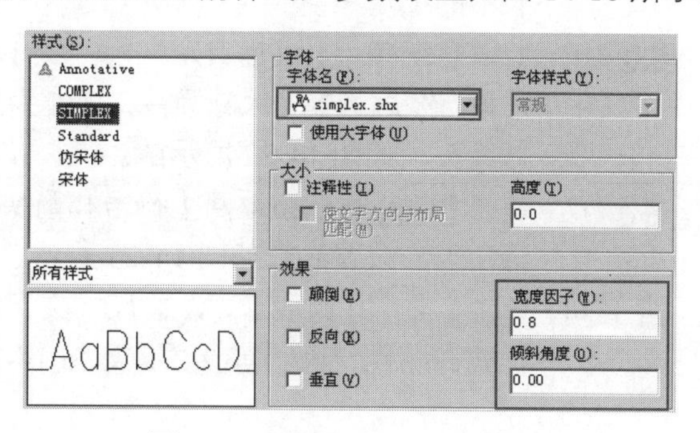

图 14-16　设置 SIMPLEX 样式

步骤 10　设置尺寸样式。执行【多段线】命令，绘制宽度为 0.5、长度为 2 的多段线，作为尺寸箭头；使用【直线】命令绘制长度为 3 的水平线段，如图 14-17 所示。

步骤 11　使用快捷键 RO 执行【旋转】命令，将宽度为 0.5 的多段线旋转 45°，如图 14-18 所示。

图 14-17　绘制结果

图 14-18　旋转结果

步骤 12　单击【默认】选项卡/【块】面板上的按钮，将尺寸箭头定义为块，块的基点为多段线的中点，其他参数设置如图 14-19 所示。

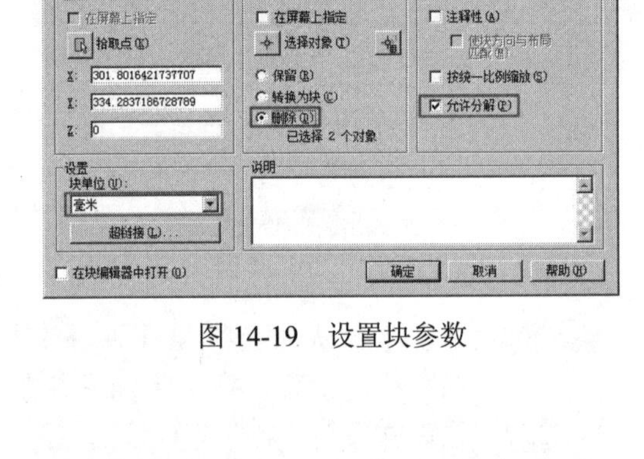

图 14-19　设置块参数

步骤 13　单击【默认】选项卡/【注释】面板上的按钮，在打开的【标注样式管理器】对话框单击新建(N)...按钮，为新样式赋名，如图 14-20 所示。

步骤 14　单击继续按钮，打开【新建标注样式：建筑标注】对话框，设置基线间距、起点偏移量等参数，如图 14-21 所示。

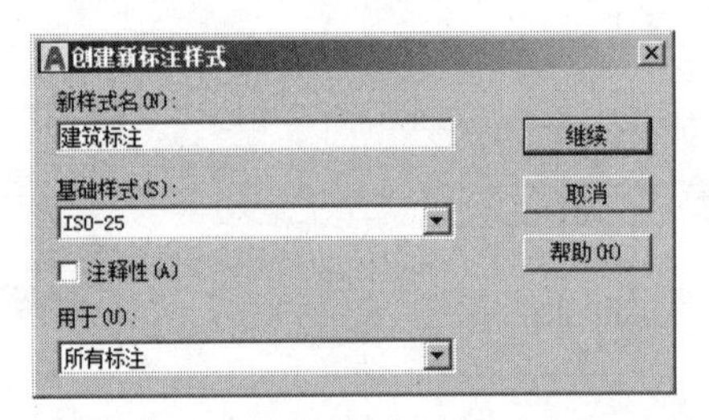

图 14-20　【创建新标注样式】对话框

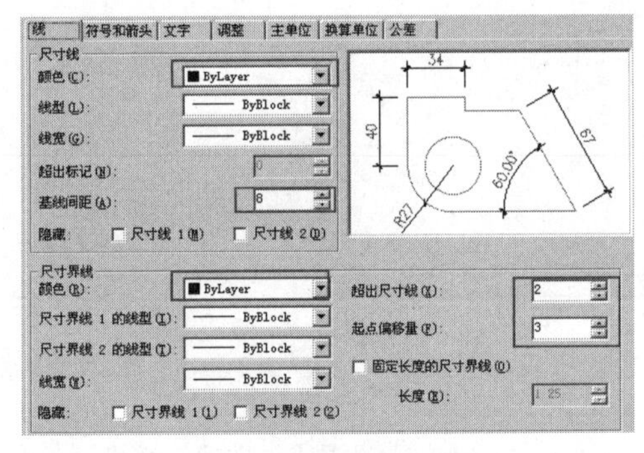

图 14-21　设置线参数

步骤 15　单击【符号和箭头】选项卡，然后单击【箭头】组合框中的【第一个】列表框，选择列表中的“用户箭头”选项。

步骤 16　此时系统弹出【选择自定义箭头块】对话框，然后选择“尺寸箭头”块作为尺寸箭头，如图 14-22 所示的。

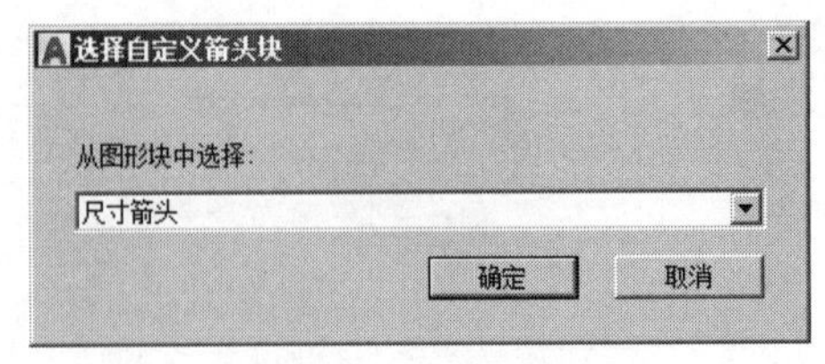

图 14-22　设置尺寸箭头

步骤 17　单击确定按钮返回【符号和箭头】选项卡，设置参数如图 14-23 所示。

步骤 18　单击【文字】选项卡，设置尺寸文字的样式、颜色、大小等参数，如图 14-24 所示。

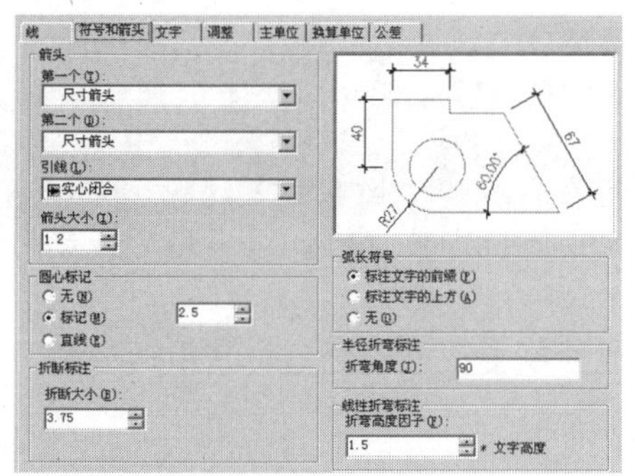

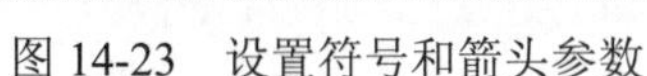
图 14-23　设置符号和箭头参数

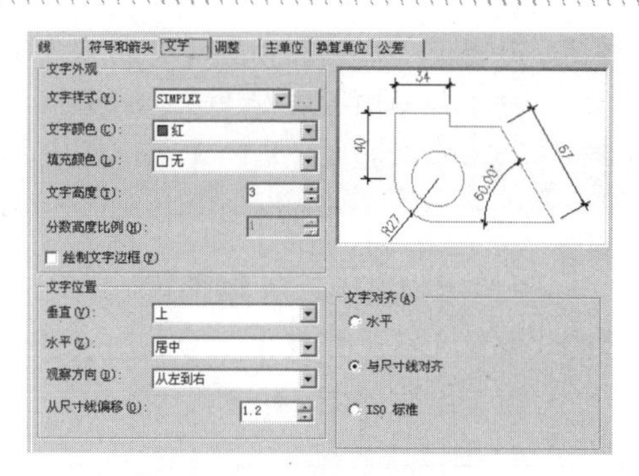

图 14-24　设置文字参数

步骤19　单击【调整】选项卡，调整文字、箭头、尺寸线等位置，如图 14-25 所示。

步骤20　单击【主单位】选项卡，设置线型参数和角度标注参数，如图 14-26 所示。

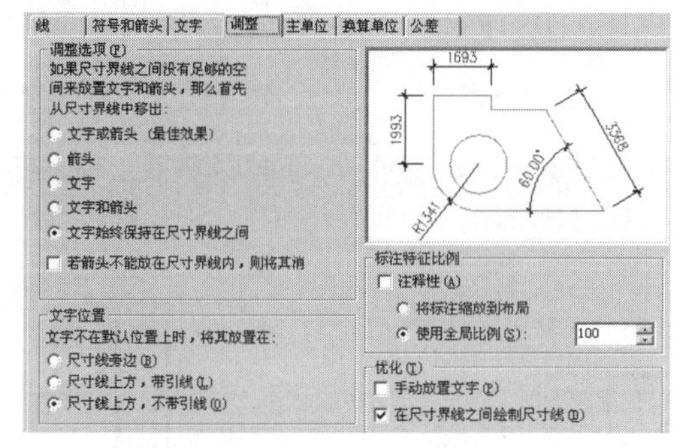

图 14-25　【调整】选项卡

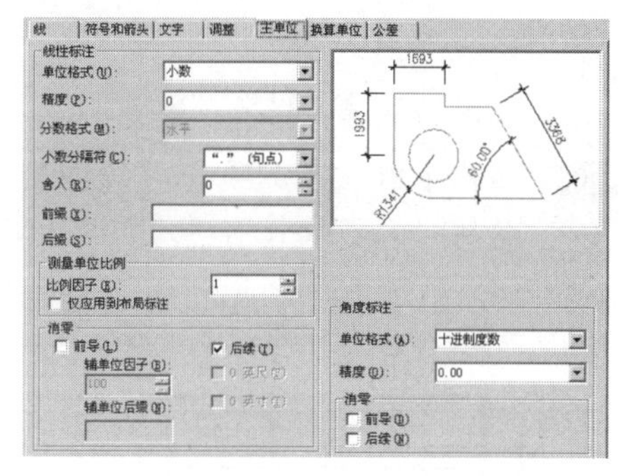

图 14-26　【主单位】选项卡

步骤21　单击 确定 按钮返回【标注样式管理器】对话框，单击 置为当前(U) 按钮，将“建筑标注”设置为当前样式。

步骤22　最后执行【另存为】命令，将文件另存为“设置绘图样式.dwg”。

14.4　综合范例四——绘制并填充标准图框

本例通过绘制 2 号图框，主要学习标准图框的绘制与填充技能，以方便为样板配置图纸边框。

操作步骤：

步骤01　打开下载文件中的“/效果文件/第 14 章/设置绘图样式.dwg”。

步骤02　单击【默认】选项卡/【绘图】面板上的□按钮，绘制长度为 594，宽度为 420 的矩形，作为外框。

步骤03　重复执行【矩形】命令，配合【捕捉自】功能绘制内框。命令行提示如下：

```
命令: _rectang                                    // Enter
指定第一个角点或 [倒角(C)/标高(E)/圆角(F)/厚度(T)/宽度(W)]: //w Enter
指定矩形的线宽 <0>:                              //2 Enter
指定第一个角点或 [倒角(C)/标高(E)/圆角(F)/厚度(T)/宽度(W)]:  //激活【捕捉自】功能
_from 基点:                                      //捕捉外框的左下角点
```

```
<偏移>:                                         //@25,10 Enter
指定另一个角点或 [面积(A)/尺寸(D)/旋转(R)]:  //激活【捕捉自】功能
_from 基点:                                     //捕捉外框右上角点
<偏移>:                                         //@-10,-10 Enter，结果如图 14-27 所示
```

步骤 04　重复执行【矩形】命令，配合端点捕捉功能绘制标题栏外框，其中矩形线宽为 1.5，绘制结果如图 14-28 所示。

步骤 05　重复执行【矩形】命令，配合端点捕捉功能绘制会签栏的外框，其中矩形线宽为 1.5，绘制结果如图 14-29 所示。

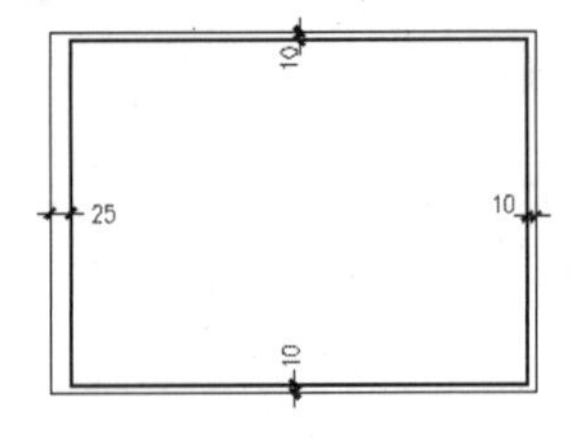

图 14-27　绘制结果

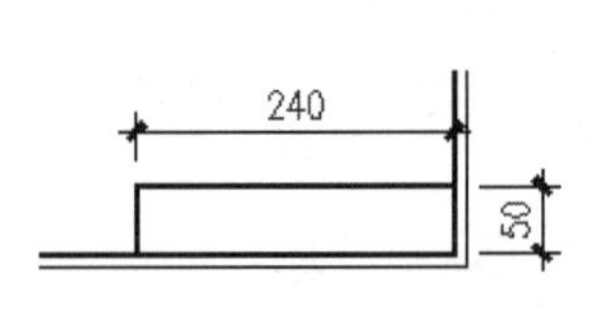

图 14-28　标题栏外框

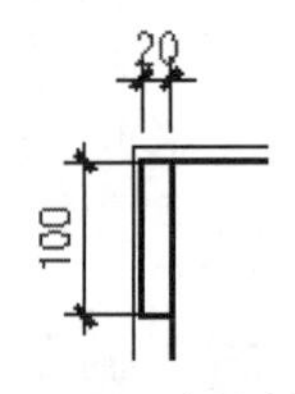

图 14-29　会签栏外框

步骤 06　单击【默认】选项卡/【绘图】面板上的按钮，配合捕捉与追踪功能，绘制标题栏和会签栏内部的分格线，如图 14-30 和图 14-31 所示。

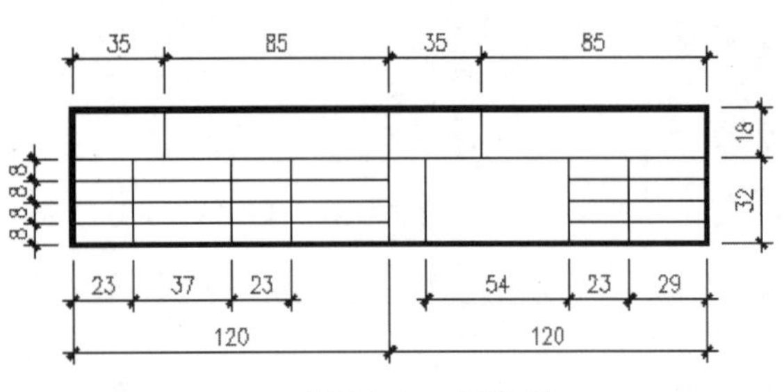

图 14-30　标题栏

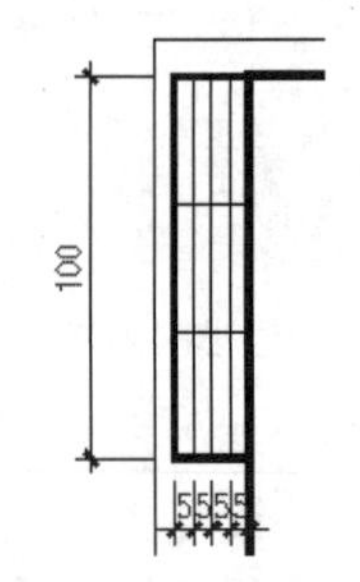

图 14-31　会签栏

步骤 07　使用快捷键 T 执行【多行文字】命令，分别捕捉标题栏的左上角方格的对角点，打开【文字编辑器】选项卡面板。

步骤 08　在【文字编辑器】选项卡面板中设置文字样式、字体高度和对正方式，如图 14-32 所示。

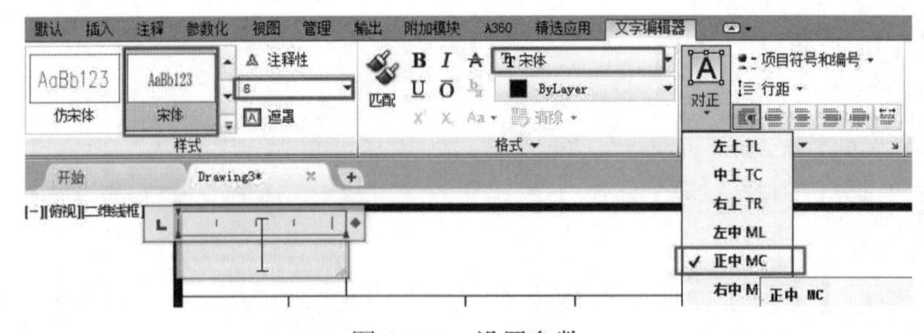

图 14-32　设置参数

步骤 09　在下方的文字输入框内输入如图 14-33 所示的方格内容。

步骤 10　单击【关闭】面板上的按钮，关闭【文字编辑器】选项卡面板，结束命令。

步骤 11　重复使用【多行文字】命令，设置文字样式、高度和对正方式不变，填充如图 14-34 所示的文字。

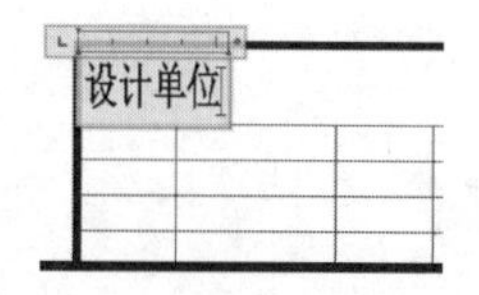

图 14-33　输入文字

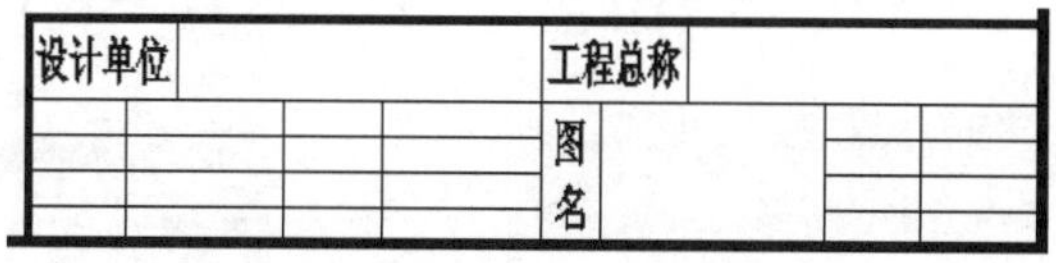

设计单位				工程总称			
				图名			

图 14-34　填充其他内容

步骤 12　重复执行【多行文字】命令，设置字体样式为“宋体”，字体高度为 4.6，对正方式为“正中”，填充标题栏其他文字，如图 14-35 所示。

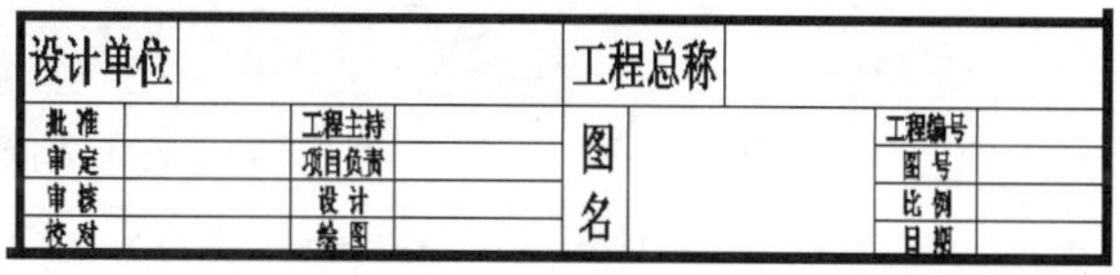

设计单位				工程总称			
批准		工程主持		图名		工程编号	
审定		项目负责				图号	
审核		设计				比例	
校对		绘图				日期	

图 14-35　标题栏填充结果

步骤 13　执行【旋转】命令，将会签栏旋转-90°，然后使用【多行文字】命令，设置样式为“宋体”，高度为 2.5，对正方式为“正中”，为会签栏填充文字，结果如图 14-36 所示。

步骤 14　重复执行【旋转】命令，将会签栏及填充的文字旋转 90°，基点不变。

步骤 15　单击【默认】选项卡/【块】面板上的按钮，将图框及填充文字创建为内部块，基点为外框左下角点，其他块参数设置如图 14-37 所示。

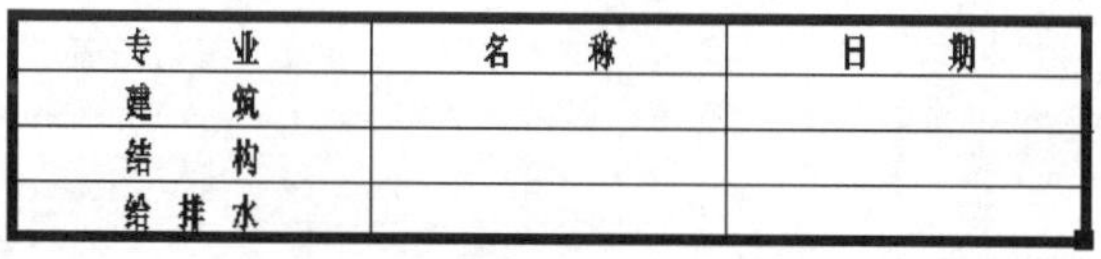

专　业	名　称	日　期
建　筑		
结　构		
给排水		

图 14-36　填充文字

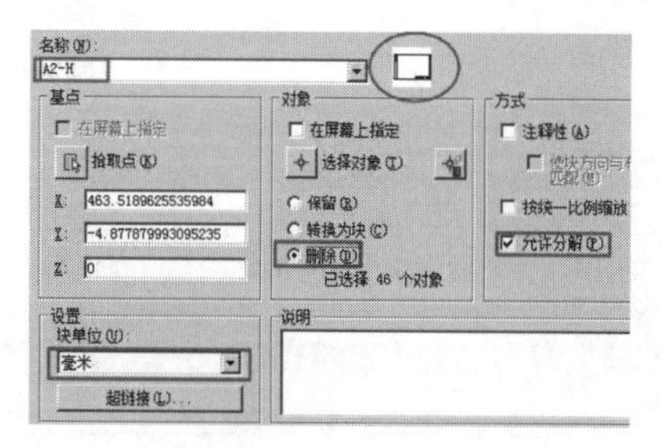

图 14-37　设置参数

步骤 16　最后执行【另存为】命令，将文件另存为“绘制并填充图框.dwg”。

14.5　综合范例五——绘图样板的页面布局

本例通过为建筑样板图设置打印页面，主要学习绘图样板的页面布局方法和相关操作技能。

操作步骤：

步骤 01　打开下载文件中的“/效果文件/第 14 章/绘制并填充图框.dwg”。

步骤 02　单击绘图区底部的“布局 1”标签，进入布局 1 空间。

步骤 03　选择菜单栏中的【文件】/【页面设置管理器】命令，在打开的对话框中单击 新建(N)... 按钮，为新页面赋名，如图 14-38 所示。

步骤 04　单击 确定(O) 按钮进入【页面设置-布局 1】对话框，然后设置打印设备、图纸尺寸、打印样式、打印比例等各页面参数，如图 14-39 所示。

步骤 05　单击 确定(O) 按钮返回【页面设置管理器】话框，将刚设置的新页面设置为当前。

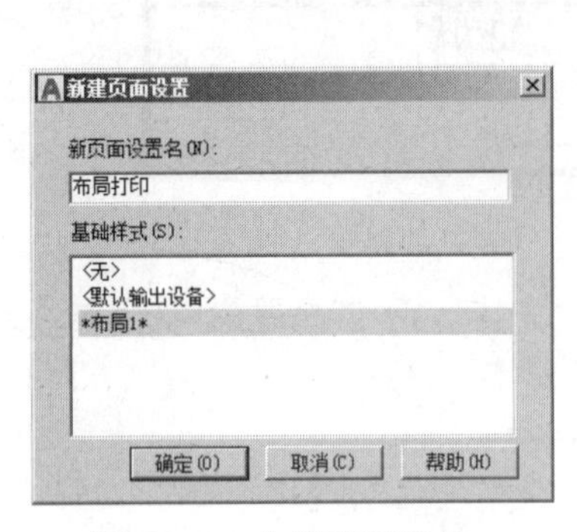

图 14-38　为新页面赋名

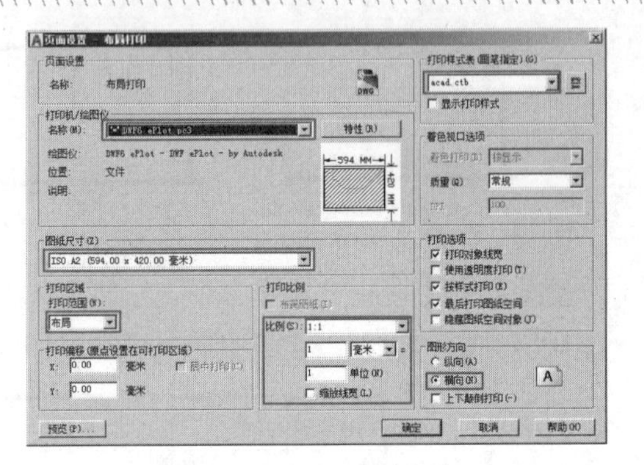

图 14-39　设置页面参数

步骤 06　单击【页面设置管理器】对话框中的 关闭(C) 按钮，结束命令，新布局的页面设置效果如图 14-40 所示。

步骤 07　使用快捷键 E 执行【删除】命令。删除系统默认的矩形视口。

步骤 08　单击【默认】选项卡/【块】面板上的按钮，插入“A2-H.dwg”块，参数设置如图 14-41 所示。

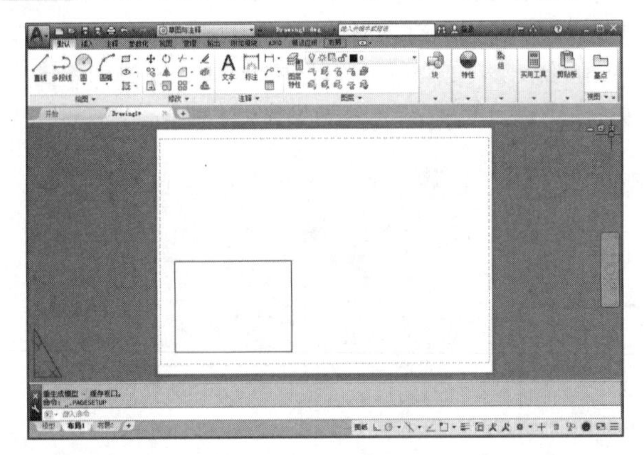

图 14-40　页面设置效果

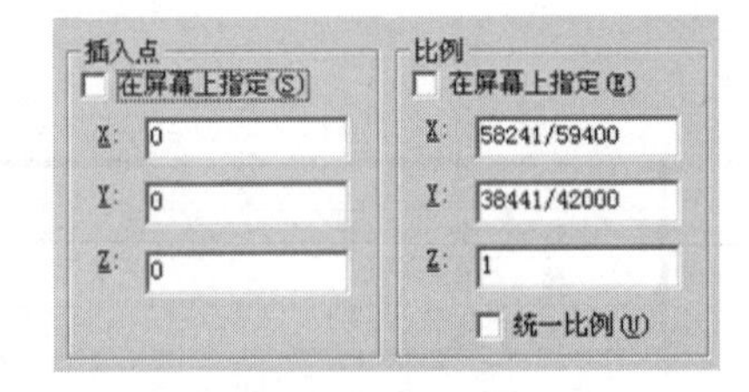

图 14-41　设置块参数

步骤 09　单击 确定(O) 按钮，结果 A2-H 图框被插入到当前布局原点上，如图 14-42 所示。

步骤 10　单击状态栏上的 图纸 按钮，返回模型空间。

步骤 11　选择菜单栏中的【文件】/【另存为】命令，在打开的【图形另存为】对话框中设置文件的存储类型，如图 14-43 所示。

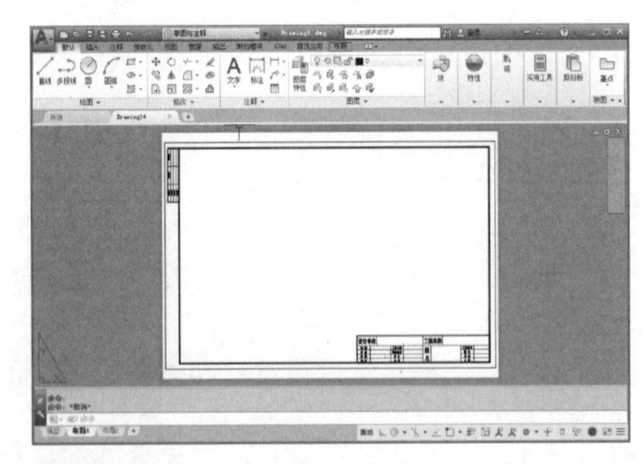

图 14-42　插入结果

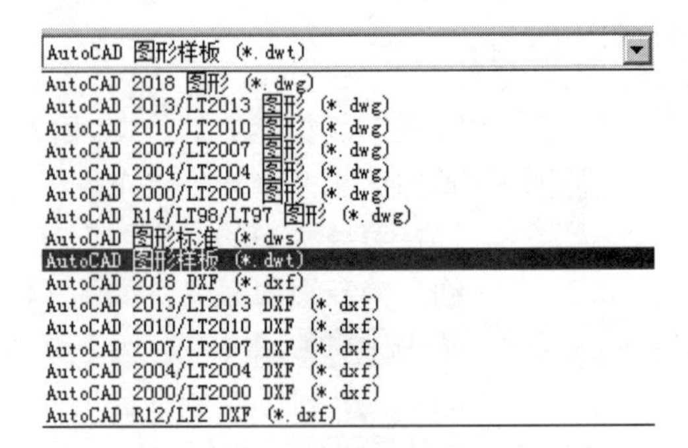

图 14-43　设置存储类型

步骤 12 在【图形另存为】对话框下部的【文件名】文本框内输入“建筑样板”，如图 14-44 所示。

步骤 13 单击 保存... 按钮，打开【样板选项】对话框，输入“A2-H 幅面公制单位的样板文件……”，如图 14-45 所示。

图 14-44　样板文件的创建

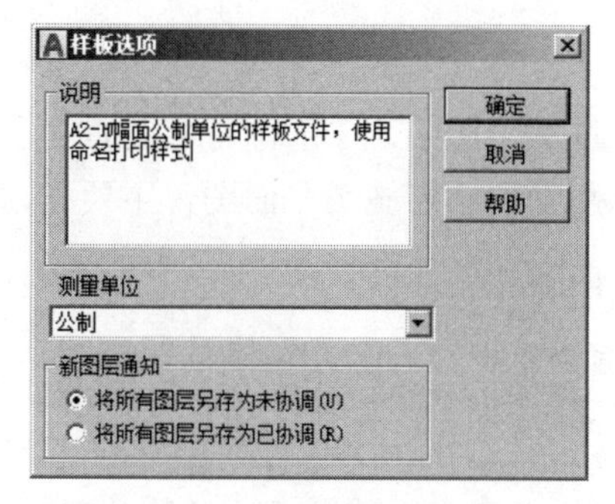

图 14-45　【样板选项】对话框

步骤 14 单击 确定 按钮，结果创建了制图样板文件，保存于 AutoCAD 安装目录下的“Template”文件夹目录下。

步骤 15 最后执行【另存为】命令，将图形另存为“页面布局.dwg”。

第 15 章　绘制建筑图

在建筑施工图中，平面图是极其重要的一种图纸，也是非常具有代表性的一种图纸。本章通过绘制某联体别墅的底层施工平面图，主要学习建筑图纸的具体绘制过程和技巧。

本章内容

- 综合范例一——绘制定位轴线图
- 综合范例二——绘制纵横墙体图
- 综合范例三——绘制门窗构件图
- 综合范例四——绘制建筑构件图
- 综合范例五——标注房间功能注释
- 综合范例六——标注建筑室内外标高
- 综合范例六——标注建筑图施工尺寸
- 综合范例七——标注建筑图墙体序号

15.1　综合范例一——绘制定位轴线图

轴线是建筑墙体定位的主要依据，是控制建筑物尺寸和模数的基本手段。本例通过绘制如图 15-1 所示的联体别墅的定位轴线图，主要学习墙体定位轴线图的具体绘制过程和技巧。

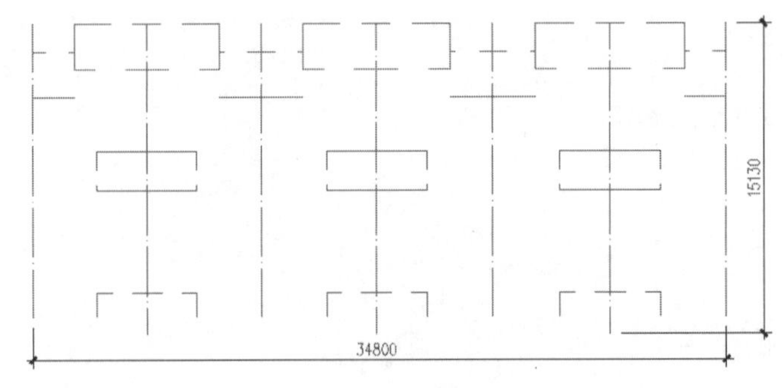

图 15-1　实例效果

操作步骤：

步骤 01　单击【快速访问】工具栏上的□按钮，在打开的【选择样板】对话框中选择下载文件中的“/样板文件/建筑样板.dwt”作为基础样板，如图 15-2 所示。

步骤 02　在【选择样板】对话框中单击 打开(O) ▾ 按钮，新建绘图文件。

步骤 03　单击【默认】选项卡/【图层】面板/【图层】下拉列表，将“轴线层”设为当前图层。

步骤 04　使用快捷键 LT 执行【线型】命令，在打开的【线型管理器】对话框中暂时设置线型比例，如图 15-3 所示。

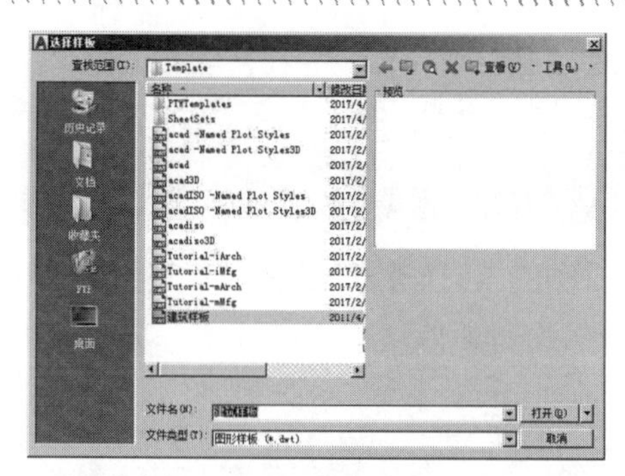

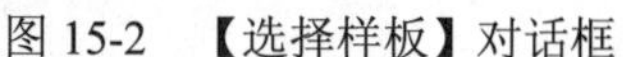

图 15-2　【选择样板】对话框

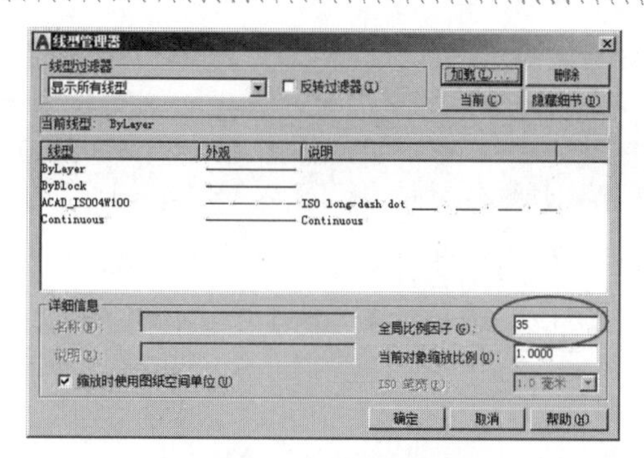

图 15-3　设置线型比例

读者也可以事先将下载文件中的“/样板文件/”目录下的“建筑样板.dwt”样板文件，拷贝至 AutoCAD 2018 安装目录下的“Template”文件夹下，以方便随时调用。

步骤 05　使用快捷键 REG 执行【矩形】命令，绘制长度为 5800，宽度为 14280 的矩形。

步骤 06　使用快捷键 X 执行【分解】命令，将矩形分解为 4 条独立的线段。

步骤 07　单击【默认】选项卡/【修改】面板上的按钮，将下侧的水平边向上偏移，偏移距离及偏移结果如图 15-4 所示。

步骤 08　重复执行【偏移】命令，将上侧的水平轴线向下偏移，偏移间距及结果如图 15-5 所示。

步骤 09　重复执行【偏移】命令，将最左侧的垂直轴线向右偏移 2100 个单位，将最右侧的垂直轴线向左偏移 2500，并删除最下侧的水平轴线，结果如图 15-6 所示。

步骤 10　在无命令执行的前提下，选择最上方的水平轴线，使其呈现夹点显示状态。

步骤 11　在左侧夹点上单击，使其变为夹基点，然后在“** 拉伸 ** 指定拉伸点或 [基点(B)/复制(C)/放弃(U)/退出(X)]:”提示下，捕捉左侧第 2 条垂直轴线上端点，作为拉伸目标点。

步骤 12　按下键盘上的 Esc 键，取消水平轴线的夹点显示状态，拉伸后的结果如图 15-7 所示。

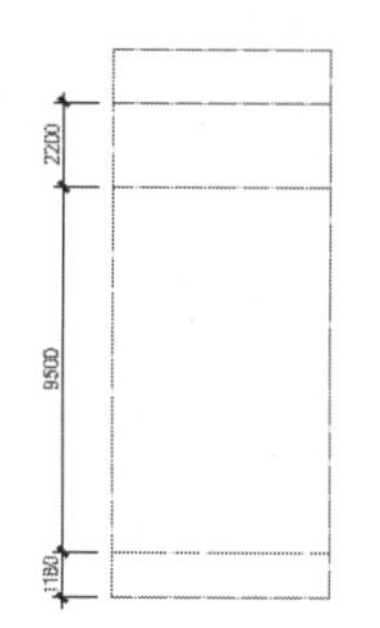

图 15-4　偏移结果

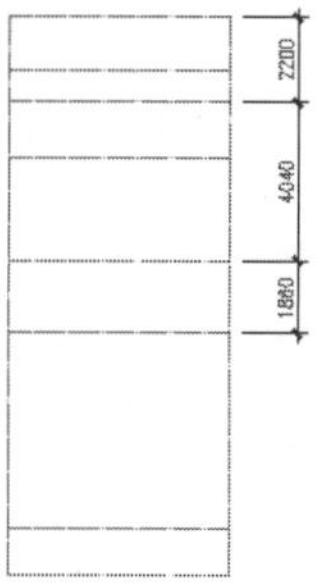

图 15-5　偏移水平轴线

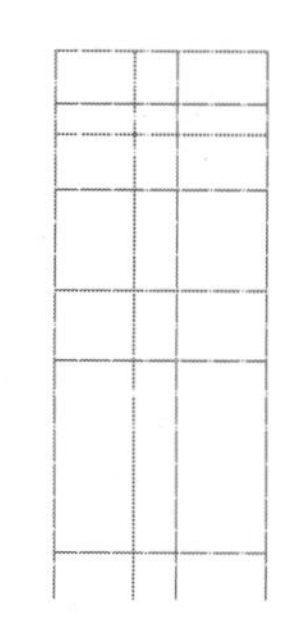

图 15-6　偏移垂直轴线

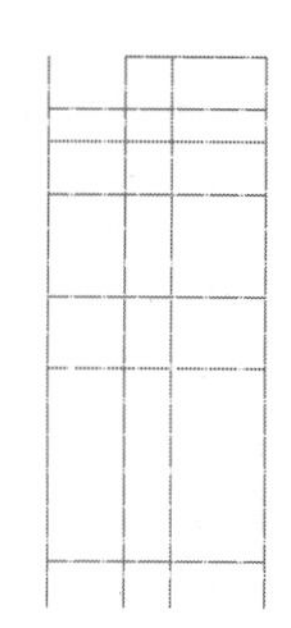

图 15-7　夹点编辑

步骤 13　参照上述步骤，分别对其他水平轴线和垂直轴线进行拉伸，编辑结果如图 15-8 所示。

步骤 14　单击【默认】选项卡/【修改】面板上的按钮，以水平轴线 1 和 2 作为边界，对垂直轴线 3 进行修剪，结果如图 15-9 所示。

步骤 15　单击【默认】选项卡/【修改】面板上的按钮，在上侧的水平轴线上创建宽度为 1100 的窗洞。命令行提示如下：

```
命令： _break
选择对象：                              //选择最上方的水平轴线
指定第二个打断点 或 [第一点(F)]：      //F Enter，重新指定第一断点
```

```
指定第一个打断点:                          //激活【捕捉自】功能
_from 基点:                               //捕捉上侧水平轴线的左端点
<偏移>:                                   //@1900,0 Enter
指定第二个打断点:                          //@1100,0 Enter，结果如图 15-10 所示
```

步骤 16 使用快捷键 O 执行【偏移】命令，将最右侧的垂直轴线向左偏移 750 和 1750 个绘图单位，结果如图 15-11 所示。

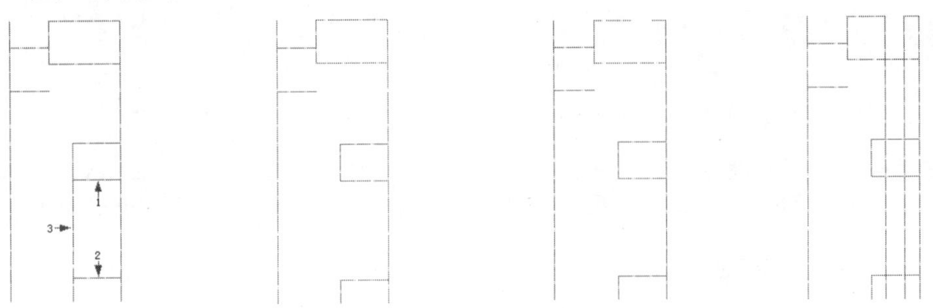

图 15-8　夹点编辑结果　　图 15-9　修剪结果　　图 15-10　打断结果　　图 15-11　偏移结果

步骤 17 使用快捷键 TR 执行【修剪】命令，以偏移出的两条轴线作为边界，对最下侧的水平轴线进行修剪，创建宽度为 1000 的门洞，结果如图 15-12 所示。

步骤 18 使用快捷键 E 执行【删除】命令，将刚偏移出的两条轴线删除。

步骤 19 综合运用以上各种方法，在定位轴线上分别创建其他位置的门洞，结果如图 15-13 所示。

步骤 20 单击【默认】选项卡/【修改】面板上的按钮，将最右侧的垂直轴线下端拉长 850 个单位，结果如图 15-14 所示。

步骤 21 单击【默认】选项卡/【修改】面板上的按钮，以最右侧垂直轴线作为镜像轴，对镜像轴左侧的所有轴线进行镜像，结果如图 15-15 所示。

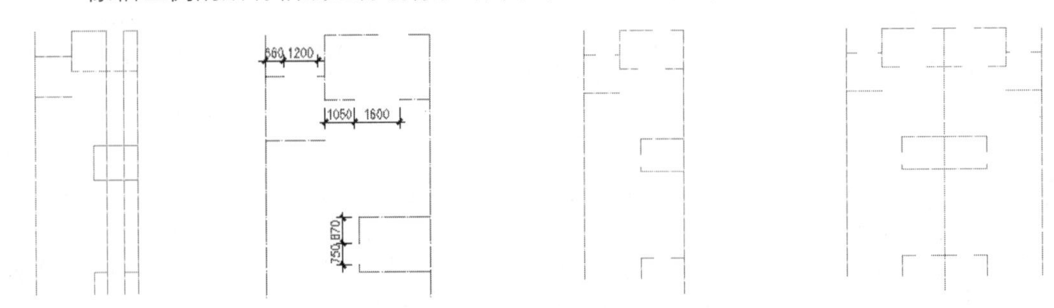

图 15-12　修剪结果　　图 15-13　创建其他门洞　　图 15-14　拉长结果　　图 15-15　镜像结果

步骤 22 单击【默认】选项卡/【修改】面板上的按钮，对镜像后的轴线图阵列 3 份（最左侧垂直轴线除外），其中列间距为 11600，阵列结果如图 15-16 所示。

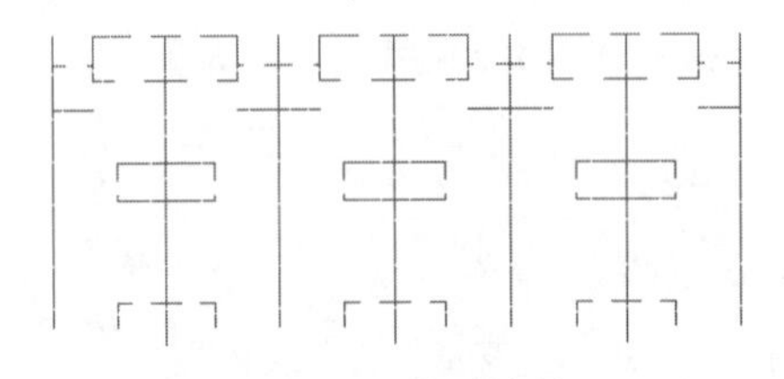

图 15-16　阵列结果

步骤23 选择菜单栏中的【格式】/【线型】命令，修改线型比例为 100。

步骤24 最后执行【保存】命令，将图形命名存储为“综合范例一.dwg”。

15.2 综合范例二——绘制纵横墙体图

本例通过绘制如图 15-17 所示的墙体结构平面图，在综合巩固所学知识的前提下，主要学习建筑施工图纵横墙线的绘制方法和技巧。

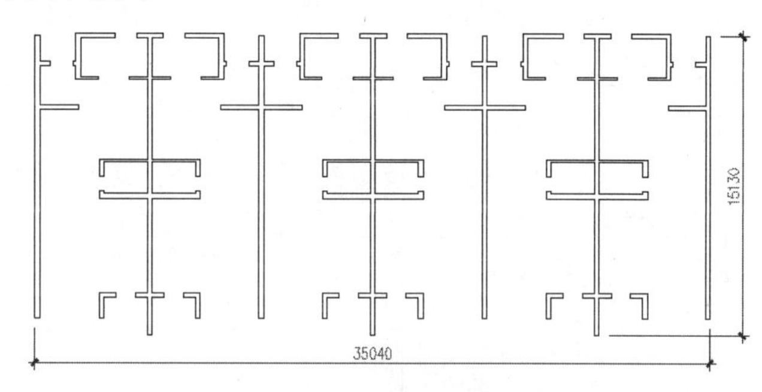

图 15-17　实例效果

操作步骤：

步骤01 打开下载文件中的“/效果文件/第 15 章/综合范例一.dwg”文件。

步骤02 单击【默认】选项卡/【图层】面板/【图层】下拉列表，将“墙线层”设为当前图层。

步骤03 选择菜单栏中的【格式】/【多线样式】命令，将“墙线样式”设置为当前样式。

步骤04 选择菜单栏中的【绘图】/【多线】命令，配合端点捕捉功能绘制墙线。命令行提示如下：

```
命令：_mline
当前设置：对正 = 上，比例 = 20.00，样式 = 墙线样式
指定起点或 [对正(J)/比例(S)/样式(ST)]:          //S Enter，激活比例功能
输入多线比例 <20.00>:                           //240 Enter，设置多线比例
当前设置：对正 = 上，比例 = 240.00，样式 = 墙线样式
指定起点或 [对正(J)/比例(S)/样式(ST)]:          //J Enter，激活对正功能
输入对正类型 [上(T)/无(Z)/下(B)] <上>:           //Z Enter，设置对正方式
当前设置：对正 = 无，比例 = 240.00，样式 = 墙线样式
指定起点或 [对正(J)/比例(S)/样式(ST)]:          //捕捉最左侧垂直轴线的上端点
指定下一点：                                    //捕捉最左侧垂直轴线的下端点
指定下一点或 [闭合(C)/放弃(U)]:                 //Enter，结束命令
```

步骤05 重复上一操作步骤，设置多线比例和对正方式不变，配合端点捕捉和交点捕捉功能分别绘制其他位置的主墙线，结果如图 15-18 所示。

步骤06 使用快捷键 ML 执行【多线】命令，设置多线比例为 120，对正方式为上对正，从左向右绘制如图 15-19 所示的次墙体。

步骤07 重复执行【多线】命令，按照当前的参数设置，配合端点捕捉功能分别绘制其他位置的次墙线，结果如图 15-20 所示。

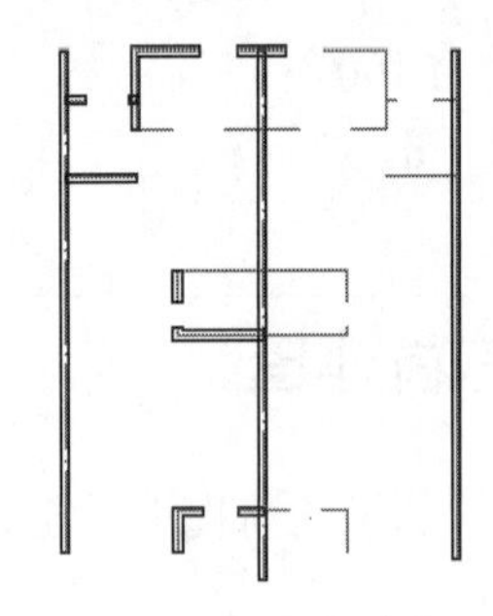

图 15-18　绘制主墙体

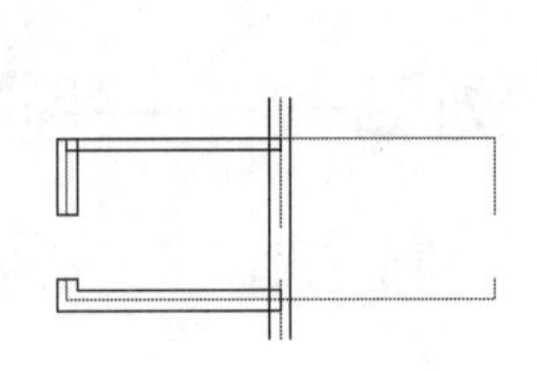

图 15-19　绘制结果

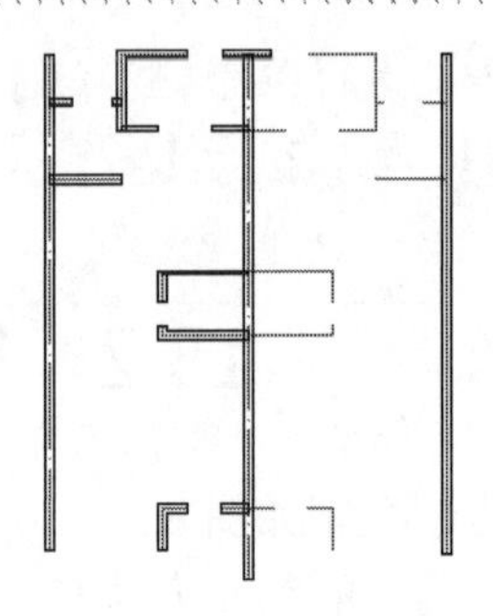

图 15-20　绘制其他次墙线

步骤 08　选择菜单栏中的【修改】/【对象】/【多线】命令，在打开的【多线编辑工具】对话框中单击【T 形合并】按钮。

步骤 09　返回绘图区，在命令行“选择第一条多线:”提示下，选择如图 15-21 所示的墙线。

步骤 10　在“选择第二条多线:”提示下，选择如图 15-22 所示的墙线，结果这两条 T 形相交的多线被合并，如图 15-23 所示。

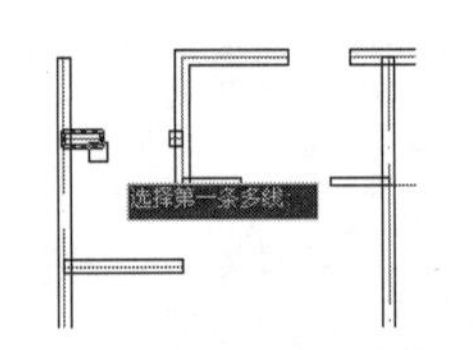

图 15-21　选择第一条多线

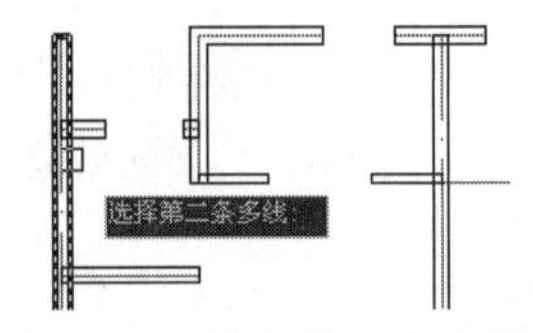

图 15-22　选择第二条多线

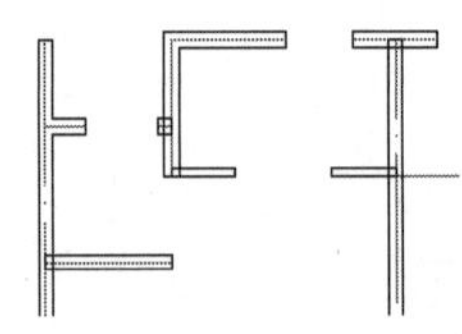

图 15-23　T 形合并

步骤 11　继续在“选择第一条多线或 [放弃（U）]:”提示下，分别选择其他位置 T 形墙线进行合并，结果如图 15-24 所示。

步骤 12　重复选择菜单栏中的【修改】/【对象】/【多线】命令，在打开的对话框内单击【角点结合】按钮。

步骤 13　在命令行“选择第一条多线:”提示下，选择如图 15-25 所示的墙线。

步骤 14　在“选择第二条多线:”提示下，选择图 15-26 所示的墙线；对两条墙线进行合并，结果如图 15-27 所示。

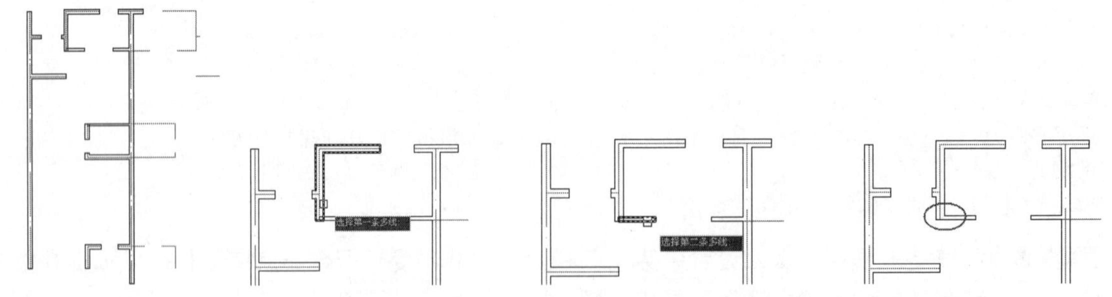

图 15-24　合并结果　图 15-25　选择第一条多线　图 15-26　选择第二条多线　图 15-27　合并结果

步骤 15　继续根据命令行的提示，对其他位置的拐角墙线进行编辑，结果如图 15-28 所示。

步骤 16　展开【图层】下拉列表，关闭“轴线层”，　此时图形的显示结果如图 15-29 所示。

步骤 17　单击【默认】选项卡/【修改】面板上的按钮，选择编辑后的内部墙线进行镜像，结果如图 15-30 所示。

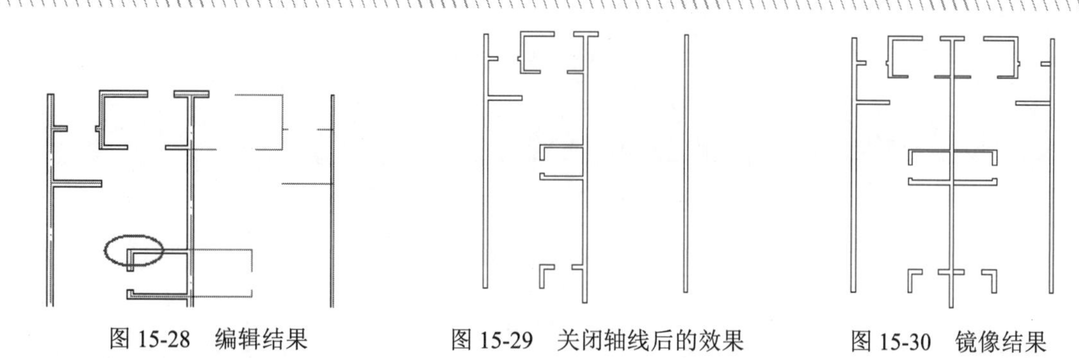

图 15-28　编辑结果　　图 15-29　关闭轴线后的效果　　图 15-30　镜像结果

步骤 18　使用【多线编辑工具】中的“T 形合并”功能对镜像后的墙线进行编辑，结果如图 15-31 所示。

步骤 19　单击【默认】选项卡/【修改】面板上的⊞按钮，将镜像后的墙线阵列 3 份（最左侧垂直墙线除外），其中列间距为 11600，阵列结果如图 15-32 所示。

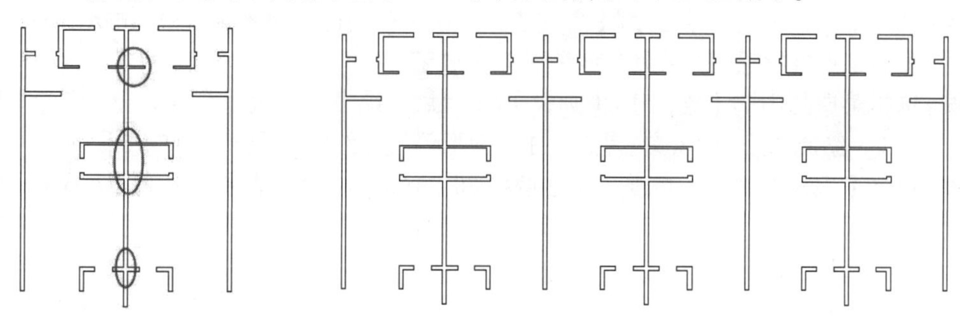

图 15-31　合并结果　　图 15-32　阵列结果

步骤 20　使用【多线编辑工具】中的“T 形合并”功能对阵列后的墙线进行编辑，结果如图 15-33 所示。

步骤 21　最后执行【另存为】命令，将图形另存为“综合范例二.dwg”。

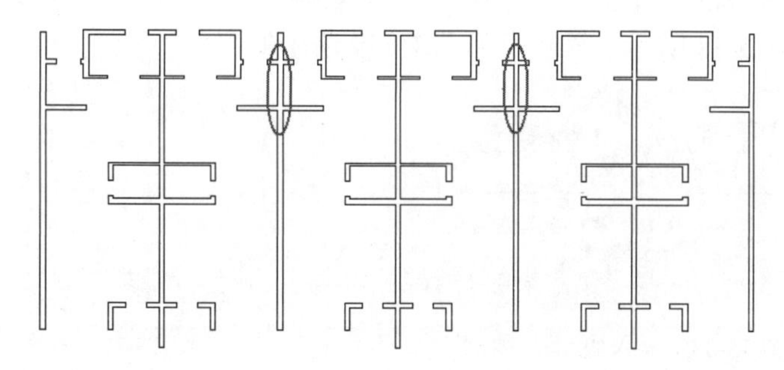

图 15-33　合并结果

15.3　综合范例三——绘制门窗构件图

本例在综合巩固所学知识的前提下，主要学习平面窗、单开门、推拉门、卫生设施等构件图的绘制过程和快速布置技巧。本例最终绘制效果如图 15-34 所示。

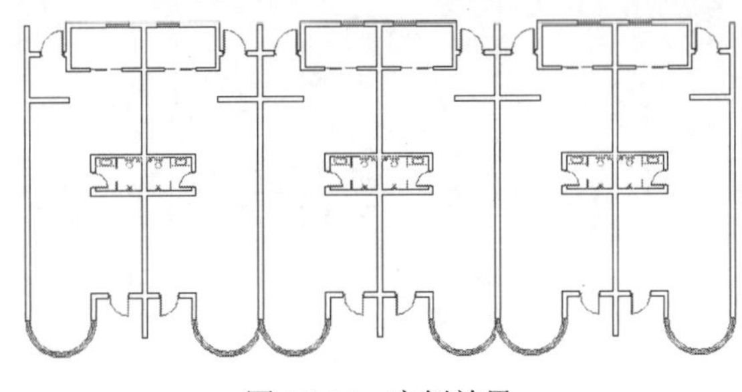

图 15-34　实例效果

操作步骤：

步骤 01　打开下载文件中的“/效果文件/第 15 章/综合范例二.dwg”。

步骤 02　单击【默认】选项卡/【图层】面板/【图层】下拉列表，将“门窗层”设为当前层。

步骤 03　选择菜单栏中的【格式】/【多线样式】命令，设置“窗线样式”为当前样式。

步骤 04　选择菜单栏中的【绘图】/【多线】命令，将多线比例设置为 240、对正方式为无，然后配合中点捕捉绘制如图 15-35 所示的平面窗。

步骤 05　选择菜单栏中的【绘图】/【圆弧】/【起点、端点、角度】命令，分别捕捉墙线角点 1 和 2，绘制角度为 180 的圆弧，作为弧形窗线，绘制结果如图 15-36 所示。

步骤 06　执行【偏移】命令，将圆弧向下偏移 80、160 和 240，结果如图 15-37 所示。

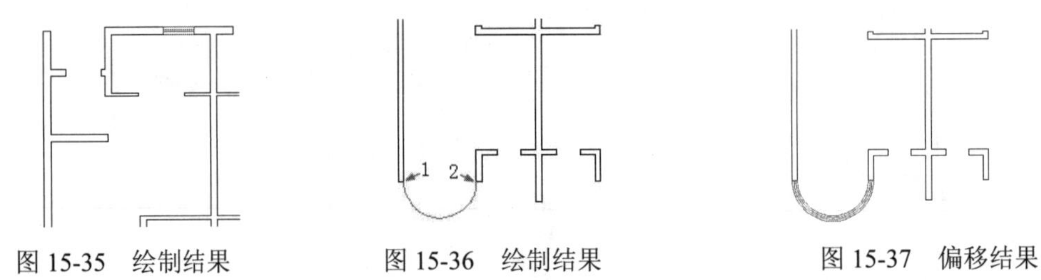

图 15-35　绘制结果　　图 15-36　绘制结果　　图 15-37　偏移结果

步骤 07　使用快捷键 I 执行【插入块】命令，插入下载文件中的“/图块文件/单开门.dwg”，参数设置如图 15-38 所示；插入点为图 15-39 所示的中点。

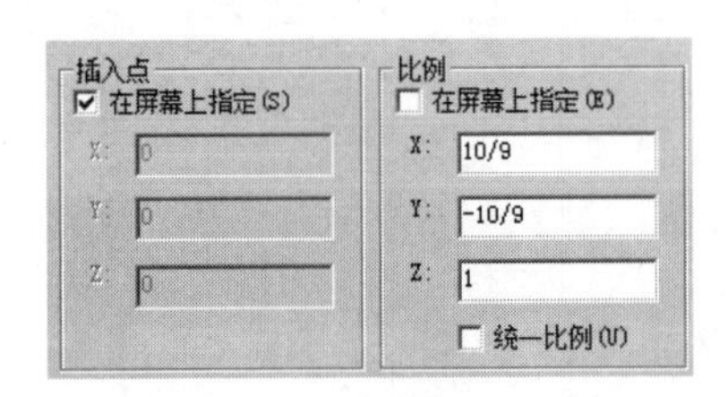

图 15-38　插入块

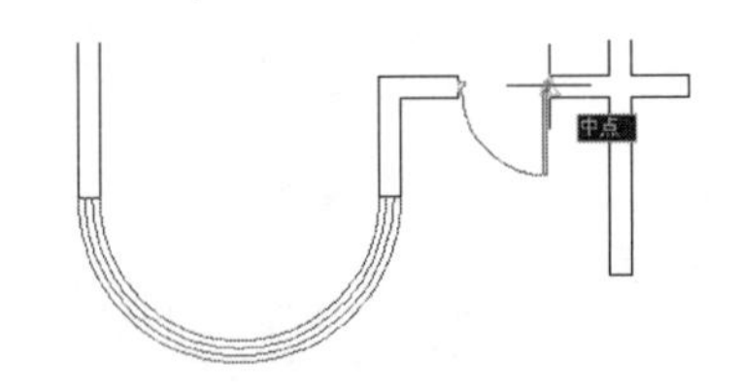

图 15-39　插入结果

步骤 08　重复执行【插入块】命令，设置参数如图 15-40 所示；插入点为如图 15-41 所示的中点。

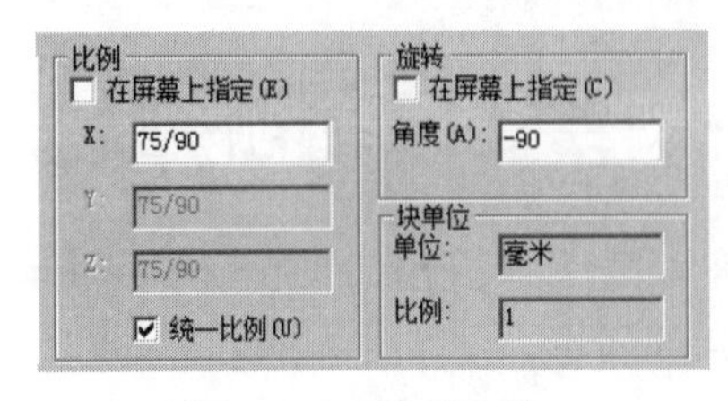

图 15-40　设置参数

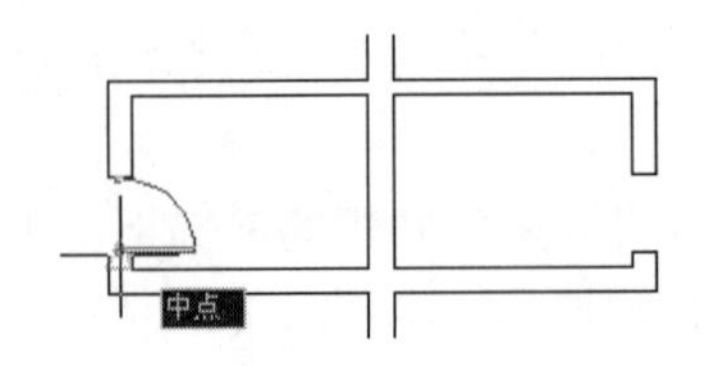

图 15-41　捕捉中点

步骤 09　重复执行【插入块】命令，设置参数如图 15-42 所示；插入点为如图 15-43 所示的中点。

步骤 10　单击【默认】选项卡/【绘图】面板上的按钮，配合【捕捉自】功能绘制卫生间隔断。命令行提示如下：

```
命令: _rectang
指定第一个角点或 [倒角(C)/标高(E)/圆角(F)/厚度(T)/宽度(W)]: //激活【捕捉自】功能
_from 基点:                                    //捕捉如图 15-44 所示的端点
<偏移>:                                        //@1020,0 Enter
指定另一个角点或 [面积(A)/尺寸(D)/旋转(R)]:  //@40,450 Enter
命令:                                          // Enter
RECTANG 指定第一个角点或 [倒角(C)/标高(E)/圆角(F)/厚度(T)/宽度(W)]: //激活【捕捉自】功能
_from 基点:                                   //捕捉刚绘制的矩形左上角点
<偏移>:                                       //@0,620 Enter
指定另一个角点或 [面积(A)/尺寸(D)/旋转(R)]: //@40,550 Enter，绘制结果如图 15-45 所示
```

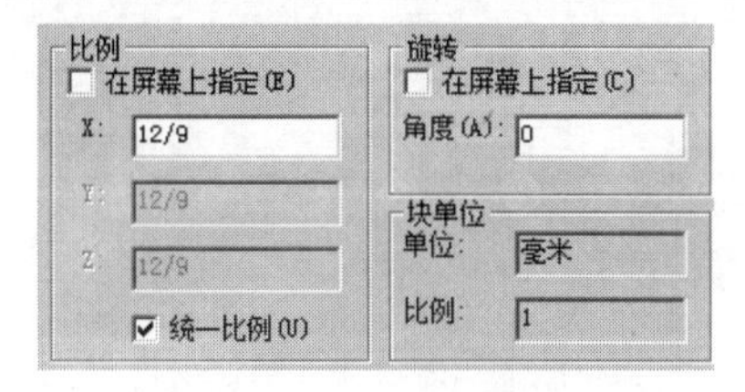

图 15-42　设置参数

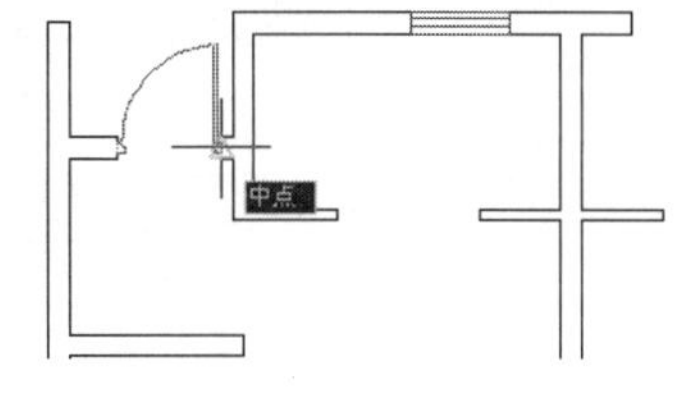

图 15-43　捕捉中点

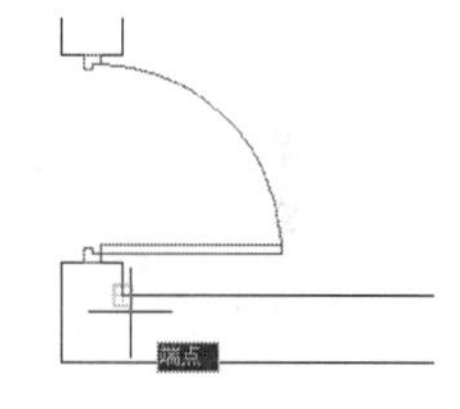

图 15-44　捕捉端点

步骤 11　单击【默认】选项卡/【绘图】面板上的按钮，配合【捕捉自】功能绘制推拉门。命令行提示如下：

```
命令: _rectang
指定第一个角点或 [倒角(C)/标高(E)/圆角(F)/厚度(T)/宽度(W)]:  //捕捉如图 15-46 所示的中点
指定另一个角点或 [面积(A)/尺寸(D)/旋转(R)]:                  //@550,40 Enter
命令:
RECTANG 指定第一个角点或 [倒角(C)/标高(E)/圆角(F)/厚度(T)/宽度(W)]:
                                        //捕捉刚绘制的矩形下侧水平边的中点
指定另一个角点或 [面积(A)/尺寸(D)/旋转(R)]:   //@550,-40 Enter，绘制结果如图 15-47 所示
```

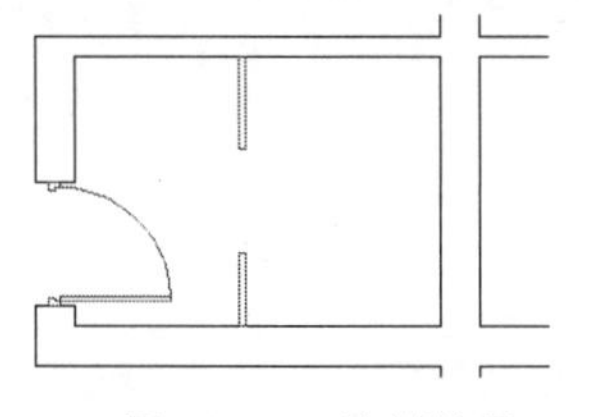

图 15-45　绘制结果

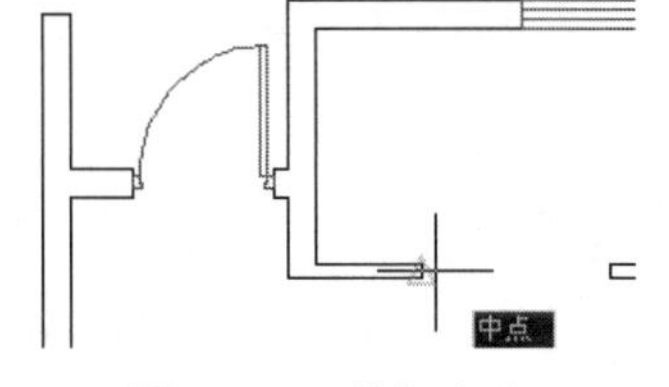

图 15-46　捕捉中点

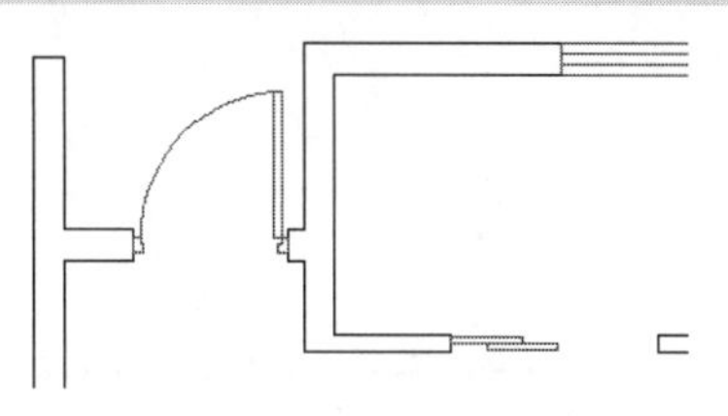

图 15-47　绘制结果

步骤 12　单击【默认】选项卡/【修改】面板上的按钮，配合【两点之间的中点】捕捉功能对矩形推拉门进行镜像，结果如图 15-48 所示。

步骤 13　单击【默认】选项卡/【图层】面板/【图层】下拉列表，将“图块层”设置为当前图层。

步骤 14　使用快捷键 I 执行【插入块】命令，以 0.8 倍的缩放比例插入下载文件中的“/图块文件/马桶 03.dwg”。

步骤 15　在命令行“指定插入点或 [基点(B)/比例(S)/旋转(R)]: ”提示下，向左引出如图 15-49 所

示的对象追踪虚线，然后输入 600 后按 Enter 键，插入结果如图 15-50 所示。

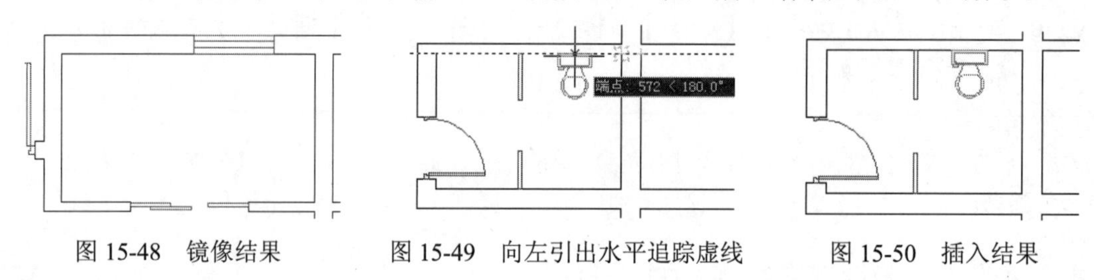

图 15-48　镜像结果　　图 15-49　向左引出水平追踪虚线　　图 15-50　插入结果

步骤 16　重复执行【插入块】命令，使用默认参数，分别插入下载文件中的“/图块文件/”目录下的“排气扇.dwg、淋浴器 02.dwg 和洗手盆.dwg”，结果如图 15-51 所示。

步骤 17　单击【默认】选项卡/【修改】面板上的按钮，选择平面图各位置的窗、门及卫生设施构件进行镜像，结果如图 15-52 所示。

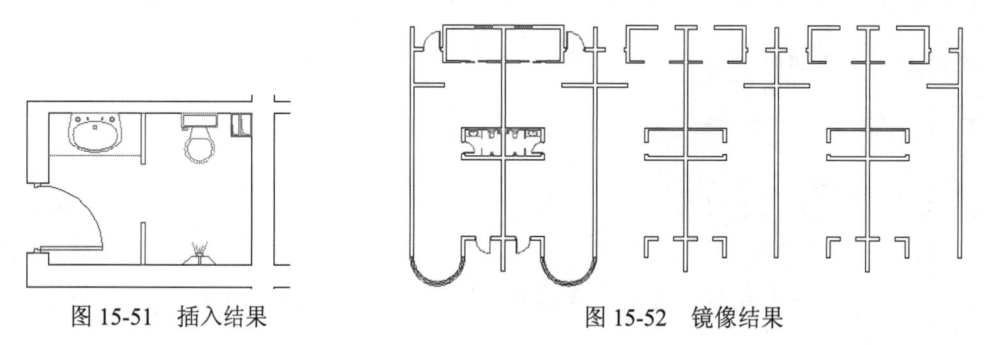

图 15-51　插入结果　　图 15-52　镜像结果

步骤 18　展开【图层】下拉列表，暂时关闭“墙线层”，此时平面图的显示效果如图 15-53 所示。

步骤 19　单击【默认】选项卡/【修改】面板上的按钮，选择如图 15-53 所示的门窗及设施构件进行阵列 3 份，其中列间距为 11600，阵列结果如图 15-54 所示。

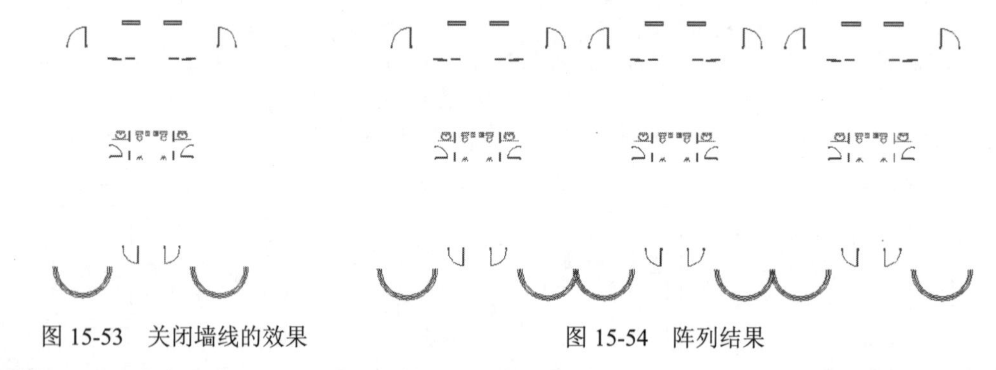

图 15-53　关闭墙线的效果　　图 15-54　阵列结果

步骤 20　单击【默认】选项卡/【图层】面板/【图层】下拉列表，打开“墙线层”，平面图的显示效果如图 15-55 所示。

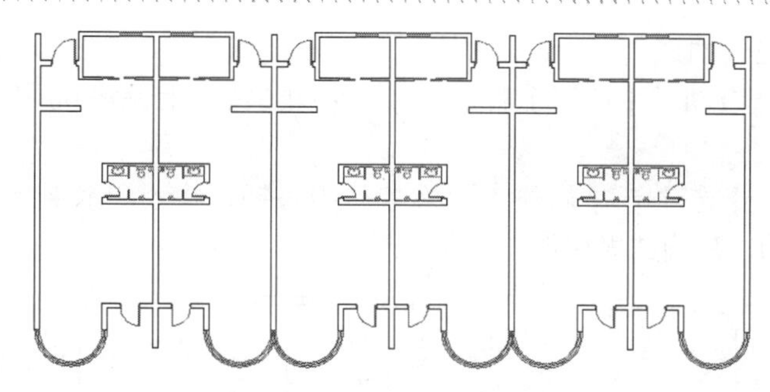

图 15-55　打开墙线后的效果

步骤 21　使用快捷键 F 执行【圆角】命令，对下侧的弧形阳台轮廓线进行编辑完善，结果如图 15-56 所示。

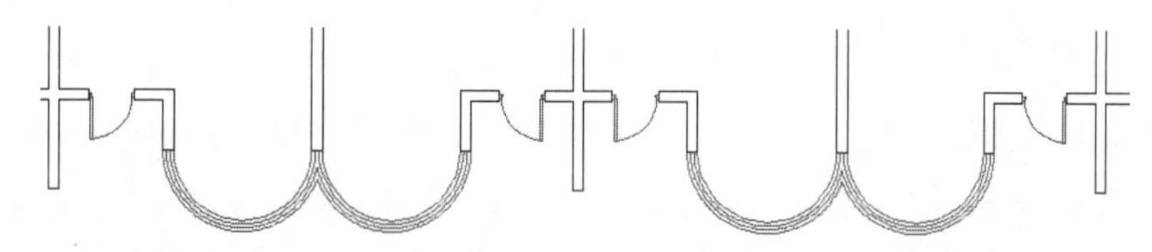

图 15-56　完善结果

在对弧形阳台轮廓线进行圆角编辑时，可以将圆角半径设置为 0，然后快速为阳台轮廓线进行编辑完善。

步骤 22　最后执行【另存为】命令，将图形另存为“综合范例三.dwg”。

15.4　综合范例四——绘制建筑构件图

本例在综合巩固所学知识的前提下，主要学习楼梯、台阶、散水、平面柱等构件的绘制过程和技巧。本例最终绘制效果如图 15-57 所示。

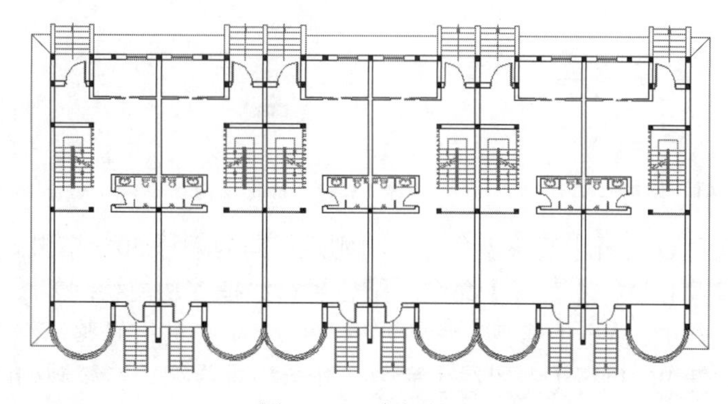

图 15-57　实例效果

操作步骤：

步骤 01　打开下载文件中的“/效果文件/第 15 章/综合范例三.dwg”文件。

步骤 02　单击【默认】选项卡/【图层】面板/【图层】下拉列表，将“楼梯层”设为当前层。

步骤 03　使用快捷键 XL 执行【构造线】命令，配合端点捕捉功能绘制如图 15-58 所示的构造线以作为定位辅助线。

步骤 04　使用快捷键 O 执行【偏移】命令，将水平构造线向上偏移 60 和 1320 个单位，结果如图 15-59 所示。

步骤 05　单击【默认】选项卡/【修改】面板上的按钮，将上侧水平造构线阵列 9 份，其中行间距为 260，阵列结果如图 15-60 所示。

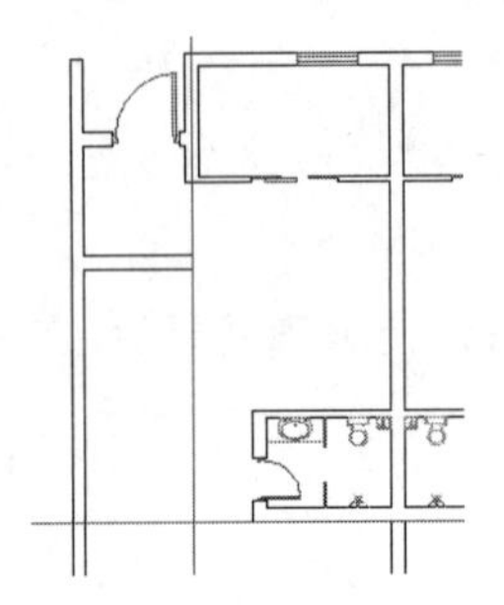
图 15-58　绘制构造线

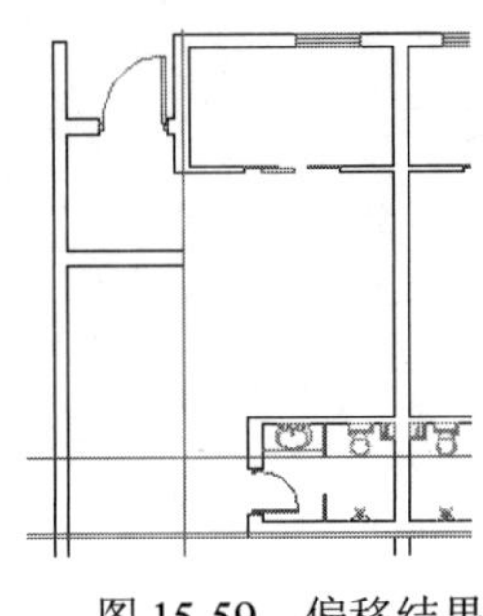
图 15-59　偏移结果

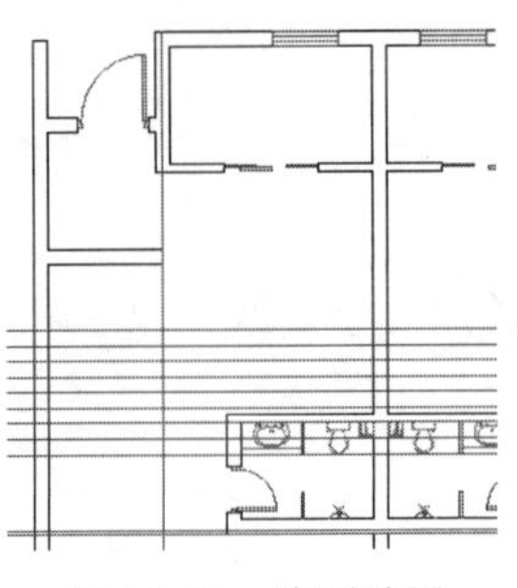
图 15-60　阵列结果

步骤 06　使用快捷键 TR 执行【修剪】命令，对构造线进行修剪，结果如图 15-61 所示。

步骤 07　单击【默认】选项卡/【绘图】面板上的按钮，配合【捕捉自】功能绘制楼梯扶手轮廓线。命令行提示如下：

```
命令: _rectang
指定第一个角点或 [倒角(C)/标高(E)/圆角(F)/厚度(T)/宽度(W)]: //激活【捕捉自】功能
_from 基点:                                  //捕捉如图 15-62 所示的中点
<偏移>:                                      // @-60,-60 Enter
指定另一个角点或 [面积(A)/尺寸(D)/旋转(R)]:
                           //@120,2200 Enter，结果如图 15-63 所示
```

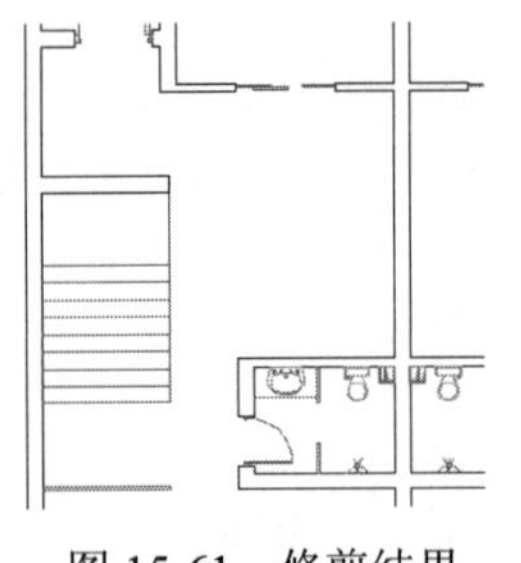
图 15-61　修剪结果

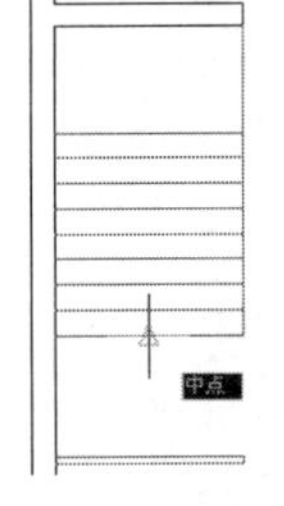

图 15-62　捕捉中点

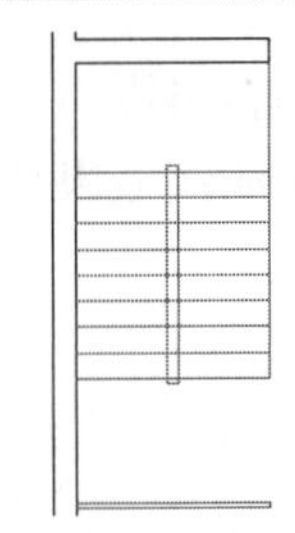
图 15-63　绘制结果

步骤 08　使用快捷键 O 执行【偏移】命令，将刚矩形向内偏移 50，结果如图 15-64 所示。

步骤 09　使用快捷键 L 执行【直线】命令，配合平行线捕捉功能绘制如图 15-65 所示的折断线。

步骤 10　使用快捷键 TR 执行【修剪】命令，对楼梯台阶线进行修整，结果如图 15-66 所示。

步骤 11　使用快捷键 PL 执行【多段线】命令，配合极轴追踪功能绘制如图 15-67 所示的多段线作为方向示意线。

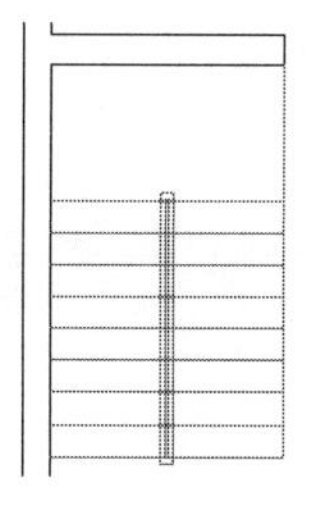

图 15-64　偏移结果

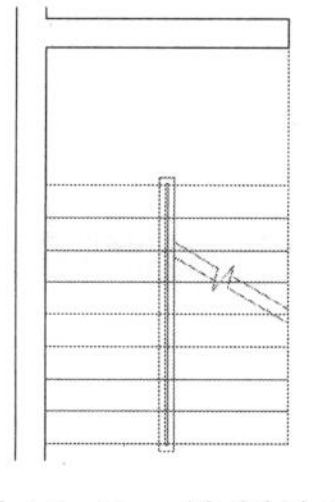

图 15-65　绘制结果

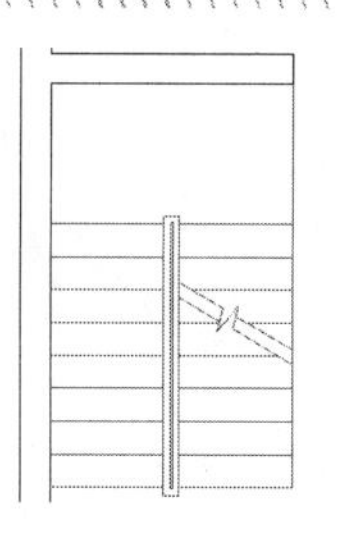

图 15-66　修剪结果

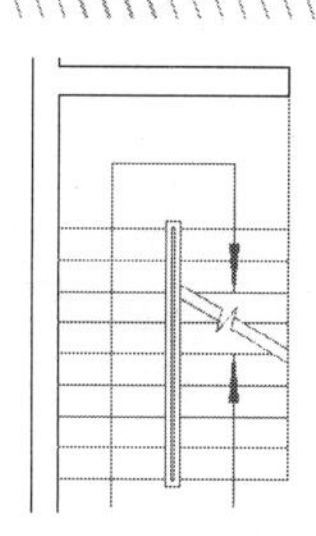

图 15-67　绘制方向线

步骤 12　使用快捷键 REC 执行【矩形】命令，配合端点捕捉功能绘制长度为 120、宽度为 75 的矩形，结果如图 15-68 所示。

步骤 13　单击【默认】选项卡/【修改】面板上的按钮，将刚绘制的矩形阵列 13 份，其中行间距为 250，阵列结果如图 15-69 所示。

步骤 14　单击【默认】选项卡/【绘图】面板上的按钮，配合端点捕捉和延伸捕捉功能绘制如图 15-70 所示的水平构造线和垂直构造线。

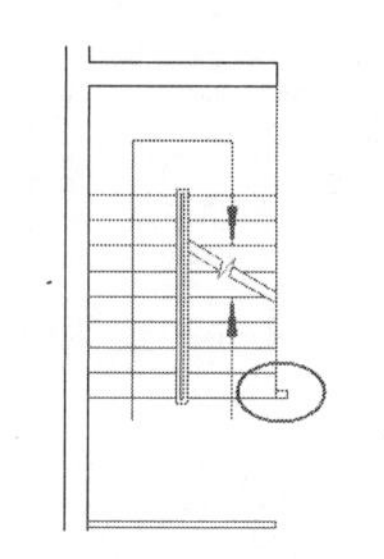

图 15-68　绘制结果

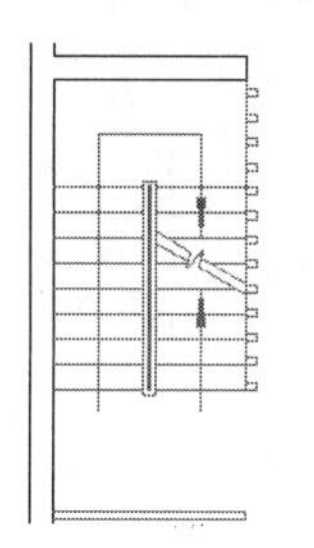

图 15-69　阵列结果

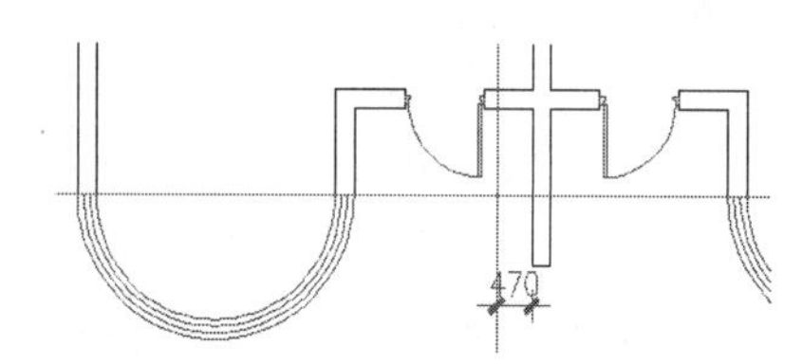

图 15-70　绘制结果

步骤 15　单击【默认】选项卡/【修改】面板上的按钮，将垂直构造线向左偏移 60、1260 和 1320 个单位，将水平构造线向下偏移 2400 个单位，结果如图 15-71 所示。

步骤 16　单击【默认】选项卡/【修改】面板上的按钮，修剪构造线，结果如图 15-72 所示。

步骤 17　单击【默认】选项卡/【修改】面板上的按钮，选择修剪后的水平台阶线阵列 10 份，其中行间距为-260，阵列结果如图 15-73 所示。

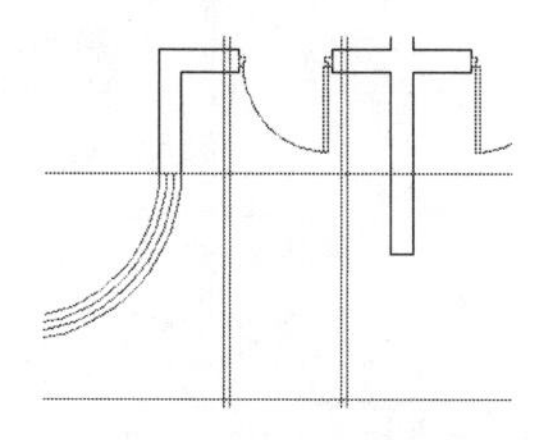

图 15-71　偏移结果

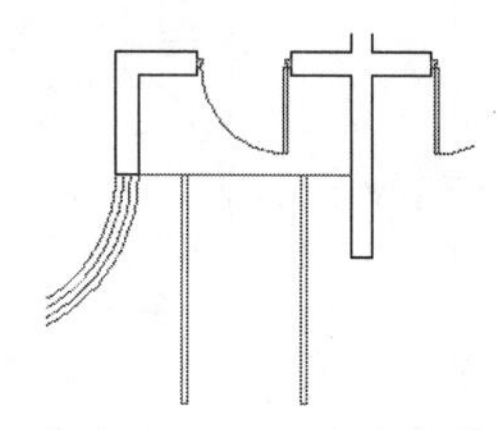

图 15-72　编辑结果

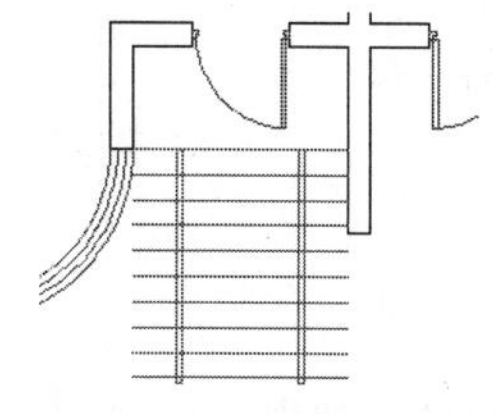

图 15-73　阵列结果

步骤 18　使用快捷键 TR 执行【修剪】命令，对阵列出的台阶进行修剪，结果如图 15-74 所示。

步骤 19　使用快捷键 PL 执行【多段线】命令，配合中点捕捉和对象追踪功能绘制如图 15-75 所示的方向示意线。

步骤 20　参照上述操作，综合使用【矩形】、【直线】、【阵列】等命令绘制上侧的台阶轮平面图，结果如图 15-76 所示。

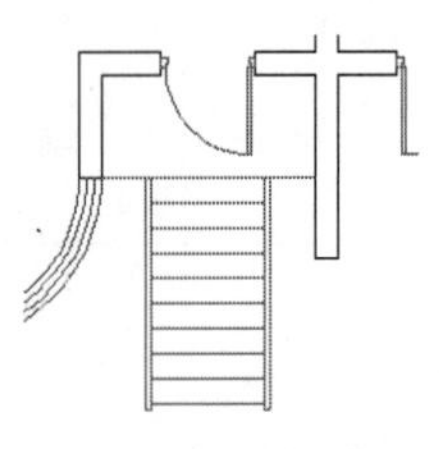

图 15-74 修剪结果

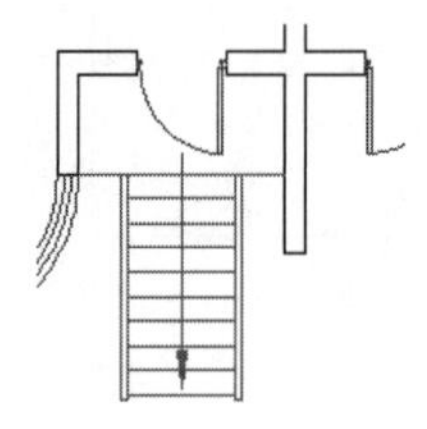
图 15-75 绘制方向线

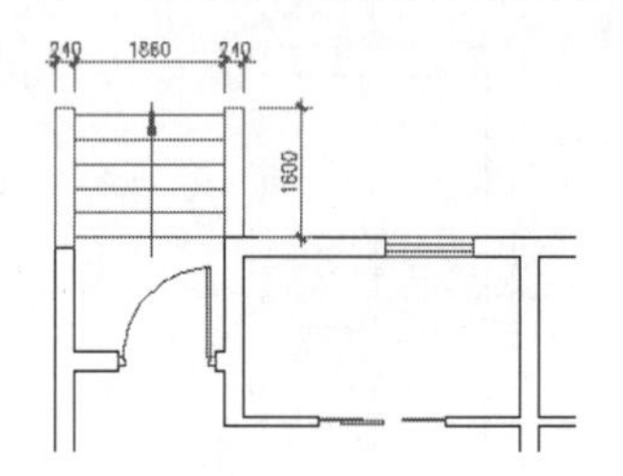

图 15-76 绘制结果

步骤 21 单击【默认】选项卡/【图层】面板/【图层】下拉列表，将“其他层”设为当前图层。

步骤 22 单击【默认】选项卡/【绘图】面板上的□按钮，以如图 15-77 所示的端点作为左下角点，绘制边长为 240 的矩形柱，结果如图 15-78 所示。

步骤 23 单击【默认】选项卡/【绘图】面板上的▦按钮，为矩形柱填充实体图案，结果如图 15-79 所示。

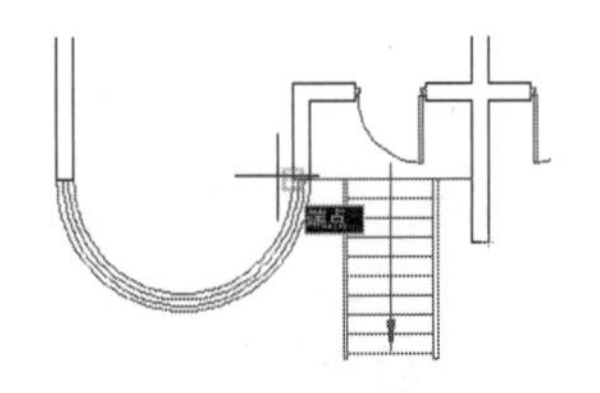

图 15-77 捕捉端点

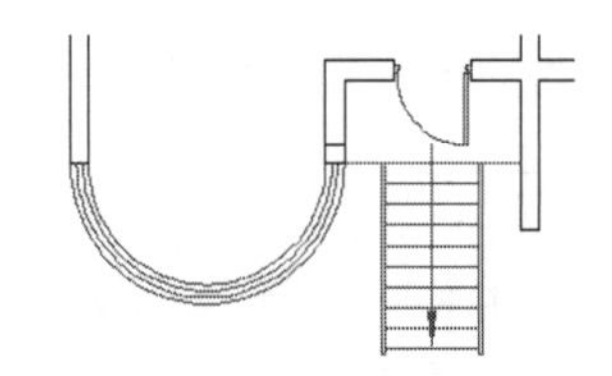
图 15-78 绘制矩形柱

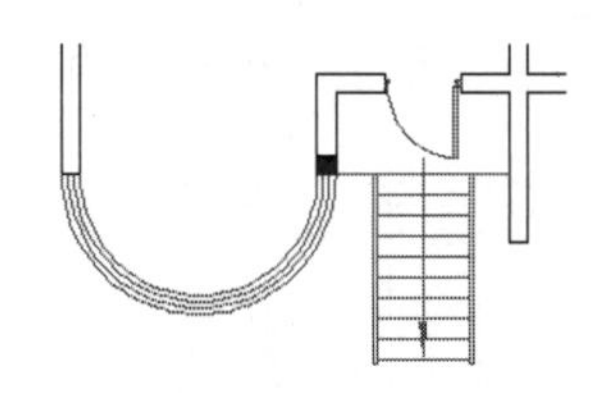
图 15-79 填充结果

步骤 24 单击【默认】选项卡/【修改】面板上的%按钮，配合捕捉和追踪功能，对填充后的柱子进行复制，复制结果如图 15-80 所示。

步骤 25 使用快捷键 L 执行【直线】命令，配合端点捕捉功能绘制如图 15-81 所示的轮廓线。

步骤 26 单击【默认】选项卡/【修改】面板上的⚠按钮，选择楼梯、台阶、平面柱等建筑构件进行镜像，结果如图 15-82 所示。

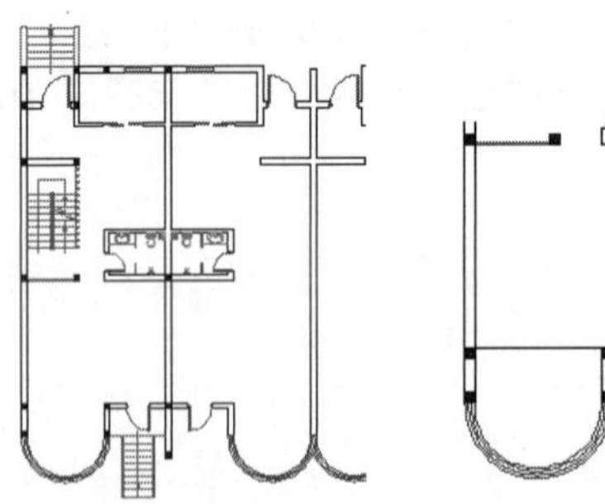
图 15-80 复制结果

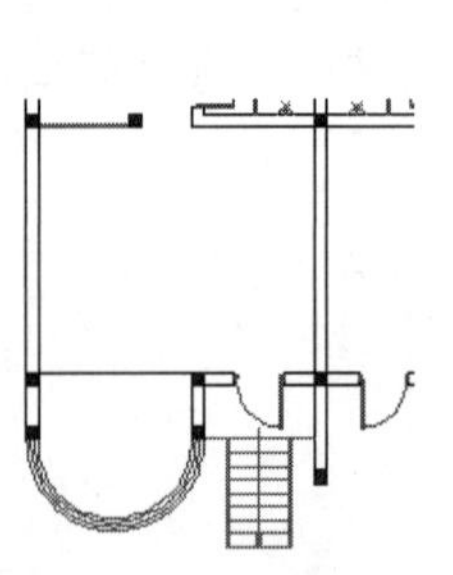
图 15-81 绘制结果

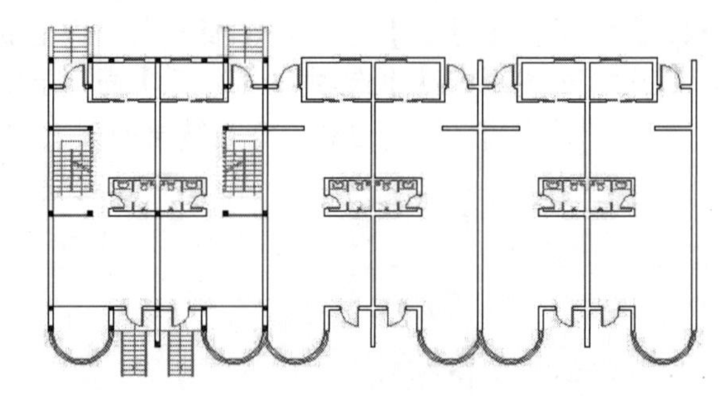
图 15-82 镜像结果

步骤 27 展开【图层】下拉列表，暂时关闭“墙线层、门窗层和图块层”，此时平面图的显示效果如图 15-83 所示。

步骤 28 单击【默认】选项卡/【修改】面板上的%按钮，选择楼梯、台阶及柱子（最左侧一列柱子除外）等建筑构件，水平向右复制 11600 和 23200，结果如图 15-84 所示。

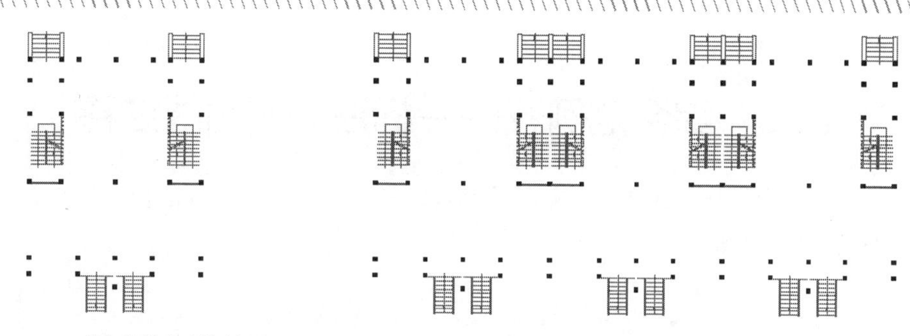

图 15-83　关闭图层后的效果　　　　图 15-84　复制结果

步骤 29 展开【图层】下拉列表，打开被关闭的“墙线层、门窗层和图块层”，结果如图 15-85 所示。

> **技巧提示** 在绘图过程中巧妙关闭与当前操作不相关的图层，可以非常方便图形对象的快速选择，以加快绘图速度。

步骤 30 使用快捷键 XL 执行【构造线】命令，在平面图四侧绘制图 15-86 所示的 4 条构造线。

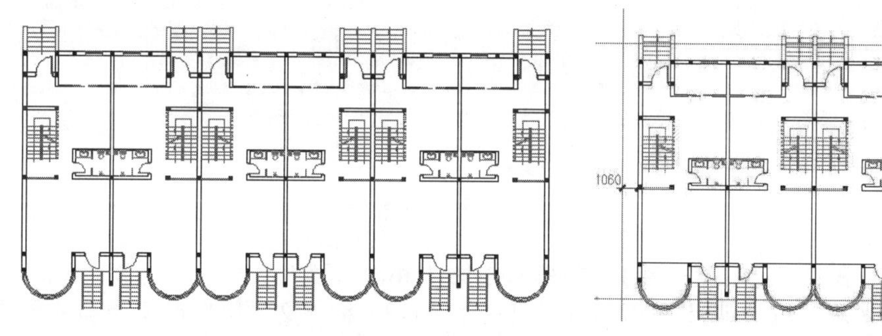

图 15-85　打开图层后的效果

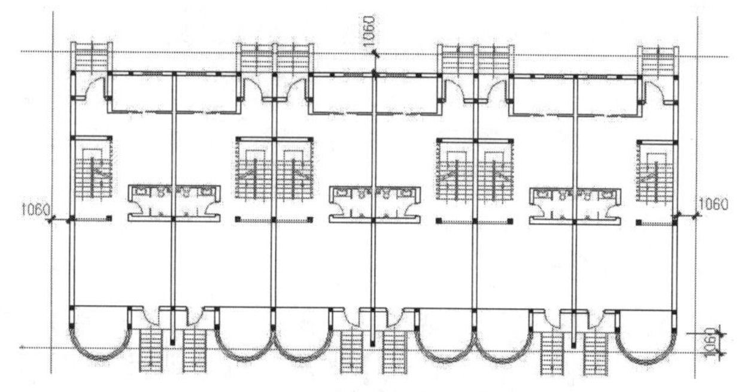

图 15-86　绘制结果

步骤 31 使用快捷键 TR 执行【修剪】命令，将构造线进行修剪，结果如图 15-87 所示。

步骤 32 使用快捷键 L 执行【直线】命令，配合交点捕捉或端点捕捉功能绘制如图 15-88 所示的散水拐角示意线。

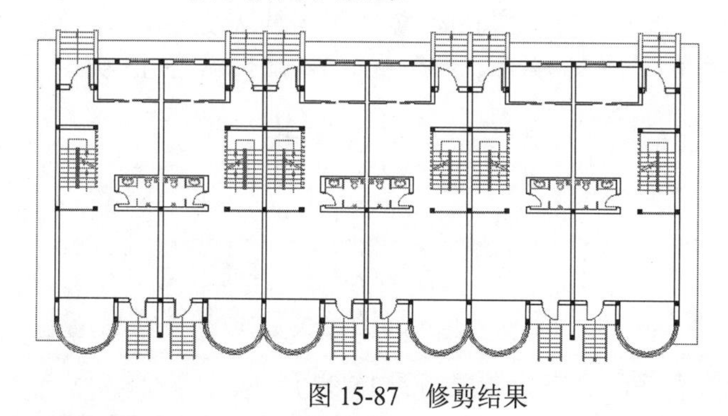

图 15-87　修剪结果

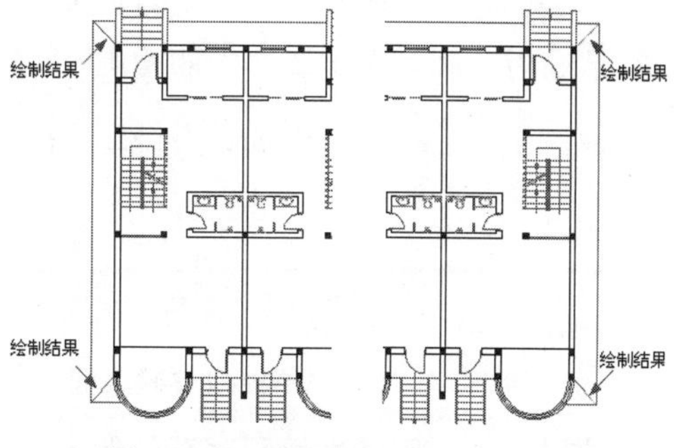

图 15-88　绘制结果

步骤 33 最后执行【另存为】命令，将图形另存为“综合范例四.dwg”。

15.5 综合范例五——标注房间功能注释

本例在综合巩固所学知识的前提下，主要学习联体别墅房间功能注释的快速标注方法和技巧。本例最终标注效果如图 15-89 所示。

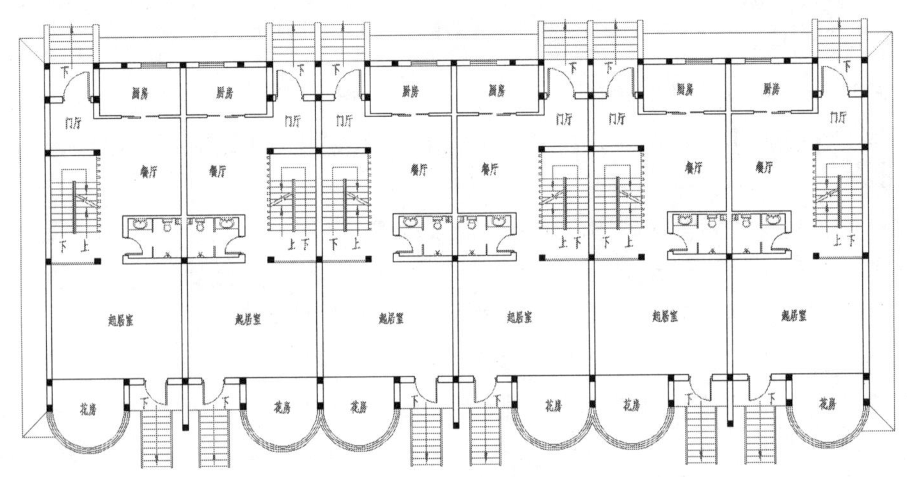

图 15-89 实例效果

操作步骤：

步骤 01 打开下载文件中的“/效果文件/第 15 章/综合范例四.dwg”文件。

步骤 02 单击【默认】选项卡/【图层】面板/【图层】下拉列表，将“文本层”设置为当前图层。

步骤 03 单击【默认】选项卡/【注释】面板/【文字样式】下拉列表，将“仿宋体”设为当前文字样式。

步骤 04 单击【默认】选项卡/【注释】面板上的按钮，在左下侧花房位置拾取文字的起点。

步骤 05 在“指定高度 <2.5>:”提示下，输入 380 后按 Enter 键，设置文字的高度。

步骤 06 在“指定文字的旋转角度 <0.00>:”提示下直接按 Enter 键，采用默认设置。

步骤 07 此时绘图区出现如图 15-90 所示的单行文字输入框，然后输入“花房”，如图 15-91 所示。

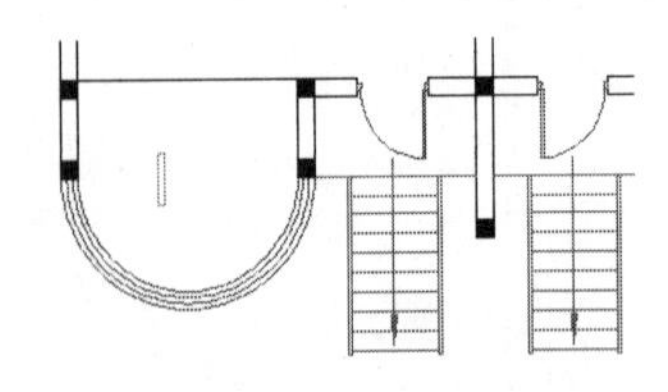

图 15-90 文字输入框

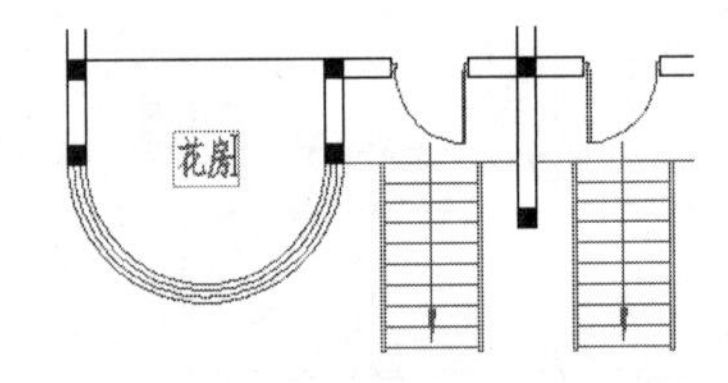

图 15-91 输入文字

步骤 08 分别将光标移动至其他房间，标注各房间文字，结果如图 15-92 所示。

步骤 09 单击【默认】选项卡/【修改】面板上的按钮，配合中点捕捉功能，选择刚标注的单行文字注释进行镜像，结果如图 15-93 所示。

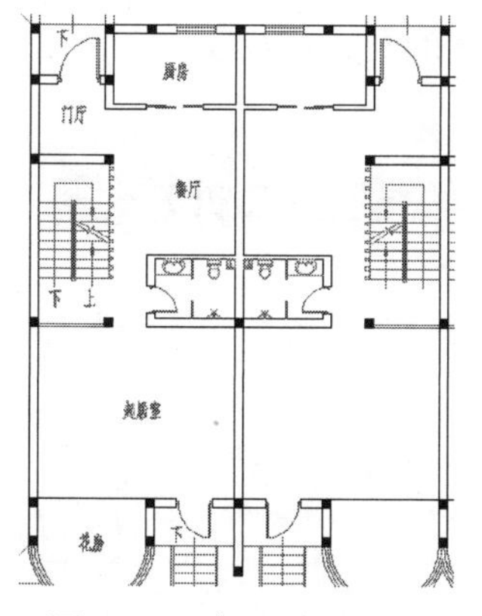

图 15-92　标注结果

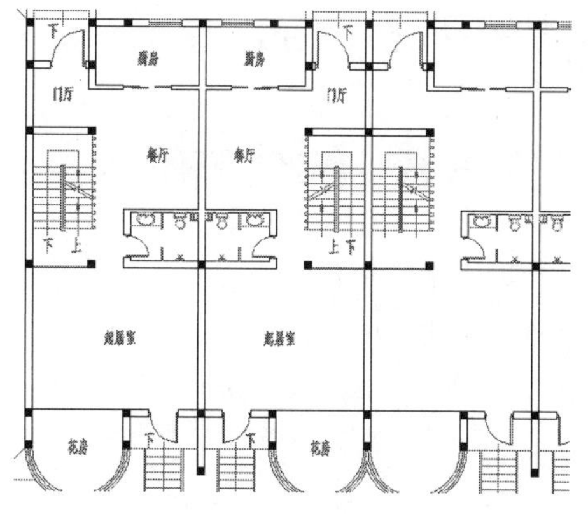

图 15-93　镜像结果

步骤 10　单击【默认】选项卡/【实用工具】面板上的按钮，设置过滤参数如图 15-94 所示,选择所有位于“文本层”上的对象，结果如图 15-95 所示。

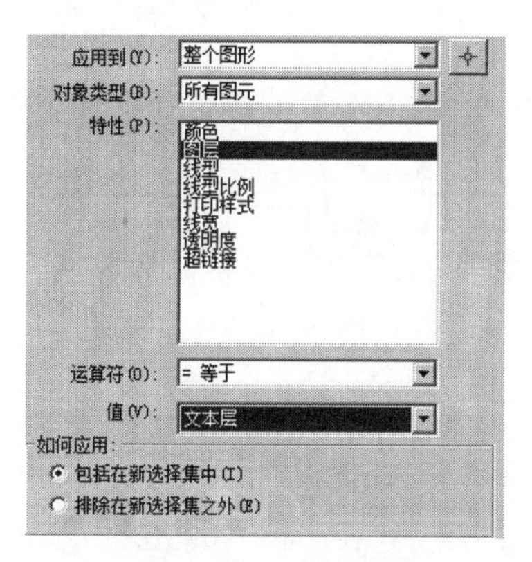

图 15-94　设置参数

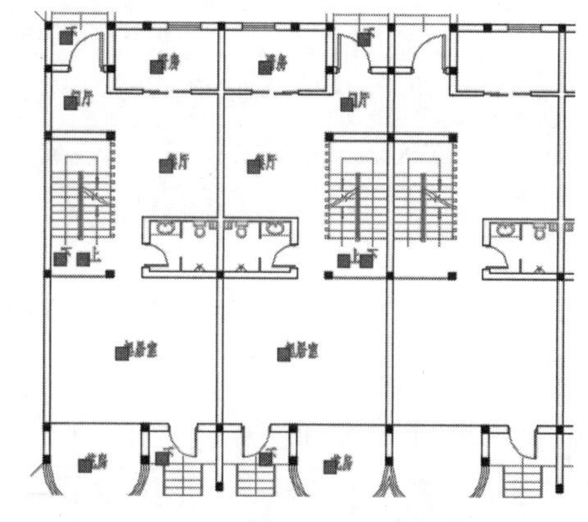

图 15-95　选择结果

步骤 11　单击【默认】选项卡/【修改】面板上的按钮，将选择的文字阵列 3 份，其中列间距为 11600，阵列结果如图 15-96 所示。

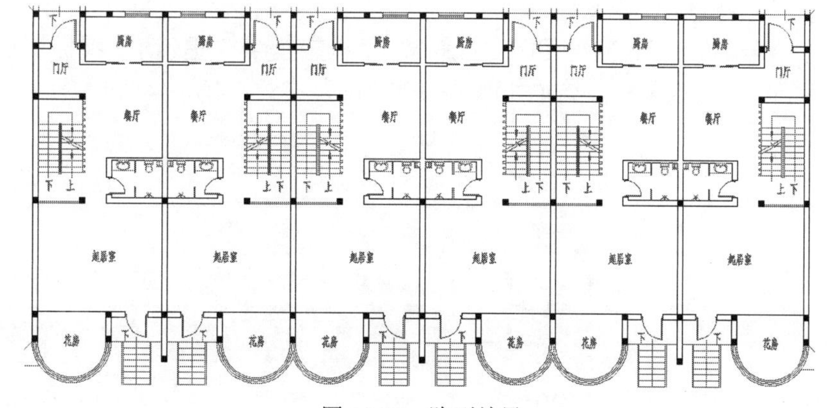

图 15-96　阵列结果

巧妙使用【快速选择】命令，可以快速选择具有某一共性的所有图形对象，比如位于同一图层的上所有对象。

步骤 12　最后执行【另存为】命令，将图形另存为“综合范例五.dwg”。

15.6　综合范例六——标注建筑室内外标高

本例在综合巩固所学知识的前提下，主要学习联体别墅室内外标高尺寸的快速标注方法和技巧。本例最终标注效果如图 15-97 所示。

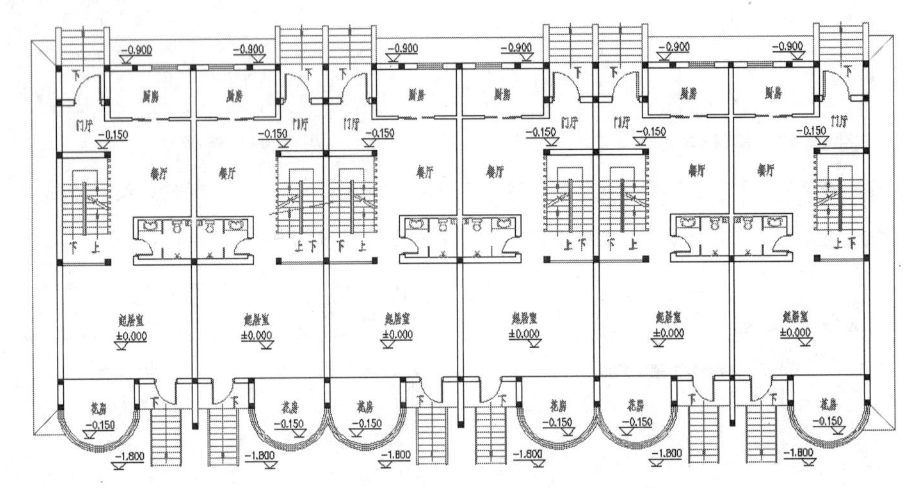

图 15-97　实例效果

操作步骤：

步骤 01　打开下载文件中的“/效果文件/第 15 章/综合范例五.dwg”文件。

步骤 02　单击【默认】选项卡/【图层】面板/【图层】下拉列表，将“0 图层”设置为当前图层。

步骤 03　启用【极轴追踪】功能并设置极轴角为 45°，然后使用快捷键 PL 执行【多段线】命令绘制如图 15-98 所示的标高符号。

步骤 04　单击【默认】选项卡/【块】面板上的按钮，在打开【属性定义】对话框中设置属性参数，如图 15-99 所示。

步骤 05　单击 确定 按钮返回绘图区，在命令行“指定起点：”提示下，捕捉标高符号右侧端点，为标高符号定义属性，结果如图 15-100 所示。

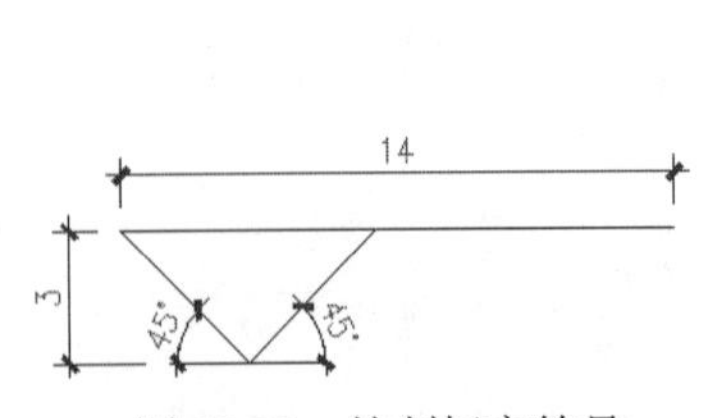

图 15-98　绘制标高符号

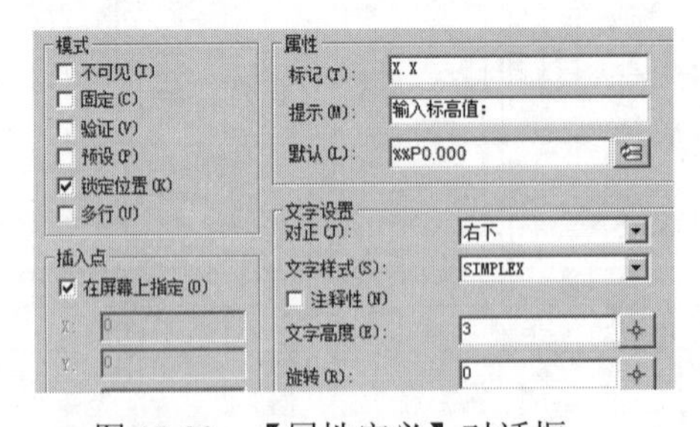

图 15-99　【属性定义】对话框

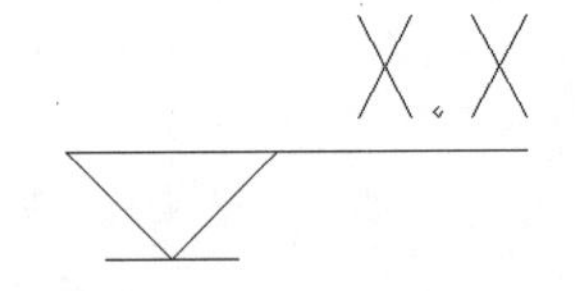

图 15-100　定义属性

步骤 06　使用快捷键 B 执行【创建块】命令，将标高符号和定义的属性一起创建为内部块，基点为标高符号最下侧端点。

步骤 07　单击【默认】选项卡/【图层】面板/【图层】下拉列表，将“其他层”设置为当前图层。

步骤 08　使用快捷键 I 执行【插入块】命令，采用默认属性值插入刚定义的“标高符号”属性块，块的缩放比例为 100，插入结果如图 15-101 所示。

步骤 09　使用快捷键 CO 执行【复制】命令，选择标高尺寸进行复制，结果如图 15-102 所示。

步骤 10　单击【默认】选项卡/【块】面板上的按钮，在命令行提示下选择下侧的标高属性块，在打开的对话框中修改属性值，如图 15-103 所示。

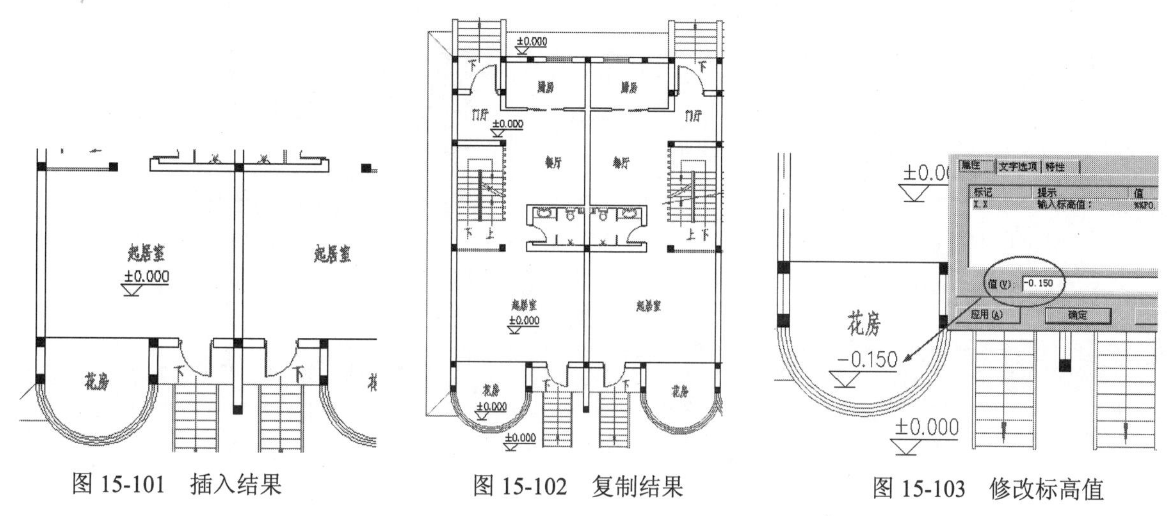

图 15-101　插入结果　　图 15-102　复制结果　　图 15-103　修改标高值

步骤 11　在【增强属性编辑器】对话框中单击【选择块】按钮，返回绘图区分别拾取其他位置的标高尺寸属性块，修改各位置的标高值，结果如图 15-104 所示。

步骤 12　单击【默认】选项卡/【修改】面板上的按钮，选择标高进行镜像，结果如图 15-105 所示。

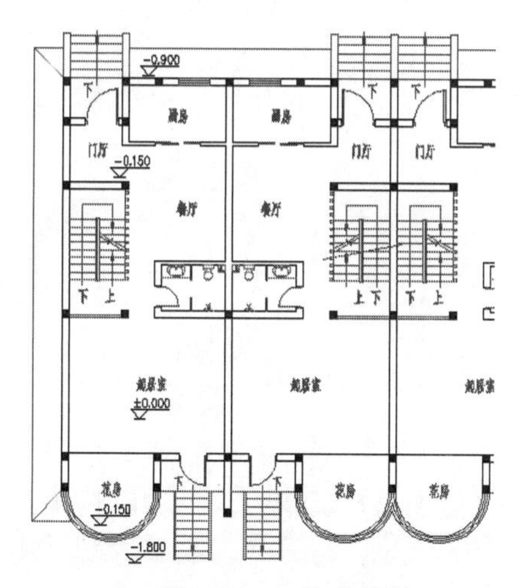

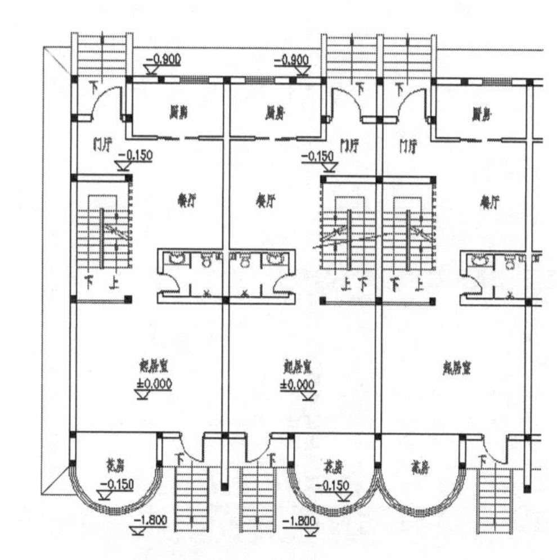

图 15-104　修改结果　　图 15-105　镜像结果

步骤 13　单击【默认】选项卡/【修改】面板上的按钮，将标高阵列 3 份，其中列间距为 11600，阵列结果如图 15-97 所示。

步骤 14　最后执行【另存为】命令，将图形另存为“综合范例六.dwg”。

15.7　综合范例七——标注建筑图施工尺寸

本例在综合巩固所学知识的前提下，主要学习联体别墅平面图尺寸的快速标注方法和技巧。本例最终标注效果如图 15-106 所示。

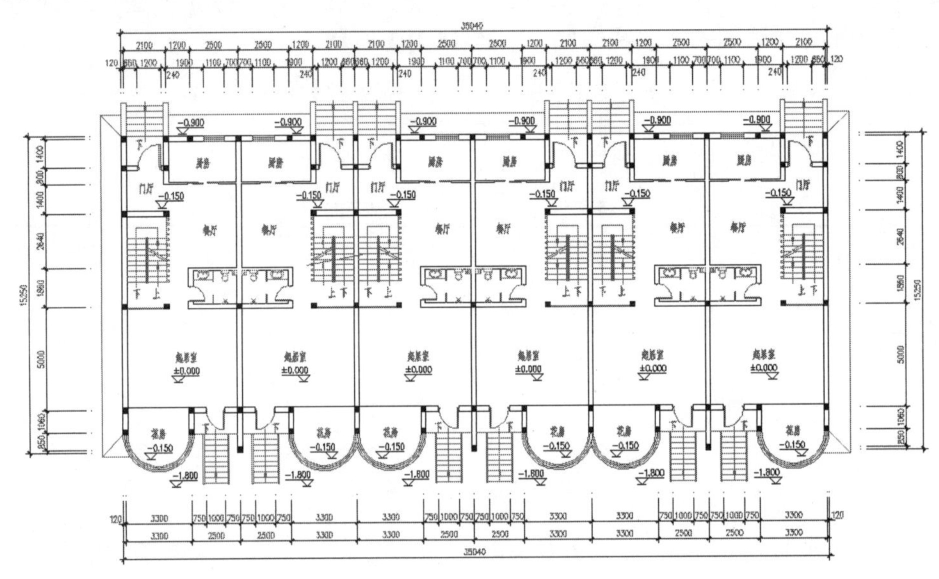

图 15-106　实例效果

操作步骤：

步骤 01　打开下载文件“/效果文件/第 15 章/综合范例六.dwg”文件。

步骤 02　使用快捷键 LA 执行【图层】命令，打开“轴线层”，冻结“文本层”，然后将“尺寸层”作为当前层，如图 15-107 所示。

步骤 03　使用快捷键 XL 执行【构造线】命令，配合端点捕捉功能，在平面图最外侧绘制如图 15-108 所示的 4 条构造线，以作为尺寸定位辅助线。

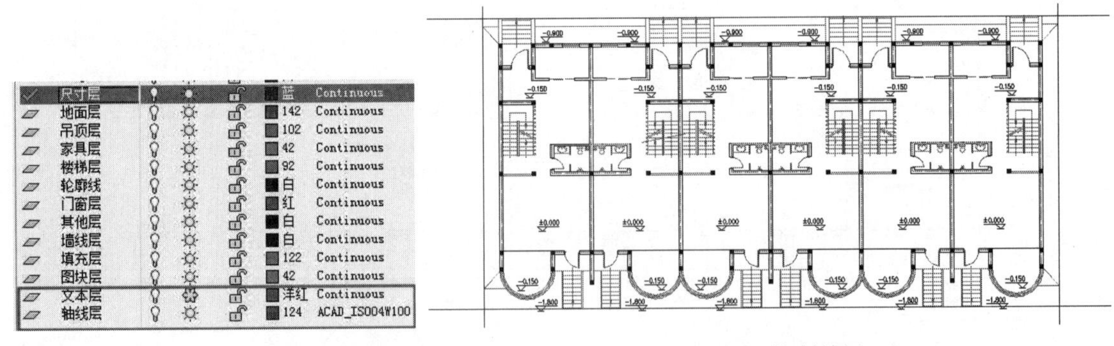

图 15-107　打开轴线层

图 15-108　绘制结果

步骤 04　使用快捷键 O 执行【偏移】命令，将 4 条构造线向外侧偏移 500，并删除源构造线。

步骤 05　使用快捷键 D 执行【标注样式】命令，将“建筑标注”设置为当前标注样式，并修改当前尺寸样式的比例为 100。

步骤 06 单击【默认】选项卡/【注释】面板上的按钮，在“指定第一个尺寸界线原点或 <选择对象>:”提示下，捕捉追踪虚线与辅助线的交点，如图 15-109 所示。

步骤 07 在“指定第二条尺寸界线原点:”提示下，捕捉追踪虚线与辅助线的交点，如图 15-110 所示。

步骤 08 在“指定尺寸线位置或[多行文字(M)/文字(T)/角度(A)/水平(H)/垂直(V)/旋转(R)]:”提示下，垂直向上引导光标，输入 1200 按 Enter 键，定位尺寸线，结果如图 15-111 所示。

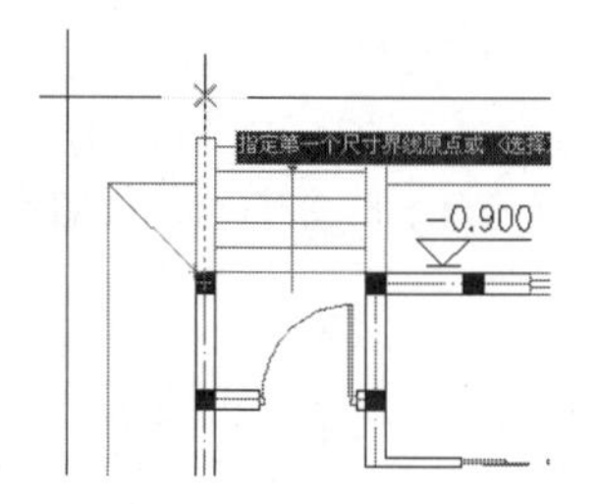

图 15-109 定位第一原点

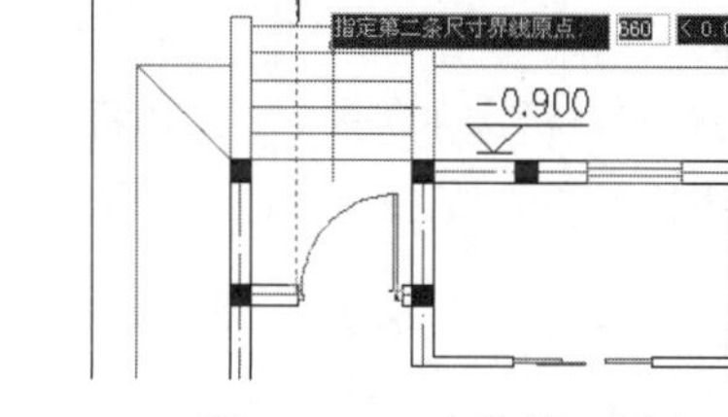

图 15-110 定位第二原点

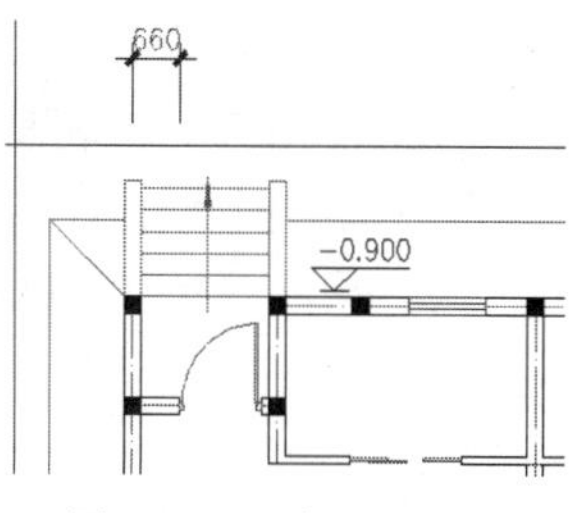

图 15-111 标注结果

步骤 09 单击【注释】选项卡/【标注】面板上的按钮，配合捕捉和追踪功能标注右侧的细部尺寸。命令行提示如下：

```
命令: _dimcontinue
指定第二条尺寸界线原点或 [放弃(U)/选择(S)] <选择>://捕捉如图 15-112 所示的虚线交点
标注文字 = 120
指定第二条尺寸界线原点或 [放弃(U)/选择(S)] <选择>://捕捉如图 15-113 所示的虚线交点
标注文字 = 240
指定第二条尺寸界线原点或 [放弃(U)/选择(S)] <选择>://捕捉如图 15-114 所示的虚线交点
标注文字 = 1900
```

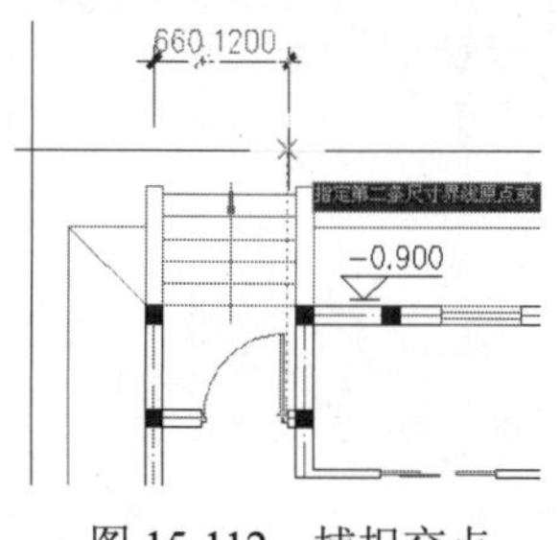

图 15-112 捕捉交点

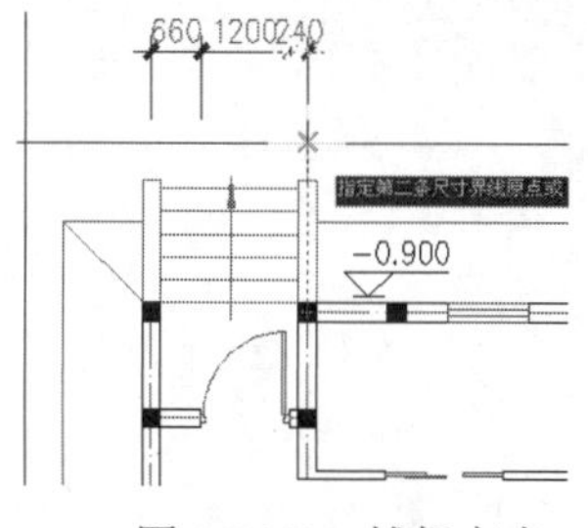

图 15-113 捕捉交点

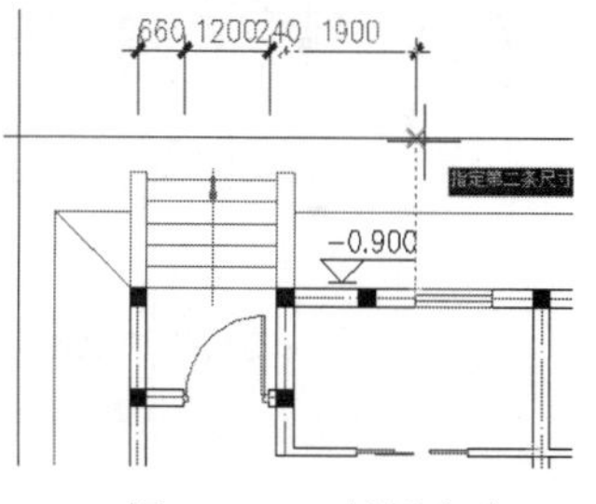

图 15-114 捕捉交点

```
指定第二条尺寸界线原点或 [放弃(U)/选择(S)] <选择>: //捕捉如图 15-115 所示的虚线交点
标注文字 = 1100
指定第二条尺寸界线原点或 [放弃(U)/选择(S)] <选择>: //捕捉如图 15-116 所示的虚线交点
标注文字 = 700
指定第二条尺寸界线原点或 [放弃(U)/选择(S)] <选择>: // Enter
选择连续标注:                                    //在左端尺寸的左尺寸界线上单击左键
指定第二条尺寸界线原点或 [放弃(U)/选择(S)] <选择>: //捕捉如图 15-117 所示的虚线交点
标注文字 = 120
指定第二条尺寸界线原点或 [放弃(U)/选择(S)] <选择>:  // Enter
选择连续标注:                                    // Enter，标注结果如图 15-118 所示
```

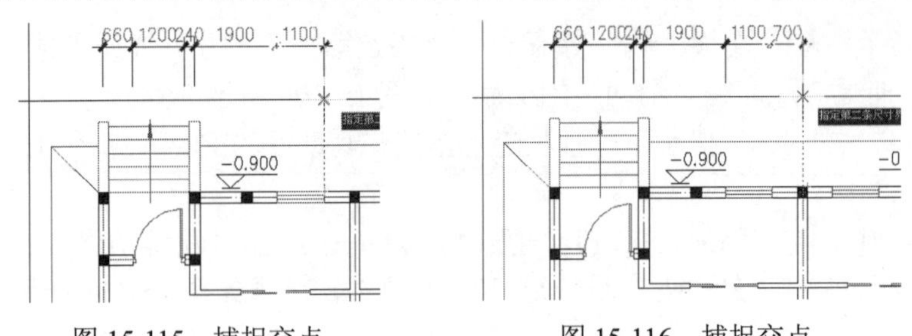

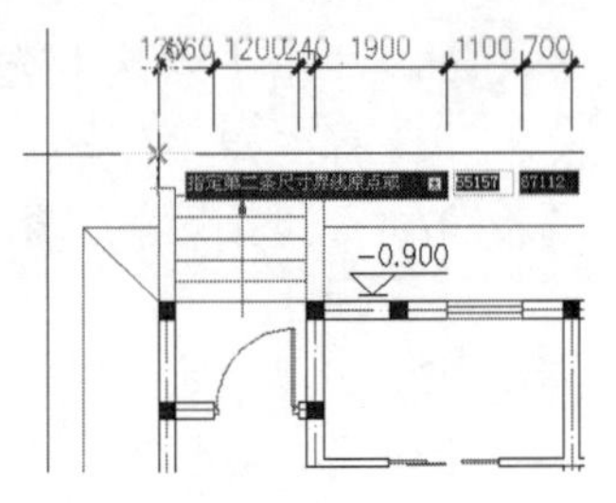

图 15-115　捕捉交点　　图 15-116　捕捉交点　　图 15-117　捕捉交点

步骤 10　使用夹点编辑功能调整墙体尺寸和墙体半宽尺寸文字的位置，结果如图 15-119 所示。

步骤 11　单击【默认】选项卡/【修改】面板上的按钮，选择如图 15-119 所示尺寸（墙体半宽尺寸除外）细部尺寸进行镜像，结果如图 15-120 所示。

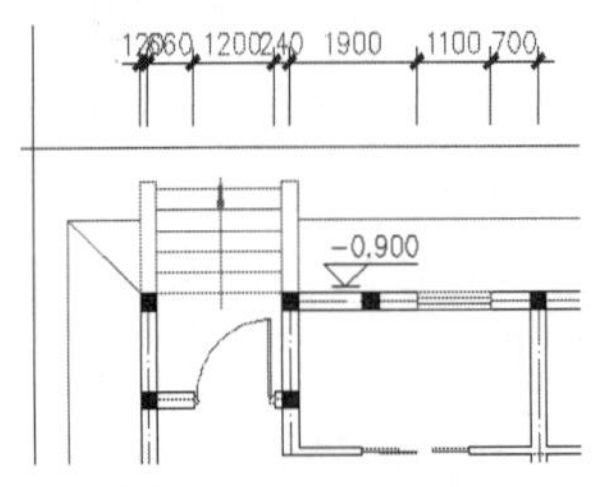

图 15-118　标注连续尺寸

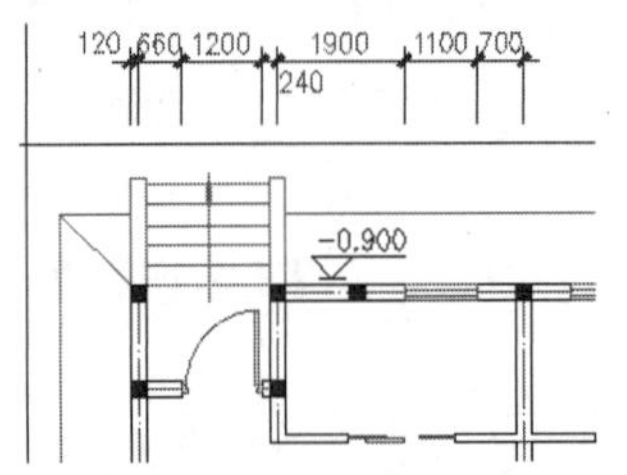

图 15-119　调整尺寸文字的位置

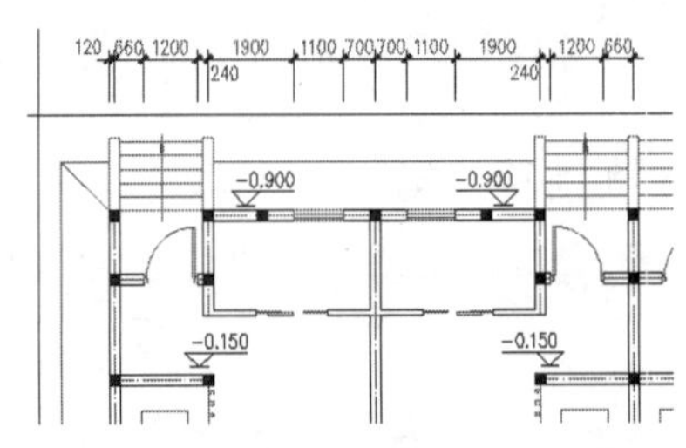

图 15-120　镜像结果

步骤 12　单击【默认】选项卡/【修改】面板上的按钮，将镜像后的尺寸（左侧墙体半宽尺寸除外）阵列 3 份，列间距为 11600，阵列结果如图 15-121 所示。

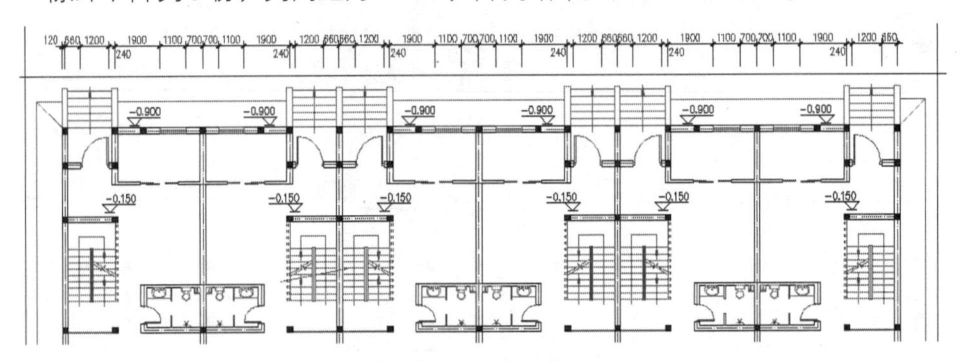

图 15-121　阵列结果

步骤 13　执行【镜像】命令，对左侧的墙体半宽尺寸进行镜像，结果如图 15-122 所示。

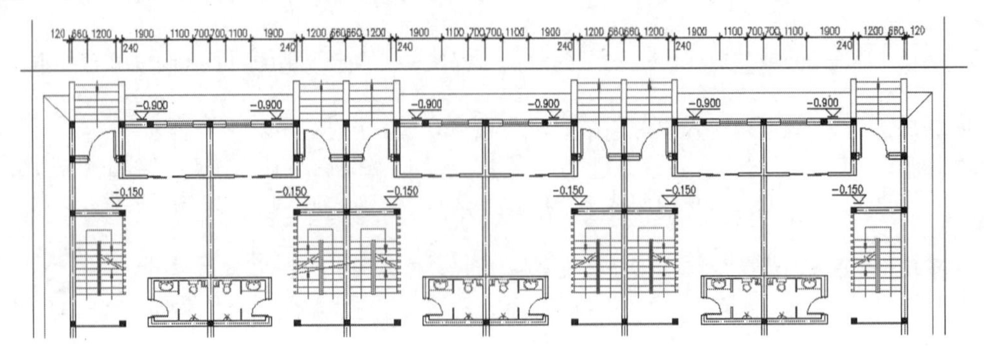

图 15-122　镜像结果

步骤 14 单击【默认】选项卡/【图层】面板/【图层】下拉列表，暂时关闭“门窗层”“楼梯层”“其他层”“图块层”和“墙线层”。

步骤 15 单击【注释】选项卡/【标注】面板上的按钮，分别选择左侧的 4 列垂直轴线，标注如图 15-123 所示的轴线尺寸，其中轴线尺寸与下侧的细部尺寸之间间隔为 850。

步骤 16 在无任何命令执行的前提下，选择刚标注的轴线尺寸，使其呈现夹点显示。

步骤 17 使用夹点拉伸功能，分别将各轴线尺寸的尺寸界线原点拉伸至尺寸定位辅助线上，结果如图 15-124 所示。

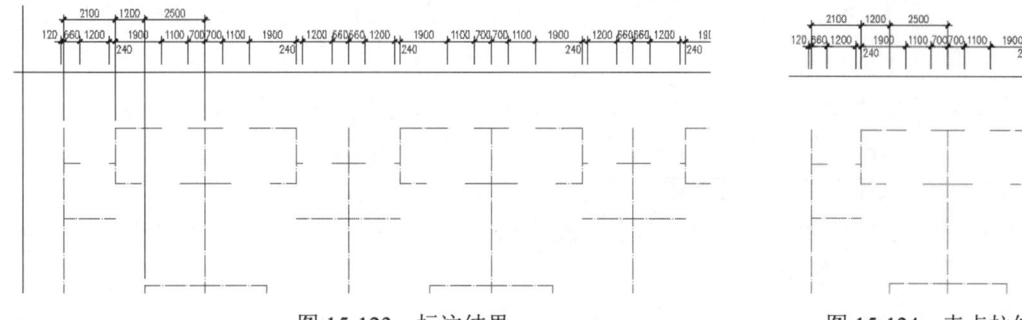

图 15-123　标注结果　　　　图 15-124　夹点拉伸

步骤 18 单击【默认】选项卡/【图层】面板/【图层】下拉列表，打开被关闭的图层。

步骤 19 单击【默认】选项卡/【修改】面板上的按钮，对夹点编辑后的轴线尺寸进行镜像，结果如图 15-125 所示。

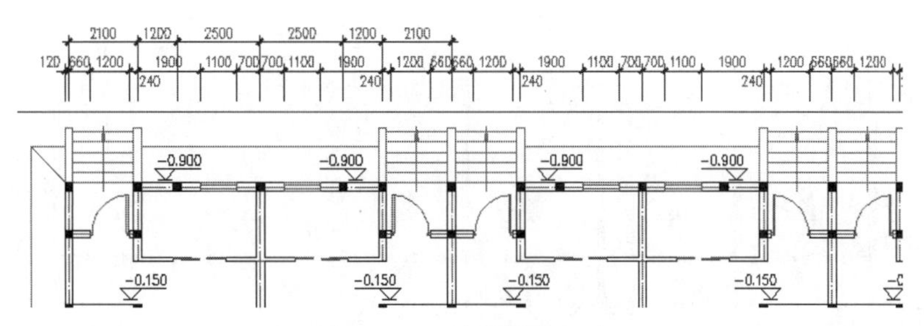

图 15-125　镜像轴线尺寸

步骤 20 单击【默认】选项卡/【修改】面板上的按钮，选择轴线尺寸阵列 3 份，列间距为 11600，阵列结果如图 15-126 所示。

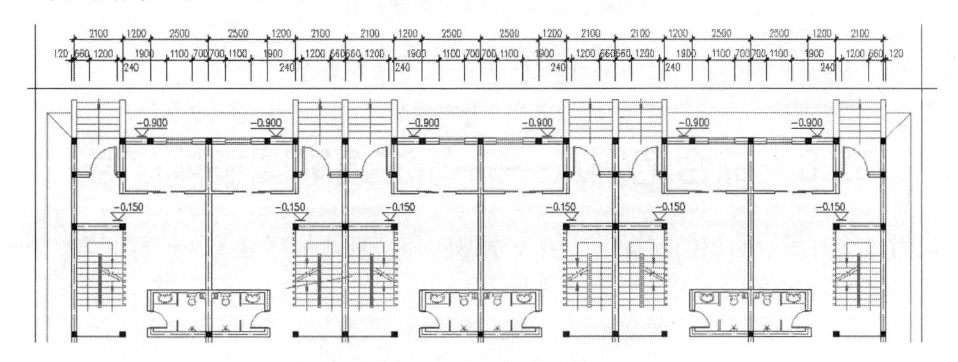

图 15-126　阵列结果

步骤 21 单击【默认】选项卡/【注释】面板上的按钮，配合捕捉与追踪功能标注平面图上侧的总尺寸，标注结果如图 15-127 所示。

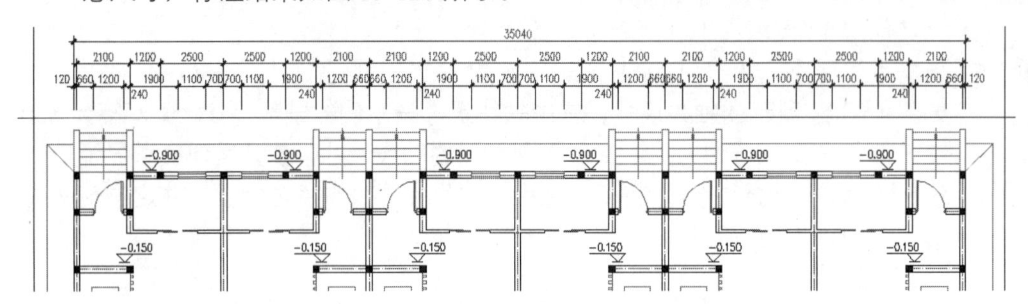

图 15-127　标注总尺寸

步骤 22　参照上述步骤，综合使用【线性】、【连续】、【快速标注】、【矩形阵列】等命令，分别标注平面图其他侧的尺寸，标注结果如图 15-128 所示。

步骤 23　使用快捷键 E 执行【删除】命令，删除 4 条构造线。

步骤 24　单击【默认】选项卡/【图层】面板/【图层】下拉列表，解冻“文本层”，关闭“轴线层”，结果如图 15-106 所示。

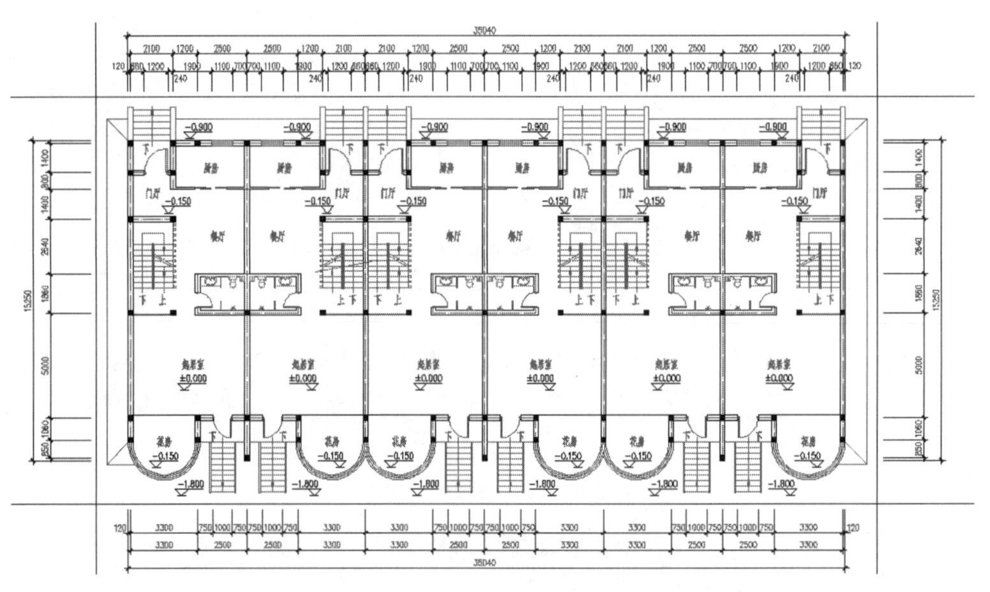

图 15-128　标注其他侧尺寸

步骤 25　执行【另存为】命令，将图形另存为“综合范例七.dwg”。

15.8　综合范例八——标注建筑图墙体序号

本例在巩固和练习所学知识的前提下，主要学习联体别墅墙体序号的快速标注方法和技巧。本例最终标注效果如图 15-129 所示。

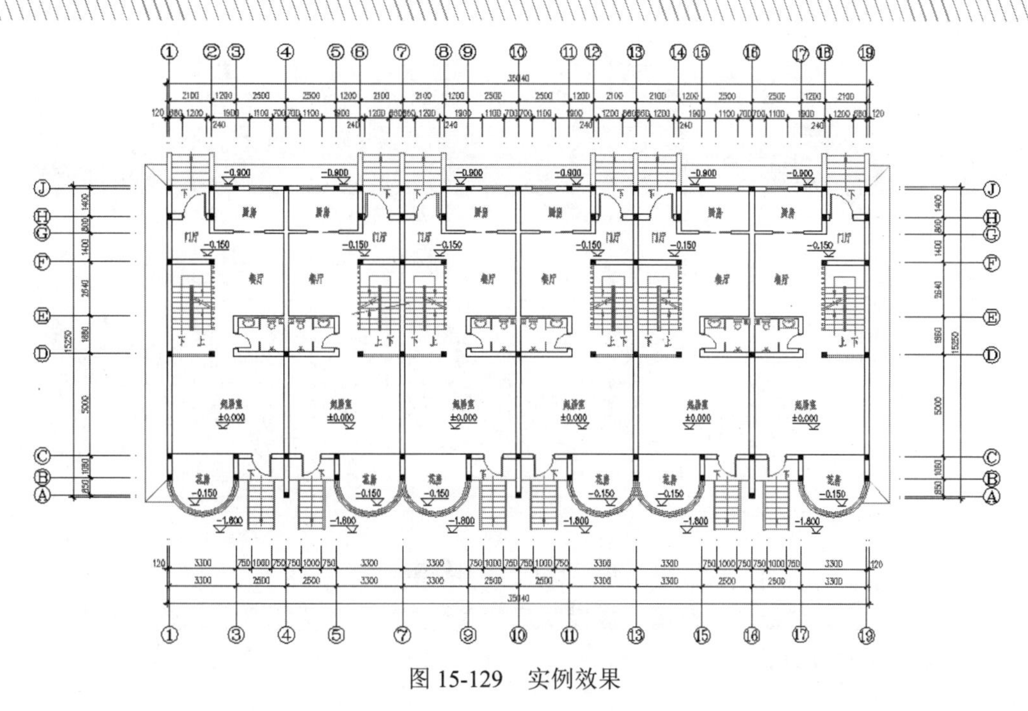

图 15-129　实例效果

操作步骤：

步骤 01　打开下载文件中的"/效果文件/第 15 章/综合范例七.dwg"文件。

步骤 02　单击【默认】选项卡/【图层】面板/【图层】下拉列表，将"其他层"设为当前层。

步骤 03　在无命令执行的前提下选择平面图的一个轴线尺寸，使其夹点显示，如图 15-130 所示。

步骤 04　按 Ctrl+1 组合键，打开【特性】对话框，修改尺寸界线超出尺寸线的长度，如图 15-131 所示。

步骤 05　关闭【特性】选项板，取消尺寸的夹点，结果轴线尺寸界线被延长，如图 15-132 所示。

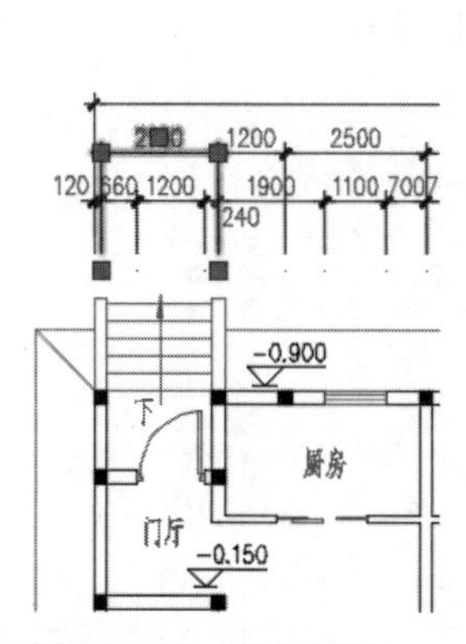

图 15-130　夹点显示

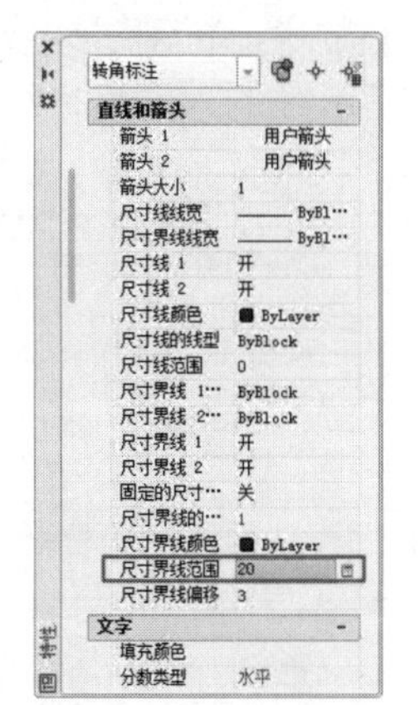

图 15-131　【特性】选项板

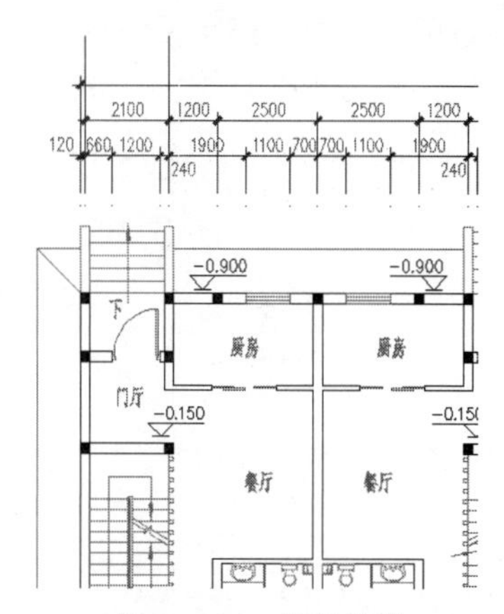

图 15-132　编辑结果

步骤 06　单击【默认】选项卡/【特性】面板上的按钮，选择被延长的轴线尺寸作为原对象，将其尺寸界线的特性复制给其他位置的轴线尺寸，匹配结果如图 15-133 所示。

步骤 07　使用快捷键 I 执行【插入块】命令，以 100 倍的缩放比例插入下载文件中的"/图块文件/轴标号.dwg"。

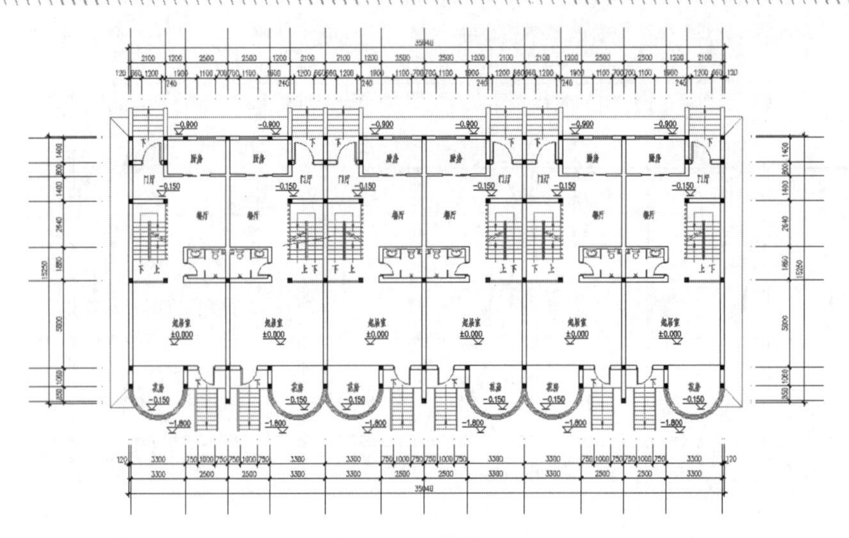

图 15-133　特性匹配

步骤 08　返回绘图区捕捉左上侧第一道横向尺寸界线末端点作为插入点，属性值为默认，插入结果如图 15-134 所示。

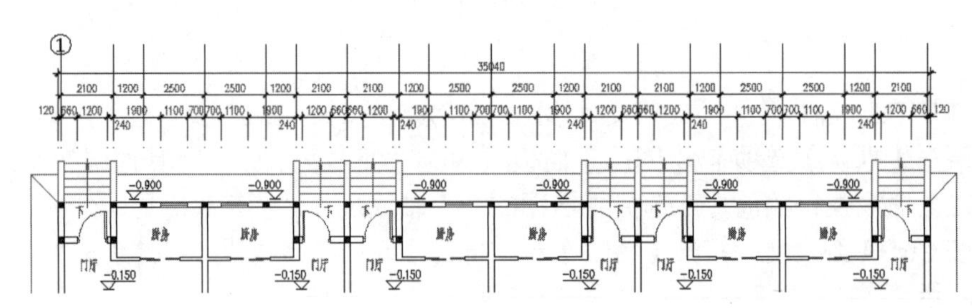

图 15-134　插入结果

步骤 09　使用快捷键 CO 执行【复制】命令，将轴线标号分别复制到其他指示线的末端点，基点为轴标号圆心，目标点为各指示线的末端点，结果如图 15-135 所示。

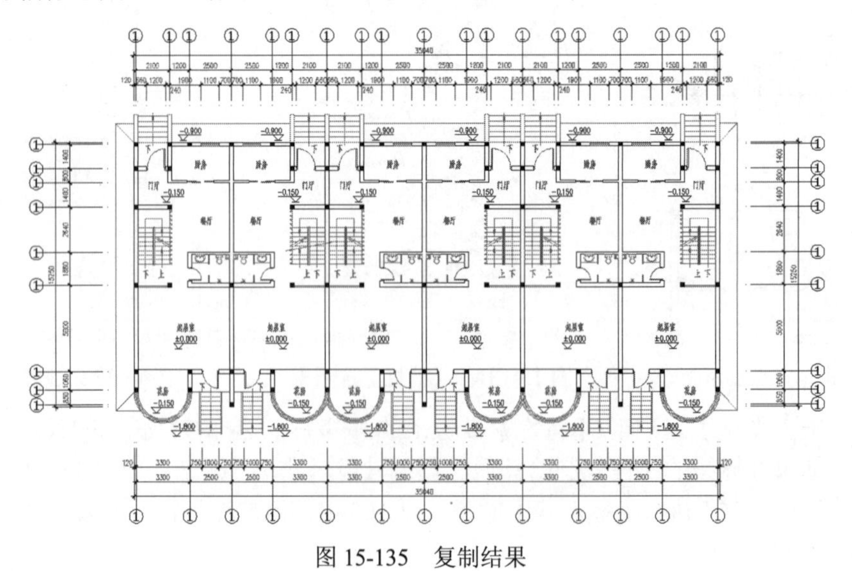

图 15-135　复制结果

步骤 10 选择菜单栏中的【修改】/【对象】/【属性】/【单个】命令，选择平面图上侧第二个轴标号，在打开的【增强属性编辑器】对话框中修改属性值为“2”，如图 15-136 所示。

步骤 11 单击【选择块】按钮，根据命令行的提示，选择右侧第二个轴线编号进行修改属性值，如图 15-137 所示。

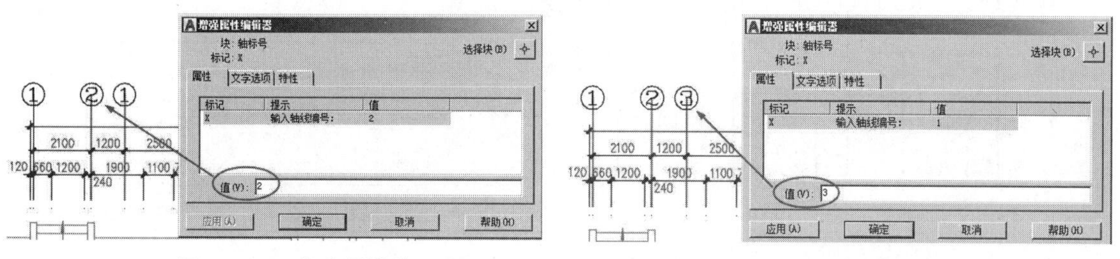

图 15-136　修改属性值

图 15-137　修改属性值

步骤 12 单击【选择块】按钮，分别选择其他位置的轴线编号进行修改，结果如图 15-138 所示。

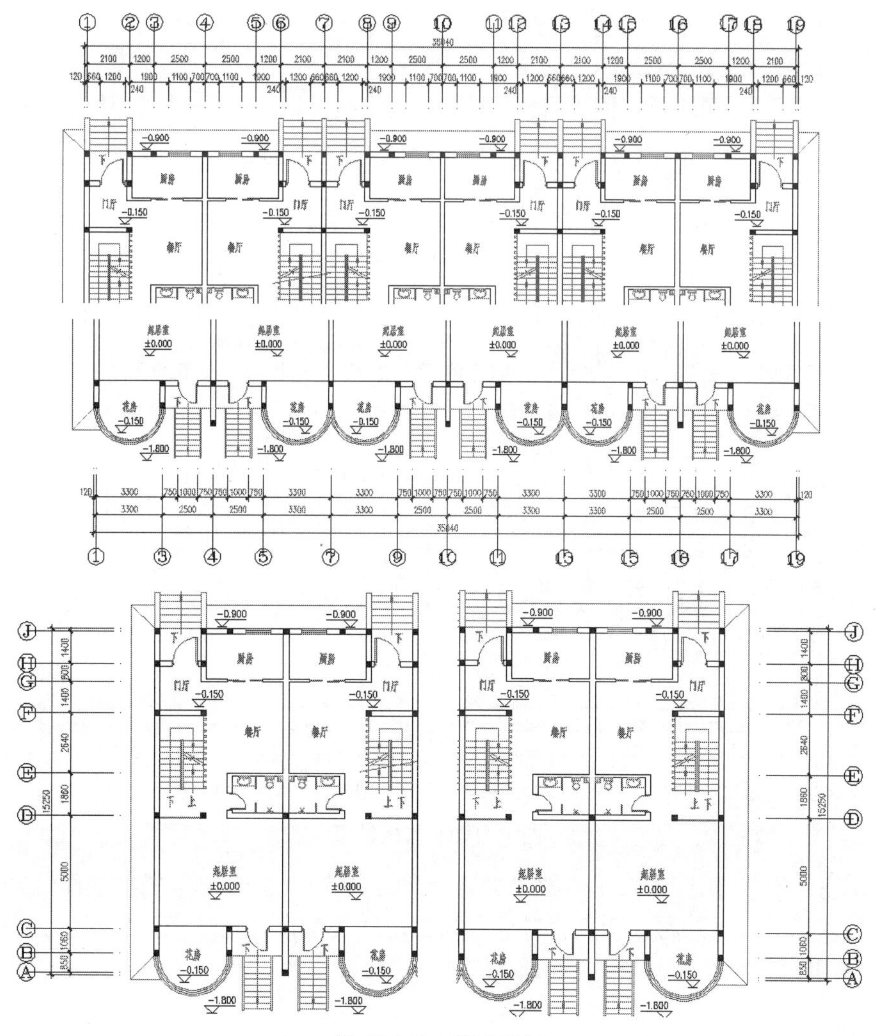

图 15-138　修改结果

步骤 13　双击编号为“10”的轴标号，在打开的【增强属性编辑器】对话框中修改属性文本的宽度因子，如图 15-139 所示。

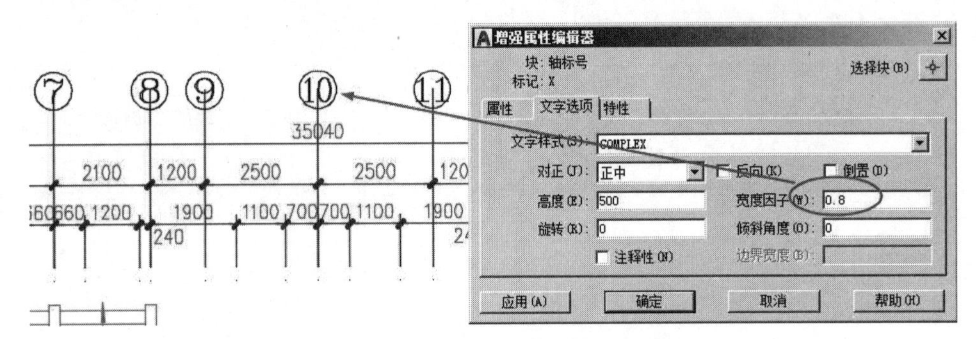

图 15-139 【增强属性编辑器】对话框

步骤 14　依次选择其他位置的类似编号及双位数编号，进行修改宽度比例和高度参数，结果如图 15-140 所示。

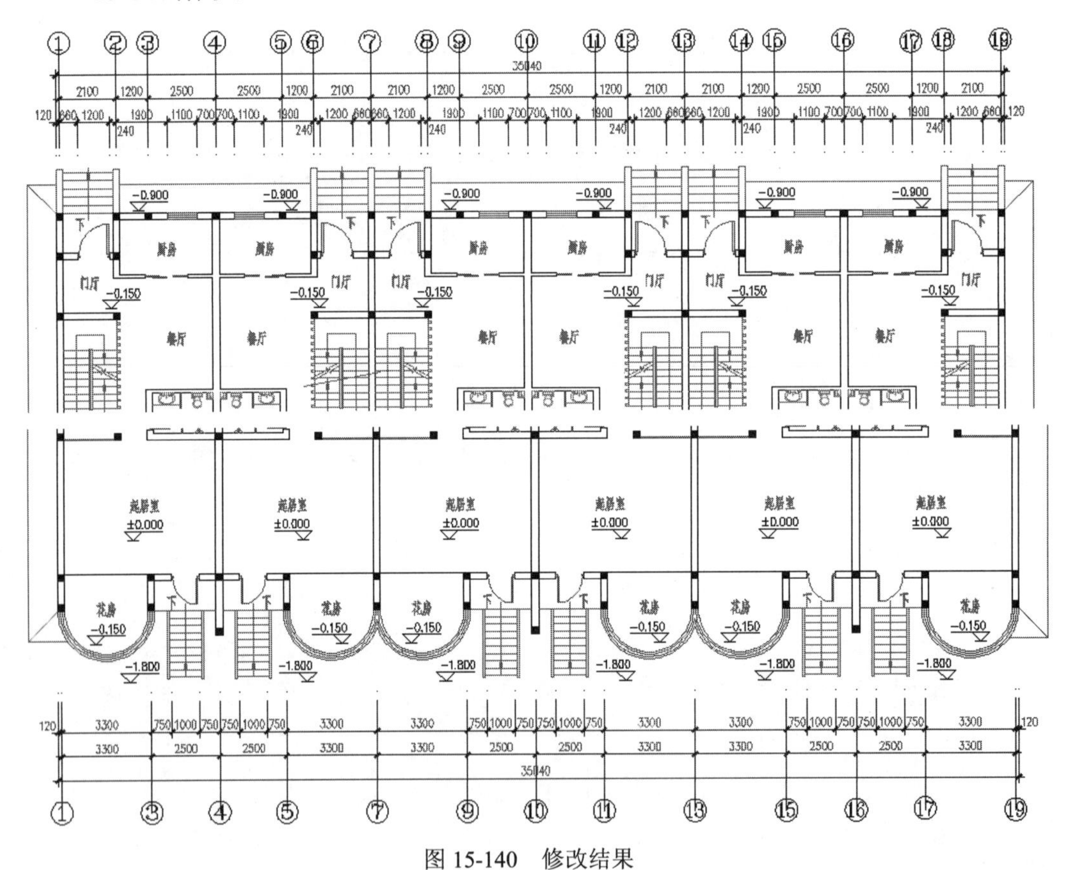

图 15-140　修改结果

步骤 15　单击【默认】选项卡/【修改】面板上的按钮，配合对象捕捉功能分别将平面图四周的轴标号进行外移，基点为轴标号与指示线的交点，目标点为各指示线端点，结果如图 15-141 所示。

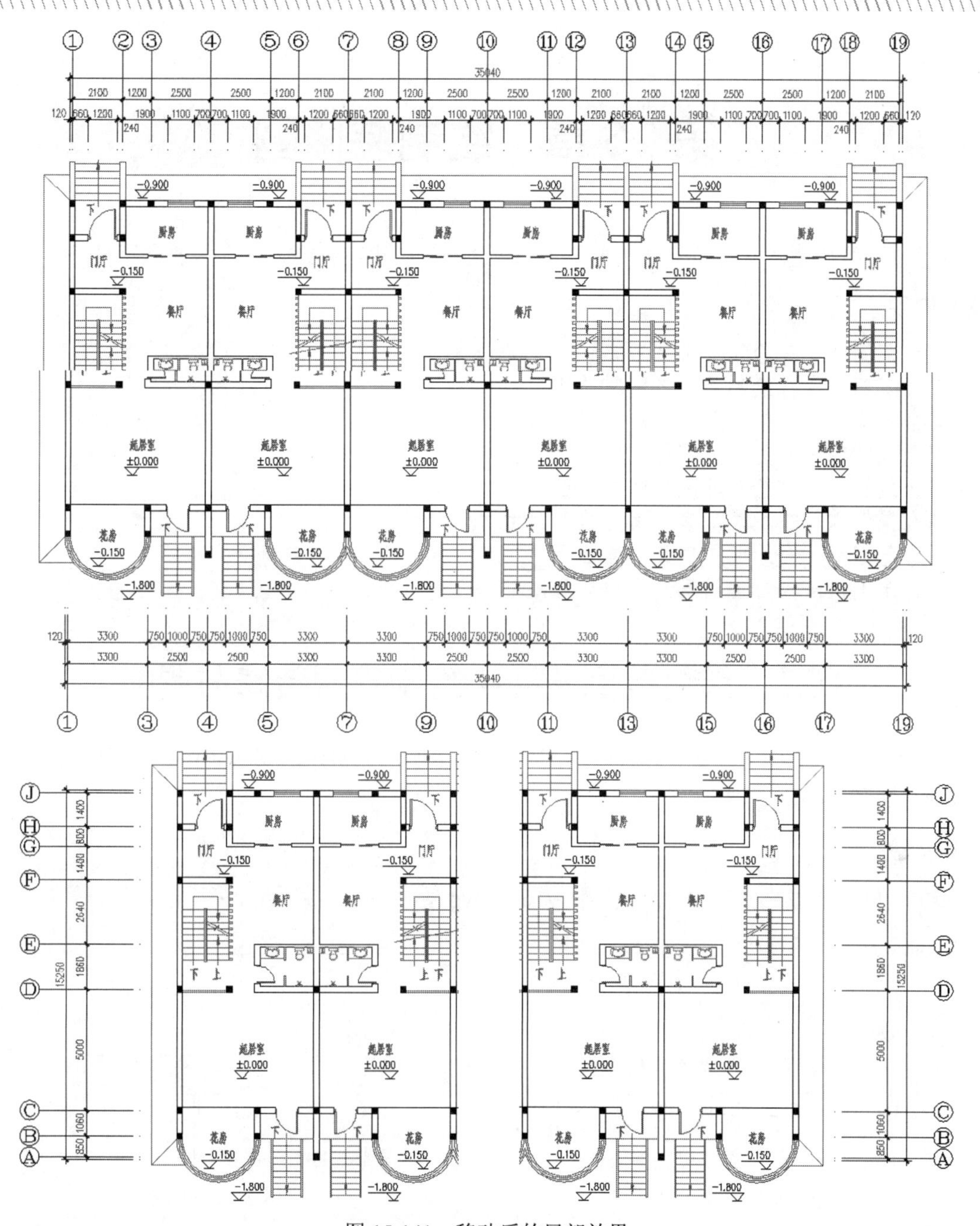

图 15-141　移动后的局部效果

步骤 16　最后执行【另存为】命令，将图形另存为“综合范例八.dwg”。

第 16 章　绘制装修图

本章通过一些典型的综合范例，主要学习 AutoCAD 在建筑装饰装潢方面的应用技能。

本章内容

- 综合范例一——绘制家居装修布置图
- 综合范例二——绘制装修地面材质图
- 综合范例三——为布置图标注文字注解
- 综合范例四——为布置图标注施工尺寸
- 综合范例五——绘制卧室装修立面图
- 综合范例六——标注卧室立面材质和尺寸
- 综合范例七——绘制厨房装修立面图
- 综合范例八——标注厨房立面材质和尺寸

16.1　综合范例一——绘制家居装修布置图

本例在综合所学知识的前提下，通过绘制如图 16-1 所示的室内装修布置图，主要学习室内用具的快速布置方法和技巧。

操作步骤：

步骤 01　打开下载文件中的“/素材文件/16-1.dwg”，如图 16-2 所示。

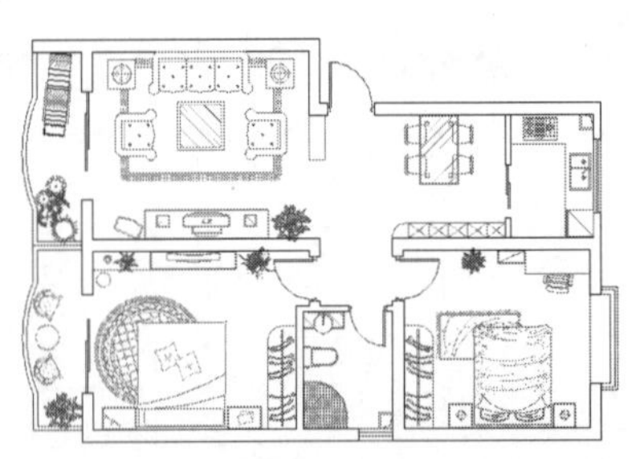

图 16-1　实例效果

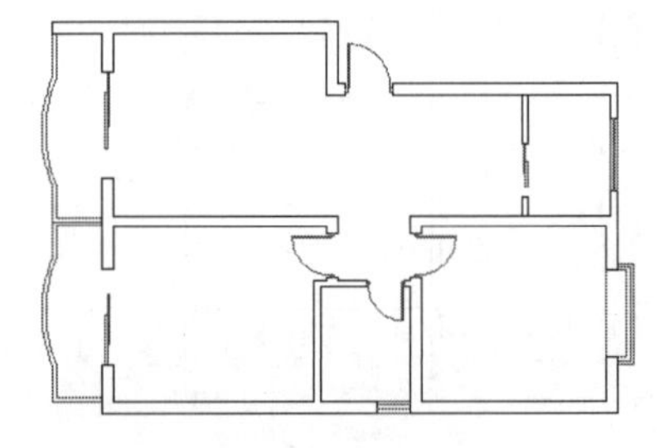

图 16-2　素材文件

步骤 02　使用快捷键 LA 执行【图层】命令，将“图块层”设置为当前图层。

步骤 03　单击【视图】选项卡/【选项板】上的按钮，打开【设计中心】对话框，然后定位下载文件中的“图块文件”文件夹，如图 16-3 所示。

步骤 04　向下拖动右侧窗口中的滑块，定位“双人床 02.dwg”文件。

步骤 05　确保光标定位在“双人床 02.dwg”文件图标上，按住左键不动，将其拖至绘图区。命令行提示如下：

```
命令: _-INSERT 输入块名或 [?]: "D:/图块文件/双人床 02.dwg""
单位: 毫米   转换:     1.0
```

```
指定插入点或 [基点(B)/比例(S)/X/Y/Z/旋转(R)]:      //激活【捕捉自】功能
_from 基点:                                    //捕捉如图 16-4 所示的内墙角端点
<偏移>:                                        //@1825,0 Enter
输入 X 比例因子，指定对角点，或 [角点(C)/XYZ(XYZ)] <1>: // Enter
输入 Y 比例因子或 <使用 X 比例因子>:              // Enter
指定旋转角度 <0.00>:                             // Enter，插入结果如图 16-5 所示
```

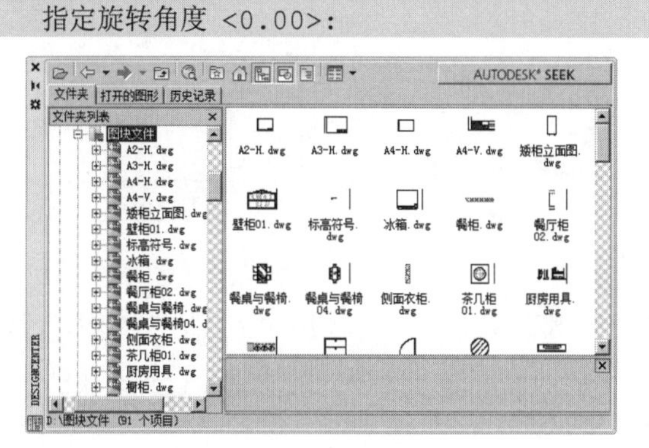

图 16-3　定位文件夹

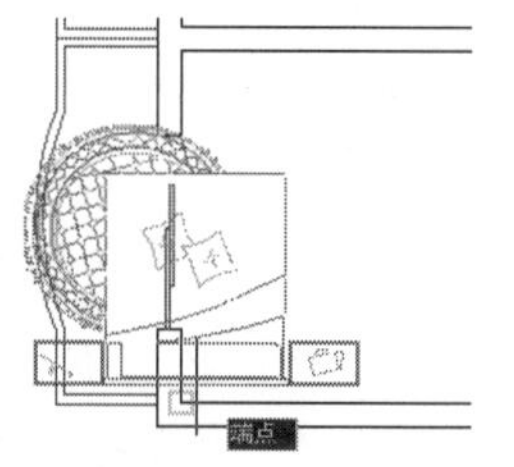

图 16-4　捕捉端点

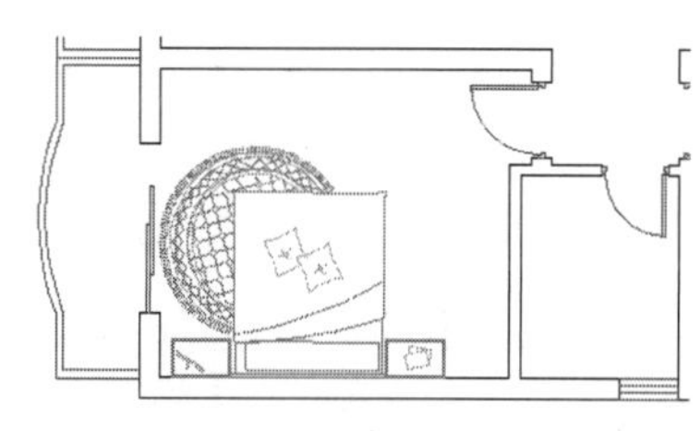
图 16-5　插入结果

步骤 06　在【设计中心】右侧的面板中移动滑块，找到“平面衣柜 01.dwg”文件，然后单击鼠标右键，选择【复制】选项，如图 16-6 所示。

步骤 07　选择菜单栏中的【编辑】/【粘贴】命令，配合【捕捉自】功能将此图块共享到平面图中。命令行提示如下：

```
命令: _pasteclip D:/图块文件/平面衣柜 01.dwg"
单位: 无单位    转换:       1.0
指定插入点或 [基点(B)/比例(S)/X/Y/Z/旋转(R)]:              //激活【捕捉自】功能
_from 基点:                                           //捕捉如图 16-7 所示的内墙角端点
<偏移>:                                               //@-600,0 Enter
输入 X 比例因子，指定对角点，或 [角点(C)/XYZ(XYZ)] <1>:  // Enter
输入 Y 比例因子或 <使用 X 比例因子>:                     //-1 Enter
指定旋转角度 <0.00>:                                    //90 Enter，操作结果如图 16-8 所示
```

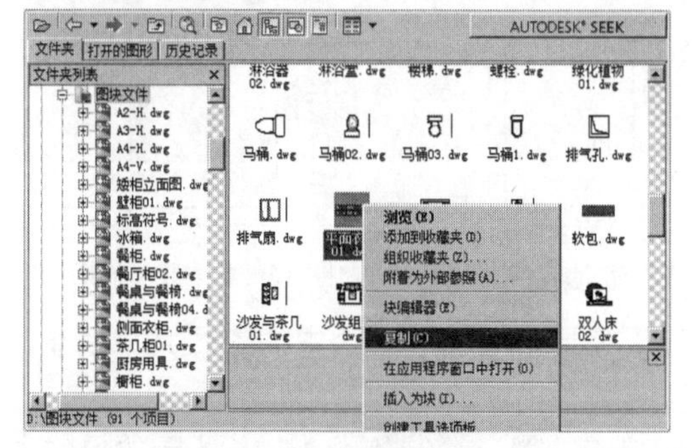

图 16-6　右键快捷菜单

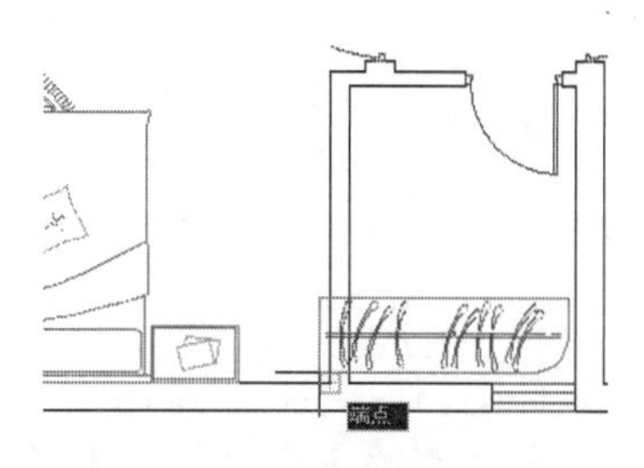

图 16-7　捕捉端点

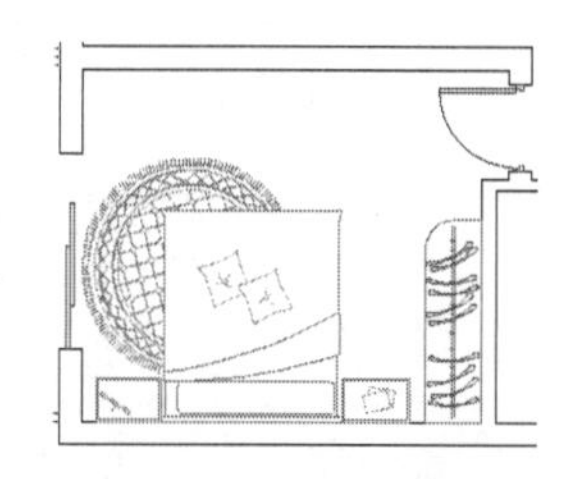
图 16-8　共享结果

步骤 08　拖动【设计中心】右侧窗口中的滑块，定位“梳妆台.dwg”文件，然后单击鼠标右键，选择【插入为块】选项，如图 16-9 所示。

步骤 09　此时系统自动打开【插入】对话框，然后选中【在屏幕上指定】复选框，其他参数不变。

步骤 10 返回绘图区捕捉如图 16-10 所示的端点作为插入点，把梳妆台插入到当前图形内，结果如图 16-11 所示。

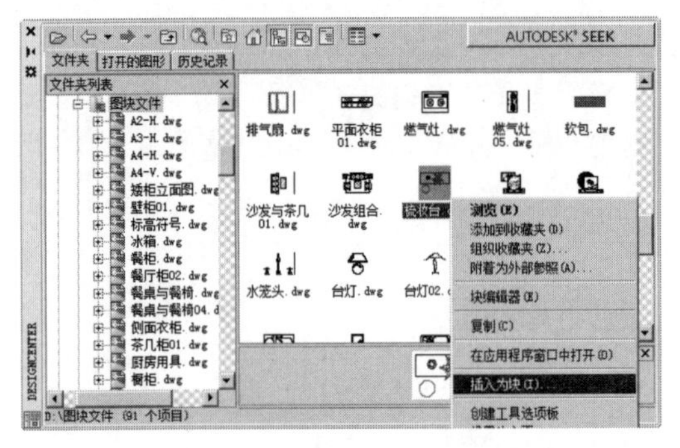

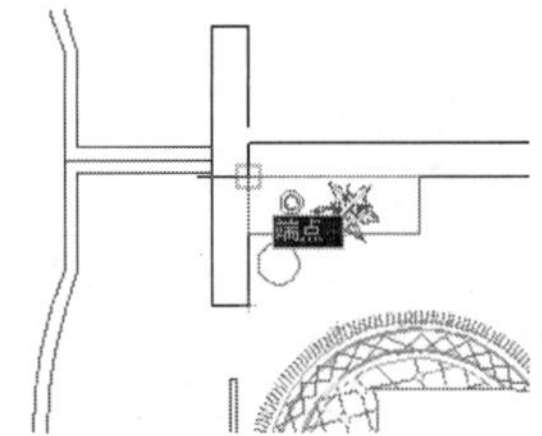
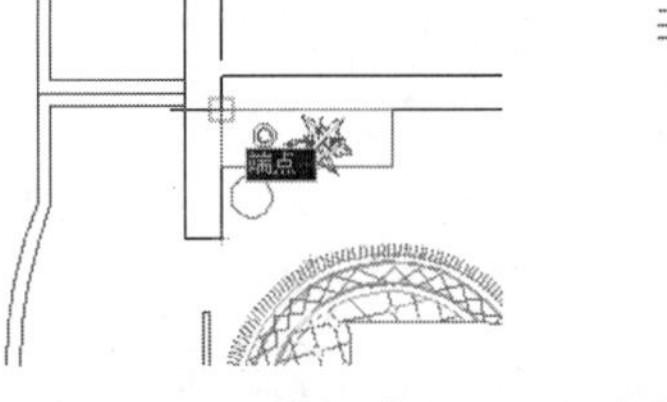

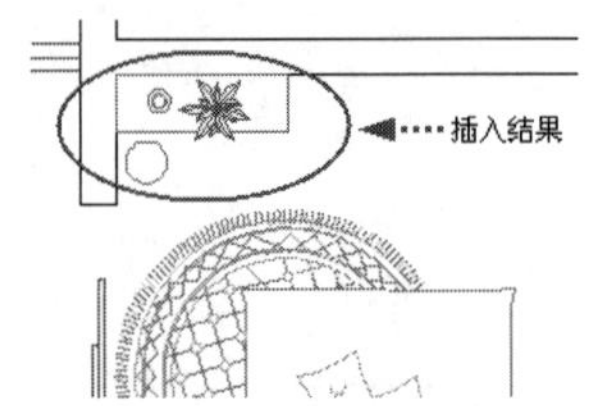

图 16-9 选择【插入为块】选项

图 16-10 捕捉端点

图 16-11 共享“梳妆台”图块

步骤 11 在【设计中心】左侧窗口中的“图块文件”目录上单击鼠标右键，选择【创建块的工具选项板】选项，将此文件夹创建为选项板。

步骤 12 在【工具选项板】选项板中定位“休闲桌椅.dwg”图标，然后按住左键不放，将其拖动至绘图区，以块的形式共享此图形，如图 16-12 所示。

步骤 13 在【工具选项板】选项板中向下拖动滑块，单击“淋浴室.dwg”文件图标，然后将光标移至绘图区，此时被单击的图形将会呈现虚显状态。

步骤 14 根据命令行的操作提示，将“淋浴室.dwg”图形以块的形式共享到当前文件内，旋转角度为 90，插入点为如图 16-13 所示的端点；插入结果如图 16-14 所示。

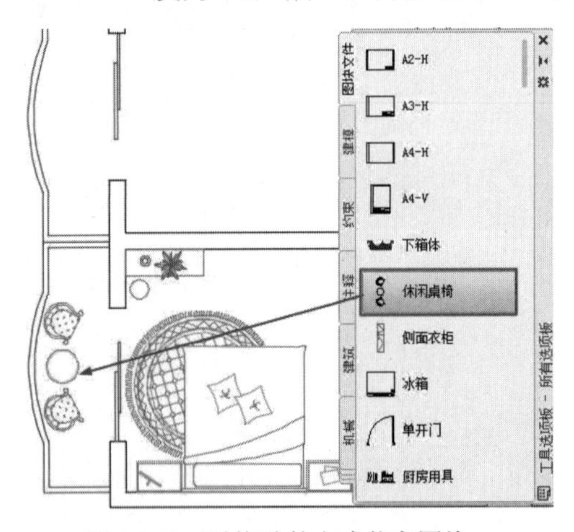

图 16-12 以拖动的方式共享图块

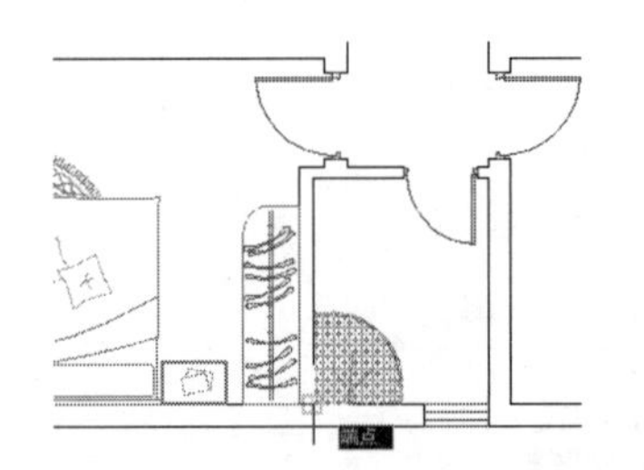

图 16-13 捕捉端点

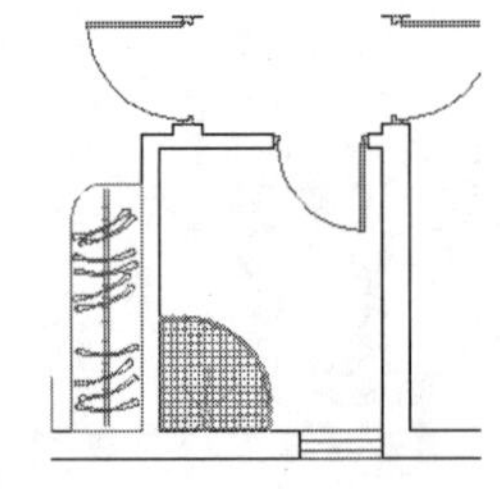

图 16-14 插入结果

步骤 15 参照上述操作步骤，分别使用【设计中心】和【工具选项板】命令中的资源共享功能，为户型图布置其他图例，结果如图 16-15 所示。

步骤 16 使用快捷键 L 执行【直线】命令，配合捕捉和追踪功能，绘制如图 16-16 所示的操作台轮廓线。

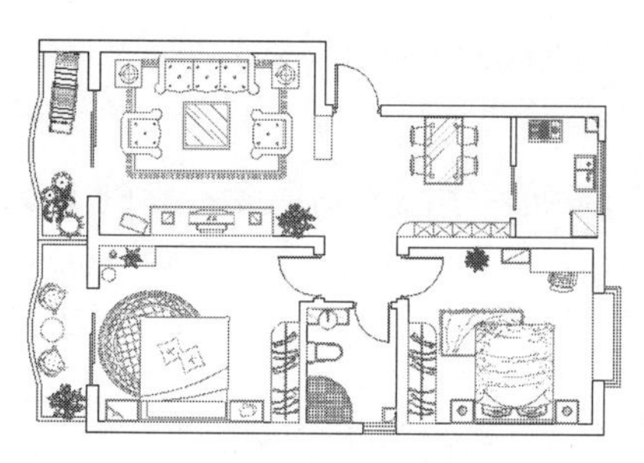

图 16-15　操作结果

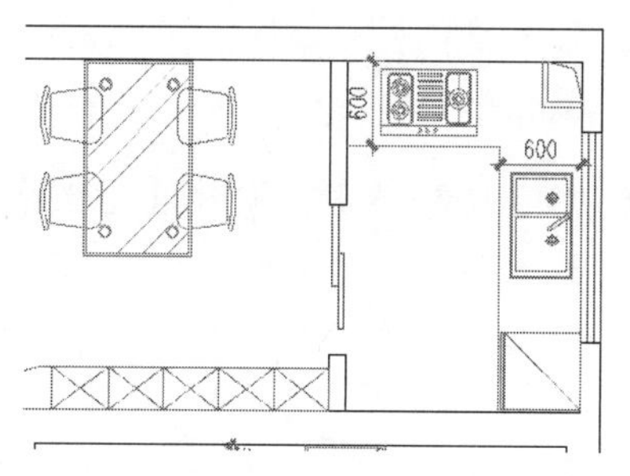

图 16-16　绘制结果

步骤 17　最后执行【另存为】命令，将图形另存为“综合范例一.dwg”。

16.2　综合范例二——绘制装修地面材质图

本例在综合所学知识的前提下，通过绘制如图 16-17 所示的地面装饰线，主要学习户型图地面材质图的快速绘制方法和表达技巧。

操作步骤：

步骤 01　打开下载文件中的“/效果文件/第 16 章/综合范例一.dwg”文件。

步骤 02　单击【默认】选项卡/【图层】面板/【图层】下拉列表，将“地面层”设为当前层。

步骤 03　单击【默认】选项卡/【绘图】面板上的 按钮，配合捕捉功能分别将各房间两侧门洞连接起来，以形成封闭区域，如图 16-18 所示。

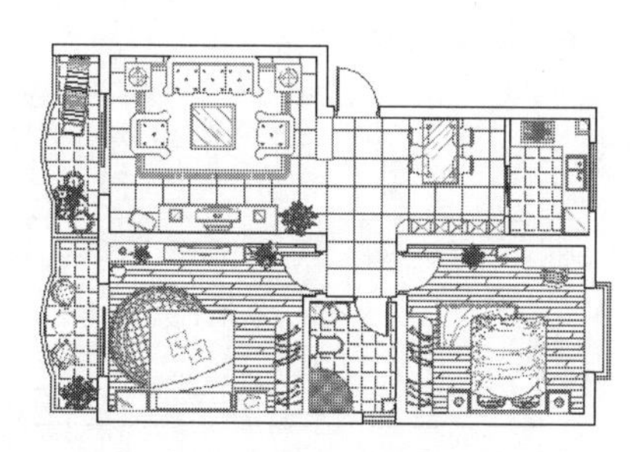

图 16-17　实例效果

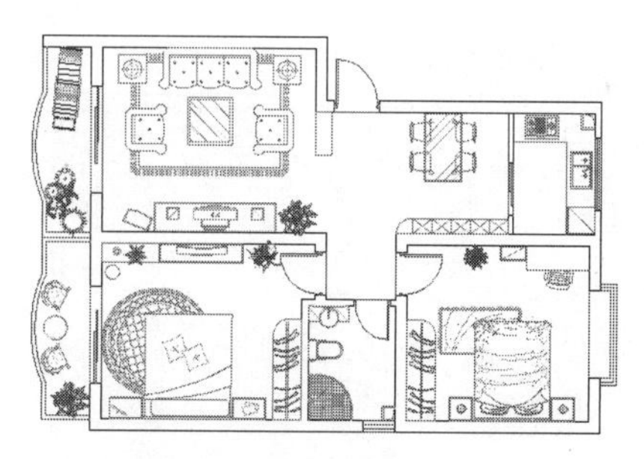

图 16-18　封闭填充区域

步骤 04　在无命令执行的前提下夹点显示卫生间、阳台、厨房等房间内的图块，如图 16-19 所示。

步骤 05　单击【默认】选项卡/【图层】面板/【图层】下拉列表，将夹点显示的图形放置在“0 图层上”，同时冻结“图块层”，平面图的显示效果如图 16-20 所示。

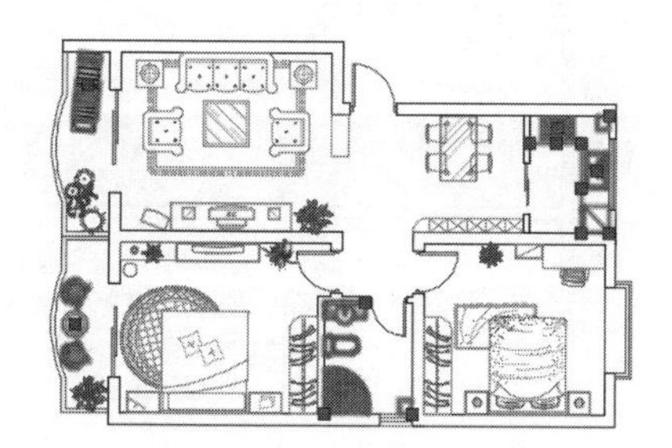

图 16-19　对象的夹点显示

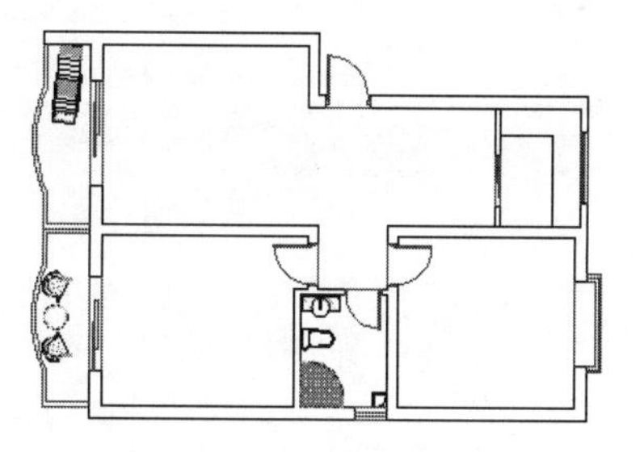

图 16-20　平面图的显示

在此更改图层及冻结“图块层”层的目的就是为了方便地面图案的填充，如果不冻结与填充区域不相关的图形，会大大影响图案的填充速度。

步骤06　单击【默认】选项卡/【绘图】面板上的按钮，然后激活命令行中的【设置】选项，在打开的【图案填充和渐变色】对话框中设置填充比例和参数，如图16-21所示。

步骤07　单击【添加：拾取点】按钮，返回绘图区，分别在各卫生间、阳台和厨房内部的空白区域上拾取点，定位填充区域。

步骤08　按 Enter 键返回【图案填充和渐变色】对话框，单击 确定 按钮，即可为厨房、卫生间等填充地砖图案，结果如图16-22所示。

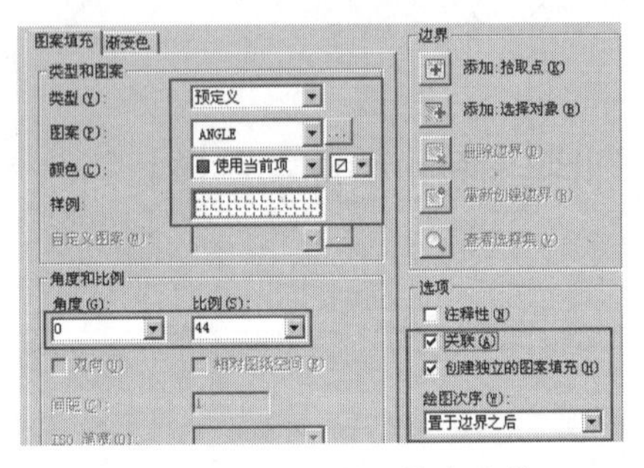

图16-21　设置填充参数

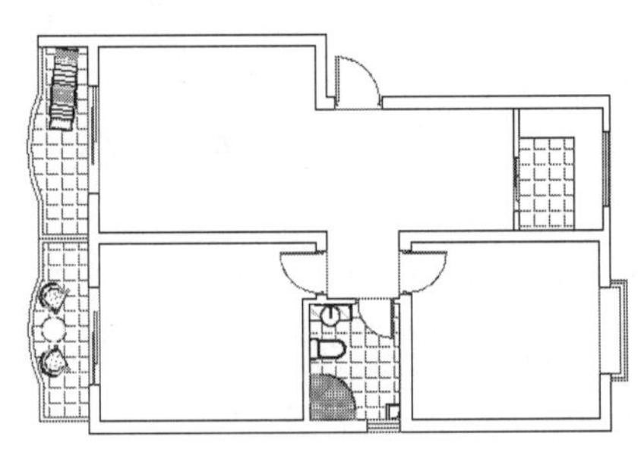

图16-22　填充结果

步骤09　将厨房操作台以及阳台、卫生间位置的图块放到“图块层”上，并打开被冻结的图块层，结果如图16-23所示。

步骤10　将卧室房间内的家具图块放到“0图层”上，并冻结“图块层”，结果如图16-24所示。

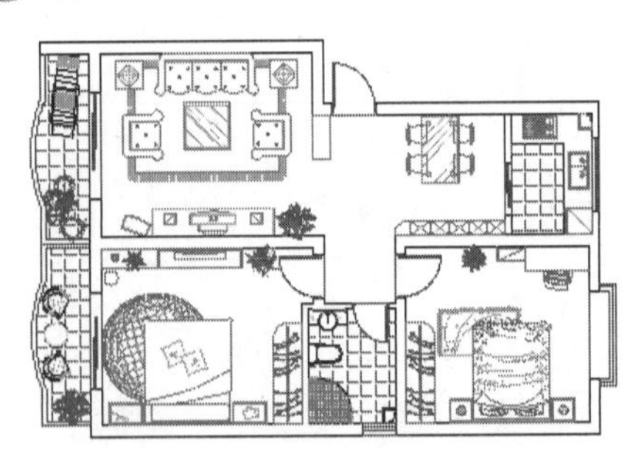

图16-23　操作结果

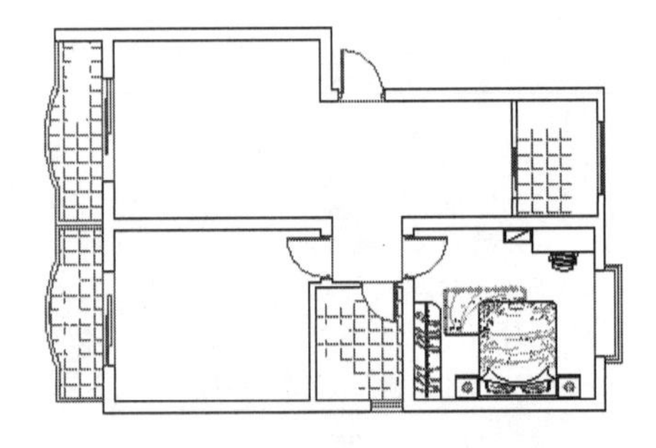

图16-24　冻结层后的结果

步骤11　使用快捷键H执行【图案填充】命令，设置填充图案和填充参数，如图16-25所示，为卧室填充如图16-26所示的地板图案。

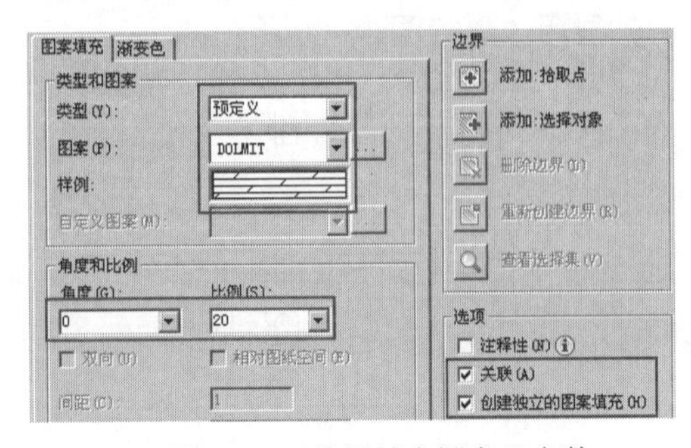

图16-25　设置填充图案及参数

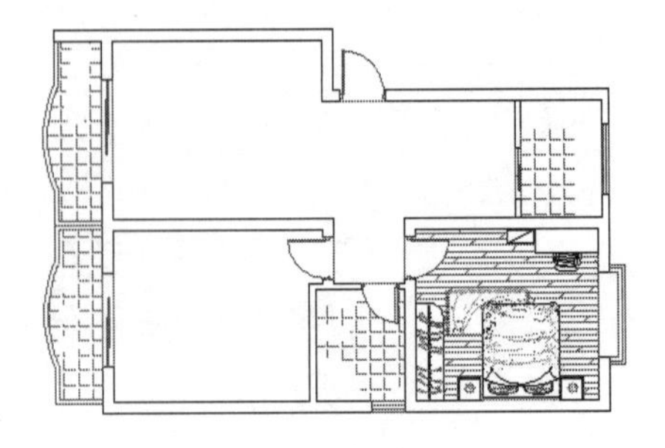

图16-26　填充结果

步骤 12　将卧室内的家具所在层恢复为“图块层”，同时解冻“图块层”，平面图的显示结果如图 16-27 所示。

步骤 13　将“0 图层”设置为当前图层，然后使用【多段线】、【矩形】、【圆】命令在客厅、餐厅和主卧室房间内，分别沿着各用具图例外轮廓线绘制闭合区域，同时冻结“图块层”，结果如图 16-28 所示。

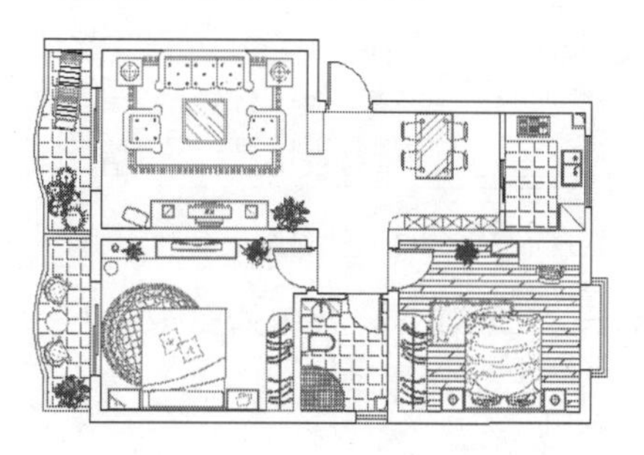

图 16-27　平面图的显示结果

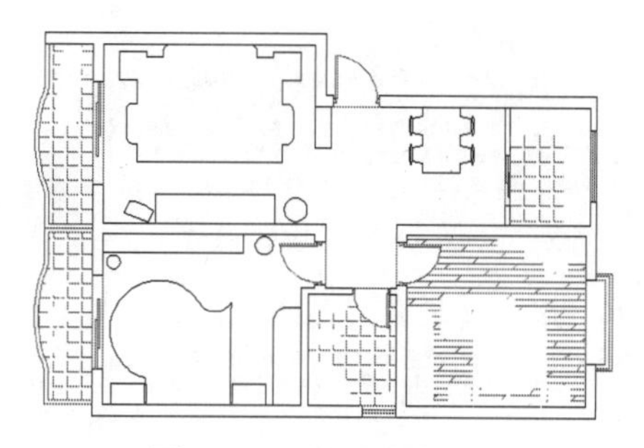

图 16-28　绘制结果

步骤 14　使用快捷键 H 执行【图案填充】命令，打开【图案填充和渐变色】对话框，设置填充图案类型及其他填充参数，如图 16-29 所示。

步骤 15　单击【添加：拾取点】按钮，返回绘图区在客厅空白区域拾取一点，定位填充区域。

步骤 16　按 Enter 键返回【图案填充和渐变色】对话框，单击 确定 按钮，结果如图 16-30 所示。

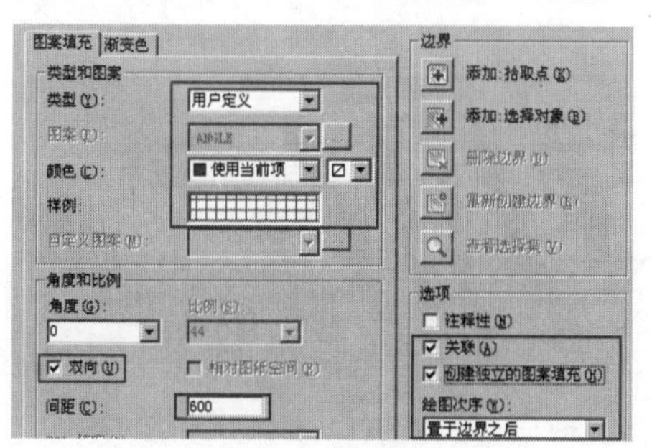

图 16-29　设置填充参数

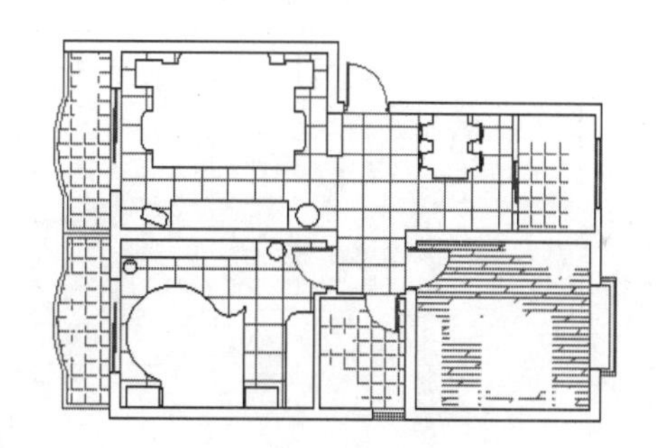

图 16-30　填充结果

步骤 17　使用快捷键 MA 执行【特性匹配】命令，将右侧卧室内的地板填充图案匹配给左侧卧室内的填充图案，匹配结果如图 16-31 所示。

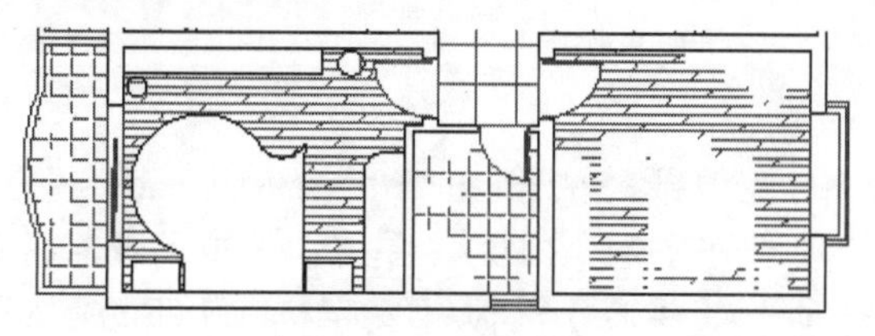

图 16-31　匹配结果

步骤 18　单击【默认】选项卡/【实用工具】面板上的按钮，在打开的【快速选择】对话框内设置填充参数，如图 16-32 所示，选择所有位于“0 图层”上的所有对象。

步骤 19　使用快捷键 E 执行【删除】命令，删除刚选择的图形对象，结果如图 16-33 所示。

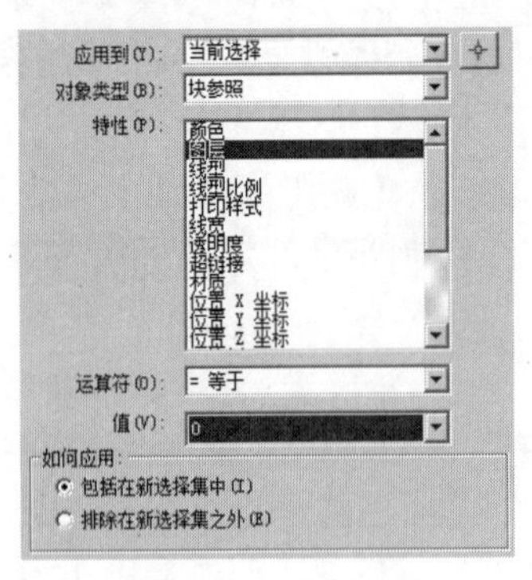

图 16-32　设置参数

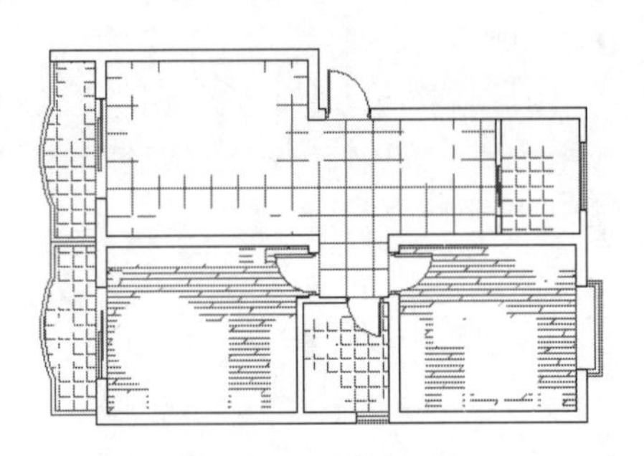

图 16-33　删除结果

步骤 20　展开【图层】面板/【图层】下拉列表，解冻“图块层”，结果如图 16-17 所示。

步骤 21　最后执行【另存为】命令，将图形另存为“综合范例二.dwg”。

16.3　综合范例三——为布置图标注文字注解

本例通过为某户型平面图标注如图 16-34 所示的文字注解，主要学习户型图房间功能及地面材质的快速标注方法和技巧。

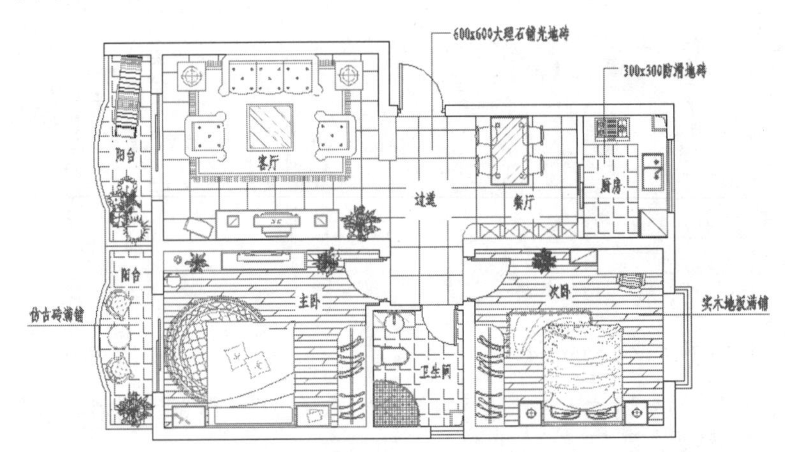

图 16-34　实例效果

操作步骤：

步骤 01　打开下载文件中的“/效果文件/第 16 章/综合范例二.dwg”文件。

步骤 02　单击【默认】选项卡/【图层】面板/【图层】下拉列表，将“文本层”设置为当前图层。

步骤 03　单击【默认】选项卡/【注释】面板/【文字样式】下拉列表，将“仿宋体”设置为当前文字样式。

步骤 04　单击【默认】选项卡/【注释】面板上的 AI 按钮，在“指定文字的起点或 [对正(J)/样式(S)]：”的提示下，在客厅内的适当位置单击，拾取一点作为文字的起点。

步骤 05　在“指定高度 <2.5>：”提示下，输入 280 并按 Enter 键，将文字的高度设置为 280 个单位。

步骤 06　在“指定文字的旋转角度<0.00>：”提示下按 Enter 键，此时绘图区会出现一个单行文字输入框，如图 16-35 所示。

步骤 07 将当前输入法切换为汉字输入法状态，然后在输入框内输入“主卧”，如图 16-36 所示。

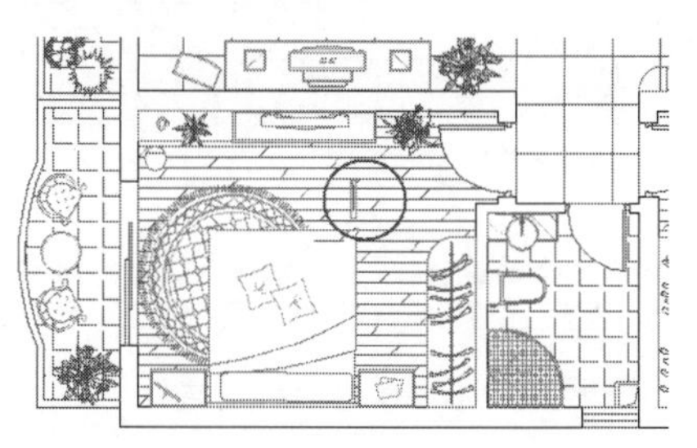

图 16-35 单行文字输入框

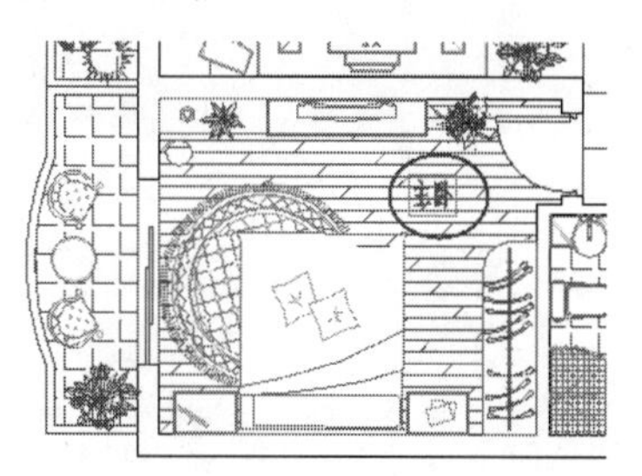

图 16-36 输入文字

步骤 08 将输入法恢复为英文输入法状态，然后连续按两次 Enter 键，结束【单行文字】命令。

步骤 09 单击【修改】面板上的按钮，将标注的文字复制到其他房间内，如图 16-37 所示。

步骤 10 选择菜单栏中的【修改】/【对象】/【文字】/【编辑】命令，根据命令行的提示，单击客厅房间内的文字，此时该文字呈现反白显示，如图 16-38 所示。

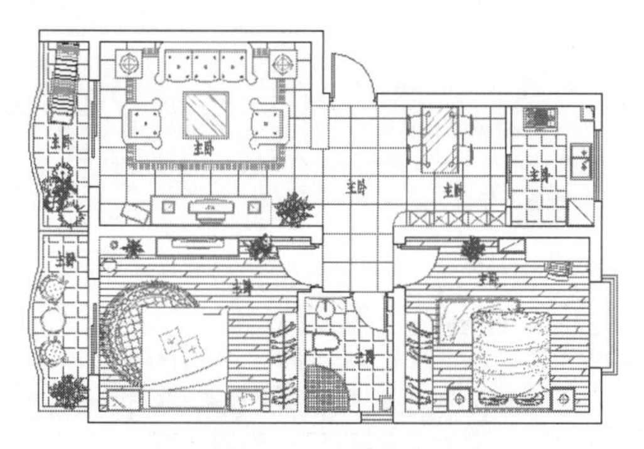

图 16-37 复制结果

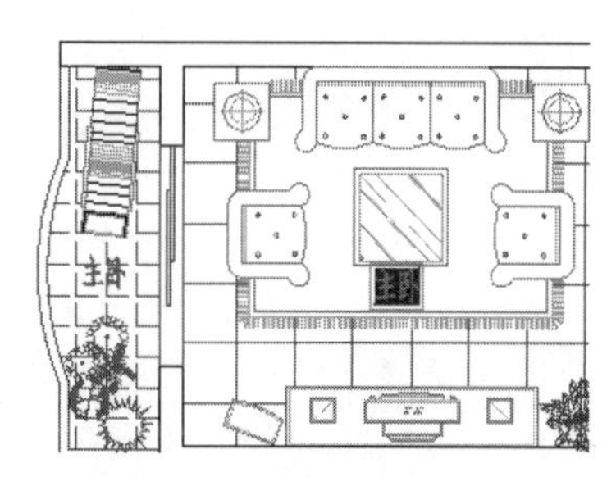

图 16-38 选择文字对象

步骤 11 在反白显示的文字输入框内输入正确的文字注释“客厅”，结果文字内容被更改，如图 16-39 所示。

步骤 12 继续在“选择文字注释对象或[放弃(U)]：”提示下，分别单击其他房间内的文字进行修改，输入正确的文字注释，结果如图 16-40 所示。

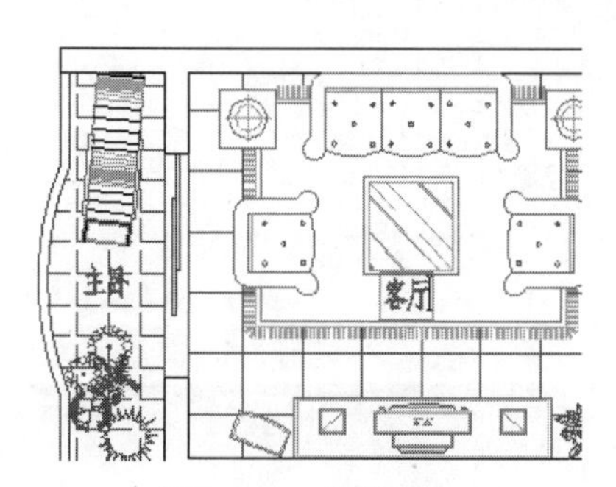

图 16-39 编辑文字

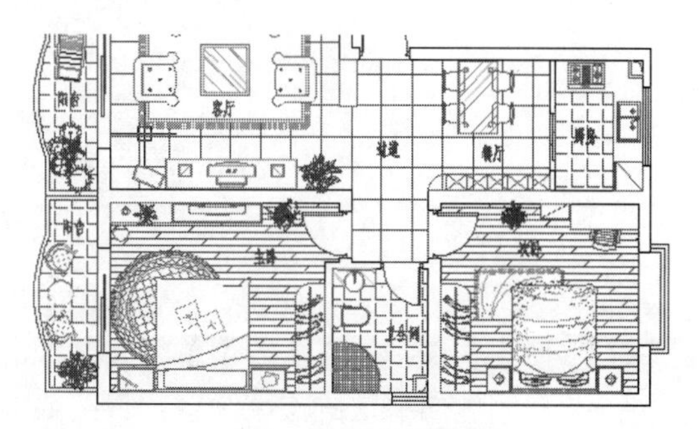

图 16-40 编辑结果

步骤 13 单击【默认】选项卡【绘图】面板上的按钮，在“过道”文字外围绘制区域覆盖图形，如图 16-41 所示。

步骤 14 选择菜单栏中的【工具】/【绘图次序】/【置于对象之下】命令，将刚绘制的区域覆盖图形放在文字对象的下面，让文字显示出来，结果如图 16-42 所示。

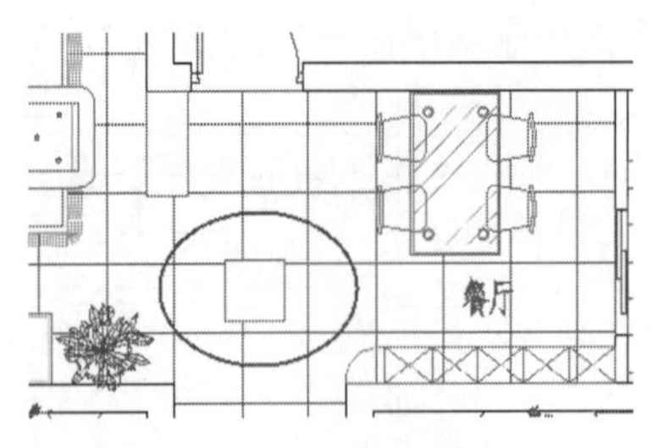

图 16-41　绘制区域覆盖

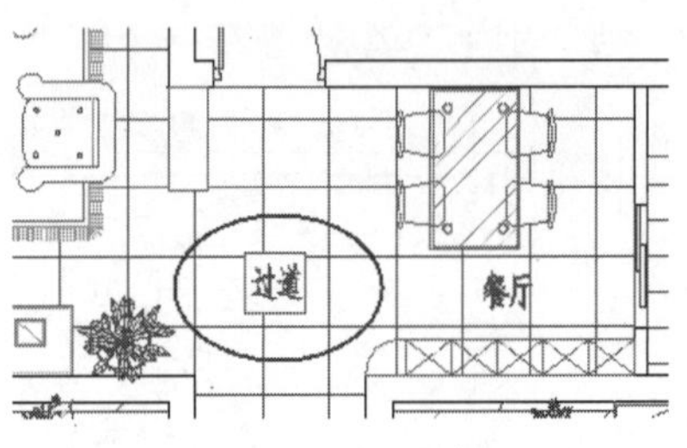

图 16-42　后置结果

步骤 15　重复执行【区域覆盖】命令，将边框隐藏。命令行提示如下：

```
命令: _wipeout
指定第一点或 [边框(F)/多段线(P)] <多段线>:  //F Enter
输入模式 [开(ON)/关(OFF)] <ON>://OFF Enter，打开关模式，覆盖图形的边框自动隐藏，如图 16-43 所示
```

步骤 16　参照步骤 13~15 的操作，分别在其他房间内的文字对象上绘制区域覆盖图形，并将其后置和隐藏边框，结果如图 16-44 所示。

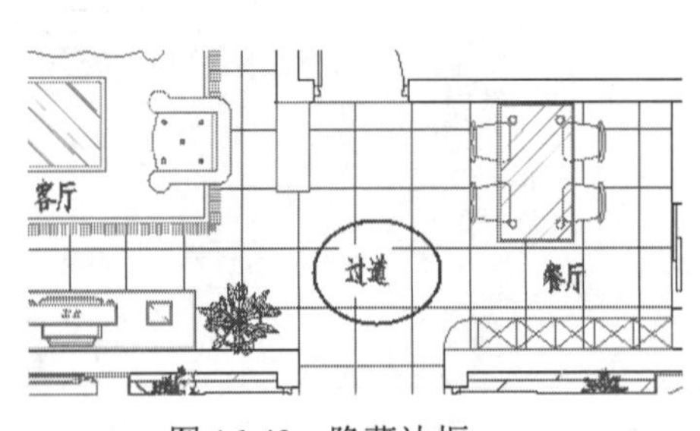

图 16-43　隐藏边框

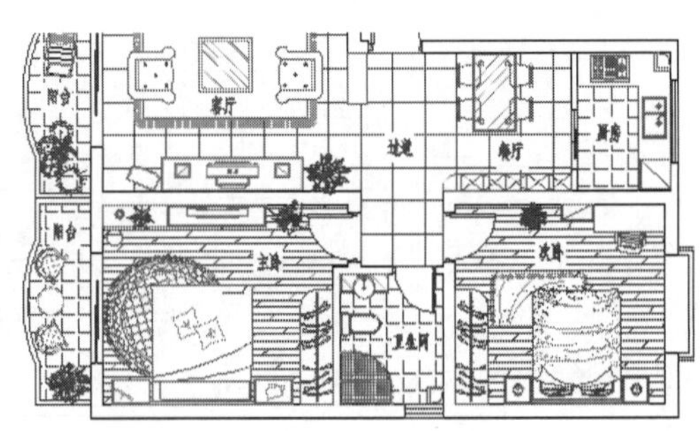

图 16-44　操作结果

步骤 17　使用快捷键 L 激活【直线】命令，绘制如图 16-45 所示的各线段作为文字注释指示线。

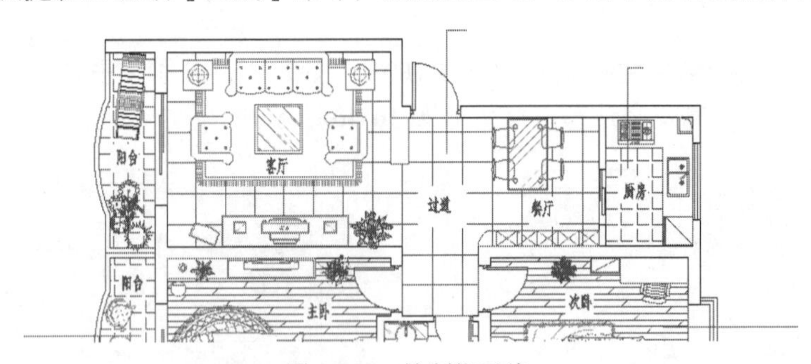

图 16-45　绘制指示线

步骤 18　使用快捷键 DT 执行【单行文字】命令，使用当前文字样式和字体高度参数等，标注各房间地面材质的文字注释，最终效果如图 16-34 所示。

步骤 19　最后执行【另存为】命令，将图形另存为“综合范例三.dwg”。

16.4　综合范例四——为布置图标注施工尺寸

本例通过为居室平面布置图标注如图 16-46 所示的尺寸，在综合使用各种常用标注工具的前提下，主要学习平面布置图尺寸的标注方法和技巧。

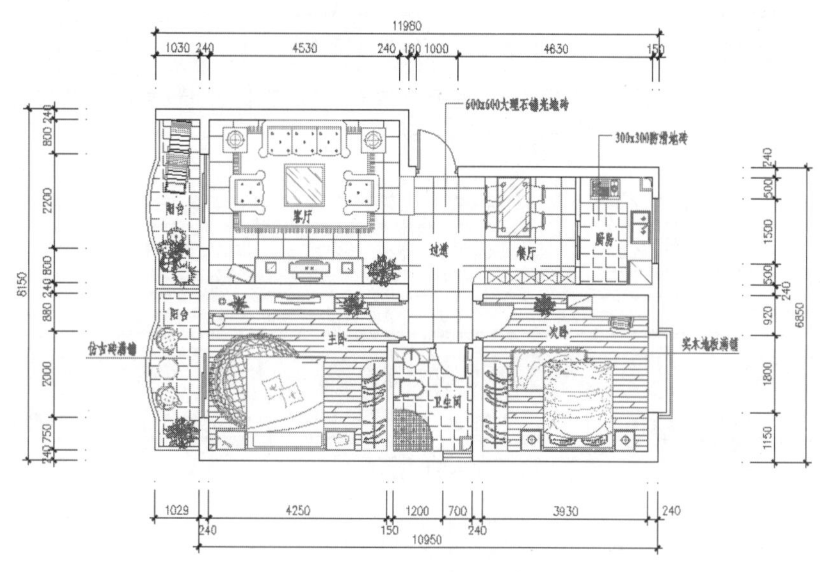

图 16-46　实例效果

操作步骤：

步骤 01　打开下载文件中的“/效果文件/第 16 章/综合范例三.dwg”文件。

步骤 02　激活状态栏上的【对象捕捉】和【对象捕捉追踪】功能，并设置捕捉模式为端点、交点和延长线捕捉。

步骤 03　单击【默认】选项卡/【图层】面板/【图层】下拉列表，设置“尺寸层”为当前图层。

步骤 04　使用快捷键 D 激活【标注样式】命令，将“建筑标注”设置为当前样式，同时修改尺寸比例为 65。

步骤 05　使用快捷键 XL 激活【构造线】命令，在平面图下侧适当位置绘制一条水平的构造线作为尺寸定位线。

步骤 06　单击【默认】选项卡/【注释】面板上的按钮，配合端点捕捉功能标注左下侧尺寸。命令行提示如下：

```
命令： _dimlinear
指定第一个尺寸界线原点或 <选择对象>:     //捕捉如图 16-47 所示的端点
指定第二条尺寸界线原点:                   //捕捉如图 16-48 所示的端点
指定尺寸线位置或[多行文字(M)/文字(T)/角度(A)/水平(H)/垂直(V)/旋转(R)]:
                                          //在适当位置拾取一点，标注结果如图 16-49 所示
标注文字 = 1029
```

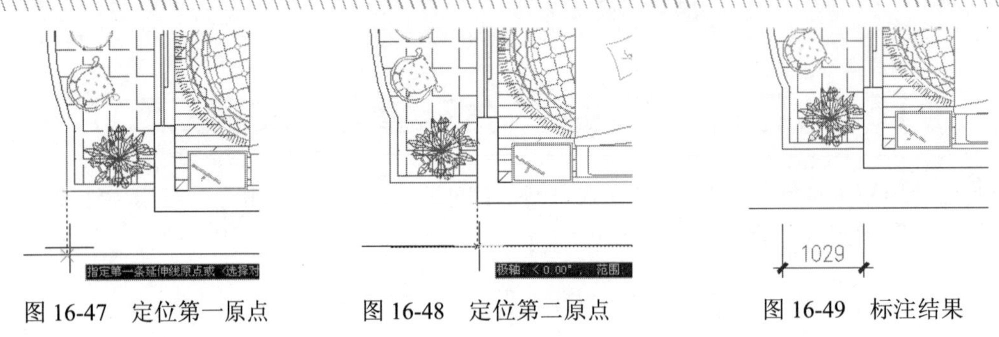

图 16-47　定位第一原点　　图 16-48　定位第二原点　　图 16-49　标注结果

步骤 07　单击【注释】选项卡/【标注】面板上的按钮，以刚标注的线性尺寸作为基准尺寸，标注右侧的细部尺寸，结果如图 16-50 所示。

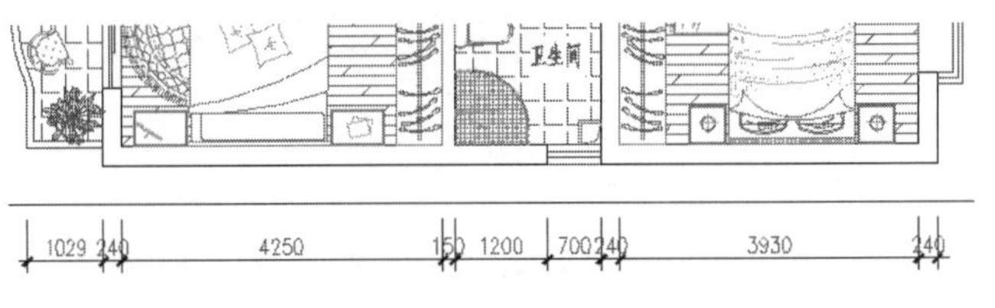

图 16-50　标注结果

步骤 08　单击【默认】选项卡/【注释】面板上的按钮，配合端点捕捉和延伸捕捉功能，标注平面图下侧的总尺寸，结果如图 16-51 所示。

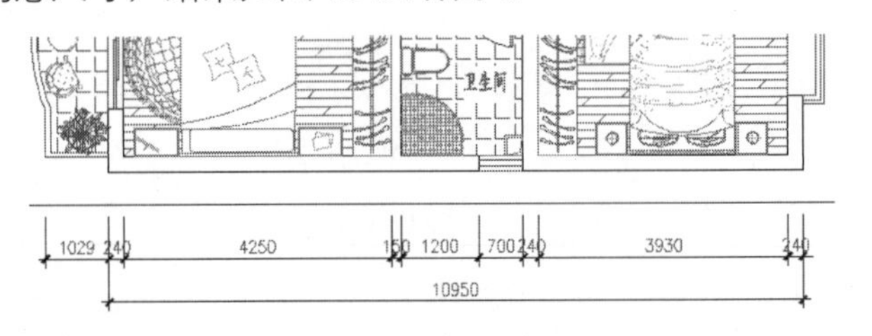

图 16-51　标注结果

步骤 09　分别夹点显示标注文字为 240 和 150 的尺寸对象，使用夹尺寸点编辑中的【仅移动文字】功能，适当调整标注文字的位置，结果如图 16-52 所示。

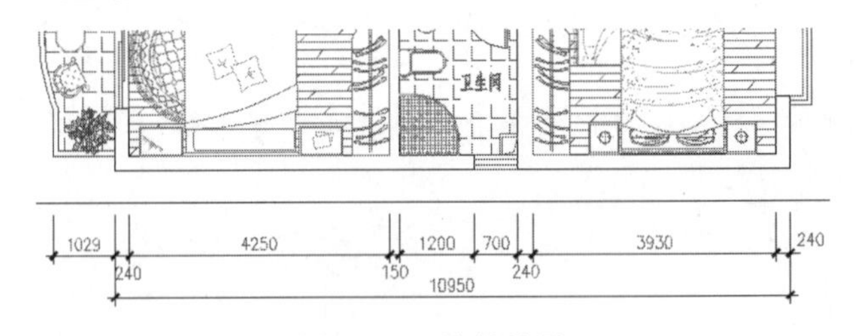

图 16-52　编辑结果

步骤 10　参照上述操作，使用【构造线】、【线性】、【连续】以及尺寸的夹点编辑功能，标注其他三侧的尺寸，结果如图 16-53 所示。

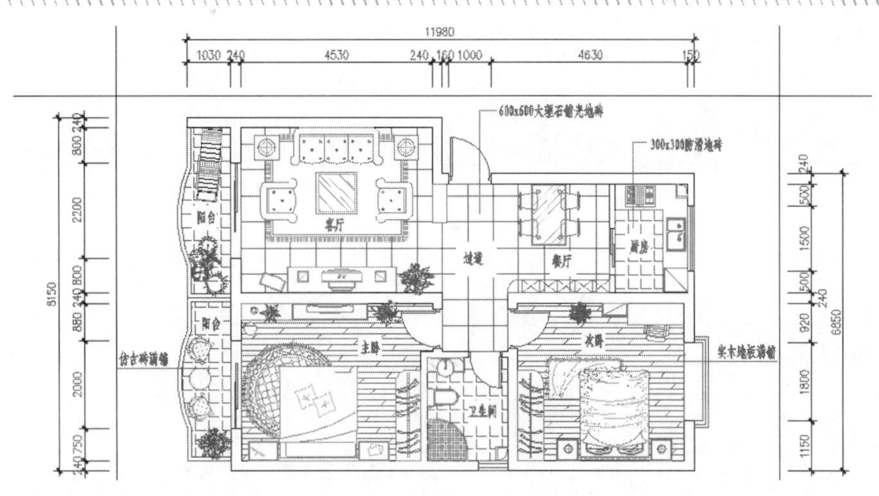

图 16-53　标注其他侧尺寸

步骤 11　使用快捷键 E 执行【删除】命令，删除尺寸定位辅助线，最终结果如图 16-46 所示。

步骤 12　最后执行【另存为】命令，将图形另存为“综合范例四.dwg”。

16.5　综合范例五——绘制卧室装修立面图

本例在综合所学知识的前提下，通过绘制如图 16-54 所示的卧室立面图，主要学习卧室立面装饰图的绘制方法和技巧。

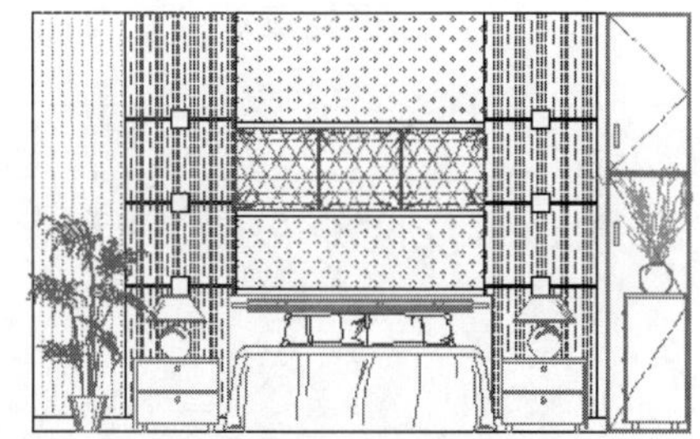

图 16-54　实例效果

操作步骤：

步骤 01　执行【新建】命令，调用下载文件中的“/样板文件/建筑样板.dwt”文件。

步骤 02　单击【默认】选项卡/【图层】面板/【图层】下拉列表，将设置“轮廓线”为当前图层。

步骤 03　单击【默认】选项卡/【绘图】面板上的□按钮，绘制长度为 4260，宽度为 2600 的矩形作为主体轮廓，并将矩形分解。

步骤 04　单击【默认】选项卡/【修改】面板上的⊆按钮，将矩形的两条垂直边分别向内偏移 600 和 1320 个单位，创建立面图纵向定位线。

步骤 05　重复执行【偏移】命令，将下侧水平边向上偏移 80 和 840 个单位，结果如图 16-55 所示。

步骤 06　使用快捷键 TR 执行【修剪】命令，对偏移出的图线进行修剪，结果如图 16-56 所示。

步骤 07　使用快捷键 O 执行【偏移】命令，将水平轮廓线 L 向上偏移 40 个绘图单位。

步骤 08　单击【默认】选项卡/【修改】面板上的○○按钮，选择偏移出的水平轮廓线和轮廓线 L 垂直向上复制 500 和 1020，结果如图 16-57 所示。

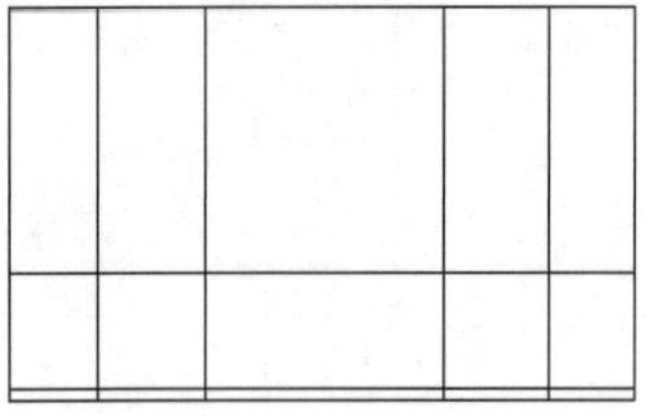

图 16-55　偏移结果

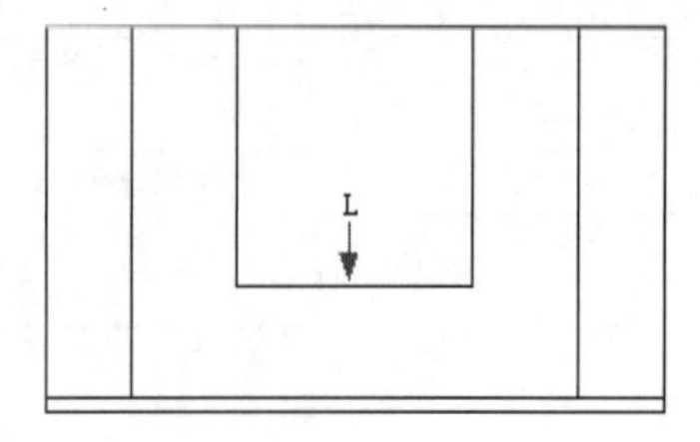

图 16-56　修剪结果

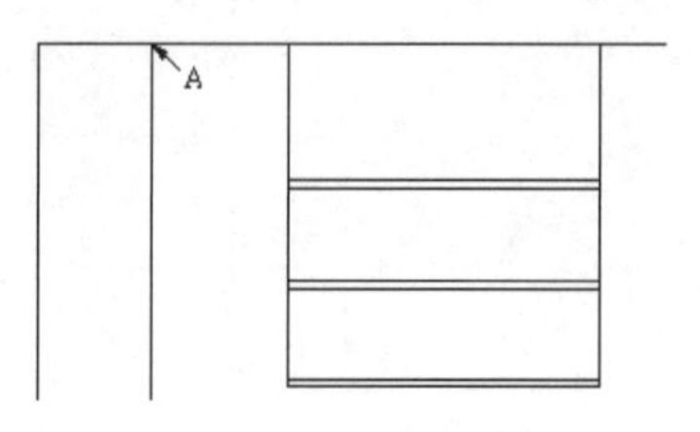

图 16-57　复制结果

步骤 09　选择菜单栏中的【绘图】/【多线】命令，配合【捕捉自】功能，绘制墙面分隔线，命令行提示如下：

```
命令: _mline
当前设置: 对正 = 上，比例 = 20.00，样式 = 墙线样式
指定起点或 [对正(J)/比例(S)/样式(ST)]:        //j Enter
输入对正类型 [上(T)/无(Z)/下(B)] <上>:        //z Enter
当前设置: 对正 = 无，比例 = 20.00，样式 = 墙线样式
指定起点或 [对正(J)/比例(S)/样式(ST)]:        //激活【捕捉自】功能
_from 基点:                                   //捕捉图 16-57 所示的点 A
……
<偏移>:                                       //@0,-660 Enter
指定下一点:                                   //@720,0 Enter
指定下一点或 [放弃(U)]:                       //Enter，绘制结果如图 16-58 所示
```

步骤 10　选择菜单栏中的【绘图】/【正多边形】命令，配合【两点之间的中点】功能，绘制正四边形轮廓。命令行提示如下：

```
命令: _polygon
输入边的数目 <4>:                             // Enter
指定正多边形的中心点或 [边(E)]:               //激活【两点之间的中点】功能
_m2p 中点的第一点:                            //捕捉多线上侧边的中点
中点的第二点:                                 //捕捉多线下侧边的中点
输入选项 [内接于圆(I)/外切于圆(C)] <I>:       // C Enter
指定圆的半径:                                 //60 Enter，绘制结果如图 16-59 所示
```

步骤 11　使用快捷键 TR 执行【修剪】命令，以正四边形作为边界，将位于内部的多线修剪掉，结果如图 16-60 所示。

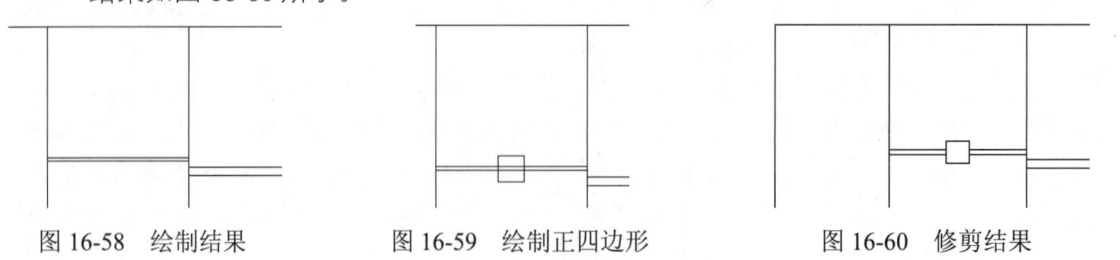

图 16-58　绘制结果　　图 16-59　绘制正四边形　　图 16-60　修剪结果

步骤 12　使用快捷键 CO 执行【复制】命令，将正四边形和多线垂直向下复制 520 和 1040 个单位，结果如图 16-61 所示。

步骤 13　单击【默认】选项卡/【修改】面板上的按钮，配合中点捕捉功能对多线和正四边形进行镜像，结果如图 16-62 所示。

步骤 14　单击【默认】选项卡/【图层】面板/【图层】下拉列表，将“图块层”设置为当前层。

步骤 15　使用快捷键 I 执行【插入块】命令，采用默认设置入下载文件中的“/图块文件/立面床.dwg”，插入点为如图 16-63 所示的中点。

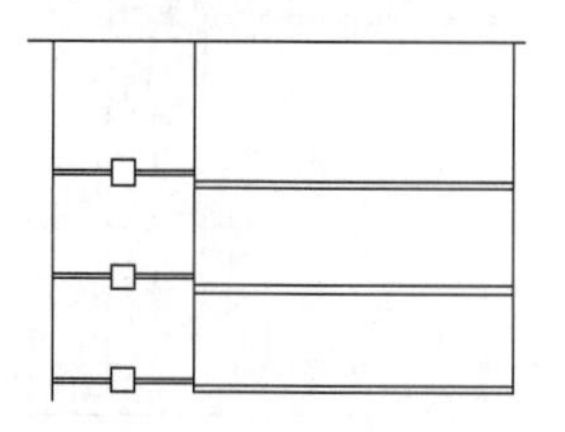

图 16-61　复制结果

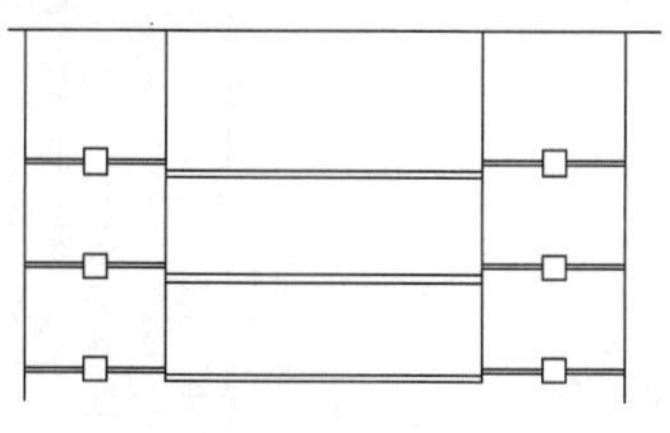

图 16-62　镜像结果

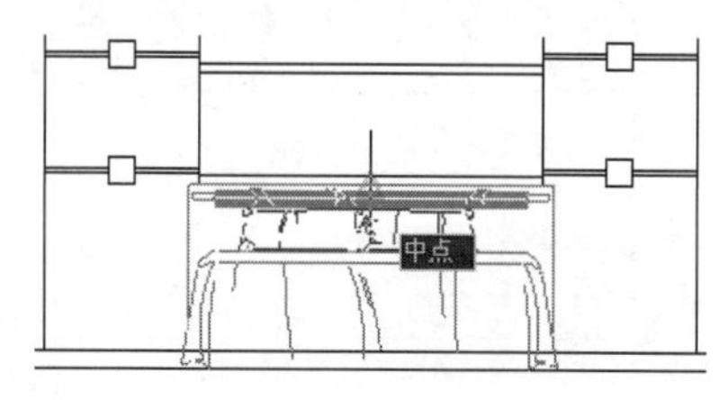

图 16-63　定位插入点

步骤 16　重复执行【插入块】命令，插入下载文件中的“/图块文件/”目录下的“床头柜.dwg”“侧面衣柜.dwg”“立面植物 01.dwg”“矮柜立面图.dwg”“花-3.dwg”“台灯.dwg”“软包.dwg”图例，结果如图 16-64 所示。

步骤 17　使用快捷键 MI 执行【镜像】命令，对床头柜和台灯立面图例进行镜像，结果如图 16-65 所示。

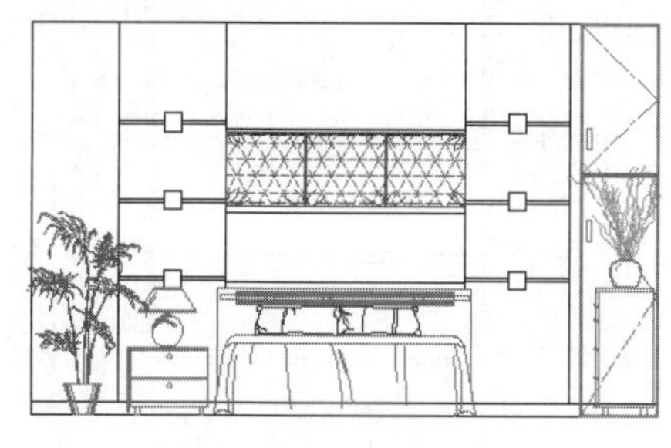

图 16-64　插入其他图例

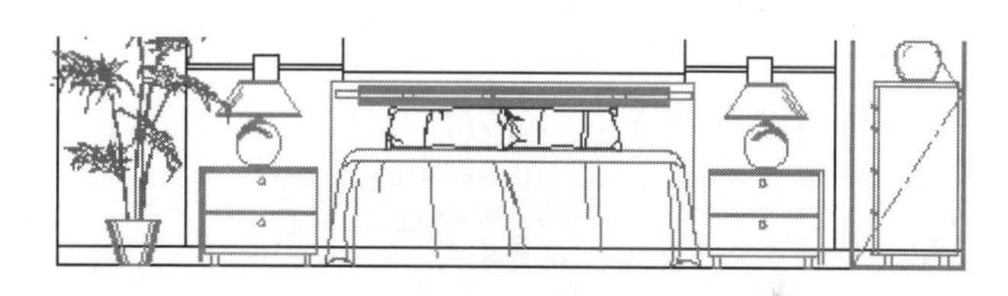

图 16-65　镜像结果

步骤 18　使用【分解】和【修剪】命令，将被遮挡住的踢脚线修剪掉，结果如图 16-66 所示。

步骤 19　使用快捷键 LA 执行【图层】命令，新建名为“装饰线”的图层，图层颜色为 142 号色，并将此图层设置为当前操作层。

步骤 20　将左床头柜和台灯放到“装饰线”层上，然后使用画线工具沿着立面床与床头柜之间的位置上画线，以封闭填充区域。冻结“图块层”后的显示如图 16-67 所示。

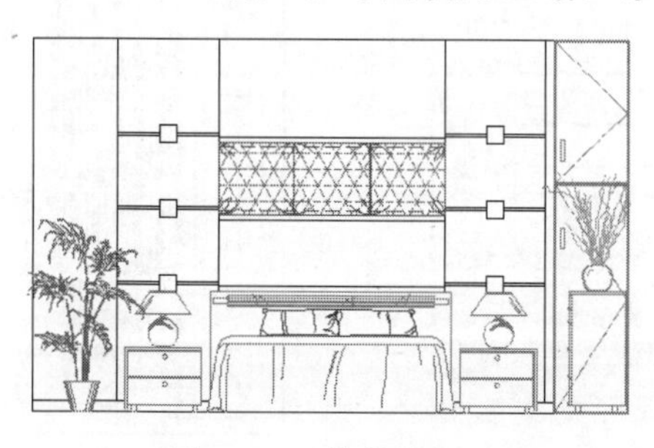

图 16-66　修剪结果

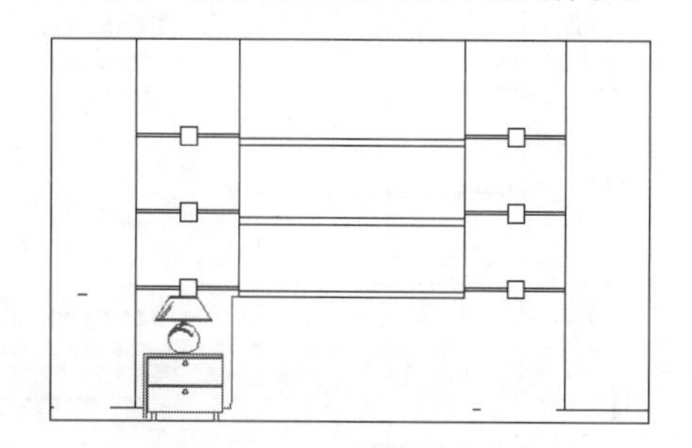

图 16-67　图形的显示结果

步骤 21　使用快捷键 LT 执行【线型】命令，加载一种名为 DASHED 和 DOT 的线型。

步骤 22　将 DASHED 设置为当前线型，然后使用快捷键 H 执行【图案填充】命令，激活【设置】选项，在打开的【图案填充和渐变色】对话框中设置填充图案及参数如图 16-68 所示；

为立面图填充装饰图案，然后对填充图案进行镜像，结果如图 16-69 所示。

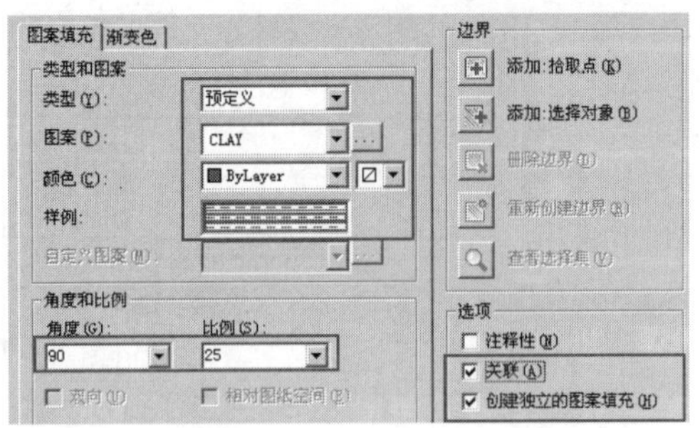

图 16-68　设置填充参数

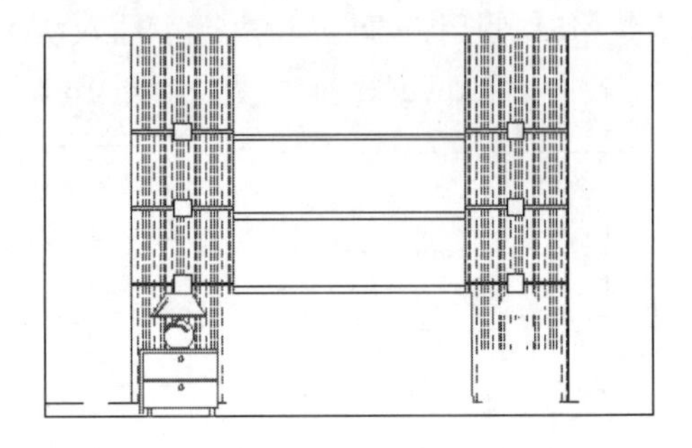

图 16-69　填充结果

步骤 23　单击【默认】选项卡/【特性】面板/【线型】下拉列表，设置当前线型为 DOT 线型。

步骤 24　重复执行【图案填充】命令，设置填充图案及填充参数如图 16-70 所示，填充如图 16-71 所示的图案。

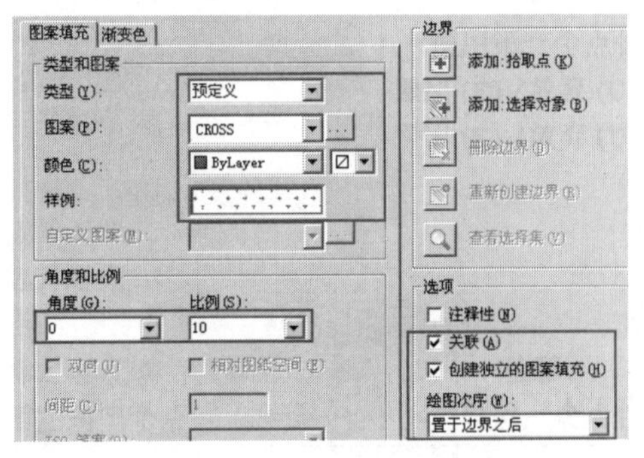

图 16-70　设置填充参数

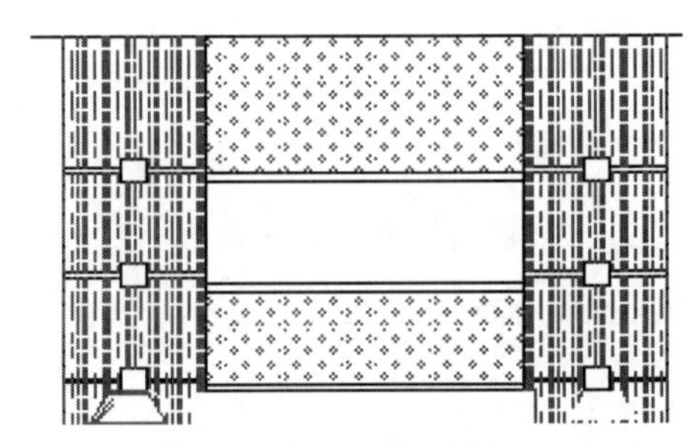

图 16-71　填充结果

步骤 25　将当前颜色设置为 132 号色，然后使用快捷键 REC 执行【矩形】命令，绘制如图 16-72 所示的辅助矩形。

步骤 26　重复执行【图案填充】命令，设置填充图案及填充参数如图 16-73 所示，为辅助矩形填充如图 16-74 所示的图案，并删除矩形。

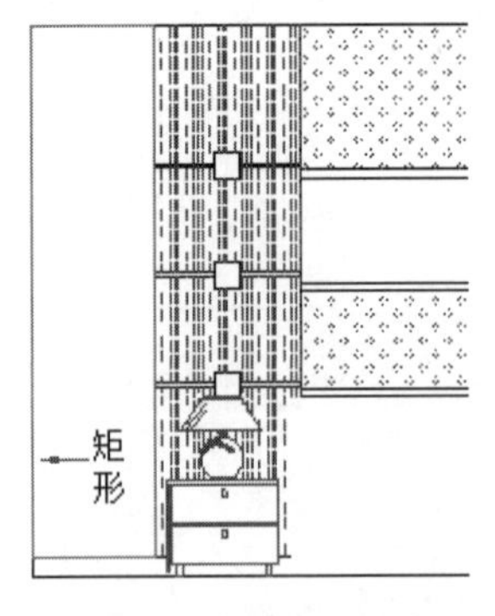

图 16-72　绘制矩形

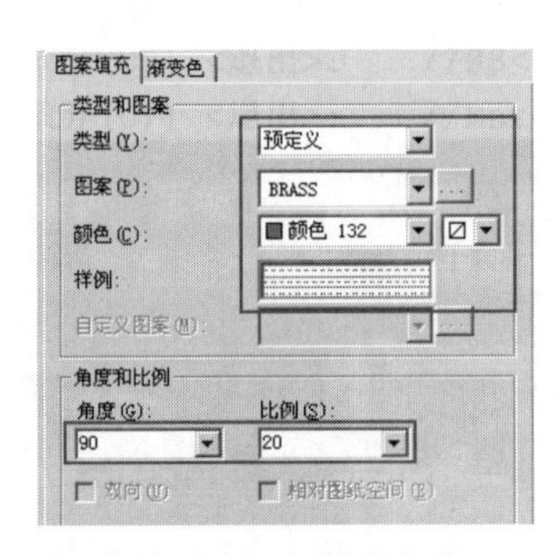

图 16-73 设置填充参数

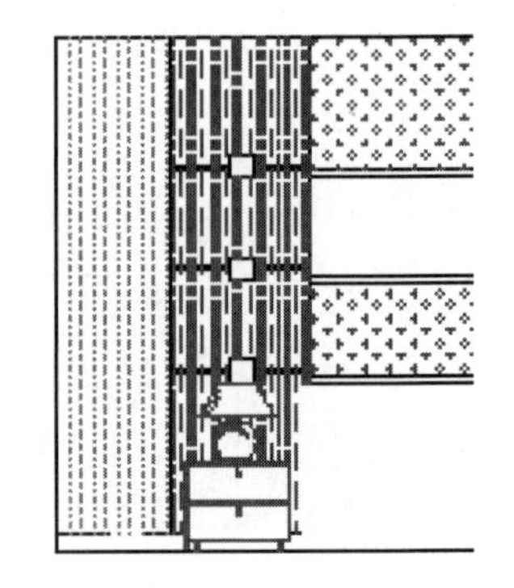

图 16-74　填充结果

步骤 27　修改台灯与床头柜图层为“图层”层，同时解冻“图块层”，此时立面图的显示效果如图 16-54 所示。

步骤 28　最后执行【保存】命令，将图形命名存储为“综合范例五.dwg”。

16.6　综合范例六——标注卧室立面材质和尺寸

本例主要为卧室立面装修图标注墙面材质和立面图尺寸，主要学习立面材质的标注方法和技巧。本例最终标注效果如图 16-75 所示。

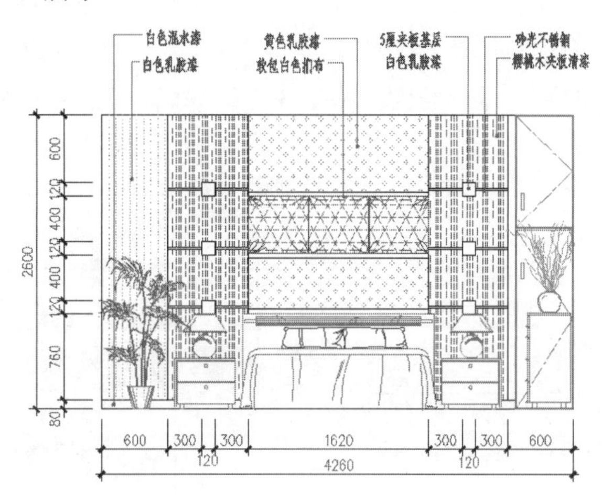

图 16-75　实例效果

操作步骤：

步骤 01　打开下载文件中的“/效果文件/第 16 章/综合范例五.dwg”文件。

步骤 02　单击【默认】选项卡/【图层】面板/【图层】下拉列表，将“文本层”设置为当前图层。

步骤 03　使用快捷键 D 执行【标注样式】命令，替代当前尺寸样式，并修改引线箭头、大小、尺寸文字样式等参数，如图 16-76 和图 16-77 所示。

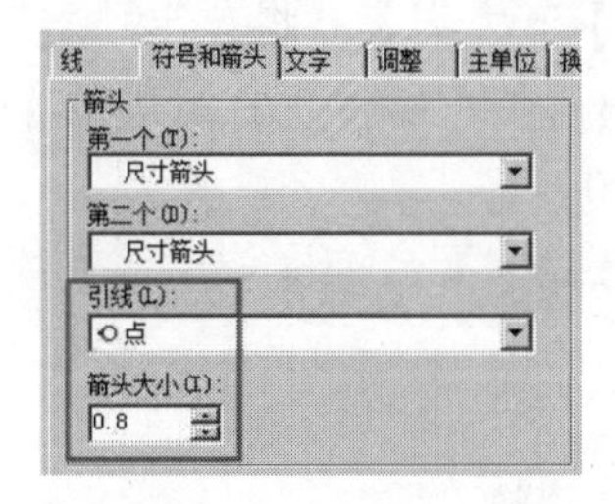

图 16-76　修改箭头和大小

图 16-77　修改文字样式

步骤 04　单击【调整】选项卡，修改标注比例为 35，并结束命令。

步骤 05　使用快捷键 LE 执行【快速引线】命令，使用命令中的【设置】选项设置引线参数，如图 16-78 和图 16-79 所示。

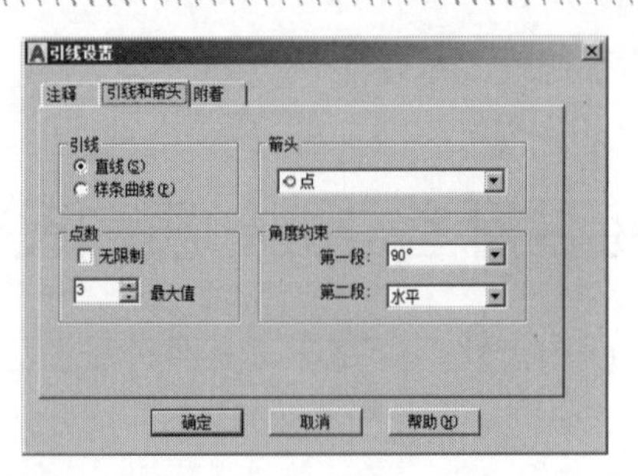

图 16-78　【引线和箭头】选项卡

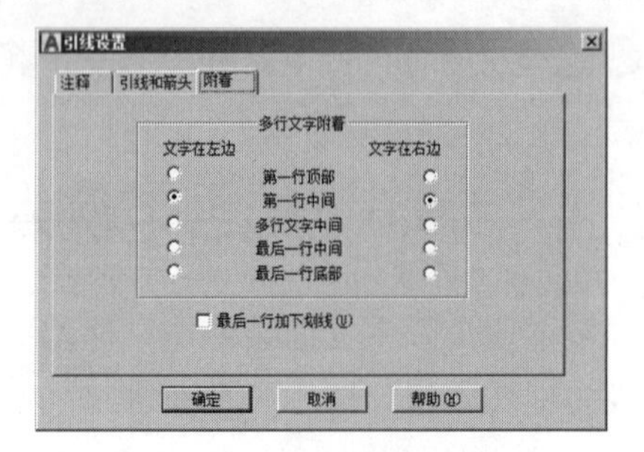

图 16-79　【附着】选项卡

步骤 06　单击确定按钮，返回绘图区指定 3 个引线点，绘制引线并输入引线注释，标注结果如图 16-80 所示。

步骤 07　重复执行【快速引线】命令，按照当前的参数设置标注如图 16-81 所示的引线注释。

图 16-80　标注结果

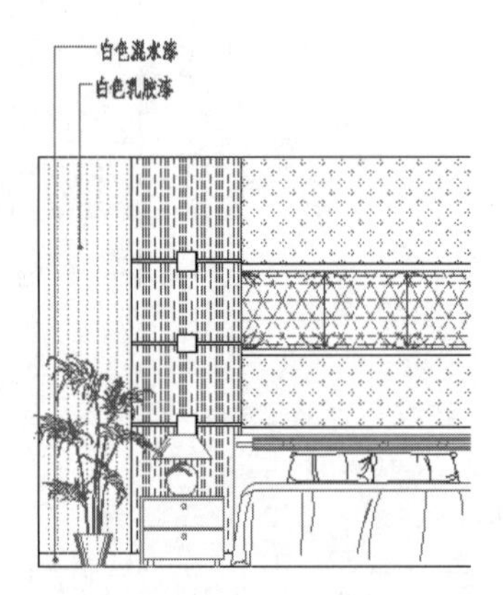

图 16-81　标注其他注释

步骤 08　重复执行【快速引线】命令，按照当前的参数设置，继续标注右侧的引线注释，结果如图 16-82 所示。

步骤 09　单击【默认】选项卡/【图层】面板/【图层】下拉列表，将“尺寸层”设置为当前图层。

步骤 10　使用快捷键 D 执行【标注样式】命令，在打开的【标注样式管理器】对话框中设置“建筑标注”为当前样式，并修改标注比例为 30。

步骤 11　单击【默认】选项卡/【注释】面板上的按钮，配合捕捉与追踪功能标注如图 16-83 所示的线性尺寸，以作为基准尺寸。

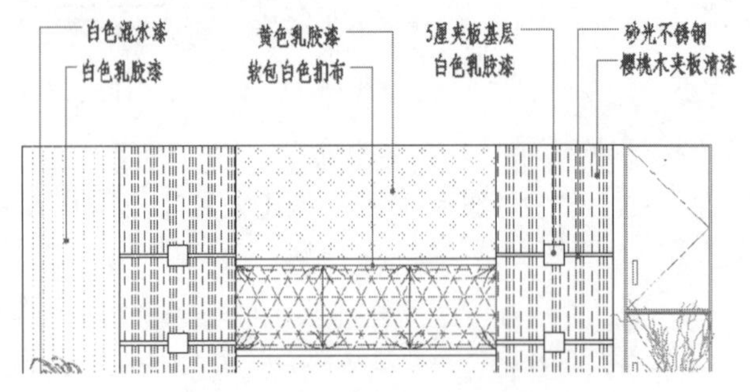

图 16-82　标注结果

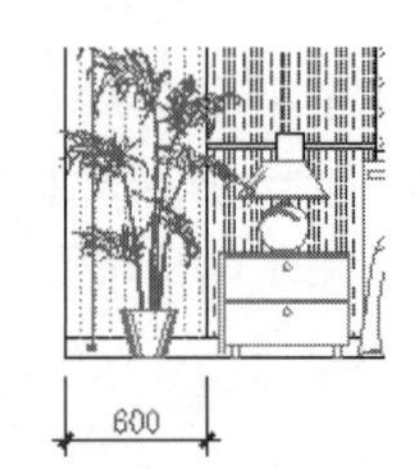

图 16-83　标注线性尺寸

步骤 12　单击【注释】选项卡/【标注】面板上的按钮，标注如图 16-84 所示连续尺寸。

步骤13　夹点显示标注文字为 120 的尺寸对象，使用尺寸夹点编辑中的【仅移动文字】功能，适当调整标注文字的位置，结果如图 16-85 所示。

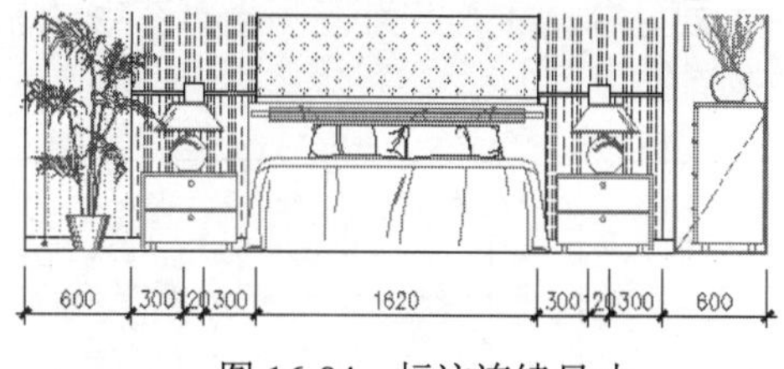

图 16-84　标注连续尺寸

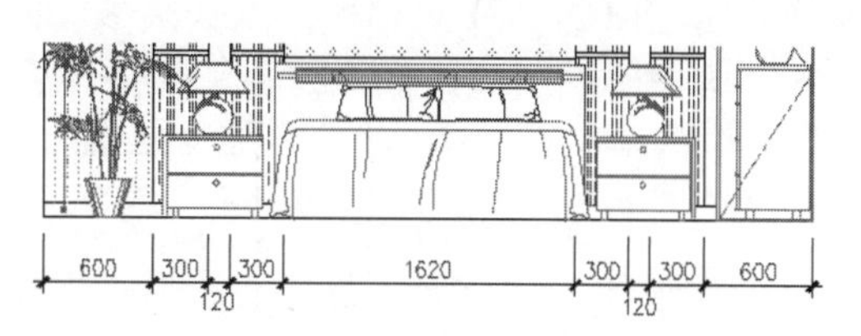

图 16-85　编辑尺寸文字

步骤14　单击【默认】选项卡/【注释】面板上的按钮，标注下侧总尺寸，结果如图 16-86 所示。

步骤15　参照步骤 11～14 的操作，标注立面图左侧的高度尺寸，标注结果如图 16-87 所示。

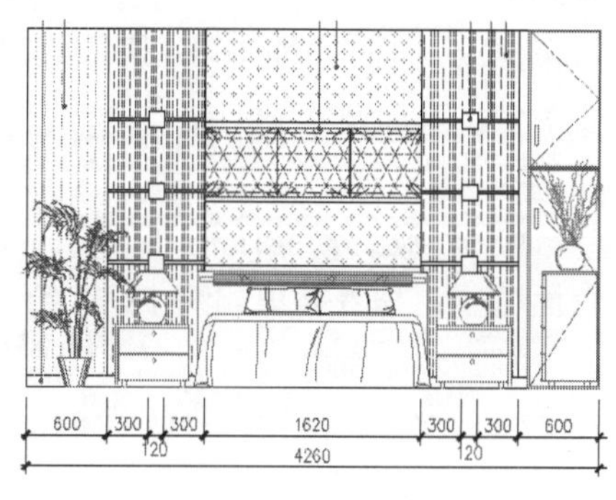

图 16-86　标注总尺寸

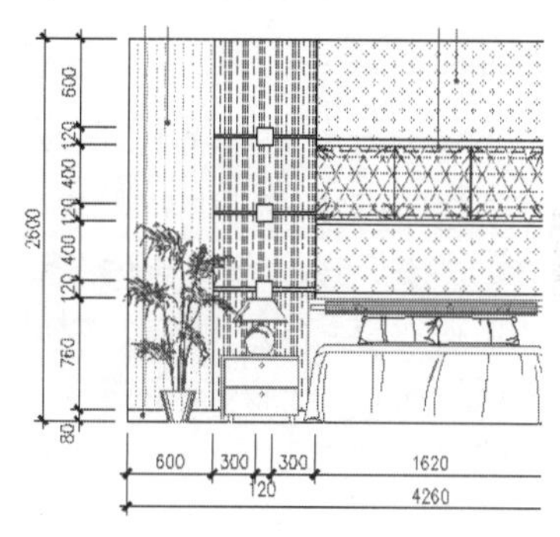

图 16-87　标注左侧的尺寸

步骤16　最后执行【另存为】命令，将图形命名存储为“综合范例六.dwg”。

16.7　综合范例七——绘制厨房装修立面图

本例在综合巩固所学知识的前提下，主要学习厨房装修立面图的具体绘制过程和绘制技巧。本例最终效果如图 16-88 所示。

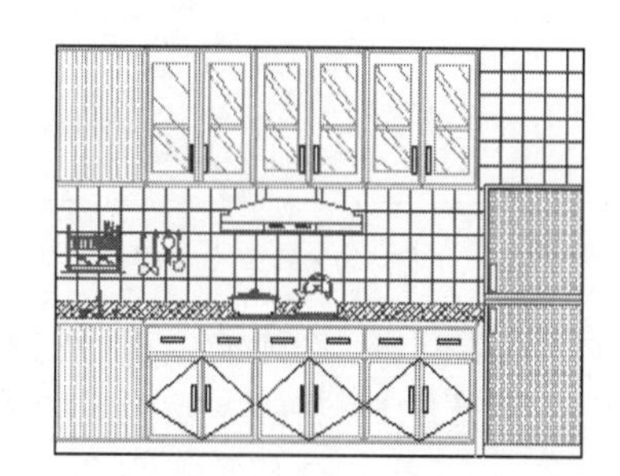

图 16-88　实例效果

操作步骤：

步骤01　执行【新建】命令，调用下载文件中的“/样板文件/建筑样板.dwt”文件。

步骤02　单击【默认】选项卡/【图层】面板/【图层】下拉列表，设置“轮廓线”为当前图层。

步骤03　单击【默认】选项卡/【绘图】面板上的按钮，绘制长度为 3240、宽度为 2400 的矩形，并将其分解。

步骤04　使用快捷键 O 执行【偏移】命令，将下侧的水平轮廓线向上偏移，偏移间距及结果如图 16-89 所示。

步骤05　重复执行【偏移】命令，将最左侧的垂直边向右偏移 2590 个单位。

步骤06　使用快捷键 TR 执行【修剪】命令，修剪偏移出的轮廓线，结果如图 16-90 所示。

步骤07　单击【默认】选项卡/【图层】面板/【图层】下拉列表，将“图块层”设置为当前图层。

步骤 08 使用快捷键 I 执行【插入块】命令，在打开的【插入】对话框中单击 浏览(B)... 按钮，打开【选择图形文件】对话框，选择下载文件中的“/图块文件/橱柜.dwg”。

步骤 09 返回【插入】对话框，以默认参数插入到立面图中，插入点为下侧水平图线的左端点，结果如图 16-91 所示。

图 16-89 偏移水平边

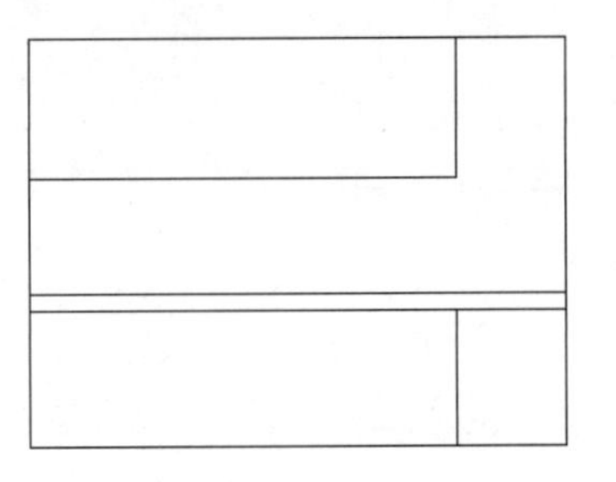
图 16-90 偏移并修剪

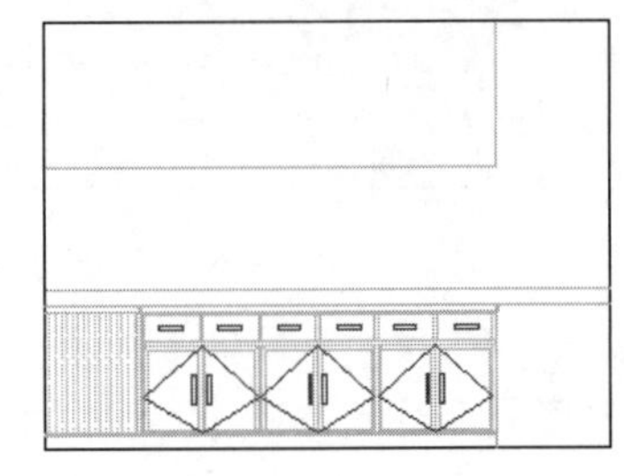
图 16-91 插入结果

步骤 10 重复执行【插入块】命令，在打开的【插入】对话框中单击 浏览(B)... 按钮，打开【选择图形文件】对话框，选择下载文件中的“/图块文件/吊柜.dwg”。

步骤 11 返回绘图区，在命令行“指定插入点或 [基点(B)/比例(S)/旋转(R)]: ”提示下，捕捉左侧垂直轮廓边的上端点，以默认参数插入到立面图中，插入结果如图 16-92 所示。

步骤 12 重复执行【插入块】命令，采用默认参数，分别插入下载文件中的“图块文件”目录下的“立面冰箱.dwg、油烟机.dwg、灶具组合.dwg、厨房用具.dwg 和水笼头.dwg”图块，插入结果如图 16-93 所示。

步骤 13 使用快捷键 TR 执行【修剪】命令，对立面图线进行修整和完善，删除被遮挡住的图线，结果如图 16-94 所示。

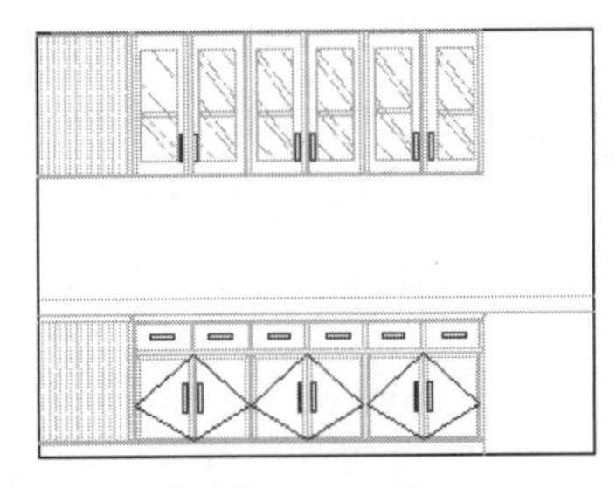
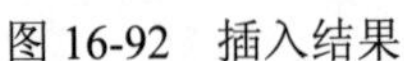
图 16-92 插入结果

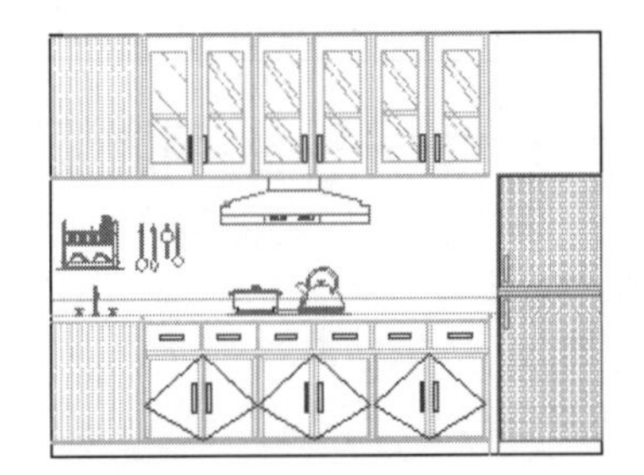
图 16-93 插入结果

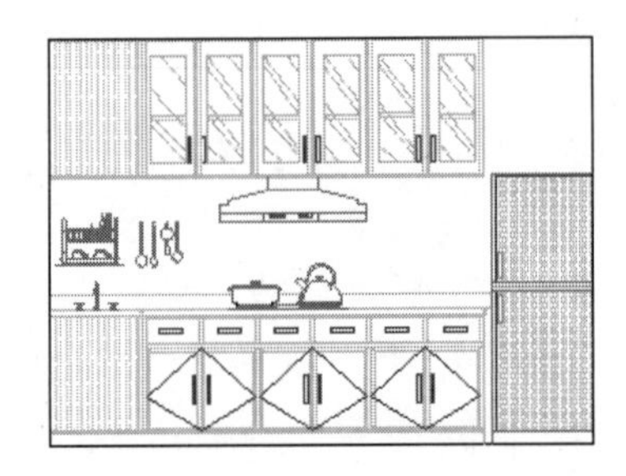
图 16-94 修剪结果

步骤 14 在无命令执行的前提下单击“冰箱”图块，使其夹点显示。

步骤 15 将“冰箱”图块放到“0 图层”上，冻结“图块层”，并设置“填充层”为当前层，然后使用画线命令封闭填充区域，此时立面图的显示效果如图 16-95 所示。

步骤 16 使用快捷键 H 执行【图案填充】命令，设置填充图案及填充参数如图 16-96 所示，填充如图 16-97 所示的图案。

步骤 17 重复执行【图案填充】命令，设置填充图案与参数，如图 16-98 所示，为立面图填充如图 16-99 所示的墙面图案。

步骤 18 将“冰箱”图块放到“图块层”上，并解冻该图层，此时立面图效果如图 16-100 所示。

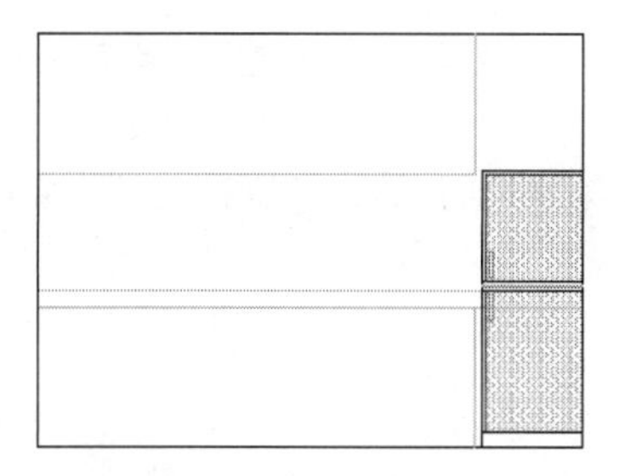

图 16-95　立面图的效果

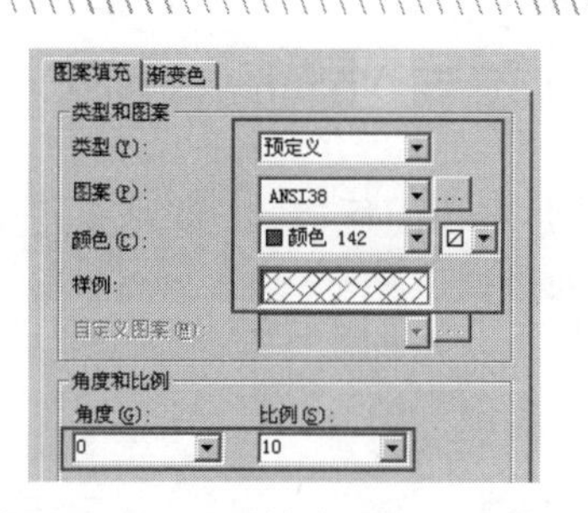

图 16-96　设置填充图案及参数

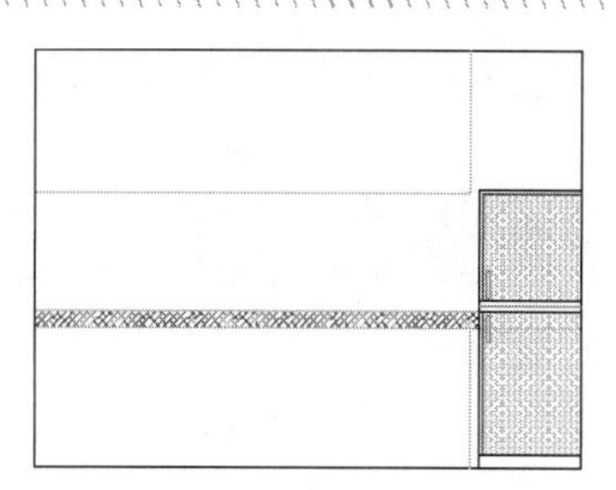

图 16-97　填充结果

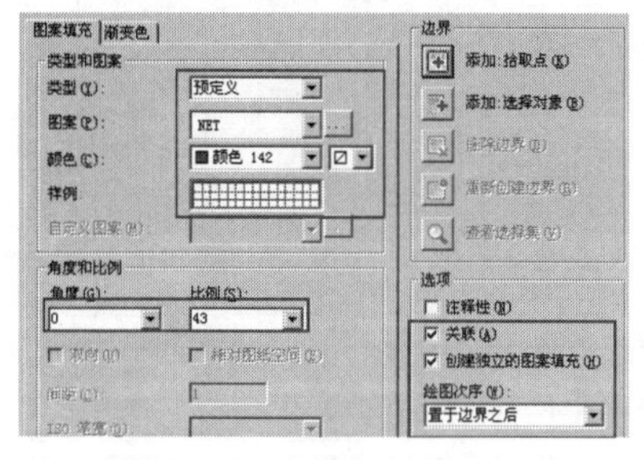

图 16-98　设置填充图案及参数

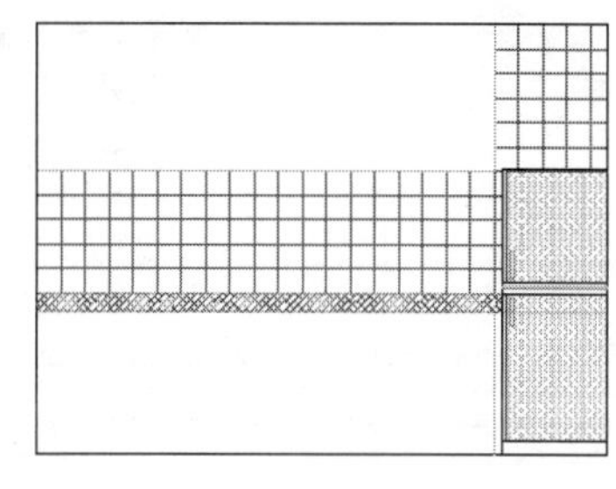

图 16-99　填充结果

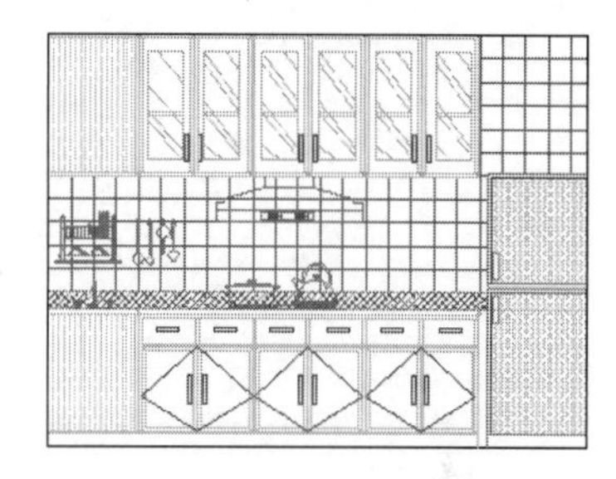

图 16-100　立面图显示效果

步骤 19　接下来，综合使用【分解】、【修剪】和【删除】命令，对立面图进行完善，删除被遮挡住的填充线，结果如图 16-101 所示。

步骤 20　最后执行【保存】命令，将图形命名存储为“综合范例七.dwg”。

16.8　综合范例八——标注厨房立面材质和尺寸

本例在综合巩固所学知识的前提下，主要学习厨房装修立面图材质和尺寸的具体标注过程和技巧。本例最终绘制效果如图 16-102 所示。

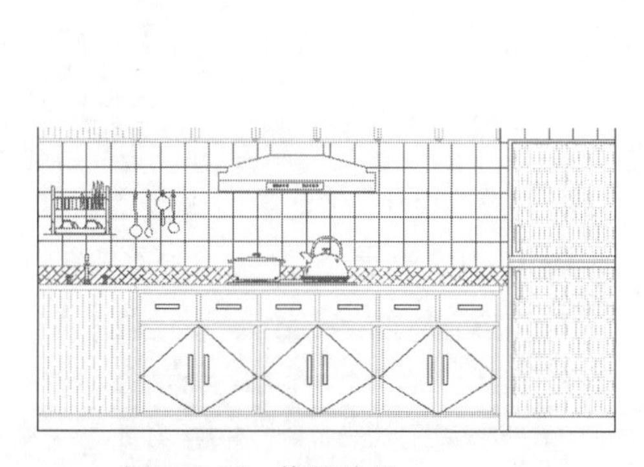

图 16-101　修整结果

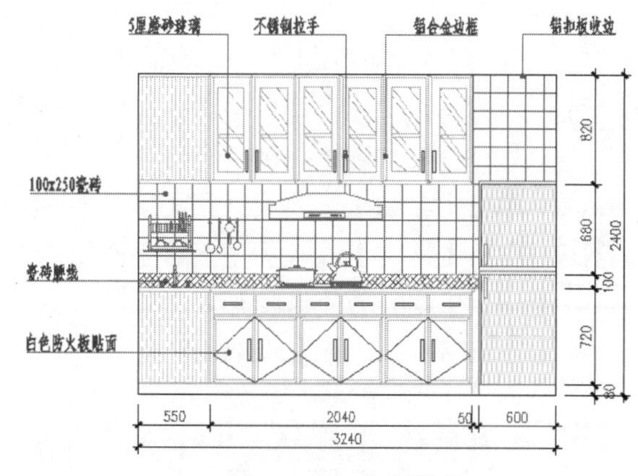

图 16-102　实例效果

操作步骤：

步骤 01　执行【打开】命令，打开下载文件中的“/效果文件/第 16 章/综合范例七.dwg ”文件。

步骤 02　单击【默认】选项卡/【图层】面板/【图层】下拉列表，将“尺寸层”设置为当前图层。

步骤 03　使用快捷键 D 执行【标注样式】命令，设置“建筑标注”为当前样式，同时修改标注比例为 25。

步骤 04　单击【默认】选项卡/【注释】面板上的按钮，配合【对象捕捉】功能标注如图 16-103 所示的线性尺寸以作为基准尺寸。

步骤 05　单击【注释】选项卡/【标注】面板上的按钮，以刚标注的线性尺寸作为基准尺寸，标注如图 16-104 所示的细部尺寸。

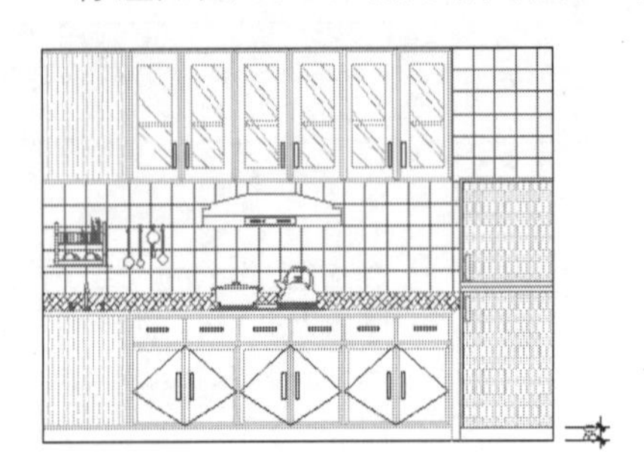

图 16-103　标注线性尺寸

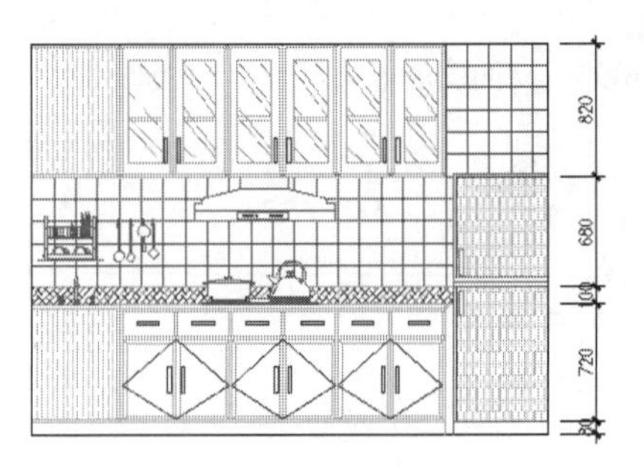

图 16-104　标注细部尺寸

步骤 06　使用夹点编辑功能调整标注文字为 80 和 100 的尺寸对象，结果如图 16-105 所示。

步骤 07　单击【默认】选项卡/【注释】面板上的按钮，标注立面图右侧的总尺寸，结果如图 16-106 所示。

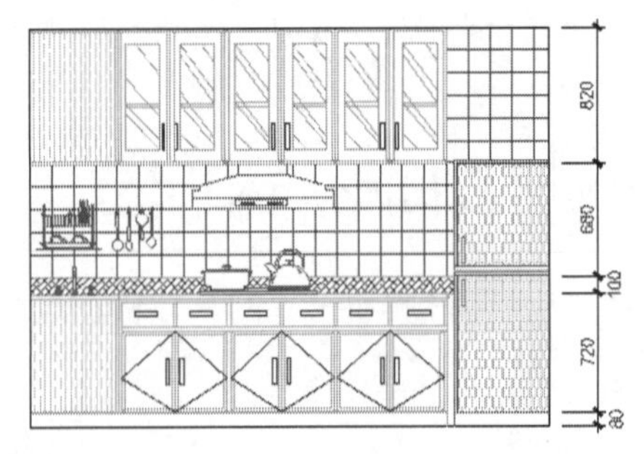

图 16-105　协调尺寸文字的位置

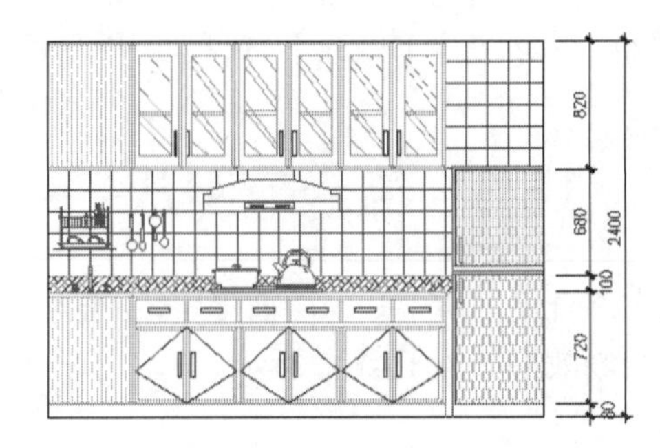

图 16-106　标注总尺寸

步骤 08　参照上述操作，综合使用【线性】和【连续】命令，标注立面图下方的细部尺寸和总尺寸，结果如图 16-107 所示。

步骤 09　单击【默认】选项卡/【图层】面板/【图层】下拉列表，将“文本层”设置为当前图层。

步骤 10　单击【默认】选项卡/【注释】面板上的按钮，在打开的【多重引线样式管理器】对话框中单击 新建(N)... 按钮，为新样式命名，如图 16-108 所示。

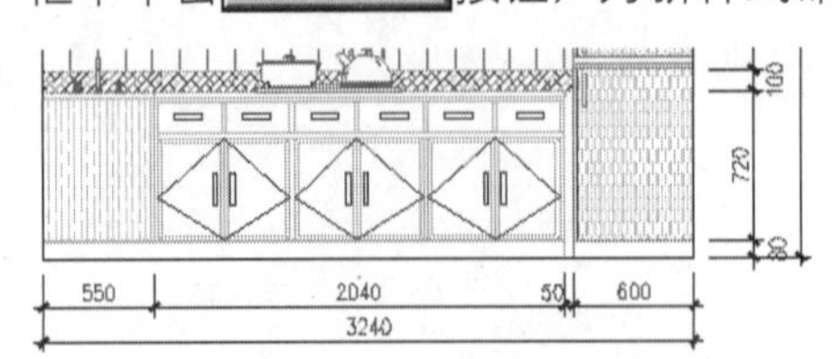

图 16-107　标注结果

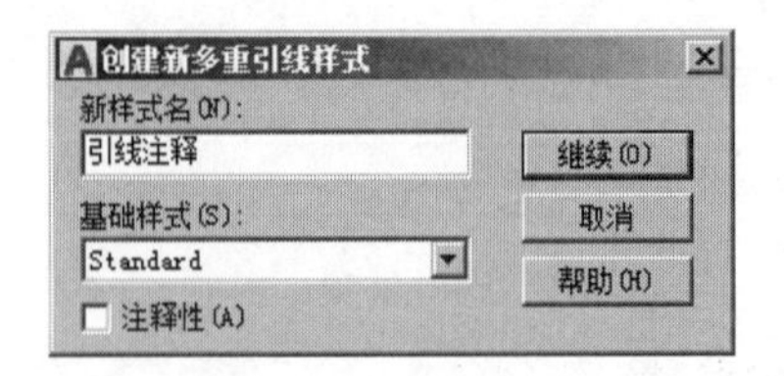

图 16-108　为新样式命名

步骤 11　在【创建新多重引线样式】对话框中单击 继续(O) 按钮，在打开的【修改多重引线样式：多重引线样式】对话框中设置引线格式参数，如图 16-109 所示。

步骤 12　在【修改多重引线样式：多重引线样式】对话框中分别单击【引线结构】和【内容】两个选项卡，然后设置参数，如图 16-110 和图 16-111 所示。

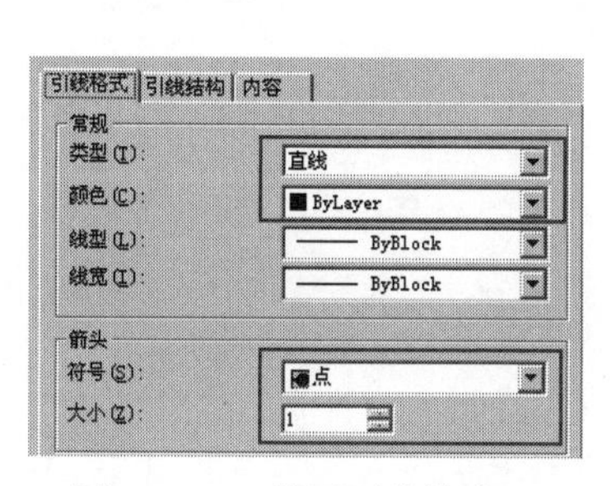

图 16-109　设置引线格式

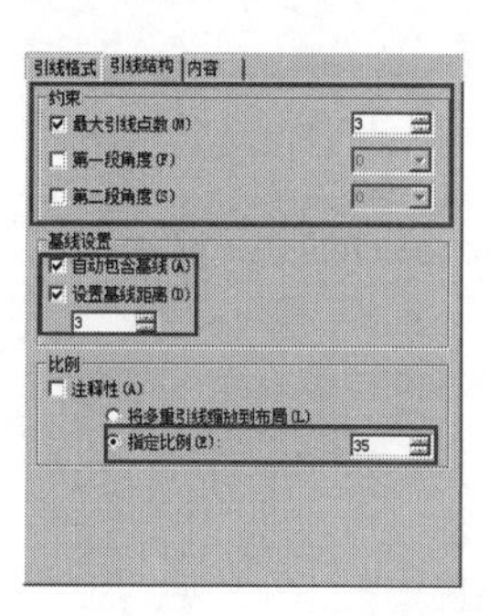

图 16-110　设置引线结构

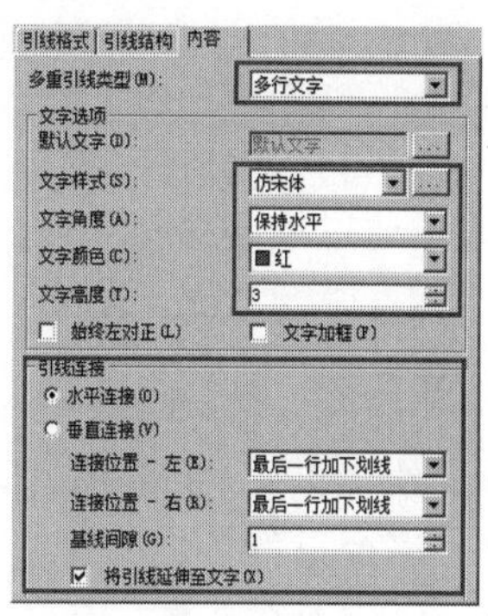

图 16-111　设置内容

步骤 13　在【修改多重引线样式：多重引线样式】对话框中单击 确定 按钮，返回【多重引线样式管理器】对话框，并将设置的新样式置为当前样式。

步骤 14　单击【默认】选项卡/【注释】面板上的按钮，根据命令行的提示绘制引线，输入“不锈钢拉手”，如图 16-112 所示。

步骤 15　关闭【文字编辑器】选项卡面板，结束【多重引线】命令，标注结果如图 16-113 所示。

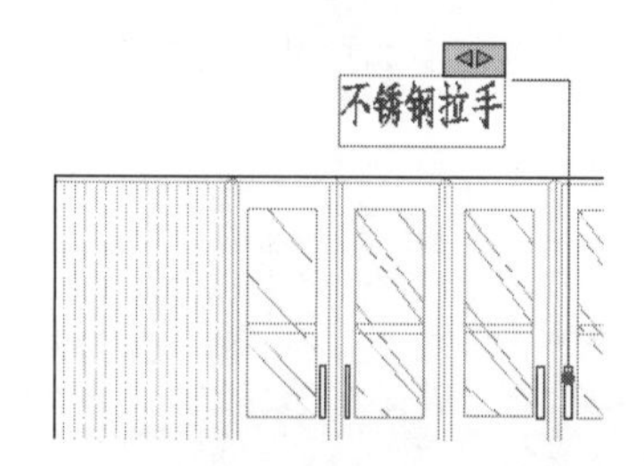

图 16-112　输入文字

图 16-113　标注结果

步骤 16　重复执行【多重引线】命令，按照当前的引线参数设置，分别标注立面图其他位置的引线注释，结果如图 16-114 所示。

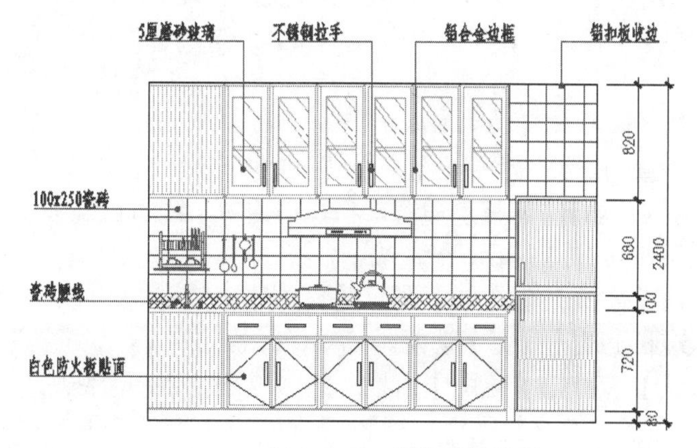

图 16-114　标注其他注释

步骤 17　最后执行【另存为】命令，将图形另存为“综合范例八.dwg”。

第 17 章　绘制机械图

本章通过绘制摇柄零件、垫片零件、轴类零件、盘类零件、模具零件及支撑类零件 6 个典型综合范例，主要学习 AutoCAD 在机械制图方面的应用技能。

本章内容

- 综合范例一——绘制摇柄零件图
- 综合范例二——绘制垫片零件图
- 综合范例三——绘制轴类零件图
- 综合范例四——绘制盘类零件图
- 综合范例五——绘制模具零件图
- 综合范例六——绘制支撑类零件图

17.1　综合范例一——绘制摇柄零件图

本例通过绘制如图 17-1 所示的摇柄零件图，在综合所学知识的前提下，主要学习摇柄零件图的绘制方法和技巧。

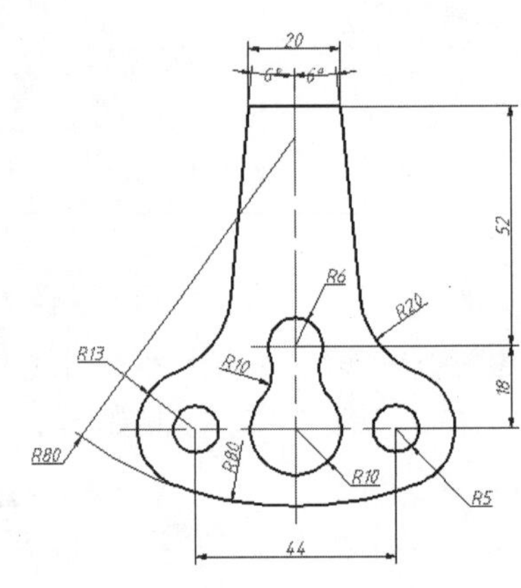

图 17-1　实例效果

操作步骤：

步骤 01　调用下载文件中的“/样板文件/机械样板.dwt”文件。

步骤 02　选择菜单栏中的【格式】/【图形界限】命令，设置图形界限为（240,150）。

步骤 03　单击【视图】选项卡/【导航】面板上的按钮，执行【全部缩放】命令，将图形界限最大化显示。

步骤 04　展开【图层】下拉列表，将“中心线”设置为当前图层。

步骤 05　单击【默认】选项卡/【绘图】面板上的按钮，绘制相互垂直的直线作为中心线，如图 17-2 所示。

步骤 06　使用快捷键 O 执行【偏移】命令，将垂直的中心线向右偏移 18 个单位，并适当调整其长度，结果如图 17-3 所示。

步骤 07　单击【默认】选项卡/【图层】面板/【图层】下拉列表，将“轮廓线”设置为当前图层，并激活状态栏上的【线宽】功能。

步骤 08　单击【默认】选项卡/【绘图】面板上的按钮，以中心线的交点 A 为圆心，绘制直径为 20 的圆；以交点 B 为圆心，绘制直径为 12 的圆，结果如图 17-4 所示。

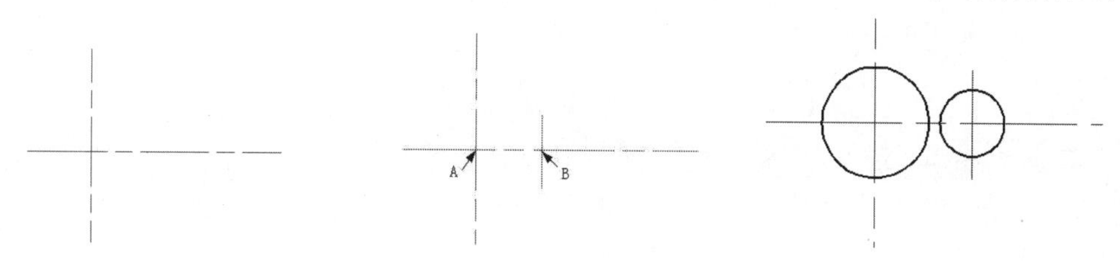

图 17-2　绘制结果　　图 17-3　偏移结果　　图 17-4　绘制结果

步骤 09　单击【默认】选项卡/【绘图】面板上的按钮，以刚绘制的圆作为相切对象绘制两个相切圆，相切圆半径为 10，绘制结果如图 17-5 所示。

步骤 10　单击【默认】选项卡/【修改】面板上的按钮，对圆进行修剪，结果如图 17-6 所示。

步骤 11　单击【默认】选项卡/【修改】面板上的按钮，将水平中心线对称偏移 22 个单位，结果如图 17-7 所示。

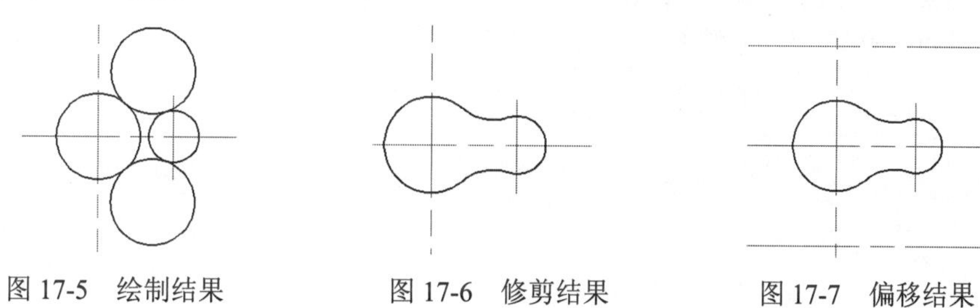

图 17-5　绘制结果　　图 17-6　修剪结果　　图 17-7　偏移结果

步骤 12　单击【默认】选项卡/【绘图】面板上的按钮，以偏移出的水平中心线和垂直中心线的交点为圆心，绘制两组半径分别为 5 和 13 的同心圆，结果如图 17-8 所示。

步骤 13　单击【默认】选项卡/【修改】面板上的按钮，将左侧的垂直中心线向右偏移 70 个单位，将中间的水平中心线对称偏移 10 个单位，结果如图 17-9 所示。

步骤 14　单击【默认】选项卡/【绘图】面板上的按钮，分别捕捉如图 17-9 所示的交点 1 和交点 2，绘制两条角度为 6° 和-6° 的构造线，如图 17-10 所示。

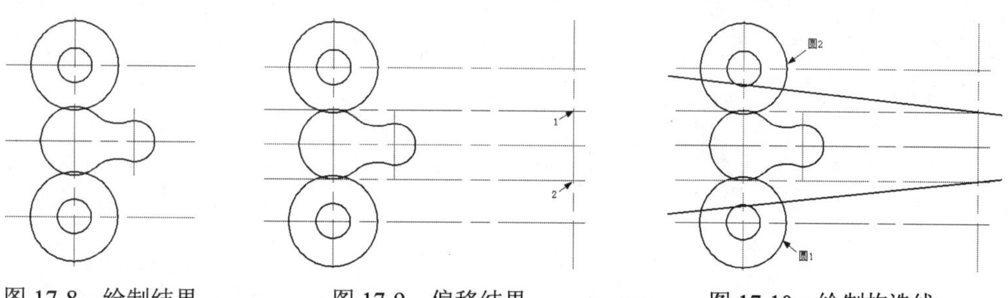

图 17-8　绘制结果　　图 17-9　偏移结果　　图 17-10　绘制构造线

步骤 15　执行【切点、切点、半径】命令，以构造线和圆 1、圆 2 作为相切对象，绘制半径为 20 的相切圆；以圆 1、圆 2 作为相切对象，绘制半径为 80 的相切圆，如图 17-11 所示。

步骤 16　单击【默认】选项卡/【修改】面板上的按钮，对构造线、中心线和相切圆进行修剪，并删除多余图线，结果如图 17-12 所示。

步骤 17　夹点显示最右侧的垂直中心线，将其放到“轮廓线”层上，结果如图 17-13 所示。

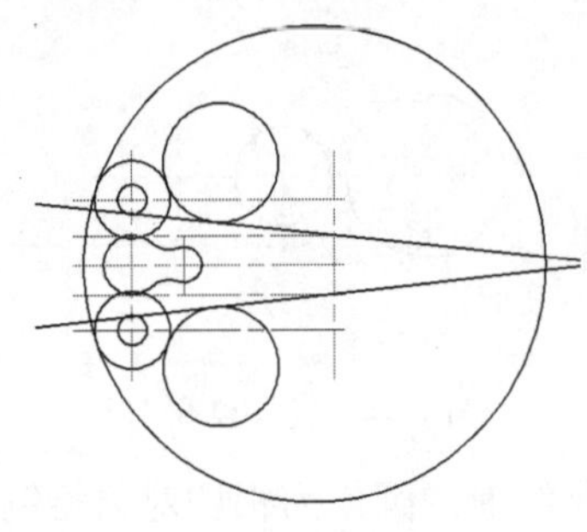

图 17-11　绘制相切圆

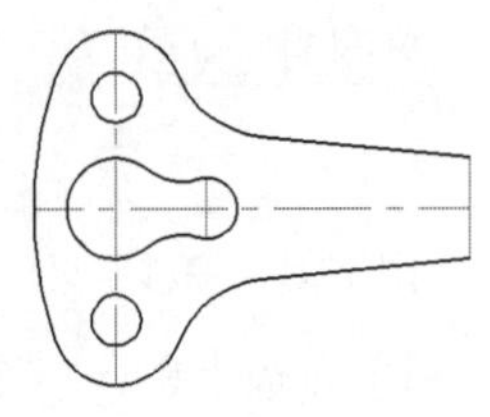

图 17-12　修剪结果

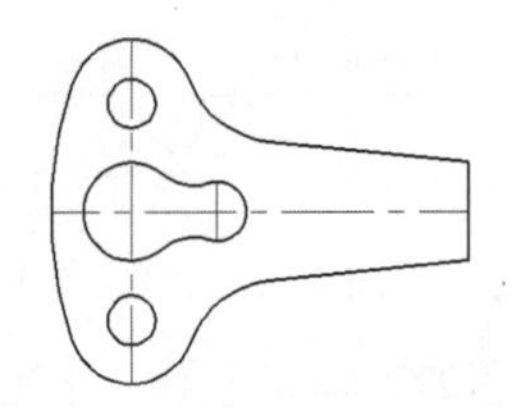

图 17-13　修改图层后的效果

步骤 18　单击【默认】选项卡/【修改】面板上的按钮，将图形逆时针旋转 90°，结果如图 17-14 所示。

步骤 19　单击【默认】选项卡/【修改】面板上的按钮，将长度增量设置为 3.5，对所有中心线进行两端拉长，最终结果如图 17-15 所示。

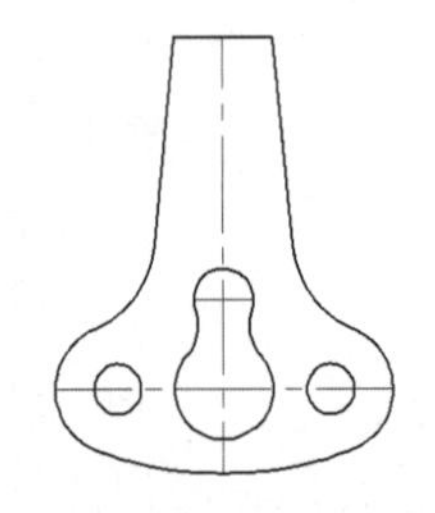

图 17-14　旋转结果

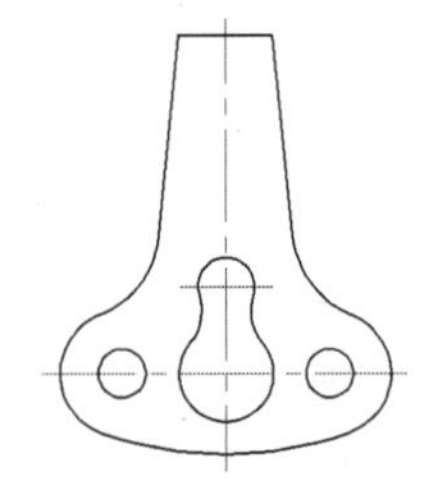

图 17-15　拉长结果

步骤 20　最后执行【保存】命令，将图形命名存储为“综合范例一.dwg”。

17.2　综合范例二——绘制垫片零件图

本例通过绘制如图 17-16 所示的零件轮廓图，在综合所学知识的前提下，主要学习垫片零件常用件的绘制方法和技巧。

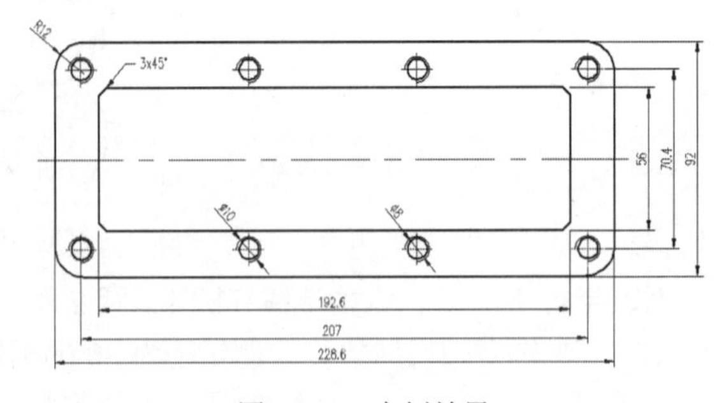

图 17-16　实例效果

操作步骤：

步骤 01　执行【新建】命令，快速创建公制单位的空白文件。

步骤 02　单击【视图】选项卡/【导航】面板上的按钮，执行【中心缩放】命令，将新视图高度调整为 200。

步骤 03 单击【默认】选项卡/【绘图】面板上的□按钮，绘制长度为 228.6、宽度为 92 的矩形，作为垫片外轮廓线。

步骤 04 重复执行【矩形】命令，配合【捕捉自】功能绘制内部结构。命令行提示如下：

```
命令: _rectang
指定第一个角点或 [倒角(C)/标高(E)/圆角(F)/厚度(T)/宽度(W)]:        //激活【捕捉自】功能
_from 基点:                                   //捕捉矩形左下角点
<偏移>:                                       //@10.8,10.8 Enter
指定另一个角点或 [面积(A)/尺寸(D)/旋转(R)]: //@207,70.4 Enter
命令:                                         // Enter
RECTANG 指定第一个角点或 [倒角(C)/标高(E)/圆角(F)/厚度(T)/宽度(W)]://激活【捕捉自】功能
_from 基点:                                   //捕捉矩形左下角点
<偏移>:                                       //@7.2,7.2 Enter
指定另一个角点或 [面积(A)/尺寸(D)/旋转(R)]: //@192.6,56 Enter，绘制结果如图 17-17 所示
```

步骤 05 单击【默认】选项卡/【修改】面板上的按钮，将圆角半径设为 12，对外侧的矩形进行圆角编辑，结果如图 17-18 所示。

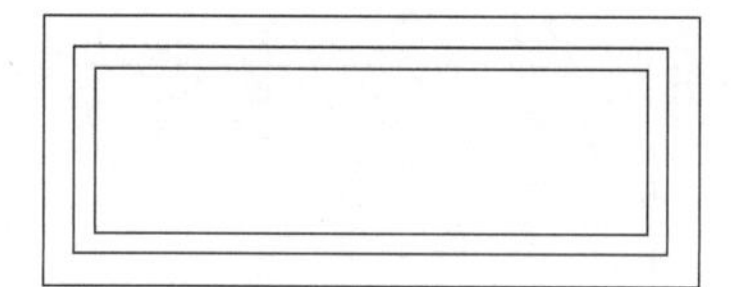

图 17-17 绘制结果

图 17-18 圆角结果

步骤 06 单击【默认】选项卡/【修改】面板上的按钮，对内侧的矩形进行倒角编辑，其中倒角线的长度为 3，角度为 45，倒角结果如图 17-19 所示。

步骤 07 单击【默认】选项卡/【绘图】面板上的按钮，以中间矩形的左下角点为圆心，绘制半径分别为 5 和 4 的同心圆，结果如图 17-20 所示。

图 17-19 倒角结果

图 17-20 绘制同心圆

步骤 08 使用快捷键 E 执行【删除】命令，删除中间的辅助矩形，结果如图 17-21 所示。

步骤 09 使用快捷键 LT 执行【线型】命令，加载 CENTER 线型，并将此线型设为当前线型。

步骤 10 单击【默认】选项卡/【特性】面板/【对象颜色】下拉列表，设置当前颜色为红色。

步骤 11 单击【默认】选项卡/【绘图】面板上的按钮，配合中点捕捉、象限点捕捉功能绘制圆和矩形的中心线，结果如图 17-22 所示。

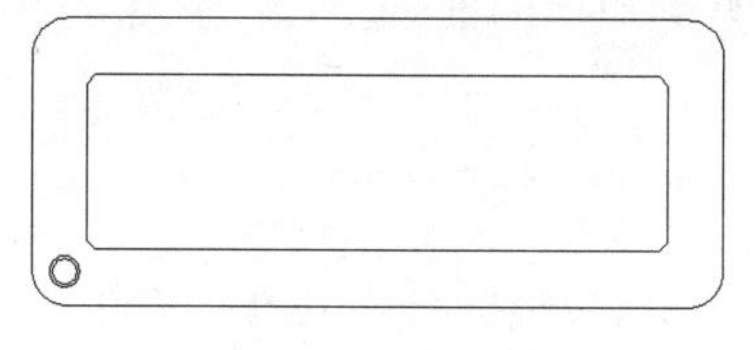

图 17-21 删除结果

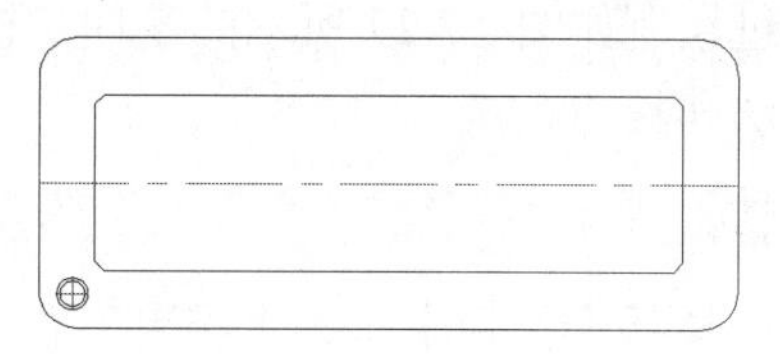

图 17-22 绘制中心线

步骤12 单击【默认】选项卡/【修改】面板上的按钮，将圆的中心线两端拉长1.2个单位，结果如图17-23所示。

步骤13 单击【默认】选项卡/【修改】面板上的按钮，以两条中心线作为边界，对外侧的圆进行修剪，结果如图17-24所示。

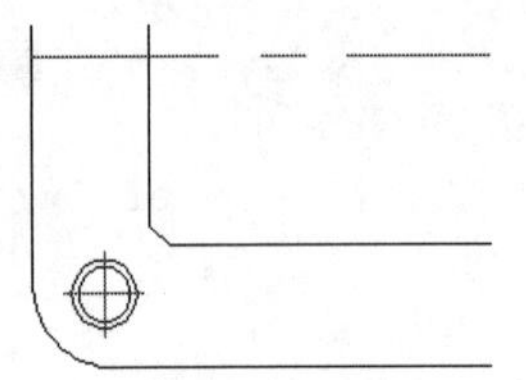

图17-23 拉长结果

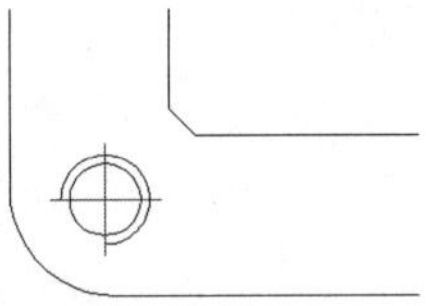

图17-24 修剪结果

步骤14 单击【默认】选项卡/【修改】面板上的按钮，选择修剪后的螺孔结构进行阵列2行4列，其中行间距为70.4，列间距为69，阵列结果如图17-25所示。

步骤15 单击【默认】选项卡/【修改】面板上的按钮，将外侧的矩形向外偏移6个单位，结果如图17-26所示。

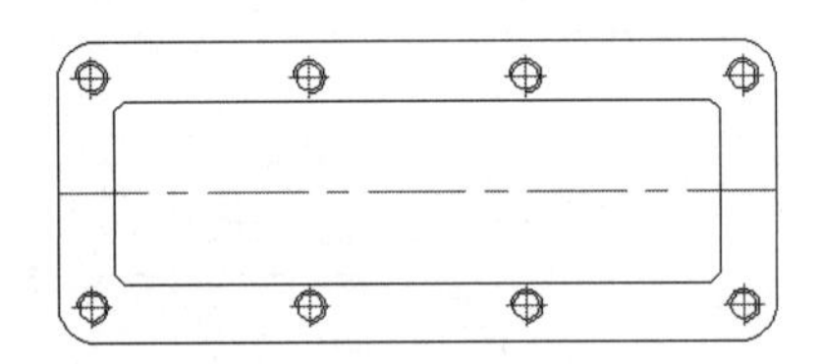

图17-25 阵列结果

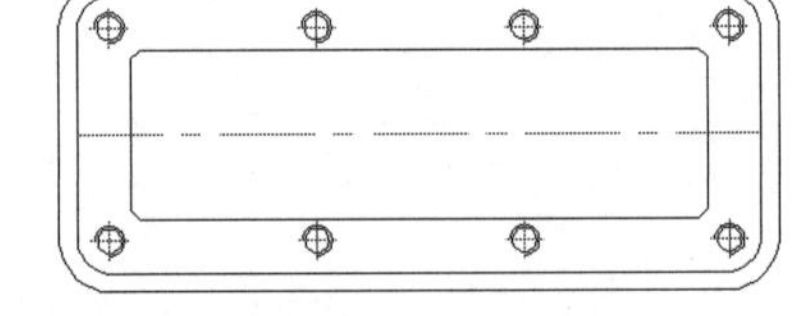

图17-26 偏移结果

步骤16 单击【默认】选项卡/【修改】面板上的按钮，以偏移出的矩形作为边界，对水平中心线进行两边延伸，结果如图17-27所示。

步骤17 使用快捷键E执行【删除】命令，将偏移出的矩形删除，结果如图17-28所示。

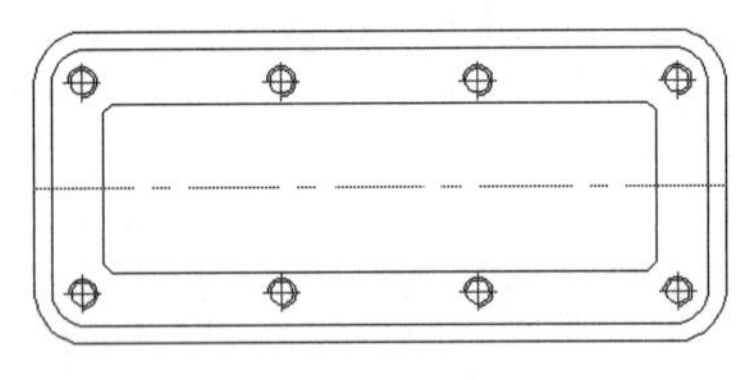

图17-27 延伸结果

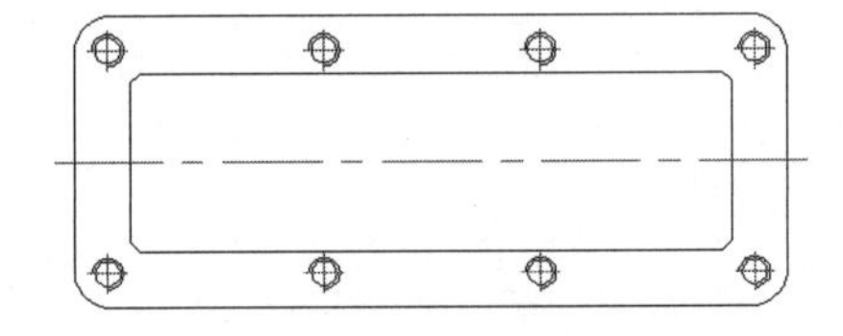

图17-28 删除结果

步骤18 最后执行【保存】命令，将图形命名存储为“综合范例二.dwg”。

17.3 综合范例三——绘制轴类零件图

本例通过绘制如图17-29所示的零件二视图，在综合所学知识的前提下，主要学习销轴零件二视图的绘制方法和技巧。

操作步骤：

步骤01 执行【新建】命令，调用下载文件中的“/样板文件/机械样板.dwt”文件。

步骤02 选择菜单栏中的【格式】/【图形界限】命令，设置图形的绘图界限为(300,300)。

步骤 03 单击【视图】选项卡/【导航】面板的按钮，将图形界限最大化显示。

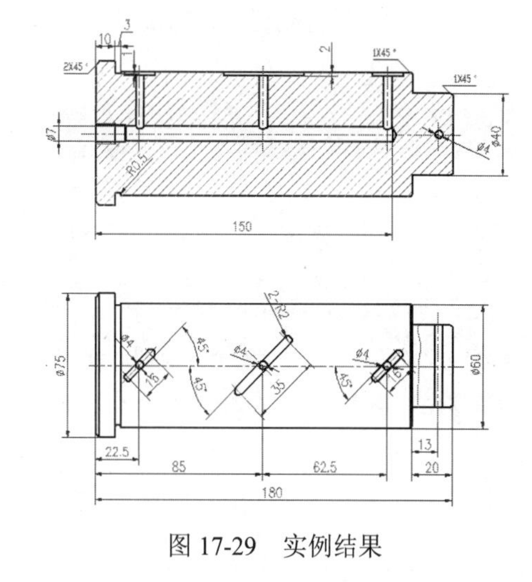

图 17-29　实例结果

步骤 04 单击【默认】选项卡/【绘图】面板上的按钮，在“中心线”层内绘制长度为 200 的水平基准线。

步骤 05 将“轮廓线”层设置为当前层，然后重复执行【直线】命令，绘制主视图上侧的轮廓线。命令行提示如下：

```
命令: _line
指定第一点:                //配合最近点捕捉功能，在水平基准线左端适当位置拾取点
指定下一点或 [放弃(U)]:              //@0,35 Enter
指定下一点或 [放弃(U)]:              //@10,0 Enter
指定下一点或 [闭合(C)/放弃(U)]:   //@0,-6 Enter
指定下一点或 [闭合(C)/放弃(U)]:  //@3,0 Enter
指定下一点或 [闭合(C)/放弃(U)]:  //@0,1 Enter
指定下一点或 [闭合(C)/放弃(U)]:  // @147,0 Enter
指定下一点或 [闭合(C)/放弃(U)]:  //@0,-10 Enter
指定下一点或 [闭合(C)/放弃(U)]:  //@20,0 Enter
指定下一点或 [闭合(C)/放弃(U)]:  // @0,-20 Enter
指定下一点或 [闭合(C)/放弃(U)]:  // Enter，绘制结果如图 17-30 所示
```

步骤 06 单击【默认】选项卡/【修改】面板上的按钮，设置倒角线长度为 2、角度为 45，对图 17-30 所示的轮廓线 1 和 2 进行倒角；将倒角线长度设为 1、角度设为 45，对轮廓线 3 和 4、5 和 6 进行倒角，结果如图 17-31 所示。

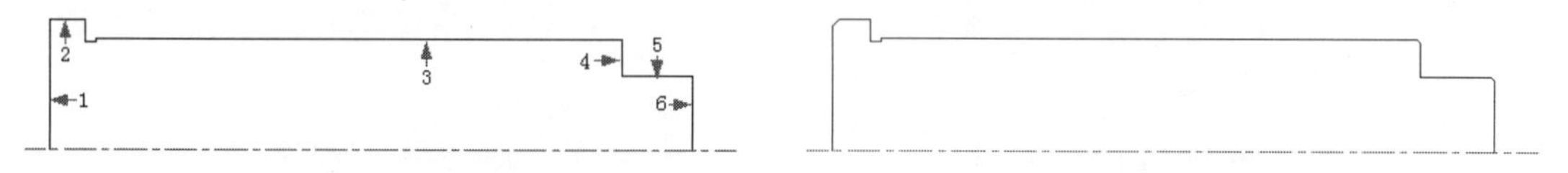

图 17-30　绘制结果　　图 17-31　倒角结果

步骤 07 单击【默认】选项卡/【修改】面板上的按钮，对图 17-32 所示的轮廓线 1 和 2、2 和 3 进行圆角，圆角半径为 0.5，圆角结果如图 17-33 所示。

步骤 08 单击【默认】选项卡/【修改】面板上的按钮，对基准线上侧的轮廓线进行镜像，镜像结果如图 17-34 所示。

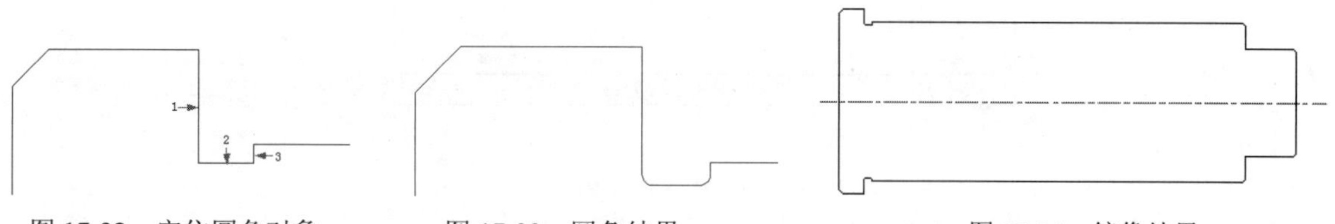

图 17-32　定位圆角对象　　图 17-33　圆角结果　　图 17-34　镜像结果

步骤 09 将“轮廓线”层设为当前层，然后单击【默认】选项卡/【绘图】面板上的按钮，配

合【捕捉自】功能绘制内侧的轮廓线。命令行提示如下：

```
命令：_line
指定第一点：                         //激活【捕捉自】功能
_from 基点：                         //捕捉如图 17-35 所示的点
<偏移>：                              //@1.8,0Enter
指定下一点或 [放弃(U)]：              //@0,-2Enter
指定下一点或 [放弃(U)]：              //@15.3,0Enter
指定下一点或 [放弃(U)]：                //@0,2Enter
指定下一点或 [闭合(C)/放弃(U)]：  //Enter，结果如图 17-36 所示
```

步骤 10　重复执行【直线】命令，根据图示尺寸，绘制右侧的轮廓结构，结果如图 17-37 所示。

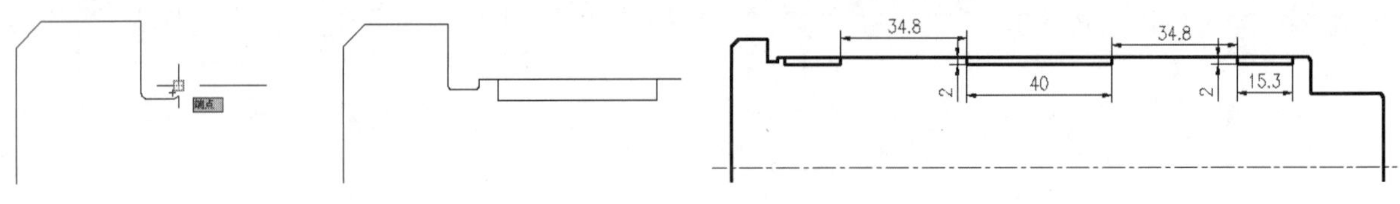

图 17-35　捕捉端点　　图 17-36　绘制的图形　　图 17-37　绘制结果

步骤 11　单击【默认】选项卡/【绘图】面板上的□按钮，配合【捕捉自】功能，以如图 17-38 所示的交点 A 作为偏移基点，以坐标(@0,-3.5)作为矩形左下点，绘制长度为 150、宽度为 7 的矩形，如图 17-38 所示。

步骤 12　重复使用【矩形】命令，配合【捕捉自】功能，绘制尺寸为 10×10 和 15.5×8 的两个矩形，如图 17-39 所示。

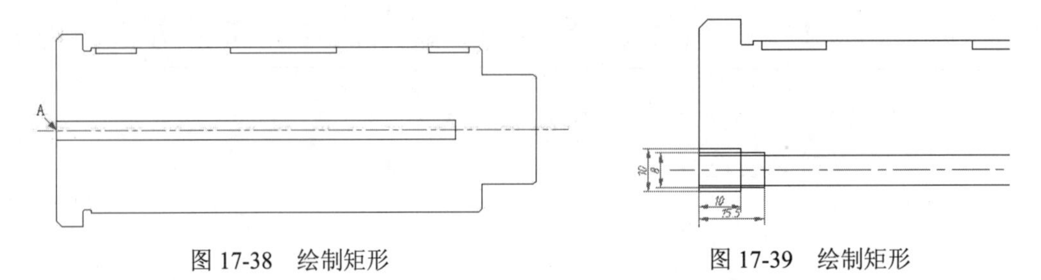

图 17-38　绘制矩形　　图 17-39　绘制矩形

步骤 13　单击【默认】选项卡/【修改】面板上的⊆按钮，将垂直线 A 向右偏移 22.5、85 和 147.5 个绘图单位，生成线 B、C 和 D，然后将线 B、C 和 D 对称偏移两个绘图单位，结果如图 17-40 所示。

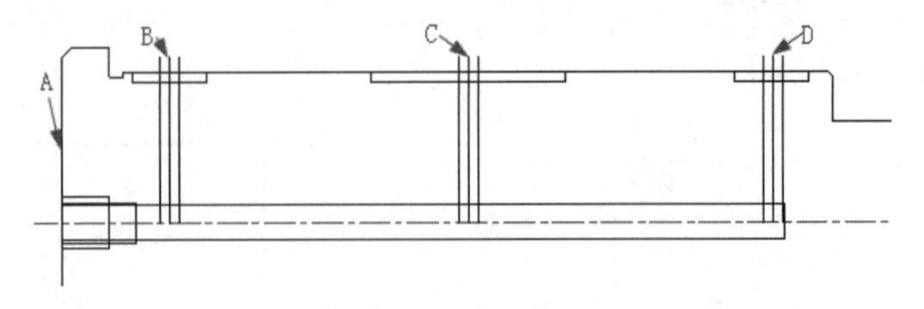

图 17-40　偏移结果

步骤 14　综合使用【圆角】、【修剪】和【倒角】命令，对内部的图线进行圆角、倒角和修剪操作，编辑结果如图 17-41 所示。

步骤 15　单击【默认】选项卡/【绘图】面板上的按钮，配合【捕捉自】功能，捕捉如图 17-42 所示的端点作为偏移基点，以坐标(@-7,0)作为圆心，绘制半径为 2 的圆，结果如图 17-43 所示。

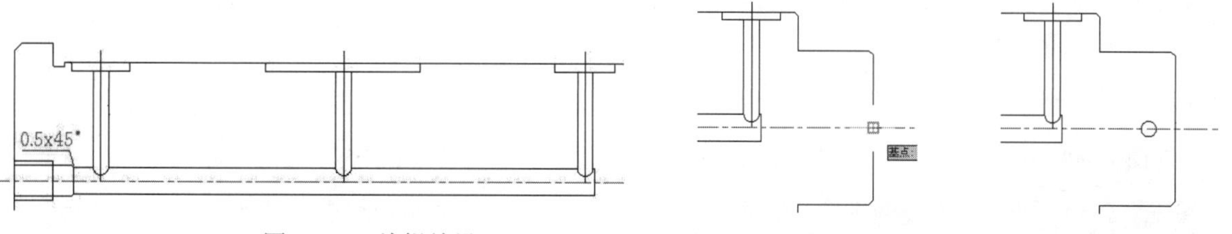

图 17-41　编辑结果　　图 17-42　捕捉端点　　图 17-43　绘制圆

步骤 16　单击【默认】选项卡/【绘图】面板上的按钮，补画其他图线，然后将线 3、4 和 5 放在“中心线”上，将线 1 和 2 放在“细线层”上，并适当调整中心线长度，结果如图 17-44 所示。

步骤 17　将“剖面线”设置为当前层，然后单击【默认】选项卡/【绘图】面板上的按钮，采用默认设置，为主视图填充“ANSI31”的图案，结果如图 17-45 所示。

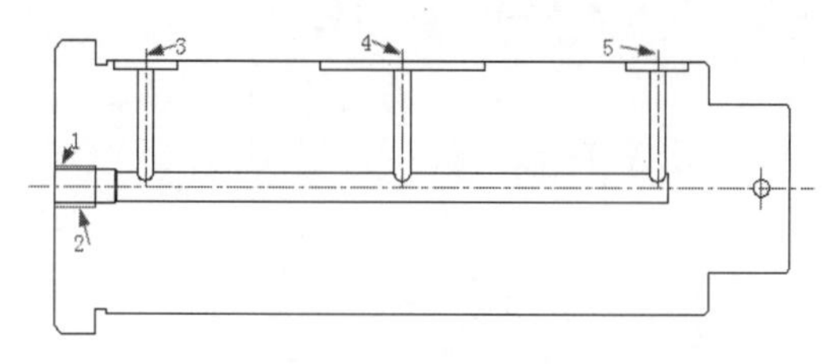

图 17-44　调整结果　　图 17-45　填充结果

步骤 18　单击【默认】选项卡/【修改】面板上的按钮，将主视图向下复制一个，然后删除不需要的图元，结果如图 17-46 所示。

步骤 19　单击【默认】选项卡/【绘图】面板上的按钮，配合端点捕捉功能补画其他图线，结果如图 17-47 所示。

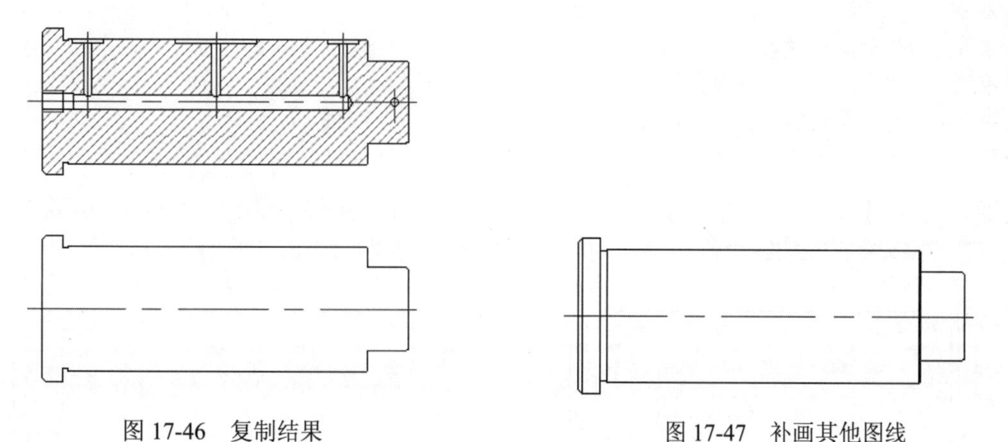

图 17-46　复制结果　　图 17-47　补画其他图线

步骤 20　单击【默认】选项卡/【绘图】面板上的按钮，配合【捕捉自】功能，以图 17-48 所示的中点作为偏移基点，输入圆心坐标(@9.5,0)，绘制半径为 2 的圆，结果如图 17-49 所示。

步骤 21　单击【默认】选项卡/【修改】面板上的按钮，将绘制的圆水平向右移动 62.5 和 125 个单位，结果如图 17-50 所示。

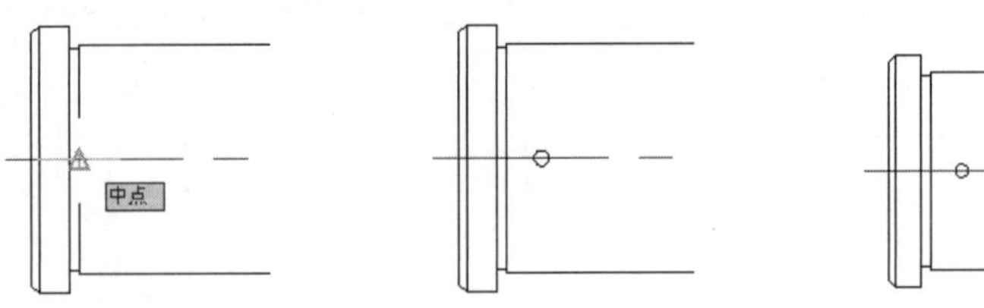

图 17-48　捕捉中点　　　图 17-49　绘制圆　　　图 17-50　复制结果

步骤 22　继续使用【复制】命令，配合相对极坐标功能，对 3 个圆进行复制。命令行提示如下：

```
命令：_copy
选择对象：                                             //选择左侧的圆 Enter
选择对象：                                               // Enter
当前设置：  复制模式 = 多个
指定基点或 [位移(D)/模式(O)] <位移>:                        //捕捉左侧圆的圆心
指定第二个点或 [阵列(A)] <使用第一个点作为位移>:              //@8<45 Enter
指定第二个点或 [阵列(A)/退出(E)/放弃(U)] <退出>:              //@8<225 Enter
指定第二个点或 [阵列(A)/退出(E)/放弃(U)] <退出>:              //Enter
命令：_copy
选择对象：                                                  //选择中间的圆 Enter
选择对象：                                                  //Enter
当前设置：  复制模式 = 多个
指定基点或 [位移(D)/模式(O)] <位移>:                        //捕捉中间圆的圆心
指定第二个点或 [阵列(A)] <使用第一个点作为位移>:              //@17.5<45 Enter
指定第二个点或 [阵列(A)/退出(E)/放弃(U)] <退出>:              //@17.5<225 Enter
指定第二个点或 [阵列(A)/退出(E)/放弃(U)] <退出>:              //Enter
命令：_copy
选择对象：                                                  //选择右侧的圆 Enter
选择对象：                                                  //Enter
当前设置：  复制模式 = 多个
指定基点或 [位移(D)/模式(O)] <位移>:                         //捕捉右侧圆的圆心
指定第二个点或 [阵列(A)] <使用第一个点作为位移>:               //@8<45 Enter
指定第二个点或 [阵列(A)/退出(E)/放弃(U)] <退出>:               //@8<225 Enter
指定第二个点或 [阵列(A)/退出(E)/放弃(U)] <退出>:               //Enter，复制结果如图 17-51 所示
```

步骤 23　单击【默认】选项卡/【绘图】面板上的按钮，配合“切点捕捉”功能绘制切线，然后以绘制的切线为修剪边，对圆进行修剪，结果如图 17-52 所示。

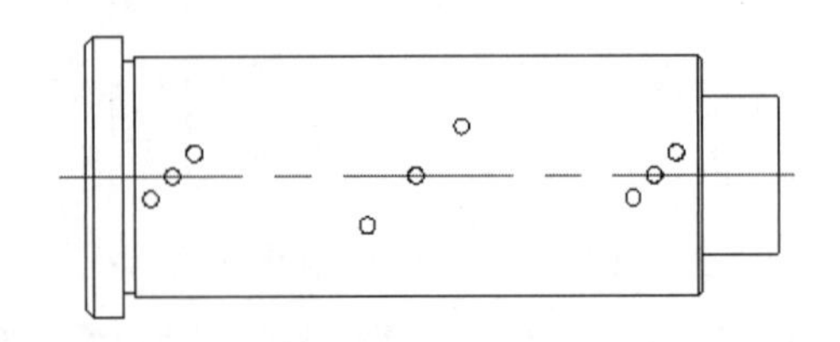

图 17-51　复制结果

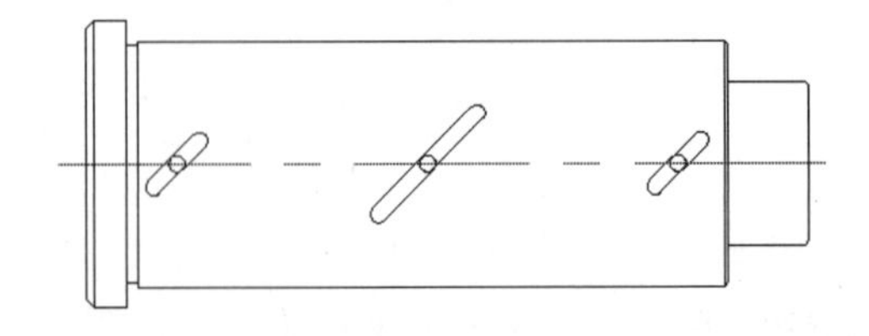

图 17-52　修剪结果

步骤 24　单击【默认】选项卡/【修改】面板上的按钮，将线 W 向右分别偏移 11、13 和 15 个

单位，然后将中间的偏移线放到“中心线”层上，并调整其长度，结果如图 17-53 所示。

步骤 25　单击【默认】选项卡/【绘图】面板上的按钮，配合“最近点”捕捉功能，绘制如图 17-54 所示的样条曲线。

步骤 26　单击【默认】选项卡/【绘图】面板上的按钮，采用默认参数对图形填充 ANSI31 图案，结果如图 17-55 所示。

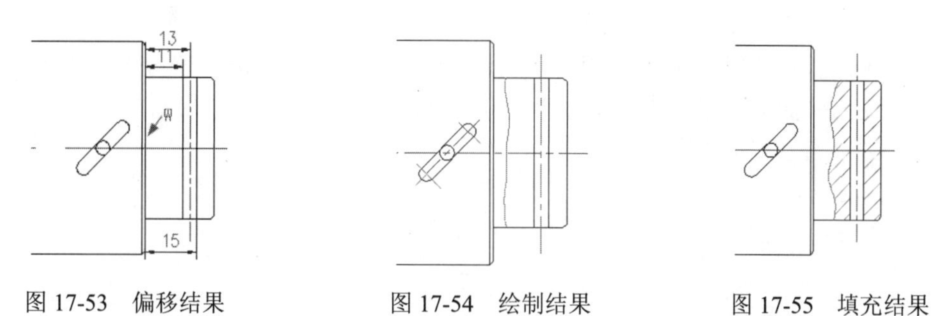

图 17-53　偏移结果　　图 17-54　绘制结果　　图 17-55　填充结果

步骤 27　最后执行【保存】命令，将图形命名存储为“综合范例三.dwg”。

17.4　综合范例四——绘制盘类零件图

本例通过绘制如图 17-56 所示的法兰盘零件二视图，在综合所学知识的前提下，主要学习盘类零件二视图的绘制方法和技巧。

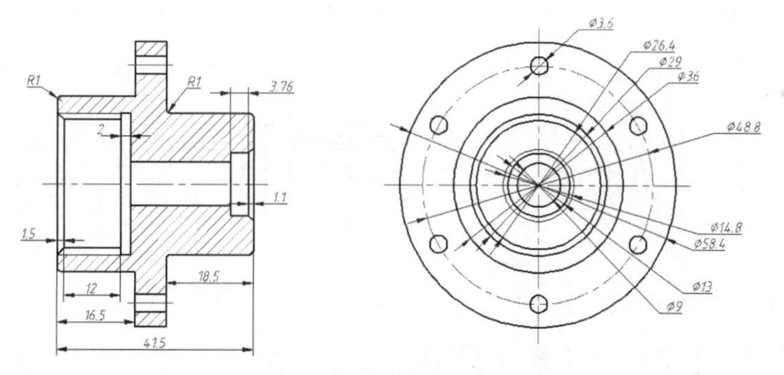

图 17-56　实例效果

操作步骤：

步骤 01　执行【新建】命令，调用下载文件中的“/样板文件/机械样板.dwt”。

步骤 02　单击【视图】选项卡/【导航】面板上的按钮，将新视图的高度调整为 75 个单位。

步骤 03　单击状态栏上的按钮，开启线宽的显示功能。

步骤 04　使用快捷键 LT 执行【线型】命令，设置线型比例为 0.4，并打开线宽的显示功能。

步骤 05　展开【图层】下拉列表，将“中心线”设置为当前层。

步骤 06　执行【构造线】命令，绘制如图 17-57 所示的构造线，作为两视图定位辅助线。

步骤 07　设置“轮廓线”为当前层，然后单击【默认】选项卡/【绘图】面板上的按钮，绘制左视图同心圆，直径为 9、13、14.8、26.4、29、36、48.8 和 58.4，结果如图 17-58 所示。

步骤 08　夹点显示直径为 14.8 的圆，然后展开【图层】下拉列表，修改其图层为“细实线”。

图 17-57　绘制辅助线　　　图 17-58　绘制同心圆

步骤 09　夹点显示直径为 48.8 的圆，然后展开【图层】下拉列表，修改图层为“中心线”。

步骤 10　使用快捷键 C 执行【圆】命令，捕捉如图 17-59 所示的象限点作为圆心，绘制直径为 3.6 的小圆，结果如图 17-60 所示。

步骤 11　单击【默认】选项卡/【修改】面板上的按钮，以同心圆的圆心作为中心点，将直径为 3.6 的小圆阵列 6 份，阵列结果如图 17-61 所示。

图 17-59　捕捉象限点

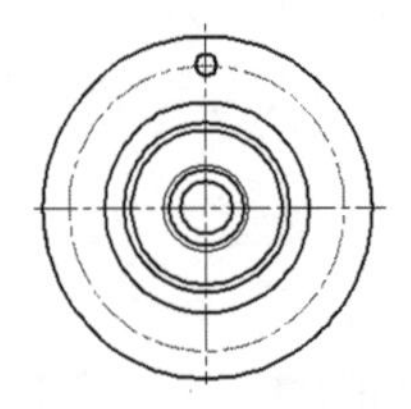

图 17-60　绘制结果

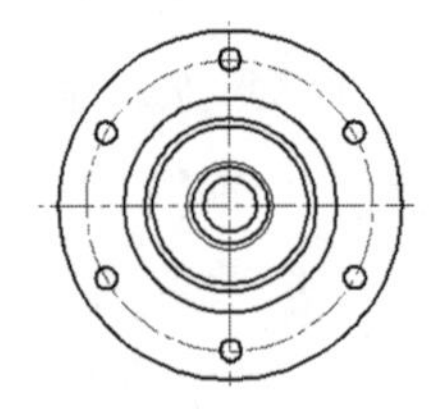

图 17-61　阵列结果

步骤 12　单击【默认】选项卡/【修改】面板上的按钮，使用“距离偏移”方式，将左侧的垂直构造线向左偏移 18.5、25 和 41.5，结果如图 17-62 所示。

步骤 13　单击【默认】选项卡/【绘图】面板上的按钮，根据视图间的对正关系，配合【对象捕捉】功能绘制如图 17-63 所示的水平构造线。

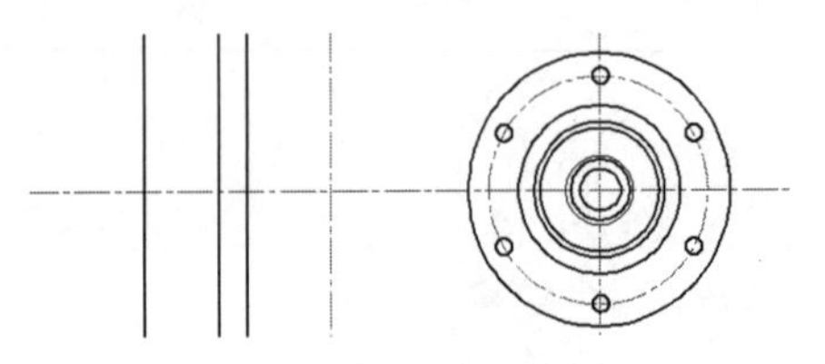

图 17-62　偏移结果

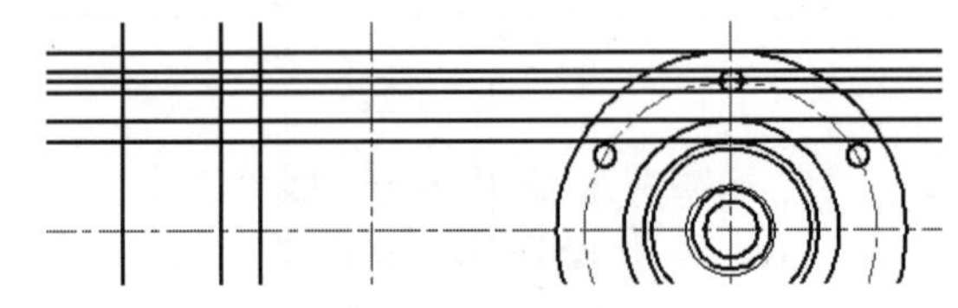

图 17-63　绘制构造线

步骤 14　单击【默认】选项卡/【修改】面板上的按钮，对构造线进行修剪，编辑出主视图外轮廓结构，结果如图 17-64 所示。

步骤 15　将圆柱孔的中心线放到“中心线”图层上，将右侧的垂直轮廓线放到“轮廓线”图层上，结果如图 17-65 所示。

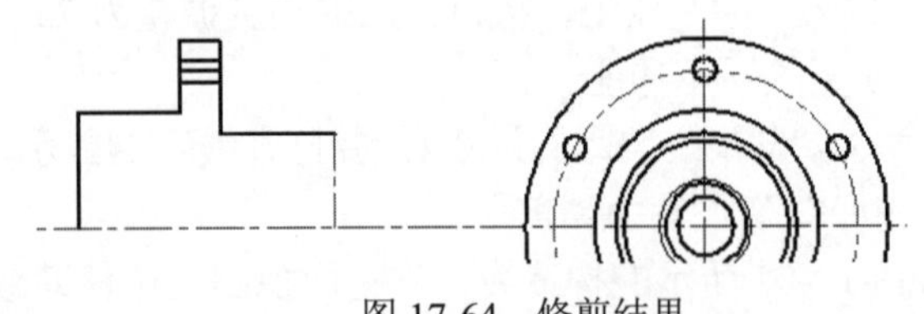

图 17-64　修剪结果

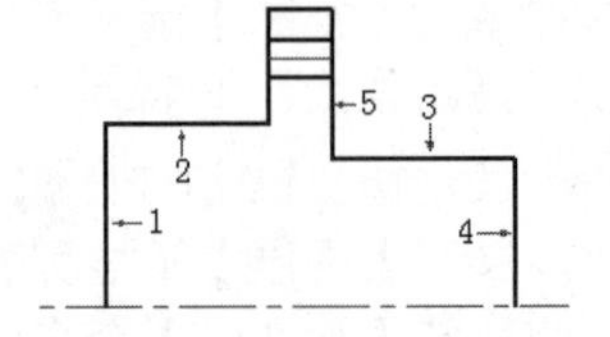

图 17-65　更改图层后的效果

步骤 16　单击【默认】选项卡/【修改】面板上的按钮，将圆角半径设置为 1，分别对图 17-65 所示的轮廓线 1 和 2、3 和 5、4 和 3 进行圆角，结果如图 17-66 所示。

步骤 17　单击【默认】选项卡/【修改】面板上的按钮，对水平中心线上侧的结构图进行镜像，结果如图 17-67 所示。

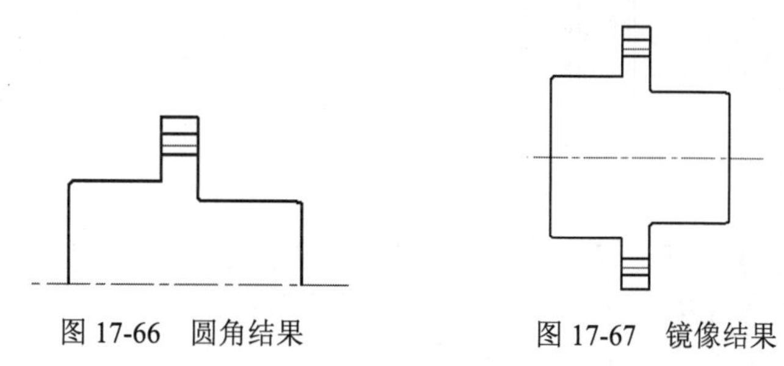

图 17-66　圆角结果　　图 17-67　镜像结果

步骤 18　单击【默认】选项卡/【绘图】面板上的按钮，根据视图间的对正关系绘制如图 17-68 所示的水平构造线。

步骤 19　单击【默认】选项卡/【修改】面板上的按钮，将垂直轮廓线 1 向左偏移 1.1 和 4.86 个单位；将垂直轮廓线 2 向右偏移 1.5、13.5 和 15.5 个单位，结果如图 17-69 所示。

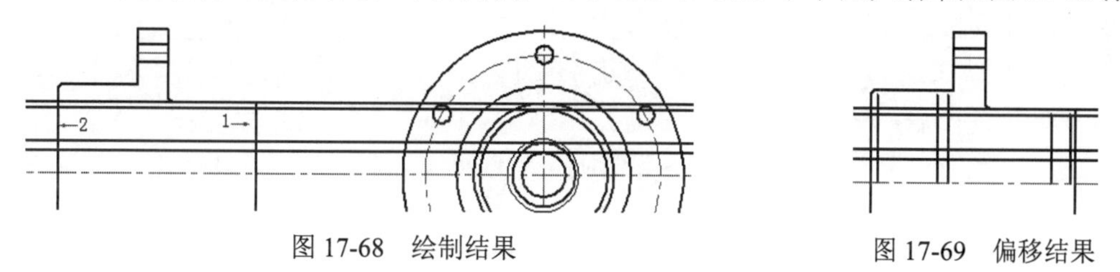

图 17-68　绘制结果　　图 17-69　偏移结果

步骤 20　单击【默认】选项卡/【修改】面板上的按钮，对偏移出的轮廓线和构造线进行修剪，结果如图 17-70 所示。

步骤 21　将水平轮廓线 L 放到“细实线”图层上，然后将水平构造线向上偏移 7.4 个单位，结果如图 17-71 所示。

步骤 22　单击【默认】选项卡/【绘图】面板上的按钮，配合交点捕捉和端点捕捉功能，绘制如图 17-72 所示的两条倾斜轮廓线。

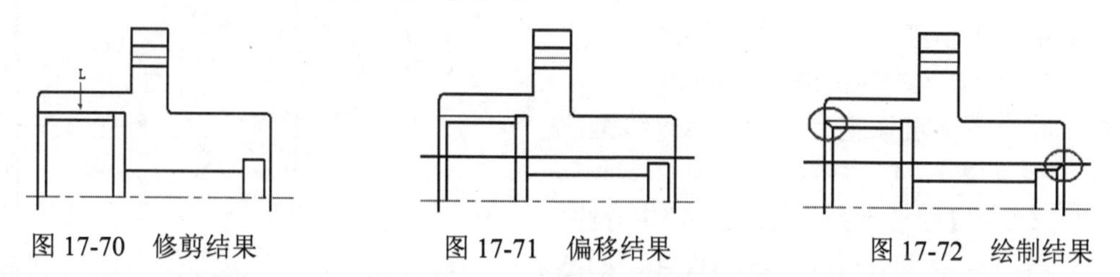

图 17-70　修剪结果　　图 17-71　偏移结果　　图 17-72　绘制结果

步骤 23　删除偏移出的水平构造线，然后单击【默认】选项卡/【修改】面板上的按钮，对内部的结构进行镜像，结果如图 17-73 所示。

步骤 24　设置剖面线为当前层，然后单击【默认】选项卡/【绘图】面板上的按钮，设置填充图案为 ANSI31、填充比例为 0.5，对主视图填充剖面线，填充结果如图 17-74 所示。

步骤 25　单击【默认】选项卡/【修改】面板上的按钮，对两条构造线进行修剪，使其转化为图形的中心线，结果如图 17-75 所示。

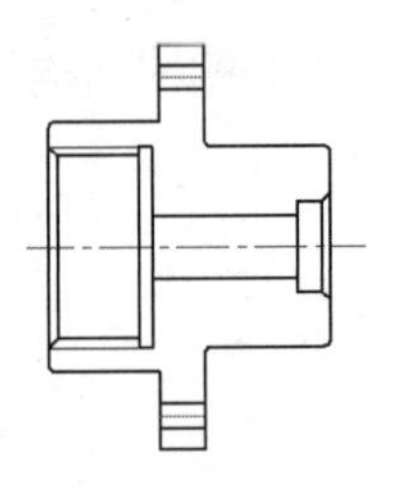

图 17-73　镜像结果

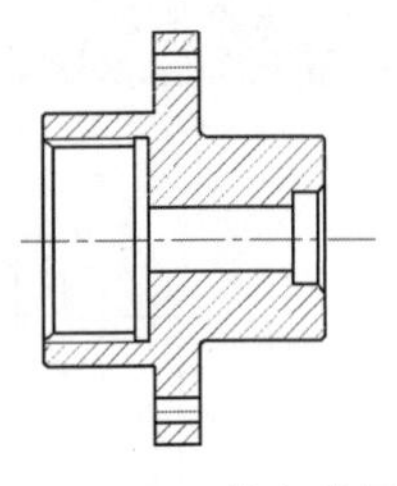

图 17-74　填充结果

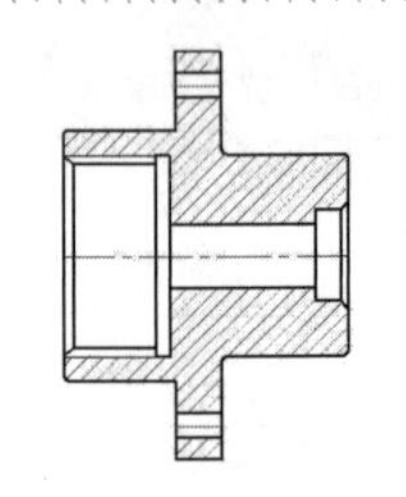

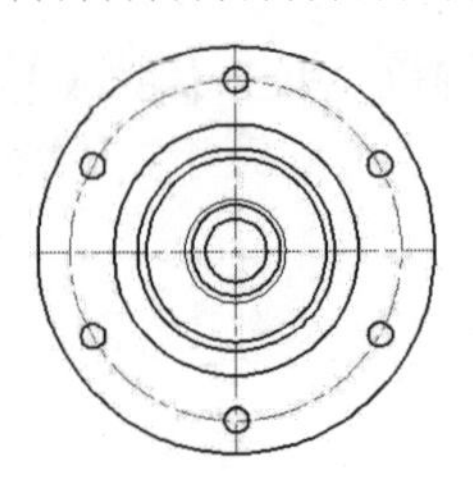

图 17-75 修剪结果

步骤 26　单击【默认】选项卡/【修改】面板上的按钮，将两视图中心线两端拉长三个绘图单位，结果如图 17-76 所示。

步骤 27　重复执行【拉长】命令，对主视图两端柱孔中心线拉长 1.5 个单位，结果如图 17-77 所示。

步骤 28　最后执行【保存】命令，将图形命名存储为“综合范例四.dwg”。

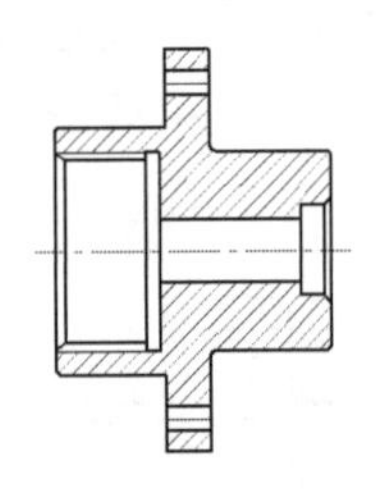

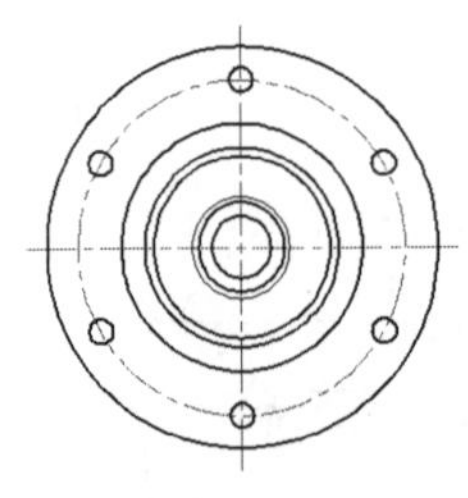

图 17-76　拉长中心线

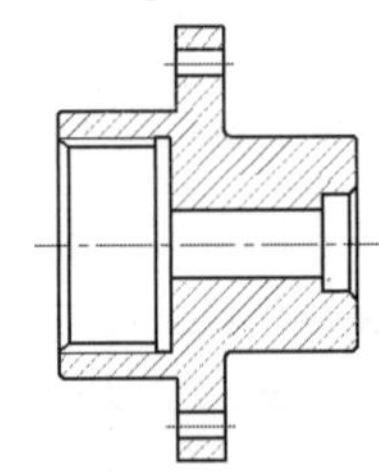

图 17-77　拉长孔中心线

17.5　综合范例五——绘制模具零件图

本例通过绘制如图 17-78 所示的弯管模零件的三视图，在综合所学知识的前提下，主要学习模具类零件图的绘制过程和技巧。

操作步骤：

步骤 01　执行【新建】命令，调用下载文件中的“/样板文件/机械样板.dwt”。

步骤 02　将视图高度调整为 450，修改线型比例为 2.5，然后单击【默认】选项卡/【绘图】面板上的按钮，在“中心线”层内绘制两条相互垂直的直线，如图 17-79 所示。

步骤 03　单击【默认】选项卡/【图层】面板/【图层】下拉列表，将“轮廓线”设置为当前图层。

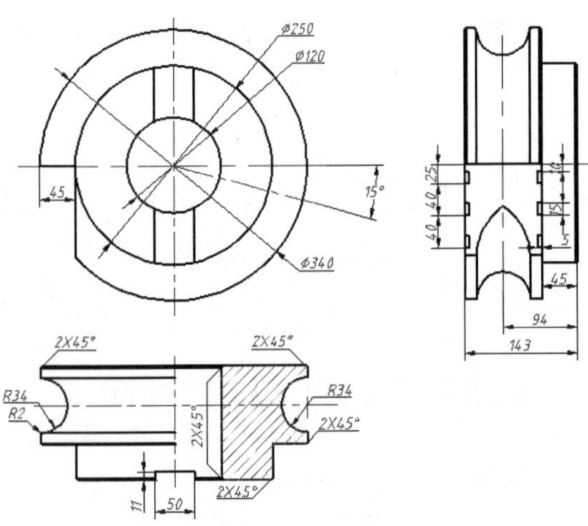

图 17-78　实例效果

步骤 04　使用快捷键 C 执行【圆】命令，以中心线交点为圆心，绘制半径为 170、125 和 60 的同心圆，如图 17-80 所示。

步骤 05　单击【默认】选项卡/【修改】面板上的按钮，将垂直中心线对称偏移 25 个单位，并将偏移出的图线放到当前层上，结果如图 17-81 所示。

步骤 06　单击【默认】选项卡/【修改】面板上的按钮，对偏移出的垂直图线进行修剪，结果如图 17-82 所示。

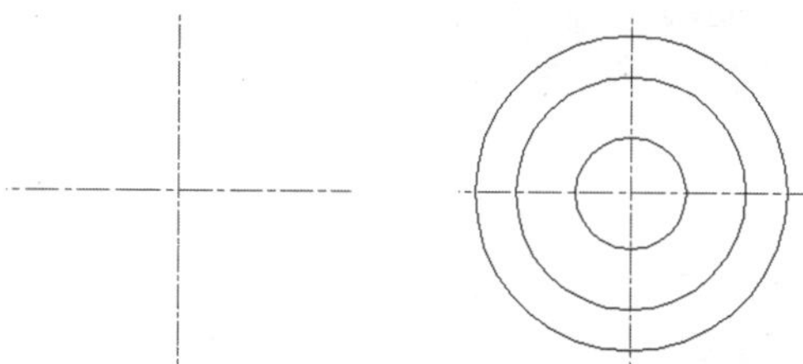

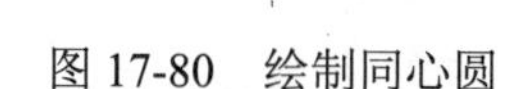

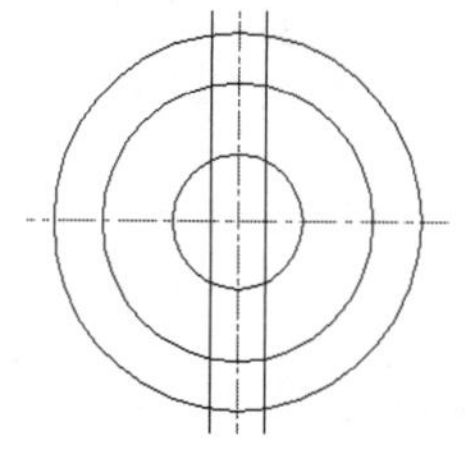

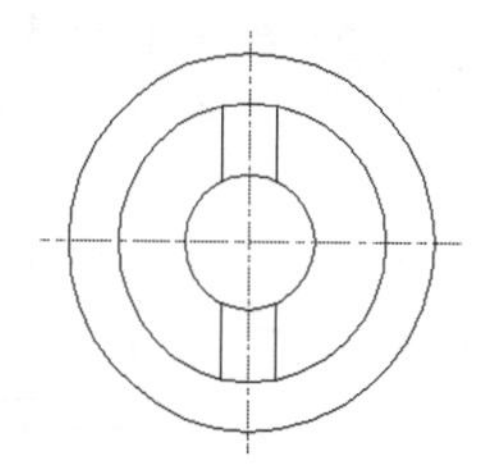

图 17-79　绘制中心线　图 17-80　绘制同心圆　图 17-81　偏移结果　图 17-82　修剪结果

步骤 07　单击【默认】选项卡/【修改】面板上的按钮，将垂直的中心线向左偏移 125 个单位，如图 17-83 所示。

步骤 08　单击【默认】选项卡/【修改】面板上的按钮，对外侧的圆和偏移出的垂直图线进行修剪，结果如图 17-84 所示。

步骤 09　单击【默认】选项卡/【修改】面板上的按钮，将水平中心线旋转复制-15°，结果如图 17-85 所示。

步骤 10　单击【默认】选项卡/【修改】面板上的按钮，对复制出的中心线进行修剪，结果如图 17-86 所示。

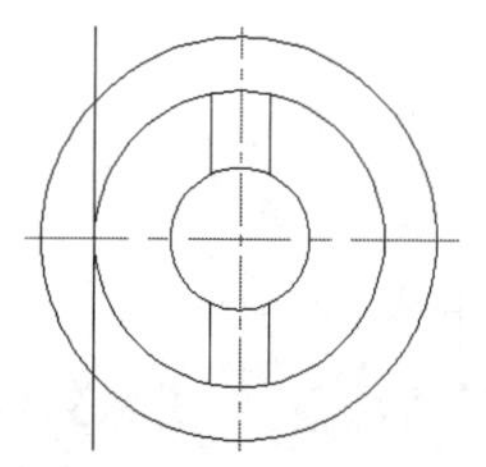

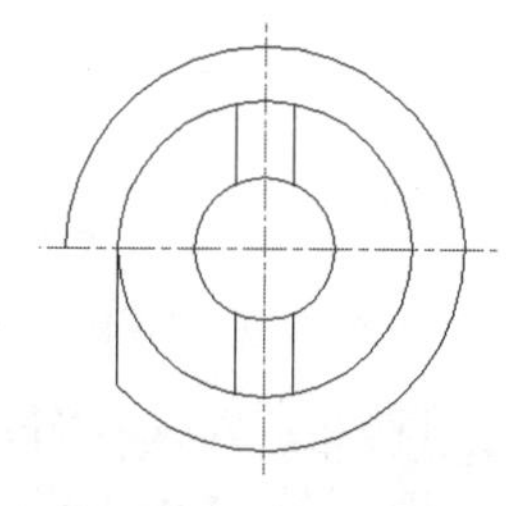

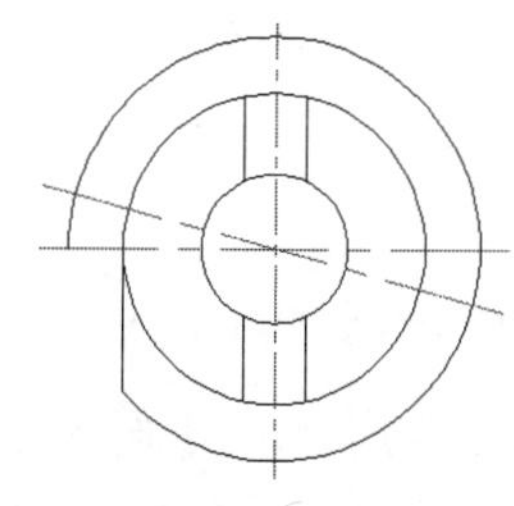

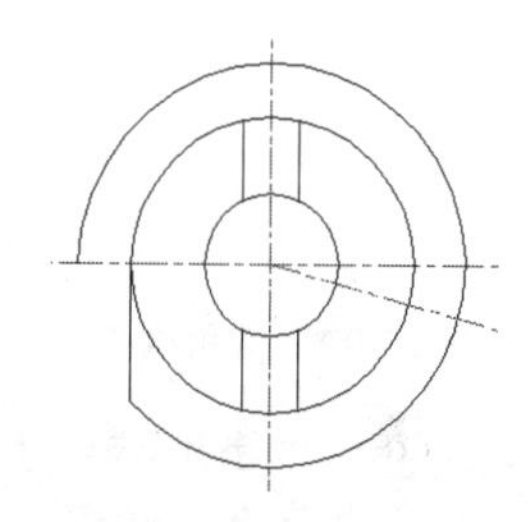

图 17-83　偏移结果　图 17-84　修剪结果　图 17-85　旋转结果　图 17-86　修剪结果

步骤 11　单击【默认】选项卡/【修改】面板上的按钮，将主视图两条中心线沿 Y 轴负方向垂直复制一份，作为俯视图中心线，然后根据视图间的对正关系，绘制如图 17-87 所示的垂直构造线。

步骤 12　单击【默认】选项卡/【修改】面板上的按钮，将俯视图水平中心线对称偏移 34 和 49 个单位后，再将水平中心线向下偏移 83 和 94 个单位，结果如图 17-88 所示。

步骤 13　单击【默认】选项卡/【修改】面板上的按钮，修剪出俯视图轮廓，结果如图 17-89 所示。

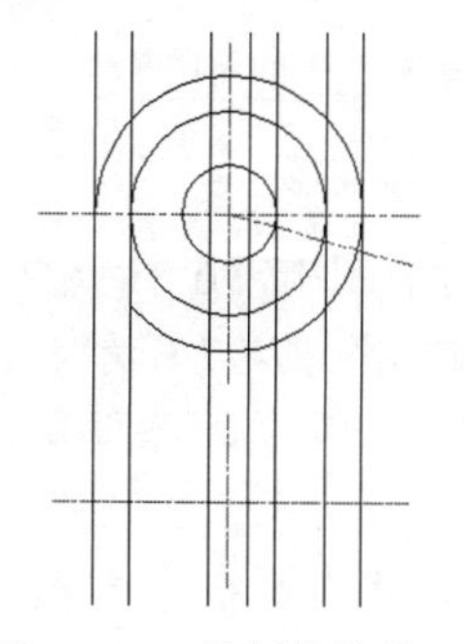

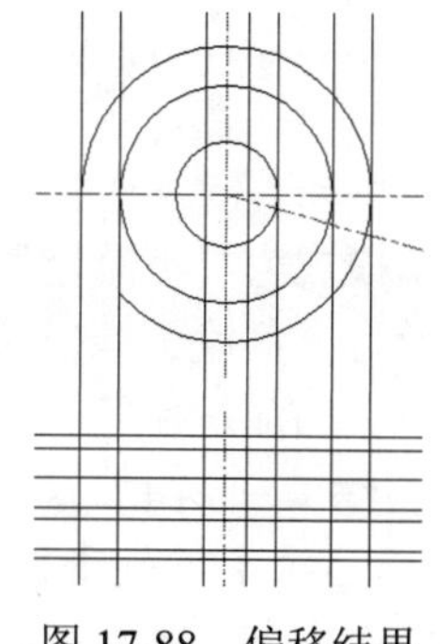

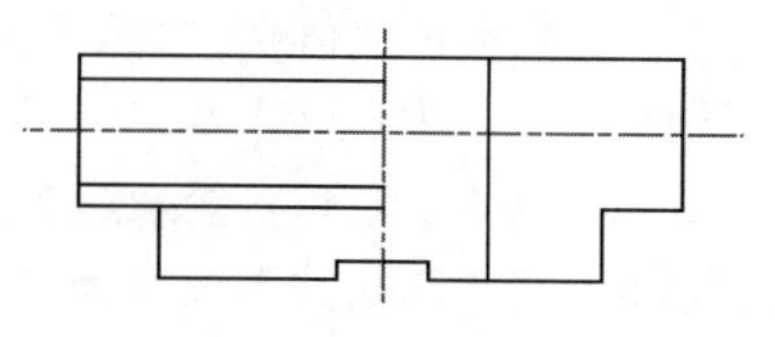

图 17-87　绘制构造线　图 17-88　偏移结果　图 17-89　修剪结果

步骤14 使用快捷键 C 执行【圆】命令，以水平中心线两侧垂直轮廓线的交点为圆心，绘制半径为 34 的两个圆，如图 17-90 所示。

步骤15 单击【默认】选项卡/【修改】面板上的按钮，对刚绘制的圆和两侧的垂直轮廓线进行修剪，结果如图 17-91 所示。

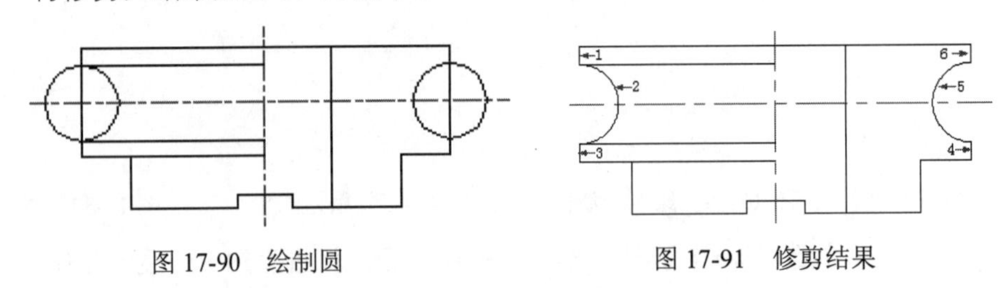

图 17-90　绘制圆　　图 17-91　修剪结果

步骤16 单击【默认】选项卡/【修改】面板上的按钮，对俯视图轮廓线 1~6 进行圆角，圆角半径为 2，圆角结果如图 17-92 和图 17-93 所示。

步骤17 单击【默认】选项卡/【修改】面板上的按钮，以左侧圆角后产生的两条圆弧作为边界，对圆弧两侧相交的水平图线进行修剪，结果如图 17-94 所示。

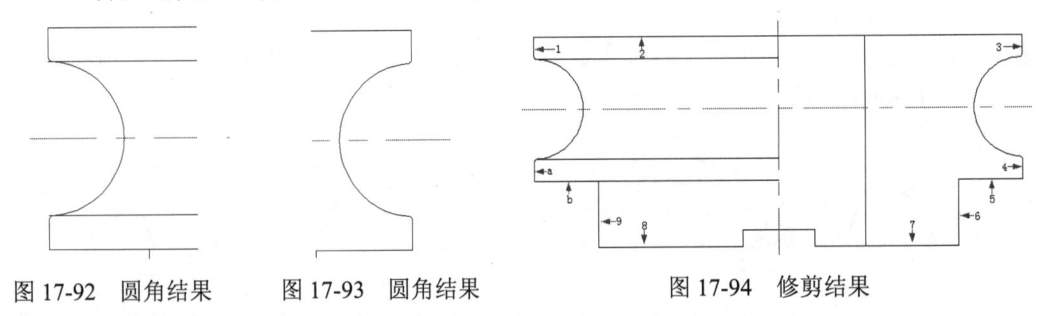

图 17-92　圆角结果　　图 17-93　圆角结果　　图 17-94　修剪结果

步骤18 单击【默认】选项卡/【修改】面板上的按钮，对俯视图外轮廓线 1~9 进行外倒角，倒角直线的长度为 2、角度为 45，倒角结果如图 17-95 所示。

步骤19 使用快捷键 L 执行【直线】命令，配合端点捕捉功能绘制倒角位置的水平轮廓线，结果如图 17-96 所示。

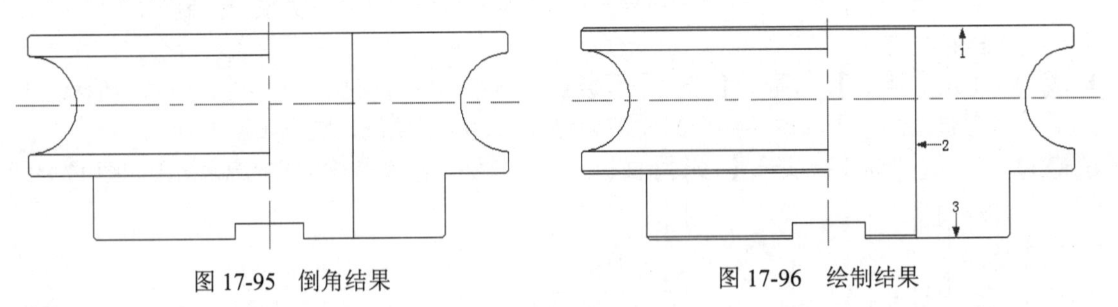

图 17-95　倒角结果　　图 17-96　绘制结果

步骤20 再次执行【倒角】命令，修改倒角模式为“不修剪”，然后对如图 17-96 所示的三条轮廓线进行内倒角，其中倒角线长度为 2，角度为 45，倒角结果如图 17-97 所示。

步骤21 单击【默认】选项卡/【修改】面板上的按钮，以内倒角后产生的两条倾斜图线作为边界，对垂直轮廓线 2 进行修剪，结果如图 17-98 所示。

步骤22 将“剖面线”设置为当前层，然后单击【默认】选项卡/【绘图】面板上的按钮，为俯视图填充 ANSI31 图案，填充比例为 3，填充结果如图 17-99 所示。

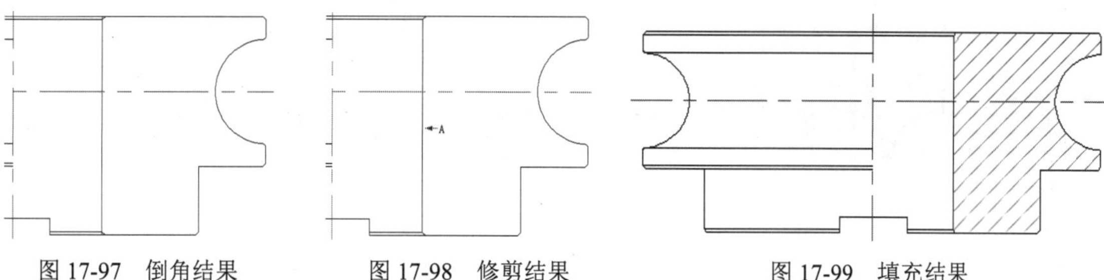

图 17-97　倒角结果　　图 17-98　修剪结果　　图 17-99　填充结果

步骤 23　单击【默认】选项卡/【修改】面板上的按钮，将俯视图复制一份，作为左视图，并将复制出的左视图旋转 90°，按照三视图的对正关系调整位置，结果如图 17-100 所示。

步骤 24　单击【默认】选项卡/【修改】面板上的按钮，以左视图水平中心线作为对称轴，对左视图进行镜像，结果如图 17-101 所示。

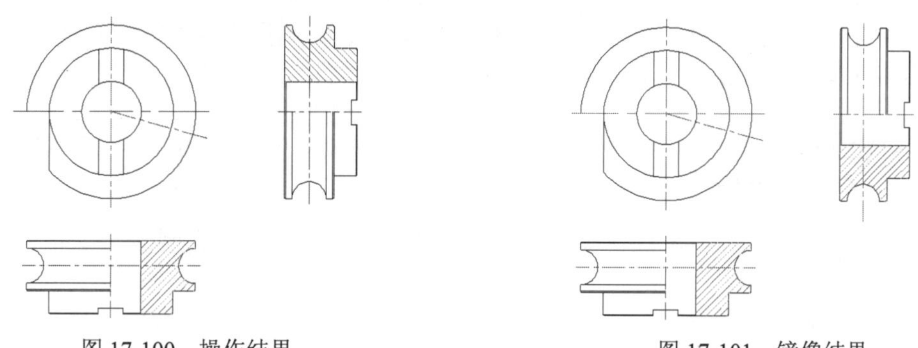

图 17-100　操作结果　　图 17-101　镜像结果

步骤 25　使用快捷键 E 执行【删除】命令，删除多余图线及下侧的倒角和圆角，结果如图 17-102 所示。

步骤 26　综合使用【合并】、【修剪】和【延伸】命令，调整左视图两侧的垂直轮廓线，结果如图 17-103 所示。

步骤 27　将“轮廓线”设置为当前层，然后单击【默认】选项卡/【绘图】面板上的按钮，配合【捕捉自】和交点捕捉功能绘制内部轮廓线。命令行提示如下：

```
命令: _line
指定第一点:                          //捕捉图 17-103 所示的交点 1
指定下一点或 [放弃(U)]:              //捕捉交点 2
指定下一点或 [放弃(U)]:              // Enter
命令: _line
指定第一点:                          //激活【捕捉自】功能
_from 基点:                          //捕捉交点 1
<偏移>:                             //@0,-10 Enter
指定下一点或 [放弃(U)]:              // @5,0 Enter
指定下一点或 [放弃(U)]:              //@0,-15 Enter
指定下一点或 [闭合(C)/放弃(U)]:      // @-5,0 Enter
指定下一点或 [闭合(C)/放弃(U)]:      // Enter，绘制结果如图 17-104 所示
```

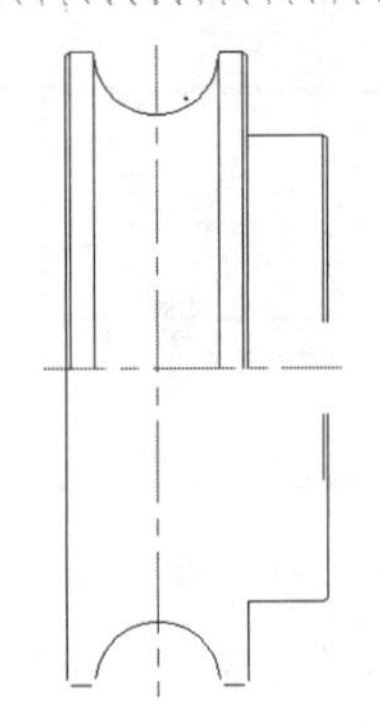

图 17-102　删除结果

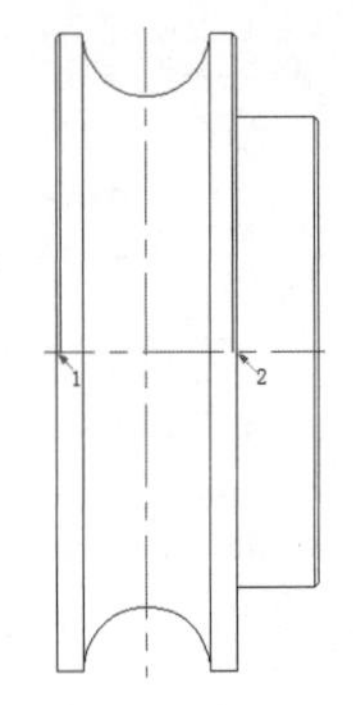

图 17-103　操作结果

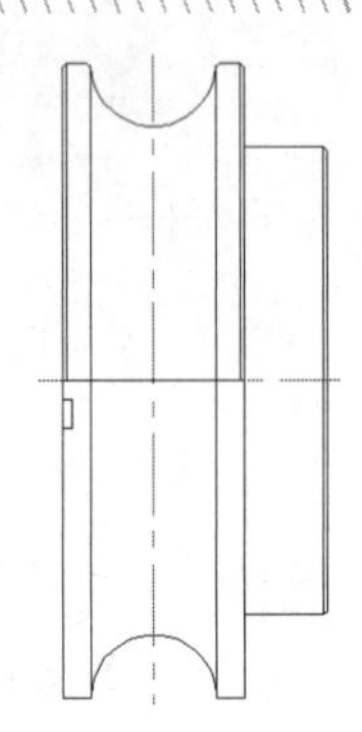

图 17-104　绘制结果

步骤 28　单击【默认】选项卡/【修改】面板上的按钮，窗口选择如图 17-105 所示的图形阵列 3 份，其中行间距为-40，阵列结果如图 17-106 所示。

步骤 29　单击【默认】选项卡/【修改】面板上的按钮，选择阵列后的图形进行镜像，结果如图 17-107 所示。

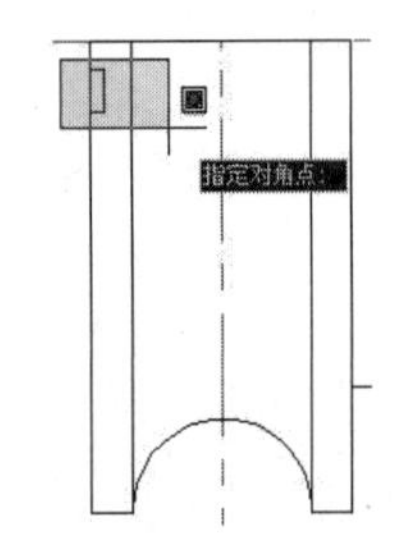

图 17-105　窗口选择

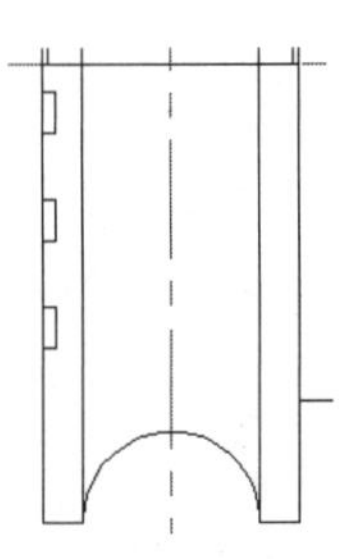

图 17-106　阵列结果

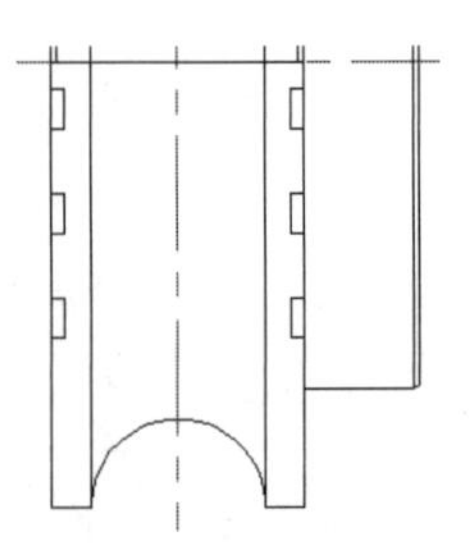

图 17-107　镜像结果

步骤 30　根据视图间的对正关系，使用【构造线】命令绘制如图 17-108 所示的两条水平构造线。

步骤 31　单击【默认】选项卡/【修改】面板上的按钮，对图线进行修剪，结果如图 17-109 所示。

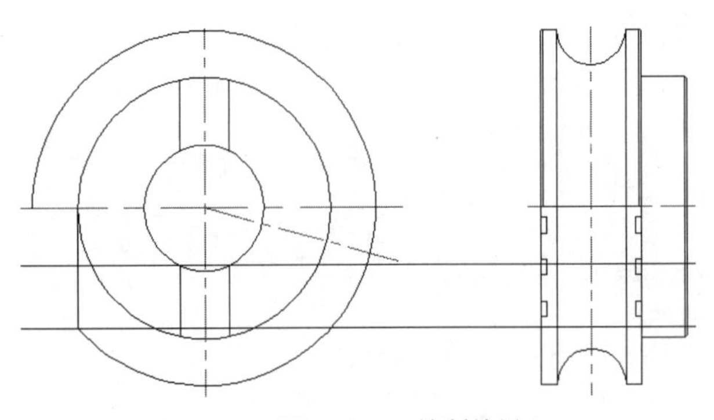

图 17-108　绘制结果

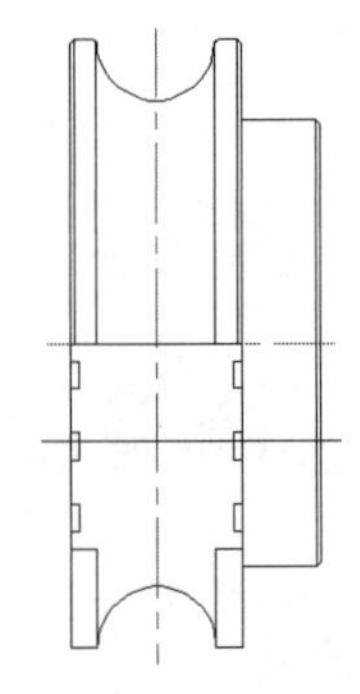

图 17-109　修剪结果

步骤 32　选择菜单栏中的【绘图】/【圆弧】/【起点、端点、半径】命令，绘制内部的弧形结果。命令行提示如下：

```
命令: _arc
指定圆弧的起点或 [圆心(C)]:                //捕捉如图 17-110 所示的交点
指定圆弧的第二个点或 [圆心(C)/端点(E)]: _e 指定圆弧的端点:
```

```
                                //捕捉如图 17-111 所示的端点
指定圆弧的圆心或 [角度(A)/方向(D)/半径(R)]: _r 指定圆弧的半径:
                                //71 Enter，绘制结果如图 17-112 所示
```

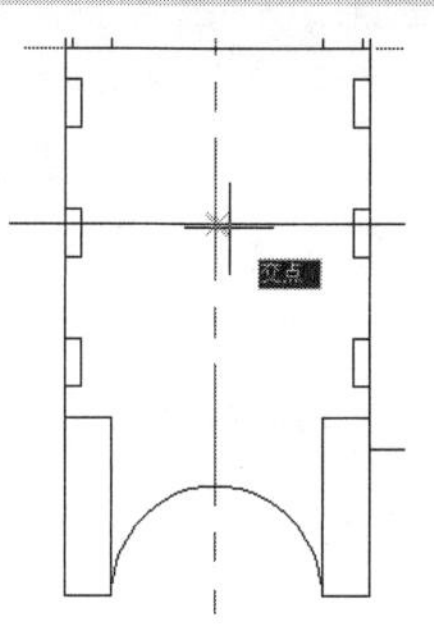

图 17-110　捕捉交点

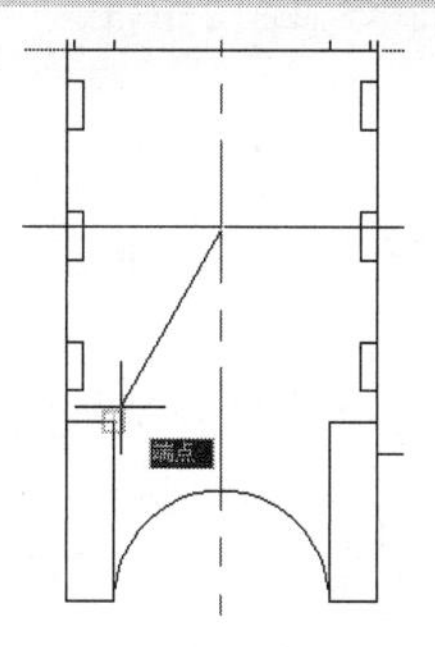

图 17-111　捕捉端点

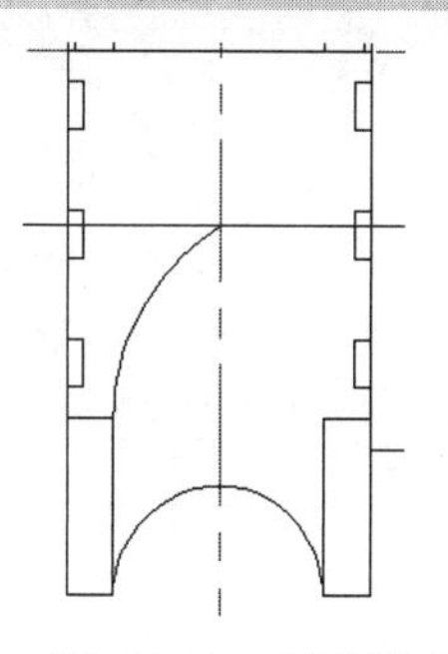
图 17-112　绘制结果

步骤 33　单击【默认】选项卡/【修改】面板上的按钮，将圆弧镜像，并删除水平构造线。

步骤 34　执行【直线】命令，配合交点捕捉功能，连接如图 17-113 所示的交点 1 和 2，绘制水平轮廓线，并打开线宽的显示功能，最终结果如图 17-114 所示。

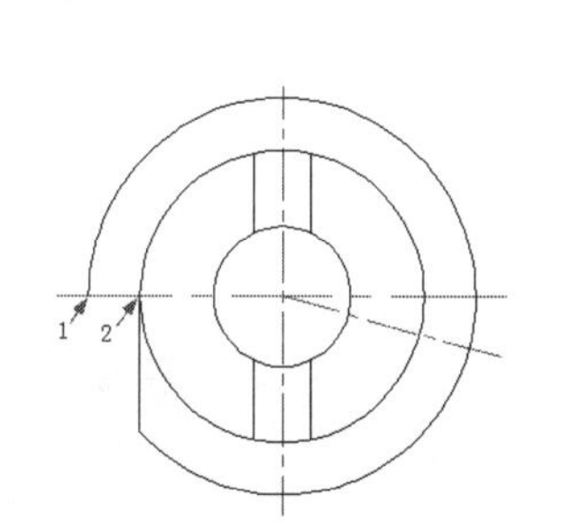

图 17-113　镜像结果

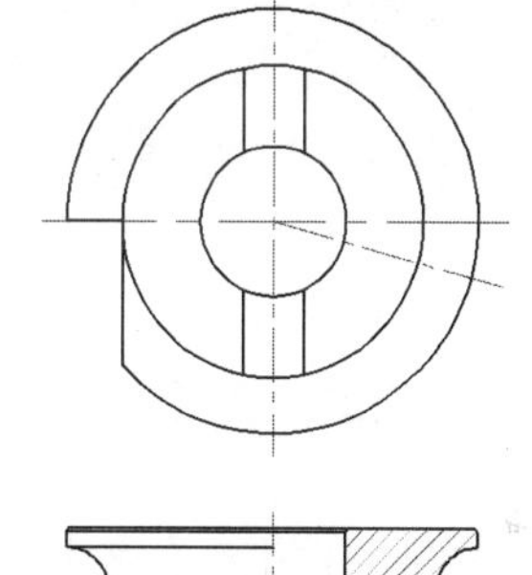
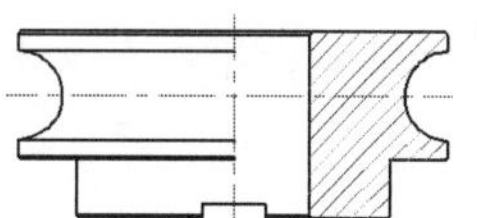
图 17-114　最终结果

步骤 35　最后执行【保存】命令，将图形命名存储为“综合范例五.dwg”。

17.6　综合范例六——绘制支撑类零件图

本例通过绘制如图 17-115 所示的支撑臂零件图，在综合所学知识的前提下，主要学习支撑类零件图的绘制方法和技巧。

操作步骤：

步骤 01　执行【新建】命令，调用下载文件中的“/样板文件/机械样板.dwt”文件。

步骤 02　单击【视图】选项卡/【导航】面板上的按钮，将新视图的高度调整为 750 个单位。

步骤 03　打开状态栏上的【对象捕捉】、【极轴追踪】等功能，

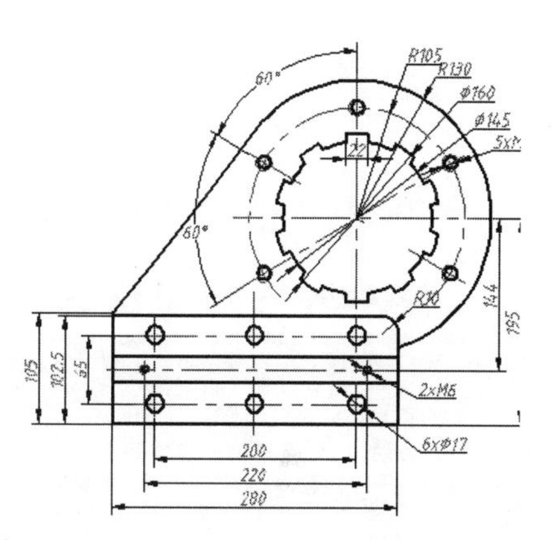

图 17-115　实例效果

并将“轮廓线”设置为当前图层。

步骤 04 使用快捷键 REC 执行【矩形】命令，绘制长度为 102.5、宽度为 280 的矩形。

步骤 05 使用快捷键 F 执行【圆角】命令，设置半径为 10，对矩形左上角进行圆角，结果如图 17-116 所示。

步骤 06 将圆角后的矩形分解，然后执行【偏移】命令，将矩形右垂直边向左偏移 18.5、38.5、51、63.5 和 83.5 个单位，将矩形下水平边向上偏移 30、40、140、240 和 250 个单位，结果如图 17-117 所示。

步骤 07 使用快捷键 C 执行【圆】命令，绘制半径为 8.5 的圆，如图 17-118 所示。

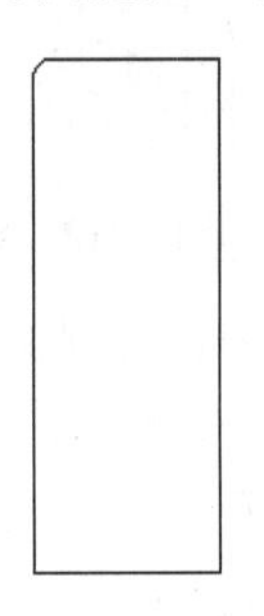

图 17-116　圆角结果

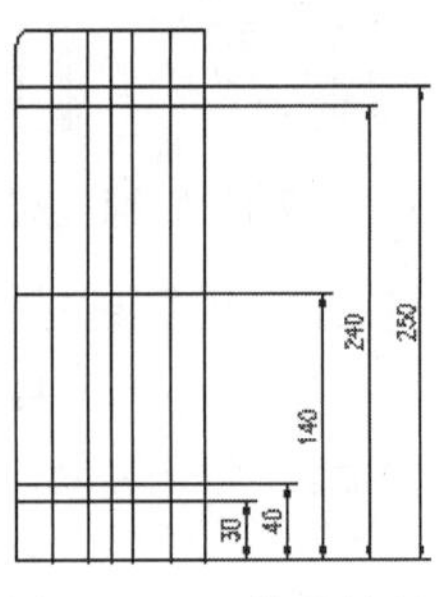

图 17-117　偏移结果

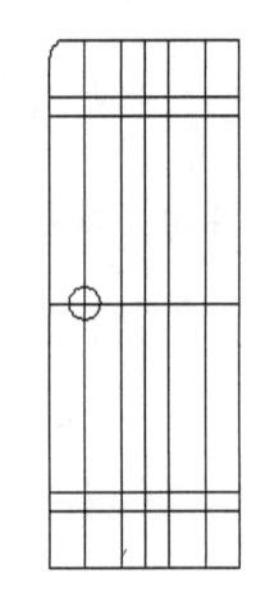

图 17-118　绘制结果

步骤 08 单击【默认】选项卡/【修改】面板上的按钮，配合交点捕捉功能对圆图形进行复制，结果如图 17-119 所示。

步骤 09 重复执行【圆】命令，绘制半径为 3 和半径为 4 的同心圆，结果如图 17-120 所示。

步骤 10 使用快捷键 BR 执行【打断】命令，将半径为 4 的圆打断约 1/4 的圆弧，并将其放在“细线层”。

步骤 11 使用快捷键 MI 执行【镜像】命令，对半径为 3 的圆和半径为 4 的圆弧进行镜像，并调整中心线长度及所在层，结果如图 17-121 所示。

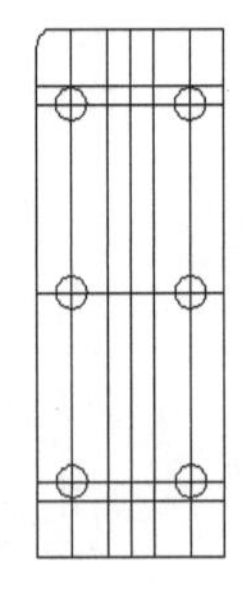

图 17-119　复制结果

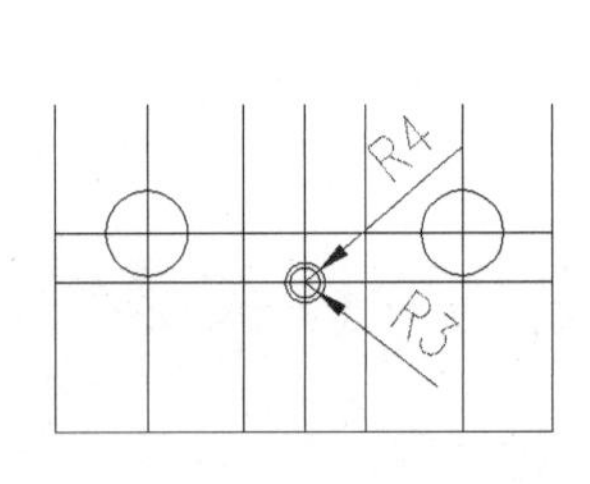

图 17-120　绘制结果

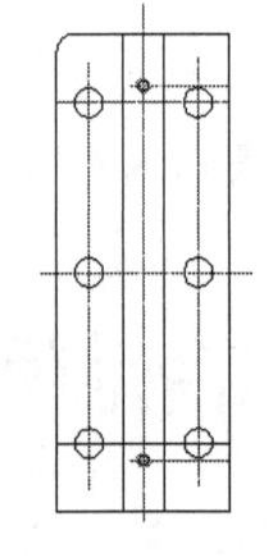

图 17-121　操作结果

步骤 12 执行【圆】命令，配合圆心捕捉及【捕捉自】功能，绘制半径为 72.5 的圆。命令行提示如下：

```
命令: _circle
指定圆的圆心或 [三点(3P)/两点(2P)/切点、切点、半径(T)]: //激活【捕捉自】功能
_from 基点:                                              //捕捉如图 17-122 所示的圆心
<偏移>:                                                  // @-111.5,0 Enter
指定圆的半径或 [直径(D)] <72.5000>:                        // 72.5 Enter
```

步骤 13　重复执行【圆】命令，以半径为 72.5 的圆的圆心为圆心，绘制半径分别为 80、105 和 130 的同心圆，结果如图 17-123 所示。

步骤 14　使用【直线】命令连接半径为 80 和半径为 72.5 的圆的上象限点，然后执行【旋转】命令，以同心圆的圆心为旋转中心，将连线旋转-9°。

步骤 15　选择菜单栏中的【修改】/【阵列】/【环形阵列】命令，捕捉同心圆圆心作为阵列中心点，选择刚绘制的直线阵列 20 份，结果如图 17-124 所示。

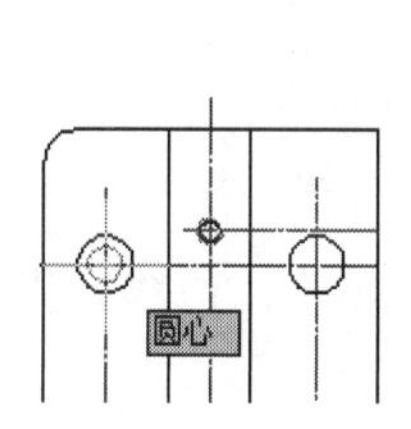

图 17-122　捕捉圆心

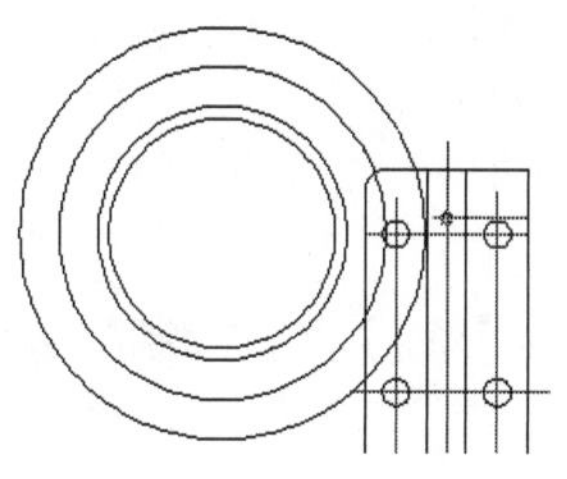
图 17-123　绘制结果

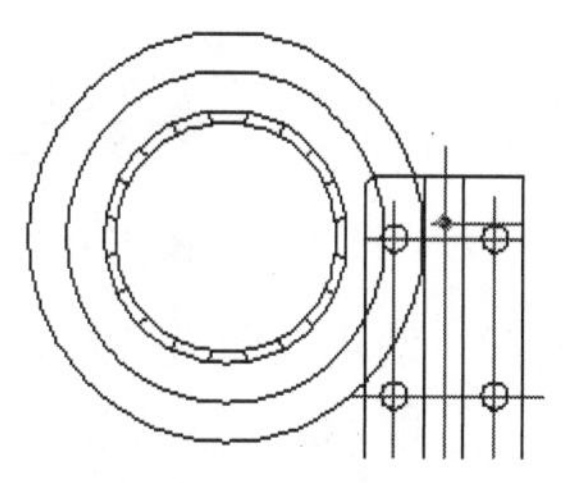
图 17-124　阵列结果

步骤 16　单击【默认】选项卡/【修改】面板上的按钮，对半径为 72.5 和 80 的同心圆进行修剪，结果如图 17-125 所示。

步骤 17　单击【默认】选项卡/【绘图】面板上的按钮，配合端点捕捉与切点捕捉功能，绘制半径为 130 的圆的切线。命令行提示如下：

```
命令: _line
指定第一点:                              //捕捉左边图形的左下角点
指定下一点或 [放弃(U)]:                  //水平向左引导光标输入 2.5Enter
指定下一点或 [放弃(U)]: >>               //捕捉半径为 130 的圆的切点
指定下一点或 [闭合(C)/放弃(U)]:          //Enter，结果如图 17-126 所示
```

步骤 18　重复执行【直线】命令，配合象限点捕捉功能绘制半径为 105 的圆的水平直径和垂直直径，然后将垂直直径旋转复制 30° 和-30°，结果如图 17-127 所示。

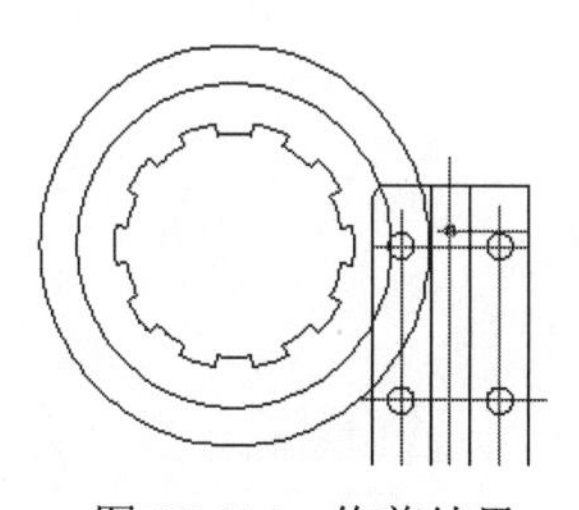
图 17-125　修剪结果

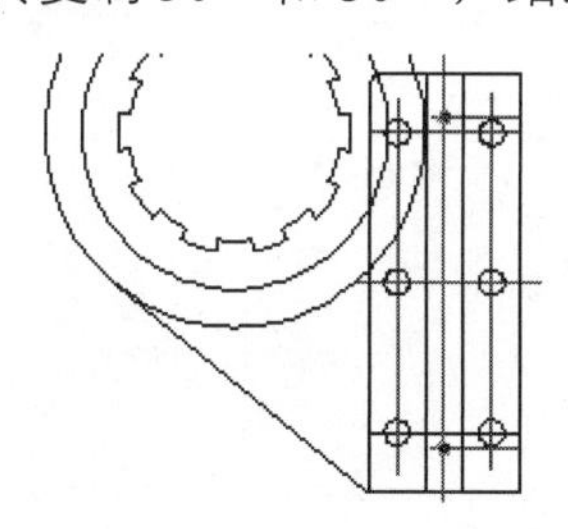
图 17-126　修剪结果

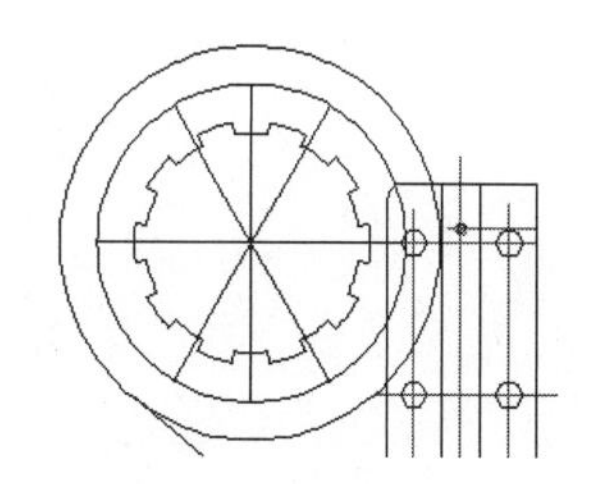
图 17-127　绘制结果

步骤 19　使用快捷键 C 执行【圆】命令，以 30° 直径的上端点为圆心，绘制半径为 6 和 8 的同心圆，然后将半径为 8 的圆打断约 1/4 的圆弧，并将其放入“细实线”图层内。

步骤 20　单击【默认】选项卡/【修改】面板上的按钮，配合端点捕捉或交点捕捉功能，将半径为 6 的圆和半径为 8 的圆弧复制到其他位置上，结果如图 17-128 所示。

步骤 21　使用【修剪】、【打断】命令对图形进行完善，然后调整各中心线的图层、长度以及线型比例，结果如图 17-129 所示。

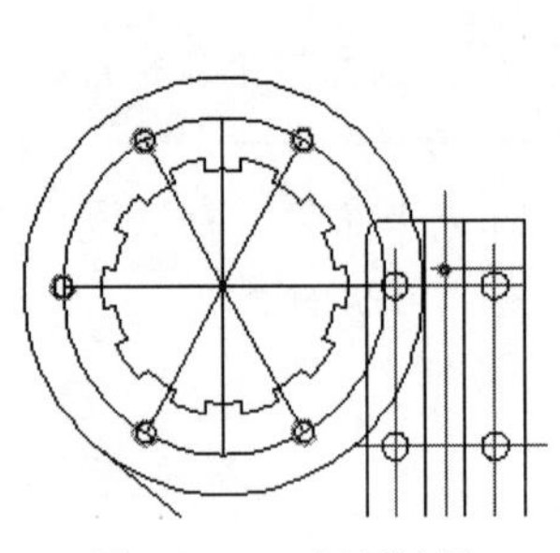

图 17-128　复制结果

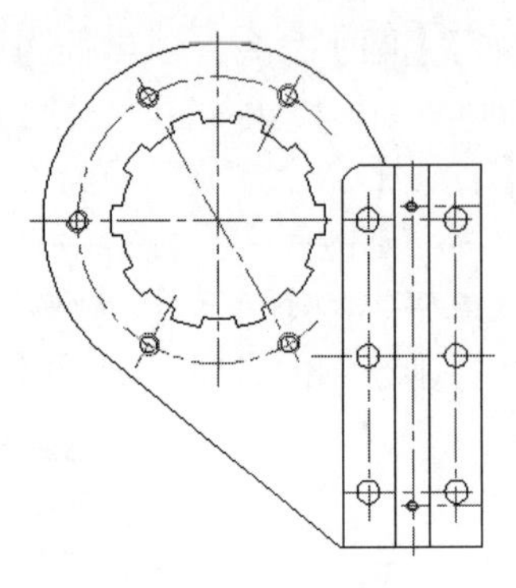

图 17-129　操作结果

步骤 22 使用快捷键 RO 执行【旋转】命令，将绘制的零件图旋转-90°，最终结果如图 17-115 所示。

步骤 23 最后执行【保存】命令，将图形命名存储为“综合范例六.dwg”。

第 18 章　绘制模型图

本章通过典型的综合范例，主要学习 AutoCAD 在绘制三维模型图方面的应用技能。

本章内容

- 综合范例一——绘制夹具体三维模型
- 综合范例二——绘制机座体三维模型
- 综合范例三——绘制连接盘三维模型
- 综合范例四——绘制齿轮轴三维模型
- 综合范例五——绘制箱盖零件三维模型

18.1　综合范例一——绘制夹具体三维模型

本例在综合应用所学知识的前提下，主要学习夹具体零件三维模型的绘制方法和技巧。夹具体三维模型的最终绘制效果如图 18-1 所示。

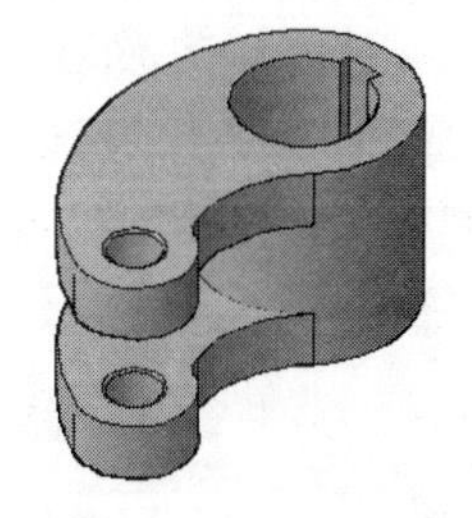

图 18-1　实例效果

操作步骤：

步骤 01 执行【新建】命令，创建空白文件。

步骤 02 激活【对象捕捉】功能，并设置圆心捕捉。

步骤 03 单击【默认】选项卡/【绘图】面板上的按钮，配合【捕捉自】功能绘制 5 个圆，其中左侧同心圆半径为 25 和 40；右侧同心圆半径为 10 和 22；中间圆半径为 12，圆的位置关系如图 18-2 所示。

步骤 04 重复执行【圆】命令，绘制两个相切圆，相切圆半径分别为 100 和 50，结果如图 18-3 所示。

步骤 05 单击【默认】选项卡/【修改】面板上的按钮，修剪圆，结果如图 18-4 所示。

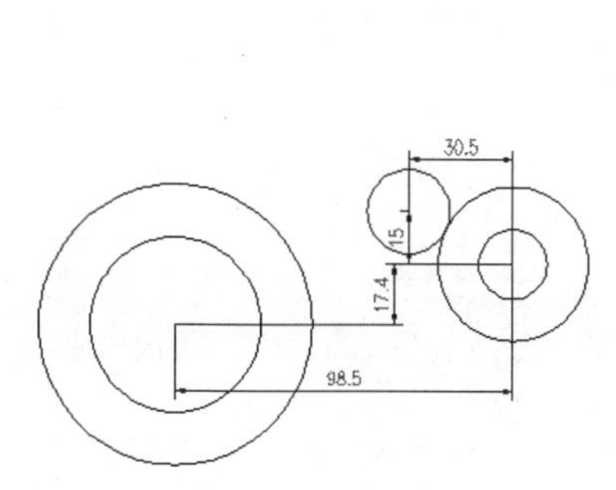

图 18-2　绘制结果

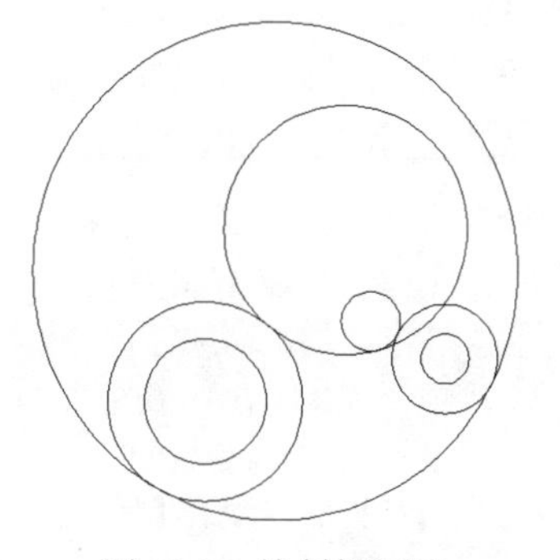

图 18-3　绘制相切圆

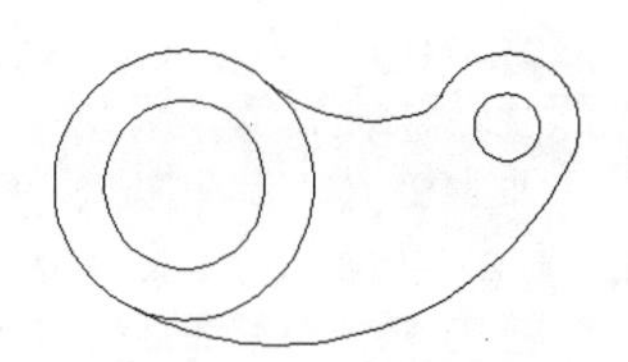

图 18-4　修剪结果

步骤 06 使用快捷键 XL 执行【构造线】命令，通过左侧同心圆圆心，绘制一条水平和一条垂直的构造线，结果如图 18-5 所示。

步骤 07　单击【默认】选项卡/【修改】面板上的按钮，将垂直的构造线向左偏移 28.8 个单位，将水平构造线对称偏移 7 个单位，结果如图 18-6 所示。

步骤 08　单击【默认】选项卡/【修改】面板上的按钮，对构造线和内部的圆进行修剪，并删除多余图线，结果如图 18-7 所示。

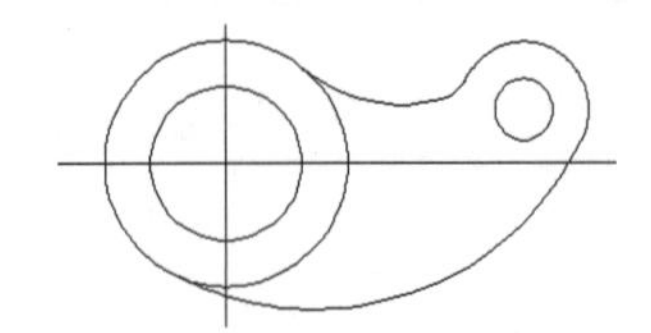

图 18-5　绘制构造线

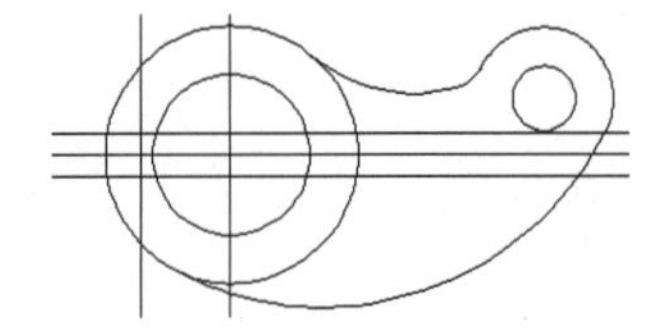

图 18-6　偏移结果

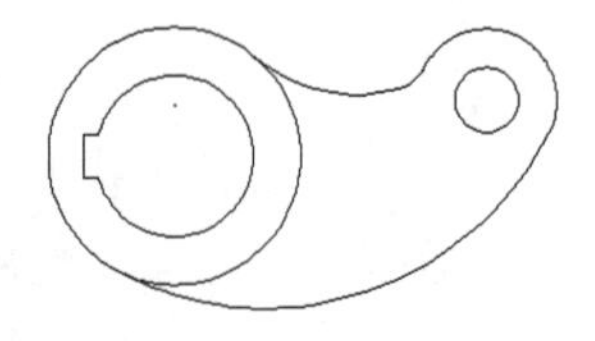

图 18-7　修剪结果

步骤 09　单击【默认】选项卡/【绘图】面板上的按钮，分别在如图 18-8 所示的 A 和 B 区域单击，创建闭合边界。

步骤 10　在命令行设置变量 ISOLINES 的值为 12，然后单击【三维建模】空间/【实体】选项卡/【实体】面板上的按钮，将左侧的 2 条边界拉伸-50 个单位，将右侧的 2 条边界拉伸-20 个单位。

步骤 11　单击【视图控件】/【西南等轴测】命令，将当前视图切换为西南视图，观看拉伸结果，如图 18-9 所示。

步骤 12　使用快捷键 SU 执行【差集】命令，分别对两组拉伸实体进行差集，创建柱孔和键孔结构。

步骤 13　使用快捷键 E 执行【删除】命令，删除多余图线。

步骤 14　单击【默认】选项卡/【修改】面板上的按钮，对右侧柱孔的顶面和底面边进行倒角，倒角线长度为 1，角度为 45，结果如图 18-10 所示。

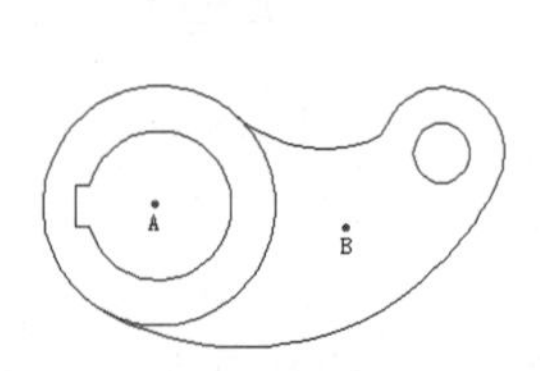

图 18-8　合并结果

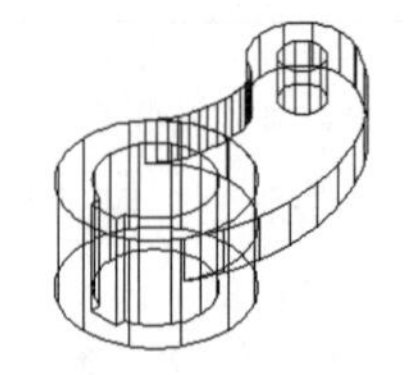

图 18-9　拉伸结果

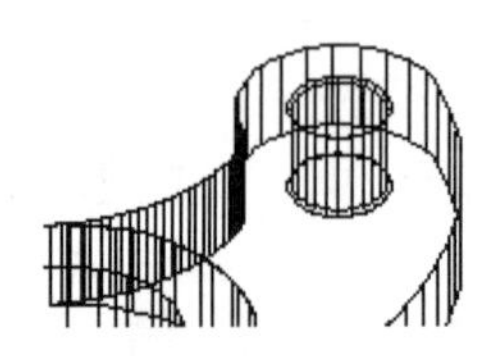

图 18-10　倒角结果

步骤 15　设置系统变量 FACETRES 的值为 10，然后使用快捷键 HI 执行【消隐】命令，对模型进行消隐，结果如图 18-11 所示。

步骤 16　将视图切换为东北等轴测视图，然后单击【三维建模】空间/【常用】选项卡/【修改】面板上的按钮，对模型进行镜像。命令行提示如下：

```
命令: _mirror3d
选择对象:                                    //选择倒角后的模型
选择对象:                                    //Enter
指定镜像平面 (三点) 的第一个点或 [对象(O)/最近的(L)/Z 轴(Z)/视图(V)/XY 平面(XY)/YZ 平面(YZ)/ZX 平面(ZX)/三点(3)] <三点>:          //XY Enter
指定 XY 平面上的点 <0,0,0>:                  //激活【捕捉自】功能
 _from 基点:                                 //捕捉如图 18-12 所示的圆心
<偏移>:                                      //@0,0,-25 Enter
是否删除源对象? [是(Y)/否(N)] <否>:         //Enter，镜像后的结果如图 18-13 所示
```

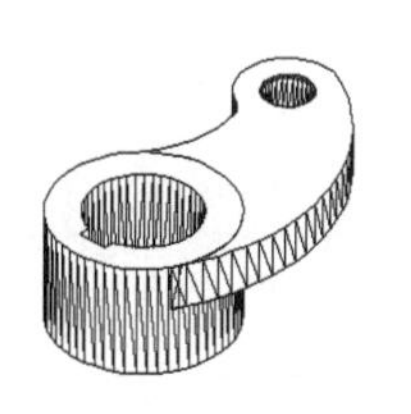

图 18-11　消隐效果

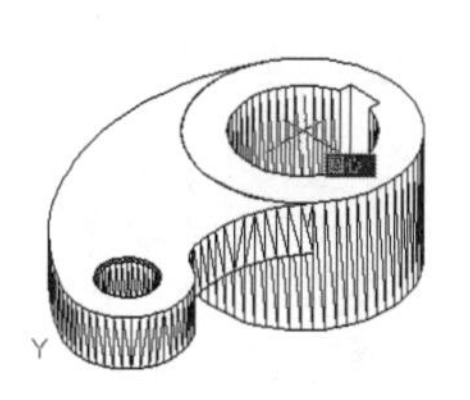

图 18-12　捕捉圆心

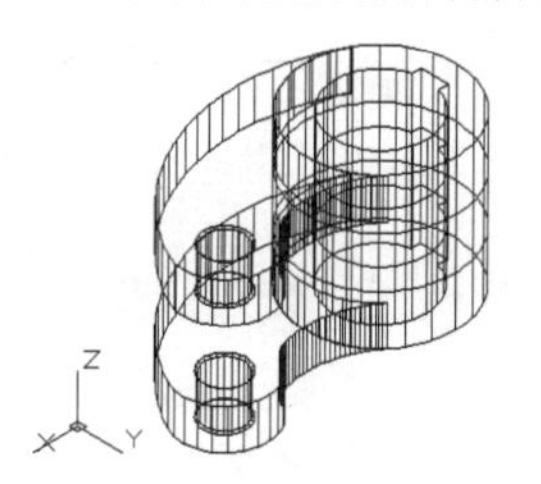

图 18-13　镜像结果

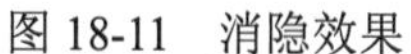

步骤 17　使用快捷键 HI 执行【消隐】命令，对模型进行消隐显示，结果如图 18-14 所示。

步骤 18　使用快捷键 UNI 执行【并集】命令，选择所有实体进行合并，结果如图 18-15 所示。

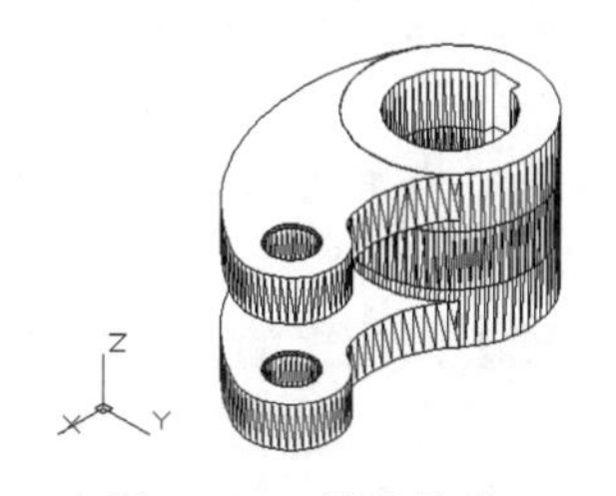

图 18-14　消隐结果

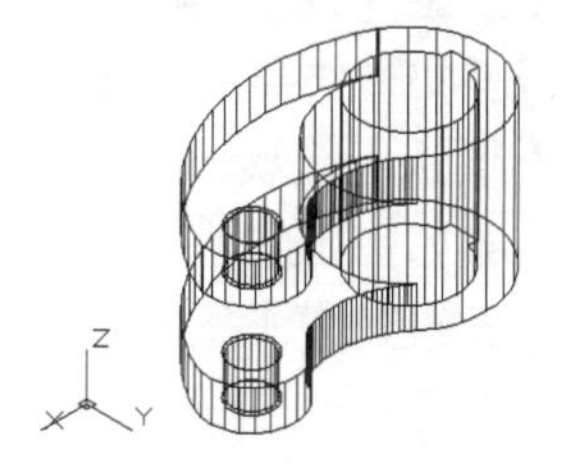

图 18-15　并集结果

步骤 19　单击绘图区左上角的【视觉样式控件】/【概念】命令，最终效果如图 18-1 所示。

步骤 20　最后执行【保存】命令，将图形命名存储为“综合范例一.dwg”。

18.2　综合范例二——绘制机座体三维模型

本例在综合应用所学知识的前提下，主要学习机座体零件三维模型的绘制方法和技巧。机座体零件三维模型的最终绘制效果如图 18-16 所示。

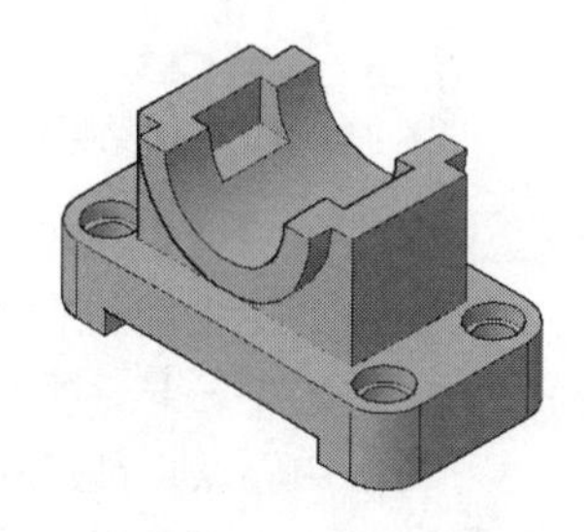

图 18-16　实例效果

操作步骤：

步骤 01　执行【新建】命令，快速创建文件。

步骤 02　激活【对象捕捉】和【对象捕捉追踪】功能。

步骤 03　单击绘图区左上角的【视图控件】，将当前视图切换为西南视图。

步骤 04　单击【三维建模】空间/【实体】选项卡/【图元】面板上的□按钮，绘制机座底板模型。命令行提示如下：

```
命令: _box
指定第一个角点或[中心(C)]:            //0,0 Enter
指定其他角点或[立方体(C)/长度(L)]:  //@160,82,30 Enter
命令:                                 //重复命令
BOX 指定第一个角点或[中心(C)]:        //30,0,0 Enter
指定其他角点或[立方体(C)/长度(L)]  : //@100,82,10 Enter，结果如图 18-17 所示
```

步骤 05　单击【三维建模】空间/【常用】选项卡/【建模】面板上的□按钮，以点（16,16）作为底面中心点，绘制半径为 8、高度为 30 的圆柱体，结果如图 18-18 所示。

步骤 06　单击【三维基础】空间/【默认】选项卡/【修改】面板上的按钮，将圆柱体阵列 4 份，其中行间距为 50，列间距为 128，阵列结果如图 18-19 所示。

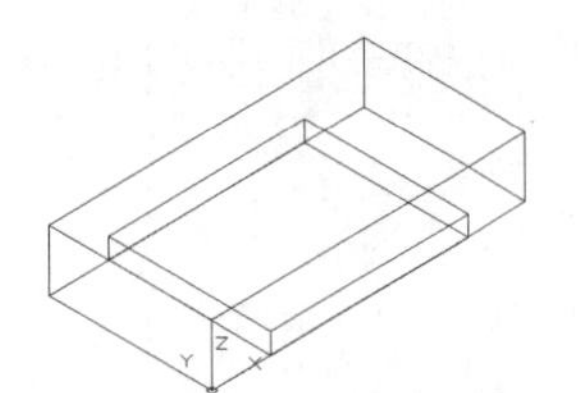

图 18-17　创建长方体

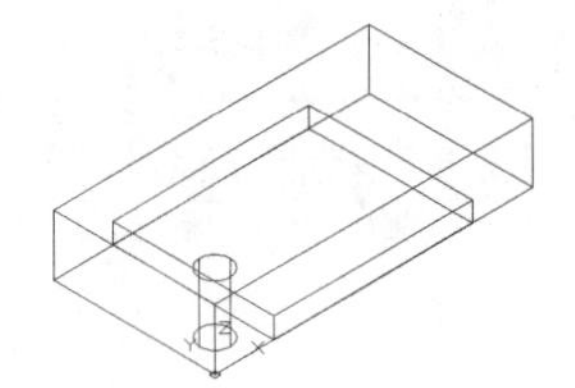

图 18-18　创建圆柱体

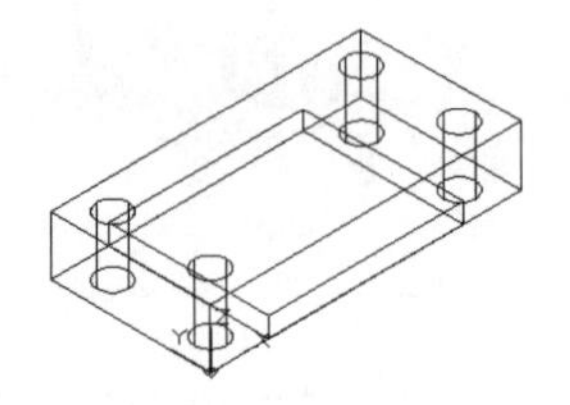

图 18-19　三维阵列

步骤 07　单击【三维建模】空间/【常用】选项卡/【实体编辑】面板上的按钮，对长方体和柱体进行差集，结果如图 18-20 所示。

步骤 08　单击【默认】选项卡/【修改】面板上的按钮，对底座的棱边进行圆角，圆角半径为 16，结果如图 18-21 所示。

步骤 09　单击【三维建模】空间/【常用】选项卡/【建模】面板上的按钮，绘制长方体。命令行提示如下：

```
命令： _box
指定第一个角点或[中心(C)]:          //30,15,30 Enter
指定其他角点或[立方体(C)/长度(L)]: //@100,50,50 Enter，结果如图 18-22 所示
```

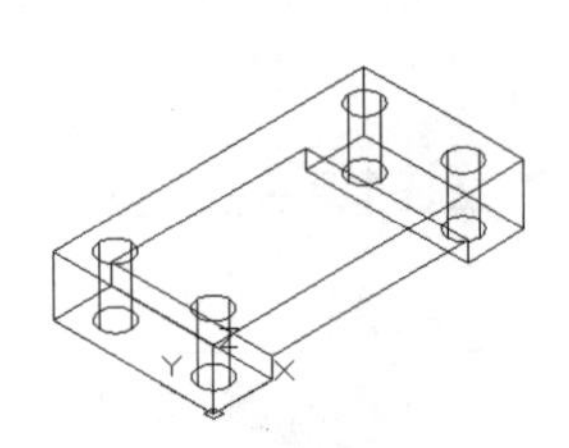

图 18-20　差集结果

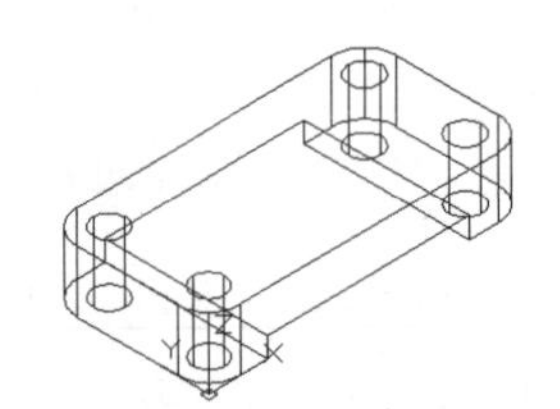

图 18-21　圆角结果

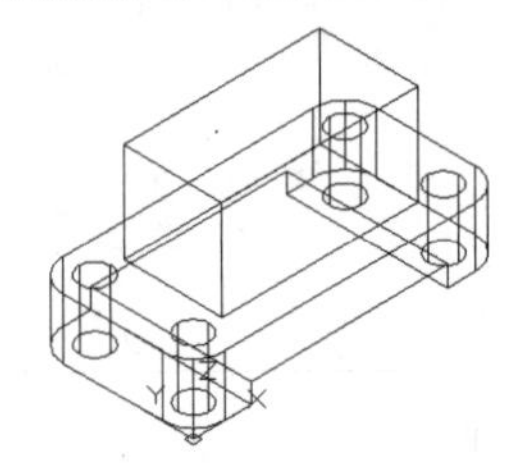

图 18-22　创建结果

步骤 10　在命令行中输入 UCS，执行【UCS】命令，将当前 UCS 沿 X 轴旋转 90°，然后配合中点捕捉功能进行位移，结果如图 18-23 所示。

步骤 11　单击【三维建模】空间/【常用】选项卡/【建模】面板上的按钮，以当前坐标系原点为底面中心点，创建底面半径分别为 28 和 40、高度为 72 的同心圆柱体，结果如图 18-24 所示。

步骤 12　单击【三维建模】空间/【常用】选项卡/【修改】面板上的按钮，将同心圆柱体沿 Z 轴负方向位移 10 个单位，结果如图 18-25 所示。

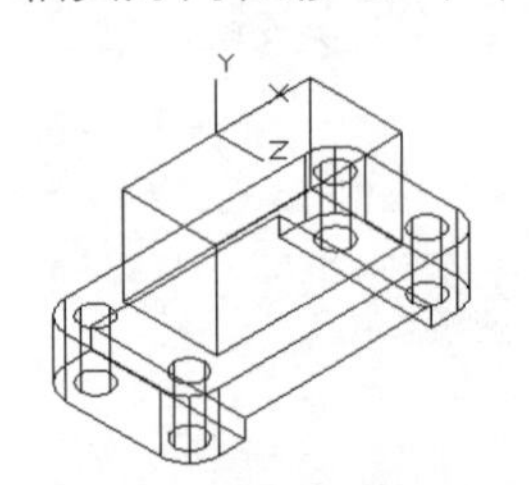

图 18-23　旋转并位移 UCS

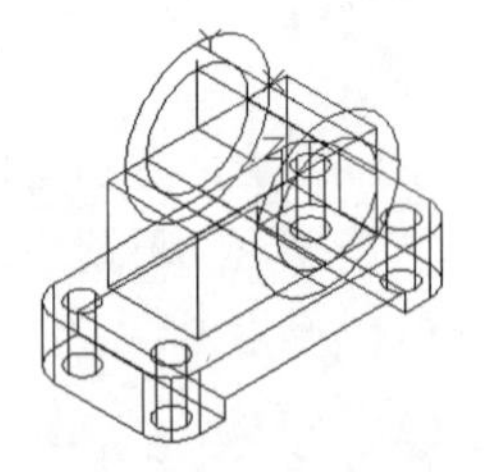

图 18-24　创建圆柱体

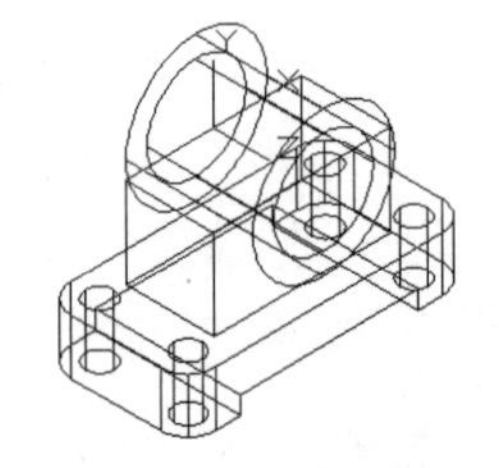

图 18-25　位移结果

步骤 13　单击【三维建模】空间/【常用】选项卡/【实体编辑】面板上的按钮，选择长方体和外侧圆柱体作为被减实体，与内侧的圆柱体进行差集，结果如图 18-26 所示。

步骤 14　单击【三维建模】空间/【常用】选项卡/【实体编辑】面板上的按钮，对差集后的组合体进行剖切。命令行提示如下：

```
命令：_slice
选择要剖切的对象：                //选择差集后的组合实体
选择要剖切的对象：                // Enter
指定切面的起点或[平面对象(O)/曲面(S)/Z轴(Z)/视图(V)/XY(XY)/YZ(YZ) /ZX(ZX)/三点(3)]<三点>:
                                  // ZX Enter
指定 ZX 平面上的点<0,0,0>:        // Enter，以原点作为剖切面上的点
在所需的侧面上指定点或[保留两个侧面(B)]<保留两个侧面>:
                                 //在组合实体的下侧拾取一点，剖切结果如图 18-27 所示
```

步骤 15　设置系统变量 FACETRES 的值为 10，然后将视图切换为东南视图，并对其消隐，结果如图 18-28 所示。

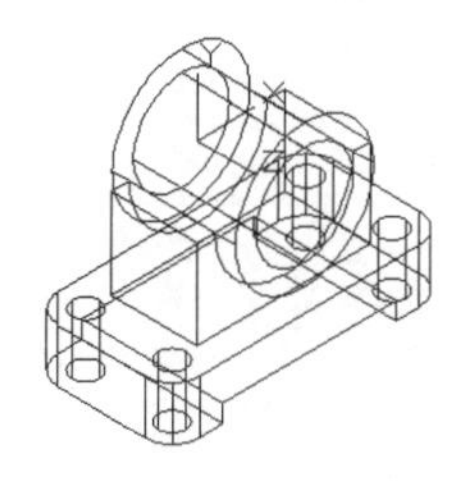

图 18-26　差集结果

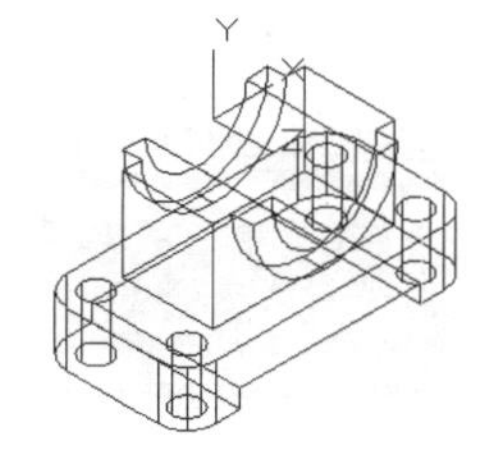

图 18-27　剖切结果

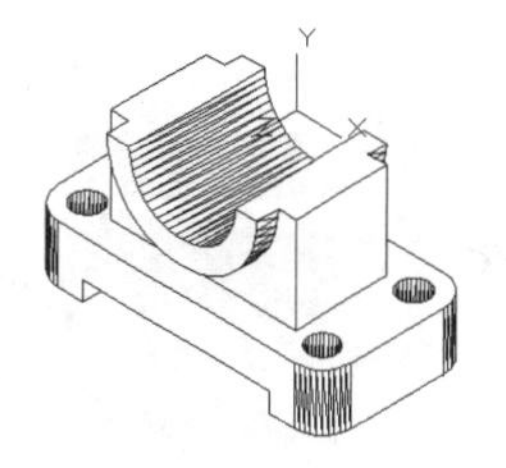

图 18-28　消隐效果

步骤 16　执行【UCS】命令，将坐标系绕 X 轴旋转-90°，结果如图 18-29 所示。

步骤 17　单击【三维建模】空间/【常用】选项卡/【建模】面板上的按钮，创建长方体。命令行提示如下：

```
命令：_box
指定第一个角点或[中心(C)]:              //-36,-42,0 Enter
指定其他角点或[立方体(C)/长度(L)]:  //@72,32,-18 Enter，结果如图 18-30 所示
```

步骤 18　单击【三维建模】空间/【常用】选项卡/【实体编辑】面板上的按钮，对创建的长方体进行差集，结果如图 18-31 所示。差集后的视图消隐效果如图 18-32 所示。

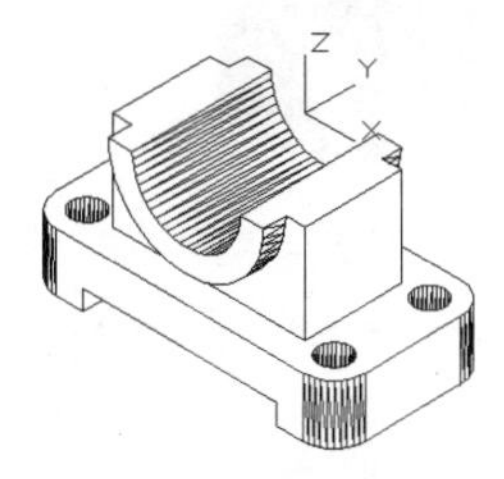

图 18-29　旋转 UCS

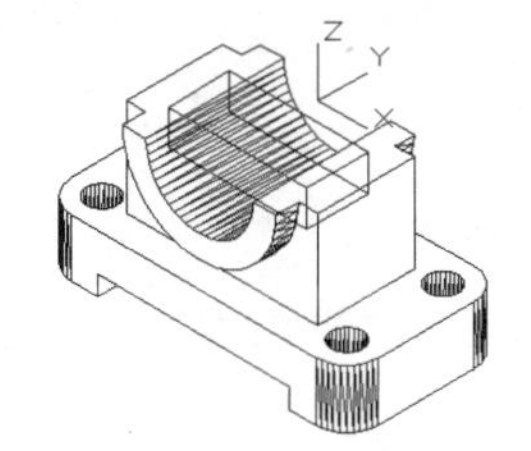

图 18-30　创建长方体

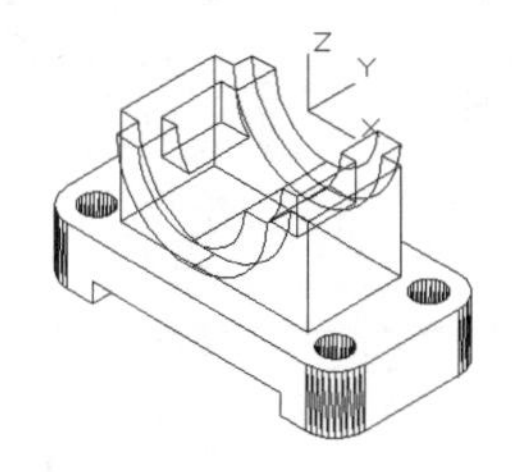

图 18-31　差集结果

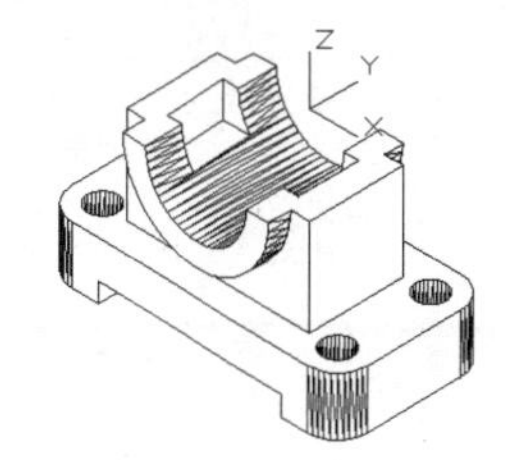

图 18-32　消隐效果

步骤 19　使用快捷键 C 执行【圆】命令，配合圆心捕捉功能，在柱孔的上表面绘制半径为 10.5 的圆，如图 18-33 所示。

步骤 20　单击【三维建模】空间/【常用】选项卡/【实体编辑】面板上的按钮，将圆压印到实体上，结果如图 18-34 所示。压印后的概念着色效果如图 18-35 所示。

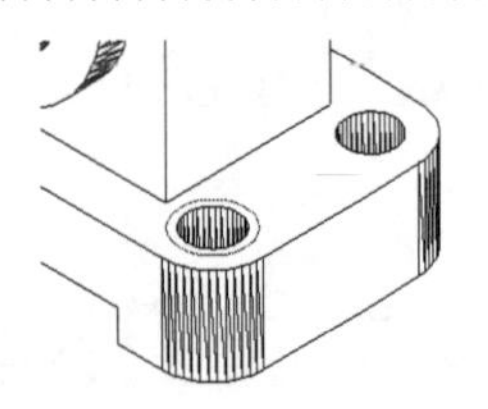

图 18-33　绘制圆

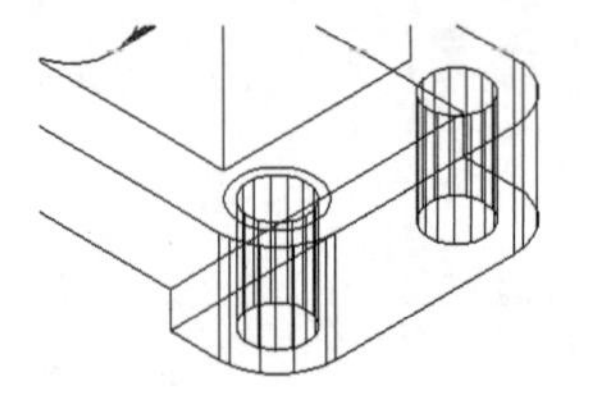

图 18-34　压印结果

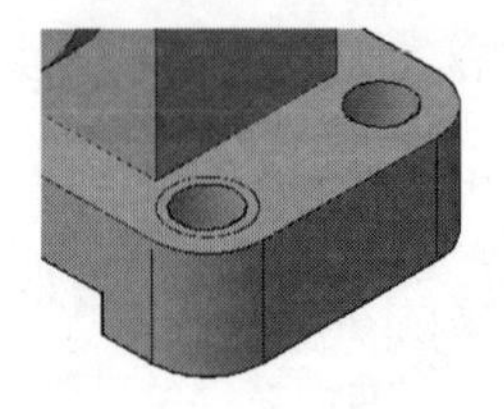

图 18-35　着色结果

步骤 21　单击【三维建模】空间/【常用】选项卡/【实体编辑】面板上的按钮，将压印后的表面复制到另一侧的柱孔上，结果如图 18-36 所示。

步骤 22　单击【三维建模】空间/【常用】选项卡/【实体编辑】面板上的按钮，将压印后的表面拉伸-6.5 个单位，结果如图 18-37 所示。

步骤 23　将模型进行二维线框着色，然后单击【默认】选项卡/【修改】面板上的按钮，配合圆心捕捉功能，将复制出的圆环面复制到其他两个柱孔的上表面，结果如图 18-38 所示。

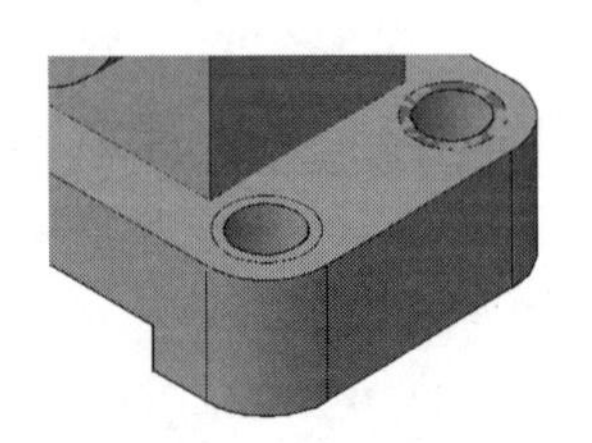

图 18-36　复制面

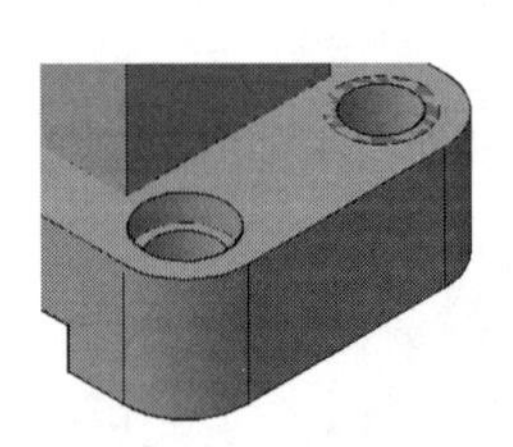

图 18-37　拉伸面

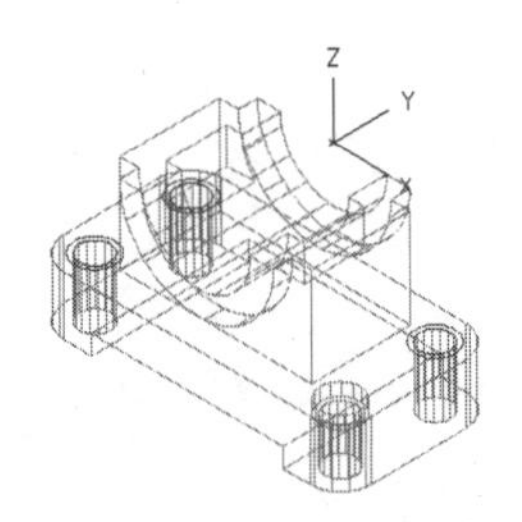

图 18-38　复制结果

步骤 24　单击【三维建模】空间/【常用】选项卡/【建模】面板上的按钮，将三个圆环表面拉伸-6.5 个单位，结果如图 18-39 所示。

步骤 25　使用快捷键 SU 执行【差集】命令，对模型及 3 个拉伸实体进行差集，差集后的消隐效果如图 18-40 所示。概念着色效果如图 18-41 所示。

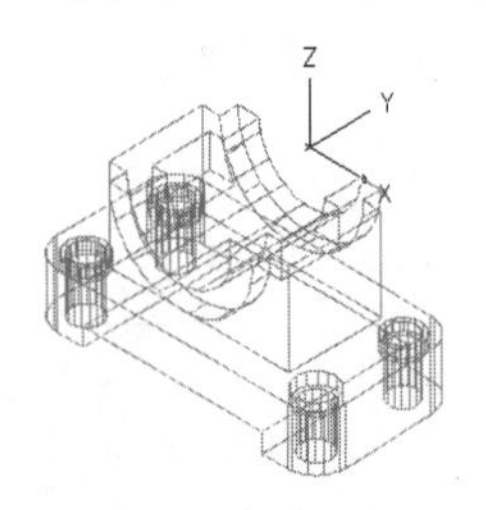

图 18-39　拉伸结果

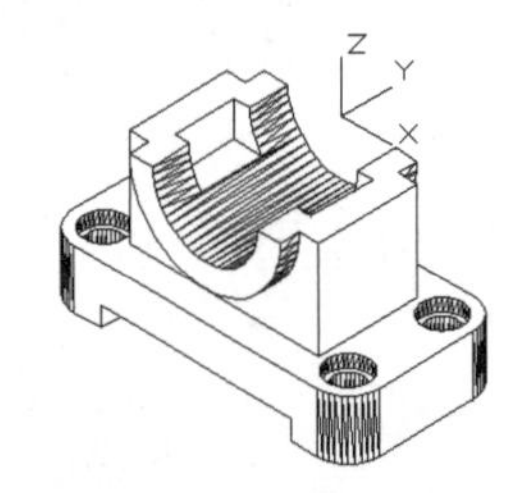

图 18-40　消隐效果

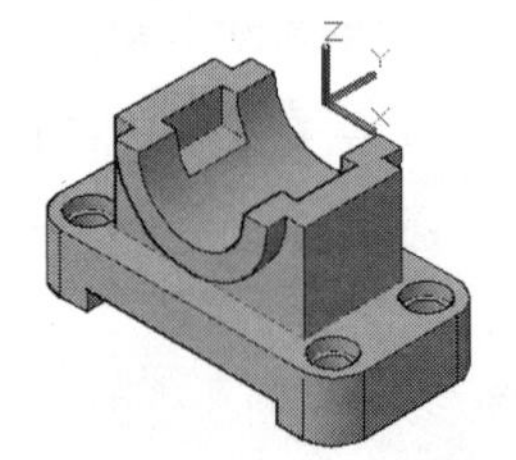

图 18-41　着色效果

步骤 26　最后使用【保存】命令，将图形命名存储为"综合范例二.dwg"。

18.3　综合范例三——绘制连接盘三维模型

本例在综合应用所学知识的前提下，主要学习连接盘零件三维模型的绘制方法和技巧。连接盘零件三维模型的最终绘制效果如图 18-42 所示。

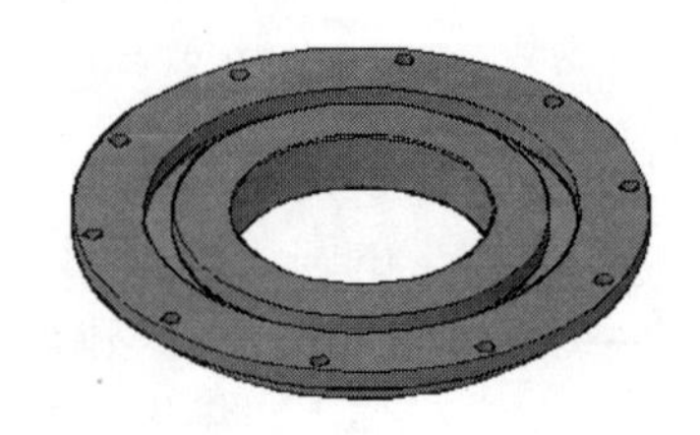

图 18-42　实例效果

操作步骤：

步骤 01　快速创建公制单位的空白文件。

步骤 02　激活【对象捕捉】功能，将当前捕捉模式设置为圆心捕捉和象限点捕捉。

步骤 03　在命令行设置系统变量 FACETRES 的值为 10，设置变量 ISOLINES 的值为 24。

步骤 04　单击【三维建模】空间/【常用】选项卡/【建模】面板上的按钮，创建 3 个同心圆柱体，其中底面半径分别为 170、145 和 77.5，高度分别为 12、38 和 38，结果如图 18-43 所示。

步骤 05　单击绘图区左上角的【视图控件】/【西南等轴测】命令，将视图切换为西南视图，结果如图 18-44 所示。

步骤 06　使用快捷键 SU 执行【差集】命令，对 3 个圆柱体进行差集，差集后的消隐效果如图 18-45 所示。

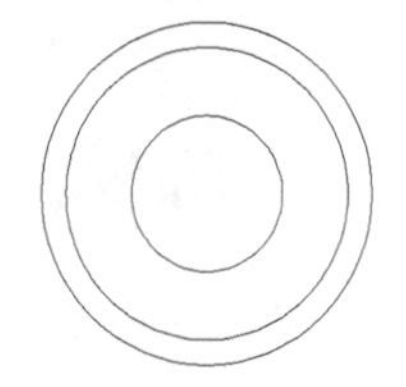

图 18-43　创建同心柱体

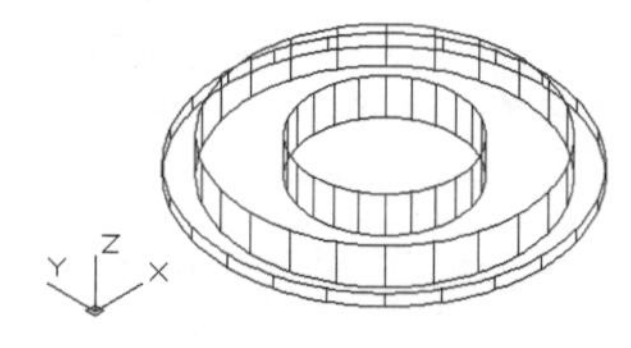

图 18-44　切换视图

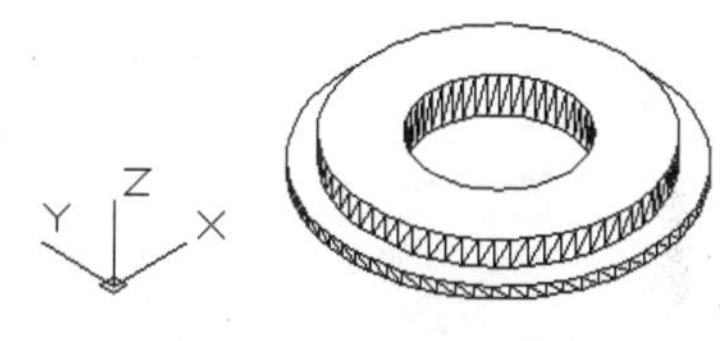

图 18-45　消隐效果

步骤 07　单击【默认】选项卡/【绘图】面板上的按钮，捕捉如图 18-46 所示的模型上表面圆心，绘制 4 个同心圆，圆的半径分别为 135、105、129 和 111，结果如图 18-47 所示。

步骤 08　使用快捷键 REG 执行【面域】命令，分别将 4 个同心圆转化为 4 个圆形面域。

步骤 09　使用快捷键 SU 执行【差集】命令，分别对两侧的 2 个圆形面域和中间的两个圆形面域进行差集。

步骤 10　单击【三维建模】空间/【常用】选项卡/【建模】面板上的按钮，将内部的差集面域拉伸-13 个单位，将外侧的差集面域拉伸 12 个单位，结果如图 18-48 所示。

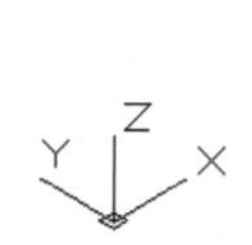

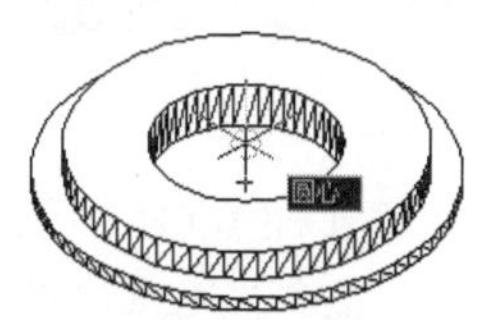

图 18-46　捕捉圆心

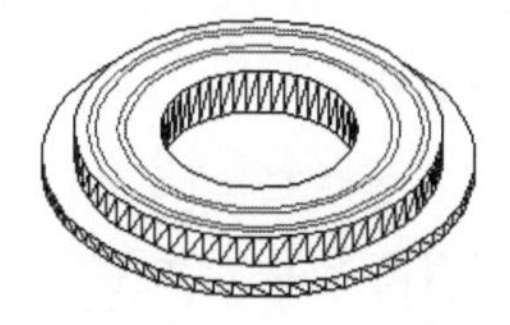

图 18-47　绘制结果

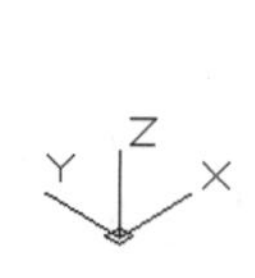

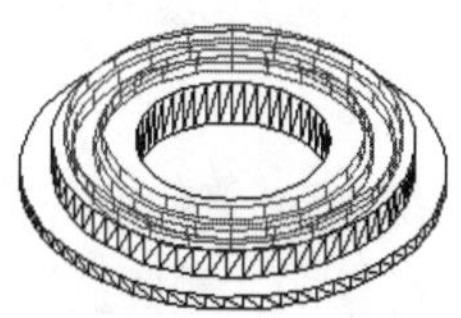

图 18-48　拉伸结果

步骤 11　使用快捷键 UNI 执行【并集】命令，将两个拉伸实体进行合并。

步骤 12　单击【三维建模】空间/【常用】选项卡/【修改】面板上的按钮，将并集后的实体沿 Z 轴负方向移动 25 个单位，结果如图 18-49 所示。

步骤 13　单击【三维建模】空间/【常用】选项卡/【修改】面板上的按钮，以当前坐标系的 XY 平面作为镜像平面，选择所有对象进行镜像，结果如图 18-50 所示，镜像后的消隐效果如图 18-51 所示。

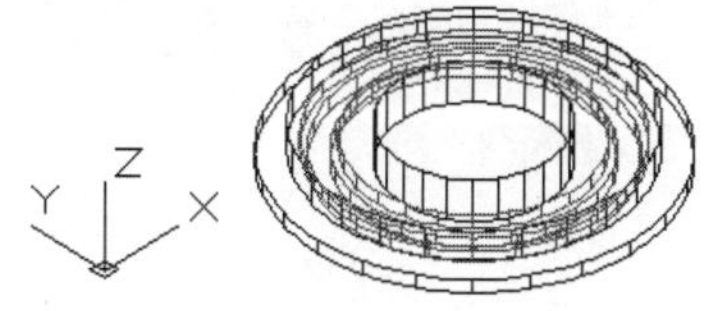

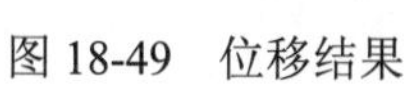

图 18-49　位移结果

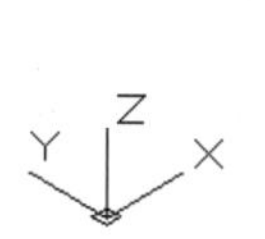

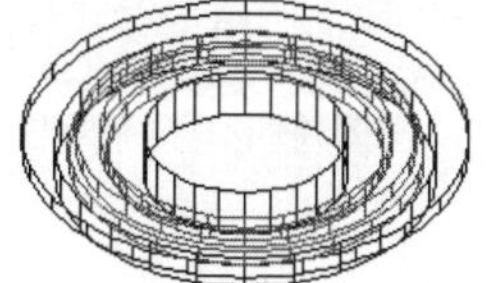

图 18-50　镜像结果

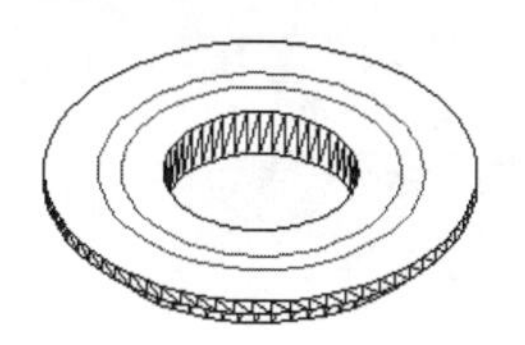

图 18-51　消隐效果

步骤 14　使用快捷键 SU 执行【差集】命令，对两个组合实体进行差集，差集后的消隐效果如图 18-52 所示；概念着色效果如图 18-53 所示。

步骤 15　单击【三维建模】空间/【常用】选项卡/【建模】面板上的按钮，配合【捕捉自】功能绘制圆柱体。命令行提示如下：

```
命令: _cylinder
指定底面的中心点或 [三点(3P)/两点(2P)/切点、切点、半径(T)/椭圆(E)]: //激活【捕捉自】功能
_from 基点:                                    //捕捉如图 18-54 所示的象限点
<偏移>:                                        //@10,0 Enter
指定底面半径或 [直径(D)] <0.5000>:              //5.5 Enter
指定高度或 [两点(2P)/轴端点(A)] <-12.0000>:  // Enter，创建结果如图 18-55 所示
```

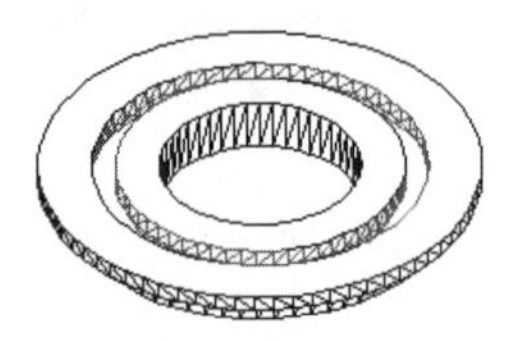
图 18-52　差集效果

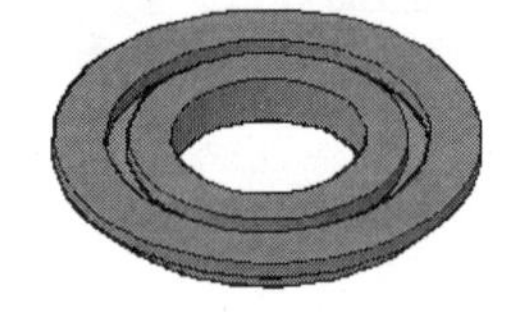
图 18-53　着色效果

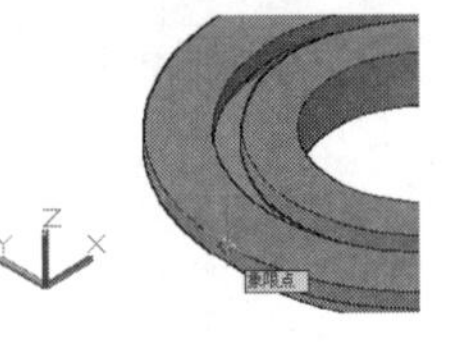
图 18-54　捕捉象限点

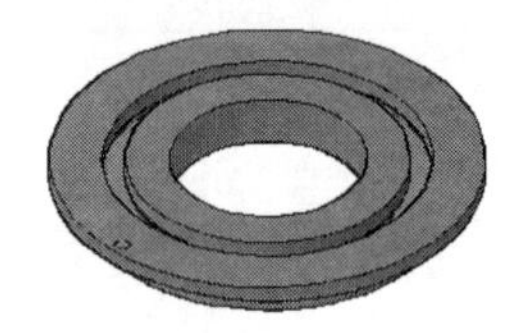
图 18-55　创建结果

步骤 16　单击【三维基础】空间/【默认】选项卡/【修改】面板上的按钮，将圆柱体环形阵列 10 份，结果如图 18-56 所示。

步骤 17　使用快捷键 SU 执行【差集】命令，对 10 个圆柱体进行差集，结果如图 18-57 所示。

步骤 18　单击【三维建模】空间/【实体】选项卡/【实体编辑】面板上的按钮，设置两个倒角距离都为 1，选择如图 18-58 所示的棱边进行倒角，结果如图 18-59 所示。

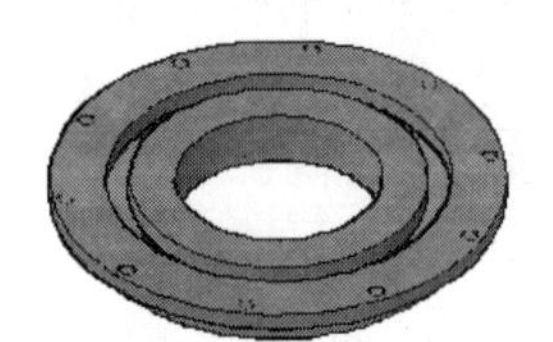
图 18-56　阵列结果

图 18-57　差集结果

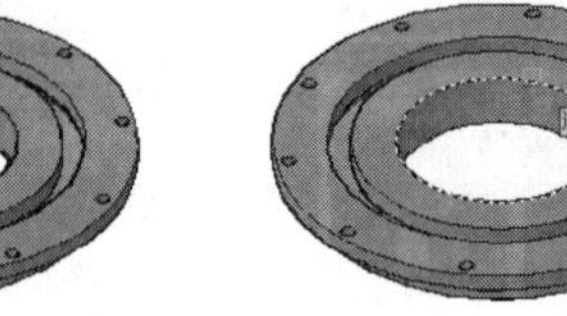
图 18-58　选择倒角边

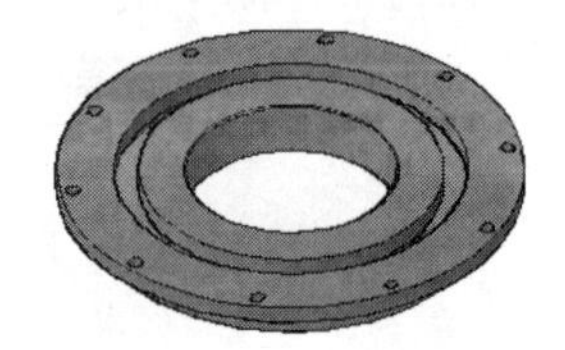
图 18-59　倒角结果

步骤 19　重复执行【倒角边】命令，按照当前的参数设置，选择如图 18-60 所示的边进行倒角。

步骤 20　重复执行【倒角】命令，将两个基面的倒角距离都设置为 2，然后选择如图 18-61 所示的边进行倒角。

步骤 21　使用【自由动态观察】命令调整视点，观看倒角后的效果，如图 18-62 所示。

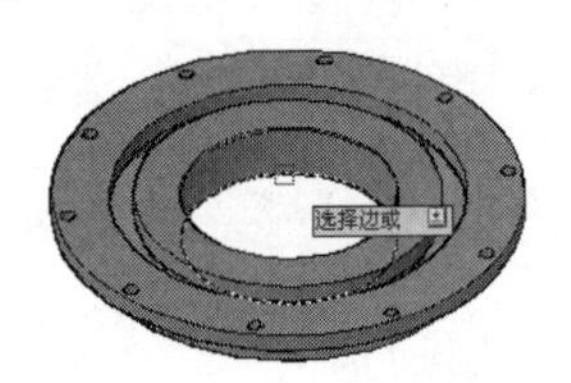
图 18-60　选择倒角边

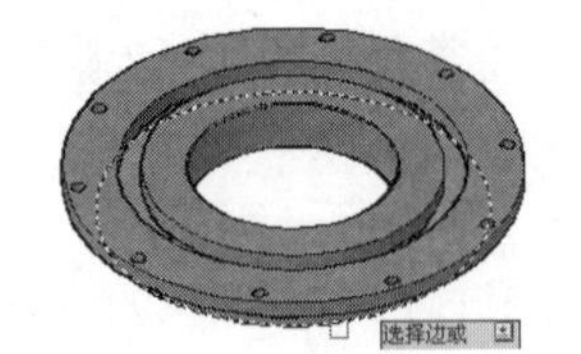
图 18-61　选择倒角边

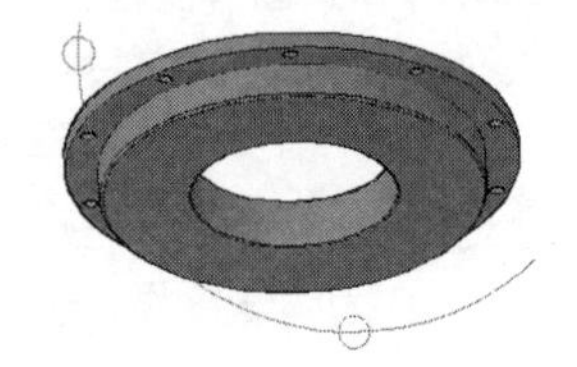
图 18-62　调整视点

步骤 22　最后执行【保存】命令，将图形命名存储为“综合范例三.dwg”。

18.4　综合范例四——绘制齿轮轴三维模型

本例在综合应用所学知识的前提下，主要学习齿轮轴零件三维模型的绘制方法和技巧。齿轮轴零件三维模型的最终绘制效果如图 18-63 所示。

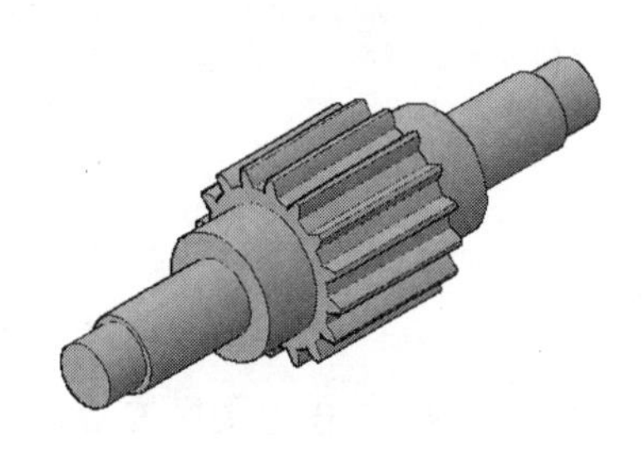

图 18-63　实例效果

操作步骤：

步骤 01 执行【新建】命令，快速创建文件。

步骤 02 激活【对象捕捉】功能，并设置捕捉模式为端点、交点、圆心和象限点。

步骤 03 在命令行设置系统变量 FACETRES 的值为 10，设置变量 ISOLINES 的值为 24。

步骤 04 单击绘图区左上角的【视图控件】/【左视】命令，将当前视图切换为左视图。

步骤 05 单击【默认】选项卡/【绘图】面板上的按钮，绘制齿轮轴的截面轮廓线。命令行提示如下：

```
命令: _pline
指定起点:                                           //在绘图区拾取一点
当前线宽为 0.0000
指定下一个点或 [圆弧(A)/半宽(H)/长度(L)/放弃(U)/宽度(W)]:          //@0,10Enter
指定下一点或 [圆弧(A)/闭合(C)/半宽(H)/长度(L)/放弃(U)/宽度(W)]: //@15,0 Enter
指定下一点或 [圆弧(A)/闭合(C)/半宽(H)/长度(L)/放弃(U)/宽度(W)]: //@0,2 Enter
指定下一点或 [圆弧(A)/闭合(C)/半宽(H)/长度(L)/放弃(U)/宽度(W)]: //@40,0 Enter
指定下一点或 [圆弧(A)/闭合(C)/半宽(H)/长度(L)/放弃(U)/宽度(W)]: //@0,8 Enter
指定下一点或 [圆弧(A)/闭合(C)/半宽(H)/长度(L)/放弃(U)/宽度(W)]: //@20,0 Enter
指定下一点或 [圆弧(A)/闭合(C)/半宽(H)/长度(L)/放弃(U)/宽度(W)]: //@0,-20 Enter
指定下一点或 [圆弧(A)/闭合(C)/半宽(H)/长度(L)/放弃(U)/宽度(W)]:
                                        //c Enter，闭合图形，绘制结果如图 18-64 所示
```

步骤 06 重复执行【多段线】命令，配合端点捕捉功能继续绘制截面轮廓线。命令行提示如下：

```
命令: _pline
指定起点:                                           //捕捉刚绘制的多段线右上角点
当前线宽为 0.0000
指定下一个点或 [圆弧(A)/半宽(H)/长度(L)/放弃(U)/宽度(W)]:          //@0,5 Enter
指定下一个点或 [圆弧(A)/半宽(H)/长度(L)/放弃(U)/宽度(W)]:          //@49,0 Enter
指定下一点或 [圆弧(A)/闭合(C)/半宽(H)/长度(L)/放弃(U)/宽度(W)]: //@0,-25 Enter
指定下一点或 [圆弧(A)/闭合(C)/半宽(H)/长度(L)/放弃(U)/宽度(W)]: //@-49,0 Enter
指定下一点或 [圆弧(A)/闭合(C)/半宽(H)/长度(L)/放弃(U)/宽度(W)]:
                                        //c Enter，闭合图形，绘制结果如图 18-65 所示
```

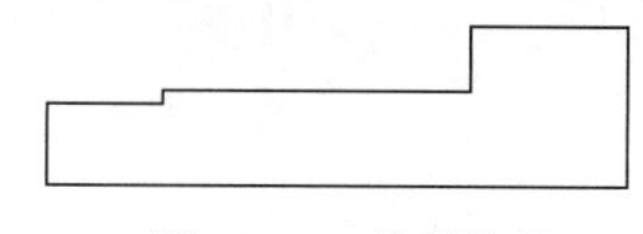

图 18-64　绘制结果

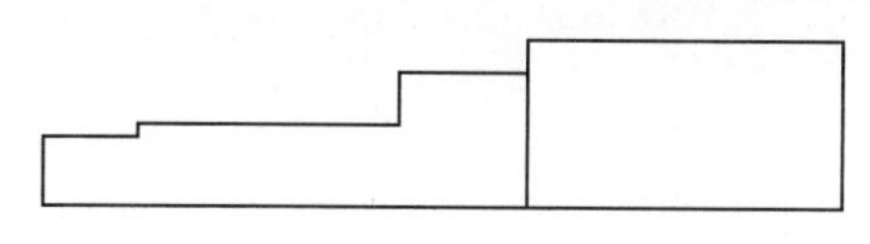

图 18-65　绘制结果

步骤 07 单击【默认】选项卡/【修改】面板上的按钮，配合中点捕捉功能对左侧的闭合多段

线进行镜像，结果如图 18-66 所示。

步骤 08　单击【三维建模】空间/【常用】选项卡/【建模】面板上的按钮，将齿轮轴的截面轮廓线旋转 360°，结果如图 18-67 所示。

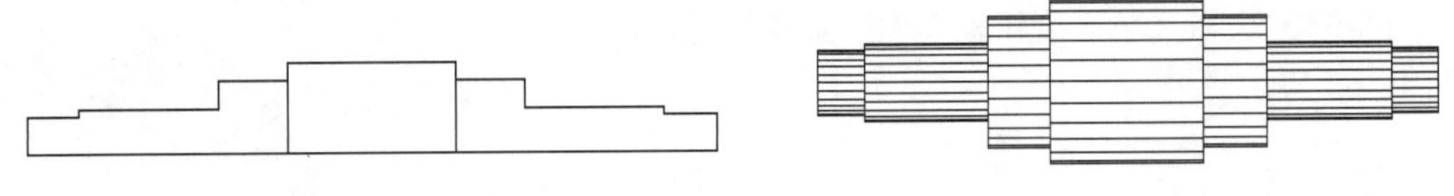

图 18-66　镜像结果　　　　图 18-67　旋转结果

步骤 09　单击绘图区左上角的【视图控件】/【东南等轴测】命令，将视图切换为东南等轴测图，结果如图 18-68 所示。

步骤 10　使用快捷键 HI 执行【消隐】命令，对齿轮轴进行消隐，结果如图 18-69 所示。

步骤 11　单击绘图区左上角的【视图控件】/【前视】命令，将视图切换为前视图，结果如图 18-70 所示。

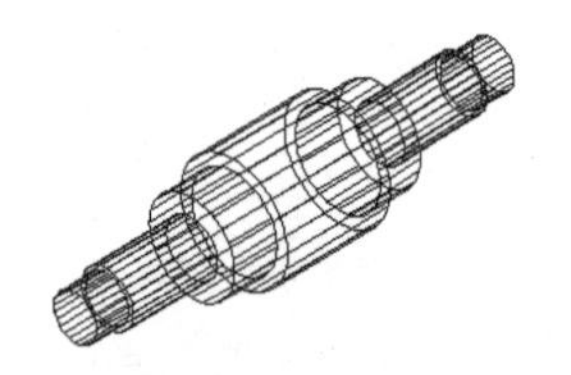

图 18-68　切换东南视图

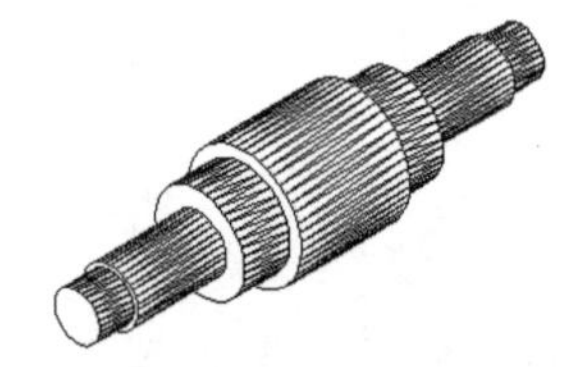

图 18-69　消隐效果

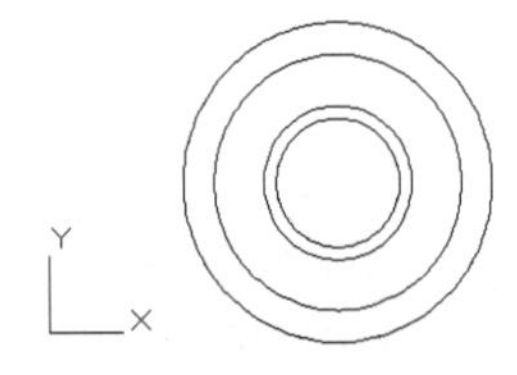

图 18-70　切换视图

步骤 12　使用快捷键 C 执行【圆】命令，捕捉如图 18-71 所示的圆心，绘制半径分别为 25、27.4 和 30 的 3 个同心圆，结果如图 18-72 所示。

步骤 13　使用快捷键 L 执行【直线】命令，绘制大圆的垂直直径，如图 18-73 所示。

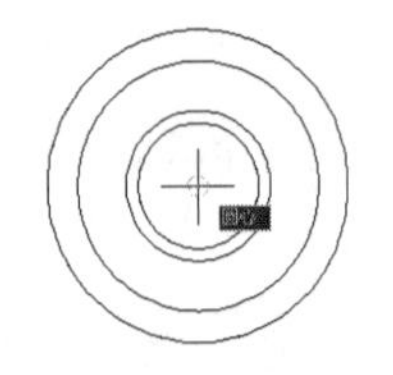

图 18-71　捕捉圆心

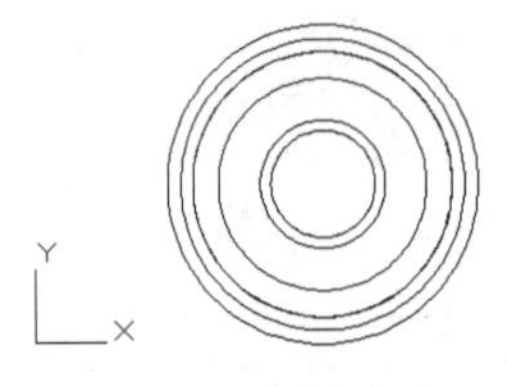

图 18-72　绘制同心圆

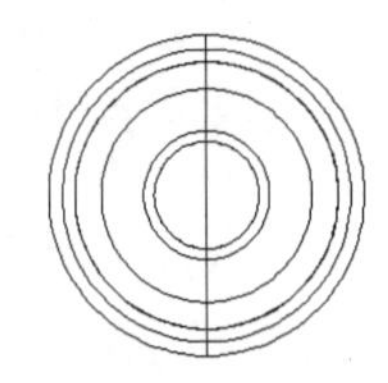

图 18-73　绘制结果

步骤 14　单击【默认】选项卡/【修改】面板上的按钮，将垂直直径分别向左偏移 0.75、2 和 2.5 个单位，如图 18-74 所示。

步骤 15　单击【默认】选项卡/【绘图】面板上的按钮，配合交点捕捉绘制图 18-75 所示的圆弧。

步骤 16　单击【默认】选项卡/【修改】面板上的按钮，以最右侧的垂直图线作为镜像轴，对圆弧进行镜像，结果如图 18-76 所示。

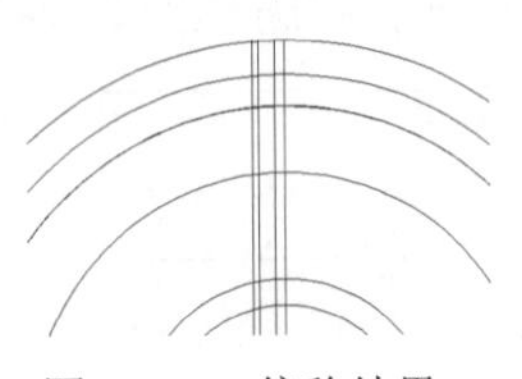

图 18-74　偏移结果

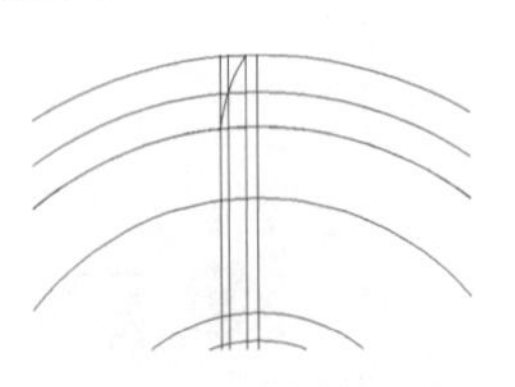

图 18-75　绘制圆弧

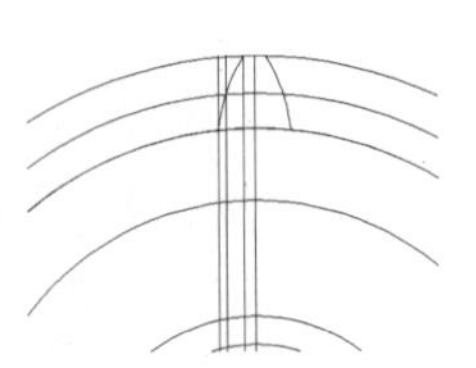

图 18-76　镜像结果

步骤 17 使用快捷键 E 执行【删除】命令，删除半径为 27.4 的分度圆和 4 条垂直直线，结果如图 18-77 所示。

步骤 18 单击【默认】选项卡/【修改】面板上的按钮，以两条圆弧作为边界，对下侧的齿根圆和上侧的齿顶圆进行修剪，结果如图 18-78 所示。

步骤 19 选择菜单栏中的【修改】/【对象】/【多段线】命令，将 4 条圆弧编辑成一条闭合的边界，边界的凸显效果如图 18-79 所示。

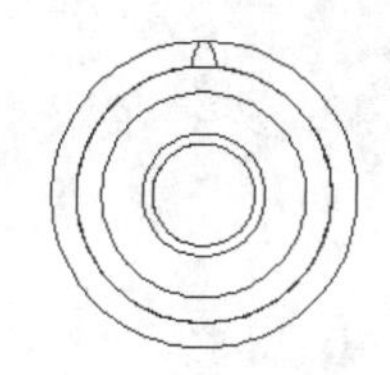

图 18-77　删除结果

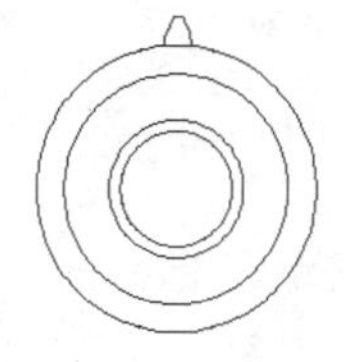

图 18-78　修剪结果

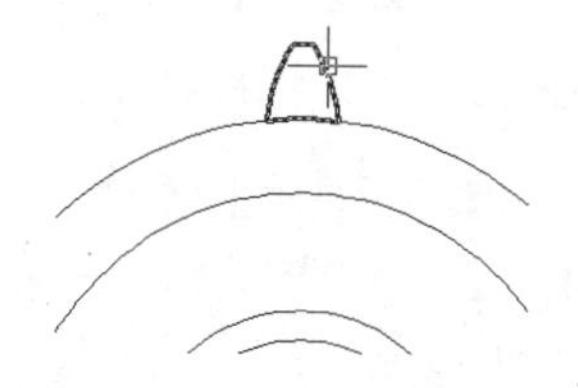

图 18-79　合并后的凸显效果

步骤 20 单击绘图区左上角的【视图控件】/【左视】命令，将视图切换为左视图。

步骤 21 单击【默认】选项卡/【修改】面板上的按钮，配合象限点捕捉功能，将编辑后的齿轮牙闭合边界移至如图 18-80 所示的位置。

步骤 22 执行【东南等轴测】命令，将当前视图切换为东南等轴测视图，结果如图 18-81 所示；概念着色效果如图 18-82 所示。

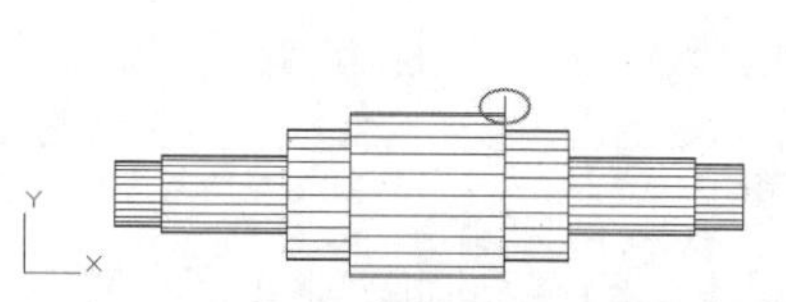

图 18-80　位移结果

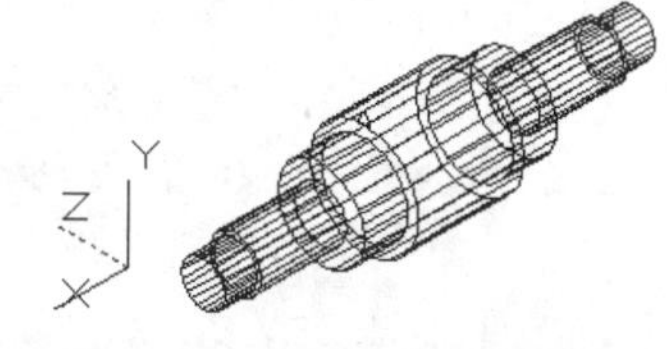

图 18-81　切换东南视图

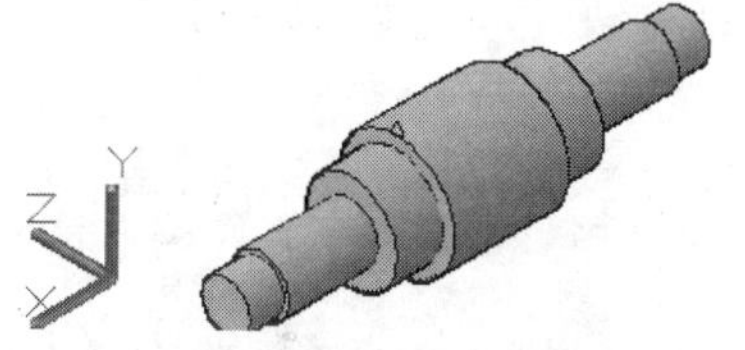

图 18-82　概念着色

步骤 23 单击【三维建模】空间/【实体】选项卡/【实体】面板上的按钮，将齿轮牙边界拉伸 49 个单位，结果如图 18-83 所示。

步骤 24 单击【三维基础】空间/【默认】选项卡/【修改】面板上的按钮，将拉伸后的轮齿沿轴心环形阵列 16 份，结果如图 18-84 所示。

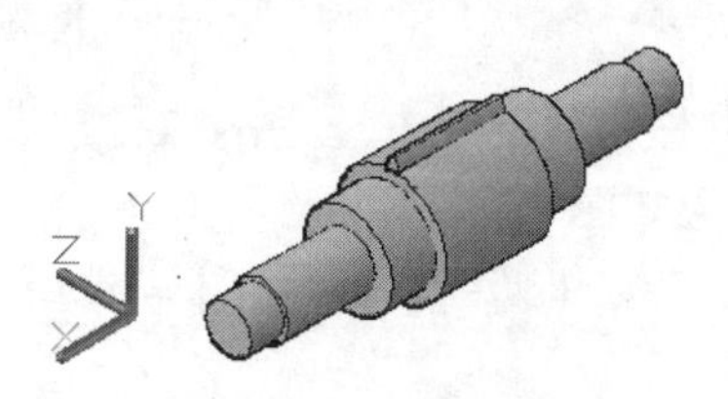

图 18-83　拉伸结果

图 18-84　阵列结果

步骤 25 单击【三维建模】空间/【常用】选项卡/【实体编辑】面板上的按钮，选择所有的对象并进行合并，最终结果如图 18-63 所示。

步骤 26 最后执行【保存】命令，将图形命名存储为“综合范例四.dwg”。

18.5　综合范例五——绘制箱盖零件三维模型

本例在综合应用所学知识的前提下，主要学习减速器箱盖零件三维模型的绘制方法和技巧。减速器箱盖零件三维模型的最终绘制效果如图 18-85 所示。

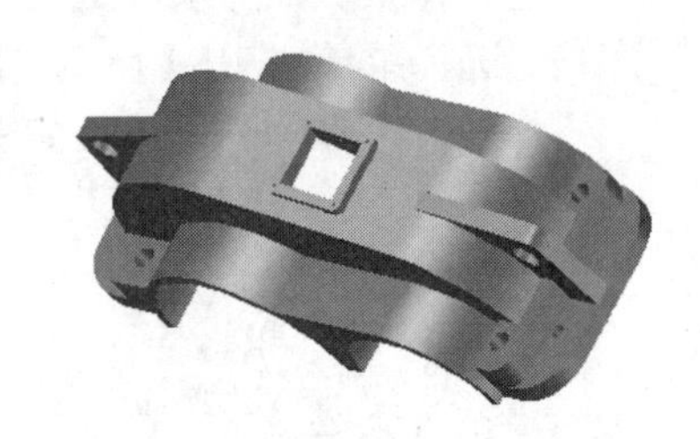

图 18-85　实例效果

操作步骤：

步骤 01　快速新建空白文件。

步骤 02　在命令行设置系统变量 FACETRES 的值为 10。

步骤 03　单击【默认】选项卡/【绘图】面板上的▭按钮，绘制长度为 300、宽度为 110 的矩形。

步骤 04　单击【默认】选项卡/【修改】面板上的⊆按钮，将矩形向内偏移 30 个单位。

步骤 05　单击【默认】选项卡/【修改】面板上的◜按钮，对外侧的矩形倒圆角，圆角半径为 25，结果如图 18-86 所示。

步骤 06　使用快捷键 C 执行【圆】命令，配合【捕捉自】功能绘制螺丝孔。命令行提示如下：

```
命令: c
CIRCLE 指定圆的圆心或 [三点(3P)/两点(2P)/切点、切点、半径(T)]:  //激活【捕捉自】功能
_from 基点:                              //捕捉内侧矩形左下角端点
<偏移>:                                 //@15,-15 Enter
指定圆的半径或 [直径(D)] <5.0000>:       //5 Enter，绘制结果如图 18-87 所示
```

步骤 07　单击【默认】选项卡/【修改】面板上的⊞按钮，将刚绘制的螺孔圆阵列 4 份，其中列间距为 225、行间距为 80，阵列结果如图 18-88 所示。

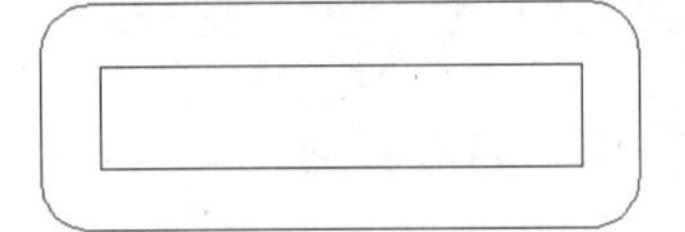

图 18-86　圆角结果

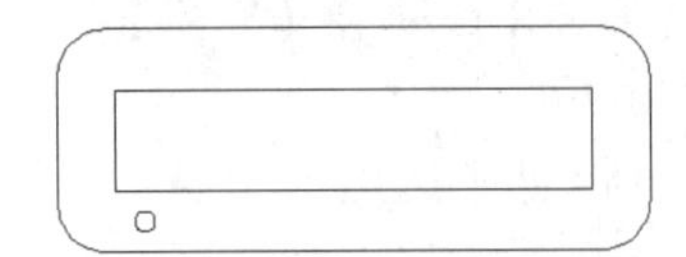

图 18-87　绘制结果

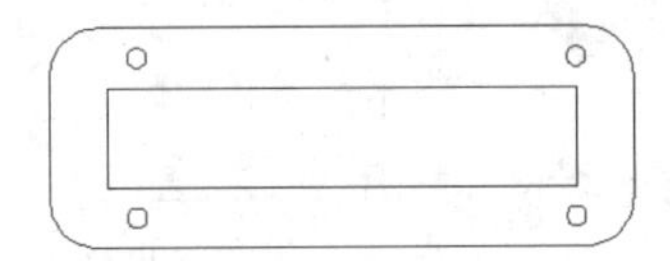

图 18-88　阵列结果

步骤 08　单击【默认】选项卡/【修改】面板上的⧉按钮，选择左上角的螺孔圆进行复制，目标点分别为（@-27,-10）和（@-27,-70），结果如图 18-89 所示。

步骤 09　单击【默认】选项卡/【绘图】面板上的⊙按钮，配合【捕捉自】功能绘制半径为 3 的螺孔结构。命令行提示如下：

```
命令: _circle
指定圆的圆心或 [三点(3P)/两点(2P)/切点、切点、半径(T)]:    //激活【捕捉自】功能
_from 基点:                                            //捕捉如图 18-90 所示的端点
<偏移>:                                                //@-15,-3
指定圆的半径或 [直径(D)] <5.0000>:                     //3，绘制结果如图 18-91 所示
```

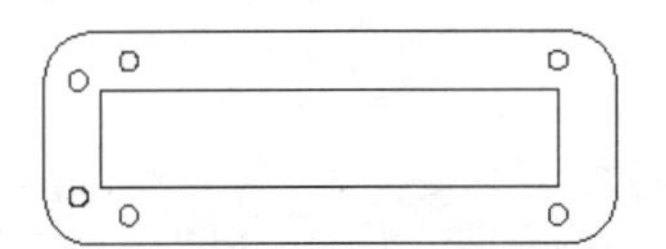
图 18-89　复制结果

图 18-90　捕捉端点

图 18-91　绘制结果

```
命令:
CIRCLE 指定圆的圆心或 [三点(3P)/两点(2P)/切点、切点、半径(T)]:  //激活【捕捉自】功能
_from 基点:                                  //捕捉如图 18-92 所示的端点
<偏移>:                                      //@15,3
指定圆的半径或 [直径(D)] <3.0000>:  // Enter，结果如图 18-93 所示
```

步骤 10　执行【西南等轴测】命令，将当前视图切换到西南视图，如图 18-94 所示。

图 18-92　捕捉端点

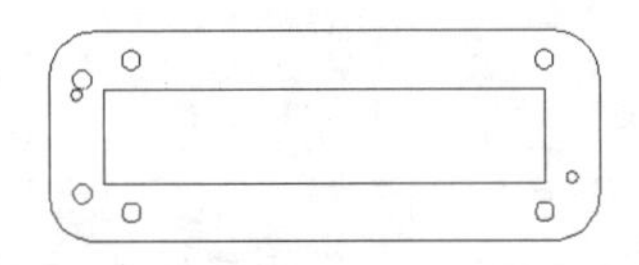
图 18-93　绘制结果

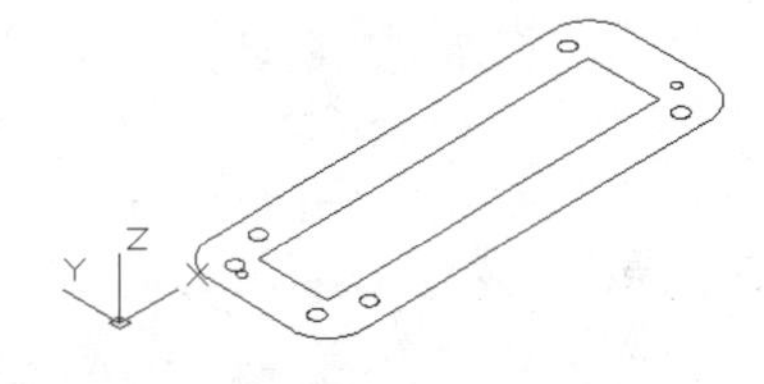

图 18-94　切换视图

步骤 11　单击【三维建模】空间/【实体】选项卡/【实体】面板上的按钮，将所有二维图元拉伸 10 个单位，结果如图 18-95 所示。

步骤 12　单击【三维建模】空间/【常用】选项卡/【实体编辑】面板上的按钮，从大矩形拉伸实体中减去小矩形拉伸实体和其他螺钉孔。

步骤 13　使用快捷键 VS 执行【视觉样式】命令，对模型进行概念着色，效果如图 18-96 所示。

步骤 14　将视图切换为前视图，将视觉样式设置为二维线框，然后绘制半径为 75 和 55 的两个圆，圆心距为 110，如图 18-97 所示。

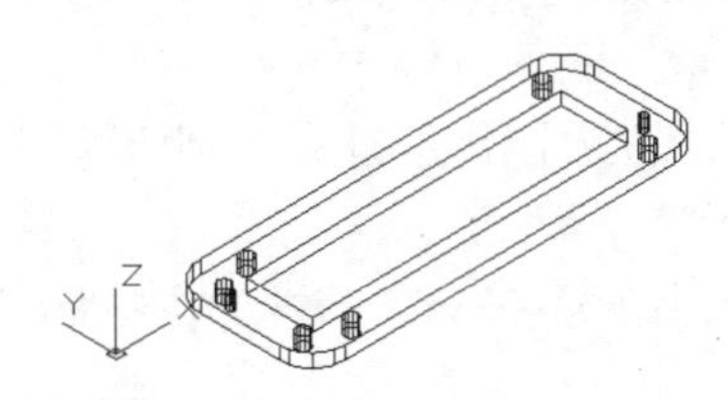

图 18-95　拉伸结果

图 18-96　差集后的着色效果

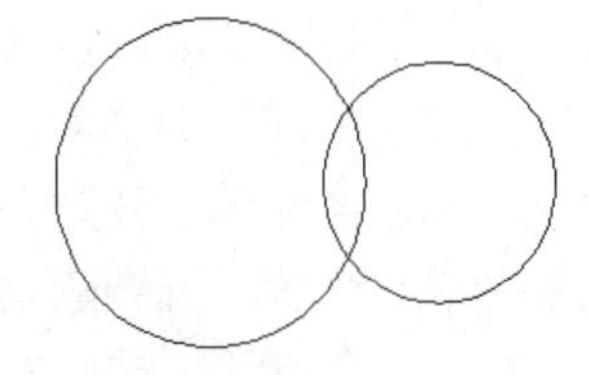
图 18-97　绘制圆

步骤 15　单击【默认】选项卡/【绘图】面板上的按钮，配合切点捕捉和象限点捕捉功能，绘制两圆的外公切线和水平直线，如图 18-98 所示。

步骤 16　单击【默认】选项卡/【修改】面板上的按钮，对两圆进行修剪，结果如图 18-99 所示。

步骤 17　使用快捷键 PE 执行【编辑多段线】命令，选择两条圆弧与公切线，将其编辑成一条多段线。

步骤 18　单击【默认】选项卡/【修改】面板上的按钮，将刚编辑出的多段线向外侧偏移 5 个单位，结果如图 18-100 所示。

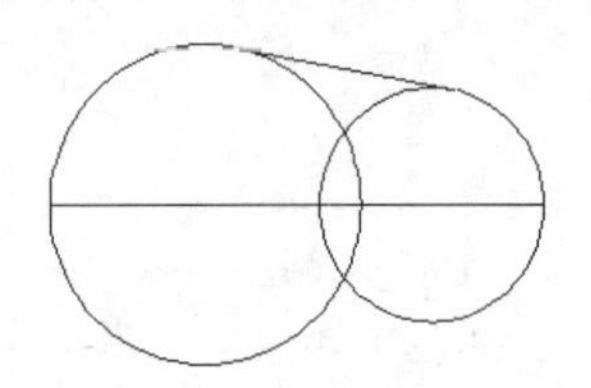
图 18-98　绘制公切线

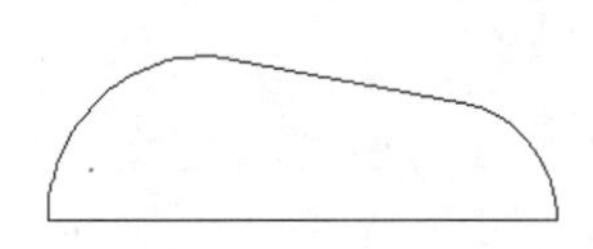
图 18-99　修剪结果

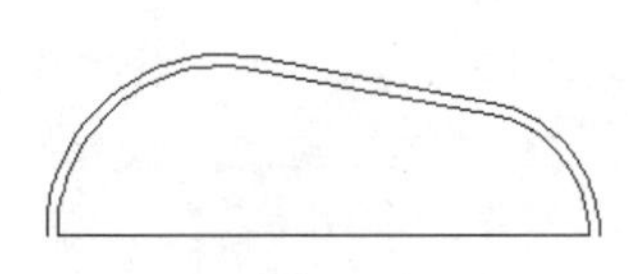
图 18-100　偏移结果

步骤19　单击【默认】选项卡/【绘图】面板上的按钮，连接多段线的两个端点，绘制一条水平直线，如图 18-101 所示。

步骤20　使用快捷键 REG 执行【面域】命令，选择如图 18-101 所示的二维图形，将其转化为两个面域。

步骤21　将视图切换为西南等轴测图，然后选择菜单栏中的【绘图】/【建模】/【拉伸】命令，将外侧的面域拉伸 60 个单位，将内侧的面域拉伸 50 个单位。

步骤22　使用快捷键 M 执行【移动】命令，将内侧的拉伸实体沿 Z 轴正方向移动 5 个单位，然后对两个拉伸实体进行差集，结果如图 18-102 所示。

步骤23　重复执行【移动】命令，选择底部的连接板进行位移，基点为如图 18-103 所示的端点 A，目标点为如图 18-102 所示的端点 1，移动后的灰底着色效果如图 18-104 所示。

步骤24　使用快捷键 UNI 执行【并集】命令，将位移后的模型进行并集。

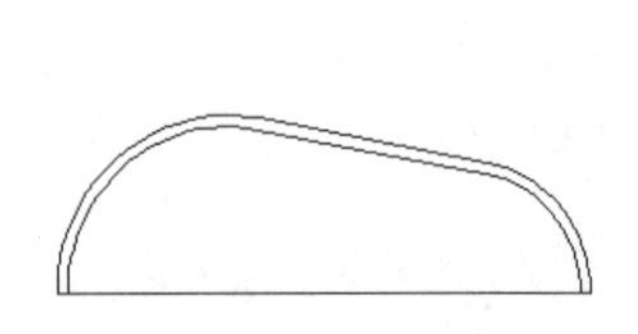
图 18-101　绘制结果

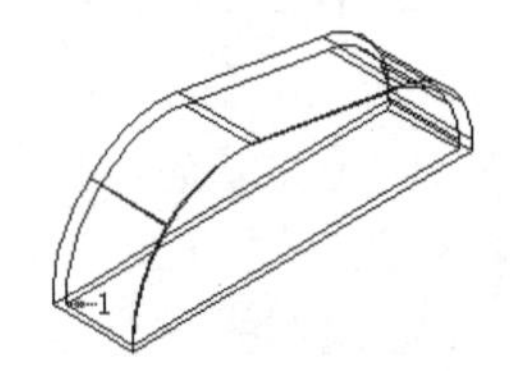

图 18-102　差集结果

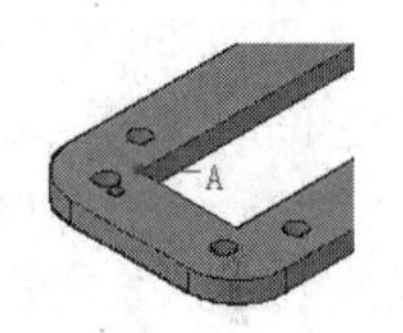

图 18-103　捕捉端点

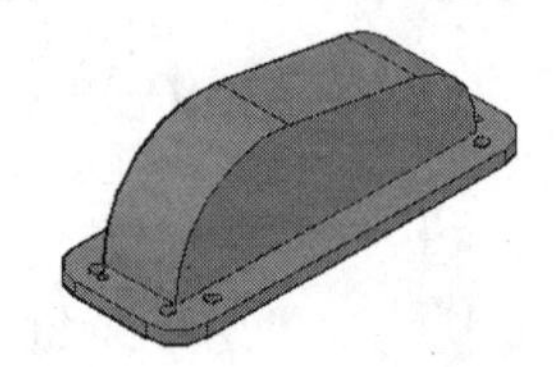
图 18-104　位移结果

步骤25　使用快捷键 I 执行【插入块】命令，以默认参数插入下载文件“/图块文件/下箱体.dwg”，并对其进行位移，结果如图 18-105 所示。

步骤26　执行【二维线框】命令，将着色方式设为二维线框着色，然后以底座开孔的圆心为圆心，绘制半径分别为 55 和 40 的圆，结果如图 18-106 所示。

步骤27　单击【三维建模】空间/【实体】选项卡/【实体】面板上的按钮，将两个圆拉伸 200 个单位，结果如图 18-107 所示。

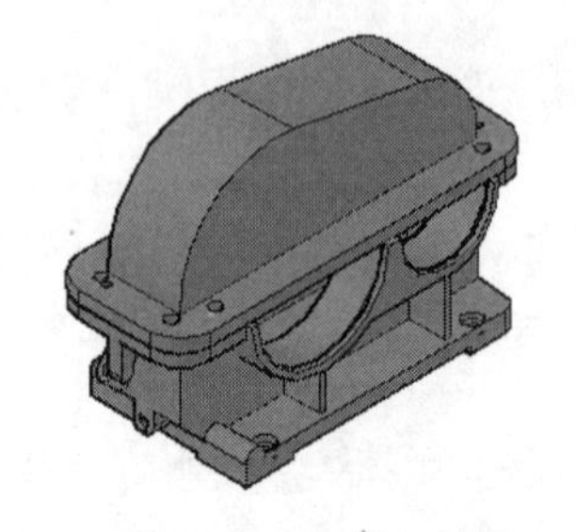
图 18-105　插入结果

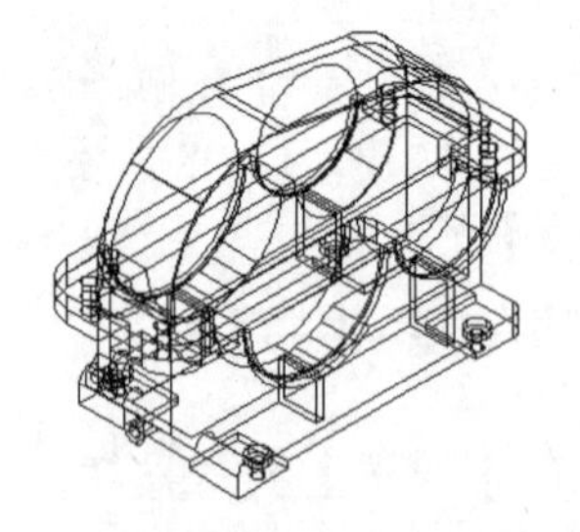
图 18-106　绘制结果

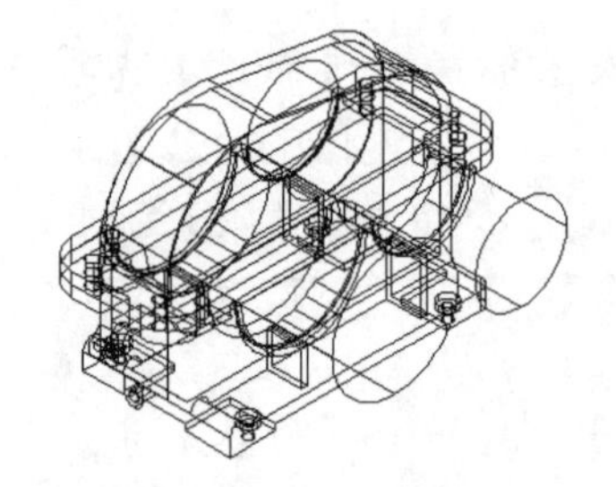
图 18-107　拉伸结果

步骤28　单击【三维建模】空间/【常用】选项卡/【实体编辑】面板上的按钮，从上侧的顶盖模型中减去两个拉伸实体，并删除下箱体，概念着色后的效果如图 18-108 所示。

步骤 29 将视图切换为主视图，然后综合使用【直线】、【圆】和【修剪】命令，绘制如图 18-109 所示的凸缘结构。

步骤 30 使用快捷键 PE 执行【编辑多段线】命令，将凸缘编辑为一条闭合多段线，并将视图切换到西南视图。

步骤 31 单击【三维建模】空间/【实体】选项卡/【实体】面板上的按钮，将凸缘拉伸 35 个单位，结果如图 18-110 所示。

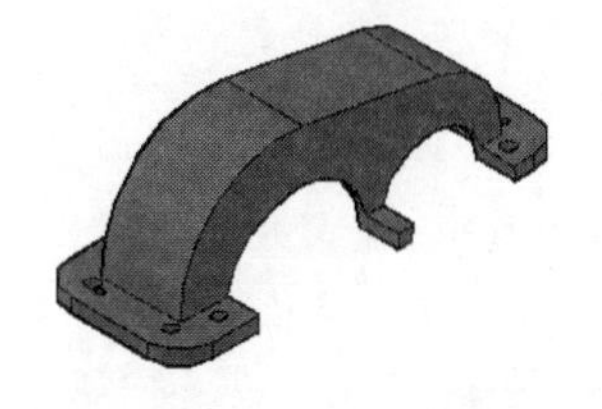

图 18-108　编辑结果

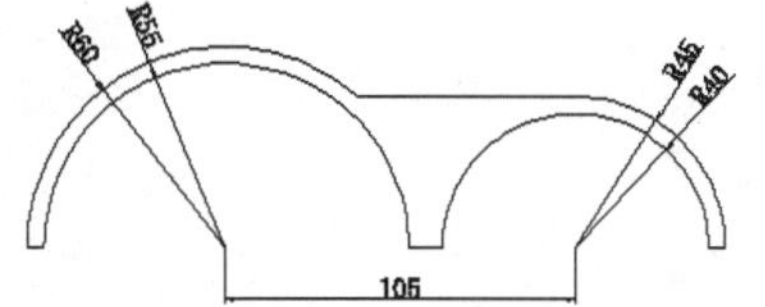

图 18-109　绘制结果

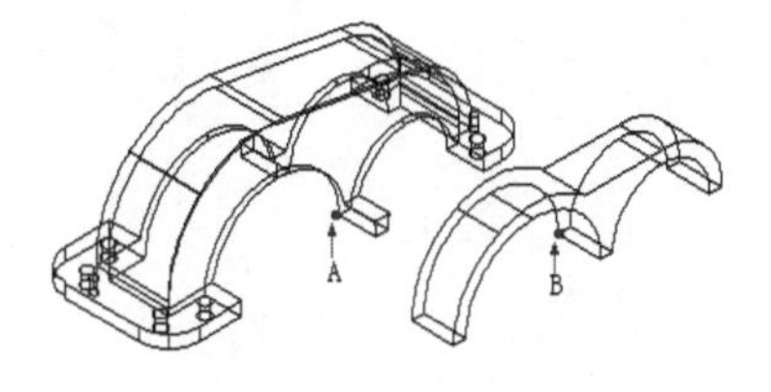

图 18-110　拉伸结果

步骤 32 单击【默认】选项卡/【修改】面板上的按钮，以点 B 为基点移动到顶盖 A 处，结果如图 18-111 所示。

步骤 33 单击【三维建模】空间/【常用】选项卡/【修改】面板上的按钮，将位移后的凸缘轮廓结构镜像到另一侧，然后执行【并集】命令，合并顶盖和凸缘实体。

步骤 34 将视图切换为俯视图，然后执行【矩形】命令，绘制如图 18-112 所示的两个矩形。

步骤 35 单击【绘图】工具栏上的按钮，配合【捕捉自】功能绘制如图 18-113 所示的螺钉孔结构。

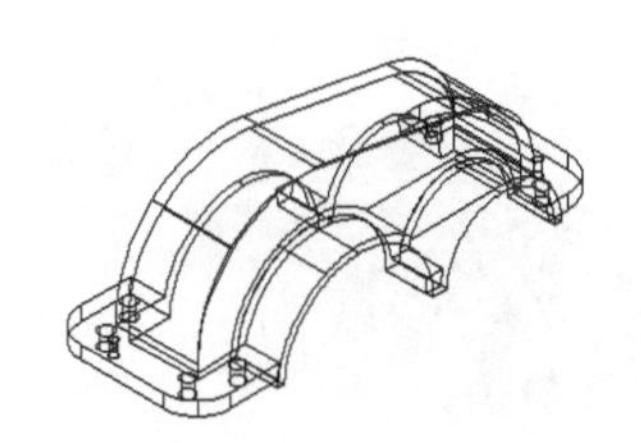

图 18-111　位移结果

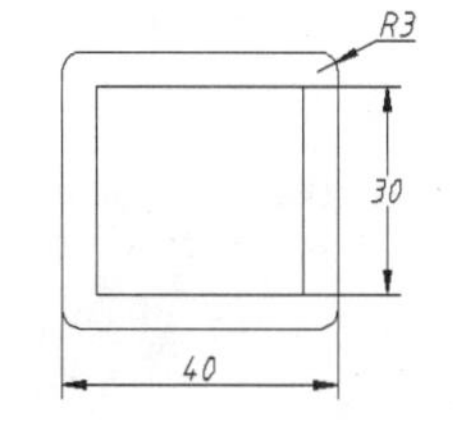

图 18-112　绘制矩形

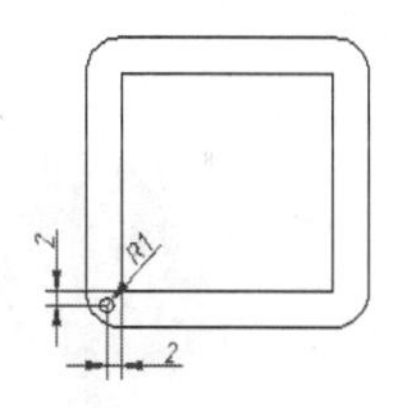

图 18-113　绘制圆

步骤 36 单击【默认】选项卡/【修改】面板上的按钮，将刚绘制的圆阵列 2 行 2 列，行偏移和列偏移都为 34，阵列结果如图 18-114 所示。

步骤 37 单击【三维建模】空间/【实体】选项卡/【实体】面板上的按钮，将外侧的圆角矩形和 4 个圆拉伸-5 个单位，将内侧的矩形轮廓拉伸-33 个单位；然后从外矩形拉伸实体中减去圆柱形拉伸实体，并切换为西南视图，结果如图 18-115 所示。

步骤 38 单击【三维建模】空间/【常用】选项卡/【修改】面板上的按钮，选择右后侧轮廓两端点，将观察窗旋转-10°，结果如图 18-116 所示。

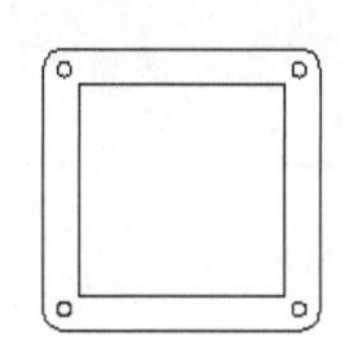

图 18-114　阵列结果

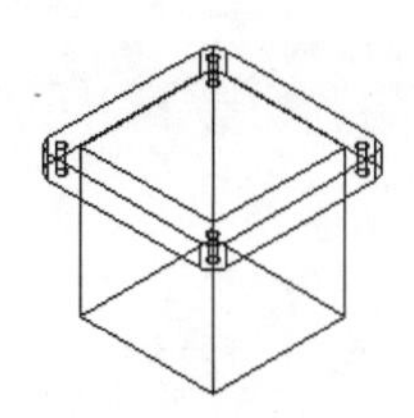

图 18-115　操作结果

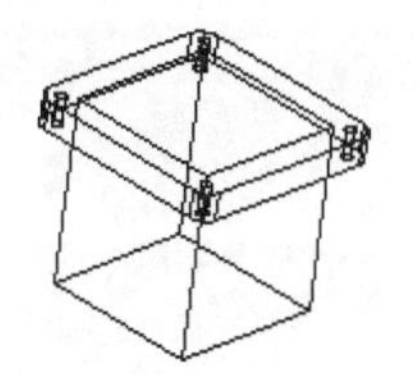

图 18-116　旋转结果

步骤 39　首先在前视图内使用【三维移动】命令，以图 18-117 所示中点 1 作为基点，以中点 2 作为目标点，将旋转后的两个实体进行位移；然后在俯视图内将位移后的两个实体沿 Y 轴方向移动至箱盖的中心位置上，如图 18-117 所示；最后切换到西南视图，对模型进行概念着色，流程图如图 18-117 所示。

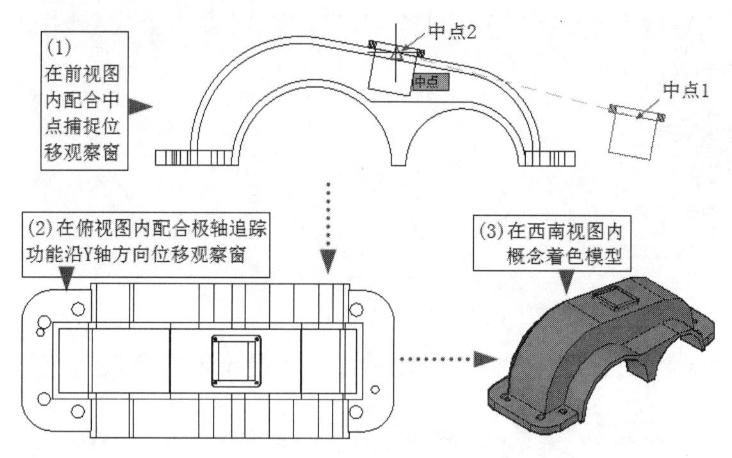

图 18-117　移动观察窗

步骤 40　单击【三维建模】空间/【实体】选项卡/【实体编辑】面板上的按钮，从顶盖和大矩形实体中减去小矩形拉伸实体，结果如图 18-118 所示。

步骤 41　使用快捷键 I 执行【插入块】命令，以默认参数插入下载文件“/图块文件/吊耳与凸缘.dwg”，将插入的图块多次进行分解并对所有模型进行并集，结果如图 18-119 所示。

图 18-118　差集结果　　图 18-119　插入结果

步骤 42　对模型进行平滑着色，然后执行【自由动态观察】命令调整模型的视点，最终结果如图 18-85 所示。

步骤 43　最后执行【保存】命令，将图形命名存储为“综合范例五.dwg”。

第 19 章　图纸的后期输出

本章通过三个典型的综合范例，主要学习 AutoCAD 的图形输出功能，具体包括打印设备的配置、打印页面的设置、图表框的合理配置、出图比例的调整、图形预览及打印等技能。

本章内容

- 了解打印空间
- 配置打印设备
- 配置打印样式
- 设置页面参数
- 综合范例一——模型空间内的快速出图
- 综合范例二——布局空间内的精确出图
- 综合范例三——立体模型的多视口出图

19.1　了解打印空间

AutoCAD 为用户提供了“模型”和“布局”两种空间。其中，“模型空间”是图形设计的主要空间，与图形输出不直接相关，仅属于一个辅助的出图空间；“布局空间”则是图形输出的主要空间，在此空间内不仅可以打印单个或多个图形，还可以使用单一比例和多种比例打印，在调整出图比例和出图位置方面比较方便。通过单击状态栏上的“模型”或“布局”标签，可在这两种空间中进行切换。

默认设置下有“布局 1”和“布局 2”两个布局标签，用户可以根据需要设置多个布局。常用设置方式有以下几种：

- 新建布局方式。选择菜单栏中的【插入】/【布局】/【新建布局】命令，或在状态栏左端布局标签上单击鼠标右键，选择【新建布局】选项。
- 来自样板方式。选择菜单栏【插入】/【布局】/【来自样板的布局】命令，或在布局标签的右键快捷菜单中选择【从样板】选项。

使用样板创建布局时，会打开如图 19-1 所示的【从文件选择样板】对话框，选择基础样板后单击 打开(O) 按钮，在打开的【插入布局】对话框中即可选择所需布局，将其插入到文件中。

- 布局向导方式。选择菜单栏中的【插入】/【布局】/【插入布局向导】命令，然后根据对话框向导提示新建布局。

图 19-1　【从文件选择样板】对话框

19.2　配置打印设备

在打印图形之前，首先需要配置打印设备，使用【绘图仪管理器】命令，则可以配置绘图仪设备、定义和修改图纸尺寸。

执行【绘图仪管理器】命令主要有以下几种方式。

- 菜单栏：选择菜单栏中的【文件】/【绘图仪管理器】命令。
- 命令行：在命令行输入 Plottermanager 后按 Enter 键。
- 功能区：单击【输出】选项卡/【打印】面板上的 按钮。

【例题 19-1】 配置“MS-Windows BMP”型号的打印设备

步骤 01　启动 AutoCAD 2018 软件。

步骤 02　选择菜单栏中的【文件】/【绘图仪管理器】命令，打开如图 19-2 所示的【Plotters】窗口。

步骤 03　双击【添加绘图仪向导】图标，打开如图 19-3 所示的【添加绘图仪-简介】对话框。

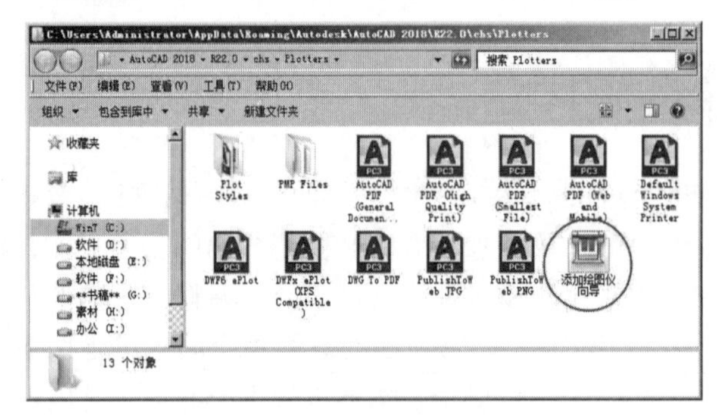

图 19-2　【Plotters】窗口

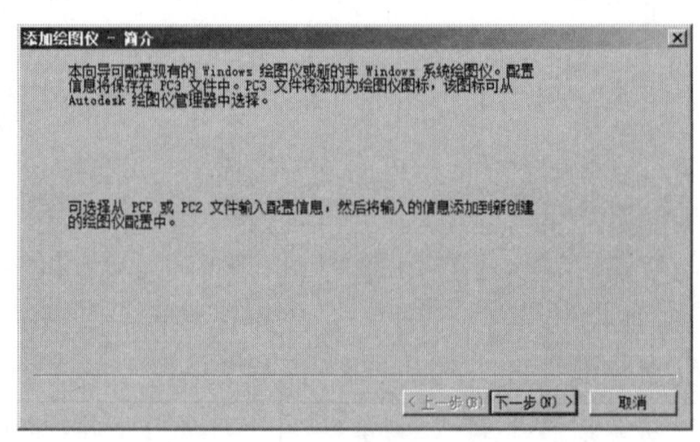

图 19-3　【添加绘图仪-简介】对话框

步骤 04　依次单击下一步(N) >按钮，打开【添加绘图仪-绘图仪型号】对话框，设置绘图仪型号及其生产商，如图 19-4 所示。

步骤 05　依次单击下一步(N) >按钮，直至打开【添加绘图仪 – 完成】对话框，如图 19-5 所示。

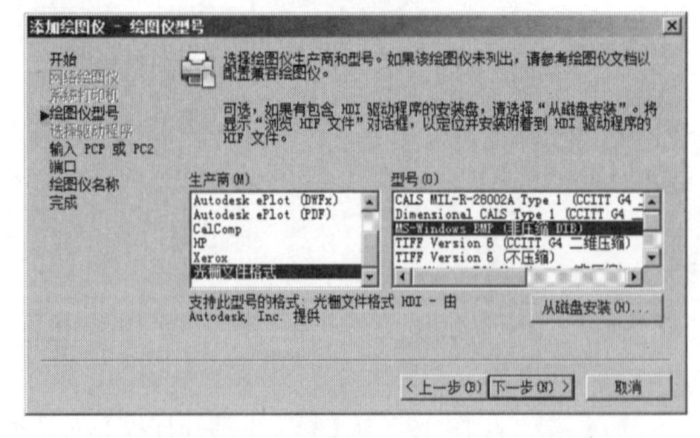

图 19-4　设置绘图仪型号及生产商

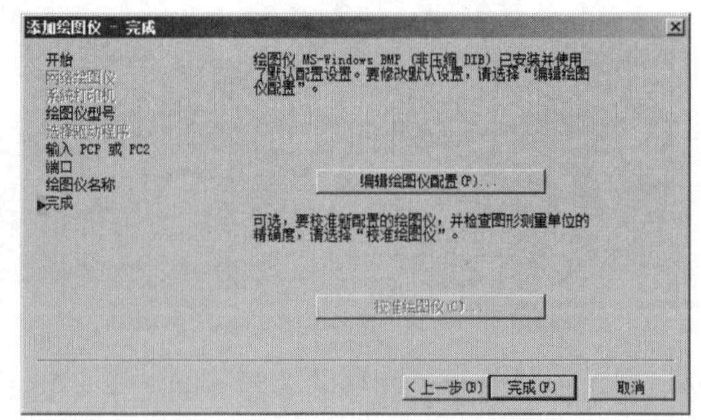

图 19-5　完成绘图仪的添加

步骤 06　单击完成(F)按钮，添加的绘图仪出现在【Plotters】窗口内，如图 19-6 所示。

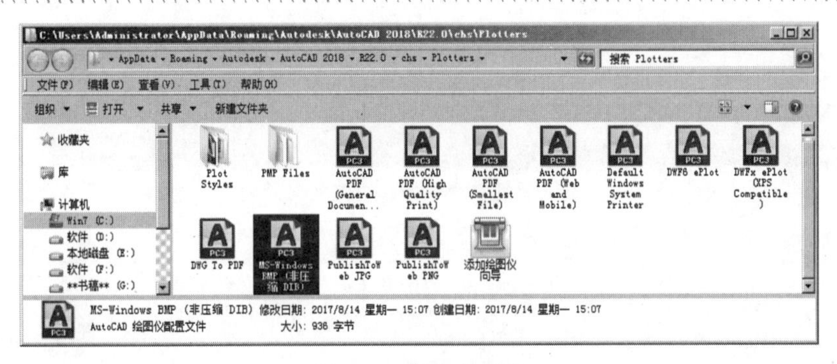

图 19-6　添加绘图仪

每一款型号的绘图仪，都自配有相应规格的图纸尺寸，但有时这些图纸尺寸与打印图形很难相匹配，需要用户重新定义图纸尺寸。

【例题 19-2】　定制图纸的尺寸

步骤 01　继续例题 19-1 的操作。

步骤 02　在【Plotters】对话框中双击【MS Window BMP（非压缩 DIB）】图标，打开【绘图仪配置编辑器- MS-Windows BMP（非压缩 DIB）】对话框。

步骤 03　在【绘图仪配置编辑器】对话框中打开【设备和文档设置】选项卡。

步骤 04　选择【自定义图纸尺寸】选项，打开【自定义图纸尺寸】选项组，如图 19-7 所示。

步骤 05　单击 添加(A)... 按钮，打开【自定义图纸尺寸 – 开始】对话框，开始自定义图纸的尺寸。

步骤 06　单击 下一步(N) > 按钮，打开【自定义图纸尺寸 – 介质边界】对话框，然后分别设置图纸的宽度、高度及单位，如图 19-8 所示。

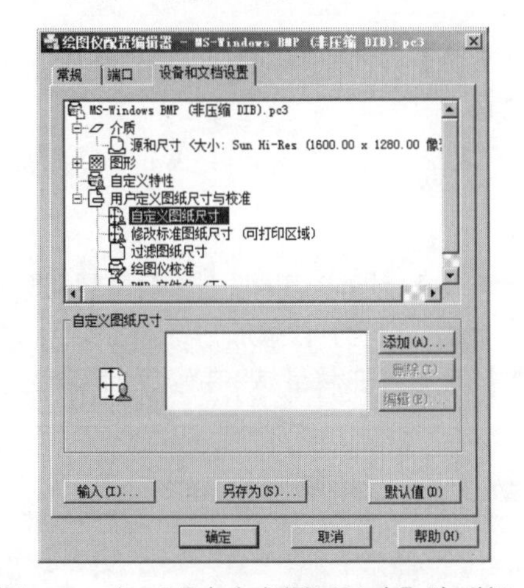

图 19-7　打开【自定义图纸尺寸】选项组

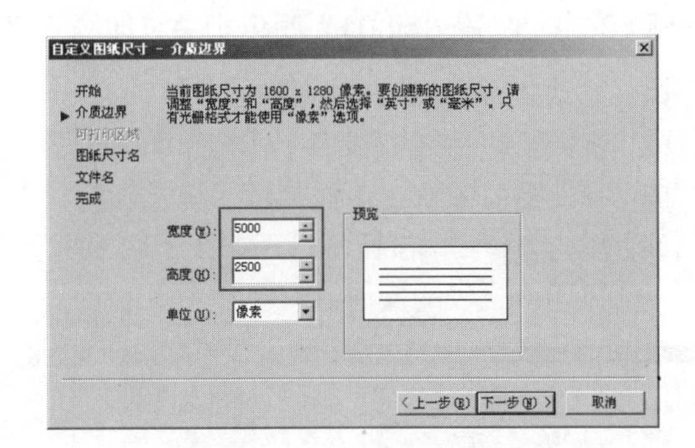

图 19-8　设置图纸尺寸

步骤 07　依次单击 下一步(N) > 按钮，直至打开如图 19-9 所示的【自定义图纸尺寸–完成】对话框，完成图纸尺寸的自定义过程。

步骤 08　单击 完成(F) 按钮，结果新定义的图纸尺寸自动出现在图纸尺寸选项组中，如图 19-10 所示。

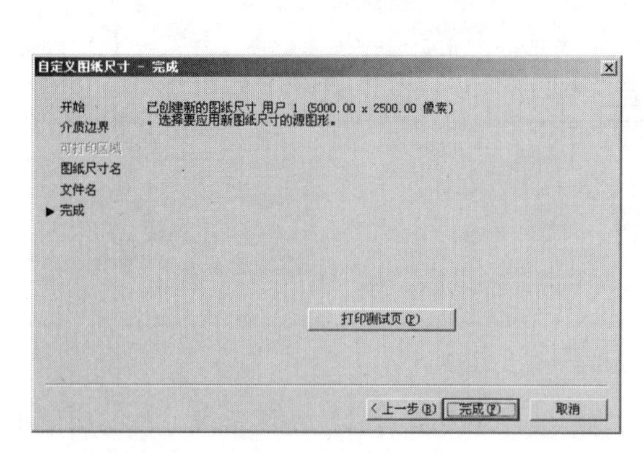

图 19-9　【自定义图纸尺寸–完成】对话框

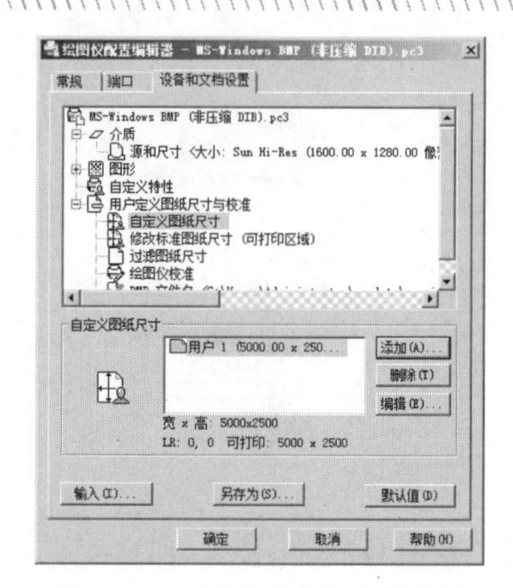

图 19-10　图纸尺寸的定义结果

步骤 09　单击 另存为(S)... 按钮，即可将定制的图纸尺寸进行保存。

步骤 10　如果用户仅在当前使用一次，直接单击 确定 按钮即可。

19.3　配置打印样式

打印样式主要用于控制图形的打印效果，修改打印图形的外观。通常一种打印样式只控制输出某一方面的打印效果，要让打印样式控制一张图纸的打印效果，就需要有一组打印样式，这些打印样式集合在一块称为打印样式表，而【打印样式管理器】命令就是用于创建和管理打印样式表的工具。

执行【打印样式管理器】命令主要有以下几种方式。

- 菜单栏：选择菜单栏中的【文件】/【打印样式管理器】命令。
- 命令行：在命令行输入 Stylesmanager 后按 Enter 键。

【例题 19-3】　配置“ctb01”颜色相关打印样式表

步骤 01　启动 AutoCAD 2018 软件。

步骤 02　选择菜单栏中的【文件】/【打印样式管理器】命令，打开如图 19-11 所示的【Plot Styles】窗口。

步骤 03　在此窗口中双击【添加打印样式表向导】图标，打开【添加打印样式表】对话框。

步骤 04　单击 下一步(N) > 按钮，打开如图 19-12 所示的【添加打印样式表-开始】对话框，开始配置打印样式表的操作。

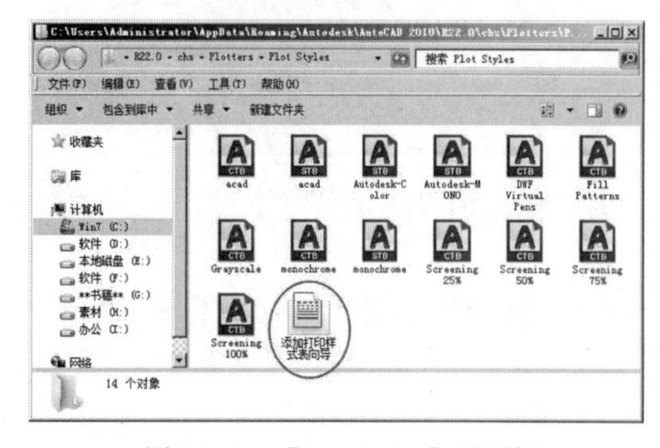

图 19-11　【Plot Styles】对话框

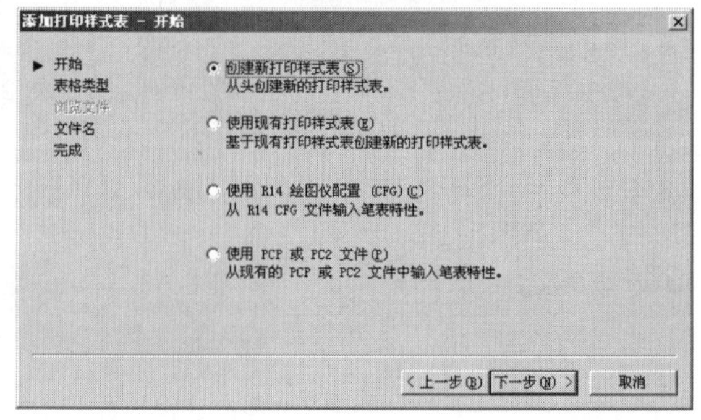

图 19-12 【添加打印样式表－开始】对话框

步骤 05　单击 下一步(N) > 按钮，打开如图 19-13 所示的【添加打印样式表－选择打印样式表】对话框，选择打印样式表的类型。

步骤 06　单击 下一步(N) > 按钮，打开如图 19-14 示的【添加打印样式表-文件名】对话框，为打印样式表命名。

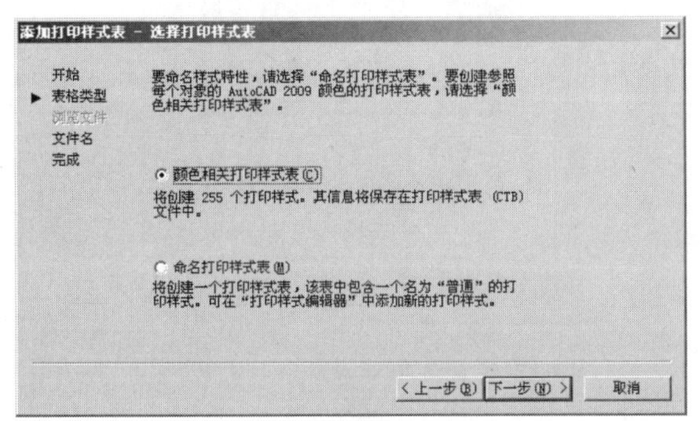

图 19-13　选择打印样式表

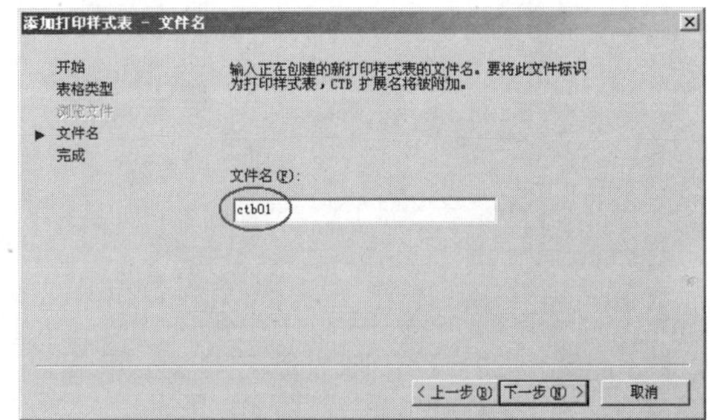

图 19-14　输入文件名

步骤 07　单击 下一步(N) > 按钮，打开如图 19-15 所示的【添加打印样式表-完成】对话框，完成打印样式表各参数的设置。

步骤 08　单击 完成 按钮，即可添加设置的打印样式表，新建的打印样式表文件图标显示在【Plot Styles】窗口中，如图 19-16 所示。

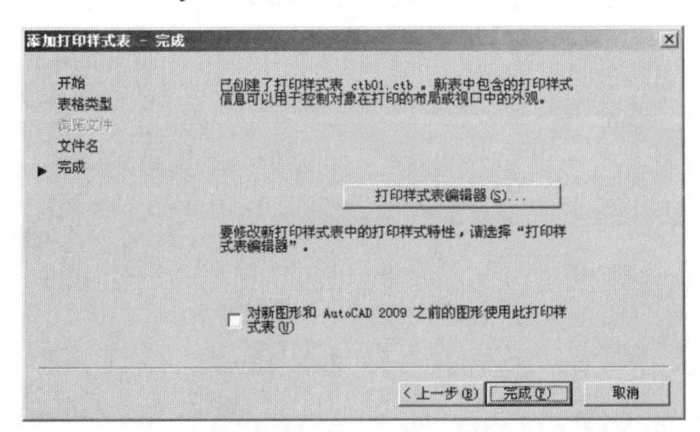

图 19-15　【添加打印样式表－完成】对话框

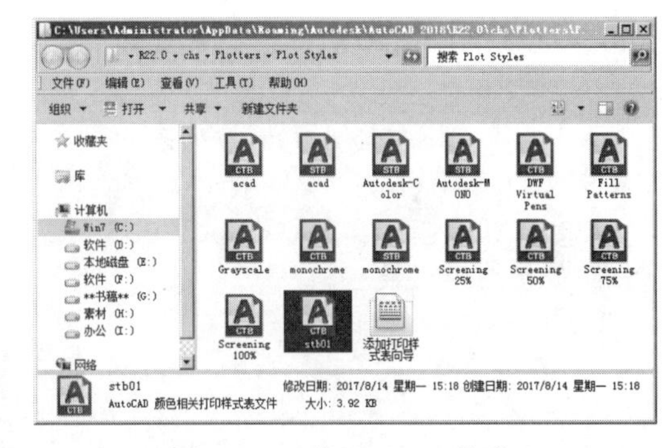

图 19-16　【Plot Styles】窗口

19.4　设置页面参数

使用【页面设置管理器】命令，用户可以非常方便地设置和管理图形的打印页面。执行【页面设置管理器】命令主要有以下几种方式。

- 菜单栏：选择菜单栏中的【文件】/【页面设置管理器】命令。
- 右键快捷菜单：在模型或布局标签上单击鼠标右键，选择【页面设置管理器】命令。
- 命令行：在命令行输入 Pagesetup 后按 Enter 键。
- 功能区：单击【输出】选项卡/【打印】面板上的按钮。

执行【页面设置管理器】命令后，可打开如图 19-17 所示的【页面设置管理器】对话框，此对话框主要用于设置、修改和管理当前的页面设置。在【页面设置管理器】对话框中单击 新建(N)... 按钮，打开如图 19-18【新建页面设置】对话框，用于为新的打印页面进行赋名。

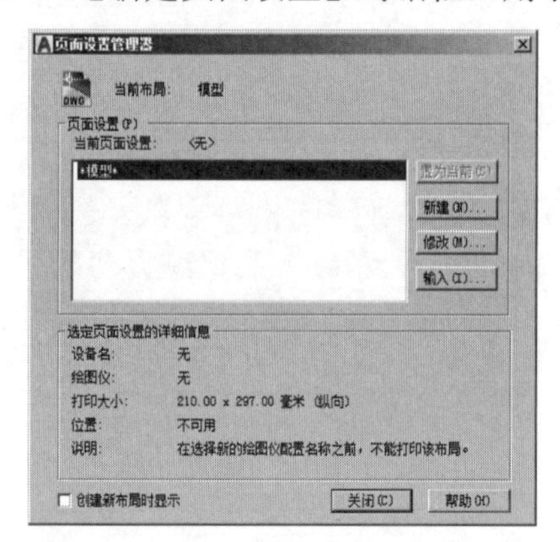

图 19-17　【页面设置管理器】对话框

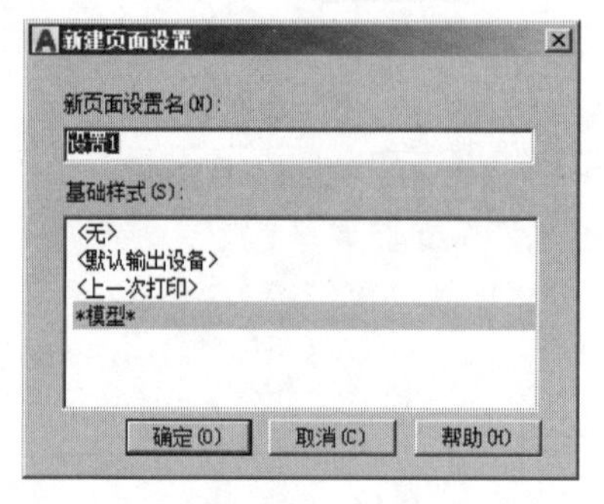

图 19-18　【新建页面设置】对话框

单击 确定(O) 按钮，打开如图 19-19 所示的【页面设置-模型】对话框，在此对话框内可以进行打印设备的配置、图纸尺寸的匹配、打印区域的选择以及打印比例的调整等操作。

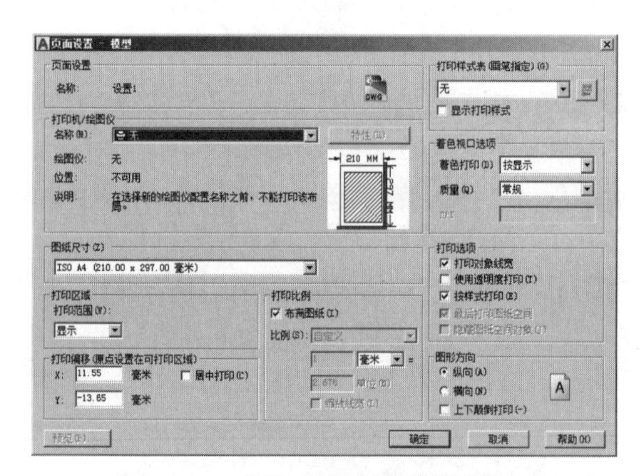

图 19-19　【页面设置-模型】对话框

对话框选项解析：

- 【打印机/绘图仪】选项组主要用于配置绘图仪设备，单击【名称】下三角按钮，在展开的下拉列表中选择以 Windows 系统打印机或 AutoCAD 内部打印机（".pc3" 文件）作为输出设备。

如果选择".pc3"打印设备，则会创建电子图纸，输出并存储为 Web 上可用的".dwf"格式的文件。AutoCAD 提供了两类用于创建".dwf"文件的".pc3"文件，分别是"ePlot.pc3"和"eView.pc3"。前者生成的".dwf"文件较适合于打印，后者生成的文件则适合于观察。

- 【图纸尺寸】下拉列表用于配置图纸幅面，在此下拉列表内包含了选定打印设备可用的标准图纸尺寸。

当选择某幅面图纸时，该列表右上角会出现所选图纸及实际打印范围的预览图像，将光标移到预览区中，光标位置处会显示出精确的图纸尺寸以及图纸的可打印区域尺寸。

- 在【打印区域】选项组中，可以设置需要输出的图形范围。展开【打印范围】下列表框，如图 19-20 所示，在此下拉列表中包含打印区域的设置方式，具体有显示、窗口、图形界限等。
- 在如图 19-21 所示的【打印比例】选项组中，可以设置图形的打印比例。其中，【布满图纸】复选框仅能适用于模型空间中的打印，当选中该复选框后，AutoCAD 将缩放自动调整图形，与打印区域和选定的图纸等相匹配，使图形取最佳位置和比例。
- 在【着色视口选项】选项组中，可以将需要打印的三维模型设置为着色、线框或以渲染图的方式进行输出，如图 19-22 所示。

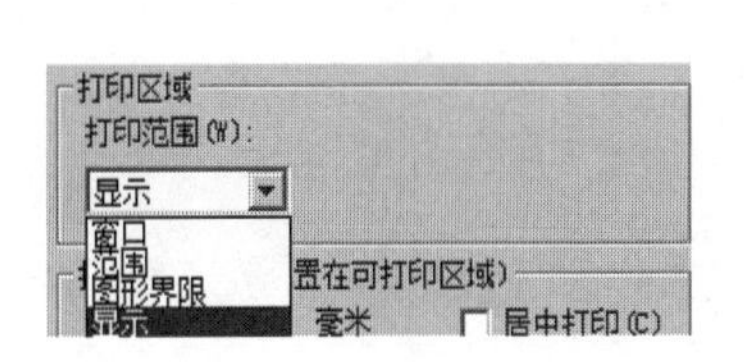

图 19-20 打印范围

图 19-21 【打印比例】选项组

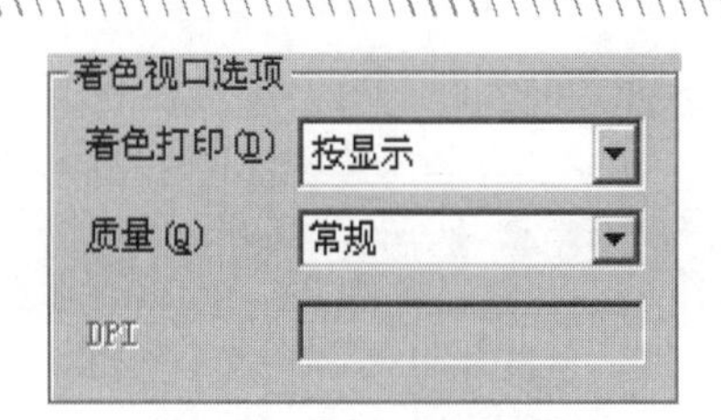

图 19-22 着色视口选项

- 在图 19-23 所示的【图形方向】选项组中可以调整图形的打印方向。在右侧的图纸图标中，图标代表图纸的放置方向，图标中的字母 A 代表图形在图纸上的打印方向，共有纵向、横向和上下颠倒打印三种打印方向。
- 在如图 19-24 所示的【打开偏移】选项组中可以设置图形在图纸上的打印位置。

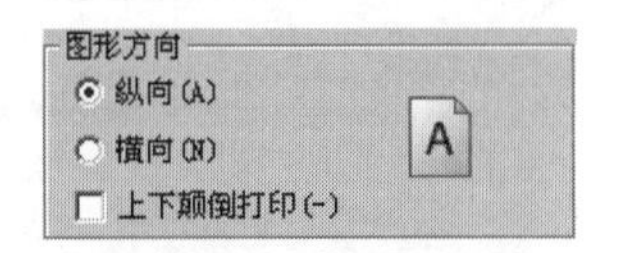

图 19-23 调整出图方向

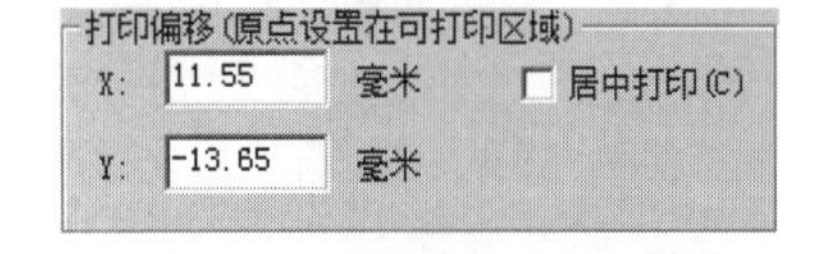

图 19-24 打印偏移

默认设置下从图纸左下角开始打印图形。打印原点处在图纸左下角，坐标是（0,0），用户可以在此选项组中，重新设定新的打印原点，这样图形在图纸上将沿 X 轴和 Y 轴移动。

19.5 综合范例一——模型空间内的快速出图

本例将在模型空间内快速打印蜗轮轴零件图，主要对【绘图仪管理器】、【页面设置管理器】和【打印预览】等命令进行综合练习和巩固。本例打印效果如图 19-25 所示。

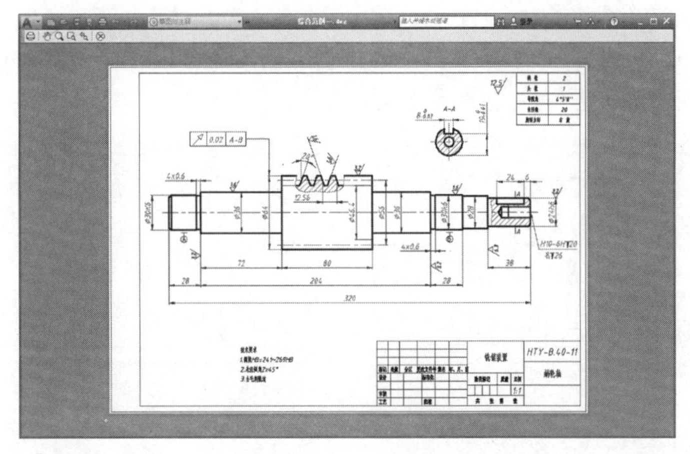
图 19-25 打印效果

操作步骤：

步骤 01 打开下载文件中的“/效果文件/第 7 章/综合范例三.dwg”。

步骤 02 选择菜单栏中的【文件】/【绘图仪管理器】命令，在打开的对话框中双击 DWF6 ePlot 图标，如图 19-26 所示。

步骤 03 此时打开【绘图仪配置编辑器- DWF6 ePlot.pc3】对话框，单击【设备和文档设置】选项卡，选择【修改标准图纸尺寸（可打印区域）】选项。

步骤 04 然后在下侧的【修改标准图纸尺寸】选项组中选择图 19-27 所示的标准尺寸。

图 19-26　双击打印机图标

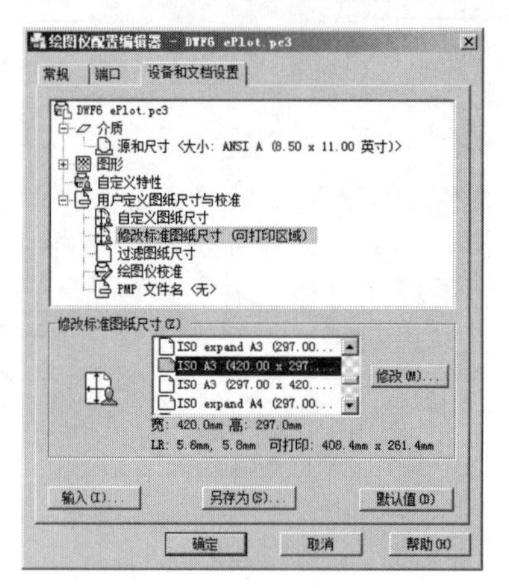

图 19-27　选择标准图纸尺寸

步骤 05 单击 修改(M)... 按钮，在打开的【自定义图纸尺寸-可打印区域】对话框中设置参数，如图 19-28 所示。

步骤 06 依次单击 下一步(N) > 按钮，在打开的【自定义图纸尺寸-完成】对话框中，列出了所修改后的标准图纸尺寸，如图 19-29 所示。

步骤 07 单击 完成 按钮系统返回【绘图仪配置编辑器- DWF6 ePlot.pc3】对话框，然后单击 另存为(S)... 按钮，将当前配置进行保存，如图 19-30 所示。

步骤 08 单击 保存(S) 按钮返回【绘图仪配置编辑器- DWF6 ePlot.pc3】对话框，然后单击 确定 按钮，结束命令。

步骤 09 选择菜单栏中的【文件】/【页面设置管理器】命令，在打开的对话框中单击 新建(N)... 按钮，为新页面设置赋名，如图 19-31 所示。

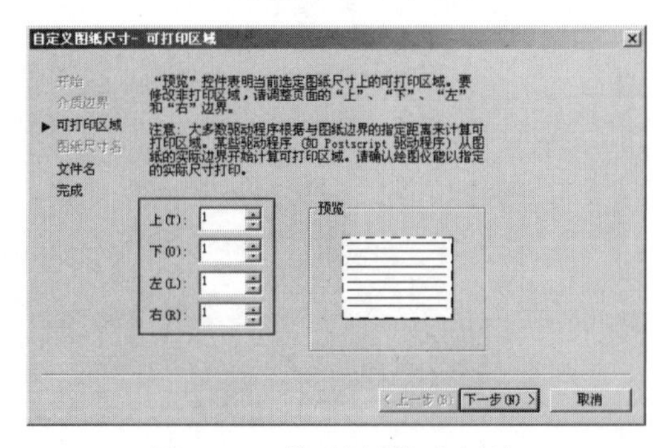

图 19-28　修改图纸打印区域

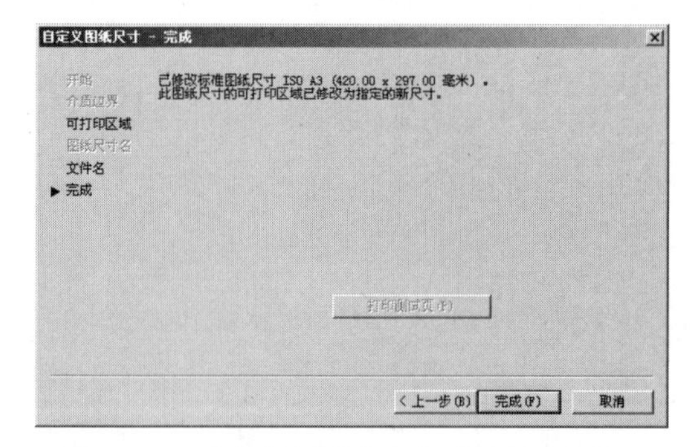

图 19-29　【自定义图纸尺寸-完成】对话框

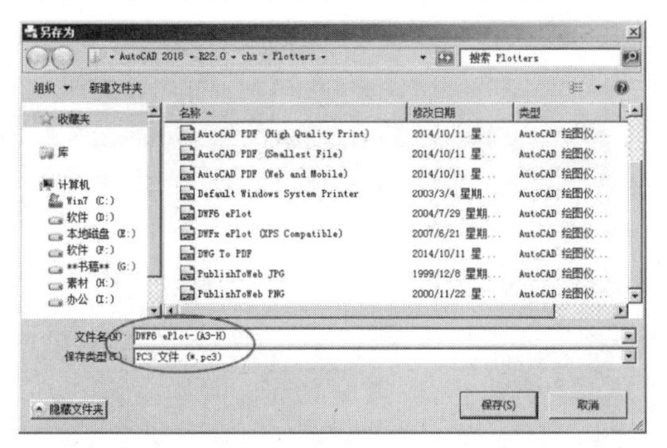

图 19-30　【另存为】对话框

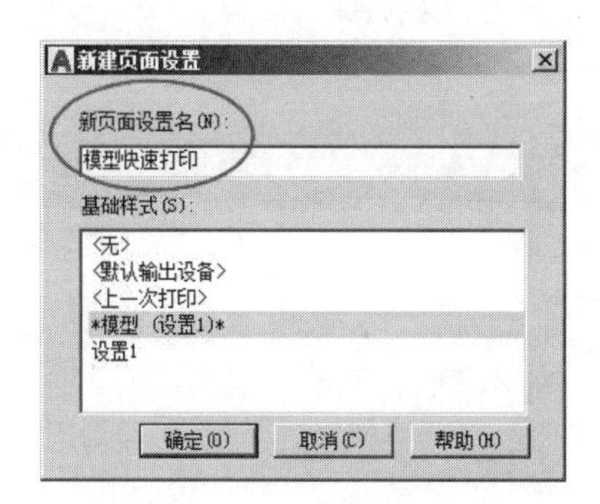

图 19-31　为新页面命名

步骤 10　单击 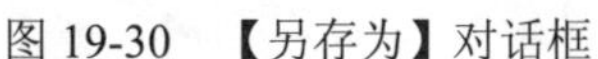 按钮，打开【页面设置-模型快速打印】对话框，设置打印机的名称、图纸尺寸、打印偏移、打印比例和图形方向等参数，如图 19-32 所示。

步骤 11　展开【打印范围】下拉列表框，选择【窗口】选项，如图 19-33 所示。

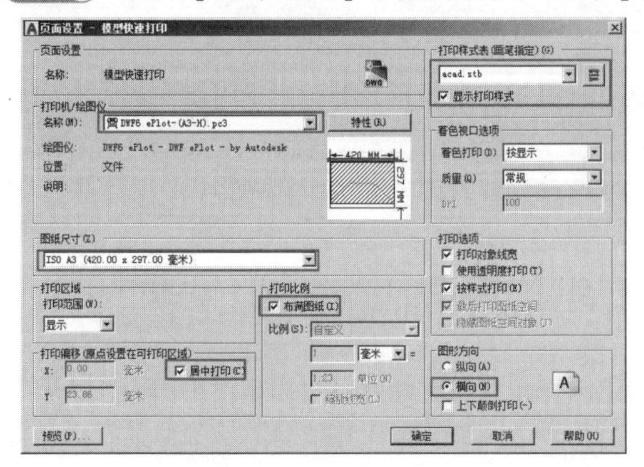

图 19-32　设置页面参数

图 19-33　窗口打印

步骤 12　系统自动返回绘图区，在“指定第一个角点、对角点等”操作提示下，捕捉图框的两个对角点。

步骤 13　当指定打印区域后，系统自动返回【页面设置-模型快速打印】对话框，单击 确定 按钮，返回【新建页面设置】对话框，将刚创建的新页面置为当前，如图 19-34 所示。

步骤 14　选择菜单栏中的【文件】/【打印预览】命令，对当前图形进行打印预览，预览结果如图 19-25 所示。

如果打印预览图中的轮廓线线宽显示不明显，可以在打印之前，更改“轮廓线”图层的线宽，将线宽设置为 0.8mm。

步骤 15　单击鼠标右键，在弹出的右键快捷菜单中选择【打印】选项，此时系统打开【浏览打印文件】对话框，在此对话框内设置打印文件的保存路径及文件名，如图 19-35 所示。

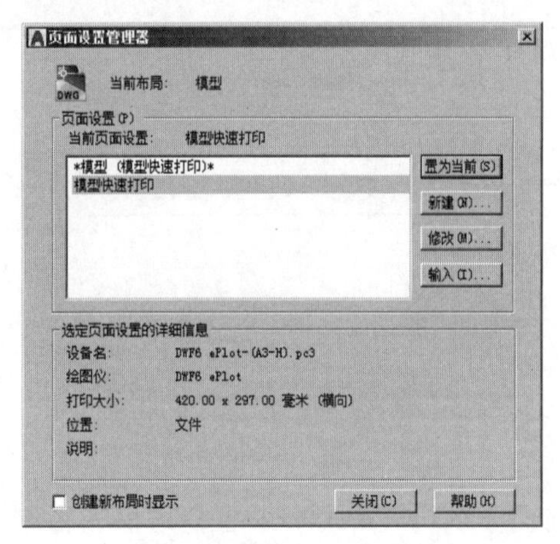

图 19-34 设置当前页面

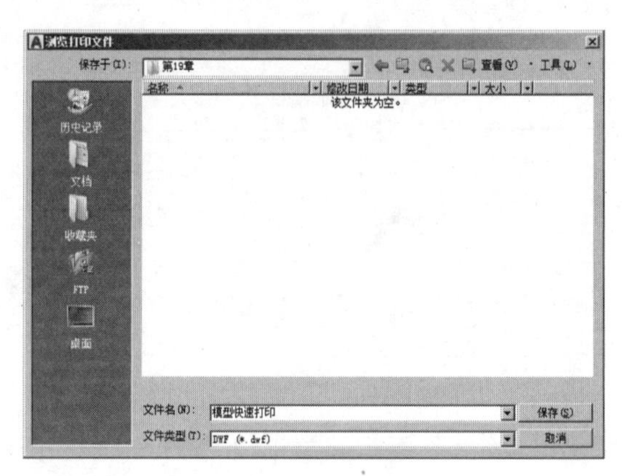

图 19-35 保存打印文件

将打印文件进行保存，可以方便用户进行网上发布、使用和共享。

步骤 16 单击 保存... 按钮，系统弹出【打印作业进度】对话框，等此对话框关闭后，打印过程即可结束。

步骤 17 最后使用【另存为】命令，将当前文件另存为“综合范例一.dwg”。

19.6 综合范例二——布局空间内的精确出图

本例将在布局空间内按照 1:100 的精确出图比例打印某别墅建底层建筑施工平面图，主要学习视口的创建、图框的配置、打印比例的设置以及出图位置的调整等打印技能。本例最终的打印效果如图 19-36 所示。

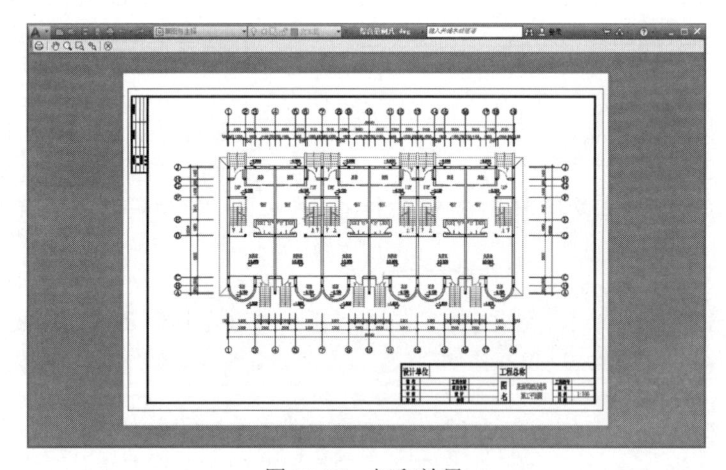

图 19-36 打印效果

操作步骤：

步骤 01 打开下载文件中的“/效果文件/第 15 章/综合范例八.dwg”。

步骤 02 单击绘图区下方的 布局1 标签，进入带有图框的“布局 1”图纸空间。

步骤 03　选择菜单栏中的【视图】/【视口】/【多边形视口】命令，分别捕捉图框内边框的角点，创建多边形视口，结果如图 19-37 所示。

步骤 04　单击状态栏中的图纸按钮，激活刚创建的视口，然后选择菜单栏中的【工具】/【工具栏】/AutoCAD/【视口】，打开【视口】工具栏，调整比例为 1:100，如图 19-38 所示。

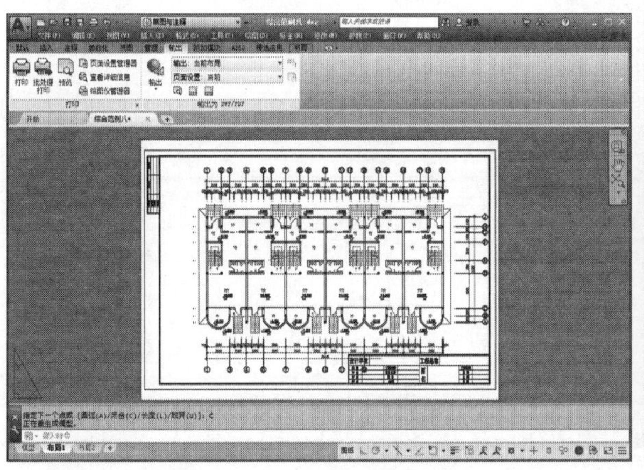

图 19-37　创建多边形视口

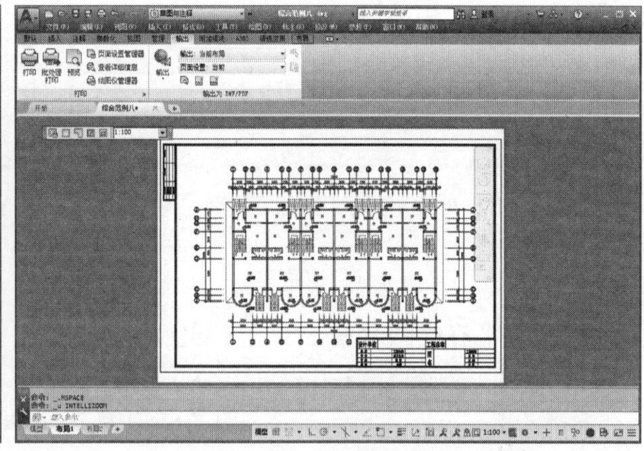

图 19-38　调整视口比例

步骤 05　接下来使用【实时平移】工具调整施工图的出图位置，调整结果如图 19-39 所示。

步骤 06　单击状态栏中的 模型 按钮返回图纸空间，使用【窗口缩放】工具调整视图，如图 19-40 所示。

步骤 07　单击【默认】选项卡/【图层】面板/【图层】下拉列表，将“文本层”设为当前层。

步骤 08　使用快捷键 ST 执行【文字样式】命令，将“宋体”设置为当前样式。

步骤 09　使用快捷键 T 执行【多行文字】命令，根据命令行的提示分别捕捉标题栏“图名”右侧方格的对角点，打开【文字编辑器】选项卡面板，然后设置字体高度为 6、对正方式为正中对正。

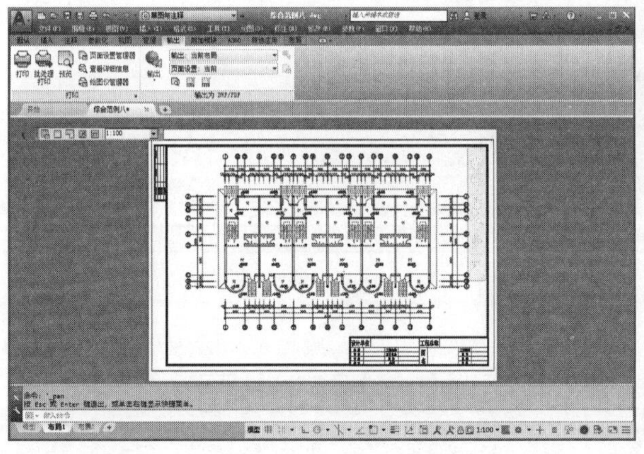

图 19-39　调整图形位置

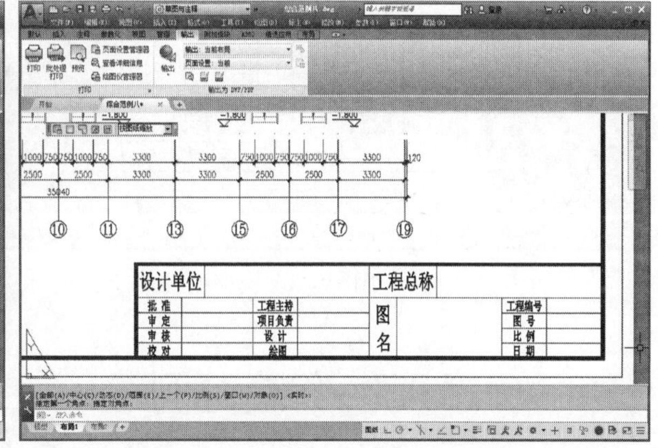

图 19-40　调整视图

步骤 10　在下方的多行文字输入框内输入如图 19-41 所示的内容，为标题栏填充图名。

步骤 11　重复执行【多行文字】命令，设置文字样式和对正方式不变，根据命令行的提示，分别捕捉标题栏“比例”右侧方格的对角点，为标题栏填充出图比例，如图 19-42 所示。

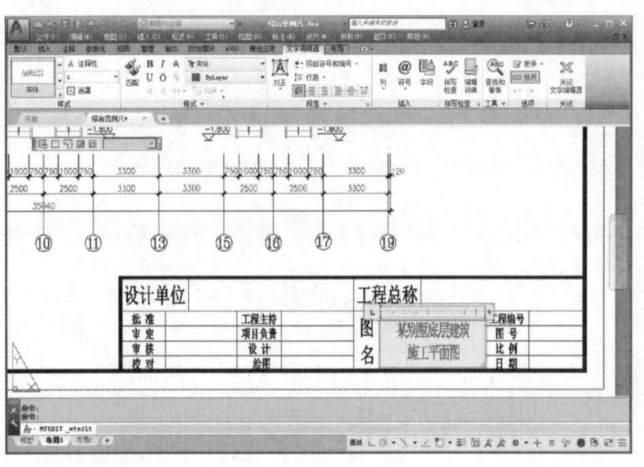

图 19-41　填充图名

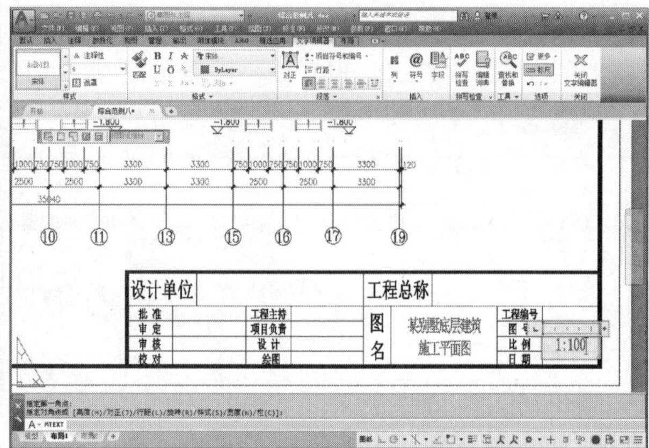

图 19-42　填充比例

步骤 12　在绘图区右侧单击【导航】面板上的【全部缩放】工具，调整视图，如图 19-43 所示。

步骤 13　选择菜单栏中的【文件】/【打印】命令，打开【打印-布局 1】对话框。

步骤 14　在【打印-布局 1】对话框中单击 预览(P)... 按钮，预览图形的打印效果，结果如图 19-36 所示。

步骤 15　按 Esc 键退出预览状态，返回【打印-布局 1】对话框，单击 确定 按钮，在打开的【浏览打印文件】对话框内设置打印文件的保存路径及文件名，如图 19-44 所示。

步骤 16　单击 保存... 按钮，可将此平面图输出到相应图纸上。

步骤 17　最后执行【另存为】命令，将图形另存为"综合范例二.dwg"。

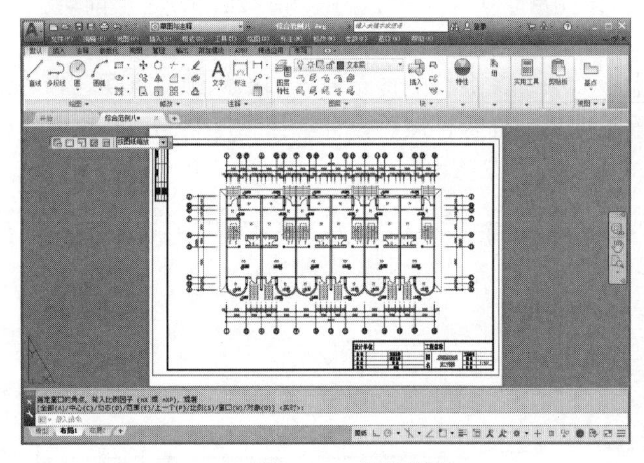

图 19-43　调整视图

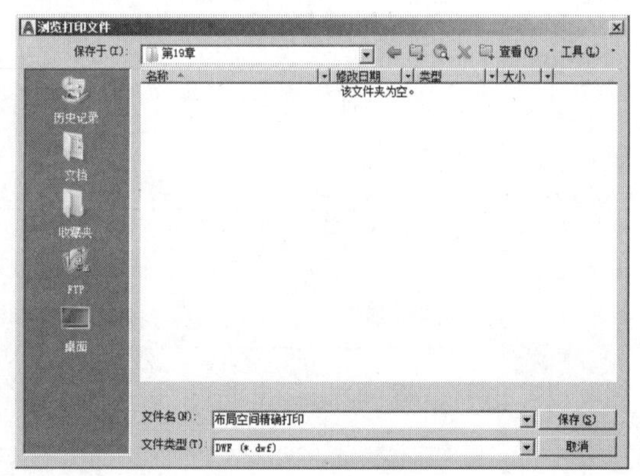

图 19-44　【浏览打印文件】对话框

19.7　综合范例三——立体模型的多视口出图

本例将在布局空间内将某小区住宅楼的立体模型以多视口的形式打印输出到同一张图纸上，主要对【页面设置管理器】、【视口】、【插入块】以及视图的切换、模型的着色等功能进行综合练习和巩固。本例打印效果如图 19-45 所示。

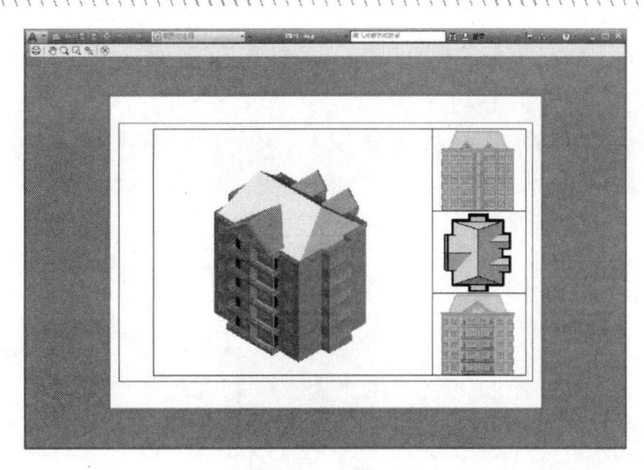

图 19-45　打印效果

操作步骤：

步骤 01　打开下载文件中的“/素材文件/19-1.dwg”，如图 19-46 所示。

步骤 02　单击绘图区底部的“布局 1”标签，进入布局 1 操作空间，结果如图 19-47 所示。

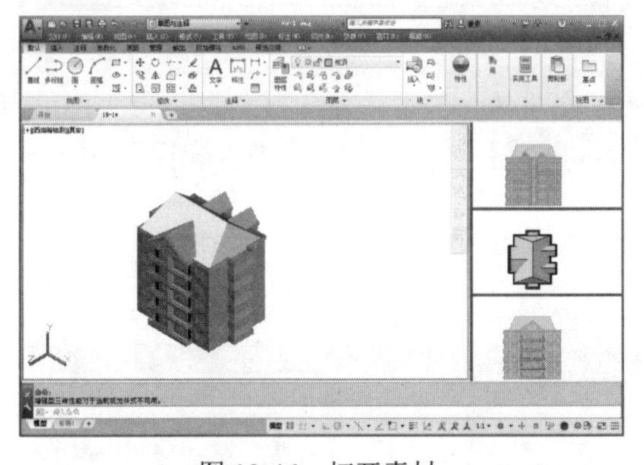

图 19-46　打开素材

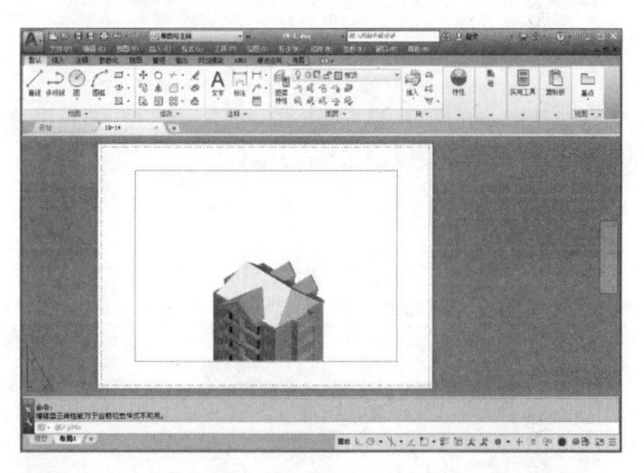

图 19-47　进入布局空间

步骤 03　删除系统自动产生的矩形视口，然后选择菜单栏中的【文件】/【页面设置管理器】命令，在打开的【页面设置管理器】对话框中单击 新建(N)... 按钮，为新页面赋名，如图 19-48 所示。

步骤 04　单击 确定 按钮，打开【页面设置-布局 1】对话框，设置图纸尺寸、打印偏移、打印比例和图形方向等页面参数，如图 19-49 所示。

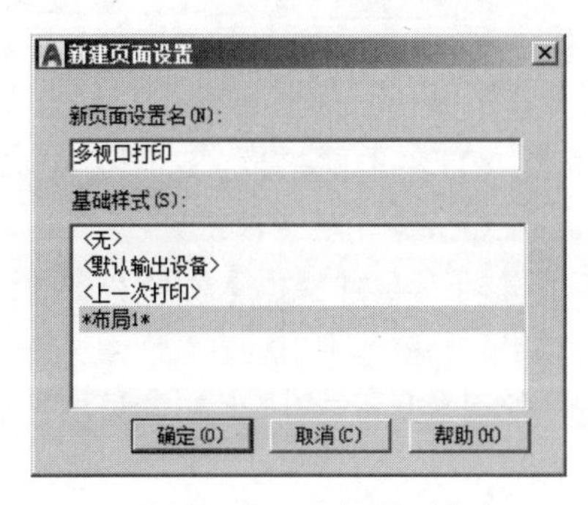

图 19-48　为新页面命名

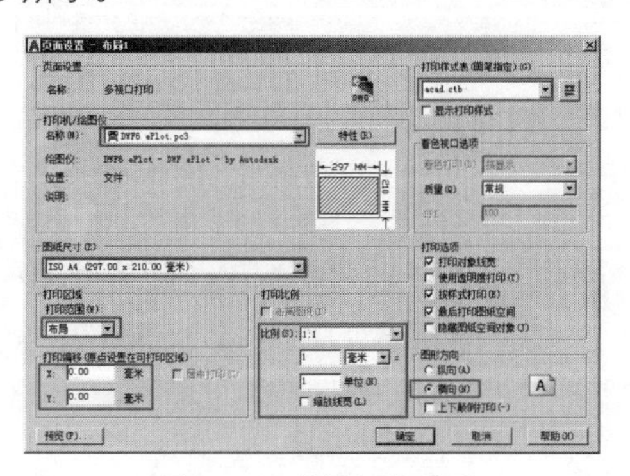

图 19-49　设置打印页面

步骤 05　单击 确定 按钮返回【页面设置管理器】对话框，将创建的新页面置为当前。

步骤 06　关闭【页面设置管理器】对话框，返回布局空间。

步骤 07　将“0 图层”设为当前层，然后使用快捷键 I 执行【插入块】命令，插入下载文件中的“/图块文件/A4-H.dwg”，块参数设置如图 19-50 所示。插入结果如图 19-51 所示。

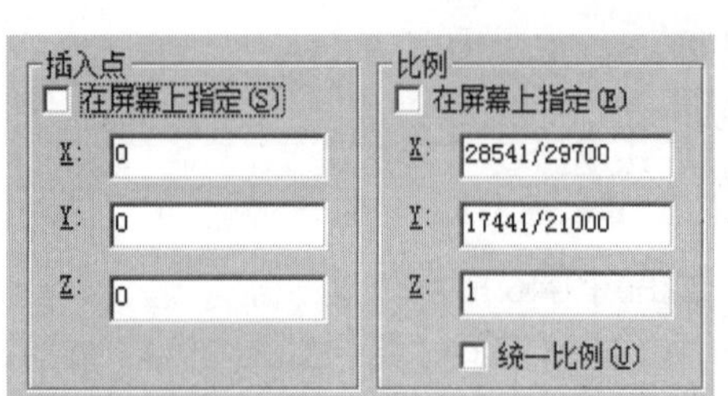

图 19-50　设置参数

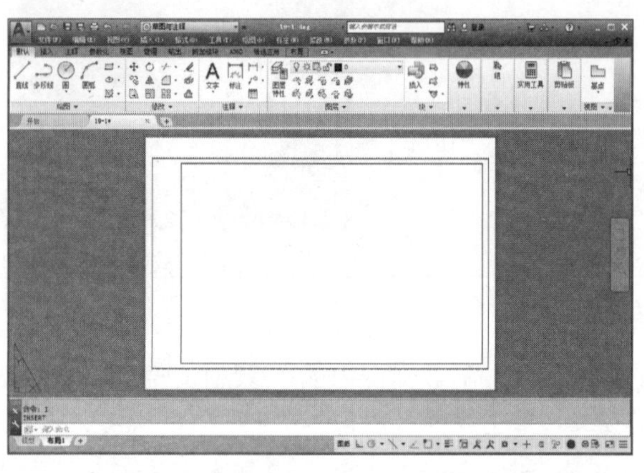

图 19-51　插入 A4-H 图框

步骤 08　单击【默认】选项卡/【图层】面板/【图层】下拉列表，设置“其他层”层为当前层。

步骤 09　选择菜单栏中的【视图】/【视口】/【新建视口】命令，在打开的【视口】对话框中选择如图 19-52 所示的视口模式。

步骤 10　单击 确定 按钮，返回绘图区，根据命令行的提示如果认可内框的两个对角点，创建 4 个视口，结果如图 19-53 所示。

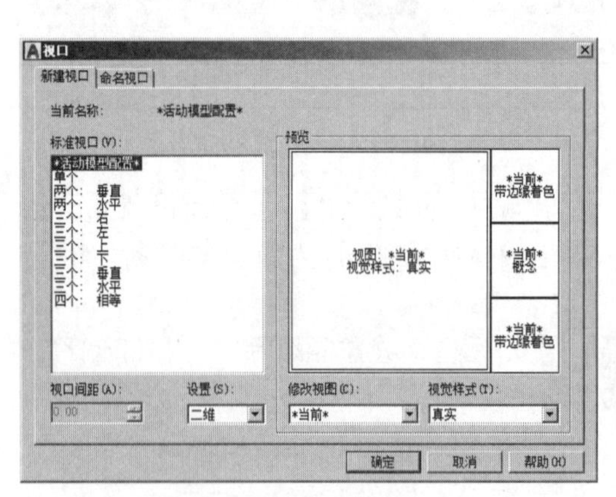

图 19-52　【视口】对话框

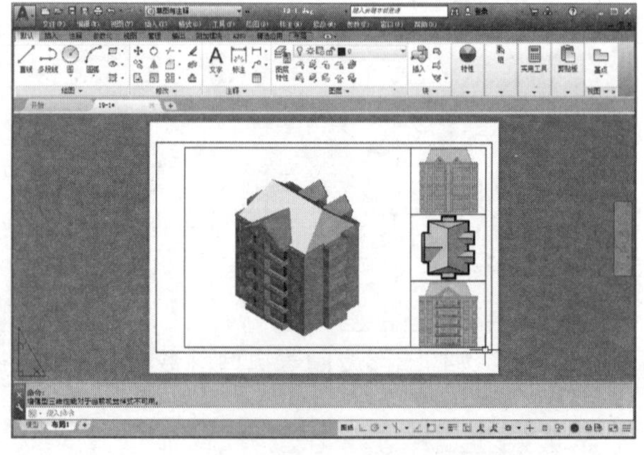

图 19-53　在布局内创建视口

步骤 11　选择菜单栏中的【文件】/【打印预览】命令，对图形进行打印预览，预览效果如图 19-45 所示。

步骤 12　单击鼠标右键，选择右键快捷菜单中的【打印】选项，在打开的【浏览打印文件】对话框内设置打印文件的文件名为“多视口打印”。

步骤 13　在【浏览打印文件】对话框中单击 保存... 按钮，即可将图形按照当前的设置打印输出到 4 号图纸上。

步骤 14　最后单击【另存为】命令，将当前图形另存为“综合范例三.dwg”。